MAPA PARA SELECCIONAR UN MÉTODO ESTADÍSTICO

Tipo de análisis	TIPO DE DATOS Numéricos	Categóricos
Descripción de un grupo o diversos grupos	Arreglo ordenado, diagrama de tallo y hoja, distribución de frecuencias, distribución de frecuencia relativa, distribución de porcentajes, distribución de porcentajes acumulados, histograma, polígono, polígono de porcentaje acumulado **(Secciones 2.2 y 2.3)**. Media, mediana, moda, cuartiles, media geométrica, rango, rango intercuartil, desviación estándar, varianza, coeficiente de variación, gráfica de caja y bigote **(Secciones 3.1-3.3)**.	Tabla de resumen, gráfica de barras, gráfica de pastel, diagrama de Pareto **(Sección 2.1)**.
Inferencia acerca de un grupo	Estimación del intervalo de confianza para la media **(Secciones 8.1 y 8.2)**. Prueba *Z* para la media **(Sección 9.2)**. Prueba *t* para la media **(Sección 9.4)**.	Estimación de intervalo de confianza para una proporción **(Sección 8.3)**. Prueba *Z* de hipótesis para la proporción **(Sección 9.5)**.
Comparación de dos grupos	Pruebas para la diferencia en las medias de dos poblaciones independientes **(Sección 10.1)**. Prueba *t* apareada **(Sección 10.2)**. Prueba *F* para la diferencia entre dos varianzas **(Sección 10.4)**.	Prueba *Z* para la diferencia entre dos proporciones **(Sección 10.3)**. Prueba de chi cuadrada para la diferencia entre dos proporciones **(Sección 11.1)**.
Comparación de más de dos grupos	Análisis de varianza de una vía **(Sección 10.5)**.	Prueba de chi cuadrada para las diferencias entre más de dos proporciones **(Sección 11.2)**.
Análisis de la relación entre dos variables	Diagrama de dispersión, gráfica de series de tiempo **(Sección 2.5)**. Covarianza, coeficiente de correlación **(Sección 3.4)**. Regresión lineal simple **(Capítulo 12)**. Prueba *t* de correlación **(Sección 12.7)**.	Tabla de contingencia, gráfica de barras agrupadas **(Sección 2.4)**. Prueba de chi cuadrada de independencia **(Sección 11.3)**.
Análisis de la relación entre dos o más variables	Regresión múltiple **(Capítulo 13)**.	

La distribución normal estandarizada acumulativa

Las entradas representan el área bajo la distribución normal estandarizada acumulativa desde $-\infty$ hasta Z

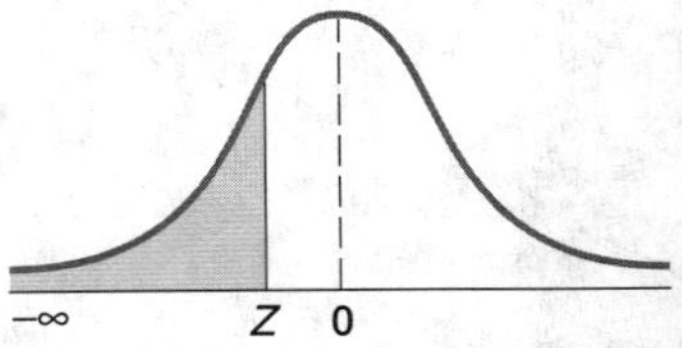

Z	0.00	0.01	0.02	0.03	0.04	0.05	0.06	0.07	0.08	0.09
−6.0	0.000000001									
−5.5	0.000000019									
−5.0	0.000000287									
−4.5	0.000003398									
−4.0	0.000031671									
−3.9	0.00005	0.00005	0.00004	0.00004	0.00004	0.00004	0.00004	0.00004	0.00003	0.00003
−3.8	0.00007	0.00007	0.00007	0.00006	0.00006	0.00006	0.00006	0.00005	0.00005	0.00005
−3.7	0.00011	0.00010	0.00010	0.00010	0.00009	0.00009	0.00008	0.00008	0.00008	0.00008
−3.6	0.00016	0.00015	0.00015	0.00014	0.00014	0.00013	0.00013	0.00012	0.00012	0.00011
−3.5	0.00023	0.00022	0.00022	0.00021	0.00020	0.00019	0.00019	0.00018	0.00017	0.00017
−3.4	0.00034	0.00032	0.00031	0.00030	0.00029	0.00028	0.00027	0.00026	0.00025	0.00024
−3.3	0.00048	0.00047	0.00045	0.00043	0.00042	0.00040	0.00039	0.00038	0.00036	0.00035
−3.2	0.00069	0.00066	0.00064	0.00062	0.00060	0.00058	0.00056	0.00054	0.00052	0.00050
−3.1	0.00097	0.00094	0.00090	0.00087	0.00084	0.00082	0.00079	0.00076	0.00074	0.00071
−3.0	0.00135	0.00131	0.00126	0.00122	0.00118	0.00114	0.00111	0.00107	0.00103	0.00100
−2.9	0.0019	0.0018	0.0018	0.0017	0.0016	0.0016	0.0015	0.0015	0.0014	0.0014
−2.8	0.0026	0.0025	0.0024	0.0023	0.0023	0.0022	0.0021	0.0021	0.0020	0.0019
−2.7	0.0035	0.0034	0.0033	0.0032	0.0031	0.0030	0.0029	0.0028	0.0027	0.0026
−2.6	0.0047	0.0045	0.0044	0.0043	0.0041	0.0040	0.0039	0.0038	0.0037	0.0036
−2.5	0.0062	0.0060	0.0059	0.0057	0.0055	0.0054	0.0052	0.0051	0.0049	0.0048
−2.4	0.0082	0.0080	0.0078	0.0075	0.0073	0.0071	0.0069	0.0068	0.0066	0.0064
−2.3	0.0107	0.0104	0.0102	0.0099	0.0096	0.0094	0.0091	0.0089	0.0087	0.0084
−2.2	0.0139	0.0136	0.0132	0.0129	0.0125	0.0122	0.0119	0.0116	0.0113	0.0110
−2.1	0.0179	0.0174	0.0170	0.0166	0.0162	0.0158	0.0154	0.0150	0.0146	0.0143
−2.0	0.0228	0.0222	0.0217	0.0212	0.0207	0.0202	0.0197	0.0192	0.0188	0.0183
−1.9	0.0287	0.0281	0.0274	0.0268	0.0262	0.0256	0.0250	0.0244	0.0239	0.0233
−1.8	0.0359	0.0351	0.0344	0.0336	0.0329	0.0322	0.0314	0.0307	0.0301	0.0294
−1.7	0.0446	0.0436	0.0427	0.0418	0.0409	0.0401	0.0392	0.0384	0.0375	0.0367
−1.6	0.0548	0.0537	0.0526	0.0516	0.0505	0.0495	0.0485	0.0475	0.0465	0.0455
−1.5	0.0668	0.0655	0.0643	0.0630	0.0618	0.0606	0.0594	0.0582	0.0571	0.0559
−1.4	0.0808	0.0793	0.0778	0.0764	0.0749	0.0735	0.0721	0.0708	0.0694	0.0681
−1.3	0.0968	0.0951	0.0934	0.0918	0.0901	0.0885	0.0869	0.0853	0.0838	0.0823
−1.2	0.1151	0.1131	0.1112	0.1093	0.1075	0.1056	0.1038	0.1020	0.1003	0.0985
−1.1	0.1357	0.1335	0.1314	0.1292	0.1271	0.1251	0.1230	0.1210	0.1190	0.1170
−1.0	0.1587	0.1562	0.1539	0.1515	0.1492	0.1469	0.1446	0.1423	0.1401	0.1379
−0.9	0.1841	0.1814	0.1788	0.1762	0.1736	0.1711	0.1685	0.1660	0.1635	0.1611
−0.8	0.2119	0.2090	0.2061	0.2033	0.2005	0.1977	0.1949	0.1922	0.1894	0.1867
−0.7	0.2420	0.2388	0.2358	0.2327	0.2296	0.2266	0.2236	0.2206	0.2177	0.2148
−0.6	0.2743	0.2709	0.2676	0.2643	0.2611	0.2578	0.2546	0.2514	0.2482	0.2451
−0.5	0.3085	0.3050	0.3015	0.2981	0.2946	0.2912	0.2877	0.2843	0.2810	0.2776
−0.4	0.3446	0.3409	0.3372	0.3336	0.3300	0.3264	0.3228	0.3192	0.3156	0.3121
−0.3	0.3821	0.3783	0.3745	0.3707	0.3669	0.3632	0.3594	0.3557	0.3520	0.3483
−0.2	0.4207	0.4168	0.4129	0.4090	0.4052	0.4013	0.3974	0.3936	0.3897	0.3859
−0.1	0.4602	0.4562	0.4522	0.4483	0.4443	0.4404	0.4364	0.4325	0.4286	0.4247
−0.0	0.5000	0.4960	0.4920	0.4880	0.4840	0.4801	0.4761	0.4721	0.4681	0.4641

(*continúa*)

La distribución normal estandarizada acumulativa (*continuación*)

Las entradas representan el área bajo la distribución normal estandarizada acumulativa desde −∞ hasta *Z*

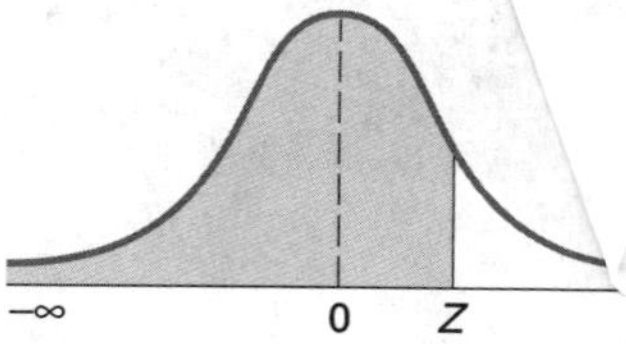

Z	0.00	0.01	0.02	0.03	0.04	0.05	0.06	0.07	0.08	0.09
0.0	0.5000	0.5040	0.5080	0.5120	0.5160	0.5199	0.5239	0.5279	0.5319	0.5359
0.1	0.5398	0.5438	0.5478	0.5517	0.5557	0.5596	0.5636	0.5675	0.5714	0.5753
0.2	0.5793	0.5832	0.5871	0.5910	0.5948	0.5987	0.6026	0.6064	0.6103	0.6141
0.3	0.6179	0.6217	0.6255	0.6293	0.6331	0.6368	0.6406	0.6443	0.6480	0.6517
0.4	0.6554	0.6591	0.6628	0.6664	0.6700	0.6736	0.6772	0.6808	0.6844	0.6879
0.5	0.6915	0.6950	0.6985	0.7019	0.7054	0.7088	0.7123	0.7157	0.7190	0.7224
0.6	0.7257	0.7291	0.7324	0.7357	0.7389	0.7422	0.7454	0.7486	0.7518	0.7549
0.7	0.7580	0.7612	0.7642	0.7673	0.7704	0.7734	0.7764	0.7794	0.7823	0.7852
0.8	0.7881	0.7910	0.7939	0.7967	0.7995	0.8023	0.8051	0.8078	0.8106	0.8133
0.9	0.8159	0.8186	0.8212	0.8238	0.8264	0.8289	0.8315	0.8340	0.8365	0.8389
1.0	0.8413	0.8438	0.8461	0.8485	0.8508	0.8531	0.8554	0.8577	0.8599	0.8621
1.1	0.8643	0.8665	0.8686	0.8708	0.8729	0.8749	0.8770	0.8790	0.8810	0.8830
1.2	0.8849	0.8869	0.8888	0.8907	0.8925	0.8944	0.8962	0.8980	0.8997	0.9015
1.3	0.9032	0.9049	0.9066	0.9082	0.9099	0.9115	0.9131	0.9147	0.9162	0.9177
1.4	0.9192	0.9207	0.9222	0.9236	0.9251	0.9265	0.9279	0.9292	0.9306	0.9319
1.5	0.9332	0.9345	0.9357	0.9370	0.9382	0.9394	0.9406	0.9418	0.9429	0.9441
1.6	0.9452	0.9463	0.9474	0.9484	0.9495	0.9505	0.9515	0.9525	0.9535	0.9545
1.7	0.9554	0.9564	0.9573	0.9582	0.9591	0.9599	0.9608	0.9616	0.9625	0.9633
1.8	0.9641	0.9649	0.9656	0.9664	0.9671	0.9678	0.9686	0.9693	0.9699	0.9706
1.9	0.9713	0.9719	0.9726	0.9732	0.9738	0.9744	0.9750	0.9756	0.9761	0.9767
2.0	0.9772	0.9778	0.9783	0.9788	0.9793	0.9798	0.9803	0.9808	0.9812	0.9817
2.1	0.9821	0.9826	0.9830	0.9834	0.9838	0.9842	0.9846	0.9850	0.9854	0.9857
2.2	0.9861	0.9864	0.9868	0.9871	0.9875	0.9878	0.9881	0.9884	0.9887	0.9890
2.3	0.9893	0.9896	0.9898	0.9901	0.9904	0.9906	0.9909	0.9911	0.9913	0.9916
2.4	0.9918	0.9920	0.9922	0.9925	0.9927	0.9929	0.9931	0.9932	0.9934	0.9936
2.5	0.9938	0.9940	0.9941	0.9943	0.9945	0.9946	0.9948	0.9949	0.9951	0.9952
2.6	0.9953	0.9955	0.9956	0.9957	0.9959	0.9960	0.9961	0.9962	0.9963	0.9964
2.7	0.9965	0.9966	0.9967	0.9968	0.9969	0.9970	0.9971	0.9972	0.9973	0.9974
2.8	0.9974	0.9975	0.9976	0.9977	0.9977	0.9978	0.9979	0.9979	0.9980	0.9981
2.9	0.9981	0.9982	0.9982	0.9983	0.9984	0.9984	0.9985	0.9985	0.9986	0.9986
3.0	0.99865	0.99869	0.99874	0.99878	0.99882	0.99886	0.99889	0.99893	0.99897	0.99900
3.1	0.99903	0.99906	0.99910	0.99913	0.99916	0.99918	0.99921	0.99924	0.99926	0.99929
3.2	0.99931	0.99934	0.99936	0.99938	0.99940	0.99942	0.99944	0.99946	0.99948	0.99950
3.3	0.99952	0.99953	0.99955	0.99957	0.99958	0.99960	0.99961	0.99962	0.99964	0.99965
3.4	0.99966	0.99968	0.99969	0.99970	0.99971	0.99972	0.99973	0.99974	0.99975	0.99976
3.5	0.99977	0.99978	0.99978	0.99979	0.99980	0.99981	0.99981	0.99982	0.99983	0.99983
3.6	0.99984	0.99985	0.99985	0.99986	0.99986	0.99987	0.99987	0.99988	0.99988	0.99989
3.7	0.99989	0.99990	0.99990	0.99990	0.99991	0.99991	0.99992	0.99992	0.99992	0.99992
3.8	0.99993	0.99993	0.99993	0.99994	0.99994	0.99994	0.99994	0.99995	0.99995	0.99995
3.9	0.99995	0.99995	0.99996	0.99996	0.99996	0.99996	0.99996	0.99996	0.99997	0.99997
4.0	0.999968329									
4.5	0.999996602									
5.0	0.999999713									
5.5	0.999999981									
6.0	0.999999999									

ESTADÍSTICA PARA ADMINISTRACIÓN

CUARTA EDICIÓN

DAVID M. LEVINE

Departamento de Estadística y Sistemas de Información Computacionales

Zicklin School of Business, Baruch College, City University of New York

TIMOTHY C. KREHBIEL

Departamento de Ciencias de la Decisión y Administración de Sistemas de Información

Richard T. Farmer School of Business, Miami University

MARK L. BERENSON

Departamento de Ciencias de la Información y Decisión

School of Business, Montclair State University

Traducción:

MARTHA L. GONZÁLEZ ACOSTA

SERGIO A. DURÁN REYES

Traductores profesionales

Revisión técnica:

DRA. OFELIA VIZCAÍNO DÍAZ

Profesora del Departamento de Matemáticas

Instituto Tecnológico y de Estudios Superiores

de Monterrey, Campus Ciudad de México

PEARSON

Educación®

MÉXICO • ARGENTINA • BRASIL • COLOMBIA • COSTA RICA • CHILE • ECUADOR

ESPAÑA • GUATEMALA • PANAMÁ • PERÚ • PUERTO RICO • URUGUAY • VENEZUELA

Datos de catalogación bibliográfica

**LEVINE, DAVID M., KREHBIEL, TIMOTHY C.
Y MARK L. BERENSON**

Estadística para administración. Cuarta edición

PEARSON EDUCACIÓN, México, 2006

ISBN: 970-26-0802-3
Área: Matemáticas

Formato: 21 × 27 cm Páginas: 648

ISBN 013-153689-3

Edición en español
Editor: Luis Miguel Cruz Castillo
e-mail: luis.cruz@pearsoned.com
Supervisor de desarrollo: Felipe Hernández Carrasco
Supervisor de producción: Enrique Trejo Hernández

Edición en inglés
Executive Editor: Mark Pfaltzgraff
Editorial Director: Jeff Shelstad
Managing Editor (Editorial): Alana Bradley
Supplements Coordinator: Kathryn Sheehan Madara
Senior Editorial Assistant: Jane Avery
Product Development Manager: Nancy Welcher
Executive Marketing Manager: Debbie Clare
Marketing Assistant: Joanna Sabella
Senior Managing Editor (Production): Cynthia Regan
Senior Production Editor: Anne Graydon
Permissions Supervisor: Charles Morris
Production Manager: Arnold Vila
Design Manager: Maria Lange
Designer: Steve Frim
Director, Image Resource Center: Melinda Reo
Manager, Rights and Permissions: Zina Arabia
Manager, Visual Research: Beth Brenzel
Manager, Cover Visual Research & Permissions: Karen Sanatar
Manager, Print Production: Christy Mahon
Composition/Full-Service Project Management: GGS Book Services, Atlantic Highlands
Printer/Binder: Courier

CUARTA EDICIÓN, 2006

Cámara Nacional de la Industria Editorial Mexicana.
Reg. Núm. 1031.

PEARSON
Educación ®

ISBN 970-26-0802-3

Impreso en México. *Printed in Mexico.*
1 2 3 4 5 6 7 8 9 0 - 09 08 07 06

Para nuestras esposas,
Marilyn L., Patti K. y Rhoda B.

y para nuestros hijos,
Sharyn, Ed, Rudy, Rhonda, Kathy y Lori

CONTENIDO BREVE

CONTENIDO

14 APLICACIONES ESTADÍSTICAS EN ADMINISTRACIÓN DE LA CALIDAD Y PRODUCTIVIDAD 505

APÉNDICES 537

PREFACIO

Filosofía educacional

Durante muchos años de enseñar estadística a estudiantes de administración, continuamente hemos buscado formas para mejorar estos cursos. Nuestra activa participación en las series "Haciendo la estadística más efectiva en las escuelas y en la administración" en el Instituto de Ciencias de la Decisión y en las conferencias de la American Statistical Association, así como la oportunidad de atender a un diversificado grupo de estudiantes en las grandes universidades, ha moldeado nuestra visión de la enseñanza de estos cursos. A lo largo de los años, nuestra visión ha llegado a incluir estos principios clave:

1. Se necesita mostrar a los estudiantes la importancia de la estadística.
   - Los estudiantes necesitan un marco de referencia cuando aprenden estadística, especialmente cuando ésta no es su especialidad. Ese marco de referencia para los estudiantes de administración debe comprender las áreas funcionales de negocios, esto es, contabilidad, economía y finanzas, sistemas de información, administración y marketing. Cada tema estadístico necesita presentarse en un contexto aplicado relacionado por lo menos con una de estas áreas funcionales.
   - El enfoque de la enseñanza en cada tema debería partir de su aplicación a la administración, la interpretación de resultados, la presentación de suposiciones, la evaluación de las suposiciones y la discusión acerca de lo que debería hacerse si las suposiciones son infringidas.
2. Los estudiantes deben familiarizarse con el software que se usa en el mundo de los negocios.
   - Integrar las hojas de trabajo o el software estadístico en todos los aspectos de un curso de introducción a la estadística permite que el curso se enfoque en la interpretación de los resultados antes que en los cálculos.
   - Los cursos de introducción a la estadística en la administración deben reconocer que en los negocios el software de hojas de trabajo está disponible en el escritorio de toma de decisiones (en ocasiones también hay software estadístico).
3. Los estudiantes requieren de suficiente guía para usar el software.
   - Los libros de texto deben proporcionar suficientes instrucciones como para que los alumnos puedan usar de forma efectiva el software e integrarlo al estudio de la estadística, sin permitir que la instrucción del software domine el curso.
4. Los estudiantes requieren de suficiente práctica para comprender cómo se usa la estadística en la administración.
   - Es recomendable que los ejemplos en clase y los ejercicios de tarea incluyan datos actuales o reales tanto como sea posible.
   - Los alumnos deben trabajar con conjuntos de datos, tanto pequeños como grandes, y ser animados a ver más allá del análisis estadístico de los datos para interpretar los resultados en un contexto administrativo.

Las innovaciones en esta edición

Esta cuarta edición de *Estadística para administración* ha mejorado en varias áreas importantes.

Es más accesible para los estudiantes

- Cada capítulo en este texto ha pasado por una revisión mayor y ahora se utiliza un estilo de escritura más activo y conversacional que los estudiantes apreciarán. Las oraciones se han acortado y simplificado.
- El texto se enfoca ahora más en aquellos temas que se cubren de forma característica en un primer curso. La cobertura de la regresión múltiple se redujo y se eliminó el pronóstico de las series de tiempo.

- En el texto se incluyen ahora muchos más ejemplos de la vida cotidiana. Tales ejemplos incluyen aquellos acerca de las compras *on line* (capítulo 2), el tiempo para estar listo en la mañana (capítulo 3), y el tiempo de espera en un restaurante de comida rápida (capítulo 9).
- Hemos simplificado muchos problemas para que no contengan más de cuatro partes.
- Se incluyen fórmulas importantes al final de cada capítulo.
- Al final del texto se proporcionan las soluciones a las preguntas de los autoexámenes.
- Se incluye un mapa para seleccionar el método estadístico adecuado al inicio del texto para ayudar a los estudiantes a seleccionar la técnica apropiada y para realizar conexiones entre los temas.
- Se han agregado a este texto muchos ejemplos y ejercicios nuevos tomados de *The Wall Street Journal, USA Today* y *Consumer Reports,* así como de otras fuentes.
- En casi todos los capítulos se incluye al final un caso web. Al visitar sitios Web relacionados con las empresas e investigar los temas que surgen del escenario "Uso de la estadística" al inicio de cada capítulo, los estudiantes aprenden a identificar el mal uso que se le da a la información estadística. Los casos Web requieren que los estudiantes examinen cuidadosamente las afirmaciones y la información variada para descubrir qué datos son los más relevantes para el caso. Los alumnos entonces deberán determinar si los datos apoyan las conclusiones y afirmaciones. (En el Manual de soluciones para el instructor se incluyen algunos consejos para usar los casos Web.)

Mayor instrucción de software

- Los apéndices de Excel al final de cada capítulo ahora explican cómo utilizar las hojas de trabajo estándar de Excel para realizar la mayoría de los análisis estadísticos. Instructores y estudiantes que desean evitar el uso de anexos, encontrarán de inmediato la utilidad de estas nuevas instrucciones. (Quienes elijan utilizar el apéndice referente a PHStat2 de Excel, encontrarán que se han colocado juntas todas las explicaciones de los comandos de PHStat2 en un nuevo apéndice G para una fácil referencia.)

	A	B	
1	**Estimate for the Mean Sales Invoice Amount**		
2			
3	**Data**		
4	**Sample Standard Deviation**	**28.95**	
5	**Sample Mean**	**110.27**	
6	**Sample Size**	**100**	
7	**Confidence Level**	**95%**	
8			
9	Intermediate Calculations		
10	Standard Error of the Mean	2.8950	**=B4/SQRT(B6)**
11	Degrees of Freedom	99	**=B6 - 1**
12	*t* Value	1.9842	**=TINV(1-B7,B11)**
13	Interval Half Width	5.7443	**=B12 * B10**
14			
15	**Confidence Interval**		
16	**Interval Lower Limit**	**104.53**	**=B5 - B13**
17	**Interval Upper Limit**	**116.01**	**=B5 + B13**

- Muchas de las hojas de trabajo estándar de Excel examinadas en los apéndices Excel están incluidas como ilustraciones dentro de los capítulos. Cada ilustración (véase el ejemplo de arriba) incluye un listado de todas las fórmulas de celda contenidas en la hoja de trabajo. (Los usuarios de PHStat2 también encontrarán informativas estas ilustraciones ya que son consistentes con las hojas de trabajo que el PHStat2 genera.)
- Con este texto se incluye gratis una versión actualizada de PHStat2: PHStat2 versión 2.5, la versión más nueva de agregados de Prentice Hall para Excel. Esta versión actualizada incluye elementos como la regresión múltiple con variables independientes en columnas no contiguas, diagramas de tallo y hojas y gráficas de caja y bigote mejorados, la prueba *Z* para la diferencia de dos medias, la prueba de Levene para la homogeneidad de la varianza y el procedimiento de Marascuilo de múltiples comparaciones para proporciones. (Encontrará apoyo para el uso de PHStat2, incluyendo actualizaciones gratis cuando estén disponibles, en **www.prenhall.com/phstat**.)

- Uso Minitab, versión 14, la más reciente del software estadístico de Minitab. Todos los resultados y todos los apéndices de Minitab en este texto provienen de esa versión, la última del software estadístico de Minitab.

Reorganización de los capítulos acerca de la prueba de hipótesis

- Todas las pruebas que implican la distribución normal y la distribución *t* se estudian en los capítulos 9 y 10 *antes* de la cobertura de la prueba *F*.
- El análisis de varianza se estudia en el capítulo 10.
- Todas las pruebas de chi cuadrada se ven en el capítulo 11.

Cambios por capítulos en la cuarta edición

Cada capítulo tiene una nueva página inicial que indica las secciones y apartados que lo componen.

- *Capítulo 1.* Se rescribieron las secciones 1.1, 1.2 y 1.3. Los apartados que tratan acerca del muestreo de encuestas se cambiaron al capítulo 7.
- *Capítulo 2.* Contiene nuevos datos acerca de los rendimientos de los fondos de inversión para el periodo comprendido entre 1999 y 2003. Las gráficas para las variables categóricas se presentan antes que las gráficas para variables numéricas. Todas las gráficas para una variable se exponen antes que las gráficas para dos variables. Se agregan ejemplos dentro del capítulo concernientes a las ventas *on line* y al costo de los alimentos en restaurantes, además de los referentes a los fondos de inversión.
- *Capítulo 3.* Cuenta con un nuevo conjunto de datos concernientes a los rendimientos entre 1999 y 2003 de los fondos de inversión. Los ejemplos dentro del capítulo se refieren al tiempo que se requiere para prepararse en la mañana así como a los rendimientos de fondos de inversión, se incluyen ahora puntuaciones *Z* para detectar valores extremos incluidos. La covarianza de la muestra se presenta ahora junto con el coeficiente de correlación.
- *Capítulo 4.* Ahora incluye el teorema de Bayes y las reglas de conteo.
- *Capítulo 5.* Abarca ahora la distribución de Poisson. La distribución normal se pasó al capítulo 6.
- *Capítulo 6.* Se dedica por completo a la distribución normal e incluye una sección simplificada de la gráfica de probabilidad normal.
- *Capítulo 7.* Incluye las distribuciones muestrales y los métodos de tipos y muestreo de encuesta; se explica el valor de la encuesta.
- *Capítulo 8.* Incluye la estimación del intervalo de confianza y cómo determinar el tamaño de la muestra.
- *Capítulo 9.* Utiliza un método más simple de seis pasos para realizar pruebas de hipótesis usando el enfoque del valor crítico y un método claro de cinco pasos para realizar la prueba de hipótesis utilizando el enfoque del valor-*p*.
- *Capítulo 10.* Está reorganizado para que las pruebas de dos muestras para la media y la proporción precedan a la prueba *F* de la diferencia entre varianzas. El capítulo también incluye el ANOVA de una vía.
- *Capítulo 11.* Incluye únicamente las pruebas χ^2.
- *Capítulo 12.* Ahora incluye cálculos para los coeficientes de regresión y suma de cuadrados en los ejemplos del capítulo.
- *Capítulo 13.* Ahora abarca r^2, r^2 ajustada y la prueba *F* global antes del análisis residual. El capítulo también incluye la regresión cuadrática.
- *Capítulo 14.* Se incluye la administración Seis Sigma.

Características distintivas

Hemos dado continuidad a muchos elementos tradicionales de ediciones anteriores. Hemos resaltado algunas de las siguientes características:

- **Escenarios de negocios "Uso de la estadística"** Cada capítulo inicia con un ejemplo del "Uso de la estadística", que muestra cómo la estadística se utiliza en la contabilidad, las finanzas, la administración o el marketing. Cada escenario se usa a lo largo del capítulo para ofrecer un contexto aplicado para los conceptos.

USO DE LA ESTADÍSTICA

Comparación de los rendimientos de los fondos de inversión

Entre las muchas opciones de inversión disponibles en la actualidad, una elección común para quienes piensan en su retiro son los fondos de inversión. Si usted decide invertir en fondos de inversión su cuenta de retiro, ¿qué haría para hacer una elección razonable de entre todos los fondos disponibles hoy?

Primero debería conocer las diferentes categorías de los fondos de inversión. Debería conocer las estrategias de los profesionales que administran los fondos. ¿Invierten en valores de alto riesgo o hacen elecciones más conservadoras? ¿El fondo se especializa en un determinado tamaño de compañía, uno cuya reserva principal totaliza un gran capital o uno de capital reducido? ¿Cobra el fondo comisiones por administración que reducen el porcentaje de utilidad del inversionista? Y, por supuesto, debería conocer qué tan bien el fondo ha manejado las inversiones en el pasado.

Todos éstos son datos que debe revisar cuando considere varias posibilidades de invertir en fondos de inversión. ¿Cómo "poner manos a la obra" con estos datos y explorarlos de manera exhaustiva?

- **Énfasis en el análisis de datos e interpretación de los resultados en computadora.** Creemos que el uso del software es una parte integral del aprendizaje de la estadística. Nuestro enfoque destaca el análisis de datos interpretando los resultados de Excel y Minitab, al mismo tiempo que reduce el énfasis en hacer cálculos. Por esa razón, hemos incluido más resultados de computadora y los hemos integrado al texto. Por ejemplo, en las tablas y gráficas del capítulo 2, el enfoque es en la interpretación, no en su construcción manual. En nuestra exposición de la prueba de hipótesis del capítulo 9 hasta el 11, se incluyen de forma extensa los resultados de computadora para que el énfasis se ponga en el método del valor-*p*. En nuestra explicación de la regresión lineal simple del capítulo 12, suponemos que se utiliza Excel o Minitab. Así que el énfasis está en la interpretación del resultado y no en los cálculos manuales.
- **Auxiliares pedagógicos.** Se incluyen en cada capítulo, con un estilo de escritura sencillo, cuadros de ecuaciones numeradas, una serie de ejemplos para reforzar los conceptos aprendidos, problemas divididos en Aprendizaje básico y Aplicación de conceptos, así como conceptos clave.
- **Apéndices al final del capítulo.** Usando Excel y la versión 14 de Minitab con ilustraciones, se incluyen instrucciones fáciles de seguir. Las instrucciones para PHStat2 se incluyen en el apéndice G. Los apéndices SPSS se incluyen en el CD-ROM que acompaña este texto.
- **Respuestas.** Se incluyen las respuestas para la mayoría de los ejercicios pares al final del libro.
- **PHStat2.** En el CD-ROM para estudiantes se incluye un programa complementario para Excel que incrementa sus capacidades estadísticas y ejecuta para usted el menú de selección de bajo nivel y las entradas de las tareas de hojas de trabajo asociadas con la realización de los análisis estadísticos en Excel. Al combinarlo con el Data Analysis ToolPak de Excel, se pueden ilustrar virtualmente todos los métodos estadísticos enseñados en un curso de introducción a la estadística utilizando Excel.
- **Estudios de caso y proyectos en equipo.** Se incluyen estudios de caso detallados al final de varios capítulos. El caso del *Springville Herald* se incluye al final de prácticamente todos los capítulos como tema integrador. Al final de muchos capítulos se incluye un Proyecto en equipo relacionado con los fondos de inversión como tema integrador.
- **Exploraciones visuales.** Se incluye gratuitamente con este texto un libro de trabajo de Excel, que permite a los estudiantes explorar de forma interactiva conceptos importantes en estadística descriptiva, probabilidad, distribución normal y análisis de regresión. Por ejemplo, en la estadística descriptiva, los estudiantes observan el efecto que tiene el cambio de datos en la media, mediana, cuartiles y desviación estándar. En las distribuciones muestrales, los estudiantes utilizan la simulación para explorar el efecto del tamaño de la muestra en la distribución muestral. Con la distribución normal, los estudiantes logran ver el efecto que tienen los cambios en la media y la desviación estándar sobre las áreas bajo la curva normal. En el análisis de regresión, los alumnos tienen la oportunidad de ajustar una línea y observar cómo cambia la pendiente y cómo la intersección afecta el ajuste. (Exploraciones visuales requiere la instalación del sistema de seguridad Medio de Excel.)

Paquete complementario

El paquete complementario que acompaña este texto incluye el siguiente material:

- **Manual de soluciones para el instructor.** Este manual incluye recomendaciones de enseñanza para cada capítulo, detalles extra para la solución de problemas y muchas soluciones para Excel y Minitab.
- **Manual de soluciones para el estudiante.** Este manual proporciona soluciones detalladas para prácticamente todos los ejercicios pares.
- **Archivo de reactivos de examen.** El archivo de reactivos de examen contiene preguntas de cierto/falso, de opción múltiple, llenado y solución de problemas con base en las definiciones, conceptos e ideas desarrollados en cada capítulo del texto.
- **Software de exámenes TestGen.** Este banco de exámenes impreso está diseñado para utilizarse con el software generador de exámenes TestGen. Este paquete computarizado permite a los instructores diseñar, guardar y generar exámenes para el salón de clases. El programa permite a los maestros editar, aumentar o borrar las preguntas del banco de exámenes; editar las gráficas existentes y crear nuevas; analizar los resultados de los exámenes, y organizar una base de datos de las pruebas y de los resultados de los alumnos. Este software permite una mayor flexibilidad y es fácil de utilizar. Ofrece muchas opciones para organizar y presentar las pruebas, junto con una característica de buscar y seleccionar. El programa está disponible tanto en el CD-ROM del instructor como en el catálogo *on line* de Prentice Hall para su descarga.
- **Centro de recursos para el instructor.** Este centro de recursos para el instructor contiene los archivos electrónicos completos para el Manual de soluciones del instructor (en Word), el Archivo de reactivos de examen (en Word), el Archivo computarizado de reactivos de examen (Word), TestGen, y presentaciones en PowerPoint.
- **Herramientas administrativas para el curso y tareas**
- **Prentice Hall's OneKey.** Ofrece los mejores recursos de enseñanza y aprendizaje en un solo lugar. Todo lo que usted necesita para planear y administrar su curso lo encontrará en OneKey para *Estadística en la administración, Un primer curso, 4a. edición,* y es todo lo que sus alumnos necesitan para tener acceso a los materiales de su curso en cualquier momento y desde cualquier lugar. La compilación de recursos está convenientemente organizada siguiendo los capítulos del libro de texto e incluye: vínculos a exámenes, presentaciones en PowerPoint, archivos de datos, vínculos a los casos Web, descarga de PHStat2, Descarga de Exploraciones visuales, Manual de soluciones para el estudiante, así como recursos instruccionales adicionales.
- **WebCT y Pizarrón.** Con la instalación local de algún curso de sistema de administración, Prentice Hall brinda contenidos diseñados específicamente para este libro de texto con el fin de crear un juego completo para el curso, integrado estrechamente con las herramientas del sistema de administración del curso.
- **PH Grade Assist.** Este sistema *on line* de tareas y evaluación permite al instructor asignar problemas para que los estudiantes practiquen y resuelvan tareas o exámenes. Los problemas, tomados directamente del texto, son generados algorítmicamente, para que cada estudiante reciba un problema ligeramente diferente con una respuesta distinta. Esta característica permite al alumno realizar intentos múltiples para adquirir más práctica y mejorar su competencia. El PH Grade Assist califica los resultados y los traslada a las hojas de trabajo de Excel.
- **Sitio Web acompañante.** Este sitio contiene:
  - Una guía de estudio en línea con preguntas de cierto/falso, de opción múltiple y de ensayo, diseñadas para probar la comprensión del alumno en los temas del capítulo.
  - Archivos con presentaciones en PowerPoint con lo más importante del capítulo y sus correspondientes fórmulas.
  - Archivos de datos de los alumnos para los problemas del texto en Excel, Minitab y SPSS.
- **Versión Minitab para el estudiante.** Por un costo adicional razonable, se puede incluir una versión para el alumno de Minitab Versión 14. Por favor, póngase en contacto con su representante de ventas de Prentice Hall para información sobre cómo hacer un pedido.
- **Versión SPSS para el alumno.** Por un costo adicional razonable, se puede incluir una versión del SPSS 12 con este texto. Por favor, póngase en contacto con su representante de ventas de Prentice Hall para información sobre cómo hacer un pedido.
- **Sitio Web del texto.** Este texto tiene una página en la World Wide Web en **www.prenhall.com/levine**. Este sitio ofrece muchos de los recursos tanto para maestros como para alumnos.

  PHStat2 tiene una página en la World Wide Web en **www.prenhall.com/phstat.**

Es posible encontrar una página índice para el material de apoyo para todos los casos Web incluidos en este texto en **www.prenhall.com/Springville/Springvillecc.htm.**

Agradecimientos

Estamos especialmente agradecidos con muchas organizaciones y empresas que nos permitieron utilizar sus datos para desarrollar problemas y ejemplos a lo largo del texto. Quisiéramos agradecer a *The New York Times,* Consumer Union (editores de *Consumer Reports*), Mergent's Investor Service (editores de *Mergent's Handbook of Common Stocks*) y CEEPress.

Además, quisiéramos dar las gracias a Biometrika Trustees, American Cyanimid Company, Rand Corporation y la American Society for Testing and Materials (por su amable permiso para publicar varias tablas en el apéndice E), así como a la American Statistical Association (por su permiso para publicar diagramas de *American Statician*).

Una nota de agradecimiento

Deseamos agradecer a Randy Craig, Salem State University; Mark Eakin, University of Texas-Arlington; Kathy Ernstberger, Indiana University-Southeast; Kimberley Killmer Hollister, Montclair State University; C.P. Kartha, University of Michigan, Flint; Robert Lemke, Lake Forest College; Ram Misra, Montclair State University; Prashant Palvia, University of North Carolina, Greensboro; Susan Pariseau, Merrimack College; Brock Williams, Texas Tech University; Frederick Wiseman, Northeastern University; Reginald Worthley, University of Hawaii, Manoa; y Charles Zimmerman, Robert Morris College, por sus comentarios que contribuyeron a mejorar este libro.

Especialmente agradecemos a Debbie Clare, Mark Pfaltzgraff, Jeff Shelstad, Alana Bradley, Anne Graydon, Cynthia Regan, Nancy Welcher y Jane Avery de los equipos editoriales, de marketing y producción de Prentice Hall. Ha sido un privilegio trabajar con Tom Tucker en este proyecto así como en muchos proyectos previos. Como ahora Tom cambia de profesión, extrañaremos mucho su discernimiento, apoyo y dedicación. Gracias Tom y ¡buena suerte!

Queremos agradecer a nuestros lectores y revisores especialistas Annie Puciloski, Stonehill College y James Zimmer, Chatanooga State University, por su diligencia al revisar nuestro trabajo; a Robie Grant por su revisión de pruebas; a Julie Kennedy por su trabajo de edición, y a Sandra Krausman de GGS Book Services, Atlantic Highlands, por su trabajo en la producción de este texto.

Estamos muy agradecidos por el amor y apoyo de nuestras familias. Nuestros padres Reuben y Lee Levine, Marvin Krehbiel, Roberta Reed y Nat y Ethel Berenson, nos han bendecido con una vida de apoyo. Por último, quisiéramos agradecer a nuestras esposas e hijos por su paciencia, comprensión, amor y apoyo para hacer de este libro una realidad. Es a ellos a quienes dedicamos esta obra.

Comentarios finales

Hemos llegado lejos para hacer este texto sólido desde el punto de vista pedagógico y libre de errores. Si tiene cualquier sugerencia o requiere de alguna aclaración sobre el material, o si encuentra algún error, por favor envíe un mensaje a **David_Levine@BARUCH.CUNY.EDU** o **KREHBITC-@MUOHIO.EDU**. Incluya la frase BSFC—version 4 en el espacio de Asunto de su correo electrónico. Para mayor información acerca del uso de PHStat2, véase los apéndices F y G, y el archivo de lectura PHStat2 en el CD-ROM que acompaña este libro.

David M. Levine

Timothy C. Krehbiel

Mark L. Berenson

CAPÍTULO 1

Introducción y recolección de datos

OBJETIVOS DE APRENDIZAJE

En este capítulo, aprenderá:

- Cómo se usa la estadística en los negocios
- Cuáles son las bases de datos que se utilizan en los negocios
- Los tipos de datos usados en negocios

USO DE LA ESTADÍSTICA

Good Tunes—Parte I

Good Tunes es un comerciante minorista en línea de sistemas de entretenimiento, que busca expandir su negocio abriendo varias tiendas. Para obtener el financiamiento que garantice su expansión, Good Tunes requiere solicitar préstamos a los bancos locales. Los administradores de la firma acuerdan realizar una presentación con diapositivas que expliquen su negocio y muestren su situación real para convencer a los banqueros de prestarles el dinero que necesitan. A usted se le pide que ayude en el proceso de preparación de las diapositivas. ¿Qué hechos incluiría? ¿Cómo los presentaría?

Todos los días usted hace acopio de noticias e información que le sirven de guía en su vida. Así, escuchar el reporte meteorológico le ayudará a decidir qué ropa usar, y si vive en una ciudad grande tal vez deba escuchar el reporte vial que le indique la mejor ruta para llegar al trabajo o a la escuela.

Sus gustos personales, así como las cosas que no le agradan, también rigen algunas de sus decisiones. A pesar de las críticas negativas que escucha acerca de alguna película, tal vez decida verla sólo por la admiración que siente hacia cierto actor.

De igual forma, los administradores de empresas deben tomar decisiones todos los días. Aunque en ocasiones evidencian sus "impulsos viscerales" al tomar decisiones (lo que se conoce formalmente como toma de decisión no estructurada), la mayoría de las veces deciden a partir de hechos concretos. Como estudiante de negocios, usted no debe tomar decisiones no estructuradas, ya que éstas requieren de intuición y discernimiento que se desarrollan tras muchos años de experiencia. Sin embargo, puede aprender procedimientos y métodos que le ayudarán a tomar mejores decisiones basadas en hechos concretos. Cuando comience a familiarizarse con los procedimientos y métodos implicados en la recolección, la presentación y la elaboración de resúmenes de un conjunto de datos, o a obtener conclusiones acerca de tales datos, entonces habrá descubierto la estadística.

En el escenario de Good Tunes, usted debe partir de la suposición razonable de que los banqueros buscan tomar decisiones basadas en hechos concretos que usted presentará, y no en otros factores, tales como antojos, gustos o aversiones personales. Presentar información errónea o aun correcta pero de forma inadecuada, podría llevar a los banqueros a tomar decisiones administrativas equivocadas, lo cual pondría en riesgo el futuro de Good Tunes. Usted necesita saber de estadística para presentar los hechos necesarios, y para aprender estadística lo primero que debe conocer son sus conceptos básicos.

1.1 CONCEPTOS BÁSICOS DE LA ESTADÍSTICA

La **estadística** es la rama de las matemáticas que examina las formas de procesar y analizar datos. La estadística ofrece los procedimientos para recolectar y transformar los datos de manera que sean útiles a quienes toman decisiones en los negocios. Para comprender la estadística, primero necesita conocer la definición de una variable.

VARIABLES

Las **variables** son las características de los objetos o de los individuos.

Ejemplos de variables son el género al que usted pertenece, su especialidad o campo de estudio, la cantidad de dinero que tiene en su cartera y el tiempo que le toma alistarse por la mañana para ir a la escuela. El aspecto esencial de la palabra *variable* es la idea de que las cosas difieren y las personas también. Tal vez la persona que está sentada a su lado sea hombre, quizá se esté especializando en algún campo de estudio totalmente diferente del suyo, de seguro tendrá una cantidad diferente de dinero en su cartera y sin duda ocupará una cantidad de tiempo diferente al suyo para alistarse e ir al trabajo cada mañana. Se debe distinguir entre una variable, como el género, y su *valor* para una observación individual (por ejemplo, "masculino").

Todas las variables deben tener una **definición operacional**, es decir, un significado universalmente aceptado que sea claro para todos aquellos que estén relacionados con el análisis. La falta de definiciones operacionales genera confusión. Un ejemplo notable de confusión que ilustra la importancia de las definiciones operacionales es el de las elecciones presidenciales del año 2000 en Estados Unidos y las boletas electorales del estado de Florida que estuvieron en disputa (Jackie Calmes y Edward P. Foldessy, "In Election Review, Bus Wins with No Supreme Court Help", *The Wall Street Journal*, 12 de noviembre de 2001, A1, A14). Con la ayuda del National Opinion Research Center de la Universidad de Chicago, se llevó a cabo una revisión de 175,010 boletas que fueron rechazadas porque no registraban votos presidenciales, o bien, porque contenían votos a favor de dos o más candidatos. Se utilizaron nueve estándares o definiciones operacionales para evaluar las boletas. Estos nueve estándares generaron diferentes resultados. Tres de los estándares (incluido uno propuesto por Al Gore) llevaron a George Bush a tener márgenes de victoria que iban de 225 a 493 votos. Seis de los estándares (incluido uno propuesto por George Bush) llevaron a Al Gore a tener márgenes de victoria que iban de 42 a 171 votos.

POBLACIÓN

La **población** consiste en todos los miembros de un grupo acerca de los cuales se desea obtener una conclusión.

MUESTRA

Una **muestra** es una parte de la población seleccionada para análisis.

PARÁMETRO

Un **parámetro** es una medida numérica que describe una característica de la población.

ESTADÍSTICO

Un **estadístico** es la medida numérica que describe alguna característica de la muestra.

Ahora que se han definido las variables, usted necesita comprender el significado de conceptos como población, muestra, parámetro y estadístico.

Ejemplos de poblaciones son todos los estudiantes de tiempo completo de una universidad, todos los votantes registrados en la ciudad de Nueva York, y la gente que fue de compras al centro comercial de alguna ciudad el pasado fin de semana. Las muestras podrían seleccionarse a partir de cada una de esas tres poblaciones. Los ejemplos incluyen 10 alumnos de tiempo completo seleccionados para participar en una investigación, 500 votantes registrados en Nueva York con los que se entabló comunicación vía telefónica para realizar una encuesta política, y 30 compradores del centro comercial encuestados sobre el grado de satisfacción del consumidor. En cada caso, la gente de la muestra representa una porción o subconjunto de la gente comprendida en la población.

La cantidad promedio que gastó la gente que fue de compras al centro comercial el fin de semana pasado es un parámetro. Se requiere información de todos los compradores para calcular este parámetro. La cantidad promedio que gastaron los 30 compradores que respondieron a la encuesta sobre el grado de satisfacción del consumidor es un estadístico. La información de estos 30 compradores se emplea para calcular el estadístico.

La estadística se divide en dos ramas, ambas aplicables a la administración de negocios. La **estadística descriptiva** se enfoca en la recolección, resumen y presentación de un conjunto de datos. La **estadística inferencial** utiliza datos de las muestras para obtener conclusiones acerca de cierta población.

La estadística descriptiva tiene sus raíces en la necesidad de las grandes organizaciones políticas y sociales de guardar registros. Por ejemplo, cada década desde 1790, en Estados Unidos se realiza un censo que recolecta y resume datos acerca de los ciudadanos. A través de los años, el U.S. Census Bureau ha sido uno de los grupos que ha mejorado los métodos de estadística descriptiva. Los fundamentos de la estadística inferencial se basan en las matemáticas de la teoría de la probabilidad. Los métodos inferenciales utilizan los datos de la muestra para calcular los estadísticos que proporcionan los estimados de las características de una población.

En la actualidad, los métodos estadísticos se aplican en diferentes áreas de los negocios. La contabilidad utiliza métodos estadísticos para seleccionar muestras con el propósito de auditar y para entender los costos de los conductores en la contabilidad de costos. Las finanzas usan métodos estadísticos para seleccionar entre alternativas de cuentas de inversión y para analizar las mediciones financieras a través del tiempo. La administración utiliza métodos estadísticos para mejorar la calidad de los productos manufacturados o los servicios que ofrece una organización. El marketing emplea métodos estadísticos para estimar el número de consumidores que prefieren un producto sobre otro y para saber por qué lo prefieren, así como para obtener conclusiones que permitan determinar la mejor estrategia de publicidad que incremente las ventas de un producto.

1.2 EL CRECIMIENTO DE LA ESTADÍSTICA Y LAS TECNOLOGÍAS DE LA INFORMACIÓN

Durante el siglo pasado, la estadística jugó un papel importante al promover el uso de la tecnología de la información y ésta, por su parte, contribuyó a difundir el uso de la estadística. Al iniciar el siglo XX, la expansión de los requerimientos de manejo de datos asociados con el censo federal llevó directamente al desarrollo de máquinas tabuladoras que fueron las antecesoras de los sistemas computacionales que utilizan los negocios en la actualidad. Especialistas como Pearson, Fisher, Gosset, Neyman, Wald y Tukey establecieron las técnicas de la estadística inferencial moderna, en respuesta a la necesidad de analizar grandes conjuntos de datos poblacionales que, ya para entonces, implicaban costos elevados, consumían mucho tiempo y eran difíciles de recopilar. El desarrollo de los primeros sistemas computacionales permitió a otros diseñar programas de cómputo que facilitaran el cálculo y procesamiento de datos impuestos por tales técnicas. A la vez, esos programas iniciales permitieron a los responsables de tomar decisiones hacer un mayor uso de los métodos estadísticos; por otra parte, los recientes avances en la tecnología de la información ayudaron a difundir el empleo de métodos estadísticos más complejos.

En la actualidad, cuando escuche acerca de comerciantes minoristas que invierten en "sistemas de administración de relaciones con el cliente", o en un paquete productor de bienes dedicado al "data mining" para descubrir las preferencias de los consumidores, se dará cuenta de que las técnicas estadísticas son como los cimientos de esas aplicaciones de la tecnología de la información. Aun cuando tales aplicaciones pudieran requerir programación a la medida, durante muchos años los negocios han tenido acceso a **paquetes estadísticos**, tales como Minitab y SPSS, que son programas estandarizados para ayudar a los administradores a usar una amplia gama de técnicas estadísticas para automatizar el procesamiento y cálculo de datos que requieren esas técnicas. Mientras que en el pasado esos paquetes estaban disponibles sólo en centros computacionales corporativos, el aumento en el poder y la conectividad de las computadoras personales ha llevado estos paquetes al escritorio, donde se han reunido con herramientas familiares como los procesadores de palabras, las hojas de cálculo y los programas de la Web.

Los costos de arrendamiento y capacitación asociados a los paquetes estadísticos han llevado a muchos a considerar el uso de las funciones de gráficos y estadísticos del programa Excel, de Microsoft. Sin embargo, es necesario que sea cuidadoso de las preocupaciones que muchos especialistas en la materia tienen acerca de qué tan completos y precisos son los resultados estadísticos de Excel. Por desgracia, algunos investigadores han determinado que ciertas herramientas estadísticas del programa contienen fallas que pueden invalidar los resultados, en especial cuando los conjuntos de datos usados son muy grandes o tienen propiedades estadísticas poco usuales (vea la referencia 3 al final del capítulo). Está claro que cuando usted utilice Excel, deberá ser cuidadoso acerca de los datos y análisis que maneje. El hecho de que quizá las complicaciones sobrepasen los beneficios de las atractivas características de Excel es todavía un enigma sin respuesta para los negocios.

1.3 CÓMO ESTÁ ORGANIZADO ESTE TEXTO

El objetivo principal de este texto es ayudarle a aprender y comprender cómo los métodos estadísticos resultan útiles en los procesos de toma de decisiones. Para los estudiantes de negocios, esta comprensión incluye los siguientes objetivos:

- Presentar y describir de forma apropiada los datos e información en los negocios.
- Llegar a conclusiones sobre grandes poblaciones únicamente a partir de información recolectada de las muestras.
- Hacer predicciones confiables acerca de las tendencias en los negocios.
- Mejorar los procesos de los negocios.

Este texto considera estos cuatro objetivos como principio organizador. La figura 1.1 muestra la forma en que cada capítulo se relaciona con estos objetivos. Usted explorará los métodos implicados en la recolección, presentación y descripción de información en lo que resta de este capítulo así

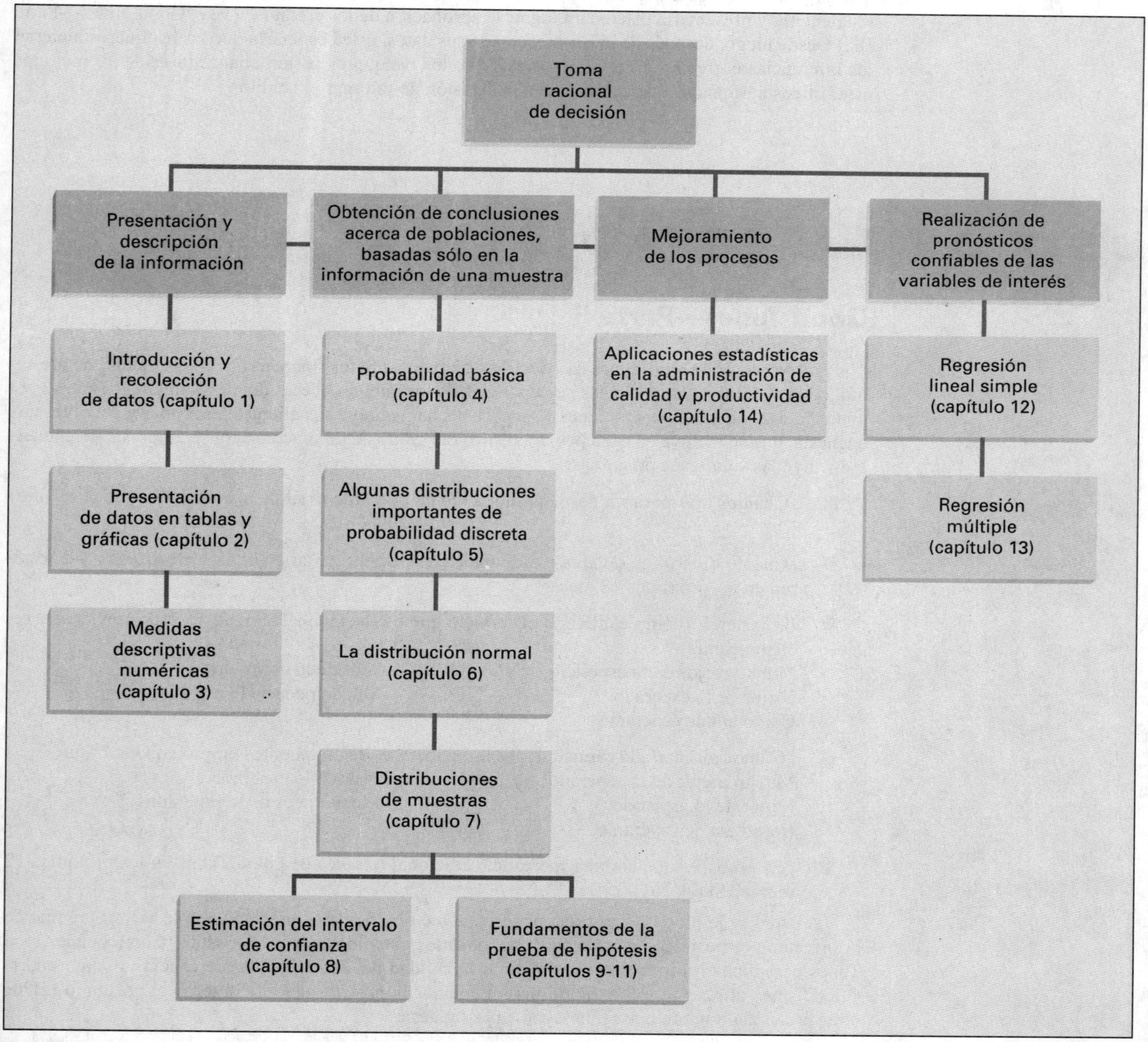

FIGURA 1.1 Tabla estructural para este texto.

como en los capítulos 2 y 3. En los capítulos 4 a 7 aprenderá sobre los conceptos básicos de probabilidad y de las distribuciones binomial, normal y otras, que comprenderá mejor en los capítulos 8 a 11, donde se estudiará cómo obtener conclusiones acerca de grandes poblaciones a partir de la información de las muestras. En los capítulos 12 y 13 se enfocará en el análisis de la regresión que se utiliza para hacer pronósticos. En el capítulo 14 aprenderá métodos para mejorar los procesos en los negocios.

Como el aprendizaje contextual mejora la comprensión, cada capítulo inicia con un escenario de "Uso de la estadística" como el de "Good Tunes—Parte I" de la página 2, que identifica un problema de negocios en el que se aplica la estadística para convertir los datos en información útil para tomar una decisión racional. Las preguntas que surgen de los escenarios llevan a respuestas en forma de métodos estadísticos presentados en secciones subsiguientes del texto. Al reflexionar sobre estas preguntas, ganará en la apreciación de cómo los administradores de negocios usan la estadística en la actualidad para solucionar sus problemas y mejorar la calidad de sus productos y servicios.

Para el escenario de "Good Tunes—Parte I", elegir lo que presentará es tan importante como elegir el método adecuado para la presentación y el resumen. En este caso, probablemente los banqueros pedirán conocer algunos datos, es decir, las "finanzas" del negocio. Pero, ¿qué otros datos recolectaría y presentaría usted para lograr la aprobación de los créditos? (Vea "Good Tunes—Parte II".) Desde luego, después de haber presentado sus datos, usted esperaría que los banqueros hicieran las inferencias correctas. Es decir, esperaría que los banqueros fueran conocedores de los métodos estadísticos apropiados que conduzcan a la decisión de ¡otorgar el crédito!

USO DE LA ESTADÍSTICA

Good Tunes—Parte II

Los propietarios de Good Tunes han decidido apoyar los datos financieros de su solicitud de préstamo, con los datos referentes a las percepciones de los clientes acerca del negocio Good Tunes. Para ayudar a evaluar estas percepciones, Good Tunes ha pedido a sus clientes responder y devolver una encuesta, que se incluye en cada pedido, acerca del grado de satisfacción con la empresa. La encuesta incluye las siguientes preguntas:

- ¿Cuántos días pasaron desde el momento en que ordenó su mercancía hasta que la recibió? ________
- ¿Cuánto dinero (en dólares estadounidenses) espera gastar en equipo electrónico y de estéreo en los próximos 12 meses? ________
- En general, ¿cómo calificaría el servicio que ofrece Good Tunes de acuerdo con su más reciente compra?

Mucho mejor de lo esperado	☐	Peor de lo esperado	☐
Mejor de lo esperado	☐	Mucho peor de lo esperado	☐
Como era de esperarse	☐		

- ¿Cómo calificaría la calidad de los artículos que recientemente compró en Good Tunes?

Mucho mejor de lo esperado	☐	Peor de lo esperado	☐
Mejor de lo esperado	☐	Mucho peor de lo esperado	☐
Como era de esperarse	☐		

- ¿Es probable que compre mercancía adicional a través de Good Tunes en los próximos 12 meses? Sí ☐ No ☐

A usted se le pide revisar esta encuesta. ¿Qué tipo de datos pretende recolectar? ¿Qué tipo de información es posible generar a partir de los datos obtenidos por la encuesta? ¿Cómo puede Good Tunes usar dicha información para mejorar la calidad del servicio y la mercancía? ¿Cómo podría Good Tunes utilizar la información para aumentar la probabilidad de obtener el préstamo? ¿Qué otras preguntas sugiere que se incluyan en la encuesta?

1.4 RECOLECCIÓN DE DATOS

Administrar un negocio de forma efectiva requiere la recolección de los datos apropiados. En muchas ocasiones, los datos son medidas que se obtienen de los elementos de una muestra, y las muestras se toman de la población, de tal forma que sean lo más representativas posible. La técnica más común para asegurar una representación adecuada es usar una muestra aleatoria. (Vea el capítulo 7 para una explicación más detallada de las técnicas de muestreo.)

Existen diversas circunstancias que requieren la recolección de datos:

- Un analista de investigación de mercados necesita evaluar la efectividad de una nueva campaña publicitaria en televisión.
- Un productor farmacéutico necesita determinar si un nuevo medicamento es más efectivo que los que actualmente se consumen.
- Un administrador de operaciones desea monitorear el proceso de producción para comprobar si la calidad de cierto producto satisface los estándares de la compañía.
- Un auditor desea revisar las transacciones financieras de una empresa para determinar si ésta cumple o no con principios contables aceptables.
- Un inversionista potencial desea determinar qué firmas industriales tienen mayor probabilidad de crecer de forma acelerada en un periodo de recuperación económica.

Identificación de las fuentes de datos

Identificar las fuentes de datos apropiadas es un aspecto importante del análisis estadístico. Si los sesgos, ambigüedades u otro tipo de errores estropean los datos que son recolectados, ni siquiera los métodos estadísticos más complejos producirán una información precisa. Existen cuatro importantes fuentes de datos:

- Los que proporciona una organización o un individuo.
- Un experimento diseñado.
- Una encuesta.
- Un estudio observacional.

Las fuentes de datos se clasifican en **fuentes primarias** y **fuentes secundarias**. Cuando el recolector de datos es quien los usa para el análisis, la fuente es primaria. Cuando una organización o individuo han compilado los datos que utiliza otra organización o individuo, la fuente es secundaria.

Las organizaciones e individuos que recolectan y publican datos, generalmente los utilizan como fuente primaria y después permiten a otros usarlos como fuente secundaria. Por ejemplo, el gobierno federal de Estados Unidos recolecta y distribuye datos tanto para propósitos públicos como privados. El Bureau of Labor Statistics recolecta los datos que emplea y también distribuye cada mes el *Consumer Price Index*. El Census Bureau supervisa una gran variedad de encuestas actuales referentes a población, vivienda e industria, y lleva a cabo estudios especiales en temas como el crimen, los viajes y el cuidado de la salud.

Las empresas de investigación de mercado y las asociaciones de comercio también distribuyen datos referentes a industrias o mercados específicos. Los servicios de inversión como Mergent proporcionan datos financieros en una base de compañía a compañía. Servicios como los de A.C. Nielsen ofrecen a sus clientes datos que permiten la comparación de los productos del cliente con los de sus competidores. Todos los días los periódicos están repletos de información numérica referente a los precios de las acciones, las condiciones del clima y estadísticas deportivas.

Como expresamos antes, conducir un experimento es otra fuente importante de recolección de datos. Por ejemplo, para probar la efectividad de un detergente, un experimentador determina qué marcas son más eficientes para dejar limpia la ropa sucia, lavándola directamente, en lugar de preguntar a los clientes qué marca creen que sea más eficaz. Diseños experimentales adecuados generalmente son tema de estudio en textos más avanzados porque a menudo implican procedimientos estadísticos muy complejos. Sin embargo, consideraremos algunos conceptos fundamentales del diseño experimental en el capítulo 10.

Realizar una encuesta es la tercera fuente de datos importante. En ella se pregunta a la gente sobre sus creencias, actitudes, comportamientos y otras características. Las respuestas posteriormente se editan, codifican y tabulan para su análisis.

Dirigir un estudio observacional es la cuarta fuente de datos importante. En este estudio, el investigador observa el comportamiento de forma directa, generalmente en su ambiente natural. Los estudios observacionales tienen muchas formas en los negocios. Un ejemplo de ellos es el **grupo focal**, una herramienta de investigación de mercado que se utiliza para provocar respuestas no estructuradas ante preguntas abiertas. En un grupo focal un moderador dirige la discusión y los participantes responden a las preguntas. Otros tipos de estudios más estructurados implican dinámicas de grupo y construcción de consenso y el uso de numerosas herramientas del comportamiento organizacional como la lluvia de ideas, la técnica Delphi y el método del grupo nominal. Las técnicas de los estudios observacionales también se utilizan en situaciones en las que el esfuerzo de un grupo de trabajo o el mejoramiento en la calidad de los productos son los objetivos o metas de la administración.

1.5 TIPOS DE DATOS

Los **datos** son los valores observados de las variables, por ejemplo, las respuestas a una encuesta. Los especialistas desarrollan encuestas para lidiar con una gran variedad de variables diferentes. Como se ilustra en la figura 1.2, existen dos tipos de variables: categóricas y numéricas.

FIGURA 1.2
Tipos de variables.

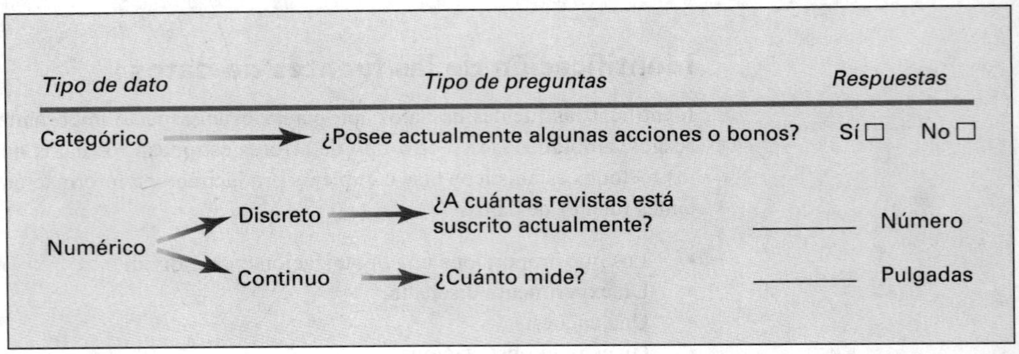

Las **variables categóricas** producen respuestas categóricas, tales como sí o no. Un ejemplo es la respuesta a la pregunta "¿Posee actualmente algunas acciones o bonos?", porque se limita a una respuesta de sí o no. Otro ejemplo es la respuesta a la pregunta de la encuesta de Good Tunes (presentada en la página 6) "¿Es probable que compre mercancía adicional a través de Good Tunes en los próximos 12 meses?" En ocasiones, las variables categóricas también generan más de dos posibles repuestas. Por ejemplo, "¿qué día de la semana es más probable que coma en un restaurante?".

Las **variables numéricas** producen respuestas tales como la estatura en pulgadas. Otros ejemplos son: "¿cuánto dinero (en dólares estadounidenses) espera gastar en equipo electrónico y de estéreo en los próximos 12 meses?" (Tomado de la encuesta del grado de satisfacción del cliente de Good Tunes), o la respuesta a la pregunta "¿A cuántas revistas está suscrito actualmente?" Hay dos tipos de variables numéricas: discretas y continuas.

Las **variables discretas** producen respuestas numéricas que surgen de un proceso de conteo. "El número de revistas a las que está suscrito" es un ejemplo de una variable numérica discreta, porque la respuesta es una de un número finito de números enteros. Una persona se suscribe a cero, una, dos, o más revistas.

Las **variables continuas** producen respuestas numéricas que surgen de un proceso de medición. La estatura es un ejemplo de una variable numérica continua, porque la respuesta toma cualquier valor dentro de un continuo o intervalo, dependiendo de la precisión del instrumento que se utilice para medir. Por ejemplo, una persona podría medir 67 pulgadas, $67\frac{1}{4}$ pulgadas, $67\frac{7}{32}$ pulgadas o $67\frac{58}{250}$ pulgadas, dependiendo de la precisión de los instrumentos disponibles.

No hay dos personas que midan exactamente lo mismo y cuanto más precisos sean los dispositivos de medición, mayor será la probabilidad de detectar las diferencias entre las estaturas. Sin embargo, la mayoría de los dispositivos de medición no son tan precisos como para detectar pequeñas diferencias. Por lo tanto, a menudo encontramos *observaciones enlazadas* a los datos experimentales o de encuesta, aun cuando la variable sea verdaderamente continua, y teóricamente todos los valores de una variable continua son diferentes.

PROBLEMAS PARA LA SECCIÓN 1.5

Aprendizaje básico

1.1 Se venden tres diferentes bebidas en un restaurante de comida rápida: refrescos, té y café. Explique por qué el tipo de bebida es un ejemplo de variable categórica.

1.2 En el restaurante de comida rápida se venden refrescos en tres tamaños: chico, mediano y grande. Explique por qué el tamaño de la bebida es una variable categórica.

1.3 Suponga que mide el tiempo que le toma bajar de Internet un archivo de MP3.
a. Explique por qué el tiempo que le toma bajarlo es una variable numérica.
b. ¿Esta variable es discreta o continua?

Aplicación de conceptos

✓ AUTO Examen **1.4** Para cada una de las siguientes variables, determine si es categórica o numérica. Si la variable es numérica, determine si es discreta o continua.
a. Número de aparatos telefónicos por casa.
b. Duración (en minutos) de la llamada de larga distancia más prolongada hecha cada mes.
c. Si existe en la casa una línea telefónica conectada a un módem de computadora.
d. Si hay un fax en la casa.

ASISTENCIA de PH Grade **1.5** La siguiente información se recolecta de estudiantes que salen de la librería del campus durante la primera semana de clases:
a. Cantidad de tiempo que pasan de compras en la librería.
b. Número de libros de texto comprados.
c. Especialidad académica.
d. Género.

Clasifique cada una de estas variables como categóricas o numéricas. Si la variable es numérica, determine si es discreta o continua.

ASISTENCIA de PH Grade **1.6** Para cada una de las siguientes variables, determine si la variable es categórica o numérica. Si la variable es numérica, indique si es discreta o continua.
a. Nombre del proveedor de Internet.
b. Cantidad de tiempo que navega en Internet por semana.
c. Número de correos electrónicos recibidos en una semana.
d. Cantidad de compras hechas en línea durante un mes.

1.7 Para cada una de las siguientes variables, determine si es categórica o numérica. Si es numérica indique si la variable es discreta o continua.
a. Cantidad de dinero gastado en ropa en el último mes.
b. Tienda departamental preferida.
c. Periodo de tiempo durante el cual es más probable que realice compras de ropa (entre semana durante el día, entre semana durante la noche, fin de semana).
d. Número de pares de guantes de invierno que posee.

1.8 Suponga que la siguiente información fue recolectada de la solicitud de préstamo hipotecario que hizo Robert Keeler al Metro County Savings and Loan Association:
a. Pagos mensuales: $1,427.
b. Número de empleos en los últimos 10 años: 1.
c. Ingreso salarial familiar anual: $86,000.
d. Estado civil: casado.

Clasifique cada una de las respuestas por el tipo de datos.

1.9 Una de las variables que más a menudo se incluyen en las encuestas es el ingreso. A veces la pregunta es: "¿cuál es su ingreso (en miles de dólares)?" En otras encuestas, a quien responde se le pide que "Coloque una X en el círculo que corresponda a su nivel de ingreso" y se ofrecen varios rangos para elegir.
a. En el primer formato, explique por qué el ingreso podría considerarse tanto discreto como continuo.
b. ¿Cuál de los dos formatos preferiría usar al conducir una encuesta? ¿Por qué?

1.10 Si dos estudiantes obtienen una puntuación de 90 en el mismo examen, ¿qué argumentos podría usar para mostrar que la variable subyacente (puntuación de la prueba) es continua?

1.11 El director de investigación de mercados de una gran cadena de tiendas departamentales desea llevar a cabo una encuesta en el área metropolitana para determinar la cantidad de tiempo que las mujeres pasan comprando ropa en un mes.
a. Describa tanto la población como la muestra de interés, e indique el tipo de datos que el director desearía recolectar.
b. Desarrolle un primer borrador del cuestionario requerido, anotando series de tres preguntas categóricas y tres preguntas numéricas que usted considere apropiadas para esta encuesta.

RESUMEN

En este capítulo ha estudiado la recolección y los diferentes tipos de datos que se usan en los negocios. En el escenario de "Uso de la estadística" se le pidió que revisara la encuesta de clientes diseñada por la compañía Good Tunes (vea la página 6). Las primeras dos preguntas generarán datos numéricos y las últimas tres producirán datos categóricos. Las respuestas a la primera pregunta (número de días) son discretas y las respuestas a la segunda pregunta (cantidad de dinero gastado) son continuas. Después de recolectar los datos, deben organizarse y prepararse para realizar varios análisis. En los siguientes dos capítulos se desarrollarán los temas de tablas, gráficas y una gran variedad de medidas numéricas que son útiles para analizar los datos.

CONCEPTOS CLAVE

Datos 8
Definición operacional 3
Estadística 2
Estadística descriptiva 4
Estadística inferencial 4
Estadístico 3
Fuentes primarias 7
Fuentes secundarias 7
Grupo focal 8
Muestra 3
Paquetes estadísticos 4
Parámetro 3
Población 3
Variables 3
Variables categóricas 8
Variables continuas 8
Variables discretas 8
Variables numéricas 8

PROBLEMAS DE REPASO

Revisión de su comprensión

1.12 ¿Cuál es la diferencia entre una muestra y una población?

1.13 ¿Cuál es la diferencia entre un estadístico y un parámetro?

1.14 ¿Cuál es la diferencia entre la estadística inferencial y la descriptiva?

1.15 ¿Cuál es la diferencia entre una variable categórica y una numérica?

1.16 ¿Cuál es la diferencia entre una variable discreta y una continua?

1.17 ¿Qué es una definición operacional y por qué es importante?

Aplicación de conceptos

1.18 La Data and Story Library (**lib.stat.cmu.edu/DASL**) es una librería de archivos de datos e historias en línea, que ilustra el uso de los métodos estadísticos básicos. Las historias están clasificadas por método y por tema. Visite este sitio y dé clic en **List all topics**. Seleccione una historia y elabore un resumen de cómo se ha utilizado la estadística en ella.

1.19 Visite el sitio oficial de Microsoft Excel (**www.microsoft.com/office/excel**). Explique cómo cree que sea útil el programa Excel en el campo de la estadística.

1.20 Visite el sitio oficial de Minitab Web (**www.minitab.com**). Explique cómo cree que Minitab resulte útil en el campo de la estadística.

1.21 Visite el sitio oficial de SPSS (**www.spss.com**). Explique cómo cree que sea útil el SPSS en el campo de la estadística.

1.22 La organización Gallup pone a disposición los resultados de las elecciones en su sitio Web (**www.gallup.com**). Visítelo y dé clic en algún artículo que le interese de la sección "Top Stories".

a. Dé un ejemplo de una variable categórica que se encuentre en el artículo.
b. Dé un ejemplo de una variable numérica encontrada en el artículo.
c. La variable que seleccionó en *b*), ¿es discreta o continua?

1.23 El sitio del U.S. Census Bureau (**www.census.gov**) contiene la información de las encuestas sobre población, negocios, geografía y otros temas. Visite el sitio, dé clic en **Housing**, en la sección "People". Después dé clic en **American Housing Survey**.

a. Describa brevemente el American Housing Survey.
b. Dé un ejemplo de una variable categórica que haya encontrado en la encuesta.
c. Dé un ejemplo de una variable numérica que haya encontrado en la encuesta.
d. La variable que seleccionó en *c*), ¿es discreta o continua?

1.24 En el sitio Web del U.S. Census Bureau (**www.census.gov**), dé clic en **Survey of Business Owners** en la sección "Business" y lea la descripción The Survey of Business Owners and Self-Employed Persons (SBO). Dé clic en **SBO-1**, en la sección "Forms and Instructions" para visualizar la forma de encuesta usada.

a. Dé un ejemplo de una variable aleatoria categórica encontrada en esta encuesta.
b. Dé un ejemplo de una variable aleatoria numérica encontrada en esta encuesta.
c. La variable que seleccionó en *b*), ¿es discreta o continua?

1.25 En un reporte basado en un estadístico del Departamento del Transporte de Estados Unidos U.S., la empresa JetBlue fue la número 1 en calidad entre todas las líneas aéreas de ese país en 2003. JetBlue obtuvo el segundo mejor tiempo de desempeño, al llegar a tiempo el 86% de las veces. También los clientes de JetBlue llenaron menos formatos de quejas que los de todas las demás líneas aéreas, salvo una ("JetBlue calificada como la línea aérea número 1, dice el reporte", USAToday.com, 5 de abril, 2004).

a. ¿Cuál o cuáles de los cuatro tipos de fuentes de datos listados en la sección 1.4 en la página 7 cree que se utilizaron en este estudio?
b. Nombre una variable categórica usada en este artículo.
c. Nombre una variable numérica usada en este artículo.

1.26 De acuerdo con una encuesta de Goldman Sachs, sólo cerca del 4% de los hogares estadounidenses utilizan los servicios bancarios *on line*. Una encuesta realizada por Cyber Dialogue investigó las razones por las que la gente abandona el banco *on line* después de intentarlo. A continuación se ofrece un listado parcial de los resultados obtenidos por la encuesta

Cyber Dialogue ("USA Snapshots", *USA Today*, 21 de febrero de 2000, A1).

¿Por qué abandonó el banco *on line*?

Demasiado complicado o se lleva demasiado tiempo	27%
No le satisface el servicio al cliente	25%
No lo necesita/no está interesado	20%
Tiene preocupaciones acerca de la seguridad o de un fraude	11%
Demasiado costoso	11%
Tiene dudas sobre la privacidad	5%

a. Describa la población de la encuesta Goldman Sachs.
b. Describa la población de la encuesta Cyber Dialogue.
c. La respuesta a la pregunta "¿Por qué abandonó el banco *on line*?", es ¿categórica o numérica?
d. El 27% de quienes respondieron indicaron que el banco en línea era demasiado complicado o tomaba demasiado tiempo. ¿Es esto un parámetro o un estadístico?

1.27 Un fabricante de comida para gatos planeaba realizar una encuesta en los hogares estadounidenses para determinar los hábitos de compra de quienes poseen gatos. Entre las preguntas que se incluirían estaban las relacionadas con la siguiente información:

1. Dónde se compra la comida de gato por lo general.
2. La comida de gato comprada es seca o húmeda.
3. El número de gatos que viven en el hogar.
4. Si el gato tiene o no pedigree.

a. Describa la población.
b. Para cada uno de los reactivos listados, indique si la variable es categórica o numérica. Si es numérica, ¿es discreta o continua?
c. Plantee cinco preguntas categóricas para la encuesta.
d. Plantee cinco preguntas numéricas para la encuesta.

INTRODUCCIÓN A LOS CASOS WEB

APRENDIENDO DE LOS CASOS WEB EN ESTE TEXTO

La gente usa técnicas estadísticas para ayudar a comunicar y a presentar información importante a otros tanto dentro como fuera de sus negocios. Sin embargo, cada día, la gente hace mal uso de esas técnicas:

- Un administrador de ventas que trabaja con un programa de gráficas "fácil de usar", elige una gráfica inapropiada que oscurece las relaciones de los datos.
- El editor de un reporte anual presenta la gráfica de los ingresos con un eje Y reducido que crea la falsa impresión de que ha habido un gran incremento en los ingresos.
- Un analista genera estadísticos sin significado acerca de un conjunto de datos categóricos al usar un tipo de análisis diseñado para datos numéricos.

Aunque la mayoría de los casos en que se hace mal uso de la estadística no son intencionales, usted debe ser capaz de identificar todos esos usos incorrectos para ser un administrador bien informado. El objetivo principal de los Casos Web a lo largo del texto, es ayudarle a desarrollar este tipo de habilidad.

Se le pedirá que visite los sitios Web que están relacionados con las compañías y los temas tratados en el escenario de "Uso de la estadística" con el que inicia cada capítulo, o una página Web que apoye la continuación de la historia del *Springville Herald*, un diario de una pequeña ciudad. Revisará también documentos internos así como demandas públicas, para identificar y corregir los usos incorrectos de la estadística. De forma diferente a como lo haría un libro de texto tradicional, pero apegado a las situaciones del mundo real, no toda la información que encontrará será relevante para su tarea; en ocasiones descubrirá información conflictiva que tendrá que aclarar antes de continuar con los casos.

Para ayudarle con su aprendizaje, los Casos Web de cada capítulo inician con el objetivo de aprendizaje y la sinopsis del escenario que está bajo estudio. Se le dirigirá hacia un sitio o página Web específica y se le hará una serie de preguntas que guiarán su exploración. Si lo prefiere, también podrá explorar páginas Web para casos enlazados a la página del Springville Chamber of Commerce (**www.prenhall.com/Springville/SpringvilleCC.htm**).

Para complementar a los Casos Web, en casi todos lo capítulos encontrará un ejercicio tradicional de estudio de caso en el que se le pedirá que aplique sus conocimientos sobre la estadística en un problema que enfrente el *Springville Herald.*

Para ilustrar el uso de los Casos Web, visite el sitio de Good Tunes (**www.prenhall.com/Springville/Good_Tunes.htm**), el minorista en línea mencionado en los escenarios de "Uso de la estadística" en este capítulo. Recuerde que la empresa privada Good Tunes busca financiamiento para expandir su negocio abriendo otras tiendas. Como el interés del administrador es hacer que los banqueros vean en Good Tunes un negocio floreciente, no sorprende que utilice el argumento de que "éste ha sido nuestro mejor año en ventas", como título de la página "Buenos tiempos para Good Tunes".

Esta frase también es un hipervínculo, así es que dé un clic en "éste ha sido nuestro mejor año en ventas" para abrir la página que apoya esa afirmación. ¿Qué tan bien la apoya? ¿Con una tabla de números? ¿Con una gráfica? ¿Con declaraciones atribuidas a fuentes conocedoras? Good Tunes ha usado una gráfica para presentar los datos de sus ventas por categoría "hace dos años" y "los últimos 12 meses". ¿Hay problemas en las elecciones hechas en esta página Web? *¡Absolutamente!*

Primero, observe que no hay escalas para los símbolos usados, por lo que es imposible saber cuál es el volumen de ventas real. De hecho, como aprenderá en la sección 2.6, las gráficas que incorporan símbolos de esta forma se consideran como *gráficas basura*, que jamás utilizarían los especialistas.

Además de este importante punto, surge otra pregunta acerca de si los datos de venta representan el número de unidades vendidas o algo más. El uso de símbolos da la impresión de que se están presentando datos de unidades vendidas. Si es así, ¿apoyan estos datos el argumento, o tal vez otros datos, como el volumen en dólares, serían un mejor indicador de las ventas de Good Tunes?

Además están las curiosas etiquetas de las gráficas. "Los últimos 12 meses" es ambiguo —podría incluir meses del año en curso así como meses del año anterior y, por lo tanto, no ser equivalente a un periodo de "hace dos años". Puesto que el negocio se estableció en 1997 y la categoría es "éste ha sido nuestro mejor año en ventas", ¿por qué la administración no incluyó las cifras de ventas de *cada* año?

¿Está la administración de Good Tunes ocultando algo, o simplemente no son conscientes del uso adecuado de la estadística? De cualquier modo, no han logrado comunicar de forma adecuada un aspecto vital de su "historia".

En los siguientes Casos Web se le pedirá realizar este tipo de análisis, usando las preguntas abiertas de este texto como guía. No todos los casos son tan claros y sinceros como esta muestra, y algunos casos incluyen aplicaciones estadísticas perfectamente apropiadas.

REFERENCIAS

1. Kendall, M.G. y R.L. Plackett, eds., *Studies in the History of Statistics and Probability,* vol. 2 (Londres: Charles W. Griffin, 1977).
2. Kirk, R.E., ed., *Statistical Issues: A Reader for the Behavioral Sciences* (Monterey, CA: Brooks/Cole, 1972).
3. McCullough, B.D. y B. Wilson, "On the accuracy of statistical procedures in Microsoft Excel 97", *Computational Statistics and Data Analysis,* 31 (1999), 27-37.
4. *Microsoft Excel 2003* (Redmond, WA: Microsoft Corporation, 2002).
5. *Minitab Release 14* (State College, PA: Minitab, Inc., 2004).
6. Pearson, E. S., ed., *The History of Statistics in the Seventeenth and Eighteenth Centuries* (Nueva York: Macmillan, 1978).
7. Pearson, E.S. y M.G. Kendall, eds., *Studies in the History of Statistics and Probability* (Darien, CT: Hafner, 1970).
8. *SPSS® Base 12.0 Brief Guide* (Upper Saddle River, NJ: Prentice Hall, 2003).

Apéndice 1 Introducción del uso de los programas estadísticos

ALGO SOBRE ESTE APÉNDICE

Sección A1.1 Lea esta sección si no se encuentra familiarizado con las operaciones básicas de Windows que se requieren para usar de forma eficiente Excel, Minitab o SPSS.
Sección A1.2 Lea esta sección sólo si planea usar Excel con este texto.
Sección A1.3 Lea esta sección sólo si está usando Minitab con este texto.
Sección A1.4 Lea esta sección del CD-ROM sólo si está usando el SPSS con este texto.

Nota: A lo largo de este apéndice y de los demás que se incluyen en este texto, el símbolo ➔ se usa para representar una secuencia en el menú de selecciones. Por ejemplo, la instrucción "seleccionar **Archivo ➔ Abrir**" significa que primero debe seleccionar el **Archivo** en el menú de opciones y posteriormente la opción **Abrir** del submenú que aparece.

A1.1 USO DE WINDOWS

Uso del ratón

En Windows, con frecuencia usted usa el ratón u otro dispositivo señalador para seleccionar y activar opciones en la pantalla al presionar un botón. Por convención, Windows da por hecho que los dispositivos señaladores poseen dos botones, uno designado como botón primario y otro como botón secundario. Es posible mover el ratón, presionar y soltar sus botones de las siguientes maneras:

Hacer clic o seleccionar: Mover el ratón sobre un objeto y presionar el botón primario.

Arrastrar: Mover el ratón sobre un objeto. Mientras se presiona el botón primario, mover la flecha del ratón hacia otro lugar en la pantalla y soltar el botón. Al arrastrar se mueven los objetos hacia otra parte o también se pueden seleccionar varios puntos.

Hacer doble clic: Mover el ratón sobre un objeto y dar dos clics en el botón primario en una sucesión rápida.

Hacer clic en el botón derecho: Mover el ratón sobre un objeto y dar un clic en el botón secundario.

Por default, Windows define el botón izquierdo del ratón como botón primario y el derecho como el botón secundario (esto da lugar a la frase "clic-derecho"), pero es posible invertir estas definiciones a través del icono Panel de control.

Programas de apertura

Usted puede elegir una de dos formas para abrir directamente programas como Excel, Minitab o SPSS. Éstas formas son:

- **Clic en el icono del programa:** Dar doble clic en el icono del escritorio que representa el programa que utilizará (algunas versiones de Windows sólo requieren un clic).
- **Opción Inicio Menú:** Presione la **tecla con el icono de Windows** (o dé clic en el botón Inicio en la pantalla) y elija la opción **Programa** o **Todos los programas**. De la lista que aparece, seleccione el programa que utilizará. Si éste aparece en un submenú, primero debe seleccionar el submenú y después el programa.

Los usuarios expertos de Windows conocen otras formas de abrir un programa. Usted puede, claro está, usar también alguna de esas formas, si así lo prefiere.

Sistema operativo Windows

Windows debe su nombre al hecho de que cada vez que se abre un programa, también se abre una pantalla rectangular enmarcada o "ventana". En ella se interactúa con el programa, lo que permite abrir ventanas adicionales en las que es posible entrar y realizar diversas actividades.

La ventana de apertura de la mayoría de los programas contiene los siguientes elementos comunes:

Una **barra de título** en la parte superior, que identifica el programa y cualquier archivo que esté en uso.

Los **botones para modificar el tamaño** en el lado derecho del área de la barra de título, que afectan el tamaño en que se exhibe la pantalla.

El **botón de cerrar el programa** en el margen superior derecho de la barra de título, que permite dar por terminado de forma rápida el uso del programa.

La **barra del menú** es una lista horizontal de palabras debajo de la barra de título que contiene el comando de opciones en uno o más menús.

Una o más **barras de herramientas** con botones que son comandos de acceso rápido.

La figura A1.1 muestra estos elementos comunes para abrir ventanas en Excel 2003, Minitab Release 14, y el SPSS Student Version 12. Note que las ventanas para estos programas adicionalmente tienen un área destinada a una hoja de trabajo, compuesta por filas y columnas que sirven para introducir datos.

Ventanas de diálogo

Muchas entradas u opciones disponibles para utilizar el programa muestran ventanas adicionales conocidas como ventanas de diálogo. Las de Excel 2003 permiten abrir o imprimir un archivo (vea la figura A1.2), y contienen los siguientes elementos en común:

Botón de ayuda con el signo de interrogación: Dar clic en este botón le permite seleccionar un elemento de la ventana de diálogo y desplegar un mensaje de ayuda en cuanto a su uso.

Cuadro de lista hacia abajo: Al hacer clic en el botón se despliega hacia abajo una lista de opciones, que aparece en la esquina derecha de la ventana.

Cuadro de lista: Despliega una lista de opciones. En ocasiones incluye una **barra de desplazamiento** o **guía** si la lista es más grande de lo que el tamaño del cuadro podría mostrar.

Cuadro de texto: Ofrece un espacio para escribir una entrada. En ocasiones estos cuadros se combinan con una lista hacia abajo o con **botones** (que se observan en las página de la ventana en la figura A1.2), con formas alternativas de especificar una entrada.

Cuadro de exploración: Ofrece una serie de opciones para elegir desde cero, una o más de una opción (compare con los botones de opción).

Iconos: Permiten un acceso directo a otras aplicaciones en Windows en las que se pueden almacenar los archivos.

Botones de opción: Muestra un conjunto de elecciones mutuamente excluyentes en las cuales sólo una opción puede elegirse a la vez.

Botones de comando: Permite al programa realizar alguna acción que generalmente cierra la ventana de diálogo actual y muestra una adicional. El **botón Aceptar** hace que el programa actúe usando los valores y escenarios en uso de la ventana de diálogo. El **botón Cancelar** cierra el cuadro de diálogo y cancela la operación asociada con él.

A1.2 INTRODUCCIÓN A EXCEL

Visión general de Excel

Excel es un programa de hoja de trabajo electrónica de Microsoft Office. Aunque no es un programa estadístico especializado, Excel contiene las funciones estadísticas básicas e incluye el paquete de herramientas para análisis de datos útiles para eje-

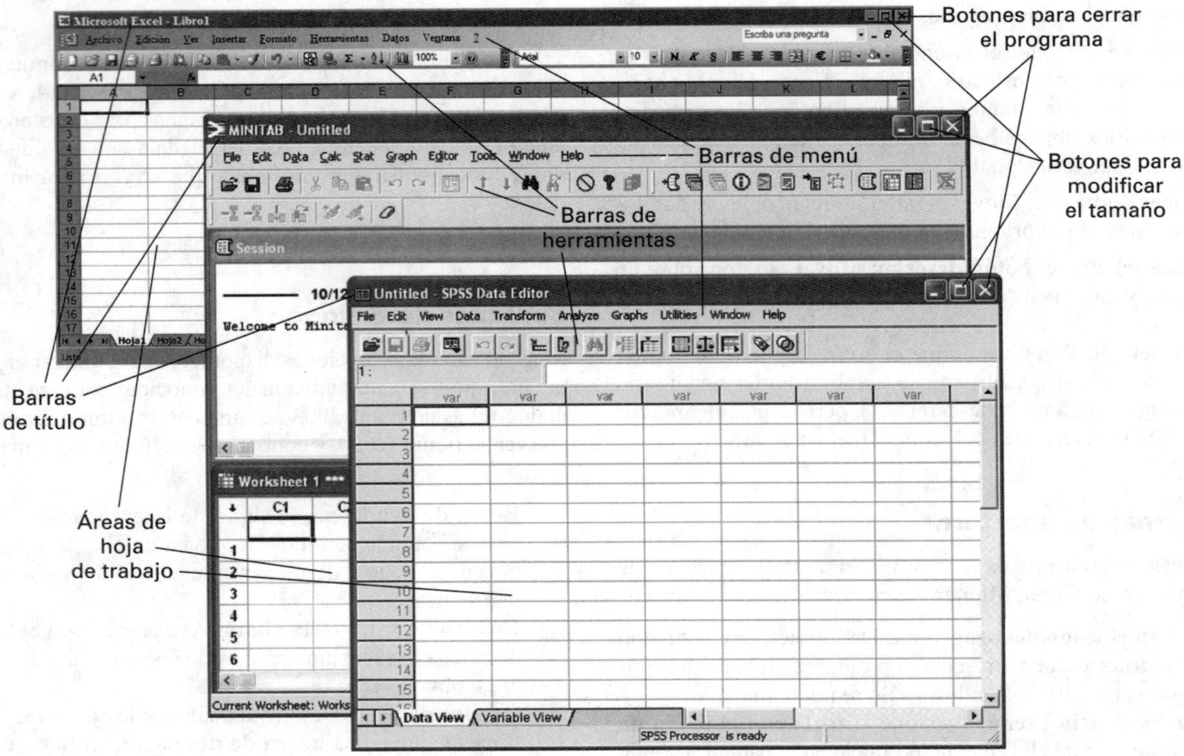

FIGURA A1.1 Ventanas de los programas Microsoft Excel, Minitab y SPSS.

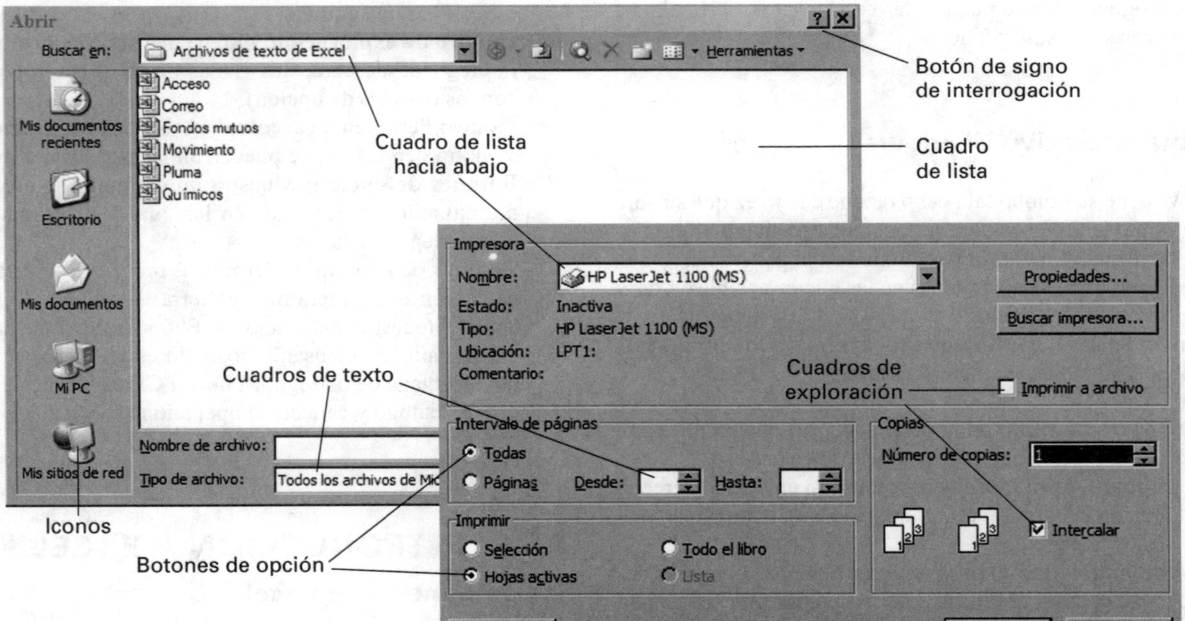

FIGURA A1.2 Elementos comunes a las ventanas de diálogo.

cutar métodos estadísticos avanzados. Puede instalar PHStat2 add-in de Prentice Hall (incluido en el CD-ROM que acompaña a este texto), el cual le permitirá extender y reforzar el paquete de herramientas para análisis de datos que contiene Microsoft. (No es necesario usar el PHStat2 para emplear Excel con este texto, aunque al hacerlo simplificará el uso de Excel para realizar los análisis estadísticos.)

Con Excel es posible crear o abrir y guardar archivos que se llaman **hojas de trabajo**. Éstos son conjuntos de hojas de trabajo y objetos relacionados, tales como gráficas que contienen datos originales, así como cálculos y resultados asociados con uno o más análisis. Por la amplia difusión de Excel, resulta conveniente usarlo, pero algunos especialistas en estadística han manifestado su preocupación en relación con el hecho de que arroja resultados que no son totalmente confiables y precisos para algunos procedimientos estadísticos. Aunque Microsoft ha mejorado muchas de sus funciones estadísticas a partir de Excel 2003, es necesario ser precavidos en su uso para análisis de datos, además de los que presenta este texto. (Si piensa instalar el PHStat2, asegúrese de leer primero el apéndice F y el archivo "Léame" de PHStat2 que aparecen en el CD-ROM incluido.)

Uso de las hojas de trabajo de Excel

En Excel se introducen los datos en las hojas de trabajo que están organizadas en columnas tituladas con letras y filas numeradas. Generalmente se escriben los datos para cada variable en columnas separadas, en la celda de la fila uno para la etiqueta de una variable y cada fila subsiguiente para una observación singular. Se debe seguir la buena costumbre de introducir sólo un conjunto de datos por cada hoja de trabajo.

Para referirse a una entrada específica, o celda, se usa una notación *Sheetname!ColumnRow*. Por ejemplo, la notación Data!A2 se refiere a la celda de la columna A y la fila 2 en la hoja de trabajo. Para referirse a un grupo específico o **rango** de celdas, se usa una notación *Sheetname!Upperleftcell:Lowerrightcell*. Por ejemplo, la notación Data!A2:B11 se refiere a las 20 celdas que están en las filas 2 a 11 en las columnas A y B de la hoja de trabajo.

Cada hoja de trabajo de Excel tiene su propio nombre. Excel las nombra de forma automática como **Hoja1**, **Hoja2**, etcétera. El usuario debería renombrar las hojas de cálculo con nombres más descriptivos. Esto se hace dando doble clic en las pestañas de las hojas que aparecen en la parte baja, se escribe el nuevo nombre y se presiona la tecla Enter para aceptar.

Uso de fórmulas en las hojas de trabajo de Excel

Las fórmulas son entradas en las celdas de las hojas de trabajo, que ejecutan cálculos o algunas otras tareas. Se ingresan las fórmulas escribiendo el signo igual (=), seguido por una combinación de operaciones matemáticas o de procesamiento de datos.

Para las fórmulas simples se utilizan los símbolos +, –, *, /, y ^ para las operaciones de suma, resta, multiplicación, división y exponente (un número elevado a una potencia), respectivamente. Por ejemplo, la fórmula =Data!B2 + Data!B3 + Data!B4 + DataB5 suma los contenidos de las celdas B2, B3, B4 y B5 de la hoja de trabajo y muestra la suma como el valor en la celda correspondiente. También se usan las *funciones* de Excel para simplificar las fórmulas. Por ejemplo, la fórmula =SUM(Data!B2:B5), que usa la función Excel SUM( ), es el equivalente más corto de la fórmula de la oración anterior. También se usan las referencias de las celdas o rangos de celdas que no contienen la parte *Sheetname*!, tales como B2 o B2:B5. Estas referencias *siempre* se relacionan con la hoja de trabajo en la que se ingresó la fórmula.

Las fórmulas permiten crear soluciones generalizadas y darle a Excel su capacidad distintiva de volver a calcular de forma automática los resultados al cambiar los valores. Por lo general, al usar una hoja de trabajo sólo se ven los resultados de las fórmulas ingresadas, pero no las fórmulas en sí. Sin embargo, para su referencia en este texto se han incluido muchas ilustraciones de las hojas de trabajo de Excel que muestran las fórmulas subyacentes junto con los resultados que producen. Al usar Excel, es posible seleccionar **Herramientas → Opciones** y en la etiqueta **Vista** de la ventana de diálogo **Opciones** que aparece enseguida seleccionar el cuadro de exploración de **Fórmulas** y dar clic en el botón **Aceptar** para ver en la pantalla las fórmulas y no los resultados. Para restaurar la vista original, hay que deseleccionar el cuadro de exploración de **Fórmulas**.

Uso del Asistente para gráficos de Excel

El Asistente para Gráficos de Excel permite generar una gran variedad de éstos. Éste es uno de los varios **Asistentes** de Microsoft Office, a través del cual un conjunto de ventanas de diálogo interrelacionadas nos guían paso a paso, conforme se crea un gráfico. Para usarlo, primero seleccione **Insertar → Gráfico**. Después seleccione la información de las propiedades del gráfico conforme avanza a través de las ventanas de diálogo dando clic al botón Siguiente. Al dar clic en el botón **Finalizar** en la última ventana de diálogo, se termina con el Asistente y se crea el gráfico. Es posible cancelar la operación del Asistente en cualquier punto dando clic en el botón **Cancelar** o moviéndose hacia una ventana de diálogo previa dando clic en el botón **Atrás**.

Los Asistentes gráficos de las diferentes versiones de Excel difieren ligeramente. Para Excel 2003 el Asistente de gráficos de cuatro pasos (vea la figura A1.3) requiere lo siguiente:

Paso 1: Elija el tipo de gráfico.

Paso 2: Ingrese la ubicación de los datos, para los valores que serán graficados y la fuente de datos para los títulos informativos de la gráfica (si es que los hay).

Paso 3: Especifique el formato y las opciones de las etiquetas para el gráfico. (Vea más comentarios a la derecha.)

Paso 4: Elija la ubicación del gráfico en la hoja de trabajo. Usted creará un gráfico con una mejor escala si elige la opción "en una hoja nueva" en lugar de la opción "como objeto (en la hoja de trabajo)".

Es factible cambiar esta configuración después de que se haya producido el gráfico dando un clic con el botón derecho del ratón en el gráfico y haciendo la selección adecuada en el menú que aparece. Por ejemplo, para reconsiderar la colocación asociada con el paso 3 de la ventana de diálogo, debe seleccionar de ese menú **Opciones de gráfico**.

La configuración automática de la ventana de diálogo del paso 3 crea gráficos diseñados de forma imperfecta. Cuando usted usa el Asistente de gráficos para generar aquellos que requieren los problemas y ejemplos de este texto, debe seleccionar las pestañas que muestran abajo (vea la figura A1.4) y continuar las instrucciones (si una pestaña no aparece en la ventana de diálogo del paso 3 para un tipo específico de gráfico, ignore la instrucción de la pestaña):

- Seleccione la pestaña **Títulos** e ingrese etiquetas para título y ejes, si es apropiado.
- Seleccione la pestaña **Ejes** y después en la ventana de exploración tanto el **eje (X)** como el **eje (Y)**. También seleccione el botón de la opción **Automático** bajo el cuadro de exploración del eje (X).
- Elija la pestaña **Líneas de división** y deseleccione todas las opciones debajo del encabezado del eje (X) y bajo el encabezado del eje (Y).
- Seleccione la pestaña **Leyenda** y deseleccione el cuadro de exploración de **Mostrar la leyenda**.
- Seleccione la pestaña **Rótulos de datos** y en esa pestaña seleccione el botón de la opción **Ninguno**.

Abrir y guardar hojas de trabajo

Se abren las hojas para usar datos y resultados que usted u otras personas hayan creado antes. Para abrir una hoja de Excel, primero seleccione **Archivo → Abrir**. En la ventana de diálogo de Abrir que aparece, debe dar clic en el botón de **Aceptar**. Si no encuentra su archivo, tal vez necesitará hacer una o dos cosas más como:

- Utilizar las barras de desplazamiento, si se muestran, para deslizarse por la lista completa de archivos.
- Seleccionar el archivo correcto de la lista **Ver en** de la parte superior de la ventana de diálogo.
- Cambiar el valor de los **Tipos de archivos** de la lista hacia abajo en la parte inferior de la ventana de diálogo. Seleccionar la opción **Archivos de texto** de la lista para ver

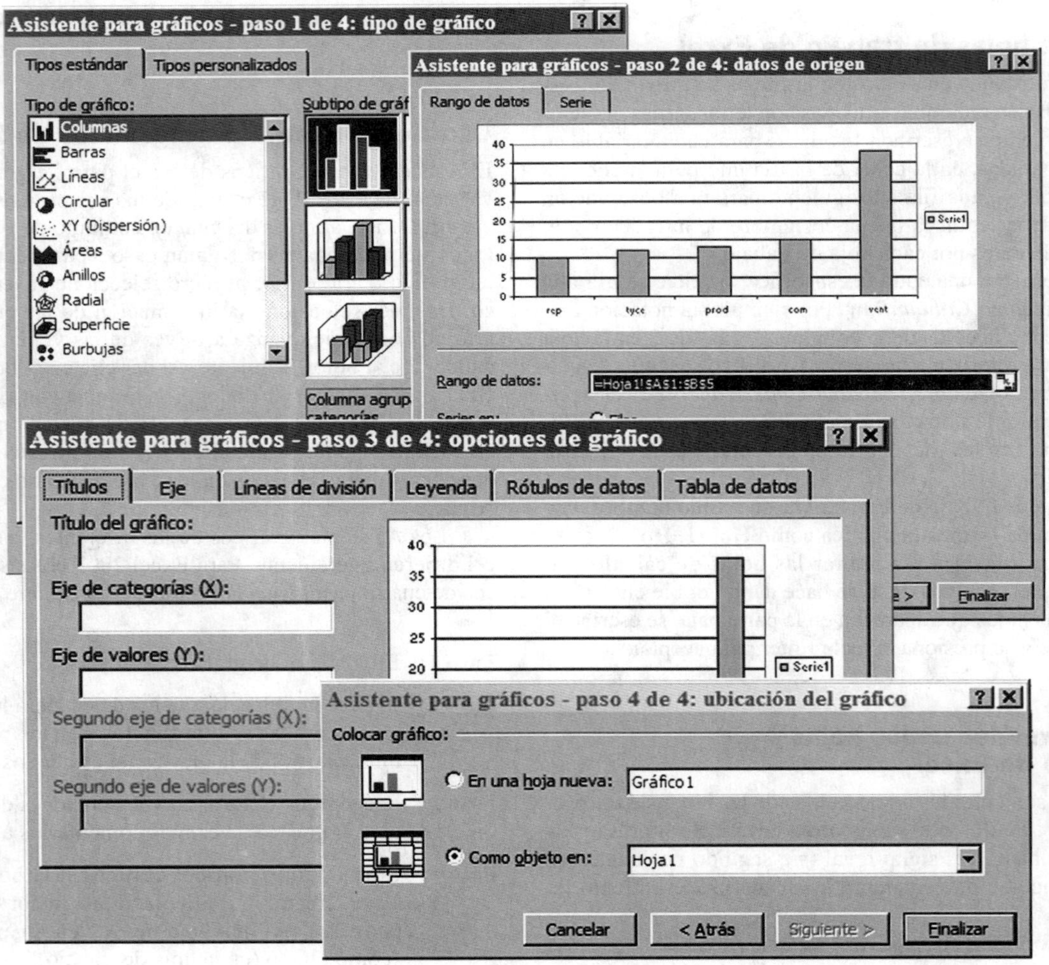

FIGURA A1.3 Ventanas de diálogo del Asistente para gráficas de Excel.

FIGURA A1.4 Asistente de gráficos. Paso 3, pestañas de la ventana de diálogo.

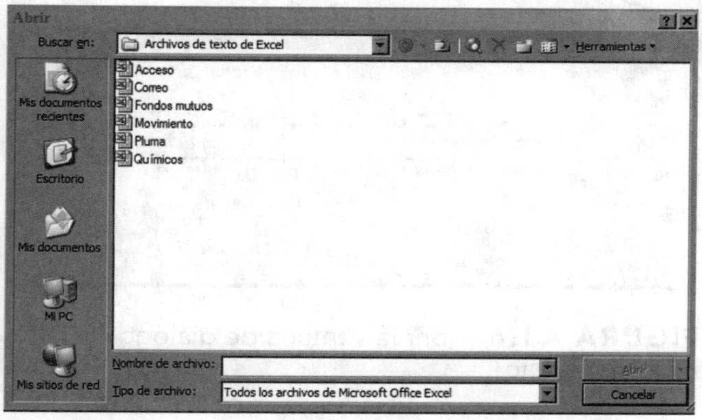

FIGURA A1.5 Ventana de diálogo para abrir de Excel.

cualquiera de los archivos de texto; para visualizar la lista de cada archivo del fólder, seleccione **Todos los archivos**.

Para guardar una hoja de trabajo, seleccione **Archivo ➔ Guardar como**, que le mostrará una ventana de diálogo similar a la de Abrir. Ingrese (o edite) el nombre del archivo en el cuadro **Nombre del archivo** y dé clic en el botón **Aceptar**. Si es aplicable, podría hacer algo de lo siguiente:

- Cambiar a otro fólder seleccionando el de la lista hacia abajo de **Guardar en**.
- Cambiar el valor de **Guardar como tipo** en lugar de la opción que aparece por default, **Hojas de trabajo de Excel**. Las funciones "**Texto (etiqueta delimitada)**" o "**CSV (coma delimitada)**" son dos tipos de archivos que se usan en ocasiones para compartir datos de Excel con otros programas.

Después de guardar el trabajo, considere guardar el archivo una segunda vez, con un nombre diferente, para crear una copia de respaldo. Los archivos de discos en los que no se escribe, como los del CD-ROM que acompaña este texto, no se pueden guardar en sus carpetas originales.

Impresión de las hojas de trabajo

Para imprimir de forma rápida las hojas de trabajo, seleccione **Archivo ➔ Imprimir** y después dé clic en el botón **Aceptar** de la ventana de diálogo de imprimir. Sin embargo, salvo por las hojas de cálculo más simples, probablemente deseará tener una vista preliminar de lo que imprimirá y hacer los ajustes que considere necesarios antes de imprimir. Para hacerlo, seleccione la hoja de trabajo que va a imprimir y después dé clic en **Archivo ➔ Vista previa de la impresión**. Si la vista preliminar contiene errores de formato, dé clic en el botón **Cerrar**, haga los cambios necesarios y vuelva a seleccionar **Archivo ➔ Vista previa de la impresión**. Cuando esté satisfecho de los resultados, dé clic en el botón **Imprimir** en la ventana de vista preliminar de la impresión y después en el botón **Aceptar** en la ventana de diálogo de Impresión.

La ventana de diálogo de Impresión (vea la figura A1.2 en la página 14) contiene la configuración para seleccionar la impresora que usará, las partes de la hoja de trabajo que imprimirá (la hoja de trabajo activa es por default) y el número de copias que hará (por default es 1). Si requiere cambiar esta configuración, hágalo antes de dar clic en el botón de **Aceptar**.

Después de la impresión, tal vez desee verificar los contenidos. La mayoría de las fallas de impresión muestran un mensaje de error que al mismo tiempo le ayudará a corregirlas. Se personalizan las impresiones en el **Archivo ➔ Colocación de hoja** (o dando clic en el botón de Setup en la ventana Vista preliminar de la Impresión) y realizando las entradas apropiados en la ventana de diálogo de Colocación de hoja (no mostrada), antes de imprimir las hojas de trabajo.

A1.3 INTRODUCCIÓN A MINITAB

Vista general de Minitab

Minitab es un programa que resultó de los esfuerzos de la Pennsylvania State University para mejorar la enseñanza de la estadística. Actualmente, mientras aún lo utilizan en muchas escuelas, Minitab se ha convertido en un producto comercial que también emplean grandes corporaciones alrededor del mundo, como Ford Motor Company, 3M y GE.

Con Minitab se crean y se abren **proyectos** para guardar los datos y resultados. Los componentes del proyecto son una **sesión** o bitácora de actividades, un **Administrador de proyecto** que resume el contenido del proyecto y cualquier hoja de trabajo o gráficos. Los componentes del trabajo se muestran en ventanas separadas *dentro* de la aplicación de la ventana de Minitab. (Es posible traer cualquier ventana al frente seleccionándola en el menú de Minitab.) Es posible abrir o cerrar un proyecto completo o, como se hace en este texto, abrir y guardar hojas de trabajo. La precisión de Minitab, su disponibilidad para diferentes tipos de sistemas computacionales y la aceptación comercial hacen de este programa una gran herramienta para el aprendizaje de la estadística.

Uso de las hojas de cálculo de Minitab

Usted ingresa los datos a la hoja de trabajo de Minitab de modo que cada variable es asignada a una columna. Las hojas de trabajo de Minitab están organizadas con base en filas y columnas numeradas en la forma *Cn*, donde C1 es la primera columna. Se ingresan los rótulos de las variables en una fila especial sin número que antecede a la fila 1. A diferencia de las hojas de trabajo de otros programas como Excel, las hojas de trabajo de Minitab no aceptan fórmulas y no se recalculan de forma automática cuando se modifican los valores de los datos.

Por default, Minitab abre las hojas de cálculo con nombres seriados en la forma de Hoja de trabajo1, Hoja de trabajo2, etcétera. El mejor nombre será el que refleje el contenido de la hoja de trabajo, como Fondos para una hoja de trabajo que contenga datos sobre los fondos mutuos. Para dar a la hoja de trabajo un nombre descriptivo, abra la ventana de Administrador del proyecto, dé un clic con el botón derecho del ratón en el icono de la hoja de trabajo y seleccione **Renombrar** en el menú pequeño, donde podrá escribir el nuevo nombre.

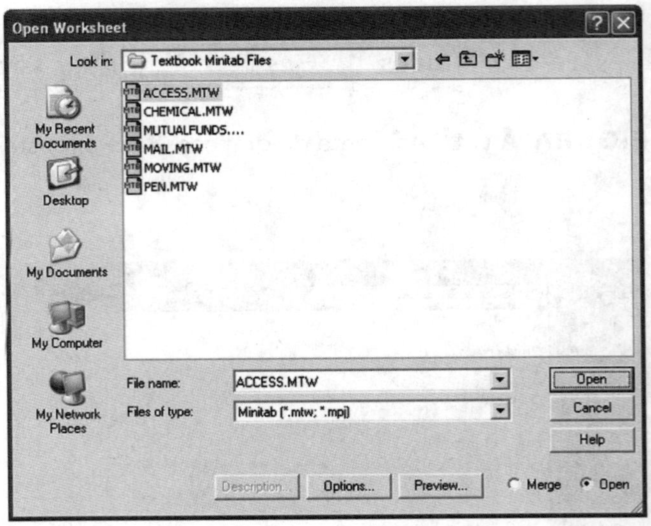

FIGURA A1.6 Abrir la ventana de diálogo de la hoja de trabajo.

Abrir y guardar las hojas de trabajo y otros componentes

Las hojas de trabajo se abren para usar datos que usted u otros usuarios han creado anteriormente. Para abrir una hoja de trabajo de Minitab, se selecciona primero **Archivo ➜ Abrir Hoja de trabajo**. En la ventana de diálogo de Abrir Hoja de trabajo que aparece (vea la figura A1.6), seleccione el archivo que debe abrir y dé clic en el botón **OK**. Si no encuentra su archivo, deberá dar uno o más de los siguientes pasos:

- Use las barras de desplazamiento, si aparecen, para mostrar la lista completa de archivos.
- Seleccione el fólder correcto de la lista hacia abajo **Buscar en** que aparece en la parte superior de la ventana de diálogo.
- Cambie el valor de **Tipo de archivos** en la lista hacia abajo en el botón de la ventana de diálogo. Seleccione **Archivos de texto** de la lista para ver cualquier archivo de texto; para listar cada archivo del fólder, seleccione **Todos los archivos**.

Para abrir el Proyecto Minitab que pueda incluir la sesión, hoja de trabajo y gráficos, seleccione **Archivo ➜ Abrir Proyecto**.

Para guardar una hoja de trabajo, seleccione **Archivo ➜ Guardar Hoja de trabajo actual como** para mostrar la ventana de diálogo de Guardar hoja de trabajo como, que es similar a la ventana de diálogo de Abrir hoja de trabajo como. Ingrese (o edite) el nombre del archivo en el cuadro **Nombre del archivo** y dé clic en el botón **OK**. Si es aplicable, también puede hacer lo siguiente:

- Cambie a otro fólder seleccionándolo de la lista hacia abajo **Guardar en**.
- Cambie el valor de **Guardar como escrito** a algo más que la opción por default de **Minitab**, **"Minitab Portable"** o una versión anterior de **Minitab**, como **"Minitab 13"**, que son opciones que se utilizan comúnmente.

Después de guardar el trabajo, considere guardar el archivo una segunda vez, con un nombre diferente, para crear un respaldo de su trabajo. Los archivos que se abren de discos en los que no se puede escribir, como el CD-ROM que acompaña este texto, no se pueden guardar en sus carpetas originales.

Para guardar un Proyecto de Minitab, seleccione también **Archivo ➜ Guardar Proyecto como**. La ventana de diálogo de Guardar el Proyecto como incluye el botón **Opciones** que muestra una ventana de diálogo en la que se pueden seleccionar partes del proyecto además de las hojas de cálculo que guardará.

Los gráficos individuales y la sesión también se guardan de forma separada seleccionando primero sus ventanas y después nuevamente **Archivo ➜ Guardar Gráfico como** o **Archivo ➜ Guardar sesión como**, según sea apropiado. Los gráficos de Minitab pueden guardarse en el formato de gráficos de Minitab o en cualquiera de los formatos de gráficos comunes, y los archivos de Sesiones pueden guardarse como archivos de texto simples o formateados.

Impresión de hojas de trabajo, gráficos y sesiones

Para imprimir una hoja de trabajo, gráfico o sesión específicos, primero seleccione la ventana de la hoja de trabajo, gráfico o sesión que va a imprimir. Después seleccione **Archivo ➜ Imprimir *objeto***, donde ***objeto*** es una **Ventana de hoja de trabajo, Gráfico** o **Sesión**, dependiendo de la ventana seleccionada.

Si imprime una gráfica o una ventana de sesión, podrá ver la ventana de diálogo de Imprimir. Si imprime una hoja de trabajo, primero verá un cuadro de diálogo en la Ventana de Datos

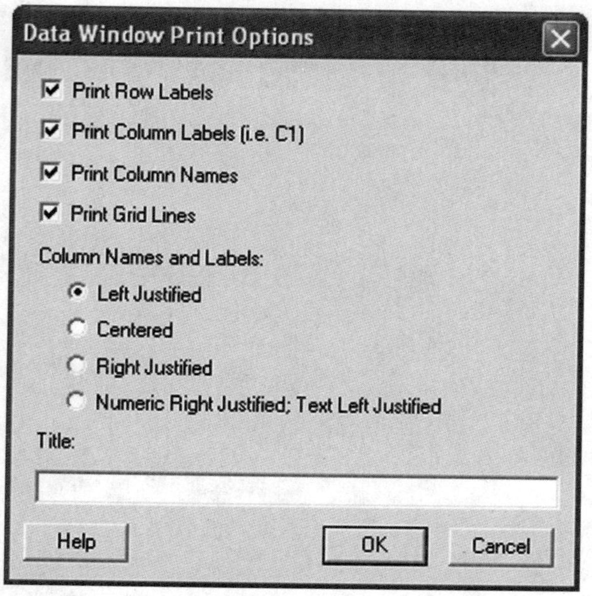

FIGURA A1.7 Cuadro de diálogo de la ventana de datos opciones de impresión.

Opciones de Impresión (figura A1.7), que permite seleccionar formalmente las opciones para la impresión (las que aparecen por default funcionan bien para la mayoría de las impresiones). Dé clic en el botón **OK** para continuar con la ventana de diálogo de Imprimir.

La ventana de diálogo de Imprimir permite seleccionar la impresora que se va a utilizar, qué páginas se van a imprimir y el número de copias que se desea (1 es por default). Si usted desea modificar estas opciones, hágalo antes de dar clic en el botón **OK** para realizar la impresión.

Después de la impresión, deberá verificar su contenido. La mayoría de los errores de impresión generan en la pantalla información que permite conocer la razón de la falla. Es posible cambiar el tamaño o la orientación del papel en la impresión seleccionando **Archivo ➜ Colocación del papel** y hacer las selección apropiada dando clic en el botón **OK**.

CAPÍTULO 2

Presentación de datos en tablas y gráficas

USO DE LA ESTADÍSTICA: Comparación de los rendimientos de los fondos de inversión

OBJETIVOS DE APRENDIZAJE

En este capítulo, aprenderá:

- A desarrollar tablas y gráficas para datos categóricos
- A desarrollar tablas y gráficas para datos numéricos
- Los principios para presentar gráficas de forma adecuada

USO DE LA ESTADÍSTICA

Comparación de los rendimientos de los fondos de inversión

Entre las muchas opciones de inversión disponibles en la actualidad, una elección común para quienes piensan en su retiro son los fondos de inversión. Si usted decide invertir en fondos de inversión su cuenta de retiro, ¿qué haría para hacer una elección razonable de entre todos los fondos disponibles hoy?

Primero debería conocer las diferentes categorías de los fondos de inversión. Debería conocer las estrategias de los profesionales que administran los fondos. ¿Invierten en valores de alto riesgo o hacen elecciones más conservadoras? ¿El fondo se especializa en un determinado tamaño de compañía, uno cuya reserva principal totaliza un gran capital o uno de capital reducido? ¿Cobra el fondo comisiones por administración que reducen el porcentaje de utilidad del inversionista? Y, por supuesto, debería conocer qué tan bien el fondo ha manejado las inversiones en el pasado.

Todos éstos son datos que debe revisar cuando considere varias posibilidades de invertir en fondos de inversión. ¿Cómo "poner manos a la obra" con estos datos y explorarlos de manera exhaustiva?

Una de las formas en las que podría responder a las preguntas de "Uso de la estadística" es estudiando los datos de los fondos de inversión. El CD-ROM incluye una muestra de 121 fondos de inversión en el archivo **MUTUALFUNDS2004**. Como inversionista, le gustaría examinar tanto las variables categóricas como las numéricas. ¿Tienen los fondos de inversión como un objetivo de crecimiento rendimientos menores que los fondos de inversión con un objetivo de valor? ¿Tienden los fondos de crecimiento a ser inversiones más riesgosas que los fondos de valor? Este capítulo le ayudará a seleccionar y desarrollar tablas y gráficas apropiadas para encontrar la respuesta a éstas y otras preguntas.

2.1 TABLAS Y GRÁFICAS PARA DATOS CATEGÓRICOS

Cuando dispone de datos categóricos usted registra las respuestas en categorías y luego presenta la frecuencia o porcentaje de cada categoría en tablas y gráficas.

Tabla de resumen

La **tabla de resumen** indica la frecuencia, cantidad o porcentaje de objetos en un conjunto de categorías para observar las diferencias que hay entre ellas. Una tabla de resumen lista las categorías en una columna y la frecuencia, cantidad o porcentaje en una columna o columnas independientes. La tabla 2.1 ilustra la tabla de resumen basada en una reciente encuesta en la que se preguntó por qué la gente compra los regalos en línea durante las temporadas festivas (USA Today Snapshots, "Convenience, Shipping Make Online Appealing", *USA Today,* 24 de diciembre, 2003, A1). En la tabla 2.1 se observa que las razones más comunes para comprar en línea son los gastos de envío gratis y la conveniencia, seguidos por la comparación de compra. Muy pocos compran en línea por su variedad en la selección o velocidad.

TABLA 2.1
Razones por las que se compran regalos en línea durante la temporada festiva.

Razón	Porcentaje
Comparación de compra	23
Conveniencia	33
Gastos de envío gratis	34
Variedad en la selección	6
Velocidad	4
Total	100

EJEMPLO 2.1

TABLA DE RESUMEN DE LOS NIVELES DE RIESGO DE LOS FONDOS DE INVERSIÓN

Los 121 fondos de inversión que forman parte del escenario "Uso de la estadística" (vea la página 22) están clasificados según su nivel de riesgo: bajo, promedio y alto. Construya una tabla de resumen de los fondos de inversión categorizados por el nivel de riesgo.

SOLUCIÓN
La mayoría de los fondos de inversión son de riesgo bajo o riesgo promedio (104 o aproximadamente el 86%). Muy pocos de los fondos de inversión son de alto riesgo (14%).

TABLA 2.2
Tabla de resumen de frecuencia y porcentaje perteneciente al nivel de riesgo para 121 fondos de inversión.

Nivel de riesgo del fondo	Número de fondos	Porcentaje de fondos
Bajo	58	47.93
Promedio	46	38.02
Alto	17	14.05
Total	121	100.00

Gráfica de barras

En una **gráfica de barras**, cada barra muestra una categoría, su longitud representa la cantidad, frecuencia o porcentaje de los valores que caen en cada categoría. La figura 2.1 muestra una gráfica de barras para las razones de comprar regalos en línea durante la temporada festiva, de acuerdo con la tabla 2.1.

FIGURA 2.1
Gráfica de barras de Excel con las razones por las cuales se compran regalos en línea durante la temporada festiva.

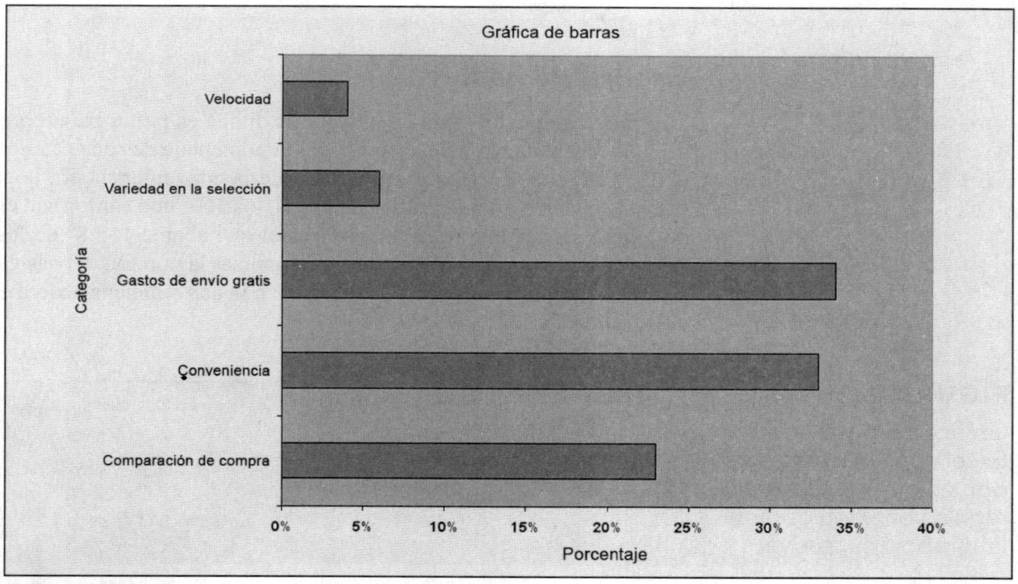

Las gráficas de barras permiten comparar los porcentajes de diferentes categorías. En la figura 2.1 las razones más comunes para comprar en línea son los gastos de envío gratis y la conveniencia, seguidos por la comparación de compra. Muy pocos respondieron que compran en línea por su variedad en la selección o velocidad.

EJEMPLO 2.2

GRÁFICA DE BARRAS PARA LOS NIVELES DE RIESGO DE LOS FONDOS DE INVERSIÓN

Construya una gráfica de barras para los niveles de riesgo de los fondos de inversión (con base en la información de la tabla 2.2) e interprete los resultados.

SOLUCIÓN
La mayoría de los fondos de inversión son de bajo riesgo o de riesgo promedio (104 o el 86%). Muy pocos de los fondos de inversión son de alto nivel de riesgo (17 o el 14%).

FIGURA 2.2
Gráfica de barras de Excel con los niveles de riesgo de los fondos de inversión.

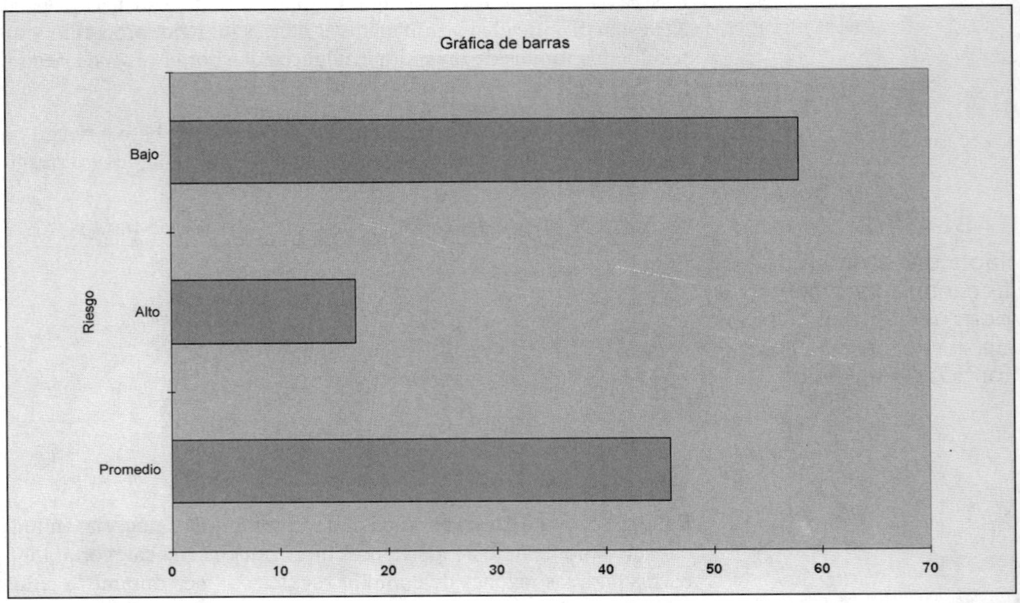

Gráfica de pastel

La **gráfica de pastel** es un círculo que se divide en partes para representar las categorías. El tamaño de cada rebanada varía de acuerdo con el porcentaje de cada categoría. En la tabla 2.1, por ejemplo, el 33% de los encuestados afirmaron que la conveniencia era la principal razón para comprar en línea. Así, al construir la gráfica de pastel, los 360° que conforman el círculo se multiplican por 0.33, de lo que resulta una rebanada del pastel que abarca 118.8° de los 360° del círculo. En la figura 2.3 se observa que la gráfica permite visualizar la porción del pastel entero que está en cada categoría. En esta figura, la razón que se refiere a la conveniencia abarca el 33% del pastel y la de la velocidad sólo el 4%.

FIGURA 2.3
Gráfica de pastel de Excel con las razones por las que se compran regalos en línea durante la temporada festiva.

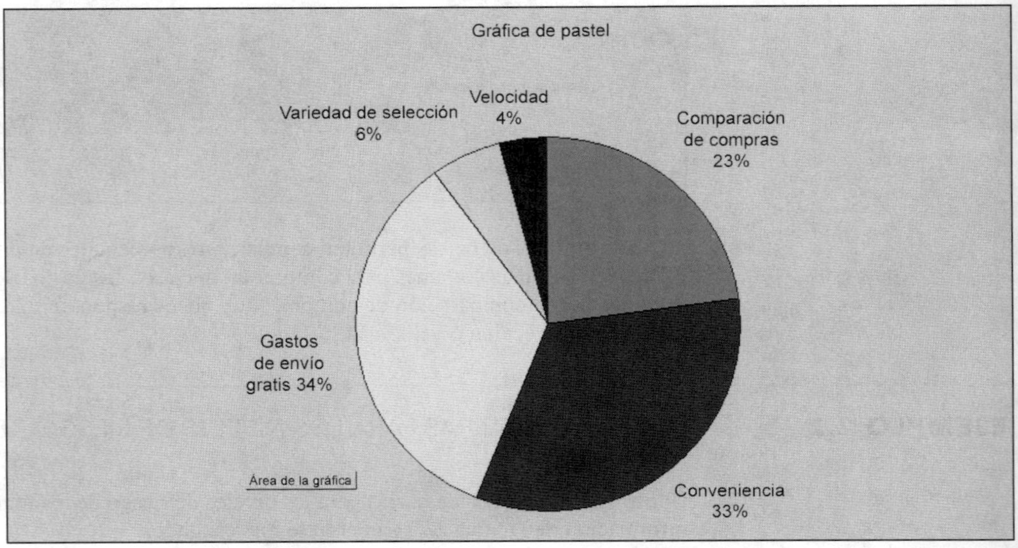

¿Qué gráfica se debe utilizar? La selección de una gráfica en particular depende de la intención de quien la construye. Si la comparación de categorías es lo más importante, podría utilizar una gráfica de barras. Si lo importante es observar la parte del total que está en una categoría en particular, debería utilizar la gráfica de pastel.

EJEMPLO 2.3

GRÁFICA DE PASTEL DE LOS NIVELES DE RIESGO DE LOS FONDOS DE INVERSIÓN

Construya una gráfica de pastel para los niveles de riesgo de los fondos de inversión (vea la tabla 2.2 en la página 23) e interprete los resultados.

SOLUCIÓN

(Vea la figura 2.4.) La mayoría de los fondos de inversión son de riesgo bajo o de riesgo promedio (aproximadamente el 86%). Muy pocos son fondos de alto riesgo (aproximadamente el 14%).

FIGURA 2.4
Gráfica de pastel de Excel con los niveles de riesgo de los fondos de inversión.

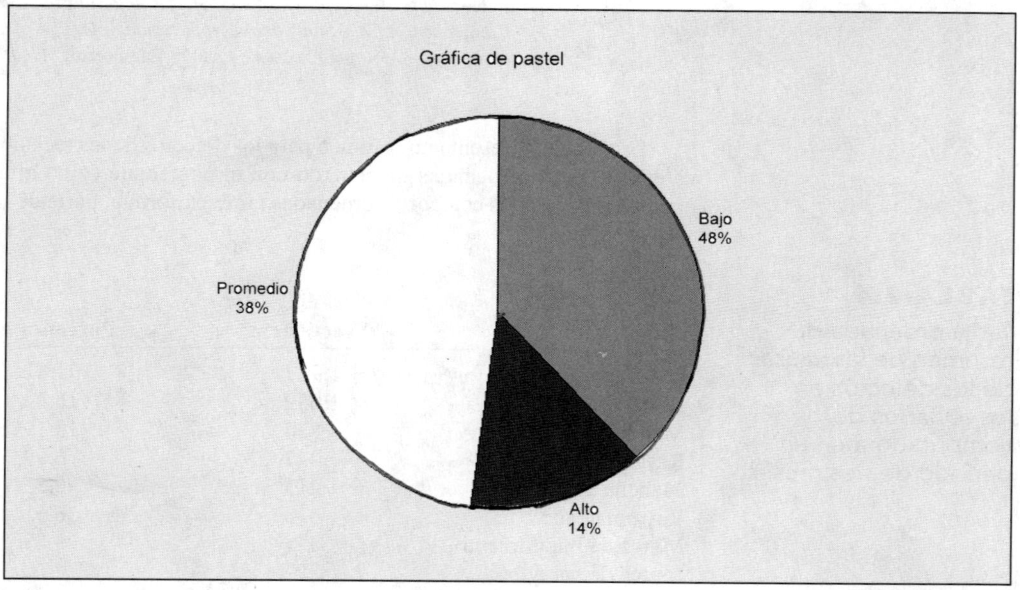

Diagrama de Pareto

En un **diagrama de Pareto** las respuestas categorizadas se trazan en orden descendente de acuerdo con sus frecuencias y se combinan con la línea de porcentaje acumulado en la misma gráfica. Este diagrama permite identificar situaciones en las que se da el principio de Pareto.

PRINCIPIO DE PARETO

El **principio de Pareto** existe cuando la mayoría de los elementos de un conjunto de datos caen en un pequeño número de categorías, y las pocas observaciones restantes se dispersan en un gran número de categorías. A menudo nos referimos a estos dos grupos como lo "poco vital" y lo "mucho trivial".

El diagrama de Pareto permite separar a lo "poco vital" de lo "mucho trivial", lo que nos permite enfocarnos en las categorías importantes. En las situaciones en las que los datos en estudio consisten en información defectuosa o incompleta, el diagrama de Pareto se convierte en una herramienta valiosa para dar prioridad a los esfuerzos de mejoramiento.

La tabla 2.3 presenta datos de una gran compañía de moldeado de inyección que produce componentes moldeados de plástico para teclados de computadora, lavadoras, automóviles y televisores. Los datos presentados en la tabla 2.3 consisten en todos los teclados de computadora defectuosos producidos durante un periodo de tres meses. **TECLADO**

TABLA 2.3
Tabla de resumen de las causas de los defectos en los teclados de computadora en un periodo de tres meses.

Causa	Frecuencia	Porcentaje
Mancha negra	413	6.53
Daño	1,039	16.43
Embarque	258	4.08
Marcas de clavijas	834	13.19
Rasguños	442	6.99
Impacto en el molde	275	4.35
Raya plateada	413	6.53
Marca de hundimiento	371	5.87
Marca de spray	292	4.62
Deformación	1,987	31.42
Total	6,324	100.01*

*Los resultados difieren ligeramente de los 100.00 por el redondeo.
Fuente: U.H. Acharya y C. Mahesh, "Winning Back the Customer's Confidence: A Case Study on the Application of Design of Experiments to an Injection-Molding Process", Quality Engineering, *11, 1999, 357-363.*

La tabla 2.4 presenta un resumen para los defectos de los teclados de computadora, en la que las categorías están ordenadas de acuerdo con el porcentaje (y no alfabéticamente). Los porcentajes acumulados para las categorías ordenadas también forman parte de la tabla.

TABLA 2.4
Tabla ordenada de resumen de las causas de los defectos en los teclados de computadora en un periodo de tres meses.

Causa	Frecuencia	Porcentaje	Porcentaje acumulativo
Deformación	1,987	31.42	31.42
Daño	1,039	16.43	47.85
Marca de clavijas	834	13.19	61.04
Rasguños	442	6.99	68.03
Mancha negra	413	6.53	74.56
Raya plateada	413	6.53	81.09
Marca de hundimiento	371	5.87	86.96
Marca de spray	292	4.62	91.58
Impacto en el molde	275	4.35	95.93
Embarque	258	4.08	100.00
Total	6,324	100.01*	

*Los resultados difieren ligeramente de 100.00 por el redondeo.

En la tabla 2.4 la primera categoría en la lista es la deformación (con el 31.42% de los defectos), seguida por daño (16.43%) y marca de clavijas (13.19%). Las dos categorías más frecuentes —deformación y daño— abarcan el 47.85% de los defectos; las tres categorías más frecuentes —deformación, daño y marcas de clavijas— abarcan el 61.04% de los defectos, y así sucesivamente. La figura 2.5 es un diagrama de Pareto basado en los resultados mostrados en forma tabular en la tabla 2.4.

La figura 2.5 presenta las barras de forma vertical a lo largo de la línea de porcentaje acumulado.[1] La línea acumulativa está trazada en el punto medio de cada barra a una altura semejante al porcentaje acumulado. Si sigue la línea, verá que estas tres primeras categorías abarcan más del 60% de las correcciones. Como las categorías del diagrama de Pareto están ordenadas por la frecuencia de ocurrencia, quienes toman decisiones podrán ver dónde concentrar sus esfuerzos para mejorar el proceso. Los intentos de reducir los defectos por deformación, daño y marcas de clavijas deberán generar el mayor gasto. Después podrán hacerse esfuerzos para reducir los rasguños y las manchas negras.

Para que una tabla de resumen incluya todas las categorías, aun aquellas con menos defectos, en algunos casos se deberá agregar la categoría de *Otros* o *Miscelánea*. Para estos casos, la barra se coloca a la derecha de las demás.

[1] *Lea los porcentajes de la barra en la escala vertical izquierda. Lea los porcentajes acumulados en la escala vertical derecha.*

FIGURA 2.5
Diagrama de Pareto en Excel para los datos de los defectos de teclado.

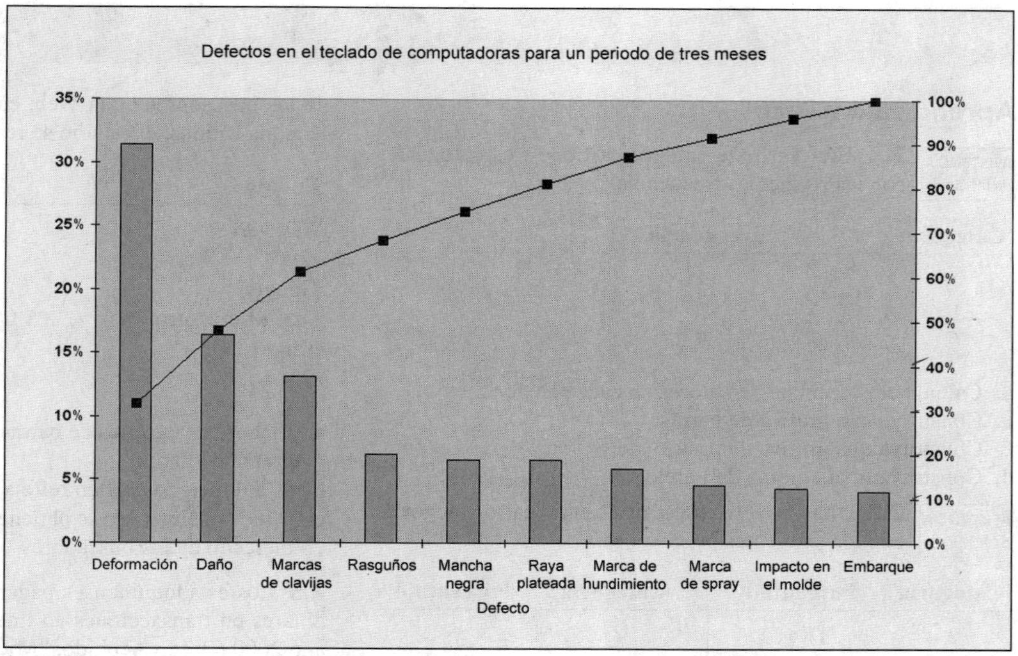

EJEMPLO 2.4

DIAGRAMA DE PARETO DE LAS RAZONES PARA COMPRAR REGALOS EN LÍNEA DURANTE LA TEMPORADA FESTIVA

Construya un diagrama de Pareto para las razones de comprar regalos en línea (vea la tabla 2.1 en la página 22).

SOLUCIÓN
En la figura 2.6, los gastos de envío gratis y la conveniencia abarcan el 67% de las razones para comprar en línea, mientras que los gastos de envío gratis, conveniencia y comparación de compras abarcan el 90%.

FIGURA 2.6
Diagrama de Pareto Minitab, de las razones para comprar regalos en línea durante la temporada festiva.

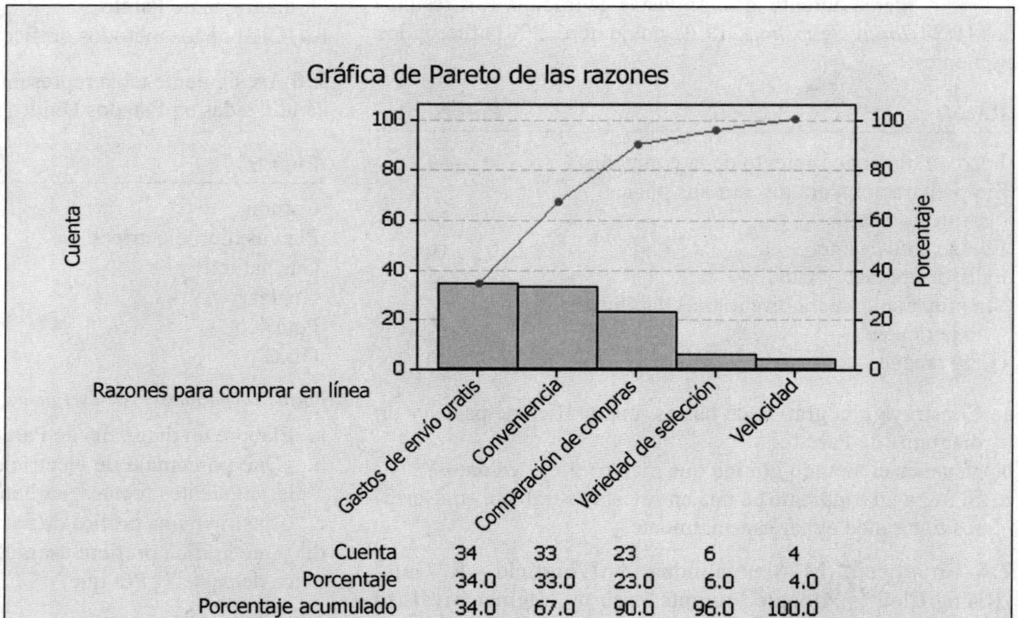

PROBLEMAS PARA LA SECCIÓN 2.1

Aprendizaje básico

ASISTENCIA de PH Grade **2.1** Una variable categórica tiene tres categorías con las siguientes frecuencias:

Categoría	Frecuencia
A	13
B	28
C	9

a. Calcule el porcentaje de valores en cada categoría.
b. Construya una gráfica de barras.
c. Construya una gráfica de pastel.
d. Construya un diagrama de Pareto.

ASISTENCIA de PH Grade **2.2** Una variable categórica tiene cuatro categorías con los siguientes porcentajes:

Categoría	Porcentaje	Categoría	Porcentaje
A	12	C	35
B	29	D	24

a. Construya una gráfica de barras.
b. Construya una gráfica de pastel.
c. Construya un diagrama de Pareto.

Aplicación de conceptos

Puede resolver los problemas 2.3 a 2.10 manualmente o usando Excel, Minitab o SPSS.

AUTO Examen **2.3** En una encuesta se preguntó a 150 ejecutivos cuál creían que era el error más común de los candidatos durante las entrevistas de trabajo. Los resultados (*USA Today Snapshots,* 19 de noviembre, 2001) fueron los siguientes:

Razón	Porcentaje
Poco o nulo conocimiento de la compañía	44
Sin preparación para discutir sus planes profesionales	23
Escaso entusiasmo	16
Falta de contacto visual	5
Sin preparación para discutir sus habilidades/experiencias	3
Otras razones	9

a. Construya una gráfica de barras, una gráfica de pastel y un diagrama de Pareto.
b. ¿Cuál es el método gráfico que mejor refleja los datos?
c. Si fuera un candidato en una entrevista de trabajo, ¿qué errores trataría de evitar especialmente?

2.4 Un artículo (M. Mangalindan, N. Wingfield y R. Guth, "Rising Clout of Google Prompts Rush by Internet Rivals to Adapt", *The Wall Street Journal,* 16 de julio, 2003, A1, A6) analizó la amplia influencia que Google tuvo en Internet a nivel mundial. La siguiente tabla indica la participación de mercado de los buscadores de la Web, entre los usuarios de Internet de Estados Unidos; el estudio se realizó en mayo de 2003.

Fuente	Porcentaje
Ask Jeeves	3
AOL Time Warner	19
Google	32
MSN-Microsoft	15
Yahoo	25
Otros	6

a. Elabore una gráfica de barras, una gráfica de pastel y un diagrama de Pareto.
b. ¿Cuál método gráfico refleja mejor los datos?
c. ¿Qué conclusiones se obtienen respecto a la participación de mercado de los buscadores Web en mayo de 2003?

2.5 Los estadounidenses pagaron más de 50 mil millones de dólares en transacciones en línea con tarjetas de crédito en el año 2000 (Byron Acohido, "Microsoft, Banks Battle to Control Your e-info", *USA Today,* 13 de agosto, 2001, 1B-2B). Estas transacciones se distribuyeron de la siguiente manera:

Tarjeta de crédito	Cantidad (miles de millones de $)	Porcentaje
American Express	8.04	15.6
Discover	1.97	3.8
MasterCard	15.57	30.2
Visa	25.96	50.4

a. Construya una gráfica de barras, una gráfica de pastel y un diagrama de Pareto.
b. ¿Cuál de los métodos gráficos refleja mejor los datos?

2.6 La siguiente tabla representa las fuentes de energía eléctrica utilizadas en Estados Unidos en un año reciente:

Fuente	Porcentaje
Carbón	51
Plantas hidroeléctricas	6
Gas natural	16
Nuclear	21
Petróleo	3
Otras	3

Fuente: Departamento de Energía de Estados Unidos.

a. Elabore un diagrama de Pareto.
b. ¿Qué porcentaje de electricidad se deriva de cualquiera de las siguientes fuentes: carbón, energía nuclear o gas natural?
c. Construya una gráfica de pastel.
d. ¿Qué gráfica prefiere usar: el diagrama de Pareto o la gráfica de pastel? ¿Por qué?

2.7 Un artículo (P. Kitchen, "Retirement Plan: To Keep Working", *Newsday,* 24 de septiembre, 2003) expuso los resultados de una muestra de 2,001 estadounidenses de entre 50 y 70 años de edad que tenían empleos de tiempo completo o de medio tiempo. La siguiente tabla representa sus planes de retiro.

Planes	Porcentaje
No tener un trabajo asalariado	29
Iniciar un negocio propio	10
Trabajar tiempo completo	7
Trabajar medio tiempo	46
No sabe	3
Otros	5

a. Elabore una gráfica de barras y una gráfica de pastel.
b. ¿Cuál método gráfico cree que describe mejor los datos?

2.8 El correo electrónico basura (spam) se ha convertido en un problema muy grave para la productividad (J. Hopkins, "Spam Blaster Does Job for Merril", *USA Today,* 7 de enero, 2004). La siguiente tabla muestra el uso que una compañía da al software antispam con basae en una encuesta realizada a ejecutivos de tecnología.

Uso de software antispam por la compañía	Porcentaje
Tiene software para algunos usuarios	12
Tiene software para todos los usuarios	59
Planea tener software en los próximos 12 meses	20
No planea tener software	9

a. Construya una gráfica de barras y una gráfica de pastel.
b. ¿Cuál método gráfico representa mejor estos datos?

2.9 Un analista registró las causas de las caídas de una red durante los pasados seis meses.

Razón de la falla	Frecuencia
Conexión física	1
Falla de energía	3
Software del servidor	29
Hardware del servidor	2
Servidor falto de memoria	32
Banda ancha inadecuada	1

a. Realice un diagrama de Pareto.
b. Analice las razones "poco vital" y "muy trivial" por las que el sistema de red se cayó.

2.10 Los siguientes datos representan las quejas acerca de las habitaciones de un hotel.

Razón	Número
Habitación sucia	32
Habitación sin equipamiento	17
Habitación que no está lista	12
Habitación demasiado ruidosa	10
Habitación que requiere de mantenimiento	17
Habitación con pocas camas	9
Habitación que no tiene las características prometidas	7
No tiene instalaciones especiales	2

a. Elabore un diagrama de Pareto.
b. ¿En qué se debe enfocar el hotel si desea reducir el número de quejas? Explique su respuesta.

2.2 ORGANIZACIÓN DE LOS DATOS NUMÉRICOS

Cuando el número de datos es grande, es conveniente organizar los datos numéricos en un arreglo ordenado o diagrama de tallo y hojas para ayudar a comprender la información. Suponga que decide llevar a cabo un estudio comparativo del costo de una comida en un restaurante de una gran ciudad con el de una comida similar en un restaurante fuera de la ciudad. La tabla 2.5 muestra los datos de 50 restaurantes citadinos y 50 fuera de la ciudad. **RESTRATE** Los datos no están ordenados de menor a mayor. Esta organización hace difícil obtener conclusiones sobre el precio de las comidas en las dos áreas geográficas.

TABLA 2.5
Precio por persona en 50 restaurantes citadinos y en 50 restaurantes fuera de la ciudad.

Ciudad									
50	38	43	56	51	36	25	33	41	44
34	39	49	37	40	50	50	35	22	45
44	38	14	44	51	27	44	39	50	35
31	34	48	48	30	42	26	35	32	63
36	38	53	23	39	45	37	31	39	53
Fuera de la ciudad									
37	37	29	38	37	38	39	29	36	38
44	27	24	34	44	23	30	32	25	29
43	31	26	34	23	41	32	30	28	33
26	51	26	48	39	55	24	38	31	30
51	30	27	38	26	28	33	38	32	25

Arreglo ordenado

Un **arreglo ordenado** es una secuencia de datos ordenados del menor al mayor valor. La tabla 2.6 contiene la formación ordenada para el precio de las comidas en restaurantes citadinos y de los suburbios. **RESTRATE** En la tabla 2.6 se observa que el precio de una comida en los restaurantes citadinos se encuentra entre $14 y $63, y que en los restaurantes fuera de la ciudad se encuentra entre $23 y $55.

TABLA 2.6
Arreglo ordenado del precio por persona en 50 restaurantes de la ciudad y 50 restaurantes fuera de la ciudad.

Ciudad									
14	22	23	25	26	27	30	31	31	32
33	34	34	35	35	35	36	36	37	37
38	38	38	39	39	39	39	40	41	42
43	44	44	44	44	45	45	48	48	49
50	50	50	50	51	51	53	53	56	63
Fuera de la ciudad									
23	23	24	24	25	25	26	26	26	26
27	27	28	28	29	29	29	30	30	30
30	31	31	32	32	32	33	33	34	34
36	37	37	37	38	38	38	38	38	38
39	39	41	43	44	44	48	51	51	55

Diagrama de tallo y hojas

El **diagrama de tallo y hojas** organiza los datos en grupos (llamados tallos), para que los valores dentro de cada grupo (las hojas) ramifiquen hacia la derecha de cada fila. El diagrama resultante permite ver cómo se distribuyen y dónde están las concentraciones de datos. Para ver cómo se elabora un diagrama de tallo y hojas suponga que 15 alumnos de su clase comen en un restaurante de comida rápida. Los siguientes datos son las cantidades que gastaron.

5.35 4.75 4.30 5.47 4.85 6.62 3.54 4.87 6.26 5.48 7.27 8.45 6.05 4.76 5.91

Para formar un diagrama de tallo y hojas se colocan los primeros valores en orden ascendente. Se utiliza la columna de las unidades como el tallo y se redondean los decimales (las hojas) a un lugar decimal.

3	5
4	83998
5	4559
6	631
7	3
8	5

El primer valor de 5.35 se redondea a 5.4. Su tallo (fila) es 5 y su hoja es 4. El segundo valor de 4.75 se redondea a 4.8. Su tallo (fila) es 4 y su hoja es 8.

EJEMPLO 2.5

DIAGRAMA DE TALLO Y HOJAS DEL RENDIMIENTO DE FONDOS DE INVERSIÓN EN 2003

En el escenario "Uso de la estadística", se le pide estudiar el rendimiento de los fondos de inversión en 2003 **MUTUALFUNDS2004**. Elabore un diagrama de tallo y hojas.

SOLUCIÓN
A partir de la figura 2.7 se concluye que:

- El menor rendimiento en 2003 fue del 14%.
- El mayor rendimiento en 2003 fue del 78%.
- Los rendimientos en 2003 se concentraron entre el 25 y 50%.
- Sólo cuatro fondos de inversión dieron rendimientos por debajo del 20% y sólo dos fondos de inversión dieron rendimientos por encima del 70%.

FIGURA 2.7
Pantalla de tallo y hojas para los rendimientos en 2003.

Stem-and-Leaf Display: Return 2003

```
Stem-and-leaf of Return 2003  N  = 121
Leaf Unit = 1.0

  1    1  4
  4    1  589
  7    2  033
 22    2  566777777889999
 33    3  00111123344
 55    3  5555555666777777788899
(17)   4  00000011222233444
 49    4  555666777778888999
 31    5  0000123344
 21    5  56789
 16    6  11122234
  8    6  666778
  2    7  1
  1    7  8
```

PROBLEMAS PARA LA SECCIÓN 2.2

Aprendizaje básico

ASISTENCIA de PH Grade **2.11** Elabore un arreglo ordenado para los siguientes datos obtenidos de una muestra de $n = 7$ de las puntuaciones parciales de la materia de finanzas:

68 94 63 75 71 88 64

ASISTENCIA de PH Grade **2.12** Para los siguientes datos obtenidos de una muestra de $n = 7$ de las puntuaciones parciales de la materia de sistemas de información, realice un diagrama de tallo y hojas:

80 54 69 98 93 53 74

ASISTENCIA de PH Grade **2.13** Elabore un arreglo ordenado para los siguientes datos obtenidos de una muestra de $n = 7$ de las puntuaciones parciales de la materia de marketing:

88 78 78 73 91 78 85

ASISTENCIA de PH Grade **2.14** Elabore un arreglo ordenado a partir del diagrama de tallo y hojas con la siguiente muestra de $n = 7$ puntuaciones parciales de la materia de sistemas de información:

5	0
6	
7	446
8	19
9	2

Aplicación de conceptos

ASISTENCIA de PH Grade **2.15** El siguiente diagrama de tallo y hojas representa la cantidad de gasolina comprada en galones (con hojas en decenas de galones) para una muestra de 25 autos que utilizan una estación de servicio en la autopista de Nueva Jersey:

9	147
10	02238
11	125566777
12	223489
13	02

a. Coloque los datos en un arreglo ordenado.
b. ¿Cuál de los dos diagramas aporta más información? Explique su respuesta.
c. ¿Cuánta gasolina (en galones) es más probable que se compre?
d. ¿Existe una concentración en la compra de cantidades en el centro de distribución?

ASISTENCIA de PH Grade **2.16** Los siguientes datos representan las cuotas en dólares de cheques rechazados de una muestra de 23 bancos, firmados por clientes que depositan directamente y que mantienen un saldo promedio de \$100. **BANKCOST1**

26 28 20 20 21 22 25 25 18 25 15 20

18 20 25 25 22 30 30 30 15 20 29

Fuente: "The New Face of Banking", Copyright © 2000 by Consumers Union of U.S., Inc., Yonkers NY 10703-1057. Adaptado con el permiso de Consumer Reports, *junio de 2000.*

a. Coloque los datos en un arreglo ordenado.
b. Elabore un diagrama de tallo y hojas para estos datos.
c. ¿Cuál de estos dos diagramas aporta más información? Explique su respuesta.
d. ¿Alrededor de qué valor, si lo hay, se encuentran concentradas las cuotas para cheques rechazados? Explique su respuesta.

ASISTENCIA de PH Grade **2.17** Los siguientes datos representan la cuota mensual de servicio que se cobra en dólares a un cliente si su cuenta no alcanza el saldo promedio requerido, en una muestra de clientes de 26 bancos que depositan directamente y que mantienen un saldo promedio de $1,500. **BANKCOST2**

12	8	5	5	6	6	10	10	9	7	10	7	7
5	0	10	6	9	12	0	5	10	8	5	5	9

Fuente: "The New Face of Banking", Copyright © 2000 by Consumers Union of U.S., Inc., Yonkers NY 10703-1057. Adaptado con el permiso de Consumer Reports, *junio de 2000.*

a. Coloque los datos en un arreglo ordenado.
b. Elabore un diagrama de tallo y hojas para estos datos.
c. ¿Cuál de estos dos diagramas aporta más información? Explique su respuesta.
d. ¿Alrededor de qué valor, si lo hay, se encuentran concentradas las cuotas de servicio? Explique su respuesta.

AUTO Examen **2.18** Los siguientes datos representan el total de grasa en las hamburguesas y pollo de una muestra de cadenas de comida rápida. **FASTFOOD**

HAMBURGUESAS
19 31 34 35 39 39 43

POLLO
7 9 15 16 16 18 22 25 27 33 39

Fuente: "Quick Bites", Copyright © 2001 by Consumers Union of U.S., Inc., Yonkers, NY 10703-1057. Adaptado con permiso de Consumer Reports, *marzo de 2001.*

a. Coloque los datos para las hamburguesas y el pollo en dos arreglos ordenados.
b. Elabore diagramas de tallo y hojas para las hamburguesas y el pollo.
c. ¿Cuál brinda mayor información: el arreglo ordenado o el diagrama de tallo y hojas? Explique.
d. Compare las hamburguesas y el pollo en términos de su contenido total de grasa. ¿A qué conclusión llega?

2.19 Los siguientes datos representan el costo promedio diario de hotel y de la renta de auto para 20 ciudades de Estados Unidos durante una semana en octubre de 2003. **HOTEL-CAR**

Ciudad	Hotel	Autos
San Francisco	205	47
Los Ángeles	179	41
Seattle	185	49
Phoenix	210	38
Denver	128	32
Dallas	145	48
Houston	177	49
Minneapolis	117	41
Chicago	221	56
St. Louis	159	41
Nueva Orleáns	205	50
Detroit	128	32
Cleveland	165	34
Atlanta	180	46
Orlando	198	41
Miami	158	40
Pittsburg	132	39
Boston	283	67
Nueva York	269	69
Washington, D.C.	204	40

Fuente: The Wall Street Journal, *10 de octubre, 2003, W4.*

a. Coloque los datos para el costo del hotel y el costo de la renta de auto en dos arreglos ordenados.
b. Elabore un diagrama de tallo y hojas para el costo del hotel y el costo de la renta de auto.
c. ¿Qué aporta mayor información: el arreglo ordenado o el diagrama de tallo y hojas? Explique su respuesta.
d. ¿Alrededor de qué valor, si lo hay, se concentran los costos del hotel y de la renta de auto? Explique su respuesta.

2.3 TABLAS Y GRÁFICAS PARA DATOS NUMÉRICOS

Cuando tenemos un conjunto de datos muy grande, a menudo se dificulta llegar a conclusiones con base en un arreglo ordenado o en un diagrama de tallo y hojas. En tales circunstancias es necesario usar tablas y gráficas. Existen diferentes tablas y gráficas que permiten presentar visualmente los datos numéricos. Entre ellas se incluyen las distribuciones de frecuencia y de porcentaje, el histograma, el polígono y el polígono de porcentaje acumulado (ojiva).

Distribución de frecuencias

La distribución de frecuencias nos ayuda a obtener conclusiones de un conjunto de datos grande.

Una **distribución de frecuencias** es una tabla de resumen en la que los datos están organizados en clases o grupos numéricamente ordenados.

Al construir una distribución de frecuencia, se debe prestar atención al seleccionar el *número* apropiado de **agrupaciones o clases** para la tabla, determinando una *amplitud* conveniente de las clases y estableciendo los *límites* de cada una para evitar el traslape.

El número de clases usadas depende del número de valores. Un mayor número de valores permite un mayor número de clases. En general, la distribución de frecuencias debería tener por lo menos cinco clases, pero no más de 15. Tener muy pocas o muchas clases ofrece poca información.

Cuando se elabora una distribución de frecuencias, se define cada clase con base en intervalos de clase de la misma amplitud. Para determinar la **amplitud de un intervalo de clase**, se divide el **rango** (el valor mayor menos el valor menor) de los datos entre el número de los agrupamientos o clases que se desea.

DETERMINACIÓN DE LA AMPLITUD DEL INTERVALO DE CLASE

$$\text{Amplitud del intervalo} = \frac{\text{rango}}{\text{número de clases deseado}} \qquad \textbf{(2.1)}$$

Los datos de los restaurantes citadinos constituyen una muestra de 50 establecimientos. Para este tamaño de muestra es aceptable tener 10 agrupamientos o clases. En la formación ordenada de la tabla 2.6 en la página 30, el rango de los datos es $63 – $14 = $49. Mediante la ecuación (2.1), se aproxima la amplitud del intervalo de clase de la siguiente forma:

$$\text{Amplitud del intervalo} = \frac{49}{10} = 4.9$$

Se debe elegir una amplitud de intervalo que simplifique la lectura e interpretación. Por tanto, en lugar de usar una amplitud de intervalo de $4.90, se debería elegir una amplitud de intervalo de $5.00.

Para construir una tabla de distribución de frecuencias, se deberán establecer **límites de clase** claramente definidos para cada agrupamiento de clase, para que los valores estén clasificados adecuadamente. Cada valor se coloca en una y sólo una clase. Se debe evitar el traslape de clases.

Puesto que se ha establecido la amplitud de cada intervalo de clase para el costo de la comida en $5, es necesario establecer los límites para los diferentes agrupamientos o clases, para que así se incluya el rango completo de valores. Siempre que sea posible, uno debería elegir tales límites para simplificar la lectura e interpretación. Así, como los costos varían de $14 a $63, para los restaurantes de la ciudad, el primer intervalo de clase va de $10 a menos de $15, el segundo va de $15 a menos de $20, y así sucesivamente, hasta que se hayan formado 11 clases. Cada clase tiene una amplitud de intervalo de $5, sin traslaparse. El centro de cada clase, el **punto medio de la clase**, está a la mitad del camino entre el límite inferior y el límite superior de la clase. Por tanto, el punto medio de la clase que va de $10 a por debajo de $15 es $12.5, el punto medio de la clase que va de $15 a por debajo de $20 es $17.5, etcétera. La tabla 2.7 es una distribución de frecuencias para el costo por comida de los 50 restaurantes de la ciudad y para los 50 restaurantes fuera de la ciudad.

TABLA 2.7
Distribución de frecuencias del costo por comida para 50 restaurantes de la ciudad y 50 restaurantes de los suburbios.

Costo por comida ($)	Frecuencia de la ciudad	Frecuencia de los suburbios
10 pero menos de $15	1	0
15 pero menos de $20	0	0
20 pero menos de $25	2	4
25 pero menos de $30	3	13
30 pero menos de $35	7	13
35 pero menos de $40	14	12
40 pero menos de $45	8	4
45 pero menos de $50	5	1
50 pero menos de $55	8	2
55 pero menos de $60	1	1
60 pero menos de $65	1	0
Total	50	50

La distribución de frecuencias permite obtener conclusiones acerca de las características principales de los datos. Por ejemplo, la tabla 2.7 muestra que el costo de las comidas en los restaurantes de la ciudad está concentrado entre los $30 y los $55, en comparación con las comidas en los restaurantes de los suburbios, los cuales están concentrados entre los $25 y los $40.

Si el conjunto de datos no contiene muchos valores, un conjunto de límites de clase refleja una imagen diferente de la que da otro conjunto de límites. Por ejemplo, para los datos del costo del restaurante, usar un intervalo de clase de amplitud 4.0 en lugar de 5.0 (como el que se utilizó en la tabla 2.7), provocaría cambios en la forma en la que los valores se distribuyen entre las clases.

Usted obtendrá cambios en la concentración de los datos al elegir límites de clase inferiores y superiores diferentes. Por fortuna, conforme aumenta el tamaño de la muestra, las alteraciones en la selección de los límites de clase afectan cada vez menos la concentración de los datos.

EJEMPLO 2.6

DISTRIBUCIÓN DE FRECUENCIAS DE LOS RENDIMIENTOS EN 2003 DE LOS FONDOS DE INVERSIÓN DE CRECIMIENTO Y DE VALOR

En el escenario de "Uso de la estadística" se le pide comparar el rendimiento en 2003 de los fondos de inversión de crecimiento y de valor. **MUTUALFUNDS2004** Construya una distribución de frecuencias para los fondos de crecimiento y para los fondos de valor.

SOLUCIÓN

El porcentaje de rendimientos en 2003 de los fondos de crecimiento está concentrado significativamente entre el 30 y el 50, con una ligera concentración entre el 20 y el 30 (vea la tabla 2.8). El porcentaje de rendimientos en 2003 de los fondos de valor está concentrado entre el 30 y el 50, con algunos entre 20 y 30 y entre 50 y 70. No debe comparar directamente las frecuencias de los fondos de crecimiento y los fondos de valor puesto que en la muestra hay 49 fondos de crecimiento y 72 fondos de valor.

TABLA 2.8

Distribución de frecuencias del rendimiento en 2003 de los fondos de inversión de crecimiento y de valor.

Porcentaje de rendimiento 2003	Frecuencia de crecimiento	Frecuencia de valor
10 pero menos que 20	2	2
20 pero menos que 30	9	9
30 pero menos que 40	13	20
40 pero menos que 50	15	20
50 pero menos que 60	5	10
60 pero menos que 70	5	9
70 pero menos que 80	0	2
Total	49	72

Distribución de frecuencias relativas y distribución de porcentajes

Como generalmente deseamos saber la proporción o el porcentaje del total en cada grupo, es preferible usar la distribución de frecuencias relativa o la distribución de porcentajes. Cuando comparamos dos o más grupos que difieren en el tamaño de su muestra, se debe usar una distribución de frecuencias relativa o una distribución de porcentaje.

Se crea una **distribución de frecuencias relativa** al dividir las frecuencias de cada clase de la distribución de frecuencias (vea la tabla 2.7 en la página 33) por el número total de valores. Se crea una **distribución de porcentajes** al multiplicar cada frecuencia relativa por 100%. Así, la frecuencia relativa de las comidas en los restaurantes de la ciudad que cuestan entre $30 y $35 es 7 dividido por 50 o 0.14, y el porcentaje es del 14%. La tabla 2.9 presenta la distribución de frecuencias relativa y la distribución de porcentajes del costo de las comidas en restaurantes de la ciudad y de los suburbios.

A partir de la tabla 2.9, se concluye que las comidas cuestan más en los restaurantes de la ciudad que en los de los suburbios: el 16% de las comidas en los restaurantes de la ciudad cuestan entre $50 y $55, en comparación con el 4% de los restaurantes de los suburbios; mientras que sólo el 6% de las comidas en los restaurantes de la ciudad cuestan entre $25 y $30 en comparación con el 26% de los restaurantes de los suburbios.

TABLA 2.9
Distribución de frecuencias relativa y distribución de porcentajes del costo de las comidas en restaurantes de la ciudad y de los suburbios.

	Ciudad		Suburbios	
Costo por comida ($)	Frecuencia relativa	Porcentaje	Frecuencia relativa	Porcentaje
10 pero menos que $15	0.02	2.0	0.00	0.0
15 pero menos que $20	0.00	0.0	0.00	0.0
20 pero menos que $25	0.04	4.0	0.08	8.0
25 pero menos que $30	0.06	6.0	0.26	26.0
30 pero menos que $35	0.14	14.0	0.26	26.0
35 pero menos que $40	0.28	28.0	0.24	24.0
40 pero menos que $45	0.16	16.0	0.08	8.0
45 pero menos que $50	0.10	10.0	0.02	2.0
50 pero menos que $55	0.16	16.0	0.04	4.0
55 pero menos que $60	0.02	2.0	0.02	2.0
60 pero menos que $65	0.02	2.0	0.00	0.0
Total	1.00	100.0	1.00	100.0

EJEMPLO 2.7

DISTRIBUCIÓN DE FRECUENCIAS RELATIVA Y DISTRIBUCIÓN DE PORCENTAJES DEL RENDIMIENTO EN 2003 DE LOS FONDOS DE INVERSIÓN DE CRECIMIENTO Y DE VALOR

En el escenario de "Uso de la estadística", se le pide que compare el rendimiento en 2003 de los fondos de inversión de crecimiento y de valor. **MUTUALFUNDS2004** Construya una distribución de frecuencias relativa y una distribución de porcentajes para los fondos de crecimiento y para los fondos de valor.

SOLUCIÓN
Se concluye (vea la tabla 2.10) que el rendimiento en 2003 de los fondos de crecimiento es ligeramente inferior a la de los fondos de valor y que el 18.37% de los fondos de crecimiento tienen rendimientos entre 20 y 30 en comparación con el 12.5% de los fondos de valores. Los fondos de valor tienen rendimientos ligeramente mayores (entre 50 y 60, y entre 60 y 70) que los fondos de crecimiento.

TABLA 2.10
Distribución de frecuencias relativa y distribución de porcentajes del rendimiento en 2003 de los fondos de inversión de crecimiento y de valor.

Porcentaje anual	Crecimiento		Valor	
de rendimiento en 2003	Proporción	Porcentaje	Proporción	Porcentaje
10 pero menos que 20	0.0408	4.08	0.0278	2.78
20 pero menos que 30	0.1837	18.37	0.1250	12.50
30 pero menos que 40	0.2653	26.53	0.2778	27.78
40 pero menos que 50	0.3061	30.61	0.2778	27.78
50 pero menos que 60	0.1020	10.20	0.1389	13.89
60 pero menos que 70	0.1020	10.20	0.1250	12.50
70 pero menos que 80	0.0000	0.00	0.0278	2.78
Total	1.0000	100.0	1.0000	100.0

Distribución acumulativa

La **distribución de porcentaje acumulado** constituye una manera de presentar la información del porcentaje de los valores que están por debajo de cierto valor. Por ejemplo, tal vez se desea conocer qué porcentaje de las comidas de los restaurantes de la ciudad cuestan menos que $20, menos que $30, menos que $50, etcétera. La distribución de porcentaje se usa para formar una distribución de porcentaje acumulado. A partir de la tabla 2.12, se sabe que el 0.00% de las comidas cuestan menos de $10, el 2% cuesta menos de $15, el 2% también cuesta menos de $20 (porque ninguna de las comidas cuestan entre $15 y $20), el 6% (2 + 4%) cuesta menos de $25, y así sucesivamente, hasta que el 100% de comidas cuestan menos de $65. La tabla 2.11 ilustra cómo desarrollar la distribución de porcentaje acumulado para el costo de las comidas en restaurantes de la ciudad.

TABLA 2.11
Desarrollo de la distribución de porcentaje acumulado del costo de las comidas en los restaurantes de la ciudad.

Costo por comida ($)	Porcentaje	Porcentaje de fondos por debajo del límite inferior del intervalo de clase
10 pero menos de $15	2	0
15 pero menos de $20	0	2
20 pero menos de $25	4	2 = 2 + 0
25 pero menos de $30	6	6 = 2 + 0 + 4
30 pero menos de $35	14	12 = 2 + 0 + 4 + 6
35 pero menos de $40	28	26 = 2 + 0 + 4 + 6 + 14
40 pero menos de $45	16	54 = 2 + 0 + 4 + 6 + 14 + 28
45 pero menos de $50	10	70 = 2 + 0 + 4 + 6 + 14 + 28 + 16
50 pero menos de $55	16	80 = 2 + 0 + 4 + 6 + 14 + 28 + 16 + 10
55 pero menos de $60	2	96 = 2 + 0 + 4 + 6 + 14 + 28 + 16 + 10 + 16
60 pero menos de $65	2	98 = 2 + 0 + 4 + 6 + 14 + 28 + 16 + 10 + 16 + 2
$65 pero menos de $70	0	100 = 2 + 0 + 4 + 6 + 14 + 28 + 16 + 10 + 16 + 2 + 2

La tabla 2.12 resume los porcentajes acumulados del costo de las comidas en restaurantes de la ciudad y de los suburbios. La distribución acumulativa muestra claramente que los costos de la comida son inferiores en los restaurantes de los suburbios que en los de la ciudad: en el 34% de los restaurantes de los suburbios cuesta menos de $30, en comparación con sólo el 12% de los restaurantes de la ciudad; en el 60% de los restaurantes de los suburbios cuesta menos de $35 en comparación con sólo el 26% de los restaurantes de la ciudad; en el 84% de los restaurantes de los suburbios cuesta menos de $40 en comparación con sólo el 54% de los restaurantes de la ciudad.

TABLA 2.12
Distribución de porcentajes acumulados del costo de las comidas en restaurantes de la ciudad y de los suburbios.

Costo ($)	Porcentaje de restaurantes de la ciudad con valor menor al indicado	Porcentaje de restaurantes de los suburbios con valor menor al indicado
10	0	0
15	2	0
20	2	0
25	6	8
30	12	34
35	26	60
40	54	84
45	70	92
50	80	94
55	96	98
60	98	100
65	100	100

EJEMPLO 2.8

DISTRIBUCIÓN DE PORCENTAJE ACUMULADO DEL RENDIMIENTO EN 2003 DE LOS FONDOS DE INVERSIÓN DE CRECIMIENTO Y DE VALOR

En el escenario "Uso de la estadística", se le pide comparar el rendimiento anual en 2003 de los fondos de inversión de crecimiento y de valor. **MUTUALFUNDS2004** Construya una distribución de porcentaje acumulado para los fondos de crecimiento y para los fondos de valor.

SOLUCIÓN

La distribución acumulativa de la tabla 2.13 indica que los fondos de crecimiento tienen un rendimiento ligeramente mayor que los fondos de valor: el 22.45% de los fondos de crecimiento tienen rendimientos por debajo de 30 en comparación con el 15.28% de los fondos de valor; el 48.98% de los fondos de crecimiento tienen rendimientos por debajo de 40 en comparación con el 43.06% de los fondos de valor; el 79.59% de los fondos de crecimiento tienen rendimientos por debajo de 50 en comparación con el 70.83% de los fondos de valor.

TABLA 2.13
Distribuciones de porcentaje acumulado del rendimiento en 2003 de los fondos de crecimiento y de valor.

Rendimiento anual	Porcentaje menor del valor indicado del fondo de crecimiento	Porcentaje menor del valor indicado del fondo de valor
10	0.00	0.00
20	4.08	2.78
30	22.45	15.28
40	48.98	43.06
50	79.59	70.83
60	89.80	84.72
70	100.00	97.22
80	100.00	100.00

Histograma

El **histograma** es una gráfica de barras para datos numéricos agrupados en los que las frecuencias o los porcentajes de cada grupo de datos numéricos están representados por barras individuales. En un histograma, no hay brechas entre las barras adyacentes como en la gráfica de barras de los datos categóricos. La variable que nos interesa se coloca a lo largo del eje (*X*) horizontal. El eje (*Y*) vertical representa la frecuencia o el porcentaje de los valores por intervalo de clase.

La figura 2.8 muestra un histograma de frecuencia Minitab para el costo de las comidas en los restaurantes de la ciudad. El histograma indica que el costo de las comidas en los restaurantes de la ciudad se concentra entre aproximadamente \$30 y \$55. Muy pocas comidas cuestan menos de \$20 o más de \$55.

FIGURA 2.8
Histograma Minitab para el costo de las comidas en restaurantes de la ciudad.

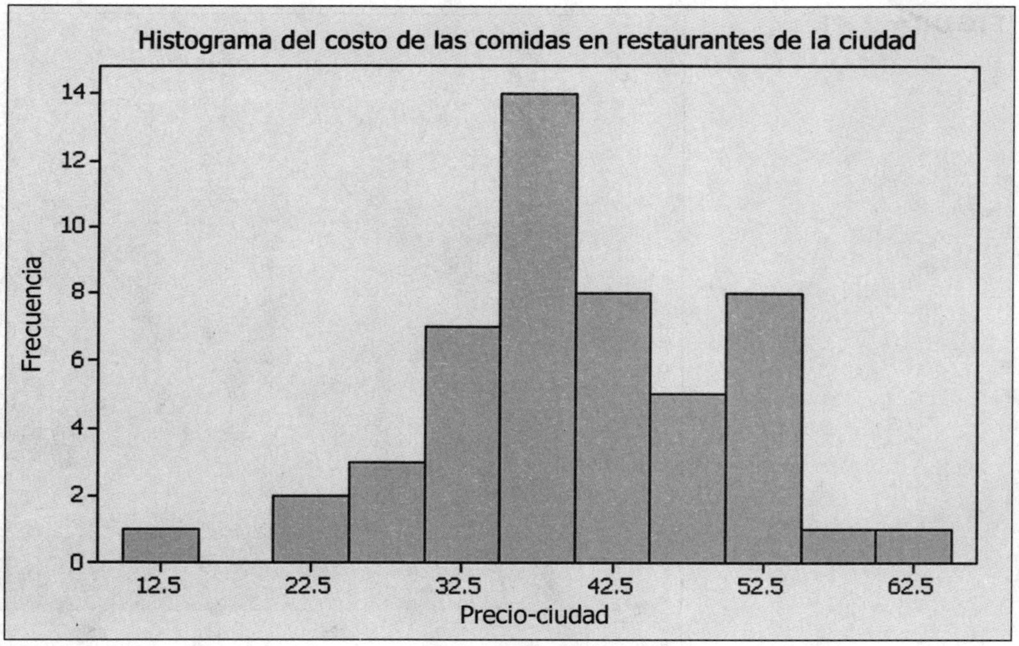

EJEMPLO 2.9

HISTOGRAMA PARA EL RENDIMIENTO EN 2003 DE LOS FONDOS DE INVERSIÓN DE CRECIMIENTO Y DE VALOR

En el escenario "Uso de la estadística" le interesa comparar el rendimiento en 2003 de los fondos de inversión de crecimiento y de valor. **MUTUALFUNDS2004** Construya histogramas para los fondos de crecimiento y para los fondos de valor.

SOLUCIÓN
La figura 2.9 muestra que la distribución de los fondos de crecimiento tiene rendimientos menores en comparación con los fondos de valor, los cuales tienen mayores rendimientos.

FIGURA 2.9A
Histograma del porcentaje del rendimiento 2003 (Panel A —Fondos de crecimiento y Panel B —Fondos de valor).

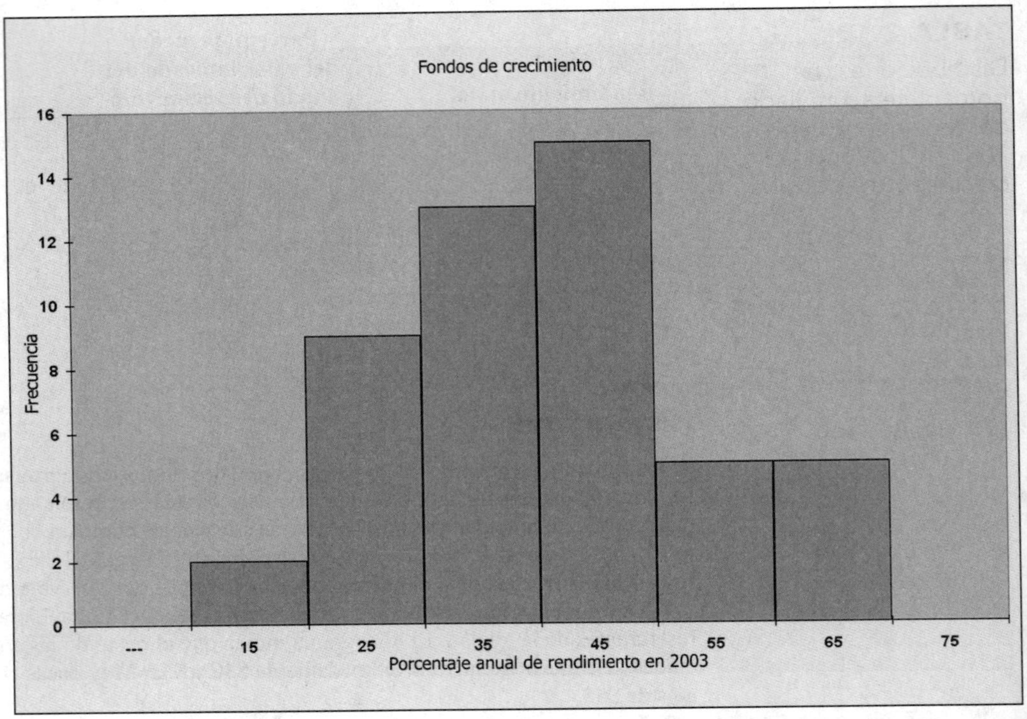

FIGURA 2.9B

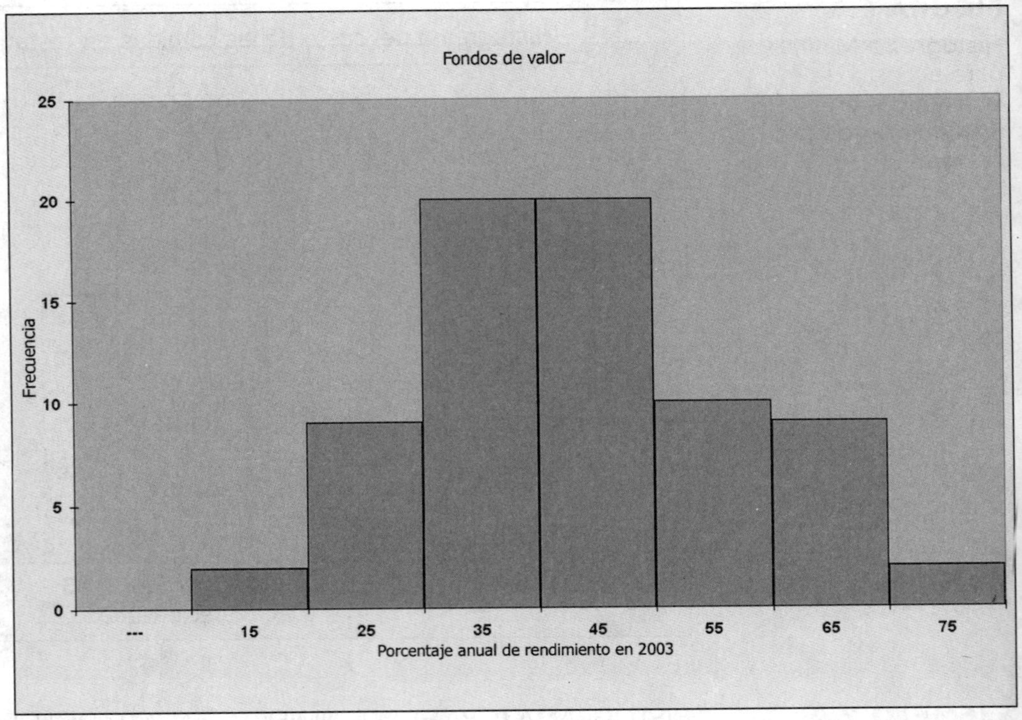

Polígono

Es difícil y confuso realizar múltiples histogramas en la misma gráfica cuando comparamos dos o más conjuntos de datos. Al sobreponer las barras verticales de un histograma en otro se dificulta la interpretación. Cuando hay dos o más grupos, es conveniente utilizar un polígono de porcentaje.

POLÍGONO DE PORCENTAJE

El **polígono de porcentaje** se crea al hacer que el punto medio de cada clase represente los datos de esa clase y después se conecta la secuencia de puntos medios con sus respectivos porcentajes de clase.

La figura 2.10 muestra los polígonos de porcentaje para el costo de los alimentos en los restaurantes de la ciudad y de los suburbios. El polígono para los restaurantes de los suburbios está concentrado a la izquierda (correspondiente al costo menor) del polígono para los restaurantes de la ciudad. Los porcentajes de los costos más altos para los restaurantes de los suburbios corresponden a los puntos medios de clase de $27.50 y $32.50, mientras que los porcentajes de costo mayores para los restaurantes de la ciudad corresponden a los puntos medios de clase de $37.50.

FIGURA 2.10 Polígonos de porcentaje del costo de las comidas para los restaurantes de la ciudad y de los suburbios.

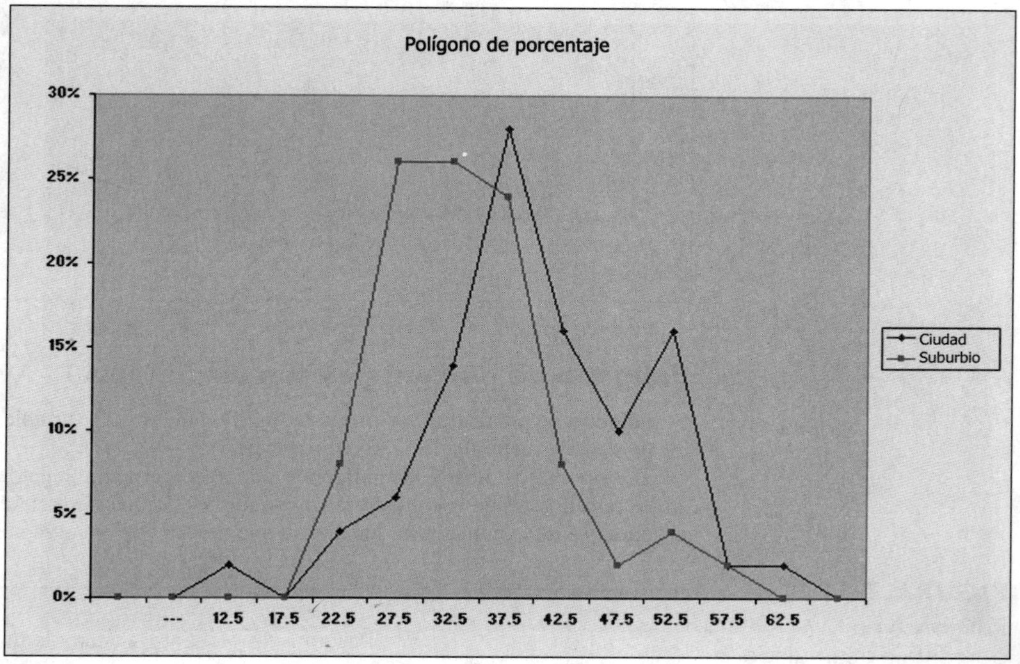

Los polígonos de la figura 2.10 tienen puntos cuyos valores en el eje *X* representan el punto medio del intervalo de clase. Por ejemplo, observe los puntos trazados en el eje *X* en 22.5 ($22.50). El punto para los restaurantes de los suburbios (el más alto) representa el hecho de que el 8% de estos restaurantes tienen costos por comida que van de los $20 a los $25. El punto para los restaurantes de la ciudad (el más bajo) representa el hecho de que el 4% de estos restaurantes tienen costos de comida entre $20 y $25.

Cuando elabore polígonos o histogramas, el eje vertical (*Y*) debe mostrar el verdadero cero u "origen", para no distorsionar el carácter de los datos. El eje horizontal (*X*) no necesita especificar el punto cero para la variable de interés, aunque el rango de la variable debe constituir la mayor porción del eje.

EJEMPLO 2.10

POLÍGONO DE PORCENTAJES PARA EL RENDIMIENTO EN 2003 DE LOS FONDOS DE INVERSIÓN DE CRECIMIENTO Y DE VALOR

En el escenario de "Uso de la estadística", se le pide que compare el rendimiento en 2003 de los fondos de inversión de crecimiento y de valor. **MUTUALFUNDS2004** Construya polígonos de porcentaje para los fondos de crecimiento y para los fondos de valor.

SOLUCIÓN

La figura 2.11 muestra que la distribución de los fondos de crecimiento tiene un rendimiento anual menor en comparación con los fondos de valor, los cuales tienen mayores rendimientos.

FIGURA 2.11
Polígonos de porcentaje para el rendimiento en 2003.

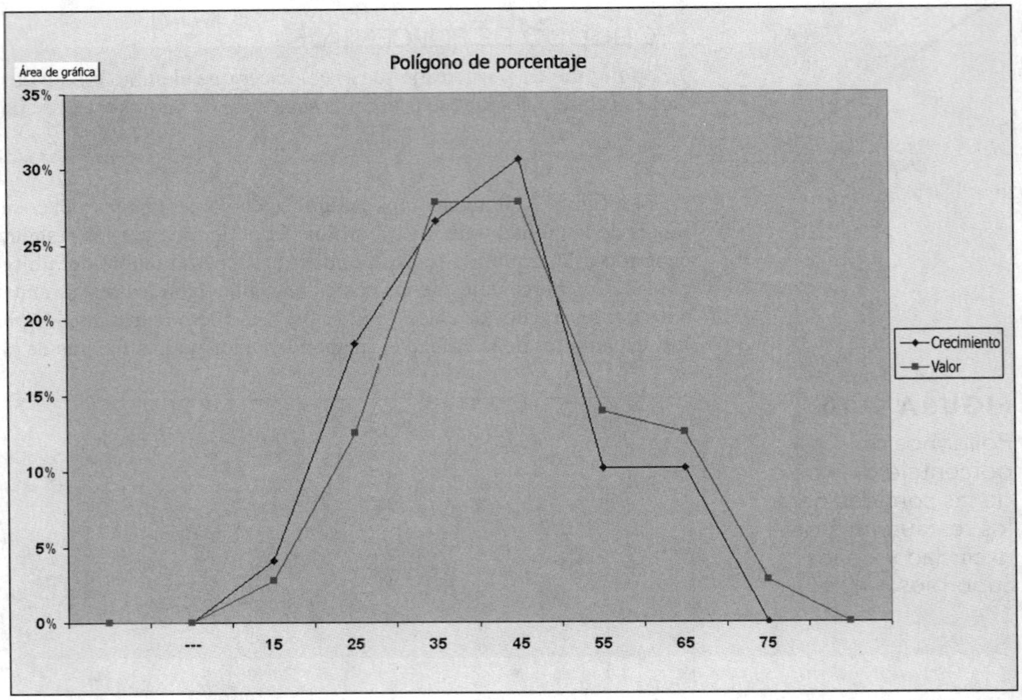

Polígono de porcentaje acumulado (ojiva)

El **polígono de porcentaje acumulado**, u **ojiva**, muestra la variable de interés a lo largo del eje *X*, y los porcentajes acumulados a lo largo del eje *Y*.

La figura 2.12 ilustra los polígonos de porcentaje acumulado de Excel del costo de las comidas en los restaurantes de la ciudad y de los suburbios. La mayor parte de la curva correspondiente a los restaurantes de la ciudad está localizada a la derecha de la curva correspondiente a los restaurantes

FIGURA 2.12
Polígonos de porcentaje acumulado del costo de las comidas en restaurantes de la ciudad y de los suburbios.

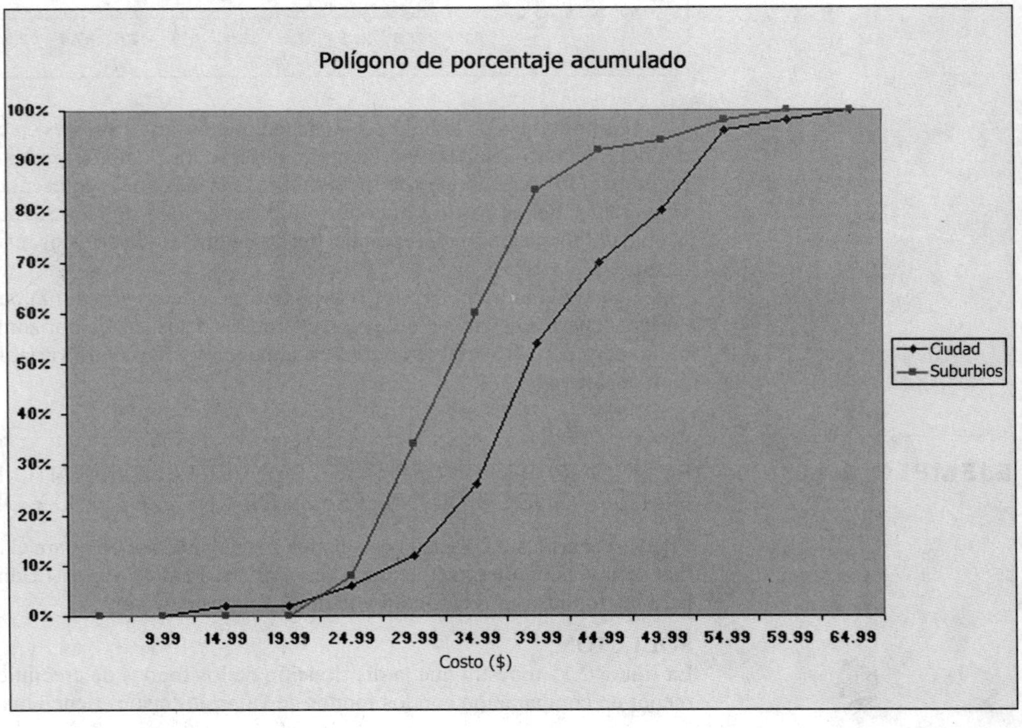

de los suburbios. Esto indica que los restaurantes de la ciudad tienen menos comidas que cuestan por debajo de un valor en particular. Por ejemplo, el 12% de las comidas de los restaurantes de la ciudad cuestan menos de $30 en comparación con el 34% de las comidas de los restaurantes de los suburbios.

EJEMPLO 2.11

POLÍGONOS DE PORCENTAJE ACUMULADO DE LOS RENDIMIENTOS EN 2003 DE LOS FONDOS DE INVERSIÓN DE CRECIMIENTO Y DE VALOR

En el escenario "Uso de la estadística", se le pide que compare el rendimiento de los fondos de inversión de crecimiento y de valor. **MUTUALFUNDS2004** Elabore polígonos de porcentaje acumulado para los fondos de crecimiento y para los fondos de valor.

SOLUCIÓN
La figura 2.13 ilustra los polígonos de porcentaje acumulado en Excel del porcentaje de rendimiento en 2003 de los fondos de crecimiento y de valor. La curva para los fondos de valor se localiza ligeramente a la derecha de la curva para los fondos de crecimiento. Esto indica que los fondos de valor tienen menos rendimientos por debajo de un valor específico. Por ejemplo, el 70.83% de los fondos de valor tienen rendimientos menores de 50 en comparación con el 79.59% de los fondos de crecimiento.

FIGURA 2.13
Polígonos de porcentaje acumulado para el porcentaje de rendimiento en 2003.

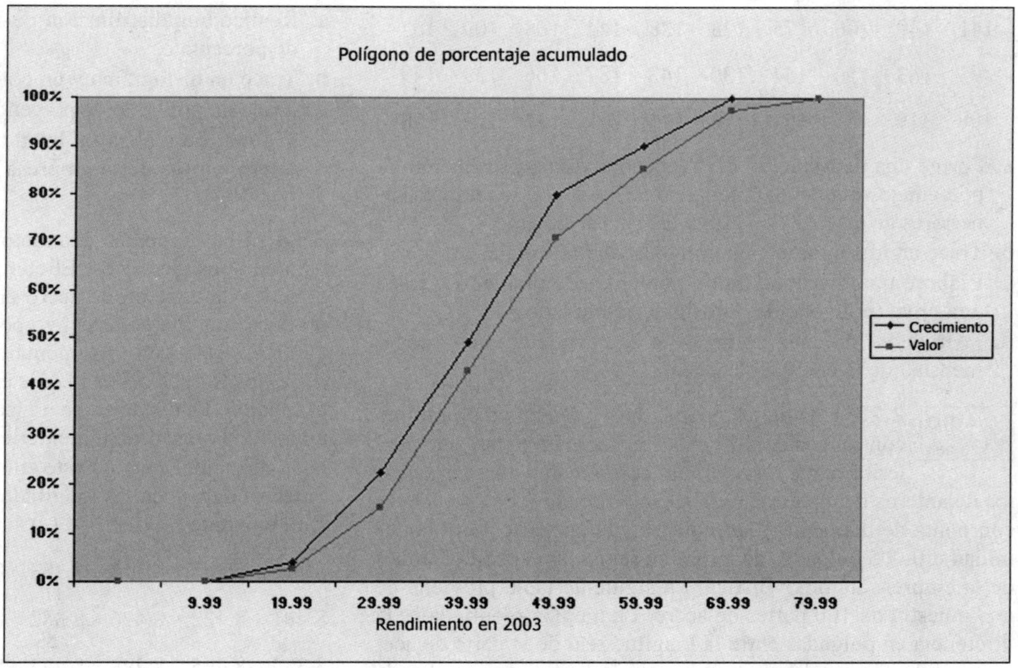

PROBLEMAS PARA LA SECCIÓN 2.3

Aprendizaje básico

ASISTENCIA de PH Grade **2.20** Los valores para un conjunto de datos varían de 11.6 a 97.8.

a. Si estos valores se agrupan en clases, indique los límites de clase.

b. ¿Qué amplitud de intervalo de clase eligió?

c. ¿Cuáles son los puntos medios de cada clase?

ASISTENCIA de PH Grade **2.21** Al realizar una ojiva (es decir, un polígono de porcentaje acumulado) relacionado con las puntuaciones del GMAT (siglas para Graduate Management Admission Test) de una muestra de 50 solicitantes para un programa de maestría en administración, los datos previos indicaron que ninguno de los solicitantes obtuvo puntuaciones por debajo de 450. La distribución de la frecuencia se formó eligiendo intervalos de clase 450 a 499, 500 a 549 y así sucesivamente, hasta que la última clase fue 700 a 749. Si dos solicitantes obtuvieron puntuaciones en el intervalo 450 a 499, y 16 solicitantes obtuvieron puntuaciones en el intervalo 500 a 549:

a. ¿Qué porcentaje de solicitantes calificó por debajo de 500?
b. ¿Qué porcentaje de solicitantes calificó entre 500 y 549?
c. ¿Qué porcentaje de solicitantes calificó por debajo de 550?
d. ¿Qué porcentaje de solicitantes calificó por debajo de 750?

Aplicación de conceptos

Puede resolver manualmente los problemas 2.22 a 2.27 o usando Excel, Minitab o SPSS.

ASISTENCIA de PH Grade

2.22 Los datos mostrados a continuación representan el costo de la energía eléctrica durante julio de 2004 para una muestra aleatoria de 50 departamentos de una habitación en una gran ciudad. UTILITY

Datos brutos de los cargos de utilidades ($)

96	171	202	178	147	102	153	197	127	82
157	185	90	116	172	111	148	213	130	165
141	149	206	175	123	128	144	168	109	167
95	163	150	154	130	143	187	166	139	149
108	119	183	151	114	135	191	137	129	158

a. Forme una distribución de frecuencia y una distribución de porcentajes que tenga intervalos de clase con los límites superiores de clase $99, $119, y así sucesivamente.
b. Trace un histograma y un polígono de porcentaje.
c. Elabore una distribución de porcentaje acumulado y trace una ojiva (polígono de porcentaje acumulado).
d. ¿Alrededor de cuál cantidad parece concentrarse el costo mensual de la energía eléctrica?

✓ AUTO Examen

2.23 Una de las operaciones que realiza un molino consiste en cortar piezas de acero en partes que posteriormente serán usadas como marco para los asientos delanteros de un automóvil. El acero se corta con una sierra con punta de diamante y se requiere que las partes resultantes midan ±0.005 pulgadas de longitud, según las especificaciones de la empresa automovilística. La siguiente tabla proviene de una muestra de 100 partes de acero. La medida reportada es la diferencia en pulgadas entre la longitud real de la parte de acero, medida con un dispositivo láser y la longitud especificada de la parte de acero. Por ejemplo, el primer valor, –0.002, representa una parte de acero que es 0.002 pulgadas más corta que la longitud especificada. STEEL

–0.002	0.002	0.0005	–0.0015	–0.001
0.0005	0.001	0.001	–0.0005	–0.001
0.0025	0.001	0.0005	–0.0015	0.0005
0.001	0.001	0.001	–0.0005	–0.0025
0.002	–0.002	0.0025	–0.0005	0.0025
0.001	–0.003	0.001	–0.001	0.002
0.005	–0.0015	0	–0.0015	0.0025
–0.002	–0.0005	–0.0025	0.0025	–0.002
0	0	–0.001	0.001	0
0.001	–0.0025	0.0035	0.0005	–0.0005
–0.0025	–0.003	0	0	–0.001
–0.003	–0.001	–0.003	0.002	0
0.001	0.002	–0.002	–0.0005	–0.002
–0.0005	–0.001	–0.001	0.0005	0
0	0	–0.0015	0.0005	0
–0.003	0.003	–0.0015	0	0.002
–0.001	0.0015	–0.002	–0.0005	–0.003
0.0005	0	0.001	0.002	–0.0005
0.0025	0	–0.0025	0.001	–0.002
–0.0025	–0.0025	–0.0005	–0.0015	–0.002

a. Realice una distribución de frecuencias y una distribución de porcentaje.
b. Trace un histograma y un polígono de porcentaje.
c. Trace un polígono de porcentaje acumulado.
d. ¿El molino realiza un buen trabajo, de acuerdo con los requerimientos de la empresa automovilística? Explique su respuesta.

2.24 Una compañía productora fabrica bastidores de acero para equipos eléctricos. El componente principal de los bastidores es un canalón de acero enrollado de calibre 14. Éste se produce con una prensa cuyo poder de golpeo progresivo es de 250 toneladas, con una operación de limpieza hacia abajo que pone dos formas de 90 grados en el acero aplanado para hacer el canalón. La distancia de un lado de la forma al otro es importante por la resistencia a exteriores. La compañía requiere que la amplitud del canalón esté entre 8.31 y 8.61 pulgadas. Los siguientes datos son las longitudes de los canalones en pulgadas para una muestra de $n = 49$. TROUGH

8.312	8.343	8.317	8.383	8.348	8.410	8.351	8.373
8.481	8.422	8.476	8.382	8.484	8.403	8.414	8.419
8.385	8.465	8.498	8.447	8.436	8.413	8.489	8.414
8.481	8.415	8.479	8.429	8.458	8.462	8.460	8.444
8.429	8.460	8.412	8.420	8.410	8.405	8.323	8.420
8.396	8.447	8.405	8.439	8.411	8.427	8.420	8.498
8.409							

a. Realice una distribución de frecuencia y una distribución de porcentajes.
b. Trace un histograma y un polígono de porcentajes.
c. Trace un polígono de porcentajes acumulados.
d. ¿Qué puede concluir acerca del número de canalones que satisfarán los requerimientos de la compañía, es decir, que tengan una longitud entre 8.31 y 8.61 pulgadas?

2.25 La compañía productora del problema 2.24 también fabrica aislantes eléctricos. Si éstos se descomponen cuando están en uso, es probable que ocurra un corto circuito. Para probarlos, se efectúa una prueba destructiva en laboratorios de alta potencia, que determinarán cuánta *fuerza* se requiere para descomponer los aislantes. La fuerza se mide observando cuántas libras deben aplicarse al aislante antes de que se descomponga. La fuerza de 30 aislantes probados se muestra a continuación. **FORCE**

1,870	1,728	1,656	1,610	1,634	1,784	1,522	1,696
1,592	1,662	1,866	1,764	1,734	1,662	1,734	1,774
1,550	1,756	1,762	1,866	1,820	1,744	1,788	1,688
1,810	1,752	1,680	1,810	1,652	1,736		

a. Construya una distribución de frecuencias y una distribución de porcentajes.
b. Trace un histograma y un polígono de porcentajes.
c. Trace un polígono de porcentaje acumulado.
d. ¿Qué puede concluir respecto de la fuerza de los aislantes, si la compañía requiere una medida de fuerza de por lo menos 1,500 libras antes de descomponerse?

2.26 Los arreglos ordenados de la tabla corresponden a la vida útil (en horas) de una muestra de 40 bulbos de 100 watts producidos por el fabricante A y la muestra B a 40 bulbos de 100 watts producidos por otro fabricante. **BULBS**

Fabricante A					Fabricante B				
684	697	720	773	821	819	836	888	897	903
831	835	848	852	852	907	912	918	942	943
859	860	868	870	876	952	959	962	986	992
893	899	905	909	911	994	1,004	1,005	1,007	1,015
922	924	926	926	938	1,016	1,018	1,020	1,022	1,034
939	943	946	954	971	1,038	1,072	1,077	1,077	1,082
972	977	984	1,005	1,014	1,096	1,100	1,113	1,113	1,116
1,016	1,041	1,052	1,080	1,093	1,153	1,154	1,174	1,188	1,230

a. Realice una distribución de frecuencias y una distribución de porcentajes para cada fabricante usando el siguiente intervalo de clase para cada distribución:
(1) Fabricante A: 650 pero menos de 750, 750 pero menos de 850, y así sucesivamente.
(2) Fabricante B: 750 pero menos de 850, 850 pero menos de 950, y así sucesivamente.
b. Trace los histogramas de porcentaje en gráficas separadas y trace los polígonos de porcentaje en una gráfica.
c. Elabore las distribuciones de porcentaje acumulado y trace las ojivas en una gráfica.
d. ¿Qué fabricante produce los bulbos con mayor vida: el fabricante A o el fabricante B? Explique su respuesta.

2.27 Los siguientes datos representan la cantidad de bebida gaseosa en una muestra de 50 botellas de 2 litros. **DRINK**

2.109	2.086	2.066	2.075	2.065	2.057	2.052	2.044
2.036	2.038	2.031	2.029	2.025	2.029	2.023	2.020
2.015	2.014	2.013	2.014	2.012	2.012	2.012	2.010
2.005	2.003	1.999	1.996	1.997	1.992	1.994	1.986
1.984	1.981	1.973	1.975	1.971	1.969	1.966	1.967
1.963	1.957	1.951	1.951	1.947	1.941	1.941	1.938
1.908	1.894						

a. Construya una distribución de frecuencias y una distribución de porcentajes.
b. Trace un histograma y un polígono de porcentajes.
c. Realice una distribución de porcentaje acumulado y trace un polígono de porcentaje acumulado.
d. Con base en los resultados de *a*) a *c*), ¿la cantidad de bebida gaseosa con que se llenan las botellas se concentra alrededor de valores específicos?

2.4 TABLAS Y GRÁFICAS DE DATOS BIVARIADOS

En negocios es común el estudio de patrones que pueden existir entre dos o más variables categóricas.

Tabla de contingencia

Una **tabla de clasificación** (o **contingencia**) **cruzada** presenta los resultados de dos variables categóricas. Las respuestas en conjunto se clasifican de tal manera que las categorías de una variable se localizan en las filas, y las categorías de la otra variable se localizan en las columnas. Los valores localizados en las intersecciones de las filas y las columnas se llaman **celdas**. La tabla se construye dependiendo del tipo de contingencia, las celdas para cada combinación de fila-columna contienen la frecuencia, el porcentaje del total global, el porcentaje del total de las filas o el porcentaje total de las columnas.

Suponga que en el escenario de "Uso de la estadística" se quiere examinar si hay o no un patrón o relación entre el nivel de riesgo y el objetivo del fondo de inversión (crecimiento contra valor). La tabla 2.14 resume esta información para los 121 fondos de inversión.

TABLA 2.14
Tabla de contingencia que muestra el fondo objetivo y el fondo de riesgo.

	NIVEL DE RIESGO			
OBJETIVO	**Alto**	**Promedio**	**Bajo**	**Total**
Crecimiento	14	23	12	49
Valor	3	23	46	72
Total	17	46	58	121

Se elaboró esta tabla de contingencia etiquetando las respuestas en conjunto para cada uno de los 121 fondos de inversión con respecto al objetivo y al riesgo en una de las seis posibles celdas en la tabla. Así, el primer fondo en la lista (AFBA Five Star USA Global Institutional) está clasificado como fondo de crecimiento con riesgo promedio. Por tanto, registre la respuesta conjunta dentro de la celda que forma la intersección de la primera fila y la segunda columna. Las 120 respuestas conjuntas restantes se registran de forma similar. Cada celda contiene la frecuencia para la combinación fila-columna.

Para explorar cualquier posible patrón o relación entre fondos objetivos y de riesgo, es conveniente realizar tablas de contingencia basadas en porcentajes. Primero convierta en porcentajes estos resultados con base en los siguientes tres totales:

1. El total global (es decir, los 121 fondos de inversión).
2. El total de las filas (es decir, 49 fondos de crecimiento y 72 fondos de valores).
3. El total de las columnas (es decir, los tres niveles de riesgo).

Las tablas 2.15, 2.16 y 2.17 resumen estos porcentajes.

TABLA 2.15
Tabla de contingencia que muestra el fondo objetivo y el fondo de riesgo con base en el porcentaje del total global.

	NIVEL DE RIESGO			
OBJETIVO	**Alto**	**Promedio**	**Bajo**	**Total**
Crecimiento	11.57	19.01	9.92	40.50
Valor	2.48	19.01	38.02	59.50
Total	14.05	38.02	47.93	100.00

TABLA 2.16
Tabla de contingencia que muestra el fondo objetivo y el fondo de riesgo con base en el porcentaje del total de las filas.

	NIVEL DE RIESGO			
OBJETIVO	**Alto**	**Promedio**	**Bajo**	**Total**
Crecimiento	28.57	46.94	24.49	100.00
Valor	4.17	31.94	63.89	100.00
Total	14.05	38.02	47.93	100.00

TABLA 2.17
Tabla de contingencia que muestra el fondo objetivo y el fondo de riesgo con base en el porcentaje del total de las columnas.

	NIVEL DE RIESGO			
OBJETIVO	**Alto**	**Promedio**	**Bajo**	**Total**
Crecimiento	82.35	50.00	20.69	40.50
Valor	17.65	50.00	79.31	59.50
Total	100.00	100.00	100.00	100.00

La tabla 2.15 muestra que el 14.05% de los fondos de inversión de la muestra son de alto riesgo, el 40.5% son fondos de crecimiento y el 11.57% son fondos de crecimiento de alto riesgo. La tabla 2.16 muestra que el 28.57% de los fondos de crecimiento son de alto riesgo y el 24.49% son de bajo riesgo. La tabla 2.17 muestra que el 82.35% de los fondos de alto riesgo y sólo el 20.69% de los fondos de bajo riesgo son fondos de crecimiento. Las tablas revelan que los fondos de crecimiento tienen mayor probabilidad de ser de alto riesgo, mientras que los fondos de valor tienen mayor probabilidad de ser de bajo riesgo.

Gráfica de barras agrupadas

Una forma útil de mostrar los resultados de datos de clasificación cruzada es realizar una **gráfica de barras agrupadas**. La figura 2.14, que utiliza datos de la tabla 2.14, es una gráfica de barras agrupadas de Excel que compara los tres niveles de riesgo de los fondos, con base en su objetivo. Al examinar la figura 2.14, se revelan resultados congruentes con aquellos de las tablas 2.15, 2.16 y 2.17. Los fondos de crecimiento tienen mayor probabilidad de ser de alto riesgo, mientras que los fondos de valor tienen mayor probabilidad de ser de bajo riesgo.

FIGURA 2.14
Gráfica de barras agrupadas de Excel para el objetivo y riesgo de los fondos.

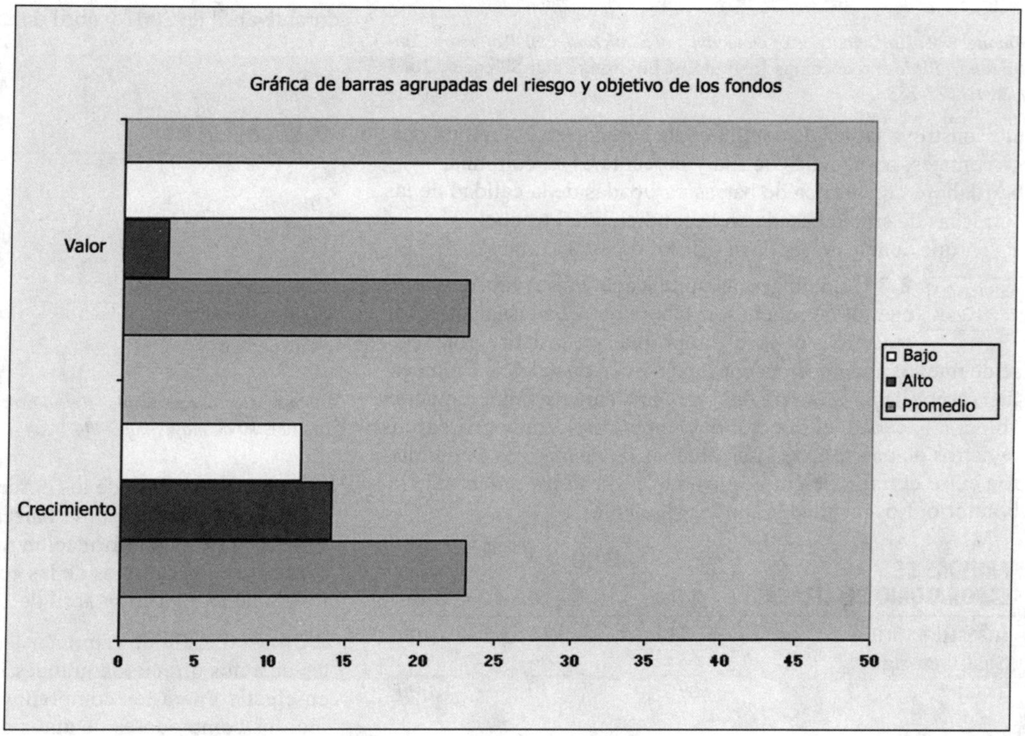

PROBLEMAS PARA LA SECCIÓN 2.4

Aprendizaje básico

ASISTENCIA de PH Grade **2.28** Los siguientes datos representan las respuestas a dos preguntas de una encuesta a 40 alumnos que estudian la especialidad en negocios: ¿Cuál es tu género? (Masculino = M; Femenino = F) y ¿Cuál es tu especialidad? Contaduría = A; Sistemas computacionales de la información = C; Marketing = M):

Género: M M M F M F F M F M F M M M M F F M F F
Especialidad: A C C M A C A A C C A A A M C M A A A C
Género: M M M M F M F F M M F M M M M F M F M M
Especialidad: C C A A M M C A A A C C A A A A C C A C

a. Registre los datos en una tabla de contingencia, donde las dos filas representen la categoría de género y las tres columnas representen la categoría de la especialidad académica.
b. Elabore tablas de contingencia a partir de los porcentajes de las respuestas de los 40 estudiantes, con base en los porcentajes de las filas y en los porcentajes de las columnas.
c. Usando los resultados del inciso *a*), construya una gráfica de barras agrupadas de género basada en la especialidad del estudiante.

ASISTENCIA de PH Grade **2.29** A partir de la siguiente tabla de contingencia, elabore una gráfica de barras agrupadas, comparando *A* y *B* para cada una de las categorías de tres columnas en el eje vertical.

	1	2	3	Total
A	20	40	40	100
B	80	80	40	200

Aplicando los conceptos

ASISTENCIA de PH Grade ✓AUTO Examen **2.30** Los resultados de un estudio realizado como parte de un esfuerzo por mejorar la producción en una fábrica de semiconductores presentan datos de defectos en una muestra de 450 placas de silicio. La siguiente tabla presenta un resumen de las respuestas a dos preguntas: ¿Se encontró una partícula en el troquel que produjo la placa de silicio? Y ¿La placa resultó buena o mala?

	CONDICIÓN DEL TROQUEL		
CALIDAD DE LA PLACA	**Sin partículas**	**Partículas**	**Totales**
Buena	320	14	334
Mala	80	36	116
Totales	400	50	450

Fuente: S.W. Hall, Analysis of Defectivity of Semiconductor Wafers by Contingency Table, Proceedings Institute of Environmental Sciences. *Vol.1 (1994), 177-183.*

a. Construya tablas de contingencia basadas en el total de porcentajes, porcentajes de fila y porcentajes de columna.
b. Elabore una gráfica de barras agrupadas de la calidad de las placas de silicio basada en la condición del troquel.
c. ¿A qué conclusiones llega a partir de esos análisis?

ASISTENCIA de PH Grade **2.31** En un gran hospital cada día se realizan varios cientos de pruebas de laboratorio. La tasa de pruebas realizadas de forma impropia (y que deben practicarse de nuevo) al parecer es constante y cercana al 4%. En un esfuerzo por llegar a la raíz del problema (pruebas que requieren volver a hacerse), el director del laboratorio decide guardar los registros de una semana. Las pruebas de laboratorio se dividieron entre el turno de empleados que realizan las pruebas de laboratorio. Los resultados son los siguientes:

PRUEBAS DE LABORATORIO REALIZADAS	TURNO		
	Día	**Tarde**	**Total**
Insastifactorias	16	24	40
Sastifactorias	654	306	960
Total	670	330	1,000

a. Elabore tablas de contingencia basadas en los porcentajes totales, los porcentajes de filas y los porcentajes de columnas.
b. ¿Qué tipo de porcentaje (de fila, de columna o total) considera que es el más informativo para estos datos? Explique su respuesta.
c. ¿A qué conclusiones llegará el director del laboratorio, respecto al patrón de pruebas de laboratorio insatisfactorias?

2.32 Se seleccionó una muestra de 500 compradores en una amplia área metropolitana, para determinar información variada con relación al comportamiento del consumidor. Entre las preguntas que se hicieron estaba "¿Disfruta comprando ropa?" Los resultados se resumen en la siguiente tabla de contingencia:

DISFRUTA COMPRANDO ROPA	GÉNERO		
	Masculino	**Femenino**	**Total**
Sí	136	224	360
No	104	36	140
Total	240	260	500

a. Elabore tablas de contingencia basadas en los porcentajes totales, los porcentajes de fila y los porcentajes de columna.
b. Construya una gráfica de barras agrupadas en Disfruta comprando ropa basada en el género.
c. ¿A qué conclusiones llega a partir de estos análisis?

2.33 Las ventas al detalle en Estados Unidos para abril de 2002, fueron ligeramente superiores a las de abril de 2001. Todas las tiendas de descuento, como Wal Mart, Costco, Target y Dollar General, incrementaron sus ventas en un 9% o más. Sin embargo, las ventas al detalle en la industria de la ropa fueron mixtas. La siguiente tabla presenta el total de las ventas al detalle en millones de dólares para las compañías de ropa líderes durante abril de 2001 y abril de 2002.

	VENTAS TOTALES EN MILLONES DE DÓLARES	
COMPAÑÍA DE ROPA	**Abril 01**	**Abril 02**
Gap	1,159.0	962.0
TJX	781.7	899.0
Limited	596.5	620.4
Kohl's	544.9	678.9
Nordstrom	402.6	418.3
Talbots	139.9	130.1
AnnTaylor	114.2	124.8

Fuente: Ann Zimmerman, "Retail Sales Grow Modestly", The Wall Street Journal, *10 de mayo, 2002, B4.*

a. Realice una tabla de los porcentajes de columnas.
b. Elabore una gráfica de barras agrupadas para visualizar lo relevante de la información recabada en el inciso *a*).
c. Analice los cambios de las compras al detalle para la industria de la ropa entre abril de 2001 y abril de 2002.

2.34 Con el fin de estimular las ventas de 2003, los fabricantes de autos ofrecieron grandes incentivos, en forma de rebajas en efectivo para los compradores de autos nuevos. Por ejemplo, los compradores de autos de marca Lincoln recibieron un promedio de rebajas de $4,086. A pesar de tales rebajas, los fabricantes estadounidenses de autos perdieron una parte del mercado global en favor de la competencia internacional.

	REBAJAS DE EFECTIVO (EN DÓLARES)	
MARCA	**2001**	**2003**
Buick	1,939	3,655
Chevrolet	1,654	3,231
Chrysler	1,835	2,832
Ford	1,334	2,752
Lincoln	2,449	4,086

Fuente: K. Lundegaard y S. Freeman, "Detroit's Challenge: Weaning Buyers from Years of Deals", The Wall Street Journal, *6 de enero, 2004, A1.*

a. Elabore una gráfica de barras agrupadas para las cinco marcas.
b. Analice los cambios en el tamaño de las rebajas en efectivo de 2001 a 2003.

2.35 La venta de autos en Estados Unidos se incrementó un 3.3% en enero de 2004 en comparación con enero de 2003. Los fabricantes japoneses de automóviles experimentaron un incremento mucho mayor. La siguiente tabla contiene las ventas de autos y camiones ligeros de algunos de los grandes fabricantes durante enero de 2003 y 2004.

VENTAS DE AUTOS NUEVOS Y CAMIONES LIGEROS		
FABRICANTE	**2003**	**2004**
Nissan	55,213	72,164
Honda	89,993	90,173
Toyota	119,376	143,729
Chrysler	144,826	162,205
Ford	242,068	229,238
GM	291,254	296,788

Fuente: S. Freeman y J. B. White, "U. S. Car Sales Rose 3.3% in January", The Wall Street Journal, *4 de febrero, 2004, A2.*

a. Elabore una gráfica de barras agrupadas para las seis marcas.
b. Discuta los cambios en las ventas de autos nuevos y camiones ligeros en enero de 2004 comparadas con enero de 2003.

2.5 DIAGRAMAS DE DISPERSIÓN Y SERIES DE TIEMPO

Diagrama de dispersión

Al analizar una sola variable numérica, tal como el costo de la comida en un restaurante o el rendimiento en 2003, se usa un histograma, un polígono o un polígono de porcentaje acumulado como los desarrollados en la sección 2.3. Utilice un **diagrama de dispersión** para examinar las posibles relaciones entre dos variables numéricas. Coloque una variable en el eje horizontal *X* y la otra variable en el eje vertical *Y*. Por ejemplo, un analista de mercado podría estudiar la efectividad de la publicidad si compara los volúmenes de ventas semanales y el gasto publicitario semanal. O un director de recursos humanos interesado en la estructura del salario de una empresa podría comparar los años de experiencia de los empleados y su salario actual.

Para mostrar el diagrama de dispersión, habría que estudiar la relación entre la proporción del gasto y el rendimiento en 2003. Para cada fondo de inversión, se traza la proporción de gasto en el eje horizontal *X*, y el rendimiento en 2003 en el eje vertical *Y*. La figura 2.15 representa la salida de Excel para estas dos variables.

FIGURA 2.15
Diagrama de dispersión de Excel para la proporción de gasto y el rendimiento en 2003.

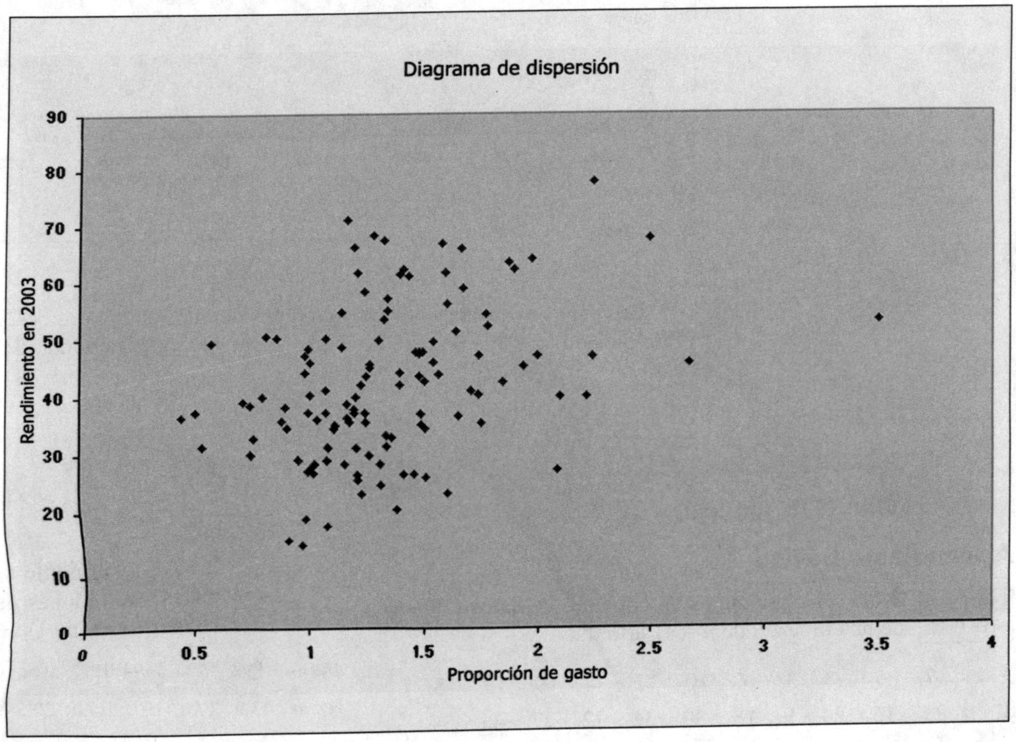

Aunque hay una gran variación en la proporción del gasto y el rendimiento en 2003 de los fondos de inversión, parece haber una relación creciente (positiva) entre la proporción del gasto y el rendimiento en 2003. En otras palabras, los fondos que tienen una baja proporción de gasto tienen un bajo rendimiento en 2003. Quizá otros pares de variables tengan relaciones decrecientes (negativas) en las que una variable decrece a medida que la otra se incrementa. El diagrama de dispersión se volverá a estudiar en el capítulo 13, cuando desarrollemos el análisis de regresión.

Series de tiempo

El **diagrama de series de tiempo** se usa para estudiar patrones en las variables a través del tiempo. Cada valor se traza como un punto de dos dimensiones. Un diagrama de series de tiempo muestra el periodo de tiempo en el eje horizontal X y la variable de interés en el eje vertical Y.

La figura 2.16 es un diagrama de series de tiempo para el pago mensual de hipoteca (en dólares de 2002) de 1988 a 2002. **HOUSESNY**

FIGURA 2.16
Diagrama de series de tiempo de Excel del pago mensual de hipoteca en dólares de 2002 (periodo de 1988 a 2002).

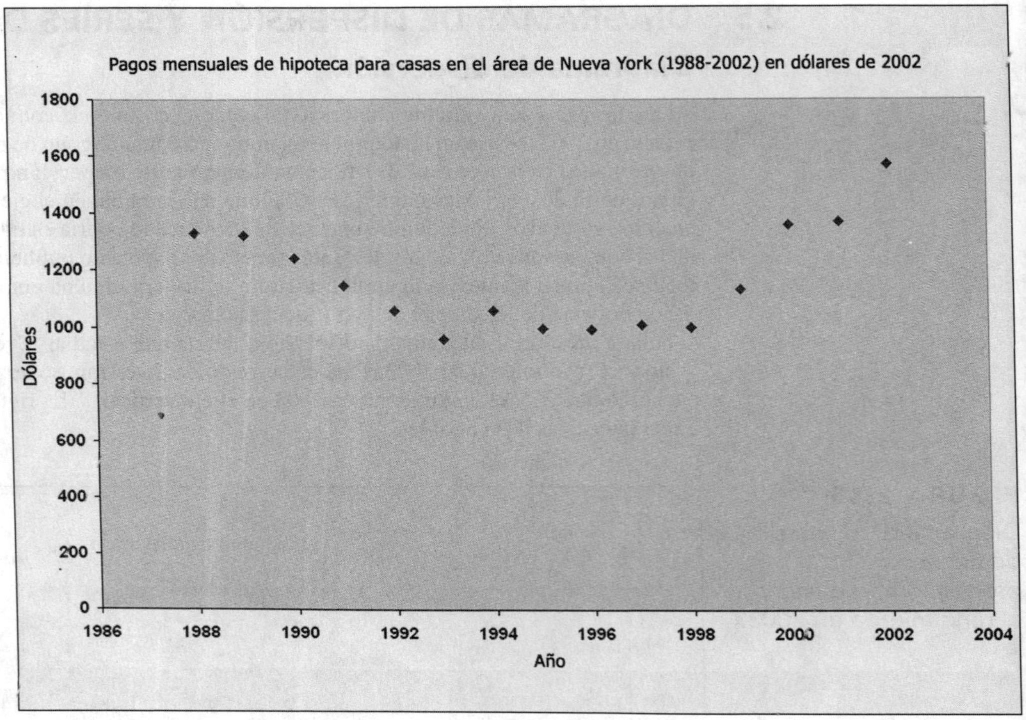

Los pagos mensuales de hipoteca (considerados en dólares de 2002) bajaron al final de los 80 y principios de los 90, sólo para nivelarse. Comenzaron a aumentar de nuevo a partir de 1999.

PROBLEMAS PARA LA SECCIÓN 2.5

Aprendizaje básico

ASISTENCIA de PH Grade **2.36** El siguiente es un conjunto de datos tomados de una muestra de $n = 11$ artículos.

X	7	5	8	3	6	10	12	4	9	15	18
Y	21	15	24	9	18	30	36	12	27	45	54

a. Trace un diagrama de dispersión.
b. ¿Existe una relación entre X y Y? Explique su respuesta.

ASISTENCIA de PH Grade **2.37** La siguiente es una serie de ventas anuales reales (en millones de dólares constantes de 1995) en un periodo de 11 años (1992 a 2002).

Año	1992	1993	1994	1995	1996	1997	1998	1999	2000	2001	200
Ventas	13.0	17.0	19.0	20.0	20.5	20.5	20.5	20.0	19.0	17.0	1[illegible]

a. Realice un diagrama de series de tiempo.
b. ¿Parece haber algún cambio en las ventas anuales rea través del tiempo? Explique su respuesta.

Aplicación de conceptos

Puede resolver manualmente los problemas 2.38 a 2.45 o usando Excel, Minitab o SPSS.

2.38 Los siguientes datos representan el precio aproximado (en dólares) de las ventas al detalle y el costo de la energía por año (en dólares) de 15 refrigeradores. **REFRIGERATOR**

Modelo	Precio	Costo de energía
Maytag MTB1956GE	825	36
Kenmore7118	750	43
Maytag MTB2156GE	850	39
Kenmore Elite	1000	38
Amana ART2107B	800	38
GE GTS18KCM	600	40
Kenmore 7198	750	35
Frigidaire Gallery GLHT216TA	680	38
Kenmore 7285	680	40
Whirlpool Gold GR9SHKXK	940	37
Frigidaire Gallery GLRT216TA	680	40
GE GTS22KCM	650	44
Whirlpool ETF1TTXK	800	43
Whirlpool Gold GR2SHXK	1050	40
Frigidaire FRT18P5A	510	40

Fuente: "Refrigerators", Copyright 2002 by Consumers Union of U.S., Inc., Yonkers, NY 10703-1057, a nonprofit organization. Adaptado con permiso de Consumer Reports, *26 de agosto, 2002, para propósitos educativos exclusivamente. No se permite su uso comercial o reproducción.* **www.ConsumerReports.org**

a. Elabore un diagrama de dispersión con el costo de energía en el eje *X* y el precio en el eje *Y*.

b. ¿Parece haber relación entre el precio y el costo de la energía? De ser así, ¿la relación es positiva o negativa?

c. ¿Esperaría que los refrigeradores con un precio más alto tengan mayor eficiencia de energía? ¿Los datos apoyan esto?

2.39 Los siguientes datos **SECURITY** representan la proporción del volumen de ventas de las pantallas de preabordaje en los aeropuertos en 1998 y 1999 y las violaciones de seguridad detectadas por millones de pasajeros.

Ciudad	Volumen de ventas	Violaciones
Louis	416	11.9
anta	375	7.3
ston	237	10.6
n	207	22.9
o	200	6.5
	193	15.2
	156	18.2
	155	21.7
ma	140	31.5
o	110	20.7
Orlando	100	9.9
Washington–Dulles	90	14.8
Los Ángeles	88	25.1
Detroit	79	13.5
San Juan	70	10.3
Miami	64	13.1
Nueva York–JFK	53	30.1
Washington–Reagan	47	31.8
Honolulu	37	14.9

Fuente: Alan B. Krueger, "A Small Dose of Common Sense Would Help Congress Break the Gridlock over Airport Security", The New York Times, *15 de noviembre, 2001, C2.*

a. Elabore un diagrama de dispersión con la proporción de volumen de ventas de las pantallas de preabordaje en el eje *X* y las violaciones de seguridad detectadas en el eje *Y*.

b. ¿A qué conclusiones llega acerca de la relación entre la proporción del volumen de ventas de las pantallas de preabordaje y las violaciones de seguridad detectadas?

AUTO Examen **2.40** Los siguientes datos **CELLPHONE** representan el tiempo de llamada en horas en el modo digital y la capacidad de la batería en horas-miliamperes de los teléfonos celulares.

Tiempo de llamada	Capacidad de las baterías	Tiempo de llamada	Capacidad de las baterías
4.50	800	1.50	450
4.00	1500	2.25	900
3.00	1300	2.25	900
2.00	1550	3.25	900
2.75	900	2.25	700
1.75	875	2.25	800
1.75	750	2.50	800
2.25	1100	2.25	900
1.75	850	2.00	900

Fuente: "Service Shortcomings", Copyright 2002 por Consumers Union of U.S., Inc., Yonkers, NY 10703-1057. Adaptado con permiso de Consumer Reports, *febrero de 2002, 25.*

a. Realice un diagrama de dispersión con la capacidad de las baterías en el eje *X* y el modo digital del tiempo de llamada en el eje *Y*.

b. ¿A qué conclusiones llega acerca de la relación entre la capacidad de la batería y el modo digital del tiempo de llamada?

c. ¿Esperaría que los teléfonos celulares con mayor capacidad de batería tengan un mayor tiempo de llamada? ¿Apoyan esto los datos?

2.41 Los siguientes datos **BATTERIES2** representan el precio y la corriente inicial que pueden generar las baterías de los automóviles.

Nombre	Precio ($)	Ci
NAPA Legend Professional Line 7575	60	630
Exide Nascar Select 75-84N	80	630
DieHard Weatherhandler 30375 (South)	60	525
DieHard Weatherhandler 30075 (North)	60	650
EverStart 75-5	30	525
Duralast 75-D	50	650
Interstate Mega-Tron MT-75	80	650
EverStart 75-2	60	650
ACDelco Maintenance free 75A-72	80	650
Motorcraft Premier Silver Series BXT-75	80	700
DieHard Gold 33165 (South)	80	700
EverStart Extreme 65-2N (North)	60	850
ACDelco Maintenance Free 65-84	92	850
Exide 65-60	85	850
EverStart Extreme 65-2 (South)	60	675
DieHard Gold 33065 (North)	80	900
Duralast Gold 34DT-DGS (South)	70	800
Duralast Gold 34DT-DGN (North)	70	900
Interstate Mega-Tron Plus MTP-78DT	96	800
Optima Red Top 34/78-1050	140	750
ACDelco Professional 78DT-7YR	80	850
EverStart High Power DT-3	40	630
DieHard Weatherhandler 30034 (North)	60	540
DieHard Weatherhandler 30334 (South)	60	525

Fuente: "Leading the Charge", Copyright 2001 por Consumers Union of U.S, Inc., Yonkers, NY 10703-1057. Adaptado con permiso de Consumer Reports, *octubre de 2001, 25.*

a. Elabore un diagrama de dispersión con la corriente inicial en el eje *X* y el precio en el eje *Y*.
b. ¿A qué conclusiones llega respecto a la relación entre la corriente inicial y el precio?
c. ¿Esperaría que las baterías con mayor corriente inicial tengan un mayor precio? ¿Los datos apoyan esto?

2.42 El U.S. Bureau of Labor Statistics compila datos de una gran variedad de temas sobre la fuerza de trabajo. La siguiente tabla muestra la tasa de desempleo ajustada mensualmente por temporada para Estados Unidos, desde 1998 hasta 2003. **UERATE**

Tasa de desempleo en E.U. ajustada por temporada (en porcentaje)

Mes	1998	1999	2000	2001	2002	2003
Enero	4.7	4.3	4.0	4.2	5.6	5.9
Febrero	4.6	4.4	4.1	4.2	5.6	6.0
Marzo	4.7	4.2	4.0	4.3	5.7	5.9
Abril	4.3	4.3	4.0	4.5	5.9	6.1
Mayo	4.4	4.2	4.1	4.4	5.8	6.2
Junio	4.5	4.3	4.0	4.5	5.8	6.4
Julio	4.5	4.3	4.0	4.5	5.8	6.3
Agosto	4.5	4.2	4.1	4.9	5.8	6.2
Septiembre	4.5	4.2	3.9	4.9	5.7	6.2
Octubre	4.5	4.1	3.9	5.4	5.8	6.1
Noviembre	4.4	4.1	4.0	5.6	5.9	6.1
Diciembre	4.4	4.1	4.0	5.8	6.0	5.8

Fuente: U.S. Bureau of Labor Statistics.

a. Construya un diagrama de series de tiempo para la tasa de desempleo de Estados Unidos.
b. ¿Parece haber algún patrón?

2.43 Los siguientes datos **DRINK** representan la cantidad de bebida gaseosa en una muestra consecutiva de 50 botellas de dos litros. Los resultados se enuncian horizontalmente en el orden en el que fueron llenados.

2.109	2.086	2.066	2.075	2.065	2.057	2.052	2.044	2.036	2.038
2.031	2.029	2.025	2.029	2.023	2.020	2.015	2.014	2.013	2.014
2.012	2.012	2.012	2.010	2.005	2.003	1.999	1.996	1.997	1.992
1.994	1.986	1.984	1.981	1.973	1.975	1.971	1.969	1.966	1.967
1.963	1.957	1.951	1.951	1.947	1.941	1.941	1.938	1.908	1.894

a. Realice un diagrama de series de tiempo para la cantidad de bebida gaseosa en el eje Y y el número de botellas (de 1 a 50 consecutivamente) en el eje X.
b. ¿Qué patrón, si lo hay, se presenta en los datos?
c. Si tuviera que hacer una predicción de la cantidad de bebida gaseosa que llena la siguiente botella, ¿qué diría?
d. Con base en los resultados del inciso *a*) al *c*), explique por qué es importante realizar un diagrama de series de tiempo y no sólo un histograma como se hizo en el problema 2.27 en la página 43.

2.44 Los datos en la siguiente tabla representan el número de hogares que utilizaron de forma activa el banco en línea y/o que realizaron pagos en línea de 1995 a 2003. **ONLINEBANKING**

Año	Número de hogares (millones)
1995	0.6
1996	2.5
1997	4.5
1998	7.0
1999	10.5
2000	15.5
2001	22.0
2002	28.0
2003	33.0

Fuente: R.J. Dalton, "In the Mainstream", Newsday, *8 de febrero, 2004, F6-F7.*

a. Construya un diagrama de series de tiempo para el número de hogares de Estados Unidos que utilizaron activamente e[illegible] banco en línea y/o pagaron sus cuentas en línea.
b. ¿Qué patrón, si lo hay, está presente en estos datos?
c. Si tuviera que hacer una predicción en el número de ho[illegible] de E.U. que activamente usan el banco en línea y/o hic[illegible] pagos en línea en 2004, ¿qué predeciría?

2.45 Los datos de la siguiente tabla representan el p[illegible] de espectadores de televisión (excluyendo las televis[illegible] les) por juego (en millones) para la National Footb[illegible] (NFL), la National Basketball Association (NBA), la [illegible] gue Baseball (MLB) y la National Hockey League ([illegible] **STV**

Año	NFL	NBA	MLB	NHL
1995	19.6	10.6	15.9	3.6
1996	18.5	10.2	9.8	3.2
1997	17.4	10.8	10.4	2.4
1998	18.1	7.8	9.4	2.6
1999	18.3	7.2	10.0	3.3
2000	17.0	6.7	7.7	2.8
2001	16.9	6.8	9.8	3.1
2002	18.6	5.8	8.9	2.6

Fuente: S. Fatsis, "Salaries, Promos, and Flying Solo", The Wall Street Journal, *9 de febrero, 2004, R.4.*

a. Para cada uno de los cuatro deportes realice un diagrama de series de tiempo.
b. ¿Qué patrón, si lo hay, está presente en estos datos?
c. Si tuviera que hacer una predicción del número de espectadores para cada deporte en 2003, ¿qué diría?

2.6 USO INADECUADO DE GRÁFICAS Y CONSIDERACIONES ÉTICAS

Las buenas gráficas revelan lo que los datos transmiten. Por desgracia, muchas gráficas presentadas tanto en periódicos como en revistas, así como otras que se desarrollan con el Asistente gráfico de Excel, son incorrectas, engañosas o innecesariamente complicadas, tanto, que nunca deberían utilizarse. Para ilustrar esta situación, la primera gráfica presentada se publicó en la revista *Time* como parte de un artículo sobre la creciente exportación de vino de Australia a Estados Unidos.

FIGURA 2.17

Muestra "impropia" de la exportación de vino australiano a Estados Unidos en millones de galones.

Fuente: *Adaptado de S. Watterson, "Liquid Gold —Australians Are Changing the World of Wine. Even the French Seem Grateful",* Time, *22 de noviembre, 1999, 68.*

En la figura 2.17, el icono de la copa de vino que representa los 6.77 millones de galones para 1997 no parece tener casi el doble de tamaño del icono de la copa de vino que representa los 3.67 millones de galones para 1995; tampoco el icono de la copa de vino que representa los 2.25 millones de galones para 1992 parece tener el doble de tamaño del icono de copa de vino que representa 1.04 millones de galones para 1989. La razón para esto, en parte, es que el icono tridimensional de la copa de vino se utiliza para representar las dos dimensiones de exportación y tiempo. Aunque la presentación de la copa de vino puede atraer la vista, los datos deberían presentarse en una tabla de resumen o en un diagrama de series de tiempo.

Además del tipo de distorsión creada por los iconos de la copa de vino en la gráfica de la revista *Time* que muestra la figura 2.17, el uso impropio de los ejes vertical y horizontal lleva a distorsiones. La figura 2.18 en la página 52 presenta otra gráfica usada en el mismo artículo de *Time.*

Existen varios problemas graves en la gráfica. Primero, no hay punto cero en el eje vertical. Segundo, la superficie en acres de 135,326 para el periodo de 1949 a 1950 está trazada por arriba de la superficie en acres de 150,300 para 1969 a 1970. Tercero, no es obvio que la diferencia entre 1979 a 1980 y de 1997 a 1998 (71,569 acres) es aproximadamente tres y media veces la diferencia entre 1979-1980 y 1969-1970 (21,775 acres). Cuarto, no hay valores escalares en el eje horizontal. Los años están trazados junto a los totales de la superficie en acres, no en el eje horizontal. Quinto, los valores para la dimensión del tiempo no están espaciados de forma apropiada a lo largo del eje horizontal. El valor para 1979-1980 es mucho más cercano al de 1990 que a 1969-1970.

FIGURA 2.18

Muestra "impropia" de la cantidad de terreno plantado con uvas para la industria vitivinícola.

Fuente: Adaptado de S. Watterson. "Liquid Gold —Australians Are Changing the World of Wine. Even the French Seem Grateful", Time, 22 de noviembre, 1999, 68-69.

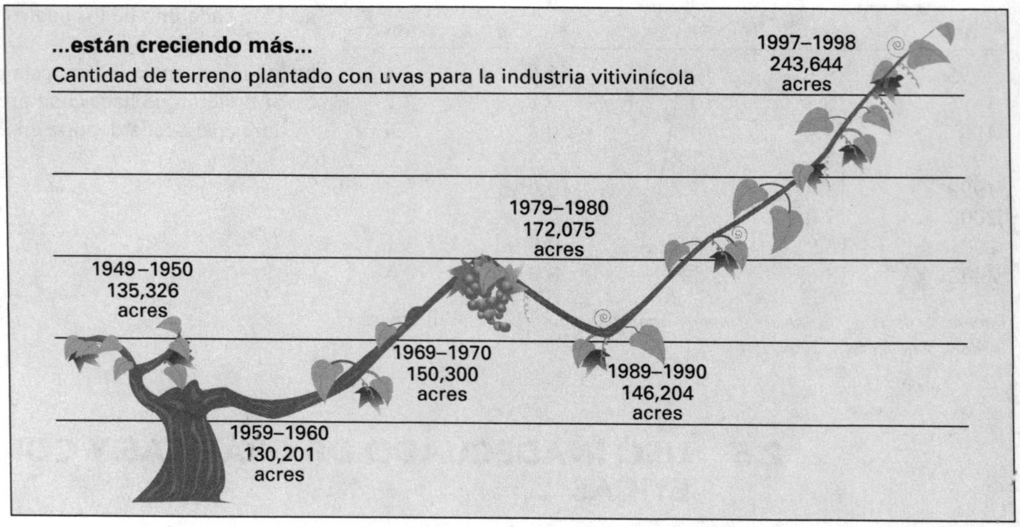

Otros tipos de muestras que atraen la vista y que vemos generalmente en las revistas y periódicos, a menudo incluyen información innecesaria y sólo generan confusión. La figura 2.19 representa una de estas muestras. La gráfica ilustra los productos con la mayor participación de mercado en la industria de las bebidas gaseosas en 1999. Esto genera mucha confusión, aunque la gráfica está diseñada para mostrar las diferencias en la participación de mercado entre las bebidas gaseosas. Las ilustraciones del burbujeo para cada una de las bebidas ocupa mucho espacio de la gráfica respecto a los datos. La misma información podría transmitirse con una gráfica de barras o con una gráfica de pastel.

FIGURA 2.19

Diagrama de la participación de mercado de las bebidas gaseosas en 1999.

Fuente: Adaptado de Anne B. Carey y Sam Ward, "Coke Still Has Most Fizz", USA Today, 10 de mayo, 2000, 1B.

Algunas directrices para desarrollar buenas gráficas son las siguientes:

- La gráfica no debe distorsionar los datos.
- La gráfica no debería contener adornos innecesarios (algunas veces denominados **basura gráfica**).
- Cualquier gráfica de dos dimensiones debe contener una escala para cada eje.
- La escala del eje vertical debe comenzar en cero.
- Todos los ejes deben estar adecuadamente rotulados.
- La gráfica debe tener un título.
- Debe usarse una gráfica lo más sencilla posible para un conjunto de datos.

Una de las fuentes más grandes de gráficas impropias es el Asistente gráfico de Excel. La figura 2.2 representa la ventana de diálogo del paso 1 del Asistente para gráficos. Es posible elegir entre c lumna, barra, línea, pastel y área de gráfica, así como tipos de gráficas más complicadas como llos, radial, superficie, burbujas, cotizaciones, cilíndrico, cónico y piramidal. Estas gráficas complejas deben usarse sólo ocasionalmente pues son más difíciles de interpretar que las gr simples que abarcamos en este capítulo.

FIGURA 2.20
Ventana de diálogo del paso 1 del Asistente para gráficos de Excel.

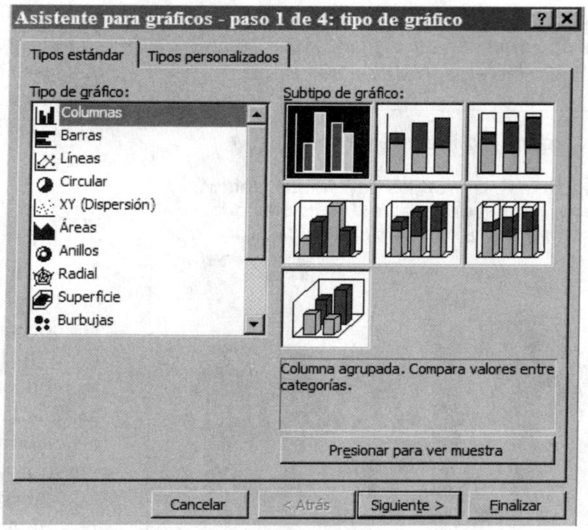

La mayoría de los ejemplos del uso inadecuado de las gráficas son resultado de no poner atención en las directrices para crear buenas gráficas. Sin embargo, surgen problemas éticos cuando las gráficas se construyen para mal informar a propósito al lector. Sea como fuere, uno debe extremar precauciones al tratar de obtener conclusiones de las gráficas que se desvían de las directrices mencionadas en este capítulo.

PROBLEMAS PARA LA SECCIÓN 2.6

Aplicación de conceptos

2.46 (Proyecto estudiantil) Traiga a clase una gráfica de un periódico o de una revista, que considere que no representa adecuadamente una variable numérica. Preséntela a su maestro con comentarios sobre por qué cree que es inadecuada. ¿Considera que la intención de la gráfica es engañar a propósito al lector? También prepárese para hacer un comentario al respecto en clase.

2.47 (Proyecto estudiantil) Traiga a clase una gráfica de un periódico o de una revista, que considere que no representa adecuadamente una variable categórica. Preséntela a su maestro con comentarios sobre por qué cree que sea inadecuada. ¿Considera que la intención de la gráfica es engañar a propósito al lector? También prepárese para hacer un comentario al respecto en clase.

2.48 (Proyecto estudiantil) Traiga a clase una gráfica de un periódico o de una revista, que crea que contenga demasiados adornos innecesarios (por ejemplo, basura gráfica) que oscurezcan el mensaje que transmiten los datos. Preséntela a su maestro con comentarios sobre por qué cree que sea inadecuada. También prepárese para hacer un comentario al respecto en clase.

2.49 La siguiente muestra visual contiene una gráfica sobreadornada que apareció en el *USA Today* y que se refiere a las muertes a causa de los relámpagos en Estados Unidos.

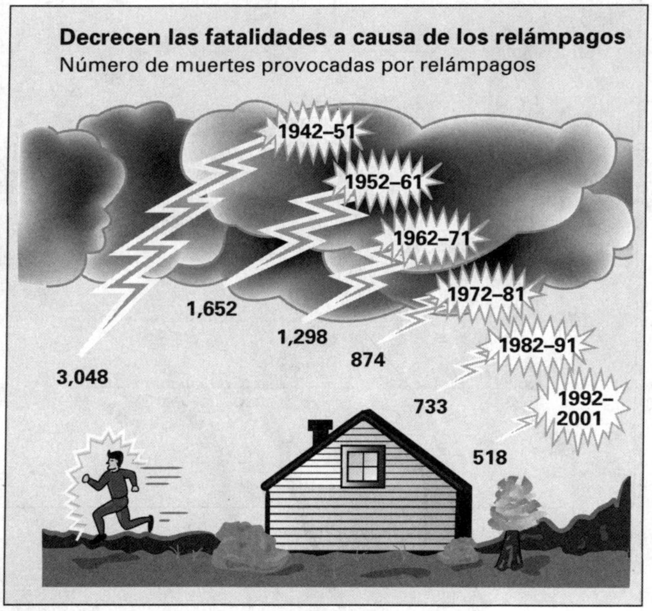

Fuente: Adaptado de USA Today, *12 de noviembre, 2002.*

a. Describa por lo menos una característica positiva de esta muestra visual.
b. Describa por lo menos una característica negativa de esta muestra visual.
c. Rediseñe la gráfica usando las directrices mencionadas en la página 52.

2.50 La siguiente muestra visual se refiere al tamaño relativo de los departamentos de policía en las ciudades más grandes de Estados Unidos, que apareció en el *USA Today:*

Fuente: Adaptado de USA Today, *febrero de 2000.*

a. Indique una característica de esta gráfica que viole los principios de las gráficas bien hechas.
b. Diseñe una gráfica alternativa para los datos proporcionados en esta figura.

2.51 La siguiente muestra visual indica la fuente de la electricidad en Estados Unidos, y apareció en *USA Today:*

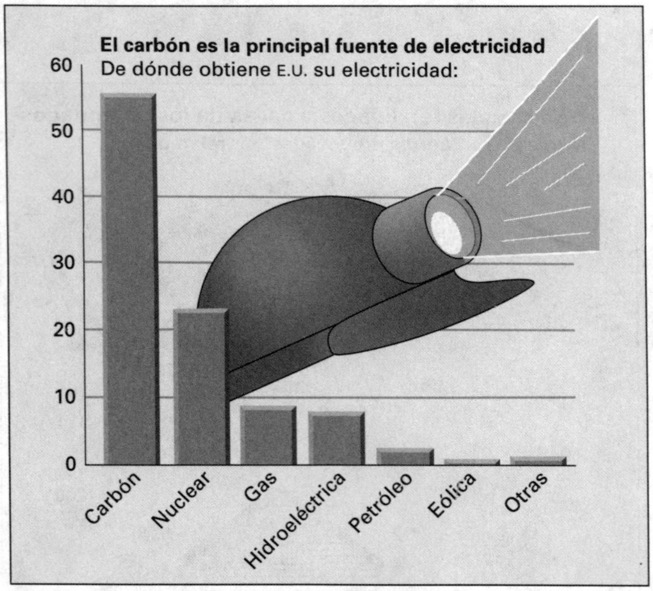

Fuente: Adaptado de USA Today, *30 de enero, 2002.*

a. Describa por lo menos una característica positiva de esta muestra visual.
b. Describa por lo menos una característica negativa de esta muestra visual.
c. Rediseñe la gráfica usando las directrices mencionadas en la página 52.

2.52 Un artículo publicado en *The New York Times* (Donna Rosato, "Worried about the Numbers? How about the Charts?" *The New York Times,* 15 de septiembre, 2002, Business 7) dio cuenta de una investigación sobre los reportes anuales de las corporaciones, que realizó la profesora Deanna Oxender Burgess de la Florida Gulf Coast University. La profesora Burgess encontró que aun la más mínima distorsión en una gráfica cambia la percepción que el lector tiene de la información. El artículo mostró información sobre el reporte anual de Zale Corporation y expuso la forma en que se exageraron los resultados.

Acuda a Internet o a la biblioteca y estudie el más reciente reporte anual de una corporación. Localice por lo menos una gráfica en el reporte que considere que necesita mejorarse y elabore la gráfica mejorada. Explique por qué cree que su gráfica es mejor que la del reporte anual.

2.53 Las figuras 2.1, 2.3 y 2.6, en las páginas 23, 24 y 27, consisten en una gráfica de barras, una gráfica de pastel y un diagrama de Pareto para describir los datos de las compras en línea.
a. Use el Asistente para gráficos de Excel para desarrollar una gráfica de anillo, una gráfica cónica y una gráfica piramidal para los datos de las compras en línea.
b. ¿Qué gráficas prefiere: la gráfica de barras, la gráfica de pastel y el diagrama de Pareto, o la gráfica de anillo, la gráfica cónica y la gráfica piramidal? Explique su respuesta.

2.54 Las figuras 2.2 y 2.4 de las páginas 24 y 25 consisten en una gráfica de barras y una gráfica de pastel para el nivel de riesgo de los datos de fondos de inversión. **MUTUALFUNDS2004**
a. Utilice el Asistente para gráficos de Excel para desarrollar una gráfica de anillo, una gráfica cónica y una gráfica piramidal para el nivel de riesgo de los fondos de inversión.
b. ¿Qué gráficas prefiere: la gráfica de barras y la gráfica de pastel o la gráfica de anillo, la gráfica cónica y la gráfica piramidal? Explique su respuesta.

RESUMEN

Como se observa en la tabla 2.18, este capítulo trató acerca de la presentación de datos. Usted ha usado diferentes tablas y gráficas para obtener conclusiones acerca de las compras en línea, el costo de las comidas en restaurantes en la ciudad y en los suburbios, y del conjunto de fondos de inversión que se presentaron en el escenario de "Uso de la estadística" al inicio del capítulo. Ahora que ha estudiado tablas y gráficas, en el capítulo 3 aprenderá acerca de una variedad de medidas descriptivas numéricas útiles para el análisis y la interpretación de los datos.

TABLA 2.18
Mapa para seleccionar tablas y gráficas.

	Tipe de datos	
Tipo de análisis	**Numéricos**	**Categóricos**
Tabular, organizar y presentar gráficamente los valores de la variable	Arreglo ordenado, diagrama de tallo y hojas, distribución de frecuencias, distribución de frecuencias relativas, distribución de porcentaje, distribución acumulativa, histograma, polígono, polígono de porcentaje acumulado **(secciones 2.2 y 2.3)**	Tabla de resumen, gráfica de barras, gráfica de pastel, diagrama de Pareto **(sección 2.1)**
Presentar gráficamente la relación entre dos variables	Diagrama de dispersión, Series de tiempo **(sección 2.5)**	Tabla de contingencia, gráfica de barras agrupadas **(sección 2.4)**

CONCEPTOS CLAVE

PROBLEMAS DE REPASO

Revisión de su comprensión

2.55 ¿Cómo es que los histogramas y los polígonos difieren con respecto a su construcción y uso?

2.56 ¿Cuándo realizaría una tabla de resumen?

2.57 ¿Cuáles son las ventajas y/o desventajas del uso de la gráfica de barras, la gráfica de pastel o el diagrama de Pareto?

2.58 Compare y contraste la gráfica de barras para datos categóricos contra el histograma para datos numéricos.

2.59 ¿Cuál es la diferencia entre el diagrama de series de tiempo y el diagrama de dispersión?

2.60 ¿Por qué se dice que la característica principal del diagrama de Pareto es que permite separar a lo "poco vital" de lo "mucho trivial"?

2.61 ¿Qué porcentaje de fracasos pueden ayudar a interpretar los resultados encontrados en una tabla de contingencia?

Aplicación de conceptos

Puede resolver manualmente los problemas 2.62 a 2.74 o usando Excel, Minitab o SPSS. Le recomendamos usar Excel, Minitab o SPSS para resolver los problemas 2.75 a 2.85.

2.62 Los datos en la parte superior de la página 56 representan el desglose del precio de un nuevo libro de texto.

Categorías de ingresos	Porcentaje	
Editor	64.8	
Costos de producción		32.3
Marketing y promoción		15.4
Costos administrativos e impuestos		10.0
Ganancia después de impuestos		7.1
Librería	22.4	
Salarios y prestaciones de empleados		11.3
Operaciones		6.6
Ganancias antes de impuestos		4.5
Autor	11.6	
Flete	1.2	

Fuente: T. Lewin, "When Books Break the Bank", The New York Times, *16 de septiembre, 2003, B1, B4.*

a. Realice una gráfica de barras, una gráfica de pastel y un diagrama de Pareto para las cuatro categorías de editor, librería, autor y flete.
b. Elabore un diagrama de Pareto usando las cuatro subcategorías de editor y las tres subcategorías de librería junto con las categorías de autor y flete.
c. Con base en los resultados de los incisos *a*) y *b*), ¿a qué conclusiones se llega con relación a quién obtiene las ganancias por la venta de los nuevos libros de texto? ¿Le sorprenden estos resultados? Explique su respuesta.

2.63 Los siguientes datos representan la participación de mercado para la reparación de automóviles y de camiones ligeros en 1992 y 2002.

Fuente	1992 Porcentaje	2002 Porcentaje
Especialistas foráneos	3.9	6.0
Tiendas de refacciones con espacios de servicio	7.3	6.4
Especialistas en reparación	12.7	16.2
Estaciones de servicio, talleres	39.1	29.5
Tiendas de neumáticos	8.1	8.9
Distribuidor de vehículos	21.6	26.6
Otros	7.3	6.4

Fuente: A. Frangos, "Corner Garages Battle Dealers to Fix Your Car", The Wall Street Journal, *3 de junio, 2003, B1, B4.*

a. Elabore una gráfica de barras, una gráfica de pastel y un diagrama de Pareto para cada año.
b. Realice una gráfica de barras agrupada para la participación de mercado en 1992 y 2002.
c. Con base en los resultados de los incisos *a*) y *b*), ¿qué cambios en la participación de mercado ocurrieron entre 1992 y 2002?

2.64 Los siguientes datos representan cómo realizaron sus pagos los consumidores en las tiendas en 1999, 2001 y 2003.

Tipo de pago	1999 Porcentaje	2001 Porcentaje	2003 Porcentaje
Efectivo	39	33	32
Cheque	18	18	15
Débito	21	26	31
Crédito	22	21	21
Otros	0	2	1

Fuente: M. Ingebretsen y M. Ballinger, "Charge It", The Wall Street Journal, *9 de febrero, 2004, R2.*

a. Construya una gráfica de barras agrupadas para las formas de pago en 1999, 2001 y 2003.
b. Con base en los resultados del inciso *a*), ¿qué cambios en las formas de pago ocurrieron en 1999, 2001 y 2003?

2.65 Los siguientes datos representan el consumo per cápita de bebidas (en galones) vendidas en tiendas minoristas durante 1998, 2000 y 2002.

Tipo de bebida	1998 Consumo	2000 Consumo	2002 Consumo
Agua embotellada	2.5	4.1	6.7
Lácteo/otros	0.3	0.3	0.3
Jugos	3.1	3.7	4.0
Refrescos	54.0	53.0	52.5
Bebidas energéticas	1.9	2.2	2.5
Té	1.9	2.0	1.9
Total	63.7	65.3	67.9

Fuente: T. Howard, "Coke, Pepsi Sales Up, but Core Colas Flat", USA Today, *21 de julio, 2003, 3B.*

a. Elabore una tabla de resumen de porcentajes para los tipos de bebida por año.
b. Para cada año, elabore una gráfica de barras, una gráfica de pastel y un diagrama de Pareto.
c. Elabore una gráfica de barras agrupadas de la participación de mercado de los tipos de bebidas en 1998, 2000 y 2002.
d. Con base en los resultados de los incisos *a*) a *c*), ¿qué cambios ocurrieron en el mercado entre 1998 y 2002?

2.66 Brasil es el segundo país consumidor de café en el mundo. A diferencia de la mayoría de los mercados donde unas cuantas corporaciones dominan el tostado y la venta del café, en ese país están activos más de 2,000 pequeños tostadores de café. La corporación Sara Lee se ha convertido en el vendedor de café al detalle líder en Brasil, al adquirir varios tostadores de café (Miriam Jordan, "Sara Lee Wants to Percolate through all Brasil", *The Wall Street Journal,* 8 de mayo, 2002, A14). En la página 57 se presentan los datos de las siete naciones más consumidoras de café y el desglose de los líderes del mercado en Brasil.

Principales países consumidores de café en 2000

País	Consumo (en millones de bolsas de 60 kg)
Estados Unidos	18.6
Brasil	12.8
Alemania	9.2
Japón	6.7
Francia	5.4
Holanda	1.8
Finlandia	0.9

Fuente: The Wall Street Journal.

Marcas líderes de café en Brasil

Marca	Participación de mercado
Marcas pertenecientes a Sara Lee	27.6%
Nescafé	6.1%
Tres Coracoes	4.8%
Melitta	4.0%
Todas las demás	57.5%

Fuente: The Wall Street Journal.

a. Construya una gráfica para los datos relacionados con los países que consumen más café. ¿Qué tipo de gráfica es la más apropiada? Explique por qué.

b. Construya una gráfica para los datos referentes a la participación de mercado en Brasil. ¿Qué tipo de gráfica es la más adecuada? Explique por qué.

2.67 Los siguientes datos representan las reservas convencionales probadas de petróleo en miles de millones de barriles, subdivididos por región y país.

Región y país	Reservas convencionales probadas (en miles de millones de barriles)	Reservas
Norteamérica	54.8	
México		28.3
E.U.		21.8
Canadá		4.7
Centro y Sudamérica	95.2	
Venezuela		76.9
Brasil		8.1
Otros en Centro y Sudamérica		10.2
Europa Occidental	17.2	
Noruega		9.5
Inglaterra		5.0
Otros en Europa Occidental		2.7
África	74.9	
Libia		29.5
Nigeria		22.5
Argelia		9.2
Angola		5.4
Otros en África		8.3
Medio Oriente	683.6	
Arabia Saudita		259.2
Irak		112.5
Emiratos Árabes Unidos		97.8
Kuwait		94.0
Irán		89.7
Qatar		13.2
Omán		5.5
Otros en Medio Oriente		11.7
Lejano Oriente y Oceanía	44.0	
China		24.0
Indonesia		5.0
India		4.7
Otros en Lejano Oriente y Oceanía		10.3
Europa Oriental y ex URSS	59.0	
Rusia		48.6
Kazajstán		5.4
Otros en Europa Oriental y ex URSS		5.0

Fuente: Departamento de Energía de Estados Unidos.

Usando el conjunto de países:

a. Construya una gráfica de barras, una gráfica de pastel y un diagrama de Pareto.

Usando el conjunto de regiones:

b. Realice una gráfica de barras, una gráfica de pastel y un diagrama de Pareto.

c. ¿Qué método gráfico cree que refleja mejor estos datos?

d. Con base en los resultados de los incisos *a*) y *b*), ¿a qué conclusiones se llega respecto a las reservas convencionales de petróleo probadas para los diferentes países y regiones?

2.68 Al analizar las repercusiones de los ataques del 11 de septiembre de 2001, los especialistas del National Center for Health Statistics, se enfocaron en su habilidad de localizar y clasificar a las víctimas del terrorismo (E. Weinstein, "Tracking Terror's Rising Toll", *The Wall Street Journal,* 25 de enero, 2002, A13). Los siguientes datos representan las muertes provocadas por el terrorismo en Estados Unidos entre 1990 y 2001 y también las muertes en Estados Unidos provocadas por diversas causas.

Año	Muertes provocadas por el terrorismo en Estados Unidos
1990	0
1991	0
1992	0
1993	6
1994	1
1995	169
1996	2
1997	0
1998	1
1999	3
2000	0
2001	2,717

Causa	Muertes en miles
Humo y fuego	3.3
Ahogamiento accidental	3.3
Muertes inducidas por el alcohol	18.5
Enfermedad de Alzheimer	49.0
Asalto con armas de fuego	10.4
Asalto sin armas de fuego	5.7
Asma	4.4
Cáncer	551.8
Embolia y enfermedades relacionadas	166.0
Enfisema	16.9
Diabetes	68.7
Enfermedades cardiacas	710.0
Caídas	12.0
VIH	14.4
Influenza y neumonía	67.0
Lesiones en el trabajo	5.3
Accidentes en vehículos	41.8
Suicidio	28.3
Muertes relacionadas con las drogas	15.9

Fuente: Federal Bureau of Criminal Justice Statistics, National Center for Health Statistics, National Highway Transportation, Safety Administration, Departmento de Defensa de Estados Unidos.

a. Diseñe un diagrama de series de tiempo para las muertes provocadas por el terrorismo en territorio estadounidense. ¿Hay algún patrón en las muertes provocadas por el terrorismo en territorio estadounidense entre 1990 y 2001?

Para las muertes en miles de personas por diferentes causas:

b. Elabore una gráfica de barra, una gráfica de pastel y un diagrama de Pareto.

c. ¿Qué método gráfico es el mejor para describir estos datos?

d. Con base en los resultados del inciso *c*), ¿a qué conclusiones se llega respecto a las muertes en Estados Unidos provocadas por diversas causas?

2.69 El dueño de un restaurante que sirve platillos estilo Continental estaba interesado en estudiar los patrones de demanda para el periodo de viernes a domingo (fin de semana). Guardó registros que indicaban el número de órdenes para cada tipo de platillo. Los datos son los siguientes:

Tipo de platillo	Número servido
Res	187
Pollo	103
Pato	25
Pescado	122
Pasta	63
Mariscos	74
Ternera	26

a. Elabore una tabla de resumen para los tipos de platillos ordenados.

b. Elabore una gráfica de barras, una gráfica de pastel y un diagrama de Pareto para los tipos de platillos ordenados.

c. ¿Prefiere un diagrama de Pareto o una gráfica de pastel para estos datos? ¿Por qué?

d. ¿A qué conclusiones llegará el dueño del restaurante en relación con la demanda de los diferentes tipos de platillos?

2.70 Suponga que el dueño del restaurante del problema 2.69 también estaba interesado en estudiar la demanda de postres para el mismo periodo. Decidió que otras dos variables, junto con la variable de si se ordena o no el postre, debían estudiarse: el género del individuo y si ordenaba el platillo de res. Los resultados fueron los siguientes:

	GÉNERO		
ORDENÓ POSTRE	Masculino	Femenino	Total
Sí	96	40	136
No	224	240	464
Total	320	280	600

	PLATILLO DE RES		
ORDENÓ POSTRE	Sí	No	Total
Sí	71	65	136
No	116	348	464
Total	187	413	600

Para cada una de las dos tablas de contingencia:

a. Realice una tabla de porcentajes de fila, de porcentajes de columna y de porcentajes totales.

b. ¿Qué tipo de porcentaje (fila, columna o total) cree que es el más informativo para cada género? ¿Para el platillo de res? Explique por qué.

c. ¿Qué conclusiones obtendrá el dueño del restaurante respecto al patrón de postres ordenados?

2.71 Un artículo publicado en *The New York Times* (William McNulty y Hugh K. Truslow, "How it Looked Inside the Booth", *The New York Times,* 6 de noviembre, 2002) aportó los siguientes datos para el método de registro de votos en 1980, 2000 y 2002, divididos en los porcentajes de ciudades en Estados Unidos que emplearon cada método y los porcentaje de votantes registrados que utilizaron cada uno. Los resultados son los siguientes:

	PORCENTAJE DE CIUDADES QUE LO USARON		
MÉTODO	1980	2000	2002
Tarjetas perforadas	18.5	18.5	15.5
Máquinas con palanca	36.7	14.4	10.6
Papeletas	40.7	11.9	10.5
Escaneo óptico	0.8	41.5	43.0
Electrónico	0.2	9.3	16.3
Mixto	3.1	4.4	4.1

MÉTODO	PORCENTAJE DE VOTANTES REGISTRADOS QUE LO USARON 1980	2000	2002
Tarjetas perforadas	31.7	31.4	22.6
Máquinas con palanca	42.9	17.4	15.5
Papeletas	10.5	1.5	1.3
Escaneo óptico	2.1	30.8	31.8
Electrónico	0.7	12.2	19.6
Mixto	12.0	6.7	9.3

a. Realice gráficas de pastel para cada año para los porcentajes de las ciudades y los porcentajes de los votantes registrados que usaron los diversos métodos.

b. Realice gráficas de barras agrupadas por año para los porcentajes de ciudades y los porcentajes de votantes registrados que usaron los diferentes métodos.

c. ¿Qué tipo de muestra gráfica es más útil para representar los datos? Explique por qué.

d. ¿Qué diferencias existen en los resultados para las ciudades y para los votantes registrados?

2.72 En el verano del año 2000, se registró un mayor número de reclamaciones sobre la garantía de los neumáticos Firestone vendidos en la Ford SUV, lo que provocó que tanto la Firestone como la Ford emitieran un importante comunicado. Un análisis de los datos de quejas sobre la garantía ayudó a identificar qué modelos debían atender. El desglose de 2,504 quejas de garantía basadas en el tamaño del neumático se presenta en la siguiente tabla:

Rodada del neumático	Quejas de garantía
23575R15	2,030
311050R15	137
30950R15	82
23570R16	81
331250R15	58
25570R16	54
Otros	62

Fuente: Robert L., Simison, "Ford Steps Up Recall without Firestone", The Wall Street Journal, *14 de agosto, 2000, A3.*

Las 2,030 quejas de garantía para los neumáticos 23575R15 pueden clasificarse en los modelos ATX y Wilderness. El tipo de incidente que llevó a la queja de garantía, por tipo de modelo, se resume en la siguiente tabla.

Incidente	Quejas de garantía para el modelo ATX	Quejas de garantía para el modelo Wilderness
Separación de la banda de rodadura	1,365	59
Ponchadura	77	41
Otro/desconocido	422	66
Total	1,864	166

Fuente: Robert L. Simison, "Ford Steps Up Recall without Firestone", The Wall Street Journal, *14 de agosto, 2000, A3.*

a. Elabore un diagrama de Pareto para el número de quejas de garantía por la rodada del neumático. ¿Qué rodada de neumático recibió el mayor número de quejas?

b. Elabore una gráfica de pastel que muestre el porcentaje del número total de quejas de garantía para los neumáticos 23575R15 que vienen en el modelo ATX y en el modelo Wilderness. Interprete la gráfica.

c. Realice un diagrama de Pareto para el tipo de incidente causado en la reclamación de garantía para el modelo ATX. ¿Existe un cierto tipo de incidente que cause la mayoría de las quejas?

d. Diseñe un diagrama de Pareto para el tipo de incidente que causa la queja de garantía para el modelo Wilderness. ¿Existe un cierto tipo de incidente que cause la mayoría de las quejas?

2.73 Una de las principales medidas de calidad del servicio que brinda cualquier organización es la velocidad con la que responde a las quejas del consumidor. Una gran tienda, departamental que vende muebles, pisos y alfombras, ha tenido una gran expansión en los últimos años. El departamento de pisos, en especial, ha crecido de 2 cuadrillas de instalación a un supervisor de instalación, un medidor y 15 cuadrillas de instalación. Durante un año reciente, la empresa recibió 50 quejas referentes a la instalación de alfombras. Los siguientes datos representan el número de días entre la recepción de la queja y su solución. **FURNITURE**

54	5	35	137	31	27	152	2	123	81	74	27
11	19	126	110	110	29	61	35	94	31	26	5
12	4	165	32	29	28	29	26	25	1	14	13
13	10	5	27	4	52	30	22	36	26	20	23
33	68										

a. Elabore una distribución de frecuencia y una distribución de porcentaje.

b. Trace un histograma y un polígono de porcentaje.

c. Construya una distribución de porcentaje acumulado y trace una ojiva (polígono de porcentaje acumulado).

d. Con base en los resultados de los incisos *a*) a *c*), si tuviera que informar al presidente de la empresa cuánto tiene que esperar el cliente para que su queja se resuelva, ¿qué le diría? Explique su respuesta.

2.74 Los datos del archivo **PIZZA** representan el costo por rebanada en dólares, el número de calorías por rebanada y la cantidad de grasa en gramos por rebanada para una muestra de 36 productos de pizza.

Fuente: "Frozen Pizza on the Rise", Copyright © 2002 por Consumer Union of U.S., Inc., Yonkers, NY 10703-1057. Adaptado con permiso de Consumer Reports, *enero de 2002, 40-41.*

a. Elabore distribuciones de frecuencias y distribuciones de porcentaje para grasa, costo y calorías.

b. Construya histogramas y polígonos de porcentaje para grasa, costo y calorías.

c. Elabore distribuciones de porcentaje acumulado y trace ojivas (polígonos de porcentaje acumulado) para grasa, costo y calorías.
d. Elabore diagramas de dispersión para el costo y las calorías, costo y grasa, y calorías y grasa.
e. Con base en el inciso *a*) al *d*), ¿a qué conclusiones llega acerca del costo, grasas y calorías de estos productos de pizza?

2.75 Un artículo en *Quality Engineering* examinó la viscosidad (resistencia al flujo) de un producto químico producido en partidas. Tome en cuenta que la viscosidad del químico necesita estar entre 13 y 18 para cumplir con las especificaciones de la empresa. Los datos para las 120 partidas están en los datos del archivo. **CHEMICAL**

Fuente: D.S: Holmes y A.E. Mergen, "Parabolic Control Limits for the Exponentially Weighted Moving Average Control Charts", Quality Engineering, *vol. 4 (1992), 487-495.*

a. Elabore un arreglo ordenado.
b. Construya una distribución de frecuencia y una distribución de porcentaje.
c. Elabore un histograma de porcentaje.
d. ¿Qué porcentaje de las partidas está dentro de las especificaciones de la empresa?

2.76 Estudios que realizó un fabricante de tablillas de asfalto "Boston" y "Vermont" demuestran que el peso del producto es el factor principal en la percepción que el consumidor tiene de la calidad. Más aún, el peso representa la cantidad de material usado, por lo que es muy importante para la empresa desde el punto de vista del costo. La última etapa de la línea de ensamblaje empaca las tablillas antes de que los paquetes se coloquen en paletas de madera. Una vez que la paleta está llena (las paletas de casi todas las marcas tienen capacidad para sostener 16 cuadros de tablillas), se pesa y se registra este dato. La empresa espera que las paletas de tablillas de su marca "Boston" pesen por lo menos 3,050 libras pero menos de 3,260. Para las tablillas de la marca "Vermont", las paletas deben pesar por lo menos 3,600 libras pero menos de 3,800. El archivo de datos **PALLET** contiene los pesos (en libras) de una muestra de 368 paletas de tablillas "Boston" y 330 paletas de tablillas "Vermont".
a. Para las tablillas "Boston", construya una distribución de frecuencias y una distribución de porcentaje con ocho intervalos de clase usando como límites de clase: 3,015, 3,050, 3,085, 3,120, 3,155, 3,190, 3,225, 3,260 y 3,295.
b. Para las tablillas "Vermont", construya una distribución de frecuencias y una distribución de porcentaje con siete intervalos de clase, usando como límites de clase: 3,550, 3,600, 3,650, 3,700, 3,750, 3,800, 3,850 y 3,900.
c. Elabore histogramas para las tablillas "Boston" y para las tablillas "Vermont".
d. Comente acerca de la distribución del peso de las paletas para las tablillas "Boston" y "Vermont". Asegúrese de identificar el porcentaje de paletas que se encuentran por debajo y por encima del peso.

2.77 ¿Regalar artículos promocionales incrementa la asistencia a los juegos de la liga de béisbol? Un artículo en *Sport Marketing Quarterly* reportó sobre el efecto de las promociones mercadológicas [T.C. Boyd y T.C. Krehbiel, "Promotion Timing un Major League Baseball and the Stacking Effects of Factors that Increase Game Attractiveness", *Sport Marketing Quarterly,* vol. 12 (2003), 173-184]. El archivo de datos **ROYALS** incluye las siguientes variables para el equipo Kansas City Royals durante la temporada de béisbol del año 2002:

GAME = Juegos en casa en el orden en el que se jugaron.
ATTENDANCE = Asistencia pagada al juego.
PROMOTION 1 = Si se realizó una promoción; 0 = si no se realizó ninguna promoción.

a. Elabore un histograma de porcentaje para la variable de asistencia. Interprete el histograma.
b. Elabore un polígono de porcentaje para la variable de asistencia. Interprete el polígono.
c. ¿Qué gráfica prefiere: la del inciso *a*) o la del inciso *b*)? Explique.
d. Elabore una gráfica que contenga dos polígonos de porcentaje para la asistencia: uno para los 43 juegos con promoción y uno para los 37 juegos sin promoción. Compare las distribuciones de las dos asistencias.

2.78 Los datos para el archivo **PROTEIN** indican las calorías, proteínas, calorías de grasa, calorías de grasa saturada y colesterol para comidas proteínicas populares (carnes rojas frescas, pollo y pescado).

Fuente: Departamento de Agricultura de Estados Unidos.

Para los datos referentes al número de calorías, proteínas, calorías de la grasa, calorías de grasa saturada y cantidad de colesterol para las comidas proteínicas populares:
a. Elabore una distribución de frecuencias y una distribución de porcentajes.
b. Elabore un histograma y un polígono de porcentaje.
c. Construya una distribución de porcentaje acumulado, y elabore un polígono de porcentaje acumulado.
d. ¿A qué conclusiones llega a partir de estos análisis?

2.79 Suponga que desea estudiar las características de los modelos de automóviles del año 2002 en términos de las siguientes variables: caballos de potencia, millas por galón, longitud, anchura, requerimiento de ángulo de giro, peso y volumen de carga. **AUTO2002**

Fuente: "The 2002 Cars", Copyright © 2002 por Consumers Union of U.S., Inc., Yonkers, NY 10703-1057. Adaptado con permiso de Consumer Reports, *abril de 2002, 22-71.*

Para cada una de estas variables:
a. Elabore una distribución de frecuencias y una distribución de porcentajes.
b. Construya un histograma y un polígono de porcentajes.
c. Elabore una distribución de porcentaje acumulado y trace un polígono de frecuencia acumulada.
d. ¿A qué conclusiones llega respecto a los automóviles 2002?

2.80 En relación con las características de los modelos de automóviles del año 2002 **AUTO2002** del problema 2.79,
a. Construya una tabla de contingencia del tipo de tracción con el tipo de gasolina.
b. Elabore una gráfica de barras agrupadas del tipo de tracción con el tipo de gasolina.

c. Con base en los resultados de los incisos *a*) y *b*), ¿parece haber relación entre el tipo de transmisión y el tipo de gasolina?

2.81 Los datos del archivo **STATES** representan los resultados de la encuesta American Community, una muestra de hogares tomados de todos los estados durante el Censo de 2000 de Estados Unidos. Para cada una de las variables de promedio del tiempo en minutos del trayecto al trabajo, porcentaje de casa con ocho o más habitaciones, ingreso promedio del hogar y porcentaje de pagos hipotecarios que realizan los propietarios cuyos costos de casa exceden el 30% de su ingreso:

a. Elabore una distribución de frecuencias y una distribución de porcentajes.

b. Construya un histograma y un polígono de porcentaje.

c. Construya una distribución de porcentaje acumulado y trace un polígono de porcentaje acumulado.

d. ¿Qué conclusiones se obtienen de estas cuatro variables con base en los resultados de los incisos *a*) al *c*)?

2.82 La economía del béisbol ha causado una gran controversia desde que los propietarios de los equipos se quejaron de sus pérdidas económicas; los jugadores argumentan que los propietarios están ganando dinero y los fanáticos se quejan de lo caro que resulta asistir a un juego, por lo que prefieren quedarse en casa y ver los partidos por televisión. Además de los datos relacionados con las estadísticas de los equipos para la temporada 2001, el archivo **BB2001** contiene las estadísticas del precio de los boletos de cada equipo; el índice del costo por fanático; ingresos por entrada en una temporada regular; ingresos por televisión, radio y cable local; todos los demás ingresos operativos; la compensación y los beneficios de los jugadores; otros gastos locales y nacionales, así como el ingreso de las operaciones derivadas del béisbol. Para cada una de estas variables,

a. Construya una distribución de frecuencias y una distribución de porcentaje.

b. Elabore un histograma y un polígono de porcentaje.

c. Elabore una distribución de porcentaje acumulado y construya un polígono de porcentaje acumulado.

d. Elabore un diagrama de dispersión para predecir el número de juegos ganados en el eje *Y*, y la compensación y beneficios del jugador en el eje *X*. ¿Qué conclusiones obtiene a partir de este diagrama de dispersión?

e. ¿Qué conclusiones acerca de estas variables se obtienen con base en los resultados de los incisos *a*) al *c*)?

2.83 Los datos en el archivo **AIRCLEANERS** representan el precio, el costo anual de energía y el costo anual de los filtros para los limpiadores de aire de las habitaciones.

a. Construya un diagrama de dispersión con el precio en el eje *Y*, y el costo de energía en el eje *X*.

b. Elabore un diagrama de dispersión con el precio en el eje *Y*, y el costo de los filtros en el eje *X*.

c. ¿A qué conclusiones se llega sobre el costo de la energía y el costo de los filtros en relación con el de los limpiadores de aire?

Fuente: "Portable Room Air Cleaners", Copyright © 2002 por Consumers Union of U.S., Inc., Yonkers, NY 10703-1057. Adaptado con permiso de Consumer Reports, *febrero de 2002, 47.*

2.84 Los datos del archivo **PRINTERS** representan el precio, la velocidad del texto, costo del texto, tiempo de las fotografías de color y costo de las impresiones de las fotografías a color.

a. Elabore un diagrama de dispersión con el precio y la velocidad del texto, precio y costo del texto, precio y tiempo de las fotografías a color, y precio y costo de las fotografías a color.

b. Con base en los resultados del inciso *a*), ¿cree usted que alguna de las otras variables serían útiles para predecir el precio de la impresora? Explique su respuesta.

Fuente: "Printers", Copyright 2002 por Consumers Union of U.S., Inc., Yonkers, NY 10703-1057. Adaptado con permiso de Consumer Reports, *marzo de 2002, 51.*

2.85 El Índice S&P 500 rastrea el movimiento general del mercado bursátil de acuerdo con el precio de las acciones de 500 grandes corporaciones. El archivo **STOCKS2003** contiene los datos semanales para este índice, así como el precio semanal del cierre de las acciones para tres compañías durante 2003. Las variables incluidas son:

WEEK —Semana que termina en una fecha dada.
S & P —Cierre del valor semanal para el Índice S&P 500.
SEARS —Cierre semanal del precio de las acciones de Sears.
TARGET —Cierre semanal del precio de las acciones de Target.
SARA LEE —Cierre semanal del precio de las acciones de Sara Lee.

Fuente: ***finance.yahoo.com***

a. Elabore un diagrama de series de tiempo para los valores de cierre semanal del Índice S&P 500 Sears, Roebuck and Company, Target Corporation y Sara Lee.

b. Explique cualquier patrón que detecte en la gráfica.

c. Escriba un resumen de sus hallazgos.

2.86 (Proyecto de clase) Permita que cada alumno de su clase responda a la pregunta "¿Qué bebida refrescante prefiere?", para que el maestro registre los resultados en una tabla de resumen.

a. Convierta los datos a porcentajes para construir un diagrama de Pareto.

b. Analice sus hallazgos.

2.87 (Proyecto de clase) Permita que cada alumno de su clase sea clasificado con base en su género (masculino, femenino) y estado de empleo actual (sí, no) para que el maestro registre los resultados.

a. Construya una tabla con porcentajes de fila o de columna, dependiendo de cuál considere que es más informativo.

b. ¿Qué concluiría de este estudio?

c. ¿Qué otras variables desearía conocer respecto al empleo con la finalidad de enriquecer sus hallazgos?

Reportes escritos de los ejercicios

2.88 De acuerdo con los resultados del problema 2.76 en la página 60 respecto al peso de las tablillas "Boston" y "Vermont", escriba un reporte que evalúe si el peso de las paletas de los dos tipos de tablillas es congruente con las expectativas de la empresa. Asegúrese de incluir tablas y gráficas en el reporte.

2.89 De acuerdo con los resultados del problema 2.72 en la página 59 respecto a las quejas de la garantía de los neumáticos Firestone, escriba un reporte que evalúe las quejas de garantía de los neumáticos Firestone vendidos en los modelos Ford SUV. Asegúrese de incluir tablas y gráficas en el reporte.

PROYECTO EN EQUIPO

Los datos del archivo **MUTUALFUNDS2004** contienen información respecto a 12 variables de una muestra de 121 fondos de inversión. Las variables son:

Fund —El nombre del fondo de inversión.
Category —Tipo de acciones que comprende el fondo de inversión: de gran capital, capital medio, capital reducido.
Objective —Objetivo de las acciones que comprenden el fondo de inversión: crecimiento o valor.
Assets —Activos en millones de dólares.
Fees —Cargos por ventas (sí o no).
Expense ratio —Relación entre gastos y activos netos en porcentaje.
2003 Return —Rendimiento de 12 meses en 2003.
Three-year return —Rendimiento anualizado de 2001 a 2003.
Five-year return —Rendimiento anualizado de 1999 a 2003.
Risk —Factor de riesgo de pérdida de los fondos de inversión clasificado como bajo, promedio o alto.
Best quarter —Mejor resultado trimestral 1999 a 2003.
Worst quarter —Peor resultado trimestral 1999 a 2003.

2.90 Para la variable de relación de gasto:

a. Elabore un histograma.
b. Construya polígonos de frecuencia para la proporción de gasto para los fondos de inversión que tengan tarifas y para los que no tengan tarifas en la misma gráfica.
c. ¿Qué conclusiones acerca de la proporción de gasto se obtienen con base en los resultados de los incisos *a*) y *b*)?

2.91 Para la variable que contiene el rendimiento anualizado de cinco años de 1999 a 2003:

a. Elabore un histograma.
b. Construya polígonos de frecuencia del rendimiento anualizado de cinco años de 1999 a 2003 para los fondos de inversión de crecimiento y para los fondos de inversión de valor en la misma gráfica.
c. ¿A que conclusiones llega acerca del rendimiento anualizado de cinco años entre 1999 y 2003, con base en los resultados de los incisos *a*) y *b*)?

2.91 Para la variable que contiene el rendimiento anualizado de tres años de 2001 a 2003:

a. Elabore un histograma.
b. Construya polígonos de frecuencia del rendimiento anualizado de tres años entre 2001 y 2003 para los fondos de inversión de crecimiento y para los fondos de inversión de valor en la misma gráfica.
c. ¿A que conclusiones llega acerca del rendimiento anualizado de tres años entre 2001 y 2003, con base en los resultados de los incisos *a*) y *b*)?

CASO ACTUAL
ADMINISTRACIÓN DEL *SPRINGVILLE HERALD*

Las tarifas de publicidad son una importante fuente de ingresos para cualquier periódico. En un intento de incrementar estos ingresos y de minimizar errores costosos, la administración del *Herald* formó un equipo de trabajo encargado de mejorar el servicio al consumidor en el departamento de publicidad. Revise la colección de datos de la fuerza de trabajo (abra **Ad_ Errors.htm** en la carpeta Springville HeraldCase del CD-ROM que acompaña a este texto o visite el sitio **www.prenhall.com/Herald Case/Ad_Errors.htm**) e identifique los datos que son importantes para describir los problemas del servicio al consumidor. Para cada conjunto de datos que identifique, elabore la gráfica que considere más adecuada para los datos y explique su elección. También sugiera qué otra información respecto a los diferentes tipos de errores sería útil examinar. Ofrezca posibles cursos de acción que el equipo de trabajo o la administración puedan tomar para mejorar el servicio al consumidor.

CASO WEB

En el escenario de "Uso de la estadística" se le pidió que recabara información que ayudara a elegir buenas opciones de inversión. Las fuentes para tal información incluyen firmas de correduría y consejeros de inversión. Aplique sus conocimientos sobre el uso correcto de las tablas y gráficas en este Caso Web sobre las afirmaciones de previsión y excelencia de un servicio de inversión de Springville.

Visite el sitio en Internet de StockTout Investing Service en **www.prenhall.com/Springville/StockToutHome.htm**. Revise sus afirmaciones sobre inversión y los datos que las apoyan, y responda a lo siguiente:

1. ¿Cómo afecta la percepción que usted tiene de sus negocios la presentación de la información general acerca de StockTout en esta página?

2. ¿La afirmación de tener más ganadores que perdedores es una reflexión justa y precisa sobre la calidad de su servicio de inversión? Si no lo cree así, ofrezca una presentación alternativa que considere justa y precisa.

3. Los fondos de inversión de StockTout "Big Eight" son parte de la muestra encontrada en el archivo **MUTUALFUNDS2004**. ¿Hay otros datos relevantes en ese archivo que pudieran incluirse en la tabla Big Eight? ¿Cómo alterarían estos nuevos datos su percepción de las afirmaciones de StockTout?

4. StockTout se enorgullece de que los fondos "Big Eight" han ganado valor en los últimos cinco años. ¿Está de acuerdo en que deben estar orgullosos de sus elecciones? ¿Por qué sí o por qué no?

REFERENCIAS

1. Huff, D., *How to Lie with Statistics* (Nueva York: Norton, 1954).
2. *Microsoft Excel 2003* (Redmond, WA: Microsoft Corporation, 2002).
3. *Minitab for Windows Version* 14 (State College; PA: Minitab Inc., 2004).
4. *SPSS ® Base 12.0 Brief Guide* (Upper Saddle River, NJ: Prentice Hall, 2003).
5. Tufte, E.R., *Envisioning Information* (Cheshire, CT: Graphics Press, 1990).
6. Tufte, E.R., *The Visual Display of Quantitative Information*, 2a. ed. (Cheshire, CT: Graphics Press, 2002).
7. Tufte, E.R., *Visual Explanations* (Cheshire, CT: Graphics Press, 1997).
8. Wainer, H., *Visual Revelations: Graphical Tales of Fate and Deception from Napoleon Bonaparte to Ross Perot* (Nueva York: Copernicus/Springer-Verlag, 1997).

Apéndice 2 Uso del software para tablas y gráficas

A2.1 EXCEL

Puede usar Excel para crear muchas de las tablas y gráficas explicadas en este capítulo. Si no ha leído aún el apéndice 1.2 "Introducción a Excel", en la página 13, debe hacerlo ahora.

Tablas de resumen

Use el Asistente para tablas y gráficos dinámicos para generar una tabla de resumen. Si no está familiarizado con las Tablas dinámicas, primero lea "Uso del Asistente para tablas y gráficos dinámicos" (vea el apéndice F). Para generar una tabla de resumen similar a la tabla 2.2 en la página 23, abra la hoja de trabajo **MUTUALFUNDS2004.xls** en **Datos**. Seleccione **Datos → Informe de tablas y gráficos dinámicos** (**Datos → Informe de tablas dinámicas** en Excel 97) y haga estas elecciones en las ventanas de diálogo del Asistente de tablas y gráficos dinámicos:

Paso 1: Seleccione la **lista Excel** o la opción **Datos** y la opción **Informe de tablas y gráficos dinámicos** (si aparece) y dé clic en **Siguiente**.

Paso 2: Ingrese **J1:J122** como **Rango** y dé clic en **Siguiente**.

Paso 3: Seleccione la opción **Hoja de cálculo nueva** y dé clic en el botón de **Diseño**.

En la ventana de diálogo de Diseño, primero mueva una copia de la pestaña **Riesgo** al área de **FILA**. Después mueva la segunda copia de la pestaña **Riesgo** al área de **DATOS**, lo que cambia la pestaña a **Conteo de riesgo**. Dé clic en **Aceptar** para regresar a la ventana de diálogo principal del paso 3 y dé clic en el botón de **Opciones** para continuar.

En la ventana de diálogo de Opciones para la tabla dinámica, ingrese un nombre autodescriptivo para la tabla en el cuadro de edición **Nombre** y **0** en el cuadro de edición **Mostrar para celdas vacías**. Dé clic en **Aceptar** para regresar a la ventana de diálogo principal del paso 3.

Dé clic en **Finalizar** en la ventana de diálogo principal del paso 3 para producir la tabla dinámica.

Renombre la nueva hoja de trabajo con un nombre autodescriptivo. (Puede cerrar cualquier barra de herramientas o ventanas que aparezcan sobre la tabla dinámica para mejorar la visualización.)

Para agregar una columna de porcentaje, ingrese **Porcentaje** en la celda **C4** de la nueva hoja de trabajo e ingrese la fórmula **=B5/B$8** en la celda **C5**. Copie esta fórmula hacia abajo hasta la celda C7. Formatee el rango de celda **C5:C7** para mostrar el porcentaje. Ajuste el número de decimales mostrados y el ancho de la columna C si desea generar una tabla similar a la de la figura A2.1.

Conteo de riesgo		
Riesgo	Total	Porcentaje
promedio	46	38%
alto	17	14%
bajo	58	48%
Total	121	

FIGURA A2.1 Tabla de resumen completa.

O Vea la sección G.1 (**Tablas y gráficas de una variable**) si desea que el PHStat2 genere una tabla de resumen para usted.

Gráfica de barras o de pastel

Use el Asistente para gráficos de Excel para generar una gráfica de barra o de pastel. Si no está familiarizado con este asistente, lea antes "Uso del Asistente para gráficos de Excel" (página 15). Primero cree una tabla de resumen de la tabla dinámica. Con la tabla en pantalla, dé clic en una celda fuera de la tabla, seleccione **Insertar ➜ Gráfica** y haga las siguientes entradas en las ventanas de diálogo del Asistente gráfico:

Paso 1: Dé clic en **Barra** (para una gráfica de barra) o en **Pastel** en la ventana **Tipos estándar Tipo de gráfico** y deje seleccionado el primer**Subtipo de gráfico**. Dé clic en **Siguiente**.

Paso 2: Con el cursor parpadeante en la ventana **Rango de datos**, dé clic en la tabla dinámica para que Excel llene la dirección de la tabla dinámica por usted. Dé clic en **Siguiente**.

Paso 3: Seleccione las opciones de formato y rótulos de gráfico para la gráfica. (Vea "Uso del Asistente para gráficos de Excel" en la página 15 para sugerencias.) Dé clic en **Siguiente**.

Paso 4: Seleccione **En una hoja nueva** y dé clic en **Finalizar**. Si aparecen botones de campo en la gráfica, dé un clic derecho en cualquier botón del campo y seleccione **Ocultar botones de campo gráfico dinámico** del menú corto.

O Vea la sección G.1 (**Gráficos y tablas de una variable**) si desea que PHStat2 genere para usted un diagrama de Pareto como una gráfica de Excel. (No hay comandos en Excel que generen directamente un diagrama de Pareto.)

Arreglo ordenado

Organice su hoja de trabajo para que cada variable aparezca en su propia columna, ingrese un título de la variable columna en la fila 1 y los valores para la variable iniciando en la fila 2. (Éste es el formato de los archivos Excel incluidos en el CD-ROM que acompaña este texto.) Seleccione **Datos ➜ Ordenar**. En la ventana de diálogo de Ordenar, seleccione la variable a ordenar de la lista hacia abajo **Ordenar por**. Seleccione el primer botón de la opción **Ascendente** o **Descendente**, deje seleccionado el botón **Encabeza fila** y dé clic en **Aceptar**.

Diagrama de tallo y hojas

Vea la sección G2 (**Diagrama de tallo y hojas**) si desea que PHStat2 genere un diagrama de tallo y hojas como gráfica de Excel. (No hay comandos en Excel que generen directamente estos diagramas.)

Distribuciones de frecuencias e histogramas

Use el Data Analysis Toolpak para crear distribuciones de frecuencias e histogramas. Abra la hoja de trabajo que contenga los datos que desee resumir. Seleccione **Herramientas ➜ Análisis de datos**. De la lista que aparece en la ventana de diálogo de Análisis de datos, seleccione **Histograma** y dé clic en **Aceptar**. En la ventana de diálogo de Histograma (vea la figura A2.2) in-

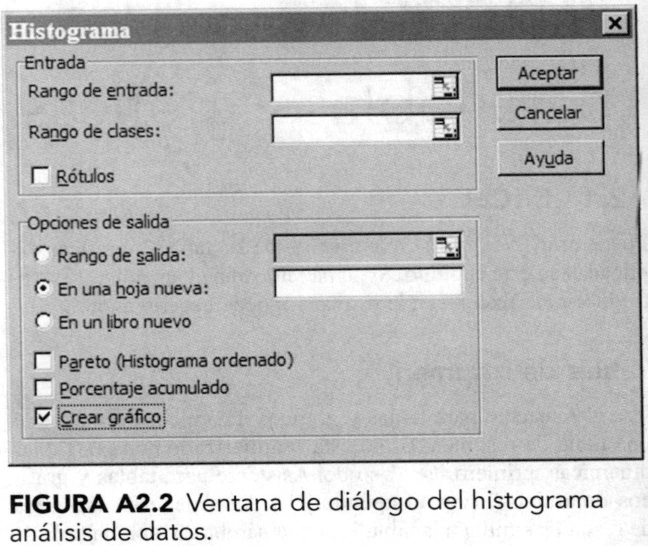

FIGURA A2.2 Ventana de diálogo del histograma análisis de datos.

grese el rango de celda de los datos en **Rango de entrada**. Después seleccione **Rótulos** si está utilizando datos que estén ordenados como los datos en los archivos Excel del CD-ROM que acompaña a este texto. Por último, seleccione **Resultado de la gráfica** y dé clic en **Aceptar**. (Vea la sección G.3 [**Histogramas y polígonos**] para una explicación sobre el **Bin Range**.)

La distribución de frecuencias y el histograma aparecerán juntos o en una hoja de trabajo separada.

O Vea la sección G.3 (**Histograma y polígonos**) si desea que PHStat2 genere una distribución de frecuencia y un histograma.

Polígonos de porcentaje y de porcentaje acumulado

Vea la sección G.3 (**Histograma y polígonos**) si desea que PHStat2 genere polígonos de porcentaje y de porcentajes acumulados como gráficas de Excel. (No hay comandos de Excel que produzcan directamente polígonos de porcentaje y de porcentaje acumulado.)

Tablas de contingencia y gráficas de barras agrupadas

Use los Asistentes de gráficos dinámicos y de Gráficos para crear tablas de contingencia y una gráfica de barras agrupadas. Para crear una tabla de contingencia similar a la tabla 2.14 de la página 44, abra la hoja de trabajo **MUTUALFUNDS2004.XLS** en **Datos**. Seleccione **Datos → Informe de tablas y gráficos dinámicos** (**Datos → Informe de tabla dinámica** en Excel 97) y realice las siguientes entradas en la ventana de diálogo del Asistente de tablas y gráficos dinámicos:

Paso 1: Seleccione la opción **lista de Excel o base de datos** y la opción (si aparece) **Tabla dinámica**, y dé clic en **Siguiente**.

Paso 2: Ingrese **C1:J122** como **Rango** y dé clic en **Siguiente**.

Paso 3: Seleccione la opción **Hoja de trabajo nueva** y dé clic en el botón **Diseño**.

En la ventana de diálogo de Diseño, primero mueva una copia del rótulo **Objetivo** hacia el área de **FILA**. Después mueva una segunda copia del rótulo **Objetivo** al área de **DATOS**, lo que cambiará el rótulo a **Cuenta de objetivo**. Mueva una copia del rótulo **Riesgo** al área de **COLUMNA**. Dé clic en **Aceptar** para regresar al menú principal de la ventana de diálogo del Paso 3 y dé clic en el botón de **Opciones** para continuar.

En la ventana de diálogo de las Opciones de tabla dinámica, ingrese un nombre autodescriptivo para la tabla en el cuadro de edición **Nombre** y **0** en el cuadro de edición **Mostrar para celdas vacías**. Dé clic en **Aceptar** para regresar a la ventana de diálogo principal del paso 3 para generar la tabla dinámica.

Para crear una gráfica de barras agrupadas, dé clic en la celda fuera de la tabla bivariada, seleccione **Insertar → Gráfica**, y realice las siguientes entradas en las ventanas de diálogo del Asistente gráfico:

Paso 1: Dé clic en **Barra** en la ventana de **Gráficos de tipo estándar** y deje el primer **Subtipo de gráfico** seleccionado. Dé clic en **Siguiente**.

Paso 2: Con el cursor parpadeando en la ventana de **Rango de datos**, dé clic en Tabla dinámica para que Excel llene la dirección de la Tabla dinámica por usted. Dé clic en **Siguiente**.

Paso 3: Seleccione las opciones de formato y rótulo de gráfica para la gráfica. (Vea "Uso del Asistente para gráficos de Excel" en la página 15 para sugerencias.) Dé clic en **Siguiente**.

Paso 4: Seleccione **Como una hoja nueva** y dé clic en **Finalizar**. Si aparecen botones de campo en la gráfica, dé un clic derecho en cualquier botón y elija **Ocultar botones de campo gráfico dinámico** del menú corto.

O Vea la sección G.4 (**Tablas y gráficas bivariadas**) si desea que PHStat2 genere una tabla de resumen de dos variables y una gráfica agrupada.

Diagrama de dispersión

Use el Asistente para gráficos para generar un diagrama de dispersión. Para crear un diagrama de dispersión similar al de la figura 2.15 de la página 47, abra la hoja de trabajo de **MUTUALFUNDS2004.XLS** en **Datos**. Seleccione **Insertar → Gráfico**, y haga las siguientes entradas en las ventanas de diálogo del Asistente gráfico:

Paso 1: Dé clic en **XY (Dispersión)** de la ventana de **Gráficos tipo estándar** y deje seleccionado el primer **Subtipo gráfico**. Dé clic en **Siguiente**.

Paso 2: Ingrese **F1:G122** en la ventana de **Rango de datos**, seleccione la opción **Columnas** y dé clic en **Siguiente**.

Paso 3: Seleccione las opciones de formato y rótulo de gráfico para la gráfica. (Vea "Uso del Asistente para gráficos de Excel" en la página 15 para sugerencias.) Dé clic en **Siguiente**.

Paso 4: Seleccione **Como una hoja nueva** y dé clic en **Finalizar**.

Esté al tanto de que el Asistente gráfico siempre supone que la primera columna de rango de datos (columna F en este ejemplo) contiene los datos de la variable *X*. Si tiene una hoja en la que los datos de la variable *Y* aparecen primero, entonces necesitará reordenar las columnas (o copiarlas en orden en una nueva hoja) antes de usar el Asistente gráfico.

A2.2 MINITAB

Minitab se utiliza para crear muchas de las tablas y gráficas de las que hablamos en este capítulo. Si aún no ha leído el apéndice 1.3, "Introducción al Minitab", en la página 17, debe hacerlo ahora.

Reclasificar datos

Los datos a menudo se ordenan para que los valores de las variables se apilen verticalmente hacia abajo en una columna. En muchos casos se requiere analizar de forma separada los diferentes subgrupos en términos de una variable numérica de interés. Por ejemplo, en los datos de los fondos de inversión, tal vez usted quiera analizar de forma separada el porcentaje del rendimiento en 2003 de los fondos de crecimiento y de los fondos de valor. Esto se logra reclasificando la variable del porcentaje de rendimiento 2003, para que, en una columna, estén localizados los porcentajes de rendimiento en 2003 de los fondos de crecimiento y, en otra, los porcentajes de rendimiento en 2003 de los fondos de valor.

Para lograr esto, abra la hoja de trabajo MUTUALFUNDS 2004.MTW. **Select Data ➜ Unstack Columns** (Seleccionar Datos ➜ Reclasificar columnas). Después haga lo siguiente:

Paso 1: En la ventana de diálogo con el título Unstack Columns (vea la figura A2.3), ingrese **C7** o **Return 2003** (Rendimiento 2003) en el cuadro de edición **Unstack the data in** (Reclasificar los datos en).

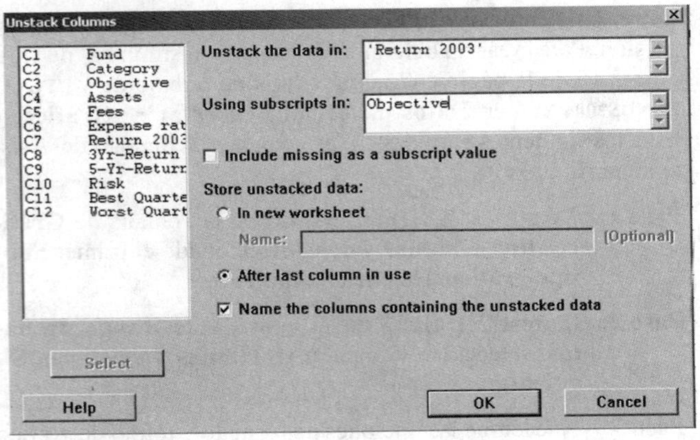

FIGURA A2.3 Ventana de diálogo para reclasificar columnas de Minitab.

Paso 2: Ingrese **C3** u **Objective** (Objetivo) en el cuadro de edición **Using Subscripts in:** (Usar subíndices en:)

Paso 3: Seleccione el botón de opción **After last column in use** (Después de la última columna en uso). Seleccione el cuadro de exploración **Name the columns containing the unstacked data** (Nombre las columnas que contienen los datos reclasificados). Dé clic en el botón **OK**. Las nuevas variables Return2003_Growth y Return2003_Value están ahora en las columnas C13 y C14. Cambie los nombres de estas variables como lo desee.

Gráfica de barras

Para producir la gráfica de barras en la figura 2.1, de la página 23, abra la hoja de trabajo ONLINESHOPPING.MTW. Seleccione **Graph ➜ Bar Chart** (Gráfica ➜ Gráfica de barras) y después haga lo siguiente:

Paso 1: En la ventana de diálogo de Bar charts (vea la figura A2.4), en Bars represent: despliegue hacia abajo la lista, seleccione **Values from a table** (Valores de una tabla) ya que se dan las frecuencias en cada categoría. [Si está usando datos brutos como los de la hoja de trabajo MUTUALFUNDS2004.MTW, seleccione Counts of unique values (Conteo de valores únicos) en la ventana de diálogo de bars represent.] Seleccione **Simple** (Sencilla) en la ventana de gráficos. Dé clic en el botón **OK**.

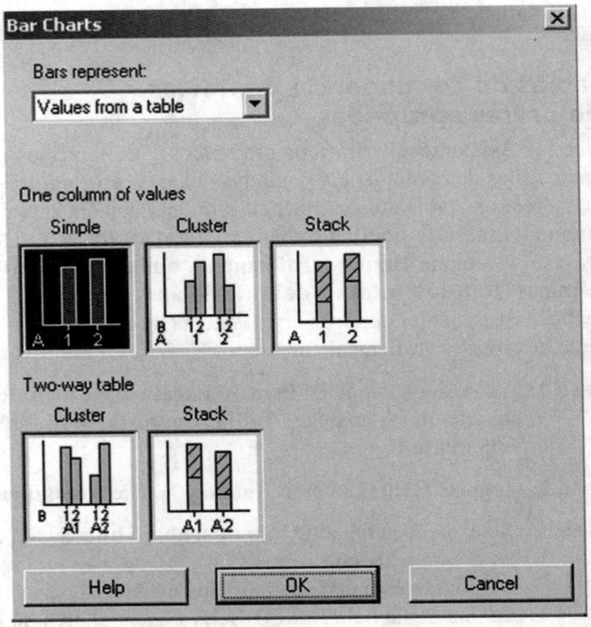

FIGURA A2.4 Ventana de diálogo gráficas de barras de Minitab.

Paso 2: En la ventana con el título Values from a table, One column of values, Simple (Valores de una tabla, una columna de valores, Ventana de diálogo sencilla), como la que aparece en la figura A2.5, ingrese **C2** o **Percentage (%)** en el cuadro de edición Graph Variables (Variables de gráfica). Ingrese **C1** o **Razón** en el cuadro de edición de Categorical Variable (Variable categórica). Dé clic en el botón **OK**.

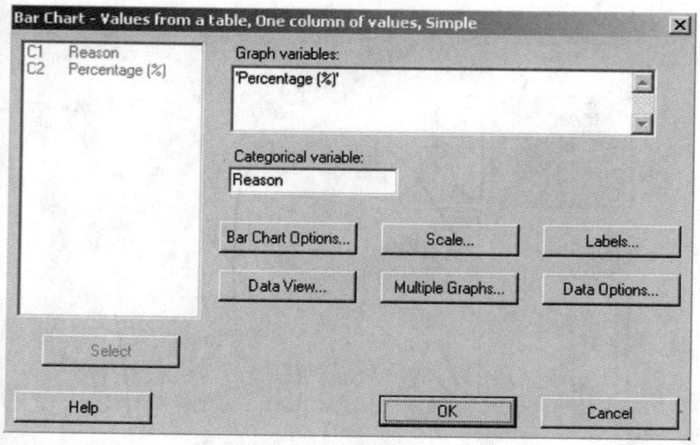

FIGURA A2.5 Gráfica de barras Minitab: valores de una tabla, una columna de valores, ventana de diálogo sencilla.

Para seleccionar los colores de las barras y los límites en la gráfica de barras:

Paso 1: Dé clic derecho en cualquiera de las barras de la gráfica de barras.

Paso 2: Seleccione **Edit bars** (Editar barras).

Paso 3: En la pestaña Attributes (Atributos) de la ventana de diálogo Edit Bars, ingrese las selecciones para Fill Pattern, Border y Fill Lines (Llenar el patrón, Límite y Llenar líneas).

Gráfica de pastel

Para generar una gráfica de pastel similar a la de la figura 2.4 en la página 25, abra la hoja de cálculo MUTUALFUNDS 2004.MTW. Seleccione **Graph ➜ Pie Chart** (Gráfica ➜ Gráfica de pastel). Después haga lo siguiente:

Paso 1: En la ventana de diálogo con el título Pie Chart (vea la figura A2.6), seleccione la opción **Chart raw data** (Gráfica datos brutos), ya que está usando datos brutos de una hoja de trabajo. (Si utiliza las frecuencias de cada categoría como en la hoja de trabajo de ONLINE SHOPPING.MTW, seleccione la opción **Chart values from a table** (Valores para la gráfica de una tabla.) Ingrese **C10** o **Risk** (Riesgo) en el cuadro de edición Categorical variables.

Paso 2: Seleccione el botón **Labels** (Rótulos). En la ventana de diálogo con el título Pie Chart—Labels (vea la figura A2.7), seleccione la pestaña **Slice Labels** (Rótulos para rebanadas). Después seleccione las ventanas de diálogo **Category name** y **Percent** (Nombre de la categoría y Porcentaje). Dé clic en el botón **OK** para regresar a la ventana de diálogo de Gráfica de pastel. Dé clic en el botón **OK**.

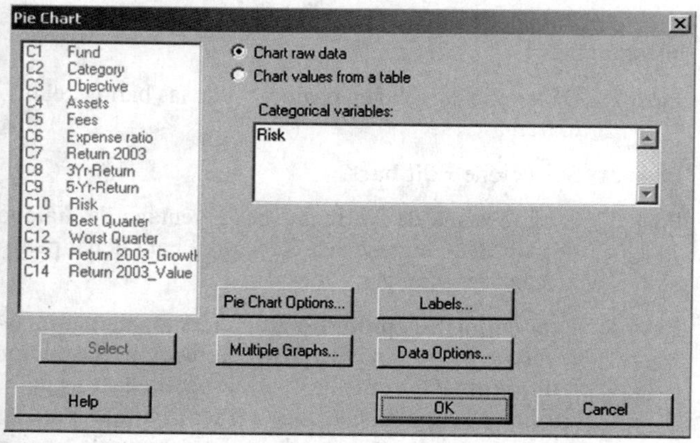

FIGURA A2.6 Ventana de diálogo para gráficas de pastel de Minitab.

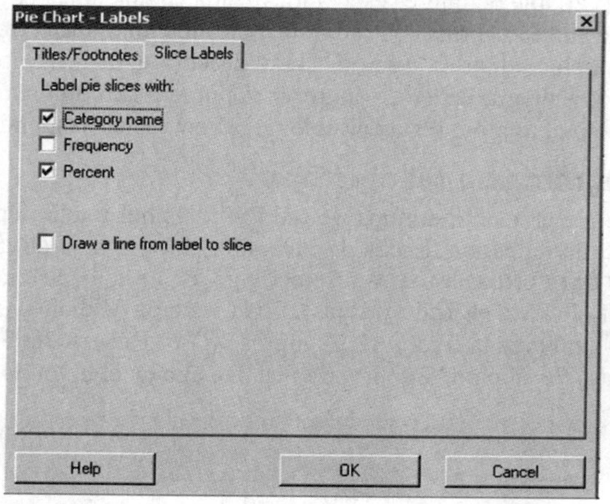

FIGURA A2.7 Ventana de diálogo gráfica de pastel —rótulos en Minitab.

Diagrama de Pareto

Para generar el diagrama de Pareto de la figura 2.6 en la página 27, abra la hoja de trabajo KEYBOARD.MTW. Este conjunto de datos contiene las causas de los defectos en la columna C1 y la frecuencia de los defectos en la columna C2. Seleccione **Stat ➜ Quality Tools ➜ Pareto Chart** (Stat ➜ Herramientas de Calidad ➜ Diagrama de Pareto). En la ventana de diálogo del diagrama de Pareto (vea la figura A2.8).

Paso 1: Seleccione la opción **Chart defects table** (Tabla de defectos de gráfica).

Paso 2: En el cuadro de edición Labels in, ingrese **C1** o **Cause** (Causa).

Paso 3: En el cuadro de edición Frequencies in, ingrese **C2** o **Frequency** (Frecuencia).

Paso 4: En la ventana Combine defects after the first (Combinar defectos después de), ingrese **99.9**.

Paso 5: Dé clic en el botón **OK**.

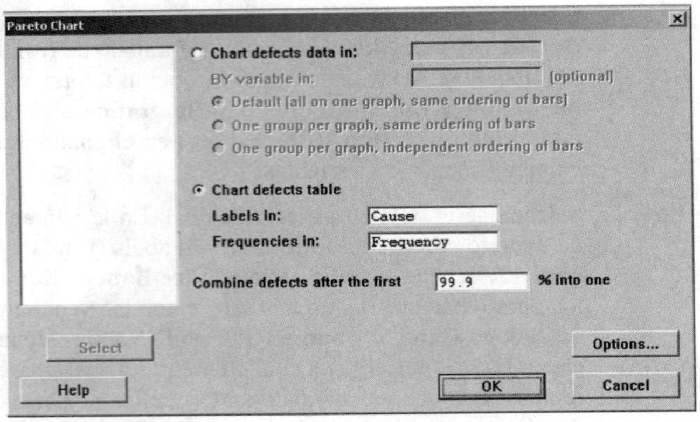

FIGURA A2.8 Ventana de diálogo para el diagrama de Pareto en Minitab.

Si la variable de interés estaba localizada en una única columna y está en forma bruta con cada fila indicando un tipo de error, deberá seleccionar la opción Chart defects data in (Datos de defectos de gráfica en), e ingresar el número de columna apropiado o el nombre de la variable en la ventana correspondiente.

Diagrama de tallo y hojas

Para generar un diagrama de tallo y hojas del rendimiento en 2003 de todos los fondos de inversión, abra la hoja de trabajo MUTUALFUNDS2004.MTW. Seleccione **Graph → Stem-and-Leaf** (Gráfica → Tallo y hojas). En la ventana de diálogo Stem-and-Leaf (vea la figura A2.9), ingrese **C7** o **'Return 2003'** en el cuadro de edición Graph Variables. Dé clic en el botón **OK**.

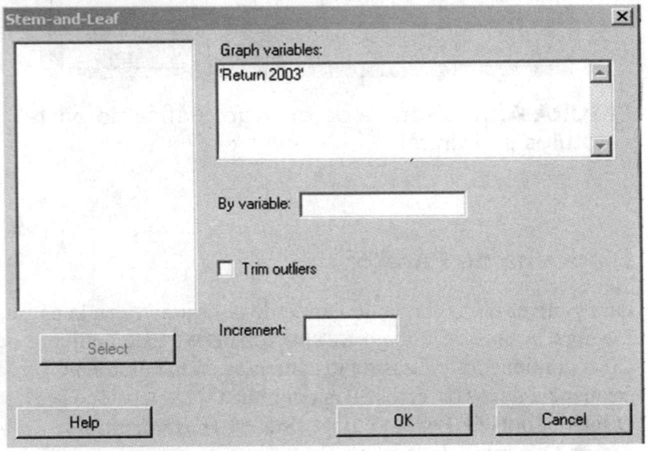

FIGURA A2.9 Ventana de diálogo para diagrama de tallo y hojas en Minitab.

Histograma

Para generar el histograma de los rendimientos en 2003 de todos los fondos de inversión, abra la hoja de trabajo MUTUALFUNDS2004.MTW. Seleccione **Graph → Histogram** (Gráfica → Histograma).

Paso 1: En la ventana de diálogo de Histograms (vea la figura A2.10) seleccione **Simple**. Dé clic en el botón **OK**.

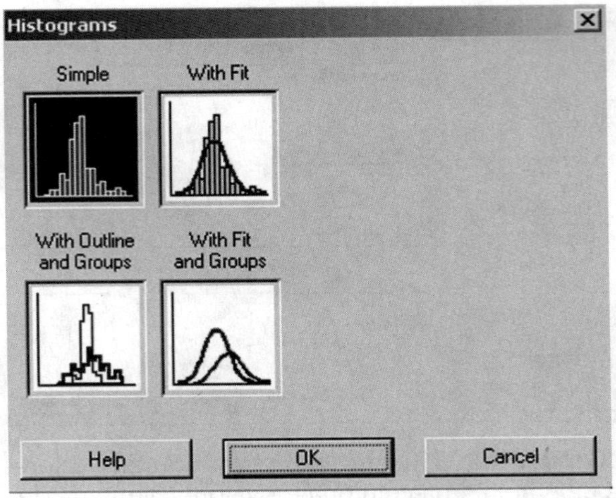

FIGURA A2.10 Ventana de diálogo para histogramas en Minitab.

Paso 2: En la ventana de diálogo Histogram-Simple (vea la figura A2.11), ingrese **C7** o **Return 2003** en el cuadro de edición Graph Variables. Dé clic en el botón **OK**.

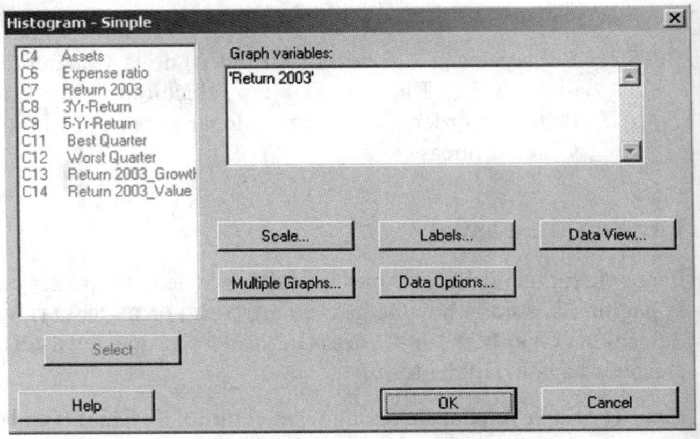

FIGURA A2.11 Ventana de diálogo histograma-simple de Minitab.

Para seleccionar los colores para las barras y los bordes en los histogramas,

Paso 1: Dé un clic derecho en cualquiera de las barras del histograma.

Paso 2: Seleccione **Edit bars**.

Paso 3: En la pestaña de Attributes de la ventana de diálogo de Edit Bars, ingrese las selecciones para llenar patrones, bordes y rellenar filas.

Paso 4: Para definir sus propios agrupamientos de clase, seleccione la pestaña **Binning**. Seleccione la opción **Midpoint** (Punto medio) para especificar los puntos medios o la opción **Cutpoints** (Puntos límite) para especificar los límites de clase. Seleccione la opción **Midpoint/Cutpoint positions**. Ingrese el conjunto de valores en el cuadro de edición.

Si desea crear histogramas separados para los fondos de crecimiento y de valor similares a los de la figura 2.9, en la página 38, primero debe reclasificar los datos (vea la página 66) y crear variables separadas para el rendimiento en el año 2003 de los fondos de crecimiento y de valor. Entonces podrá crear histogramas separados para cada uno de los dos grupos.

Tabla de contingencia

Para generar tablas de contingencia similares a las tablas 2.14 a 2.17 de la página 44, abra la hoja de trabajo MUTUALFUNDS 2004.MTW. Seleccione **Stat ➔ Tables ➔ Cross Tabulation** (Tablas de contingencia) y **Chi-Square** (Chi-cuadrada).

Paso 1: En la ventana de diálogo Cross Tabulation y Chi-Square (vea la figura A2.12), ingrese **C3** u **Objective** en la ventana de editar For rows (para las filas). Ingrese **C10** o **Risk** en el cuadro de edición For columns (para las columnas).

Paso 2: Seleccione los cuadros de exploración de **Counts**, **Row percents**, **Column percents** y **Total percents**. Dé clic en el botón **OK**.

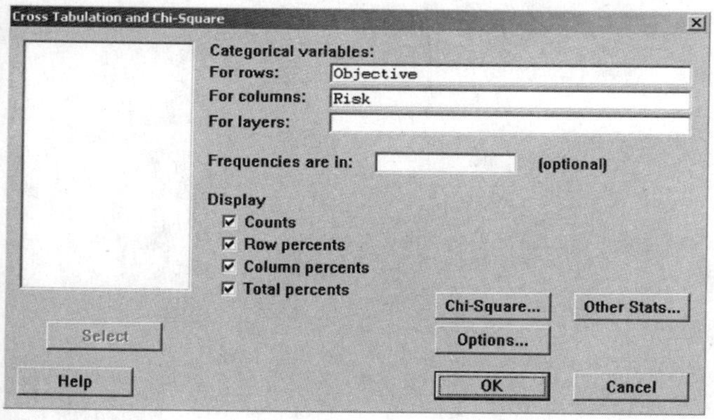

FIGURA A2.12 Ventana de diálogo Minitab de tablas de contingencia y chi-cuadrada.

Gráfica de barras agrupadas

Para generar una gráfica de barras agrupadas similar a la de la figura 2.14 en la página 45, abra la hoja de trabajo MUTUALFUNDS2004.MTW. Seleccione **Graph ➔ Bar Chart**.

Paso 1: En la ventana de diálogo de Bar Charts (vea la figura A2.4 en la página 66), en Bars represent, despliegue la lista hacia abajo, seleccione **Counts of unique values** puesto que está usando valores brutos. Seleccione la gráfica **Cluster** (Agrupada). Dé clic en el botón **OK**.

Paso 2: En la ventana con el título Bar chart-Counts of unique values, Cluster (vea la figura A2.13), ingrese **C3** u **Objective** y **C10** o **Risk** en el cuadro de edición Categorical variables. Dé clic en el botón **OK**.

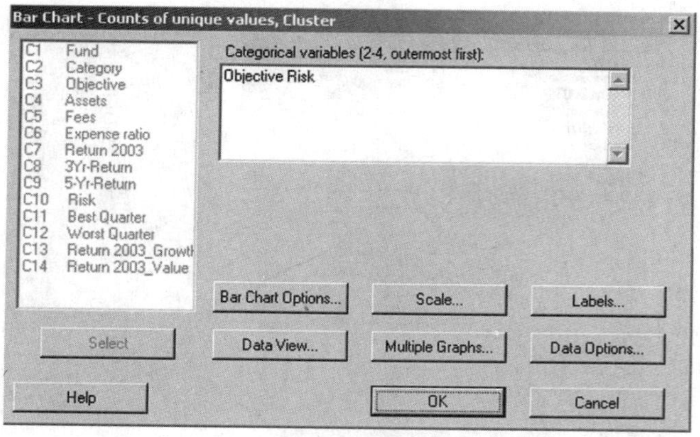

FIGURA A2.13 Ventana de diálogo para gráficas de barra Minitab: conteo de valores únicos, agrupar.

Diagrama de dispersión y diagrama de series de tiempo

Para generar un diagrama de dispersión de la proporción de gasto del rendimiento en 2003 de los fondos de inversión (vea la figura 2.15 en la página 47), abra la hoja de trabajo MUTUALFUNDS2004.MTW. Seleccione **Graph ➔ Scatterplot** (Diagrama de dispersión).

Paso 1: En la ventana de diálogo Scatterplots (vea la figura A2.14), seleccione **Simple**. Dé clic en el botón **OK**.

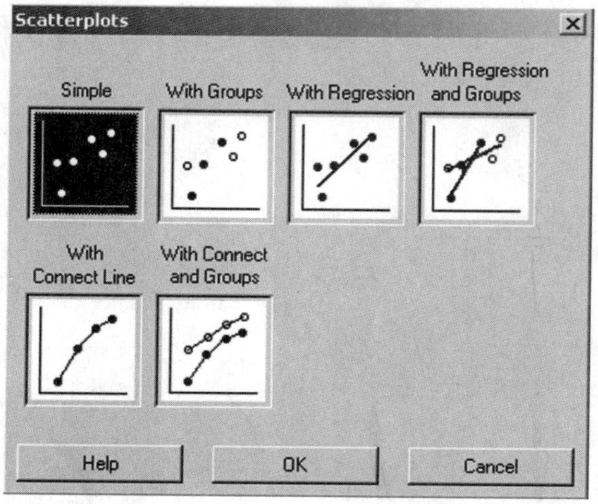

FIGURA A2.14 Ventana de diálogo para diagramas de dispersión en Minitab.

Paso 2: En la ventana de diálogo con el título Scatterplot-Simple (vea la figura A2.15), ingrese **C7** o **'Return 2003'** en el cuadro de edición de las variables Y en la fila 1. Ingrese **C6** o **'Expense ratio'** (Proporción de gastos) en el cuadro de edición de las variables X en la fila 1. Dé clic en el botón **OK**.

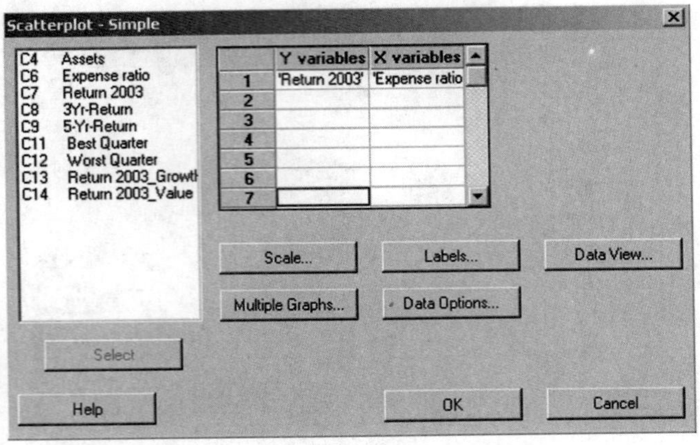

FIGURA A2.15 Ventana de diálogo diagrama de dispersión-simple de Minitab.

Para crear un diagrama de series de tiempo, utilice el eje *X* para el tiempo y el eje *Y* para la variable de interés.

CAPÍTULO 3

Medidas numéricas descriptivas

USO DE LA ESTADÍSTICA: Evaluación de los rendimientos de los fondos de inversión

OBJETIVOS DE APRENDIZAJE

En este capítulo, aprenderá:

- A describir las propiedades de tendencia central, variación y forma de los datos numéricos
- A calcular las medidas descriptivas de una población
- A construir e interpretar una gráfica de caja y bigote
- A describir la covarianza y el coeficiente de correlación

USO DE LA ESTADÍSTICA

Evaluación de los rendimientos de los fondos de inversión

Retomemos el estudio de los fondos de inversión presentado en el capítulo 2. Usted debe decidir en qué clases de fondos invertir. En el capítulo anterior se estudió cómo *presentar* datos en tablas y gráficas. Sin embargo, al ocuparse de datos numéricos como el rendimiento de las inversiones en los fondos de inversión durante 2003, también necesita resumir los datos y plantear preguntas estadísticas. ¿Cuál es la tendencia central del rendimiento de los diversos fondos? Por ejemplo, ¿cuál fue el rendimiento promedio de los fondos de inversión con riesgo bajo, medio y alto durante 2003? ¿Qué tanta variabilidad hay en los rendimientos? ¿El rendimiento de los fondos de alto riesgo varía más que el correspondiente a los de riesgo promedio o bajo? ¿Cómo puede utilizar esta información al decidir en cuáles fondos invertir?

Para las variables numéricas, usted necesita más que la simple imagen visual de una variable obtenida a partir de las gráficas analizadas en el capítulo 2. Por ejemplo, a usted le gustaría determinar no sólo si durante 2003 los fondos más riesgosos tuvieron un rendimiento superior, sino también si tuvieron más variación y cómo se distribuyeron en cada grupo de riesgo. También desea examinar si existe alguna relación entre el coeficiente de gastos y los rendimientos de 2003. La lectura de este capítulo le permitirá aprender sobre algunos métodos de medición:

- **Tendencia central**, es la medida que describe cómo todos los valores de los datos se agrupan en torno a un valor central.
- **Variación**, es la cantidad de disgregación o dispersión de los valores con respecto a un valor central.
- **Forma**, es el patrón de distribución de los valores desde el menor hasta el mayor.

También aprenderá sobre la covarianza y el coeficiente de correlación, que ayudan a medir la fuerza de asociación entre dos variables numéricas.

3.1 MEDIDAS DE TENDENCIA CENTRAL, VARIACIÓN Y FORMA

Es posible caracterizar cualquier conjunto de datos numéricos por la medición de su tendencia central, variación y forma. La mayoría de los conjuntos de datos presentan una tendencia central a agruparse en torno a un valor central. Cuando la gente habla de un "promedio", o "valor medio", o del valor más común o frecuente, se refiere de manera informal a la media, la mediana y la moda, tres medidas de tendencia central.

La variación mide la **distribución** o **dispersión** de valores que conforman el conjunto de datos. Una medida simple de la variación es el rango, que es la diferencia entre los valores máximo y mínimo. En la estadística, son de uso más común la desviación estándar y la varianza, dos medidas que se explican más adelante en esta sección. La forma de un conjunto de datos representa un patrón para todos los valores, desde el mínimo hasta el máximo. Como se observará más adelante en esta sección, muchos conjuntos de datos tienen un patrón semejante a una campana, cuya cima de valores está en alguna parte del centro.

La media

La **media aritmética** (por lo general llamada la **media**) es la medida más común de la tendencia central. La media es la medida más común en la que todos los valores desempeñan el mismo papel. La media sirve como "punto de equilibrio" del conjunto de datos (como el punto de apoyo de un balancín). La media se calcula sumando todos los valores del conjunto de datos y dividiendo el resultado por el *número* de valores considerados.

Para representar a la media de una muestra, utilice el símbolo $\bar{X}$, llamado *X testada*. Si se considera una muestra que contiene *n* valores, la ecuación de su media se escribe como:

$$\bar{X} = \frac{\text{suma de los valores}}{\text{número de valores}}$$

Al utilizar la serie $X_1, X_2, \ldots, X_n$ para representar al conjunto de *n* valores y *n* para representar al número de valores, la ecuación se convierte en:

$$\bar{X} = \frac{X_1 + X_2 + \cdots + X_n}{n}$$

Al utilizar la notación de sumatoria (que se explica en el apéndice B), reemplace el numerador $X_x + X_2 + \cdots + X_n$ por el término $\sum_{i=1}^{n} X_i$, que significa la suma de todos los valores X_i desde el primer valor de *X*, que es X_1, hasta el último valor de *X*, que es X_n, para formar la ecuación (3.1), una definición formal de la media de una muestra.

MEDIA DE UNA MUESTRA

La **media de una muestra** es la suma de los valores dividida por el número de valores.

$$\bar{X} = \frac{\sum_{i=1}^{n} X_i}{n} \tag{3.1}$$

donde

$\bar{X}$ = media de la muestra

n = número de valores o tamaño de la muestra

X_i = *i*-ésimo valor de la variable *X*

$\sum_{i=1}^{n} X_i$ = sumatoria de todos los valores X_i de la muestra

Como todos los valores desempeñan un papel semejante, una media se verá muy afectada por cualquier valor que difiera mucho de los demás en el conjunto de datos. Cuando tenga tales valores extremos, debe evitar el uso de la media.

La media sugiere cuál es un valor "típico" o central del conjunto de datos. Por ejemplo, si usted conoce el tiempo que le lleva arreglarse por las mañanas, podrá planear mejor su inicio del día y reducir al mínimo cualquier retraso (o adelanto) para llegar a su destino. Suponga que define en minutos (redondeando al minuto más cercano) el tiempo que le lleva arreglarse, desde que se levanta hasta que sale de casa. A lo largo de 10 días hábiles consecutivos, usted recaba los tiempos que se muestran a continuación: **TIMES**

Día:	1	2	3	4	5	6	7	8	9	10
Tiempo (minutos):	39	29	43	52	39	44	40	31	44	35

El tiempo medio es 39.6 minutos, que se calculó como sigue:

$$\overline{X} = \frac{\text{suma de los valores}}{\text{número de valores}}$$

$$\overline{X} = \frac{\sum_{i=1}^{n} X_i}{n}$$

$$\overline{X} = \frac{39 + 29 + 43 + 52 + 39 + 44 + 40 + 31 + 44 + 35}{10}$$

$$\overline{X} = \frac{396}{10} = 39.6$$

A pesar de que ni un solo día de la muestra tuvo en realidad el valor de 39.6 minutos, asignar 40 minutos a su arreglo personal sería un buen criterio para planear su inicio del día, pero sólo porque esos 10 días no contienen ningún valor extremo.

Compare lo anterior con el caso en que el valor del cuatro día fue de 102 minutos en lugar de 52. Este valor extremo provocaría que la media aumentara a 44.6 minutos, como se observa a continuación:

$$\overline{X} = \frac{\text{suma de los valores}}{\text{número de valores}}$$

$$\overline{X} = \frac{\sum_{i=1}^{n} X_i}{n}$$

$$\overline{X} = \frac{446}{10} = 44.6$$

Un valor extremo elevó la media en más del 10%, de 39.6 a 44.6 minutos. En contraste con la media original, que estaba "en medio", mayor que cinco de los tiempos (y menor que los otros cinco), la nueva media es mayor que 9 de los 10 tiempos de arreglo. El valor extremo provocó que la media sea una mala medida de tendencia central.

EJEMPLO 3.1

EL RENDIMIENTO MEDIO EN 2003 DE LOS FONDOS DE INVERSIÓN PARA PEQUEÑOS CAPITALES

Los 121 fondos de inversión que forman parte del escenario "Uso de la estadística" (vea la página 72), se clasifican de acuerdo con el nivel de riesgo (bajo, medio y alto) y el tamaño del capital invertido (pequeño, mediano y gran capital). Calcule el rendimiento medio en 2003 de los fondos de inversión de alto riesgo para capitales reducidos.

SOLUCIÓN

El rendimiento medio en 2003 de los fondos de inversión para capitales reducidos (**MUTUALFUNDS2004**) es 51.53 calculados de la siguiente manera:

$$\overline{X} = \frac{\text{suma de los valores}}{\text{número de valores}}$$

$$= \frac{\sum_{i=1}^{n} X_i}{n}$$

$$= \frac{463.8}{9} = 51.53$$

El arreglo ordenado de los nueve fondos de inversión de alto riesgo para pequeños capitales es:

37.3 39.2 44.2 44.5 53.8 56.6 59.3 62.4 66.5

Cuatro de estos rendimientos están por debajo de la media de 51.53, y cinco están por encima de ella.

La mediana

La **mediana** es el valor que divide en dos partes iguales a un conjunto de datos ya ordenado. La mediana no se ve afectada por los valores extremos, de manera que puede utilizarse cuando están presentes.

La mediana es el valor medio de un conjunto de datos ordenado de menor a mayor.

Para calcular la mediana del conjunto de datos, primero ordene los valores de menor a mayor. Utilice la ecuación (3.2) para calcular la clasificación del valor que corresponde a la mediana.

MEDIANA

El 50% de los valores son menores que la mediana y el otro 50% son mayores.

$$\text{Mediana} = \frac{n+1}{2} \text{ valor clasificado} \quad \textbf{(3.2)}$$

Calcule el valor de la mediana siguiendo una de las dos reglas siguientes:

- ***Regla 1*** Si en el conjunto de datos hay un número *impar* de valores, la mediana es el valor colocado en medio.
- ***Regla 2*** Si en el conjunto de datos hay un número *par* de valores, entonces la mediana es el *promedio* de los dos valores colocados en medio.

Para calcular la mediana de la muestra de los 10 tiempos para arreglarse en las mañanas, los tiempos diarios se ordenan de la siguiente manera:

Valores ordenados:	29	31	35	39	39	40	43	44	44	52
Clasificación:	1	2	3	4	5	6	7	8	9	10

↑

Mediana = 39.5

Puesto que para esta muestra de 10 elementos el resultado de dividir $n + 1$ por 2 es $(10 + 1)/2 = 5.5$, debe utilizarse la regla 2 y promediar los valores clasificados quinto y sexto, 39 y 40. Por lo tanto, la mediana es 39.5. Una mediana de 39.5 significa que la mitad de los días, el tiempo necesario para arreglarse es menor o igual que 39.5 minutos, y la otra mitad de los días es mayor o igual que 39.5 minutos. Esta mediana de 39.5 minutos es muy cercana a la media del tiempo para arreglarse de 39.6 minutos.

EJEMPLO 3.2

CÁLCULO DE LA MEDIANA DE UNA MUESTRA CON UN NÚMERO IMPAR DE ELEMENTOS

Los 121 fondos de inversión que forman parte del escenario "Uso de la estadística" (vea la página 72), se clasifican de acuerdo con el nivel de riesgo (bajo, medio y alto) y con el tamaño del capital invertido (pequeño, mediano y gran capital). Calcule la mediana del rendimiento en 2003 de los nueve fondos de inversión de alto riesgo para pequeños capitales. **MUTUALFUNDS2004**

SOLUCIÓN

Puesto que para esta muestra de nueve elementos el resultado de dividir $n + 1$ por 2 es $(9 + 1)/2 = 5$, al utilizar la regla 1, la mediana es el valor clasificado como quinto. Ordene el porcentaje del rendimiento en 2003 de los nueve fondos de inversión de alto riesgo para pequeños capitales de menor a mayor:

Valores ordenados:

37.3 39.2 44.2 44.5 53.8 56.6 59.3 62.4 66.5

Clasificación:

1 2 3 4 5 6 7 8 9

↑
Mediana

La mediana del rendimiento es 53.8. La mitad de estos fondos de inversión tienen rendimientos iguales o menores que 53.8 y la otra mitad tiene rendimientos iguales o superiores.

La moda

La **moda** es el valor del conjunto de datos que aparece con mayor frecuencia. Al igual que en la mediana y a diferencia de la media, los valores extremos no afectan a la moda. Usted sólo debe utilizar la media con propósitos descriptivos, ya que varía más de una muestra a otra que la media o la mediana. Con frecuencia, en un conjunto de datos no existe moda, o bien, hay varias modas. Por ejemplo, considere los datos de tiempo para arreglarse que se muestran a continuación.

29 31 35 39 39 40 43 44 44 52

Existen dos modas, 39 y 44 minutos, ya que cada uno de estos valores aparece dos veces.

EJEMPLO 3.3 CÁLCULO DE LA MODA

El gerente de sistemas encargado de la red de una empresa lleva un registro del número de fallas del servidor que se presentan por día. Calcule la moda de los siguientes datos, que representan el número de fallas diarias del servidor durante las últimas dos semanas.

1 3 0 3 26 2 7 4 0 2 3 3 6 3

SOLUCIÓN
El arreglo ordenado de estos datos es:

0 0 1 2 2 3 3 3 3 3 4 6 7 26

Como el 3 aparece cinco veces, más que ningún otro valor, la moda es 3. De esta forma, el gerente de sistemas se dará cuenta de que la situación más común es la presencia de tres fallas del servidor al día. Para este conjunto de datos, la mediana también es igual a 3, mientras que la media es de 4.5. El valor extremo de 26 es atípico. Con estos datos, la mediana y la moda miden la tendencia central mejor que la moda.

Un conjunto de datos no tiene moda cuando ninguno de los valores es "más frecuente". En el ejemplo 3.4 aparece un conjunto de datos sin moda.

EJEMPLO 3.4 DATOS SIN MODA

Calcule la moda del rendimiento medio en 2003 de los fondos de inversión de alto riesgo para pequeños capitales. **MUTUALFUNDS2004**

SOLUCIÓN
El arreglo ordenado para estos datos es:

37.3 39.2 44.2 44.5 53.8 56.6 59.3 62.4 66.5

Estos datos no tienen moda. Ninguno de sus valores aparece con mayor frecuencia; cada uno aparece sólo una vez.

Cuartiles

Los **cuartiles** dividen a un conjunto de datos en cuatro partes iguales: el **primer cuartil Q_1** separa al 25.0%, que abarca a los valores más pequeños, del 75.0% restante, constituido por los que son mayores. El **segundo cuartil Q_2** es la mediana: 50.0% de sus valores son menores que la mediana y 50.0% son mayores. El **tercer cuartil Q_3** separa al 25.0%, que abarca a los valores más grandes, del 75.0% restante constituido por los que son menores. Las ecuaciones (3.3) y (3.4) definen a los cuartiles primero y tercero.[1]

*[1]El Q_1, la mediana y el Q_3 también son el 25, 50 y 75° percentil, respectivamente. Por lo general, las ecuaciones (3.2), (3.3) y (3.4) se expresan en términos de cálculo de percentiles: percentil (p * 100)° = valor clasificado p * (n + 1).*

PRIMER CUARTIL Q_1

El 25.0% de los valores son menores que el primer cuartil Q_1, y el 75.0% son mayores que el primer cuartil Q_1.

$$Q_1 = \frac{n+1}{4} \text{ valor clasificado} \qquad \textbf{(3.3)}$$

TERCER CUARTIL Q_3

El 75.0% de los valores son menores que el tercer cuartil Q_3, y el 25.0% son mayores que el tercer cuartil Q_3.

$$Q_3 = \frac{3(n+1)}{4} \text{ valor clasificado} \qquad \textbf{(3.4)}$$

Para calcular los cuartiles, se utilizan las siguientes reglas:

- ***Regla 1*** Si el resultado es un número entero, entonces el cuartil es igual al valor clasificado. Por ejemplo, si el tamaño de la muestra es $n = 7$, el primer cuartil Q_1 es igual a $(7 + 1)/4$ = segundo valor clasificado.
- ***Regla 2*** Si el resultado es una fracción de mitad (2.5, 4.5, etcétera), entonces el cuartil es igual al promedio de los valores clasificados correspondientes. Por ejemplo, si el tamaño de la muestra es $n = 9$, el primer cuartil Q_1 es igual al valor clasificado como $(9 + 1)/4 = 2.5$, la mitad entre los valores clasificados como segundo y tercero.
- ***Regla 3*** Si el resultado no es un número entero ni una fracción de mitad, se redondea al entero más cercano y se selecciona ese valor clasificado. Por ejemplo, si el tamaño de la muestra es $n = 10$, el primer cuartil Q_1 es igual a $(10 + 1)/4$ = valor clasificado como 2.75. Se redondea el 2.75 a 3 y se utiliza en valor clasificado como tercero.

Con el fin de ilustrar el cálculo de los cuartiles para los datos referentes a los tiempos para arreglarse, se ordenan de menor a mayor.

Valores ordenados:

29 31 35 39 39 40 43 44 44 52

Clasificación:

1 2 3 4 5 6 7 8 9 10

El primer cuartil es el valor clasificado como $(n + 1)/4 = (10 + 1)/4 = 2.75$. Al emplear la tercera regla de los cuartiles, redondeamos al tercer valor clasificado. Para los datos sobre el tiempo necesario para arreglarse, el valor clasificado como tercero es 35 minutos. Interprete el primer cuartil de 35 como que el 25% de los días el tiempo necesario para arreglarse es menor o igual a 35 minutos, y que el 75% de los días ese tiempo es mayor o igual a 35 minutos.

El tercer cuartil es el valor clasificado como $3(n + 1)/4 = 3(10 + 1)/4 = 8.25$. Empleando la tercera regla de los cuartiles, redondeamos al valor clasificado como octavo. El valor clasificado como octavo en los datos del tiempo necesario para arreglarse es de 44 minutos. Interprete esto como que el 75% de los días, el tiempo necesario para arreglarse es menor o igual que 44 minutos, y que el 25% de los días ese tiempo es mayor o igual que 44 minutos.

EJEMPLO 3.5 CÁLCULO DE LOS CUARTILES

Los 121 fondos de inversión que forman parte del escenario "Uso de la estadística" (vea la página 72), se clasifican de acuerdo con el nivel de riesgo (bajo, medio y alto) y el tamaño de capital invertido (pequeño, mediano y gran capital). Calcule el primer cuartil (Q_1) y el tercer cuartil (Q_3) del rendimiento en 2003 de los fondos de inversión de alto riesgo para pequeños capitales. **MUTUALFUNDS2004**

SOLUCIÓN

Ordenados de menor a mayor, los porcentajes de rendimiento de los nueve fondos de inversión de alto riesgo para pequeños capitales durante 2003 son:

Valor clasificado:	37.3	39.2	44.2	44.5	53.8	56.6	59.3	62.4	66.5
Clasificación:	1	2	3	4	5	6	7	8	9

Para estos datos:

$$Q_1 = \frac{(n+1)}{4} \text{ valor clasificado}$$

$$= \frac{9+1}{4} = 2.5 \text{ valor clasificado}$$

Por lo tanto, al utilizar la segunda regla, resulta que Q_1 es el valor clasificado como 2.5, que está justo a la mitad entre los valores clasificados como segundo y tercero. Como el valor clasificado como segundo es 39.2 y el tercero es 44.2, el primer cuartil Q_1 es el que está justo en medio de 39.2 y 44.2. De esta forma,

$$Q_1 = \frac{39.2 + 44.2}{2} = 41.7$$

Para encontrar el tercer cuartil Q_3:

$$Q_3 = \frac{3(n+1)}{4} \text{ valor clasificado}$$

$$= \frac{3(9+1)}{4} = 7.5 \text{ valor clasificado}$$

Así, al utilizar la segunda regla, Q_3 es el valor clasificado entre los valores séptimo y octavo. Como el valor clasificado como séptimo es 59.3 y el octavo es 62.4, el tercer cuartil Q_3 es el que está justo en medio de 59.3 y 62.4. De esta forma,

$$Q_3 = \frac{59.3 + 62.4}{2} = 60.85$$

Un primer cuartil de 41.7 señala que el 25% de los rendimientos obtenidos durante 2003 por los fondos de alto riesgo para pequeños capitales fueron menores o iguales que 41.7, mientras que el 75% de ellos fueron mayores o iguales que 41.7. El tercer cuartil de 60.85 indica que el 75% de los rendimientos obtenidos durante el mismo año por los fondos de alto riesgo para pequeños capitales fueron menores o iguales que 60.85 y que el 25% fueron mayores o iguales que 60.85.

La media geométrica

La media geométrica y la razón geométrica de rendimiento miden el estado de una inversión en el tiempo. La **media geométrica** mide la razón de cambio de una variable en el tiempo. La ecuación 3.5 define a la media geométrica.

> MEDIA GEOMÉTRICA
>
> La media geométrica es la raíz n-ésima del producto de n valores
>
> $$\bar{X}_G = (X_1 \times X_2 \times \cdots \times X_n)^{1/n} \qquad \textbf{(3.5)}$$

La ecuación 3.6 define a la media geométrica de la tasa de rendimiento.

> MEDIA GEOMÉTRICA DE LA TASA DE RENDIMIENTO
>
> $$\bar{R}_G = [(1+R_1)\times(1+R_2)\times\cdots\times(1+R_n)]^{1/n} - 1 \qquad \textbf{(3.6)}$$
>
> donde R_i es la tasa de rendimiento durante el periodo i

Para ilustrar el uso de estas medidas, considere una inversión de $100,000 que se reduce hasta tener un valor de $50,000 al final del año 1 y luego recupera su valor original de $100,000 al finalizar el año 2. La tasa de rendimiento de esta inversión en el periodo de dos años es 0, porque los valores inicial y final permanecen sin cambio. Sin embargo, la media aritmética de las tasas de rendimiento anuales de esta inversión es

$$\bar{X} = \frac{(-0.50)+(1.00)}{2} = 0.25 \text{ o } 25\%$$

ya que la tasa de rendimiento del año 1 es

$$R_1 = \left(\frac{50,000 - 100,000}{100,000}\right) = -0.50 \text{ o } -50\%$$

y la tasa de rendimiento del año 2 es

$$R_2 = \left(\frac{100,000 - 50,000}{50,000}\right) = 1.00 \text{ o } 100\%$$

Al utilizar la ecuación (3.6), se sabe que la media geométrica de la tasa de rendimiento para los dos años es

$$\begin{aligned}\bar{R}_G &= [(1+R_1)\times(1+R_2)]^{1/n} - 1\\ &= [(1+(-0.50))\times(1+(1.0))]^{1/2} - 1\\ &= [(0.50)\times(2.0)]^{1/2} - 1\\ &= [1.0]^{1/2} - 1\\ &= 1 - 1 = 0\end{aligned}$$

Por lo tanto, la media geométrica de la tasa de rendimiento refleja con mayor exactitud el cambio (cero) del valor de la inversión durante el periodo de dos años de la media aritmética.

EJEMPLO 3.6

CALCULE LA MEDIA GEOMÉTRICA DE LA TASA DE RENDIMIENTO

El porcentaje de cambio del índice compuesto NASDAQ fue del –31.53% en 2002 y del +50.01% en 2003. Calcule la tasa geométrica de rendimiento.

SOLUCIÓN

Al utilizar la ecuación (3.6), se sabe que la media geométrica de la tasa de rendimiento del índice NASDAQ para los dos años es

$$\begin{aligned}\overline{R}_G &= [(1 + R_1) \times (1 + R_2)]^{1/n} - 1\\ &= [(1 + (-0.3153)) \times (1 + (0.5001))]^{1/2} - 1\\ &= [(0.6847) \times (1.5001)]^{1/2} - 1\\ &= [1.0271]^{1/2} - 1\\ &= 1.0135 - 1 = 0.0135\end{aligned}$$

La media geométrica de la tasa de rendimiento del índice NASDAQ para los dos años es del 1.35%.

Rango

El **rango** es la medida numérica descriptiva más sencilla de la variación en un conjunto de datos.

RANGO

El rango es igual al valor mayor menos el valor menor.

$$\text{Rango} = X_{\text{mayor}} - X_{\text{menor}} \qquad \textbf{(3.7)}$$

Para determinar el rango de los tiempos necesarios para arreglarse, los datos se ordenan de menor a mayor:

29 31 35 39 39 40 43 44 44 52

Al emplear la ecuación (3.7), se sabe que el rango es de 52 – 29 = 23 minutos. Un rango de 23 minutos señala que la mayor diferencia del tiempo necesario para arreglarse por la mañana entre dos días cualesquiera es de 23 minutos.

EJEMPLO 3.7

CALCULE EL RANGO DEL RENDIMIENTO EN 2003 DE LOS FONDOS DE INVERSIÓN DE ALTO RIESGO PARA PEQUEÑOS CAPITALES

Los 121 fondos de inversión que forman parte del escenario "Uso de la estadística" (vea la página 72), se clasifican de acuerdo con el nivel de riesgo (bajo, medio y alto) y el tamaño del capital invertido (pequeño, mediano y gran capital). Calcule el rango del rendimiento en 2003 de los nueve fondos de inversión de alto riesgo para pequeños capitales. **MUTUALFUNDS2004**

SOLUCIÓN

Ordenados de menor a mayor, los rendimientos en 2003 de los nueve fondos de inversión de alto riesgo para pequeños capitales son:

37.3 39.2 44.2 44.5 53.8 56.6 59.3 62.4 66.5

Por lo tanto, al utilizar la ecuación 3.7, se sabe que el rango = 66.5 – 37.3 = 29.2.

La mayor diferencia entre dos rendimientos cualesquiera de los fondos de inversión de alto riesgo para pequeños capitales es de 29.2.

El rango mide la *distribución total* del conjunto de datos. Aunque el rango es una medida simple de la variación total de los datos, no toma en cuenta *cómo* se distribuyen los datos entre los valores menor y mayor. En otras palabras, el rango no indica si los valores están distribuidos de manera uniforme a todo lo largo del conjunto de datos, agrupados cerca de la parte media, o agrupados cerca de uno o ambos extremos. De esta manera, resulta engañoso utilizar el rango como medida de la variación cuando al menos uno de los valores es extremo.

Rango intercuartil

El **rango intercuartil** (también llamado **dispersión media**) es la diferencia entre el *tercer* y *primer cuartil* de un conjunto de datos.

RANGO INTERCUARTIL

El rango intercuartil es la diferencia entre los cuartiles tercero y primero.

$$\text{Rango intercuartil} = Q_3 - Q_1 \qquad \textbf{(3.8)}$$

El rango intercuartil mide la dispersión en la mitad (parte central) de los datos, así que no se ve influido por los valores extremos. Para determinar el rango intercuartil de los tiempos necesarios para arreglarse

29 31 35 39 39 40 43 44 44 52

utilice la ecuación (3.8) y los resultados obtenidos en la página 77, $Q_1 = 35$ y $Q_3 = 44$.

$$\text{Rango intercuartil} = 44 - 35 = 9 \text{ minutos}$$

Por lo tanto, el rango intercuartil del tiempo necesario para arreglarse es de 9 minutos. Por lo general, al intervalo de 35 a 44 se le denomina *la mitad media*.

EJEMPLO 3.8

CALCULE EL RANGO INTERCUARTIL DEL RENDIMIENTO EN 2003 DE LOS FONDOS DE INVERSIÓN DE ALTO RIESGO PARA PEQUEÑOS CAPITALES

Los 121 fondos de inversión que forman parte del escenario "Uso de la estadística" (vea la página 72), se clasifican de acuerdo con el nivel de riesgo (bajo, medio y alto) y el tamaño del capital invertido (pequeño, mediano y gran capital). Calcule el rango intercuartil del rendimiento en 2003 de los fondos de inversión de alto riesgo para pequeños capitales. **MUTUALFUNDS2004**

SOLUCIÓN

Ordenados de menor a mayor, los rendimientos de los nueve fondos de inversión de alto riesgo para pequeños capitales durante 2003 son:

37.3 39.2 44.2 44.5 53.8 56.6 59.3 62.4 66.5

Utilice la ecuación 3.8 y los resultados obtenidos en la página 78, $Q_1 = 41.7$ y $Q_3 = 60.85$.

$$\text{Rango intercuartil} = 60.85 - 41.7 = 19.15$$

Así, el rango intercuartil de los rendimientos en 2003 es de 19.15.

Como el rango intercuartil no toma en cuenta ningún valor menor que Q_1 ni mayor que Q_3, no se ve afectado por los valores extremos. Las medidas de resumen como la mediana, Q_1, Q_3, y el rango intercuartil, que no reciben la influencia de valores extremos, se denominan medidas resistentes.

La varianza y la desviación estándar

A pesar de que el rango y el rango intercuartil son medidas de la variación, no contemplan *cómo* se distribuyen o se agrupan los valores que están entre los extremos. La **varianza** y la **desviación estándar** son dos medidas de la variación muy utilizadas para tomar en cuenta cómo se distribuyen los datos. Estos estadísticos miden la dispersión "promedio" alrededor de la media, es decir, qué tanto varían los valores más grandes que están por encima de ella y cómo se distribuyen los valores menores que están por debajo de ella.

Una medida simple de la variación alrededor de la media consideraría la diferencia entre cada uno de los valores y la media, y luego las sumaría. Sin embargo, si usted hiciera eso, podría descubrir que la media es el punto de equilibrio de un conjunto de datos y que tales diferencias sumarían cero en *todo* conjunto de datos. Una medida de la variación que sería distinta de un conjunto de datos a otro consistiría en *elevar al cuadrado* la diferencia entre cada uno de los valores y la media, y después sumarlas. En estadística, esta cantidad se denomina **suma de cuadrados** (o **SS**). Esta suma luego se divide entre el número de valores menos 1 (para datos de la muestra), con el fin de obtener una varianza de la muestra (S^2). La raíz cuadrada de la varianza de la muestra es la desviación estándar de la muestra (S).

Puesto que la suma de cuadrados es una suma de diferencias elevadas al cuadrado que, por las reglas aritméticas siempre será no negativa, *ni la varianza ni la desviación estándar podrán ser negativas*. En casi todos los conjuntos de datos, la varianza y la desviación estándar tendrán un valor positivo, aunque si no existe variación en todo el conjunto de datos y todos los valores de la muestra son los mismos, ambos estadísticos serán igual a cero.

En una muestra que contiene n valores, $X_1, X_2, X_3, \ldots, X_n$, la varianza de la muestra (representada por el símbolo S^2) es

$$S^2 = \frac{(X_1 - \overline{X})^2 + (X_2 - \overline{X})^2 + \cdots + (X_n - \overline{X})^2}{n-1}$$

La ecuación 3.9 expresa esta ecuación utilizando la notación de sumatoria.

VARIANZA PARA UNA MUESTRA

La **varianza para una muestra** es la suma de las diferencias con respecto a la media elevada al cuadrado y dividida por el tamaño de la muestra menos uno.

$$S^2 = \frac{\sum_{i=1}^{n}(X_i - \overline{X})^2}{n-1} \qquad \textbf{(3.9)}$$

donde

$\overline{X}$ = media

n = tamaño de la muestra

X_i = i-ésimo valor de la variable X

$\sum_{i=1}^{n}(X_i - \overline{X})^2$ = sumatoria de los cuadrados de todas las diferencias entre los valores de X_i y $\overline{X}$.

DESVIACIÓN ESTÁNDAR DE LA MUESTRA

La **desviación estándar de una muestra** es la raíz cuadrada de la suma de los cuadrados de las diferencias con respecto a la media dividida por el tamaño de la muestra menos uno.

$$S = \sqrt{S^2} = \sqrt{\frac{\sum_{i=1}^{n}(X_i - \overline{X})^2}{n-1}} \qquad \textbf{(3.10)}$$

Si el denominador fuese n en vez de $n - 1$, la ecuación (3.9) [y el término interno de la ecuación (3.10)] calcularía el promedio de las diferencias con respecto a la media elevadas al cuadrado. Sin embargo, se utiliza $n - 1$ porque ciertas propiedades matemáticas convenientes del estadístico S^2 lo hacen apropiado para la inferencia estadística (que analizaremos en el capítulo 7). Conforme aumenta el tamaño de la muestra, se hace cada vez más pequeña la diferencia entre dividir por n o por $n - 1$.

Es más probable que usted utilice la desviación estándar de la muestra como medida de la variación [definida en la ecuación (3.10)]. A diferencia de la varianza de la muestra, que es una cantidad elevada al cuadrado, la desviación estándar siempre es un número con las mismas unidades que los datos de muestra originales. La desviación estándar le ayuda a conocer de qué manera se agrupan o distribuyen un conjunto de datos con respecto a su media. En casi todos los conjuntos de datos, la mayoría de los valores observados quedan dentro de un intervalo de más menos una desviación estándar por encima y por debajo de la media. Por esa razón, conocer la media y la desviación estándar ayuda a definir por lo menos dónde se agrupa la mayoría de los valores de los datos.

Para calcular a mano la varianza S^2 y la desviación estándar S de una muestra:

Paso 1: Calcule la diferencia entre cada uno de los valores y la media.

Paso 2: Eleve al cuadrado cada una de esas diferencias.

Paso 3: Sume las diferencias elevadas al cuadrado.

Paso 4: Divida el total entre $n - 1$, para obtener la varianza de la muestra.

Paso 5: Extraiga la raíz cuadrada de la varianza de la muestra, para obtener la desviación estándar de la muestra.

La tabla 3.1 muestra los cuatro primeros pasos para calcular la varianza de los datos referentes al tiempo necesario para arreglarse, con una media $(\bar{X}) = 39.6$ (vea el cálculo de la media en la página 74). En la segunda columna se muestra el paso 1. En la tercera columna se muestra el paso 2. En la parte inferior se muestra la suma de la diferencias elevadas al cuadrado (paso 3). Luego, este total se divide entre $10 - 1 = 9$, para calcular la varianza (paso 4).

TABLA 3.1
Cálculo de la var a del tiempo necesario para arreglarse.

$\bar{X} = 39.6$

Tiempo (X)	*Paso 1:* $(X_i - \bar{X})$	*Paso 2:* $(X_i - \bar{X})^2$
39	–0.60	0.36
29	–10.60	112.36
43	3.40	11.56
52	12.40	153.76
39	–0.60	0.36
44	4.40	19.36
40	0.40	0.16
31	–8.60	73.96
44	4.40	19.36
35	–4.60	21.16
	Paso 3: **Suma:**	*Paso 4:* **Dividido por** ($n - 1$)**:**
	412.40	45.82

También es posible calcular la varianza si se sustituyen los valores de los términos en la ecuación 3.9:

$$
\begin{aligned}
S^2 &= \frac{\sum_{i=1}^{n}(X_i - \bar{X})^2}{n-1} \\
&= \frac{(39-39.6)^2 + (29-39.6)^2 + \cdots + (35-39.6)^2}{10-1} \\
&= \frac{412.4}{9} \\
&= 45.82
\end{aligned}
$$

Puesto que la varianza está en unidades cuadradas (en minutos cuadrados en este caso), para calcular la desviación estándar se calcula la raíz cuadrada de la varianza. Al utilizar la ecuación (3.10) de la página 82, la desviación estándar S de la muestra es:

$$
S = \sqrt{S^2} = \sqrt{\frac{\sum_{i=1}^{n}(X_i - \bar{X})^2}{n-1}} = \sqrt{45.82} = 6.77
$$

Esto indica que los tiempos necesarios para arreglarse en esta muestra se agrupan dentro de los 6.77 minutos que circundan a la media de 39.6 minutos (es decir, se agrupan entre $\bar{X} - 1S = 32.83$ y $\bar{X} + 1S = 46.37$). De hecho, 7 de los 10 quedan dentro de este intervalo.

Al utilizar la segunda columna de la tabla 3.1, también es posible calcular que la suma de las diferencias entre cada uno de los valores y la media es cero. Para todo conjunto de datos, esta suma siempre será igual a cero:

$$
\sum_{i=1}^{n}(X_i - \bar{X}) = 0 \text{ para todos los conjuntos de datos}
$$

Esta propiedad es una de las razones por las que la media se utiliza como la medida más común de tendencia central.

EJEMPLO 3.9

CÁLCULO DE LA VARIANZA Y LA DESVIACIÓN ESTÁNDAR DEL RENDIMIENTO EN 2003 DE LOS FONDOS DE INVERSIÓN PARA PEQUEÑOS CAPITALES

Los 121 fondos de inversión que forman parte del escenario "Uso de la estadística" (vea la página 72), se clasifican de acuerdo con el nivel de riesgo (bajo, medio y alto) y el tamaño del capital invertido (pequeño, mediano y gran capital). Calcule la varianza y la desviación estándar del rendimiento en 2003 de los fondos de inversión de alto riesgo para pequeños capitales. **MUTUALFUNDS2004**

SOLUCIÓN

La tabla 3.2 ilustra el cálculo de la varianza y la desviación estándar del rendimiento en 2003 para los fondos de inversión de alto riesgo para pequeños capitales. Utilice la ecuación (3.9) de la página 82:

$$
\begin{aligned}
S^2 &= \frac{\sum_{i=1}^{n}(X_i - \bar{X})^2}{n-1} \\
&= \frac{(44.5-51.53)^2 + (39.2-51.53)^2 + \cdots + (66.5-51.53)^2}{9-1} \\
&= \frac{891.16}{8} \\
&= 111.395
\end{aligned}
$$

TABLA 3.2
Cálculo de la varianza del rendimiento en 2003 para los fondos de inversión de alto riesgo para pequeños capitales.

$\overline{X} = 51.5333$

Rendimiento 2003	*Paso 1:* $(X_i - \overline{X})$	*Paso 2:* $(X_i - \overline{X})^2$
44.5	−7.0333	49.4678
39.2	−12.3333	152.1111
62.4	10.8667	118.0844
59.3	7.7667	60.3211
56.6	5.0667	25.6711
53.8	2.2667	5.1378
37.3	−14.2333	202.5878
44.2	−7.3333	53.7778
66.5	14.9667	224.0011
	***Paso 3:* Suma:**	***Paso 4:* Dividido por (*n* − 1):**
	891.16	111.395

Al utilizar la ecuación (3.10) de la página 82, se sabe que la desviación estándar S de la muestra es:

$$S = \sqrt{S^2} = \sqrt{\frac{\sum_{i=1}^{n}(X_i - \overline{X})^2}{n-1}} = \sqrt{111.395} = 10.55$$

La desviación estándar de 10.55 indica que los rendimientos en 2003 de los fondos de inversión de alto riesgo para pequeños capitales se agrupan dentro de los 10.55 que rodean a la media de 51.53 (es decir, se agrupan entre $\overline{X} - 1S = 40.98$ y $\overline{X} + 1S = 62.08$). De hecho, el 55.6% (5 de 9) de los rendimientos en 2003 quedan dentro de este intervalo.

A continuación se resumen las características del rango, del rango intercuartil, de la varianza y de la desviación estándar.

- Cuanto más esparcidos o dispersos están los datos, son mayores el rango, el rango intercuartil, la varianza y la desviación estándar.
- Cuanto más concentrados u homogéneos son los datos, son menores el rango, el rango intercuartil, la varianza y la desviación estándar.
- Si todos los valores son los mismos (de tal manera que no hay variación de los datos), el rango, el rango intercuartil, la varianza y la desviación estándar son iguales a cero.
- Ninguna de las medidas de la variación (rango, rango intercuartil, desviación estándar y varianza) puede ser negativa.

Coeficiente de variación

A diferencia de las medidas de la variación antes expuestas, el **coeficiente de variación** es una *medida relativa* de la variación que siempre se expresa como porcentaje, más que en términos de las unidades de los datos en particular. El coeficiente de variación, que se denota mediante el símbolo *CV*, mide de dispersión de los datos con respecto a la media.

COEFICIENTE DE VARIACIÓN

El coeficiente de variación es igual a la desviación estándar dividida por la media, multiplicada por 100%.

$$CV = \left(\frac{S}{\overline{X}}\right)100\% \qquad \textbf{(3.11)}$$

donde S = desviación estándar de la muestra

$\overline{X}$ = media de la muestra

Para la muestra de los 10 tiempos para arreglarse, como $\overline{X} = 39.6$ y $S = 6.77$, el coeficiente de variación es

$$CV = \left(\frac{S}{\overline{X}}\right)100\% = \left(\frac{6.77}{39.6}\right)100\% = 17.10\%$$

Para estos datos, la desviación estándar es el 17.1% del tamaño de la media.

El coeficiente de variación es muy útil al comparar dos o más conjuntos de datos medidos con unidades distintas, como ilustra el ejemplo 3.10.

EJEMPLO 3.10

COMPARACIÓN DE DOS COEFICIENTES DE VARIACIÓN CUANDO DOS VARIABLES TIENEN DISTINTAS UNIDADES DE MEDIDA

El gerente de operaciones de un servicio de entrega de paquetería está pensando si es conveniente adquirir una nueva flota de camiones. Al guardar los paquetes en los camiones para su entrega, se deben tomar en cuenta dos características principales: el peso (en libras) y el volumen (en pies cúbicos) de cada artículo.

El gerente de operaciones toma una muestra de 200 paquetes, y encuentra que la media del peso es 26.0 libras, con una desviación estándar de 3.9 libras, mientras que la media en volumen es de 8.8 pies cúbicos, con una desviación estándar de 2.2 pies cúbicos. ¿Cómo puede el gerente de operaciones comparar la variación de peso y volumen?

SOLUCIÓN

Como las unidades difieren para el peso y volumen, el gerente de operaciones debe comparar la variabilidad relativa en ambos tipos de medidas.

Para el peso, el coeficiente de variación es

$$CV_W = \left(\frac{3.9}{26.0}\right)100\% = 15.0\%$$

para el volumen, el coeficiente de variación es

$$CV_V = \left(\frac{2.2}{8.8}\right)100\% = 25.0\%$$

De esta forma, en relación con la media el volumen del paquete es mucho más variable que su peso

Puntuaciones Z

Un **valor extremo** o **atípico** es un valor ubicado muy lejos de la media. Las puntuaciones Z son útiles para identificar atípicos. Cuanto mayor es la puntuación Z, mayor es la distancia entre tal valor la media. La **puntuación Z** es igual a la diferencia entre ese valor y la media, dividida por la desviación estándar.

PUNTUACIONES Z

$$Z = \frac{X - \bar{X}}{S} \tag{3.12}$$

Si se consideran los tiempos necesarios para arreglarse por la mañana, se observa que la media es de 39.6 minutos y la desviación estándar de 6.77 minutos. El tiempo necesario para arreglarse el primer día es de 39.0 minutos. La puntuación Z para el día 1 se calcula a partir de

$$\begin{aligned} Z &= \frac{X - \bar{X}}{S} \\ &= \frac{39.0 - 39.6}{6.77} \\ &= -0.09 \end{aligned}$$

La tabla 3.3 muestra las puntuaciones Z de los 10 días. La mayor es de 1.83 para el día 4, cuando el tiempo necesario para arreglarse fue de 52 minutos. La menor fue −1.57 para el día 2, cuando el tiempo necesario para arreglarse fue de 29 minutos. Como regla general, una puntuación Z se considera atípica si es menor que −3.0 o mayor que +3.0. Ninguno de los tiempos satisface este criterio.

TABLA 3.3
Puntuaciones Z para los 10 tiempos necesarios para arreglarse.

	Tiempo (X)	Puntuación Z
	39	−0.09
	29	−1.57
	43	0.50
	52	1.83
	39	−0.09
	44	0.65
	40	0.06
	31	−1.27
	44	0.65
	35	−0.68
Media	39.6	
Desviación estándar	6.77	

EJEMPLO 3.11

CÁLCULO DE LAS PUNTUACIONES Z DEL RENDIMIENTO EN 2003 DE LOS FONDOS DE INVERSIÓN DE ALTO RIESGO PARA PEQUEÑOS CAPITALES

Los 121 fondos de inversión que forman parte del escenario "Uso de la estadística" (vea la página 72), se clasifican de acuerdo con el nivel de riesgo (bajo, medio y alto) y el tamaño del capital invertido (pequeño, mediano y gran capital). Calcule las puntuaciones Z del rendimiento en 2003 de los fondos de inversión de alto riesgo para pequeños capitales. **MUTUALFUNDS2004**

SOLUCIÓN

La tabla 3.4 ilustra las puntuaciones Z de los rendimientos en 2003 de los fondos de inversión de alto riesgo para pequeños capitales. La puntuación Z más grande es 1.42, correspondiente a un rendimiento porcentual de 66.5. La puntuación Z más baja es −1.35, correspondiente a un rendimiento porcentual de 37.3. Como regla general, se considera que una puntuación Z es atípica si es menor que −3.0 o mayor que +3.0. Ninguno de los rendimientos porcentuales satisface el criterio para considerarlo atípico.

TABLA 3.4
Puntuación *Z* del rendimiento en 2003 de los fondos de inversión de alto riesgo para pequeños capitales.

	Rendimiento 2003	Puntuaciones *Z*
	44.5	−0.67
	39.2	−1.17
	62.4	1.03
	59.3	0.74
	56.6	0.48
	53.8	0.21
	37.3	−1.35
	44.2	−0.69
	66.5	1.42
Media	51.53	
Desviación estándar	10.55	

Forma

Una tercera e importante propiedad que describe a un conjunto de datos numéricos es la forma. Forma es el patrón de distribución de los valores de los datos a través del rango de todos los valores. La distribución puede ser **simétrica** cuando los valores pequeños y grandes se equilibran entre sí, o **asimétrica**, cuando muestra desequilibrio de los valores pequeños o grandes.

La forma influye en la relación de la media con la mediana de las siguientes maneras:

- Media < mediana; asimétrica negativa o sesgo izquierdo.
- Media = mediana; simétrica o asimetría cero.
- Media > mediana; asimétrica positiva o sesgo derecho.

La figura 3.1 describe tres conjuntos de datos, cada uno con distinta forma.

FIGURA 3.1
Comparación de tres conjuntos de datos con distinta forma.

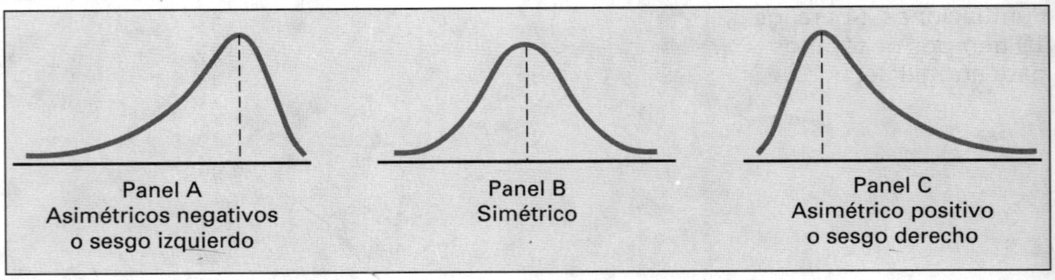

Los datos del panel A son negativos, o **sesgados a la izquierda**. En este panel, la mayoría de los valores están en la parte superior de la distribución. Existe una cola larga y la distorsión hacia la izquierda es provocada por algunos valores muy pequeños. Estos valores extremadamente pequeños empujan la media hacia abajo, de manera que la media es menor que la mediana.

Los datos del panel B son simétricos. Cada mitad de la curva es una imagen al espejo del otro. Los valores bajos y altos de la escala se equilibran, y la media es igual a la mediana.

Los datos del panel C son **asimétricos positivos o sesgados a la derecha**. En este panel, la mayoría de los valores están en la parte inferior de la distribución. Existe una larga cola a la derecha de la distribución y cierta distorsión hacia la derecha provocada por algunos valores muy grandes. Estos valores sumamente grandes empujan a la media hacia arriba, de manera que la media resulta mayor que la mediana.

Resultados de la estadística descriptiva en Excel

El juego de herramientas de análisis de datos de Excel genera la media, mediana, moda, desviación estándar, varianza, rango, mínimo, máximo y cuenta (tamaño de la muestra) en una sola hoja de trabajo, todos ellos analizados en esta sección. Además, Excel calcula el error estándar, lo mismo que estadísticos para la curtosis y la asimetría. El *error estándar* es igual a la desviación estándar dividida por la raíz cuadrada del tamaño de la muestra, y se estudiará en el capítulo 7. La *asimetría* mide la falta de simetría en los datos, y se basa en un estadístico que está en función de las diferencias con

EXPLORACIONES VISUALES Exploración de la estadística descriptiva

Utilice el procedimiento Exploraciones Visuales de la Estadística Descriptiva para observar el efecto que tiene el cambio de valores en los datos sobre las medidas de tendencia central, variación y forma. Abra la macro de trabajo **Visual Explorations.xla** y seleccione **Visual Explorations → Descriptive Statistics** en la barra de herramientas de Excel. Lea las instrucciones del cuadro que aparece (vea la ilustración que se muestra a continuación) y dé clic en **OK** para examinar el diagrama de puntos correspondiente a la muestra de 10 tiempos necesarios para arreglarse que utilizará a lo largo de este capítulo.

Experimente introduciendo un valor extremo como 10 minutos en una de las celdas de la columna A. ¿Qué medidas se ven afectadas por este cambio? ¿Cuáles no? Puede alternar entre los diagramas "previo" y "posterior" presionando repetidamente **Ctrl+Z** (deshacer) seguido de **Ctrl+Y** (rehacer) como ayuda para observar los cambios provocados por un valor extremo en el diagrama.

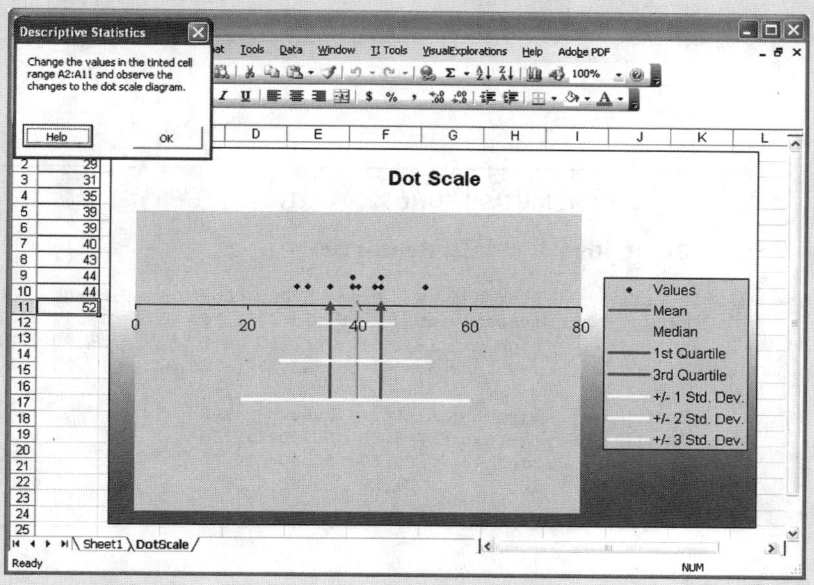

respecto a la media *elevadas al cubo*. Un valor de asimetría de cero indica una distribución simétrica. La *curtosis* mide la concentración relativa de valores en el centro de la distribución al compararlos con las colas y se basa en las diferencias con respecto a la media elevadas a la cuarta potencia. Esta medida no se analiza en el presente texto (vea la referencia 2).

A partir de la figura 3.2 de la página 90, los resultados de estadística descriptiva en Excel para el rendimiento de los fondos en 2003, con base en su nivel de riesgo, parecen mostrar ligeras diferencias para los tres niveles de riesgo en su rendimiento porcentual de 2003. Los fondos de alto riesgo tienen una media y una mediana ligeramente mayores que los de riesgo bajo y medio. Existe muy poca diferencia entre las desviaciones estándar de los tres grupos.

Resultados de la estadística descriptiva en Minitab

Para la estadística descriptiva, Minitab calcula el tamaño de la muestra (etiquetado como N), media, mediana, desviación estándar (etiquetada StDev), mínimo, máximo, coeficiente de variación (etiquetado CoefVar), primer y tercer cuartiles, rango y rango intercuartil (etiquetado IQR), todos analizados en esta sección.

A partir de la figura 3.3 de la página 90, los resultados de estadística descriptiva en Minitab para el rendimiento de los fondos en 2003, con base en su riesgo, parecen registrar ligeras diferencias del rendimiento porcentual en 2003 para los tres niveles de riesgo. Los fondos de alto riesgo tienen media, mediana y cuartiles ligeramente superiores a los de riesgo bajo y medio. Existe muy poca diferencia en las desviaciones estándar o el rango intercuartil de los tres grupos.

FIGURA 3.2
Estadística descriptiva en Excel para el rendimiento de los fondos en 2003 con base en su nivel de riesgo.

	A	B	C	D
1	Descriptive Statistics of 2003 Return by Risk			
2		Low	Average	High
3	Mean	41.36207	42.96304	45.99412
4	Standard Error	1.631596	2.045318	3.117886
5	Median	40.25	41	44.5
6	Mode	35.8	37.5	#N/A
7	Standard Deviation	12.42586	13.87202	12.85537
8	Sample Variance	154.402	192.433	165.2606
9	Kurtosis	-0.09275	-0.33478	0.711316
10	Skewness	0.358427	0.586116	-0.55254
11	Range	55.4	58.3	51.6
12	Minimum	15.8	19.7	14.9
13	Maximum	71.2	78	66.5
14	Sum	2399	1976.3	781.9
15	Count	58	46	17

FIGURA 3.3
Estadística descriptiva en Minitab para el rendimiento de los fondos en 2003 con base en su nivel de riesgo.

Results for: MUTUALFUNDS2004.MTW

Descriptive Statistics: Return 2003

Variable	Risk	N	Mean	StDev	CoefVar	Minimum	Q1	Median	Q3
Return 2003	average	46	42.96	13.87	32.29	19.70	32.63	41.00	49.83
	high	17	45.99	12.86	27.95	14.90	38.25	44.50	57.05
	low	58	41.36	12.43	30.04	15.80	31.23	40.25	48.95

Variable	Risk	Maximum	Range	IQR
Return 2003	average	78.00	58.30	17.20
	high	66.50	51.60	18.80
	low	71.20	55.40	17.73

PROBLEMAS PARA LA SECCIÓN 3.1

Aprendizaje básico

ASISTENCIA de PH Grade **3.1** A continuación se encuentra un conjunto de datos procedente de una muestra de $n = 5$:

7 4 9 8 2

a. Calcule la media, la mediana y la moda.
b. Calcule el rango, el rango intercuartil, la varianza, la desviación estándar y el coeficiente de variación.
c. Calcule las puntuaciones *Z*. ¿Existe algún valor extremo?
d. Describa la forma del conjunto de datos.

ASISTENCIA de PH Grade **3.2** A continuación aparece un conjunto de datos procedente de una muestra de $n = 6$:

7 4 9 7 3 12

a. Calcule la media, la mediana y la moda.
b. Calcule el rango, el rango intercuartil, la varianza, la desviación estándar y el coeficiente de variación.
c. Calcule las puntuaciones *Z*. ¿Existe algún valor extremo?
d. Describa la forma del conjunto de datos.

ASISTENCIA de PH Grade **3.3** A continuación aparece un conjunto de datos procedente de una muestra de $n = 7$:

12 7 4 9 0 7 3

a. Calcule la media, la mediana y la moda.
b. Calcule el rango, el rango intercuartil, la varianza, la desviación estándar y el coeficiente de variación.
c. Describa la forma del conjunto de datos.

ASISTENCIA de PH Grade **3.4** A continuación aparece un conjunto de datos procedente de una muestra de $n = 5$:

7 –5 –8 7 9

a. Calcule la media, la mediana y la moda.
b. Calcule el rango, el rango intercuartil, la varianza, la desviación estándar y el coeficiente de variación.
c. Describa la forma del conjunto de datos.

ASISTENCIA de PH Grade **3.5** Suponga que la tasa de rendimiento de una acción en particular durante los dos últimos años fue del 10 y del 30%. Calcule la media geométrica de la tasa de rendimiento (*Nota:* Una tasa de rendimiento del 10% se registra como 0.10 y una del 30% como 0.30).

Aplicación de conceptos

Puede resolver los problemas 3.6 a 3.20 manualmente o en Excel, Minitab o SPSS.

ASISTENCIA de PH Grade **3.6** El gerente de operaciones de una fábrica de llantas quiere comparar el diámetro interno real de dos tipos de neumáticos, que se espera sean de 575 milímetros en ambos casos. Se seleccionó una muestra de cinco llantas de cada tipo y se ordenaron de menor a mayor, como se aprecia a continuación:

Tipo X					Tipo Y				
568	570	575	578	584	573	574	575	577	578

a. Calcule la media, la mediana y la desviación estándar de ambos tipos de llantas.
b. ¿Cuál tipo de llanta es de mejor calidad? Explique por qué.
c. ¿Qué efecto tendría en sus respuestas a los incisos *a*) y *b*) si el último valor del tipo *Y* fuese 588 en lugar de 578? Explique su respuesta.

ASISTENCIA de PH Grade **3.7** Los siguientes datos representan el total de grasas en las hamburguesas y productos de pollo de una muestra tomada de cadenas de comida rápida. **FAST-FOOD**

Hamburguesas

19 31 34 35 39 39 43

Pollo

7 9 15 16 16 18 22 25 27 33 39

Fuente: "Quick bites", Derechos reservados © 2000 por Consumers Union of U.S., Inc., Yonkers, NY 10703-1057. Adoptado con autorización de Consumer Reports, *marzo de 2001, 46.*

Para las hamburguesas y los productos de pollo realice lo siguiente por separado:
a. Calcule la media, la mediana, primero y tercer cuartiles.
b. Calcule la varianza, la desviación estándar, el rango, el rango intercuartil y el coeficiente de variación.
c. ¿Los datos son asimétricos? De ser así, ¿cómo?
d. Con base en los resultados de los incisos *a*) a *c*), ¿qué conclusiones se obtienen en relación con las diferencias en la grasa total de las hamburguesas y los productos de pollo?

3.8 La mediana del precio de una casa en diciembre de 2003 alcanza $173,200, un incremento del 6.7% respecto a diciembre de 2002. En todo el año, las ventas alcanzaron un récord de 6.1 millones de casas (James R. Hagerty, "Housing Prices Continue to Rise", *The Wall Street Journal*, 27 de enero, 2004, D1).
a. Describa la forma de la distribución correspondiente al precio de las casas vendidas.
b. ¿Por qué cree usted que el artículo informa sobre la mediana de los precios y no sobre la media?

3.9 En el ciclo escolar 2002-2003, muchas universidades públicas de Estados Unidos elevaron sus cuotas y tarifas de manutención, como resultado de la reducción de los subsidios estatales (Mary Beth Marklein, "Public Universities Raise Tuition, Fees-and Ire", *USA Today*, 8 de agosto, 2002, 1A-2A). A continuación se representa el cambio del costo de inscripción, un dormitorio compartido y el plan de alimentación más solicitado entre los ciclos escolares 2001-2002 y 2002-2003 en una muestra de 10 universidades públicas. **COLLEGECOST**

Universidad	Cambio en el costo ($)
University of California, Berkeley	1,589
University of Georgia, Athens	593
University of Illinois, Urbana-Champaign	1,223
Kansas State University, Manhattan	869
University of Maine, Orono	423
University of Mississippi, Oxford	1,720
University of New Hampshire, Durham	708
Ohio State University, Columbus	1,425
University of South Carolina, Columbia	922
Utah State University, Logan	308

a. Calcule la media, la mediana, primero y tercer cuartiles.
b. Calcule la varianza, la desviación estándar, el rango, el rango intercuartil, el coeficiente de variación y las puntuaciones *Z*.
c. ¿Los datos son asimétricos? De ser así, ¿cómo?
d. Con base en los resultados de los incisos *a*) a *c*), ¿qué conclusiones se obtienen en relación con el cambio de los costos entre los ciclos escolares 2001-2002 y 2002-2003?

3.10 Los siguientes datos **COFFEDRINK** representan las calorías y la grasa (en gramos), que contienen las raciones con 16 onzas de bebidas a base de café servidas en Dunkin' Donuts y Starbucks.

Producto	Calorías	Grasa
Batido de moka helado de Dunkin' Donuts (pura leche)	240	8.0
Capuchino frapé de Starbucks	260	3.5
Raspado de café "Coolata" (crema) de Dunkin' Donuts	350	22.0
Café moka exprés helado de Starbucks (pura leche y crema batida)	350	20.0
Café moka batido helado de Starbucks (con crema batida)	420	16.0
Capuchino helado de Brownie de chocolate, de Starbucks (con crema batida)	510	22.0
Crema de chocolate batido helado de Starbucks (con crema batida)	530	19.0

Fuente: "Coffee as Candy at Dunkin' Donuts and Starbucks", Derechos Reservados © 2004 por Consumers Union of U.S., Inc., Yonkers, NY 10703-1057, organización sin fines de lucro. Adaptado con autorización de Consumer Reports, *junio de 2004, 9, sólo con propósitos educativos. No se autoriza su reproducción o uso comercial.* **www.ConsumerReports.org**

Para cada una de las variables (calorías y grasa):

a. Calcule la media, la mediana, primero y tercer cuartiles.
b. Calcule la varianza, la desviación estándar, el rango, el rango intercuartil, el coeficiente de variación y las puntuaciones *Z*. ¿Existe un valor atípico? Explique su respuesta.
c. ¿Los datos son asimétricos? De ser así, ¿cómo?
d. A partir de los resultados de los incisos *a*) a *c*), ¿qué conclusiones se obtienen en relación con las calorías y la grasa de las bebidas heladas a base de café servidas en Dunkin' Donuts y en Starbucks?

3.11 Los siguientes datos representan el costo diario de una habitación de hotel y la renta de un automóvil en 20 ciudades estadounidenses durante una semana en octubre de 2003. **HOTEL-CAR**

Ciudad	Hotel	Automóviles
San Francisco	205	47
Los Ángeles	179	41
Seattle	185	49
Phoenix	210	38
Denver	128	32
Dallas	145	48
Houston	177	49
Minneapolis	117	41
Chicago	221	56
St. Louis	159	41
Nueva Orleáns	205	50
Detroit	128	32
Cleveland	165	34
Atlanta	180	46
Orlando	198	41
Miami	158	40
Pittsburg	132	39
Boston	283	67
Nueva York	269	69
Washington, D.C.	204	40

Fuente: The Wall Street Journal, *10 de octubre, 2003, W4.*

Para cada una de las variables (costo de hotel y costo del auto):

a. Calcule la media, la mediana, primero y tercer cuartiles.
b. Calcule la varianza, la desviación estándar, el rango, el rango intercuartil, el coeficiente de variación y las puntuaciones *Z*. ¿Existe un valor extremo? Explique su respuesta.
c. ¿Los datos son asimétricos? De ser así, ¿cómo?
d. Con base en los resultados de los incisos *a*) a *c*), ¿qué conclusiones se obtienen en relación con el costo diario de una habitación de hotel y la renta de un automóvil?

3.12 A continuación se indica el costo de 14 modelos de cámara digital de 3 megapixeles en una tienda especializada. **CAMERA**

340 450 450 280 220 340 290
370 400 310 340 430 270 380

a. Calcule la media, la mediana, primero y tercer cuartiles.
b. Calcule la varianza, la desviación estándar, el rango, el rango intercuartil, el coeficiente de variación y las puntuaciones *Z*. ¿Existe un valor atípico? Explique su respuesta.
c. ¿Los datos son asimétricos? De ser así, ¿cómo?
d. Con base en los resultados de los incisos *a*) a *c*), ¿qué conclusiones se obtienen en relación con el precio de las cámaras digitales de 3 megapixeles en una tienda especializada durante 2003?

3.13 Una empresa dedicada a la consultoría y desarrollo de software, ubicada en el área metropolitana de Phoenix, desarrolla programas para sistemas administrativos de cadenas de suministro, con base en la reutilización sistemática de software. En lugar de comenzar desde cero al elaborar y desarrollar nuevos sistemas de software personalizados, utiliza una base de datos que contiene componentes reutilizables que suman más de 2,000,000 de líneas de código, recopilados a lo largo de 10 años de labores continuas. Se pide a 8 analistas de la empresa que calculen la tasa de reutilización cuando se desarrolla un nuevo sistema de software. Los siguientes datos corresponden al porcentaje total de código que procede de la base de datos de reutilización y forma parte del sistema de software. **REUSE**

50.0 62.5 37.5 75.0 45.0 47.5 15.0 25.0

Fuente: M. A. Rothenberger y K. J. Dooley, "A Performance Measure for Software Reuse Projects", Decision Sciences, *30 (otoño de 1999), 1131-1153.*

a. Calcule la media, la mediana y la moda.
b. Calcule el rango, la varianza y la desviación estándar.
c. Interprete las medidas sintetizadas que se calculan en los incisos *a*) y *b*).

3.14 Un fabricante de baterías para flashes toma una muestra de 13 baterías de la producción del día y las utiliza de manera continua hasta que se agotan. El número de horas que se utilizaron hasta el momento de fallar fue: **BATTERIES**

342 426 317 545 264 451
1,049 631 512 266 492 562 298

a. Calcule la media, la mediana y la moda. Al observar la distribución de los tiempos transcurridos hasta la falla, ¿cuáles medidas de ubicación le parecen más apropiadas y cuáles menos adecuadas para utilizarlas con estos datos? ¿Por qué?
b. Calcule el rango, la varianza y la desviación estándar.
c. ¿Qué le recomendaría a un fabricante si quisiera anunciar que sus baterías "duran 400 horas"? (*Nota:* No existe una respuesta exacta para esta pregunta; se trata de decir cómo hacer precisa tal afirmación.)
d. Suponga que, en lugar de 342, el primer valor fue de 1,342. Repita los incisos *a*) a *c*) utilizando este valor. Elabore un comentario sobre la diferencia de los resultados.

3.15 Una sucursal bancaria ubicada en una zona comercial de la ciudad, desarrolló un proceso mejorado para atender a sus clientes desde la hora del almuerzo al mediodía, hasta la 1:00 PM. Se registra el tiempo de espera en minutos (definido como el tiempo transcurrido desde que el cliente se forma en la fila hasta que llega a la ventanilla del cajero) de todos los clientes durante ese horario por una semana. Se selecciona una muestra aleatoria de 15 clientes y se tienen los siguientes resultados: **BANK1**

4.21 5.55 3.02 5.13 4.77 2.34 3.54
3.20 4.50 6.10 0.38 5.12 6.46 6.19 3.79

a. Calcule la media, la mediana, primero y tercer cuartiles.

b. Calcule la varianza, la desviación estándar, el rango, el rango intercuartil, el coeficiente de variación y las puntuaciones *Z*. ¿Existe algún valor atípico? Explique su respuesta.

c. ¿Los datos son asimétricos? De ser así, ¿cómo?

d. Un cliente llega a la sucursal durante la hora del almuerzo y pregunta al gerente cuánto tendrá que esperar, éste le responde "Menos de cinco minutos, con toda seguridad". Con base en sus resultados de los incisos *a*) y *b*), evalúe la exactitud de tal afirmación.

3.16 Suponga que otra sucursal, ubicada en una zona residencial, también se preocupa por el tiempo de espera desde de la hora del almuerzo hasta la 1:00 PM. Se registra el tiempo de espera en minutos (definido como el tiempo transcurrido desde que el cliente se forma en la fila hasta que llega a la ventanilla del cajero) de todos los clientes durante ese horario por una semana. Se selecciona una muestra aleatoria de 15 clientes y se tienen los siguientes resultados: **BANK2**

9.66 5.90 8.02 5.79 8.73 3.82 8.01
8.35 10.49 6.68 5.64 4.08 6.17 9.91 5.47

a. Calcule la media, la mediana, primero y tercer cuartiles.

b. Calcule la varianza, la desviación estándar, el rango, el rango intercuartil y el coeficiente de variación. ¿Existe algún valor atípico? Explique su respuesta.

c. ¿Los datos son asimétricos? De ser así, ¿cómo?

d. Un cliente llega a la sucursal durante la hora del almuerzo y pregunta al gerente cuánto tendrá que esperar, éste le responde: "Menos de cinco minutos, con toda seguridad". Con base en sus resultados de los incisos *a*) y *b*), evalúe la exactitud de tal afirmación.

AUTO Examen **3.17** China tiene el mercado con crecimiento más rápido en ventas de automóviles de pasajeros y es el cuarto mercado más grande, detrás de Estados Unidos, Japón y Alemania. Las ventas aumentaron un 61% en 2002 y un 55% en 2003 (Peter Wonacott, "A Fear Amid China's Car Boom", *The Wall Street Journal,* 2 de febrero, 2004, A17). Calcule la media geométrica de la tasa de incremento. (*Sugerencia:* Denote el crecimiento del 61% como $R_1 = 0.61$.)

3.18 Durante el periodo transcurrido desde 2000 hasta 2003, se observó una gran volatilidad en el valor de las acciones. Los datos que se presentan en la siguiente tabla **STOCKRETURN** representan las tasas de rendimiento total del índice industrial Dow Jones, del índice Standard & Poor's 500, del índice Russell 2000, y del índice Wilshire 5000 de 2000 a 2003.

Año	DJIA	SP500	Russell2000	Wilshire5000
2003	25.30	26.40	45.40	29.40
2002	−15.01	−22.10	−21.58	−20.90
2001	−5.44	−11.90	−1.03	−10.97
2000	−6.20	−9.10	−3.02	−10.89

Fuente: The Wall Street Journal, *2 de enero, 2004.*

a. Calcule la tasa de rendimiento geométrica de los índices Dow Jones, Standard & Poor's 500, Russell 2000 y Wilshire 5000.

b. ¿Qué conclusiones se obtienen en relación con las tasas de rendimiento geométricas de los cuatro índices bursátiles?

c. Compare los resultados del inciso *b*) con los de los problemas 3.19*b*) y 3.20*b*).

3.19 Durante el periodo de 2000 a 2003, se observó una gran volatilidad en el valor de las inversiones. Los datos que se presentan en la siguiente tabla **BANKRETURN** representan la tasa de rendimiento total de un certificado de depósito a un año, de un certificado de depósito a 30 meses y de un depósito en el mercado de dinero de 2000 a 2003.

Año	A 1 año	A 30 meses	Mercado de dinero
2003	1.20	1.76	0.61
2002	1.98	2.74	1.02
2001	3.60	3.97	1.73
2000	5.46	5.64	2.09

Fuente: The Wall Street Journal**,** *2 de enero, 2004.*

a. Calcule la tasa de rendimiento geométrica de los certificados de depósito a un año, 30 meses y en el mercado de dinero.

b. ¿Qué conclusiones se obtienen en relación con las tasas de rendimiento geométricas de los tres depósitos?

c. Compare los resultados del inciso *b*) con los de los problemas 3.18*b*) y 3.20*b*).

3.20 Durante el periodo de 2000 a 2003, se observó una gran volatilidad en el valor de los metales. Los datos que se presentan en la siguiente tabla **METALRETURN** representan la tasa de rendimiento total de platino, oro y plata de 2000 a 2003.

Año	Platino	Oro	Plata
2003	34.2	19.5	24.0
2002	24.5	24.5	5.5
2001	−21.3	1.2	−3.0
2000	−23.3	1.8	−5.9

Fuente: The Wall Street Journal, *2 de enero, 2004.*

a. Calcule la tasa de rendimiento geométrica de platino, oro y plata.

b. ¿Qué conclusiones se obtienen en relación con las tasas de rendimiento geométricas de los tres metales?

c. Compare los resultados del inciso *b*) con los de los problemas 3.18*b*) y 3.19*b*).

3.2 MEDIDAS NUMÉRICAS DESCRIPTIVAS DE UNA POBLACIÓN

En la sección 3.1 se expusieron varios *estadísticos* que describen las propiedades de la tendencia central, la variación y la forma de una *muestra*. Si su conjunto de datos representa medidas numéricas de toda una *población*, necesita calcular e interpretar los *parámetros*, medidas sintetizadas para una población. En esta sección, aprenderá sobre tres parámetros descriptivos de la población, la media poblacional, la varianza poblacional y la desviación estándar poblacional.

Como ayuda para ilustrar estos parámetros, vea primero la tabla 3.5, que contiene los cinco mayores bonos de capital (en términos de activos totales) para el primero de marzo de 2004. También se indica el rendimiento a 52 semanas de cada uno de ellos. **LARGEST BONDS**

TABLA 3.5

Rendimiento en 2003 de la población compuesta por los cinco mayores bonos de capital.

Fondo de capital	Rendimiento a 52 semanas (en porcentaje)
Vanguard GNMA	3.8
Vanguard Total Bond Index	6.5
Pimco Total Return Admin	7.0
Pimco Total Return Instl	7.3
America Bond Fund	12.9

Fuente: The Wall Street Journal, *25 de marzo, 2004, C2.*

La media poblacional

La **media poblacional** se representa por medio del símbolo μ, la letra griega *mu* minúscula. La ecuación (3.13) define a la media poblacional.

MEDIA POBLACIONAL

La media poblacional es la suma de los valores de la población dividida por el tamaño de la población N.

$$\mu = \frac{\sum_{i=1}^{N} X_i}{N} \tag{3.13}$$

donde μ = media poblacional

X_i = i-ésimo valor de la variable X

$\sum_{i=1}^{N} X_i$ = sumatoria de todos los valores X_i de la población

Para calcular el rendimiento medio de la población de bonos de capital listados en la tabla 3.5, se utiliza la ecuación (3.13),

$$\mu = \frac{\sum_{i=1}^{N} X_i}{N} = \frac{3.8 + 6.5 + 7.0 + 7.3 + 12.9}{5} = \frac{37.5}{5} = 7.5$$

De esta manera, el rendimiento medio en 2003 de tales bonos de capital es del 7.5%.

Varianza y desviación estándar poblacionales

La **varianza poblacional** y la **desviación estándar poblacional** miden la variación en una población. Al igual que los estadísticos muestrales relacionados, la desviación estándar poblacional es igual a la raíz cuadrada de la varianza poblacional. El símbolo σ^2, que es la letra griega *sigma* minúscula elevada al cuadrado, representa la varianza poblacional y el símbolo σ, la misma letra griega minúscula pero sin elevar al cuadrado, representa la desviación estándar poblacional. Las ecuaciones (3.14) y (3.15) definen esos parámetros. Los denominadores de los términos de la derecha de estas ecuaciones utilizan N y no el término $(n - 1)$ que se emplea para la varianza y la desviación estándar de las muestras [vea las ecuaciones (3.9) y (3.10) de la página 82].

VARIANZA POBLACIONAL

La varianza poblacional es la suma de las diferencias con respecto a la media de la población elevada al cuadrado y dividida por el tamaño de la población N.

$$\sigma^2 = \frac{\sum_{i=1}^{N}(X_i - \mu)^2}{N} \qquad \textbf{(3.14)}$$

donde μ = media poblacional

X_i = i-ésimo valor de la variable X

$\sum_{i=1}^{N}(X_i - \mu)^2$ = sumatoria de todas las diferencias entre los valores X_i y μ, elevadas al cuadrado

DESVIACIÓN ESTÁNDAR POBLACIONAL

$$\sigma = \sqrt{\frac{\sum_{i=1}^{N}(X_i - \mu)^2}{N}} \qquad \textbf{(3.15)}$$

Para calcular la varianza poblacional correspondiente a los datos de la tabla 3.5 de la página 94, se utiliza la ecuación (3.14),

$$\begin{aligned}
\sigma^2 &= \frac{\sum_{i=1}^{N}(X_i - \mu)^2}{N} \\
&= \frac{(3.8 - 7.5)^2 + (6.5 - 7.5)^2 + (7.0 - 7.5)^2 + (7.3 - 7.5)^2 + (12.9 - 7.5)^2}{5} \\
&= \frac{13.69 + 1.00 + 0.25 + 0.04 + 29.16}{5} \\
&= \frac{44.14}{5} = 8.828
\end{aligned}$$

De esta forma, la varianza de los rendimientos es de 8.828 unidades porcentuales de rendimiento al cuadrado. Las unidades cuadradas hacen que la varianza sea difícil de interpretar. Debe utilizarse la desviación estándar, que emplea las unidades originales de los datos (rendimiento porcentual). A partir de la ecuación (3.15),

$$\sigma = \sqrt{\sigma^2} = \sqrt{\frac{\sum_{i=1}^{N}(X_i - \mu)^2}{N}} = \sqrt{8.828} = 2.97$$

Por lo tanto, el rendimiento típico en 2003 difiere de la media de 7.5 en aproximadamente 2.97. Esta enorme variación sugiere que los grandes bonos de capital tienen resultados muy distintos.

La regla empírica

En la mayoría de los conjuntos de datos, una gran parte de los valores tienden a agruparse en algún lugar cercano a la mediana. En los conjuntos de datos asimétricos a la derecha, el agrupamiento se presenta a la izquierda de la media, es decir en un valor menor que la media. En los conjuntos de datos asimétricos a la izquierda, el agrupamiento se presenta a la derecha de la media, es decir en un valor mayor que la media. En los conjuntos de datos simétricos, donde la mediana y la media son iguales, con frecuencia los valores tienden a agruparse alrededor de la media y la mediana, generando una distribución con forma de campana. En las distribuciones de esta clase, utilizar la **regla empírica** permite examinar la variabilidad:

- Aproximadamente el 68% de los valores se encuentran a una distancia de ±1 desviación estándar de la media.
- Aproximadamente el 95% de los valores se encuentran a una distancia de ±2 desviaciones estándar de la media.
- Aproximadamente el 99.7% se encuentran a una distancia de ±3 desviaciones estándar de la media.

La regla empírica ayuda a medir cómo se distribuyen los valores por encima y debajo de la media. Esto permite identificar los valores atípicos cuando se analiza un conjunto de datos numéricos. La regla empírica implica que, en las distribuciones con forma de campana, aproximadamente sólo uno de cada 20 valores estará alejado de la media más allá de dos desviaciones estándar en cualquier dirección. Por regla general, los valores que no se encuentran en el intervalo $\mu \pm 2\sigma$ se consideran como posibles atípicos. Esta regla también implica que sólo alrededor de tres de cada 1,000 estarán alejados de la media más allá de tres desviaciones estándar. Por lo tanto, casi siempre se consideran como extremos los valores que no se encuentran en el intervalo $\mu \pm 3\sigma$. En los conjuntos de datos con mucha asimetría, o en los que por alguna otra razón no tienen forma de campana, en lugar de la regla empírica se debe aplicar la regla de Chebyshev, que se explica en la página 97.

EJEMPLO 3.12 USO DE LA REGLA EMPÍRICA

La cantidad media de llenado de una población integrada por 12 latas de gaseosa es de 12.06 onzas, con una desviación estándar de 0.02. También se sabe que esta población tiene forma de campana. Describa la distribución de la cantidad de llenado de las latas. ¿Existe una gran probabilidad de que una lata tenga menos de 12 onzas de gaseosa?

SOLUCIÓN

$$\mu \pm \sigma = 12.06 \pm 0.02 = (12.04, 12.08)$$
$$\mu \pm 2\sigma = 12.06 \pm 2(0.02) = (12.02, 12.10)$$
$$\mu \pm 3\sigma = 12.06 \pm 3(0.02) = (12.00, 12.12)$$

Utilizando la regla empírica, aproximadamente el 68% de las latas tendrán entre 12.04 y 12.08 onzas, aproximadamente el 95% tendrá entre 12.02 y 12.10 onzas, y aproximadamente el 99.7% tendrá entre 12.00 y 12.12 onzas. Así que es muy poco probable que una lata tenga menos de 12 onzas.

La regla de Chebyshev

La **regla de Chebyshev** (referencia 1) establece que para todo conjunto de datos, independientemente de su forma, el porcentaje de valores que se encuentran a una distancia de k desviaciones estándar o menos de la media, debe ser por lo menos igual a

$$(1 - 1/k^2) \times 100\%$$

Puede usar esta regla para todo valor de k mayor que 1. Considere una $k = 2$. La regla de Chebyshev establece que al menos $[1 - (1/2)^2] \times 100\% = 75\%$ de los valores deben estar dentro de ±2 desviaciones estándar de la media.

La regla de Chebyshev es muy general y se aplica a cualquier tipo de distribución. La regla señala *por lo menos* el porcentaje de valores que quedan dentro de una distancia dada de la media. Sin embargo, si el conjunto de datos tiene una forma que se aproxima a la de campana, la regla empírica reflejará con mayor precisión la mayor concentración de datos cerca de la media. En la tabla 3.6 se comparan la regla empírica y la de Chebyshev.

TABLA 3.6
Variación de los datos con respecto a la media.

	Porcentaje de valores encontrados en intervalos alrededor de la media	
Intervalo	**Chebyshev (para toda distribución)**	**Regla empírica (distribución con forma de campana)**
$(\mu - \sigma, \mu + \sigma)$	Al menos 0%	Aproximadamente 68%
$(\mu - 2\sigma, \mu + 2\sigma)$	Al menos 75%	Aproximadamente 95%
$(\mu - 3\sigma, \mu + 3\sigma)$	Al menos 88.89%	Aproximadamente 99.7%

EJEMPLO 3.13 USO DE LA REGLA DE CHEBYSHEV

Como en el ejemplo 3.12, la media de la cantidad de llenado de una población integrada por 12 latas de gaseosa es de 12.06 onzas y una desviación estándar de 0.02. Sin embargo, no se conoce la forma de la población y no es posible suponer que tiene forma de campana. Describa la distribución de la cantidad de llenado de las latas. ¿Existe una gran probabilidad de que una lata tenga menos de 12 onzas de gaseosa?

SOLUCIÓN

$$\mu \pm \sigma = 12.06 \pm 0.02 = (12.04, 12.08)$$
$$\mu \pm 2\sigma = 12.06 \pm 2(0.02) = (12.02, 12.10)$$
$$\mu \pm 3\sigma = 12.06 \pm 3(0.02) = (12.00, 12.12)$$

Como la distribución posiblemente sea asimétrica, no es pertinente utilizar la regla empírica. Usando la regla de Chebyshev no se puede decir algo sobre el porcentaje de latas que tienen entre 12.04 y 12.08 onzas. Es posible determinar que al menos el 75% de las latas tendrán entre 12.02 y 12.10 onzas, y que por lo menos el 88.89% tendrán entre 12.00 y 12.12 onzas. Por lo tanto, entre 0 y 11.11% de las latas tienen menos de 12 onzas.

Cuando se tienen datos muestrales, estas dos reglas permiten entender cómo se distribuyen los datos alrededor de la media. En todo caso, use el valor de $\bar{X}$ que calculó, en lugar de μ y el que calculó para S en lugar de σ. Los resultados calculados empleando los estadísticos muestrales son aproximaciones, ya que utilizó estadísticos muestrales ($\bar{X}$, S) y no parámetros poblacionales (μ, σ).

PROBLEMAS PARA LA SECCIÓN 3.2

Aprendizaje básico

ASISTENCIA de PH Grade **3.21** A continuación se presenta un conjunto de datos para una población con $N = 10$:

7 5 11 8 3 6 2 1 9 8

a. Calcule la media poblacional.
b. Calcule la desviación estándar poblacional.

ASISTENCIA de PH Grade **3.22** A continuación se presenta un conjunto de datos para una población con $N = 10$:

7 5 6 6 6 4 8 6 9 3

a. Calcule la media poblacional.
b. Calcule la desviación estándar poblacional.

Aplicación de conceptos

AUTO Examen **3.23** Los siguientes datos representan las declaraciones trimestrales de impuestos por ventas (en miles de dólares), correspondientes al periodo que finalizó en marzo de 2004, enviados al contralor del poblado Fair Lake por los 50 negocios establecidos en dicha localidad: **TAX**

10.3	11.1	9.6	9.0	14.5
13.0	6.7	11.0	8.4	10.3
13.0	11.2	7.3	5.3	12.5
8.0	11.8	8.7	10.6	9.5
11.1	10.2	11.1	9.9	9.8
11.6	15.1	12.5	6.5	7.5
10.0	12.9	9.2	10.0	12.8
12.5	9.3	10.4	12.7	10.5
9.3	11.5	10.7	11.6	7.8
10.5	7.6	10.1	8.9	8.6

a. Calcule la media, la varianza y la desviación estándar de esta población.
b. ¿Qué proporción de estos negocios tienen declaraciones trimestrales de impuestos sobre ventas dentro de ±1, ±2 o ±3 desviaciones estándar de la media?
c. Compare y encuentre las diferencias entre sus hallazgos con lo que cabría esperar de acuerdo con la regla empírica. ¿Le sorprenden los resultados obtenidos en *b*)?

ASISTENCIA de PH Grade **3.24** Considere una población de 1,024 fondos de inversión que invierten principalmente en empresas grandes. Usted determinó que μ, la media del porcentaje total anual de rendimientos obtenidos por todos los fondos es 8.20 y que σ, la desviación estándar, es 2.75. Suponga además que determinó que el rango del porcentaje total anual va de −2.0 a 17.1 y que los cuartiles son 5.5 (Q_1) y 10.5(Q_3), respectivamente. De acuerdo con la regla empírica, ¿qué porcentaje de estos fondos se espera que estén
a. dentro de ±1 desviaciones estándar de la media?
b. dentro de ±2 desviaciones estándar de la media?
c. De acuerdo con la regla de Chebyshev, ¿qué porcentaje de estos fondos se espera que estén dentro de ±1, ±2 o ±3 desviaciones estándar de la media?
d. De acuerdo con la regla de Chebyshev, se espera que al menos el 93.75% de estos fondos tengan rendimientos totales anuales entre ¿cuáles dos cantidades?

3.25 En la siguiente tabla **ASSETS** se representan los activos de cinco grandes fondos de capital, en miles de millones de dólares.

Fondo de capital	Activos (miles de millones de dólares)
Vanguard GNMA	19.5
Vanguard Total Bond Mkt. Index	16.8
Bond Fund of America A	13.7
Franklin Calif. Tax-Free Inc. A	12.8
Vanguard Short-Term Corp.	10.9

a. Calcule la media de esta población constituida por los cinco bonos de capital más grandes. Interprete este parámetro.
b. Calcule la varianza y la desviación estándar de esta población. Interprete estos parámetros.
c. ¿Existe mucha variabilidad en los activos de los fondos de capital?

3.26 Los datos del archivo **ENERGY** contienen el consumo de energía per cápita en kilowatts-hora de cada uno de los 50 estados y el distrito de Columbia, que constituyen a Estados Unidos, durante 1999.
a. Calcule la media, la varianza y desviación estándar de la población.
b. ¿Qué proporción de estos estados tienen un consumo de energía promedio per cápita dentro de ±1 desviación estándar de la media, dentro de ±2 desviaciones estándar de la media, y dentro de ±3 desviaciones estándar de la media?
c. Compare y encuentre las diferencias entre sus hallazgos contra lo que cabría esperar de acuerdo con la regla empírica. ¿Le sorprenden los resultados obtenidos en *b*)?
d. Eliminando los datos correspondientes al distrito de Columbia en los incisos *a*) a *c*), ¿cómo cambian los resultados?

3.27 Los datos en el archivo **DOWRETURN** muestran el rendimiento anualizado de 10 años (1994-2003) correspondiente a 30 empresas incluidas en el Dow Jones Industrials.
a. Calcule la media de esta población. Interprete este número.
b. Calcule la varianza y la desviación estándar de esta población. Interprete la desviación estándar.
c. Utilice la regla empírica o la de Chebyshev, la que resulte apropiada, para explicar aún más la variación de este conjunto de datos.
d. Utilizando los resultados de *c*), ¿existen algunos datos atípicos? Explique su respuesta.

3.3 ANÁLISIS EXPLORATORIO DE DATOS

En la sección 3.1 se analizaron estadísticos muestrales para datos numéricos como son las medidas de tendencia central, variación y forma. Otra manera de describir datos numéricos es mediante el análisis exploratorio de datos, que incluye el resumen de cinco números y la gráfica de caja y bigote (referencias 5 y 6).

Resumen de cinco números

Un **resumen de cinco números** compuesto por:

$$X_{\text{menor}} \quad Q_1 \quad \text{Mediana} \quad Q_3 \quad X_{\text{mayor}}$$

permite determinar la forma de la distribución. En la tabla 3.7 se explica cómo las relaciones entre los “cinco números” le permiten reconocer la forma del conjunto de datos.

TABLA 3.7
Relaciones entre el resumen de cinco números y el tipo de distribución

	Tipo de distribución		
Comparación	**Asimétrico a la izquierda**	**Simétrico**	**Asimétrico a la derecha**
La distancia de X_{menor} a la mediana contra la distancia de la mediana a X_{mayor}.	La distancia de X_{menor} a la mediana es mayor que la distancia de la mediana a X_{mayor}.	Ambas distancias son iguales.	La distancia de X_{menor} a la mediana es menor que la distancia de la mediana a X_{mayor}.
La distancia de X_{menor} a Q_1 contra la distancia de Q_3 a X_{mayor}.	La distancia de X_{menor} a Q_1 es mayor que la distancia de Q_3 a X_{mayor}.	Ambas distancias son iguales.	La distancia de X_{menor} a Q_1 es menor que la distancia de Q_3 a X_{mayor}.
La distancia de Q_1 a la mediana contra la distancia de la mediana a Q_3	La distancia de Q_1 a la mediana es mayor que la distancia de la mediana a Q_3	Ambas distancias son iguales.	La distancia de Q_1 a la mediana es menor que la distancia de la mediana a Q_3.

Para la muestra de 10 tiempos necesarios para arreglarse, el menor valor es 29 minutos y el mayor es 52 minutos (vea las páginas 75 y 77). Los cálculos ya realizados en la sección 3.1 indican que la mediana = 39.5, el primer cuartil = 35, y el tercer cuartil = 44. Por lo tanto, el resumen de cinco puntos es:

$$29 \quad 35 \quad 39.5 \quad 44 \quad 52$$

La distancia de X_{menor} a la mediana $(39.5 - 29 = 10.5)$ es ligeramente menor que la distancia de la mediana a X_{mayor} $(52 - 39.5 = 12.5)$. La distancia de X_{menor} a Q_1 $(35 - 29 = 6)$ es ligeramente menor que la distancia de Q_3 a X_{mayor} $(52 - 44 = 8)$. De esta forma, los tiempos para arreglarse son ligeramente asimétricos a la derecha.

EJEMPLO 3.14 CÁLCULO DEL RESUMEN DE LOS CINCO NÚMEROS DEL PORCENTAJE DE RENDIMIENTO EN 2003 DE LOS FONDOS DE INVERSIÓN DE ALTO RIESGO PARA PEQUEÑOS CAPITALES

Los 121 fondos de inversión que forman parte del escenario “Uso de la estadística” (vea la página 72), se clasifican de acuerdo con el nivel de riesgo (bajo, medio y alto) y el tamaño del capital invertido (pequeño, mediano y gran capital). Calcule el resumen de cinco puntos del rendimiento en 2003 de los nueve fondos de inversión de alto riesgo para pequeños capitales. **MUTUALFUNDS2004**

SOLUCIÓN

De los cálculos previos realizados a los rendimientos en 2003 de los fondos de alto riesgo para pequeños capitales (vea las páginas 76 y 78), la mediana = 53.8, el primer cuartil = 41.7, y el tercer cuartil = 60.85. Además, el menor valor del conjunto de datos es 37.3 y el mayor es 66.5. Por lo tanto, el resumen de cinco puntos es:

37.3 41.7 53.8 60.85 66.5

La distancia de X_{menor} a la mediana (53.8 – 37.3 = 16.5) es mayor que la distancia de la mediana a X_{mayor} (66.5 – 53.8 = 12.7). Esto indica asimetría a la izquierda. La distancia de X_{menor} a Q_1 (41.7 – 37.3 = 4.4) es ligeramente menor que la distancia de Q_3 a X_{mayor} (66.5 – 60.85 = 5.65). Esto indica una ligera asimetría a la derecha. Por lo tanto, los resultados son incongruentes.

Gráfica de caja y bigote

La **gráfica de caja y bigote** ofrece una representación visual de los datos basada en el resumen de cinco números. En la figura 3.4 se ilustra la gráfica de caja y bigote de los tiempos necesarios para arreglarse.

FIGURA 3.4

Gráfica de caja y bigote del tiempo necesario para arreglarse.

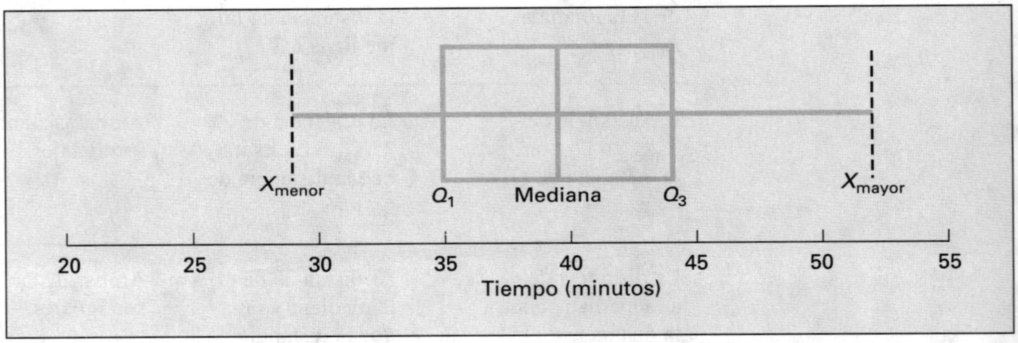

La línea vertical dibujada dentro de la caja representa a la mediana. La línea vertical a la izquierda de la caja representa la ubicación de Q_1 y la línea vertical a la derecha de la caja representa la ubicación de Q_3. De esta forma, la caja contiene al 50% de los valores de la distribución. El 25% inferior de los datos se representa mediante una línea (es decir, un *bigote*) que une el lado izquierdo de la caja con la ubicación del menor valor, X_{menor}. De la misma manera, el 25% superior de los datos se representa mediante un bigote que une el lado derecho de la caja con la ubicación del valor mayor, X_{mayor}.

La gráfica de caja y bigote de los tiempos necesarios para arreglarse que aparece en la figura 3.4 muestra una muy ligera asimetría a la derecha, ya que la distancia entre la mediana y el valor mayor es levemente mayor que la distancia entre el menor valor y la mediana. El bigote derecho es un poco más largo que el izquierdo.

EJEMPLO 3.15 GRÁFICA DE CAJA Y BIGOTE DEL RENDIMIENTO PORCENTUAL EN 2003 DE LOS FONDOS DE INVERSIÓN DE RIESGO BAJO, PROMEDIO Y ALTO

Los 121 fondos de inversión que forman parte del escenario "Uso de la estadística" (vea la página 72) se clasifican de acuerdo con su nivel de riesgo (bajo, medio y alto) y tamaño del capital invertido (pequeño, mediano y gran capital). Construya la gráfica de caja y bigote para los rendimientos en 2003 para los fondos de inversión de riesgo bajo, promedio y alto. **MUTUALFUNDS2004**

SOLUCIÓN

En la figura 3.5 aparece la gráfica de caja y bigote de los rendimientos en 2003 para los fondos de inversión de riesgo bajo, promedio, y alto, elaborada en Minitab. Este programa muestra la gráfica de manera vertical, de inferior (bajo) a superior (alto). El asterisco (*) de los fondos de riesgo promedio representa la presencia de valores atípicos.[2] La media del porcentaje de rendimiento y los cuartiles de los fondos de alto riesgo son mayores que los correspondientes a los fondos de riesgo bajo o promedio. Los fondos de riesgo promedio son asimétricos a la derecha, a causa del rendimiento extremadamente alto de uno de ellos (78). Los fondos de alto riesgo aparecen asimétricos a la izquierda por el largo bigote inferior, pero la mediana del rendimiento está más cerca del primer cuartil que del tercero. Los fondos de bajo riesgo aparecen ligeramente asimétricos a la derecha porque el bigote superior es más largo que el interior.

[2]Si existen valores atípicos, los bigotes de la gráfica de caja y bigote de Minitab se extienden 1.5 veces el rango intercuartil más allá de los cuartiles o hasta el valor más alto.

FIGURA 3.5

Gráfica de caja y bigote de los rendimientos en 2003, en Minitab, para los fondos de inversión de riesgo bajo, promedio y alto.

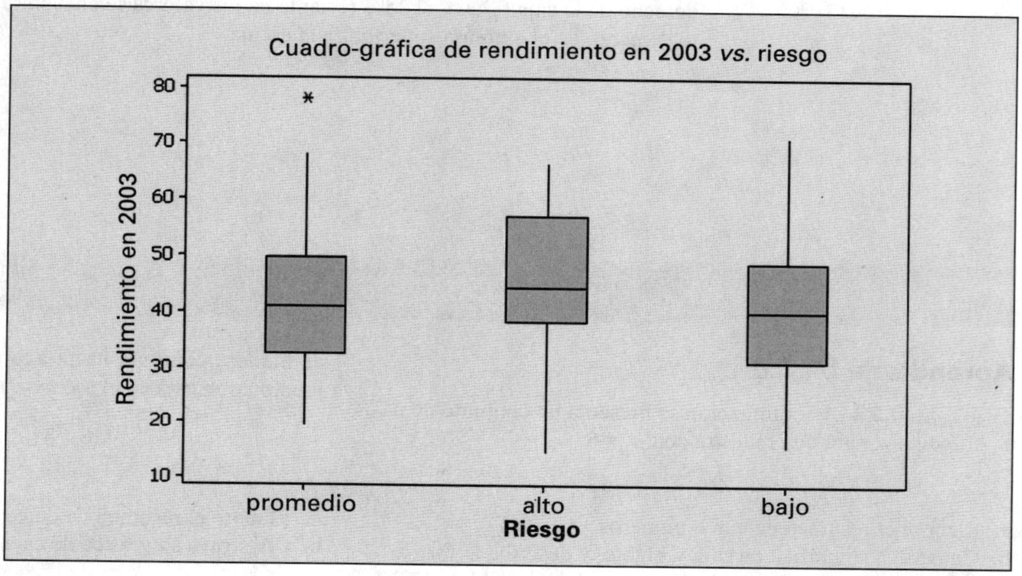

En la figura 3.6 se comprueba la relación que existe entre la gráfica de caja y bigote y el polígono de cuatro tipos distintos de distribución. (*Nota:* El área bajo cada polígono se divide en cuartiles que corresponden al resumen de cinco números de la gráfica de caja y bigote.)

FIGURA 3.6

Gráficas de caja y bigote, y sus polígonos correspondientes, de cuatro distribuciones.

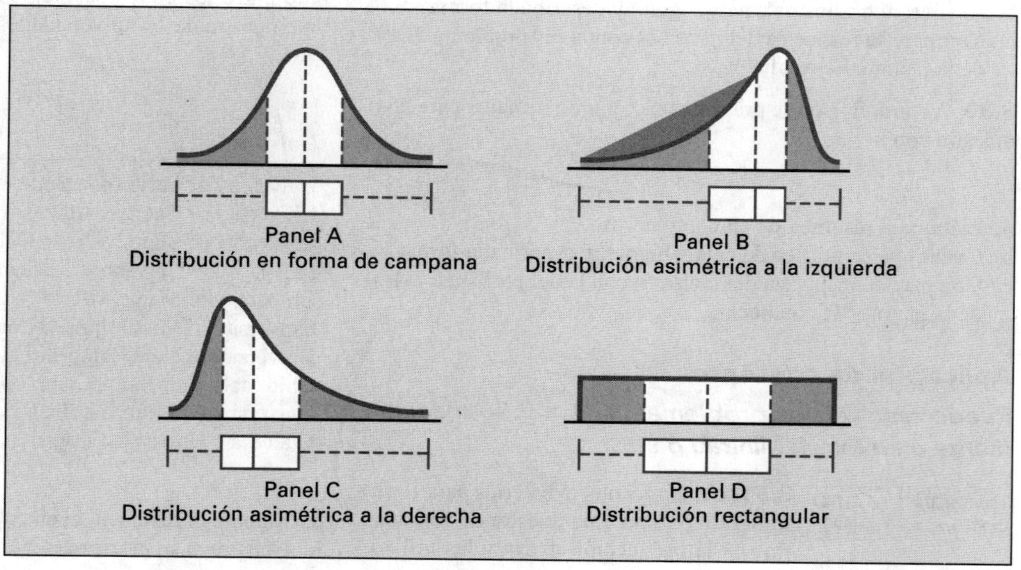

Los paneles A y D de la figura 3.6 son simétricos. En estas distribuciones, la media y la mediana son iguales. Además, la longitud del bigote izquierdo es igual a la del derecho, y la línea que representa a la mediana divide la caja por la mitad.

El panel B de la figura 3.6 es asimétrico a la izquierda. Los pocos valores pequeños inclinan a la media hacia la punta izquierda. Para esta distribución asimétrica a la izquierda, la asimetría indica que existe un marcado agrupamiento de los valores en el extremo superior de la escala (es decir, el lado derecho); el 75% de todos los valores se encuentran entre el extremo izquierdo de la caja (Q_1) y el extremo del bigote derecho (X_{mayor}). Por lo tanto, el largo bigote izquierdo contiene al 25% más pequeño de los valores, lo que demuestra distorsión de la simetría de este conjunto de datos.

El panel C de la figura 3.6 es asimétrico a la derecha. La concentración de valores está en el extremo inferior de la escala (es decir, en el lado izquierdo de la gráfica de caja y bigote). Aquí, el 75% de todos los valores se encuentran entre el principio del bigote izquierdo (X_{menor}) y el extremo derecho de la caja (Q_3), y el 25% restante de los valores se encuentran dispersos a lo largo del bigote derecho, en el extremo superior de la escala.

PROBLEMAS PARA LA SECCIÓN 3.3

Aprendizaje básico

ASISTENCIA de PH Grade

3.28 A continuación se presenta un conjunto de datos para una muestra con $n = 6$:

7 4 9 7 3 12

a. Elabore el resumen de cinco números.
b. Construya su gráfica de caja y bigote, y describa la forma.
c. Compare su respuesta del inciso *b*) con la del problema 3.2*d*) de la página 90. Analícela.

ASISTENCIA de PH Grade

3.29 A continuación se presenta un conjunto de datos para una muestra con $n = 7$:

12 7 4 9 0 7 3

a. Elabore el resumen de cinco números.
b. Realice su gráfica de caja y bigote, y describa la forma.
c. Compare su respuesta del inciso *b*) con la del problema 3.3*c*) de la página 90. Analícela.

3.30 A continuación se presenta un conjunto de datos para una muestra con $n = 5$:

7 −5 −8 7 9

a. Elabore el resumen de cinco números.
b. Construya su gráfica de caja y bigote, y describa la forma.
c. Compare su respuesta del inciso *b*) con la del problema 3.4*c*) de la página 90. Analícela.

Aplicación de conceptos

Puede resolver los problemas 3.31 a 3.36 manualmente o en Excel, Minitab o SPSS.

ASISTENCIA de PH Grade — AUTO Examen

3.31 Un fabricante de baterías para flash fotográfico tomó una muestra de 13 baterías de la producción diaria y las utilizó de manera continua hasta agotarlas. El número de horas que funcionaron está en el archivo. **BATTERIES**

342 426 317 545 264 451
1,049 631 512 266 492 562 298

a. Elabore el resumen de cinco números.
b. Construya su gráfica de caja y bigote, y describa la forma.

3.32 Durante el ciclo escolar 2002-2003, muchas universidades estadounidenses elevaron sus cuotas y tarifas de manutención, como consecuencia de la reducción de los subsidios estatales (Mary Beth Marklein, "Public Universities Raise Tuition, Fees -and Ire", *USA Today*, 8 de agosto, 2002, 1A-2A). A continuación se representa el cambio del costo de inscripción un dormitorio compartido y el plan de alimentación más solicitado entre los ciclos escolares 2001-2002 y 2002-2003, para una muestra de 10 universidades públicas. **COLLEGECOST**

Universidad	Cambio en el costo ($)
University of California, Berkeley	1,589
University of Georgia, Athens	593
University of Illinois, Urbana-Champaign	1,223
Kansas State University, Manhattan	869
University of Maine, Orono	423
University of Mississippi, Oxford	1,720
University of New Hampshire, Durham	708
Ohio State University, Columbus	1,425
University of South Carolina, Columbia	922
Utah State University, Logan	308

a. Elabore el resumen de cinco números.
b. Construya su gráfica de caja y bigote, y describa la forma.

3.33 Una empresa dedicada a la consultoría y al desarrollo de software, ubicada en el área metropolitana de Phoenix, desarrolla software para sistemas administrativos de cadenas de suministro y se vale de la reutilización sistemática de software. En lugar de comenzar desde cero para elaborar y desarrollar nuevos sistemas personalizados de software, utiliza una base de datos que contiene componentes reutilizables que suman más de 2,000,000 de líneas de código, recopilados a lo largo de 10 años de actividades continuas. Se pide a ocho analistas de la empresa que calculen la tasa de reutilización cuando se desarrolla un nuevo sistema de software. Los siguientes datos corresponden al porcentaje total de código que procede de la base de datos de reutilización y forma parte del sistema de software. **REUSE**

50.0 62.5 37.5 75.0 45.0 47.5 15.0 25.0

Fuente: M. A. Rothenberger y K. J. Dooley, "A Performance Measure for Software Reuse Projects", Decision Sciences, *30 (Otoño de 1999), 1131-1153.*

a. Elabore el resumen de cinco números.
b. Realice su gráfica de caja y bigote, y describa la forma de los datos.

3.34 Los siguientes datos representan la tarifa (en dólares) por cheque devuelto de una muestra de 23 bancos, para los clientes de depósito directo que conservan un saldo de $100 y la cuota (en dólares) mensual por manejo de cuenta, si sus cuentas no conservan el saldo mínimo requerido de $1,500, de una muestra de 26 bancos. **BANKCOST1 BANKCOST2**

Tarifa por cheque devuelto

26 28 20 20 21 22 25 25 18 25 15 20 18 20 25 25 22 30 30 30 15 20 29

Cuota mensual por manejo de cuenta

12 8 5 5 6 6 10 10 9 7 10 7 7 5 0 10 6 9 12 0 5 10 8 5 5 9

Fuente: "The New Face of Banking", Copyright © 2000 por Consumers Union of U.S., Inc., Yonkers, NY 10703-1057. Adaptado con autorización de Consumer Reports, *junio de 2000.*

a. Elabore el resumen de cinco números de la tarifa por cheque devuelto y de la cuota mensual por manejo de cuenta.
b. Realice la gráfica de caja y bigote de la tarifa por cheque devuelto y de la cuota mensual por manejo de cuenta.
c. ¿Qué similitudes y diferencias existen en la distribución de la tarifa por cheque devuelto y de la cuota mensual por manejo de cuenta?

3.35 Los siguientes datos representan el total de grasas en hamburguesas y artículos de pollo tomados de una muestra de cadenas de comida rápida. **FASTFOOD**

Hamburguesas

19 31 34 35 39 39 43

Pollo

7 9 15 16 16 18 22 25 27 33 39

Fuente: "Quick Bites", Copyright © 2001 por Consumers Union of US., Inc., Yonkers, NY 10703-1057. Adaptado con autorización de Consumer Reports, *marzo de 2001, 46.*

a. Elabore el resumen de cinco puntos para las hamburguesas y para los productos de pollo.
b. Construya la gráfica de caja y bigote para las hamburguesas y los productos de pollo, y describa la forma de la distribución de cada una.
c. ¿Qué similitudes y diferencias existen en la distribución de hamburguesas y de productos de pollo?

3.36 Una sucursal bancaria ubicada en una zona comercial de la ciudad desarrolló un proceso mejorado para atender a sus clientes durante la hora del almuerzo a mediodía, hasta la 1:00 PM. Durante una semana se registra el tiempo de espera en minutos (definido de manera operacional como el tiempo transcurrido desde que el cliente se forma en la fila hasta que llega a la ventanilla del cajero) de todos los clientes en ese horario. Se selecciona una muestra aleatoria de 15 clientes, y los resultados son los siguientes: **BANK1**

4.21 5.55 3.02 5.13 4.77 2.34 3.54
3.20 4.50 6.10 0.38 5.12 6.46 6.19 3.79

Otra sucursal, ubicada en una zona residencial, también está preocupada por el horario del almuerzo de mediodía hasta la 1:00 PM. Durante una semana, se registra el tiempo de espera en minutos (definido como el tiempo transcurrido desde que el cliente se forma en la fila hasta que llega a la ventanilla del cajero) de todos los clientes en ese horario. Se selecciona una muestra aleatoria de 15 clientes, y los resultados son los siguientes: **BANK2**

9.66 5.90 8.02 5.79 8.73 3.82 8.01
8.35 10.49 6.68 5.64 4.08 6.17 9.91 5.47

a. Elabore el resumen de cinco números para tiempo de espera en ambas sucursales bancarias.
b. Construya la gráfica de caja y bigote, y describa la forma de la distribución de las dos sucursales.
c. ¿Qué similitudes y diferencias existen en la distribución de los tiempos de espera en ambas sucursales bancarias?

3.4 LA COVARIANZA Y EL COEFICIENTE DE CORRELACIÓN

En la sección 2.5, usted utilizó los diagramas de dispersión para examinar de forma visual la relación que existe entre dos variables numéricas. En esta sección, se analizan la covarianza y el coeficiente de correlación, que miden la fortaleza de la relación entre dos variables numéricas.

La covarianza

La **covarianza** mide la fortaleza de la relación lineal entre dos variables numéricas (X y Y). La ecuación 3.16 define la **covarianza de una muestra** y el ejemplo 3.16 ilustra su uso.

LA COVARIANZA MUESTRAL

$$\text{cov}(X,Y) = \frac{\sum_{i=1}^{n}(X_i - \bar{X})(Y_i - \bar{Y})}{n-1} \quad \textbf{(3.16)}$$

EJEMPLO 3.16

CÁLCULO DE LA COVARIANZA DE UNA MUESTRA

Considere el coeficiente de gastos y los rendimientos en 2003 de los fondos de inversión de alto riesgo para pequeños capitales. Calcule la covarianza de la muestra.

SOLUCIÓN

La tabla 3.8 presenta el coeficiente de gastos y los rendimientos de los fondos de inversión de alto riesgo para pequeños capitales, y en la figura 3.7 aparece una hoja de Excel que calcula la covarianza de esos datos. El área de cálculos de la figura 3.7 descompone la ecuación (3.16) en un conjunto de cálculos más pequeños. A partir de la celda C17, o directamente por la ecuación (3.16), se sabe que la covarianza es 1.19738.

$$\text{cov}(X,Y) = \frac{9.579}{9-1}$$
$$= 1.19738$$

TABLA 3.8
Coeficiente de gastos y rendimientos en 2003 de los fondos de inversión de alto riesgo para pequeños capitales.

Coeficiente de gastos	Rendimiento en 2003
1.25	37.3
0.72	39.2
1.57	44.2
1.40	44.5
1.33	53.8
1.61	56.6
1.68	59.3
1.42	62.4
1.20	66.5

FIGURA 3.7
Hoja de Excel que calcula la covarianza entre el coeficiente de gastos y los rendimientos en 2003 de los fondos de alto riesgo para pequeños capitales.

	A	B	C	
1	Expense ratio (X)	Return 2003 (Y)	(X-XBar)(Y-YBar)	
2	1.25	37.3	1.47078	=(A2 - $C$13) * (B2 - $C$14)
3	0.72	39.2	7.81111	=(A3 - $C$13) * (B3 - $C$14)
4	1.57	44.2	-1.58889	=(A4 - $C$13) * (B4 - $C$14)
5	1.4	44.5	-0.32822	=(A5 - $C$13)* (B5 - $C$14)
6	1.33	53.8	-0.05289	=(A6 - $C$13) * (B6 - $C$14)
7	1.61	56.6	1.30044	=(A7 - $C$13) * (B7 - $C$14)
8	1.68	59.3	2.53711	=(A8 - $C$13) * (B8 - $C$14)
9	1.42	62.4	0.72444	=(A9 - $C$13) * (B9 - $C$14)
10	1.2	66.5	-2.29489	=(A10 - $C$13) * (B10 - $C$14)
11				
12		Calculations		
13		XBar	1.353333333	=AVERAGE(A2:A10)
14		YBar	51.53333333	=AVERAGE(B2:B10)
15		*n*-1	8	=COUNT(A2:A10) - 1
16		Sum	9.57900	=SUM(C2:C10)
17		Covariance	1.19738	=C16/C15

La covarianza tiene un defecto importante como medida de la relación lineal entre dos variables numéricas. Como la covarianza puede tener cualquier valor, es imposible determinar la fortaleza relativa de la relación. Para ello, es necesario calcular el coeficiente de correlación.

Coeficiente de correlación

El **coeficiente de correlación** mide la fortaleza relativa de una relación lineal entre dos variables numéricas. Los valores del coeficiente de correlación varían desde −1 para una correlación negativa perfecta, hasta +1 para una correlación positiva perfecta. *Perfecta* quiere decir que si se trazaran los puntos en un diagrama de dispersión, todos ellos se podrían unir por medio de una línea recta. Al tratar con datos poblacionales para variables numéricas, se utiliza la letra griega ρ como símbolo del coeficiente de correlación. En la figura 3.8 se ilustran tres tipos diferentes de asociación entre dos variables.

FIGURA 3.8
Tipos de asociación entre variables.

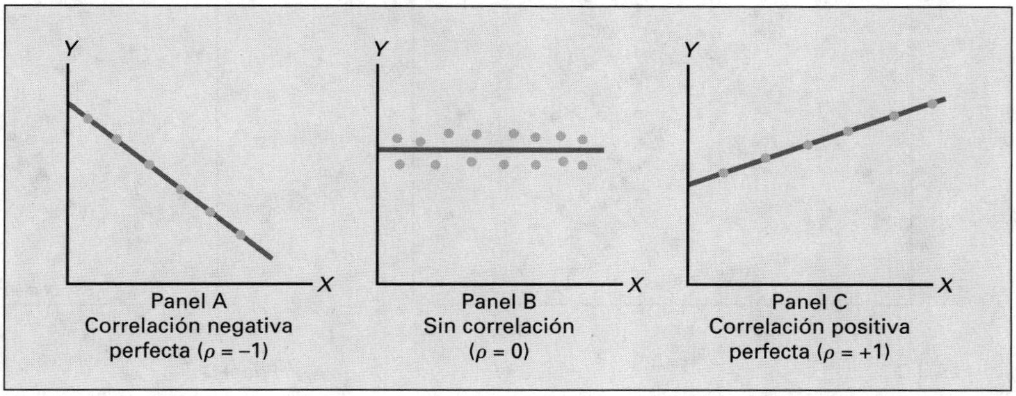

En el panel A de la figura 3.8 hay una relación lineal negativa perfecta entre *X* y *Y*. De esta manera, el coeficiente de relación ρ es igual a −1, y al aumentar *X*, *Y* disminuye de una manera perfectamente predecible. El panel B ilustra una situación en la que no existe relación entre *X* y *Y*. En este caso, el coeficiente de correlación ρ es igual a 0, y al aumentar *X* no existe tendencia de *Y* a aumentar ni disminuir. El panel C ilustra una relación positiva perfecta en la que ρ es igual a +1. En este caso, *Y* aumenta de una manera perfectamente predecible cuando lo hace *X*.

Cuando se tienen datos muestrales, se calcula el coeficiente muestral de correlación *r*. Al utilizar los datos de una muestra, es difícil que se tenga un coeficiente muestral de exactamente +1 o −1. En la figura 3.9 de la página 106 se presentan diagramas de dispersión, con sus respectivos coeficientes muestrales de correlación *r* para seis conjuntos de datos, cada uno de los cuales contiene 100 valores de X y Y.

En el panel A, el coeficiente de correlación *r* es −0.9. Como se observa, donde los valores de *X* son más pequeños existe una fuerte tendencia a que los valores de *Y* sean grandes. De la misma forma, los valores pequeños de *X* tienden a hermanarse con valores pequeños en *Y*. No todos los datos quedan sobre una línea recta, por lo que la asociación entre *X* y *Y* no se describe como *perfecta*. Los datos del panel B tienen un coeficiente de correlación igual a −0.6, y los valores pequeños de *X* tienden a hermanarse con los valores grandes de *Y*. La relación lineal entre *X* y *Y* en el panel B no es tan fuerte como en el panel A. Así, el coeficiente de correlación en el panel B no es tan negativo como en el panel A. En el panel C, la relación lineal entre *X* y *Y* es muy débil, $r = -0.3$, y sólo existe una ligera tendencia de los valores pequeños de *X* a hermanarse con los más grandes de *Y*. En los paneles D a F se describen conjuntos de datos con coeficientes de correlación positivos, porque los valores pequeños de *X* tienden a hermanarse con los valores pequeños de *Y*, y los valores grandes de *X* tienden a asociarse con los valores grandes de *Y*.

En el análisis de la figura 3.9, las relaciones se describieron deliberadamente como *tendencias* y no como *causa-efecto*. Ese término se utilizó con un propósito. La sola correlación no prueba que

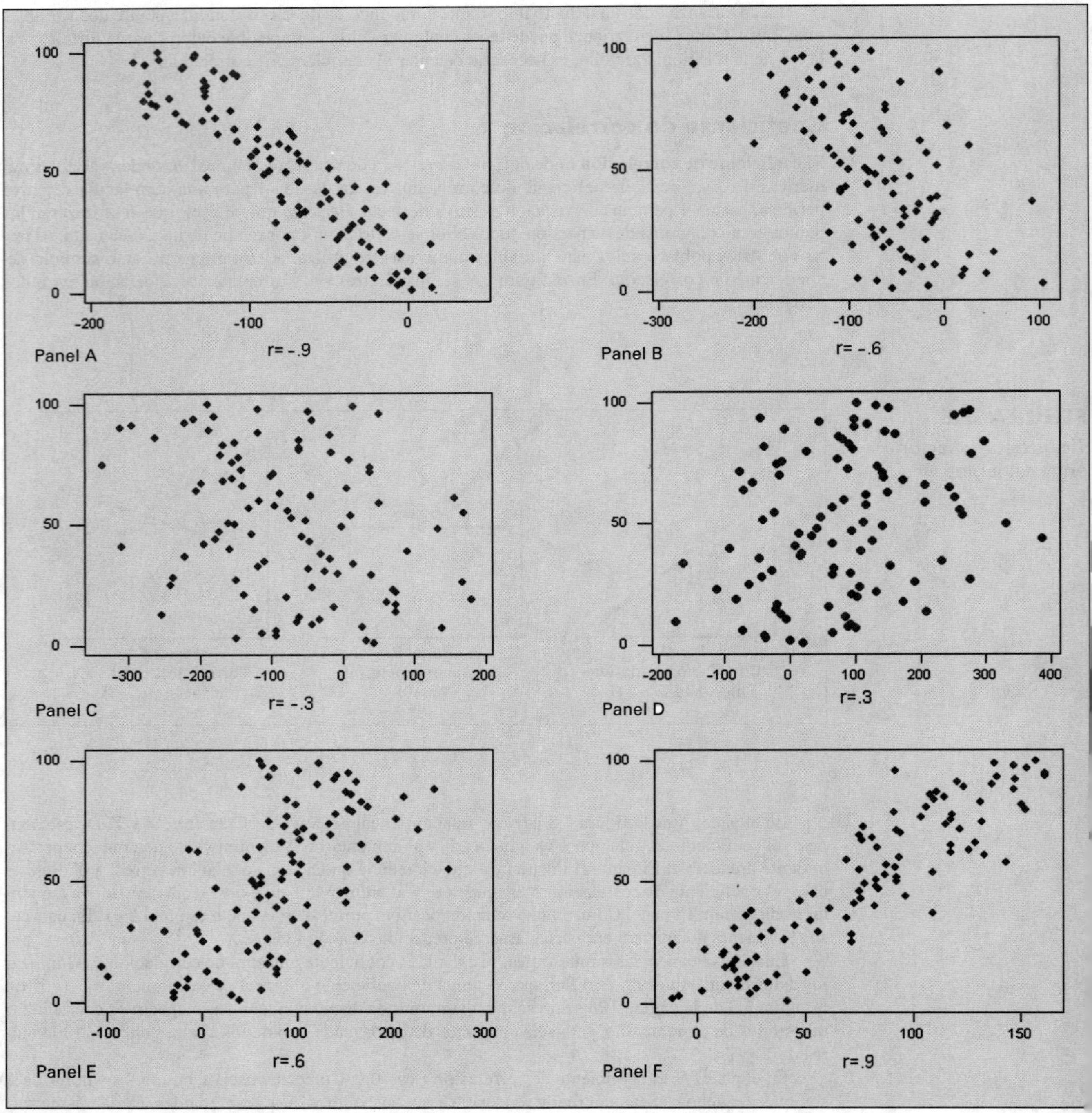

FIGURA 3.9 Seis diagramas de dispersión creados con Minitab y sus respectivos coeficientes de correlación *r*.

existe un efecto de causalidad, es decir, que el cambio en el valor de una variable *causó* el cambio e la otra variable. Una correlación fuerte puede producirse por simple coincidencia, por el efecto d una tercera variable que no se tomó en cuenta en el cálculo, o por una relación de causa-efecto. Se ría necesario realizar un análisis adicional para determinar cuál de estas tres situaciones produc verdaderamente la correlación. Por tanto, se afirma que la causalidad implica correlación, pero la sc la correlación no implica causalidad.

La ecuación (3.17) define el **coeficiente muestral de correlación** *r* y el ejemplo 3.17 ilustr su uso.

COEFICIENTE MUESTRAL DE CORRELACIÓN

$$r = \frac{\text{cov}(X,Y)}{S_X S_Y} \tag{3.17}$$

donde

$$\text{cov}(X, Y) = \frac{\sum_{i=1}^{n}(X_i - \bar{X})(Y_i - \bar{Y})}{n-1}$$

$$S_X = \sqrt{\frac{\sum_{i=1}^{n}(X_i - \bar{X})^2}{n-1}}$$

$$S_Y = \sqrt{\frac{\sum_{i=1}^{n}(Y_i - \bar{Y})^2}{n-1}}$$

El ejemplo 3.17 ilustra el cálculo del coeficiente muestral de correlación r mediante la ecuación (3.17).

EJEMPLO 3.17

CÁLCULO DEL COEFICIENTE MUESTRAL DE CORRELACIÓN

Considere el coeficiente de gastos y los rendimientos en 2003 de los fondos de inversión de alto riesgo para pequeños capitales. A partir de la figura 3.10 y de la ecuación (3.17), calcule el coeficiente muestral de correlación.

SOLUCIÓN

$$r = \frac{\text{cov}(X,Y)}{S_X S_Y}$$

$$= \frac{1.19738}{(0.287663)(10.554383)}$$

$$= 0.3943786$$

FIGURA 3.10

Hoja de Excel que calcula el coeficiente de correlación entre los gastos y los rendimientos en 2003 de los fondos de alto riesgo para pequeños capitales.

	A	B	C	D	E	
1	Expense ratio	Return 2003	(X-XBar)^2	(Y-YBar)^2	(X-XBar)(Y-YBar)	
2	1.25	37.3	0.0107	202.5878	1.4708	
3	0.72	39.2	0.4011	152.1111	7.8111	
4	1.57	44.2	0.0469	53.7778	-1.5889	
5	1.4	44.5	0.0022	49.4678	-0.3282	(formulas for range
6	1.33	53.8	0.0005	5.1378	-0.0529	C2:E11 not shown)
7	1.61	56.6	0.0659	25.6711	1.3004	
8	1.68	59.3	0.1067	60.3211	2.5371	
9	1.42	62.4	0.0044	118.0844	0.7244	
10	1.2	66.5	0.0235	224.0011	-2.2949	
11		Sums:	0.662	891.16	9.5790	
12		:				
13				Calculations		
14				XBar	1.353333333	=AVERAGE(A2:A10)
15				YBar	51.53333333	=AVERAGE(B2:B10)
16				*n*-1	8	=COUNT(A2:A10) - 1
17				Covariance	1.19738	=E11/E16
18				S_X	0.287662997	=SQRT(C11/E16)
19				S_Y	10.55438298	=SQRT(D11/E16)
20				*r*	0.394378596	=CORREL(A2:A10,B2:B10) or =E17/(E18 * E19)

El coeficiente de gastos y los rendimientos en 2003 de los fondos de inversión de alto riesgo para pequeños capitales están correlacionados de forma positiva. Los fondos de inversión con menores coeficientes de gastos tienden a relacionarse con los menores rendimientos en 2003. Los fondos de inversión con mayores coeficientes de gastos tienden a relacionarse con los mayores rendimientos en 2003. Esta relación es muy débil, como lo indica el coeficiente de correlación, $r = 0.394$.

No es posible suponer que tener un bajo coeficiente de gastos provocó los bajos rendimientos en 2003. Sólo se puede decir que eso es lo que tiende a ocurrir en la muestra. Como con todas las inversiones, los resultados del pasado no avalan los del futuro.

En resumen, el coeficiente de correlación señala la relación, o asociación, lineal entre dos variables numéricas. Cuando el coeficiente de correlación se acerca a +1 o −1, es más fuerte la relación lineal entre las dos variables. Cuando el coeficiente de correlación se acerca a 0, existe poca o ninguna relación lineal. El signo del coeficiente de correlación señala si los datos se correlacionan de manera positiva (es decir, los valores más grandes de X se suelen hermanar con los valores más grandes de Y) o negativa (es decir, los valores más grandes de X se suelen hermanar con los valores más pequeños de Y). La existencia de una correlación fuerte no implica un efecto causal. Sólo señala las tendencias presentes en los datos.

PROBLEMAS PARA LA SECCIÓN 3.4

Aprendizaje básico

3.37 A continuación se presenta un conjunto de datos para una muestra con $n = 11$ elementos:

X	7	5	8	3	6	10	12	4	9	15	18
Y	21	15	24	9	18	30	36	12	27	45	54

a. Calcule la covarianza.
b. Calcule el coeficiente de correlación.
c. ¿Qué tan fuerte es la relación entre X y Y? Explique su respuesta.

Aplicación de conceptos

Puede resolver los problemas 3.38 a 3.43 manualmente o en Excel, Minitab o SPSS.

3.38 En un artículo publicado recientemente (J. Clements, "Why Investors Should Put up to 30% of Their Stock Portfolio in Foreign Funds", *The Wall Street Journal,* 26 de noviembre, 2003, D1) que analiza las inversiones en acciones extranjeras asegura que: el coeficiente de correlación entre el rendimiento de inversiones en acciones estadounidenses y acciones internacionales de gran capital fue de 0.80; entre acciones estadounidenses y acciones internacionales de pequeño capital fue de 0.53; entre acciones estadounidenses y bonos internacionales fue de 0.03; entre acciones estadounidenses y acciones de mercados emergentes fue de 0.71; y entre acciones estadounidenses y deuda de mercados emergentes fue de 0.58.
a. ¿Qué conclusiones se obtienen sobre la fortaleza de la relación entre el rendimiento de inversiones en acciones estadounidenses y los otros cinco tipos de inversiones?
b. Compare los resultados de *a*) con los del problema 3.39*a*).

3.39 Un artículo publicado recientemente (J. Clements, "Why Investors Should Put up to 30% of Their Stock Portfolio in Foreign Funds", *The Wall Street Journal,* 26 de noviembre, 2003, D1) que analiza las inversiones en bonos extranjeros asegura que: el coeficiente de relación entre el rendimiento de la inversión en bonos estadounidenses y acciones internacionales de gran capital fue de −0.13; entre bonos estadounidenses y acciones internacionales de pequeño capital fue de −0.18; entre bonos estadounidenses y bonos internacionales fue de 0.48; entre bonos estadounidenses y acciones de mercados emergentes fue de −0.20; y entre bonos estadounidenses y deuda de mercados emergentes fue de 0.10.
a. ¿Qué conclusiones se obtienen sobre la fortaleza de la relación entre el rendimiento de las inversiones en bonos estadounidenses y los otros cinco tipos de inversiones?
b. Compare los resultados de *a*) con los del problema 3.38*a*).

3.40 Los siguientes datos **COFFEEDRINK** representan las calorías y la grasa (en gramos) que contienen las raciones con 16 onzas de bebidas a base de café servidas en Dunkin' Donuts y en Starbucks.

Producto	Calorías	Grasa
Batido de moka helado de Dunkin' Donuts (pura leche)	240	8.0
Capuchino frapé de Starbucks	260	3.5
Raspado de café "Coolata" (crema) de Dunkin' Donuts	350	22.0
Café moka exprés helado de Starbucks (pura leche y con crema batida)	350	20.0
Café moka batido helado de Starbucks (con crema batida)	420	16.0
Capuchino helado de Brownie de chocolate, de Starbucks (con crema batida)	510	22.0
77Crema de chocolate helado de Starbucks (con crema batida)	530	19.0

Fuente: "Coffee as Candy at Dunkin 'Donuts and Starbucks", Derechos Reservados © 2004 por Consumers Union of U.S., Inc., Yonkers, NY 10703-1057, organización sin fines de lucro. Adaptado de Consumer Reports, *junio de 2004, 9, sólo con propósitos educativos. No se autoriza su reproducción o uso comercial.* **www.ConsumerReports.org**

a. Calcule la covarianza de la muestra.
b. Calcule el coeficiente de correlación.
c. ¿Qué le parece más útil para expresar la relación que existe entre calorías y grasa: la covarianza o el coeficiente de correlación? Explique por qué.
d. ¿Qué conclusiones deduce acerca de la relación entre calorías y grasa?

3.41 Los siguientes datos representan el valor de exportaciones e importaciones de varios países en 2001: **EXPIMP**

País	Exportaciones	Importaciones
Unión Europea	874.1	912.8
Estados Unidos	730.8	1180.2
Japón	403.5	349.1
China	266.2	243.6
Canadá	259.9	227.2
Hong Kong	191.1	202.0
México	158.5	176.2
Corea del Sur	150.4	141.1
Taiwán	122.5	107.3
Singapur	121.8	116.0

Fuente: N. King y S. Miller, "Post-Iraq Influence of U.S. Faces Test at New Trade Talks", The Wall Street Journal, 9 de septiembre, 2003, A1.

a. Calcule la covarianza.
b. Calcule el coeficiente de correlación.
c. ¿Qué le parece más útil para expresar la relación que existe entre exportaciones e importaciones: la covarianza o el coeficiente de correlación? Explique por qué.
d. ¿Qué conclusiones puede deducir acerca de la relación entre exportaciones e importaciones?

✓ AUTO Examen **3.42** Los siguientes datos **SECURITY** representan el porcentaje de traspaso durante 1998-1999 de los dispositivos de vigilancia utilizados antes de abordar en los aeropuertos, y las infracciones de seguridad detectadas por millón de pasajeros.

Ciudad	Traspaso	Infracciones
St. Louis	416	11.9
Atlanta	375	7.3
Houston	237	10.6
Boston	207	22.9
Chicago	200	6.5
Denver	193	15.2
Dallas	156	18.2
Baltimore	155	21.7
Seattle/Tacoma	140	31.5
San Francisco	110	20.7
Orlando	100	9.9
Washington-Dulles	90	14.8
Los Ángeles	88	25.1
Detroit	79	13.5
San Juan	70	10.3
Miami	64	13.1
Nueva York-JFK	53	30.1
Washington-Reagan	47	31.8
Honolulu	37	14.9

Fuente: Alan B. Krueger, "A Small Dose of Common Sense Would Help Congress Break the Gridlock over Airport Security", The New York Times, 15 de noviembre, 2001, C2.

a. Calcule la covarianza.
b. Calcule el coeficiente de correlación.
c. ¿Qué conclusiones obtiene sobre la relación que existe entre la tasa de traspaso de los dispositivos y las infracciones de seguridad detectadas?

3.43 Los siguientes datos **CELLPHONE** representan el tiempo en horas de uso de teléfonos móviles en modo digital y la capacidad de la batería en miliamperios.

Tiempo de uso	Capacidad de la batería	Tiempo de uso	Capacidad de la batería
4.50	800	1.50	450
4.00	1500	2.25	900
3.00	1300	2.25	900
2.00	1550	3.25	900
2.75	900	2.25	700
1.75	875	2.25	800
1.75	750	2.50	800
2.25	1100	2.25	900
1.75	850	2.00	900

Fuente: "Service Shortcomings", Copyright 2002 por Consumers Union of U.S., Inc., Yonkers, NY 10703-1057. Adaptado con autorización de Consumer Reports, febrero de 2002, 25.

a. Calcule la covarianza.
b. Calcule el coeficiente de correlación.
c. ¿Qué conclusiones se obtienen sobre la relación entre la capacidad de la batería y el tiempo de uso en modo digital?
d. Usted espera que los teléfonos con batería de mayor capacidad tengan un tiempo de uso superior.¿Lo sustentan los datos?

3.5 ERRORES EN LAS MEDIDAS NUMÉRICAS DESCRIPTIVAS Y CONSIDERACIONES ÉTICAS

En este capítulo estudió cómo se definen las características de un conjunto de datos numéricos mediante varios estadísticos que miden las propiedades de su tendencia central, variación y forma. El siguiente paso es el análisis e interpretación de los estadísticos calculados. Su análisis es *objetivo*; su interpretación es *subjetiva*. Usted debe evitar los errores que surjan en la objetividad de su análisis o en la subjetividad de su interpretación.

El análisis de los fondos de inversión con base en el nivel de riesgo es *objetivo* y revela varios descubrimientos imparciales. Objetividad al analizar datos significa reportar las medidas numéricas descriptivas más apropiadas para un conjunto de datos determinado. Ahora que ha leído el capítulo y se ha familiarizado con varias medidas numéricas descriptivas y sus fortalezas y debilidades, ¿cómo continuará con el análisis objetivo? Como los datos se distribuyen de una manera ligeramente asimétrica, ¿no debería reportar la mediana además de la media? ¿La desviación estándar no ofrece más información sobre la propiedad de variación que el rango? ¿Debe describir al conjunto de datos como asimétrico a la derecha?

Por otra parte, la interpretación de datos es *subjetiva*. Al interpretar los descubrimientos analíticos, las personas elaboran conclusiones distintas. Todos vemos el mundo desde perspectivas diferentes. De esta manera, puesto que la interpretación de datos es subjetiva, usted debe hacerla de manera imparcial, neutral y clara.

Aspectos éticos

En todos los análisis de datos, los aspectos éticos son de vital importancia. Como consumidor cotidiano de información, usted debe cuestionar lo que lee en periódicos y revistas, lo que escucha en la radio y la televisión, así como lo que ve en Internet. A lo largo del tiempo, se ha manifestado mucho escepticismo sobre el propósito, el enfoque y la objetividad de los estudios que se publican. Quizá ningún comentario al respecto es más representativo que la frase atribuida al famoso estadista británico del siglo XIX, Benjamin Disraeli: "Existen tres clases de mentiras: las mentiras, las mentiras detestables y la estadística".

Las consideraciones éticas aparecen al decidir cuáles resultados incluir en un reporte. Usted debe documentar los resultados tanto buenos como malos. Además, al hacer exposiciones orales y presentar reportes escritos, debe comunicar los resultados de manera imparcial, objetiva y neutral. El comportamiento falto de ética se presenta al seleccionar de forma deliberada una medida resumida inapropiada (por ejemplo, la media de un conjunto de datos muy asimétrico), para distorsionar los hechos con el fin de respaldar una posición en particular. También es ético dejar de reportar de manera selectiva descubrimientos pertinentes, cuando éstos no respaldan una posición en particular.

RESUMEN

Este capítulo trató sobre las medidas descriptivas. En éste y el capítulo anterior, estudió la estadística descriptiva: cómo se presentan los datos en tablas y gráficas y luego su resumen, descripción, análisis e interpretación. Al manejar los datos relacionados con los fondos de inversión, usted tuvo la oportunidad de presentar información útil mediante el uso de diagramas circulares, histogramas y otros métodos gráficos. Exploró las características del desempeño en el pasado, como la tendencia central, variabilidad y forma, utilizando medidas descriptivas numéricas como la media, la mediana, los cuartiles, el rango, la desviación estándar y el coeficiente de correlación. En la tabla 3.9 se presenta una lista de las medidas descriptivas numéricas incluidas en este capítulo.

En el capítulo siguiente, se estudiarán los principios básicos de la probabilidad, con el fin de eliminar la brecha entre el tema de la estadística descriptiva y el de la estadística inferencial.

TABLA 3.9
Resumen de las medidas numéricas descriptivas.

Tipo de análisis	Datos numéricos
Describir la tendencia central, variación y forma de una variable numérica	Media, mediana, moda, cuartiles, media geométrica, rango, rango intercuartil, desviación estándar, varianza, coeficiente de variación, puntuaciones *Z*, gráfica de caja y bigote **(secciones 3.1-3.3)**
Describir la relación entre dos variables numéricas	Covarianza, coeficiente de correlación **(sección 3.4)**

FÓRMULAS IMPORTANTES

Media de una muestra

$$\bar{X} = \frac{\sum_{i=1}^{n} X_i}{n} \quad \textbf{(3.1)}$$

Mediana

$$\text{Mediana} = \frac{n+1}{2} \text{ valor clasificado} \quad \textbf{(3.2)}$$

Primer cuartil Q_1

$$Q_1 = \frac{n+1}{4} \text{ valor clasificado} \quad \textbf{(3.3)}$$

Tercer cuartil Q_3

$$Q_3 = \frac{3(n+1)}{4} \text{ valor clasificado} \quad \textbf{(3.4)}$$

Media geométrica

$$\bar{X}_G = (X_1 \times X_2 \times \cdots \times X_n)^{1/n} \quad \textbf{(3.5)}$$

Media geométrica de la tasa de rendimiento

$$\bar{R}_G = [(1+R_1) \times (1+R_2) \times \cdots \times (1+R_n)]^{1/n} - 1 \quad \textbf{(3.6)}$$

Rango

$$\text{Rango} = X_{\text{mayor}} - X_{\text{menor}} \quad \textbf{(3.7)}$$

Rango intercuartil

$$\text{Rango intercuartil} = Q_3 - Q_1 \quad \textbf{(3.8)}$$

Varianza para una muestra

$$S^2 = \frac{\sum_{i=1}^{n} (X_i - \bar{X})^2}{n-1} \quad \textbf{(3.9)}$$

Desviación estándar de la muestra

$$S = \sqrt{S^2} = \sqrt{\frac{\sum_{i=1}^{n} (X_i - \bar{X})^2}{n-1}} \quad \textbf{(3.10)}$$

Coeficiente de variación

$$CV = \left(\frac{S}{\bar{X}}\right) 100\% \quad \textbf{(3.11)}$$

Puntuaciones Z

$$Z = \frac{X - \bar{X}}{S} \quad \textbf{(3.12)}$$

Media poblacional

$$\mu = \frac{\sum_{i=1}^{N} X_i}{N} \quad \textbf{(3.13)}$$

Varianza poblacional

$$\sigma^2 = \frac{\sum_{i=1}^{N} (X_i - \mu)^2}{N} \quad \textbf{(3.14)}$$

Desviación estándar poblacional

$$\sigma = \sqrt{\frac{\sum_{i=1}^{N} (X_i - \mu)^2}{N}} \quad \textbf{(3.15)}$$

La covarianza muestral

$$\text{cov}(X,Y) = \frac{\sum_{i=1}^{n} (X_i - \bar{X})(Y_i - \bar{Y})}{n-1} \quad \textbf{(3.16)}$$

Coeficiente muestral de correlación

$$r = \frac{\text{cov}(X,Y)}{S_X S_Y} \quad \textbf{(3.17)}$$

CONCEPTOS CLAVE

PROBLEMAS DE REPASO

Revisión de su comprensión

3.44 ¿Cuáles son las propiedades de un conjunto de datos numéricos?

3.45 ¿Qué expresa la propiedad tendencia central?

3.46 ¿Cuáles son las diferencias entre media, mediana y moda, y cuáles son las ventajas y desventajas de cada una de ellas?

3.47 ¿Cómo interpreta el primer cuartil, la mediana y el tercer cuartil?

3.48 ¿Qué expresa la propiedad variación?

3.49 ¿Qué mide la puntuación Z?

3.50 ¿Cuáles son las diferencias entre las diversas medidas de la variación como rango, rango intercuartil, varianza, desviación estándar y coeficiente de variación, y cuáles son las ventajas y desventajas de cada una?

3.51 ¿Cómo nos ayuda la regla empírica a explicar de qué maneras se agrupan y distribuyen los valores de un conjunto de datos numéricos?

3.52 ¿En qué difieren la regla empírica y la regla de Chebyshev?

3.53 ¿Qué expresa la propiedad forma?

3.54 ¿En qué difieren la covarianza y el coeficiente de correlación?

Aplicación de conceptos

Puede resolver los problemas 3.55 a 3.61 manualmente o en Excel, Minitab, o SPSS. Le recomendamos resolver los problemas 3.62 a 3.80 con Excel, Minitab, o SPSS.

3.55 Una característica de calidad que resulta de interés en el proceso de llenado de bolsitas de té es el peso que contienen. Si las bolsas quedan semivacías, se presentan dos problemas. Primero, los clientes no podrían prepararse el té tan cargado como lo desean. Segundo, la empresa podría infringir las leyes de veracidad en lo descrito en la etiqueta. En este producto, el peso impreso en la etiqueta del paquete señala que, en promedio, hay 5.5 gramos de té en cada bolsa. Si la cantidad media de té en una bolsa supera ese peso, la empresa está regalando producto. Resulta complicado introducir la cantidad exacta de té en cada bolsa, puesto que la variación en las condiciones de temperatura y humedad dentro de la fábrica, las diferencias en la densidad del té y la rápida operación de llenado que realiza la máquina (aproximadamente 170 bolsas por minuto). La siguiente tabla muestra el peso, en gramos, de una muestra compuesta por 50 bolsas de té elaboradas en una hora por una sola máquina. **TEABAGS**

5.65	5.44	5.42	5.40	5.53	5.34	5.54	5.45	5.52	5.41
5.57	5.40	5.53	5.54	5.55	5.62	5.56	5.46	5.44	5.51
5.47	5.40	5.47	5.61	5.53	5.32	5.67	5.29	5.49	5.55
5.77	5.57	5.42	5.58	5.58	5.50	5.32	5.50	5.53	5.58
5.61	5.45	5.44	5.25	5.56	5.63	5.50	5.57	5.67	5.36

a. Calcule la media, la mediana, primero y tercer cuartiles.
b. Calcule el rango, el rango intercuartil, la varianza, la desviación estándar y el coeficiente de variación.
c. Interprete las medidas de tendencia central y variación dentro del contexto de este problema. ¿Por qué debería preocuparse la compañía por la tendencia central y la variación?
d. Realice una gráfica de caja y bigote. ¿Los datos son asimétricos? De ser así, ¿cómo?
e. ¿La empresa satisface el requisito dispuesto en la etiqueta de que, en promedio, hay 5.5 gramos de té por bolsa? Si usted estuviera a cargo de este proceso, ¿qué cambios, en caso necesario, trataría de hacer con respecto a la distribución de los pesos de las bolsas individuales?

3.56 En el estado de Nueva York las cajas de ahorro tienen permitido vender cierta clase de seguro de vida, llamado Seguro de Vida de Caja de Ahorro (SBLI, siglas en inglés para Savings Bank Life Insurance). El proceso de aprobación se compone de cada etapa de suscripción, la cual incluye una revisión de la solicitud, una consulta a la oficina de información médica, posibles peticiones de información médica adicional y exámenes médicos, así como la etapa de consolidación durante la cual se generan las pólizas y se envían al banco para su entrega. La capacidad de entregar a los clientes de manera oportuna las pólizas aprobadas resulta vital para que este servicio sea rentable para el banco. En el transcurso de un mes, se seleccionó una muestra aleatoria de 27 pólizas aprobadas, y se registró el siguiente tiempo de procesamiento total, en días: **INSURANCE**

73	19	16	64	28	28	31	90	60	56	31	56	22	18
45	48	17	17	17	91	92	63	50	51	69	16	17	

a. Calcule la media, la mediana, primero y tercer cuartiles.

b. Calcule el rango, el rango intercuartil, la varianza, la desviación estándar y el coeficiente de variación.

c. Elabore una gráfica de caja y bigote. ¿Los datos son asimétricos? De ser así, ¿cómo?

d. ¿Qué le respondería usted a un cliente que entra al banco con el fin de comprar este tipo de póliza de seguros y le pregunta cuánto dura el proceso de aprobación?

3.57 Una de las principales medidas de la calidad del servicio que brinda cualquier organización es la velocidad con la que responde a las quejas del cliente. Una gran tienda departamental, propiedad de una familia que vende muebles y pisos, incluyendo alfombras, emprendió una importante expansión durante los últimos años. En particular el departamento de pisos se amplió de dos equipos de instalación a un supervisor de instalación, un medidor, y 15 equipos de instalación. Se seleccionó una muestra de 50 quejas relacionadas con la instalación de alfombras, recibidas durante uno de los últimos años. Los siguientes datos representan el número de días transcurridos desde que se recibió la queja hasta su solución. **FURNITURE**

54	5	35	137	31	27	152	2	123	81	74	27
11	19	126	110	110	29	61	35	94	31	26	5
12	4	165	32	29	28	29	26	25	1	14	13
13	10	5	27	4	52	30	22	36	26	20	23
33	68										

a. Calcule la media, la mediana, primero y tercer cuartiles.

b. Calcule el rango, el rango intercuartil, la varianza, la desviación estándar y el coeficiente de variación.

c. Elabore una gráfica de caja y bigote. ¿Los datos son asimétricos? De ser así, ¿cómo?

d. Con base en los resultados de los incisos *a*) a *c*), si usted tuviera que informar al presidente de la empresa cuánto tendrá que esperar un cliente para ver su queja resuelta, ¿qué le diría? Explique su respuesta.

3.58 Una empresa de manufactura produce gabinetes de acero para equipo eléctrico. El principal componente del gabinete es una canaleta que se elabora con lámina de acero calibre 14. Se produce utilizando una troqueladora de deslizamiento progresivo de 250 toneladas, que genera dos formaciones de 90 grados en el acero plano, haciendo el canal. La distancia de un lado al otro de estas formaciones resulta de especial importancia, por la impermeabilización para aplicaciones a la intemperie. La empresa necesita que la canaleta tenga una anchura de entre 8.31 y 8.61 pulgadas. A continuación encuentran las anchuras, en pulgadas, de una muestra de $n = 49$ canaletas. **TROUGH**

8.312	8.343	8.317	8.383	8.348	8.410	8.351	8.373	8.481	8.422
8.476	8.382	8.484	8.403	8.414	8.419	8.385	8.465	8.498	8.447
8.436	8.413	8.489	8.414	8.481	8.415	8.479	8.429	8.458	8.462
8.460	8.444	8.429	8.460	8.412	8.420	8.410	8.405	8.323	8.420
8.396	8.447	8.405	8.439	8.411	8.427	8.420	8.498	8.409	

a. Calcule la media, la mediana, el rango y la desviación estándar de la anchura. Interprete estas medidas de tendencia central y variabilidad.

b. Elabore el resumen de cinco números.

c. Realice su gráfica de caja y bigote y describa la forma.

d. ¿Qué concluye sobre el número de canaletas que satisfacen las necesidades de la empresa, al medir entre 8.31 y 8.61 pulgadas de ancho?

3.59 La empresa del problema 3.58 también fabrica aislantes eléctricos. Si los aislantes se rompen al estar en uso, es probable que ocurra un cortocircuito. Para poner a prueba la fuerza de los aislantes, se efectúa una prueba de destrucción con la finalidad de determinar cuánta *fuerza* se necesita para romperlos. La fuerza se mide al observar cuántas libras se aplican al aislante antes de que se rompa. A continuación se presentan los datos de 30 aislantes en este experimento: **FORCE**

1,870	1,728	1,656	1,610	1,634	1,784	1,522	1,696	1,592	1,662
1,866	1,764	1,734	1,662	1,734	1,774	1,550	1,756	1,762	1,866
1,820	1,744	1,788	1,688	1,810	1,752	1,680	1,810	1,652	1,736

a. Calcule la media, la mediana, el rango y la desviación estándar de la variable fuerza.

b. Interprete las medidas de tendencia central y de variabilidad del inciso *a*).

c. Construya su gráfica de caja y bigote y describa la forma.

d. ¿Qué concluye sobre la resistencia de los aislantes, si la empresa necesita una medición de al menos 1,500 libras de fuerza?

3.60 Los problemas de una línea telefónica que impiden hacer o recibir llamadas desconciertan tanto al cliente como a la empresa telefónica. Los siguientes datos representan muestras de 20 problemas reportados a dos oficinas distintas de una empresa telefónica, y el tiempo transcurrido para resolverlos (en minutos) desde la línea del cliente: **PHONE**

Central telefónica I Tiempo para resolver problemas (minutos)

1.48	1.75	0.78	2.85	0.52	1.60	4.15	3.97	1.48	3.10
1.02	0.53	0.93	1.60	0.80	1.05	6.32	3.93	5.45	0.97

Central telefónica II Tiempo para resolver problemas (minutos)

7.55	3.75	0.10	1.10	0.60	0.52	3.30	2.10	0.58	4.02
3.75	0.65	1.92	0.60	1.53	4.23	0.08	1.48	1.65	0.72

Para ambas centrales telefónicas:

a. Calcule la media, la mediana, primero y tercer cuartiles.

b. Calcule el rango, rango intercuartil, varianza, desviación estándar y coeficiente de variación.

c. Elabore una gráfica de barras de lado a lado y una gráfica de caja y bigote. ¿Los datos son asimétricos? De ser así, ¿cómo?

d. Con base en los resultados de los incisos *a*) a *c*), ¿existen algunas diferencias entre ambas centrales? Explique su respuesta.

3.61 En muchos procesos de manufactura se utiliza el término "trabajo-en-proceso" (con frecuencia abreviado WIP, por las siglas en inglés para "work-in-process"). En una planta que produce libros, el WIP representa el tiempo que transcurre para que se doblen, junten, cosan, peguen por un extremo y encuadernen las hojas procedentes de la prensa. Los siguientes datos representan muestras de 20 libros en dos plantas de producción y el tiempo de procesamiento (definido de forma operacional como el tiempo, en días, transcurrido desde que las hojas salen de la prensa hasta que los libros se empacan en cajas) para estos trabajos. **WIP**

Planta A

5.62	5.29	16.25	10.92	11.46	21.62	8.45	8.58	5.41	11.42
11.62	7.29	7.50	7.96	4.42	10.50	7.58	9.29	7.54	8.92

Planta B

9.54	11.46	16.62	12.62	25.75	15.41	14.29	13.13	13.71	10.04
5.75	12.46	9.17	13.21	6.00	2.33	14.25	5.37	6.25	9.71

Para ambas plantas:

a. Calcule la media, la mediana, primero y tercer cuartiles.

b. Calcule el rango, el rango intercuartil, la varianza, la desviación estándar y el coeficiente de variación.

c. Elabore las gráficas de barra de lado a lado y de caja y bigote. ¿Los datos son asimétricos? De ser así, ¿cómo?

d. Con base en los resultados de los incisos *a*) a *c*), ¿existen algunas diferencias entre ambas plantas? Explique su respuesta.

3.62 Los datos incluidos en el archivo **CEREALS** se componen del costo monetario por onza, calorías, fibra en gramos y azúcar en gramos, de 33 cereales para desayunar.

Fuente: Obtenido de Copyrigh 1999 por Consumers Union of U.S., Inc., Yonkers, NY 10703-1057. Adaptado con autorización de Consumer Reports, octubre de 1999, 33-34.

Para cada una de las variables:

a. Calcule la media, la mediana, primero y tercer cuartiles.

b. Calcule el rango, el rango intercuartil, la varianza, la desviación estándar y el coeficiente de variación.

c. Elabore una gráfica de caja y bigote. ¿Los datos son asimétricos? De ser así, ¿cómo?

d. ¿Qué concluye en relación con el costo por onza en centavos, calorías, fibra en gramos y azúcar en gramos, de los 33 cereales para desayunar?

3.63 Los recortes presupuestales estatales forzaron el aumento en los costos de manutención para las universidades públicas durante el ciclo escolar 2003-2004. Los datos que se encuentran en el archivo **TUITION** incluyen la diferencia en los costos de manutención entre los ciclos 2002-2003 y 2003-2004 para los alumnos procedentes del mismo estado donde se encuentra la institución y los procedentes de otros estados.

a. Calcule la media, la mediana, primero y tercer cuartiles de la diferencia en los costos de manutención entre los ciclos 2002-2003 y 2003-2004 para los alumnos procedentes del mismo estado donde se encuentra la institución y los procedentes de otros estados.

b. Calcule el rango, el rango intercuartil, la varianza, la desviación estándar y el coeficiente de variación de la diferencia en los costos de manutención entre los ciclos 2002-2003 y 2003-2004 para los alumnos procedentes del mismo estado donde se encuentra la institución y los procedentes de otros estados.

c. Elabore la gráfica de caja y bigote de la diferencia en los costos de manutención entre los ciclos 2002-2003 y 2003-2004 para los alumnos procedentes del mismo estado donde se encuentra la institución y los procedentes de otros estados. ¿Los datos son asimétricos? De ser así, ¿cómo?

d. ¿Qué conclusiones obtendría en relación con la diferencia en los costos de manutención entre los ciclos 2002-2003 y 2003-2004 para los alumnos procedentes del mismo estado donde se encuentra la institución y los procedentes de otros estados?

3.64 Las promociones de marketing, como la entrada gratis a las personas con gorra, ¿aumentan la asistencia a los juegos de la Liga Mayor de Béisbol? Un artículo publicado en *Sport Marketing Quarterly* informa sobre la efectividad de las promociones de marketing [T. C. Boyd y T. C. Krehbiel, "Promotion Timing in Major League Baseball and the Stacking Effects of Factors that Increase Game Attractiveness", *Sport Marketing Quarterly,* 12(2003), 173-183]. El archivo de datos **ROYALS** incluye las siguientes variables para los Reales de Kansas City durante la temporada 2002:

GAME = juegos como local en el orden en que se jugaron.

ATTENDANCE = espectadores con boleto pagado en ese juego.

PROMOTION-Y = hubo promoción; N = no hubo promoción.

a. Calcule la media y la desviación estándar de los espectadores con boleto pagado para los 43 juegos en los que hubo promoción y para los 37 juegos sin promoción.

b. Elabore un resumen de cinco números para los 43 juegos en los que hubo promoción y para los 37 juegos sin promoción.

c. Realice una representación que contenga dos gráficas de caja y bigote; una de los 43 juegos en los que hubo promoción y otra de los 37 juegos sin promoción.

d. Analice los resultados de los incisos a) a c) y comente sobre la eficacia de las promociones en los juegos de los Reales durante la temporada 2002.

3.65 Los datos incluidos en el archivo **PETFOOD2** se componen del costo por ración, tasas por lata, proteína en gramos y grasa en gramos de 97 variedades de comida seca y enlatada para perro y para gato.

Fuente: Obtenido de Copyright 1998 por Consumers Union of U.S., Inc., Yonkers, NY 10703-1057. Adaptado con autorización de Consumer Reports, febrero de 1998, 18-19.

Realice lo siguiente para los cuatro tipos de comida (comida seca para perro, comida enlatada para perro, comida seca para gato y comida enlatada para gato), y para las variables costo por servicio, proteína en gramos y grasa en gramos:

a. Calcule la media, la mediana, primero y tercer cuartiles.

b. Calcule el rango, el rango intercuartil, la varianza, la desviación estándar y el coeficiente de variación.

c. Elabore las gráficas de barras de lado a lado y la de caja y bigote, de los cuatro tipos (comida seca para perro, comida enlatada para perro, comida seca para gato y comida enlatada para gato). ¿Son asimétricos los datos de alguno de los tipos de comida? De ser así, ¿cómo?

d. ¿Qué conclusiones obtiene en relación con las diferencias entre los cuatro tipos (comida seca para perro, comida enlatada para perro, comida seca para gato y comida enlatada para gato)?

3.66 Un fabricante de tejas de asfalto de Boston y Vermont ofrece a sus clientes una garantía de 20 años en la mayoría de sus productos. Para determinar si una teja dura tanto como el periodo de garantía, se realiza una prueba de vida acelerada en la planta. En la prueba, realizada en un laboratorio, la teja se expone a las tensiones que recibiría en toda su vida útil de uso normal, mediante un experimento que lleva tan sólo unos minutos. En esta prueba, se cepilla repetidamente una teja durante un breve lapso, y se pesa la cantidad de gránulos (en gramos) desprendidos por el cepillado. Se espera que las tejas con menor desprendimiento duren más en uso normal que las que experimentan gran cantidad de desprendimiento. Ante esta situación, si se espera que dure tanto como el periodo de garantía, una teja no debe tener un desprendimiento superior a 0.8 gramos. El archivo **GRANULE** contiene los datos de una muestra compuesta por 170 medidas realizadas en las tejas de la empresa en Boston y 140 medidas realizadas en las tejas de Vermont.

a. Elabore el resumen de cinco puntos para las tejas de Boston y las tejas de Vermont.

b. Realice las gráficas barras de lado a lado y de caja y bigote para ambos tipos de teja, y describa la forma de las distribuciones.

c. Comente sobre la capacidad de las tejas para conseguir un desprendimiento de 0.8 gramos o menos.

3.67 Los datos del archivo **STATES** representan los resultados de la Encuesta de la Comunidad Estadounidense (American Community Survey), con una muestra de 700,000 hogares emprendida en todos los estados durante el censo de EUA del año 2000. Realice lo siguiente para las variables tiempo promedio de traslado al trabajo en minutos, porcentaje de hogares con ocho o más habitaciones, ingreso medio y porcentaje de propietarios con hipoteca, cuyos costos de vivienda superan el 30% de sus ingresos:

a. Calcule la media, la mediana, primero y tercer cuartiles.

b. Calcule el rango, el rango intercuartil, la varianza, la desviación estándar y el coeficiente de variación.

c. Realice una gráfica de caja y bigote. ¿Los datos son asimétricos? De ser así, ¿cómo?

d. ¿Qué conclusiones obtiene en relación con el tiempo promedio de traslado al trabajo en minutos, porcentaje de hogares con ocho o más habitaciones, ingreso medio y porcentaje de propietarios con hipoteca cuyos costos de vivienda superan el 30% de sus ingresos?

3.68 Las finanzas del béisbol han provocado mucha controversia, pues los propietarios aseguran que pierden dinero, los jugadores afirman que los propietarios ganan dinero, y los aficionados se quejan por lo costoso que resulta asistir a los juegos o verlos por televisión de paga. Además de los datos relacionados con las estadísticas del equipo durante la temporada 2001, el archivo **BB2001** contiene las estadísticas de todos los equipos sobre precios de las entradas, índice de costo por aficionado, ingresos por entradas en temporada regular, ingresos por televisión local, radio y cable; todos los demás ingresos de operación, compensación y beneficios del jugador; datos locales y nacionales e ingresos por operaciones de béisbol. Para cada una de estas variables:

a. Calcule la media, la mediana, primero y tercer cuartiles.

b. Calcule el rango, el rango intercuartil, la varianza, la desviación estándar y el coeficiente de variación.

c. Elabore una gráfica de caja y bigote. ¿Los datos son asimétricos? De ser así, ¿cómo?

d. Calcule la correlación que existe entre el número de victorias y las compensaciones y beneficios del jugador. ¿Qué tan fuerte es la relación entre estas dos variables?

e. ¿Qué conclusiones obtiene en relación con los ingresos por entradas en temporada regular, ingresos por televisión local, radio y cable; todos los demás ingresos de operación, compensación y beneficios del jugador; datos locales y nacionales e ingresos por operaciones de béisbol?

3.69 Los datos incluidos en el archivo **AIRCLEANERS** representan el precio, el costo anual de energía y el costo anual del filtro de unos limpiadores de aire.

a. Calcule el coeficiente de correlación entre el precio y el costo de energía.

b. Calcule el coeficiente de correlación entre el precio y el costo del filtro.

c. ¿Qué conclusiones obtiene sobre la relación del costo de energía y del costo del filtro con el precio de los limpiadores de aire?

Fuente: "Portable Room Air Cleaners", Copyright © 2002 por Consumers Union of U.S., Inc., Yonkers, NY 10703-1057. Adaptado con autorización de Consumer Reports, febrero de 2002, 47.

3.70 Los datos incluidos en el archivo **PRINTERS** representan el precio, la velocidad de texto, el costo de texto, el tiempo de fotografía a color y el costo de la fotografía color de unas impresoras de computadora.

a. Calcule el coeficiente de correlación entre el precio y cada una de las siguientes características: velocidad de texto, costo de texto, tiempo de fotografía a color y costo de fotografía a color.

b. Con base en los resultados del inciso *a*), ¿cree usted que alguna de las demás variables podría ser útil para pronosticar el precio de la impresora? Explique su respuesta.

Fuente: "Printers", Copyright © 2002 por Consumers Union of U.S., Inc., Yonkers, NY 10703-1057. Adaptado con autorización de Consumer Reports, marzo de 2002, 51.

3.71 Usted quiere estudiar las características de los automóviles modelo 2002, en términos de las siguientes variables: millas por galón, longitud, anchura, necesidades de circunferencia de viraje, peso y capacidad del compartimiento de equipaje. **AUTO2002**

Fuente: "The 2002 Cars", Copyright © 2002 por Consumers Union of U.S., Inc., Yonkers, NY 10703-1057. Adaptado con autorización de Consumer Reports, abril de 2002.

Para cada una de esas variables:
a. Calcule la media, la mediana, primero y tercer cuartiles.
b. Calcule el rango, el rango intercuartil, la varianza, la desviación estándar y el coeficiente de variación.
c. Elabore una gráfica de caja y bigote. ¿Los datos son asimétricos? De ser así, ¿cómo?
d. ¿Qué conclusiones obtiene en relación con los automóviles 2002?

3.72 Consulte los datos del problema 3.71. Usted quiere comparar los vehículos utilitarios (o SUV, siglas en inglés para sports utility vehicles) con los que no son de ese tipo, en términos de millas por galón, longitud, anchura, necesidades de circunferencia de viraje, peso y capacidad del compartimiento de carga. Para cada una de esas variables, y considerando dos tipos de vehículos:
a. Calcule la media, la mediana, primero y tercer cuartiles.
b. Calcule el rango, el rango intercuartil, la varianza, la desviación estándar y el coeficiente de variación.
c. Elabore las gráficas de barras de lado a lado y de caja y bigote. ¿Los datos son asimétricos? De ser así, ¿cómo?
d. ¿Qué conclusiones obtiene en relación con las diferencias entre los SUV y los vehículos de otra clase?

3.73 Zagat's publica las calificaciones de restaurantes en varias ciudades de Estados Unidos. El archivo **RESTRATE** contiene los datos de la calificación para la comida, decorado, servicio y precio por persona de una muestra compuesta por 50 restaurantes localizados en la ciudad de Nueva York, y 50 localizados en Long Island.

Fuente: Zagat Survey 2002 New York City Restaurants and Zagat Survey 2002 Long Island Restaurants.

Para los restaurantes de Nueva York y Long Island, las variables calificación de la comida, calificación del decorado, calificación del servicio y calificación del precio por persona:
a. Calcule la media, la mediana, primero y tercer cuartiles.
b. Calcule el rango, el rango intercuartil, la varianza, la desviación estándar y el coeficiente de variación.
c. Elabore una gráfica de caja y bigote y una de barras de lado a lado de Nueva York y Long Island. ¿Son asimétricos los datos de alguna de las variables? De ser así, ¿cómo?
d. ¿Qué conclusiones obtiene en relación con las diferencias que existen entre los restaurantes de Nueva York y Long Island?

3.74 Como un ejemplo del mal uso de la estadística, un artículo de Glenn Kramon ("Coaxing the Stanford Elephant to Dance", *The New York Times* Sunday Business Section, 11 de noviembre, 1990) describe que los costos del Stanford Medical Center se habían elevado más que los de la competencia ya que era más probable que brindara atención a personas indigentes, más enfermas, beneficiarios de Medicare y Medicaid, y pacientes con problemas más complejos. Se utilizó la gráfica que aparece más adelante para comparar los precios promedio en 1989 y 1990 de tres procedimientos médicos (bypass de arterias coronarias, alumbramiento normal y trasplante de cadera) en tres instituciones competidoras (El Camino, Sequoia y Stanford).

Suponga que trabaja en un centro de salud. La directora general sabe que usted está tomando un curso de estadística y le llama para analizar esto. Le dice que anoche se presentó ese artículo en el marco de una discusión de grupo, como parte de una reunión de directores generales de los centros de salud de la zona, y que uno de ellos mencionó que la gráfica era totalmente irrelevante y le pidió su opinión. Ahora ella le pide que prepare la respuesta. Usted sonríe, respira profundo y responde...

3.75 Usted planea estudiar para su examen de estadística con un grupo de compañeros, uno de los cuales está especialmente interesado en impresionarlo. Este individuo se

Cuánto cuestan los servicios de salud
Comparación de los precios hospitalarios promedio de varias operaciones durante 1989-90 en California. Los hospitales Sequoia y El Camino son los principales competidores locales del Stanford Medical Center.

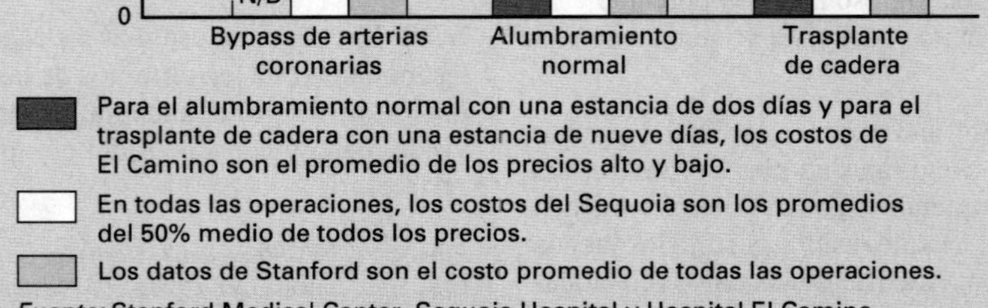

Fuente: Stanford Medical Center, Sequoia Hospital y Hospital El Camino.

ofreció a trabajar voluntariamente con Excel, Minitab o SPSS para obtener información resumida, tablas y gráficas necesarias para el conjunto de datos que contiene diversas variables numéricas y categóricas estipulado por el maestro como objeto de estudio. Se le acerca con los resultados impresos y exclama: "Lo tengo todo: —las medias, las medianas, las desviaciones estándar, las gráficas de caja y bigote, y los diagramas de pastel— de todas nuestras variables. El problema es que algunos de los resultados parecen extraños, como las gráficas de caja y bigote para género y mayores de edad, y los diagramas de pastel del índice de nivel de estudios y de la estatura. Tampoco entiendo por qué el profesor Krehbiel dice que no podemos obtener la estadística descriptiva de algunas de las variables; ¡las tengo para todo! Mira, la media de la estatura es 68.23, la media del índice de nivel de estudios es 2.76, la media del género es 1.50, la media para los mayores de edad es 4.33". ¿Cuál sería su respuesta?

Ejercicios de reporte por escrito

3.76 Los datos que aparecen en el archivo **BEER** representan el precio de un paquete de cerveza con 6 botellas de 12 onzas cada una, las calorías en 12 onzas líquidas, el porcentaje de contenido alcohólico en 12 onzas líquidas, el tipo de cerveza (artesanales de baja fermentación, artesanales de alta fermentación, importadas de baja fermentación, regulares y frías, y cervezas *light* y sin alcohol), y el país de origen (estadounidenses y del resto del mundo) de cada una de las 69 cervezas incluidas en la muestra.

Su tarea consiste en escribir un reporte con base en una evaluación descriptiva completa de las variables numéricas (precio, calorías y contenido alcohólico) independientemente del tipo u origen del producto. Luego realice una evaluación similar, comparando cada una de esas variables numéricas con base en el tipo de producto (artesanales de baja fermentación, artesanales de alta fermentación, importadas de baja fermentación, regulares y frías, y cervezas *light* y sin alcohol). Efectúe también una evaluación similar, para comparar y establecer las diferencias de cada una de esas variables numéricas, con base en el origen de las cervezas: las preparadas en Estados Unidos contra las del resto del mundo. Junto con su reporte debe anexar todas las tablas, los diagramas y las medidas numéricas descriptivas apropiadas.

Fuente: "Beers", Copyright © 1996 por Consumers Union of U.S., Inc., Yonkers, NY 10703-1057. Adaptado con autorización de Consumer Reports, junio de 1996.

PROYECTO EN EQUIPO

El archivo **MUTUALFUNDS2004** contiene información relacionada con 12 variables a partir de una muestra de 121 fondos de inversión. Las variables son:

Fund —Nombre del fondo de inversión.
Category —Tipo de acciones que abarca el fondo de inversión: pequeño, mediano o gran capital.
Objective —Objetivo de las acciones que abarca el fondo de inversión: crecimiento o valor.
Assets —Activos en millones de dólares.
Fees —Cargos por venta (no o sí).
Expense ratio —Relación entre gastos y activos netos, en porcentaje.
2003 Return —Rendimiento en los 12 meses de 2003.
Three-year return —Rendimiento anualizado 2001 a 2003.
Five-year return —Rendimiento anualizado 1999 a 2003.
Risk —Factor de riesgo de pérdida del fondo de inversión, clasificado como bajo, medio o alto.
Best quarter —Mejor resultado trimestral 1999 a 2003.
Worst quarter —Peor resultado trimestral 1999 a 2003.

3.77 Para la relación de gastos en porcentaje, el rendimiento en 2003, el rendimiento trianual y el rendimiento quinquenal:
a. Calcule la media, la mediana, primero y tercer cuartiles.
b. Calcule el rango, el rango intercuartil, la varianza, la desviación estándar y el coeficiente de variación.
c. Elabore la gráfica de caja y bigote. ¿Los datos son asimétricos? De ser así, ¿cómo?
d. ¿Qué conclusiones obtiene en relación con estas variables?

3.78 Usted quiere comparar los fondos de inversión que tienen cuotas o cargos con los que no los tienen. Realice lo siguiente con cada uno de los dos grupos, para las variables relación de gastos en porcentaje, rendimiento en 2003, rendimiento trianual y rendimiento quinquenal:
a. Calcule la media, la mediana, primero y tercer cuartiles.
b. Calcule el rango, el rango intercuartil, la varianza, la desviación estándar y el coeficiente de variación.
c. Elabore la gráfica de caja y bigote. ¿Los datos son asimétricos? De ser así, ¿cómo?
d. ¿Qué conclusiones obtiene en cuanto a las diferencias que existen entre los fondos de inversión con y sin cuotas?

3.79 Usted quiere comparar los fondos de inversión que tienen un objetivo de crecimiento con los que tienen un objetivo de valor. Realice lo siguiente con cada uno de los dos grupos, para las variables coeficiente de gastos en porcentaje, rendimiento en 2003, rendimiento trianual y rendimiento quinquenal:
a. Calcule la media, la mediana, primero y tercer cuartiles.
b. Calcule el rango, el rango intercuartil, la varianza, la desviación estándar y el coeficiente de variación.
c. Elabore la gráfica de caja y bigote. ¿Los datos son asimétricos? De ser así, ¿cómo?
d. ¿Qué conclusiones obtiene en cuanto a las diferencias que existen entre los fondos con objetivo de crecimiento y los fondos con objetivo de valor?

3.80 Usted quiere comparar los fondos de inversión para pequeño, mediano y gran capital. Realice lo siguiente con cada uno de los tres grupos, para las variables coeficiente de gastos en porcentaje, rendimiento en 2003, rendimiento trianual y rendimiento quinquenal:
a. Calcule la media, la mediana, primero y tercer cuartiles.
b. Calcule el rango, el rango intercuartil, la varianza, la desviación estándar y el coeficiente de variación.
c. Elabore la gráfica de caja y bigote. ¿Los datos son asimétricos? De ser así, ¿cómo?
d. ¿Qué conclusiones obtiene con respecto a las diferencias que existen entre los fondos de inversión para pequeño, mediano y gran capital?

CASO ACTUAL
ADMINISTRACIÓN DEL *SPRINGVILLE HERALD*

¿Para qué variable del caso Administración del *Springville Herald* del capítulo 2 (vea la página 62) son necesarias las medidas numéricas descriptivas? Para la variable que identifique:

1. Calcule las medidas descriptivas numéricas apropiadas y elabore un diagrama de caja y bigote.
2. Identifique otra representación gráfica que resulte útil y constrúyala. ¿Qué conclusiones obtiene del hecho de que la representación no se puede hacer a partir de la gráfica de caja y bigote?

Sintetice sus hallazgos en un reporte que incluya con el estudio de la fortaleza de la tarea.

CASO WEB

Aplique sus conocimientos sobre el uso de las medidas numéricas descriptivas a este Caso Web que es continuación del capítulo 2.

Visite de nuevo el sitio web de servicio de inversión StockTout **www.prenhall.com/Springville/StockToutHome.htm**, reexamine su datos de respaldo y luego responda lo siguiente:

1. Reexamine los datos que exploró al resolver el Caso Web del capítulo 2. ¿Es posible calcular medidas descriptivas de todas las variables? ¿Cómo respaldarían estas estadísticas resumidas las demandas de StockTout? ¿Cómo influyen esas estadísticas resumidas en su percepción del registro StockTout?
2. Evalúe los métodos utilizados por StockTout para resumir los resultados de su encuesta a los clientes **www.prenhall.com/Springville/ST_Survey.htm**. ¿Hay algo que usted haría de otra manera para resumir estos resultados?
3. Observe que la última pregunta de la encuesta tiene menos respuestas. ¿Qué factores pueden haber limitado el número de respuestas a esa pregunta?

REFERENCIAS

1. Kendall, M. G. y A. Stuart, *The Advanced Theory of Statistics,* vol. 1 (Londres: Charles W. Griffin, 1958).
2. *Microsoft Excel 2003* (Redmond, WA: Microsoft Corporation, 2002).
3. *Minitab Version 14* (State College, PA: Minitab Inc., 2004).
4. *SPSS Base 12.0 Brief Guide* (Upper Saddle River, NJ: Prentice Hall, 2003).
5. Tukey, J., *Exploratory Data Analysis* (Reading, MA: Addison-Wesley, 1977).
6. Velleman, P. F. y D. C. Hoaglin, *Applications, Basics, and Computing of Exploratory Data Analysis* (Boston, MA: Duxbury Press, 1981).

Apéndice 3 Uso de software para la estadística descriptiva

A3.1 EXCEL

Para la estadística descriptiva

Use el Data Analysis ToolPak. Abra la hoja de trabajo que contiene los datos que desea resumir. Seleccione **Herramientas ➜ Análisis de datos**. En la lista que aparece en la ventana de diálogo Análisis de datos, seleccione **Estadística descriptiva** y dé clic en **Aceptar**. En el cuadro de diálogo Estadística descriptiva (vea la figura A3.1), introduzca el rango de celdas de los datos en el cuadro **Rango de entrada**. Seleccione la opción **Columnas** y, si está utilizando datos ordenados como los de los archivos de Excel incluidos en el disco compacto que acompaña este libro, **Rótulos en la primera fila**. Seleccione **En una hoja nueva**, **Resumen de estadísticas**, **K-ésimo mayor** y **K-ésimo**

menor, y dé clic en **Aceptar**. Los resultados aparecen en otra hoja de trabajo.

O puede usar cualquiera de esas funciones de estadísticas muestrales de la hoja de trabajo con sus propias fórmulas, incluyendo PROMEDIO (para la media), MEDIANA, MODA, CUARTIL, DESVEST, VAR, MIN, MAX, SUMA, CONTAR, MAYOR o MENOR.

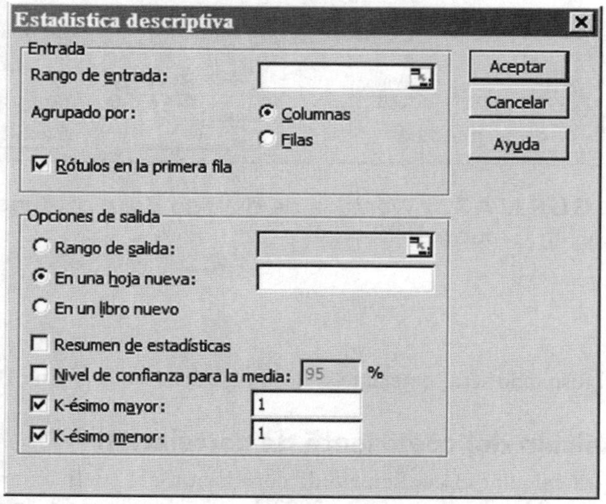

FIGURA A3.1 Ventana de diálogo estadística descriptiva para el análisis de datos.

Para introducir una de esas funciones en la hoja de trabajo, seleccione una celda vacía y luego **Insertar → Función**. En el cuadro de diálogo Función, seleccione **Estadística** en la lista desplegable y luego desplácese hasta encontrar y seleccionar la función que desea utilizar. Dé clic en **Aceptar**. En la ventana de diálogo Argumentos de la función, introduzca el rango de celdas de los datos a resumir, y dé clic en **Aceptar**. (Para MAYOR y MENOR, introduzca **1** como valor de **K**; y para CUARTIL, introduzca **1** o **3** como valor de **Cuart**, según se trate del primero o tercer cuartil.) En las versiones de Excel previas a Excel 2003, puede encontrar errores en los resultados al utilizar la función CUARTIL.

Para la gráfica de caja y bigote

Consulte la sección G.5 (**Gráfica de caja y bigote**) si desea que PHStat2 genere una gráfica de caja y bigote como diagrama de Excel. (No existen comandos de Excel que generen de manera directa gráficas de caja y bigote.)

Para la covarianza

Abra el archivo de Excel **Covariance.xls**, que se muestra en la figura 3.7 de la página 104. Si desea utilizar esta hoja con otros pares de variables, siga las instrucciones en pantalla para modificar el área de la tabla. Observe en la figura 3.7 que la celda C15 contiene una fórmula que usa la función CONT. Ésta permite que Excel actualice de forma automática el valor de n cuando se modifica el tamaño del área de la tabla, y garantiza que el término $n - 1$ siempre sea el correcto.

Para el coeficiente de correlación

Abra el archivo de Excel **Correlation.xls**, que se ilustra en la figura 3.10 de la página 107. Si desea utilizar esta hoja con otros pares de variables, siga las instrucciones en pantalla para modificar el área de la tabla. Observe en la figura 3.10 que la celda E16 contiene una fórmula que usa la función CONT. Ésta permite que Excel actualice de forma automática el valor de n cuando se modifica el tamaño del área de la tabla, y garantiza que el término $n - 1$ siempre sea el correcto.

Esta hoja utiliza la función CORREL para calcular el coeficiente de correlación. Como se muestra en la figura 3.10, la fórmula **=E17/(E18 * E19)** también se puede emplear en esta hoja para calcular el estadístico, entonces la covarianza S_X y S_Y ya aparece en la hoja.

A3.2 MINITAB

Cálculo de estadística descriptiva

Para generar la estadística descriptiva de los rendimientos en 2003 correspondientes a los distintos niveles de riesgo que aparecen en la figura 3.3 de la página 90, abra la hoja de trabajo MUTUALFUNDS2004.MTW. Seleccione **Stat → Basic Statistics → Display Descriptive Statistics**.

Paso 1: En la ventana de diálogo Display Descriptive Statistics (vea la figura A3.2), introduzca **C7** o **Return 2003** en el cuadro de edición Variables. Escriba **C10** o **Risk** en la ventana de editar By variables (optional):

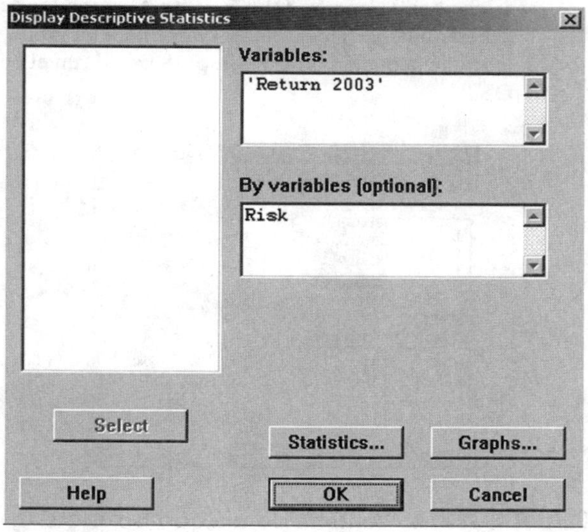

FIGURA A3.2 Ventana de diálogo de pantalla de estadística descriptiva de Minitab.

Paso 2: Seleccione el botón **Statistics**. En la ventana de diálogo Display Descriptive Statistics-Statistics (vea la figura A3.3), seleccione las casillas **Mean, Standard deviation, Coefficient of variation, First quartile, Median, Third quartile, Interquartile range, Minimum, Maximum, Range** y **N total** (tamaño de la muestra). Dé clic en el botón **OK** para volver a la ventana de diálogo Display Descriptive Statistics. Dé clic de nuevo en el botón **Aceptar** para calcular la estadística descriptiva.

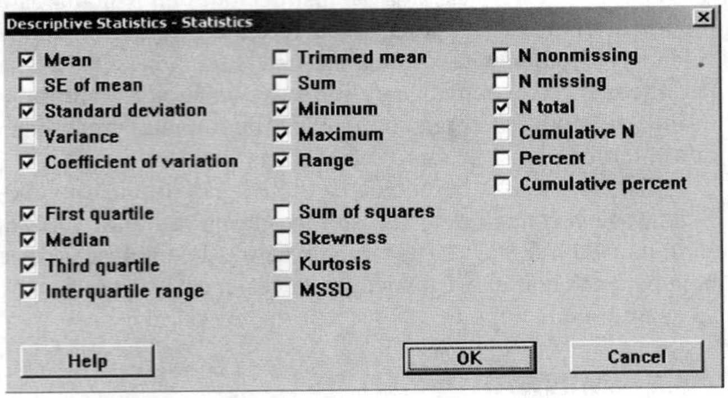

FIGURA A3.3 Ventana de diálogo de estadística descriptiva de de Minitab.

Uso de Minitab para elaborar una gráfica de caja y bigote

Para crear una gráfica de caja y bigote de los rendimientos en 2003 correspondientes a los distintos niveles de riesgo que aparecen en la figura 3.5 de la página 101, abra la hoja de trabajo **MUTUALFUNDS2004.MTW**. Seleccione **Graph → Boxplot**.

Paso 1: En la ventana de diálogo Boxplot (vea la figura A3.4) seleccione la opción **One Y With Groups** (si desea generar una gráfica de caja y bigote para un grupo, seleccione la opción **One Y Simple**). Dé clic en el botón **OK**.

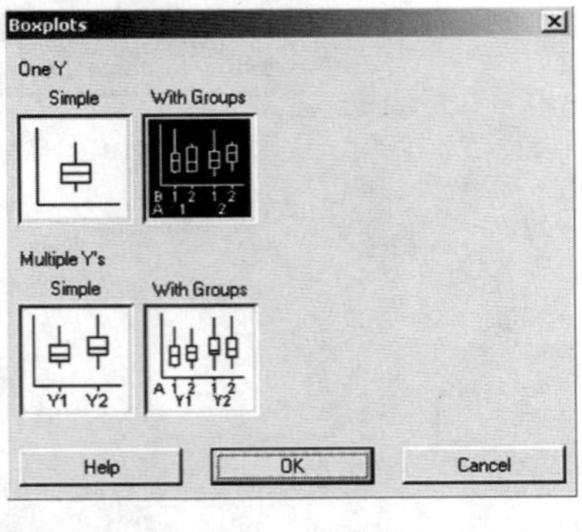

FIGURA A3.4 Ventana de diálogo Boxplots de Minitab.

Paso 2: En la ventana de diálogo Boxplot-One Y, With Groups (vea la figura A3.5), introduzca **C7** o **Return 2003** en el cuadro de edición Graph variables. Escriba **C10** o **Risk** en la ventana de editar Categorical variables. Dé clic en el botón **OK**.

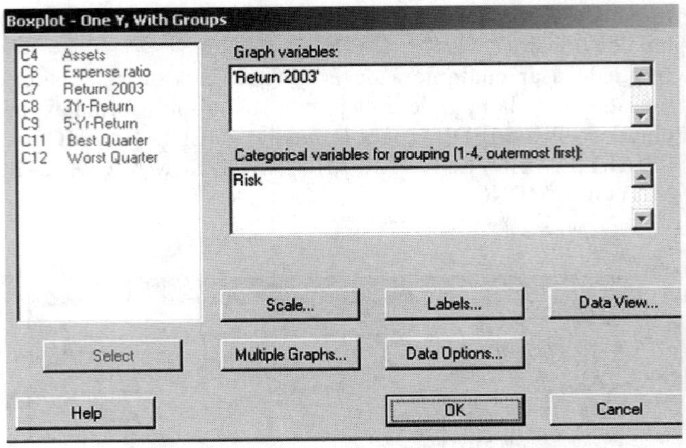

FIGURA A3.5 Ventana de diálogo Boxplots-One Y, With Groups de Minitab.

El resultado será semejante al de la figura 3.5 de la página 101.

Cálculo del coeficiente de correlación

Para calcular el coeficiente de correlación del coeficiente de gastos y los rendimientos en 2003 de *todos* los fondos de inversión, abra la hoja de trabajo **MUTUALFUNDS2004.MTW**. Seleccione **Stat → Basic Statistics → Correlation.** En el cuadro de diálogo Correlation (vea la figura A3.6), introduzca **C6** o **Expense ratio** y **C7** o **Return 2003**. Dé clic en el botón **OK**.

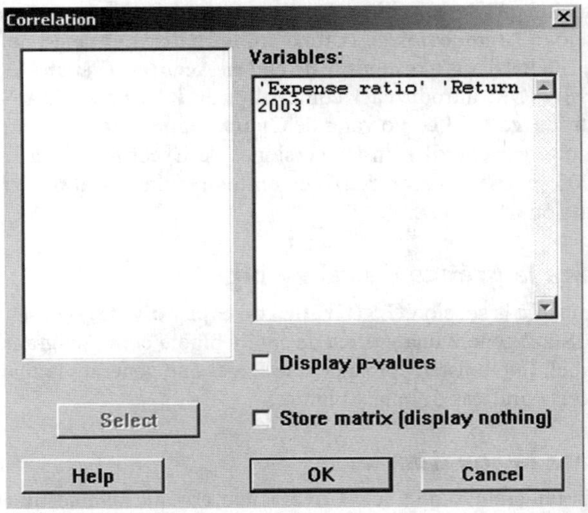

FIGURA A3.6 Ventana de diálogo Correlation de Minitab.

CAPÍTULO 4

Probabilidad básica

USO DE LA ESTADÍSTICA: La empresa Consumer Electronics

OBJETIVOS DE APRENDIZAJE

En este capítulo, aprenderá:

- Conceptos de probabilidad básica
- Probabilidad condicional
- El uso del teorema de Bayes para revisar probabilidades
- Varias reglas de conteo

USO DE LA ESTADÍSTICA

La empresa Consumer Electronics

Usted es gerente de marketing de la empresa Consumer Electronics. Analiza los resultados de una encuesta realizada en 1,000 hogares concerniente a sus intenciones de comprar un equipo de televisión de pantalla grande (definido como de 31 pulgadas o más) en los siguientes 12 meses. Investigaciones de este tipo reciben el nombre de estudios de intención de compra. Como seguimiento encuestará los mismos hogares 12 meses después para ver si realmente compraron el equipo. Además, a usted le interesa saber si quienes compraron la televisión de pantalla grande también compraron una televisión de alta definición (HDTV), si adquirieron un equipo reproductor de DVD en los últimos 12 meses, y si estuvieron satisfechos con la compra del equipo de televisión de pantalla grande. Algunas de las preguntas que le gustaría plantear son:

- ¿Cuál es la probabilidad de que en un hogar se planee comprar un televisor de pantalla grande el año próximo?
- ¿Cuál es la probabilidad de que en ese hogar se compre realmente un televisor de pantalla grande?
- ¿Cuál es la probabilidad de que en un hogar en el que se planea comprar un televisor de pantalla grande éste realmente se adquiera?
- Si en un hogar se planea comprar una televisión de pantalla grande, ¿cuál es la probabilidad de que la compra se realice?
- ¿El conocimiento de que en ese hogar se *planea* comprar un televisor cambia la posibilidad de predecir si ahí se *comprará* el equipo de televisión?
- ¿Cuál es la probabilidad de que el hogar donde se compra un televisor de pantalla grande se comprará un HDTV?
- ¿Cuál es la probabilidad de que en un hogar donde se compra un televisor de pantalla grande también se compre un equipo reproductor de DVD?
- ¿Cuál es la probabilidad de que un hogar donde se compra un televisor de pantalla grande estará satisfecho de su compra?

Las respuestas a estas y otras preguntas le ayudarán a desarrollar futuras estrategias de ventas y de marketing. Por ejemplo, ¿las campañas de venta para los equipos de televisión de pantalla grande deberían enfocarse en aquellos clientes que manifiestan su intención de comprar? ¿Se persuade con mayor facilidad a los individuos dispuestos a comprar un televisores de pantalla grande de comprar uno de alta definición y/o un DVD?

Los principios de la probabilidad ayudan a unir los mundos de la estadística descriptiva y de la estadística inferencial. Leer este capítulo le ayudará a aprender sobre los diferentes tipos de probabilidades y a revisarlos a la luz de nueva información. Estos temas son fundamentales para la distribución de la probabilidad, el concepto de la esperanza matemática y las distribuciones binomiales y de Poisson (temas que se estudiarán en el capítulo 5).

4.1 CONCEPTOS BÁSICOS DE PROBABILIDAD

¿Qué entendemos por la palabra *probabilidad*? Una **probabilidad** es un valor numérico que representa la oportunidad o posibilidad de que un evento en particular ocurra, tal como el aumento en el precio de una acción, un día lluvioso, una unidad de producción no conformada, o que caiga el cinco al lanzar un dado. En todos estos casos, la probabilidad es una proporción o fracción cuyo valor varía entre 0 y 1 inclusive. Un evento que no tiene oportunidad de ocurrir (por ejemplo, un **evento imposible**) tiene una probabilidad de 0. Un evento que ocurrirá con toda seguridad (es decir, un **evento seguro**) tiene una probabilidad de 1. Existen tres aproximaciones sujetas a la probabilidad:

- probabilidad clásica *a priori*
- probabilidad clásica empírica
- probabilidad subjetiva

En una **probabilidad clásica *a priori***, la probabilidad de éxito se basa en el conocimiento previo del proceso implicado. En el caso más simple, en el que cada resultado es igualmente probable, la oportunidad de ocurrencia de un evento se define en la ecuación 4.1.

PROBABILIDAD DE OCURRENCIA

$$\text{Probabilidad de ocurrencia} = \frac{X}{T} \qquad \textbf{(4.1)}$$

donde X = número de formas en las que el evento ocurre
T = número total de resultados posibles

Considere un mazo de cartas estándar con 26 cartas rojas y 26 cartas negras. La probabilidad de seleccionar una carta negra es de 26/52 = 0.50, puesto que hay $X = 26$ cartas negras y $T = 52$ cartas en total. ¿Qué indica esta probabilidad? Si se reemplaza cada carta después de haberla seleccionado, ¿significa que una de las dos siguientes cartas será negra? No, porque usted no puede decir con certeza lo que sucederá en las selecciones posteriores. Sin embargo, puede decir que a la larga, si este proceso de selección se repite continuamente, la proporción de cartas negras seleccionadas se aproximará a 0.50.

EJEMPLO 4.1 ENCONTRAR PROBABILIDADES *A PRIORI*

Un dado estándar tiene seis caras. Cada cara contiene uno, dos, tres, cuatro, cinco o seis puntos. Si usted tira el dado, ¿cuál es la probabilidad de que caiga la cara de cinco puntos?

SOLUCIÓN Cada cara tiene la misma posibilidad de ocurrir. Como hay seis caras, la probabilidad de obtener la cara con cinco puntos es de $\frac{1}{6}$.

Los ejemplos descritos usan el punto de vista de la probabilidad clásica *a priori* porque el número de formas en las que un evento puede ocurrir y el número total de resultados posibles se conocen por la composición del mazo de cartas o de las caras del dado.

En el punto de vista de la **probabilidad clásica empírica**, los resultados se basan en datos observados, no en un conocimiento previo del proceso. Ejemplos de este tipo de probabilidad son la proporción de individuos en el escenario "Uso de la estadística" que realmente compren la televisión, la proporción de votantes registrados que optan por un determinado candidato político, o la proporción de alumnos que tienen un empleo de medio tiempo. Por ejemplo, si usted realiza una encuesta a alumnos, y el 60% de ellos afirman que tienen un trabajo de medio tiempo, entonces hay una probabilidad de 0.60 de que un alumno en particular tenga un trabajo de medio tiempo.

El tercer punto de vista de la probabilidad, la **probabilidad subjetiva**, se distingue de los otros dos en que la probabilidad subjetiva difiere de persona a persona. Por ejemplo, tal vez el equipo de desarrollo para un nuevo producto asigne una probabilidad de 0.6 a la oportunidad de éxito para el producto, mientras que el presidente de la empresa es menos optimista y asigna una probabilidad de 0.3. La asignación de probabilidades subjetivas a diferentes resultados generalmente se basa en una combinación de las experiencias pasadas del individuo, la opinión personal y el análisis de una situación particular. La probabilidad subjetiva es particularmente útil al tomar decisiones en situaciones en las que no es posible usar la probabilidad clásica *a priori* o la probabilidad clásica empírica.

Espacios muestrales y eventos

Los elementos básicos de la teoría de probabilidad son los resultados individuales de una variable que se somete a estudio. Para entender las probabilidades es necesario que comprenda las siguientes definiciones.

Cada posible resultado de una variable es un **evento**.

Un **evento simple** se describe por sus características singulares.

Por ejemplo, cuando lanza una moneda al aire, los dos posibles resultados son cara o cruz. Cada uno de éstos representa un evento sencillo. Cuando tira un dado estándar de seis lados, en el que las seis caras del dado contienen uno, dos, tres, cuatro, cinco o seis puntos, hay seis eventos sencillos posibles. Un evento puede ser uno de estos eventos simples, un conjunto de ellos o un subconjunto de todos ellos. Por ejemplo, el evento de un *número par de puntos* consiste en tres eventos sencillos (por ejemplo, dos, cuatro o seis puntos).

Un **evento conjunto** es un evento que tiene dos o más características.

Sacar dos caras al lanzar al aire dos monedas es un ejemplo de evento conjunto, pues consiste en obtener cara al lanzar al aire la primera moneda y cara al lanzar la segunda moneda.

El **complemento** del evento A (al que se le asigna el símbolo A') incluye todos los eventos que no son parte de A.

El complemento de una cara es una cruz, puesto que es el único evento que no es una cara. El complemento de una cara de cinco puntos es no tener una cara de cinco puntos. No obtener un lado de cinco puntos consiste en obtener un lado uno, dos, tres, cuatro o seis.

La colección de todos los eventos posibles se llama **espacio muestral**.

El espacio muestral de lanzar una moneda al aire consiste en cara y cruz. El espacio muestral cuando tiramos un dado consiste en uno, dos, tres, cuatro, cinco y seis puntos.

EJEMPLO 4.2 ESPACIOS MUESTRALES Y EVENTOS

El escenario del recuadro "Uso de la estadística" en la página 122 se refiere a la empresa Consumer Electronics. La tabla 4.1 presenta los resultados de una muestra de 1,000 hogares en términos de comportamiento de compras de equipos de televisión de pantalla grande.

TABLA 4.1
Comportamiento de compras para equipos de televisión de pantalla grande.

	REALMENTE LO COMPRÓ		
PLANEA COMPRARLO	**Sí**	**No**	**Total**
Sí	200	50	250
No	100	650	750
Total	300	700	1,000

¿Qué es un espacio muestral? Dé ejemplos de eventos simples y eventos conjuntos.

SOLUCIÓN El espacio muestral consiste en las 1,000 personas encuestadas. Los eventos simples son "planea comprarlo", "no planea comprarlo", "compra" y "no compra". El complemento del evento "planea comprarlo" es "no planea comprarlo". El evento "planea comprarlo y realmente lo compra" es un evento conjunto porque quien responde debe planear comprar la televisión *y* realmente comprarla.

Tablas de contingencia y diagramas de Venn

Existen diferentes formas de presentar un espacio muestral. La tabla 4.1 usa una **tabla de clasificaciones cruzadas** para presentar un espacio muestral. La tabla también se llama **tabla de contingencia** (vea la sección 2.4). Se obtienen los valores en las celdas de la tabla al subdividir el espacio muestral de los 1,000 hogares de acuerdo a si alguien planeó comprar y realmente compró un equipo de televisión de pantalla grande. Por ejemplo, 200 de quienes respondieron planearon comprar un equipo de televisión de pantalla grande y posteriormente lo compraron.

Un **diagrama de Venn** es una segunda forma de presentar un espacio muestral. Este diagrama representa gráficamente los diferentes eventos como "uniones" e "intersecciones" de círculos. La figura 4.1 presenta un diagrama de Venn típico para una situación de dos variables, en la que cada variable tiene sólo dos eventos (A y A', B y B'). El círculo de la izquierda (de gris oscuro) representa todos los eventos que son parte de A. El círculo de la derecha (de gris claro) representa todos los eventos que son parte de B. El área contenida dentro del círculo A y el círculo B (área central), es la **intersección** de A y B (se escribe $A \cap B$), porque es parte de A y también de B. El área total de los dos círculos es la **unión** de A y B (se escribe $A \cup B$) y contiene todos los resultados que son sólo parte del evento A, sólo parte del evento B, o parte de ambos A y B. El área en el diagrama fuera de $A \cup B$ contiene los resultados que no son parte ni de A ni de B.

Usted debe definir A y B para desarrollar un diagrama de Venn. Se puede definir a un evento como A o como B, siempre y cuando sea congruente al evaluar los diversos eventos. Para el ejemplo de Consumer Electronics, se pueden definir los eventos de la siguiente manera:

A = planea comprar B = realmente compró
A' = no planea comprar B' = no lo compró

Al diseñar un diagrama de Venn (vea la figura 4.2), usted debe determinar el valor de la intersección de A y B para dividir el espacio muestral en sus partes. $A \cap B$ consiste en los 200 hogares en los que se planeó comprar y realmente se compró el equipo de televisión de pantalla grande. El evento remanente A (planean comprar), consiste en 50 hogares en los que se planeó comprar el televisor de pantalla grande pero que finalmente no lo compraron. El remanente del evento B (realmente compraron) consiste en 100 hogares en los que no se planeó comprar un equipo de televisión de pantalla grande, pero en los que finalmente se compró uno. El resto de los 650 hogares representa a aquellos que ni planearon ni compraron un equipo de televisión de pantalla grande.

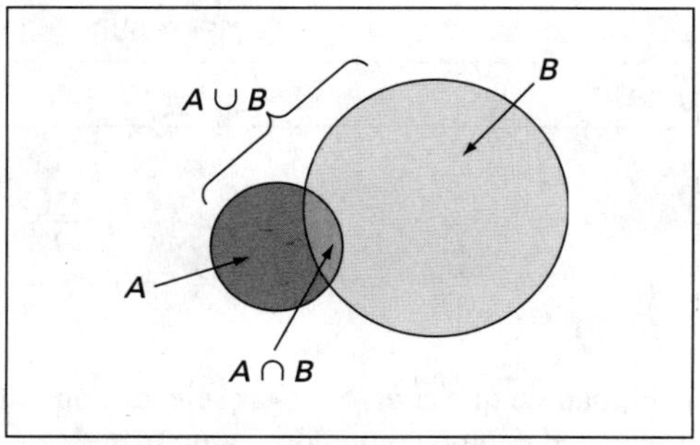

FIGURA 4.1
Diagrama de Venn para los eventos A y B.

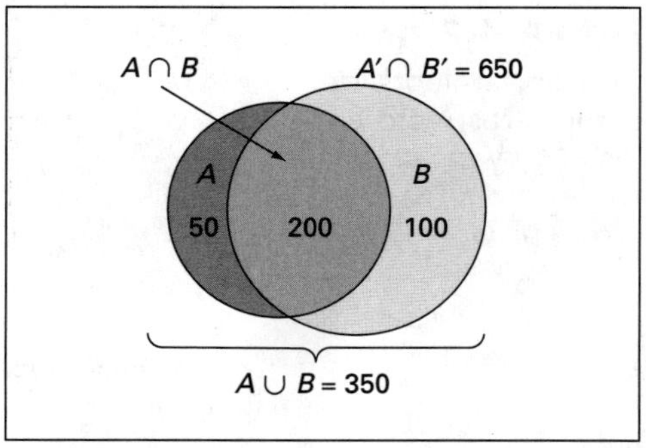

FIGURA 4.2
Diagrama de Venn para el ejemplo de Consumer Electronics.

Probabilidad simple (marginal)

Ahora usted está en condiciones de responder a algunas de las preguntas formuladas en el escenario "Uso de la estadística". Como los resultados se basan en los datos recolectados en una encuesta (vea la tabla 4.1 en la página 124), puede usar el punto de vista de la probabilidad clásica empírica.

Como se estableció antes, la ley básica para las probabilidades es que varían en valor del 0 al 1. Un evento imposible tiene una probabilidad de 0 y un evento seguro de ocurrir tiene una probabilidad de 1.

Probabilidad simple se refiere a la probabilidad de ocurrencia de un evento simple, $P(A)$. En el escenario de "Uso de la estadística", una probabilidad simple es la probabilidad de planear la compra de un equipo de televisión de pantalla grande. ¿Cómo se determina la probabilidad de seleccionar un hogar en el que se planee comprar un equipo de televisión de pantalla grande? Al utilizar la ecuación (4.1) en la página 123:

$$\text{Probabilidad de ocurrencia} = \frac{X}{T}$$

$$P(\text{planear comprar}) = \frac{\text{número de quienes planean comprar}}{\text{número total de hogares}}$$

$$= \frac{250}{1{,}000} = 0.25$$

Por lo tanto, hay un 0.25 (o un 25%) de probabilidad de que en un hogar se planee comprar un equipo de televisión de pantalla grande.

A la probabilidad simple también se le llama **probabilidad marginal**, porque es posible calcular el número total de los éxitos (el número total de quienes planearon comprar) a partir del margen apropiado de la tabla de contingencia (vea la tabla 4.1 en la página 124). El ejemplo 4.3 ilustra otra aplicación de la probabilidad simple.

EJEMPLO 4.3

CÁLCULO DE LA PROBABILIDAD DE QUE EL EQUIPO DE TELEVISIÓN DE PANTALLA GRANDE QUE SE COMPRE SEA UN HDTV

En la encuesta de seguimiento del escenario de "Uso de la estadística", se hicieron preguntas adicionales a 300 de los hogares en los que realmente se compró el equipo de televisión de pantalla grande. La tabla 4.2 indica las respuestas del consumidor a si el equipo comprado era un HDTV y si también compró un DVD en los últimos 12 meses.

TABLA 4.2
Comportamiento de compra respecto a los HDTV y los DVD.

	COMPRÓ DVD		
COMPRÓ HDTV	**Sí**	**No**	**Total**
HDTV	38	42	80
No HDTV	70	150	220
Total	108	192	300

Encuentre la probabilidad de que si en el hogar seleccionado al azar adquirieron un equipo de televisión de pantalla grande, el equipo comprado sea un HDTV.

SOLUCIÓN Usando las siguientes definiciones:

A = compró un HDTV — B = compró un DVD
A' = no compró un HDTV — B' = no compró un DVD

$$P(\text{HDTV}) = \frac{\text{número de equipos de televisión HDTV}}{\text{número total de equipos de televisión}}$$

$$= \frac{80}{300} = 0.267$$

Hay una probabilidad del 26.7% de que el equipo de televisión de pantalla grande seleccionado al azar comprado sea un HDTV.

Probabilidad conjunta

La probabilidad marginal se refiere a la probabilidad de ocurrencia de eventos simples. La **probabilidad conjunta** se refiere a la probabilidad de ocurrencia que implica a dos o más eventos. Un ejemplo de probabilidad conjunta es la probabilidad de que se obtenga cara al lanzar la primera vez la moneda al aire y cara al lanzar por segunda vez la moneda.

En relación con la tabla 4.1 en la página 124, aquellos individuos que planearon comprar y realmente compraron el televisor de pantalla grande se identifican con los resultados de una celda singular "sí—planearon comprar *y* sí—realmente lo compraron". Como el grupo está formado por 200 hogares, la probabilidad de elegir un hogar que planee comprar *y* realmente lo compre es

$$P(\text{planea comprar } y \text{ realmente lo compra}) = \frac{\text{planea comprar } y \text{ realmente compra}}{\text{número total de quienes responden}}$$

$$= \frac{200}{1{,}000} = 0.20$$

El ejemplo 4.4 también demuestra cómo se determina la probabilidad conjunta.

EJEMPLO 4.4

DETERMINAR LA PROBABILIDAD CONJUNTA DE COMPRAR UN TELEVISOR DE PANTALLA GRANDE Y DE COMPRAR UN HDTV Y UN DVD

En la tabla 4.2 de la página 126, los compradores aparecen en una clasificación cruzada como HDTV o no HDTV y si en esos hogares se adquirió o no un equipo reproductor de DVD. Encuentre la probabilidad de que en los hogares seleccionados al azar, los compradores de un televisor de pantalla adquirieron un equipo HDTV y un DVD.

SOLUCIÓN Se emplea la ecuación (4.1) de la página 123,

$$P\,(\text{televisor HDTV } y \text{ DVD}) = \frac{\text{número de compradores de un televisor HDTV } y \text{ un DVD}}{\text{número total de compradores de un televisor de pantalla grande}}$$

$$= \frac{38}{300} = 0.127$$

Por lo tanto, tenemos una probabilidad del 12.7% de que el hogar seleccionado al azar en el que se adquirió un equipo de televisión de pantalla grande, haya comprado un HDTV y un DVD.

Se puede ver la probabilidad marginal de un evento en particular usando el concepto de probabilidad conjunta que se explicó antes. La probabilidad marginal de un evento consiste en un conjunto de probabilidades conjuntas. Por ejemplo, si B consiste en dos eventos, B_1 y B_2, entonces $P(A)$, la probabilidad del evento A, consiste en la probabilidad conjunta de que el evento A ocurra con el evento B_1 y la probabilidad conjunta de que el evento A ocurra con el evento B_2. Use la ecuación (4.2) para calcular las probabilidades marginales.

PROBABILIDAD MARGINAL

$$P(A) = P(A \text{ y } B_1) + P(A \text{ y } B_2) + \cdots + P(A \text{ y } B_k) \qquad \textbf{(4.2)}$$

donde $B_1, B_2, \ldots, B_k$ son k eventos mutuamente excluyentes y colectivamente exhaustivos.

Los eventos mutuamente excluyentes y colectivamente exhaustivos se definen así.

Dos eventos son **mutuamente excluyentes** si ambos eventos no pueden ocurrir de manera simultánea.

Al tirar una moneda al aire, cara y cruz son eventos mutuamente excluyentes. El resultado de tirar una moneda al aire no puede ser al mismo tiempo cara y cruz.

Un conjunto de eventos es **colectivamente exhaustivo** si uno de los eventos debe ocurrir.

Cara y cruz en una moneda son eventos colectivamente exhaustivos. Uno de ellos debe ocurrir. Si no ocurre cara, entonces debe ocurrir cruz. Si cruz no ocurre, entonces debe ocurrir cara.

Ser masculino y ser femenino son eventos mutuamente excluyentes y colectivamente exhaustivos. Ninguna persona es de ambos sexos (son mutuamente excluyentes), y todos son uno u otro (son colectivamente exhaustivos).

La ecuación (4.2) sirve para calcular la probabilidad marginal de planear la compra de un equipo de televisión de pantalla grande.

$$\begin{aligned} P\text{ (planear la compra)} &= P\text{ (planear comprar } y \text{ comprar)} \\ &\quad + P\text{ (planear comprar } y \text{ no comprar)} \\ &= \frac{200}{1{,}000} + \frac{50}{1{,}000} \\ &= \frac{250}{1{,}000} = 0.25 \end{aligned}$$

Usted obtendrá el mismo resultado si suma el número de resultados que conforman el evento simple “planear la compra”.

Regla general de la adición

La regla general de la adición nos permite encontrar la probabilidad del evento “*A o B*”. Esta regla considera la ocurrencia de cualquiera de los eventos, evento *A* o evento *B* o ambos *A* y *B*. ¿Cómo se determina la probabilidad de que en un hogar se planee comprar *o* se compre realmente un equipo de televisión de pantalla grande? El evento “planear la compra *o* comprar realmente” incluye a todos los hogares en los que se planea comprar y todos los hogares en los que realmente se compró el equipo de televisión de pantalla grande. Revise cada celda de la tabla de contingencia (tabla 4.1, en la página 124) para determinar si es o no parte del evento. De la tabla 4.1, la celda “planea comprar *y* no la compró” es parte del evento porque incluye a los encuestados que planeaban comprar. La celda “no planeó comprar *y* realmente compró” está incluida porque contiene a los encuestados que de verdad compraron. Por último, la celda “planearon comprar *y* realmente compraron” tiene ambas características de interés. Por lo tanto, la probabilidad de planear comprar *o* realmente comprar es:

$$\begin{aligned} P(\text{planear comprar } o \text{ realmente compró}) &= P(\text{planeó comprar } y \text{ no compró realmente}) \\ &\quad + P(\text{no planeó comprar } y \text{ realmente compró}) \\ &\quad + P(\text{planeó comprar } y \text{ realmente compró}) \\ &= \frac{50}{1{,}000} + \frac{100}{1{,}000} + \frac{200}{1{,}000} = \frac{350}{1{,}000} = 0.35 \end{aligned}$$

A menudo encontrará más fácil determinar *P*(*A o B*), la probabilidad del evento *A o B*, mediante la **regla general de la adición** definida en la ecuación (4.3).

REGLA GENERAL DE LA ADICIÓN

La probabilidad de *A o B* es igual a la probabilidad de *A* más la probabilidad de *B* menos la probabilidad de *A y B*.

$$P(A \text{ o } B) = P(A) + P(B) - P(A \text{ y } B) \qquad \textbf{(4.3)}$$

Aplicar esta ecuación al ejemplo anterior produce el siguiente resultado:

$$P(\text{planea comprar } o \text{ realmente compró}) = P(\text{planea comprar}) + P(\text{realmente compró}) - P(\text{planea comprar } y \text{ compró})$$

$$= \frac{250}{1{,}000} + \frac{300}{1{,}000} - \frac{200}{1{,}000}$$

$$= \frac{350}{1{,}000} = 0.35$$

La regla general de la adición consiste en tomar la probabilidad de *A* y sumarla a la probabilidad de *B*, y después sustraer el evento conjunto de *A y B* de este total, porque el evento conjunto ya se incluyó tanto en el cálculo de la probabilidad de *A* y en la probabilidad de *B*. En relación con la tabla 4.1 en la página 124, si los resultados del evento "planean comprar" se suman a aquellos del evento "realmente compraron", el evento conjunto "planearon comprar *y* realmente compraron" se incluye en cada uno de estos eventos simples. Por lo tanto, como este evento conjunto se ha contado dos veces, debe restarse para obtener el resultado correcto. El ejemplo 4.5 ilustra otra aplicación de la regla general de la adición.

EJEMPLO 4.5

USO DE LA REGLA GENERAL DE LA ADICIÓN PARA LOS HOGARES EN LOS QUE SE COMPRARON EQUIPOS DE TELEVISIÓN DE PANTALLA GRANDE

En el ejemplo 4.3 de la página 126, las compras se clasificaron de forma cruzada como HDTV o no HDTV y si en el hogar se compró o no un DVD. Encuentre la probabilidad de que entre los hogares en los que se adquirió un equipo de televisión de pantalla grande, se haya comprado un HDTV o un DVD.

SOLUCIÓN Mediante la ecuación (4.3),

$$P(\text{HDTV } o \text{ DVD}) = P(\text{HDTV}) + P(\text{DVD}) - P(\text{HDTV } y \text{ DVD})$$

$$= \frac{80}{300} + \frac{108}{300} - \frac{38}{300}$$

$$= \frac{150}{300} = 0.50$$

Por lo tanto, se tiene el 50.0% de probabilidad de que el hogar seleccionado al azar en el que se adquirió un equipo de televisión de pantalla grande, se haya comprado un HDTV o un DVD.

PROBLEMAS PARA LA SECCIÓN 4.1

Aprendizaje básico

ASISTENCIA de PH Grade

4.1 Se lanzan dos monedas al aire.
a. Dé un ejemplo de un evento simple.
b. Dé un ejemplo de un evento conjunto.
c. ¿Cuál es el complemento de una cara en el primer lanzamiento?

4.2 Una urna contiene 12 pelotas rojas y 8 pelotas blancas. Se seleccionará una pelota de la urna.
a. Dé un ejemplo de un evento simple.
b. ¿Cuál es el complemento de una pelota roja?

ASISTENCIA de PH Grade

4.3 A partir de la siguiente tabla de contingencia:

	B	*B'*
A	10	20
A'	20	40

¿Cuál es la probabilidad del

a. evento *A*?
b. evento *A'*?
c. evento *A y B*?
d. evento *A o B*?

ASISTENCIA de PH Grade

4.4 A partir de la siguiente tabla de contingencia:

	B	*B'*
A	10	30
A'	25	35

¿Cuál es la probabilidad del

a. evento *A'*?
b. evento *A y B*?
c. evento *A' y B'*?
d. evento *A' o B'*?

Aplicación de conceptos

ASISTENCIA de PH Grade

4.5 Para cada uno de los siguientes enunciados, indique si el tipo de probabilidad implicada es un ejemplo de probabilidad clásica *a priori*, probabilidad clásica empírica o probabilidad subjetiva.

a. El siguiente lanzamiento de una moneda caerá cara.
b. Italia ganará la Copa Mundial la próxima vez que se realice esa competencia.
c. La suma de las caras de dos dados será 7.
d. El tren que toma un viajero para llegar al trabajo llegará con más de 10 minutos de retraso.

4.6 Para cada uno de los siguientes enunciados, establezca si los eventos son mutuamente excluyentes y colectivamente exhaustivos. Si no es así, renombre las categorías para hacerlos mutuamente excluyentes y colectivamente exhaustivos o explique por qué no sería útil hacerlo.

a. A los votantes registrados de Estados Unidos se les preguntó si están registrados como republicanos o como demócratas.
b. Quienes respondieron fueron clasificados por el tipo de automóvil que él o ella manejan: estadounidense, europeo, japonés o ninguno.
c. Se les preguntó: "¿Actualmente vive en *i*) un apartamento o *ii*) en una casa?"
d. Un producto fue clasificado como defectuoso o no defectuoso.

4.7 La probabilidad de cada uno de los siguientes eventos es cero. Para cada uno de ellos establezca por qué.

a. Un votante en Estados Unidos que está registrado como republicano y como demócrata.
b. Un producto que es defectuoso y no defectuoso.
c. Un automóvil es de marca Ford y Toyota.

AUTO Examen

4.8 En Estados Unidos una encuesta sobre vivienda estudió cómo llegan al trabajo los propietarios de una casa ("How People Get to Work", *USA Today* Snapshots, 25 de febrero, 2003, 1A). Suponga que la encuesta constó de una muestra de 1,000 propietarios de casa y 1,000 inquilinos.

Maneja hacia el trabajo	Propietario de casa	Inquilino	Total
Sí	824	681	1,505
No	176	319	495
Total	1,000	1,000	2,000

a. Dé un ejemplo de un evento simple.
b. Dé un ejemplo de un evento conjunto.
c. ¿Cuál es el complemento de "maneja hacia el trabajo"?
d. ¿Por qué "maneja hacia el trabajo y es un propietario de casa" es un evento conjunto?

4.9 En relación con la tabla de contingencia del problema 4.8, si quien responde es seleccionado al azar, ¿cuál es la probabilidad de que ella o él

a. maneje hacia el trabajo?
b. maneje hacia el trabajo y sea propietario de casa?
c. maneje hacia el trabajo o sea propietario de casa?
d. Explique la diferencia en los resultados de los incisos *b*) y *c*).

4.10 Un estudio sobre el mejoramiento de la producción en una fábrica de semiconductores proporcionó datos de los defectos para una muestra de 450 placas de silicio. La siguiente tabla presenta un resumen de las respuestas a dos preguntas: "¿Se encontraron partículas en el troquel que produjo la placa?", y "¿La placa era buena o mala?"

	CONDICIÓN DEL TROQUEL		
CALIDAD DE LA PLACA	Sin partículas	Con partículas	Total
Buena	320	14	334
Mala	80	36	116
Total	400	50	450

Fuente: S.W. Hall, Analysis of Defectivity of semiconductor Wafers by Contingency Table, Proceedings of Institute of Environmental Sciences, *vol. 1 (1994), 177-183.*

a. Dé un ejemplo de evento simple.
b. Dé un ejemplo de evento conjunto.
c. ¿Cuál es el complemento de una placa de silicio es buena?
d. ¿Por qué una "placa buena" y un troquel "con partículas" es un evento conjunto?

4.11 En relación con la tabla de contingencia del problema 4.10, si la placa de silicio se seleccionó al azar, ¿cuál es la probabilidad de que

a. fuera producida con un troquel sin partículas?
b. sea una placa mala y fuera producida con un troquel sin partículas?

c. Sea una placa mala o fuera producida con un troquel con partículas?
d. Explique la diferencia en los resultados de los incisos *b*) y *c*).

ASISTENCIA de PH Grade **4.12** ¿Es menos probable que las grandes empresas ofrezcan acciones a los miembros de su junta directiva que las empresas pequeñas o medianas? Una encuesta que realizó la Segal Company de Nueva York encontró que en una muestra de 189 empresas grandes, 40 les ofrecieron opciones de acciones a los miembros de su consejo directivo como parte de sus paquetes de compensación que no implicaban efectivo. De las empresas pequeñas y medianas, 43 de las 180 encuestadas indicaron que ofrecieron las acciones como parte de sus paquetes de compensación que no implicaban efectivo a los miembros de su consejo directivo (Kemba J. Dunham, "The Jungle: Focus on Recruitment, Pay and Getting Ahead", *The Wall Street Journal,* 21 de agosto, 2001, B6). Construya una tabla de contingencia o un diagrama de Venn para evaluar las probabilidades. Si la empresa es seleccionada al azar, ¿cuál es la probabilidad de que la compañía
a. ofrezca opciones de acciones a los miembros de su consejo directivo?
b. sea una empresa pequeña o mediana y no ofrezca opciones de acciones a los miembros de su consejo directivo?
c. sea una empresa pequeña a mediana u ofrezca opciones de acciones a los miembros de su consejo directivo?
d. Explique la diferencia en los resultados de los incisos *b*) y *c*).

4.13 ¿Es más probable que los blancos presenten demandas por prejuicios? Una encuesta que realizó Barry Goldman ("White Fight: A Researcher Finds Whites Are More Likely to Claim Bias", *The Wall Street Journal,* Work Week, 10 de abril, 2001, A1) encontró que de 56 trabajadores despedidos, 29 presentaron demandas por prejuicios. De 407 trabajadores negros despedidos, 126 demandaron por prejuicios. Elabore una tabla de contingencia o un diagrama de Venn para evaluar las probabilidades. Si un trabajador es seleccionado al azar, ¿cuál es la probabilidad de que él o ella
a. presente una demanda por prejuicios?
b. sea negro y no demande por prejuicios?
c. sea negro o demande por prejuicios?
d. Explique la diferencia en los resultados de los incisos *b*) y *c*).

4.14 Una muestra de 500 personas fue seleccionada en una gran área metropolitana para estudiar el comportamiento del consumidor. Entre las preguntas estaban "¿Disfruta comprando ropa?" De 240 hombres, 136 contestaron que sí. De 260 mujeres 224 contestaron que sí. Realice una tabla de contingencia o un diagrama de Venn para evaluar las probabilidades. ¿Cuál es la probabilidad de que un encuestado elegido al azar
a. disfrute comprando ropa?
b. sea mujer y disfrute comprando ropa?
c. sea mujer o disfrute comprando ropa?
d. sea hombre o mujer?

4.15 Cada año se compilan las clasificaciones respecto al desempeño de los autos nuevos durante los primeros 90 días de uso. Suponga que los autos se han clasificado de acuerdo a si necesitan una garantía relacionada con reparación (sí o no) y el país en el que la empresa manufacturera tiene su sede (Estados Unidos o fuera de Estados Unidos). Con base en los datos recabados, la probabilidad de que un auto nuevo necesite de una garantía de reparación es de 0.04, la probabilidad de que el auto sea manufacturado por una empresa con sede en Estados Unidos es de 0.60, y la probabilidad de que el auto nuevo necesite una garantía de reparación *y* haya sido manufacturado por una empresa con sede en Estados Unidos es de 0.025. Elabore una tabla de contingencia o un diagrama de Venn para evaluar la probabilidad de una garantía relacionada con la reparación. ¿Cuál es la probabilidad de que un auto nuevo seleccionado al azar
a. necesite una garantía relacionada con reparaciones?
b. necesite una garantía relacionada con reparaciones y sea manufacturado por una empresa con sede en estados Unidos?
c. necesite una garantía de reparación o fue manufacturado por una empresa con sede en Estados Unidos?
d. necesite una garantía de reparación o no fue manufacturado por una empresa con sede en Estados Unidos?

4.2 PROBABILIDAD CONDICIONAL

Cálculo de probabilidades condicionales

Cada ejemplo en la sección 4.1 implicó encontrar la probabilidad de un evento muestreado del espacio muestral completo. ¿Cómo se determina la probabilidad de un evento si cierta información acerca de los eventos implicados es ya conocida?

La **probabilidad condicional** se refiere a la probabilidad del evento *A*, dada información acerca de la ocurrencia de otro evento *B*.

PROBABILIDAD CONDICIONAL

La probabilidad de *A* dado *B* es igual a la probabilidad de *A* y *B* dividida por la probabilidad de *B*

$$P(A \mid B) = \frac{P(A \text{ y } B)}{P(B)} \qquad \textbf{(4.4a)}$$

La probabilidad de B dado A es igual a la probabilidad de A y B dividida por la probabilidad de A

$$P(B \mid A) = \frac{P(A \text{ y } B)}{P(A)} \quad \textbf{(4.4b)}$$

donde

$P(A \text{ y } B)$ = probabilidad conjunta de A y B

$P(A)$ = probabilidad marginal de A

$P(B)$ = probabilidad marginal de B

En relación con el escenario de "Uso de la estadística" que se refiere a la compra de un equipo de televisión de pantalla grande, suponga que en cierto hogar se planea comprar un equipo de televisión de pantalla grande. Ahora, ¿cuál es la probabilidad de que en ese hogar se compre realmente el equipo de televisión? En este ejemplo el objetivo es encontrar P(compra real | planea comprar). Aquí se le proporciona la información de que el hogar planea comprar el equipo de televisión de pantalla grande. Por lo tanto, el espacio muestral no consiste en todos los 1,000 hogares de la encuesta. Consiste sólo en aquellos que realmente compraron el equipo de televisión de pantalla grande. De 250 de esos hogares, 200 compraron realmente el equipo de televisión de pantalla grande. Por lo tanto (vea la tabla 4.1 en la página 124 o la figura 4.2 en la página 125), la probabilidad de que en un hogar realmente se compre un equipo de televisión de pantalla grande dado que lo planeó comprar es

$$P(\text{realmente compró} \mid \text{planeó comprar}) = \frac{\text{planeó comprar } y \text{ realmente compró}}{\text{planeó comprar}}$$

$$= \frac{200}{250} = 0.80$$

También es posible usar la ecuación (4.4b) para calcular este resultado.

$$P(B \mid A) = \frac{P(A \text{ y } B)}{P(A)}$$

donde

evento A = planeó comprar

evento B = realmente compró

Entonces

$$P(\text{realmente compró} \mid \text{planeó comprar}) = \frac{200/1{,}000}{250/1{,}000}$$

$$= \frac{200}{250} = 0.80$$

El ejemplo 4.6 ilustra aún más la probabilidad condicional.

EJEMPLO 4.6

ENCONTRAR LA PROBABILIDAD CODICIONAL REFERENTE A LOS HOGARES QUE REALMENTE COMPRARON UN EQUIPO DE TELEVISIÓN DE PANTALLA GRANDE

La tabla 4.3 en la página 126 es una tabla de contingencia que se refiere a si el hogar compró un HDTV y un DVD. De los hogares que compraron un HDTV, ¿cuál es la probabilidad de que también hayan comprado un DVD?

SOLUCIÓN Como se sabe en qué hogares compraron un HDTV, el espacio muestral se reduce a 80 hogares. De estos 80, 38 también compraron un DVD. Por lo tanto, la probabilidad de que un hogar comprara un DVD, dado que el hogar compró un HDTV es:

$$P(\text{compró DVD} \mid \text{compró HDTV}) = \frac{\text{número que compró HDTV } y \text{ DVD}}{\text{número que compró HDTV}}$$

$$= \frac{38}{80} = 0.475$$

Si se usa la ecuación (4.4a) de la página 131:

$$A = \text{compró DVD} \qquad B = \text{compró HDTV}$$

entonces

$$P(A \mid B) = \frac{P(A \text{ y } B)}{P(B)} = \frac{38/300}{80/300} = 0.475$$

Entonces, dado que en un hogar se compró un HDTV, hay un 47.5% de posibilidades de que también haya comprado un DVD. Se puede comparar esta probabilidad condicional con la probabilidad marginal de comprar un DVD, la cual es de 108/300 = 0.36, o del 36%. Estos resultados indican que los hogares en los que se compró un HDTV tienen más probabilidades de comprar un DVD que los hogares que compraron un equipo de televisión de pantalla grande que no es un HDTV.

Árboles de decisión

En la tabla 4.1 en la página 124, los hogares se clasifican de acuerdo con sus planes de comprar o de si realmente compraron el equipo de televisión de pantalla grande. Un **árbol de decisión** es una alternativa para la tabla de contingencia. La figura 4.3 representa el árbol de decisión para este ejemplo.

FIGURA 4.3
Árbol de decisión para el ejemplo de Consumer Electronics.

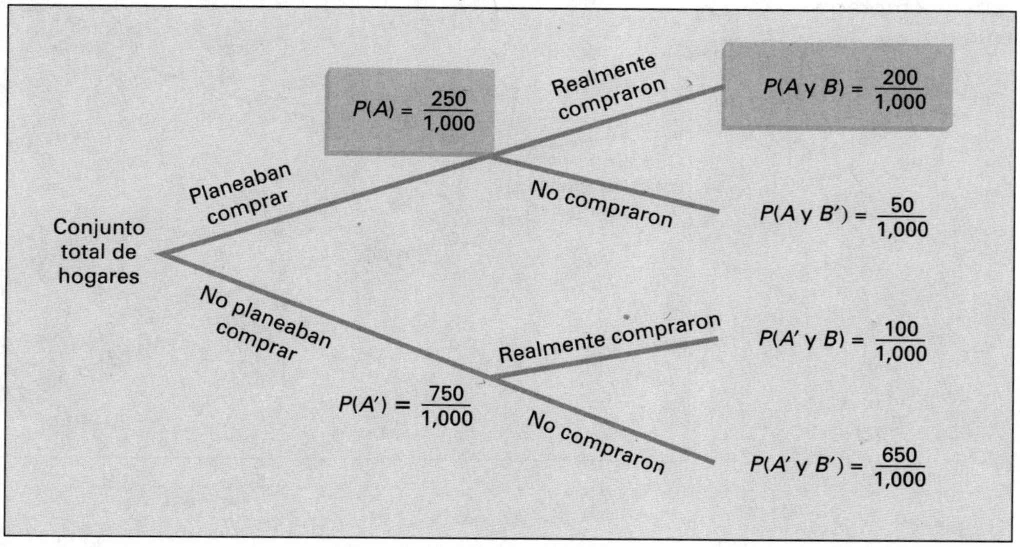

En la figura 4.3 iniciando a la izquierda con el conjunto total de hogares, se abren dos "ramas" para indicar si planearon o no comprar el equipo de televisión de pantalla grande. Cada una de estas ramas tiene dos subramas, correspondientes a si el hogar realmente compró o no el equipo de televisión de pantalla grande. Las probabilidades al final de las ramas iniciales representan la probabilidad marginal de A y A'. La probabilidad al final de cada una de la cuatro subramas representa la probabilidad conjunta de cada combinación de eventos A y B. Calcule la probabilidad condicional dividiendo la probabilidad conjunta por la probabilidad marginal apropiada.

Por ejemplo, para calcular la probabilidad de que cierto hogar realmente compró luego de que planeó comprar el equipo de televisión de pantalla grande, tome *P*(planeó comprar *y* realmente compró) y divídalo por *P*(planeó comprar). A partir de la figura 4.3

$$P(\text{realmente compró} \mid \text{planeó comprar}) = \frac{200/1{,}000}{250/1{,}000}$$

$$= \frac{200}{250} = 0.80$$

El ejemplo 4.7 ilustra cómo construir un árbol de decisión.

EJEMPLO 4.7

CREACIÓN DEL ÁRBOL DE DECISIÓN PARA LOS HOGARES EN LOS QUE SE COMPRÓ UN EQUIPO DE TELEVISIÓN DE PANTALLA GRANDE

Utilice los datos cruzados clasificados de la tabla 4.2 en la página 126 y realice el árbol de decisión. Use el árbol de decisión para encontrar la probabilidad de que en un hogar se haya comprado un DVD, dado que el hogar compró un HDTV.

SOLUCIÓN El árbol de decisión para haber comprado un DVD y un HDTV se muestra en la figura 4.4. Emplee la ecuación (4.4b) en la página 132 y las siguientes definiciones:

$$A = \text{compró HDTV} \qquad B = \text{compró un DVD}$$

$$P(B \mid A) = \frac{P(A \text{ y } B)}{P(A)} = \frac{38/300}{80/300} = 0.475$$

FIGURA 4.4
Árbol de decisión para haber comprado un DVD y un HDTV.

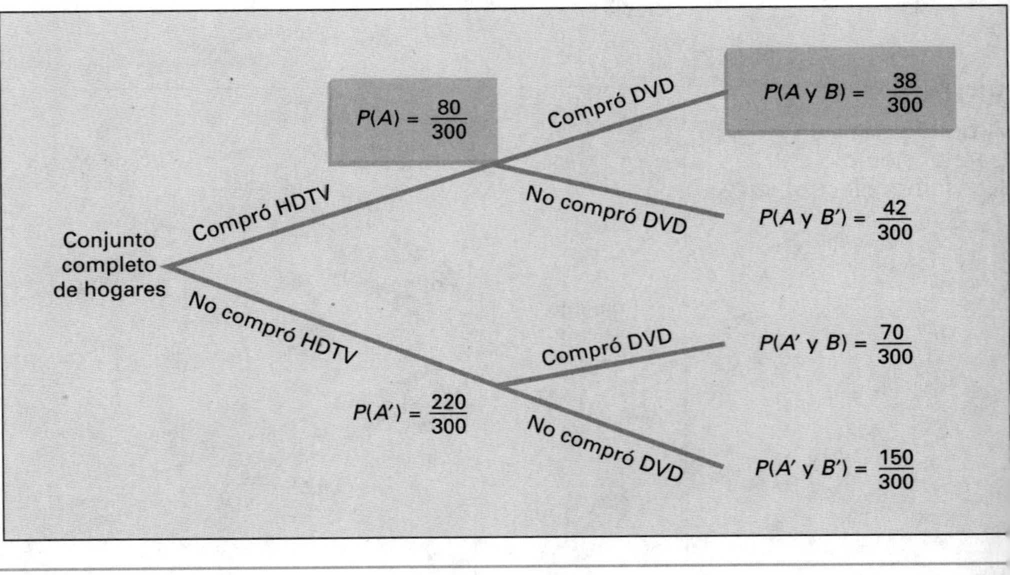

Independencia estadística

En el ejemplo relacionado con la compra de equipos de televisión de pantalla grande, la probabilidad condicional es de 200/250 = 0.80 de que en el hogar seleccionado realmente se haya comprado un equipo de televisión de pantalla grande, luego de que se planeó comprarlo. La probabilidad sim ple de seleccionar un hogar que realmente hizo la compra es de 300/1,000 = 0.30. Estos resultados muestran que el conocimiento previo de que en el hogar se planeó comprar afectó la probabilidad de que el hogar realmente comprara el equipo de televisión. En otras palabras, el resultado de un evento es *dependiente* del resultado de un segundo evento.

Cuando el resultado de un evento *no* afecta la probabilidad de ocurrencia de otro evento, se dice que los eventos son estadísticamente independientes. La **independencia estadística** se determina mediante la ecuación (4.5).

INDEPENDENCIA ESTADÍSTICA

Dos eventos A y B son estadísticamente independientes si y sólo si

$$P(A \mid B) = P(A) \qquad \textbf{(4.5)}$$

donde $P(A \mid B)$ = probabilidad condicional de A dado B

$P(A)$ = probabilidad marginal de A

El ejemplo 4.8 demuestra el uso de la ecuación (4.5).

EJEMPLO 4.8

DETERMINACIÓN DE LA INDEPENDENCIA ESTADÍSTICA

En el estudio de seguimiento de 300 hogares que realmente compraron un equipo de televisión de pantalla grande, se preguntó a los encuestados si estaban satisfechos con sus compras. La tabla 4.3 de respuestas cruzadas clasifica las respuestas a la pregunta sobre la satisfacción dependiendo de si el equipo de televisión era un HDTV.

TABLA 4.3
Satisfacción con la compra de equipos de televisión de pantalla grande.

	¿SATISFECHO CON LA COMPRA?		
TIPO DE TELEVISIÓN	**Sí**	**No**	**Total**
HDTV	64	16	80
No HDTV	176	44	220
Total	240	60	300

Determine si estar satisfecho con la compra y el tipo de televisor comprado son estadísticamente independientes.

SOLUCIÓN Para estos datos,

$$P(\text{satisfecho} \mid \text{HDTV}) = \frac{64/300}{80/300} = \frac{64}{80} = 0.80$$

lo que es igual a

$$P(\text{satisfecho}) = \frac{240}{300} = 0.80$$

Así que estar satisfecho con la compra y el tipo de equipo de televisión comprado son estadísticamente independientes. El conocimiento de un evento no afecta la probabilidad del otro evento.

Reglas de multiplicación

Al manipular la fórmula de la probabilidad condicional, es posible determinar la probabilidad conjunta $P(A \text{ y } B)$ de la probabilidad condicional de un evento. La **regla general de la multiplicación** se obtiene con la ayuda de la ecuación (4.4a) en la página 131.

$$P(A \mid B) = \frac{P(A \text{ y } B)}{P(B)}$$

y se resuelve la probabilidad conjunta $P(A \text{ y } B)$.

REGLA GENERAL DE LA MULTIPLICACIÓN

La probabilidad de A y B es igual a la probabilidad de A dado B por la probabilidad de B.

$$P(A \text{ y } B) = P(A \mid B)P(B) \quad \textbf{(4.6)}$$

El ejemplo 4.9 demuestra el uso de la regla general de la multiplicación.

EJEMPLO 4.9 USO DE LA REGLA DE MULTIPLICACIÓN

Considere los 80 hogares en los que se compró un HDTV. En la tabla 4.3 en la página 135 se observa que en 64 hogares están satisfechos con su compra y en 16 hogares no están satisfechos. Suponga que se seleccionan al azar dos hogares de los 80 que realizaron la compra. Encuentre la probabilidad de que ambos hogares estén satisfechos con su adquisición.

SOLUCIÓN Aquí se emplea la regla de la siguiente manera. Si:

A = segundo hogar seleccionado está satisfecho

B = primer hogar seleccionado está satisfecho

entonces, mediante la ecuación (4.6)

$$P(A \text{ y } B) = P(A \mid B)P(B)$$

La probabilidad de que el primer hogar esté satisfecho con la compra es de 64/80. Sin embargo, la probabilidad de que el segundo hogar también esté satisfecho con la compra depende del resultado de la primera selección. Si el primer hogar no se devuelve a la muestra después de determinar el nivel de satisfacción (muestreo sin sustitución), entonces el número de hogares restantes será de 79. Si el primer hogar está satisfecho, la probabilidad de que el segundo hogar también esté satisfecho es 63/79, porque en la muestra permanecen 63 hogares satisfechos. Por lo tanto,

$$P(A \text{ y } B) = \left(\frac{63}{79}\right)\left(\frac{64}{80}\right) = 0.6380$$

Hay 63.80% de posibilidades de que ambos hogares muestreados estén satisfechos con sus compras.

La **regla de multiplicación para eventos independientes** se obtiene al sustituir $P(A)$ por $P(A \mid B)$ en la ecuación (4.6).

REGLA DE MULTIPLICACIÓN PARA EVENTOS INDEPENDIENTES

Si A y B son estadísticamente independientes, la probabilidad de A y B es igual a la probabilidad de A por la probabilidad de B.

$$P(A \text{ y } B) = P(A)P(B) \quad \textbf{(4.7)}$$

Si esta regla sirve para dos eventos, A y B, entonces A y B son estadísticamente independientes. Por lo tanto, existen dos maneras de determinar la independencia estadística.

1. Los eventos A y B son estadísticamente independientes si y sólo si $P(A \mid B) = P(A)$.
2. Los eventos A y B son estadísticamente independientes si y sólo si $P(A \text{ y } B) = P(A)P(B)$.

Probabilidad marginal usando la regla general de la multiplicación

En la sección 4.1 se definió la probabilidad marginal con la ayuda de la ecuación (4.2) de la página 127. Es factible expresar la fórmula para la probabilidad marginal mediante la regla general de la multiplicación. Si

$$P(A) = P(A \text{ y } B_1) + P(A \text{ y } B_2) + \cdots + P(A \text{ y } B_k)$$

entonces, al usar la regla general de la multiplicación, la ecuación (4.8) define la probabilidad marginal.

PROBABILIDAD MARGINAL USANDO LA REGLA GENERAL DE LA MULTIPLICACIÓN

$$P(A) = P(A \mid B_1)P(B_1) + P(A \mid B_2)P(B_2) + \cdots + P(A \mid B_k)P(B_k) \quad \textbf{(4.8)}$$

donde $B_1, B_2, \ldots, B_k$ son los eventos k mutuamente excluyentes y colectivamente exhaustivos.

Para ilustrar esta ecuación, consulte la tabla 4.1 en la página 124. Al utilizar la ecuación (4.8), la probabilidad de planear una compra es:

$$P(A) = P(A \mid B_1)P(B_1) + P(A \mid B_2)P(B_2)$$

donde

$P(A)$ = probabilidad de "planea comprar"

$P(B_1)$ = probabilidad de "realmente compró"

$P(B_2)$ = probabilidad de "no compró"

$$P(A) = \left(\frac{200}{300}\right)\left(\frac{300}{1{,}000}\right) + \left(\frac{50}{700}\right)\left(\frac{700}{1{,}000}\right)$$

$$= \frac{200}{1{,}000} + \frac{50}{1{,}000} = \frac{250}{1{,}000} = 0.25$$

PROBLEMAS PARA LA SECCIÓN 4.2

Aprendizaje básico

ASISTENCIA de PH Grade

4.16 A partir de la siguiente tabla de contingencia:

	B	B'
A	10	20
A'	20	40

¿Cuál es la probabilidad de
a. $A \mid B$?
b. $A \mid B'$?
c. $A' \mid B'$?
d. ¿Los eventos A y B son estadísticamente independientes?

4.17 A partir de la siguiente tabla de contingencia:

	B	B'
A	10	30
A'	25	35

¿Cuál es la probabilidad de
a. $A \mid B$?
b. $A' \mid B'$?
c. $A \mid B'$?
d. ¿Los eventos A y B son estadísticamente independientes?

ASISTENCIA de PH Grade **4.18** Si $P(A \text{ y } B) = 0.4$ y $P(B) = 0.8$, encuentre $P(A \mid B)$.

ASISTENCIA de PH Grade **4.19** Si $P(A) = 0.7$ y $P(B) = 0.6$, y si A y B son estadísticamente independientes, encuentre $P(A \text{ y } B)$.

ASISTENCIA de PH Grade **4.20** Si $P(A) = 0.3$ y $P(B) = 0.4$, y si $P(A \text{ y } B) = 0.2$, ¿A y B son estadísticamente independientes?

Aplicación de conceptos

AUTO Examen **4.21** En Estados Unidos una encuesta sobre vivienda estudió cómo llegan al trabajo los propietarios de casa ("How People Get to Work," *USA Today* Snapshots, 25 de febrero, 2003, 1A). Suponga que la encuesta consistió en una muestra de 1,000 propietarios de casa y 1,000 inquilinos.

Maneja al trabajo	Propietario	Inquilino	Total
Sí	824	681	1,505
No	176	319	495
Total	1,000	1,000	2,000

a. Si una persona responde que maneja hacia su trabajo, ¿cuál es la probabilidad de que él o ella sea propietario de su casa?
b. Si quien responde es un propietario, ¿cuál es la probabilidad de que él o ella maneje hacia el trabajo?
c. Explique la diferencia en los resultados de los incisos *a*) y *b*).
d. ¿Son estos dos eventos, manejar hacia el trabajo y si quien responde renta la casa o es propietario de ella, estadísticamente independientes?

4.22 Un estudio de mejoramiento de la producción de un fabricante de semiconductores proporcionó datos de defectos para una muestra de 450 placas de silicio. La siguiente tabla presenta un resumen de las respuestas a dos preguntas: "¿Se encontraron partículas en el troquel que produjo la placa de silicio?", y "¿La placa era buena o mala?"

	CONDICIÓN DEL TROQUEL		
CALIDAD DE LA PLACA	Sin partículas	Partículas	Total
Buena	320	14	334
Mala	80	36	116
Total	400	50	450

Fuente: S.W. Hall, Analysis of Defectivity of Semiconductor Wafers by Contingency Table, Proceedings Institute of Environmental Sciences, *Vol. 1 (1994), 177-183.*

a. Suponga que sabe que una placa de silicio es mala. ¿Cuál es la probabilidad de que fuera producida con un troquel que tenía partículas?
b. Suponga que sabe que una placa de silicio es buena. ¿Cuál es la probabilidad de que fuera producida con un troquel que tenía partículas?
c. ¿Son estos dos eventos, una placa buena y un troquel sin partículas, estadísticamente independientes? Explique su respuesta.

ASISTENCIA de PH Grade **4.23** ¿Es menos probable que las grandes empresas ofrezcan acciones a los miembros de su consejo directivo que las empresas pequeñas o medianas? Una encuesta que realizó Segal Company de Nueva York encontró que en una muestra de 189 empresas grandes, 40 ofrecieron opciones de acciones a los miembros de su consejo directivo como parte de sus paquetes de compensación sin efectivo. Entre las compañías pequeñas y medianas, 43 de las 180 encuestadas indicaron que ofrecieron las opciones de acciones como parte de sus paquetes de compensación que no implicaban efectivo a los miembros de su consejo directivo (Kemba J. Dunham, "The Jungle: Focus on Recruitment, Pay and Getting Ahead", *The Wall Street Journal,* 21 de agosto, 2001, B6).
a. Si una empresa es grande, ¿cuál es la probabilidad de que ofrezca opciones de acciones a los miembros de su consejo directivo?
b. Si la empresa es de pequeña a mediana, ¿cuál es la probabilidad de que ofrezca opciones de acciones a los miembros de su consejo directivo?
c. ¿Es el tamaño de la empresa estadísticamente independiente de si se ofrecen opciones de acciones a los miembros del consejo directivo? Explique su respuesta.

4.24 ¿Es más probable que los blancos presenten demandas por prejuicios? Una encuesta conducida por Barry Goldman ("White Fight: A Researcher Finds Whites Are More Likely to Claim Bias", *The Wall Street Journal,* Work Week, 10 de abril, 2001, A1) encontró que de 56 trabajadores despedidos, 29 presentaron demandas por prejuicios. De 407 trabajadores negros despedidos, 126 demandaron por prejuicios.
a. Si un trabajador es blanco, ¿cuál es la probabilidad de que haya presentado una demanda por prejuicios?
b. Si un trabajador presentó una demanda por prejuicios, ¿cuál es la probabilidad de que sea blanco?
c. Explique las diferencias en los resultados de los incisos *a*) y *b*).
d. ¿Son los dos eventos "ser blanco" y "demandar por prejuicios" estadísticamente independientes? Explique su respuesta.

4.25 Se seleccionó una muestra de 500 encuestados en un área metropolitana grande para estudiar el comportamiento del consumidor. Los resultados fueron los siguientes:

	GÉNERO		
DISFRUTA COMPRANDO ROPA	Masculino	Femenino	Total
Sí	136	224	360
No	104	36	140
Total	240	260	500

a. Suponga que el encuestado elegido es mujer. ¿Cuál es la probabilidad de que ella no disfrute de comprar ropa?
b. Suponga que el encuestado elegido disfruta de comprar ropa. ¿Cuál es la probabilidad de que el individuo sea hombre?
c. ¿Disfrutar comprando ropa y el género del individuo son eventos estadísticamente independientes? Explique su respuesta.

4.26 Cada año se compilan las clasificaciones respecto al desempeño de los autos nuevos durante los primeros 90 días de uso. Suponga que los autos se han clasificado de acuerdo a si el auto necesita una garantía relacionada con reparación (sí o no) y el país en el que la empresa manufacturera tiene su sede (Estados Unidos o fuera de Estados Unidos). Con base en los datos recabados, la probabilidad de que un auto nuevo necesite de una garantía de reparación es de 0.04, la probabilidad de que el auto sea manufacturado por una empresa con sede en Estados Unidos es de 0.60, y la probabilidad de que el auto nuevo necesite una garantía de reparación *y* haya sido manufacturado por una empresa con sede en Estados Unidos es de 0.025.

a. Suponga que usted sabe que una empresa asentada en los Estados Unidos manufacturó el auto. ¿Cuál es la probabilidad de que el auto necesite una garantía de reparación?

b. Suponga que sabe que una empresa con sede en Estados Unidos no manufacturó el auto. ¿Cuál es la probabilidad de que el auto necesite una garantía de reparación?

c. ¿La necesidad de una garantía de reparación y la sede de la empresa que manufactura autos son estadísticamente independientes?

4.27 En 34 de los 54 años que van desde 1950 a 2003, S&P 500 terminó muy alto después de los primeros cinco días de transacciones. En 29 de esos 34 años S&P terminó alto durante el año. ¿Iniciar bien la primera semana es buen presagio para el año que vendrá? La siguiente tabla muestra el desempeño de la primera semana y el desempeño anual en este periodo de 54 años.

	DESEMPEÑO ANUAL DE S&P 500	
PRIMERA SEMANA	**Alto**	**Bajo**
Alto	29	5
Bajo	10	10

Fuente: Adaptado de Aaron Luchetti, "Stocks Enjoy a Good First Week", The Wall Street Journal, *12 de enero, 2004, C1.*

a. Si el año se selecciona al azar, ¿cuál es la probabilidad de que S&P haya terminado alto ese año?

b. Si S&P 500 terminó más alto después de los primeros cinco días de transacciones, ¿cuál es la probabilidad de que haya terminado alto en el año?

c. ¿Los dos eventos, desempeño en la primera semana y desempeño anual, son estadísticamente independientes? Explique su respuesta.

d. En 2004, S&P 500 estuvo arriba un 0.9% después de los primeros cinco días. Vea el desempeño anual del 2004 de S&P 500 en **finance.yahoo.com**. Comente los resultados.

4.28 Se usa un mazo de cartas tradicional para organizar un juego. Hay cuatro palos (corazones, diamantes, tréboles y espadas), cada uno tiene 13 cartas (as, 2, 3, 4, 5, 6, 7, 8, 9, 10, jack, reina y rey), que hacen un total de 52 cartas. Este mazo completo se baraja perfectamente y usted recibirá dos cartas del mazo sin reemplazo.

a. ¿Cuál es la probabilidad de que ambas cartas sean reinas?

b. ¿Cuál es la probabilidad de que la primera carta sea un 10 y la segunda carta sea un 5 o un 6?

c. Si la muestra fuera con reemplazo, ¿cuál sería la respuesta al inciso *a*)?

d. En el juego de blackjack, las cartas con figura (jack, reina, rey) valen 10 puntos y el as vale 1 u 11 puntos. Todas las demás cartas cuentan por su valor. Usted logra hacer blackjack si sus dos cartas totalizan 21 puntos. ¿Cuál es la probabilidad de obtener un blackjack en este problema?

ASISTENCIA de PH Grade **4.29** Una caja de nueve guantes de golf contiene dos guantes para la mano izquierda y siete guantes para la mano derecha.

a. Si dos guantes de la caja se seleccionan al azar sin reemplazo, ¿cuál es la probabilidad de que ambos guantes seleccionados sean para la mano derecha?

b. Si dos guantes de la caja se seleccionan al azar sin reemplazo, ¿cuál es la probabilidad de que uno de los guantes seleccionados sea para la mano derecha y uno para la mano izquierda?

c. Si se seleccionan con reemplazo tres guantes, ¿cuál es la probabilidad de que los tres guantes sean para la mano izquierda?

d. Si la muestra fuera con reemplazo, ¿cuáles serían las respuestas para los incisos *a*) y *b*)?

4.3 TEOREMA DE BAYES

El **teorema de Bayes** se utiliza para revisar probabilidades previamente calculadas cuando se posee nueva información. Desarrollado por el Reverendo Thomas Bayes en el siglo XVIII (vea la referencia 1), el teorema de Bayes es una extensión de lo que ha aprendido hasta ahora acerca de la probabilidad condicional.

El teorema de Bayes se aplica a la siguiente situación. La empresa Consumer Electronics está considerando comercializar un nuevo modelo de televisor. En el pasado, el 40% de los equipos de televisión que la empresa lanzó al mercado tuvieron éxito y el 60% no fueron exitosos. Antes de lanzar al mercado el equipo de televisión, el departamento de investigación de mercados realiza un extenso estudio y entrega un reporte, ya sea favorable o desfavorable. En el pasado, el 80% de los equipos de televisión exitosos habían recibido un reporte de investigación favorable y el 30% de los equipos de televisión no exitosos habían recibido un reporte de investigación favorable. Para los nuevos modelos de televisión bajo consideración, el departamento de investigación de mercado ha entregado un reporte favorable. ¿Cuál es la probabilidad de que el equipo de televisión tenga éxito en el mercado?

El teorema de Bayes se desarrolla a partir de la definición de la probabilidad condicional. Para encontrar la probabilidad condicional de B dado A, considere la ecuación (4.4b) [que se presentó en la página 132 y que de nuevo se reproduce]:

$$P(B|A) = \frac{P(A \text{ y } B)}{P(A)} = \frac{P(A|B)P(B)}{P(A)}$$

El teorema de Bayes se obtiene por sustitución de la ecuación (4.8) en la página 137 para $P(A)$ en la ecuación de arriba.

TEOREMA DE BAYES

$$P(B_i|A) = \frac{P(A|B_i)P(B_i)}{P(A|B_1)P(B_1) + P(A|B_2)P(B_2) + \cdots + P(A|B_k)P(B_k)} \quad \textbf{(4.9)}$$

donde B_i es el i-ésimo evento de los k eventos mutuamente excluyentes y colectivamente exhaustivos.

Para usar la ecuación (4.9) para el ejemplo del televisor comercializado, sea

evento S = equipo de televisión exitoso — evento F = reporte favorable

evento S' = equipo de televisión no exitoso — evento F' = reporte desfavorable

y

$$P(S) = 0.40 \qquad P(F|S) = 0.80$$

$$P(S') = 0.60 \qquad P(F|S') = 0.30$$

Entonces, al utilizar la ecuación (4.9),

$$\begin{aligned} P(S|F) &= \frac{P(F|S)P(S)}{P(F|S)P(S) + P(F|S')P(S')} \\ &= \frac{(0.80)(0.40)}{(0.80)(0.40) + (0.30)(0.60)} \\ &= \frac{0.32}{0.32 + 0.18} = \frac{0.32}{0.50} \\ &= 0.64 \end{aligned}$$

La probabilidad de un equipo de televisión exitoso, dado que se recibió un reporte favorable, es de 0.64. Así pues, la probabilidad de un equipo de televisión no exitoso, dado que se recibió un reporte favorable, es de $1 - 0.64 = 0.36$. La tabla 4.4 resume el cálculo de las probabilidades y la figura 4.5 presenta el árbol de decisión.

TABLA 4.4 Cálculo del teorema de Bayes para el ejemplo de la comercialización del televisor

Evento S_i	Probabilidad previa $P(S_i)$	Probabilidad condicional $P(F \mid S_i)$	Probabilidad conjunta $P(F \mid S_i)P(S_i)$	Probabilidad revisada $P(S_i \mid F)$
S = equipo de televisión exitoso	0.40	0.80	0.32	$0.32/0.50 = 0.64 = P(S \mid F)$
S' = equipo de televisión no exitoso	0.60	0.30	0.18	$0.18/0.50 = 0.36 = P(S' \mid F)$
			0.50	

FIGURA 4.5

Árbol de decisión para la comercialización del nuevo equipo de televisión.

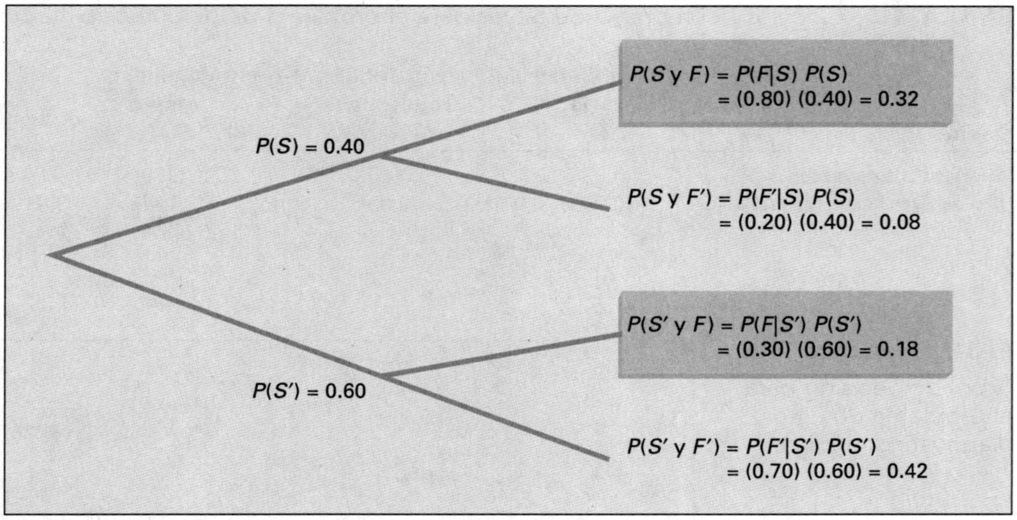

El ejemplo 4.10 aplica el teorema de Bayes a un problema de diagnóstico médico.

EJEMPLO 4.10

USO DEL TEOREMA DE BAYES EN UN PROBLEMA DE DIAGNÓSTICO MÉDICO

La probabilidad de que una persona tenga una determinada enfermedad es de 0.03. Existen pruebas de diagnóstico médico disponibles para determinar si una persona tiene realmente la enfermedad. Si la enfermedad realmente está presente, la probabilidad de que la prueba de diagnóstico médico dé un resultado positivo (indicando la presencia de la enfermedad) es de 0.90. Si la enfermedad no está presente, la probabilidad de obtener un resultado positivo (indicando la presencia de la enfermedad) es de 0.02. Suponga que la prueba de diagnóstico médico dio un resultado positivo (indicando la presencia de la enfermedad). ¿Cuál es la probabilidad de que la enfermedad esté realmente presente? ¿Cuál es la probabilidad de un resultado positivo?

SOLUCIÓN

Sea evento D = tiene la enfermedad   evento T = la prueba es positiva

evento D' = no tiene la enfermedad   evento T' = la prueba es negativa

y

$$P(D) = 0.03 \qquad P(T \mid D) = 0.90$$

$$P(D') = 0.97 \qquad P(T \mid D') = 0.02$$

Al emplear la ecuación (4.9) de la página 140,

$$\begin{aligned} P(D|T) &= \frac{P(T|D)P(D)}{P(T|D)P(D) + P(T|D')P(D')} \\ &= \frac{(0.90)(0.03)}{(0.90)(0.03) + (0.02)(0.97)} \\ &= \frac{0.0270}{0.0270 + 0.0194} = \frac{0.0270}{0.0464} \\ &= 0.582 \end{aligned}$$

La probabilidad de que la enfermedad esté realmente presente dado que un resultado positivo ha ocurrido (indicando la presencia de la enfermedad) es de 0.582. La tabla 4.5 resume el cálculo de las probabilidades y la figura 4.6 presenta el árbol de decisión.

TABLA 4.5 Cálculos del teorema de Bayes para el problema de diagnóstico médico

Evento D_i	Probabilidad previa $P(D_i)$	Probabilidad condicional $P(T \mid D_i)$	Probabilidad conjunta $P(T \mid D_i)P(D_i)$	Probabilidad revisada $P(D_i \mid T)$
D = tiene la enfermedad	0.03	0.90	0.0270	$0.0270/0.0464 = 0.582 = P(D \mid T)$
D' = no tiene la enfermedad	0.97	0.02	0.0194	$0.0194/0.0464 = 0.418 = P(D' \mid T)$
			0.0464	

FIGURA 4.6
Árbol de decisión para el problema de diagnóstico médico.

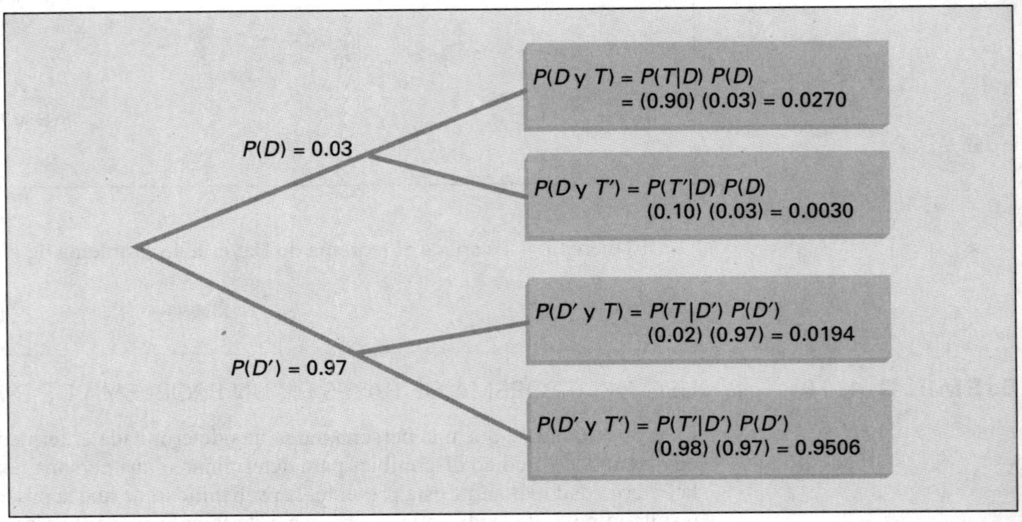

El denominador en el teorema de Bayes representa $P(T)$, la probabilidad de un resultado positivo en la prueba, el cual en este caso es de 0.0464 o un 4.64%.

PROBLEMAS PARA LA SECCIÓN 4.3

Aplicación básica

ASISTENCIA de PH Grade **4.30** Si $P(B) = 0.05$, $P(A \mid B) = 0.80$, $P(B') = 0.95$, y $P(A \mid B') = 0.40$, encuentre $P(B \mid A)$.

ASISTENCIA de PH Grade **4.31** Si $P(B) = 0.30$, $P(A \mid B) = 0.60$, $P(B') = 0.70$, y $P(A \mid B') = 0.50$, encuentre $P(B \mid A)$.

Aplicación de conceptos

4.32 En el ejemplo 4.10 de la página 141, suponga que la probabilidad de que la prueba de diagnóstico médico dé un resultado positivo si la enfermedad no está presente se reduce de 0.02 a 0.01. A partir de esta información,

a. Si la prueba de diagnóstico médico ha resultada positiva (indicando la presencia de la enfermedad), ¿cuál es la probabilidad de que la enfermedad esté realmente presente?

b. Si la prueba de diagnóstico médico ha dado un resultado negativo (indicando que la enfermedad no está presente), ¿cuál es la probabilidad de que la enfermedad no esté presente?

ASISTENCIA de PH Grade AUTO Examen **4.33** Un directivo de publicidad estudia los hábitos de ver televisión de hombres y mujeres casados durante las horas de mayor audiencia. Con base en los registros anteriores, el directivo ha determinado que durante las horas de mayor audiencia los maridos ven televisión el 60% del tiempo. Cuando el marido ve televisión, la esposa también lo hace el 40% del tiempo. Cuando el marido no ve televisión, la esposa ve televisión el 30% del tiempo. Encuentre la probabilidad de que

a. si la esposa ve televisión, el esposo también lo haga.

b. la esposa vea televisión durante las horas de mayor audiencia.

ASISTENCIA de PH Grade **4.34** La empresa Olive Construction está determinando si debería presentar una oferta para un nuevo centro comercial. En el pasado, el principal competidor de Olive, la empresa Base Construction, ha propuesto ofertas el 70% del tiempo. Si Base Construction no presenta ofertas para un trabajo, la probabilidad de que Olive Construction obtenga el trabajo es de 0.50. Si Base Construction propone una oferta para el trabajo, la probabilidad de que Olive Construction obtenga el trabajo es de 0.25.

a. Si la empresa Olive Construction obtiene el trabajo, ¿cuál es la probabilidad de que la empresa Base Construction no haya propuesto una oferta?

b. ¿Cuál es la probabilidad de que la empresa Olive Construction obtenga el trabajo?

4.35 Los trabajadores despedidos que se volvieron empresarios porque no encontraron empleo en otra empresa se conocen como *empresarios por necesidad*. El *Wall Street Journal* reporta que estos empresarios tienen menos posibilidad de crecimiento en los grandes negocios que los *empresarios por elección* (Jeff Bailey, "Desire—More Than Need—Builds a Business", *The Wall Street Journal*, 21 de mayo, 2001, B4). Este artículo establece que el 89% de los empresarios en Estados Unidos lo son por elección y que el 11% son empresarios por necesidad. Sólo el 2% de los empresarios por necesidad esperan que su nuevo negocio dé empleo a 20 o más personas dentro de los siguientes cinco años, mientras que el 14% de los empresarios por elección esperan emplear por lo menos a 20 personas dentro de los siguientes cinco años.

a. Si se selecciona al azar a un empresario y éste espera que su nuevo negocio emplee a 20 o más personas dentro de los siguientes cinco años, ¿cuál es la probabilidad de que este individuo sea un empresario por elección?

b. Discuta las posibles razones por las que los empresarios por elección tienen más posibilidades de creer que sus negocios crecerán.

4.36 El editor de una empresa editorial de libros de texto está tratando de decidir si publicar un libro de texto propuesto de estadística en los negocios. Información sobre los libros de texto previamente publicados indica que el 10% tiene un enorme éxito, el 20% tiene un éxito moderado, el 40% ni gana ni pierde y el 30% fracasa. Sin embargo, antes de tomar la decisión de publicar, el libro se revisa. En el pasado, el 99% de los libros exitosos recibieron revisiones favorables, el 70% de los de éxito moderado recibieron revisiones favorables, el 40% de los que ni ganaron ni perdieron recibieron revisiones favorables, y el 20% de los que fracasaron recibieron revisiones favorables.

a. Si el texto propuesto recibió revisiones favorables, ¿cómo debe revisar el editor las probabilidades de los diferentes resultados para tomar en cuenta esta información?

b. ¿Qué proporción de libros de texto reciben revisiones favorables?

4.37 Un servicio municipal de títulos tiene tres categorías de clasificación (A, B y C). Suponga que el año pasado, de los títulos municipales distribuidos a lo largo de Estados Unidos, el 70% entró en la categoría A, el 20% entró en la categoría B, y el 10% se consideró como C. De los títulos municipales clasificados en A, el 50% se distribuyó en ciudades, el 40% en suburbios y el 10% en áreas rurales. De los títulos municipales clasificados como B, el 60% se distribuyó en ciudades, el 20% en suburbios y el 20% en áreas rurales. De los títulos municipales clasificados como C, el 90% se distribuyó en ciudades, el 5% en suburbios y el 5% en áreas rurales.

a. Si un nuevo título municipal va a distribuirse en una ciudad, ¿cuál es la probabilidad de que reciba una clasificación A?

b. ¿Qué proporción de títulos municipales se distribuye en ciudades?

c. ¿Qué proporción de títulos municipales se distribuye en suburbios?

4.4 REGLAS DE CONTEO

En la ecuación (4.1) de la página 123, la probabilidad de ocurrencia de un resultado se definió como el número de formas en las que el resultado ocurre, dividido por el número total de resultados posibles. En muchos casos, hay un gran número de posibles resultados y es difícil determinar el número exacto. En estas circunstancias se han desarrollado las reglas para contar el número posible de resultados. En este apartado se presentan cinco diferentes reglas de conteo.

REGLA DE CONTEO 1

Si cualquiera de los eventos k mutuamente excluyentes y colectivamente exhaustivos pueden ocurrir en cada uno de los ensayos n, el número de posibles resultados es igual a

$$k^n \tag{4.10}$$

EJEMPLO 4.11 REGLA DE CONTEO 1

Suponga que se lanza una moneda al aire cinco veces. ¿Cuál es el número de diferentes resultados posibles (la secuencia de caras y cruces)?

SOLUCIÓN Si se lanza al aire una moneda (que tiene dos lados) cinco veces, con la ecuación (4.10), el número de resultados es $2^5 = 2 \times 2 \times 2 \times 2 \times 2 = 32$.

EJEMPLO 4.12 LANZAR UN DADO DOS VECES

Suponga que se lanza un dado dos veces. ¿Cuántos posibles resultados diferentes pueden ocurrir?

SOLUCIÓN Si un dado (con seis caras) se lanza dos veces, con la ecuación (4.10), el número de resultados diferentes es $6^2 = 36$.

La segunda regla de conteo es una versión más general que la primera y permite al número posible de eventos de diferir de ensayo a ensayo.

REGLA DE CONTEO 2

Si hay k_1 eventos en el primer ensayo, k_2 eventos en el segundo ensayo,... y k_n eventos en el n-ésimo ensayo, entonces el número posible de resultados es

$$(k_1)(k_2)\ldots(k_n) \qquad \textbf{(4.11)}$$

EJEMPLO 4.13 REGLA DE CONTEO 2

Un departamento estatal de vehículos automotores desea saber cuántos números para las placas están disponibles si las placas incluyen tres letras seguidas por tres números.

SOLUCIÓN Mediante la ecuación (4.11), se sabe que si una placa incluye tres letras seguidas por tres números (0 hasta 9), el número total de resultados posibles es (26)(26)(26)(10)(10)(10) = 17,576,000.

EJEMPLO 4.14 DETERMINAR EL NÚMERO DE DIFERENTES CENAS

El menú de un restaurante tiene un precio fijo para las cenas completas que consisten en un aperitivo, un platillo principal, una bebida y un postre. Se tiene la posibilidad de elegir entre cinco aperitivos, 10 platillos, tres bebidas y seis postres. Determine el número total de cenas posibles.

SOLUCIÓN Mediante la ecuación (4.11), se sabe que el número total de cenas posibles es (5)(10)(3)(6) = 900.

La tercera regla de conteo está relacionada con el cálculo del número de maneras en las que un conjunto de cosas puede arreglarse en orden.

REGLA DE CONTEO 3

El número de maneras en el que las n cosas pueden arreglarse en orden es

$$n! = (n)(n-1)\ldots(1) \qquad \textbf{(4.12)}$$

donde $n!$ se llama el *factorial de n* y 0! se define como 1.

EJEMPLO 4.15 REGLA DE CONTEO 3

Si un conjunto de seis libros de texto se colocan en una repisa, ¿de cuántas formas es posible ordenar estos seis libros de texto?

SOLUCIÓN Para empezar, hay que precisar que cualquiera de los seis libros podría ocupar la primera posición en la repisa. Una vez que se llene la primera posición, hay cinco libros a elegir para llenar la segunda. Se continúa con este procedimiento de asignación hasta que todas las posiciones estén ocupadas. El número de formas en las que es posible acomodar los seis libros es

$$n! = 6! = (6)(5)(4)(3)(2)(1) = 720$$

En muchos casos se necesita saber el número de formas en las que un subconjunto de un grupo completo de cosas puede arreglarse en *orden*. Cada posible arreglo es llamado permutación.

REGLA DE CONTEO 4

Permutaciones: El número de maneras para arreglar X objetos seleccionados de n objetos en orden es

$$_nP_X = \frac{n!}{(n-X)!} \quad \textbf{(4.13)}$$

EJEMPLO 4.16

REGLA DE CONTEO 4

Si se modifica el ejemplo 4.15, y entonces tenemos seis libros de texto pero sólo hay espacio para cuatro libros en la repisa, ¿de cuántas maneras es posible acomodar estos libros en la repisa?

SOLUCIÓN Con la ecuación (4.13), se sabe que el número de arreglos ordenados de cuatro libros seleccionados de seis libros es igual a

$$_nP_X = \frac{n!}{(n-X)!} = \frac{6!}{(6-4)!} = \frac{(6)(5)(4)(3)(2)(1)}{(2)(1)} = 360$$

En muchas situaciones no interesa el *orden* de los resultados, sino sólo el número de maneras en las que X objetos pueden seleccionarse a partir de n cosas, *sin consideración de orden.* Esta regla se llama la regla de las **combinaciones**.

REGLA DE CONTEO 5

Combinaciones: El número de maneras de seleccionar X objetos a partir de n objetos, sin considerar el orden, es igual a

$$_nC_X = \frac{n!}{X!(n-X)!} \quad \textbf{(4.14)}$$

Al comparar esta regla con la anterior, se observa que difiere sólo en la inclusión del término $X!$ en el denominador. Cuando se usan las permutaciones, todos los arreglos de los X objetos son distinguibles. Con las combinaciones, los $X!$ posibles arreglos de objetos son irrelevantes.

EJEMPLO 4.17

REGLA DE CONTEO 5

Se modifican el ejemplo 4.16, de manera que el orden de los libros en la repisa sea irrelevante, ¿de cuántas maneras es posible arreglar estos libros en la repisa?

SOLUCIÓN Al utilizar la ecuación (4.14), se sabe que el número de combinaciones de cuatro libros seleccionados de seis libros es igual a

$$_nC_X = \frac{n!}{X!(n-X)!} = \frac{6!}{4!(6-4)!} = \frac{(6)(5)(4)(3)(2)(1)}{(4)(3)(2)(1)(2)(1)} = 15$$

PROBLEMAS PARA LA SECCIÓN 4.4

Aplicación de conceptos

AUTO Examen **4.38** Si hay 10 preguntas de opción múltiple en un examen, cada una con tres posibles respuestas, ¿cuántas diferentes secuencias de respuestas hay?

4.39 La cerradura de la bóveda de un banco consta de tres discos, cada uno con 30 posiciones. Para que la bóveda abra, cada uno de los tres discos debe de estar en la posición correcta.

a. ¿Cuántas posibles "combinaciones de disco" diferentes hay para esta cerradura?

b. ¿Cuál es la probabilidad de que, si se selecciona al azar la posición de cada disco, se abra la bóveda del banco?

c. Explique por qué las "combinaciones de disco" no son combinaciones matemáticas que se expresen con la ecuación (4.14).

4.40 **a.** Si se lanza al aire una moneda siete veces, ¿cuántos resultados diferentes son posibles?

b. Si se lanza un dado siete veces, ¿cuántos resultados diferentes son posibles?

c. Discuta las diferencias en sus respuestas a los incisos *a*) y *b*).

AUTO Examen **4.41** Una marca de jeans para dama está disponible en siete tallas, tres diferentes colores y tres diferentes estilos. ¿Cuántos diferentes pares de jeans debe ordenar el administrador para tener un par de cada tipo?

4.42 A usted le gustaría hacer una ensalada que contenga lechuga, jitomate, pepino y germinados. Se dirige hacia el supermercado con el fin de comprar un tipo de cada uno de estos ingredientes. Ahí descubre que existen ocho tipos de lechuga, cuatro tipos de jitomates, tres tipos de pepinos y tres tipos de germinados en venta. ¿Cuántos tipos diferentes de ensaladas tiene para elegir?

AUTO Examen **4.43** Si cada letra se utiliza una vez, ¿cuántas "palabras" diferentes de cuatro letras es posible formar con las letras E, L, O y V?

4.44 En la Liga Mayor de Béisbol hay cinco equipos en la División Occidental de la Liga Nacional: Arizona, Los Ángeles, San Francisco, San Diego y Colorado. ¿Cuántos diferentes órdenes de terminar hay para estos cinco equipos? ¿Piensa que todos estos órdenes son igualmente posibles? Discuta su respuesta.

4.45 En relación con el problema 4.44, ¿cuántos diferentes órdenes de terminar son posibles para las primeras cuatro posiciones?

4.46 Un jardinero tiene seis filas disponibles en su jardín para colocar tomates, berenjena, pimientos, pepinos, frijoles y lechuga. A cada vegetal le asignará una y sólo una fila. ¿Cuántas formas hay de ordenar los vegetales en este jardín?

AUTO Examen **4.47** El gran premio Big Triple, en la pista de carreras local, consiste en elegir el orden correcto de llegada para los tres primeros caballos de la novena carrera. Si hay 12 caballos inscritos en la novena carrera de hoy, ¿cuántos resultados Big Triple habrá?

4.48 La Quiniela, en la pista local de carreras, consiste en elegir los caballos que llegarán en primero y segundo lugares en una carrera *sin consideración* del orden. Si ocho caballos están inscritos en la carrera, ¿cuántas combinaciones de quiniela habrá?

AUTO Examen **4.49** Un estudiante tiene siete libros que quisiera colocar en un estuche. Sin embargo, en él sólo caben cuatro libros. Sin importar el orden, ¿cuántas formas hay de colocar los cuatro libros en el estuche?

4.50 En una lotería diaria los dos números ganadores se seleccionan de entre 100 números. ¿Cuántas posibles combinaciones de números ganadores son posibles?

4.51 Una lista de lecturas para un curso contiene 20 artículos. Cuántas formas diferentes hay para elegir tres artículos de esta lista?

4.5 CONSIDERACIONES ÉTICAS Y PROBABILIDAD

Los problemas éticos surgen cuando cualquier afirmación acerca de la probabilidad se presenta ante el público, particularmente cuando estas afirmaciones forman parte de una campaña de publicidad para un producto o servicio. Por desgracia, mucha gente no se siente a gusto con los conceptos numéricos (vea la referencia 3 al final del capítulo) y tiende a malinterpretar el significado de la probabilidad. En algunos casos, la mala interpretación no es intencional, pero en otros, la publicidad trata de engañar al cliente potencial, lo que constituye una falta de ética.

Un ejemplo de la aplicación potencialmente no ética de la publicidad se relaciona con la publicidad para las loterías estatales. Cuando una persona compra un billete de lotería, selecciona un conjunto de números (por ejemplo, 6) de una lista mayor de números (como 54). Aunque virtualmente todos los participantes saben que tienen muy pocas posibilidades de ganar la lotería, también tienen muy poca idea de qué tan improbable es que ellos seleccionen los 6 números ganadores de la lista de 54 números. Tienen una idea aún mucho menor de la probabilidad de ganar un premio de consolación si aciertan a 4 o 5 de los números ganadores.

Con estos antecedentes, podría detenerse a considerar como engañoso y posiblemente no ético el reciente comercial de una lotería estatal que afirmaba: "No pararemos hasta que hagamos de cada uno un millonario". Como la lotería aporta millones de dólares a la tesorería estatal, el Estado nunca dejará de permitirla, aunque en la vida nadie podrá estar seguro de volverse millonario al ganar la lotería.

Otro ejemplo de una aplicación potencialmente no ética de la publicidad se relaciona con una carta de inversión que promete un 90% de probabilidad de obtener una ganancia del 20% anual sobre la inversión. Para que el reclamo de la carta fuera ético, el servicio de inversión necesita *a*) explicar la base de esta estimación de probabilidad, *b*) hacer la afirmación de probabilidad en otro formato, tal como 9 oportunidades en 10, y *c*) explicar qué sucede a la inversión en el 10% de los casos en los que no se logra una ganancia del 20% (por ejemplo, ¿se pierde la inversión?).

PROBLEMAS PARA LA SECCIÓN 4.5

Aplicación de conceptos

4.52 Escriba un mensaje publicitario para la lotería estatal que describa de forma ética la probabilidad de ganar.

4.53 Escriba un mensaje publicitario para la carta de inversión, que afirme éticamente la probabilidad de obtener una ganancia del 20%.

RESUMEN

En este capítulo se desarrollaron conceptos concernientes a la probabilidad básica, la probabilidad condicional, el teorema de Bayes y las reglas de conteo. En el siguiente capítulo se desarrollarán importantes distribuciones de probabilidad discreta, como la distribución binomial y la distribución de Poisson.

FÓRMULAS IMPORTANTES

Probabilidad de ocurrencia

$$\text{Probabilidad de ocurrencia} = \frac{X}{T} \quad \textbf{(4.1)}$$

Probabilidad marginal

$$P(A) = P(A \text{ y } B_1) + P(A \text{ y } B_2) + \cdots + P(A \text{ y } B_k) \quad \textbf{(4.2)}$$

Regla general de la adición

$$P(A \text{ o } B) = P(A) + P(B) - P(A \text{ y } B) \quad \textbf{(4.3)}$$

Probabilidad condicional

$$P(A|B) = \frac{P(A \text{ y } B)}{P(B)} \quad \textbf{(4.4a)}$$

$$P(B|A) = \frac{P(A \text{ y } B)}{P(A)} \quad \textbf{(4.4b)}$$

Independencia estadística

$$P(A \mid B) = P(A) \quad \textbf{(4.5)}$$

Regla general de la multiplicación

$$P(A \text{ y } B) = P(A \mid B)P(B) \quad \textbf{(4.6)}$$

Regla de la multiplicación para eventos independientes

$$P(A \text{ y } B) = P(A)P(B) \quad \textbf{(4.7)}$$

Probabilidad marginal usando la regla general de la multiplicación

$$P(A) = P(A \mid B_1)P(B_1) + P(A \mid B_2)P(B_2) + \cdots + P(A \mid B_k)P(B_k) \quad \textbf{(4.8)}$$

Teorema de Bayes

$$P(B_i|A) = \frac{P(A|B_i)P(B_i)}{P(A|B_1)P(B_1) + P(A|B_2)P(B_2) + \cdots + P(A|B_k)P(B_k)} \quad \textbf{(4.9)}$$

Regla de conteo 1

$$k^n \quad \textbf{(4.10)}$$

Regla de conteo 2

$$(k_1)(k_2)\ldots(k_n) \quad \textbf{(4.11)}$$

Factoriales

$$n! = (n)(n-1)\ldots(1) \quad \textbf{(4.12)}$$

Permutaciones

$${}_nP_X = \frac{n!}{(n-X)!} \quad \textbf{(4.13)}$$

Combinaciones

$${}_nC_X = \frac{n!}{X!(n-X)!} \quad \textbf{(4.14)}$$

CONCEPTOS CLAVE

PROBLEMAS DE REPASO

Revisión de su comprensión

4.54 ¿Cuáles son las diferencias entre la probabilidad clásica *a priori*, la probabilidad clásica empírica y la probabilidad subjetiva?

4.55 ¿Cuál es la diferencia entre un evento simple y un evento conjunto?

4.56 ¿Cómo se utiliza la regla de la adición para encontrar la probabilidad de ocurrencia de un evento *A o B*?

4.57 ¿Cuál es la diferencia entre los eventos mutuamente excluyentes y los eventos colectivamente exhaustivos?

4.58 ¿Cómo es que se relaciona la probabilidad condicional con el concepto de independencia estadística?

4.59 ¿Cómo difiere la regla de la multiplicación para eventos que son independientes y para aquellos que no lo son?

4.60 ¿Cómo se utiliza el teorema de Bayes para revisar las probabilidades a la luz de una nueva información?

4.61 ¿Cuál es la diferencia entre una permutación y una combinación?

Aplicación de conceptos

4.62 Una compañía embotelladora de bebidas refrescantes mantiene registros concernientes al número de botellas inaceptables de las máquinas de llenado y sellado. Con base en datos anteriores, la probabilidad de que una botella provenga de la máquina I y sea no aceptable es de 0.01, y la probabilidad de que una botella provenga de la máquina II y sea no aceptable es de 0.025. La mitad de las botellas se llenan en la máquina I y la otra mitad se llena en la máquina II. Si se selecciona al azar una botella, ¿cuál es la probabilidad de que

a. sea una botella no aceptable?
b. haya sido llenada en la máquina I *y* sea una botella aceptable?
c. haya sido llenada en la máquina I *o* sea una botella aceptable?
d. Suponga que sabe que la botella fue llenada en la máquina I. ¿Cuál es la probabilidad de que sea no aceptable?
e. Suponga que sabe que la botella es no aceptable.¿Cuál es la probabilidad de que haya sido llenada en la máquina I?
f. Explique la diferencia en las respuestas de los incisos *d*) y *e*).

(*Sugerencia:* Realice una tabla de contingencia 2 × 2 o un diagrama de Venn para evaluar las probabilidades.)

4.63 Una encuesta preguntó a trabajadores qué aspectos de su actividad laboral eran extremadamente importantes. Los resultados en porcentajes son los siguientes:

¿Es el aspecto excesivamente importante?

Aspecto del trabajo	Hombres	Mujeres
Buena relación con el jefe	63%	77%
Equipo actualizado	59	69
Recursos para hacer el trabajo	55	74
Facilidad para llegar	48	60
Horario flexible	40	53
Posibilidad de trabajar en casa	21	34

Fuente: "Snapshot", USA Today, *15 de mayo, 2000.*

Suponga que la encuesta se basa en las respuestas de 500 hombres y 500 mujeres. Elabore una tabla de contingencia para las diferentes respuestas concernientes a cada aspecto del trabajo. Si quien responde es elegido al azar, ¿cuál es la probabilidad de que

a. él o ella sientan que tener una buena relación con el jefe es un aspecto importante del trabajo?
b. él o ella sientan que llegar fácilmente es un aspecto importante del trabajo?
c. la persona sea hombre y sienta que una buena relación con el jefe es un aspecto importante del trabajo?

d. la persona sea mujer y sienta que tener flexibilidad en las horas es un aspecto importante del trabajo?
e. Dado que la persona siente que tener una buena relación con el jefe es un aspecto importante del trabajo, ¿cuál es la probabilidad de que la persona sea hombre?
f. ¿Las cosas que los trabajadores dicen que son extremadamente importantes del trabajo son estadísticamente independientes del género de quien responde? Explique por qué.

4.64 Muchas empresas usan sitios Web para llevar a cabo transacciones de negocios, tales como tomar órdenes o realizar intercambios financieros. Estos sitios se llaman sitios Web de transacciones públicas. Un análisis de 490 firmas listadas en el Fortune 500 identifica a las firmas con base en su nivel de ventas y en función de si la firma tiene o no un sitio Web de transacciones públicas (D. Young, y J. Benamati, "A Cross-Industry Analysis of Large Firm Transactional Public Web Sites", *Mid American Journal of Business,* 19(2994), 37-46). Los resultados de este análisis se muestran en la siguiente tabla.

	SITIO WEB DE TRANSACCIONES PÚBLICAS	
VENTAS (EN MILLONES DE DÓLARES)	**Sí**	**No**
Mayores a $10 mil millones	71	88
Hasta $10 mil millones	99	232

a. Dé un ejemplo de un evento simple y de un evento conjunto.
b. ¿Cuál es la probabilidad de que una firma en el Fortune 500 tenga un sitio Web de transacciones públicas?
c. ¿Cuál es la probabilidad de que una firma en el Fortune 500 tenga ventas que superen los 10,000 millones de dólares y un sitio Web de transacciones públicas?
d. ¿Los eventos ventas que superan los 10,000 millones de dólares y tiene un sitio Web de transacciones públicas son independientes? Explique por qué.

4.65 El dueño de un restaurante que sirve platillos estilo Continental, está interesado en estudiar los patrones de órdenes de los clientes para el periodo de fin de semana que va de viernes a domingo. Se llevaron registros que indican la demanda de postre durante el mismo periodo de tiempo. El dueño decidió estudiar otras dos variables junto con si ordenan o no un postre: el género del individuo y si ordenó o no el platillo de res. Los resultados son los siguientes:

	GÉNERO		
ORDENÓ POSTRE	**Masculino**	**Femenino**	**Total**
Sí	96	40	136
No	224	240	464
Total	320	280	600

	PLATILLO DE RES		
ORDENÓ POSTRE	**Sí**	**No**	**Total**
Sí	71	65	136
No	116	348	464
Total	187	413	600

Un mesero se aproxima a una mesa para tomar la orden. ¿Cuál es la probabilidad de que el primer cliente que ordene en la mesa
a. ordene un postre?
b. ordene un postre *o* una entrada de res?
c. sea mujer *y* no ordene postre?
d. sea mujer *o* no ordene postre?
e. Suponga que la primera persona a la que el mesero toma la orden de postre es mujer. ¿Cuál es la probabilidad de que ella no ordene postre?
f. ¿El género y ordenar postre son eventos estadísticamente independientes?
g. ¿Ordenar un platillo de res es un evento estadísticamente independiente de si la persona ordena o no postre?

4.66 Correos electrónicos que contienen publicidad comercial no solicitada, llamados spam, son borrados de forma rutinaria por el 80% de los usuarios antes de leerlos. Además, un pequeño porcentaje de quienes leen los spam continúan con el proceso y compran artículos. Sin embargo, muchas empresas usan esta publicidad no solicitada porque el costo es extremadamente bajo. Movies Unlimited es una empresa de Filadelfia que trabaja en la venta de videos y DVD vía correo electrónico, y es una de las que tienen más éxito generando ventas a través de esta forma de mercadeo. Ed Weiss, gerente general de Movies Unlimited, estima que entre el 15 y 20% de sus receptores de correos electrónicos leen la publicidad. Más aún, aproximadamente el 15% de quienes leen la publicidad hacen un pedido (Stacy Forster, "E-Marketers Look to Polish Spam´s Rusty Image", *The Wall Street Journal,* 22 de mayo, 2002, D2).
a. De acuerdo con la estimación más baja de Weiss referente a que la probabilidad de que un receptor lea la publicidad es de 0.15, ¿cuál es la probabilidad de que el receptor lea la publicidad y haga un pedido?
b. La empresa Movies Unlimited usa una base de datos de 175,000 clientes para enviar publicidad por correo electrónico. Si se envía publicidad por esta vía a cada cliente de la base de datos, ¿cuántos clientes se espera que lean la publicidad y hagan un pedido?
c. Si la probabilidad de que un receptor lea la publicidad es de 0.20, ¿cuál es la probabilidad de que el receptor lea la publicidad y haga un pedido?
d. ¿Cuál sería su respuesta al inciso *b*) si se supone que la probabilidad de que un receptor lea la publicidad es de 0.20?

ASISTENCIA de PH Grade

4.67 En febrero de 2002, el peso argentino perdió el 70% de su valor en relación con el dólar de Estados Unidos. Esta devaluación incrementó drásticamente el precio de los productos de importación. De acuerdo con una encuesta conducida por AC Nielsen en abril de 2002, el 68% de los clientes en Argentina compraban menos productos que antes de la devaluación, el 24% compraba el mismo número de productos y el 8% compraba más productos. Además, en una tendencia hacia la compra de marcas menos caras, el 88% indicó que habían cambiado las marcas que compraban. (Michelle Wallin, "Argentines Hone Art of Shopping in a Crisis", *The Wall Street Journal*, 28 de mayo, 2002, A15.) Suponga que se reportó el siguiente conjunto de resultados.

	NÚMERO DE PRODUCTOS COMPRADOS			
MARCAS COMPRADAS	**Menos**	**Igual**	**Más**	**Total**
La misma	10	14	24	48
Cambió	262	82	8	352
Total	272	96	32	400

¿Cuál es la probabilidad de que un cliente seleccionado al azar:

a. compre menos productos que antes?
b. compre el mismo número o más productos que antes?
c. compre menos productos y cambie de marca?
d. Si el cliente cambió las marcas que compraba, ¿cuál es la probabilidad de que compre menos productos que antes?
e. Compare los resultados del inciso *a*) con los del *d*).

ASISTENCIA de PH Grade **4.68** Los vehículos utilitarios deportivos (SUV), camionetas y pick-ups son generalmente más propensos a volcarse que otros autos. En 1997, el 24.0% de los accidentes en carretera implicaron una volcadura; en el 15.8% de todos los accidentes en ese año estuvieron implicadas SUV, camionetas y pick-ups. Cuando los accidentes no implicaban volcaduras, en el 5.6% de todos ellos participaron SUV, camionetas y pick-ups (Anna Wilde Mathews, "Ford Ranger, Chevy Tracker Tilt in Test", *The Wall Street Journal*, 14 de julio, 1999, A2). Considere las siguientes definiciones:

A = Una SUV, camioneta o pick-up que participan en accidentes.
B = Un accidente que implicó una volcadura.

a. Utilice el teorema de Bayes para encontrar la probabilidad de que el accidente haya implicado una volcadura, dado que participó una SUV, camioneta o pick-up.
b. Compare los resultados del inciso *a*) con la probabilidad de que el accidente haya implicado una volcadura, y comente si las SUV, camionetas y pick-ups son más propensas a sufrir accidentes por volcadura.

ASISTENCIA de PH Grade **4.69** La prueba de ELISA (prueba de enzimas ligadas al inmunosorbente es el tipo más común de prueba de monitoreo para detectar el VIH. Un resultado positivo de una prueba ELISA indica la presencia del VIH. La prueba de ELISA tiene un alto grado de sensibilidad (para detectar la infección) y de especificidad (para detectar la no infección). (Visite el sitio HIVInsite, en **HIVInsite.ucsf.edu/**.) Suponga que la probabilidad de que una persona esté infectada con el VIH para una determinada población es de 0.015. Si el VIH está realmente presente, la probabilidad de que la prueba de ELISA dé un resultado positivo es de 0.995. Si el VIH no está realmente presente, la probabilidad de un resultado positivo en la prueba de ELISA es de 0.01. Use el teorema de Bayes para encontrar la probabilidad de que el VIH esté realmente presente si la prueba de ELISA da un resultado positivo.

CASO WEB

Aplique sus conocimientos acerca de las tablas de contingencia y de la aplicación apropiada de las probabilidades simple y conjunta en la continuación del Caso Web del capítulo 3.

Visite la página Web StockTout Guaranteed Investment Package en **www.prenhall.com/Springville/ST_Guaranteed.htm**. Lea las quejas y examine los datos que las apoyan. Después responda a las siguientes preguntas:

1. ¿Qué tan precisa es la afirmación de la probabilidad de éxito para el SockTout´s Guaranteed Investment Package? ¿De qué formas es engañosa esta afirmación? ¿Cómo podría calcular y establecer la probabilidad de tener una ganancia anual no menor al 15%?
2. ¿Qué error se cometió al reportar la afirmación del 7% de probabilidad? Usando la tabla que se encuentra en la página Web "Winning Probabilities" **ST_Guaranteed3.htm**, calcule la probabilidad adecuada para el grupo de inversionistas.
3. ¿Existe algún tipo de cálculo de probabilidades que sea apropiado para el nivel en el servicio de inversión? ¿Por qué?

REFERENCIAS

1. Kirk, R. L. (ed.), *Statistical Issues: A Reader for the Behavioral Sciences* (Belmont, CA: Wadsworth, 1972).
2. *Microsoft Excel 2003* (Redmond, WA: Microsoft Corp., 2002).
3. Paulos, J. A., *Innumeracry* (Nueva York: Hill and Wang 1988).

Apéndice 4 Uso del software para la probabilidad básica

A4.1 EXCEL

Para probabilidades básicas

Abra el archivo **Probabilidades.xls**. Esta hoja de trabajo ya contiene las entradas para la tabla 4.2 de la página 126. Para adaptar esta hoja de trabajo a otros problemas, cambie las entradas en las celdas sombreadas de las filas 3 hasta la 6.

O si está usando el PHStat2, seleccione **PHStat ➜ Probabilidad y Distribuciones de probabilidad ➜ Probabilidades simple y conjunta** para generar una hoja de trabajo en la que pueda ingresar sus datos de probabilidad en las celdas vacías y sombreadas de las filas 3 hasta la 6.

Para el teorema de Bayes

Abra el archivo **Bayes.xls**. Esta hoja de trabajo ya contiene las entradas para la tabla 4.4 de la página 140. Para adaptar esta hoja de trabajo a otros problemas, cambie las entradas para las probabilidades previa y condicional en la celda sombreada clasificada B5:C6.

CAPÍTULO 5

Alguntas importantes distribuciones de probabilidad discreta

USO DE LA ESTADÍSTICA: El sistema de información contable de la empresa de remodelaciones Saxon

OBJETIVOS DE APRENDIZAJE

En este capítulo, aprenderá:

- Las propiedades de una distribución de probabilidad
- A calcular el valor esperado, la varianza y la desviación estándar de una distribución de probabilidad
- A calcular las probabilidades de las distribuciones binomial y de Poisson
- Cómo utilizar las distribuciones binomial y de Poisson para resolver problemas financieros

USO DE LA ESTADÍSTICA

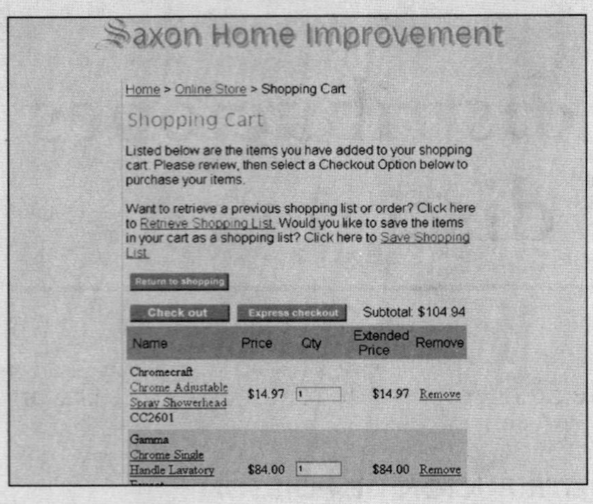

El sistema de información contable de la empresa de remodelaciones Saxon

Además de recabar, procesar, almacenar y transformar la información financiera, los sistemas de información contable la distribuyen entre los responsables de tomar decisiones, tanto internos como externos, de una organización de negocios (vea la referencia 5). Estos sistemas auditan continuamente la información contable en busca de errores y de información incompleta o inverosímil. Por ejemplo, cuando los clientes de la empresa de remodelaciones Saxon hacen un pedido en línea, el sistema de información contable revisa los formatos de pedido en busca de posibles errores. Se *marcan* todas las facturas cuestionables y se les incluye en el *reporte diario de excepciones*. Los datos recabados últimamente por la empresa muestran que la posibilidad de que un formato resulte marcado es de 0.10. En Saxon quieren determinar la posibilidad de encontrar cierto número de formatos marcados en una muestra de tamaño específico. Por ejemplo, en una muestra compuesta por cuatro formatos, ¿cuál sería la posibilidad de que ninguno de ellos resulte marcado? ¿Y de que uno lo sea?

¿Cómo puede la empresa de remodelaciones Saxon encontrar la solución a este problema de probabilidad? Una táctica consiste en emplear un modelo, o representación a pequeña escala, que se aproxime al proceso. Mediante el uso de esa aproximación, los directivos de Saxon podrán obtener inferencias sobre el procesamiento real de los pedidos. A pesar de que para algunos analistas la elaboración de modelos es una tarea complicada, en este caso los directivos de Saxon tienen a su disposición las *distribuciones de probabilidad,* que son modelos matemáticos apropiados para resolver el problema de probabilidad que enfrentan. La lectura de este capítulo le ayudará a aprender las características de una distribución de probabilidad y cómo aplicar específicamente las distribuciones binomial y de Poisson a los problemas financieros.

5.1 DISTRIBUCIÓN DE PROBABILIDAD DE UNA VARIABLE ALEATORIA DISCRETA

En la sección 1.5, *variable numérica* se definió como una variable que produce respuestas numéricas tales como la cantidad de revistas a las que se suscribe o su estatura en pulgadas. Las variables numéricas se clasifican en *discretas* y *continuas*. Las variables numéricas continuas producen resultados a partir de procesos de medición; por ejemplo, su estatura. Las variables numéricas discretas producen resultados a partir de un proceso de conteo, como el número de revistas a las que se suscribe. Este capítulo trata de las distribuciones de probabilidad que representan variables numéricas discretas.

La **distribución de probabilidad para una variable aleatoria discreta** es una lista mutuamente excluyente de todos los posibles resultados numéricos para una variable aleatoria tal que una probabilidad de ocurrencia específica se asocia con cada resultado.

Por ejemplo, la tabla 5.1 ofrece la distribución de la cantidad de créditos aprobados por semana en la oficina de una sucursal bancaria local. La lista de la tabla 5.1 es colectivamente exhaustiva porque se han incluido todos los posibles resultados. Entonces, las probabilidades deben sumar 1. En la figura 5.1 aparece la representación gráfica de la tabla 5.1.

TABLA 5.1
Distribución de probabilidad del número de hipotecas aprobadas por semana.

Hipotecas aprobadas por semana	Probabilidad
0	0.10
1	0.10
2	0.20
3	0.30
4	0.15
5	0.10
6	0.05

FIGURA 5.1
Distribución de probabilidad del número de hipotecas aprobadas por semana.

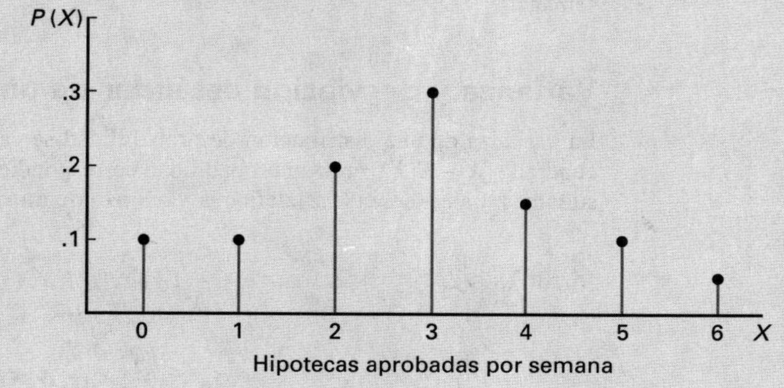

Valor esperado de una variable aleatoria discreta

La media μ de una distribución de probabilidad es el valor esperado de su variable aleatoria. Para calcular el valor esperado, se multiplica cada resultado posible X por su probabilidad correspondiente $P(X)$ y luego se suman estos productos.

VALOR ESPERADO μ DE UNA VARIABLE ALEATORIA DISCRETA

$$\mu = E(X) = \sum_{i=1}^{N} X_i P(X_i) \qquad \textbf{(5.1)}$$

donde X_i = i-ésimo resultado de la variable aleatoria discreta X

$P(X_i)$ = probabilidad de ocurrencia del i-ésimo resultado de X

En la tabla 5.2 se calcula el valor esperado de la distribución de probabilidad del número de hipotecas aprobadas por semana (tabla 5.1), utilizando la ecuación (5.1).

TABLA 5.2
Cálculo del valor esperado para el número de hipotecas aprobadas por semana.

Hipotecas aprobadas por semana (X_i)	Probabilidad $P(X_i)$	Probabilidad $X_iP(X_i)$
0	0.10	(0)(0.10) = 0.0
1	0.10	(1)(0.10) = 0.1
2	0.20	(2)(0.20) = 0.4
3	0.30	(3)(0.30) = 0.9
4	0.15	(4)(0.15) = 0.6
5	0.10	(5)(0.10) = 0.5
6	0.05	(6)(0.05) = 0.3
	1.00	$\mu = E(X) = 2.8$

$$\mu = E(X) = \sum_{i=1}^{N} X_i P(X_i)$$
$$= (0)(0.1) + (1)(0.1) + (2)(0.2) + (3)(0.3) + (4)(0.15) + (5)(0.1) + (6)(0.05)$$
$$= 0 + 0.1 + 0.4 + 0.9 + 0.6 + 0.5 + 0.3$$
$$= 2.8$$

La cifra de 2.8 obtenida para el valor esperado del número de hipotecas aprobadas no es "significativa literalmente", porque el número real de hipotecas aprobadas durante una semana determinada debe ser un valor entero. El valor esperado representa la *media* de hipotecas aprobadas por semana.

Varianza y desviación estándar de una variable aleatoria discreta

La varianza de una distribución de probabilidad se calcula multiplicando cada posible diferencia cuadrada $[X_i - E(X)]^2$ por su probabilidad correspondiente $P(X_i)$ y sumando luego los productos resultantes. La ecuación (5.2) define la **varianza de una variable aleatoria discreta**.

VARIANZA DE UNA VARIABLE ALEATORIA DISCRETA

$$\sigma^2 = \sum_{i=1}^{N} [X_i - E(X)]^2 P(X_i) \qquad \textbf{(5.2)}$$

donde X_i = i-ésimo resultado de la variable aleatoria discreta X

$P(X_i)$ = probabilidad de ocurrencia del i-ésimo resultado de X

La ecuación (5.3) define la **desviación estándar de una variable aleatoria discreta**.

DESVIACIÓN ESTÁNDAR DE UNA VARIABLE ALEATORIA DISCRETA

$$\sigma = \sqrt{\sigma^2} = \sqrt{\sum_{i=1}^{N} [X_i - E(X)]^2 P(X_i)} \qquad \textbf{(5.3)}$$

En la tabla 5.3 se calculan la varianza y la desviación estándar del número de hipotecas aprobadas por semana, mediante las ecuaciones (5.2) y (5.3).

$$\sigma^2 = \sum_{i=1}^{N} [X_i - E(X)]^2 P(X_i)$$
$$= (0 - 2.8)^2(0.10) + (1 - 2.8)^2(0.10) + (2 - 2.8)^2(0.20) + (3 - 2.8)^2(0.30) + (4 - 2.8)^2(0.15) + (5 - 2.8)^2(0.10) + (6 - 2.8)^2(0.05)$$
$$= 0.784 + 0.324 + 0.128 + 0.012 + 0.216 + 0.484 + 0.512$$
$$= 2.46$$

y

$$\sigma = \sqrt{\sigma^2} = \sqrt{2.46} = 1.57$$

Así, la media de hipotecas aprobadas por semana es 2.8, la varianza es 2.46 y la desviación estándar es 1.57.

TABLA 5.3
Cálculo de la varianza y la desviación estándar del número de hipotecas aprobadas por semana.

Hipotecas aprobadas por semana (X_i)	Probabilidad $P(X_i)$	$X_iP(X_i)$	$[X_i - E(X)]^2P(X_i)$
0	0.10	(0)(0.10) = 0.0	$(0 - 2.8)^2(0.10) = 0.784$
1	0.10	(1)(0.10) = 0.1	$(1 - 2.8)^2(0.10) = 0.324$
2	0.20	(2)(0.20) = 0.4	$(2 - 2.8)^2(0.20) = 0.128$
3	0.30	(3)(0.30) = 0.9	$(3 - 2.8)^2(0.30) = 0.012$
4	0.15	(4)(0.15) = 0.6	$(4 - 2.8)^2(0.15) = 0.216$
5	0.10	(5)(0.10) = 0.5	$(5 - 2.8)^2(0.10) = 0.484$
6	0.05	(6)(0.05) = 0.3	$(6 - 2.8)^2(0.05) = 0.512$

$$\sigma^2 = \sum_{i=1}^{N}[X_i - E(X)]^2P(X_i) = 2.46$$

$$\sigma = 1.57$$

PROBLEMAS PARA LA SECCIÓN 5.1

Aprendizaje básico

ASISTENCIA de PH Grade **5.1** Dadas las siguientes distribuciones de probabilidad:

Distribución A		Distribución B	
X	$P(X)$	X	$P(X)$
0	0.50	0	0.05
1	0.20	1	0.10
2	0.15	2	0.15
3	0.10	3	0.20
4	0.05	4	0.50

a. Calcule el valor esperado de cada distribución.
b. Calcule la desviación estándar de cada distribución.
c. Compare e identifique las diferencias entre los resultados de las distribuciones *A* y *B*.

ASISTENCIA de PH Grade **5.2** Dadas las siguientes distribuciones de probabilidad:

Distribución C		Distribución D	
X	$P(X)$	X	$P(X)$
0	0.20	0	0.10
1	0.20	1	0.20
2	0.20	2	0.40
3	0.20	3	0.20
4	0.20	4	0.10

a. Calcule el valor esperado de cada distribución.
b. Calcule la desviación estándar de cada distribución.
c. Compare e identifique las diferencias entre los resultados de las distribuciones *C* y *D*.

Aplicación de conceptos

ASISTENCIA de PH Grade **5.3** Utilizando los registros de la empresa correspondientes a los últimos 500 días hábiles, el gerente de Konig Motors, concesionario automotriz suburbano, sintetizó el número de automóviles vendidos al día en la siguiente tabla:

Número de automóviles vendidos al día	Frecuencia de ocurrencia
0	40
1	100
2	142
3	66
4	36
5	30
6	26
7	20
8	16
9	14
10	8
11	2
Total	500

a. Construya la distribución de probabilidad para el número de automóviles vendidos al día.
b. Calcule la media o el número esperado de automóviles vendidos al día.
c. Calcule la desviación estándar.

5.4 En la siguiente tabla se encuentra la distribución de probabilidad para el número diario de accidentes de tráfico ocurridos en una ciudad pequeña.

Número diario de accidentes (X)	$P(X)$
0	0.10
1	0.20
2	0.45
3	0.15
4	0.05
5	0.05

a. Calcule la media o el número esperado de accidentes ocurridos al día.
b. Calcule la desviación estándar.

AUTO Examen **5.5** El gerente de un sistema de redes de computadoras desarrolló la siguiente distribución de probabilidad para el número de interrupciones al día:

Interrupciones (X)	$P(X)$
0	0.32
1	0.35
2	0.18
3	0.08
4	0.04
5	0.02
6	0.01

a. Calcule la media o el número esperado de interrupciones por día.
b. Calcule la desviación estándar.

5.6 En el juego de feria *Más o menos de siete*, se tira un par de dados sin cargar, y la suma resultante determina si el jugador gana o pierde su apuesta. Por ejemplo, el jugador puede apostar \$1.00 a que la suma será menor a 7, es decir, 2, 3, 4, 5 o 6. En este caso, el jugador perderá \$1.00 si el resultado es igual o mayor que 7, o lo ganará si el resultado es menor que 7. Del mismo modo, puede apostar \$1.00 a que la suma será mayor que 7, es decir, 8, 9, 10, 11 o 12. Aquí, gana \$1.00 si el resultado es mayor que 7, pero lo pierde si el resultado es 7 o menos. Una tercera opción del juego consiste en apostar \$1.00 a que el resultado es 7. En esta apuesta, el jugador ganará \$4.00 si el resultado del tiro es 7 y perderá \$1.00 si es cualquier otro.

a. Elabore la distribución de probabilidad que representa los distintos resultados posibles para una apuesta de \$1.00 a que el tiro será menor que 7.

b. Elabore la distribución de probabilidad que representa los distintos resultados posibles para una apuesta de \$1.00 a que el tiro será mayor que 7.

c. Elabore la distribución de probabilidad que representa a los distintos resultados posibles para una apuesta de \$1.00 a que el tiro será de 7.

d. Demuestre que las ganancias (o pérdidas) a largo plazo esperadas del jugador son iguales, independientemente del método de juego que utilice.

5.2 DISTRIBUCIÓN BINOMIAL

En los siguientes dos apartados se utilizan modelos matemáticos para resolver problemas financieros.

Un **modelo matemático** es una expresión matemática que se utiliza para representar una variable de interés.

Cuando se dispone de una expresión matemática, es factible calcular la probabilidad de ocurrencia exacta correspondiente a cualquier resultado específico para la variable aleatoria.

La **distribución de probabilidad binomial** es uno de los modelos matemáticos más útiles. La distribución binomial se utiliza cuando la variable aleatoria discreta de interés es el número de éxitos en una muestra compuesta por n observaciones. La distribución binomial tiene cuatro propiedades fundamentales:

- La muestra se compone de un número fijo de observaciones, n.
- Cada observación se clasifica en una de dos categorías mutuamente excluyentes y colectivamente exhaustivas, normalmente denominadas *éxito* y *fracaso*.
- La probabilidad de que una observación se clasifique como éxito, p, es constante de una observación a otra. De la misma forma, la probabilidad de que una observación se clasifique como fracaso, $1 - p$, es constante en todas las observaciones.
- El resultado (es decir, el éxito o el fracaso) de cualquier observación es independiente del resultado de cualquier otra observación. Para garantizar la independencia, las observaciones se deben seleccionar de manera aleatoria, ya sea de una *población infinita sin reemplazo* o de una *población finita con reemplazo*.

Volviendo al escenario "Uso de la estadística" expuesto en la página 154 referente al sistema de información contable, supongamos que *éxito* se define como un formato de pedido marcado y *fracaso* es cualquier otro resultado. Usted se interesa por el número de formatos marcados dentro de una muestra de pedidos determinada.

¿Qué resultados se pueden presentar? Si la muestra se compone de cuatro pedidos, puede haber ninguna, una, dos, tres o cuatro formatos marcados. La variable aleatoria binomial, que es el número de formatos de pedido marcados, no puede asumir ningún otro valor porque el número de formatos de pedido marcados no podrá ser superior al tamaño n de la muestra ni podrá ser menor que cero. Por lo tanto, la variable aleatoria binomial tiene un rango de 0 a n.

Suponga que en una muestra de cuatro pedidos, usted observa el siguiente resultado:

Primer pedido	Segundo pedido	Tercer pedido	Cuarto pedido
Marcado	Marcado	Sin marcar	Marcado

¿Cuál es la probabilidad de tener tres éxitos (formatos de pedido marcados) con esta secuencia en particular, en una muestra compuesta por cuatro pedidos? Puesto que la probabilidad histórica de un pedido marcado es de 0.10, la probabilidad de que cada pedido se presente con dicha secuencia es

Primer pedido	Segundo pedido	Tercer pedido	Cuarto pedido
$p = 0.10$	$p = 0.10$	$1 - p = 0.90$	$p = 0.10$

Cada uno de los resultados es independiente de los demás, ya que los formatos de pedido se seleccionaron de una población extremadamente grande o prácticamente infinita y sin reemplazarlos. Por tanto, la probabilidad de tener esta secuencia en particular es

$$\begin{aligned} pp(1-p)p &= p^3(1-p)^1 \\ &= (0.10)(0.10)(0.10)(0.90) \\ &= (0.10)^3(0.90)^1 \\ &= 0.0009 \end{aligned}$$

Este resultado sólo señala la probabilidad de que aparezcan tres formatos de pedido marcados (éxitos) extraídos de una muestra de cuatro con una *secuencia específica*. Para encontrar cuántas maneras hay de seleccionar X objetos de entre n objetos, *independientemente de la secuencia,* se utiliza la **regla de las combinaciones** dada en la ecuación (5.4).

COMBINACIONES

El número de combinaciones para seleccionar X objetos de entre n objetos está dado por:

$$_nC_X = \frac{n!}{X!(n-X)!} \qquad \textbf{(5.4)}$$

donde $n! = (n)(n-1)\ldots(1)$ se llama n factorial. Por definición, $0! = 1$.

Con $n = 4$ y $X = 3$, hay

$$_nC_X = \frac{n!}{X!(n-X)!} = \frac{4!}{3!(4-3)!} = \frac{4 \times 3 \times 2 \times 1}{(3 \times 2 \times 1)(1)} = 4$$

de tales secuencias. Las cuatro secuencias posibles son:

Secuencia 1 = *marcada, marcada, marcada, sin marcar* con una probabilidad

$$ppp(1-p) = p^3(1-p)^1 = 0.0009$$

Secuencia 2 = *marcada, marcada, sin marcar, marcada* con una probabilidad

$$pp\,(1-p)p = p^3(1-p)^1 = 0.0009$$

Secuencia 3 = *marcada, sin marcar, marcada, marcada* con una probabilidad

$$p\,(1-p)pp = p^3(1-p)^1 = 0.0009$$

Secuencia 4 = *sin marcar, marcada, marcada, marcada* con una probabilidad

$$(1-p)ppp = p^3(1-p)^1 = 0.0009$$

Por tanto, la probabilidad de que haya tres formatos de pedido marcados es igual a

(número de secuencias posibles) × (probabilidad de una secuencia en particular) = (4) × (0.0009) = 0.0036

Usted puede hacer una deducción intuitiva similar para los demás resultados posibles de la variable aleatoria: cero, uno, dos y cuatro formatos de pedido marcados. Sin embargo, a medida que n, el tamaño de la muestra, es mayor, los cálculos implicados para este método intuitivo requieren de más tiempo. Existe un modelo matemático que brinda una fórmula general para calcular cualquier probabilidad binomial. La ecuación (5.5) es el modelo matemático que se utiliza para representar la distribución de probabilidad binomial y calcular el número de éxitos (X), dados los valores n y p.

DISTRIBUCIÓN DE PROBABILIDAD BINOMIAL

$$P(X) = \frac{n!}{X!(n-X)!} p^X (1-p)^{n-X} \quad \textbf{(5.5)}$$

donde
$P(X)$ = probabilidad de X éxitos, dadas n y p
n = número de observaciones
p = probabilidad de éxitos
$1 - p$ = probabilidad de fracasos
X = número de éxitos en la muestra ($X = 0, 1, 2, \ldots, n$)

La ecuación (5.5) replantea lo que usted dedujo de manera intuitiva. La variable aleatoria binomial X puede tener cualquier valor entero X desde 0 hasta n. En la ecuación (5.5) el producto

$$p^X(1-p)^{n-X}$$

indica la probabilidad de obtener exactamente X éxitos de entre n observaciones en una *secuencia específica*. El término:

$$\frac{n!}{X!(n-X)!}$$

indica *cuántas combinaciones* de esos X éxitos de entre n observaciones son posibles. Así, dado el número de observaciones n y la probabilidad de éxito p, la probabilidad de obtener X éxitos es:

$$P(X) = (\text{número de secuencias posibles}) \times (\text{probabilidad de una secuencia específica})$$

$$= \frac{n!}{X!(n-X)!} p^X (1-p)^{n-X}$$

En el ejemplo 5.1 se ilustra el uso de la ecuación (5.5).

EJEMPLO 5.1

DETERMINAR $P(X = 3)$, DADAS $n = 4$ Y $p = 0.1$

Si la posibilidad de que un formato de pedido sea marcado es de 0.1, ¿qué probabilidad existe de que haya tres formatos marcados en una muestra de cuatro?

SOLUCIÓN Al utilizar la ecuación (5.5), se sabe que la probabilidad de obtener tres formatos marcados de una muestra compuesta por cuatro es

$$P(X = 3) = \frac{4!}{3!(4-3)!}(0.1)^3(1-0.1)^{4-3}$$

$$= \frac{4!}{3!(4-3)!}(0.1)^3(0.9)^1$$

$$= 4(0.1)(0.1)(0.1)(0.9) = 0.0036$$

En los ejemplos 5.2 y 5.3 se muestran los cálculos para otros valores de X.

EJEMPLO 5.2

DETERMINAR $P(X \geq 3)$, DADAS $n = 4$ Y $p = 0.1$

Si la posibilidad de que un formato de pedido sea marcado es de 0.1, ¿qué probabilidad existe de que haya tres o más formatos marcados (es decir, por lo menos tres) en una muestra de cuatro?

SOLUCIÓN En el ejemplo 5.1 usted encontró que la probabilidad de obtener *exactamente* tres formatos marcados a partir de una muestra de cuatro es 0.0036. Para calcular la probabilidad de obtener *por lo menos* tres formatos marcados, es necesario sumar la probabilidad de los tres formatos marcados y la probabilidad de cuatro formatos marcados. La probabilidad de obtener cuatro formatos marcados es:

$$\begin{aligned} P(X = 4) &= \frac{4!}{4!(4-4)!}(0.1)^4(1-0.1)^{4-4} \\ &= \frac{4!}{4!(0)!}(0.1)^4(0.9)^0 \\ &= 1(0.1)(0.1)(0.1)(0.1) = 0.0001 \end{aligned}$$

Así, la probabilidad de obtener al menos tres formatos de pedido marcados es:

$$\begin{aligned} P(X \geq 3) &= P(X = 3) + P(X = 4) \\ &= 0.0036 + 0.0001 \\ &= 0.0037 \end{aligned}$$

Existe un 0.37% de posibilidad de tener al menos tres formatos de pedido marcados en una muestra compuesta por cuatro formatos.

EJEMPLO 5.3

DETERMINAR $P(X < 3)$, DADAS $n = 4$ Y $p = 0.1$

Si la posibilidad de que un formato de pedido sea marcado es de 0.1, ¿qué probabilidad existe de que haya menos de tres formatos marcados en una muestra compuesta por cuatro?

SOLUCIÓN La probabilidad de obtener menos de tres formatos de pedido marcados es:

$$P(X < 3) = P(X = 0) + P(X = 1) + P(X = 2)$$

Se utiliza la ecuación (5.5) de la página 160 para calcular cada una de las probabilidades:

$$P(X = 0) = \frac{4!}{0!(4-0)!}(0.1)^0(1-0.1)^{4-0} = 0.6561$$

$$P(X = 1) = \frac{4!}{1!(4-1)!}(0.1)^1(1-0.1)^{4-1} = 0.2916$$

$$P(X = 2) = \frac{4!}{2!(4-2)!}(0.1)^2(1-0.1)^{4-2} = 0.0486$$

Por tanto, $P(X < 3) = 0.6561 + 0.2916 + 0.0486 = 0.9963$.

$P(X < 3)$ también se puede calcular a partir de su complemento $P(X \geq 3)$, como sigue:

$$\begin{aligned} P(X < 3) &= 1 - P(X \geq 3) \\ &= 1 - 0.0037 = 0.9963 \end{aligned}$$

Tal vez los cálculos realizados en el ejemplo 5.3 resulten tediosos, sobre todo conforme n aumenta. Para evitar la monotonía que implica efectuar los cálculos, es factible encontrar muchas probabilidades binomiales directamente en la tabla E.6, que se reproduce parcialmente en la tabla 5.4. La tabla

E.6 proporciona las probabilidades binomiales correspondientes a $X = 0, 1, 2, \ldots, n$, para una selección de varias combinaciones de n y p. Por ejemplo, para encontrar la probabilidad de obtener exactamente dos éxitos en una muestra de cuatro, cuando la probabilidad de éxito es 0.1, vea primero $n = 4$ y luego busque en la fila $X = 2$ y en la columna $p = 0.10$. El resultado es 0.0486.

TABLA 5.4
Cómo encontrar la probabilidad binomial para $n = 4$, $X = 2$ y $p = 0.1$.

		p			
n	***X***	**0.01**	**0.02**	....	**0.10**
4	0	0.9606	0.9224	....	0.6561
	1	0.0388	0.0753	....	0.2916
	2	0.0006	0.0023	....	0.0486
	3	0.0000	0.0000	....	0.0036
	4	0.0000	0.0000	....	0.0001

Fuente: Tabla E.6.

También es posible calcular las probabilidades binomiales que aparecen en la tabla E.6 utilizando Excel o Minitab. En la figura 5.2 aparece una hoja de trabajo de Excel para calcular probabilidades binomiales, y en la figura 5.3 se ilustra el resultado en Minitab.

FIGURA 5.2
Hoja de trabajo de Excel para calcular probabilidades binomiales.

	A	B	
1	**Tagged Orders**		
2			
3	**Data**		
4	**Sample size**	**4**	
5	**Probability of success**	**0.1**	
6			
7	**Statistics**		
8	**Mean**	**0.4**	**=B4 * B5**
9	**Variance**	**0.36**	**=B8 * (1 - B5)**
10	**Standard deviation**	**0.6**	**=SQRT(B9)**
11			
12	**Binomial Probabilities Table**		
13	**X**	**P(X)**	
14	**0**	**0.6561**	**=BINOMDIST(A14, $B$4, $B$5, FALSE)**
15	**1**	**0.2916**	**=BINOMDIST(A15, $B$4, $B$5, FALSE)**
16	**2**	**0.0486**	**=BINOMDIST(A16, $B$4, $B$5, FALSE)**
17	**3**	**0.0036**	**=BINOMDIST(A17, $B$4, $B$5, FALSE)**
18	**4**	**0.0001**	**=BINOMDIST(A18, $B$4, $B$5, FALSE)**

FIGURA 5.3
Cálculo de la distribución binomial para $n = 4$ y $p = 0.1$ en Minitab.

```
Binomial with n = 4 and p = 0.1

x   P( X = x )
0       0.6561
1       0.2916
2       0.0486
3       0.0036
4       0.0001
```

La forma de probabilidad binomial depende de los valores de n y p. Siempre que $p = 0.5$, la distribución binomial es simétrica, independientemente de lo grande o pequeño del valor de n. Cuando $p \neq 0.5$, la distribución es asimétrica. Cuanto más se acerca p a 0.5 y el número de observaciones n es mayor, menos asimétrica se vuelve la distribución. Por ejemplo, la distribución del número de formatos marcados es muy asimétrica a la derecha, porque $p = 0.1$ y $n = 4$ (vea la figura 5.4).

FIGURA 5.4
Gráfica de barras de Excel de la distribución de probabilidad binomial con $n = 4$ y $p = 0.1$.

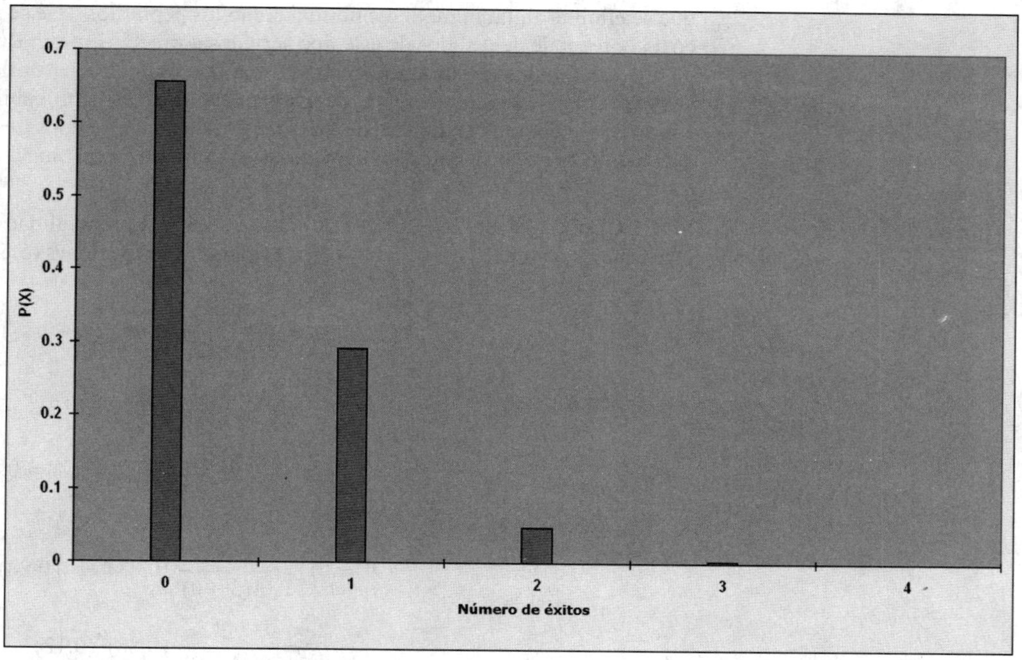

La media de la distribución binomial es igual al producto de n por p. En lugar de calcular la media de la distribución de probabilidad utilizando la ecuación (5.1) de la página 155, utilice la ecuación (5.6) para calcular la media de las variables que siguen a la distribución binomial.

MEDIA DE LA DISTRIBUCIÓN BINOMIAL

La media μ de la distribución binomial es igual a la multiplicación del tamaño n de la muestra por la probabilidad de éxito p.

$$\mu = E(X) = np \qquad \textbf{(5.6)}$$

En promedio, y a la larga, teóricamente usted esperaría $\mu = E(X) = np = (4)(0.1) = 0.4$ formatos de pedido marcados en una muestra compuesta por cuatro formatos.

La desviación estándar de la distribución binomial se calcula mediante la ecuación (5.7).

DESVIACIÓN ESTÁNDAR DE LA DISTRIBUCIÓN BINOMIAL

$$\sigma = \sqrt{\sigma^2} = \sqrt{Var(X)} = \sqrt{np(1-p)} \qquad \textbf{(5.7)}$$

La desviación estándar del número de formatos marcados es:

$$\sigma = \sqrt{4(0.1)(0.9)} = 0.6$$

Este resultado es el mismo que calcularía si utilizara la ecuación (5.3) de la página 156.

EJEMPLO 5.4

CÁLCULO DE PROBABILIDADES BINOMIALES

La exactitud al tomar los pedidos en la ventanilla de servicio a los automovilistas es una característica muy importante de las cadenas de comida rápida. Todos los meses, *QSR Magazine* **www.qsrmagazine.com** publica los resultados de sus encuestas. La exactitud se evalúa como el porcentaje de pedidos compuestos por un artículo principal, uno secundario y una bebida (pero solicitando que se elimine algún ingrediente normal como los pepinillos) que se sirven correctamente. Hace poco, el porcentaje de pedidos de este tipo servidos correctamente en Burger King fue del 88%. Suponga que usted y dos de sus amigos van en su automóvil a la ventanilla de servicio de Burger King y cada uno hace un pedido como el descrito antes. ¿Cuál es la probabilidad de que los tres pedidos se sirvan con exactitud? ¿Ninguno de los tres? ¿Al menos dos de los tres? ¿Cuáles son el promedio y la desviación estándar del número de pedidos servidos con exactitud?

SOLUCIÓN Puesto que se trata de tres pedidos y la probabilidad de tener un pedido servido con exactitud es del 88%, $n = 3$ y $p = 0.88$. Mediante las ecuaciones (5.5), (5.6) y (5.7)

$$\begin{aligned} P(X = 3) &= \frac{3!}{3!(3-3)!}(0.88)^3(1-0.88)^{3-3} \\ &= \frac{3!}{3!(3-3)!}(0.88)^3(0.12)^0 \\ &= 1(0.88)(0.88)(0.88)(1) = 0.6815 \end{aligned}$$

$$\begin{aligned} P(X = 0) &= \frac{3!}{0!(3-0)!}(0.88)^0(1-0.88)^{3-0} \\ &= \frac{3!}{0!(3-0)!}(0.88)^0(0.12)^3 \\ &= 1(1)(0.12)(0.12)(0.12) = 0.0017 \end{aligned}$$

$$\begin{aligned} P(X = 2) &= \frac{3!}{2!(3-2)!}(0.88)^2(1-0.88)^{3-2} \\ &= \frac{3!}{2!(3-2)!}(0.88)^2(0.12)^1 \\ &= 3(0.88)(0.88)(0.12) = 0.2788 \end{aligned}$$

$$\begin{aligned} P(X \geq 2) &= P(X = 2) + P(X = 3) \\ &= 0.2788 + 0.6815 \\ &= 0.9603 \end{aligned}$$

$$\mu = E(X) = np = 3(0.88) = 2.64$$

$$\begin{aligned} \sigma &= \sqrt{\sigma^2} = \sqrt{Var(X)} = \sqrt{np(1-p)} \\ &= \sqrt{3(0.88)(0.12)} \\ &= \sqrt{0.3168} = 0.563 \end{aligned}$$

La probabilidad de que los tres pedidos se sirvan con exactitud es de 0.6815 o del 68.15%. La probabilidad de que ninguno de los pedidos se sirva con exactitud es de 0.0017 o del 0.17%. La probabilidad de que por lo menos dos pedidos se sirvan con exactitud es de 0.9603 o del 96.03%. La media de pedidos servidos con exactitud en una muestra de tres pedidos es 2.64 y la desviación estándar es 0.563.

En este apartado se explicó la distribución binomial, la cual desempeña un papel aún más importante cuando se utiliza en problemas de inferencia estadística que implican la estimación o prueba de hipótesis sobre proporciones (como analizaremos en los capítulos 8 y 9).

PROBLEMAS PARA LA SECCIÓN 5.2

Puede resolver manualmente los problemas 5.7 a 5.14 o usando Excel o Minitab. Le recomendamos usar Excel o Minitab para resolver los problemas 5.15 a 5.17.

Aprendizaje básico

5.7 Si $n = 5$ y $p = 0.40$, encuentre cuál es la probabilidad de que

a. $X = 4$
b. $X \leq 3$
c. $X < 2$
d. $X > 1$

ASISTENCIA de PH Grade **5.8** Determine lo siguiente:

a. Para $n = 4$ y $p = 0.12$, ¿cuánto es $P(X = 0)$?
b. Para $n = 10$ y $p = 0.40$, ¿cuánto es $P(X = 9)$?
c. Para $n = 10$ y $p = 0.50$, ¿cuánto es $P(X = 8)$?
d. Para $n = 6$ y $p = 0.83$, ¿cuánto es $P(X = 5)$?

Aplicación de conceptos

5.9 Se supone que el aumento o la disminución del precio de una acción durante el transcurso de un día hábil es un evento aleatorio igualmente posible. ¿Cuál es la probabilidad de que una acción muestre un aumento en su precio al cierre durante cinco días consecutivos?

5.10 El 60% de los estadounidenses leen su contrato de trabajo, incluyendo las letras pequeñas ("Snapshots," **usatoday.com**, 20 de enero, 2004). Suponga que el número de empleados que leen cada una de las palabras de su contrato se puede modelar utilizando la distribución binomial. Considerando un grupo de cinco empleados, encuentre cuál es la probabilidad de que:

a. Los cinco lean cada una de las palabras de su contrato.
b. Al menos tres lean cada una de las palabras de su contrato.
c. Menos de dos lean cada una de las palabras de su contrato.
d. ¿Cuáles serían sus respuestas para los incisos *a*) a *c*), si la probabilidad de que un empleado lea cada una de las palabras de su contrato es de 0.80?

ASISTENCIA de PH Grade **5.11** Una estudiante presenta un examen de opción múltiple, en el que cada pregunta tiene cuatro opciones. Suponga que ella no conoce la respuesta correcta de ninguna de las preguntas, y que decidió utilizar una estrategia en la que colocará cuatro pelotas (marcadas como A, B, C y D) dentro de una caja. Ahora, para responder cada pregunta, selecciona una pelota de manera aleatoria y la devuelve a la caja. La letra de la pelota determinará su respuesta a la pregunta. El examen se compone de cinco preguntas de opción múltiple. ¿Cuál es la probabilidad de que ella obtenga

a. cinco respuestas correctas?
b. al menos cuatro respuestas correctas?
c. ninguna respuesta correcta?
d. no más de dos respuestas correctas?

✓ AUTO Examen **5.12** En el ejemplo 5.4 de la página 163, usted y dos amigos decidieron ir a Burger King. En lugar de eso, suponga que acuden a McDonald's, donde durante el mes pasado sirvieron el 90% de los pedidos con exactitud. ¿Cuál es la probabilidad de que

a. los tres pedidos se sirvan con exactitud?
b. ninguno de los tres pedidos se sirva con exactitud?
c. al menos dos de los tres pedidos se sirva con exactitud?
d. ¿Cuáles son la media y la desviación estándar del número de pedidos servidos con exactitud?

5.13 Durante varios años se ha reducido el porcentaje de comisión que las líneas aéreas comerciales pagan a los agentes de viajes. Muchas agencias, en busca de mejorar sus ingresos, cobran ahora a sus clientes una cuota por boleto, generalmente de entre 10 y 25 dólares. De acuerdo con la sociedad estadounidense de agentes boleteros, cerca del 90% de los agentes de viajes cobra cuotas a sus clientes cuando éstos adquieren boletos de avión (Kortney Stringer, "American Air Fees for Travel Agents to Be Cut Again", *The Wall Street Journal*, 20 de agosto, 2001, B2).

a. La cifra del 90% citada por la sociedad estadounidense de agentes boleteros, ¿quedaría mejor clasificada como probabilidad clásica *a priori*, probabilidad clásica empírica o probabilidad subjetiva?
b. Usted selecciona una muestra aleatoria de 10 agencias de viajes. Suponga que el número de 10 agencias de viajes que cobran una cuota por boleto se distribuye como variable aleatoria binomial. ¿Cuáles son la media y la desviación estándar de esta distribución?
c. ¿Qué suposiciones es necesario hacer en el inciso *b*)?

5.14 Consulte el problema 5.13 y calcule la probabilidad de que de 10 agencias de viajes:

a. ninguna cobre cuota por boleto.
b. exactamente una cobre cuota por boleto.
c. dos o menos cobren cuota por boleto.
d. tres o más cobren cuota por boleto.

ASISTENCIA de PH Grade **5.15** Cuando un cliente hace un pedido a la Papelería en Línea de Rudy, un sistema contable computarizado (AIS, por sus siglas en inglés) verifica automáticamente si el cliente ha excedido o no su límite de crédito. Los registros señalan que la probabilidad de que los clientes exceden su límite de crédito es de 0.05. Suponga que durante un día determinado, 20 clientes hicieron un pedido. Suponga también que el número de clientes que según el sistema AIS excedieron su límite de crédito está distribuido como variable aleatoria binomial.

a. ¿Cuáles son la media y la desviación estándar del número de clientes que excedieron su límite de crédito?
b. ¿Cuál es la probabilidad de que ningún cliente exceda su límite de crédito?
c. ¿Cuál es la probabilidad de que sólo un cliente exceda su límite de crédito?
d. ¿Cuál es la probabilidad de que dos o más clientes excedan su límite de crédito?

5.16 Cada otoño las televisoras presentan nuevos programas. Con la idea de atraer el interés de los espectadores, durante el verano se transmiten anuncios como parte de una campaña publicitaria previa a su aparición en otoño. Después, las televisoras realizan encuestas para ver qué porcentaje de los espectadores *está al corriente* de los estrenos. De acuerdo con datos procedentes de las televisoras, durante el otoño de 2001, el 68% de los espectadores de entre 18 y 49 años supieron de la nueva serie *Criminal Intent*, mientras que sólo el 24% de ellos escucharon de *Inside Schwartz* (Joe Flint, "Viewers Awareness of New Shows Rises", *The Wall Street Journal*, 20 de agosto, 2001, B7).

a. Las cifras del 68% y del 24% citadas por las televisoras, ¿quedarían mejor clasificadas como probabilidades clásicas *a priori*, probabilidades clásicas empíricas o probabilidades subjetivas?

Suponga que selecciona una muestra de 20 espectadores con edades de 18 a 49 años. ¿Cuál es la probabilidad de que:

b. menos de cinco espectadores vean *Criminal Intent*?

c. 10 o más espectadores vean *Criminal Intent*?

d. los 20 vean *Criminal Intent*?

5.17 De acuerdo con los datos del problema 5.16, se obtiene otra muestra de 20 espectadores y se considera al nuevo programa *Inside Schwartz*. ¿Cuál es la probabilidad de que:

a. menos de cinco espectadores vean *Inside Schwartz*?

b. 10 o más espectadores vean *Inside Schwartz*?

c. los 20 vean *Inside Schwartz*?

d. Compare los resultados de los inciso *a*) a *c*) con los de *Criminal Intent* del problema 5.16, incisos *b*) a *d*).

5.3 DISTRIBUCIÓN DE POISSON

Muchos estudios se basan en el conteo de las veces que se presenta un evento dentro de un *área de oportunidad* dada. El **área de oportunidad** es una unidad continua o intervalo de tiempo, volumen, o área en donde se puede presentar más de un evento. Algunos ejemplos serían los defectos en la superficie de un refrigerador, el número de fallas de la red en un día, o el número de pulgas que tiene un perro. Cuando se tiene un área de oportunidad como éstas, se utiliza la **distribución de Poisson** para calcular las probabilidades si:

- Le interesa contar las veces que se presenta un evento en particular dentro de un área de oportunidad determinada. El área de oportunidad se define por tiempo, extensión, área, etcétera.
- La probabilidad de que un evento se presente en un área de oportunidad dada es igual para todas las áreas de oportunidad.
- El número de eventos que ocurren en un área de oportunidad es independiente del número de eventos que se presentan en cualquier otra área de oportunidad.
- La probabilidad de que dos o más eventos se presenten en un área de oportunidad tiende a cero conforme esa área se vuelve menor.

Considere el número de clientes que llegan a un banco ubicado en la zona central de negocios de una gran ciudad, durante la hora del almuerzo. A usted le interesa conocer el número de clientes que llegan cada minuto. ¿Esta situación concuerda con las cuatro propiedades de la distribución de Poisson mencionadas anteriormente? Primero, el *evento* de interés es un cliente y el *área de oportunidad* está definida como un intervalo de 1 minuto. ¿Llegarán cero clientes, un cliente, dos clientes, etcétera? Segundo, es razonable suponer que la probabilidad de que llegue un cliente durante un intervalo específico de 1 minuto es igual a la probabilidad correspondiente a todos los demás intervalos de 1 minuto. Tercero, la llegada de un cliente durante cualquier intervalo de 1 minuto no influye en (es decir, es estadísticamente independiente de) la llegada de cualquier otro cliente durante cualquier otro intervalo de 1 minuto. Por último, la probabilidad de que lleguen dos o más clientes durante un periodo de tiempo dado tiende a cero a medida que dicho intervalo de tiempo es menor. Por ejemplo, la probabilidad de que dos clientes lleguen durante un intervalo de tiempo con una amplitud de 1/100 de segundo es virtualmente cero. Así, es factible utilizar la distribución de Poisson para determinar las probabilidades correspondientes al número de clientes que llegan al banco durante un intervalo de tiempo de 1 minuto mientras es la hora del almuerzo.

La distribución de Poisson tiene un parámetro, llamado λ (la letra griega *lambda* minúscula), que es la media o el número esperado de eventos por unidad. La varianza de la distribución de Poisson también es igual a λ, y su desviación estándar es igual a $\sqrt{\lambda}$. El número de eventos X de la variable aleatoria de Poisson fluctúa desde 0 hasta infinito.

En la ecuación (5.8) se presenta la expresión matemática de la distribución de Poisson para el cálculo de la probabilidad de X eventos, dado que se esperan λ eventos.

DISTRIBUCIÓN DE LA PROBABILIDAD DE POISSON

$$P(X) = \frac{e^{-\lambda}\lambda^X}{X!} \qquad \textbf{(5.8)}$$

donde $P(X)$ = la probabilidad de X eventos en un área de oportunidad

λ = número de eventos esperado

e = constante matemática aproximadamente igual a 2.71828

X = número de eventos

Para demostrar la distribución de Poisson, suponga que la media de clientes que llega al banco por minuto durante la hora que va del mediodía a la 1 PM es igual a 3.0. ¿Cuál es la probabilidad de que lleguen exactamente dos clientes durante un minuto dado? ¿Y cuál es la probabilidad de que lleguen más de dos clientes durante un minuto dado?

Al utilizar la ecuación (5.8) y $\lambda = 3$, se sabe que la probabilidad de que lleguen exactamente dos clientes durante el transcurso de un minuto dado es

$$P(X = 2) = \frac{e^{-3.0}(3.0)^2}{2!} = \frac{9}{(2.71828)^3(2)} = 0.2240$$

Para determinar la probabilidad de que lleguen más de dos clientes durante un minuto dado

$$P(X > 2) = P(X = 3) + P(X = 4) + \cdots + P(X = \infty)$$

Puesto que la suma de todas las probabilidades de una distribución de probabilidad debe ser igual a 1, los términos del lado derecho de la ecuación $P(X > 2)$ también representan al complemento de la probabilidad de que X sea menor o igual que 2 [es decir, $1 - P(X \leq 2)$]. Así,

$$P(X > 2) = 1 - P(X \leq 2) = 1 - [P(X = 0) + P(X = 1) + P(X = 2)]$$

Ahora, con la ecuación (5.8),

$$\begin{aligned} P(X > 2) &= 1 - \left[\frac{e^{-3.0}(3.0)^0}{0!} + \frac{e^{-3.0}(3.0)^1}{1!} + \frac{e^{-3.0}(3.0)^2}{2!}\right] \\ &= 1 - [0.0498 + 0.1494 + 0.2240] \\ &= 1 - 0.4232 = 0.5768 \end{aligned}$$

De esta forma, existe una posibilidad del 57.68% de que lleguen más de dos clientes en el mismo minuto.

Para evitar la monotonía que implica realizar estos cálculos, podrá encontrar muchas probabilidades de Poisson directamente en la tabla E.7, que se reproduce de manera parcial en la tabla 5.5. La tabla E.7 indica las probabilidades correspondientes a la variable aleatoria de Poisson para los valores de $X = 0, 1, 2, \ldots$, de una selección de valores del parámetro λ. Para encontrar la probabilidad de que lleguen exactamente dos clientes durante un minuto dado, cuando la media de clientes que llegan por minuto es de 3.0, se lee la probabilidad correspondiente a la fila $X = 2$ y la columna $\lambda = 3.0$ de la tabla. El resultado es 0.2240, como muestra la tabla 5.5.

TABLA 5.5
Cálculo de la probabilidad de Poisson para $\lambda = 3$.

	λ			
X	2.1	2.2	....	3.0
0	.1225	.1108	....	.0498
1	.2572	.2438	....	.1494
2	.2700	.2681	....	.2240
3	.1890	.1966	....	.2240
4	.0992	.1082	....	.1680
5	.0417	.0476	....	.1008
6	.0146	.0174	....	.0504
7	.0044	.0055	....	.0216
8	.0011	.0015	....	.0081
9	.0003	.0004	....	.0027
10	.0001	.0001	....	.0008
11	.0000	.0000	....	.0002
12	.0000	.0000	....	.0001

Fuente: Tabla E.7.

También es factible calcular las probabilidades de Poisson que aparecen en la tabla E.7 utilizando Excel o Minitab. En la figura 5.5 se muestra una hoja de trabajo de Excel para la distribución de Poisson con $\lambda = 3$. En la figura 5.6 aparece el resultado en Minitab.

FIGURA 5.5
Hoja de trabajo de Excel para el cálculo de probabilidades de Poisson.

	A	B	C	D	E	
1	**Customer Arrivals Analysis**					
2						
3	**Data**					
4	**Average/Expected number of successes:**				3	
5						
6	**Poisson Probabilities Table**					
7	X	P(X)				
8	0	0.049787				=POISSON(A8, $E$4, FALSE)
9	1	0.149361				=POISSON(A9, $E$4, FALSE)
10	2	0.224042				=POISSON(A10, $E$4, FALSE)
11	3	0.224042				=POISSON(A11, $E$4, FALSE)
12	4	0.168031				=POISSON(A12, $E$4, FALSE)
13	5	0.100819				=POISSON(A13, $E$4, FALSE)
14	6	0.050409				=POISSON(A14, $E$4, FALSE)
15	7	0.021604				=POISSON(A15, $E$4, FALSE)
16	8	0.008102				=POISSON(A16, $E$4, FALSE)
17	9	0.002701				=POISSON(A17, $E$4, FALSE)
18	10	0.000810				=POISSON(A18, $E$4, FALSE)
19	11	0.000221				=POISSON(A19, $E$4, FALSE)
20	12	0.000055				=POISSON(A20, $E$4, FALSE)
21	13	0.000013				=POISSON(A21, $E$4, FALSE)
22	14	0.000003				=POISSON(A22, $E$4, FALSE)
23	15	0.000001				=POISSON(A23, $E$4, FALSE)
24	16	0.000000				=POISSON(A24, $E$4, FALSE)
25	17	0.000000				=POISSON(A25, $E$4, FALSE)
26	18	0.000000				=POISSON(A26, $E$4, FALSE)
27	19	0.000000				=POISSON(A27, $E$4, FALSE)
28	20	0.000000				=POISSON(A28, $E$4, FALSE)

FIGURA 5.6
Cálculo de la distribución de Poisson para $\lambda = 3$ en Minitab.

Poisson with mean = 3

x	P(X = x)
0	0.049787
1	0.149361
2	0.224042
3	0.224042
4	0.168031
5	0.100819
6	0.050409
7	0.021604
8	0.008102
9	0.002701
10	0.000810
11	0.000221
12	0.000055
13	0.000013
14	0.000003
15	0.000001

EJEMPLO 5.5 CÁLCULO DE PROBABILIDADES DE POISSON

Se sabe que el número de fallas mensuales que tienen las cajas de velocidades de los autobuses obedece a la distribución de Poisson, con una media de 2.5 fallas al mes. ¿Cuál es la probabilidad de que no se presenten fallas durante un mes determinado? ¿Y de que se presente al menos una?

SOLUCIÓN Con la ecuación (5.8) de la página 167 con $\lambda = 2.5$ (o utilizando la tabla E.7, Excel o Minitab), se sabe que la probabilidad de que no se presenten fallas durante un mes dado es:

$$P(X = 0) = \frac{e^{-2.5}(2.5)^0}{0!} = \frac{1}{(2.71828)^{2.5}(1)} = 0.0821$$

$$\begin{aligned} P(X \geq 1) &= 1 - P(X = 0) \\ &= 1 - 0.0821 \\ &= 0.9179 \end{aligned}$$

La probabilidad de que no se presentarán fallas durante un mes dado es de 0.0821. La probabilidad de que se presente al menos una falla es de 0.9179.

PROBLEMAS PARA LA SECCIÓN 5.3

Aprendizaje básico

ASISTENCIA de PH Grade **5.18** Suponga una distribución de Poisson.

a. Si $\lambda = 2.5$, encuentre $P(X = 2)$.
b. Si $\lambda = 8.0$, encuentre $P(X = 8)$.
. Si $\lambda = 0.5$, encuentre $P(X = 1)$.
1. Si $\lambda = 3.7$, encuentre $P(X = 0)$.

ASISTENCIA de PH Grade **5.19** Suponga una distribución de Poisson.

a. Si $\lambda = 2.0$, encuentre $P(X \geq 2)$.
b. Si $\lambda = 8.0$, encuentre $P(X \geq 3)$.
c. Si $\lambda = 0.5$, encuentre $P(X \leq 1)$.
d. Si $\lambda = 4.0$, encuentre $P(X \geq 1)$.
e. Si $\lambda = 5.0$, encuentre $P(X \leq 3)$.

5.20 Suponga una distribución de Poisson con $\lambda = 5.0$. Determine la probabilidad de que
a. $X = 1$.
b. $X < 1$.
c. $X > 1$.
d. $X \leq 1$.

Aplicación de conceptos

Puede resolver los problemas 5.21 a 5.31 manualmente, en Excel o en Minitab.

5.21 Suponga que el número de errores que se presentan durante un día en una red de área local (LAN) se distribuye como una variable aleatoria de Poisson. La media de errores de red ocurridos durante un día es 2.4. ¿Cuál es la probabilidad de que en un día determinado:
a. se presenten cero errores?
b. se presente sólo un error?
c. se presenten dos o más errores?
d. se presenten menos de tres errores?

AUTO Examen **5.22** El gerente de control de calidad de Marilyn's Cookies inspecciona un lote de galletas con chispas de chocolate que se acaban de preparar. Si el proceso de producción está bajo control, la media de chispas de chocolate por galleta es de 6.0. ¿Cuál es la probabilidad de que en cualquier galleta inspeccionada
a. se encuentren menos de cinco chispas?
b. se encuentren exactamente cinco chispas?
c. se encuentren cinco o más chispas?
d. se encuentren cuatro o cinco chispas?

5.23 De acuerdo con los datos del problema 5.22, ¿cuántas galletas de un lote de 100 esperaría desechar el gerente, si las políticas de la empresa exigen que todas las galletas con chispas de chocolate deben tener al menos cuatro chispas?

5.24 El Departamento de Transporte de EUA registra las estadísticas de las maletas maltratadas por cada 1,000 pasajeros. En 2003, Jet Blue tuvo 3.21 maletas maltratadas por cada 1,000 pasajeros. ¿Cuál es la probabilidad de que, con los próximos 1,000 pasajeros, Jet Blue tenga
a. ninguna maleta maltratada?
b. al menos una maleta maltratada?
c. al menos dos maletas maltratadas?
d. Compare los resultados de los incisos *a*) a *c*) con los de Delta en el problema 5.25, incisos *a*) a *c*).

5.25 El Departamento de Transporte de EUA registra las estadísticas de las maletas maltratadas por cada 1,000 pasajeros. En 2003, Delta tuvo 3.84 maletas maltratadas por cada 1,000 pasajeros. ¿Cuál es la probabilidad de que, con los próximos 1,000 pasajeros, Delta tenga
a. ninguna maleta maltratada?
b. al menos una maleta maltratada?
c. al menos dos maletas maltratadas?
d. Compare los resultados de los incisos *a*) a *c*) con los de Jet Blue en el problema 5.24, incisos *a*) a *c*).

ASISTENCIA de PH Grade **5.26** Con base en experiencias anteriores, se supone que el número de imperfecciones por pie en los rollos de papel con graduación 2 obedece a una distribución de Poisson, con una media de 1 imperfección por cada cinco pies de papel (0.2 imperfecciones por pie). ¿Cuál es la probabilidad de que
a. en un rollo de un pie existan al menos dos imperfecciones?
b. en un rollo de 12 pies exista al menos 1 imperfección?
c. en un rollo de 50 pies existan entre 5 y 15 (inclusive) imperfecciones?

5.27 J.D. Power y Asociados calculan y publican varias estadísticas relacionadas con la calidad de los automóviles. La calificación Calidad Inicial mide el número de problemas por cada automóvil nuevo que se vende. Con los modelos 2003, el Lexus fue el mejor con 1.63 problemas por automóvil. El Kia coreano fue el peor, con 5.09 problemas por automóvil (L. Hawkins, "Finding a Car That's Built to Last?" *The Wall Street Journal*, 9 de julio, 2003, Dl, D5). Sea la variable aleatoria X igual al número de problemas de un Lexus recién comprado.
a. ¿Cuáles suposiciones se deben hacer para distribuir X como una variable aleatoria de Poisson? ¿Son razonables tales suposiciones?
Haciendo las suposiciones mencionadas en el inciso *a*), si usted compró un Lexus 2003, ¿cuál es la probabilidad de que este automóvil nuevo:
b. no presente problemas?
c. presente dos o menos problemas?
d. Elabore una definición operacional de "problema". ¿Por qué es importante una definición operacional al interpretar la calificación Calidad Inicial?

5.28 Consulte los datos del problema 5.27. Si usted compró un Kia 2003, ¿cuál es la probabilidad de que este automóvil nuevo:
a. no presente problemas?
b. presente dos o menos problemas?
c. Compare sus respuestas de los incisos *a*) y *b*) con las correspondientes al Lexus del problema 5.27, incisos *b*) y *c*).

5.29 Durante 2004, tanto el Lexus como el Kia mejoraron su desempeño (D. Hakim, "Hyundai Near Top of a Quality Ranking", *The New York Times*, 29 de abril, 2004, C.8). El Lexus presentó 0.87 problemas por automóvil y el Kia coreano tuvo 1.53 problemas por automóvil. Si usted compró un Lexus 2004, ¿cuál es la probabilidad de que este automóvil nuevo:
a. no presente problemas?
b. presente dos o menos problemas?
c. Compare sus respuestas de los incisos *a*) y *b*) con las correspondientes al Lexus 2003 del problema 5.27, incisos *b*) y *c*).

5.30 Consulte los datos del problema 5.29. Si usted compró un Kia 2004, ¿cuál es la probabilidad de que este automóvil nuevo:
a. no presente problemas?
b. presente dos o menos problemas?
c. Compare sus respuestas de los incisos *a*) y *b*) con las correspondientes al Kia 2003 del problema 5.28, incisos *a*) y *b*).

5.31 En su empresa existe un número telefónico gratuito, a disposición de los clientes desde las 9 AM hasta las 9 PM, para registrar las quejas relacionadas con algún producto comprado a la empresa. Los datos recabados antes señalan que se reciben 0.4 llamadas por minuto.

a. ¿Cuáles propiedades deben ser verdaderas con respecto a la situación antes descrita para utilizar una distribución de Poisson con la finalidad de calcular las probabilidades relacionadas con el número de llamadas telefónicas recibidas durante un periodo de 1 minuto?

Suponiendo que esta situación concuerda con las propiedades que usted analizó en el inciso *a*), ¿cuál es la probabilidad de que durante un periodo de 1 minuto:

b. no se reciban llamadas telefónicas?

c. se reciban tres o más llamadas telefónicas?

d. ¿Cuál es el número máximo de llamadas telefónicas que se recibirán durante un periodo de 1 minuto el 99.99% del tiempo?

RESUMEN

En este capítulo estudió la esperanza matemática y el desarrollo y aplicación de las distribuciones binomial y de Poisson. En el escenario "Uso de la estadística" aprendió a calcular probabilidades a partir de la distribución binomial relacionada con la observación de las facturas marcadas por el sistema de información contable utilizado por la empresa de remodelaciones Saxon. En el siguiente capítulo, se desarrollará la distribución continua más importante: la distribución normal.

Como ayuda al decidir cuál de las dos distribuciones de probabilidad debe utilizar para una situación particular, debe plantearse la siguiente pregunta:

- ¿Existe un número fijo de observaciones *n*, cada una de las cuales se clasifica como éxito o fracaso; o existe un área de oportunidad? Si hay un número fijo de observaciones *n*, cada una de las cuales se clasifica como éxito o fracaso, utilice la distribución binomial. Si hay un área de oportunidad, utilice la distribución de Poisson.

FÓRMULAS IMPORTANTES

Valor esperado μ de una variable aleatoria discreta

$$\mu = E(X) = \sum_{i=1}^{N} X_i P(X_i) \quad \textbf{(5.1)}$$

Varianza de una variable aleatoria discreta

$$\sigma^2 = \sum_{i=1}^{N} [X_i - E(X)]^2 P(X_i) \quad \textbf{(5.2)}$$

Desviación estándar de una variable aleatoria discreta

$$\sigma = \sqrt{\sigma^2} = \sqrt{\sum_{i=1}^{N} [X_i - E(X)]^2 P(X_i)} \quad \textbf{(5.3)}$$

Combinaciones

$${}_nC_X = \frac{n!}{X!(n-X)!} \quad \textbf{(5.4)}$$

Distribución de probabilidad binomial

$$P(X) = \frac{n!}{X!(n-X)!} p^X (1-p)^{n-X} \quad \textbf{(5.5)}$$

Media de la distribución binomial

$$\mu = E(X) = np \quad \textbf{(5.6)}$$

Desviación estándar de la distribución binomial

$$\sigma = \sqrt{\sigma^2} = \sqrt{Var(X)} = \sqrt{np(1-p)} \quad \textbf{(5.7)}$$

Distribución de la probabilidad de Poisson

$$P(X) = \frac{e^{-\lambda}\lambda^X}{X!} \quad \textbf{(5.8)}$$

CONCEPTOS CLAVE

PROBLEMAS DE REPASO

Revisión de su comprensión

5.32 ¿Cuál es el significado del valor esperado de una distribución de probabilidad?

5.33 ¿Cuáles son las cuatro propiedades que se requieren de una situación para utilizar la distribución binomial?

5.34 ¿Cuáles son las cuatro propiedades que se requieren de una situación para utilizar la distribución de Poisson?

Aplicación de conceptos

Puede resolver los problemas 5.35 a 5.51 manualmente, en Excel o en Minitab.

5.35 Los seguros de contingencias permiten a los promotores de espectáculos deportivos y de entretenimiento contar con protección de pérdidas financieras causadas por circunstancias fuera de su control, como los aguaceros. Por ejemplo, cada primavera el Ayuntamiento Central de la ciudad de Cincinnati pone en marcha el Festival de Cincinnati. Esa época del año es lluviosa en la zona, y la posibilidad de que llueva más de una pulgada durante un fin de semana es de alrededor de una de cuatro. En un artículo publicado por el *Cincinnati Enquirer,* escrito por Jim Knippenberg ("Chicken Pox Means 3 Dog Night Remedy", *Cincinnati Enquirer,* 28 de mayo, 1997, E1), se muestran los detalles de la póliza de seguro contratada por el Ayuntamiento Central. La póliza abarca el pago de \$100,000 dólares si llueve más de una pulgada durante el fin de semana del festival. Se informó que el costo de la póliza fue de \$6,500 dólares.

a. Determine si cree o no que el monto de esas cifras es correcto. (*Sugerencia:* Calcule el valor esperado de las utilidades que recibirá la empresa aseguradora.)

b. Suponga que los montos son correctos. ¿Esta póliza es una buena transacción para el Ayuntamiento Central de Cincinnati?

5.36 Desde 1872 hasta 2000, los precios de las acciones subieron el 74% de los años (Mark Hulbert, "The Stock Market Must Rise in 2002? Think Again", *The New York Times*, 6 de diciembre, 2001, Business, 6). Con base en esta información, y suponiendo una distribución binomial, ¿cuál cree que es la probabilidad de que aumenten los precios en el mercado de valores

a. el próximo año?

b. el año siguiente al próximo?

c. en cuatro de los próximos cinco años?

d. en ninguno de los próximos cinco años?

e. Para este caso, ¿qué suposición de la distribución binomial no sería válida?

5.37 El costo medio de una llamada telefónica controlada por un sistema automático de servicio al cliente es de \$0.45. El costo medio de una llamada telefónica a través de una operadora es de \$5.50. Sin embargo, conforme más empresas instrumentan sistemas automáticos, aumenta más la molestia de los clientes con ese sistema. Muchos clientes se apresuran a salir del sistema automático cuando reciben una opción como "Para hablar con un representante de ventas, marque cero". De acuerdo con el Centro para Conservación de Clientes, el 40% de todas las personas que hablan a los servicios automáticos de servicio al cliente seleccionan comunicarse con una operadora cuando cuentan con esa opción (Jane Spencer, "In Search of the Operator", *The Wall Street Journal*, 8 de mayo, 2002, D1).

Si 10 clientes independientes entre sí llaman a un sistema automático de servicio al cliente, ¿cuál es la probabilidad de que

a. ninguno seleccione automáticamente la opción para hablar con una operadora?

b. exactamente uno seleccione la opción para hablar con una operadora?

c. dos o menos seleccionen automáticamente la opción para hablar con una operadora?

d. los 10 seleccionen de manera automática la opción para hablar con una operadora?

e. Si los 10 seleccionan automáticamente la opción para hablar con una operadora, ¿cree que la cifra del 40% mencionada en el artículo es aplicable a este sistema en particular? Explique por qué.

5.38 Una teoría referente al índice industrial Dow Jones afirma que es probable que éste se incremente durante los años de elección presidencial en Estados Unidos. De 1964 a 2000, el índice industrial Dow Jones ha aumentado en ocho de los 10 años en los que ha habido elección presidencial en ese país. Suponiendo que este indicador es un evento aleatorio sin valor de pronóstico, usted esperaría que fuese correcto el 50% de las veces. ¿Cuál es la probabilidad de que el índice industrial Dow Jones aumente en ocho o más de los 10 años de elección presidencial estadounidense, si la verdadera probabilidad de incremento es

a. 0.50?

b. 0.70?

c. 0.90?

d. Con base en los resultados de los incisos *a*) a *c*), ¿cuál cree que es la probabilidad de que se incremente el índice industrial Dow Jones en un año en el que hay elecciones presidenciales en Estados Unidos?

5.39 Priority Mail es la opción que ofrece el servicio postal estadounidense como competencia para las empresas de mensajería como Federal Express. Un artículo publicado en el *Wall Street Journal* presentó interesantes conclusiones en las que se comparan los envíos realizados por medio de Priority Mail con los más económicos embarques en primera clase (Rick Brooks, "New Data Reveal 'Priority Mail' Is Slower Than a Stamp", *The Wall Street Journal*, 29 de mayo, 2002, D1). Al comparar los envíos para entrega en 3 días, se supo que las entregas en primera clase no llegaron a tiempo el 19% de las veces, mientras que Priority Mail falló el 33% de las veces. Hay que hacer notar que a la fecha de publicación del artículo, el costo mínimo de los envíos en primera clase era de \$0.34 y el de Priority Mail era de \$3.50.

Si se envían 10 artículos en primera clase, a 10 destinos distintos que le aseguran que están en una ubicación de entrega en 3 días, ¿cuál es la probabilidad de que:

a. ningún artículo tarde más de 3 días?

b. un artículo tarde exactamente más de 3 días?
c. dos o más artículos tarden más de tres días?
d. ¿Cuáles son la media y la desviación estándar de la distribución de probabilidad?

5.40 Consulte el problema 5.39. Si los envíos se realizan utilizando Priority Mail, ¿cuál es la probabilidad de que
a. ningún artículo tarde más de 3 días?
b. un artículo tarde exactamente más de 3 días?
c. dos o más artículos tarden más de 3 días?
d. ¿Cuáles son la media y la desviación estándar de la distribución de probabilidad?
e. Compare los resultados de los incisos *a*) a *c*) con los del problema 5.39, incisos *a*) a *c*).

5.41 La publicidad en las salas de cine está aumentando. Por lo general, de 60 a 90 segundos de duración, estos anuncios son más largos y extravagantes, y muestran la tendencia a sostener más audiencias cautivas que los anuncios de televisión. Así pues, no resulta sorprendente que las tasas de retención de los espectadores de los anuncios en cine sean superiores que las de los anuncios por televisión. De acuerdo con una encuesta realizada por la división ComQUEST del BBM Bureau of Measurement de Toronto, la probabilidad de que un espectador recuerde un anuncio que vio en el cine es de 0.74, mientras que la probabilidad de que un espectador recuerde un anuncio de 30 segundos que vio por televisión es de 0.37 (Nate Hendley, "Cinema Advertising Comes of Age", *Marketing Magazine*, 6 de mayo, 2002, 16).
a. La probabilidad de 0.74 reportada por el BBM Bureau of Measurement, ¿quedaría mejor clasificada como probabilidad clásica *a priori*, probabilidad clásica empírica o probabilidad subjetiva?
b. Suponga que se seleccionan como muestra, de manera aleatoria, 10 espectadores de un anuncio en cine. Considere la variable aleatoria definida por el número de espectadores que recuerdan el anuncio. ¿Cuáles suposiciones se deben hacer, para asumir que la distribución de esta variable es la de una variable aleatoria binomial?
c. Suponiendo que el número de espectadores que recuerdan el anuncio en el cine es una variable aleatoria binomial, ¿cuáles son la media y la desviación estándar de esta distribución?
d. Con base en su respuesta al inciso *c*), si ninguno de los espectadores puede recordar el anuncio, ¿qué se infiere con respecto a la probabilidad de 0.74 mencionada en el artículo?

5.42 Consulte el problema 5.41. Calcule la probabilidad de que de 10 espectadores:
a. ninguno recuerde el anuncio.
b. los 10 recuerde el anuncio.
c. más de la mitad recuerde el anuncio.
d. ocho o más recuerden el anuncio.

5.43 Consulte el problema 5.42. Calcule la probabilidad de que, para un anuncio en televisión con la probabilidad de retención dada de 0.37, para 10 espectadores:
a. ninguno recuerde el anuncio.
b. los 10 recuerden el anuncio.
c. más de la mitad recuerde el anuncio.
d. ocho o más recuerden el anuncio.
e. Compare los resultados de los incisos *a*) a *d*) con los del problema 5.42, incisos *a*) a *d*).

5.44 En una encuesta realizada por el Council for Marketing and Opinion Research (CMOR), grupo comercial no lucrativo del ramo de la investigación con sede en Cincinnati, 1,628 de los 3,700 adultos con los que se pusieron en contacto en Estados Unidos se rehúsan a participar en encuestas por teléfono (Steve Jarvis, "CMOR Finds Survey Refusal Rate Still Rising", *Marketing News*, 4 de febrero, 2002, 4). Suponga que llama de forma aleatoria a 10 adultos en Estados Unidos y les pide que participen en una encuesta telefónica. Utilizando los resultados del estudio realizado por CMOR, ¿cuál es la probabilidad de que:
a. los 10 se rehúsen?
b. se rehúsen exactamente 5?
c. se rehúsen por lo menos 5?
d. se rehúsen menos de 5?
e. menos de 5 acepten participar en la encuesta?
f. ¿Cuál es el número esperado de personas que se rehusará a participar? Explique el significado práctico de este número.

5.45 Las empresas emisoras de tarjetas de crédito están aumentando sus ingresos por medio de elevar los intereses moratorios que cobran a sus clientes. De acuerdo con un estudio realizado por **cardweb.com**, los intereses mocardweb.com, los intereses moratorios son la tercera mayor fuente de ingresos para las emisoras de tarjetas de crédito, después de los intereses comunes y las comisiones que se cobran a quienes aceptan sus tarjetas. En uno de los últimos años, el 58% de todos los tarjetahabientes tuvieron que pagar intereses moratorios alguna vez (Ron Lieber, "Credit-Card Firms Collect Record Levels of Late Fees", *The Wall Street Journal*, 21 de mayo, 2002, D1).

Si se selecciona una muestra aleatoria de 20 tarjetahabientes, ¿cuál es la probabilidad de que:
a. ninguno tenga que pagar intereses moratorios?
b. no más de 5 tengan que pagar intereses moratorios?
c. más de 10 tengan que pagar intereses moratorios?
d. ¿Qué suposiciones tuvo que hacer para responder a los incisos *a*) al *c*)?

5.46 Para quienes se dedican al comercio electrónico, no basta con hacer que un cliente visite su sitio Web. Estos comerciantes también deben persuadir a los compradores en línea de que realicen una compra y gasten dinero. Los expertos de Andersen Consulting estiman que el 88% de los compradores en red abandonan sus carritos de compras virtuales antes de finalizar la transacción (Rebecca Quick, "The Lessons Learned", *The Wall Street Journal*, 17 de abril, 2000, R6). Considere una muestra de 20 clientes que visitan un sitio Web de comercio electrónico, y suponga que la probabilidad de que un cliente abandone el sitio antes de finalizar la transacción es de 0.88. Utilice el modelo binomial para responder a las siguientes preguntas:
a. ¿Cuál es el valor esperado, o media, de la distribución binomial?
b. ¿Cuál es la desviación estándar de la distribución binomial?
c. ¿Cuál es la probabilidad de que los 20 clientes abandonen el sitio sin completar una transacción?
d. ¿Cuál es la probabilidad de que 18 clientes o más abandonen el sitio sin completar una transacción?
e. ¿Cuál es la probabilidad de que 15 clientes o más abandonen el sitio sin completar una transacción?

5.47 Consulte el problema 5.46. Si el sitio Web se optimiza de tal manera que sólo el 70% de los clientes abandonen el sitio sin completar su transacción,

a. ¿cuál es el valor esperado, o media, de la distribución binomial?
b. ¿cuál es la desviación estándar de la distribución binomial?
c. ¿cuál es la probabilidad de que los 20 clientes abandonen el sitio sin completar una transacción?
d. ¿cuál es la probabilidad de que 18 clientes o más abandonen el sitio sin completar una transacción?
e. ¿cuál es la probabilidad de que 15 clientes o más abandonen el sitio sin completar una transacción?
f. Compare los resultados de los incisos *a*) a *e*) con los del problema 5.46, incisos *a*) a *e*).

5.48 Una teoría referente al índice Standard & Poor's 500 asegura que si éste aumenta durante los primeros cinco días hábiles del año, es probable que aumente durante todo el año. De 1950 a 2003, el índice Standard & Poor's 500 registró incremento en sus índices durante los primeros días de 34 de esos años. Suponiendo que este indicador es un evento aleatorio sin valor de pronóstico, usted esperaría que fuese correcto el 50% de las veces. ¿Cuál es la probabilidad de que el índice Standard & Poor's 500 aumente en 29 años, si su verdadera probabilidad de aumento es

a. 0.50?
b. 0.70?
c. 0.90?
d. Con base en los resultados de los incisos *a*) a *c*), ¿cuál cree que es la probabilidad de que aumente el índice Standard & Poor's 500, si registra utilidades durante los primeros cinco días hábiles del año? Explique por qué.

5.49 El término falsa correlación se aplica a la aparente relación que existe entre variables que no tienen una relación real o que se relacionan con otras variables que no se midieron. Un indicador del mercado de valores muy difundido en Estados Unidos y que es un ejemplo de falsa correlación es la relación que existe entre el ganador del Súper Bowl y el desempeño del índice industrial Dow Jones en ese año. El indicador establece que cuando el ganador del Súper Bowl es de la Conferencia Nacional, el índice industrial Dow Jones aumenta durante ese año. Cuando el ganador del Súper Bowl es de la Conferencia Americana, el índice industrial Dow Jones desciende durante ese año. En el lapso comprendido entre 1967 y 2003, un periodo de 37 años, el indicador ha resultado correcto en 31 de ellos. Suponiendo que este indicador es un evento aleatorio sin valor de pronóstico, usted esperaría que fuese correcto el 50% de las veces.

a. ¿Cuál es la probabilidad de que el indicador resulte correcto 31 veces o más en 37 años?
b. ¿Qué le dice lo anterior acerca de la utilidad de este indicador?

5.50 Las ventas de pelotas de golf en todo el mundo suman más de mil millones de dólares al año. La venta de gran número de pelotas se debe en gran parte a que los golfistas las pierden con un promedio de 4.5 pelotas por ronda de 18 hoyos ("Snapshots", **usatoday.com**, 29 de enero, 2004). Suponga que el número de pelotas de golf extraviadas en una ronda de 18 hoyos tiene una distribución de variable aleatoria de Poisson.

a. ¿Qué suposiciones es necesario hacer para que el número de pelotas de golf extraviadas en una ronda de 18 hoyos tenga una distribución de variable aleatoria de Poisson?

Haciendo la suposiciones mencionadas en el inciso *a*), ¿cuál es la probabilidad de que:

b. se extravíen 0 pelotas en una ronda de 18 hoyos?
c. se extravíen 5 pelotas o menos en una ronda de 18 hoyos?
d. se extravíen 6 pelotas o más en una ronda de 18 hoyos?

5.51 Un estudio realizado en las páginas de inicio de los sitios Web de las empresas incluidas en la lista Fortune 500 encontró que el promedio de enlaces inservibles por página de inicio es de 0.4 y que el promedio de errores ortográficos por página de inicio es de 0.16 (Nabil Tamimi, Murii Rajan y Rose Sebastianella, "Benchmarking the Home Pages *of* 'Fortune' 500 Companies", *Quality Progress,* julio de 2000). Utilice la distribución de Poisson para buscar la probabilidad de que una página de inicio seleccionada al azar tenga:

a. exactamente 0 enlaces inservibles.
b. 5 o más enlaces inservibles.
c. exactamente 0 errores ortográficos.
d. 10 o más errores ortográficos.

CASO ACTUAL
ADMINISTRACIÓN DEL *SPRINGVILLE HERALD*

El departamento de mercadotecnia del *Herald* trata de incrementar sus ventas por suscripción, a través de una intensa campaña de marketing directo que incluye mensajes por correo, cupones de descuento y solicitudes por teléfono. La retroalimentación procedente de estas actividades señala que, tanto para suscriptores como para clientes potenciales, la entrega del periódico temprano por la mañana es un factor muy importante.

Luego de varias sesiones con lluvia de ideas, un equipo compuesto por miembros de los departamentos de marketing y de circulación resolvió que la garantía de entrega del periódico a una hora específica sería un buen argumento de venta para conservar suscriptores y conseguir nuevos. Este equipo concluyó que el *Herald* ofrecería a sus clientes la garantía de que recibirían su periódico a cierta ahora o, de lo contrario, ese ejemplar sería gratuito.

Para ayudar al equipo a establecer una hora de entrega garantizada, Al Leslie, director de investigación, observó que el departamento de circulación tenía los datos que mostrarían cada cuarto de hora el porcentaje de periódicos que faltaban por entregar, de 6:00 AM a 8:00 AM. Jan Shapiro recordó que en los formatos de suscripción se preguntaba a los clientes a qué hora esperaban recibir su ejemplar del *Herald*. Esos datos se combinaron después y se colocaron en una página Web interna del *Herald* (vea el archivo **Circulation_Data.htm** que se encuentra en la carpeta HeraldCase del CD-ROM que acompaña este volumen o entre a **www.prenhall.com/HeraldCase/Circulation_Data.htm**).

EJERCICIOS

Revise los datos internos y proponga una hora razonable (al cuarto de hora más cercano) para garantizar la entrega. Como ayuda para explorar los efectos de su elección, calcule las siguientes probabilidades:

SH5.1 Si en un día determinado selecciona una muestra de 50 clientes, ¿cuál es la probabilidad de que, dada su hora de entrega seleccionada:

a. menos de tres clientes reciban un ejemplar gratuito?
b. 2, 3 o 4 clientes reciban un ejemplar gratuito?
c. más de 5 clientes reciban un ejemplar gratuito?

SH5.2 Considere que los efectos de corrección del proceso de entrega del periódico provocan que el porcentaje de periódicos que no se entregan a la hora garantizada se reduzca en un 2%. Si en un día determinado se selecciona una muestra de 50 clientes, ¿cuál es la probabilidad de que, dada su hora de entrega seleccionada (y la mejoría en la entrega):

a. menos de 3 clientes reciban un ejemplar gratuito?
b. 2, 3 o 4 clientes reciban un ejemplar gratuito?
c. más de 5 clientes reciban un ejemplar gratuito?

REFERENCIAS

1. Bernstein, P. L., *Against the Gods: The Remarkable Story of Risk* (Nueva York: Wiley, 1996).
2. Emery, D. R. y J. D. Finnerty, *Corporate Financial Management*, 2a. ed. (Upper Saddle River, NJ: Prentice Hall, 2000).
3. Kirk, R. L., ed., *Statistical Issues: A Reader for the Behavioral Sciences* (Belmont, CA: Wadsworth, 1972).
4. Levine, D. M., P. Ramsey y R. Smidt, *Applied Statistics for Engineers and Scientists Using Microsoft Excel and Minitab* (Upper Saddle River, NJ: Prentice Hall, 2001).
5. Mescove, S.A., M. G. Simkin y A. Barganoff, *Core Concepts of Accounting Information Systems,* 7a. ed. (Nueva York: John Wiley, 2001.
6. *Microsoft Excel 2003* (Redmond, WA: Microsoft Corp., 2002).
7. *Minitab for Windows Version 14* (State College, PA: Minitab Inc., 2004).

Apéndice 5 Uso de software para distribuciones de probabilidad discreta

A5.1 EXCEL

Para el valor esperado de una variable aleatoria discreta

Abra el archivo **Expected Value.xls**. Esta hoja de trabajo contiene las entradas de la tabla 5.1 del ejemplo sobre aprobación de hipotecas de la página 155, y utiliza las funciones SUM y SQRT (raíz cuadrada) para calcular estadísticos. Para adaptar esta hoja de trabajo a otros problemas:

- Si tiene más o menos de siete resultados, primero añada o elimine filas a la tabla, seleccionando el rango de celdas A5:E5 y luego **Insertar → Celdas** o **Editar → Eliminar** (si aparece un cuadro de opciones, seleccione **Mover celdas hacia abajo** si está añadiendo celdas, o **Mover celdas hacia arriba** si las está eliminando).
- Si añade filas, copie las fórmulas del rango de celdas C4:E4 en las nuevas filas de la tabla.
- Introduzca una lista corregida de valores de X en la columna A, comenzando con **1** en la celda A5.
- Introduzca los nuevos valores de $P(X)$ en la columna B.

Para probabilidades binomiales

Abra el archivo de Excel **Binomial.xls**, que se muestra en la figura 5.2 de la página 162. Esta hoja de trabajo ya contiene las entradas del ejemplo de pedidos marcados utilizado en la sección 5.2. Esta hoja utiliza la función BINOMDIST para calcular probabilidades binomiales (para mayor información, consulte la sección G.6).

Para adaptar esta hoja de trabajo a otros problemas:

- Si tiene más o menos de tres resultados, primero añada o elimine filas a la tabla, seleccionando **fila 15** y luego **Insertar ➔ Celdas** o **Editar ➔ Eliminar**.
- Si añade filas, copie las entradas del rango de celdas A14: B14 en toda la tabla, para actualizarla.
- Introduzca los valores de nuevo tamaño de la muestra y la probabilidad de éxito en las celdas B4 y B5.

O Vea la sección G.6 **(Binomial)** si desea que PHStat2 elabore esta hoja de trabajo para usted.

Para probabilidades de Poisson

Abra el archivo de Excel **Poisson.xls**, que muestra la figura 5.5 de la página 168. Esta hoja de trabajo ya contiene las entradas del ejemplo sobre llegada de clientes utilizado en la sección 5.3. Esta hoja utiliza la función POISSON para calcular probabilidades de Poisson (para mayor información, consulte la sección G.7). Para adaptar esta hoja de trabajo a otros problemas:

- Si necesita más de 20 resultados, primero añada filas a la tabla, seleccionando **fila 9** y luego **Insertar ➔ Filas**. Después, copie las entradas del rango de celdas A8:B8 en toda la tabla, para actualizarla.
- Introduzca el **valor del número de éxitos promedio/esperado** en la celda E4.

O Vea la sección G.7 (**Poisson**) si desea que PHStat2 elabore esta hoja de trabajo para usted.

A5.2 MINITAB

Uso de Minitab para calcular probabilidades binomiales

Para ilustrar el uso de Minitab, tome en cuenta el sistema de información contable analizado en la sección 5.2. Para calcular los resultados de la figura 5.3 de la página 162,

1. Introduzca los valores **0, 1, 2, 3** y **4** en las filas 1 a 5 de la columna C1.
2. Seleccione **Calc ➔ Probability Distributions ➔ Binomial** para calcular probabilidades binomiales. En el cuadro de diálogo Binomial Distribution (distribución binomial, vea la figura A5.1), seleccione la opción **Probability** para calcular las probabilidades de X éxitos para todos los valores de X. En el cuadro de edición Number of trials: introduzca un tamaño de la muestra de 4. En el cuadro de editar Probability of success: introduzca **.10**. Seleccione el botón con la opción **Input column:** e introduzca **C1** en el cuadro editable. Dé clic en el botón **OK**.

Uso de Minitab para calcular probabilidades de Poisson

Para ilustrar la manera de calcular probabilidades de Poisson utilizando Minitab, volvamos al ejemplo del número de clientes

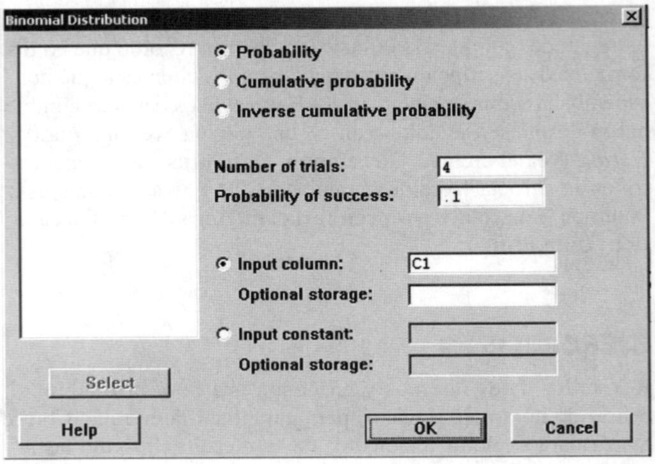

FIGURA A5.1 Cuadro de diálogo Binomial Distribution en Minitab.

que llegan al banco, utilizado en la sección 5.3. Para calcular los resultados que se muestran en la figura 5.6 de la página 169,

1. Introduzca los valores **0** al **15** en las filas 1 a 16 de la columna C1.
2. Para calcular probabilidades de Poisson, seleccione **Calc ➔ Probability Distributions ➔ Poisson**. En el cuadro de diálogo Poisson Distribution (distribución de Poisson, vea la figura A5.2), seleccione la opción **Probability** para calcular las probabilidades de X éxitos para todos los valores de X. En el cuadro de editar Mean:, introduzca el valor λ de **3**. Seleccione el botón con la opción **Input column:** e introduzca **C1** en el cuadro de edición. Dé clic en **OK**.

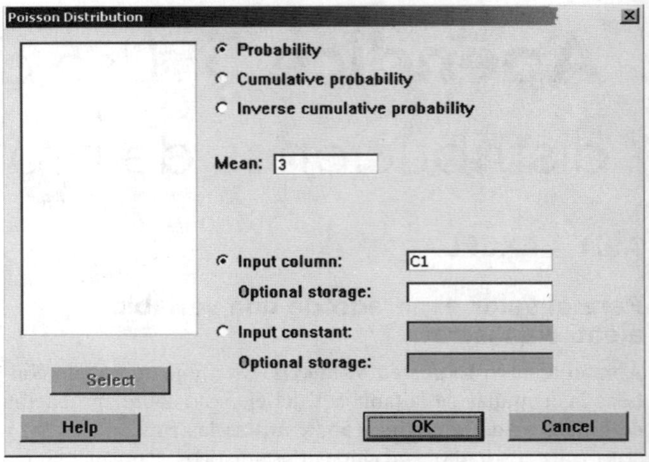

FIGURA A5.2 Ventana de diálogo Poisson Distribution de Minitab.

CAPÍTULO 6

La distribución normal

USO DE LA ESTADÍSTICA: Tiempo de descarga para la página principal de un sitio Web

OBJETIVOS DE APRENDIZAJE

En este capítulo, aprenderá:

- A calcular probabilidades de una distribución normal
- A usar el plano de distribución normal para determinar si un conjunto de datos está distribuido de forma aproximadamente normal

USO DE LA ESTADÍSTICA

Tiempo de descarga para la página principal de un sitio Web

Suponga que usted es el diseñador del sitio Web OnCampus! que se dirige a los estudiantes universitarios. Para atraer y retener a los usuarios, necesita asegurarse de que la página principal se descargue rápidamente. Tanto el diseño de la página principal como la carga en el servidor Web de la empresa afectan el tiempo de descarga. Para revisar qué tan rápido se carga la página principal, se abre un navegador en una PC de las oficinas corporativas de OnCampus! y se mide el tiempo de descarga, cuántos segundos pasan desde que se enlaza con el sitio Web hasta que la página principal se abre por completo. Datos anteriores indican que la media del tiempo de descarga es de 7 segundos y la desviación estándar es de 2 segundos. Aproximadamente dos terceras partes del tiempo de descarga están entre 5 y 9 segundos, y cerca del 95% de los tiempos de descarga están entre los 3 y los 11 segundos. En otras palabras, los tiempos de descarga se distribuyen como una curva en forma de campana con un agrupamiento alrededor de la media de 7 segundos. ¿Cómo usaría esta información para responder las preguntas acerca de los tiempos de descarga de la página principal actual?

En el capítulo anterior, los gerentes de Saxon Home Improvement Company, querían ser capaces de resolver problemas referentes al número de ocurrencias de cierto tipo de resultados en un tamaño de muestra dado. Como diseñador Web de OnCampus!, usted se enfrenta a una tarea diferente, una que implica una medición continua porque el tiempo de descarga podría tener cualquier valor y no sólo un número entero. ¿Cómo podría responder a preguntas como las siguientes acerca de esta *variable numérica continua*?

- ¿Qué proporción de las descargas de la página principal toman más de 10 segundos?
- ¿Cuántos segundos transcurren antes de que el 10% de las descargas se hayan realizado de forma completa?
- ¿Cuántos segundos transcurren antes de que el 99% de las descargas se hayan realizado por completo?
- ¿Cómo afectaría a las respuestas anteriores el rediseño de la página para que se descargue más rápido?

Como en el capítulo anterior, se utilizará la distribución de probabilidad como modelo. Leer este capítulo le ayudará a aprender acerca de las características de la distribución de la probabilidad continua y cómo usar la distribución normal para resolver problemas de negocios.

6.1 DISTRIBUCIONES DE PROBABILIDAD CONTINUA

Una **función de densidad de probabilidad continua** es una expresión matemática que define la distribución de los valores para una variable aleatoria continua. La figura 6.1 muestra gráficamente tres funciones de densidad de probabilidad continua. El panel A representa una distribución normal. La distribución normal es simétrica y con forma de campana, lo que implica que la mayoría de los valores tienden a agruparse alrededor de la media, la cual, por su forma simétrica, es igual a la mediana. Aunque desde el punto de vista teórico los valores en una distribución normal pueden clasificarse del infinito negativo al infinito positivo, la forma de la distribución hace poco posible que ocurran valores extremadamente grandes o muy pequeños. El panel B representa una distribución uniforme donde la probabilidad de ocurrencia de un valor es igualmente posible de ocurrir en cualquier lugar entre el menor valor a y el mayor valor b. La distribución uniforme, en ocasiones llamada distribución rectangular, es simétrica, y por lo tanto, la media es igual a la mediana. El panel C representa una distribución exponencial. Esta distribución está sesgada hacia la derecha, haciendo que la media sea más grande que la mediana. El rango de una distribución exponencial es de cero a infinito positivo, pero su forma hace que la ocurrencia de valores extremadamente grandes sea muy poco posible.

FIGURA 6.1
Tres distribuciones continuas.

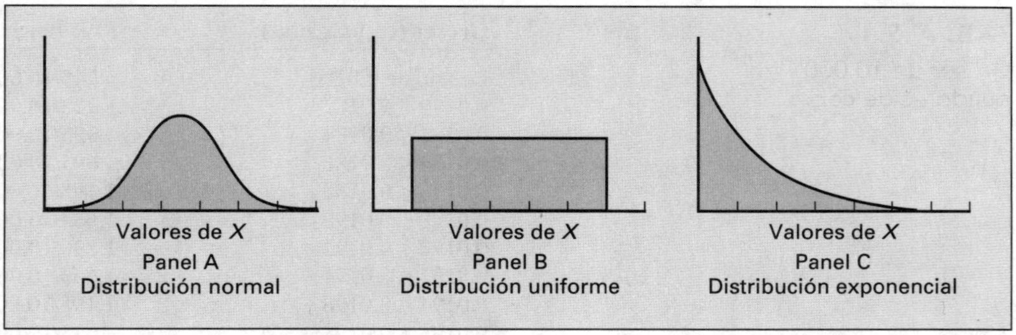

6.2 LA DISTRIBUCIÓN NORMAL

La **distribución normal** (en ocasiones llamada distribución *gaussiana*) es la distribución continua que se utiliza más comúnmente en estadística. La distribución normal es de vital importancia en estadística por tres razones principales:

- Muchas variables continuas comunes en el mundo de los negocios tienen distribuciones que se asemejan estrechamente a la distribución normal.
- La distribución normal sirve para acercarse a diversas distribuciones de probabilidad discreta, como la distribución binomial y la distribución de Poisson.
- La distribución normal proporciona la base para la *estadística inferencial clásica* por su relación con el *teorema de límite central* (que se estudiará en el apartado 7.2).

La distribución normal se representa por la clásica forma de campana, ilustrada en el panel A de la figura 6.1. En la distribución normal, uno puede calcular la probabilidad de que varios valores ocurran dentro de ciertos rangos o intervalos. Sin embargo, la probabilidad *exacta* de un *valor particular* dentro de una distribución continua, como la distribución normal, es cero. Esta propiedad distingue a las variables continuas, que son medidas, de las variables discretas, las cuales son contadas. Como ejemplo, el tiempo (en segundos) se mide y no se cuenta. Por lo tanto, es factible determinar la probabilidad de que el tiempo de descarga para una página principal en un navegador de la Web esté entre 7 y 10 segundos o que la probabilidad de que el tiempo de descarga esté entre 8 y 9 segundos, o la probabilidad de que el tiempo de descarga esté entre 7.99 y 8.01 segundos. Sin embargo, la probabilidad de que el tiempo de descarga sea *exactamente* de 8 segundos es cero.

La distribución normal tiene importantes propiedades teóricas:

- Tiene una apariencia de forma de campana (y, por ende, es simétrica).
- Sus medidas de tendencia central (media, mediana y moda) son todas idénticas.
- Su "50% central" es igual a 1.33 desviaciones estándar. Esto significa que el rango intercuartil está contenido dentro de un intervalo de dos tercios de una desviación estándar por debajo de la media y de dos tercios de una desviación estándar por encima de la media.
- Su variable aleatoria asociada tiene un rango infinito ($-\infty < X < \infty$).

En la práctica, muchas variables tienen distribuciones que se asemejan a las propiedades teóricas de la distribución normal. Los datos de la tabla 6.1 representan el espesor (en pulgadas) de 10,000 pulidores de cobre producidos por una gran empresa. La variable continua de interés, el espesor, puede aproximarse a la distribución normal. Las medidas del espesor de los 10,000 pulidores de cobre, se agrupan en el intervalo de 0.0190 a 0.0192 pulgadas y se distribuyen simétricamente alrededor de ese agrupamiento formando un patrón con forma de campana. Como se demuestra en la tabla 6.1, si este listado que no se traslapa (es *mutuamente excluyente*) contiene todos los intervalos de clase posibles (es *colectivamente exhaustivo*), las probabilidades sumarán 1. Tal distribución de probabilidad es una distribución de frecuencia relativa, como se describe en el apartado 2.3 donde, a excepción de dos clases abiertas al final, el punto medio de cada dos intervalos representa los datos en ese intervalo.

TABLA 6.1
Grosor de 10,000 pulidores de cobre.

Grosor (en pulgadas)	Frecuencia relativa
Debajo de 0.0180	48/10,000 = 0.0048
0.0180 < 0.0182	122/10,000 = 0.0122
0.0182 < 0.0184	325/10,000 = 0.0325
0.0184 < 0.0186	695/10,000 = 0.0695
0.0186 < 0.0188	1,198/10,000 = 0.1198
0.0188 < 0.0190	1,664/10,000 = 0.1664
0.0190 < 0.0192	1,896/10,000 = 0.1896
0.0192 < 0.0194	1,664/10,000 = 0.1664
0.0194 < 0.0196	1,198/10,000 = 0.1198
0.0196 < 0.0198	695/10,000 = 0.0695
0.0198 < 0.0200	325/10,000 = 0.0325
0.0200 < 0.0202	122/10,000 = 0.0122
0.0202 o más	48/10,000 = 0.0048
Total	1.0000

La figura 6.2 representa el histograma de frecuencia relativa y el polígono para la distribución del espesor de 10,000 pulidores de cobre. Las tres propiedades teóricas de la distribución normal para estos datos, aproximadamente, se satisfacen; sin embargo, la cuarta no se sostiene. La variable aleatoria de interés, el espesor, no puede tener un valor de cero o menor, y un pulidor no puede ser tan espeso que se vuelva inútil. En la tabla 6.1 se ve que sólo 48 de cada 10,000 pulidores de cobre producidos tienen un espesor de 0.0202 pulgadas o más, mientras que se espera que el mismo número tenga un espesor por debajo de 0.0180 pulgadas. Por lo tanto, la posibilidad de obtener aleatoriamente un pulidor tan delgado o tan grueso es 0.0048 + 0.0048 = 0.0096, o menos de 1 en 100.

FIGURA 6.2
Histograma de frecuencia relativa y polígono del espesor de 10,000 pulidores de cobre.

Fuente: *Los datos fueron tomados de la tabla 6.1.*

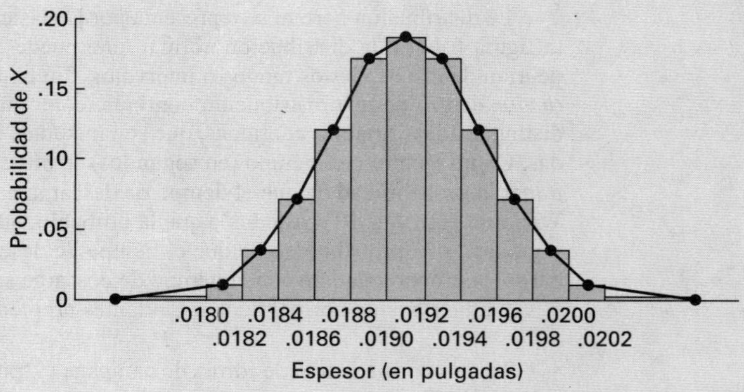

La expresión matemática que representa la función de densidad de probabilidad continua está indicada con el símbolo $f(X)$. Para la distribución normal, la **función de densidad de la probabilidad normal** se da en la ecuación (6.1).

LA FUNCIÓN DE DENSIDAD DE LA PROBABILIDAD NORMAL

$$f(X) = \frac{1}{\sqrt{2\pi}\sigma} e^{-(1/2)[(X-\mu)/\sigma]^2} \quad \textbf{(6.1)}$$

donde e es la constante matemática aproximada por 2.71828

π es la constante matemática aproximada por 3.14159

μ es la media

σ es la desviación estándar

X es cualquier valor de la variable continua, donde $(-\infty < X < \infty)$

Puesto que e y π son constantes matemáticas, las probabilidades de una variable aleatoria X dependen sólo de dos parámetros de la distribución normal: la media μ y la desviación estándar σ. Cada vez que se especifique una *combinación particular* de la μ y la σ, se genera una distribución de probabilidad normal *diferente*. La figura 6.3 ilustra tres distribuciones normales diferentes. La distribución normal A y B tienen la misma media (μ), pero tienen desviaciones estándar diferentes. Las distribuciones A y C tienen la misma desviación estándar (σ), pero tienen medias diferentes. Las distribuciones B y C representan dos funciones de densidad de probabilidad normal que difieren con respecto a la μ y la σ.

FIGURA 6.3
Tres distribuciones normales.

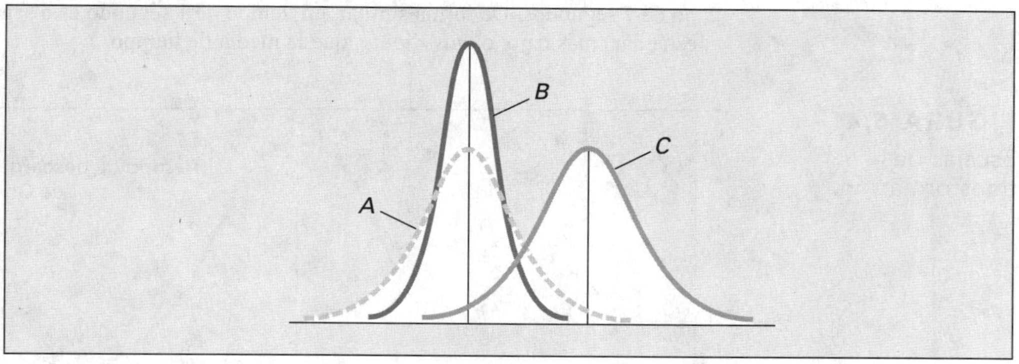

La expresión matemática en la ecuación (6.1) es tediosa de calcular y requiere del cálculo integral. Por fortuna están disponibles tablas de probabilidad normal para evitar estos cálculos complicados. El primer paso para encontrar probabilidades normales es usar la **fórmula de transformación**, de la ecuación (6.2), para convertir cualquier variable aleatoria normal X en una **variable aleatoria normal estandarizada Z.**

FÓRMULA DE TRANSFORMACIÓN

El valor Z es igual a la diferencia entre X y la media μ, dividida por la desviación estándar σ.

$$Z = \frac{X - \mu}{\sigma} \tag{6.2}$$

Aunque los datos originales para la variable aleatoria X tenían una media μ y una desviación estándar σ, la variable aleatoria estandarizada Z siempre tendrá una media $\mu = 0$ y una desviación estándar $\sigma = 1$.

Al sustituir $\mu = 0$ y $\sigma = 1$ en la ecuación (6.1), la función de densidad de probabilidad de una variable normal estandarizada Z está dada en la ecuación (6.3).

LA FUNCIÓN DE DENSIDAD DE PROBABILIDAD NORMAL ESTANDARIZADA

$$f(Z) = \frac{1}{\sqrt{2\pi}} e^{-(1/2)Z^2} \tag{6.3}$$

Cualquier conjunto de valores distribuidos normalmente son susceptibles de convertirse a su forma estandarizada. Entonces se determinan las probabilidades deseadas usando la tabla E.2, la **distribución normal estandarizada acumulativa**.

Para ver cómo se aplica la fórmula de transformación y los resultados usados para encontrar las probabilidades de la tabla E.2,[1] recuerde que en el escenario "Uso de la estadística" de la página 178 los datos anteriores indicaban que el tiempo de descarga de la página Web se distribuye normalmente con una media $\mu = 7$ segundos y una desviación estándar $\sigma = 2$ segundos. En la figura 6.4 se observa que cada medición X tiene una medición estandarizada correspondiente Z calculada con la fórmula de transformación [ecuación (6.2)]. Por lo tanto, un tiempo de descarga de 9 segundos es equivalente a 1 unidad estandarizada (es decir, 1 desviación estándar por arriba de la media) porque

$$Z = \frac{9 - 7}{2} = +1$$

[1] Este texto utiliza la tabla E.2, la tabla normal estandarizada acumulativa. Al usar la tabla normal estandarizada, vea la tabla E.11 y la sección 6.1a del CD-ROM, "Using the Standardized Normal Distribution Table".

Un tiempo de descarga de 1 segundo es equivalente a 3 unidades estandarizadas (3 desviaciones estándar) por debajo de la media porque

$$Z = \frac{1 - 7}{2} = -3$$

Entonces, la desviación estándar es la unidad de medida. En otras palabras, un tiempo de 9 segundos es 2 segundos (es decir, 1 desviación estándar) más alto, o *más lento*, que la media de tiempo de 7 segundos. De forma similar, un tiempo de 1 segundo es 6 segundos (es decir, 3 desviaciones estándar) más bajo, o *más rápido*, que la media de tiempo.

FIGURA 6.4
Escalas de transformación.

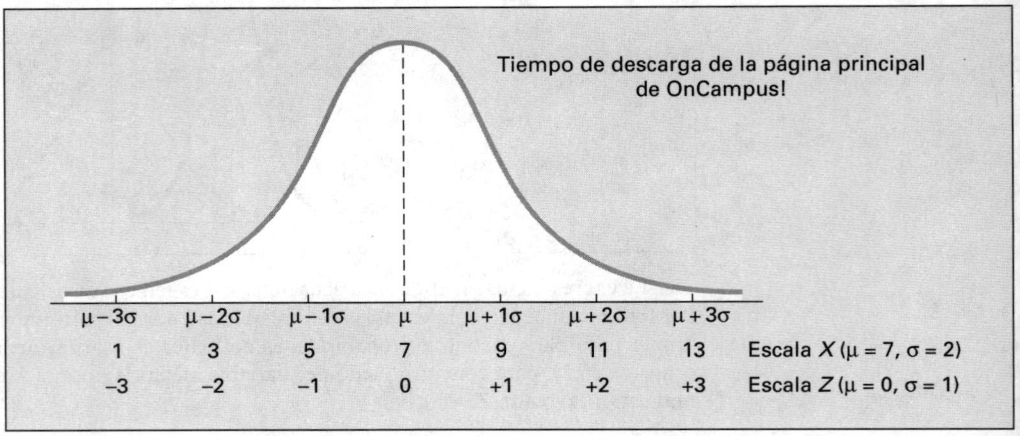

Para ilustrar mejor la fórmula de transformación, suponga que la página principal de otro sitio Web tiene un tiempo de descarga que se distribuye normalmente con una media $\mu = 4$ segundos y una desviación estándar $\sigma = 1$ segundo. Esta distribución se ilustra en la figura 6.5.

FIGURA 6.5
Una escala de transformación diferente.

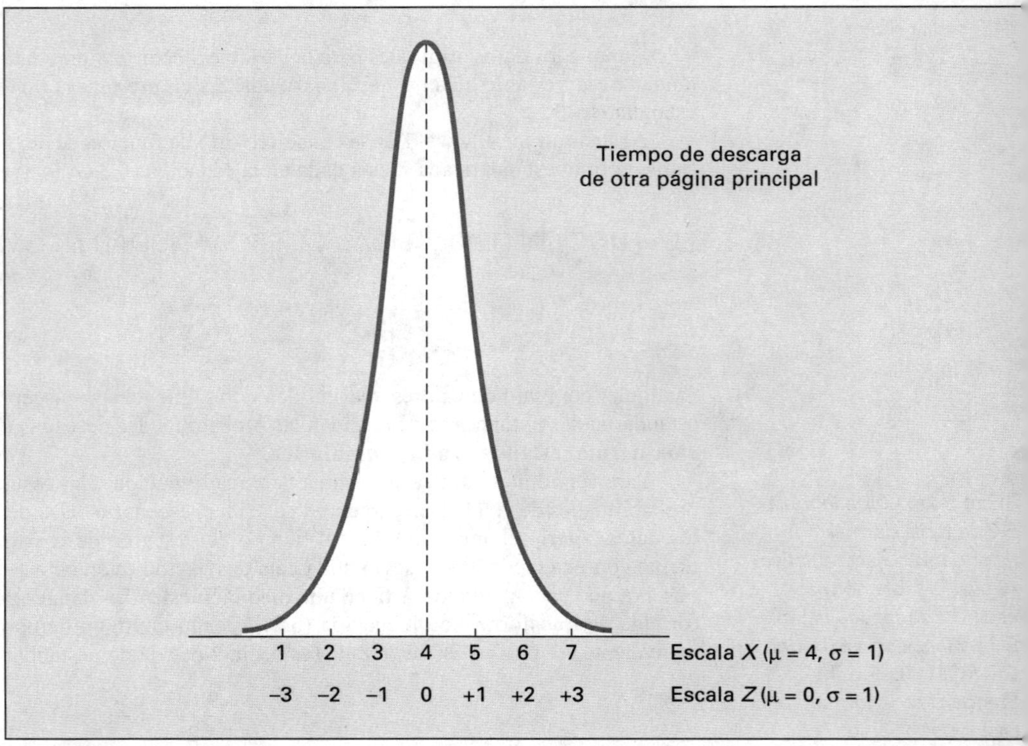

Comparando estos resultados con los del sitio Web OnCampus!, se observa que el tiempo de descarga de 5 segundos es 1 desviación estándar por arriba de la media de tiempo de descarga porque

$$Z = \frac{5-4}{1} = +1$$

Un tiempo de 1 segundo es 3 desviaciones estándar por debajo de la media de tiempo de descarga porque

$$Z = \frac{1-4}{1} = -3$$

Las dos curvas con forma de campana en las figuras 6.4 y 6.5 muestran los polígonos de frecuencia relativa de distribuciones normales representando el tiempo de descarga (en segundos) para los dos sitios Web. Como los tiempos de descarga representan la población completa, las *probabilidades* o proporción de área bajo la curva entera deben sumar 1.

Suponga que desea encontrar la probabilidad de que el tiempo de descarga para el sitio Web OnCampus! sea menor a 9 segundos. Primero, se utiliza la ecuación (6.2) de la página 181 para transformar $X = 9$ a unidades estandarizadas Z. Puesto que $X = 9$ es una desviación estándar por arriba de la media, $Z = +1.00$. En seguida se utiliza la tabla E.2 para encontrar el área acumulativa bajo la curva normal calculada menor que (es decir, a la izquierda de) $Z = +1.00$. Para leer la probabilidad o área bajo la curva menor que $Z = +1.00$ se revisa la columna Z de la tabla E.2 hasta localizar el valor Z de interés (en décimos) en la fila Z de 1.0. A continuación lea a través de esta fila hasta que intersecte la columna que contiene el lugar del valor Z en los centésimos. Por lo tanto, en el cuerpo de la tabla, la probabilidad tabulada para $Z = 1.00$ corresponde con la intersección de la fila $Z = 1.0$ con la columna $Z = .00$, como se muestra en la tabla 6.2, la cual se extrajo de la tabla E.2. Esta probabilidad es de 0.8413. Como se ilustra en la figura 6.6, hay un 84.13% de posibilidad de que el tiempo de descarga sea menor a 9 segundos.

TABLA 6.2
Encontrar el área acumulativa bajo la curva normal.

Z	.00	.01	.02	.03	.04	.05	.06	.07	.08	.09
0.0	.5000	.5040	.5080	.5120	.5160	.5199	.5239	.5279	.5319	.5359
0.1	.5398	.5438	.5478	.5517	.5557	.5596	.5636	.5675	.5714	.5753
0.2	.5793	.5832	.5871	.5910	.5948	.5987	.6026	.6064	.6103	.6141
0.3	.6179	.6217	.6255	.6293	.6331	.6368	.6406	.6443	.6480	.6517
0.4	.6554	.6591	.6628	.6664	.6700	.6736	.6772	.6808	.6844	.6879
0.5	.6915	.6950	.6985	.7019	.7054	.7088	.7123	.7157	.7190	.7224
0.6	.7257	.7291	.7324	.7357	.7389	.7422	.7454	.7486	.7518	.7549
0.7	.7580	.7612	.7642	.7673	.7704	.7734	.7764	.7794	.7823	.7852
0.8	.7881	.7910	.7939	.7967	.7995	.8023	.8051	.8078	.8106	.8133
0.9	.8159	.8186	.8212	.8238	.8264	.8289	.8315	.8340	.8365	.8389
1.0	.8413	.8438	.8461	.8485	.8508	.8531	.8554	.8577	.8599	.8621

Fuente: Extraído de la tabla E.2.

FIGURA 6.6
Determinación del área menor que *Z* de una distribución normal estandarizada acumulativa.

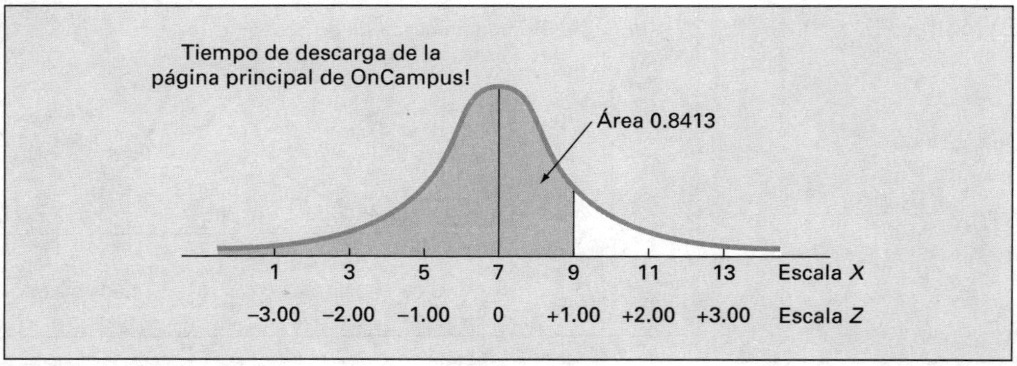

Sin embargo, para las otras páginas principales de la figura 6.5, en la página 182, se observa que un tiempo de 5 segundos es 1 unidad estandarizada por arriba de una media de tiempo de 4 segundos. Así, la probabilidad de que el tiempo de descarga sea menor a 5 segundos es también .08413. La figura 6.7 muestra que a pesar del valor de la media μ y de la desviación estándar σ de una variable distribuida normalmente, la ecuación (6.2) permite transformar el problema a valores Z.

FIGURA 6.7
Demostración de la transformación de escalas para porciones correspondientes acumulativas bajo dos curvas normales.

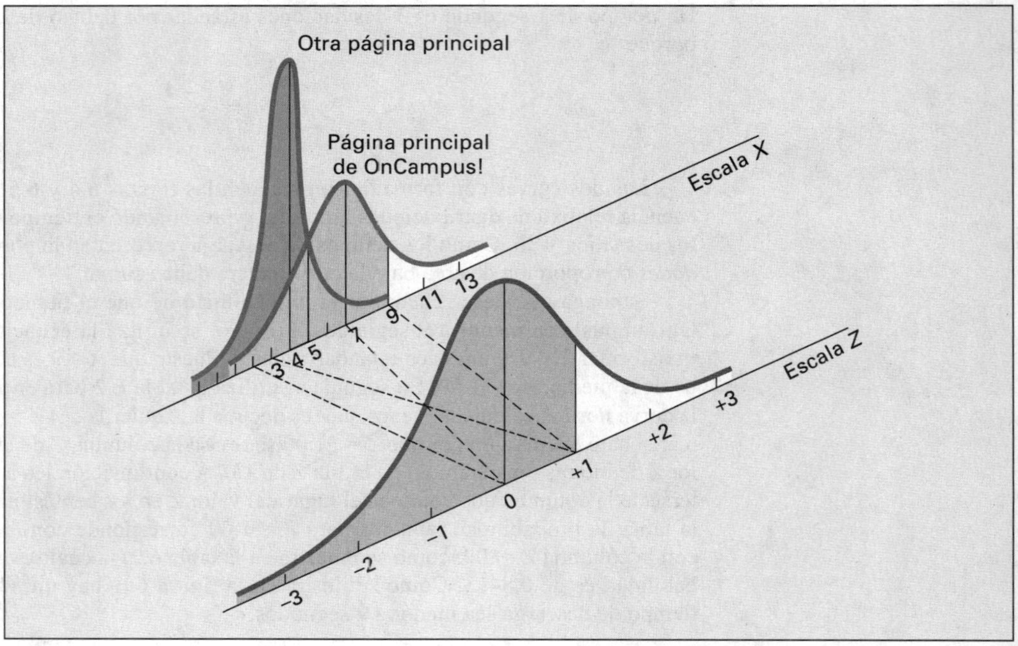

Ahora que ha aprendido a usar la tabla E.2 con la ecuación (6.2), está en condiciones de responder muchas preguntas relacionadas con la página OnCampus! usando la distribución normal.

EJEMPLO 6.1

ENCONTRAR $P(X > 9)$

¿Cuál es la probabilidad de que el tiempo de descarga sea de más de 9 segundos?

SOLUCIÓN La probabilidad de que el tiempo de descarga sea menor a 9 segundos es de 0.8413 (vea la figura 6.6 en la página 183). Así, la probabilidad de que el tiempo de descarga sea mayor a 9 segundos es el *complemento* de que sea menor a 9 segundos, $1 - 0.8413 = 0.1587$. La figura 6.8 ilustra este resultado.

FIGURA 6.8
Encontrar $P(X > 9)$.

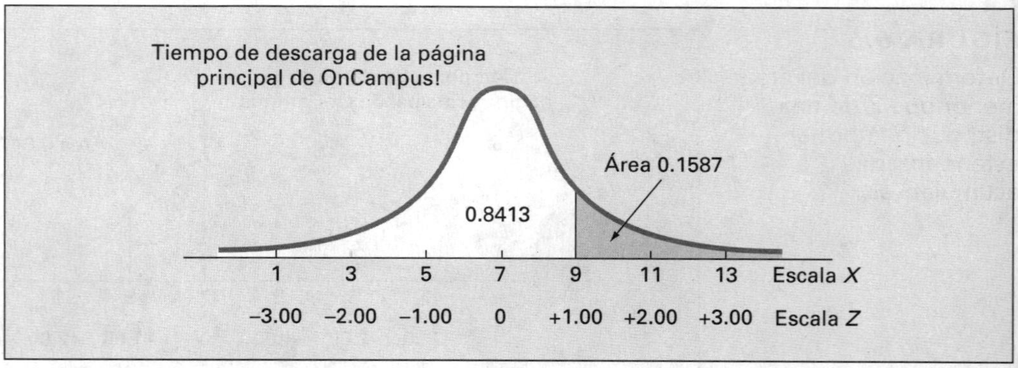

EJEMPLO 6.2

ENCONTRAR $P(7 < X < 9)$

¿Cuál es la probabilidad de que el tiempo de descarga esté entre 7 y 9 segundos?

SOLUCIÓN A partir de la figura 6.6 en la página 183, ya se ha determinado que la probabilidad de que el tiempo de descarga sea menor a 9 segundos es de 0.8413. Ahora deberá determinar la probabilidad de que el tiempo de descarga sea menor a 7 segundos y sustraer esto de la probabilidad de que el tiempo de descarga sea menor a 9 segundos, como se muestra en la figura 6.9.

FIGURA 6.9
Encontrar $P(7 < X < 9)$.

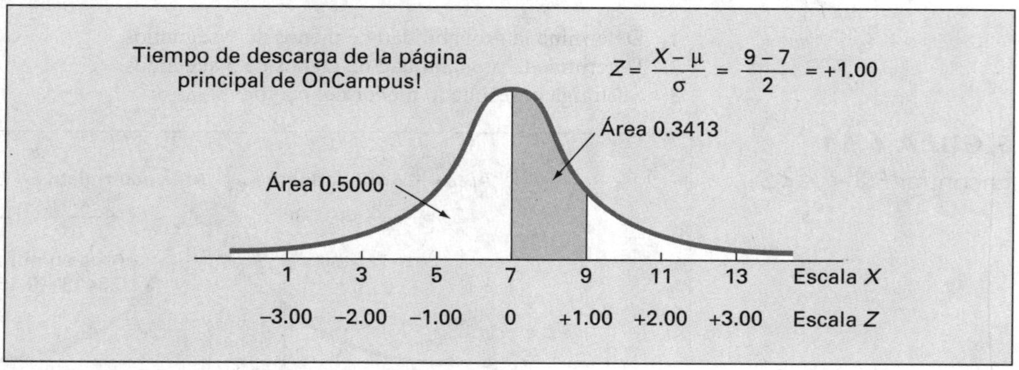

Usando la ecuación (6.2) vea la página 181

$$Z = \frac{7 - 7}{2} = 0.00$$

Al utilizar la tabla E.2, se sabe que el área bajo la curva normal menor que la media de $Z = 0.00$ es 0.5000. Por lo tanto, el área bajo la curva entre $Z = 0.00$ y $Z = 1.00$ es $0.8413 - 0.5000 = 0.3413$.

EJEMPLO 6.3

ENCONTRAR $P(X < 7 \text{ O } X > 9)$

¿Cuál es la probabilidad de que el tiempo de descarga sea menor a 7 segundos o mayor a 9 segundos?

SOLUCIÓN De la figura 6.9, la probabilidad de que el tiempo de descarga sea entre 7 y 9 segundos es de 0.3413. La probabilidad de que el tiempo de descarga esté por debajo de los 7 segundos o por arriba de los nueve segundos es su complemento, $1 - 0.3413 = 0.6587$.

Otra manera de ver este problema, es calcular de forma separada la probabilidad de tiempo de descarga menor a 7 segundos y la probabilidad de tiempo de descarga mayor a 9 segundos, y después sumar estas dos probabilidades juntas para calcular el resultado deseado. Este resultado se representa en la figura 6.10. Puesto que la media y la mediana son la misma para datos distribuidos normalmente, el 50% de los tiempos de descarga están por debajo de 7 segundos. En el ejemplo 6.1, la probabilidad de tiempo de descarga de más de 9 segundos es de 0.1587. Por lo tanto, la probabilidad de que el tiempo de descarga esté por debajo de 7 o por arriba de 9 segundos, $P(X < 7 \text{ o } X > 9)$, es $0.5000 + 0.1587 = 0.6587$.

FIGURA 6.10
Encontrar $P(X < 7 \text{ o } X > 9)$.

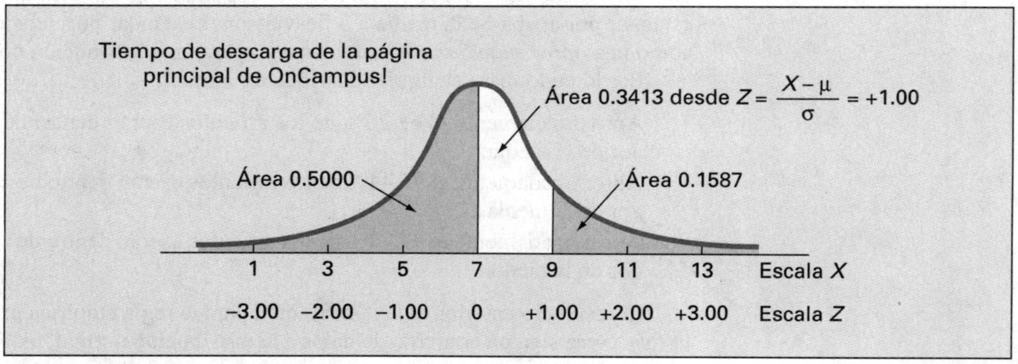

EJEMPLO 6.4 ENCONTRAR $P(5 < X < 9)$

¿Cuál es la probabilidad de que el tiempo de descarga esté entre 5 y 9 segundos, es decir, $P(5 < X < 9)$?

SOLUCIÓN En la figura 6.11 se observa que el área de interés se localiza entre dos valores, 5 y 9. Como la tabla E.2 le permite encontrar probabilidades menores que un valor en particular de interés, siga los siguientes tres pasos para encontrar la probabilidad deseada:

1. Determine la probabilidad de menos de 9 segundos.
2. Determine la probabilidad de menos de 5 segundos.
3. Sustraiga el resultado menor del mayor.

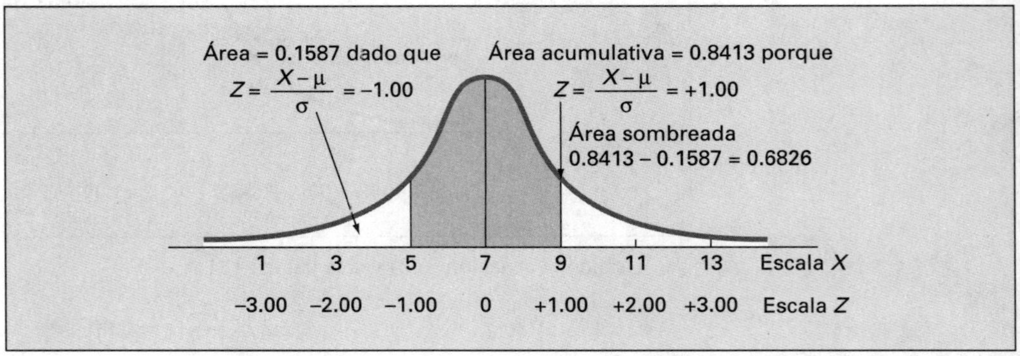

FIGURA 6.11
Encontrar $P(5 < X < 9)$.

Para este ejemplo, ya se completó el paso 1. El área bajo la curva normal menor que 9 segundos es 0.8413. Para encontrar el área bajo la curva normal menor que 5 segundos (paso 2),

$$Z = \frac{5 - 7}{2} = -1.00$$

En la tabla E.2, busque $Z = -1.00$ y encuentre 0.1587. Para el paso 3, la probabilidad de que el tiempo de descarga sea entre 5 y 9 segundos es 0.8413 – 0.1587 = 0.6826, como se muestra en la figura 6.11.

El resultado del ejemplo 6.4 es importante y le permite generalizar los resultados. Para cualquier distribución normal existe un 0.6826 de posibilidad de que un artículo seleccionado aleatoriamente caiga dentro de ±1 desviación estándar de la media. A partir de la figura 6.12, se sabe que ligeramente más del 95% de los artículos caerán dentro de ±2 desviaciones estándar. Por lo tanto, 95.44% de los tiempos de descarga están entre 3 y 11 segundos. A partir de la figura 6.13, se sabe que el 99.73% de los artículos caerán dentro de ±3 desviaciones estándar por arriba o por debajo de la media. Así, el 99.73% de los tiempos de descarga están entre 1 y 13 segundos. Por lo tanto, es poco probable (0.0027, o sólo 27 en cada 10,000) que el tiempo de descarga sea tan rápido o tan lento que tome menos de 1 segundo o más de 13 segundos. Es por esto que 6σ (es decir, de 3 desviaciones estándar por arriba de la media a 3 desviaciones estándar por debajo de la media) a menudo se usa como una *aproximación práctica del rango* para una distribución normal de datos.

Por lo tanto, para cualquier distribución normal:

- Aproximadamente el 68.26% de los artículos caerán dentro de ±1 desviación estándar alrededor de la media.
- Aproximadamente el 95.44% de los artículos caerán dentro de ±2 desviaciones estándar alrededor de la media.
- Aproximadamente el 99.73% de los artículos caerán dentro de ±3 desviaciones estándar alrededor de la media.

El resultado anterior es la justificación para la regla empírica presentada en la página 96. Cuanto más cerca siga un conjunto de datos a la distribución normal, más precisa y exacta es la regla empírica.

FIGURA 6.12
Encontrar $P(3 < X < 11)$.

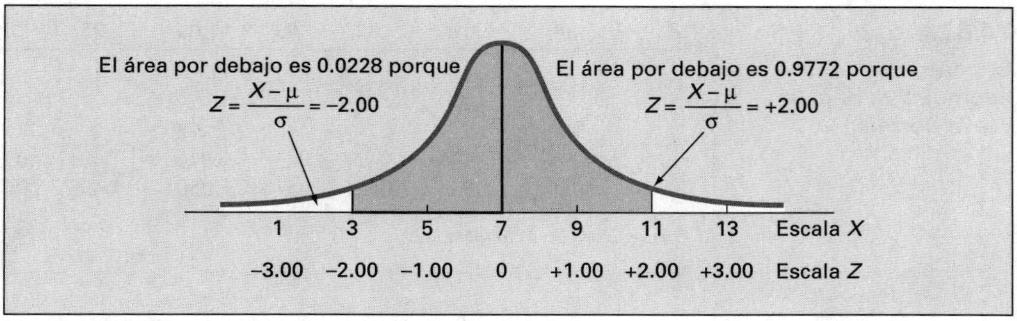

FIGURA 6.13
Encontrar $P(1 < X < 13)$.

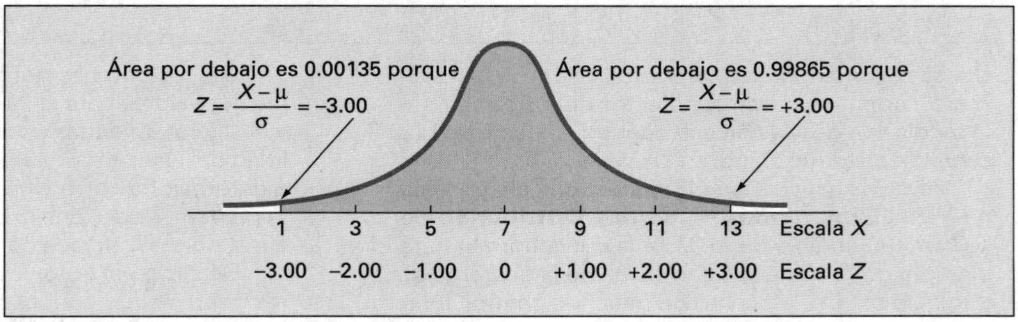

EJEMPLO 6.5

ENCONTRAR $P(X < 3.5)$

¿Cuál es la probabilidad de que el tiempo de descarga esté por debajo de 3.5 segundos?

SOLUCIÓN Para calcular la probabilidad de que un tiempo de descarga esté por debajo de 3.5 segundos, es necesario examinar la región baja de la cola izquierda de la figura 6.14.

FIGURA 6.14
Encontrar $P(X < 3.5)$.

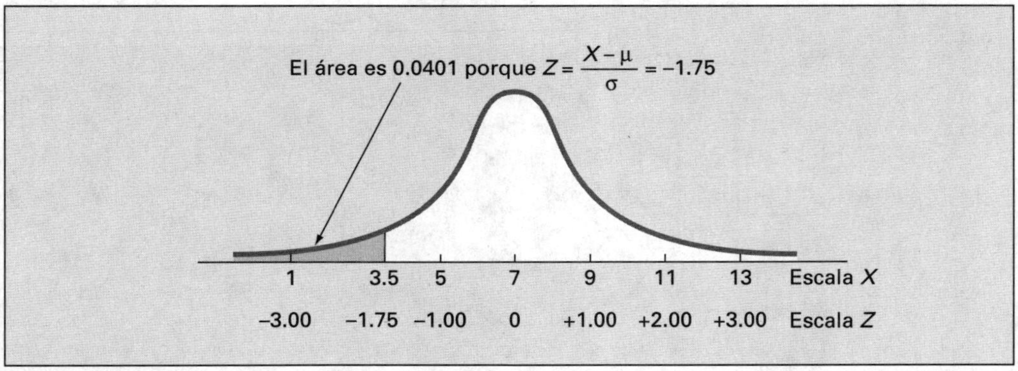

Para determinar el área bajo la curva por debajo de 3.5 segundos, primero calcule

$$Z = \frac{X - \mu}{\sigma} = \frac{3.5 - 7}{2} = -1.75$$

Busque el valor Z en la tabla E.2 apareando la fila Z apropiada (−1.7), con la columna Z apropiada (.05) como se muestra en la tabla 6.3 (que se extrajo de la tabla E.2). La probabilidad resultante o área bajo la curva menor que −1.75 desviaciones estándar por debajo de la media es 0.0401.

TABLA 6.3
Encontrar un área acumulativa bajo la curva normal.

Z	.00	.01	.02	.03	.04	.05	.06	.07	.08	.09
.	.	.	.	.	.	.	.	.	.	.
.	.	.	.	.	.	.	.	.	.	.
.	.	.	.	.	.	.	.	.	.	.
−1.7	.0446	.0436	.0427	.0418	.0409	.0401	.0392	.0384	.0375	.0367
−1.6	.0548	.0537	.0526	.0516	.0505	.0495	.0485	.0475	.0465	.0455

Fuente: Extraído de la tabla E.2.

EXPLORACIONES VISUALES Explorando la distribución normal

Utilice el comando de exploración visual de la distribución normal para ver los efectos de los cambios en la media y la desviación estándar en el área bajo una curva de distribución normal.

Abra el archivo **Visual Explorations.xla** y seleccione **VisualExplorations → Normal Distribution** de la barra del menú de Excel. Verá la curva normal para el ejemplo de "Uso de la estadística" de la descarga de la página principal, así como un panel de control flotante que le permite ajustar la forma de la curva y el área sombreada bajo la curva (vea ilustración abajo).

Use los botones del panel de control para cambiar los valores para la media, la desviación estándar y el valor *X*, mientras nota sus efectos en la probabilidad del valor *X* < = y el área sombreada correspondiente bajo la curva (vea la ilustración de abajo). Si lo prefiere, seleccione la opción Valores *Z* para ver la curva normal rotulada con Valores *Z*.

Dé clic en el botón Reset para reajustar los valores del panel de control o dé clic en Ayuda para información adicional sobre el problema. Dé clic en Finalizar cuando haya terminado de explorar.

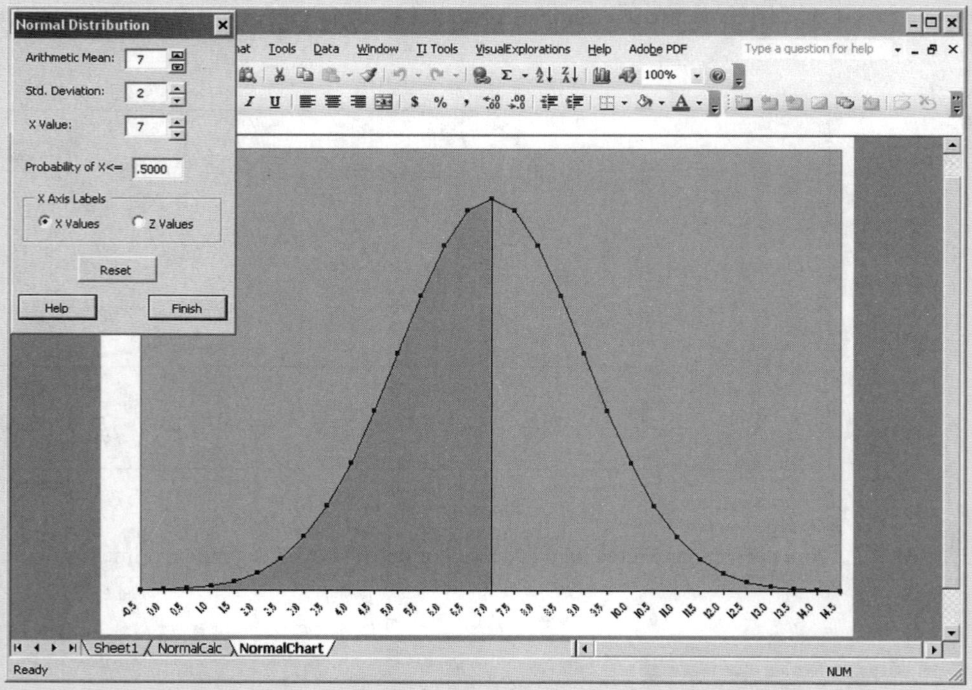

Los ejemplos 6.1 a 6.5 requieren que use las tablas normales para encontrar un área bajo la curva normal que corresponda a un valor X específico. En muchas circunstancias usted desea hacer lo contrario. Los ejemplos 6.6 y 6.7 ilustran cómo encontrar el valor X que corresponde a un área específica.

EJEMPLO 6.6

ENCONTRAR EL VALOR X PARA UNA PROBABILIDAD ACUMULATIVA DE 0.10

¿Cuánto tiempo transcurrirá (en segundos) antes de que el 10% de las descargas estén completas?

SOLUCIÓN Como se espera que el 10% de las páginas principales se descarguen por debajo de X segundos, el área bajo la curva normal menor a este valor Z es 0.1000. En el cuerpo de la tabla E.2, busque el área o probabilidad de 0.1000. El resultado más cercano es 0.1003, como se muestra en la tabla 6.4 (que se extrajo de la tabla E.2).

TABLA 6.4
Encontrar un Valor Z que corresponde a un área acumulativa particular (0.10) bajo la curva normal.

Z	.00	.01	.02	.03	.04	.05	.06	.07	.08	.09
.	.	.	.	.	.	.	.	.	.	.
.	.	.	.	.	.	.	.	.	.	.
.	.	.	.	.	.	.	.	.	.	.
−1.5	.0668	.0655	.0643	.0630	.0618	.0606	.0594	.0582	.0571	.0559
−1.4	.0808	.0793	.0778	.0764	.0749	.0735	.0721	.0708	.0694	.0681
−1.3	.0968	.0951	.0934	.0918	.0901	.0885	.0869	.0853	.0838	.0823
−1.2	.1151	.1131	.1112	.1093	.1075	.0156	.0138	.1020	.1003	.0985

Fuente: Extraído de la tabla E.2.

Trabajando desde esta área a los márgenes de la tabla, el valor Z correspondiente a la fila Z (−1.2) y la columna Z (.08) es −1.28 (vea la figura 6.15).

FIGURA 6.15
Encontrar Z para determinar X.

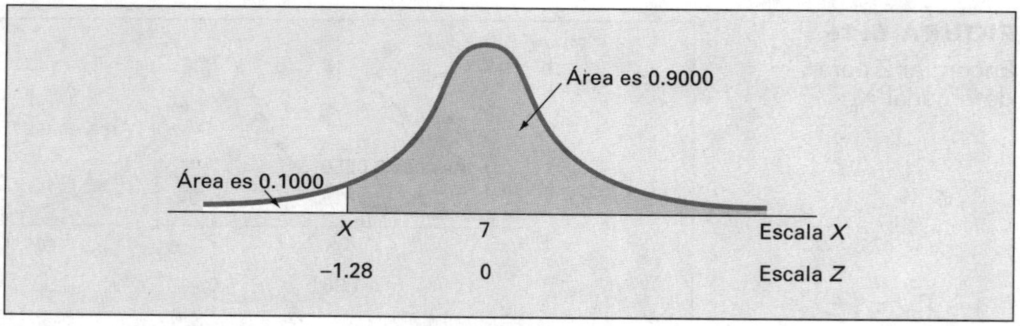

Una vez que encuentre Z, use la fórmula de transformación de la ecuación (6.2) en la página 181 para determinar el valor X como sigue. Sea

$$Z = \frac{X - \mu}{\sigma}$$

entonces

$$X = \mu + Z\sigma$$

Al sustituir $\mu = 7$, $\sigma = 2$ y $Z = -1.28$,

$$X = 7 + (-1.28)(2) = 4.44 \text{ segundos}$$

Por lo tanto, el 10% de los tiempos de descarga se realizan en 4.44 segundos o menos.

La ecuación (6.4) se utiliza para encontrar un valor X.

ENCONTRAR UN VALOR X ASOCIADO CON UNA PROBABILIDAD CONOCIDA

El valor X es igual a la media μ más el producto del valor Z y de la desviación estándar σ.

$$X = \mu + Z\sigma \qquad \textbf{(6.4)}$$

Para encontrar un valor *particular* asociado con una probabilidad conocida, siga estos pasos.

1. Dibuje la curva normal, después coloque los valores para las medias en las escalas respectivas X y Z.
2. Encuentre el área acumulativa menor que X.
3. Sombree el área de interés.
4. Con la tabla E.2, determine el valor Z correspondiente al área bajo la curva normal por debajo de X.
5. Con la ecuación (6.4), resuelva para X:

$$X = \mu + Z\sigma$$

EJEMPLO 6.7

ENCONTRAR LOS VALORES X QUE INCLUYAN EL 95% DE LOS TIEMPOS DE DESCARGA

¿Cuáles son los valores inferiores y superiores de X, localizados simétricamente alrededor de la media, que incluyen el 95% de los tiempos de descarga?

SOLUCIÓN Primero, necesita encontrar el valor inferior de X (llamado X_L). Después debe encontrar el valor superior de X (llamado X_U). Como el 95% de los valores están entre X_L y X_U, y X_L y X_U están a la misma distancia de la media, el 2.5% de los valores están por debajo de X_L (vea la figura 6.16).

FIGURA 6.16
Encontrar Z para determinar X_L.

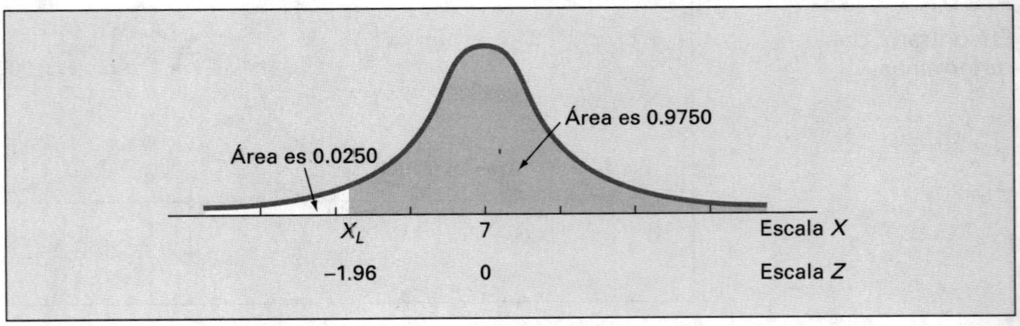

Aunque X_L no es conocido, se puede encontrar el Z correspondiente porque el área bajo la curva normal menor a este Z es 0.0250. En el cuerpo de la tabla 6.5, busque la probabilidad 0.0250.

TABLA 6.5
Encuentre el valor Z correspondiente al área acumulativa de 0.025 bajo la curva normal.

Z	.00	.01	.02	.03	.04	.05	.06	.07	.08	.09
.	.	.	.	.	.	.		.	.	.
.	.	.	.	.	.	.		.	.	.
.	.	.	.	.	.	.		.	.	.
−2.0	.0228	.0222	.0217	.0212	.0207	.0202	.0197	.0192	.0188	.0183
−1.9	.0287	.0281	.0274	.0268	.0262	.0256	.0250	.0244	.0239	.0233
−1.8	.0359	.0351	.0344	.0336	.0329	.0232	.0314	.0307	.0301	.0294

Fuente: Extraído de la tabla E.2.

Trabajando desde el cuerpo de la tabla hacia los márgenes, se observa que el valor Z que corresponde a una fila Z en especial (–1.9) y a una columna Z (.06) es –1.96.

Una vez que encuentre Z, el último paso es usar la ecuación (6.4) de la página 190, de la siguiente manera,

$$\begin{aligned} X &= \mu + Z\sigma \\ &= 7 + (-1.96)(2) \\ &= 7 - 3.92 \\ &= 3.08 \text{ segundos} \end{aligned}$$

Se sigue un proceso parecido para encontrar X_U. Puesto que sólo el 2.5% de las descargas de las páginas principales toman más de X_U segundos, el 97.5% de las descargas de páginas principales toman menos de X_U segundos. Para la simetría de una distribución normal, el valor Z deseado, como se muestra en la figura 6.17, es +1.96 (porque Z cae a la derecha de la media estandarizada de 0). También se puede extraer este valor Z de la tabla 6.6. Note que 0.975 es el área bajo la curva normal menor que el valor Z de +1.96.

FIGURA 6.17
Encontrar Z para determinar X_U.

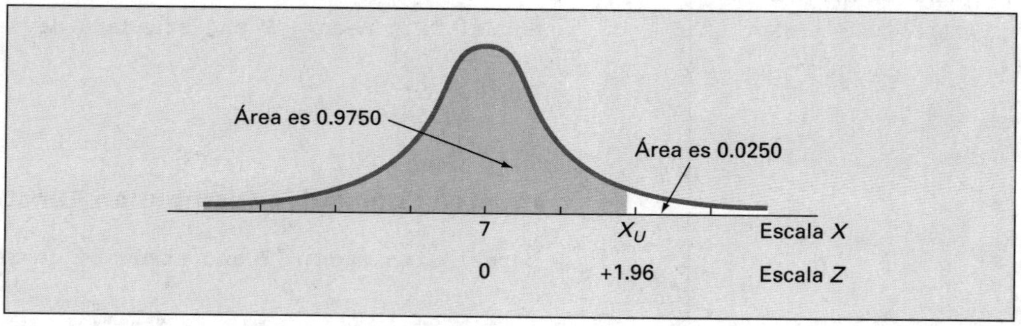

TABLA 6.6
Encontrar un valor Z que corresponda al área acumulativa de 0.975 bajo la curva normal.

Z	.00	.01	.02	.03	.04	.05	.06	.07	.08	.09
.	.	.	.	.	.	.	.	.	.	.
.	.	.	.	.	.	.	.	.	.	.
+1.8	.9641	.9649	.9656	.9664	.9671	.9678	.9686	.9693	.9699	.9706
+1.9	.9713	.9719	.9726	.9732	.9738	.9744	.9750	.9756	.9761	.9767
+2.0	.9772	.9778	.9783	.9788	.9793	.9798	.9803	.9808	.9812	.9817

Fuente: Extraído de la tabla E.2.

Por lo tanto, al utilizar la ecuación (6.4) de la página 190,

$$\begin{aligned} X &= \mu + Z\sigma \\ &= 7 + (+1.96)(2) \\ &= 7 + 3.92 \\ &= 10.92 \text{ segundos} \end{aligned}$$

Por lo tanto, el 95% de los tiempos de descarga están entre 3.08 y 10.92 segundos.

También se podría utilizar Excel o Minitab para calcular probabilidades normales. La figura 6.18 ilustra una hoja de trabajo de Excel para los ejemplos 6.5 y 6.6, y la figura 6.19 ilustra un resultado de Minitab para los ejemplos 6.1 y 6.6.

FIGURA 6.18
Hoja de trabajo de Excel para calcular probabilidades normales.

	A	B	
1	**Normal Probabilities**		
2			
3	**Common Data**		
4	**Mean**	7	
5	**Standard Deviation**	2	
6			
7	**Probability for X <=**		
8	**X Value**	3.5	
9	**Z Value**	-1.75	**=STANDARDIZE(B8, B4, B5)**
10	**P(X<=3.5)**	0.0401	**=NORMDIST(B8, B4, B5, TRUE)**
11			
12	**Find X and Z Given Cum. Pctage.**		
13	**Cumulative Percentage**	10.00%	
14	**Z Value**	-1.2816	**=NORMSINV(B13)**
15	**X Value**	4.4369	**=NORMINV(B13, B4, B5)**

FIGURA 6.19
Probabilidades normales en Minitab.

Cumulative Distribution Function

```
Normal with mean = 7 and standard deviation = 2

x  P( X <= x )
9     0.841345
```

Inverse Cumulative Distribution Function

```
Normal with mean = 7 and standard deviation = 2

P( X <= x )         x
        0.1   4.43690
```

PROBLEMAS PARA LA SECCIÓN 6.2

Aprendizaje básico

ASISTENCIA de PH Grade **6.1** Dada una distribución normal (con una media de 0 y una desviación estándar de 1, como en la tabla E.2), ¿cuál es la probabilidad de que

a. Z sea menor que 1.57?
b. Z sea mayor que 1.84?
c. Z esté entre 1.57 y 1.84?
d. Z sea menor que 1.57 o mayor que 1.84?

6.2 Dada una distribución normal estandarizada (con una media de 0 y una desviación estándar de 1, como en la tabla E.2), ¿cuál es la probabilidad de que

a. Z esté entre –1.57 y 1.84?
b. Z sea menor que –1.57 o mayor a 1.84?
c. ¿Cuál es el valor de Z si sólo el 2.5% de todos los posibles valores de Z son más grandes?
d. Entre cuáles dos valores de Z (distribuidos simétricamente alrededor de la media) estarán contenidos el 68.26% de todos los posibles valores Z?

ASISTENCIA de PH Grade **6.3** Dada una distribución normal estandarizada (con una media de 0 y una desviación estándar de1 como en la tabla E.2), ¿cuál es la probabilidad de que

a. Z sea menor que 1.08?
b. Z sea mayor que –0.21?
c. Z sea menor que –0.21 o mayor que la media?
d. Z sea menor que –0.21 o mayor que 1.08?

6.4 Dada una distribución normal estandarizada (con una media de 0 y una desviación estándar de 1 como en la tabla E.2), determine las siguientes probabilidades:

a. $P(Z > 1.08)$
b. $P(Z < -0.21)$
c. $P(-1.96 < Z < -0.21)$
d. ¿Cuál es el valor de Z si sólo 15.87% de todos los valores posibles de Z son mayores?

ASISTENCIA de PH Grade **6.5** Dada una distribución normal con $\mu = 100$ y $\sigma = 10$, ¿cuál es la probabilidad de que

a. $X > 75$?

b. $X < 70$?
c. $X < 80$ o $X > 110$?
d. el 80% de los valores estén entre los dos valores X (simétricamente distribuidos alrededor de la media)?

ASISTENCIA de PH Grade **6.6** Dada una distribución normal con $\mu = 50$ y $\sigma = 4$, ¿cuál es la probabilidad de que

a. $X > 43$?
b. $X < 42$?
c. el 5% de los valores sean menores que el valor X?
d. el 60% de los valores estén entre los dos valores X (simétricamente distribuidos alrededor de la media)?

Aplicación de conceptos

6.7 Durante 2001, el 61.3% de los hogares en Estados Unidos compraron café de grano y gastaron un promedio de $36.16 en café de grano durante el año ("Annual Product Preference Study", *Progressive Grocer*, 1 de mayo, 2002, 31). Considere el desembolso anual para café de grano en los hogares que lo compran, suponiendo que este desembolso se distribuye aproximadamente como una variable aleatoria normal con una media de $36.16 y una desviación estándar de $10.00.

a. Encuentre la probabilidad de que un hogar gaste menos de $25.00.
b. Encuentre la probabilidad de que un hogar gaste más de $50.00.
c. ¿Qué proporción de los hogares gastan entre $30.00 y $40.00?
d. ¿El 99% de los hogares gastan menos de qué cantidad?

ASISTENCIA de PH Grade AUTO Examen **6.8** La empresa Toby´s Truck determina que, en una base anual, la distancia recorrida por camión se distribuye normalmente con una media de 50.0 mil millas y una desviación estándar de 12.0 mil millas.

a. ¿Qué proporción de camiones se espera que recorran entre 34.0 y 50.0 mil millas en el año?
b. ¿Qué porcentaje de camiones se espera que recorran por debajo de 30.0 o por arriba de 60.0 mil millas en el año?
c. ¿Cuántas millas habrán sido recorridas por al menos el 80% de los camiones?
d. ¿Cuáles serían sus respuestas a los incisos *a*) a *c*) si la desviación estándar fuera de 10.0 mil millas?

ASISTENCIA de PH Grade **6.9** La fuerza de rompimiento de las bolsas de plástico usadas para empacar productos se distribuye normalmente con una media de 5 libras por pulgada cuadrada y una desviación estándar de 1.5 libras por pulgada cuadrada. ¿Qué proporción de bolsas tienen una fuerza de rompimiento de

a. menos de 3.17 libras por pulgada cuadrada?
b. al menos 3.6 libras por pulgada cuadrada?
c. entre 5 y 5.5 libras por pulgada cuadrada?
d. ¿Entre cuáles dos valores simétricamente distribuidos alrededor de la media se encontrarán el 95% de las fuerzas de rompimiento?

6.10 Un conjunto de calificaciones finales para un curso de Introducción a la estadística se distribuye normalmente con una media de 73 y una desviación estándar de 8.

a. ¿Cuál es la probabilidad de que un alumno obtenga una calificación de 91 o menos en este examen?
b. ¿Cuál es la probabilidad de que un alumno obtenga una calificación entre 65 y 89?
c. Hay una probabilidad del 5% de que un alumno que realice el examen obtenga notas mayores a qué calificación?
d. Si el profesor califica con base en una curva (da 10 al 10% más alto de la clase sin importar la calificación), ¿un alumno estará mejor con una calificación de 81 en este examen o con una calificación de 68 en un examen diferente donde la media es de 62 y la desviación estándar es de 3? Muestre estadísticamente su respuesta y explique.

6.11 Un análisis estadístico de 1,000 llamadas de larga distancia realizadas desde las oficinas de la corporación Bricks and Clicks Computer Corporation indica que la duración de estas llamadas se distribuye normalmente con una media de $\mu = 240$ segundos y $\sigma = 40$ segundos.

a. ¿Cuál es la probabilidad de que una llamada haya durado menos de 180 segundos?
b. ¿Cuál es la probabilidad de que una llamada específica haya durado entre 180 y 300 segundos?
c. ¿Cuál es la probabilidad de que una llamada haya durado entre 110 y 180 segundos?
d. ¿Cuál es la duración de una llamada en particular si sólo el 1% de todas las llamadas son más cortas?

6.12 Al número de acciones negociadas diariamente en la Bolsa de Valores de Nueva (NYSE) se le conoce como el *volumen* negociado. El 23 de abril de 2004 se negociaron 1.395 miles de millones de acciones ("NYSE Volume", *The Wall Street Journal,* 26 de abril, 2004, C2). Este volumen de negociaciones se acerca a la media del volumen para la NYSE. Suponga que el número de acciones negociadas en la NYSE es una variable aleatoria normal con una media de 1.4 miles de millones y una desviación estándar de 0.15 miles de millones. Para un día seleccionado aleatoriamente, ¿cuál es la probabilidad de que el volumen negociado de la NYSE sea:

a. menor a 1.7 miles de millones?
b. menor a 1.25 miles de millones?
c. menor a 1.0 mil millones?
d. mayor a 1.0 mil millones?

6.13 Muchos problemas de producción se relacionan con la unión exacta de partes de maquinaria, como flechas, que caben en el orificio de una válvula. Un diseño en particular requiere de una flecha con un diámetro de 22.00 mm, pero las flechas con diámetros entre 21.900 mm, y 22.010 mm son aceptables. Suponga que el proceso de manufactura fabrica flechas con diámetros que se distribuyen normalmente con una media de 22.002 mm y con una desviación estándar de 0.005 mm. Para este proceso, ¿cuál es

a. la proporción de flechas con un diámetro entre 21.90 mm y 22.00 mm?
b. la probabilidad de que una flecha sea aceptada?
c. el diámetro que será sólo el 2% de las flechas excederán?
d. ¿Cuáles serían sus respuestas en los incisos *a*) a *c*) si la desviación estándar de los diámetros de las flechas fuera de 0.004 mm?

6.3 EVALUACIÓN DE LA NORMALIDAD

Como se discutió en la sección 6.2, muchas de las variables continuas usadas en negocios se asemejan estrechamente a una distribución normal. Sin embargo, muchas variables importantes ni siquiera pueden ser aproximadas por la distribución normal. Esta sección presenta dos modelos para evaluar si un conjunto de datos puede ser aproximado por una distribución normal:

1. Compare las características del conjunto de datos con las propiedades de la distribución normal.
2. Realice un plano de probabilidad normal.

Evaluación de las propiedades

La distribución normal tiene varias propiedades teóricas importantes:

- Es simétrica, por lo tanto, la media y la mediana son iguales.
- Tiene forma de campana, por lo que se aplica la regla empírica.
- El rango intercuartil es igual a 1.33 desviaciones estándar.
- El rango es infinito.

En la práctica, algunas variables continuas tienen características que se acercan a las propiedades teóricas. Sin embargo, muchas variables continuas no son distribuidas normalmente, ni tampoco distribuidas aproximadamente. Para tales variables, las características descriptivas de los datos no corresponden bien con las propiedades de la distribución normal. Un enfoque para verificar la normalidad consiste en comparar las características de los datos actuales con las propiedades correspondientes que subyacen a la distribución normal, como sigue.

- Construya gráficas y observe su apariencia. Para conjuntos de datos pequeños o de tamaño moderado, diseñe un diagrama de tallo y hojas o una gráfica de caja y bigote. Para conjuntos de datos más grandes, elabore la distribución de frecuencia y trace el histograma o polígono.
- Calcule medidas numéricas descriptivas y compare las características de los datos con las propiedades teóricas de una distribución normal. Compare la media y la mediana. ¿El rango intercuartil es aproximadamente 1.33 veces la desviación estándar? ¿Es el rango aproximadamente 6 veces la desviación estándar?
- Evalúe cómo se distribuyen los datos. Determine si aproximadamente dos tercios de los valores caen entre la media ± 1 desviación estándar. Determine si aproximadamente cuatro quintos de los valores caen entre la media ± 1.28 desviaciones estándar. Determine si aproximadamente 19 de cada 20 valores caen entre la media ± 2 desviaciones estándar.

¿Los rendimientos en 2003 de los fondos de inversión que se analizaron en los capítulos 2 y 3 tienen las propiedades de la distribución normal? La figura 6.20 muestra la estadística descriptiva para estos datos y la figura 6.21 presenta una gráfica de caja y bigote.

FIGURA 6.20
Estadística descriptiva en Excel para los rendimientos en 2003 de los fondos de inversión.

	A	B
1	*Return 2003*	
2		
3	Mean	42.6215
4	Standard Error	1.1852
5	Median	40.8
6	Mode	37.5
7	Standard Deviation	13.0369
8	Sample Variance	169.9609
9	Kurtosis	-0.2828
10	Skewness	0.3500
11	Range	63.1
12	Minimum	14.9
13	Maximum	78
14	Sum	5157.2
15	Count	121
16	Largest(1)	78
17	Smallest(1)	14.9

FIGURA 6.21
Gráfica de caja y bigote en Minitab para los rendimientos 2003 de los fondos de inversión.

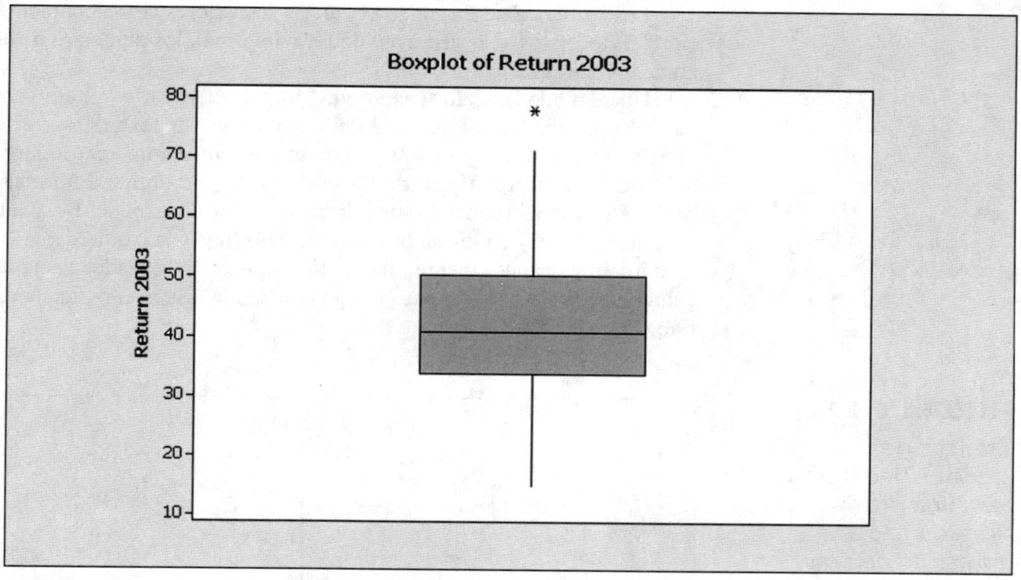

De estas figuras se desprenden las siguientes afirmaciones:

1. La media de 42.62 es ligeramente mayor a la mediana de 40.8.
2. La gráfica de caja y bigote aparece ligeramente sesgada hacia la derecha con un valor extremo, el 78.
3. El rango intercuartilar de 16.45 está aproximadamente a 1.33 desviaciones estándar.
4. El rango de 63.1 es igual a 4.84 desviaciones estándar.
5. El 65.6% de los rendimientos están dentro de ±1 desviación estándar de la media.
6. El 78.7% de los rendimientos están dentro de ±1.28 desviaciones estándar de la media.

Con base en estas afirmaciones y en los criterios anteriormente dados, se concluye que los rendimientos para 2003 están aproximadamente distribuidos de forma normal. Sin embargo, las afirmaciones 1 y 2 indican que los rendimientos en 2003 están sesgados ligeramente hacia la derecha.

Construcción de un plano de probabilidad normal

Un **plano de probabilidad normal** es un acercamiento gráfico para evaluar si los datos están distribuidos normalmente. Un acercamiento común es la **gráfica cuantil-cuantil**. En este método, cada valor ordenado se transforma en una puntuación *Z*, y después se grafican los valores de los datos contra las puntuaciones *Z*. Por ejemplo, si se tiene una muestra de $n = 19$, el valor *Z* para el menor valor corresponde al área acumulativa de $\frac{1}{n+1} = \frac{1}{19+1} = \frac{1}{20} = 0.05$. El valor *Z* para el área acumulativa de 0.05 (de la tabla E.2) es –1.65. La tabla 6.7 ilustra el conjunto completo de valores *Z* para una muestra de $n = 19$.

TABLA 6.7
Valores ordenados y sus valores *Z* correspondientes para una muestra de $n = 19$.

Valor ordenado	Valor *Z*	Valor ordenado	Valor *Z*
1	−1.65	11	0.13
2	−1.28	12	0.25
3	−1.04	13	0.39
4	−0.84	14	0.52
5	−0.67	15	0.67
6	−0.52	16	0.84
7	−0.39	17	1.04
8	−0.25	18	1.28
9	−0.13	19	1.65
10	0.00		

Los valores Z se trazan en el eje X y los valores correspondientes de la variable se trazan en el eje Y. Si los datos se distribuyen de forma normal, los puntos se trazarán aproximadamente a lo largo de una línea recta.

Un segundo modelo (usado por Minitab) transforma el eje vertical Y de una manera un poco más complicada que va más allá del objetivo de este texto. Una vez más, si los datos se distribuyen de forma normal, los puntos se trazarán aproximadamente a lo largo de una línea recta. La figura 6.22 ilustra la forma típica de las gráficas de probabilidad normal para una distribución sesgada hacia la izquierda (panel A), una distribución normal (panel B), y una distribución sesgada hacia la derecha (panel C). Si los datos están sesgados hacia la izquierda, la curva se elevará más rápidamente al inicio y después disminuirá. Si los datos están sesgados hacia la derecha, los datos se elevarán lentamente al inicio y después se elevarán a una tasa más rápida para los valores más altos de la variable a trazar.

FIGURA 6.22
Gráficas de probabilidad normal para una distribución sesgada hacia la izquierda, de una distribución normal y de una distribución sesgada hacia la derecha.

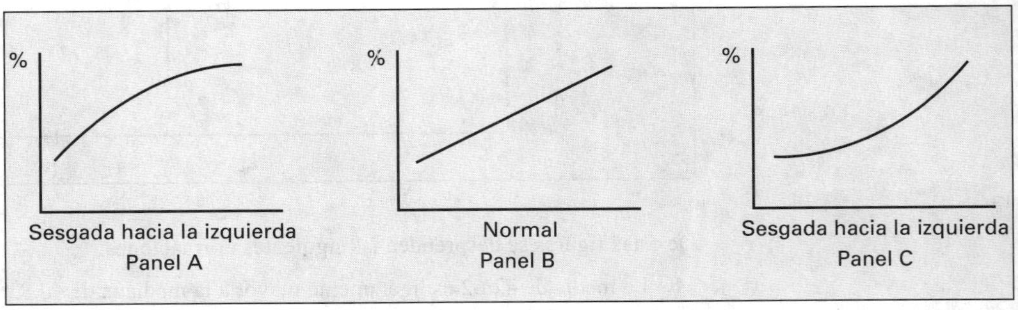

La figura 6.23 muestra una gráfica de probabilidad normal cuantil-cuantil de Excel y la figura 6.24 muestra una gráfica de probabilidad normal de Minitab para los rendimientos en 2003.

FIGURA 6.23
Gráfica de probabilidad normal de Excel para los rendimientos en 2003.

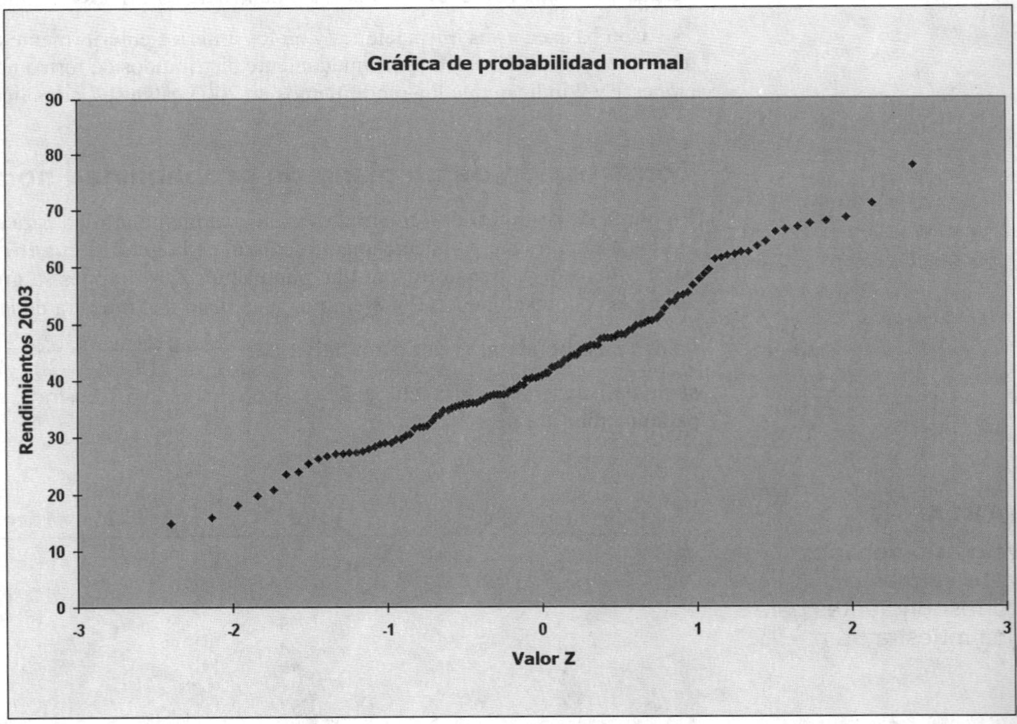

Las figuras 6.23 y 6.24 muestran que la gráfica de probabilidad normal de los rendimientos en 2003 se aproxima a una línea recta. Se concluye que los rendimientos en 2003 están distribuidos aproximadamente de forma normal.

FIGURA 6.24
Gráfica de probabilidad normal de Minitab para los rendimientos en 2003.

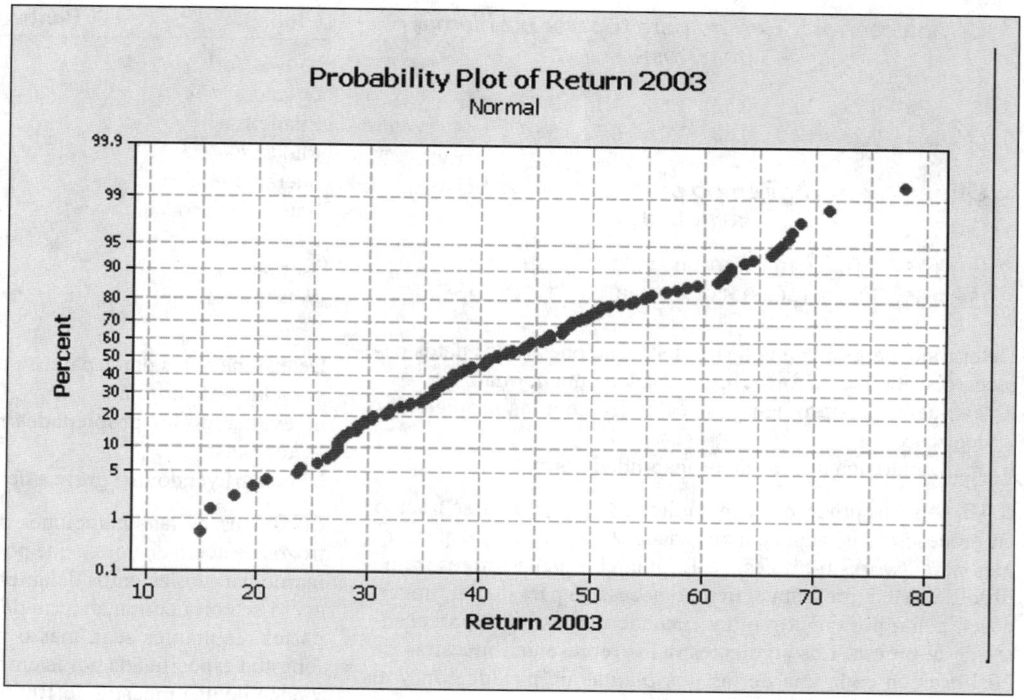

PROBLEMAS PARA LA SECCIÓN 6.3

Aprendizaje básico

ASISTENCIA de PH Grade **6.14** Pruebe que para una muestra de $n = 39$, los valores Z más pequeños y más grandes son -1.96 y $+1.96$, y el valor Z medio (es decir, 20º) es 0.00.

6.15 Para una muestra de $n = 6$, liste los seis valores Z.

Aplicación de conceptos

Puede resolver los problemas 6.16 a 6.19 manualmente o en Excel, Minitab o SPSS. Le recomendamos resolver los problemas 6.20 a 6.22 con Excel, Minitab o SPSS.

AUTO Examen **6.16** El precio diario de hotel para 25 ciudades en marzo de 2004 **HOTEL-PRICE** fue el siguiente:

Ciudad	Precio de hotel
Anaheim	95.26
Atlanta	78.91
Boston	112.92
Chicago	96.90
Dallas	77.43
Denver	74.22
Detroit	77.71
Filadelfia	95.02
Houston	76.26
Los Ángeles	95.78
Miami	140.61
Minneapolis	78.64
Nashville	74.61

Ciudad	Precio de hotel
Nueva Orleáns	121.59
Nueva York	167.43
Norfolk	62.88
Oahu Island	119.76
Orlando	98.57
Phoenix	123.19
San Diego	110.23
San Francisco	123.51
Seattle	95.09
St. Louis	74.68
Tampa	97.08
Washington	123.27

Fuente: USA Today, *27 de abril, 2004, 5B.*

Determine si los datos parecen o no distribuirse aproximadamente de forma normal:

a. evaluando las propiedades reales frente a las propiedades teóricas.

b. construyendo una gráfica de probabilidad normal.

6.17 Un problema en una línea telefónica que evita que el cliente reciba o realice llamadas es desconcertante tanto para el cliente como para la empresa telefónica. Los datos en la parte superior de la página 198 representan dos muestras de 20 problemas reportados a dos diferentes oficinas de la empresa de teléfonos. El tiempo que se tardan en reparar estos problemas en las líneas telefónicas de los clientes se registra en minutos. **PHONE**

Oficina central I. Tiempo para reparar problemas (minutos)

1.48	1.75	0.78	2.85	0.52	1.60	4.15	3.97	1.48	3.10
1.02	0.53	0.93	1.60	0.80	1.05	6.32	3.93	5.45	0.97

Oficina central II. Tiempo para reparar problemas (minutos)

7.55	3.75	0.10	1.10	0.60	0.52	3.30	2.10	0.58	4.02
3.75	0.65	1.92	0.60	1.53	4.23	0.08	1.48	1.65	0.72

Determine, para cada una de las dos locaciones, si los datos parecen distribuirse de forma aproximadamente normal:

a. evaluando las propiedades reales frente a las propiedades teóricas.

b. realizando una gráfica de probabilidad normal.

6.18 Muchos procesos de manufactura usan el término trabajo en proceso (con frecuencia abreviado WIP, por las siglas en inglés para "work-in-process"). En una compañía impresora de libros, el WIP representa el tiempo necesario para doblar, juntar, coser, pegar por un extremo y encuadernar las hojas procedentes de la prensa. Los siguientes datos representan muestras de 20 libros en cada una de las dos plantas de producción y el tiempo de procesamiento (definido operacionalmente como el tiempo en días desde que los libros salieron de la prensa hasta que fueron empacados en cajas de cartón) para este trabajo: **WIP**

Planta A

15.62	5.29	16.25	10.92	11.46	21.62	8.45	8.58	5.41	11.42
11.62	7.29	17.50	17.96	14.42	10.50	7.58	9.29	7.54	18.92

Planta B

9.54	11.46	16.62	12.62	25.75	15.41	14.29	13.13	13.71	10.04
5.75	12.46	19.17	13.21	16.00	12.33	14.25	15.37	16.25	19.71

Determine, para cada una de las dos plantas, si los datos parecen o no distribuirse en forma aproximadamente normal:

a. evaluando las propiedades reales frente a las propiedades teóricas.

b. construyendo una gráfica de probabilidad normal.

6.19 Las puntuaciones de crédito son números de tres dígitos usados por los prestamistas para evaluar nuestro valor de crédito. Las puntuaciones para los residentes de veinte áreas metropolitanas son las siguientes: **CREDITSCORE**

Ciudad	Puntuación de crédito
Atlanta	670
Boston	705
Chicago	680
Cleveland	690
Dallas	653
Denver	675
Detroit	675
Houston	655
Los Ángeles	667
Miami	672
Minneapolis	707
Nueva York	688
Orlando	671
Filadelfia	688
Phoenix	660
Sacramento	676
San Francisco	686
Seattle	691
Tampa	675
Washington	693

Determine si los datos parecen o no distribuirse de forma aproximadamente normal:

a. evaluando las propiedades reales frente a las propiedades teóricas.

b. construyendo una gráfica de probabilidad normal.

6.20 Una de las operaciones de un molino consiste en cortar trozos de acero en partes que posteriormente serán usadas como marco para los asientos delanteros en una planta automotriz. El acero se corta con una sierra de diamante y se requiere que las partes resultantes sean más o menos de 0.005 pulgadas de la longitud especificada por la empresa automotriz. Los datos provienen de una muestra de 100 partes de acero. **STEEL** La medida que se reporta es la diferencia en pulgadas entre la longitud real de la parte de acero, medida con láser, y la longitud especificada de la parte de acero.

Determine si los datos parecen o no distribuirse de forma aproximadamente normal:

a. evaluando las propiedades reales frente a las propiedades teóricas.

b. realizando una gráfica de probabilidad normal.

6.21 En una fábrica que produce esquinas de goma, la goma cruda se mezcla en una máquina moldeadora y después se corta en tiras. Las tiras se cargan en una máquina de moldes y fundidas en las formas deseadas de esquinas de goma. Los pesos (en gramos) de la muestra de esquinas de goma son los siguientes: **RUBBER**

8.63	8.59	8.63	8.67	8.64	8.57	8.53	8.59	8.66	8.54
8.65	8.61	8.67	8.65	8.64	8.64	8.51	8.61	8.65	8.62
8.57	8.60	8.54	8.69	8.52	8.63	8.72	8.58	8.66	8.66
8.57	8.66	8.62	8.66	8.69	8.57	8.58	8.65	8.68	8.56
8.54	8.65	8.65	8.62	8.66	8.61	8.64	8.73	8.62	8.60
8.69	8.50	8.58	8.63	8.66	8.59	8.69	8.70	8.54	8.62
8.63	8.61	8.65	8.59	8.61	8.56	8.64	8.65	8.67	8.61
8.64	8.61	8.67	8.65	8.55	8.71	8.75	8.56	8.62	8.66

Fuente: W. L. Pearn and K. S. Chen, "A Practical Implementation of the Process Capability Indez Cpk", Quality Engineering, *1997, 9, 721-737.*

Determine si los datos parecen o no distribuirse de forma aproximadamente normal:

a. evaluando las propiedades reales frente a las propiedades teóricas.

b. construyendo una gráfica de probabilidad normal.

6.22 Los siguientes datos representan el costo de la electricidad en dólares durante el mes de julio de 2004 para una muestra aleatoria de 50 departamentos de dos habitaciones en una ciudad grande: **UTILITY**

96	171	202	178	147	102	153	197	127	82
157	185	90	116	172	111	148	213	130	165
141	149	206	175	123	128	144	168	109	167
95	163	150	154	130	143	187	166	139	149
108	119	183	151	114	135	191	137	129	158

Determine si los datos parecen o no distribuirse de forma aproximadamente normal:

a. evaluando las propiedades reales frente a las propiedades teóricas.
b. construyendo una gráfica de probabilidad normal.

RESUMEN

En este capítulo usted utilizó la distribución normal en el escenario "Uso de la estadística" para estudiar el tiempo de descarga de una página Web. Además, estudió la gráfica de probabilidad normal. En el siguiente capítulo, usará la distribución normal para desarrollar el tema de la estadística inferencial.

FÓRMULAS IMPORTANTES

La función de densidad de la probabilidad normal

$$f(X) = \frac{1}{\sqrt{2\pi}\sigma} e^{-(1/2)[(X-\mu)/\sigma]^2} \quad \textbf{(6.1)}$$

Encontrar el valor Z (fórmula de transformación)

$$Z = \frac{X-\mu}{\sigma} \quad \textbf{(6.2)}$$

La función de densidad de probabilidad normal estandarizada

$$f(Z) = \frac{1}{\sqrt{2\pi}} e^{-(1/2)Z^2} \quad \textbf{(6.3)}$$

Encontrar el valor X

$$X = \mu + Z\sigma \quad \textbf{(6.4)}$$

CONCEPTOS CLAVE

distribución normal 179
distribución normal estandarizada acumulativa 181
fórmula de transformación 181
función de densidad de probabilidad continua 178
función de densidad de probabilidad normal 180
gráfica cuantil-cuantil 195
gráfica de probabilidad normal 195
variable aleatoria normal estandarizada Z 181

PROBLEMAS DE REPASO

Revisión de su comprensión

6.23 ¿Por qué es que sólo una tabla de distribución normal como la tabla E.2 es necesaria para encontrar cualquier probabilidad por debajo de la curva normal?

6.24 ¿Cómo se encuentra el área entre dos valores debajo de la curva normal?

6.25 ¿Cómo se encuentra el valor X que corresponde a un percentil dada una distribución normal?

6.26 ¿Cómo se utiliza la gráfica de probabilidad normal para evaluar si un conjunto de datos está distribuido normalmente?

Aplicación de conceptos

6.27 Una máquina de coser industrial usa cojinetes que deben tener un diámetro de 0.75 pulgadas. Los límites inferior y superior especificados dentro de los que los cojinetes pueden operar son 0.74 y 0.76 pulgadas, respectivamente. La experiencia indica que el diámetro real de los cojinetes se distribuye de forma aproximadamente normal con una media de 0.753 pulgadas y una desviación estándar de 0.004 pulgadas. ¿Cuál es la probabilidad de que el cojinete esté

a. entre el diámetro objetivo y la media real?
b. entre el límite inferior especificado y el diámetro objetivo?
c. por encima del límite superior especificado?

d. por debajo del límite inferior especificado?
e. el 93% de los diámetros son mayores, a qué valor?

6.28 La cantidad de líquido contenido en botellas de bebida refrescante se distribuye normalmente con una media de 2.0 litros y una desviación estándar de 0.05 litros. Las botellas que contienen menos del 95% del contenido neto listado (1.90 litros en este caso) son causa de que los productores sean penalizados por la oficina estatal de asuntos del consumidor. Las botellas que tienen un contenido neto superior a 2.10 litros, pueden causar un exceso de derrame cuando se abren. ¿Cuál es la proporción de botellas que contendrán:
a. entre 1.90 y 2.0 litros?
b. entre 1.90 y 2.10 litros?
c. menos de 1.90 o más de 2.10 litros?
d. el 99% de las botellas contienen por lo menos ¿qué cantidad de refresco?
e. el 99% de las botellas contendrán una cantidad que está ¿entre cuáles dos valores (simétricamente distribuidos) alrededor de la media?

6.29 En un esfuerzo por reducir el número de botellas que contienen menos de 1.90 litros, el embotellador del problema 6.28 programa la máquina que llena los envases para que la media sea de 2.02 litros. En estas circunstancias, ¿cuáles serían sus respuestas para los incisos *a*) al *e*)?

6.30 Un productor de jugo de naranja compra todas sus naranjas de un gran naranjal. La cantidad de jugo exprimido de cada una de estas naranjas se distribuye aproximadamente de forma normal con una media de 4.70 onzas y una desviación estándar de 0.40 onzas.
a. ¿Cuál es la probabilidad de que una naranja elegida aleatoriamente contenga entre 4.70 y 5.00 onzas?
b. ¿Cuál es la probabilidad de que una naranja elegida aleatoriamente contenga entre 5.00 y 5.50 onzas?
c. El 77% de las naranjas contendrán por lo menos ¿cuántas onzas de jugo?
d. ¿Entre cuáles dos valores (en onzas) simétricamente distribuidos alrededor de la media poblacional, estarán el 80% de las naranjas?

6.31 De acuerdo con *Investment Digest* ("Diversification and the Risk/Reward Relationship", Invierno de 1994, 1-3), la media del rendimiento anual para las acciones comunes de 1926 a 1992 fue del 12.4% y la desviación estándar del rendimiento anual fue del 20.6%. El artículo asegura que la distribución de los rendimientos anuales para las acciones comunes es aproximadamente simétrica y con forma de campana. Suponga que la distribución es de forma normal con la media y desviación estándar indicadas arriba. Encuentre la probabilidad de que los rendimientos para las acciones comunes sea
a. mayor del 0%.
b. mayor del 10%.
c. mayor del 20%.
d. menor del –10%.

6.32 Durante este mismo lapso de 67 años mencionado en el problema 6.31, la media del rendimiento anual para los bonos del gobierno a largo plazo fue de 5.2, y la desviación estándar fue de 8.6%. El artículo afirma que la distribución de los rendimientos anuales de los bonos de gobierno a largo plazo es aproximadamente simétrica y con forma de campana. Suponga que la distribución se distribuye normalmente con la media y desviación estándar indicadas arriba. Encuentre la probabilidad de que el rendimiento para los bonos de gobierno a largo plazo será
a. mayor del 0%.
b. mayor del 10%.
c. mayor del 20%.
d. menor del –10%.
e. Discuta las diferencias entre los rendimientos anuales de las acciones comunes y los bonos de gobierno a largo plazo.

6.33 El *Wall Street Journal* reportó que casi todos los principales índices de acciones habían tenido fuertes ganancias en los últimos 12 meses ("What´s Hot... and Not", *The Wall Street Journal*, 26 de abril, 2004, C3). El rendimiento anual del S&P 500, que comprende 500 grandes empresas, fue de aproximadamente del +27%. Los rendimientos de un año de Russell 2000, que agrupa a 2000 pequeñas empresas, fue de aproximadamente el +52%. A lo largo de la historia, los rendimientos de un año son aproximadamente normales. La desviación estándar para los rendimientos S&P 500 es aproximadamente del 20% y para Russell 2000 la desviación estándar es aproximadamente del 35%.
a. ¿Cuál es la probabilidad de que una acción de S&P 500 haya ganado el 30% o más en el último año? ¿Que haya ganado el 60% o más en el último año?
b. ¿Cuál es la probabilidad de que una acción de S&P 500 perdiera dinero el año pasado? ¿Y de que perdiera el 30% o más dinero?
c. Repita los incisos *a*) y *b*) para las acciones en Russell 2000.
d. Escriba un breve resumen acerca de lo que haya encontrado. Asegúrese de incluir una explicación acerca de los riesgos asociados a tener una desviación estándar grande.

6.34 El *New York Times* reportó (Laurie J. Flynn, "Tax Surfing", *The New York Times*, 25 de marzo, 2002, C10) que la media del tiempo de descarga para la página principal del sitio Web Internal Revenue Service **www.irs.gov** es de 0.8 segundos. Suponga que el tiempo de descarga se distribuye normalmente con una desviación estándar de 0.2 segundos. ¿Cuál es la probabilidad de que el tiempo de descarga sea
a. menor a 1 segundo?
b. de entre 0.5 y 1.5 segundos?
c. de más de 0.5 segundos?
d. el 99% de los tiempos de descarga están por arriba ¿de cuántos segundos?
e. ¿Entre cuáles dos valores simétricamente distribuidos alrededor de la media se encuentra el 95% de los tiempos de descarga?

6.35 El mismo artículo mencionado en el problema 6.34 también reportó que la media del tiempo de descarga para el sitio Web de H&R Block **www.hrblock.com** es de 2.5 segundos. Suponga que el tiempo de descarga se distribuye normalmente con una desviación estándar de 0.5 segundos. ¿Cuál es la probabilidad de que el tiempo de descarga sea
a. menor a 1 segundo?
b. de entre 0.5 y 1.5 segundos.
c. de más de 0.5 segundos?
d. ¿Por arriba de cuántos segundos se encuentran el 99% de los tiempos de descarga?
e. Compare los resultados para el sitio IRS calculados en el problema 6.34 con los del sitio H&R Block.

6.36 (Proyecto de grupo) De acuerdo con Burton G. Malkiel, los cambios diarios en el precio de cierre de las acciones sigue un *camino aleatorio* (es decir, estos eventos diarios son independientes uno del otro y se mueven hacia arriba o hacia debajo de forma aleatoria) y pueden aproximarse a una curva normal. Para probar esta teoría, utilice el periódico o Internet para seleccionar una empresa que cotice en la Bolsa de Valores de Nueva York, una empresa que cotice en el American Stock Exchange, y una empresa que cotice "sobre el escritorio" (es decir, en el mercado nacional NASDAQ) y después haga lo siguiente:

1. Registre los cambios diarios del precio de cierre de las acciones para cada una de las empresas durante 6 semanas consecutivas (para que así tenga 30 valores por empresa).
2. Registre los cambios diarios del cierre del precio de las acciones para cada una de estas empresas durante 6 semanas consecutivas (para que así tenga 30 valores por empresa).

Para cada uno de sus seis conjuntos de datos, determine si los datos se distribuyen de forma aproximadamente normal

a. examinando una gráfica de tallo y hoja, un histograma o polígono y una gráfica de caja y bigote.
b. evaluando las propiedades reales frente a las propiedades teóricas.
c. realizando una gráfica de probabilidad normal.
d. Analice los resultados de los incisos *a*), *b*) y *c*). ¿Qué concluye ahora sobre sus tres compañías con respecto a los precios de cierre diarios y los cambios en los precios de cierre? ¿Cuál de los conjuntos de datos, si acaso alguno, se aproxima a una distribución normal?

Nota: La teoría del *camino aleatorio* pertenece a los *cambios* diarios en el precio de cierre de las acciones, no al precio diario de cierre de las acciones.

PROYECTO EN EQUIPO

Los datos del archivo **MUTUALFUNDS2004** contienen información respecto a 12 variables de una muestra de 121 fondos de inversión. Las variables son:

Fund —El nombre del fondo de inversión.
Category —Tipo de acciones comprendidas en el fondo de inversión: pequeño capital, capital medio, gran capital.
Objective —Objetivo de las acciones comprendidas en el fondo de inversión: crecimiento o valor.
Assets —Activos en millones de dólares.
Fees —Cargos por ventas (sí o no).
Expense ratio —Relación entre gastos y activos netos en porcentaje.
2003 Return —Rendimiento de 12 meses en el 2003.
Three-year return —Rendimiento anualizado de 2001 a 2003.
Five-year return —Rendimiento anualizado de 1999 a 2003.
Risk —Factor riesgo-pérdida de los fondos de inversión clasificado como bajo, promedio o alto.
Best quarter —Mejor rendimiento trimestral de 1999 a 2003.
Worst quarter —Peor rendimiento trimestral de 1999 a 2003.

6.37 Considere las variables de relación de gastos, rendimiento anualizado a tres años y rendimiento anualizado a cinco años. Para cada una de estas variables, determine si los datos se distribuyen aproximadamente de forma normal

a. evaluando las propiedades reales frente a las teóricas.
b. construyendo una gráfica de probabilidad normal.

CASO ACTUAL
ADMINISTRACIÓN DEL *SPRINGVILLE HERALD*

El departamento de producción del periódico se ha embarcado en un esfuerzo por mejorar la calidad. Su primer proyecto se relaciona con la tonalidad oscura de la impresión del periódico. Cada día se necesita determinar qué tan oscura es la impresión. La tonalidad se mide en una escala estándar en la que el valor objetivo es 1.0. Los datos recopilados en el último año indican que la tonalidad negra se distribuye normalmente con una media de 1.005 y una desviación estándar de 0.10.

Cada día se elige una mancha del primer periódico impreso y se mide la tonalidad oscura. Ésta se considera aceptable si está entre 0.95 y 1.05.

EJERCICIO

SH6.1 Suponiendo que la distribución no ha cambiado con respecto a la del año pasado, ¿cuál es la probabilidad de que la tonalidad de la mancha sea:
a. menor a 1.0?
b. entre 0.95 y 1.0?
c. entre 1.0 y 1.05?
d. menos de 0.95 o mayor que 1.05?

SH6.2 El objetivo del equipo de producción es reducir la probabilidad de que la tonalidad oscura esté por debajo de 0.95 o por arriba de 1.05. ¿Sería mejor enfocarse en el proceso de mejoramiento que disminuyó la media del valor objetivo de 1.0 o en el proceso de mejoramiento que redujo la desviación estándar a 0.075? Explique por qué.

CASO WEB

Aplique su conocimiento acerca de la distribución normal en este caso Web que viene del escenario "Uso de la estadística" de este capítulo.

Para satisfacer las preocupaciones de los anunciantes potenciales, la administración de OnCampus! ha puesto en marcha un proyecto de investigación para aprender sobre la cantidad de tiempo que los lectores permanecen en sus sitios Web. El departamento de marketing ha recopilado datos y ha hecho algunas aseveraciones basadas en la afirmación de que los datos siguen una distribución normal. Los datos y las conclusiones pueden encontrarse en un reporte dentro del sitio Web interno **www.prenhall.com/Springville/OC_MarketingSurvey.htm**.

Lea este reporte de marketing y después responda lo siguiente:

1. ¿Pueden los datos recopilados aproximarse con una distribución normal?
2. Revise y evalúe las conclusiones hechas por el departamento de marketing de OnCampus! ¿Qué conclusiones son correctas? ¿Cuáles son incorrectas?
3. Si OnCampus! pudiera cambiar su tiempo promedio en cinco minutos, ¿cómo cambiarían las probabilidades?

REFERENCIAS

1. Gunter, B., "Q-Q Plots", *Quality Progress* (febrero de 1994), 81-86.
2. Marascuilo, L. A. y M. McSweeney, *Nonparametric and Distribution-Free Methods for the Social Sciences* (Monterey, CA: Brook/Cole, 1977).
3. *Microsoft Excel 2003* (Redmond, WA: Microsoft Corp., 2003).
4. *Minitab for Windows Version 14* (State College, PA: Minitab Inc., 2004).

Apéndice 6 Uso del software con la distribución normal

A6.1 EXCEL

Para probabilidades normales

Abra el archivo **Normal.xls** mostrado en la figura 6.18 de la página 192. Esta hoja de trabajo resuelve los problemas para los ejemplos 6.5 y 6.6. Abra el archivo **Normal Expanded.xls** para solucionar los problemas similares a los ejemplos 6.2 y 6.3, así como los ejemplos 6.5 y 6.6. Ambas hojas de trabajo usan las funciones STANDARDIZE, DISTR.NORM, NORMSINV y NORMINV para calcular probabilidades normales y valores relacionados (vea la sección G.8 para información adicional).

Para adaptar estas hojas de trabajo a otros problemas, cambie los valores de **Media, Desviación Estándar, Valores X** y **Porcentaje Acumulado** en las celdas sombreadas.

O vea la sección G.8 **(Normal)** si desea usar el PHStat2 para generar una hoja de trabajo para usted.

Para una gráfica de probabilidad normal

No hay comandos en Excel que generen directamente una gráfica de probabilidad normal. Si desea que PHSat2 produzca una gráfica de probabilidad normal, consulte la sección G.9.

A6.2 MINITAB

Uso de Minitab para calcular probabilidades normales

Puede usar Minitab en lugar de la tabla E.2 para calcular probabilidades normales. Para encontrar la probabilidad de que un tiempo de descarga sea menor a 9 segundos con una $\mu = 7$ y una $\sigma = 2$:

1. Ingrese **9** en la primera fila de la columna C1 de una hoja de trabajo en blanco.

2. Seleccione **Calc → Probability Distributions → Normal.**
3. En la ventana de diálogo de la distribución normal (vea la figura A6.1) seleccione el botón de la opción **Cumulative probability**. Ingrese 7 en el cuadro de edición Mean y **2** en el cuadro de edición **Standard deviation**. Seleccione el botón de la opción **Input column** e ingrese **C1** en su cuadro de edición. Dé clic en el botón **OK**. Obtendrá el resultado mostrado en la parte superior de la figura 6.19 de la página 192.

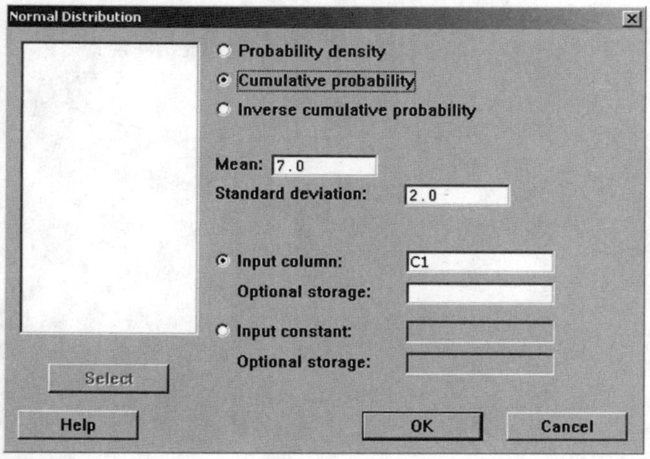

FIGURA A6.1 Ventana de diálogo de distribución normal de Minitab.

Para encontrar el valor Z correspondiente a un área acumulativa de 0.10,

1. Ingrese **.10** en la fila 1 de la columna C2.
2. Seleccione **Calc → Probability Distributions → Normal**.
3. Seleccione el botón con la opción **Inverse cumulative probability**. Ingrese **7** en el cuadro de edición Mean y 2 en el cuadro de edición **Standard deviation**.
4. Seleccione el botón de la opción **Input column** e ingrese **C2** en el cuadro de edición. Dé clic en el botón **OK**.

Obtendrá el resultado mostrado en la parte inferior de la figura 6.19 de la página 192.

Uso de Minitab para una gráfica de probabilidad normal

Para construir una gráfica de probabilidad normal en Minitab para los rendimientos en 2003 de los fondos de inversión, abra la hoja de trabajo MUTUALFUNDS2004.MTV. Entonces,

1. Seleccione **Graph → Probability Plot**.
2. En el cuadro de diálogo de Probability Plots, seleccione **Single**. Dé clic en el botón **OK**.
3. En el cuadro de diálogo de Probability Plot-Single (vea la figura A6.2), en el cuadro de edición Graph variables, ingrese **C7** o **"Return 2003"**.

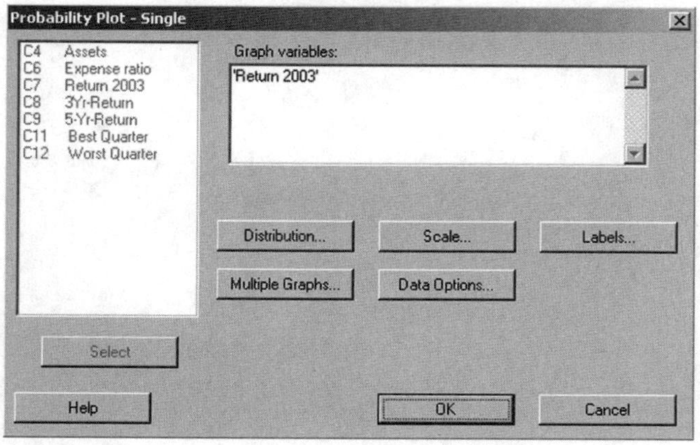

FIGURA A6.2 Ventana de diálogo Probability Plot-Single de Minitab.

4. Dé clic en el botón **Distribution**. En la ventana de diálogo de Probability Plot-Distribution (vea la figura A6.3), seleccione **Normal** en la lista que se despliega hacia abajo de Distribution. Dé clic en el botón **OK** para regresar al cuadro de diálogo de Probability Plot-Single. Dé clic en el botón **OK**.

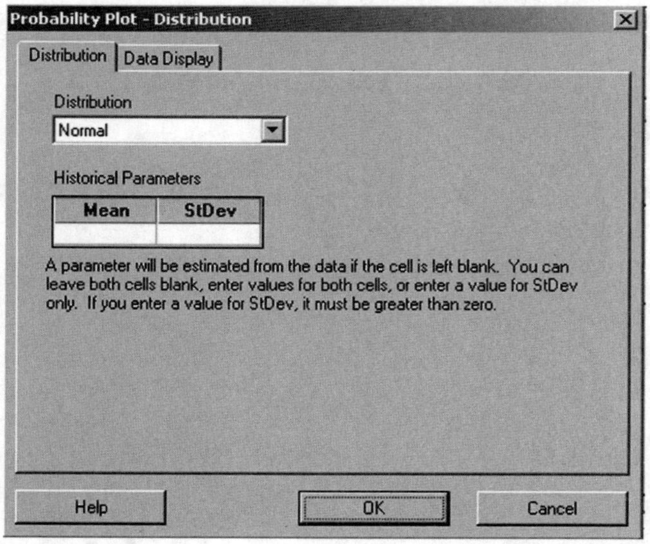

FIGURA A6.3 Cuadro de diálogo Probability Plot Distribution de Minitab.

CAPÍTULO 7

Distribuciones muestrales

USO DE LA ESTADÍSTICA: Proceso de empaquetado de cajas de cereal

OBJETIVOS DE APRENDIZAJE

En este capítulo, aprenderá:

- El concepto de distribución muestral
- A calcular probabilidades relacionadas con la media y la proporción muestrales
- La importancia del Teorema del límite central
- A distinguir entre los distintos métodos de muestreo para encuestas

USO DE LA ESTADÍSTICA

Proceso de empaquetado de cajas de cereal

En las plantas de Oxford Cereal Company se llenan miles de cajas de cereales en cada turno de ocho horas. Como gerente operativo de una planta, usted se encarga de supervisar la cantidad de cereal que contienen las cajas. Se supone que la media del llenado es de 368 gramos de cereal, como indica la etiqueta del paquete. Por la rapidez del proceso, el peso del cereal varía de una caja a otra, provocando que algunas cajas tengan excedente y otras faltante. Si el proceso no funciona adecuadamente, el peso neto del contenido de las cajas podría diferir mucho de los 368 gramos que indica la etiqueta, hasta resultar inaceptable. Como pesar cada una de las cajas sería un proceso muy lento, costoso e ineficaz, usted debe sacar una muestra de cajas y tomar una decisión con respecto a la probabilidad de que el proceso de llenado de cereales funcione de manera adecuada. Cada vez que selecciona una muestra y pesa las cajas que la componen, calcula la media muestral $\bar{X}$. Necesita determinar la probabilidad de que $\bar{X}$ haya sido extraída de forma aleatoria de una población cuya media poblacional es de 368 gramos. Con base en esta evaluación, tendrá que decidir si conserva, modifica o detiene el proceso.

En el capítulo anterior, usted utilizó la distribución normal para estudiar la distribución de los tiempos de descarga del sitio Web OnCampus! En este capítulo, necesita decidir sobre el proceso de llenado, con base en una *muestra* de cajas de cereal. Aprenderá acerca de las *distribuciones muestrales* y cómo utilizarlas para resolver problemas empresariales. Al igual que en el capítulo anterior, para calcular las probabilidades se utiliza la distribución normal.

7.1 DISTRIBUCIONES MUESTRALES

En muchas aplicaciones usted quiere realizar inferencias estadísticas, esto es, utilizar estadísticos calculados a partir de muestras para estimar los valores de los parámetros de la población. En este capítulo aprenderá sobre la media muestral, un estadístico utilizado para estimar la media poblacional (un parámetro). También aprenderá acerca de la proporción muestral, un estadístico que se utiliza para estimar la proporción poblacional (un parámetro). El principal problema al realizar una inferencia estadística radica en obtener conclusiones sobre la población, *no* sobre la muestra. Por ejemplo, una persona que se encarga de realizar encuestas políticas se interesa en los resultados muestrales sólo como mecanismo para estimar la proporción de votos real que recibirá cada uno de los candidatos a partir de la población de votantes. Del mismo modo, como gerente operativo de la Oxford Cereal Company, a usted sólo le interesa utilizar la media muestral calculada a partir de una muestra de cajas de cereal para estimar el peso medio incluido en una población de cajas.

En la práctica, de la población total usted selecciona una muestra aleatoria simple de tamaño predeterminado. Determina qué elementos forman parte de la muestra mediante el uso de un generador de número aleatorio, como una tabla de números aleatorios (vea la sección 7.4 y la tabla E.1), o a través de Excel o Minitab (vea la página 234).

Hipotéticamente, al utilizar un estadístico muestral para estimar un parámetro poblacional, debe examinar *toda* posible muestra que pudiera presentarse. La **distribución muestral** es la distribución de los resultados que se presentan si en realidad se seleccionaron todas las muestras posibles.

7.2 DISTRIBUCIÓN MUESTRAL DE LA MEDIA

En el capítulo 3 analizamos varias medidas de tendencia central. Sin duda, la media es la medición de la tendencia central que más se utiliza. Con frecuencia, la media muestral se utiliza para calcular la media poblacional. La **distribución muestral de la media** es la distribución de todas las medias posibles que surgen si en realidad se seleccionaran todas las muestras posibles de cierto tamaño.

Propiedad de imparcialidad de la media muestral

La media muestral es **imparcial** porque la media de todas las medias muestrales posibles (de una muestra dada con tamaño n) es igual a la media poblacional μ. Esta propiedad se demuestra por medio de un sencillo ejemplo referente a una población de cuatro asistentes administrativos. Se pide a cada uno de los asistentes que teclee la misma página de un manuscrito. La tabla 7.1 muestra el número de errores.

TABLA 7.1
Número de errores cometidos por cada uno de los cuatro asistentes administrativos.

Asistente administrativo	Número de errores
Ana	$X_1 = 3$
Roberto	$X_2 = 2$
Carla	$X_3 = 1$
David	$X_4 = 4$

En la figura 7.1 se muestra esta distribución poblacional.

FIGURA 7.1
Número de errores cometidos por una población de cuatro asistentes administrativos.

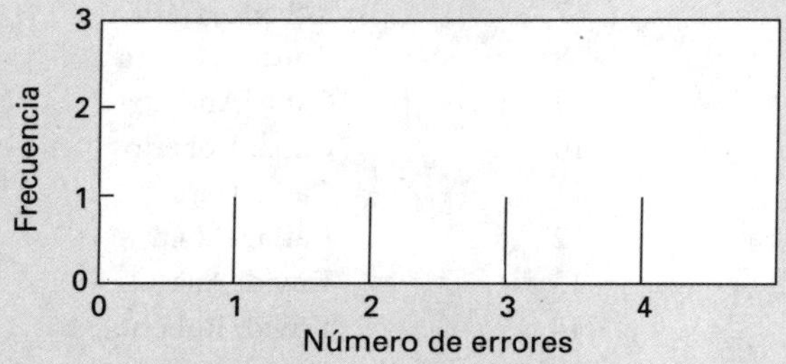

Cuando se tienen los datos de una población, la media se calcula utilizando la ecuación (7.1):

MEDIA POBLACIONAL

La media poblacional es la suma de los valores de la población dividida por el tamaño de la población N.

$$\mu = \frac{\sum_{i=1}^{N} X_i}{N} \qquad \textbf{(7.1)}$$

Calcule la desviación estándar σ de la población utilizando la ecuación (7.2):

DESVIACIÓN ESTÁNDAR POBLACIONAL

$$\sigma = \sqrt{\frac{\sum_{i=1}^{N} (X_i - \mu)^2}{N}} \qquad \textbf{(7.2)}$$

Así, para los datos de la tabla 7.1:

$$\mu = \frac{3 + 2 + 1 + 4}{4} = 2.5 \text{ errores}$$

y

$$\sigma = \sqrt{\frac{(3 - 2.5)^2 + (2 - 2.5)^2 + (1 - 2.5)^2 + (4 - 2.5)^2}{4}} = 1.12 \text{ errores}$$

Si a partir de esta población usted selecciona muestras compuestas por dos asistentes administrativos *con* reemplazo, habrá 16 muestras posibles ($N^n = 4^2 = 16$). La tabla 7.2 presenta los resultados de las 16 muestras posibles. Si calcula el promedio de las medias de las 16 muestras, la media de estos valores, $\mu_{\overline{X}}$, es igual a 2.5, que es también la media poblacional μ.

TABLA 7.2
Las 16 muestras de $n = 2$ asistentes administrativos, de una población de $N = 4$ asistentes administrativos, al muestrear *con* reemplazo.

Muestra	Asistentes administrativos	Resultado de la muestra	Media muestral
1	Ana, Ana	3, 3	$\overline{X}_1 = 3$
2	Ana, Roberto	3, 2	$\overline{X}_2 = 2.5$
3	Ana, Carla	3, 1	$\overline{X}_3 = 2$
4	Ana, David	3, 4	$\overline{X}_4 = 3.5$
5	Roberto, Ana	2, 3	$\overline{X}_5 = 2.5$
6	Roberto, Roberto	2, 2	$\overline{X}_6 = 2$
7	Roberto, Carla	2, 1	$\overline{X}_7 = 1.5$
8	Roberto, David	2, 4	$\overline{X}_8 = 3$
9	Carla, Ana	1, 3	$\overline{X}_9 = 2$
10	Carla, Roberto	1, 2	$\overline{X}_{10} = 1.5$
11	Carla, Carla	1, 1	$\overline{X}_{11} = 1$
12	Carla, David	1, 4	$\overline{X}_{12} = 2.5$
13	David, Ana	4, 3	$\overline{X}_{13} = 3.5$
14	David, Roberto	4, 2	$\overline{X}_{14} = 3$
15	David, Carla	4, 1	$\overline{X}_{15} = 2.5$
16	David, David	4, 4	$\overline{X}_{16} = 4$
			$\mu_{\overline{X}} = 2.5$

Puesto que la media de las 16 medias muestrales es igual a la media poblacional, la media muestral es un estimador imparcial de la media poblacional. Por lo tanto, aunque no sepa qué tan cercana está la media muestral de cualquier muestra seleccionada a la media poblacional, al menos estará seguro de que la media de todas las medias muestrales posibles que se pueden seleccionar es igual a la media poblacional.

Error estándar de la media

La figura 7.2 ilustra la variación de la media muestral al seleccionar las 16 muestras posibles. En este pequeño ejemplo, aunque la media muestral varía de una muestra a otra, en función de los asistentes administrativos seleccionados, no lo hace tanto como los valores individuales de la población. El que las medias muestrales varíen menos que los valores individuales es resultado de que cada media muestral promedia todos los valores de la muestra. Una población se compone de resultados individuales que pueden tomar una gran variedad de valores, desde los extremadamente pequeños hasta los muy grandes. No obstante, si una muestra contiene un valor extremo, aunque éste influya sobre la media muestral, el efecto se reduce gracias a que su valor se promedia con todos los demás incluidos en la muestra. Conforme aumenta el tamaño de la muestra, se reduce el efecto de un solo valor extremo, ya que se le promedia con más valores.

FIGURA 7.2

Distribución muestral de la media basada en todas las muestras posibles conformadas por dos asistentes administrativos.

Fuente: *Datos procedentes de la tabla 7.2.*

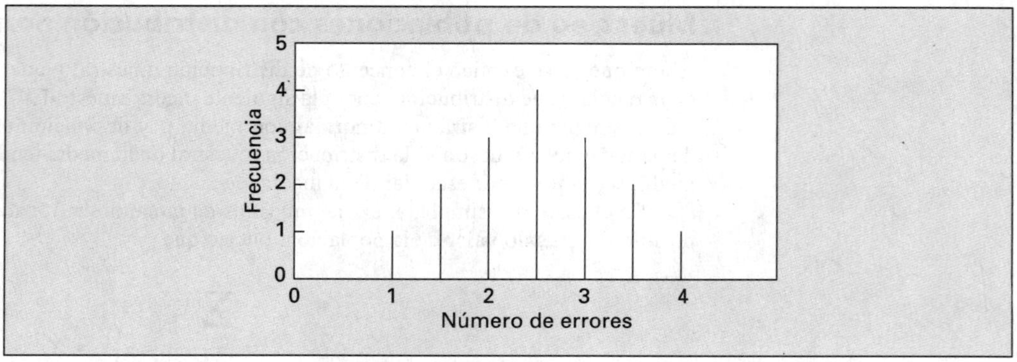

El valor de la desviación estándar de todas las medias muestrales posibles, llamado **error estándar de la media**, expresa cuánto varía la media muestral entre una muestra y otra. La ecuación (7.3) define al error estándar de la media al hacer muestras *con* o *sin* reemplazo (vea la página 221) de una población enorme o infinita.

ERROR ESTÁNDAR DE LA MEDIA

El error estándar de la media $\sigma_{\bar{X}}$ es igual a la desviación estándar de la población σ dividida por la raíz cuadrada del tamaño de la muestra *n*.

$$\sigma_{\bar{X}} = \frac{\sigma}{\sqrt{n}} \qquad \textbf{(7.3)}$$

Por lo tanto, cuando aumenta el tamaño de la muestra, el error estándar de la media se reduce en un factor igual a la raíz cuadrada del tamaño de la muestra.

También es factible utilizar la ecuación (7.3) como aproximación del error estándar de la media cuando la muestra seleccionada sin reemplazo incluye a menos del 5% de la población total. En el ejemplo 7.1 se calcula el error estándar de la media para tal situación.

EJEMPLO 7.1

CALCULAR EL ERROR ESTÁNDAR DE LA MEDIA

Volvamos al proceso de llenado de cereal descrito en el escenario "Uso de la estadística" de la página 206. Si de los miles de cajas empacadas durante un turno usted selecciona de manera aleatoria una muestra de 25 cajas sin reemplazo, la muestra contendrá mucho menos del 5% de la población. Si la desviación estándar del proceso de llenado de cereal es de 15 gramos, calcule el error estándar de la media.

SOLUCIÓN Al utilizar la ecuación (7.3) mencionada antes, con $n = 25$ y $\sigma = 15$, se determina que el error estándar de la media es

$$\sigma_{\bar{X}} = \frac{\sigma}{\sqrt{n}} = \frac{15}{\sqrt{25}} = \frac{15}{5} = 3$$

La variación de las medias muestrales correspondientes a las muestras de $n = 25$ es mucho menor que la variación en las cajas de cereal individuales (es decir, $\sigma_{\bar{X}} = 3$, mientras que $\sigma = 15$).

Muestreo de poblaciones con distribución normal

Ahora que ya se explicó el concepto de distribución muestral y que se ha definido el error estándar de la media, ¿qué distribución tendrá la siguiente media muestral $\bar{X}$? Si está muestreando una población que tiene una distribución normal con media μ y desviación estándar σ, independientemente del tamaño de la muestra n, la distribución muestral de la media tendrá una distribución normal con media $\mu_{\bar{X}} = \mu$ y error estándar de la media $\sigma_{\bar{X}}$.

En el caso más simple, si extrae muestras de tamaño $n = 1$, cada una de las medias muestrales posibles es un solo valor de la población, puesto que

$$\bar{X} = \frac{\sum_{i=1}^{n} X_i}{n} = \frac{X_i}{1} = X_i$$

Por lo tanto, si la población tiene una distribución normal con una media μ y una desviación estándar σ, entonces la distribución muestral de $\bar{X}$ para muestras de $n = 1$ también debe seguir una distribución normal con media $\mu_{\bar{X}} = \mu$ y error estándar de la media $\sigma_{\bar{X}} = \sigma/\sqrt{1} = \sigma$. Además, al aumentar el tamaño de la muestra, la distribución muestral de la media conserva una distribución normal con media $\mu_{\bar{X}} = \mu$, pero se reduce el error estándar de la media, de manera que una mayor proporción de las medias muestrales se encuentra más cerca de la media poblacional. La figura 7.3

FIGURA 7.3

Distribución muestral de la media de 500 muestras con tamaños de n = 1, 2, 4, 8, 16 y 32, seleccionadas de una población normal.

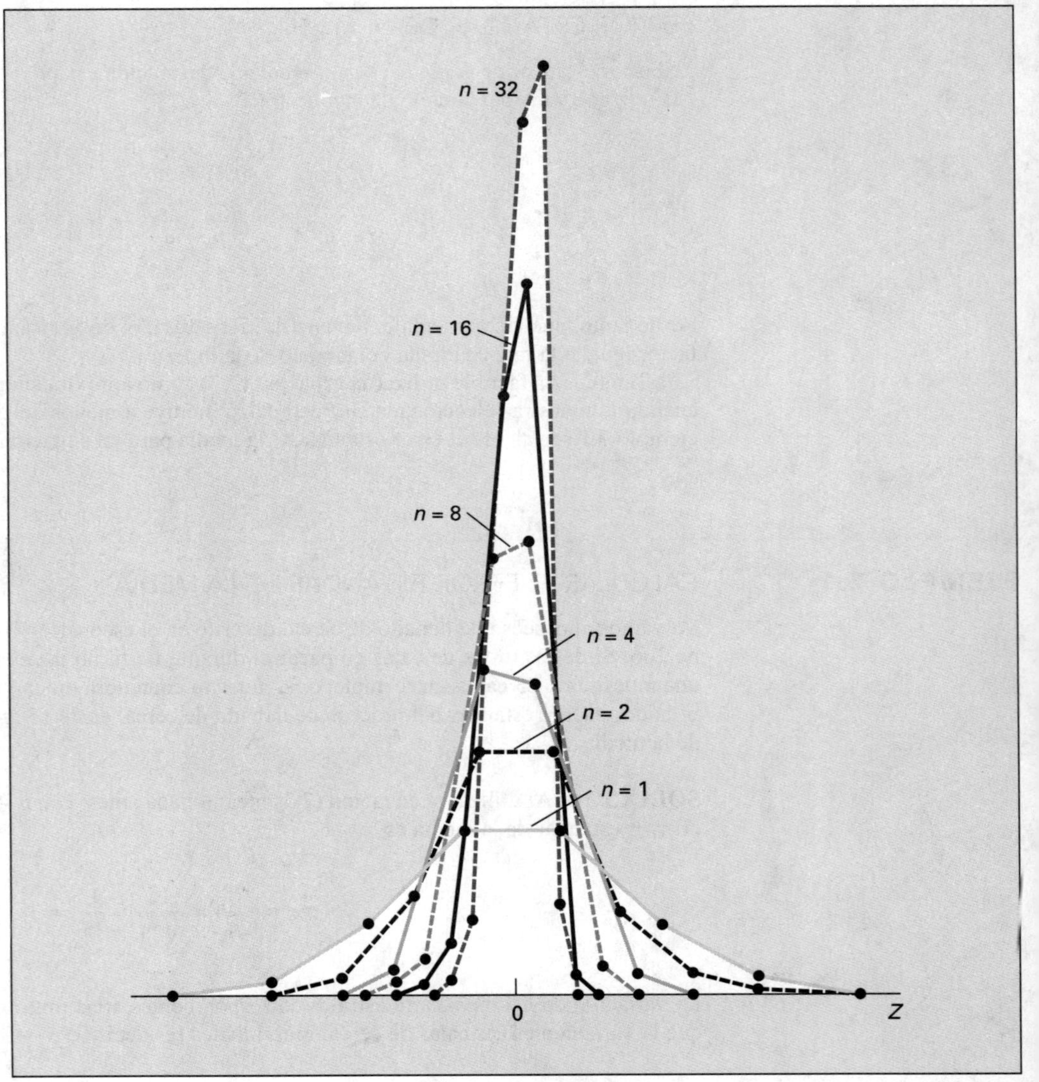

[1] Recuerde que se seleccionaron "sólo" 500 de un número infinito de muestras, de manera que las distribuciones que se presentan son únicamente aproximaciones de las verdaderas distribuciones.

ilustra esta reducción de la variabilidad en la que se seleccionaron 500 muestras con tamaños de 1, 2, 4, 8, 16 y 32 de manera aleatoria de una población con distribución normal. A partir de los polígonos de la figura 7.3, usted observa que a pesar de que la distribución muestral de la media es aproximadamente[1] normal para cada tamaño de la muestra, las medias muestrales tienen una distribución más estrecha alrededor de la media poblacional conforme aumenta el tamaño de la muestra.

Al examinar el concepto de la distribución muestral de la media, considere de nuevo el escenario "Uso de la estadística" descrito en la página 206. El equipo empaquetador que llena las cajas con 368 gramos de cereal está programado de manera tal que la cantidad de cereal introducido en una caja tenga una distribución normal, con una media de 368 gramos. A partir de la experiencia, se determinó que la desviación estándar poblacional de este proceso de llenado es de 15 gramos.

Si se selecciona de manera aleatoria una muestra 25 cajas de las miles que se llenan durante un día, y se calcula el peso promedio de esta muestra, ¿qué tipo de resultado se espera? Por ejemplo, ¿cree que la media muestral puede ser de 368 gramos? ¿De 200 gramos? ¿De 365 gramos?

La muestra actúa como una representación en miniatura de la población, de tal manera que si los valores de la población tienen una distribución normal, los valores de la muestra deben tener una distribución aproximadamente normal. De esta forma, si la media poblacional es de 368 gramos, la media muestral tiene buenas posibilidades de acercarse a 368 gramos.

¿Cómo se determina la probabilidad de que una muestra de 25 cajas tenga una media inferior a 365 gramos? A partir de la distribución normal (sección 6.2) usted sabe que puede encontrar el área debajo de cualquier valor X al convertir a unidades estandarizadas Z.

$$Z = \frac{X - \mu}{\sigma}$$

En los ejemplos de la sección 6.2, se estudió cuánto difiere de la media cualquier valor sencillo X. Ahora, en el ejemplo de llenado de cajas de cereal, el valor implicado es una media muestral $\overline{X}$ y usted quiere determinar la probabilidad de que una media muestral sea inferior a 365. De esta manera, al sustituir $\overline{X}$ por X, $\mu_{\overline{X}}$ por μ y $\sigma_{\overline{X}}$ por σ, se define el valor Z apropiado en la ecuación (7.4):

CÁLCULO DE Z PARA LA DISTRIBUCIÓN MUESTRAL DE LA MEDIA

El valor Z es igual a la diferencia que existe entre la media muestral $\overline{X}$ y la media poblacional μ, dividida por el error estándar de la media $\sigma_{\overline{X}}$.

$$Z = \frac{\overline{X} - \mu_{\overline{X}}}{\sigma_{\overline{X}}} = \frac{\overline{X} - \mu}{\frac{\sigma}{\sqrt{n}}} \qquad \textbf{(7.4)}$$

Para encontrar el área que se encuentra debajo de 365 gramos, a partir de la ecuación (7.4),

$$Z = \frac{\overline{X} - \mu_{\overline{X}}}{\sigma_{\overline{X}}} = \frac{365 - 368}{\frac{15}{\sqrt{25}}} = \frac{-3}{3} = -1.00$$

En la tabla E.2 el área correspondiente a $Z = -1.00$ es 0.1587. Por lo tanto, el 15.87% de todas las muestras posibles con un tamaño de 25 tienen una media muestral inferior a 365 gramos.

Esta afirmación no es lo mismo que decir que cierto porcentaje *individual* de las cajas tendrá menos de 365 gramos de cereal. Calcule ese porcentaje de la siguiente manera:

$$Z = \frac{X - \mu}{\sigma} = \frac{365 - 368}{15} = \frac{-3}{15} = -0.20$$

En la tabla E.2, el área correspondiente a $Z = -0.20$ es 0.4207. Por lo tanto, cabe esperar que el 42.07% de todas las cajas *individuales* tengan un contenido inferior a 365 gramos. Al comparar esos resultados, observará que se encuentran muchas más *cajas individuales* debajo de los 365 gramos que *medias muestrales*. Este resultado se explica por el hecho de que cada una de las muestras se compone de 25 valores distintos, algunos pequeños y otros grandes. Al promediar, se diluye la importancia de cualquier valor individual, sobre todo cuando el tamaño de la muestra es grande. De esta forma, la posibilidad de que la media muestral de 25 cajas esté alejada de la media poblacional es menor que la posibilidad de que lo esté una *sola* caja.

Los ejemplos 7.2 y 7.3 ilustran cómo el uso de distintos tamaños de la muestra influye sobre esos resultados.

EJEMPLO 7.2

EFECTO DEL TAMAÑO DE LA MUESTRA n EN EL CÁLCULO DE $\sigma_{\bar{X}}$

¿Cómo se ve afectado el error estándar de la media al aumentar el tamaño de la muestra de 25 a 100 cajas?

SOLUCIÓN Si $n = 100$ cajas, al utilizar la ecuación (7.3) de la página 209 tenemos:

$$\sigma_{\bar{X}} = \frac{\sigma}{\sqrt{n}} = \frac{15}{\sqrt{100}} = \frac{15}{10} = 1.5$$

Al cuadruplicar el tamaño de la muestra de 25 a 100, se reduce a la mitad el error estándar de la media (de 3 a 1.5 gramos). Esto prueba que el uso de una muestra más grande tiene como resultado una menor variabilidad de las medias muestrales entre una muestra y otra.

EJEMPLO 7.3

EFECTO DEL TAMAÑO DE LA MUESTRA n SOBRE EL AGRUPAMIENTO DE LAS MEDIAS EN LA DISTRIBUCIÓN MUESTRAL

En el ejemplo de llenado de cereal, si se selecciona una muestra de 100 cajas, ¿cuál es la probabilidad de que la media muestral sea inferior a 365 gramos?

SOLUCIÓN Al utilizar la ecuación (7.4) de la página 211:

$$Z = \frac{\bar{X} - \mu_{\bar{X}}}{\sigma_{\bar{X}}} = \frac{365 - 368}{\frac{15}{\sqrt{100}}} = \frac{-3}{1.5} = -2.00$$

De acuerdo con la tabla E.2, el área menor que $Z = -2.00$ es 0.0228. Por lo tanto, el 2.28% de las muestras compuestas por 100 cajas tienen una media inferior a 365 gramos, en comparación con el 15.87% de las muestras de 25 cajas.

A veces se requiere encontrar el intervalo que abarca una proporción fija de medias muestrales. Se necesita determinar la distancia arriba y abajo de la media poblacional que abarque un área específica de la curva normal. Al utilizar la ecuación (7.4) de la página 211,

$$Z = \frac{\bar{X} - \mu}{\frac{\sigma}{\sqrt{n}}}$$

Despejando para $\bar{X}$ se obtiene la ecuación (7.5).

CÁLCULO DE $\bar{X}$ PARA LA DISTRIBUCIÓN MUESTRAL DE LA MEDIA

$$\bar{X} = \mu + Z\frac{\sigma}{\sqrt{n}} \qquad (7.5)$$

El ejemplo 7.4 ilustra el uso de la ecuación (7.5).

EJEMPLO 7.4

DETERMINAR EL INTERVALO QUE ABARCA UNA PROPORCIÓN FIJA DE LAS MEDIAS MUESTRALES

En el ejemplo de llenado con cereal, encuentre un intervalo alrededor de la media poblacional que abarque el 95% de las medias muestrales a partir de muestras de 25 cajas.

SOLUCIÓN Si el 95% de las medias muestrales se encuentra dentro del intervalo, entonces un 5% está fuera de él. Divida el 5% en dos partes iguales de 2.5%. En la tabla E.2, el valor de Z correspondiente a un área de 0.0250 en la cola inferior de la curva normal es −1.96, y el valor de Z correspondiente a un área acumulada de 0.975 (es decir, 0.025 de la cola superior de la curva normal) es +1.96. El valor menor de $\bar{X}$ (llamado $\bar{X}_L$) y el valor superior de $\bar{X}$ (llamado $\bar{X}_U$) se encuentra utilizando la ecuación (7.5):

$$\bar{X}_L = 368 + (-1.96)\frac{15}{\sqrt{25}} = 368 - 5.88 = 362.12$$

$$\bar{X}_U = 368 + (1.96)\frac{15}{\sqrt{25}} = 368 - 5.88 = 373.88$$

Por lo tanto, el 95% de todas las medias muestrales correspondientes a muestras de 25 cajas se encuentra entre 362.12 y 373.88 gramos.

Muestreo de poblaciones sin distribución normal —Teorema del límite central

Hasta este punto de la sección, ha estudiado la distribución muestral de la media de una población con distribución normal. Sin embargo, se sabe que en muchos casos la población no tiene una distribución normal o no es realista suponer tal distribución. Esta situación se trata mediante un teorema muy importante en estadística, a saber, el teorema del límite central.

EL TEOREMA DEL LÍMITE CENTRAL

El **teorema del límite central** dispone que cuando el tamaño de la muestra (es decir, el número de valores en cada muestra) es lo *bastante grande*, la distribución muestral de la media tiene una distribución aproximadamente normal. Esto es válido sin importar la forma de la distribución de los valores individuales en la población.

¿Qué tamaño de la muestra es lo bastante grande? A este aspecto se le ha dedicado una gran cantidad de investigación estadística. Por lo general, al utilizar muchas distribuciones de población, los especialistas en estadística han encontrado que cuando el tamaño de la muestra es de por lo menos 30, la distribución muestral de la media es aproximadamente normal. No obstante, si la distribución poblacional tiene una forma aproximada de campana, se aplica el teorema del límite central incluso con tamaños de la muestra menores. Ante el improbable caso de que la distribución sea extremadamente asimétrica o tenga más de una moda, necesitará tamaños de la muestra mayores de 30 para garantizar la normalidad.

La figura 7.4 ilustra la aplicación del teorema del límite central a diferentes poblaciones. Se muestran las distribuciones muestrales de tres distribuciones continuas distintas (normal, uniforme y exponencial) para distintos tamaños de la muestra (n = 2, 5, 30).

En el panel A de la figura 7.4 aparece la distribución muestral de la media seleccionada de una población normal. Como ya se mencionó, cuando la población tiene una distribución normal, la distribución muestral de la media está distribuida de manera normal para cualquier tamaño de la muestra. (Usted puede medir la variabilidad utilizando el error estándar de la media, ecuación (7.3) de la página 209.) En virtud de la propiedad de imparcialidad, la media de toda distribución muestral siempre es igual a la media de la población.

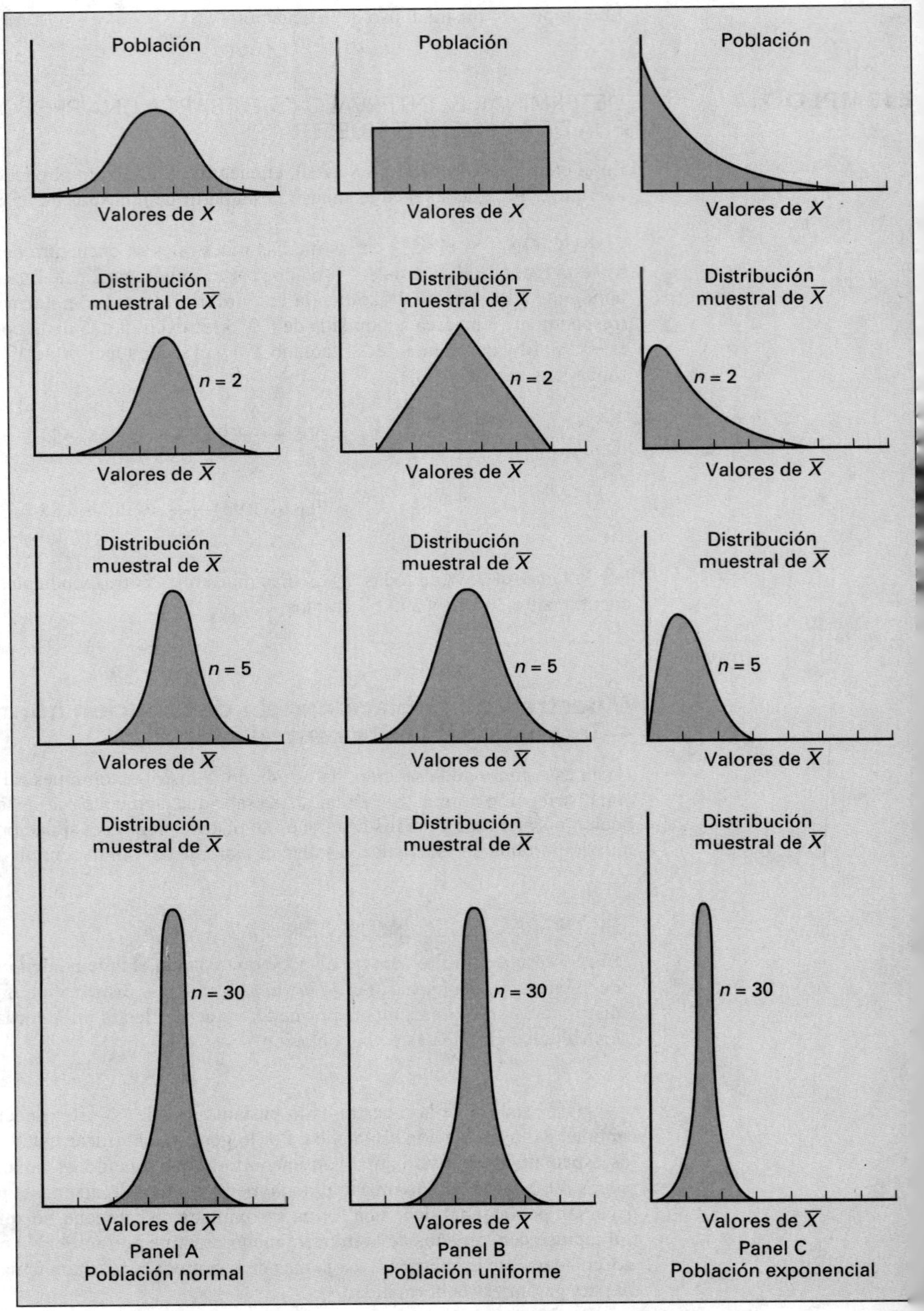

FIGURA 7.4

Distribución muestral de la media de distintas poblaciones para muestras de $n = 2$, 5 y 30.

El panel B de la figura 7.4 describe la distribución muestral de una población con distribuci uniforme (o rectangular). Cuando se seleccionan muestras con un tamaño $n = 2$, hay un efecto compensación o *restricción central* ya en funcionamiento. Para $n = 5$, la distribución muestral tie forma acampanada y aproximadamente normal. Cuando $n = 30$, la distribución muestral se aseme mucho a una distribución normal. Por lo general, cuanto mayor es el tamaño de la muestra, más inclinará la distribución muestral a seguir una distribución normal. En todos los casos, la media cada una de las distribuciones muestrales es igual a la media de la población, y la variabilidad di minuye cuando aumenta el tamaño de la muestra.

El panel C de la figura 7.4 muestra una distribución exponencial. Esta población es extremadamente asimétrica hacia la derecha. Cuando $n = 2$, la distribución muestral continúa siendo muy asimétrica hacia la derecha, pero mucho menos que la distribución de la población. Para $n = 5$, la distribución muestral es más asimétrica, con sólo una ligera asimetría hacia la derecha. Cuando $n = 30$, la distribución muestral tiene una apariencia aproximadamente normal. Una vez más, la media de cada una de las distribuciones muestrales es igual a la media de la población, y la variabilidad disminuye al aumentar el tamaño de la muestra.

Utilizando los resultados surgidos de estas reconocidas distribuciones estadísticas (normal, uniforme y exponencial), se obtienen las siguientes conclusiones con respecto al teorema del límite central.

- Para la mayor parte de las distribuciones poblacionales, sin importar su forma, la distribución muestral de la media tiene una distribución aproximadamente normal cuando se seleccionan muestras de por lo menos 30 elementos.
- Si la distribución poblacional es bastante simétrica, la distribución muestral de la media es aproximadamente normal en muestras tan pequeñas como las de 5 elementos.
- Si la población tiene una distribución normal, la distribución muestral de la media también tiene una distribución normal, independientemente del tamaño de la muestra.

El teorema del límite central es importantísimo al utilizar la inferencia estadística para obtener conclusiones sobre una población. Permite elaborar inferencias sobre la media poblacional sin necesidad de conocer la forma específica de su distribución.

EXPLORACIONES VISUALES Explorando las distribuciones muestrales

Utilice el procedimiento de Exploraciones Visuales **Probabilidad con dos dados** para observar el efecto que el simulacro de lanzamiento de dados tiene sobre la distribución de frecuencia de la suma de los dos dados. Abra la hoja de trabajo macro Visual Explorations.xla (**Visual Explorations.xla**) y seleccione **VisualExplorations → Two Dice Probability** en la barra de menús de Excel. Este procedimiento genera una hoja de trabajo que contiene una tabla de distribución de frecuencia vacía, un histograma y un panel de control flotante (vea la ilustración que se presenta abajo).

Dé clic sobre el botón **Tally** para llevar la cuenta de un conjunto de tiros en la tabla y el histograma de la distribución de frecuencia. Como opción, utilice los botones de ajuste para establecer el número de tiros por cuenta (ronda).

Para más información sobre este simulacro, dé clic en el botón **Help**. Cuando termine esta exploración, dé clic en **Finish**.

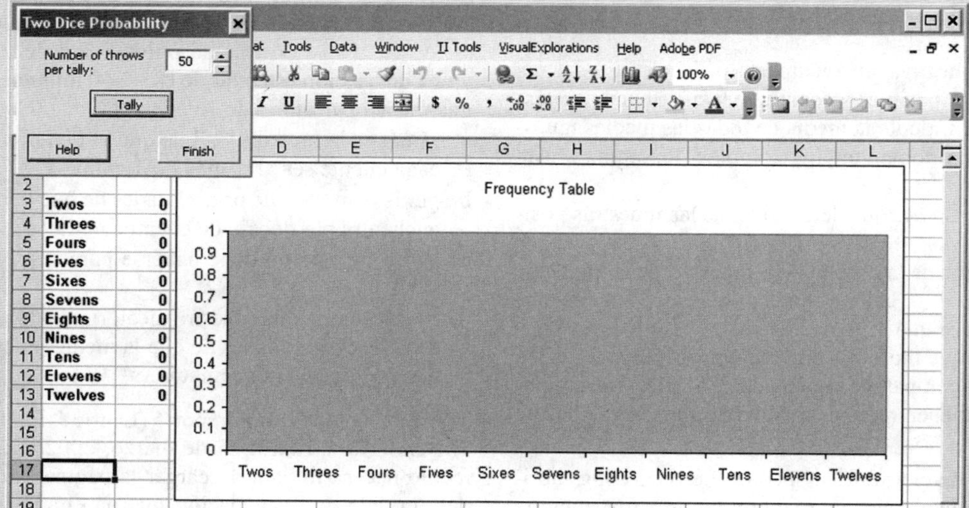

PROBLEMAS PARA LA SECCIÓN 7.2

Aprendizaje básico

ASISTENCIA de PH Grade **7.1** Dada una distribución normal con $\mu = 100$ y $\sigma = 10$, si se selecciona una muestra de $n = 25$, ¿cuál es la probabilidad de que $\overline{X}$ sea:

a. menor que 95?
b. esté entre 95 y 97.5?
c. supere 102.2?
d. Existe un 65% de posibilidades de que $\overline{X}$ esté por encima ¿de qué valor?

ASISTENCIA de PH Grade **7.2** Dada una distribución normal con $\mu = 50$ y $\sigma = 5$, si se selecciona una muestra de $n = 100$, ¿cuál es la probabilidad de que $\overline{X}$ sea:

a. menor que 47?
b. esté entre 47 y 49.5?
c. supere 51.1?
d. Existe un 35% de posibilidades de que $\overline{X}$ esté por encima ¿de qué valor?

Aplicación de conceptos

7.3 Indique cuál es la distribución muestral para muestras de 25 elementos, en cada una de las tres siguientes poblaciones.

a. Vales de viáticos para una universidad durante un año académico.
b. Registros de ausencia (días de ausencia por año) durante 2004 para los empleados de una gran empresa manufacturera.
c. Ventas anuales (en galones) de gasolina sin plomo de las gasolineras ubicadas en una ciudad particular.

7.4 Los siguientes datos representan el número de días de ausencia al año de una población de seis empleados de una empresa pequeña:

1 3 6 7 9 10

a. Suponga que muestrea sin reemplazo, selecciona todas las muestras de $n = 2$ posibles y construye la distribución muestral de la media. Calcule la media de todas las medias muestrales y la media poblacional. ¿Cómo se denomina a esta propiedad?
b. Responda al inciso *a*) considerando todas las muestras posibles con $n = 3$.
c. Compare la forma de la distribución muestral de la media de los incisos *a*) y *b*). ¿Cuál distribución muestral tiene menor variabilidad? ¿Por qué?
d. Suponga ahora que muestrea con reemplazo, responda a los incisos *a*) a *c*) y compare los resultados. ¿Cuáles distribuciones muestrales tienen menor variabilidad, las de *a*) o las de *b*)? ¿Por qué?

ASISTENCIA de PH Grade **7.5** El diámetro de las pelotas de ping-pong fabricadas en una enorme planta tiene una distribución aproximadamente normal, con una media de 1.30 pulgadas y una desviación estándar de 0.04 pulgadas. Si usted selecciona una muestra aleatoria de 16 pelotas de ping-pong.

a. ¿Cuál es la distribución muestral de la media?
b. ¿Cuál es la probabilidad de que la media muestral sea menor que 1.28 pulgadas?
c. ¿Cuál es la probabilidad de que la media muestral se encuentre entre 1.31 y 1.33 pulgadas?
d. Existe una probabilidad del 60% de que la media muestral se encuentre ¿entre cuáles dos valores simétricamente distribuidos alrededor de la media poblacional?

7.6 El Departamento de Comercio de Estados Unidos informó que la mediana del precio de una casa nueva vendida en marzo de 2004 fue de \$201,400, y la media del precio fue de \$260,000 (Michael Schroeder, "New-Home Sales Increase 8.9%, the Biggest Rise in Nine Months", *The Wall Street Journal*, 27 de abril, 2004, A15). Suponga que la desviación estándar de los precios es de \$90,000.

a. Si toma muestras de $n = 2$, describa la forma de la distribución muestral de $\overline{X}$.
b. Si toma muestras de $n = 100$, describa la forma de la distribución muestral de $\overline{X}$.
c. Si toma una muestra aleatoria de $n = 100$, ¿cuál es la probabilidad de que la media muestral sea menor que \$250,000?

ASISTENCIA de PH Grade **7.7** El tiempo dedicado al uso del correo electrónico por sesión tiene una distribución normal, con $\mu = 8$ minutos y $\sigma = 2$ minutos. Si se selecciona una muestra aleatoria de 25 sesiones.

a. ¿Cuál es la probabilidad de que la media muestral se encuentre entre 7.8 y 8.2 minutos?
b. ¿Cuál es la probabilidad de que la media muestral se encuentre entre 7.5 y 8 minutos?
c. Si selecciona una muestra aleatoria de 100 sesiones, ¿cuál es la probabilidad de que la media muestral se encuentre entre 7.8 y 8.2 minutos?
d. Explique la diferencia en los resultados de los incisos *a*) y *c*).

ASISTENCIA de PH Grade AUTO Examen **7.8** La cantidad de tiempo que un cajero de banco dedica a cada cliente tiene una media poblacional de $\mu = 3.10$ minutos y una desviación estándar de $\sigma = 0.40$ minutos. Si se selecciona una muestra aleatoria de 16 clientes.

a. ¿Cuál es la probabilidad de que el tiempo medio dedicado a cada cliente sea al menos de 3 minutos?
b. ¿Existe un 85% de posibilidades de que la media muestral se encuentre por debajo de cuántos minutos?
c. ¿Qué suposición debe hacerse para resolver los incisos *a*) y *b*)?
d. Si selecciona una muestra aleatoria de 64 clientes, existe un 85% de posibilidades de que la media muestral se encuentre debajo ¿de cuántos minutos?

7.9 El *New York Times* reportó (Laurie J. Flynn, "Tax Surfing", *The New York Times*, 25 de marzo, 2002, C10) que el tiempo medio necesario para descargar la página inicial del sitio Web del Servicio de Recaudación Interna estadounidense **www.irs.gov** fue de 0.8 segundos. Suponga que el tiempo de descarga tiene una distribución normal con una desviación estándar de 0.2 segundos. Si se selecciona una muestra aleatoria de 30 tiempos de descarga.

a. ¿Cuál es la probabilidad de que la media muestral sea menor que 0.75 segundos?
b. ¿Cuál es la probabilidad de que la media muestral se encuentre entre 0.70 y 0.90 segundos?
c. La probabilidad de que la media muestral se encuentre entre dos valores simétricamente distribuidos alrededor de la media poblacional es del 80%. ¿Cuáles son esos dos valores?
d. Existe un 90% de probabilidades de que la media muestral sea menor ¿de qué valor?

7.10 En el artículo descrito en el problema 7.9, también se informaba que el tiempo medio de descarga del sitio Web de H&R Block **www.hrblock.com** fue de 2.5 segundos. Suponga que el tiempo de descarga de este sitio Web tuvo una distribución normal, con una desviación estándar de 0.5 segundos. Si se selecciona una muestra aleatoria de 30 tiempos de descarga.
a. ¿Cuál es la probabilidad de que la media muestral sea menor que 2.75 segundos?
b. ¿Cuál es la probabilidad de que la media muestral se encuentre entre 2.70 y 2.90 segundos?
c. Hay una probabilidad del 80% de que la media muestral se encuentre entre dos valores simétricamente distribuidos alrededor de la media poblacional. ¿Cuáles son esos valores?
d. Existe un 90% de probabilidades de que la media muestral sea menor ¿de qué valor?

7.3 DISTRIBUCIONES MUESTRALES DE UNA PROPORCIÓN

Considere una variable categórica que cuenta sólo con dos clasificaciones: el cliente prefiere su marca o el cliente prefiere la marca de la competencia. Lo que resulta de interés es la proporción de elementos que forman parte de una de las categorías; por ejemplo, la proporción de clientes que prefieren su marca. La proporción de la población, que se representa por medio de π, es la relación de elementos en toda la población que cuentan con la característica de interés. La proporción muestral, que se representa por medio de p, es la relación de elementos en la muestra que presentan la característica de interés. La proporción muestral es un estadístico que se utiliza para estimar la proporción poblacional, un parámetro. Para calcular la proporción muestral, se asignan calificaciones de 1 o 0 a los dos resultados posibles, con el fin de representar la presencia o ausencia de la característica. Luego, se suman todas las calificaciones de 1 y 0, y el resultado se divide por el tamaño de la muestra, n. Por ejemplo, si en una muestra de cinco clientes, tres prefirieron su marca y dos no, hay tres 1 y dos 0. Al sumar los tres 1 y los dos 0, y dividirlos por 5 (el tamaño de la muestra), se obtiene una proporción muestral de 0.60.

PROPORCIÓN MUESTRAL

$$p = \frac{X}{n} = \frac{\text{número de elementos con la característica de interés}}{\text{tamaño de la muestra}} \qquad \textbf{(7.6)}$$

La proporción muestral p asume valores entre 0 y 1. Si todos los individuos cuentan con la característica, se asigna a cada uno un valor de 1 y p es igual a 1. Si la mitad de individuos cuentan con la característica, asigne un valor de 1 a una mitad y de 0 a la otra mitad, y p es igual a 0.5. Si ninguno de los individuos posee la característica, asigne a cada uno una calificación de 0, y p es igual a 0.

Mientras la media muestral $\bar{X}$ es un estimador parcial de la media poblacional μ, el estadístico p es un estimador parcial de la proporción poblacional π. Por analogía con la distribución muestral de la media, el **error estándar para la proporción** σ_p se da en la ecuación (7.7).

ERROR ESTÁNDAR PARA LA PROPORCIÓN

$$\sigma_p = \sqrt{\frac{\pi(1-\pi)}{n}} \qquad \textbf{(7.7)}$$

Si usted selecciona todas las muestras posibles de cierto tamaño, la distribución de todas las proporciones muestrales posibles se denomina **distribución muestral de la proporción**. Al realizar muestras con reemplazo de una población finita, la distribución muestral de la proporción sigue la distribución binomial, como se analizó en la sección 5.2. Sin embargo, puede utilizar la distribución normal para aproximar la distribución binomial cuando $n\pi$ y $n(1-\pi)$ son cada uno de por lo menos 5. En la mayoría de los casos en los que se realizan inferencias con respecto a la proporción, el tamaño de la muestra es lo bastante sustancial como para satisfacer las condiciones necesarias para utilizar la aproximación normal (vea la referencia 1). Por eso, en muchos casos, se utiliza la distribución normal para estimar la distribución muestral de la proporción. Sustituyendo p por $\bar{X}$, π por μ y $\sqrt{\frac{\pi(1-\pi)}{n}}$ por $\frac{\sigma}{\sqrt{n}}$ en la ecuación (7.4) de la página 211, resulta la ecuación (7.8).

DIFERENCIA ENTRE LA PROPORCIÓN MUESTRAL Y LA PROPORCIÓN POBLACIONAL EN UNIDADES NORMALES ESTANDARIZADAS

$$Z = \frac{p-\pi}{\sqrt{\frac{\pi(1-\pi)}{n}}} \qquad \textbf{(7.8)}$$

Para ilustrar la distribución muestral de la proporción, suponga que el gerente de la sucursal local de un banco determina que el 40% de todos los clientes tienen varias cuentas en el banco. Si se selecciona una muestra aleatoria de 200 clientes, la probabilidad de que la proporción muestral de clientes con varias cuentas sea menor que 0.30 se calcula como sigue.

Puesto que $n\pi = 200(0.40) = 80 \geq 5$ y $n(1-\pi) = 200(0.60) = 120 \geq 5$, el tamaño de la muestra tiene la magnitud suficiente como para suponer que la distribución muestral de la proporción tiene una distribución aproximadamente normal. Utilizando la ecuación (7.8),

$$Z = \frac{p-\pi}{\sqrt{\frac{\pi(1-\pi)}{n}}}$$

$$= \frac{0.30-0.40}{\sqrt{\frac{(0.40)(0.60)}{200}}} = \frac{-0.10}{\sqrt{\frac{0.24}{200}}} = \frac{-0.10}{0.0346}$$

$$= -2.89$$

Al emplear la tabla E.2, se observa que el área que queda bajo la curva normal menor que $Z = -2.89$ es 0.0019. Por lo tanto, la probabilidad de que la proporción muestral sea menor que 0.30 es 0.0019, algo muy poco probable. Esto significa que si la proporción real de éxitos en la población es 0.40, se espera que menos de la quinta parte del 1% de las muestras de $n = 200$ tenga proporciones muestrales menores que 0.30.

PROBLEMAS PARA LA SECCIÓN 7.3

Aprendizaje básico

ASISTENCIA de PH Grade **7.11** En una muestra aleatoria de 64 personas, 48 de ellas se clasifican como "exitosas". Si la proporción poblacional es 0.70.

a. Determine la proporción muestral p de personas "exitosas".
b. Determine el error estándar para la proporción.

ASISTENCIA de PH Grade **7.12** Se seleccionó una muestra aleatoria de 50 amas de casa para participar en una encuesta telefónica. La pregunta clave que se les planteó fue: "¿Tiene usted o algún miembro de su familia un teléfono celular con mensajes de texto?" De las 50 participantes, 15 respondieron que sí y 35 dijeron que no. Si la proporción de población es de 0.40.

a. Encuentre la proporción muestral p de familiares con teléfonos celulares.
b. Encuentre el error estándar para la proporción.

7.13 Los siguientes datos representan las respuestas (Y para sí y N para no) obtenidas de una muestra de 40 universitarios a la pregunta: "¿Tiene usted actualmente acciones bursátiles de cualquier tipo?"

N N Y N N Y N Y N Y N N Y N Y Y N N N Y
N Y N N N N Y N N Y Y N N N N Y N N Y N N

Si la proporción poblacional es 0.30.

a. Encuentre la proporción muestral p de estudiantes universitarios que poseen acciones bursátiles.
b. Encuentre el error estándar para la proporción.

Aplicación de conceptos

ASISTENCIA de PH Grade | AUTO Examen

7.14 Una persona que realiza encuestas políticas efectúa un análisis de resultados muestrales, con objeto de hacer pronósticos sobre la noche de la elección. Suponiendo que se trata de una elección en la que sólo participan dos candidatos, si en la muestra uno de ellos recibe el 55% de los votos, entonces se pronostica que será el ganador de la elección. Si se selecciona una muestra aleatoria de 100 votantes, determine cuál es la probabilidad de que se pronostique un candidato como ganador cuando:

a. El porcentaje real de sus votos es del 50.1%.
b. El porcentaje real de sus votos es del 60%.
c. El porcentaje real de sus votos es del 49% (y en realidad perderá la elección).
d. Si se aumenta el tamaño de la muestra a 400, ¿cuáles serían sus respuestas a los incisos *a*), *b*) y *c*)? Analícelo.

ASISTENCIA de PH Grade

7.15 Usted planea realizar un experimento de marketing en el que los estudiantes deben probar una de dos marcas de bebidas gaseosas distintas. Su labor consiste en identificar correctamente cuál es la marca que probaron. Usted selecciona una muestra aleatoria de 200 estudiantes y supone que no cuentan con facultades para distinguir entre ambas marcas. (*Nota:* Si un individuo carece de facultades para distinguir entre los dos bebidas gaseosas, entonces ambas marcas tienen las mismas probabilidades de resultar seleccionadas.)

a. ¿Cuál es la probabilidad de que la muestra obtenga entre 50 y 60% de identificaciones correctas?
b. Hay una probabilidad del 90% de que el porcentaje muestral se encuentre dentro de ¿cuáles límites simétricos del porcentaje poblacional?
c. ¿Cuál es la probabilidad de que el porcentaje muestral de identificaciones correctas sea mayor del 65%?
d. ¿Qué es más probable que ocurra: más del 60% de identificaciones correctas en la muestra de 200, o más del 55% de identificaciones correctas en una muestra de 1,000? Explique por qué.

7.16 Catalyst, una empresa neoyorquina dedicada a la investigación, realizó un estudio sobre las mujeres que ocupan cargos importantes en ambientes corporativos. El estudio concluyó que poco más del 15% de los funcionarios corporativos de las empresas que forman parte de la lista Fortune 500 son mujeres (Carol Hymowitz, "Women Put Noses to the Grindstone, and Miss Opportunities", *The Wall Street Journal*, 3 de febrero, 2004, Bl). Suponga que se selecciona una muestra aleatoria de 200 funcionarios corporativos, y que la proporción real de mujeres es de 0.15.

a. ¿Cuál es la probabilidad de que en esta muestra menos del 15% de los funcionarios corporativos sean mujeres?
b. ¿Cuál es la probabilidad de que en esta muestra entre el 13 y el 17% de los funcionarios corporativos sean mujeres?
c. ¿Cuál es la probabilidad de que en esta muestra entre el 10 y el 20% de los funcionarios corporativos sean mujeres?
d. Si se hubiese seleccionado una muestra de 100 sujetos, ¿cómo cambiarían sus respuestas de los incisos *a*) a *c*)?

7.17 El programa *Friends* de la NBC fue el espectáculo más popular de TiVo durante la semana del 18 al 24 de abril de 2004. De acuerdo con el índice Nielsen, el 29.7% de los propietarios de un sistema TiVo en Estados Unidos grabaron o presenciaron en vivo ese programa ("Prime-time Nielsen Ratings", *USA Today*, 28 de abril, 2004, 3D). Suponga que usted selecciona una muestra aleatoria de 50 suscriptores del sistema TiVo.

a. ¿Cuál es la probabilidad de que más de la mitad de las personas de la muestra hayan visto o grabado *Friends*?
b. ¿Cuál es la probabilidad de que menos del 25% de las personas de la muestra hayan visto o grabado *Friends*?
c. Si se hubiera seleccionado una muestra de 500 individuos, ¿cómo cambiarían sus respuestas de los incisos *a*) y *b*)?

7.18 Millones de estadounidenses organizan sus planes de viaje por Internet. De acuerdo con un artículo publicado en *USA Today*, el 77% de los viajeros compran boletos de avión por Internet ("Travelers Head Online", *USA Today Snapshots,* 22 de julio, 2003, A1). Si usted selecciona una muestra aleatoria de 200 viajeros:

a. ¿Cuál es la probabilidad de que la muestra contenga entre el 75 y el 80% de viajeros con boleto comprado en Internet?
b. Hay una probabilidad del 90% de que el porcentaje muestral se encuentre ¿dentro de cuáles límites simétricos del porcentaje poblacional?
c. Hay una probabilidad del 95% de que el porcentaje muestral se encuentre ¿dentro de cuáles límites simétricos del porcentaje poblacional?

ASISTENCIA de PH Grade

7.19 De acuerdo con la Asociación Nacional de Restaurantes de los Estados Unidos, el 20% de los restaurantes más elegantes han establecido políticas que restringen el uso de teléfonos celulares ("Business Bulletin", *The Wall Street Journal,* 1 de junio, 2000, Al). Si usted selecciona una muestra aleatoria de 100 de los restaurantes más elegantes:

a. ¿Cuál es la probabilidad de que la muestra contenga entre el 15 y el 25% de los que han establecido políticas que restringen el uso de teléfonos celulares?
b. Hay una probabilidad del 90% de que el porcentaje muestral se encuentre ¿dentro de cuáles límites simétricos del porcentaje poblacional?
c. Hay una probabilidad del 95% de que el porcentaje muestral se encuentre ¿dentro de cuáles límites simétricos del porcentaje poblacional?

7.20 Un artículo (P. Kitchen, "Retirement Plan: To Keep Working", *Newsday*, 24 de septiembre, 2003) analiza los planes de jubilación para los estadounidenses con edades de 50 a 70 años que fueron empleados de tiempo completo o parcial. De los entrevistados, el 29% dijeron que no pensaron trabajar para obtener un salario. Si usted selecciona una muestra aleatoria de 400 estadounidenses con edades de 50 a 70 años que fueron empleados de tiempo completo o parcial.

a. ¿Cuál es la probabilidad de que la muestra contenga entre el 25 y el 30% de los que no pensaron en trabajar para obtener un salario?
b. Si una muestra actual de 400 estadounidenses con edades de 50 a 70 años que fueron empleados de tiempo completo o parcial contiene un 35% de los que no pensaron en trabajar para obtener un salario, ¿qué se infiere sobre la estimación poblacional del 29%? Explique su respuesta.

c. Si una muestra actual de 100 estadounidenses con edades de 50 a 70 años que fueron empleados de tiempo completo o parcial contiene un 35% de los que no pensaron en trabajar para obtener un salario, ¿qué se infiere sobre la estimación poblacional del 29%? Explique su respuesta.

d. Explique las diferencias de los resultados de *b*) y *c*).

7.21 El Servicio de Recaudación Interna de Estados Unidos (IRS por sus siglas en inglés) suspendió las auditorías aleatorias en 1988. En su lugar, instituyó auditorías sobre los rendimientos que su DFS (siglas en inglés para Sistema de Función Discriminante), un complejo sistema computarizado y muy confidencial de análisis, consideró cuestionables. La intención es reducir la proporción de auditorías "sin cambio" (es decir, auditorías que descubren que no se adeudan impuestos adicionales), el IRS sólo audita los rendimientos que el DFS califica como muy cuestionables. La proporción de autorías "sin cambio" ha aumentado con los años, y en la actualidad es de aproximadamente 0.25 (Tom Herman, "Unhappy Returns: IRS Moves to Bring Back Random Audits", *The Wall Street Journal*, 20 de junio, 2002, Al). Suponga que se selecciona una muestra aleatoria de 100 auditorías. ¿Cuál es la probabilidad de que la muestra tenga

a. entre 24 y 26% de auditorías sin cambio?

b. entre 20 y 30% de auditorías sin cambio?

c. más de 30% de auditorías sin cambio?

7.22 El IRS anunció que planea reanudar las auditorías totalmente aleatorias el próximo año. Suponga que usted selecciona una muestra aleatoria de 200 auditorías totalmente aleatorias, y que sólo el 10% de todos los rendimientos archivados tienen como resultado auditorías que indican el pago de impuestos adicionales. ¿Cuál es la probabilidad de que la muestra tenga

a. entre el 89 y el 91% de auditorías sin cambio?

b. entre el 85 y el 95% de auditorías sin cambio?

c. más del 95% de auditorías sin cambio?

7.4 TIPOS DE MÉTODOS DE MUESTREO PARA ENCUESTAS

En la sección 1.1, se definió la muestra como la parte de la población que se selecciona para realizar el análisis. En lugar de realizar un censo completo de toda la población, los procedimientos de muestreo estadístico se concentran en seleccionar un pequeño grupo representativo de la población. Los resultados de la muestra se utilizan para estimar las características de toda la población. Las tres razones principales para extraer una muestra son:

- Una muestra requiere que se le dedique menos tiempo que un censo.
- Es menos costoso administrar una muestra que un censo.
- Una muestra es menos molesta y más práctica de administrar que un censo.

El proceso de muestreo comienza por la definición del marco. El **marco** es una lista de los elementos que constituyen la población. Los marcos son fuentes de datos, como listas, directorios o mapas de la población. Las muestras se extraen de esos marcos. Si los marcos excluyen algunos grupos de la población, los resultados serán inexactos o sesgados. El uso de marcos diferentes para generar los datos podría conducir a conclusiones opuestas.

Una vez seleccionado el marco, se extrae la muestra. Existen dos clases de muestras, que se ilustran en la figura 7.5: las muestras probabilísticas y las no probabilísticas.

FIGURA 7.5
Tipos de muestras.

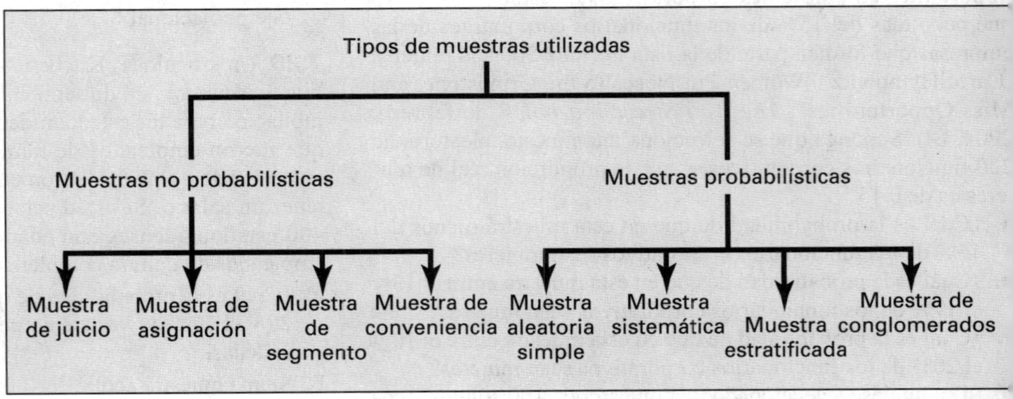

En una **muestra no probabilística**, usted selecciona los elementos o individuos sin conocer su probabilidades de selección. De tal manera, la teoría desarrollada para el muestreo probabilístico n se aplica a las muestras no probabilísticas. Un tipo de muestreo no probabilístico es el **muestreo de conveniencia**, en el que los elementos de la muestra se seleccionan sólo con base en el hecho de que son fáciles, económicos o convenientes de muestrear. En algunos casos, los participantes se autoeligen. Por ejemplo, muchas empresas realizan encuestas colocándolas en su página de Internet y brindando la oportunidad a los visitantes de llenar los formatos y enviarlos por la vía electrónica. Las respuestas a estas encuestas ofrecen una gran cantidad de datos rápidamente, pero la muestra se compone de usuarios de Internet autoseleccionados. Para muchos estudios, sólo se dispone de una muestra no probabilística como lo es una muestra de juicio disponible. En una **muestra de juicio** usted recopila las opiniones de expertos en el tema, seleccionados previamente. Otros procedimientos comunes de muestreo no probabilístico son el muestreo de asignación y el de segmento. Estas clases de muestreo se analizan de manera más detallada en libros especializados en métodos de muestreo (vea la referencia 1).

Las muestras no probabilísticas tienen ciertas ventajas como conveniencia, rapidez y menor costo. Sin embargo, su falta de exactitud por el sesgo de la selección y la falta de capacidad de generalización de los resultados opacan estas ventajas. Por esa razón, el uso de los métodos de muestreo no probabilísticos se debe limitar a situaciones en las que se desea obtener aproximaciones flexibles de bajo costo, con el fin de satisfacer la curiosidad sobre algún aspecto en particular, o a estudios de baja escala que preceden a investigaciones más rigurosas.

En una **muestra probabilística**, seleccione los elementos con base en probabilidades conocidas. Siempre que sea posible, debe utilizar métodos de muestreo probabilísticos. Las muestras basadas en estos métodos permiten elaborar inferencias sin sesgo acerca de la población de interés. En la práctica, resulta complicado extraer una muestra probabilística. No obstante, debe tratar de conseguir una muestra probabilística y de reconocer todos los sesgos potenciales que pudieran existir. Los cuatro tipos de muestras probabilísticas de uso más común son: la aleatoria simple, la sistemática, la estratificada y la de conglomerados. Estos métodos de muestreo varían entre sí en su costo, exactitud y complejidad.

Muestra aleatoria simple

En una **muestra aleatoria simple**, todos los elementos dentro del marco tienen las mismas posibilidades de selección que cualquier otro. Además, cada muestra de un tamaño fijo tiene las mismas posibilidades de selección que cualquier otra muestra del mismo tamaño. El muestreo aleatorio simple es la técnica de muestreo aleatorio más básica y conforma la base de todas las demás técnicas de muestreo aleatorio.

En el muestreo aleatorio simple, la n se utiliza para representar al tamaño de la muestra y la N para representar el tamaño del marco. Los elementos del marco se le numeran del 1 a N. La posibilidad de seleccionar cualquier miembro específico del marco en la primera extracción es $1/N$.

Las muestras se seleccionan con reemplazo o sin reemplazo. El **muestreo con reemplazo** implica que, tras seleccionar un elemento, lo devuelve al marco, donde tiene la misma probabilidad de resultar seleccionado de nuevo. Imagine que tiene una urna con N tarjetas de presentación. En la primera selección, elige la tarjeta de Judith Campos. Usted anota en su registro la información conveniente y devuelve la tarjeta a la urna. Después revuelve las tarjetas y selecciona una segunda tarjeta. En la segunda selección, Judith Campos tiene nuevamente la misma probabilidad de resultar elegida, $1/N$. Usted repite el proceso hasta llegar al tamaño de la muestra deseado, n. Sin embargo, suele ser más conveniente tener una muestra de distintos elementos que permitan la repetición de las medidas del mismo elemento.

Muestrear sin reemplazo significa que una vez seleccionado un elemento no se podrá seleccionar de nuevo. La posibilidad de seleccionar cualquier elemento específico del marco en la primera oportunidad, digamos la tarjeta de Judith Campos, es de $1/N$. La posibilidad de seleccionar en la segunda tentativa cualquier tarjeta no seleccionada previamente es ahora de 1 dividido por $N - 1$. Este proceso continúa hasta completar el tamaño deseado para la muestra.

Independientemente de que realice el muestreo con o sin reemplazo, los métodos "pecera" para seleccionar muestras tienen una gran desventaja: la capacidad de mezclar por completo las tarjetas y sacar la muestra de forma aleatoria. En consecuencia, los métodos pecera no son muy útiles. Necesita utilizar métodos de selección menos engorrosos y más científicos.

Un método consiste en emplear una **tabla de números aleatorios** (vea la tabla E.1) para elegir la muestra. Una tabla de números aleatorios consiste en una serie de dígitos ordenados en una secuencia generada de forma aleatoria (vea la referencia 8). Puesto que el sistema numérico utiliza 10 dígitos (0, 1, 2,. . . , 9), la posibilidad que tendrá de generar de forma aleatoria cualquier dígito en particular es **igual** a la probabilidad de generar cualquier otro. Esta probabilidad es de 1 a 10. Por lo tanto, si genera una secuencia de 800 dígitos, podrá esperar que unos 80 tengan el dígito 0, 80 el dígito 1, y así sucesivamente. De hecho, quienes utilizan las tablas de números aleatorios acostumbran probar la aleatoriedad de los dígitos generados antes de utilizarlos. La tabla E.1 satisface todos los criterios de aleatoriedad. Como cada uno de los dígitos o secuencias de dígitos en esta tabla es aleatorio, la tabla se puede leer de forma vertical u horizontal. Los márgenes de la tabla señalan números de líneas y de columnas. Los dígitos se agrupan en secuencias de cinco, con el fin de facilitar la lectura de la tabla.

Al usar una tabla de este tipo en lugar del método de selección de pecera con la finalidad de seleccionar una muestra, es necesario que asigne primero códigos numéricos a los miembros individuales del marco. Así obtiene una muestra aleatoria al leer la tabla de números aleatorios y seleccionar los elementos del marco cuyo número de código concuerda con los dígitos obtenidos de ella. Este proceso de selección de muestras le resultará más comprensible al examinar el ejemplo 7.5.

EJEMPLO 7.5

SELECCIÓN DE UNA MUESTRA ALEATORIA UTILIZANDO UNA TABLA DE NÚMEROS ALEATORIOS

Una empresa quiere seleccionar una muestra de 32 trabajadores de tiempo completo, a partir de una población compuesta por 800 empleados de tiempo completo, con el fin de recabar información sobre los gastos referentes al plan de servicios dentales que les brinda. ¿Cómo seleccionaría una muestra aleatoria simple?

SOLUCIÓN La empresa supone que no todos responderán la encuesta, por lo que para obtener las 32 respuestas deseadas, es necesario enviar por correo más de 32 formularios. Suponiendo que 8 de cada 10 trabajadores de tiempo completo respondan a la encuesta (es decir, una tasa de respuesta del 80%), decide enviar 40 encuestas.

El marco está formado por una lista con los nombres y números de correo de todos los $N = 800$ empleados de tiempo completo, tomada de los archivos de personal de la empresa. De esta forma, el marco es un listado completo y exacto de la población. Para seleccionar una muestra aleatoria de 40 empleados de este marco, usted utiliza una tabla de números aleatorios. Puesto que el tamaño de la población (800) es un número de tres dígitos, el código numérico asignado también debe tener tres dígitos, de manera que cada uno de los trabajadores de tiempo completo tenga igual posibilidad de selección. Usted asigna el código 001 al trabajador de tiempo completo que encabeza la lista poblacional, 002 al siguiente empleado de tiempo completo en la lista de empleados, y así sucesivamente, hasta asignar el código 800 al N-ésimo empleado de la lista. Como $N = 800$ es el valor de código más grande posible, descarta todos los códigos conformados por las secuencias de tres dígitos mayores que N (es decir, 801 a 999 y 000).

Para seleccionar la muestra aleatoria simple, usted elige un punto de partida arbitrario en la tabla de números aleatorios. Es válido utilizar el método de cerrar los ojos y señalar con un lápiz algún punto de la tabla de números aleatorios. Suponga que utiliza este procedimiento y selecciona como punto de partida la casilla que ocupa la fila 06 y la columna 05 de la tabla 7.3 (obtenida de la tabla E.1). Aunque puede seguir en cualquier dirección, en este ejemplo lea la tabla de izquierda a derecha, en secuencias de tres dígitos sin saltos.

Al individuo que ocupa el primer sitio en la lista de empleados de tiempo completo le asigna el código 003 en la muestra (fila 06 y columnas 05-07), el segundo individuo tiene el número de código 364 (fila 06 y columnas 08-10), y el tercer individuo tiene el número de código 884. Puesto que el código más elevado para cualquier empleado es 800, descarta este número. Los individuos con números de código 720, 433, 463, 363, 109, 592, 470 y 705 corresponden a los que ocupan los lugares tercero a décimo, respectivamente, en la lista de empleados de tiempo completo.

Usted continúa con el proceso de selección hasta tener la muestra del tamaño necesario, que es de 40 empleados de tiempo completo. Si se trata de un muestreo con reemplazo y durante el proceso de selección se repite cualquier secuencia de código de tres dígitos, incluya de nuevo en la muestra al empleado correspondiente a esa secuencia. Si se trata de un muestreo sin reemplazo, ignore la secuencia código repetida.

TABLA 7.3
Uso de una tabla de números aleatorios.

		Columna							
		00000	**00001**	**11111**	**11112**	**22222**	**22223**	**33333**	**33334**
	Fila	**12345**	**67890**	**12345**	**67890**	**12345**	**67890**	**12345**	**67890**
	01	49280	88924	35779	00283	81163	07275	89863	02348
	02	61870	41657	07468	08612	98083	97349	20775	45091
	03	43898	65923	25078	86129	78496	97653	91550	08078
	04	62993	93912	30454	84598	56095	20664	12872	64647
	05	33850	58555	51438	85507	71865	79488	76783	31708
Inicio de la	06	97340	03364	88472	04334	63919	36394	11095	92470
selección	07	70543	29776	10087	10072	55980	64688	68239	20461
(fila 06,	08	89382	93809	00796	95945	34101	81277	66090	88872
columna 05)	09	37818	72142	67140	50785	22380	16703	53362	44940
	10	60430	22834	14130	96593	23298	56203	92671	15925
	11	82975	66158	84731	19436	55790	69229	28661	13675
	12	39087	71938	40355	54324	08401	26299	49420	59208
	13	55700	24586	93247	32596	11865	63397	44251	43189
	14	14756	23997	78643	75912	83832	32768	18928	57070
	15	32166	53251	70654	92827	63491	04233	33825	69662
	16	23236	73751	31888	81718	06546	83246	47651	04877
	17	45794	26926	15130	82455	78305	55058	52551	47182
	18	09893	20505	14225	68514	46427	56788	96297	78822
	19	54382	74598	91499	14523	68479	27686	46162	83554
	20	94750	89923	37089	20048	80336	94598	26940	36858
	21	70297	34135	53140	33340	42050	82341	44104	82949
	22	85157	47954	32979	26575	57600	40881	12250	73742
	23	11100	02340	12860	74697	96644	89439	28707	25815
	24	36871	50775	30592	57143	17381	68856	25853	35041
	25	23913	48357	63308	16090	51690	54607	72407	55538

Fuente: Obtenida de The Rand Corporation. A Million Random Digits with 100,000 Normal Deviates (*Glencoe, IL.: The Free Press, 1955) y se incluye completa en la tabla E.1 en el apéndice E de este libro.*

Muestra sistemática

En una **muestra sistemática**, los N elementos del marco se dividen en n grupos de k elementos, donde

$$k = \frac{N}{n}$$

Usted redondea k al entero más cercano. Para seleccionar una muestra sistemática, elija de forma aleatoria el primer elemento a seleccionar de entre los primeros k elementos del marco. Luego seleccione de los $n - 1$ elementos restantes tomando cada k-ésimo elemento a partir de todo el marco.

Si el marco se compone de una lista de cheques, recibos o facturas prenumerados, es más fácil extraer una muestra sistemática que una muestra aleatoria simple. Una muestra sistemática también es un mecanismo muy conveniente para recabar datos de agendas telefónicas, listas de alumnos y artículos consecutivos que salen de una línea de ensamblaje.

Para extraer una muestra sistemática de $n = 40$ a partir de la población de $N = 800$ empleados, divida el marco de 800 en 40 grupos de 20 empleados cada uno. Luego seleccione un número aleatorio de los primeros 20 individuos, e incluya cada vigésimo individuo tras la primera selección de la muestra. Por ejemplo, si el primer número seleccionado es 008, sus selecciones subsiguientes son 028, 048, 068, 088, 108, . . . , 768 y 788.

Aunque la muestra aleatoria simple y la muestra sistemática son más sencillas de utilizar, por lo general son menos eficientes que otros métodos más elaborados de muestreo probabilístico. Incluso existen mayores posibilidades de que se presenten sesgos en la selección y falta de representatividad de las características de la población en las muestras sistemáticas que en las muestras aleatorias simples. Si existe algún patrón en el marco, quizá tenga fuertes sesgos de selección. Para superar el problema potencial de una representación de grupos específicos desproporcionada en una muestra, es conveniente utilizar métodos de muestreo estratificados o métodos de muestreo conglomerados.

Muestra estratificada

En una **muestra estratificada**, primero subdivida *N* elementos del marco en subpoblaciones separadas, o **estratos**. Un estrato se define mediante algunas características comunes. Seleccione una muestra aleatoria simple dentro de cada uno de los estratos, y combine los resultados de muestras aleatorias simples distintas. Este método es más eficiente que el muestreo aleatorio simple y que el sistemático, porque garantiza la representación de los elementos a lo largo de toda la población. La homogeneidad de los elementos dentro de cada estrato brinda mayor precisión al estimar los parámetros poblacionales subyacentes.

EJEMPLO 7.6 SELECCIÓN DE UNA MUESTRA ESTRATIFICADA

Una empresa quiere seleccionar una muestra de 32 empleados de tiempo completo, a partir de una población compuesta de 800 empleados de tiempo completo, con el fin de recabar información sobre los gastos referentes al plan de servicios dentales que les brinda. De todos ellos, el 25% es personal administrativo y el 75% no. ¿Cómo seleccionaría la muestra estratificada, con el fin de que la muestra represente a los trabajadores administrativos en la proporción correcta?

SOLUCIÓN Si supone una tasa de respuesta del 80%, necesitará distribuir 40 formularios para obtener las 32 respuestas deseadas. El marco está formado por una lista con los nombres y números de correo de todos los $N = 800$ empleados de tiempo completo incluidos en los archivos de personal de la empresa. Como el 25% de los empleados de tiempo completo son administrativos, primero divida el marco poblacional en dos estratos: una lista subpoblacional con cada uno de los 200 trabajadores de nivel administrativo y otra lista subpoblacional con cada uno de los 600 trabajadores de tiempo completo no administrativos. Puesto que el primer estrato se compone de una lista con 200 administrativos, le asigna códigos numéricos de tres dígitos del 001 al 200. Como el segundo estrato contiene una lista de 600 trabajadores no administrativos, le asigna códigos numéricos de tres dígitos del 001 al 600.

Para recopilar una muestra estratificada proporcional a las dimensiones de los estratos, se selecciona el 25% de la muestra general de primer estrato y el 75% restante del segundo. Usted toma dos muestras aleatorias simples distintas, cada una basada en un punto de partida aleatorio diferente en la tabla de números aleatorios (tabla E.1). De la primera muestra, selecciona 10 de las personas incluidas en la lista de 200 trabajadores administrativos que componen el primer estrato, y la segunda muestra selecciona 30 de las personas incluidas en la lista de 600 trabajadores no administrativos que componen al segundo estrato. Luego combina los resultados, para reflejar la composición de toda la empresa.

Muestra de conglomerados

En una **muestra de conglomerados**, divida los *N* elementos del marco en varios conglomerados, de tal manera que cada uno sea representativo de toda la población. Luego tome una muestra aleatoria de conglomerados, y estudie todos los elementos de cada conglomerado seleccionado. Los **conglomerados** son designaciones de suceso natural, como países, distritos electorales, cuadras de una ciudad, hogares o territorios de venta.

Con frecuencia, el muestreo de conglomerados tiene una mejor relación costo-eficacia que el muestreo aleatorio simple, sobre todo si la población se distribuye en una región geográfica extensa. Sin embargo, para generar resultados tan precisos como los que se obtienen a partir del muestreo aleatorio simple o del estratificado, a menudo el muestreo de conglomerados necesita una muestra de mayor tamaño. En la referencia 1 encontrará una explicación más detallada de los procesos de muestreo sistemático, estratificado y de conglomerados.

PROBLEMAS PARA LA SECCIÓN 7.4

Aprendizaje básico

ASISTENCIA de PH Grade **7.23** Considerando una población que contiene $N = 902$ individuos, ¿qué número de código asigna usted a

a. la primera persona de la lista?
b. la cuadragésima persona de la lista?
c. la última persona de la lista?

7.24 Considerando una población de $N = 902$, verifique que comenzando en la fila 05 de la tabla de números aleatorios (tabla E.1), sólo necesita seis filas para seleccionar una muestra de $n = 60$ *sin* reemplazo.

ASISTENCIA de PH Grade **7.25** Dada una población de $N = 93$, comience en la fila 29 de la tabla de números aleatorios (tabla E.1), y leyendo la fila seleccione una muestra de $n = 15$:

a. *sin* reemplazo.
b. *con* reemplazo.

Aplicación de conceptos

7.26 En un estudio consistente en entrevistas personales a los participantes (en lugar de utilizar encuestas por correo o telefónicas), explique por qué resulta menos práctica una muestra aleatoria simple que cualquier otro de los métodos.

ASISTENCIA de PH Grade **7.27** Usted quiere seleccionar una muestra aleatoria de $n = 1$, a partir de una población de tres elementos (llamados *A*, *B* y *C*). La regla para seleccionar la muestra es: lance una moneda, si cae cara escoja el elemento *A*; si cae cruz, láncela de nuevo; si esta vez cae cara escoja el elemento *B* y si cae cruz, escoja *C*. Explique por qué ésta es una muestra aleatoria pero no una muestra aleatoria simple.

7.28 Una población tiene cuatro miembros (llamados *A*, *B*, *C* y *D*). A usted le gustaría extraer una muestra aleatoria de $n = 2$, que decide hacer de la siguiente forma: lanza una moneda, si cae cara, la muestra serán los elementos *A* y *B*; si cae cruz, la muestra serán los elementos *C* y *D*. Aunque ésta es una muestra aleatoria, no es una muestra aleatoria simple. Explique por qué. (Si resolvió el problema 7.27, compare el procedimiento ahí descrito con el procedimiento especificado en este problema.)

✓ AUTO Examen **7.29** El presidente de una universidad con una población de $N = 4{,}000$ estudiantes de tiempo completo, solicita al secretario que realice una encuesta para medir la satisfacción de la calidad de vida en el plantel. La siguiente tabla muestra una clasificación por género y grado de los 4,000 estudiantes de tiempo completo inscritos:

	Designación de la clase				
Género	**1°**	**2°**	**3°**	**4°**	**Total**
Mujeres	700	520	500	480	2,200
Hombres	560	460	400	380	1,800
Total	1,260	980	900	860	4,000

El secretario pretende obtener una muestra probabilística de $n = 200$ estudiantes y proyectar los resultados a toda la población de estudiantes de tiempo completo.

a. Si el marco disponible en los archivos del secretario es un listado alfabético con los nombres de todos los $N = 4{,}000$ estudiantes de tiempo completo inscritos, ¿qué tipo de muestra podrá obtener? Discútalo.

b. ¿Cuál es la ventaja de seleccionar una muestra aleatoria simple en el inciso *a*)?

c. ¿Cuál es la ventaja de seleccionar una muestra sistemática en el inciso *a*)?

d. Si el marco disponible a partir de los archivos del secretario es una lista con los nombres de todos los $N = 4{,}000$ estudiantes de tiempo completo inscritos, recabada a partir de ocho listas alfabéticas distintas basadas en las divisiones de género y grado que se muestran en la tabla anterior, ¿qué tipo de muestra debe extraer? Discútalo.

e. Suponga que cada uno de los $N = 4{,}000$ estudiantes de tiempo completo inscritos viven en uno de los 20 dormitorios del campus. Cada dormitorio tiene cuatro pisos, con 50 camas cada uno, por lo que aloja 200 estudiantes. Es política de la institución integrar por completo a sus alumnos por género y grado en cada uno de los pisos de cada dormitorio. Si el secretario recaba un marco por medio de una lista de todos los alumnos que ocupan cada uno de los pisos de cada dormitorio, ¿qué tipo de muestra debe extraer? Discútalo.

7.30 En un diario de ventas se conservan facturas prenumeradas. Están foliadas del 0001 al 5,000.

a. Comenzando en la fila 16 de la columna 1, y procediendo de forma horizontal en la tabla E.1, seleccione una muestra aleatoria simple de 50 números de factura.

b. Seleccione una muestra sistemática de 50 números de factura. Para ello, utilice como punto de partida los números aleatorios de la fila 20 de las columnas 5 a 7.

c. ¿Las facturas seleccionadas en el inciso *a*) son las mismas seleccionadas en el inciso *b*)? ¿Por qué?

ASISTENCIA de PH Grade **7.31** Suponga que 5,000 facturas se separan en cuatro estratos. El estrato uno contiene 50 facturas, el estrato 2 tiene 500, el estrato 3 contiene 1,000 y el estrato cuatro tiene 3,450 facturas. Se requiere una muestra de 500 facturas.

a. ¿Qué tipo de muestreo debe realizar? ¿Por qué?

b. Explique cómo realizaría el muestreo, de acuerdo con el método establecido en el inciso *a*)?

c. ¿Por qué el muestreo establecido en el inciso *a*) no es el muestreo simple?

7.5 EVALUACIÓN DE LAS VIRTUDES DE UNA ENCUESTA

Temprano todos los días usted lee o escucha sobre los resultados de encuestas de opinión o investigaciones en periódicos, Internet, radio o televisión. Para identificar las encuestas que carecen de objetividad o credibilidad, debe evaluar de manera crítica lo que lee o escucha, examinando las virtudes de la encuesta. Primero, habrá que evaluar los propósitos de la encuesta, por qué y quién la realizó. Una encuesta o investigación de opinión realizada para satisfacer una curiosidad es esencialmente un entretenimiento. Más que un medio para llegar a un fin, sus resultados son un fin en sí mismos. Usted se debe mostrar escéptico ante este tipo de encuestas, porque el resultado no tendrá utilidad posterior.

El segundo paso al evaluar las virtudes de una encuesta consiste en determinar si se basó en una muestra probabilística o no probabilística (como se analiza en la sección 7.4). Recuerde que la única forma de hacer inferencias estadísticas correctas a partir de una muestra de la población, es mediante el uso de una muestra probabilística. Las encuestas que utilizan métodos de muestreo no probabilísticos están sujetas a sesgos severos, quizá involuntarios, que generaran resultados irrelevantes, como se ilustra en el ejemplo siguiente, tomado de las elecciones presidenciales estadounidenses celebradas en 1948.

En 1948, las principales organizaciones de encuestas pronosticaron que el resultado de las elecciones presidenciales estadounidenses, en las que competían Harry S. Truman, presidente en funciones que buscaba la reelección, y Thomas E. Dewey, entonces gobernador de Nueva York, favorecerían a Dewey. El *Chicago Tribune* confió tanto en los pronósticos de las encuestas que imprimió su primera edición con base en ellos en lugar de esperar al conteo de los sufragios.

El desconcertado periódico y los encuestadores en los que había confiado tuvieron mucho que explicar. ¿Cómo era posible que los encuestadores estuvieran tan equivocados? Tratando de encontrar el origen del error, las organizaciones encuestadoras descubrieron que todo se debía al uso de un método de muestreo no probabilístico (vea la referencia 7). En consecuencia, esas organizaciones adoptaron los métodos de muestreo probabilísticos para las elecciones subsiguientes.

Errores de encuesta

Aun cuando las encuestas utilizan métodos de muestreo probabilísticos, están sujetas a errores potenciales. Cuatro tipos de errores de encuesta son:

- Error de cobertura.
- Error de no respuesta.
- Error de muestreo.
- Error de medición.

Un buen diseño de encuesta de investigación pretende reducir al mínimo estos distintos errores, con frecuencia a un costo considerable.

Error de cobertura La clave para hacer una selección apropiada de la muestra es partir de un marco adecuado. Recuerde, el marco es una lista actualizada de todos los elementos, a partir de la cual podrá seleccionar la muestra. El **error de cobertura** se presenta cuando se excluyen del marco ciertos grupos de elementos, de tal manera que no tienen posibilidad de resultar seleccionados como parte de la muestra. El error de cobertura provoca un **sesgo de selección**. Si el marco es inadecuado porque no se incluyeron de manera apropiada ciertos grupos de elementos, toda muestra probabilística aleatoria seleccionada dará una estimación de las características del marco, no de la población *real*.

Error de no respuesta No todas las personas están dispuestas a responder una encuesta. De hecho, las investigaciones han descubierto que los individuos de las clases económicas más altas y más bajas suelen responder a las encuestas con menos frecuencia que las personas de clase media. El **error de no respuesta** surge a partir de la omisión al recabar datos de todos los elementos de la muestra, y tiene como resultado un **sesgo de no respuesta**. Puesto que por regla general no es posible suponer que las personas que declinan responder a la encuesta son semejantes a las que sí lo hacen, es necesario hacer un seguimiento de la falta de respuestas tras un periodo de tiempo especificado. Usted debe realizar varios intentos para convencer a tales individuos de que respondan la encuesta. Luego, las respuestas de seguimiento se comparan con las respuestas iniciales, para efectuar inferencias válidas a partir de la encuesta (referencia 1).

El modo de respuesta utilizado influye en la tasa de respuesta. Las entrevistas personales y telefónicas suelen producir una tasa de respuesta mayor que las encuestas por correo, pero a mayor costo. A continuación se muestra un famoso ejemplo de error de cobertura y sesgo de no respuesta.

En 1936, la revista *Literary Digest* pronosticó que el gobernador de Kansas, Alf Landon, recibiría el 57% de los votos en las elecciones presidenciales estadounidenses, y derrotaría de forma abrumadora al presidente Franklin D. Roosevelt, que se postulaba para un segundo periodo. Sin embargo, Landon fue fácilmente derrotado al recibir sólo el 38% de los votos. Nunca antes había ocurrido que una revista cometiera un error semejante con respecto a una encuesta tan importante. En consecuencia, tal pronóstico arruinó la credibilidad del público en la revista, lo que, con el tiempo, derivó en bancarrota. En *Literary Digest* creyeron haber hecho todo de manera correcta. Basaron su pronóstico en una muestra de gran tamaño, 2.4 millones de participantes en una encuesta enviada a 10 millones de votantes registrados. ¿Cuál fue el error? Existen dos respuestas: sesgo de selección y sesgo de no respuesta.

Para comprender el papel que desempeña el sesgo de selección, es necesario conocer ciertos antecedentes históricos. En 1936, Estados Unidos todavía sufría los efectos de la Gran Depresión. Sin tomar esto en cuenta, el *Literary Digest* recopiló su marco de fuentes tales como directorios telefónicos, listas de miembros de clubes, suscriptores y registros de automóvil (referencia 7). Inadvertidamente, seleccionaron un marco compuesto primordialmente por gente acomodada que excluyó a la mayor parte de la población votante, quienes durante la Gran Depresión no podían costear teléfonos, afiliación a clubes, suscripciones ni automóviles. De esta manera, el 57% de votos que se estimó para Landon pudo haber sido muy cercano al marco, pero en realidad no lo fue para la población estadounidense total.

El error de no respuesta generó un posible sesgo, ya que la gran muestra de 10 millones de votantes registrados obtuvo sólo 2.4 millones de respuestas. Una tasa de respuesta de sólo un 24% está muy lejos de producir estimaciones exactas de los parámetros poblacionales, y no cuenta con mecanismos para garantizar que los 7.6 millones de individuos que no respondieron tengan una opinión similar. Sin embargo, el problema causado por el sesgo de no respuesta resulta secundario en comparación con el sesgo de selección. Incluso si hubieran respondido los 10 millones de votantes registrados en la muestra, esto no hubiera compensado el hecho de que la composición del marco difería de manera sustancial de la población votante real.

Error de muestreo Existen tres razones primordiales por las que usted selecciona una muestra en vez de realizar un censo completo: es más conveniente, menos costoso y más eficiente. Sin embargo, la casualidad dicta cuáles individuos o elementos serán o no incluidos en la muestra. El **error de muestreo** refleja la heterogeneidad o "diferencia de posibilidad" entre una muestra y otra, con base en la probabilidad de que determinados individuos o elementos sean seleccionados en muestras particulares.

Cuando usted lee los resultados de encuestas en periódicos o revistas, con frecuencia encontrará un enunciado relacionado con el margen de error o la precisión. Por ejemplo, "se considera que los resultados de esta encuesta están a ± 4 puntos porcentuales del valor real". Este margen de error representa al error de muestreo. El error de muestreo se reduce extrayendo muestras de mayor tamaño, pero esto también aumenta el costo de la encuesta.

Error de medición En la práctica de una buena investigación, usted diseña un cuestionario con intención de recabar información significativa. Pero aquí se enfrenta a un dilema: es más fácil hablar de medidas significativas que obtenerlas. Considere el siguiente proverbio:

Un hombre con un reloj siempre sabe qué hora es;
Un hombre con dos relojes siempre indaga, para identificar la hora correcta;
Un hombre con diez relojes siempre recuerda lo difícil que es medir el tiempo.

Por desgracia, el proceso de obtener una medición con frecuencia está regido por lo que resulta conveniente y no por lo que es necesario. A menudo las mediciones son en realidad sólo una representación de las que se desean. Se ha observado mucho al error de medición que surge como resultado de la fragilidad de la redacción (referencia 3). Una pregunta debe ser clara y precisa. Además, para evitar las *preguntas tendenciosas*, es necesario plantearlas de manera neutral.

Existen tres causas de **errores de medición**: la redacción ambigua de las preguntas, el efecto halo y el error de la encuesta. Como un ejemplo de redacción ambigua, en noviembre de 1993 el Departamento del Trabajo de Estados Unidos informó que la tasa de desempleo en ese país se había subestimado por más de una década, como resultado de la mala redacción del cuestionario en la Encuesta Actual de Población. De manera específica, la redacción provocó un conteo significativamente menor de las mujeres en la fuerza de trabajo. Puesto que las tasas de desempleo se encuentran ligadas a programas de asistencia social como los seguros de desempleo estatales, era imperativo que los investigadores gubernamentales rectificaran la situación corrigiendo la redacción del cuestionario.

El "efecto halo" se presenta cuando el encuestado se siente obligado a complacer al entrevistador. La adecuada capacitación del entrevistador logra reducir al mínimo el efecto halo.

El error del encuestado se presenta como consecuencia del exceso o de la falta de interés del encuestado. Hay dos formas de reducir al mínimo este error: **1.** analizando cuidadosamente los datos e interrogando de nuevo a los individuos cuya respuestas parecen inusuales, y **2.** estableciendo un programa de reentrevistas aleatorias, con la finalidad de determinar la confiabilidad de las respuestas.

Consideraciones éticas

Las consideraciones éticas surgen en relación con los cuatro tipos de errores potenciales que pueden surgir al diseñar encuestas que utilizan muestras probabilísticas: error de cobertura, error de no respuesta, error de muestreo y error de medición. El error de cobertura da como resultado un sesgo en la selección, y se convierte en un problema ético si se excluye del marco a individuos o grupos específicos, en forma deliberada, de manera que los resultados de la encuesta se inclinen hacia una posición más favorable para el interesado. El error de no respuesta puede conducir al sesgo de no respuesta, y se convierte en un problema ético si el interesado diseña deliberadamente la encuesta de tal manera que se reduzca a la posibilidad de que la respondan grupos o individuos específicos. El error de muestreo se convierte en un problema ético si al mostrar los resultados se omite deliberadamente hacer referencia al tamaño de la muestra y al margen de error, de manera que el interesado promueva un punto de vista que, de otra forma, no sería verdaderamente significativo. El error de medición se convierte en un problema ético en alguna de las siguientes tres situaciones: **1.** cuando el interesado en la encuesta elige preguntas tendenciosas que dirigen las respuestas en una dirección específica; **2.** cuando el entrevistador, mediante ademanes y tonos, provoca deliberadamente un efecto halo o, de cualquier otra forma, dirige las respuestas en una dirección específica; **3.** cuando el encuestado, desdeñando el proceso de encuestas, proporciona información falsa de manera intencional.

También surgen algunos problemas éticos cuando se utilizan los resultados de las muestras no probabilísticas para sacar conclusiones acerca de toda la población. Cuando se utiliza un método de muestreo no probabilístico, es necesario explicar los procedimientos de muestreo y asentar que los resultados no deben generalizarse más allá de la muestra.

PROBLEMAS PARA LA SECCIÓN 7.5

Aplicación de conceptos

7.32 "Una encuesta señala que la gran mayoría de los estudiantes universitarios son dueños de su propia computadora personal." ¿Qué información le gustaría conocer antes de aceptar los resultados de la encuesta?

7.33 Se selecciona una muestra aleatoria simple de $n = 300$ empleados de tiempo completo a partir de una lista de la empresa que contiene los nombres de todos los $N = 5{,}000$ empleados de tiempo completo, con el fin de evaluar la satisfacción con el trabajo.

a. Encuentre un ejemplo de posible error de cobertura.
b. Encuentre un ejemplo de posible error de no respuesta.
c. Encuentre un ejemplo de posible error de muestreo.
d. Encuentre un ejemplo de posible error de medición.

7.34 De acuerdo con una encuesta realizada a 1,000 suscriptores de AOL (Harry Berkowitz, "Screen Name Loyalty", *Newsday,* 1 de diciembre, 2002, A42), el 92% de los suscriptores de AOL respondieron: "No quiero cambiar mi dirección de correo electrónico", como razón para continuar con el servicio. ¿Qué información le gustaría conocer antes de aceptar los resultados de la encuesta?

7.35 Forrester Research Inc. realizó una encuesta entre compradores en línea (Michael Totty, "The Masses Have Arrived", *The Wall Street Journal*, 27 de enero, 2003, R8).

De quienes han realizado compras en línea por menos de un año, el 39% tiene licenciatura, el 57% está conformado por mujeres, y su ingreso anual medio es de $52,300. ¿Qué información le gustaría conocer antes de aceptar los resultados de la encuesta?

7.36 De acuerdo con un sondeo realizado por Maritz entre 1,004 conductores adultos ("Snapshots", *USA Today*, 23 de octubre, 2002), el 45% admitió ingerir alimentos o bebidas de manera frecuente u ocasional, y el 36% admitió hablar por teléfono celular. ¿Qué información le gustaría conocer antes de aceptar los resultados de la encuesta?

7.37 De acuerdo con una encuesta realizada por MessageOne entre personas que tienen correo electrónico en su trabajo, casi 4 de cada 10 indicaron que no pueden vivir sin él (Anne R. Carey y Chad Palmer, "Snapshots", *USA Today*, 14 de enero, 2004, Al). De manera más específica, el 37% dijo "no poder vivir sin él", el 26% dijo que el correo electrónico era "importante", el 19% considera que "no es esencial", el 13% contestó "no lo utilizo" y el 5% afirmó que "no es importante". ¿Qué información le gustaría conocer antes de aceptar los resultados de la encuesta?

7.38 ¿Qué desean quienes cenan en un restaurante? En una encuesta realizada por Caravan para la IHOP, el 56% respondió que quería "alimentos estupendos". Otras respuestas fueron: "precios razonables", el 22%; "ambiente" el 11%; "servicio rápido", el 8%; y "no sé", el 3% (Darryl Haralson y Jeff Dionise, "Snapshots", *USA Today*, 16 de enero, 2004, A1). ¿Qué información le gustaría conocer antes de aceptar los resultados de la encuesta?

RESUMEN

En este capítulo se estudió la distribución muestral de la media muestral, el teorema del límite central y la distribución muestral de la proporción de la muestra. Usted aprendió que la media muestral es un estimador sin sesgo de la media poblacional y que la proporción muestral es un estimador sin sesgo de la proporción poblacional. Al observar el peso medio de una muestra de cajas de cereal rellenas por la Oxford Cereal Company, usted pudo obtener conclusiones relativas al peso medio de la población de cajas de cereal. También estudió cuatro métodos comunes de muestreo para encuesta: aleatorio simple, sistemático, estratificado y de conglomerados. En los siguientes cuatro capítulos se analizan las técnicas más utilizadas por la inferencia estadística, los intervalos de confianza y las pruebas de hipótesis.

FÓRMULAS IMPORTANTES

Media poblacional

$$\mu = \frac{\sum_{i=1}^{N} X_i}{N} \quad (7.1)$$

Desviación estándar poblacional

$$\sigma = \sqrt{\frac{\sum_{i=1}^{N} (X_i - \mu)^2}{N}} \quad (7.2)$$

Error estándar de la media

$$\sigma_{\overline{X}} = \frac{\sigma}{\sqrt{n}} \quad (7.3)$$

Cálculo de Z para la distribución muestral de la media

$$Z = \frac{\overline{X} - \mu_{\overline{X}}}{\sigma_{\overline{X}}} = \frac{\overline{X} - \mu}{\dfrac{\sigma}{\sqrt{n}}} \quad (7.4)$$

Cálculo de $\overline{X}$ para la distribución muestral de la media

$$\overline{X} = \mu + Z\frac{\sigma}{\sqrt{n}} \quad (7.5)$$

Proporción muestral

$$p = \frac{X}{n} \quad (7.6)$$

Error estándar para la proporción

$$\sigma_p = \sqrt{\frac{\pi(1-\pi)}{n}} \quad (7.7)$$

Cálculo de Z para la distribución muestral de la proporción

$$Z = \frac{p - \pi}{\sqrt{\dfrac{\pi(1-\pi)}{n}}} \quad (7.8)$$

CONCEPTOS CLAVE

conglomerados 224
distribución muestral 206
distribución muestral de la media 207
distribución muestral de la proporción 217
error de cobertura 226
error de muestreo 227
error de no respuesta 226
error estándar de la media 209
error estándar para la proporción 217
errores de medición 228
estratos 224
imparcial 207
marco 220
muestra aleatoria simple 221
muestra de conglomerados 224
muestra de juicio 221
muestra estratificada 224
muestra no probabilística 220
muestra probabilística 221
muestra sistemática 223
muestrear sin reemplazo 221
muestreo con reemplazo 221
muestreo de conveniencia 221
sesgo de no respuesta 226
sesgo de selección 226
sin sesgo 207
tabla de números aleatorios 221
teorema del límite central 213

PROBLEMAS DE REPASO

Revisión de su aprendizaje

7.39 ¿Por qué la media muestral es un estimador sin sesgo de la media poblacional?

7.40 ¿Por qué se reduce el error estándar de la media conforme aumenta el tamaño de la muestra n?

7.41 ¿Por qué para una muestra con el tamaño suficientemente grande, la distribución muestral de la media sigue una distribución normal a pesar de que la población quizá no tenga una distribución normal?

7.42 ¿Cuál es la diferencia entre una distribución de probabilidad y una distribución muestral?

7.43 ¿En qué circunstancias la distribución muestral de la proporción sigue una distribución aproximadamente normal?

7.44 ¿Cuál es la diferencia entre el muestreo probabilístico y el no probabilístico?

7.45 ¿Cuáles son algunos de los problemas que se presentan al utilizar métodos de "pecera" al seleccionar una muestra aleatoria simple?

7.46 ¿Cuál es la diferencia entre muestreo *con* reemplazo y *sin* reemplazo?

7.47 ¿Cuál es la diferencia que existe entre una muestra aleatoria simple y una muestra sistemática?

7.48 ¿Cuál es la diferencia que existe entre una muestra aleatoria simple y una muestra estratificada?

7.49 ¿Cuál es la diferencia que existe entre una muestra estratificada y una muestra de conglomerados?

Aplicación de conceptos

7.50 Una máquina de coser industrial utiliza cojinetes que deben tener un diámetro de 0.75 pulgadas. Los límites inferior y superior especificados dentro de los que los cojinetes pueden operar son 0.74 y 0.76 pulgadas, respectivamente. La experiencia previa señala que el diámetro real de los cojinetes tiene una distribución aproximadamente normal, con una media de 0.753 pulgadas y una desviación estándar de 0.004 pulgadas. Si se selecciona una muestra aleatoria de 25 cojinetes, ¿cuál es la probabilidad de que la media muestral se encuentre

a. entre el objetivo y la media poblacional de 0.753?
b. entre el límite inferior de las especificaciones y el objetivo?
c. sobre el límite superior a las especificaciones?
d. bajo el límite inferior de las especificaciones?
e. Existe un 93% de probabilidad de que el diámetro medio muestral sea mayor ¿de qué valor?

7.51 La cantidad de llenado de las botellas de una bebida gaseosa tiene una distribución normal, con una media de 2.0 litros y una desviación estándar de 0.05 litros. Si se selecciona una muestra aleatoria de 25 botellas, ¿cuál es la probabilidad de que la media muestral esté

a. entre 1.99 y 2.0 litros?
b. bajo 1.98 litros?
c. sobre 2.01 litros?
d. Existe una probabilidad del 99% de que la media muestral contenga por lo menos ¿cuánta bebida gaseosa?
e. Hay una probabilidad del 99% de que la media muestral contenga valor que se encuentra entre ¿cuáles dos valores (distribuidos simétricamente alrededor de la media)?

7.52 Un productor de jugo adquiere todas sus naranjas de una enorme plantación que tiene una variedad de naranja. La cantidad de jugo extraído de cada una de estas naranjas tiene una distribución aproximadamente normal, con una media de 4.70 onzas y una desviación estándar de 0.40 onzas. Suponga que selecciona una muestra aleatoria de 25 naranjas:

a. ¿Cuál es la probabilidad de que la media muestral sea de por lo menos 4.60 onzas?
b. Hay una probabilidad del 70% de que la media muestral se encuentre entre dos valores simétricamente distribuidos alrededor de la media poblacional. ¿Cuáles son esos valores?
c. Existe un 77% de probabilidad de que la media muestral esté por encima de ¿cuál valor?

7.53 DiGiorno's tiene en la televisión algunos de los comerciales más creativos y agradables de pizzas congeladas. La sección revisora de publicidad del *USA Today* asegura que al 20% de los espectadores les gustan "mucho" los anuncios (Theresa Howard, "DiGiorno Campaign Delivers Major Sales", **www.usatoday.com**, 1 de abril, 2002). Suponga que los anuncios se exponen a una muestra de 400 espectadores de televisión. ¿Cuál es la probabilidad de que la muestra tenga entre

a. 18 y 22% de personas a quienes los anuncios les gustan "mucho"?
b. 16 y 24% de personas a quienes los anuncios les gustan "mucho"?
c. 14 y 26% de personas a quienes los anuncios les gustan "mucho"?
d. 12 y 28% de personas a quienes los anuncios les gustan "mucho"?

7.54 Los fondos de inversión reportaron ganancias moderadas durante el primer trimestre de 2004. Los fondos de participación diversificada estadounidenses, una gran bolsa de acciones compuesta por una amplia variedad de empresas, obtuvo un rendimiento del 2.98% (Michael J. Martines, "Mutual-fund Returns Minimal in First Quarter". **Cincinnati.com**, 3 de abril, 2004). Suponga que los rendimientos de los fondos estadounidenses se distribuyeran como una variable aleatoria normal, con una media de 2.98 y una desviación estándar de 4. Si usted seleccionara una muestra aleatoria de 10 fondos de esta población, ¿cuál es la probabilidad de que la muestra tenga un rendimiento medio

a. menor que 0; es decir, pérdidas?
b. entre 0 y 6?
c. mayor que 10?

7.55 Los fondos de inversión reportaron ganancias moderadas durante el primer trimestre de 2004. Los fondos internacionales, que históricamente han sido más volátiles que los fondos estadounidenses, obtuvieron un rendimiento del 5.13% (Michael J. Martines, "Mutual-fund Returns Minimal in First Quarter", **Cincinnati.com**, 3 de abril, 2004). Suponga que los rendimientos de los fondos internacionales se distribuyeron como una variable aleatoria normal, con una media de 5.13 y una desviación estándar de 6. Si usted seleccionara un fondo individual de esta población, ¿cuál es la probabilidad de que tenga un rendimiento

a. menor que 0; es decir, pérdidas?
b. entre 0 y 6?
c. mayor que 10?

Si usted seleccionara una muestra aleatoria de 10 fondos de esta población, ¿cuál es la probabilidad de que la muestra tenga un rendimiento medio

d. menor que 0; es decir, pérdidas?
e. entre 0 y 6?
f. mayor que 10?
g. Compare sus respuestas en los incisos *d*) a *f*) con las de los incisos *a*) a *c*).
h. Compare sus respuestas en los incisos *d*) a *f*) con las de los incisos *a*) a *c*) del problema 7.54.

7.56 La realización de encuestas políticas se ha valido tradicionalmente de entrevistas telefónicas. Los investigadores de Harris Black International Ltd., argumentan que las encuestas por Internet son más económicas, más rápidas, y que obtienen mayores tasas de respuesta que las telefónicas. Los críticos están preocupados por la confiabilidad de este método (*The Wall Street Journal*, 13 de abril, 1999). Incluso en medio de todas estas fuertes críticas, las encuestas por Internet se están volviendo cada vez más comunes. ¿Qué preocupaciones, si las hay, le despiertan las encuestas por Internet?

7.57 Un estudio realizado por Rajesh Mirani y Albert Lederer ("An Instrument for Accessing the Organizational Benefits of IS Projects", *Decision Sciences,* vol. 29, 1998, 803-838) analiza los beneficios organizacionales de los proyectos de sistemas de información (IS, por sus siglas en inglés). Los investigadores enviaron por correo 936 cuestionarios, dirigidos a los miembros, seleccionados al azar, de una enorme organización de sistemas de información que abarca a todo el país. Recibieron 200 respuestas válidas, para una tasa de respuesta del 21%. De los 200 encuestados, 190 respondieron preguntas referentes a un proyecto de IS recién terminado. El presupuesto promedio para estos proyectos fue de $3.8 millones, con un rango que oscila entre 4,000 y 100 millones de dólares. De esas 190 respuestas, el 45% señalaban que se solicitó la aprobación del director general antes de iniciar los proyectos.

a. ¿Cuál fue la fuente de datos utilizada en este estudio?
b. Analice el método de muestreo utilizado en este estudio.
c. ¿Qué tipos de errores de encuesta cree que es más probable que encuentren los investigadores?

7.58 Como parte del proceso de mediación supervisado por un juez federal, cuyo objeto era dar fin a un juicio en el que se acusa a Cincinnati, Ohio, de décadas de discriminación contra los afroamericanos, se realizaron encuestas sobre cómo mejorar las relaciones entre la policía de Cincinnati y la comunidad. Se envió una encuesta a los 1,020 miembros del cuerpo de policía de Cincinnati. La encuesta incluyó una carta en la que el jefe de policía y el presidente de la Fraternidad de Policías alentaban la participación. Los participantes podían devolver sus respuestas por escrito o responder la encuesta en línea. Para consternación de los investigadores, sólo se completaron 158 encuestas ("Few Cops Fill Out Survey", *The Cincinnati Enquirer,* 22 de agosto, 2001, B3).

a. ¿Qué tipo de errores o sesgos deben preocupar de manera especial a los investigadores?
b. ¿Qué paso(s) deben emprender los investigadores para tratar de compensar los problemas observados en el inciso *a*)?
c. ¿Qué se pudo efectuar de diferente manera para mejorar las virtudes de la encuesta?

7.59 De acuerdo con la encuesta realizada por International Communications Research para Capital One Financial, el 24% de los adolescentes de entre 13 y 19 años de edad tienen un teléfono celular y el 10% de ellos cuentan con localizador ("USA Snapshots", *USA Today,* 16 de agosto, 2001, A1).

a. ¿Qué otra información le gustaría conocer antes de aceptar los resultados de esta encuesta?
b. Suponga que desea realizar una encuesta semejante en la región geográfica donde vive. Describa la población para su encuesta.
c. Explique cómo podría reducir al mínimo la posibilidad de un error de cobertura en este tipo de encuesta.

d. Explique cómo podría reducir al mínimo la posibilidad de un error de no respuesta en este tipo de encuesta.
e. Explique cómo podría reducir al mínimo la posibilidad de un error de muestreo en este tipo de encuesta.
f. Explique cómo podría reducir al mínimo la posibilidad de un error de medición en este tipo de encuesta.

7.60 De acuerdo con la doctora Sarah Beth Estes, profesora de sociología en la Universidad de Cincinnati, y con la doctora Jennifer Glass, profesora de sociología en la Universidad de Iowa, las mujeres trabajadoras que aprovechan los horarios ventajosos por motivos familiares pueden obtener menores salarios. De manera más específica, la sociólogas reportan que en un estudio realizado con 300 mujeres que trabajan y tienen hijos, y vuelven a laborar aprovechando programas de flexibilidad o aquellos que permiten realizar el trabajo en casa, se observó que obtenían aumentos de sueldo entre un 16 y un 26% menores, en promedio, que otros trabajadores ("Study: 'Face Time' Can Affect Moms' Raises", *The Cincinnati Enquirer*, 28 de agosto, 2001, A1).
a. ¿Qué otra información le gustaría conocer antes de aceptar los resultados de esta encuesta?
b. Si usted realizara un estudio similar en el área geográfica donde vive, defina la población, marco y método de muestreo que podría utilizar.

7.61 **(Proyecto de grupo)** La tabla de números aleatorios es un ejemplo de distribución uniforme, porque cada uno de sus dígitos tiene igual posibilidad de presentarse. Comenzando en la fila correspondiente al día del mes en el que nació, utilice la tabla de números aleatorios (tabla E.1) para elegir un dígito a la vez.

Seleccione cinco muestras distintas de $n = 2$, $n = 5$ y $n = 10$. Calcule la media muestral de cada una de ellas. Desarrolle una distribución de frecuencia de las medias muestrales para los resultados de toda la clase, con base en muestras de tamaños $n = 2$, $n = 5$ y $n = 10$.

¿Qué se concluye respecto a la forma de la distribución muestral de cada uno de estos tamaños de la muestra?

7.62 **(Proyecto de grupo)** Lance una moneda 10 veces y registre el número de caras. Si cada uno de los alumnos realiza cinco veces este experimento, se puede desarrollar una distribución de frecuencia del número de caras a partir de los resultados de todo el salón. ¿Esta distribución parece aproximarse a la distribución normal?

7.63 **(Proyecto de grupo)** El número de automóviles en espera, formados en un servicio de lavado, se distribuye de la siguiente manera:

Número de automóviles	Probabilidad
0	0.25
1	0.40
2	0.20
3	0.10
4	0.04
5	0.01

Usted utiliza la tabla de números aleatorios (tabla E.1) para seleccionar muestras a partir de esta distribución, asignando números para la fila de espera, como se expresa continuación:
1. Comenzando en la fila correspondiente al día del mes en el que usted nació.
2. Seleccionando un número aleatorio de dos dígitos.
3. Si selecciona un número aleatorio de 00 a 24, registre una longitud de 0; si es de 25 a 64, registre una longitud de 1; si es de 65 a 84, registre una longitud de 2; si es de 85 a 94, registre una longitud de 3; si es de 95 a 98, registre una longitud de 4; si es de 99, registre una longitud de 5.

Seleccione muestras de $n = 2$, $n = 5$ y $n = 10$. Calcule la media de cada muestra. Por ejemplo, si la muestra con un tamaño de 2 tiene como resultado los números aleatorios 18 y 46, estos corresponderán a las longitudes de la fila de espera de 0 y 1, respectivamente, produciendo una media muestral de 0.5. Si cada estudiante selecciona cinco muestras diferentes para cada tamaño de la muestra, se puede desarrollar una frecuencia de distribución de las medias muestrales (para cada tamaño de la muestra) a partir de los resultados de todo el salón. ¿Qué conclusiones se obtienen con respecto a la distribución muestral de la media conforme aumenta el tamaño de la muestra?

7.64 **(Proyecto de grupo)** La tabla de números aleatorios permite simular la selección de distintas pelotas de colores en un recipiente, de la siguiente manera:
1. Comenzando en la fila correspondiente al día del mes en el que usted nació.
2. Seleccione números de un dígito.
3. Si selecciona un dígito aleatorio entre 0 y 6, considere que la pelota es blanca; si el dígito aleatorio es 7, 8 o 9, considere que la pelota es roja.

Seleccione muestras de $n = 10$, $n = 25$ y $n = 50$ dígitos. En cada una de las muestras, cuente el número de pelotas blancas y calcule su proporción en la muestra. Si cada estudiante de la clase selecciona cinco muestras diferentes para cada tamaño de la muestra, puede desarrollar una distribución de frecuencia para la proporción de bolas blancas (para cada tamaño de la muestra) a partir de los resultados de todo el salón. ¿Qué conclusiones se obtienen con respecto a la distribución muestral de la proporción conforme aumenta el tamaño de la muestra?

7.65 **(Proyecto de grupo)** Suponga que el paso 3 del problema 7.64 utiliza la siguiente regla: "Si selecciona un dígito aleatorio entre 0 y 8, considere que la pelota es blanca; si el dígito aleatorio es 9, considere que la pelota es roja". Compare y establezca las diferencias entre los resultados de este problema y los del problema 7.64.

CASO ACTUAL
ADMINISTRACIÓN DEL *SPRINGVILLE HERALD*

Para continuar el mejoramiento de la calidad en el caso que describe el capítulo 6 "Administración del Springville Herald", el departamento de producción ha estado supervisando la tonalidad oscura de la impresión del periódico. Como antes, la tonalidad oscura se mide en una escala estándar donde el valor objetivo es 1.0. Los datos recabados durante el año anterior señalan que la tonalidad oscura tiene una distribución normal, con una media de 1.005 y una desviación estándar de 0.10.

SH7.1 Cada día, se seleccionan 25 puntos del primer ejemplar y se mide su tonalidad oscura. Suponiendo que la distribución no ha cambiado con respecto a la del año pasado, ¿cuál es la probabilidad de que la tonalidad oscura media de los puntos sea:

a. menor que 1.0?
b. entre 0.95 y 1.0?
c. entre 1.0 y 1.05?
d. menor que 0.95 o mayor que 1.05?
e. Suponga que la media de la muestra de 25 puntos tomada el día de hoy es 0.952. Con base en este resultado, ¿qué conclusión se obtiene con respecto a la tonalidad oscura del periódico? Explique su respuesta.

CASO WEB

Aplique sus conocimientos sobre las distribuciones muestrales a este caso Web, que reconsidera el escenario "Uso de la estadística" de la Oxford Cereals.

La organización TriCities Consumers Concerned About Cereal Companies That Cheat (TCCACCTC) sospecha que las empresas de cereales, incluida la Oxford Cereals, engaña a los consumidores al empacar los cereales con menos peso del señalado en la etiqueta. Visite el sitio Web de la organización en **www.prenhall.com/Springville/CerealCheaters.htm**, examine sus quejas y datos de respaldo, y luego responda lo siguiente:

1. ¿Yerran los procedimientos de recopilación de datos utilizados por la TCCACCT para obtener sus conclusiones? ¿Cuáles procedimientos podría seguir el grupo para hacer más rigurosos sus análisis?

2. Suponga que las dos muestras compuestas por cinco cajas de cereal (una muestra por cada una de las dos variedades) mencionadas en el sitio Web de la TCCACCT se recogieron de manera aleatoria. Para cada una de las muestras, haga lo siguiente:

a. Calcule la media muestral.
b. Suponga que la desviación estándar del proceso es 15 gramos. Calcule el porcentaje de todas las muestras de cada uno de los procesos que tendría una media muestral menor que el valor calculado en el inciso *a*).
c. Una vez más, suponiendo que la desviación estándar es de 15 gramos, calcule el porcentaje de cajas de cereal individuales que tendrán un peso inferior al valor calculado del inciso *a*).

3. ¿Qué conclusiones, si las hay, se obtienen al utilizar sus cálculos sobre los procesos de llenado de dos cereales distintos?

4. Un representante de la Oxford Cereals solicitó que la TCCACCT elimine su página donde analiza los faltantes en las cajas de Oxford Cereals. ¿Es razonable esta petición? ¿Por qué?

5. ¿Se pueden emplear las técnicas incluidas en este capítulo como lo hace la TCCACCT para demostrar el engaño? ¿Por qué?

REFERENCIAS

1. Cochran, W. G., *Sampling Techniques*, 3a. ed. (Nueva York: Wiley, 1977).
2. Gallup, G. H., *The Sophisticated Poll-Watcher's Guide* (Princeton, NJ: Princeton Opinion Press, 1972).
3. Goleman, D., "Pollsters Enlist Psychologists in Quest for Unbiased Results", *The New York Times*, 7 de septiembre, 1993, C1 y C11.
4. Levine, D. M., P. Ramsey y R. Smidt, *Applied Statistics for Engineers and Scientists Using Microsoft Excel and Minitab* (Upper Saddle River, NJ: Prentice Hall, 2001).
5. *Microsoft Excel 2003* (Redmond, WA: Microsoft Corp., 2003).
6. *Minitab for Windows Version 14* (State College, PA: Minitab Inc., 2004).
7. Mosteller, F. *et al.*, *The Pre-Election Polls of 1948* (Nueva York: Social Science Research Council, 1949).
8. Rand Corporation, *A Million Random Digits with 100,000 Normal Deviates* (Nueva York. The Free Press, 1955).

Apéndice 7 Uso de software para las distribuciones muestrales

A7.1 EXCEL

Para la simulación de la distribución muestral

Use el ToolPak para análisis de datos. Abra la hoja de trabajo que contiene los datos para los que desee generar una simulación de distribución muestral. Seleccione **Herramientas ➜ Análisis de datos**. En la lista que aparece en la ventana de diálogo Análisis de datos, seleccione **Generación de número aleatorio** y dé clic en **OK**. En el cuadro de diálogo Generador de Número Aleatorio (vea la figura A7.1), introduzca el número de muestras como el **Número de variables** y el tamaño de la muestra de cada muestra como la **Cantidad de números aleatorios**. Seleccione el tipo de distribución en el menú desplegable **Distribución** y realice las entradas necesarias en el área **Parámetros** (los parámetros varían de acuerdo con la distribución seleccionada). Seleccione el botón con la opción **Crear nueva hoja** y dé clic en el botón **OK**. En la figura A7.1 se muestran las entradas para generar 100 muestras de n = 30 a partir de una población con distribución uniforme.

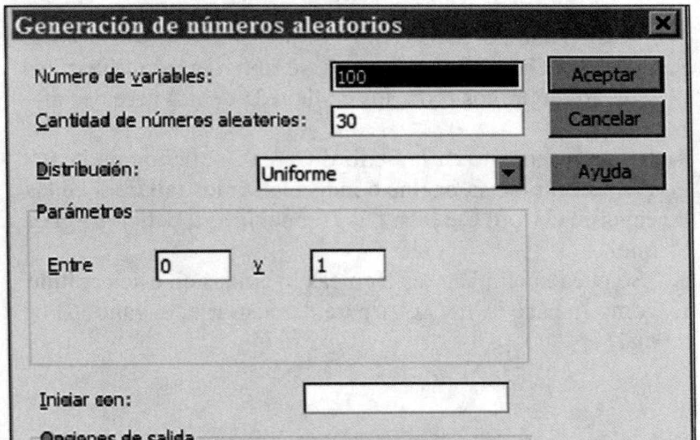

FIGURA A7.1 Ventana de diálogo generador de números aleatorios para análisis de datos.

O Vea la sección G.10 (**Simulación de distribución muestral**) si desea que PHStat2 genere una versión mejorada de esta hoja.

A7.2 MINITAB

Para desarrollar una simulación de la distribución muestral de la media a partir de una población con distribución uniforme con 100 muestras de n = 30, seleccione **Calc ➜ Random Data ➜ Uniform**. En la ventana de diálogo Uniform Distribution (vea la figura A7.2):

1. Introduzca **100** en el cuadro Generate rows of data (Generar filas de datos).
2. Introduzca **C1-C30** en el cuadro de edición Store in column(s).
3. Introduzca **0.0** en el cuadro de edición Lower endpoint y **1.0** en el Upper endpoint. Dé clic en el botón **OK**.

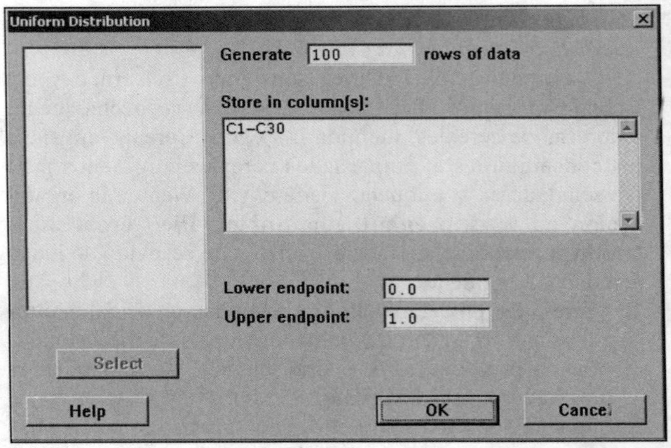

FIGURA A7.2 Ventana de diálogo Uniform Distribution de Minitab.

Ahora se introducen 100 filas de valores en las columnas C1-C30. Para calcular los estadísticos de fila para cada una de las 100 muestras, seleccione **Calc ➜ Row Statistics**, y luego, en la ventana de diálogo Row Statistics (vea la figura A7.3):

1. Seleccione el botón **Mean**.
2. Introduzca **C1-C30** en el cuadro de edición Input variables. Introduzca **C31** en el cuadro de edición Store result in. Dé clic en el botón **OK**.

La media de cada una de las 100 muestras se guarda en la columna C31. Para calcular los estadísticos del conjunto de 100 medias muestrales, seleccione **Stat ➜ Basic Statistics ➜ Display Descriptive Statistics**. Introduzca **C31** en el cuadro de edición Variables. Dé clic en el botón **OK**.

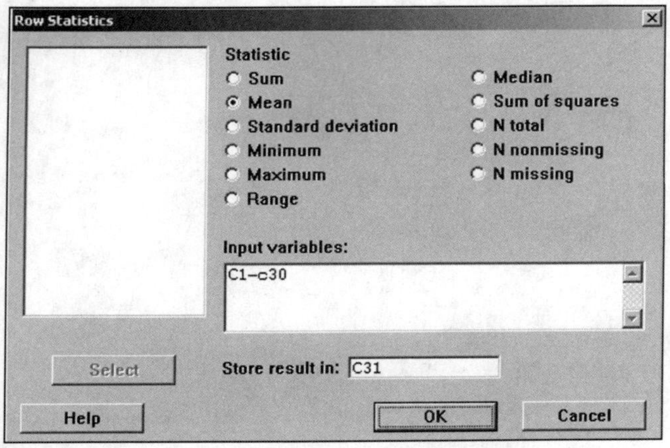

FIGURA A7.3 Ventana de diálogo Row Statistics de Minitab.

Para generar un histograma de las 100 medias muestrales, seleccione **Graph ➜ Histogram** y haga lo siguiente:

1. En la ventana de diálogo Histograms, seleccione **Simple.** Dé clic en el botón **OK**.
2. En la ventana de diálogo Histogram-Simple, introduzca **C31** en el cuadro Graph variables. Dé clic en el botón **OK**.

Para desarrollar una simulación de la distribución muestral de la media para una población normal, seleccione **Calc ➜ Random Data ➜ Normal**. Introduzca el valor de σ en el cuadro Mean y para μ en el cuadro de edición Standard deviation. Siga el resto de las instrucciones indicadas para la población uniforme.

CAPÍTULO 8

Estimación de intervalos de confianza

USO DE LA ESTADÍSTICA: Factura de ventas auditadas en la empresa de remodelaciones Saxon

OBJETIVOS DE APRENDIZAJE

En este capítulo, aprenderá:

- A construir e interpretar estimaciones de intervalo de confianza para la media y la proporción
- Cómo determinar el tamaño de la muestra necesario para desarrollar un intervalo de confianza para la media o la proporción

USO DE LA ESTADÍSTICA

Facturas de ventas auditadas en la empresa de remodelaciones Saxon

La empresa de remodelaciones Saxon distribuye productos para el mantenimiento del hogar en el noreste de Estados Unidos. Como contador de la empresa, usted es responsable de la exactitud en la administración de un inventario integrado y del sistema de información de ventas. Podría revisar los contenidos de cada registro para verificar la exactitud del sistema, pero una revisión muy detallada resulta costosa, además de que requiere mucho tiempo. Un mejor método es usar las técnicas de estadística inferencial para obtener conclusiones acerca de la población de todos los registros a partir de una muestra relativamente pequeña recolectada durante una auditoría. Al final de cada mes, selecciona una muestra de las facturas de ventas para determinar lo siguiente:

- La media de las cantidades de dólares indicadas en las facturas de ventas.
- La proporción de facturas de ventas que contienen errores.

¿Qué tan precisos son estos resultados extraídos a partir de las muestras y cómo usar esta información? ¿Son las muestras lo suficientemente grandes para aportar la información que necesita?

La estadística inferencial es el proceso de uso de los resultados derivados de las muestras para obtener conclusiones acerca de las características de una población. La estadística inferencial nos permite *estimar* características desconocidas como la media de la población o la proporción de la población. Existen dos tipos de estimaciones usadas para estimar los parámetros de la población: la estimación puntual y la estimación de intervalo. Una **estimación puntual** es el valor de un solo estadístico de muestra. Una **estimación del intervalo de confianza** es un rango de números, llamado intervalo, construido alrededor de la estimación puntual. El intervalo de confianza se construye de manera que la probabilidad del parámetro de la población se localice en algún lugar dentro del intervalo conocido.

Suponga que quiere estimar la media del puntaje GPA (Grade Point Average) de todos los alumnos en su universidad. La media del GPA para todos los alumnos es una media desconocida de la población, simbolizada como μ. Usted selecciona una muestra de alumnos y encuentra que la media es de 2.80. La muestra de la media $\overline{X} = 2.80$ es la estimación puntual de la media poblacional μ. ¿Qué tan preciso es el 2.80? Para responder esta pregunta debe construir una estimación del intervalo de confianza.

En este capítulo aprenderá cómo construir e interpretar estimaciones de intervalo de confianza. Recuerde que la media de la muestra $\overline{X}$ es una estimación puntual de la media poblacional μ. Sin embargo, la media de la muestra puede variar de una muestra a otra porque depende de los elementos seleccionados en la muestra. Tomando en cuenta la variabilidad de muestra a muestra (vea la sección 7.2 sobre la distribución muestral de la media), aprenderá a desarrollar la estimación del intervalo para la media poblacional. El intervalo construido tendrá una confianza especificada de la estimación correcta del valor del parámetro poblacional μ. En otras palabras, existe una confianza especificada de que μ se encuentre en algún lugar en el rango de números definidos por el intervalo.

Suponga que después de estudiar este capítulo, encuentra que un intervalo de confianza del 95% para la media del GPA de su universidad es ($2.75 \leq \mu \leq 2.85$). Puede interpretar esta estimación del intervalo estableciendo que está 95% confiado en que la media del GPA en su universidad esté entre 2.75 y 2.85. Hay un 5% de posibilidades de que la media del GPA esté por debajo de 2.75 o por arriba de 2.85.

Después de aprender acerca del intervalo de confianza para la media, aprenderá cómo desarrollar un intervalo de estimación para la proporción de la población. Entonces comprenderá qué tan grande debe ser la muestra seleccionada al construir intervalos de confianza.

8.1 ESTIMACIÓN DEL INTERVALO DE CONFIANZA PARA LA MEDIA (σ CONOCIDA)

En la sección 7.2 usó el teorema de límite central y el conocimiento de la distribución poblacional para determinar el porcentaje de las medias de la muestra que caen dentro de ciertas distancias de la media poblacional. Por ejemplo, para el caso del llenado de cereal descrito en el capítulo 7 (vea la página 213), el 95% de las medias muestrales están entre 362.12 y 373.88 gramos. Esta afirmación se basa en el *razonamiento deductivo*. Sin embargo, lo que usted necesita aquí es el *razonamiento inductivo*.

Se requiere del razonamiento inductivo porque en la estadística inferencial se usan los resultados de una sola muestra para obtener conclusiones sobre la población, y no a la inversa. Suponga que en el ejemplo del llenado del cereal, usted quisiera estimar la media poblacional desconocida usando la información de una sola muestra. Por lo tanto, en vez de tomar $\mu \pm (1.96)(\sigma/\sqrt{n})$ para encontrar los límites inferior y superior alrededor de la μ como en la sección 7.2, se sustituye la media de la muestra $\bar{X}$ por la μ desconocida y se utiliza $\bar{X} \pm (1.96)(\sigma/\sqrt{n})$ como un intervalo para estimar la μ desconocida. Aunque en la práctica se selecciona una sola muestra de tamaño *n* y se calcula la media $\bar{X}$, para comprender el significado total de la estimación de intervalo, usted requiere examinar un conjunto hipotético de todas las posibles muestras de valores *n*.

Suponga que la muestra de $n = 25$ cajas tiene una media de 362.3 gramos. El intervalo desarrollado para estimar μ es $362.3 \pm (1.96)(15)/(\sqrt{25})$ o 362.3 ± 5.88. El estimado de μ es

$$356.42 \le \mu \le 368.18$$

Como la media poblacional μ (igual a 368) está incluida dentro del intervalo, esta muestra ha llevado a una correcta afirmación acerca de μ (vea la figura 8.1).

FIGURA 8.1
Estimación del intervalo de confianza para cinco diferentes muestras de $n = 25$ tomadas de una población donde $\mu = 368$ y $\sigma = 15$.

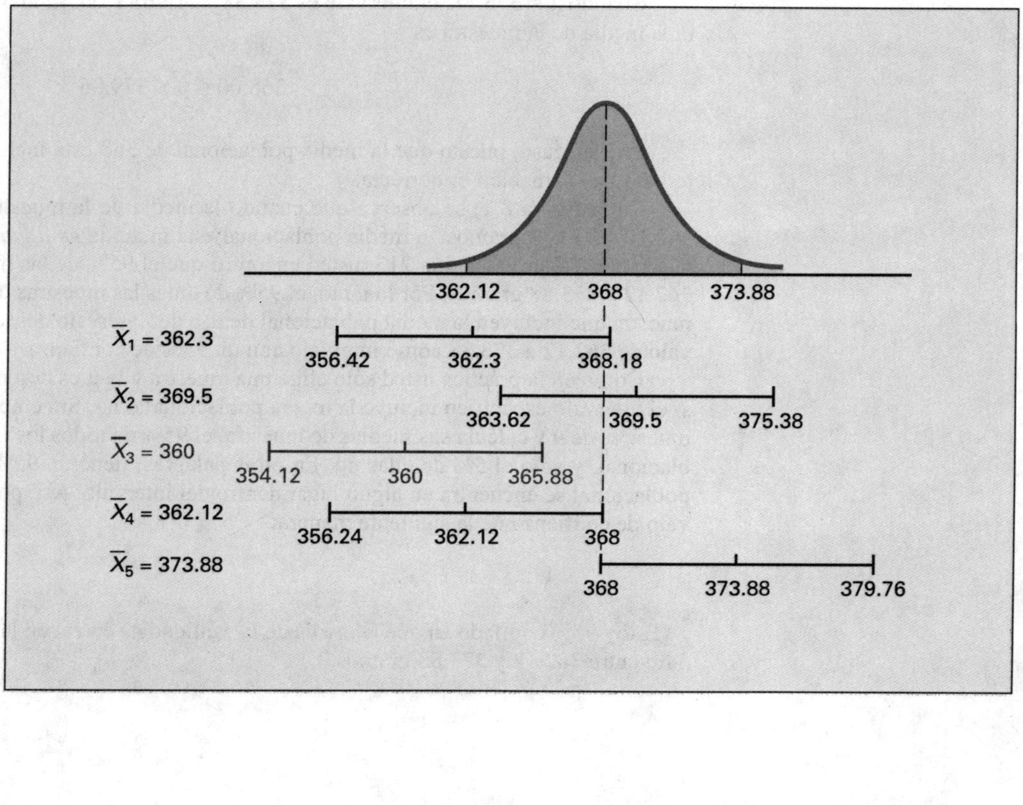

Para continuar con este ejemplo hipotético, suponga que para una muestra diferente de $n = 25$ cajas, la media es 369.5. El intervalo desarrollado para esta muestra es

$$369.5 \pm (1.96)(15)/(\sqrt{25})$$

o 369.5 ± 5.88. El estimado es

$$363.62 \leq \mu \leq 375.38$$

Puesto que la media poblacional μ (igual a 368) está incluida también dentro de este intervalo, esta afirmación sobre μ es correcta.

Ahora bien, antes de que piense que siempre que se desarrolla una estimación del intervalo de confianza se hacen afirmaciones correctas sobre μ, suponga que una tercera hipótesis de una muestra de $n = 25$ cajas es seleccionada y la media de la muestra es igual a 360 gramos. El intervalo desarrollado aquí es $360 \pm (1.96)(15)/(\sqrt{25})$ o $360 = \pm 5.88$. En este caso, la estimación de μ es

$$354.12 \leq \mu \leq 365.88$$

Esta estimación *no* es correcta, porque la media poblacional no está incluida en el intervalo desarrollado para esta muestra (vea la figura 8.1 en la página 239). Así, para algunas muestras, la estimación del intervalo de μ es correcta, pero para otras es incorrecta. En la práctica sólo se selecciona una muestra, y puesto que la media poblacional es desconocida, no es posible determinar si la estimación del intervalo es correcta.

Para resolver el dilema de tener en ocasiones un intervalo que proporcione una estimación correcta y en otras tener un intervalo que proporcione una estimación incorrecta, se requiere determinar la proporción de muestras que generan intervalos que dan por resultado afirmaciones correctas acerca de la media poblacional μ. Para hacerlo, considere dos diferentes muestras hipotéticas: el caso en el que $\overline{X} = 362.12$ gramos y el caso en que $\overline{X} = 373.88$ gramos. Si $\overline{X} = 362.12$, el intervalo es $362.12 \pm (1.96)(15)/(\sqrt{25})$ o 362.12 ± 5.88. Esto lleva al siguiente intervalo

$$356.24 \leq \mu \leq 368.00$$

Como la media poblacional de 368 está en el límite superior del intervalo, la afirmación es correcta (vea la figura 8.1).

Cuando $\overline{X} = 373.88$, el intervalo es $373.88 \pm (1.96)(15)/(\sqrt{25})$ o 373.88 ± 5.88. El intervalo para la media de la muestra es

$$368.00 \leq \mu \leq 379.76$$

En este caso, puesto que la media poblacional de 368 está incluida en el límite inferior del intervalo, la afirmación es correcta.

En la figura 8.1, se observa que cuando la media de la muestra cae en cualquier lugar entre 362.12 y 373.88 gramos, la media poblacional está incluida *en algún lugar* dentro del intervalo. En la sección 7.2 en la página 213, usted encontró que el 95% de las medias de la muestra caen entre 362.12 y 373.88 gramos. Por lo tanto, el 95% de todas las muestras de $n = 25$ cajas tienen medias de muestra que incluyen la media poblacional dentro del intervalo desarrollado. Nos referimos al intervalo de 362.12 a 373.88 como intervalo con un 95% de confianza.

Como en la práctica usted sólo elige una muestra y la μ es desconocida, nunca sabe con certeza si el intervalo específico incluye la media poblacional o no. Sin embargo, si toma todas las posibles muestras de n y calcula sus medias de muestra, el 95% de todos los intervalos incluirán la media poblacional, y sólo el 5% de ellas no. En otras palabras, tiene un 95% de confianza de que la media poblacional se encuentra en algún lugar dentro del intervalo. Así, podrá interpretar el anterior intervalo de confianza de la siguiente manera:

> "Estoy 95% confiado en que la media de la cantidad de cereal en la población de cajas se encuentra entre 362.12 y 373.88 gramos."

En algunas situaciones, usted quisiera tener un mayor grado de confianza (como el 99%) de incluir la media poblacional dentro del intervalo. En otros casos, podría aceptar un menor grado de confianza (como el 90%), al estimar la media poblacional de forma correcta.

En general, el **nivel de confianza** se simboliza con $(1 - \alpha) \times 100\%$, donde α es la proporción de las colas de la distribución que están fuera del intervalo de confianza. La proporción de la cola superior de la distribución es $\alpha/2$, y la proporción de la cola inferior de la distribución es $\alpha/2$. Utilice la ecuación (8.1) para construir una estimación de intervalo de confianza $(1 - \alpha) \times 100\%$ de la media con una σ conocida.

INTERVALO DE CONFIANZA PARA LA MEDIA (σ CONOCIDA)

$$\overline{X} \pm Z\frac{\sigma}{\sqrt{n}}$$

o

$$\overline{X} - Z\frac{\sigma}{\sqrt{n}} \le \mu \le \overline{X} + Z\frac{\sigma}{\sqrt{n}} \qquad \textbf{(8.1)}$$

donde Z = valor correspondiente a un área acumulativa de $1 - \alpha/2$ de la distribución normal estandarizada, esto es, una probabilidad de la cola superior de $\alpha/2$.

Se llama **valor crítico** al valor de Z necesario para construir un intervalo de confianza para la distribución. El 95% de confianza corresponde a un valor α de 0.05. El valor crítico Z correspondiente al área acumulativa de 0.9750 es 1.96 porque hay 0.025 en la cola superior de la distribución y el área acumulativa menor a $Z = 1.96$ es 0.975.

Hay un valor crítico diferente para cada nivel de confianza $1 - \alpha$. Un nivel de confianza del 95% lleva a un valor Z de 1.96 (vea la figura 8.2). El 99% de confianza corresponde a un valor α de 0.01. El valor de Z es aproximadamente 2.58 porque el área de la cola alta es 0.005 y el área acumulativa menor a $Z = 2.58$ es 0.995 (vea la figura 8.3).

FIGURA 8.2
Curva normal para determinar el valor de Z necesario para el 95% de confianza.

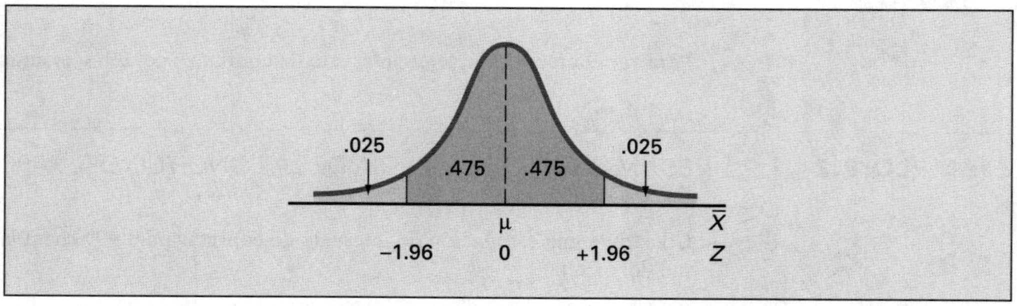

FIGURA 8.3
Curva normal para determinar el valor Z necesario para el 99% de confianza.

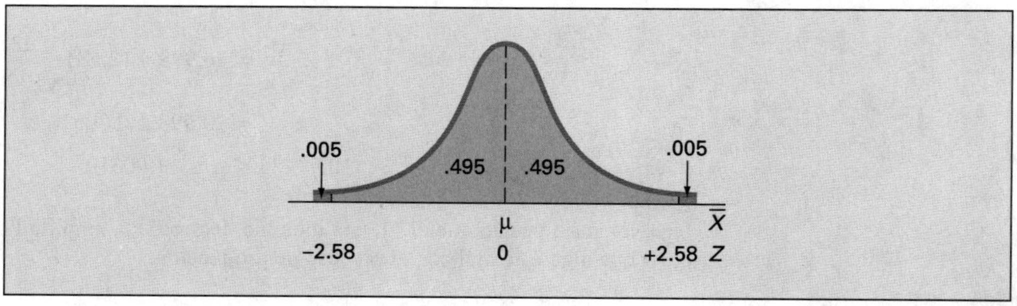

Ahora que hemos considerado diferentes niveles de confianza, ¿por qué no llevar el intervalo de confianza lo más cerca posible del 100%? Antes de hacerlo, usted necesita darse cuenta de que cualquier incremento en el nivel de confianza se logra únicamente extendiendo (y haciendo menos preciso) el intervalo de confianza. Aquí no hay ningún "almuerzo gratis". Tendría más confianza de que la media poblacional esté dentro de un rango de valores más amplio. Sin embargo, esto podría llevar a la interpretación de que el intervalo de confianza es menos útil. El intercambio entre la amplitud del intervalo de confianza y el nivel de confianza se discutirá con mayor profundidad dentro del contexto de determinación del tamaño de la muestra en la sección 8.4.

El ejemplo 8.1 ilustra la aplicación de la estimación del intervalo de confianza.

EJEMPLO 8.1

ESTIMACIÓN DE LA MEDIA DE LA LONGITUD DEL PAPEL CON UN 95% DE CONFIANZA

Un fabricante de papel para computadora tiene un proceso de producción que opera continuamente a lo largo del turno completo. Se espera que el papel tenga una media de longitud de 11 pulgadas y una desviación estándar de 0.02 pulgadas. A intervalos periódicos, se selecciona una muestra para determinar si la media de longitud del papel es igual a 11 pulgadas o para ver si algo ha salido mal durante el proceso que haya cambiado la longitud del papel que se fabrica. Usted selecciona una muestra aleatoria de 100 hojas; la media de longitud del papel es de 10.998 pulgadas. Construya una estimación del intervalo de confianza del 95% para la media poblacional de la longitud del papel.

SOLUCIÓN Se emplea la ecuación (8.1) de la página 241, con $Z = 1.96$ para un 95% de confianza,

$$\bar{X} \pm Z\frac{\sigma}{\sqrt{n}} = 10.998 \pm (1.96)\frac{0.02}{\sqrt{100}}$$
$$= 10.998 \pm 0.00392$$
$$10.99408 \leq \mu \leq 11.00192$$

Así, con un 95% de confianza, usted concluye que la media poblacional está entre 10.99408 y 11.00192 pulgadas. Como el intervalo incluye al 11, valor que indica que el proceso de producción funciona adecuadamente, no hay razón para creer que algo está mal con el proceso de fabricación. Para ver el efecto de usar un intervalo de confianza del 99%, examine el ejemplo 8.2.

Para ver el efecto de usar un intervalo de confianza del 99%, examine el ejemplo 8.2.

EJEMPLO 8.2

ESTIMACIÓN DE LA MEDIA DE LA LONGITUD DEL PAPEL CON UN 99% DE CONFIANZA

Construya una estimación de intervalo de confianza del 99% para la media poblacional de la longitud del papel.

SOLUCIÓN Usando la ecuación (8.1) de la página 241, con $Z = 2.58$ para un nivel de confianza del 99%,

$$\bar{X} \pm Z\frac{\sigma}{\sqrt{n}} = 10.998 \pm (2.58)\frac{0.02}{\sqrt{100}}$$
$$= 10.998 \pm 0.00516$$
$$10.99284 \leq \mu \leq 11.00316$$

Una vez más, puesto que el 11 está incluido dentro de la amplitud del intervalo, no hay razón para creer que algo está mal con el proceso de producción.

PROBLEMAS PARA LA SECCIÓN 8.1

Aprendizaje básico

ASISTENCIA de PH Grade **8.1** Si $\bar{X} = 85$, $\sigma = 8$ y $n = 64$, construya una estimación de intervalo de confianza del 95% de la media poblacional de μ.

ASISTENCIA de PH Grade **8.2** Si $\bar{X} = 125$, $\sigma = 24$ y $n = 36$, construya una estimación de intervalo de confianza del 99% para la media poblacional de μ.

8.3 Un investigador de mercado afirma que tiene un nivel de confianza del 95% en que la media de las ventas mensuales de un producto está entre $170,000 y $200,000. Explique el significado de su afirmación.

8.4 ¿Por qué no es posible tener un 100% de confianza en el ejemplo 8.1 de la página 242?

8.5 De los resultados del ejemplo 8.1, en la página 242, en relación con la producción de papel, ¿es verdad que el 95% de las medias de la muestra caerán entre 10.99408 y 11.00192 pulgadas? Explique su respuesta.

8.6 En el ejemplo 8.1 de la página 242, ¿es cierto que no puede estar seguro si la media poblacional está entre 10.99408 y 11.00192 pulgadas? Explique su respuesta.

Aplicación de conceptos

ASISTENCIA de PH Grade **8.7** El gerente de una tienda de artículos para pintar quiere estimar la cantidad real de pintura contenida en latas de 1 galón compradas con las de un productor conocido a nivel nacional. Se sabe, a partir de las especificaciones del fabricante, que la desviación estándar de la cantidad de pintura es igual a 0.02 galón. Se selecciona una muestra aleatoria de 50 latas y la media muestral de la cantidad de pintura contenida en una lata es de 0.995 por galón.

a. Construya una estimación de intervalo de confianza del 99% de la media poblacional cantidad de pintura contenida en una lata de 1 galón.

b. Con base en sus resultados, ¿cree usted que el gerente tiene el derecho de quejarse con el fabricante? ¿Por qué?

c. ¿Debe suponerse que la población cantidad de pintura por lata se distribuye normalmente? Explique su respuesta.

d. Construya una estimación de intervalo de confianza del 95%. ¿Cómo cambia esto su respuesta al inciso *b*)?

ASISTENCIA de PH Grade ✓ AUTO Examen **8.8** El gerente de control de calidad de una fábrica de focos necesita estimar la media de vida de un gran embarque de focos. La desviación estándar es de 100 horas. Una muestra aleatoria de 64 focos indicó que la vida media de la muestra es de 350 horas.

a. Construya una estimación de intervalo de confianza del 95% para la media poblacional de vida de los focos de este embarque.

b. ¿Cree que el fabricante tiene el derecho de afirmar que los focos tienen un promedio de vida de 400 horas? Explique por qué.

c. ¿Debe suponerse que la vida de la población de focos se distribuye normalmente? Explique por qué.

d. Suponga que la desviación estándar cambió a 80 horas. ¿Cuáles son sus respuestas para los incisos *a*) y *b*)?

ASISTENCIA de PH Grade **8.9** La división de inspección de Pesos y Medidas del condado de Lee desea estimar la cantidad real de contenido en botellas de 2 litros de bebida refrescante en la planta embotelladora local de una empresa conocida a nivel nacional. La planta embotelladora ha informado a la división de inspección que la desviación estándar poblacional para las botellas de 2 litros es de 0.05 litro. Una muestra aleatoria de 100 botellas de 2 litros en la planta embotelladora indica una media muestral de 1.99 litros.

a. Construya una estimación de intervalo de confianza del 95% de la media poblacional cantidad de bebida refrescante en cada botella.

b. ¿Debe suponerse que la población de relleno de refresco se distribuye normalmente? Explique por qué.

c. Explique por qué el valor de 2.02 litros para una botella sola no es inusual, aun cuando esté fuera del intervalo de confianza calculado.

d. Suponga que la media muestral hubiera sido de 1.97 litros. ¿Cuál sería su respuesta al inciso *a*)?

8.2 ESTIMACIÓN DE INTERVALO DE CONFIANZA PARA LA MEDIA (σ DESCONOCIDA)

Así como la media poblacional μ suele ser desconocida, rara vez se conoce la desviación estándar real de la población σ. Por lo tanto, usted requiere desarrollar una estimación del intervalo de confianza de μ usando sólo los estadísticos de muestra $\bar{X}$ y S.

Distribución *t* Student

Al comenzar el siglo XX, un especialista en estadística de la Guinness Breweries en Irlanda (vea la referencia 3) llamado William S. Gosset deseaba hacer inferencias acerca de la media cuando la σ fuera desconocida. Como a los empleados de Guinness no se les permitía publicar el trabajo de investigación bajo sus propios nombres, Gosset adoptó el seudónimo de "Student". La distribución que desarrolló se conoce como la **distribución *t* Student**.

Si la variable aleatoria X se distribuye normalmente, entonces el siguiente estadístico tiene una distribución t con $n - 1$ **grados de libertad**.

$$t = \frac{\bar{X} - \mu}{\frac{S}{\sqrt{n}}}$$

Esta expresión tiene la misma forma que el estadístico Z en la ecuación (7.4) de la página 211, con la excepción de que S se usa para estimar la σ desconocida. El concepto de *grados de libertad* se explica más adelante en la página 245.

Propiedades de la distribución *t*

En apariencia, la distribución t es muy similar a la distribución normal estandarizada. Ambas distribuciones tienen forma de campana. Sin embargo, la distribución t tiene mayor área en los extremos y menos en el centro, a diferencia de la distribución normal (vea la figura 8.4). Puesto que el valor de σ es desconocido, y se emplea S para estimarlo, los valores t son más variables que los valores Z.

FIGURA 8.4
Distribución estandarizada normal y distribución *t* para 5 grados de libertad.

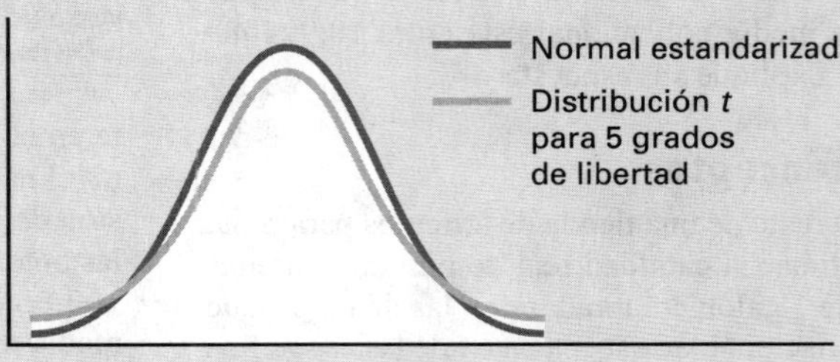

Los grados de libertad $n - 1$ están directamente relacionados con el tamaño de la muestra n. A medida que el tamaño de la muestra y los grados de libertad se incrementan, S se vuelve una mejor estimación de σ y la distribución t gradualmente se acerca a la distribución normal estandarizada hasta que ambas son virtualmente idénticas. Con una muestra de 120 o más, S estima σ con la suficiente precisión como para que haya poca diferencia entre las distribuciones t y Z. Por esta razón, la mayoría de los especialistas en estadística usan Z en lugar de t cuando el tamaño de la muestra es mayor a 120.

Como establecimos antes, la distribución t supone que la variable aleatoria X se distribuye normalmente. En la práctica, sin embargo, mientras el tamaño de la muestra sea lo suficientemente grande y la población no sea muy sesgada, la distribución t servirá para estimar la media poblacional cuando σ sea desconocida. Cuando se trabaje con una muestra de tamaño muy pequeño y una distribución poblacional sesgada, la validez del intervalo de confianza es una preocupación. Para evaluar la suposición de normalidad, se evalúa la forma de los datos muestra usando un histograma, una gráfica de tallo y hoja, un diagrama de caja y bigote o una gráfica de probabilidad normal.

Usted encontrará los valores críticos de t para los grados de libertad adecuados en la tabla para la distribución t (vea la tabla E.3). Las columnas de la tabla representan el área de la cola superior de la distribución t. Cada fila representa el valor t determinado para cada grado de libertad específico. Por ejemplo, con 99 grados de libertad, si se quiere un nivel de confianza del 95%, se encuentra el valor t apropiado como se muestra en la tabla 8.1. El nivel de confianza del 95% significa que el 2.5% de los valores (un área de .025) se encuentran en cada extremo de la distribución. Buscando en la columna para un área de la cola superior y en la fila correspondiente a 99 grados de libertad, se obtiene un valor crítico para t de 1.9842. Puesto que t es una distribución simétrica con una media de 0, si el valor de la cola superior es +1.9842, el valor para el área de la cola inferior (.025 inferior) sería −1.9842. Un valor t de −1.9842 significa que la probabilidad de que t sea menor a −1.9842, es de 0.025, o 2.5% (vea la figura 8.5).

TABLA 8.1
Determinación del valor crítico de la tabla *t* para un área de 0.025 en cada cola con 99 grados de libertad.

	Áreas de la cola superior					
Grados de libertad	**.25**	**.10**	**.05**	**.025**	**.01**	**.005**
1	1.0000	3.0777	6.3138	12.7062	31.8207	63.6574
2	0.8165	1.8856	2.9200	4.3027	6.9646	9.9248
3	0.7649	1.6377	2.3534	3.1824	4.5407	5.8409
4	0.7407	1.5332	2.1318	2.7764	3.7469	4.6041
5	0.7267	1.4759	2.0150	2.5706	3.3649	4.0322
.	.	.	.	.	.	.
.	.	.	.	.	.	.
.	.	.	.	.	.	.
96	0.6771	1.2904	1.6609	1.9850	2.3658	2.6280
97	0.6770	1.2903	1.6607	1.9847	2.3654	2.6275
98	0.6770	1.2902	1.6606	1.9845	2.3650	2.6269
99	0.6770	1.2902	1.6604	1.9842	2.3646	2.6264
100	0.6770	1.2901	1.6602	1.9840	2.3642	2.6259

Fuente: Extraído de la tabla E.3.

FIGURA 8.5
Distribución *t* para 99 grados de libertad.

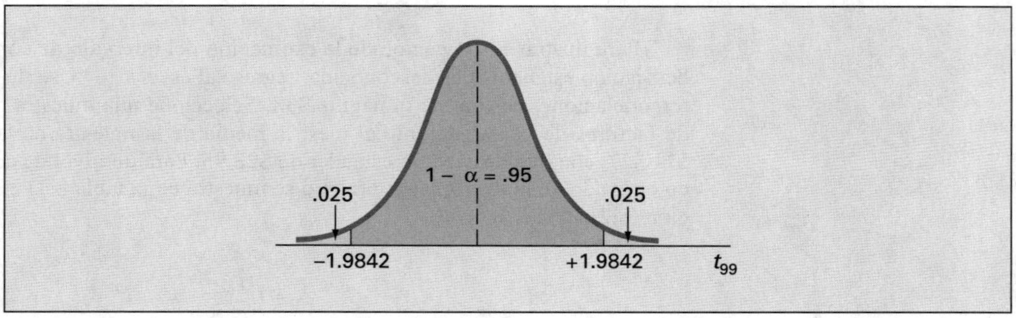

El concepto de grados de libertad

En el capítulo 3 aprendió que el numerador de la varianza de la muestra S^2 [vea la ecuación (3.9) en la página 82] requiere del cálculo de

$$\sum_{i=1}^{n}(X_i - \overline{X})^2$$

Para calcular S^2, primero necesita conocer $\overline{X}$. Por lo tanto, sólo $n - 1$ de los valores de la muestra son libres de variar. Esto significa que tiene $n - 1$ grados de libertad. Por ejemplo, suponga que una muestra de cinco valores tiene una media de 20. ¿Cuántos valores requiere conocer antes de poder determinar los valores restantes? El hecho de que $n = 5$ y $\overline{X} = 20$ también indica que

$$\sum_{i=1}^{n} X_i = 100$$

ya que

$$\frac{\sum_{i=1}^{n} X_i}{n} = \overline{X}$$

En consecuencia, cuando se conocen cuatro de los valores, el quinto *no* será libre de variar porque la suma debe ser igual a 100. Por ejemplo, si cuatro de los valores son 18, 24, 19 y 16, el quinto valor debe ser 23 para que la suma sea igual a 100.

El establecimiento del intervalo de confianza

La ecuación (8.2) define la estimación del intervalo de confianza $(1 - \alpha) \times 100\%$ para la media con σ desconocida.

INTERVALO DE CONFIANZA PARA LA MEDIA (σ DESCONOCIDA)

$$\bar{X} \pm t_{n-1}\frac{S}{\sqrt{n}}$$

o

$$\bar{X} - t_{n-1}\frac{S}{\sqrt{n}} \leq \mu \leq \bar{X} + t_{n-1}\frac{S}{\sqrt{n}} \quad \textbf{(8.2)}$$

donde t_{n-1} es el valor crítico de la distribución t con $n - 1$ grados de libertad para un área de $\alpha/2$ en la cola superior.

Para ilustrar la aplicación de la estimación del intervalo de confianza para la media cuando la desviación estándar σ es desconocida, regrese al escenario "Uso de la estadística" de la empresa de remodelaciones Saxon, de la página 238. Seleccione una muestra de 100 facturas de la población de facturas de ventas durante el mes; la media de la muestra de las 100 facturas de ventas es de \$110.27, con una desviación estándar de \$28.95. Para un nivel de confianza del 95%, el valor crítico derivado de la distribución t (como se muestra en la tabla 8.1) es de 1.9842. Al emplear la ecuación (8.2),

$$\bar{X} \pm t_{n-1}\frac{S}{\sqrt{n}}$$

$$= 110.27 \pm (1.9842)\frac{28.95}{\sqrt{100}}$$

$$= 110.27 \pm 5.74$$

$$\$104.53 \leq \mu \leq \$116.01$$

Se presenta una hoja de trabajo de Excel para estos datos en la figura 8.6.

FIGURA 8.6
Hoja de trabajo de Excel para calcular una estimación del intervalo de confianza para la media de la cantidad de facturas de ventas para la empresa de remodelaciones Saxon.

	A	B	
1	**Estimate for the Mean Sales Invoice Amount**		
2			
3	**Data**		
4	**Sample Standard Deviation**	**28.95**	
5	**Sample Mean**	**110.27**	
6	**Sample Size**	**100**	
7	**Confidence Level**	**95%**	
8			
9	Intermediate Calculations		
10	Standard Error of the Mean	2.8950	**=B4/RAIZ(B6)**
11	Degrees of Freedom	99	**=B6 - 1**
12	*t* Value	1.9842	**=DISTR.T INV.(1-B7,B11)**
13	Interval Half Width	5.7443	**=B12 * B10**
14			
15	**Confidence Interval**		
16	**Interval Lower Limit**	**104.53**	**=B5 - B13**
17	**Interval Upper Limit**	**116.01**	**=B5 + B13**

Así, con un nivel de confianza del 95%, usted concluye que la cantidad media de las facturas de ventas está entre \$104.53 y \$116.01. El nivel de confianza del 95% indica que si selecciona todas las muestras posibles de 100 (algo que nunca se hace en la práctica), el 95% de los intervalos desarrollados incluirían la media poblacional en algún lugar dentro del intervalo. La validez de esta estimación del intervalo de confianza depende de la suposición de la normalidad de la distribución de la cantidad de las facturas de ventas. Con una muestra de 100, la suposición de normalidad no es demasiado restrictiva y posiblemente es adecuado el uso de la distribución *t*. El ejemplo 8.3 ilustra cómo se construye el intervalo de confianza para la media cuando la desviación estándar de la población es desconocida.

EJEMPLO 8.3

ESTIMACIÓN DE LA FUERZA MEDIA REQUERIDA PARA ROMPER LOS AISLANTES ELÉCTRICOS

Una empresa manufacturera produce aislantes eléctricos. Si los aislantes se rompen al usarse, muy posiblemente tendremos un corto circuito. Para probar la fuerza de los aislantes, se lleva a cabo una prueba destructiva para determinar cuánta *fuerza* se requiere para romperlos. Se mide la fuerza observando cuántas libras se aplican al aislante antes de que se rompa. La tabla 8.2 lista 30 valores de este experimento. **FORCE** Construya una estimación del intervalo de confianza del 95% para la población media de fuerza requerida para romper el aislante.

TABLA 8.2
Fuerza (en libras) requerida para romper el aislante.

1,870	1,728	1,656	1,610	1,634	1,784	1,522	1,696	1,592	1,662
1,866	1,764	1,734	1,662	1,734	1,774	1,550	1,756	1,762	1,866
1,820	1,744	1,788	1,688	1,810	1,752	1,680	1,810	1,652	1,736

SOLUCIÓN La figura 8.7 muestra que la media muestral es $\bar{X} = 1{,}723.4$ libras y la desviación estándar es $S = 89.55$ libras. Al utilizar la ecuación (8.2) de la página 246 para construir un intervalo de confianza, se requiere determinar el valor crítico a partir de la tabla *t* para un área de 0.025 en cada cola con 29 grados de libertad. En la tabla E.3, se observa que $t_{29} = 2.0452$. Así, al considerar que $\bar{X} = 1{,}723.4$, $S = 89.55$, $n = 30$ y $t_{29} = 2.0452$,

$$\bar{X} \pm t_{n-1}\frac{S}{\sqrt{n}}$$

$$= 1{,}723.4 \pm (2.0452)\frac{89.55}{\sqrt{30}}$$

$$= 1{,}723.4 \pm 33.44$$

$$1{,}689.96 \le \mu \le 1{,}756.84$$

FIGURA 8.7
Estimación en Minitab del intervalo de confianza para la media de cantidad de fuerza requerida para romper los aislantes eléctricos.

```
One-Sample T: Force

Variable   N     Mean  StDev  SE Mean          95% CI
Force     30  1723.40  89.55    16.35  (1689.96, 1756.84)
```

Usted concluye con un nivel de confianza del 95% que la fuerza media requerida para la población de aislantes está entre 1,689.96 y 1,756.84 libras. La validez de esta estimación del intervalo de confianza depende de la suposición de que la fuerza requerida se distribuye normalmente. Sin embargo, recuerde que es factible relajar ligeramente esta suposición cuando trabaja con muestras de mayor tamaño. Por tanto, con una muestra de 30, puede usar una distribución t aun cuando la cantidad de fuerza requerida esté ligeramente sesgada. Para la gráfica de probabilidad normal que muestra la figura 8.8, o en la gráfica de caja y bigote de la figura 8.9, la cantidad de fuerza requerida parece ligeramente sesgada. Por tanto, la distribución t es apropiada para estos datos.

FIGURA 8.8
Gráfica de probabilidad normal de Minitab para la cantidad de fuerza requerida para romper los aislantes eléctricos.

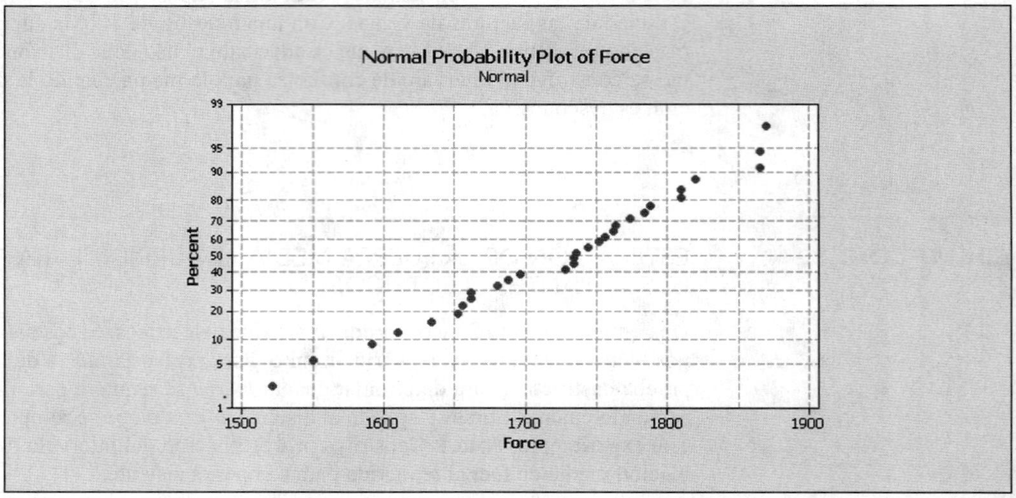

FIGURA 8.9
Gráfica de caja y bigote de Minitab para la cantidad de fuerza requerida para romper los aislantes eléctricos.

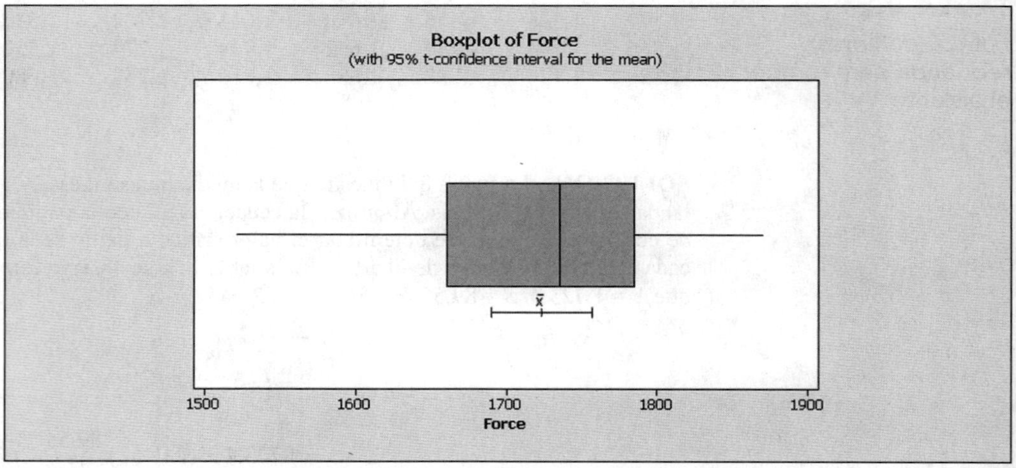

PROBLEMAS PARA LA SECCIÓN 8.2

Aprendizaje básico

ASISTENCIA de PH Grade **8.10** Determine el valor crítico de t en cada una de las siguientes circunstancias:

a. $1 - \alpha = 0.95$, $n = 10$.
b. $1 - \alpha = 0.99$, $n = 10$.
c. $1 - \alpha = 0.95$, $n = 32$.
d. $1 - \alpha = 0.95$, $n = 65$.
e. $1 - \alpha = 0.90$, $n = 16$.

ASISTENCIA de PH Grade **8.11** Si $\bar{X} = 75$, $S = 24$, $n = 36$, y suponiendo que la población se distribuye normalmente, construya una estimación del intervalo de confianza del 95% de la media poblacional μ.

ASISTENCIA de PH Grade **8.12** Si $\bar{X} = 50$, $S = 15$, $n = 16$, y suponiendo que la población se distribuye normalmente, construya una estimación del intervalo de confianza del 99% de la media poblacional μ.

8.13 Construya una estimación del intervalo de confianza del 95% para la media poblacional, basada en cada uno de los siguientes conjuntos de datos, suponiendo que la población se distribuye normalmente:

Conjunto 1: 1, 1, 1, 1, 8, 8, 8, 8
Conjunto 2: 1, 2, 3, 4, 5, 6, 7, 8

Explique por qué estos conjuntos de datos tienen diferentes intervalos de confianza aun cuando tienen la misma media y el mismo rango.

8.14 Construya un intervalo de confianza del 95% para la media poblacional, basado en los números 1, 2, 3, 4, 5, 6 y 20. Cambie el número 20 por el 7 y recalcule el intervalo de confianza. Usando estos resultados, describa el efecto de un valor atípico (es decir, un valor extremo) en un intervalo de confianza.

Aplicación de conceptos

Puede resolver los problemas 8.15 a 8.22 con o sin Excel, Minitab o SPSSS. Debe usar Excel, Minitab o SPSS para resolver el problema 8.23.

ASISTENCIA de PH Grade | ✓AUTO Examen

8.15 El propietario de una papelería desea estimar la media del valor al menudeo de las tarjetas de felicitación que la tienda tiene en su inventario. Una muestra aleatoria de 20 tarjetas de felicitación indica una media de valor de \$1.67 y una desviación estándar de \$0.32.

a. Suponiendo una distribución normal, construya una estimación del intervalo de confianza del 95% para la media del valor de todas las tarjetas de felicitación en el inventario de la tienda.

b. ¿Cómo podrían ser útiles los resultados del inciso *a*) para ayudar al dueño de la tienda a estimar el valor total de su inventario?

8.16 El hospital Southside en Bay Shore, de Nueva York, generalmente lleva a cabo pruebas de estrés para estudiar el músculo cardiaco después de que una persona ha sufrido un ataque al corazón. Los miembros del departamento de imagen diagnóstica dirigen un proyecto de mejoramiento para tratar de reducir el tiempo de procesamiento de las pruebas de estrés. El tiempo de procesamiento se define como el tiempo que pasa desde que se ordena la prueba hasta que el radiólogo firma los resultados. Inicialmente la media del tiempo de procesamiento para los resultados de una prueba de estrés era de 68 horas. Después de incorporar cambios al proceso de pruebas de esfuerzo, el equipo de mejoramiento de calidad recolectó una muestra de 50 tiempos de procesamiento. En esta muestra, la media de procesamiento fue de 32 horas con una desviación estándar de 9 horas (Eric Godin, Dennis Raven, Carolyn Sweetapple y Frank R. Del Guidice, "Faster Test Results", *Quality Progress*, enero de 2004, 37(1):33-39).

a. Construya un intervalo de confianza del 95% para la media poblacional del tiempo de procesamiento.

b. Interprete el intervalo construido en el inciso *a*).

c. ¿Cree que el proyecto de mejoramiento de calidad fue exitoso? Explique por qué.

ASISTENCIA de PH Grade

8.17 El Departamento del Transporte de Estados Unidos requiere a los fabricantes de neumáticos proporcionar información sobre el desempeño de los neumáticos en la pared interna para informar mejor a los futuros clientes mientras toman su decisión de compra. Una medida muy importante en el desempeño de los neumáticos es el índice de la banda de rodamiento, el cual indica la resistencia del neumático al rodamiento en comparación con un neumático graduado con una base de 100. Esto significa que un neumático con un grado de 200 debería durar al menos el doble de tiempo, en promedio, que un neumático graduado con una base de 100. Una organización de consumidores desea estimar el índice real de rodamiento para una marca de neumáticos graduada 200 que produce un determinado fabricante. Una muestra aleatoria de $n = 18$ reporta una media muestral de índice de banda de rodamiento de 195.3 y una desviación estándar de 21.4.

a. Suponiendo que la población de índices de banda de rodamiento se distribuye normalmente, construya una estimación del intervalo de confianza de la media poblacional del índice de rodamiento para neumáticos hechos por este fabricante bajo esta marca.

b. ¿Cree que la organización de consumidores debería acusar al fabricante de producir neumáticos que no cumplen con la información de desempeño proporcionada en la pared interna del neumático? Explique su respuesta.

c. Explique por qué un índice de rodamiento observado de 210 para un neumático específico es usual, aun cuando está fuera del intervalo de confianza desarrollado en el inciso *a*).

8.18 Los siguientes datos representan la tarifa en dólares para los cheques sin fondos para una muestra de 23 bancos con clientes que depositan directamente y que mantienen un saldo de \$100. **BANKCOST1**

26	28	20	20	21	22	25	25	18	25	15	20
18	20	25	25	22	30	30	30	15	20	29	

Fuente: "The New Face of Banking", Copywright © 2000 por Costumers Union of U.S., Inc., Yonkers. NY 10703-1057. Adaptado con el permiso de Consumer Reports, junio de 2000.

a. Construya un intervalo de confianza del 95% para la media poblacional de cheques sin fondos.

b. Interprete el intervalo construido en el inciso *a*).

8.19 Los siguientes datos representan la tarifa del servicio mensual en dólares, si el saldo en la cuenta de un cliente cae debajo del saldo mínimo requerido de \$1,500 para una muestra de 26 bancos con clientes con cuentas de depósito directo. **BANKCOST2**

12	8	5	5	6	6	10	10	9	7	10	7	7
5	0	10	6	9	12	0	5	10	8	5	5	9

Fuente: "The New Face of Banking", Copywright © 2000 por Consumers Union of U.S., Inc., Yonkers. NY 10703-1057. Adaptado con el permiso de Consumer Reports, junio de 2000.

a. Construya un intervalo de confianza del 95% para la media poblacional de la tarifa en dólares del servicio si el saldo de un cliente baja del saldo mínimo requerido.

b. Interprete el intervalo construido en el inciso *a*).

8.20 Una de las principales medidas en el servicio de calidad proporcionado por cualquier organización es la velocidad con la que se responde a las quejas del cliente. Una gran empresa familiar de muebles y pisos, incluyendo alfombras, ha experimentado una gran expansión durante los últimos años. El departamento de pisos, en particular, ha crecido de dos cuadrillas de instalación a un supervisor de instalación, un medidor y 15 cuadrillas de instalación. El año pasado hubo 50 quejas relacionadas con la instalación de alfombras. Los siguientes datos **FURNITURE** representan el número de días que pasaron desde que se recibió la queja hasta que ésta se solucionó.

54	5	35	137	31	27	152	2	123	81	74	27
11	19	126	110	110	29	61	35	94	31	26	5
12	4	165	32	29	28	29	26	25	1	14	13
13	10	5	27	4	52	30	22	36	26	20	23
33	68										

a. Construya una estimación del intervalo de confianza del 95% de la media del número de días entre que se recibe la queja y se resuelve.
b. ¿Qué suposición debe hacer sobre la distribución poblacional en el inciso *a*)?
c. ¿Cree que la suposición del inciso *b*) es infringida seriamente? Explique su respuesta.
d. ¿Qué efecto podría tener su conclusión en el inciso *c*) sobre la validez de los resultados en el inciso *a*)?

8.21 En el estado de Nueva York se permite a la banca de ahorro vender un seguro de vida llamado Savings Bank Life Insurance (SBLI). El proceso de aprobación consiste en suscribir, lo que incluye revisar la solicitud, realizar un control del centro de información médica, realizar posibles peticiones para información médica adicional y exámenes médicos, y una fase de compilación de póliza, donde las páginas de la póliza se generan y se envían al banco para su entrega. Para el banco, la capacidad de entrega oportuna de las pólizas aprobadas a los clientes es esencial para la rentabilidad de este servicio. Se seleccionó una muestra aleatoria de 27 pólizas aprobadas durante el periodo de 1 mes **INSURANCE** y el tiempo de procesamiento total en días registrado:

73 19 16 64 28 28 31 90 60 56 31 56 22 18
45 48 17 17 17 91 92 63 50 51 69 16 17

a. Construya una estimación del intervalo de confianza del 95% de la media del tiempo de procesamiento.
b. ¿Qué suposición debe hacerse acerca de la distribución de la población en el inciso *a*)?
c. ¿Cree que la suposición hecha en el inciso *b*) es infringida seriamente? Explique su respuesta.

8.22 Los siguientes datos representan el costo diario de hotel y de renta de un automóvil en 20 ciudades de Estados Unidos durante una semana en el mes de octubre de 2003. **HOTEL-CAR**

Ciudad	Hotel	Automóviles
San Francisco	205	47
Los Angeles	179	41
Seattle	185	49
Phoenix	210	38
Denver	128	32
Dallas	145	48
Houston	177	49
Minneapolis	117	41
Chicago	221	56
St. Louis	159	41
New Orleans	205	50
Detroit	128	32
Cleveland	165	34
Atlanta	180	46
Orlando	198	41
Miami	158	40
Pittsburgh	132	39
Boston	283	67
New York	269	69
Washington D.C.	204	40

Fuente: The Wall Street Journal, 10 de octubre, 2003. W4.

a. Construya un intervalo de confianza del 95% para la media poblacional del precio del hotel.
b. Construya un intervalo de confianza del 95% para la media poblacional del precio de la renta de automóvil.
c. ¿Qué suposición requiere hacer acerca de las poblaciones de interés para construir los intervalos en los incisos a) y b)?
d. A partir de los datos presentados, ¿cree que la suposición necesaria en los incisos *a*) y *b*) es válida? Explique por qué.

8.23 Una de las operaciones de un molino consiste en cortar piezas de acero en partes que posteriormente se usarán como marco para los asientos delanteros de los automóviles en una planta. El acero se corta con una sierra de diamante y se requiere que las partes resultantes sean más o menos de 0.005 pulgadas de la longitud especificada por la empresa automotriz. Los datos provienen de una muestra de 100 partes de acero **STEEL**. La medida que se reporta es la diferencia en pulgadas entre la longitud real de la parte de acero, medida con láser, y la longitud especificada de la parte de acero. Por ejemplo, la primera observación, –0.002, representa una parte de acero 0.002 pulgadas más corta de la longitud especificada.
a. Construya una estimación del intervalo de confianza del 95% de la media de la diferencia entre la longitud real de la parte de acero y la longitud especificada de la parte de acero.
b. ¿Qué suposición debe hacer acerca de la distribución poblacional en el inciso *a*)?
c. ¿Cree que la suposición hecha en el inciso *b*) es infringida seriamente? Explique su respuesta.
d. Compare las conclusiones del inciso *a*) con las del problema 2.23 en la página 42.

8.3 ESTIMACIÓN DEL INTERVALO DE CONFIANZA PARA UNA PROPORCIÓN

Esta sección extiende el concepto de intervalo de confianza a los datos categóricos. Aquí nos preocuparemos de la estimación de la proporción de elementos en una población que tiene ciertas características de interés. La proporción desconocida de la población, se representa con la letra griega π. La estimación puntual para π es la proporción de la muestra, $p = X/n$, donde n es el tamaño de la muestra y X es el número de elementos en la muestra que tienen la característica de interés. La ecuación (8.3) define la estimación del intervalo de confianza para la proporción de la población.

ESTIMACIÓN DEL INTERVALO DE CONFIANZA PARA UNA PROPORCIÓN

$$p \pm Z\sqrt{\frac{p(1-p)}{n}}$$

o

$$p - Z\sqrt{\frac{p(1-p)}{n}} \leq \pi \leq p + Z\sqrt{\frac{p(1-p)}{n}} \qquad \textbf{(8.3)}$$

donde p = proporción de la muestra $= \frac{X}{n} = \frac{\text{número de elementos con característica}}{\text{tamaño de la muestra}}$

π = proporción de la población

Z = valor crítico para la distribución normal estandarizada

n = tamaño de la muestra

suponiendo que tanto X como $n - X$ son mayores que 5.

Se puede usar la estimación del intervalo de confianza de la proporción definida en la ecuación (8.3) para estimar la proporción de las facturas de ventas que contienen errores (vea el escenario "Uso de la estadística" en la página 238). Suponga que en una muestra de 100 facturas de ventas, 10 contienen errores. Así entonces, para estos datos, $p = X/n = 10/100 = 0.10$. Al emplear la ecuación (8.3) y $Z = 1.96$ para un 95% de confianza,

$$p \pm Z\sqrt{\frac{p(1-p)}{n}}$$

$$= 0.10 \pm (1.96)\sqrt{\frac{(0.10)(0.90)}{100}}$$

$$= 0.10 \pm (1.96)(0.03)$$

$$= 0.10 \pm 0.0588$$

$$0.0412 \leq \pi \leq 0.1588$$

Así, usted tiene un nivel de confianza del 95% de que entre el 4.12 y el 15.88% de todas las facturas de ventas contienen errores. La figura 8.10 muestra una hoja de trabajo de Excel para estos datos, mientras que la figura 8.11 ilustra un resultado de Minitab.

FIGURA 8.10

Hoja de trabajo de Excel para formar una estimación del intervalo de confianza para la proporción de facturas de ventas que contienen errores.

	A	B	
1	**Proportion of In-Error Sales Invoices**		
2			
3	**Data**		
4	**Sample Size**	**100**	
5	**Number of Successes**	**10**	
6	**Confidence Level**	**95%**	
7			
8	Intermediate Calculations		
9	Sample Proportion	0.1	**=B5/B4**
10	Z Value	-1.9600	**=DISTR.NORM.ESTAND.INV((1 - B6)/2)**
11	Standard Error of the Proportion	0.03	**=RAIZ(B9 * (1 - B6)/B4)**
12	Interval Half Width	0.0588	**=ABS(B10 * B11)**
13			
14	**Confidence Interval**		
15	**Interval Lower Limit**	**0.0412**	**=B9 - B12**
16	**Interval Upper Limit**	**0.1588**	**=B9 - B12**

```
Sample    X     N  Sample p          95% CI
1        10   100  0.100000   (0.041201, 0.158799)
```

FIGURA 8.11 Estimación en Minitab del intervalo de confianza para la proporción de facturas de ventas que contienen errores.

El ejemplo 8.4 ilustra otra aplicación de la estimación del intervalo de confianza para la proporción.

EJEMPLO 8.4 ESTIMACIÓN DE LA PROPORCIÓN DE PERIÓDICOS DEFECTUOSOS IMPRESOS

El editor de un periódico desea estimar la proporción de periódicos impresos con algún defecto, tal como borraduras en exceso, disposición errónea de las hojas, páginas faltantes o duplicadas. Se selecciona una muestra aleatoria de 200 periódicos, 35 de ellos contienen algún tipo de defecto. Realice e interprete un intervalo de confianza del 90% para la proporción de periódicos impresos durante el día que tienen defectos.

SOLUCIÓN Se emplea la ecuación (8.3):

$$p = \frac{35}{200} = 0.175, \text{ y con un nivel de confianza del 90\% } Z = 1.645$$

$$p \pm Z\sqrt{\frac{p(1-p)}{n}}$$

$$= 0.175 \pm (1.645)\sqrt{\frac{(0.175)(0.825)}{200}}$$

$$= 0.175 \pm (1.645)(0.0269)$$

$$= 0.175 \pm 0.0442$$

$$0.1308 \leq \pi \leq 0.2192$$

Usted concluye con un 90% de confianza que entre el 13.08 y el 21.92% de los periódicos impresos en el día tienen algún defecto.

La ecuación (8.3) contiene un estadístico Z ya que se puede usar la distribución normal para aproximar la distribución binomial cuando el tamaño de la muestra es lo suficientemente grande. En el ejemplo 8.4, el intervalo de confianza usando Z proporciona una excelente aproximación para la proporción de la población porque tanto X como $n - X$ son mayores que 5. Sin embargo, si no se tiene un tamaño de muestra lo suficientemente grande, entonces se debería usar la distribución binomial en lugar de la ecuación (8.3) (vea las referencias 1, 2 y 7). Fisher y Yates (vea la referencia 2) han tabulado intervalos de confianza exactos para diferentes tamaños de muestras y para proporciones de éxitos, y pueden calcularse con Minitab.

PROBLEMAS PARA LA SECCIÓN 8.3

Aprendizaje básico

ASISTENCIA de PH Grade **8.24** Si $n = 200$ y $X = 50$, construya una estimación del intervalo de confianza del 95% para la proporción de la población.

ASISTENCIA de PH Grade **8.25** Si $n = 400$ y $X = 25$, construya una estimación del intervalo de confianza del 99% para la proporción de la población.

Aplicación de conceptos

ASISTENCIA de PH Grade | AUTO Examen

8.26 Una empresa telefónica desea estimar la proporción de hogares en los que se contrataría una línea telefónica adicional. Se seleccionó una muestra aleatoria de 500 hogares. Los resultados indican que a un costo reducido, 135 de los hogares contratarían una línea telefónica adicional.

a. Construya una estimación del intervalo de confianza del 99% de la proporción poblacional de hogares que contratarían una línea telefónica adicional.

b. ¿Cómo podría el gerente a cargo de los programas promocionales relacionados con los clientes residenciales, usar los resultados del inciso *a*)?

8.27 De acuerdo con el Center for Work-Life Policy, una encuesta realizada con 500 mujeres con altos niveles educativos que abandonaron sus carreras por razones familiares, indicó que el 66% de ellas deseaban regresar al trabajo (Anne Marie Chaker y Hillary Stout, "After Years Off, Women Struggle to Revive Careers", *The Wall Street Journal*, mayo 6, 2004, A1).

a. Construya un intervalo de confianza del 95% para la proporción poblacional de mujeres con altos niveles educativos que abandonaron sus carreras por razones familiares y que desean regresar al trabajo.

b. Interprete el intervalo en el inciso *a*).

8.28 Millones de estadounidenses organizan sus planes de viaje en Internet ("Travelers Head Online", *USA Today Snapshots,* 22 de julio, 2003). En una encuesta reciente, se reportó que el 77% compra boletos de avión en Internet. Suponga que la encuesta se basó en 1,000 sujetos que respondieron.

a. Construya una estimación del intervalo de confianza del 95% para la proporción poblacional de estadounidenses que compran boletos de avión en Internet.

b. Construya una estimación del intervalo de confianza del 90% para la proporción poblacional de estadounidenses que compran boletos de avión en Internet.

c. ¿Cuál intervalo es más amplio? Explique por qué esto es cierto.

8.29 El número de consumidores de edad avanzada en Estados Unidos se incrementa, de manera que se están convirtiendo en una fuerza económica mayor. Muchos se sienten abrumados cuando se enfrentan a la tarea de seleccionar inversiones, servicios bancarios, proveedores de cuidado de la salud o de servicios telefónicos. Se realizó una encuesta telefónica de 1,900 consumidores de edad avanzada; el 27% de ellos afirmaron que no tenían el suficiente tiempo para ser buenos administradores de dinero ("Seniors Confused by Financial Choices-Study", **msnbc.com**, mayo 6, 2004).

a. Construya un intervalo de confianza del 95% para la proporción poblacional de consumidores de edad avanzada que creen no tener tiempo suficiente para ser buenos administradores de dinero.

b. Interprete el intervalo en el inciso *a*).

ASISTENCIA de PH Grade

8.30 Para estudiar el problema del uso de celulares mientras se maneja ("Drivers Using Cell Phones Have Problems", *USA Today*, 16 de mayo, 2001, 1A), se llevó a cabo una encuesta entre conductores que utilizan celulares mientras manejan. En la encuesta, el 46% de quienes respondieron reportaron haber tenido que virar bruscamente y el 10% conocía a alguien que había chocado mientras hablaba por celular. Suponga que la encuesta se basó en 500 personas que respondieron.

a. Construya un intervalo de confianza del 95% para la proporción de todos los conductores que han virado bruscamente.

b. Construya un intervalo de confianza del 95% para la proporción de todos los conductores que conocían a alguien que chocó mientras hablaba por celular.

8.31 Conforme se incrementan los costos de seguros de gastos médicos y aumenta el número de empleados con discapacidad, más compañías despiden a estos empleados. Una encuesta que se realizó entre 723 empleados encontró que 195 empleados fueron despedidos en cuanto se les diagnosticó una discapacidad crónica (J. Pereira, "To Save on Health-care Costs, Firms Fire Disabled Workers", *The Wall Street Journal,* 14 de julio, 2003, A1-A7).

a. Construya un intervalo de confianza del 95% para la proporción de empleadores que despidieron empleados en cuanto éstos manifestaron una discapacidad crónica.

b. Construya un intervalo de confianza del 99% para la proporción de empleadores que despidieron empleados en cuanto éstos manifestaron una discapacidad crónica.

c. ¿Cuál intervalo es el más amplio? Explique por qué esto es verdad.

8.32 La unidad Clinique de los cosméticos Estée Lauder realizó una encuesta entre mujeres trabajadoras en Norteamérica. De 1,000 mujeres encuestadas, el 55% pensaba que las empresas deberían reservar los puestos durante seis meses o menos para aquellas con permiso de maternidad, y el 45% consideraba que deberían reservar sus puestos durante más de seis meses ("Work Week", *The Wall Street Journal*, 11 de septiembre, 2001, A1).

a. Construya un intervalo de confianza del 95% para la proporción de las mujeres trabajadoras en Norteamérica quienes creen que las empresas deberían reservar los puestos durante seis meses o menos para aquellas con permiso de maternidad.

b. Interprete el intervalo construido en *a*).

8.33 Un gran número de empresas tratan de reducir el costo de los medicamentos prescritos, solicitando a sus empleados que los compren a través de un programa obligatorio de orden por correo. En una encuesta realizada entre 600 empleados, 126 indicaron que tienen un programa obligatorio de orden por correo, o bien, adoptarían uno para fines de 2004 (Barbara Martínez, "Forcing Employees to Buy Drugs Via Mail", *The Wall Street Journal,* 18 de febrero, 2004, D1).

a. Construya un intervalo de confianza del 95% para la proporción de la población de empleados que tienen un programa obligatorio de orden por correo o que adoptarían uno para finales de 2004.

b. Construya un intervalo de confianza del 99% para la proporción de la población de empleados que tienen un programa obligatorio de orden por correo o que adoptarían uno para finales de 2004.

c. Interprete los intervalos en los incisos *a*) y *b*).

d. Discuta el efecto en la estimación del intervalo de confianza al modificar el nivel de confianza.

8.4 DETERMINACIÓN DEL TAMAÑO DE LA MUESTRA

En cada ejemplo de la estimación del intervalo de confianza, usted seleccionó un tamaño de muestra sin considerar la amplitud del intervalo de confianza. En el mundo de los negocios, determinar el tamaño adecuado de la muestra es un procedimiento complicado, ya que está sujeto a las restricciones de presupuesto, tiempo y cantidad aceptada de error de muestreo. Si en el ejemplo de la empresa de remodelaciones Saxon usted desea estimar la media de la cantidad de ventas en dólares de las facturas de ventas o la proporción de facturas de ventas que contienen errores, debe determinar por anticipado cuán grande sería el error de muestreo para estimar cada uno de los parámetros. También debe determinar por anticipado el nivel del intervalo de confianza a usar al estimar el parámetro poblacional.

Determinación del tamaño de la muestra para la media

Para desarrollar una fórmula que permita determinar el tamaño apropiado de la muestra para construir una estimación del intervalo de confianza para la media, recuerde la ecuación (8.1) en la página 241:

$$\overline{X} \pm Z\frac{\sigma}{\sqrt{n}}$$

La cantidad sumada o sustraída de $\overline{X}$ es igual a la mitad de la amplitud del intervalo. Esta cantidad representa la cantidad de imprecisión en la estimación que resulta del error de muestreo. El **error de muestreo**[1] e se define como

$$e = Z\frac{\sigma}{\sqrt{n}}$$

Al resolver n se obtiene el tamaño de muestra necesario para construir una estimación del intervalo de confianza adecuado para la media. "Adecuado" significa que el intervalo resultante tendrá una cantidad aceptable de error de muestreo.

[1] *En este contexto, algunos especialistas en estadística se refieren a e como "margen de error".*

DETERMINACIÓN DEL TAMAÑO DE LA MUESTRA PARA LA MEDIA

El tamaño de la muestra n es igual al producto del valor Z al cuadrado y de la varianza σ^2, dividido por el error de muestreo e cuadrada.

$$n = \frac{Z^2\sigma^2}{e^2} \tag{8.4}$$

Para determinar el tamaño de la muestra debe conocer tres factores:

1. El nivel de confianza deseado, el cual determina el valor de Z, el valor crítico de la distribución normal estandarizada.[2]
2. El error de muestreo aceptable e.
3. La desviación estándar σ.

[2] *Se usa Z en lugar de t porque, para determinar el valor crítico de t se requiere conocer el tamaño de la muestra, pero aún no se conoce. Para la mayoría de los estudios, el tamaño de la muestra necesario es lo suficientemente grande como para que la distribución normal estandarizada sea una buena aproximación de la distribución t.*

En algunas relaciones de negocio a negocio que requieren de la estimación de parámetros importantes, los contratos legales son los que especifican los niveles de error aceptables y el nivel de confianza requerido. Para las empresas del sector alimentario o medicinal, las regulaciones gubernamentales a menudo especifican los errores de muestreo y los niveles de confianza. En general, sin embargo, no es tan fácil especificar los dos factores necesarios para determinar el tamaño de la muestra. ¿Cómo se determina el nivel de confianza y el error de muestreo? Por lo general, sólo por un experto en la materia (es decir, el individuo más familiarizado con las variables estudiadas) es quien responde a estas preguntas. Aunque el 95% es el nivel de confianza más usado, si desea mayor confianza, entonces el 99% podría ser más adecuado; si considera aceptable un menor nivel de confianza, entonces podría usar el 90%. Para el error de muestreo no debería pensar qué tanto error de muestreo le gustaría tener (usted no desea realmente tener errores), sino qué tanto podría tolerar al sacar las conclusiones de estos datos.

Además de especificar el nivel de confianza y el error de muestreo, usted requiere una estimación de la desviación estándar. Por desgracia, rara vez conoce la desviación estándar poblacional σ. En algunas ocasiones es posible estimar la desviación estándar a partir de datos pasados. En otras situaciones, puede hacer una cuidadosa conjetura tomando en cuenta el rango y la distribución de la variable. Por ejemplo, si supone que hay una distribución normal, el rango es aproximadamente igual a 6 σ (es decir, $\pm 3\sigma$ alrededor de la media), por lo que puede estimar σ como el rango dividido por 6. Si no es posible estimar la σ de esta forma, tiene la opción de llevar a cabo un estudio a pequeña escala y estimar la desviación estándar a partir de los datos resultantes.

Para investigar cómo determinar el tamaño de la muestra necesario para la estimación de la media poblacional, vuelva a considerar la auditoría de la empresa de remodelaciones Saxon. En la sección 8.2, usted seleccionó una muestra de 100 facturas de ventas y desarrolló una estimación del intervalo de confianza del 95% de la media poblacional de la cantidad registrada en las facturas de ventas. ¿Cómo determinó este tamaño de muestra? ¿Debería haber seleccionado un tamaño de muestra diferente?

Suponga que, después de consultar con los funcionarios de la empresa, determina que desea un error de muestreo no mayor a ±\$5, junto con un nivel de confianza del 95%. Los datos pasados indican que la desviación estándar de la cantidad de ventas es aproximadamente de \$25. Entonces, e = \$5, σ = \$25 y Z = \$1.96 (para un nivel de confianza del 95%). Al utilizar la ecuación (8.4),

$$n = \frac{Z^2\sigma^2}{e^2} = \frac{(1.96)^2(25)^2}{(5)^2}$$

$$= 96.04$$

Como la regla general es satisfacer ligeramente de más el criterio redondeando el tamaño de la muestra hacia arriba hasta el siguiente número entero, usted debería seleccionar un tamaño de muestra de 97. Así pues, el tamaño de la muestra 100 considerado en la página 246 se acerca a lo requerido para satisfacer las necesidades de la empresa con base en la estimación de la desviación estándar, el nivel de confianza deseado y el error de muestreo. Puesto que la desviación estándar calculada es ligeramente mayor a la esperada, \$28.95 comparada con \$25.00, el intervalo de confianza es ligeramente más amplio que el deseado. La figura 8.12 ilustra una hoja de trabajo de Excel usada para determinar el tamaño de la muestra.

FIGURA 8.12

Hoja de trabajo de Excel para determinar el tamaño de la muestra para la estimación de la media de la cantidad de ventas facturadas para la empresa de remodelaciones Saxon.

	A	B	
1	**For the Mean Sales Invoice Amount**		
2			
3	**Data**		
4	**Population Standard Deviation**	25	
5	**Sampling Error**	5	
6	**Confidence Level**	95%	
7			
8	Intemediate Calculations		
9	Z Value	-1.9600	**=NORMSINV((1 - B6)/2)**
10	Calculated Sample Size	96.0365	**=((B9 * B4)/B5)^2**
11			
12	Result		
13	**Sample Size Needed**	97	**=ROUNDUP(B10, 0)**

El ejemplo 8.5 ilustra otra aplicación de cómo determinar el tamaño de la muestra necesario para desarrollar un intervalo de confianza para la media.

EJEMPLO 8.5

DETERMINAR EL TAMAÑO DE LA MUESTRA PARA LA MEDIA

Regresando al ejemplo 8.3 de la página 247, suponga que desea estimar la media poblacional de la fuerza requerida para romper el aislante para que caiga dentro de ±25 libras con un 95% de confianza. Con base en un estudio realizado el año anterior, usted cree que la desviación estándar es de 100 libras. Encuentre el tamaño requerido de la muestra.

SOLUCIÓN Mediante la ecuación (8.4) en la página 254 y con $e = 25$, $\sigma = 100$ y $Z = 1.96$ para un nivel de confianza del 95%

$$n = \frac{Z^2\sigma^2}{e^2} = \frac{(1.96)^2(100)^2}{(25)^2}$$
$$= 61.47$$

Por lo tanto, el tamaño de la muestra que se debe seleccionar es de 62 aislantes, porque la regla general para determinar el tamaño de la muestra es siempre redondear hacia arriba al siguiente valor entero para satisfacer ligeramente de más el criterio deseado.

Obtendremos un error de muestreo real ligeramente mayor que 25 si la desviación estándar de la muestra calculada en esta muestra de 62 es mayor a 100, y ligeramente menor si la desviación estándar de la muestra es menor a 100.

Determinación del tamaño de la muestra para la proporción

Hasta ahora en esta sección usted ha aprendido cómo determinar el tamaño de muestra necesario para estimar la media poblacional. Ahora, suponga que desea determinar el tamaño de muestra necesario para estimar la proporción de facturas de ventas de la empresa de remodelaciones Saxon que contienen errores.

Para determinar el tamaño de la muestra necesario para estimar la proporción poblacional (π), utilice un método similar al método para calcular la media poblacional. Recuerde que al desarrollar el tamaño de la muestra para un intervalo de confianza para la media, el error de muestreo se define por:

$$e = Z\frac{\sigma}{\sqrt{n}}$$

Cuando estima la proporción, reemplace σ por $\sqrt{\pi(1-\pi)}$. Así, el error de muestreo es:

$$e = Z\sqrt{\frac{\pi(1-\pi)}{n}}$$

Al resolver n usted obtiene el tamaño de la muestra necesario para desarrollar la estimación del intervalo de confianza para la proporción.

DETERMINACIÓN DEL TAMAÑO DE LA MUESTRA PARA UNA PROPORCIÓN

El tamaño de la muestra n es igual al valor Z al cuadrado multiplicado por la proporción poblacional π, multiplicado por 1 menos la proporción poblacional π, dividido por el error de muestreo e al cuadrado.

$$n = \frac{Z^2\pi(1-\pi)}{e^2} \tag{8.5}$$

Para determinar el tamaño de la muestra debe conocer tres factores:

1. El nivel de confianza deseado, que determina el valor de Z, el valor crítico para la distribución normal estandarizada.
2. El error de muestreo e aceptable.
3. La proporción poblacional π.

En la práctica, seleccionar estas cantidades requiere de cierta planeación. Una vez que determine el nivel de confianza deseado, podrá encontrar el valor Z adecuado para la distribución normal estandarizada. El error de muestreo e indica la cantidad de error que está dispuesto a tolerar al estimar la proporción poblacional. La tercera cantidad π ¡es en realidad el parámetro poblacional que desea estimar! Entonces, ¿cómo se establece un valor para el mismo objeto del que estamos tomando una muestra para poder determinarlo?

Tenemos aquí dos alternativas. En muchas situaciones se cuenta con información anterior o experiencias relevantes que proporcionan una estimación cuidadosa de π. O, si no se cuenta con información anterior o experiencias relevantes, se trata de proporcionar un valor para π que nunca *subestime* el tamaño de muestra necesario. Con referencia a la ecuación (8.5), observe que la cantidad $\pi(1 - \pi)$ aparece en el numerador. Por eso, se requiere determinar el valor de π que haga la cantidad $\pi(1 - \pi)$ lo más grande posible. Cuando $\pi = 0.5$, el producto $\pi(1 - \pi)$ logra su resultado máximo. Para mostrar esto, los valores de π junto con los productos que los acompañan de $\pi(1 - \pi)$ son como sigue:

Cuando $\pi = 0.9$, entonces $\pi(1 - \pi) = (0.9)(0.1) = 0.09$
Cuando $\pi = 0.7$, entonces $\pi(1 - \pi) = (0.7)(0.3) = 0.21$
Cuando $\pi = 0.5$, entonces $\pi(1 - \pi) = (0.5)(0.5) = 0.25$
Cuando $\pi = 0.3$, entonces $\pi(1 - \pi) = (0.3)(0.7) = 0.21$
Cuando $\pi = 0.1$, entonces $\pi(1 - \pi) = (0.1)(0.9) = 0.09$

Por lo tanto, cuando no se tiene conocimiento previo o una estimación de la proporción poblacional π, se debería usar $\pi = 0.5$ para determinar el tamaño de la muestra. Esto produce el tamaño de muestra más grande posible y deriva en el mayor costo posible del muestreo. Al utilizar $\pi = 0.5$ podría sobreestimarse el tamaño de muestra necesario porque se usa la proporción de muestra real al desarrollar el intervalo de confianza. Obtendrá un intervalo de confianza más estrecho que el que pretendía originalmente, si la muestra de la proporción real es diferente a 0.5. Una precisión más alta deriva en tener que invertir más tiempo y dinero para conseguir una muestra de mayor tamaño.

Volviendo al escenario de "Uso de la estadística" de la empresa de remodelaciones Saxon, suponga que los procedimientos de auditoría requieren una estimación de confianza del 95% de la proporción poblacional de las facturas de ventas con errores dentro de ±0.07. Los resultados del mes anterior indican que la proporción más grande ha sido de no más de 0.15. De esta forma, usando la ecuación (8.5) de la página 256 y $e = 0.07$, $\pi = 0.15$ y $Z = 1.96$ para el 95% de confianza,

$$n = \frac{Z^2\pi(1 - \pi)}{e^2}$$

$$= \frac{(1.96)^2(0.15)(0.85)}{(0.07)^2}$$

$$= 99.96$$

Como la regla general es redondear el tamaño de la muestra hacia arriba hasta el siguiente entero para satisfacer ligeramente de más el criterio, se necesita un tamaño de muestra de 100. Entonces, el tamaño de la muestra necesario para satisfacer los requerimientos de la empresa con base en la estimación de la proporción, el nivel de confianza deseado y el error de muestreo es igual al tamaño de la muestra tomado en la página 251. El intervalo de confianza real es más reducido que el que se requiere puesto que la proporción es 0.10, mientras que se usó 0.15 para π en la ecuación (8.5). La figura 8.13 muestra una hoja de trabajo de Excel.

FIGURA 8.13
Hoja de trabajo de Excel para determinar el tamaño de la muestra para estimar la proporción de facturas de ventas con errores de la empresa de remodelaciones Saxon.

	A	B	
1	**For the Proportion of In-Error Sales Invoices**		
2			
3	**Data**		
4	**Estimate of True Proportion**	**0.15**	
5	**Sampling Error**	**0.07**	
6	**Confidence Level**	**95%**	
7			
8	Intermediate Calculations		
9	Z Value	-1.9600	**=NORMSINV((1 - B6)/2)**
10	Calculated Sample Size	99.9563	**=(B9^2 * B4 * (1 - B4))/B5^2**
11			
12	**Result**		
13	**Sample Size Needed**	**100**	**=ROUNDUP(B10, 0)**

El ejemplo 8.6 proporciona una segunda aplicación para determinar el tamaño de la muestra para la estimación de la proporción poblacional.

EJEMPLO 8.6 DETERMINACIÓN DEL TAMAÑO DE LA MUESTRA PARA UNA PROPORCIÓN DE LA POBLACIÓN

Usted desea tener un 90% de confianza al estimar la proporción de oficinistas que responden su correo electrónico dentro de una hora hasta dentro ±0.05. Como no se ha realizado un estudio previo, no existe información disponible de datos pasados. Determine el tamaño de la muestra necesario.

SOLUCIÓN Puesto que no hay información disponible de datos pasados, suponga que $\pi = 0.50$. Use la ecuación (8.5) de la página 256 y $e = 0.05$, $\pi = 0.50$ y $Z = 1.645$ para un 90% de confianza,

$$n = \frac{(1.645)^2(0.50)(0.50)}{(0.05)^2}$$
$$= 270.6$$

De manera que se necesita una muestra de 271 oficinistas para estimar la proporción de la población dentro de ±0.05 con un 90% de confianza.

PROBLEMAS PARA LA SECCIÓN 8.4

Aprendizaje básico

8.34 ¿Qué tamaño de muestra se requiere si se desea tener un nivel de confianza del 95% en la estimación de la media poblacional con un error de muestreo de ±5 y una desviación estándar de 15?

8.35 ¿Qué tamaño de muestra se requiere si se desea tener un nivel de confianza del 99% en la estimación de la media poblacional con un error de muestreo de ±20 y una desviación estándar de 100?

8.36 Qué tamaño de muestra se requiere si se desea tener un nivel de confianza del 99% en la estimación de la media poblacional con un error de muestreo de ±0.04?

8.37 ¿Qué tamaño de muestra se requiere si se desea tener un nivel de confianza del 95% en la estimación de la media poblacional con un error de muestreo de ±0.02, mientras que existe una evidencia histórica de que la proporción poblacional es aproximadamente de 0.40?

Aplicación de conceptos

8.38 Se planea realizar una encuesta para determinar la media anual de los gastos médicos familiares de los empleados de una gran empresa. El gerente desea tener un nivel de confianza del 95% en que la media de la muestra esté correcta con ±$50 de la población de media anual de gastos médicos familiares. Un estudio previo indica que la desviación estándar es aproximadamente de $400.

a. ¿Qué tan grande necesita ser el tamaño de la muestra?

b. Si el gerente desea estar correcto con ±$25, ¿qué tamaño de muestra necesita?

8.39 Si el gerente de una tienda de artículos para pintar desea estimar la cantidad media de pintura dentro de una lata de un galón con ±0.004 galones con un 95% de nivel de confianza y también supone que la desviación estándar es de 0.02 galones, ¿qué tamaño de muestra necesita?

8.40 Si el gerente de control de calidad desea estimar la media de vida de focos con ±20 horas con un nivel de confianza del 95% y también supone que la desviación estándar del proceso es de 100 horas, ¿qué tamaño de muestra necesita?

8.41 Si la división de inspección del departamento de pesos y medidas de un condado desea estimar la media de la cantidad de bebida gaseosa que llena botellas de 2 litros con ±0.01 litros con un nivel de confianza del 95% y también supone que la desviación estándar es de 0.05 litros, ¿qué tamaño de muestra necesita?

8.42 Un grupo de consumidores desea estimar la media de la tarifa en la boleta de electricidad para el mes de julio en los hogares de una sola familia de una gran ciudad. Con base en estudios realizados en otras ciudades, la desviación estándar supuesta es de $25. El grupo desea estimar la media de la tarifa eléctrica en la boleta del mes de julio con ±$5 y un nivel de confianza del 99%.

a. ¿Qué tamaño de muestra necesita?

b. Si desea un nivel de confianza del 99%, ¿qué tamaño de muestra necesita?

8.43 Una agencia de publicidad que sirve a la principal estación de radio desea estimar la media de la cantidad de tiempo que la audiencia escucha diariamente la radio. A partir de estudios anteriores se ha estimado la desviación estándar en 45 minutos.

a. ¿Qué tamaño de muestra es necesario si la agencia desea tener un nivel de confianza del 90% de estar en lo correcto con ±5 minutos?
b. Si se desea un nivel de confianza del 99%, ¿qué tamaño de muestra es necesario?

8.44 Suponga que una empresa de gas utilitario desea estimar la media del tiempo de espera para la instalación del servicio con ±5 días y un nivel de confianza del 95%. La empresa no tiene acceso a datos previos, pero considera que la desviación estándar es de aproximadamente 20 días. ¿Qué tamaño de muestra se necesita?

8.45 El Departamento de Transporte de Estados Unidos define que el vuelo de una línea aérea llega "a tiempo" si aterriza menos de 15 minutos después del tiempo programado en el Sistema de Reservación Computarizada. Los vuelos cancelados y desviados se consideran con retraso. Un estudio de las 10 aerolíneas domésticas más grandes de Estados Unidos encontró que Southwest Airlines tiene la menor proporción de retrasos, 0.1577 (Nikos Tsikriktsis y Janelle Heineke, "The Impact of Process Variation on Costumer Dissatisfaction: Evidence from the U.S. Domestic Airline Industry", *Decision Sciences,* invierno de 2004, 35(1):129-142). Suponga que se le pide realizar un estudio de seguimiento para Southwest Airlines cuyo objetivo sea actualizar la proporción estimada de retrasos. ¿Qué tamaño de muestra deberá emplear para estimar la proporción poblacional con un error de
a. ±0.06 con un 95% de nivel de confianza?
b. ±0.04 con un 95% de nivel de confianza?
c. ±0.02 con un 95% de nivel de confianza?

8.46 En 2001 se estimó que el 45% de los hogares en Estados Unidos compraban sus abarrotes en supermercados y el 29% en clubes al mayoreo ("68th Annual Report of the Grocery Industry", *Progressive Grocer*, abril de 2002, 29). Considere un estudio de seguimiento enfocado en el último año calendario.
a. ¿Qué tamaño de muestra se necesita para estimar la proporción poblacional de hogares en Estados Unidos que compran sus abarrotes en supermercados con ±0.02 y un 95% de nivel de confianza?
b. ¿Qué tamaño de muestra se necesita para estimar la proporción poblacional de hogares en Estados Unidos que compran sus abarrotes en clubes de mayoreo con ±0.02 y un 95% de nivel de confianza?
c. Compare los resultados de los incisos *a*) y *b*). Explique por qué estos resultados difieren.
d. Si usted diseñara el estudio de seguimiento, ¿usaría una muestra y preguntaría a los sujetos ambas preguntas, o seleccionaría dos muestras separadas? Explique el razonamiento tras su decisión.

8.47 ¿Qué proporción de gente que vive en Estados Unidos utiliza Internet cuando planea salir de vacaciones? De acuerdo con la encuesta realizada por American Express, un 35% usa Internet (A. R. Carey y K. Carter, "Snapshots", *USA Today,* 14 de enero, 2003, 1A).
a. ¿De qué tamaño debe ser la muestra requerida para llevar a cabo un estudio de seguimiento que proporcione un 95% de nivel de confianza en que la estimación puntual será correcta con ±0.04 de la proporción poblacional?
b. ¿De qué tamaño debe ser la muestra requerida para llevar a cabo un estudio de seguimiento que proporcione un 99% de nivel de confianza en que la estimación puntual será correcta con ±0.04 de la proporción poblacional?
c. ¿De qué tamaño debe ser la muestra requerida para llevar a cabo un estudio de seguimiento que proporcione un 95% de nivel de confianza en que la estimación puntual será correcta con ±0.02 de la proporción poblacional?
d. ¿De qué tamaño debe ser la muestra requerida para llevar a cabo un estudio de seguimiento que proporcione un 99% de nivel de confianza en que la estimación puntual será correcta con ±0.02 de la proporción poblacional?
e. Discuta los efectos del cambio del nivel de confianza deseado y el nivel de error de muestreo aceptable en los requerimientos del tamaño de la muestra.

8.48 ¿Ha tenido una presentación de negocios que haya sido interrumpida por el repicar de un teléfono celular? En una encuesta realizada con 326 hombres y mujeres de negocios, 303 respondieron "sí" y sólo 23 respondieron "no" ("You Say", *Presentations: Technology and Techniques for Effective Communication,* enero de 2003, 18).
a. Construya un intervalo de confianza para la proporción poblacional de hombres y mujeres de negocios que han tenido presentaciones interrumpidas por teléfonos celulares.
b. Interprete el intervalo construido en el inciso *a*).
c. ¿De qué tamaño debe ser la muestra requerida para llevar a cabo un estudio de seguimiento que proporcione un 95% de nivel de confianza en que la estimación puntual será correcta con ±0.04 de la proporción poblacional?
d. ¿De qué tamaño debe ser la muestra requerida para realizar un estudio de seguimiento que proporcione un 99% de nivel de confianza en que la estimación puntual será correcta con ±0.04 de la proporción poblacional?

8.49 Un estudio efectuado por la Reserva Federal reportó que el 52% de 4,449 familias entrevistadas en 2001 poseían acciones, directamente o a través de fondos de inversión (Barbara Hagenbaugh, "Nation´s Wealth Disparity Widens", *USA Today*, 22 de enero, 2003, 1A).
a. Construya un intervalo de confianza del 95% para la proporción poblacional de familias que tenían acciones en 2001.
b. Interprete el intervalo construido en el inciso a).
c. Para realizar un estudio de seguimiento que estime la proporción poblacional de familias que actualmente tienen acciones con ±0.01 con un 95% de confianza, ¿a cuántas familias deberá entrevistar?

8.5 ESTIMACIÓN DEL INTERVALO DE CONFIANZA Y CONSIDERACIONES ÉTICAS

Pueden surgir diversos problemas éticos relacionados con la selección de muestras y con las inferencias que los acompañan. El principal problema ético se relaciona con el hecho de que si las estimaciones del intervalo se proporcionan o no junto con los estadísticos muestrales. Mencionar un estadístico muestral sin indicar al mismo tiempo los límites del intervalo de confianza (generalmente establecidos en un 95%), el tamaño de la muestra usado y una interpretación del significado del intervalo de confianza en términos que un lego pueda comprender es un hecho genera problemas éticos. La falla al incluir la estimación del intervalo de confianza podría llevar de forma engañosa al usuario de los resultados a pensar que la estimación puntual es todo lo que se necesita para predecir las características de la población con precisión. Por eso es importante que usted indique la estimación del intervalo en un lugar destacado de cualquier comunicación escrita, junto con una explicación simple acerca del significado del intervalo de confianza. Además, deberá indicar con claridad el tamaño de la muestra.

Una de las áreas más comunes en las que surgen problemas éticos concernientes a la estimación es en la publicación de los resultados de los sondeos políticos. A menudo, los resultados de los sondeos se resaltan poniéndolos en la primera plana de un periódico y el error de muestreo implicado junto con la metodología usada se imprime en la página donde el artículo continúa, a menudo a la mitad del periódico. Para asegurar una presentación ética de los resultados estadísticos, los niveles de confianza, el tamaño de la muestra y los límites del intervalo deben estar disponibles para todas las encuestas y demás estudios estadísticos.

RESUMEN

En este capítulo se explicó la estimación de los intervalos de confianza para las características de una población, así como la determinación del tamaño de la muestra. Usted aprendió cómo un contador de la empresa de remodelaciones Saxon puede usar los datos de una auditoría para estimar parámetros poblacionales importantes, tales como la media de la cantidad en dólares de las facturas y la proporción de embarques que contienen errores. La tabla 8.3 proporciona una lista de los temas que abarcó este capítulo.

TABLA 8.3
Resumen de temas en el capítulo 8.

	Tipo de datos	
Tipo de análisis	**Numéricos**	**Categóricos**
Intervalo de confianza para un parámetro poblacional	Estimación del intervalo de confianza para una media (secciones 8.1 y 8.2)	Estimación del intervalo de confianza para una proporción (sección 8.3)

Para determinar qué ecuación es conveniente emplear en una situación específica, usted necesita hacerse varias preguntas:

- ¿Está desarrollando un intervalo de confianza o está determinando el tamaño de una muestra?
- ¿Tiene una variable numérica o una variable categórica?
- Si tiene una variable numérica, ¿conoce la desviación estándar de la población? Si es así, utilice la distribución normal. Si no, la distribución *t*.

Los siguientes capítulos desarrollan el método de prueba de hipótesis para tomar decisiones acerca de los parámetros poblacionales.

FÓRMULAS IMPORTANTES

Intervalo de confianza para la media (σ conocida)

$$\bar{X} \pm Z \frac{\sigma}{\sqrt{n}} \quad \textbf{(8.1)}$$

o

$$\bar{X} - Z \frac{\sigma}{\sqrt{n}} \leq \mu \leq \bar{X} + Z \frac{\sigma}{\sqrt{n}}$$

Intervalo de confianza para la media (σ desconocida)

$$\bar{X} \pm t_{n-1}\frac{S}{\sqrt{n}} \qquad \textbf{(8.2)}$$

o

$$\bar{X} - t_{n-1}\frac{S}{\sqrt{n}} \le \mu \le \bar{X} + t_{n-1}\frac{S}{\sqrt{n}}$$

Estimación del intervalo de confianza para la proporción

$$p \pm Z\sqrt{\frac{p(1-p)}{n}} \qquad \textbf{(8.3)}$$

o

$$p - Z\sqrt{\frac{p(1-p)}{n}} \le \pi \le p + Z\sqrt{\frac{p(1-p)}{n}}$$

Determinación del tamaño de la muestra para la media

$$n = \frac{Z^2\sigma^2}{e^2} \qquad \textbf{(8.4)}$$

Determinación del tamaño de la muestra para la proporción

$$n = \frac{Z^2\pi(1-\pi)}{e^2} \qquad \textbf{(8.5)}$$

CONCEPTOS CLAVE

distribución *t* Student 244
error de muestreo 254
estimación del intervalo de confianza 238
estimación puntual 238
grados de libertad 244
nivel de confianza 241
valor crítico 241

PROBLEMAS DE REPASO

Revisión de su comprensión

8.50 ¿Por qué nunca podemos realmente tener un nivel de confianza del 100% en la estimación correcta de las características de la población de interés?

8.51 ¿Cuándo se usa la distribución *t* al construir la estimación del intervalo de confianza para la media?

8.52 ¿Por qué es cierto que para un determinado tamaño de muestra *n* se logra un incremento en la confianza al ampliar (y, por lo tanto, hacer menos preciso) el intervalo de confianza?

8.53 ¿Cuándo se usa la distribución normal para construir una estimación de confianza para la media?

8.54 Para un nivel de confianza dado, ¿por qué es el valor crítico de *t* menor para 80 grados de libertad que para 20 grados de libertad?

8.55 ¿Por qué es menor el tamaño de muestra necesario para determinar la proporción cuando la proporción poblacional es 0.20 que cuando es 0.50?

Aplicación de conceptos

Puede resolver los problemas 8.56 a 8.70 con o sin Excel, Minitab o SPSS. Debe usar Excel, Minitab o SPSS para resolver los problemas 8.71 a 8.74.

8.56 La revista *Redbook* realizó una encuesta a través de su sitio Web (Stacy Kravetz, "Work Week", *The Wall Street Journal,* 13 de abril, 1999, A1). A la gente que visitaba el sitio Web se le dio la oportunidad de llenar una encuesta en pantalla. Un total de 665 mujeres respondieron a la pregunta de si preferían una semana laboral de 4 días o un aumento de sueldo del 20%. En total, 412 de quienes respondieron prefirieron la semana laboral de cuatro días.

a. Defina la población de la que se extrajo esta muestra.
b. ¿Es ésta una muestra aleatoria de la población?
c. ¿Es éste un estudio válido?
d. Describa cómo diseñaría un estudio estadísticamente válido para investigar la proporción de suscriptores de *Redbook* que preferirían una semana laboral de cuatro días en lugar de un aumento de sueldo del 20%. Utilice esa información para determinar el tamaño de muestra necesario para estimar la proporción poblacional con ±0.02 con un 95% de nivel de confianza.

8.57 En la actualidad, las empresas pasan más tiempo analizando a los aspirantes que antes. Un resultado de este proceso de estudio más exhaustivo es que las compañías encuentran que muchos aspirantes exageran la verdad en sus solicitudes. Un estudio realizado por Automatic Data Processing encontró incongruencias entre el aspirante y sus empleadores anteriores en el 44% de las solicitudes analizadas. Por desgracia, el artículo no reveló el tamaño de la muestra usada en el estudio (Stephanie Armour, "Security Checks Worry Workers", *USA Today,* 19 de junio, 2002, B1).

a. Suponga que se analizaron 500 solicitudes. Construya una estimación del intervalo de confianza del 95% para la proporción poblacional de las solicitudes que contienen imprecisiones con respecto a los empleadores anteriores.

b. Con base en el inciso *a*), ¿es correcto concluir que menos de la mitad de las solicitudes contienen imprecisiones con respecto a los empleadores anteriores?

c. Suponga que el estudio usó un tamaño de muestra de 200 solicitudes. Construya una estimación del intervalo de confianza del 95% de la proporción poblacional de las solicitudes que contienen imprecisiones con respecto a los empleadores anteriores.

d. Con base en el inciso *c*), ¿sería correcto concluir que menos de la mitad de las solicitudes contienen imprecisiones con respecto a los empleadores anteriores?

e. Explique el efecto del tamaño de la muestra en sus respuestas a los incisos *a*) hasta *d*).

8.58 Una revista de gerencia de ventas y marketing realizó una encuesta acerca de vendedores que mienten en sus reportes de gastos y que incurren en otras conductas no éticas (D. Haralson y Q. Tian, "Cheating Hearts", *USA Today*, 15 de febrero, 2001, 1A). En la encuesta, los gerentes sorprendieron a los vendedores mintiendo en sus reportes de gastos el 58% del tiempo, laborando en un segundo trabajo durante su horario con la empresa el 50% del tiempo, citando un "bar nudista" como si fuera un restaurante en su reporte de gastos el 22% del tiempo y dando una comisión a un cliente el 19% del tiempo. Suponga que la encuesta se basa en una muestra de 200 gerentes. Construya una estimación del intervalo de confianza del 95% para la proporción poblacional de gerentes que han sorprendido a vendedores:

a. mintiendo en un reporte de gastos.

b. laborando en un segundo trabajo durante el horario de la empresa.

c. citando un "bar nudista" como si fuera un restaurante en el reporte de gastos.

d. dando comisión a un cliente.

e. Utilice la información proporcionada en este problema para determinar el tamaño de muestra necesario para estimar la proporción de gerentes que han sorprendido a vendedores laborando en un segundo trabajo durante el horario de la empresa con ±0.02 y un nivel de confianza del 95%.

8.59 Los hoteles Starwood efectuaron una encuesta con 401 altos directivos que juegan golf (Del Jones, "Many CEOs Bend the Rules (of Golf)", *USA Today,* 26 de junio, 2002). Entre los resultados obtenidos están los siguientes:

- 329 hacen trampa en el golf.
- 329 odian a aquellos que hacen trampa en el golf.
- 289 creen que el comportamiento en los negocios y el golf es paralelo.
- 80 dejarían ganar a un cliente para conseguir un negocio.
- 40 dirían que están enfermos para no ir a trabajar e irían a jugar golf.

Construya estimaciones de intervalos de confianza del 95% para cada una de estas preguntas. ¿Qué conclusiones se desprenden a partir de las actitudes de los directores generales hacia el golf a partir de estos resultados?

8.60 El investigador de mercado de una empresa de productos electrónicos desea estudiar los hábitos de ver televisión de los residentes de un área en particular. Se selecciona una muestra aleatoria de 40 personas que respondieron, y a cada una se le instruye para mantener un registro detallado de todo lo que ve en televisión durante una semana específica. Los resultados son los siguientes:

- Tiempo que pasan viendo televisión por semana: $\overline{X} =$ 15.3 horas, $S = 3.8$ horas.
- 27 personas de quienes respondieron vieron el noticiero nocturno por lo menos 3 veces en la semana.

a. Construya una estimación del intervalo de confianza del 95% para la media de la cantidad de tiempo que se pasó viendo televisión por semana en esta ciudad.

b. Construya una estimación del intervalo de confianza del 95% para la proporción poblacional que ve el noticiero nocturno al menos 3 veces por semana.

Si el investigador de mercado deseara realizar otra encuesta en una ciudad diferente, responda a estas preguntas:

c. ¿Qué tamaño de muestra se requiere para tener un nivel de confianza del 95% al estimar la media poblacional con ±2 horas y suponer que la desviación estándar de la población es igual a 5 horas?

d. ¿Qué tamaño de muestra se requiere para tener un nivel de confianza del 95% al estimar la proporción poblacional con ±0.035 que ve las noticias por la noche al menos 3 veces por semana si no disponemos de ninguna estimación previa?

e. Con base en los incisos *c*) y *d*), ¿qué tamaño de muestra debería seleccionar el investigador de mercado si se ha realizado una sola encuesta?

8.61 El asesor inmobiliario del gobierno de un condado desea estudiar las diferentes características de las casas unifamiliares en ese condado. Una muestra aleatoria de 70 casas revela lo siguiente:

- Área de la casa con calefacción (en pies cuadrados) $\overline{X} =$ 1,759, $S = 380$.
- 42 casas tienen una central de aire acondicionado.

a. Construya una estimación del intervalo de confianza del 99% de la media poblacional del área de la casa con calefacción.

b. Construya una estimación del intervalo de la proporción poblacional de casas que tiene una central de aire acondicionado.

8.62 El director de personal de una gran corporación desea estudiar el ausentismo entre los oficinistas en la central de la compañía durante el año. Una muestra aleatoria de 25 oficinistas revela lo siguiente:

- Ausentismo: $\overline{X} = 9.7$ días, $S = 4.0$ días.
- 12 oficinistas se ausentaron por más de 10 días.

a. Construya una estimación del intervalo de confianza del 95% de la media del número de ausencias para los oficinistas en el último año.

b. Construya una estimación del intervalo de confianza del 95% de la proporción poblacional de oficinistas que se ausentaron más de 10 días durante el año pasado.

Si el director de personal también deseara realizar una encuesta en una oficina filial, responda las siguientes preguntas:

c. ¿Qué tamaño de muestra se necesita para tener un nivel de confianza del 95% al estimar la media poblacional con ±1.5 días si la desviación estándar poblacional es de 4.5 días?

d. ¿Qué tamaño de muestra se necesita para tener un nivel de confianza del 90% al estimar la proporción poblacional con ±0.075 si no hay una estimación previa disponible?

e. Con base en los incisos *c*) y *d*), ¿qué tamaño de muestra es necesario si sólo se realiza una encuesta?

8.63 El director de investigación de mercado de la tienda departamental Dotty's desea estudiar los gastos de mujeres en cosméticos. Se diseña una encuesta para estimar la proporción de mujeres que compran sus cosméticos principalmente en la tienda departamental Dotty's, y la media de la cantidad anual que las mujeres gastan en cosméticos. Una encuesta anterior mostró que la desviación estándar de la cantidad que las mujeres gastan en cosméticos en un año es de aproximadamente $18.

a. ¿Qué tamaño de muestra se necesita para tener un nivel de confianza del 99% en la estimación de la media poblacional con ±5?

b. ¿Qué tamaño de muestra se necesita para tener un nivel de confianza del 90% en la estimación de la proporción poblacional con ±0.045?

c. Con base en los resultados de los incisos *a*) y *b*), ¿cuántos de los clientes con tarjeta de crédito de la tienda deben ser muestreados? Explique su respuesta.

8.64 La gerente de una sucursal de una cadena de librerías a nivel nacional desea estudiar las características de los clientes de su tienda. Ella decide enfocarse en dos variables: la cantidad de dinero gastado por sus clientes y si los clientes considerarían o no comprar videos educativos relacionados con la preparación para los exámenes de graduación tales como el GMAT (Graduate Management Admission Test), GRE (Graduate Record Exam) o el LSAT (Law School Admission Test). Los resultados de una muestra de 70 clientes son los siguientes:

- Cantidad gastada: $\overline{X} = \$28.52$, $S = \$11.39$.
- 28 clientes afirmaron que considerarían comprar los videos educativos.

a. Construya una estimación del intervalo de confianza del 95% para la media poblacional de la cantidad gastada en la librería.

b. Construya una estimación del intervalo de confianza del 90% de la proporción poblacional de clientes que considerarían comprar videos educativos.

Suponga que el gerente de sucursal de otra tienda de esa cadena desea realizar una encuesta similar en su tienda.

c. ¿Qué tamaño de muestra se necesita para tener un nivel de confianza del 95% al estimar la media poblacional de la cantidad gastada en su tienda con ±$2 si se supone que la desviación estándar es de $10?

d. ¿Qué tamaño de muestra se necesita para tener un nivel de confianza del 90% en la estimación de la proporción poblacional de quienes considerarían comprar los videos educativos con ±0.04?

e. Con base en sus respuestas a los incisos *c*) y *d*), ¿de qué tamaño debería ser la muestra que el gerente necesita considerar?

8.65 El gerente de sucursal de una tienda de distribución a nivel nacional de artículos para mascotas (tienda 1) desea estudiar las características de sus clientes. Particularmente decide enfocarse en dos variables: la cantidad de dinero gastado por los clientes y si los clientes poseen sólo un perro, sólo un gato o más de un perro y/o gato. Los resultados de una muestra de 70 clientes son:

- Cantidad de dinero gastado: $\overline{X} = \$21.34$, $S = \$9.22$.
- 37 clientes sólo poseen un perro.
- 26 clientes sólo poseen un gato.
- 7 clientes poseen más de un perro y/o gato.

a. Construya una estimación del intervalo de confianza del 95% de la media poblacional de la cantidad gastada en la tienda de artículos para mascotas.

b. Construya una estimación del intervalo de confianza del 90% de la proporción poblacional de clientes que sólo poseen un gato.

El gerente de sucursal de otra tienda de distribución (tienda 2) desea llevar a cabo una encuesta similar. El gerente no tiene acceso a la información generada por el gerente de la tienda 1.

c. ¿Qué tamaño de muestra se necesita para tener un nivel de confianza del 95% en la estimación de la media poblacional de la cantidad gastada en su tienda con ±$1.50 si la desviación estándar es de $10?

d. ¿Qué tamaño de muestra se necesita para tener un nivel de confianza del 90% al estimar la proporción poblacional de los clientes que sólo poseen un gato con ±0.045?

e. Con base en sus respuestas a los incisos *c*) y *d*), ¿de qué tamaño debería ser la muestra que el gerente necesita considerar?

8.66 El dueño de un restaurante que sirve comida continental desea estudiar las características de sus clientes. Decide enfocarse en dos variables: la cantidad de dinero gastado por los clientes y si los clientes ordenan postres. Los resultados de una muestra de 60 clientes son los siguientes:

- Cantidad gastada $\overline{X} = \$38.54$, $S = \$7.26$.
- 18 clientes ordenaron postre.

a. Construya una estimación del intervalo de confianza del 95% de la media poblacional de la cantidad gastada por cliente en el restaurante.

b. Construya una estimación del intervalo de confianza del 90% de la proporción poblacional de los clientes que ordenaron postre.

El dueño de un restaurante competidor desea realizar una encuesta similar en su restaurante. Este propietario no tiene acceso a la información del dueño del primer restaurante.

c. ¿Qué tamaño de muestra se necesita para tener un nivel de confianza del 90% en la estimación de la proporción poblacional de la media de la cantidad gastada en su restaurante con ±$1.50, suponiendo que la desviación estándar es $8?

d. ¿Qué tamaño de muestra se necesita para tener un nivel de confianza del 90% en la estimación de la proporción poblacional de clientes que ordenan postre con ±0.04?

e. Con base en sus respuestas a los incisos *c*) y *d*), ¿de qué tamaño debería ser la muestra que tome el dueño del restaurante?

8.67 El fabricante de "Ice Melt" afirma que su producto derretirá la nieve y el hielo a temperaturas tan bajas como 0° Fahrenheit. El representante de una gran cadena de ferreterías está interesado en probar esta afirmación. La cadena de ferreterías compra un gran cargamento de bolsas de cinco libras para distribuir. El representante desea saber con un nivel de confianza del 95%, con ±0.05, qué proporción de bolsas de Ice Melt dan los resultados que asegura el fabricante.

a. ¿Cuántas bolsas necesita probar el representante? ¿Qué suposición debe hacerse en relación con la proporción poblacional? (A esto se le llama *prueba destructiva*; esto es, el producto probado es destruido por la prueba y entonces no es posible venderlo.) El representante prueba 50 bolsas y 42 dan los resultados que se afirmaba.

b. Construya una estimación del intervalo de confianza del 95% para la proporción poblacional que da el resultado que se afirmaba.
c. ¿Cómo puede el representante usar los resultados del inciso *b*) para determinar si debe vender el producto Ice Melt?

8.68 Una empresa fabrica bastidores de acero para equipo electrónico. El componente principal del bastidor es un canalón de acero hecho de acero enrollado de calibre 14. Se fabrica usando una prensa que golpea con una fuerza de 250 toneladas y una operación de limpieza hacia abajo que coloca dos formas de 90 grados en el acero plano para hacer el canalón. La distancia de un lado a otro del canalón es de especial importancia por las aplicaciones a prueba de clima en la intemperie. Los datos provienen de una muestra de 49 canalones y son los siguientes: **TROUGH**

Amplitud del canalón (en pulgadas)

8.312	8.343	8.317	8.383	8.348	8.410	8.351	8.373	8.481	8.422
8.476	8.382	8.484	8.403	8.414	8.419	8.385	8.465	8.498	8.447
8.436	8.413	8.489	8.414	8.481	8.415	8.479	8.429	8.458	8.462
8.460	8.444	8.429	8.460	8.412	8.420	8.410	8.405	8.323	8.420
8.396	8.447	8.405	8.439	8.411	8.427	8.420	8.498	8.409	

a. Construya una estimación del intervalo de confianza del 95% de la media de la amplitud de los canalones.
b. Interprete el intervalo desarrollado en el inciso *a*).

8.69 Una característica de calidad de interés para el proceso de relleno de las bolsas de té es el peso del té en bolsas individuales. En este ejemplo, el peso rotulado en el paquete indica que la media de la cantidad es de 5.5 gramos de té por bolsa. Si las bolsas no están bien llenadas, surgen dos problemas. Primero, los clientes pueden no lograr una infusión de té tan fuerte como lo desean. Segundo, la empresa podría estar violando las leyes de rotular con la verdad. Por otro lado, si la media de la cantidad de té en una bolsa excede el peso rotulado, la empresa está regalando producto. Llenar una bolsa con la cantidad exacta de té es problemático por la variación de temperatura y humedad dentro de la fábrica, por las diferencias de densidad del té y por la operación de llenado de la máquina que es excesivamente rápida (aproximadamente 170 bolsas por minuto). La siguiente tabla proporciona el peso en gramos de una muestra de 50 bolsas de té producidas en una hora por una sola máquina. **TEABAGS**

Peso de las bolsas de té en gramos

5.65	5.44	5.42	5.40	5.53	5.34	5.54	5.45	5.52	5.41
5.57	5.40	5.53	5.54	5.55	5.62	5.56	5.46	5.44	5.51
5.47	5.40	5.47	5.61	5.53	5.32	5.67	5.29	5.49	5.55
5.77	5.57	5.42	5.58	5.58	5.50	5.32	5.50	5.53	5.58
5.61	5.45	5.44	5.25	5.56	5.63	5.50	5.57	5.67	5.36

a. Construya una estimación del intervalo de confianza del 99% para la media poblacional del peso de las bolsas de té.
b. ¿Está cumpliendo la empresa con el requerimiento establecido en el rótulo frontal donde se indica que la media de la cantidad de té es de 5.5 gramos en una bolsa?

8.70 El fabricante de tablillas de asfalto "Boston" y "Vermont" ofrece a sus clientes una garantía de 20 años en la mayoría de sus productos. Para determinar si una tablilla durará todo el periodo de la garantía, se realiza una prueba de aceleración de vida en la fábrica. La prueba de aceleración de vida expone las tablillas a los factores a los que estarían sujetas en el curso de una vida normal, usando un experimento en el laboratorio que dura sólo unos cuantos segundos. En esta prueba, se frota repetidamente la tablilla con un cepillo por un corto periodo de tiempo y se pesa (en gramos) la cantidad de gránulos de tablilla que se desprenden por el cepillado. Se espera que las tablillas que experimentan una baja cantidad de pérdida de gránulos duren más en un uso normal que las tablillas que experimentan una gran cantidad de pérdida de gránulos. En esta situación, una tablilla debería experimentar una pérdida de gránulos no mayor a 0.8 gramos si se espera que dure el periodo de garantía. El archivo de datos **GRANULE** contiene una muestra de 170 medidas hechas en la compañía de tablillas Boston, y 140 medidas hechas en las tablillas Vermont.

a. Construya una estimación del intervalo de confianza del 95% de la media de la pérdida de gránulos para las tablillas Boston.
b. Construya una estimación del intervalo de confianza del 95% de la media de la pérdida de gránulos para las tablillas Vermont.
c. Evalúe si la suposición necesaria para los incisos *a*) y *b*) se ha infringido seriamente.
d. Con base en los resultados de los incisos *a*) y *b*), ¿a qué conclusiones se llega respecto a la media de la pérdida de gránulos de las tablillas Boston y Vermont?

8.71 El productor de las tablillas de asfalto "Boston" y "Vermont" sabe que el peso del producto es un factor importante en la percepción de calidad que tiene el cliente. La última etapa en la línea de ensamblaje empaca las tablillas antes de que sean colocadas en paletas de madera. Una vez que la paleta está llena (para casi todas las marcas, una paleta sostiene 16 cuadros de tablillas), es pesada y se registra la medida. Los datos del archivo **PALLET** contienen el peso (en libras) de una muestra de 368 paletas de tablillas Boston y 330 paletas de tablillas Vermont.

a. Construya una estimación del intervalo de confianza del 95% de la media del peso para las tablillas Boston.
b. Construya una estimación del intervalo de confianza del 95% de la media del peso para las tablillas Vermont.
c. Evalúe si la suposición necesaria para los incisos *a*) y *b*) se ha infringido seriamente.
d. Con base en los resultados de los incisos *a*) y *b*), ¿a qué conclusiones se llega respecto a la media del peso de las tablillas Boston y Vermont?

8.72 Zagat publica las clasificaciones de los restaurantes en diferentes ciudades de Estados Unidos. El archivo de datos **RESTRATE** contiene la clasificación de Zagat para comida, decoración y servicio, así como el precio por persona de una muestra de 50 restaurantes localizados en la ciudad de Nueva York y 50 restaurantes localizados en Long Island, un suburbio de la ciudad de Nueva York.

Fuente: Zagat Survey 2002 New York City Restaurants *y* Zagat Survey 2001/2002 Long Island Restaurants.

Para los restaurantes de la ciudad de Nueva York y Long Island separadamente:

a. Construya una estimación del intervalo de confianza del 95% para la media de la clasificación comida, para la media de la clasificación decoración, para la media de la clasificación servicio y para la media del precio por persona.

b. ¿A qué conclusiones se llega acerca de los restaurantes en la ciudad de Nueva York y de Long Island a partir de los resultados en el inciso *a*)?

Ejercicios de reporte escrito

8.73 Escriba un reporte que resuma sus conclusiones respecto a los resultados del problema 8.68 en la página 264 en relación con la anchura del canalón de acero.

PROYECTO EN EQUIPO

8.74 Remítase al proyecto en equipo en la página 62. Construya todos los intervalos de confianza de las características de la población de bajo riesgo, de riesgo promedio y de alto riesgo de los fondos de inversión que sean apropiados. Incluya estas estimaciones en un reporte dirigido al vicepresidente de investigación del servicio de inversión financiera. **MUTUALFUNDS2004**

CASO ACTUAL
ADMINISTRACIÓN DEL *SPRINGVILLE HERALD*

El departamento de marketing ha estado considerando formas para incrementar tanto el número de nuevas suscripciones como la tasa de retención entre aquellos clientes que acepten una suscripción a prueba. Siguiendo la sugerencia del asistente de la gerencia, Lauren Alfonso, el personal del departamento diseñó una encuesta para ayudar a determinar las diferentes características de los lectores del periódico que no eran suscriptores de entrega a domicilio. La encuesta consistió en las siguientes 10 preguntas:

1. ¿Usted o un miembro de su hogar ha comprado alguna vez el *Springville Herald*?
(1) Sí (2) No
[Si la respuesta es No, concluye la entrevista.]

2. ¿Recibe usted el *Springville Herald* a través del servicio de entrega a domicilio?
(1) Sí (2) No
[Si la respuesta es No, pase a la pregunta 4.]

3. Recibe usted el *Springville Herald:*
(1) De lunes a sábado (2) Sólo el domingo
(3) Diariamente
[Si la respuesta es diariamente, pase a la pregunta 9.]

4. ¿Con cuánta frecuencia compra el *Springville Herald* en el periodo de lunes a sábado?
(1) Todos los días (2) Casi todos los días
(3) Ocasionalmente o nunca

5. ¿Qué tan a menudo compra el *Springvile Herald* en domingo?
(1) Cada domingo (2) 2 o 3 domingos al mes
(3) No más de una vez por mes

6. ¿Dónde es más probable que compre el *Springville Herald*?
(1) En una tienda al menudeo
(2) En un puesto de periódicos o de dulces
(3) En una máquina expendedora
(4) En el supermercado (5) Otro

7. ¿Consideraría suscribirse al *Sprongville Herald* por un periodo de prueba si se le ofreciera un descuento?
(1) Sí (2) No
[Si la respuesta es No, pase a la pregunta 9.]

8. Actualmente el *Springville Herald* cuesta 50 centavos de lunes a sábado y $1.50 los domingos, para un total de $4.50 por semana. ¿Cuánto estaría dispuesto a pagar para tener un servicio de entrega a domicilio por un periodo de prueba de 90 días?

9. ¿Lee algún otro periódico que no sea el *Springville Herald*?
(1) Sí (2) No

10. Como incentivo para los suscriptores de largo plazo, el periódico está considerando la posibilidad de ofrecer una tarjeta que les proporcione descuentos en restaurantes seleccionados en el área de Springville para todos los suscriptores que paguen seis meses de entrega a domicilio por adelantado. ¿Le gustaría obtener esta tarjeta de acuerdo con los términos de esta oferta?
(1) Sí (2) No

El grupo estuvo de acuerdo en utilizar un método de marcado aleatorio para encuestar a 500 hogares locales por teléfono. Usando este método, los últimos cuatro dígitos de un número telefónico son seleccionados aleatoriamente para que vayan con un código de área y cambien (los primeros 6 dígitos de un número telefónico de 10 dígitos). Sólo los pares de códigos de área y cambios que correspondían al área de Springville se utilizaron para esta encuesta.

De los 500 hogares seleccionados, 94 se rehusaron a participar, no se logró establecer comunicación con ellos después de repetidos intentos, o tenían números telefónicos que no estaban en servicio. El resumen de los resultados es el siguiente:

Hogares que compran el Springville Herald	Frecuencia
Sí	352
No	54

Hogares con entrega a domicilio	Frecuencia
Sí	136
No	216

Tipo de suscripción	Frecuencia
Lunes a sábado	18
Domingos únicamente	25
Toda la semana	93

Comportamiento de compra de los no suscriptores para las ediciones de lunes a sábado	Frecuencia
Todos los días	78
Casi todos los días	95
Ocasionalmente o nunca	43

Comportamiento de compra de los no suscriptores para las ediciones del domingo	Frecuencia
Todos los domingos	138
2 o 3 domingos al mes	54
No más de una vez al mes	24

Compra en locación de los no suscriptores	Frecuencia
Tienda de menudeo	74
Puesto de periódicos/tienda de dulces	95
Máquina expendedora	21
Supermercado	13
Otras locaciones	13

Considerarían la suscripción de prueba si ofrecen descuento	Frecuencia
Sí	46
No	170

Precio que estaría dispuesto a pagar por semana (en dólares) por una suscripción de prueba de 90 días con entrega a domicilio **SH8**

$4.15 3.60 4.10 3.60 3.60 3.60 4.40 3.15 4.00 3.75 4.00 3.25 3.75 3.30 3.75 3.65 4.00 4.10 3.90 3.50 3.75 3.00 3.40 4.00 3.80 3.50 4.10 4.25 3.50 3.90 3.95 4.30 4.20 3.50 3.75 3.30 3.85 3.20 4.40 3.80 3.40 3.50 2.85 3.75 3.80 3.90

Lee un periódico que no es el *Springville Herald*	Frecuencia
Sí	138
No	214

Pagaría con anticipación 6 meses para recibir tarjeta de descuento en restaurantes	Frecuencia
Sí	66
No	286

EJERCICIOS

SH8.1 Algunos miembros del departamento de marketing están preocupados acerca del método de marcado aleatorio de dígitos usado para recolectar las respuestas de la encuesta. Prepare un memorando que examine los siguientes temas:
- Las ventajas y desventajas de usar el método de marcado aleatorio de dígitos.
- Posibles métodos alternativos para llevar a cabo la encuesta y sus ventajas y desventajas.

SH8.2 Analice los resultados de la encuesta de Springville en hogares. Escriba un reporte que describa las implicaciones de mercado en los resultados de la encuesta del *Springville Herald.*

CASO WEB

Aplique su conocimiento sobre la estimación del intervalo de confianza en este Caso Web que proviene del Caso Web OnCampus! del capítulo 6.

Entre otras características, el sitio Web *OnCampus!* permite que los clientes compren en línea mercancía *OnCampus! LifeStyles*. Para manejar el proceso de pago, la gerencia de *OnCampus!* ha contratado las siguientes firmas:

- PayAFriend (PAF): Un sistema de pagos en línea en el que los clientes y negocios tales como *OnCampus!* se registran para realizar pagos de forma segura y conveniente sin necesidad de usar tarjeta de crédito.
- Continental Banking Company (Conbanco): Un proveedor de servicios de procesamiento que permite a los clientes de *OnCampus!* pagar mercancía con tarjetas de crédito reconocidas a nivel nacional expedidas por una institución financiera.

Para reducir costos, la gerencia considera eliminar uno de estos dos sistemas de pago. Sin embargo, Virginia Duffy, del departamento de ventas, considera que los clientes usan las dos formas de pago de forma desigual y que muestran diferentes comportamientos de compra al usar una u otra forma de pago. Por esa razón, ella quisiera determinar primero:

a. La proporción de clientes que usan PAF y la proporción de clientes que usan tarjeta de crédito para pagar sus compras.

b. La media de la cantidad de compra al usar PAF y la media de la cantidad de compra cuando se usa tarjeta de crédito.

Ayude a Virginia Duffy preparando un análisis apropiado basado en una muestra aleatoria de 50 transacciones que ella ha preparado y colocado en un archivo interno en el sitio Web *OnCampus!* **www.prenhall.com/Springville/OnCampus_PymtSample.htm**. Resuma sus descubrimientos y determine si las conjeturas de Virginia Duffy acerca de los comportamientos de los clientes de *OnCampus!* son correctas. Si desea que el error muestral no sea mayor que $3, ¿la muestra elegida por Duffy es lo suficientemente grande como para desarrollar un análisis válido?

REFERENCIAS

1. Cochran, W. G., *Sampling Techniques*, 3a. ed. (Nueva York: Wiley, 1977).
2. Fosher, R. A. y F. Yates, *Statistical Tables for Biological, Agricultural and Medical Research*, 5a. ed. (Edimburgo: Oliver & Boyd, 1957).
3. Kirk, R.E., ed., *Statistical Issues: A Reader for the Behavioral Sciences* (Belmont, CA: Wadsworth, 1972).
4. Larsen, R. L. y M. L. Marx, *An Introduction to Mathematical Statistics and Its Applications*, 2a. ed. (Englewood Cliffs, NJ: Prentice Hall, 1986).
5. *Microsoft Excel 2003* (Redmond, WA: Microsoft Corporation, 2003).
6. *Minitab for Windows Version 14* (State Collge, PA: Minitab Inc., 2004).
7. Snedecor, G. W. y W. G. Cochran, *Statistical Methods*, 7ª. ed. (Ames; IA: Iowa State University Press, 1980).
8. *SPSS Base 12.0 Brief Guide* (Upper Saddle River, NJ: Prentice Hall, 2003).

Apéndice 8 Uso del software para los intervalos de confianza y la determinación del tamaño de la muestra

A8.1 EXCEL

Para la estimación del intervalo de confianza de la media (σ conocida)

Abra el archivo CIE **sigma known.xls.** Esta hoja de trabajo contiene las entradas para el ejemplo 8.1 en la página 242 y utiliza las funciones NORMSINV y CONFIDENCE (vea la sección G.11 para mayor información). Para adaptar esta hoja de trabajo a otros problemas, cambie los valores de la desviación estándar poblacional, la media muestral, el tamaño de la muestra y el nivel de confianza en las celdas sombreadas de las filas 4 a la 7.

O Vea la sección G.11 **(Estimación del intervalo de confianza para la media, sigma conocida)** si desea que PHStat2 genere una hoja de trabajo.

Para la estimación del intervalo de confianza de la media (σ desconocida)

Abra el archivo CIE **sigma unknown.xls**, mostrado en la figura 8.6 de la página 246. La hoja de trabajo usa la función TINV para determinar el valor crítico de la distribución *t* (vea la sección G.12 para más información).

Para adaptar esta hoja de trabajo a otros problemas, cambie los estadísticos de la muestra y los valores del nivel de confianza en las celdas sombreadas de las filas 4 a la 7.

O Vea la sección G.12 **(Estimación del intervalo de confianza para la media, sigma desconocida)** si desea que PHStat2 genere una hoja de trabajo.

Para la estimación del intervalo de confianza para la proporción

Abra el archivo CIE **Proportion.xls**, mostrado en la figura 8.10 en la página 251. La hoja de trabajo utiliza la función NORMSINV para determinar el valor *Z* (vea la sección G.13 para mayor información).

Para adaptar esta hoja de cálculo a otros problemas, cambie los valores del tamaño de la muestra, el número de éxitos y el nivel de confianza en las celdas sombreadas en las filas 4 a 6.

O Vea la sección G.13 **(Estimación del intervalo de confianza para la proporción)** si desea que PHStat2 genere una hoja de trabajo.

Para la determinación del tamaño de la muestra para la media

Abra el archivo **Sample Size Mean.xls**, mostrado en la figura 8.12 en la página 255. La hoja de cálculo utiliza las funciones NORMSINV y ROUNDUP (vea la sección G.14 para mayor información).

Para adaptar esta hoja de trabajo a otros problemas, cambie los valores de la desviación estándar poblacional, el error de muestreo y el nivel de confianza en las celdas sombreadas de las filas 4 a la 6.

O Vea la sección G.14 **(Determinación del tamaño de la muestra para la media)** si desea que PHStat2 genere una hoja de trabajo.

Para la determinación del tamaño de la muestra para la proporción

Abra el archivo **Sample Size Proportion.xls,** mostrado en la figura 8.13 en la página 257. La hoja de trabajo usa las funciones NORMSINV y ROUNDUP (vea la sección G.15 para mayor información).

Para adaptar esta hoja de trabajo a otros problemas, cambie los valores de la proporción real, el error de muestreo y el nivel de confianza en las celdas sombreadas de las filas 4 a la 6.

O Vea la sección G.15 (**Determinación del tamaño de la muestra para la proporción**) si desea que PHStat2 genere una hoja de trabajo.

A8.2 MINITAB

Uso de Minitab para la estimación del intervalo de confianza para la media

Puede usar Minitab para crear la estimación del intervalo de confianza para la media cuando la σ es conocida seleccionando **Stat ➜ Basic Statistics ➜ 1-Sample Z.** Ingrese el nombre de la variable en el cuadro de edición Samples in columns. Ingrese el valor de σ en el cuadro de edición Standard deviation. Seleccione el botón **Options** e ingrese el nivel de confianza en el cuadro de edición Confidence level. Dé clic en **OK**. Dé clic en este botón nuevamente.

Puede usar Minitab para crear una estimación del intervalo de confianza para la media cuando σ es desconocida seleccionando **Stat ➜ Basic Statistics ➜ 1-Sample t**. Para calcular la estimación del intervalo de confianza de la media poblacional para la fuerza para romper los aislantes del ejemplo 8.3 en la página 247, abra la hoja de trabajo **FORCE.MTW** y haga lo siguiente:

1. Seleccione **Stat ➜ Basic Statistics ➜ 1-Sample t**.
2. En la ventana de diálogo 1-Sample t (Prueba e intervalo de confianza) (vea la figura A8.1), seleccione la opción **Samples in columns**. Ingrese **C1** o **Force** en el cuadro de edición Samples in columns. (Si ya ha resumido los datos, seleccione el botón con la opción Summarized data e ingrese el tamaño de la muestra, la media muestral y la desviación estándar de la muestra en las ventanas de edición.

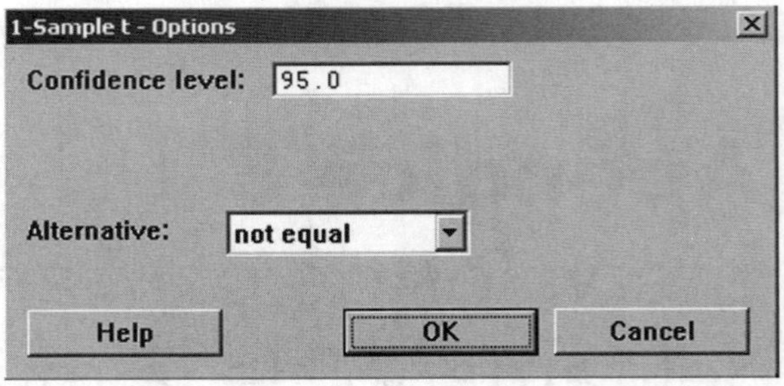

FIGURA A8.2 Ventana de diálogo Opción Minitab 1-Sample t.

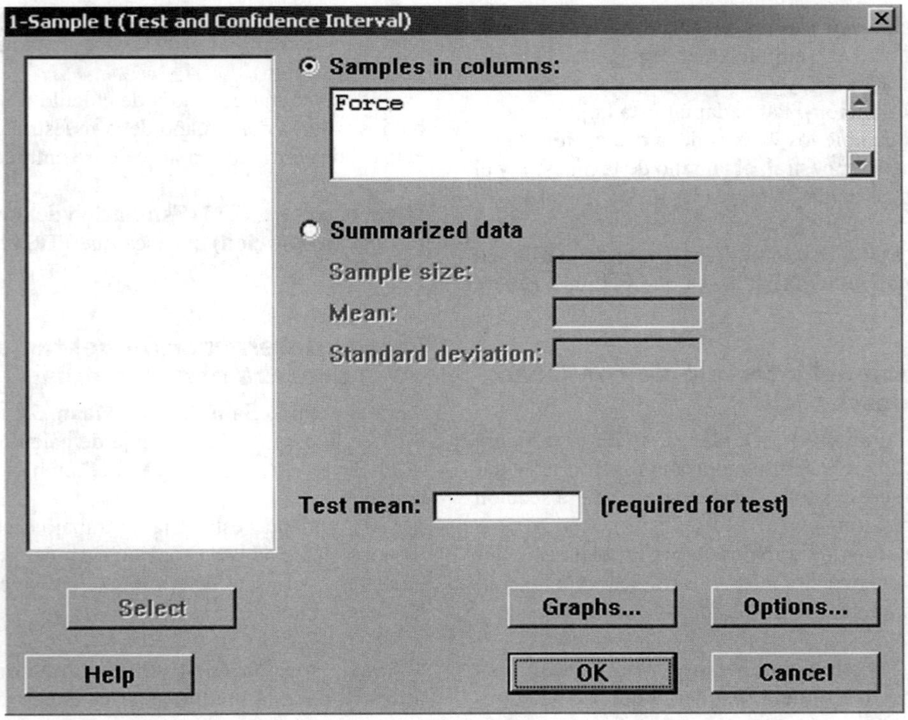

FIGURA A8.1 Ventana de diálogo Minitab 1-Sample t.

3. Seleccione **Options** (vea figura A8.2). En la ventana de diálogo 1-Sample t-Options, ingrese **95.0** en la el cuadro de edición de Confidence level. Dé clic en **OK**.
4. Dé clic en **OK** de nuevo.

Uso de Minitab para la estimación del intervalo de confianza de la proporción

Puede usar Minitab para calcular la estimación del intervalo de confianza para la proporción. Para calcular la estimación del intervalo de confianza para la proporción poblacional del problema en la sección 8.3 de la empresa de remodelaciones Saxon,

1. Seleccione **Stat ➜ Basic Statistics ➜ 1 Proportion**.
2. En la ventana de diálogo 1 Proportion (vea la figura A8.3), seleccione la opción **Summarized data**. Ingrese **100** en el cuadro de edición Number of trials. Ingrese **10** en el cuadro de edición Number of events.
3. Dé clic en el botón **Options**. En la ventana de diálogo Proportion-Options (vea la figura A8.4), ingrese **95** en el cuadro de edición Confidence level. Seleccione **Use test and interval based on normal distribution** en el cuadro de exploración. Dé clic en el botón **OK** para regresar a la ventana de diálogo 1 proportion.
4. Dé clic en **OK**.

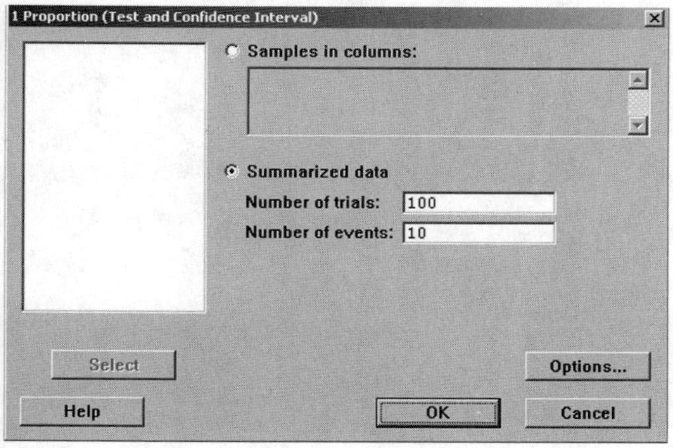

FIGURA A8.3 Ventana de diálogo Minitab 1 Proportion.

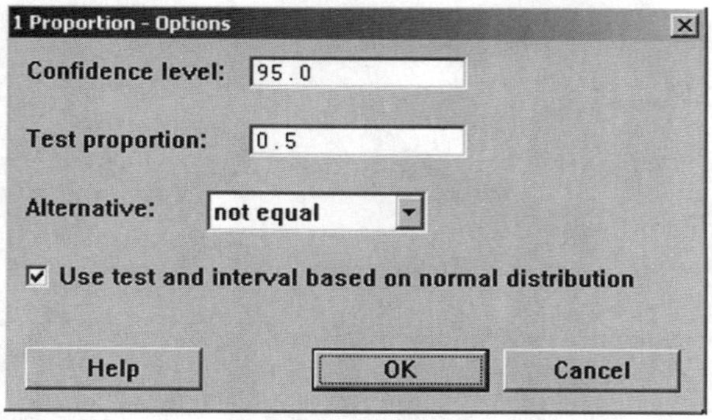

FIGURA A8.4 Ventana de diálogo Minitab 1 Proportion-Options.

CAPÍTULO 9

Fundamentos de la prueba de hipótesis: pruebas de una muestra

USO DE LA ESTADÍSTICA: Una visita más a la Oxford Cereal Company

OBJETIVOS DE APRENDIZAJE

En este capítulo, aprenderá:

- Los principios básicos de las pruebas de hipótesis
- Cómo utilizar las pruebas de hipótesis para comprobar una media o proporción
- Las suposiciones de cada uno de los procedimientos de prueba de hipótesis, cómo evaluarlos, y las consecuencias si se infringen seriamente
- Cómo evitar los obstáculos implícitos en las pruebas de hipótesis
- Los asuntos éticos implicados en las pruebas de hipótesis

USO DE LA ESTADÍSTICA

Una visita más a la Oxford Cereal Company

Como en el escenario "Uso de la estadística" del capítulo 7, imagine que usted es el gerente operativo de la Oxford Cereal Company y responsable de vigilar la cantidad empacada en cada caja de cereal. Selecciona y pesa una muestra aleatoria de 25 cajas, con el fin de calcular la media muestral e investigar qué tanto se acercan los pesos de llenado a la especificación de 368 gramos establecida por la empresa. Esta vez debe tomar una decisión y concluir si el peso medio de llenado de todo el proceso es igual a 368 gramos (o no), con objeto de saber si el proceso de llenado requiere de ajustes. ¿Cómo puede tomar esta decisión de una manera razonada?

A diferencia del capítulo 7, donde el problema que enfrentaba el gerente de operaciones consistía en determinar si la media muestral era congruente con la media poblacional conocida, este escenario "Uso de la estadística" pregunta: ¿Cómo se logra validar la afirmación de que la media poblacional es de 368 gramos, utilizando la media muestral? Para validar tal afirmación, primero se necesita establecer la afirmación sin ambigüedades. Por ejemplo, la media poblacional es de 368 gramos. En el método inferencial conocido como prueba de hipótesis, se considera la evidencia (el estadístico de muestra) para ver si ésta respalda mejor al enunciado, llamado *hipótesis nula*, o la alternativa mutuamente excluyente que, en este caso, establece que la media poblacional no es de 368 gramos.

En este capítulo nos concentramos en la prueba de hipótesis, otro aspecto de la inferencia estadística que, al igual que la estimación del intervalo de confianza, se basa en información de la muestra. Se desarrolla una metodología paso a paso que le permita hacer inferencias sobre un parámetro poblacional mediante el *análisis diferencial* entre los resultados observados (estadístico de la muestra) y los resultados esperados si la hipótesis subyacente es realmente cierta. Por ejemplo, ¿es el peso medio de las cajas de cereal incluidas en la muestra obtenida de la Oxford Cereal Company un valor congruente con lo que usted esperaría si la media de toda la población de cajas de cereales es de 368 gramos? ¿O puede usted inferir que la media poblacional no es igual a 368 gramos porque la media muestral es significativamente diferente a 368 gramos?

9.1 METODOLOGÍA DE LA PRUEBA DE HIPÓTESIS

Hipótesis nula y alternativa

La **prueba de hipótesis** suele comenzar con alguna teoría, afirmación, o aseveración sobre un parámetro específico de una población. Por ejemplo, su hipótesis inicial sobre el ejercicio del cereal es que el proceso está funcionando adecuadamente, lo que significa que el promedio de llenado es de 368 gramos, y que no es necesario emprender acciones correctivas.

La hipótesis de que el parámetro poblacional es igual a la especificación de la empresa se denomina hipótesis nula. Una **hipótesis nula** siempre es una de *status quo*, y se denota mediante el símbolo H_0. Aquí, la hipótesis nula expresa que el proceso de llenado está funcionando de manera adecuada y, por lo tanto, el llenado medio concuerda con la especificación de 368 gramos. Esto se establece como:

$$H_0: \mu = 368$$

A pesar de que sólo se cuenta con información de la muestra, la hipótesis nula se escribe en términos de la población. Recuerde, usted se concentra en la población de todas las cajas de cereal. El estadístico de muestra se utiliza para hacer inferencias sobre todo el proceso de llenado. Una inferencia podría ser que los resultados observados a partir de los datos de la muestra indican que la hipótesis es falsa. Si se considera que la hipótesis nula es falsa, entonces habrá otra afirmación que debe ser cierta.

Siempre que se especifica una hipótesis nula, también se determina una hipótesis alternativa que debe ser cierta si la hipótesis nula es falsa. La **hipótesis alternativa H_1** es opuesta a la hipótesis nula H_0. En el ejemplo del cereal, esto se determina como:

$$H_1: \mu \neq 368$$

La hipótesis alternativa representa la conclusión obtenida al rechazar la hipótesis nula. Cuando a partir de la información de la muestra existe suficiente evidencia de que es falsa, se rechaza la hipótesis nula. En el ejemplo del cereal, si los pesos de las cajas muestreadas están lo bastante arriba o abajo de la media de 368 gramos especificada por la empresa, usted rechaza la hipótesis nula en favor de la hipótesis alternativa de que el llenado medio es distinto de 368 gramos. Detiene la producción y emprende la acción necesaria para corregir el problema. Si no se rechaza la hipótesis nula, entonces debe continuar confiando en el *status quo* de que el proceso funciona correctamente y, por lo tanto, no es necesaria una acción correctiva. En este segundo escenario, usted no ha demostrado que el proceso está funcionando de forma correcta. Más bien, no ha podido demostrar que está funcionando de manera incorrecta y, por lo tanto, continúa confiando (aunque sin pruebas) en la hipótesis nula.

En la metodología de prueba de hipótesis, la hipótesis nula se rechaza cuando la evidencia muestral sugiere que es más probable que ésta sea cierta que la hipótesis alternativa. Sin embargo, el no poder rechazar la hipótesis nula no comprueba que sea cierta. Usted nunca podrá demostrar que la hipótesis nula es correcta, porque la decisión se basa sólo en información de la muestra, no en toda la población. Por lo tanto, si no rechaza la hipótesis nula, sólo puede concluir que no existe evidencia suficiente para garantizar su rechazo. Los siguientes puntos fundamentales resumen las hipótesis nula y alternativa:

- La hipótesis nula H_0 representa al *status quo* o creencia actual en una situación.
- La hipótesis alternativa H_1 es lo opuesto a la hipótesis nula y representa una afirmación de investigación o inferencia específica que quisiera demostrar.
- Si usted rechaza la hipótesis nula, tiene una prueba estadística de que la hipótesis alternativa es correcta.
- Si usted no rechaza la hipótesis nula, entonces no ha podido demostrar la hipótesis alternativa. Sin embargo, el no poder demostrar la hipótesis alternativa no quiere decir que haya demostrado la hipótesis nula.
- La hipótesis nula H_0 siempre se refiere a un valor específico del parámetro poblacional (como μ), no a un estadístico de muestra (como $\bar{X}$).
- El enunciado que describe la hipótesis nula siempre contiene un signo de igual relacionado con el valor específico del parámetro poblacional (por ejemplo, H_0: $\mu = 368$ gramos).
- El enunciado que describe la hipótesis alternativa nunca contiene un signo de igual relacionado con el valor específico del parámetro poblacional (por ejemplo, H_1: $\mu \neq 368$ gramos).

EJEMPLO 9.1 HIPÓTESIS NULA Y ALTERNATIVA

Usted es gerente de un restaurante de comida rápida. Quiere determinar si el tiempo de espera al pedir una orden se ha modificado durante el último mes con respecto a su valor de media poblacional previo de 4.5 minutos. Determine las hipótesis nula y alternativa.

SOLUCIÓN La hipótesis nula dice que la media poblacional no ha cambiado con respecto a su valor previo de 4.5 minutos. Esto se establece como:

$$H_0: \mu = 4.5$$

La hipótesis alternativa es opuesta a la hipótesis nula. Puesto que la hipótesis nula dice que la media poblacional es 4.5 minutos, la hipótesis alternativa dice que la media poblacional no es 4.5 minutos. Esto se establece como:

$$H_1: \mu \neq 4.5$$

Valor crítico del estadístico de prueba

La lógica subyacente a la metodología de prueba de hipótesis radica en determinar qué tan probable es que la hipótesis nula sea cierta, considerando la información recabada en una muestra. En el escenario de la Oxford Cereal Company, la hipótesis nula establece que la cantidad media de cereal por caja en todo el proceso de llenado es de 368 gramos (es decir, el parámetro poblacional especificado por la empresa). Del proceso de llenado, usted selecciona una muestra de cajas, las pesa y calcula la media muestral. Este estadístico es una estimación del parámetro correspondiente (la media poblacional μ). Incluso si la hipótesis nula es cierta, es probable que el estadístico (la media muestral $\bar{X}$) sea distinto al valor del parámetro (la media poblacional μ), por la variación causada por el muestreo. Sin embargo, si la hipótesis nula es cierta, cabe esperar que el estadístico de muestra sea cercano al parámetro poblacional. Si el estadístico de muestra es cercano al parámetro poblacional, usted no cuenta con evidencia suficiente para rechazar la hipótesis nula. Por ejemplo, si la media poblacional es 367.9, usted concluiría que la media poblacional no cambió (es decir, $\mu = 368$), porque la media muestral de 367.9 es muy cercana al valor establecido de 368 de la hipótesis. Por intuición, usted considera probable que pueda tener una media muestral de 367.9 a partir de una población con una media poblacional de 368.

Por otra parte, si existe una gran diferencia entre el valor del parámetro poblacional y el estadístico establecido en la hipótesis, usted concluirá que ésta última es falsa. Por ejemplo, si la media muestral es 320, usted concluiría que la media poblacional no es 368 (es decir, $\mu \neq 368$), porque la media muestral es muy lejana al valor de 368 establecido en la hipótesis. En ese caso, usted concluye que es muy poco probable obtener una media muestral de 320 si la media poblacional es en realidad de 368. Por lo tanto, es más lógico concluir que la media poblacional no es igual a 368. Aquí usted rechaza la hipótesis nula.

Por desgracia, el proceso de toma decisiones no siempre es tan claro. Determinar lo que es "muy cercano" y lo que es "muy diferente" es un proceso arbitrario sin definiciones claras. La metodología prueba de hipótesis brinda definiciones claras para evaluar las diferencias. Además, le permite cuantificar el proceso de toma de decisiones mediante el cálculo de la probabilidad de obtener un resultado muestral dado si la hipótesis nula resulta verdadera. Calcule esta probabilidad determinando la distribución muestral correspondiente al estadístico muestral de interés (es decir, la media muestral) y luego calcule el **estadístico de prueba** específico, con base en el resultado muestral dado. Puesto que la distribución muestral para el estadístico muestral suele seguir una distribución estadística conocida, como la distribución normal estandarizada o distribución *t*, éstas se utilizan como ayuda para determinar si la hipótesis nula es cierta.

Regiones de rechazo y aceptación

La distribución muestral del estadístico de muestra se divide en dos **regiones**, una **de rechazo** (a veces llamada región crítica) y una **de aceptación** (vea la figura 9.1).

FIGURA 9.1
Regiones de rechazo y aceptación en la prueba de hipótesis.

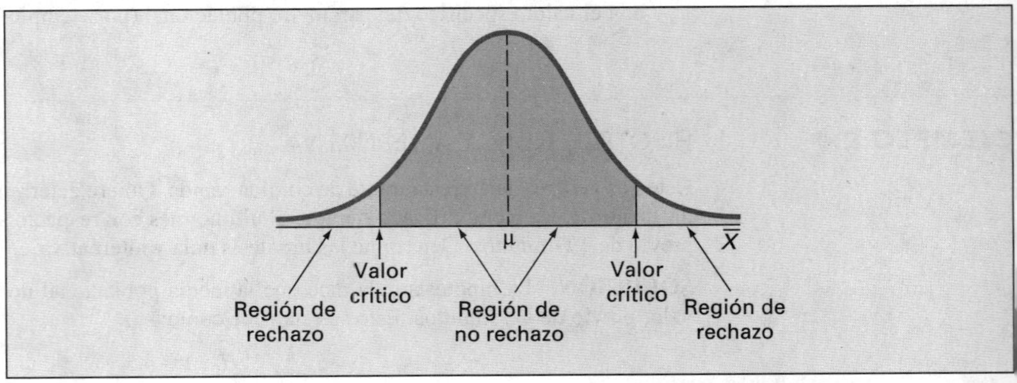

Si el estadístico de prueba queda en la región de aceptación, no rechace la hipótesis nula. En el escenario de la Oxford Cereal Company, usted concluye que no existe evidencia suficiente de que el llenado medio poblacional sea diferente de 368 gramos. Si el estadístico de prueba queda en la región de rechazo, usted rechaza la hipótesis nula. En este caso, concluye que la media poblacional no es de 368 gramos.

La región de rechazo se compone de los valores del estadístico de prueba con muy pocas posibilidades de presentarse en caso de que la hipótesis nula sea cierta. Es más probable que tales valores se presenten si la hipótesis nula es falsa. Por lo tanto, si un valor del estadístico de prueba queda dentro de esta *región de rechazo*, la hipótesis nula se rechaza porque ese valor tiene pocas posibilidades de presentarse si la hipótesis nula es cierta.

Para tomar una decisión con respecto a la hipótesis nula, antes debe determinarse cuál es el **valor crítico** del estadístico de prueba. Ese valor separa la región de aceptación de la región de rechazo. Determinar este valor crítico depende del tamaño de la región de rechazo. El tamaño de la región de rechazo se relaciona directamente con los riesgos implícitos al utilizar sólo evidencia muestral para tomar decisiones con respecto a un parámetro poblacional.

Riesgos de la toma de decisiones al utilizar la metodología de la prueba de hipótesis

Al utilizar un estadístico de muestra para tomar decisiones sobre el parámetro poblacional, existe el riesgo de llegar a una conclusión equivocada. Al aplicar la metodología de prueba de hipótesis, puede cometer dos tipos de error: el error tipo I y el error tipo II.

Un **error tipo I** se presenta cuando se rechaza la hipótesis nula H_0 siendo cierta y no debería rechazarse. La probabilidad de que se presente un error tipo I es α.

Un **error tipo II** se presenta cuando no se rechaza la hipótesis nula H_0 siendo falsa y debería rechazarse. La probabilidad de que se presente un error tipo II es β.

En el escenario de la Oxford Cereal Company, cometería un error tipo I si concluyera que el llenado medio de la población *no* es 368 cuando *es* 368. Por su parte, cometería un error tipo II si concluyera que el llenado medio de la población *es* 368 cuando *no* es 368.

El nivel de significancia (α) La probabilidad de cometer un error tipo I, denotado por α (la letra griega *alfa* minúscula), se denomina como **nivel de significancia** del estadístico de prueba. Tradicionalmente, el error tipo I se controla al decidir el nivel de riesgo que está dispuesto a correr al rechazar la hipótesis nula, siendo ésta cierta. Como el nivel de significancia se especifica antes de realizar la prueba de hipótesis, el riesgo de cometer un error tipo I, α, está directamente bajo su control. Por lo general, se seleccionan niveles de 0.01, 0.5 o 0.10. La selección de un nivel de riesgo específico para cometer un error tipo I depende del costo que implicaría cometerlo. Después de especificar el valor de α, usted conoce el tamaño de la región de rechazo, porque α es la probabilidad de rechazo bajo la hipótesis nula. A partir de este hecho, se determina el valor o los valores críticos que dividen las zonas de rechazo y aceptación.

Coeficiente de confianza El complemento de la probabilidad de un error tipo I $(1 - \alpha)$ se denomina coeficiente de confianza. Al multiplicarlo por 100%, el coeficiente de confianza produce el nivel de confianza estudiado al construir intervalos de confianza (vea la sección 8.1).

El **coeficiente de confianza**, $1 - \alpha$, expresa la probabilidad de que la hipótesis nula H_0 no se rechace cuando es cierta y no debe rechazarse. El **nivel de confianza** de una prueba de hipótesis es $(1 - \alpha) \times 100\%$.

En términos de la metodología de prueba de hipótesis, el coeficiente de confianza representa la probabilidad de concluir que el valor del parámetro especificado en la hipótesis nula es aceptable cuando es cierta. En el escenario de la Oxford Cereal Company, el coeficiente de confianza mide la probabilidad de concluir que el llenado poblacional medio es de 368 gramos cuando en realidad es 368 gramos.

El riesgo β La probabilidad de cometer un error tipo II se denota por medio de β (la letra griega *beta* minúscula). A diferencia del error tipo I, el cual usted controla mediante la selección de α, la posibilidad de cometer un error tipo II depende de la diferencia que existe entre los valores hipotético y real del parámetro poblacional. Como es más fácil encontrar diferencias grandes que pequeñas, si la diferencia que existe entre los valores hipotético y real del parámetro poblacional es grande, β es pequeña. Por ejemplo, si la media poblacional verdadera es 330 gramos, existe una pequeña posibilidad (β) de que usted deduzca que la media no ha cambiado de 368. Por otra parte, si la diferencia entre los valores hipotético y real del parámetro es pequeña, la probabilidad de que cometa un error tipo II es mayor. De tal modo, si la media poblacional es en realidad de 367 gramos, usted tiene una gran probabilidad de cometer un error tipo II al concluir que la media poblacional es todavía de 368 gramos.

La potencia de una prueba Al complemento de la probabilidad de un error tipo II (1 – β) se le denomina potencia de una prueba estadística.

La **potencia de una prueba estadística**, 1 – β, es la probabilidad de que se rechace la hipótesis nula cuando es falsa y debería rechazarse.

En el escenario de la Oxford Cereal Company, la potencia de la prueba es la probabilidad de concluir correctamente que el llenado poblacional medio no es de 368 gramos cuando en realidad no es de 368 gramos.

Riesgos en la toma de decisiones: un equilibrio delicado En la tabla 9.1 se ilustran los resultados de dos decisiones posibles (no rechazar H_0 o rechazar H_0) que puede tomar en cualquier prueba de hipótesis. Dependiendo de la decisión específica, usted podría cometer uno de los dos tipos de error, o bien, obtener uno de los dos tipos de conclusión correcta.

TABLA 9.1
Prueba de hipótesis y toma de decisiones.

	Situación real	
Decisión estadística	**H_0 verdadera**	**H_0 falsa**
No se rechaza H_0	Decisión correcta Confianza = 1 – α	Error tipo II *P*(error tipo II) = β
Se rechaza H_0	Error tipo I *P*(error tipo I) = α	Decisión correcta Potencia = 1 – β

Una forma de reducir la probabilidad de cometer un error tipo II consiste en aumentar el tamaño de la muestra. Por lo general, las muestras grandes permiten detectar incluso diferencias pequeñas entre valores hipotéticos y parámetros poblacionales. Para un nivel de α dado, aumentar el tamaño de la muestra reducirá β y así se incrementará el poder de la prueba para detectar que la hipótesis nula H_0 es falsa. Sin embargo, siempre existe un límite para sus recursos, y esto afectará la decisión de qué tan grande debe ser la muestra tomada. De esta forma, para un tamaño dado de la muestra, usted debe considerar las comparaciones entre los dos tipos de errores posibles. Como el riesgo del error tipo I se controla directamente, éste se reducirá seleccionando un valor más pequeño para α. Por ejemplo, si son considerables las consecuencias negativas asociadas con un error tipo I, puede seleccionar α = 0.01 en lugar de 0.05. Sin embargo, cuando α se reduce, β aumenta, por lo que reducir el riesgo de un error tipo I tiene como resultado un aumento en el riesgo del error tipo II. Por otra parte, si desea reducir β, puede seleccionar un valor mayor para α. Por lo tanto, si es importante tratar de evitar un error tipo II, habrá que seleccionar una α de 0.5 o 0.10 en lugar de 0.01.

En el escenario de la Oxford Cereal Company, el riesgo de cometer un error tipo I implica concluir que la media ha cambiado de los 368 gramos hipotetizados, cuando en realidad eso no ha ocurrido. El riesgo de cometer un error tipo II implica concluir que la media no ha cambiado de los 368 gramos hipotetizados, cuando en realidad eso ha ocurrido. La selección de valores razonables para α y β depende del costo inherente a cada tipo de error. Por ejemplo, si resulta muy costoso modificar el proceso de llenado de cereal, entonces usted desearía estar muy convencido de que necesita hacer un cambio antes de efectuarlo. En este caso, el riesgo de cometer un error tipo I es más importante, y usted seleccionaría una α pequeña. Por otra parte, si quiere estar muy seguro de detectar cambios con respecto a la media de 368 gramos, es más importante el riesgo de cometer un error tipo II, y entonces seleccionaría un mayor nivel de α.

PROBLEMAS PARA LA SECCIÓN 9.1

Aprendizaje básico

ASISTENCIA de PH Grade **9.1** ¿Para qué hipótesis utiliza el símbolo H_0?

ASISTENCIA de PH Grade **9.2** ¿Para qué hipótesis utiliza el símbolo H_1?

ASISTENCIA de PH Grade **9.3** ¿Qué símbolo utiliza para el nivel de significancia o posibilidad de cometer un error de tipo I?

9.4 ¿Qué símbolo utiliza para la posibilidad de cometer un error de tipo II?

ASISTENCIA de PH Grade **9.5** ¿Qué representa $1 - \beta$?

9.6 ¿Cuál es la relación de α con el error tipo I?

9.7 ¿Cuál es la relación de β con el error tipo II?

9.8 ¿Cómo se relaciona la potencia con la probabilidad de cometer un error tipo II?

ASISTENCIA de PH Grade **9.9** ¿Por qué es posible rechazar la hipótesis nula cuando es verdadera?

ASISTENCIA de PH Grade **9.10** ¿Por qué es posible no rechazar la hipótesis nula cuando es falsa?

9.11 Para un tamaño de muestra dado, si α se reduce de 0.05 a 0.01, ¿qué pasará con β?

9.12 Para H_0: $\mu = 100$, H_1: $\mu \neq 100$, y para un tamaño de muestra de n, ¿por qué β es más grande si el valor real de μ es 90, que si el valor real de μ es 75?

Aplicación de conceptos

ASISTENCIA de PH Grade **9.13** En el sistema legal estadounidense, al acusado se le considera inocente hasta que se demuestre que es culpable. Considere una hipótesis nula H_0, en la que el acusado es inocente, y una hipótesis alternativa H_1, en la que el acusado es culpable. Un jurado tiene dos posibles decisiones: encarcelar al acusado (es decir, rechazar la hipótesis nula) o exonerarlo (es decir, no rechazar la hipótesis nula). Explique el significado de los riesgos de cometer un error tipo I o un error tipo II en este ejemplo.

9.14 Suponga que al acusado del problema 9.13 se le considera culpable hasta demostrar su inocencia, como ocurre en otros sistemas judiciales. ¿En qué difieren estas hipótesis nula y alternativa de las establecidas en el problema 9.13? ¿Cuáles son aquí los significados de los riesgos de cometer un error tipo I o un error tipo II?

9.15 La Food and Drug Administration de Estados Unidos (FDA) es responsable de aprobar los nuevos medicamentos. Muchos grupos de consumidores creen que el proceso de aprobación es muy sencillo y que, por eso, se han aprobado muchos medicamentos que después resultan inseguros. Por otra parte, hay un buen número de cabilderos de la industria farmacéutica que pugnan por un proceso de aprobación más complaciente, de manera que a las empresas farmacéuticas se les aprueben medicinas nuevas con más facilidad y rapidez (Rochelle Sharpe, "FDA Tries to Find Right Balance on Drug Approvals", *The Wall Street Journal*, 20 de abril, 1999, A24). Considere una hipótesis nula que establece que un medicamento nuevo aún sin aprobar es inseguro, y una hipótesis alternativa que establece que un medicamento nuevo aún sin aprobar es seguro.

a. Explique los riesgos de cometer un error tipo I o tipo II.

b. ¿Qué tipo de error tratan de evitar los grupos de consumidores? Explique su respuesta.

c. ¿Qué tipo de error tratan de evitar los grupos de cabilderos? Explique su respuesta.

d. ¿Cómo sería posible reducir las posibilidades de cometer los errores tipo I y tipo II?

ASISTENCIA de PH Grade ✓ AUTO Examen **9.16** Como consecuencia de las quejas de alumnos y maestros en relación con sus retrasos, el decano de una gran universidad pretende ajustar los horarios de clase programados, con el fin de dejar un lapso adecuado de traslado entre clases, y está listo para emprender un estudio. Hasta ahora, el decano ha considerado que 20 minutos entre una clase y otra debe ser suficiente. Elabore las hipótesis nula H_0 y alternativa H_1.

9.17 El gerente de producción de una fábrica de telas necesita determinar si una máquina recién adquirida está produciendo cierto tipo específico de tela de acuerdo con las especificaciones de la empresa, las cuales señalan que debe tener una resistencia a la ruptura de 70 libras. Una muestra de 49 pedazos de tela revela una resistencia muestral media a la ruptura de 69.1 libras. Determine las hipótesis nula y alternativa.

9.18 El gerente de una tienda de pinturas quiere determinar si la cantidad de pintura que contienen los envases de un galón adquiridos a un reconocido fabricante realmente promedian 1 galón. Se sabe que las especificaciones del fabricante establecen que la desviación estándar para la cantidad de pintura es de 0.02 galones. Selecciona una muestra aleatoria de 50 envases de un galón, y la media muestral resulta de 0.995 galones. Determine las hipótesis nula y alternativa.

9.19 El gerente de control de calidad de una fábrica de focos debe determinar si la vida media de un gran lote de focos es igual al valor especificado de 375 horas. Se conoce que la desviación estándar de la población es de 100 horas. Una muestra compuesta por 64 focos indica que la vida media de la muestra es de 350 horas. Determine las hipótesis nula y alternativa.

9.2 PRUEBA Z DE HIPÓTESIS PARA LA MEDIA (σ CONOCIDA)

Ahora que ya estudió la metodología de la prueba de hipótesis, recuerde que en el escenario "Uso de la estadística" de la página 272, la Oxford Cereal Company quiere determinar si el proceso de llenado del cereal funciona de manera adecuada (es decir, si el llenado medio a lo largo de todo el proceso de empaque continúa en los 368 gramos especificados y no se requiere acción correctiva). Para evaluar el requisito de 368 gramos, usted toma una muestra aleatoria de 25 cajas, pesa cada una, y luego evalúa la diferencia existente con el estadístico de muestra y el parámetro poblacional establecido en la hipótesis, comparando para ello el peso medio (en gramos) de la muestra con la media esperada de 368 gramos especificada por la empresa. Para este proceso de llenado, las hipótesis nula y alternativa son:

$$H_0: \mu = 368$$
$$H_1: \mu \neq 368$$

Cuando se conoce la desviación estándar, σ, y si la población tiene una distribución normal, usted utiliza la prueba Z. Si la población no tiene una distribución normal, todavía se puede utilizar la prueba Z si el tamaño de la muestra es lo bastante grande como para que tenga efecto el teorema del límite central (vea la sección 7.2). La ecuación (9.1) define al **estadístico de prueba Z** para determinar la diferencia que existe entre la media muestral $\bar{X}$ y la media poblacional μ cuando se conoce la desviación estándar σ.

PRUEBA Z DE HIPÓTESIS PARA LA MEDIA (σ CONOCIDA)

$$Z = \frac{\bar{X} - \mu}{\frac{\sigma}{\sqrt{n}}} \qquad \textbf{(9.1)}$$

En la ecuación (9.1), el numerador mide qué tan lejos (en valor absoluto) está la media muestral observada $\bar{X}$ de la media hipotetizada μ. El denominador es el error estándar de la media, por lo que Z representa la diferencia que existe entre $\bar{X}$ y μ en unidades del error estándar.

Método del valor crítico para la prueba de hipótesis

El valor observado del estadístico de prueba Z, ecuación (9.1), se compara con los valores críticos. Estos valores críticos se expresan como valores Z estandarizados (es decir, en unidades de desviación estándar). Por ejemplo, si usted utiliza un nivel de significancia de 0.05, el tamaño de la región de rechazo es 0.05. Puesto que la región de rechazo se divide en dos colas de la distribución (esto se denomina **prueba de dos colas**), se divide el 0.05 en dos partes iguales de 0.025 cada una. Una región de rechazo de 0.025 en cada cola de la distribución normal tiene como resultado un área acumulada de 0.025 bajo el valor crítico inferior y un área acumulada de 0.975 bajo el valor crítico superior. De acuerdo con la tabla de distribución normal estandarizada acumulativa (tabla E.2), los valores críticos que dividen las regiones de rechazo y aceptación son -1.96 y $+1.96$. La figura 9.2 ilustra que si la media es realmente de 368 gramos, como afirma H_0, entonces los valores del estadístico Z tienen una distribución normal estandarizada centrada en $Z = 0$ (la cual corresponde a un valor $\bar{X}$ de 368 gramos). Los valores de Z mayores que +1.96 o menores que −1.96 indican que $\bar{X}$ está muy alejada de la $\mu = 368$ hipotetizada, por lo que sería muy poco probable que se presentara uno de estos valores si H_0 fuera verdadera.

FIGURA 9.2

Prueba de una hipótesis sobre la media (σ conocida) con un nivel de significancia de 0.05.

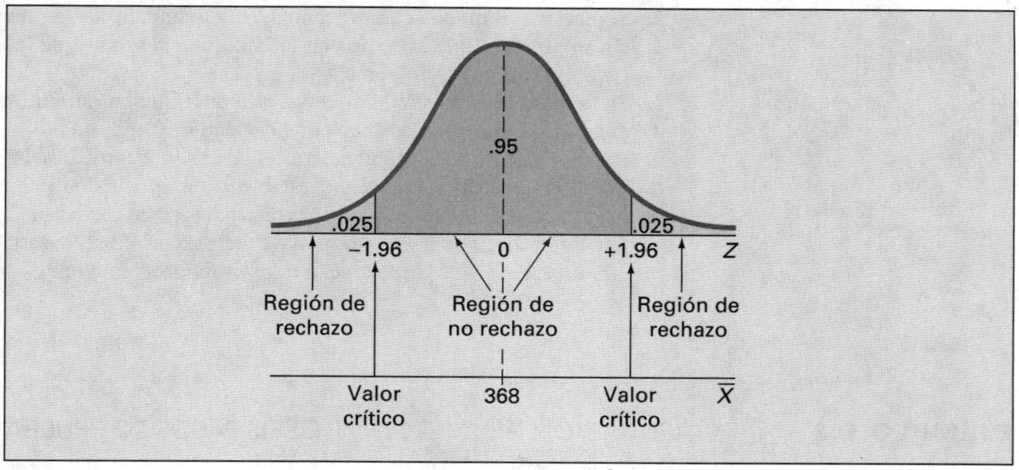

Por lo tanto, la regla de decisión es:

Rechace H_0 si $Z > +1.96$
o si $Z < -1.96$;
de lo contrario, no rechace H_0.

Suponga que la muestra de 25 cajas de cereal indica una media muestral de $\bar{X} = 372.5$ gramos y que la desviación estándar de la población es de 15 gramos. Utilizando la ecuación (9.1) de la página 278:

$$Z = \frac{\bar{X} - \mu}{\frac{\sigma}{\sqrt{n}}} = \frac{372.5 - 368}{\frac{15}{\sqrt{25}}} = +1.50$$

Puesto que el estadístico de prueba $Z = +1.50$ se encuentra entre −1.96 y +1.96, usted no rechaza H_0 (vea la figura 9.3). Usted sigue creyendo que la cantidad media de llenado es de 368 gramos. Para tomar en cuenta la posibilidad de un error tipo II, redacta la conclusión como "no existe suficiente evidencia de que el llenado medio sea diferente a 368 gramos".

FIGURA 9.3

Prueba de una hipótesis sobre la media (σ conocida) con un nivel de significancia de 0.05.

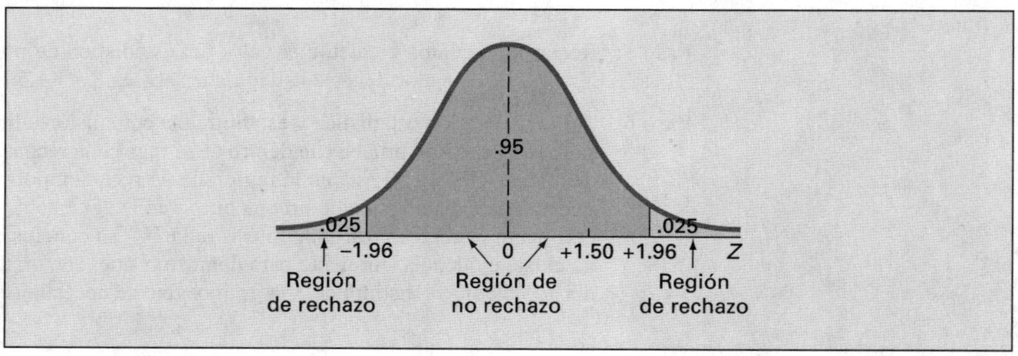

La exposición 9.1 muestra un resumen del método del valor crítico para la prueba de hipótesis.

EXPOSICIÓN 9.1: MÉTODO DE SEIS PASOS DE LA PRUEBA DE HIPÓTESIS

1. Prepare la hipótesis nula, H_0 y la hipótesis alternativa H_1.
2. Seleccione el nivel de significancia, α, y el tamaño de la muestra, n. El nivel de significancia se especifica de acuerdo con la importancia relativa de los riesgos de cometer errores tipo I y tipo II en el problema.
3. Determine el estadístico de prueba y la distribución muestral apropiados.
4. Determine los valores críticos que dividen las zonas de rechazo y aceptación.
5. Recopile los datos y calcule el valor del estadístico de prueba.
6. Tome la decisión estadística y establezca la conclusión administrativa. Si el estadístico de prueba queda en la región de no rechazo, usted no rechaza la hipótesis nula H_0. Si el estadístico de prueba queda en la región de rechazo, usted rechaza la hipótesis nula. La conclusión administrativa se escribe en el contexto del problema real.

EJEMPLO 9.2

APLICACIÓN DEL MÉTODO DE SEIS PASOS DE PRUEBA DE HIPÓTESIS EN LA OXFORD CEREAL COMPANY

Aplique el método de seis pasos de prueba de hipótesis en la Oxford Cereal Company.

SOLUCIÓN

Paso 1: Determine las hipótesis nula y alternativa. La hipótesis nula H_0 siempre se determina en términos estadísticos utilizando parámetros de la población. Al probar si el llenado medio es de 368 gramos, la hipótesis nula establece que μ es igual a 368. La hipótesis alternativa H_1, también se determina en términos estadísticos utilizando parámetros de población. Por lo tanto, la hipótesis alternativa establece que μ no es igual a 368 gramos.

Paso 2: Seleccione el nivel de significancia y el tamaño de la muestra. Usted selecciona el nivel de significancia de acuerdo con la importancia relativa de los riesgos de cometer errores tipo I y tipo II en el problema. Cuanto más pequeño es el valor de α, existe menos riesgo de cometer un error tipo I. En este ejemplo, un error tipo I concluiría que la media poblacional no es de 368 gramos, cuando sí es de 368 gramos. Aquí, seleccione $\alpha = 0.05$. La muestra $n = 25$.

Paso 3: Seleccione el estadístico de muestra apropiado. Puesto que σ se conoce partir de información sobre el proceso de llenado, usted utiliza la distribución normal y el estadístico de prueba Z.

Paso 4: Determine la región de rechazo. Seleccione valores críticos para el estadístico de prueba apropiado, de tal manera que la región de rechazo abarque un área total de α cuando H_0 es cierta, y la región de aceptación abarque un área total de $1 - \alpha$ cuando H_0 es cierta. Como en el ejemplo del cereal $\alpha = 0.05$, los valores críticos del estadístico de prueba Z son -1.96 y $+1.96$. La región de rechazo es $Z < -1.96$ o $Z > +1.96$. La región de no rechazo es $-1.96 < Z < +1.96$.

Paso 5: Recopile los datos y calcule el valor del estadístico de prueba. En el ejemplo del cereal, $\bar{X} = 372.5$ y el valor del estadístico de prueba es $Z = +1.50$.

Paso 6: Tome la decisión estadística y establezca la conclusión administrativa. Primero, determine si el estadístico de prueba cae dentro de la región de rechazo o no rechazo. Para el ejemplo del cereal, $Z = +1.50$ está en la región de no rechazo, porque $-1.96 < Z = +1.50 < +1.96$. Puesto que el estadístico de prueba queda en la zona de no rechazo, la decisión estadística pertinente es no rechazar la hipótesis nula H_0. La conclusión administrativa radica en que no existe evidencia suficiente para demostrar que, con un nivel de significancia de 0.05, el llenado medio es distinto de 368 gramos. No se necesita acción correctiva.

EJEMPLO 9.3 RECHAZAR UNA HIPÓTESIS NULA

Usted es gerente de un restaurante de comida rápida. Quiere determinar si el tiempo de espera al pedir una orden se ha modificado durante el último mes con respecto a su valor de media poblacional previo de 4.5 minutos. A partir de la experiencia anterior, supone que la desviación estándar de la población es de 1.2 minutos. Selecciona una muestra de 25 órdenes durante un periodo de una hora. La media muestral es de 5.1 minutos. Utilice el método de seis pasos de la exposición 9.1 de la página 280, para determinar si existe evidencia de que, con un nivel de significancia de 0.05, el tiempo de espera medio para servir una orden se ha modificado durante el último mes con respecto a su valor de media poblacional previo de 4.5 minutos.

SOLUCIÓN

Paso 1: La hipótesis nula dice que la media poblacional no ha cambiado con respecto a su valor previo de 4.5 minutos.

$$H_0: \mu = 4.5$$

La hipótesis alternativa es opuesta a la hipótesis nula. Puesto que la hipótesis nula dice que la media poblacional es de 4.5 minutos, la hipótesis alternativa dice que la media poblacional no es de 4.5 minutos.

$$H_1: \mu \neq 4.5$$

Paso 2: Usted ha seleccionado una muestra de $n = 25$. El nivel de significancia es 0.05 (es decir, $\alpha = 0.05$).

Paso 3: Puesto que conoce σ, usted utiliza la distribución normal y el estadístico de prueba Z.

Paso 4: Como $\alpha = 0.05$, los valores críticos del estadístico de prueba Z son -1.96 y $+1.96$. La región de rechazo es $Z < -1.96$ o $Z > +1.96$. La zona de no rechazo es $-1.96 < Z < +1.96$.

Paso 5: Usted recopila los datos y calcula $\bar{X} = 5.1$. Utilizando la ecuación (9.1) de la página 278, calcule el estadístico de prueba.

$$Z = \frac{\bar{X} - \mu}{\frac{\sigma}{\sqrt{n}}} = \frac{5.1 - 4.5}{\frac{1.2}{\sqrt{25}}} = 2.50$$

Paso 6: Puesto que $Z = 2.50 > 1.96$, usted rechaza la hipótesis nula. Concluye que existe evidencia de que el tiempo de espera al pedir una orden se ha modificado con respecto a su valor de media poblacional previo de 4.5 minutos. El tiempo de espera medio de los clientes ahora es mayor que el mes pasado.

Método del valor-*p* para la prueba de hipótesis

La mayoría de los programas de cómputo moderno, incluyendo Excel, Minitab y SPSS, calculan el valor-*p* al realizar una prueba de hipótesis.

> El **valor-*p*** es la probabilidad de obtener un estadístico de prueba igual o más extremo que el resultado de la muestra, dado que la hipótesis nula H_0 es cierta.

El valor-*p*, que a menudo se denomina *nivel de significancia observado*, es el nivel más pequeño en el que se puede rechazar H_0.

Las reglas de decisión para rechazar H_0 en el método del valor-*p* son:

- Si el valor-*p* es mayor o igual que α, no rechace la hipótesis nula.
- Si el valor-*p* es menor que α, rechace la hipótesis nula.

Mucha gente confunde estas reglas, creyendo equivocadamente que un valor-*p* grande es argumento para el rechazo. Usted evitará esta confusión si memoriza la siguiente regla.

> Si el valor-*p* es bajo, entonces H_0 debe irse.

Para comprender mejor el método del valor-*p*, consideramos de nuevo el escenario de la Oxford Cereal Company. Usted probó si el llenado medio era igual o no a 368 gramos. El estadístico de prueba tuvo como resultado un valor Z de +1.50 y usted no rechazó la hipótesis nula porque +1.50 era menor que el valor crítico superior de +1.96 y mayor que el valor crítico inferior de −1.96.

Para utilizar el método del valor-*p* en la *prueba de dos colas*, encuentre la probabilidad de obtener un estadístico de prueba Z igual o *más extremo que* 1.50 unidades de desviación estándar con respecto al centro de una distribución normal estandarizada. En otras palabras, es necesario calcular la probabilidad de un valor Z mayor que +1.50 junto con la probabilidad de un valor Z menor que −1.50. La tabla E.2 muestra que la probabilidad de un valor Z inferior a −1.50 es de 0.0668. La probabilidad de un valor inferior a +1.50 es 0.9332 y la probabilidad de un valor por arriba de +1.50 es $1 - 0.9332 = 0.0668$. Por lo tanto, el valor-*p* para esta prueba de dos colas es $0.0668 + 0.0668 = 0.1336$ (vea la figura 9.4). De esta forma, la probabilidad de un resultado igual o más extremo que el observado es 0.1336. Como 0.1336 es mayor que $\alpha = 0.05$, no rechace la hipótesis nula.

FIGURA 9.4
Cálculo de un valor-*p* para una prueba de dos colas.

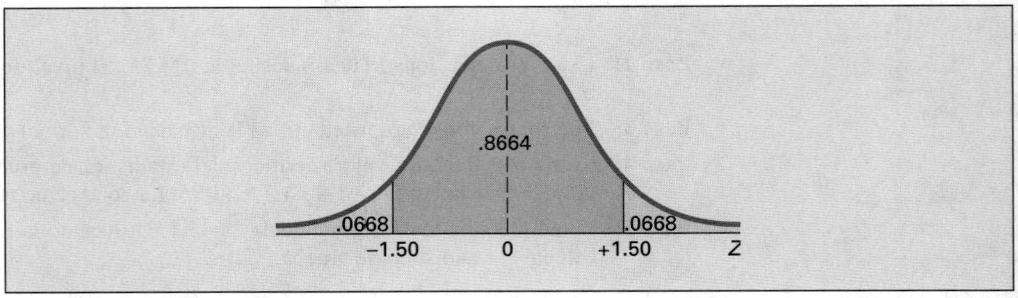

En este ejemplo, la media muestral observada es de 372.5 gramos, 4.5 gramos arriba del valor establecido en la hipótesis y el valor-*p* es 0.1336. De esta forma, si la media poblacional es de 368 gramos, hay un 13.36% de posibilidades de que la media muestral se encuentre a más de 4.5 gramos de 368 (es decir, mayor o igual que 372.5 gramos, o menor o igual que 363.5 gramos). Por lo tanto, aunque 372.5 se encuentra por arriba del valor de 368 hipotetizado, cuando la media poblacional es de 368, no es altamente probable un resultado tan o más extremo que 372.5.

A menos que usted esté manejando un estadístico de prueba que siga una distribución normal, el cálculo del valor-*p* resultará muy complicado. Sin embargo, algunos programas de cómputo como Excel, Minitab o SPSS exponen en forma rutinaria el valor-*p* como parte del resultado de los procedimientos de prueba de hipótesis. La figura 9.5 muestra una hoja de trabajo de Excel correspondiente al ejemplo de llenado de cereal analizado en esta sección.

FIGURA 9.5
Hoja de la prueba Z en Excel para el ejemplo de llenado de cereal.

	A	B	
1	**Cereal-Filling Process Hypothesis Test**		
2			
3	**Data**		
4	**Null Hypothesis** μ=	**368**	
5	**Level of Significance**	**0.05**	
6	**Population Standard Deviation**	**15**	
7	**Sample Size**	**25**	
8	**Sample Mean**	**372.5**	
9			
10	Intermediate Calculations		
11	Standard Error of the Mean	3	**=B6/RAIZ(B7)**
12	**Z Test Statistic**	**1.5**	**=(B8 - B4)/B11**
13			
14	**Two-Tail Test**		
15	**Lower Critical Value**	**-1.9600**	**=DISTR.NORM.ESTAND.INV(1B5/2)**
16	**Upper Critical Value**	**1.9600**	**=DISTR.NORM.ESTAND.INV(1 - B5/2)**
17	***p*-Value**	**0.1336**	**=2 * (1 - DISTR.NORM.ESTAND.(ABS(B12)))**
18	**Do not reject the null hypothesis**		

La exposición 9.2 muestra un resumen del método del valor-p para la prueba de hipótesis.

EXPOSICIÓN 9.2: MÉTODO DE CINCO PASOS PARA LA PRUEBA DE HIPÓTESIS UTILIZANDO EL MÉTODO DEL VALOR-*P*

1. Prepare la hipótesis nula, H_0, y la hipótesis alternativa H_1.
2. Seleccione el nivel de significancia, α, y el tamaño de la muestra, n. El nivel de significancia se especifica de acuerdo con la importancia relativa de los riesgos de cometer errores tipo I y tipo II en el problema.
3. Determine el estadístico de prueba y la distribución muestral apropiados.
4. Recopile los datos, encuentre el valor del estadístico de prueba y calcule el valor-p.
5. Tome la decisión estadística y establezca la conclusión administrativa. Si el valor-p es mayor o igual que α, no rechace la hipótesis nula H_0. Si el valor-p es menor que α, rechace la hipótesis nula. Recuerde la frase: si el valor-p es bajo, entonces H_0 debe irse. La conclusión administrativa se escribe en el contexto del problema real.

EJEMPLO 9.4

RECHAZAR UNA HIPÓTESIS NULA UTILIZANDO EL MÉTODO DEL VALOR-*P*

Usted es gerente de un restaurante de comida rápida. Quiere determinar si el tiempo de espera al pedir una orden se ha modificado durante el último mes con respecto a su valor de media poblacional previo de 4.5 minutos. A partir de la experiencia anterior, supone que la desviación estándar de la población es de 1.2 minutos. Selecciona una muestra de 25 órdenes durante un periodo de una hora. La media muestral es de 5.1 minutos. Utilice el método de cinco pasos de la exposición 9.2 ya mencionada, para determinar si existe evidencia de que el tiempo de espera medio para servir una orden se ha modificado durante el último mes con respecto a su valor medio poblacional previo de 4.5 minutos.

SOLUCIÓN

Paso 1: La hipótesis nula dice que la media poblacional no ha cambiado con respecto a su valor previo de 4.5 minutos.

$$H_0: \mu = 4.5$$

La hipótesis alternativa es opuesta a la hipótesis nula. Puesto que la hipótesis nula dice que la media poblacional es de 4.5 minutos, la hipótesis alternativa dice que la media poblacional no es de 4.5 minutos.

$$H_1: \mu \neq 4.5$$

Paso 2: Usted seleccionó un tamaño de la muestra de $n = 25$ y elige un nivel de significancia de 0.05 (es decir, $\alpha = 0.05$).

Paso 3: Seleccione el estadístico de prueba apropiado. Puesto que conoce σ, usted utiliza la distribución normal y el estadístico de prueba Z.

Paso 4: Recopile los datos y calcule $\overline{X} = 5.1$. Mediante la ecuación (9.1) de la página 278, calcule el estadístico de prueba.

$$Z = \frac{\overline{X} - \mu}{\frac{\sigma}{\sqrt{n}}} = \frac{5.1 - 4.5}{\frac{1.2}{\sqrt{25}}} = 2.50$$

Para encontrar la probabilidad de obtener un estadístico de prueba Z igual o *más extremo que* 2.50 unidades de desviación estándar con respecto al centro de una distribución normal estandarizada, usted calcula la probabilidad de un valor Z mayor que 2.50 junto con la probabilidad de un valor Z menor que -2.50. A partir de la tabla E.2, la probabilidad de un valor Z por debajo de -2.50 es 0.0062. La probabilidad de un valor por debajo de $+2.50$ es 0.9938. Por lo tanto, la probabilidad de un valor por encima de $+2.50$ es $1 - 0.9938 = 0.0062$. Así, el valor-p para esta prueba de dos colas es $0.0062 + 0.0062 = 0.0124$.

Paso 5: Puesto que el valor-$p = 0.0124 < \alpha = 0.05$, usted rechaza la hipótesis nula. Concluye que existe evidencia de que el tiempo de espera al pedir una orden se ha modificado con respecto a su valor de media poblacional previo de 4.5 minutos. El tiempo de espera medio de los clientes ahora es mayor que el mes pasado.

Conexión entre la estimación del intervalo de confianza y la prueba de hipótesis

En este capítulo y en el anterior se analizan los dos componentes principales de la inferencia estadística: la estimación del intervalo de confianza y la prueba de hipótesis. Aunque ambas se basan en el mismo conjunto de conceptos, se utilizan con distintos propósitos. En el capítulo 8 se utilizaron intervalos de confianza para estimar parámetros. En este capítulo, la prueba de hipótesis se utiliza para tomar decisiones respecto a valores específicos de los parámetros poblacionales. Las prueba de hipótesis se utilizan al tratar de comprobar que un parámetro es menor que, mayor que, o diferente que un valor especificado. Sin embargo, la interpretación adecuada de un intervalo de confianza también indica si un parámetro es menor que, mayor que, o diferente que un valor especificado.

Por ejemplo, en esta sección usted probó si la media poblacional era diferente a 368 gramos, mediante el uso de la ecuación (9.1) de la página 278:

$$Z = \frac{\bar{X} - \mu}{\frac{\sigma}{\sqrt{n}}}$$

En lugar de probar la hipótesis nula de que $\mu = 368$ gramos, llegará a la misma conclusión si conforma un intervalo de confianza estimado de μ. Si el valor establecido en la hipótesis de $\mu = 368$ queda dentro del intervalo, no rechace la hipótesis nula porque 368 no se considera un valor inusitado. Por otra parte, si el valor hipotetizado no queda dentro del intervalo, rechace la hipótesis nula porque “368 gramos” entonces se considera un valor inusual. Al emplear la ecuación (8.1) de la página 241 y los datos siguientes:

$$n = 25, \bar{X} = 372.5 \text{ gramos}, \sigma = 15 \text{ gramos}$$

Para un nivel de confianza del 95% (correspondiente a un nivel de significancia de 0.05 —es decir, $\alpha = 0.05$),

$$\bar{X} \pm Z\frac{\sigma}{\sqrt{n}}$$

$$372.5 \pm (1.96)\frac{15}{\sqrt{25}}$$

$$372.5 \pm 5.88$$

de manera que

$$366.62 \leq \mu \leq 378.38$$

Puesto que el intervalo incluye al valor de 368 gramos establecidos en la hipótesis, no rechace la hipótesis nula. No existe evidencia suficiente de que la media de la cantidad de llenado durante todo el proceso no sea de 368 gramos. Usted obtuvo la misma decisión mediante el uso de la prueba de hipótesis.

PROBLEMAS PARA LA SECCIÓN 9.2

Aprendizaje básico

ASISTENCIA de PH Grade **9.20** Si usted utiliza un nivel de significancia de 0.05 en una prueba de hipótesis (de dos colas), ¿qué decidiría si el valor del estadístico de prueba Z calculado fuera +2.21?

ASISTENCIA de PH Grade **9.21** Si usted utiliza un nivel de significancia de 0.10 en una prueba de hipótesis (de dos colas), ¿cuál sería su regla decisión para rechazar una hipótesis nula donde la media poblacional es 500 si utiliza la prueba Z?

ASISTENCIA de PH Grade **9.22** Si usted utiliza un nivel de significancia de 0.10 en una prueba de hipótesis (de dos colas), ¿cuál es su regla de decisión para rechazar una H_0: $\mu = 12.5$, si utiliza la prueba Z?

ASISTENCIA de PH Grade **9.23** ¿Cuál sería su decisión al problema 9.22, si el valor del estadístico de prueba Z calculado es –2.61?

ASISTENCIA de PH Grade **9.24** Suponga que en una prueba de hipótesis de dos colas calcula que el valor del estadístico de prueba Z es +2.00. ¿Cuál es el valor-p?

ASISTENCIA de PH Grade **9.25** En el problema 9.24, ¿cuál sería su decisión estadística si prueba la hipótesis nula con un nivel de significancia de 0.10?

ASISTENCIA de PH Grade **9.26** Suponga que en una prueba de hipótesis de dos colas calcula que el valor del estadístico de prueba Z es –1.38. ¿Cuál es el valor-p?

ASISTENCIA de PH Grade **9.27** En el problema 9.26, ¿cuál sería su decisión estadística si prueba la hipótesis nula con un nivel de significancia de 0.01?

Aplicación de conceptos

AUTO Examen **9.28** El gerente de producción de una fábrica de telas necesita determinar si una máquina recién adquirida está produciendo cierto tipo específico de tela de acuerdo con las especificaciones de la empresa, las cuales señalan que debe tener una resistencia a la ruptura de 70 libras y una desviación estándar de 3.5 libras. Una muestra de 49 pedazos de tela revela una resistencia muestral media a la ruptura de 69.1 libras.

a. ¿Existe evidencia de que la máquina no está cumpliendo con las especificaciones del fabricante en cuanto a la resistencia media a la ruptura? (Utilice un nivel de significancia de 0.05.)
b. Calcule el valor-p e interprete su significado.
c. ¿Cuál sería su respuesta al inciso *a*), si la desviación estándar es de 1.75 libras?
d. ¿Cuál sería su respuesta al inciso *a*), si la media muestral es de 69 libras y la desviación estándar es de 3.5 libras?

ASISTENCIA de PH Grade **9.29** El gerente de una tienda de pinturas quiere determinar si la cantidad de pintura que contienen los envases de un galón adquiridos a un reconocido fabricante es realmente de un galón. Usted sabe que las especificaciones del fabricante establecen que la desviación estándar de la cantidad de pintura es de 0.02 galones. Selecciona una muestra aleatoria de 50 envases, y la cantidad media de pintura por envase de 1 galón resulta de 0.995 galones.

a. ¿Existe evidencia de que la cantidad media es diferente de 1.0 galones (utilice $\alpha = 0.01$)?
b. Calcule el valor-p e interprete su significado.
c. Construya un intervalo de confianza estimado del 99% para la cantidad media poblacional de pintura.
d. Compare los resultados de *a*) y *c*). ¿A qué conclusiones llega?

9.30 El gerente de control de calidad de una fábrica de focos debe determinar si la vida media de un gran lote de focos es igual al valor especificado de 375 horas. La desviación estándar de la población es 100 horas. Una muestra compuesta por 64 focos indica una vida media muestral de 350 horas.

a. Con un nivel de significancia de 0.05, ¿existe evidencia de que la vida media es distinta de 375 horas?
b. Calcule el valor-p e interprete su significado.
c. Elabore un intervalo de confianza estimado del 95% de la vida media poblacional de los focos.
d. Compare los resultados de *a*) y *c*). ¿A qué conclusiones llega?

9.31 La división de inspectores del Departamento de Pesos y Medidas del condado de Lee está interesada en determinar si en las botellas de 2 litros procesadas en la planta embotelladora local, perteneciente a una reconocida y gran empresa, se ha colocado la cantidad apropiada de bebida gaseosa. La embotelladora informó a la división de inspectores que la desviación estándar de las botellas de 2 litros es de 0.05. Una muestra aleatoria conformada por 100 botellas de dos litros, tomada de la planta enbotelladora, señala una media muestral de 1.99 litros.

a. Con un nivel de significancia de 0.05, ¿existe evidencia de que la cantidad media en las botellas es distinta de 2 litros?
b. Calcule el valor-p e interprete su significado.
c. Elabore un intervalo de confianza estimado del 95% de la cantidad media poblacional en las botellas.
d. Compare los resultados de los incisos *a*) y *c*). ¿A qué conclusiones llega?

9.32 Un fabricante de aderezos para ensalada utiliza máquinas para suministrar ingredientes líquidos a las botellas que pasan por la línea de llenado. La máquina que suministra los aderezos está funcionando de manera apropiada cuando la cantidad media abastecida es de 8 onzas. La desviación estándar poblacional de la cantidad abastecida es de 0.15 onzas. Periódicamente se selecciona una muestra de 50 botellas y, si se encuentran evidencias de que la cantidad media suministrada es distinta de 8 onzas, se detiene la línea de llenado. Suponga que la cantidad media abastecida a una muestra en particular de 50 botellas es 7.983 onzas.

a. ¿Existe evidencia de que la cantidad media poblacional es diferente de 8 onzas? (Utilice un nivel de significancia de 0.05.)
b. Calcule el valor-p e interprete su significado.

c. ¿Cuál sería su respuesta al inciso *a*), si la desviación estándar fuera de 0.05 onzas?

d. ¿Cuál sería su respuesta al inciso *a*), si la media muestral fuera de 7.952 onzas y la desviación estándar de 0.15 onzas?

9.33 Los cajeros automáticos deben contar con efectivo suficiente para satisfacer los retiros de los clientes durante todo el fin de semana. Pero si se deja en ellos demasiado efectivo innecesariamente, el banco se priva de la oportunidad de invertir ese dinero y ganar intereses. Suponga que en una sucursal específica la cantidad media poblacional de dinero retirado del cajero automático por transacción durante el fin de semana es de 160 dólares, con una desviación estándar poblacional de 30 dólares.

a. Si una muestra aleatoria de 36 transacciones indica que la media muestral de la cantidad retirada es de 172 dólares, ¿existen evidencias para creer que la media poblacional de la cantidad retirada no es mayor que 160 dólares? (Utilice un nivel de significancia de 0.05.)

b. Calcule el valor-*p* e interprete su significado.

c. ¿Cuál sería su respuesta al inciso *b*) si utiliza un nivel de significancia de 0.01?

d. ¿Cuál sería su respuesta al inciso *b*) si la desviación estándar es de 24 dólares (utilice $\alpha = 0.05$)?

9.3 PRUEBAS DE UNA COLA

Hasta ahora, la metodología de prueba de hipótesis se ha utilizado para examinar la interrogante sobre si la cantidad media poblacional de cereal envasado es o no de 368 gramos. La hipótesis alternativa (H_1: $\mu \neq 368$) abarca dos posibilidades: que la media sea menor que 368 gramos, o que la media sea mayor que 368 gramos. Por ello, la región de rechazo se divide en las dos colas de la distribución muestral de la media.

Sin embargo, en muchos casos la hipótesis alternativa se orienta en una *dirección en particular*. En la siguiente situación se presenta uno de estos casos. Una empresa que fabrica queso procesado está interesada en determinar si algunos de sus proveedores de leche le están añadiendo agua para aumentar la cantidad suministrada a la operación de procesamiento. Usted sabe que el exceso de agua reduce el punto de congelación de la leche. El punto de congelación de la leche natural tiene una distribución normal, con una media de –0.545° Celsius (C). La desviación estándar de la temperatura de congelación de leche natural se sabe de 0.008 °C. Puesto que la empresa productora de queso sólo está interesada en determinar si el punto de congelación de la leche es menor que el que cabría esperar de la leche natural, toda la región de rechazo se localiza en la cola inferior de la distribución.

Método del valor crítico

Supongamos que quiere determinar si el punto medio de congelación de la leche es menor que –0.545°. Para realizar esta prueba de hipótesis de una cola, utiliza el método de seis pasos de la exposición 9.1 de la página 280.

Paso 1: H_0: $\mu \geq -0.545°$
H_1: $\mu < -0.545°$

La hipótesis alternativa contiene la afirmación que usted está tratando de comprobar. Si rechaza la hipótesis nula, existe una demostración estadística de que el punto medio de congelamiento es menor que el punto de congelación natural de –0.545°. Si la conclusión de la prueba es "no rechace H_0", entonces no existe evidencia suficiente para comprobar que el punto medio de congelación está por debajo del punto de congelación natural de –0.545°.

Paso 2: Usted seleccionó un tamaño de la muestra de $n = 25$. Decide utilizar $\alpha = 0.05$.

Paso 3: Puesto que conoce σ, usted utiliza la distribución normal y el estadístico de prueba Z.

Paso 4: La región de rechazo se encuentra totalmente comprendida dentro de la cola inferior de la distribución muestral de la media, ya que usted quiere rechazar H_0 sólo cuando la media muestral sea notablemente inferior a –0.545°. Cuando toda la región de rechazo se encuentra dentro de una cola de la distribución muestral del estadístico de prueba, la prueba se denomina **prueba de una cola** o **prueba direccional**. Cuando la hipótesis alternativa incluye el signo *menor que*, el valor crítico de Z debe ser menor que 0. Como indican la tabla 9.2 y la figura 9.6, el valor crítico del estadístico de prueba Z es –1.645, la media de –1.64

y −1.65, puesto que toda la región de rechazo está en la cola inferior de la distribución normal estandarizada y contiene un área de 0.05.

La regla de decisión es:

$$\text{Rechace } H_0 \text{ si } Z < -1.645;$$
$$\text{de otra manera, no rechace } H_0.$$

TABLA 9.2
Cálculo del valor crítico del estadístico de prueba Z a partir de la distribución normal estandarizada, para una prueba de una cola con $\alpha = 0.05$.

Z	.00	.01	.02	.03	.04	.05	.06	.07	.08	.09
°	°	°	°	°	°	°	°	°	°	°
−1.8	.0359	.0351	.0344	.0336	.0329	.0322	.0314	.0307	.0301	.0294
−1.7	.0446	.0436	.0427	.0418	.0409	.0401	.0392	.0384	.0375	.0367
−1.6	.0548	.0537	.0526	.0516	.0505	.0495	.0485	.0475	.0465	.0455

Fuente: Sintetizado de la tabla E.2.

FIGURA 9.6
Prueba de hipótesis de una cola para una media (σ conocida) con un nivel de significancia de 0.05.

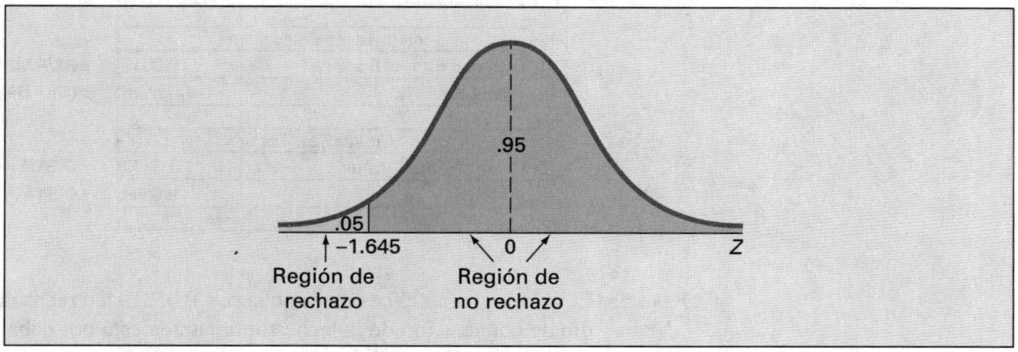

Paso 5: Usted selecciona una muestra de 25 envases de leche y calcula que el punto medio de congelación muestral es de −0.550°. Utilizando $n = 25$, $\bar{X} = -0.550°$, $\sigma = 0.008°$, y la ecuación (9.1) de la página 278,

$$Z = \frac{\bar{X} - \mu}{\frac{\sigma}{\sqrt{n}}} = \frac{-0.550 - (-0.545)}{\frac{0.008}{\sqrt{25}}} = -3.125$$

Paso 6: Puesto que $Z = -3.125 < -1.645$, usted rechaza la hipótesis nula (vea la figura 9.6) y concluye que el punto medio de congelación de la leche suministrada está por debajo de −0.545°. La empresa debe emprender una investigación del proveedor de leche, porque el punto medio de congelación se encuentra muy por debajo de lo que cabría esperar como posibilidad.

Método del valor-*p*

Utilice los cinco pasos numerados en la exposición 9.2 de la página 283 para ilustrar el ejemplo anterior utilizando el método del valor-*p*.

Paso 1-3: Estos pasos se realizan exactamente igual que en el método del valor crítico.

Paso 4: $Z = -3.125$ (vea el paso 5 del método del valor crítico). Puesto que la hipótesis alternativa señala una región de rechazo totalmente dentro de la cola *inferior* de la distribución muestral del estadístico de prueba Z, para calcular el valor-*p* usted necesita encontrar la probabilidad de que el valor Z se encuentre *por debajo* del estadístico de prueba de −3.125. A partir de la tabla E.2, la probabilidad de que el valor Z sea inferior a −3.125 es 0.0009 (vea las figuras 9.7 y 9.8).

FIGURA 9.7
Determinación del valor-*p* en una prueba de una cola.

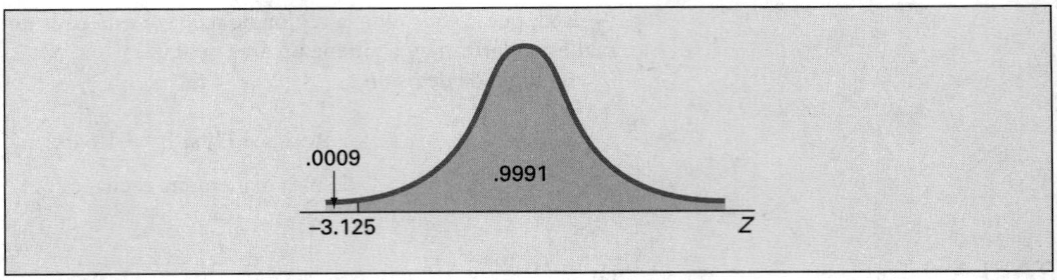

FIGURA 9.8
Resultado de la prueba *Z* en Excel para el ejemplo de la producción de leche.

	A	B	
1	**Milk Production Hypothesis**		
2			
3	**Data**		
4	**Null Hypothesis μ=**	**-0.545**	
5	**Level of Significance**	**0.05**	
6	**Population Standard Deviation**	**0.008**	
7	**Sample Size**	**25**	
8	**Sample Mean**	**-0.55**	
9			
10	Intermediate Calculations		
11	Standard Error of the Mean	0.0016	**=B6/RAIZ(B7)**
12	**Z Test Statistic**	**-3.125**	**=(B8 - B4)/B11**
13			
14	**Lower-Tail Test**		
15	**Lower Critical Value**	**-1.6449**	**=DISTR.NORM.ESTAND.INV(B5)**
16	***p*-Value**	**0.0009**	**=DISTR.NORM.ESTAND.(B12)**
17	**Reject the null hypothesis**		

Paso 5: El valor-*p* de 0.0009 es menor que $\alpha = 0.05$. Usted rechaza H_0. Concluye que el punto medio de congelación de la leche suministrada está por debajo de –0.545°. La empresa debe emprender una investigación del proveedor de leche, porque el punto medio de congelación se encuentra muy por debajo de lo que cabría esperar como posibilidad.

EJEMPLO 9.5

PRUEBA DE UNA COLA PARA LA MEDIA

Una empresa fabricante de chocolate en tablillas está especialmente preocupada porque el peso medio de su barra de chocolate no supere las 6.03 onzas. A partir de una experiencia anterior, usted supone que la desviación estándar es de 0.02 onzas. Selecciona una muestra aleatoria de 50 barras y la media muestral resulta de 6.034 onzas. Utilizando un nivel de significancia de $\alpha = 0.01$, ¿existen evidencias de que el peso medio de la población de barras de chocolate es mayor que 6.03 onzas?

SOLUCIÓN Se utiliza el método del valor crítico:

Paso 1: H_0: $\mu \leq 6.03$
H_1: $\mu > 6.03$

Paso 2: Usted seleccionó un tamaño de la muestra de $n = 50$. Decide utilizar $\alpha = 0.01$.

Paso 3: Puesto que conoce σ, usted utiliza la distribución normal y el estadístico de prueba *Z*.

Paso 4: La región de rechazo se encuentra totalmente comprendida dentro de la cola superior de la distribución muestral de la media, ya que se rechazará H_0 sólo cuando la media muestral sea notablemente superior a 6.03 onzas. Puesto que toda la región de rechazo está en la cola superior de la distribución normal estandarizada y contiene un área de 0.01, el valor crítico del estadístico de prueba *Z* es 2.33.

La regla de decisión es:

$$\text{Rechace } H_0 \text{ si } Z > 2.33;$$

de cualquier otra manera, no rechace H_0.

Paso 5: Seleccionó una muestra de 50 tablillas de chocolate y el peso medio muestral resultó de 6.034 onzas. Utilizando $n = 50$, $\bar{X} = 6.034$, $\sigma = 0.02$, y la ecuación (9.1) de la página 278:

$$Z = \frac{\bar{X} - \mu}{\frac{\sigma}{\sqrt{n}}} = \frac{6.034 - 6.03}{\frac{0.02}{\sqrt{50}}} = 1.414$$

Paso 6: Como $Z = 1.414 < 2.33$, no se rechaza la hipótesis nula.

No existe evidencia suficiente para concluir que el peso medio poblacional está por encima de 6.03 onzas.

Para realizar pruebas de hipótesis de una cola, hay que formular H_0 y H_1 de manera apropiada. A continuación se encuentra un resumen de las hipótesis nula y alternativa para pruebas de una cola.

1. La hipótesis nula H_0 representa al *status quo* o creencia actual en una situación.
2. La hipótesis alternativa H_1 es lo opuesto a la hipótesis nula y representa una afirmación de investigación o inferencia especifica que quisiera demostrar.
3. Si usted rechaza la hipótesis nula, tiene una prueba estadística de que la hipótesis alternativa es correcta.
4. Si usted no rechaza la hipótesis nula, entonces no ha podido demostrar la hipótesis alternativa. Sin embargo, el no poder demostrar la hipótesis alternativa no significa que se haya demostrado la hipótesis nula.
5. La hipótesis nula (H_0) siempre se refiere a un valor específico del *parámetro poblacional* (como μ), no a un *estadístico de muestra* (como $\bar{X}$).
6. El enunciado que describe la hipótesis nula *siempre* contiene un signo de igual en relación con el valor específico del parámetro (por ejemplo, H_0: $\mu \geq -0.545$ °C).
7. El enunciado que describe la hipótesis alternativa *nunca* contiene un signo de igual relacionado con el valor específico del parámetro (por ejemplo, H_1: $\mu < -0.545$ °C).

PROBLEMAS PARA LA SECCIÓN 9.3

Aprendizaje básico

ASISTENCIA de PH Grade **9.34** ¿Cuál es el valor crítico en la *cola superior* del estadístico de prueba *Z*, con un nivel de significancia de 0.01?

ASISTENCIA de PH Grade **9.35** En el problema 9.34, ¿cuál sería su decisión estadística si el valor calculado del estadístico de prueba *Z* fuera +2.39?

ASISTENCIA de PH Grade **9.36** ¿Cuál es el valor crítico en la *cola inferior* del estadístico de prueba *Z*, con un nivel de significancia de 0.01?

ASISTENCIA de PH Grade **9.37** En el problema 9.36, ¿cuál sería su decisión estadística si el valor calculado del estadístico de prueba *Z* fuera −1.15?

ASISTENCIA de PH Grade **9.38** Suponga que en una prueba de hipótesis con una cola en la que se rechaza H_0 sólo en la *cola superior*, se calculó que el valor del estadístico de prueba *Z* es +2.00. ¿Cuál es el valor-*p*?

ASISTENCIA de PH Grade **9.39** En el problema 9.38, ¿cuál es su decisión estadística si probó la hipótesis nula con un nivel de significancia de 0.05?

ASISTENCIA de PH Grade **9.40** Suponga que en una prueba de hipótesis con una cola en la que se rechaza H_0 sólo en la *cola inferior*, se calculó que el valor del estadístico de prueba *Z* es −1.38. ¿Cuál es el valor-*p*?

ASISTENCIA de PH Grade **9.41** En el problema 9.40, ¿cuál es su decisión estadística si probó la hipótesis nula con un nivel de significancia de 0.01?

9.42 En una prueba de hipótesis con una cola en la que se rechaza H_0 sólo en la *cola inferior*, se calculó que el valor del estadístico de prueba *Z* es +1.38, ¿cuál es el valor-*p*?

9.43 En el problema 9.42, ¿cuál sería la decisión estadística si se probó la hipótesis nula con un nivel de significancia de 0.01?

Aplicación de conceptos

ASISTENCIA de PH Grade **9.44** La empresa Glen Valley Steel Company fabrica barras de acero. Si el proceso de producción funciona de forma adecuada, las barras de acero que se fabrican tienen una longitud media de *por lo menos* 2.8 pies, con una desviación estándar de 0.20 (como lo determinan las especificaciones de ingeniería del equipo de producción). Las barras de acero más largas se pueden utilizar o modificar, pero las barras más cortas se tienen que desechar. Usted selecciona una muestra de 25 barras y la longitud media resulta de 2.73 pies. ¿Es necesario ajustar el equipo de producción?

a. Si quiere probar la hipótesis nula con un nivel de significancia de 0.05, ¿qué decisión tomaría utilizando el método del valor crítico para probar la hipótesis?

b. Si quiere probar la hipótesis nula con un nivel de significancia de 0.05, ¿qué decisión tomaría utilizando el método del valor-*p* para probar la hipótesis?

c. Interprete el significado del valor-*p* en este problema.

d. Compare sus conclusiones de los incisos *a*) y *b*).

9.45 Usted es gerente de un restaurante que entrega pizzas a los dormitorios de una universidad. Acaba de modificar su proceso de entrega con la finalidad de reducir el tiempo medio transcurrido entre el pedido y la entrega, que actualmente es de 25 minutos. A partir de su experiencia anterior, supone que la desviación estándar de la población es de 6 minutos. Una muestra de 36 órdenes en las que utilizó un nuevo proceso de entrega genera una media muestral de 22.4 minutos.

a. Utilizando los seis pasos del método del valor crítico, con un nivel de significancia de 0.05, ¿existe evidencia de que se ha reducido el tiempo de entrega medio, por debajo del valor previo de la media poblacional de 25 minutos?

b. Utilice los cinco pasos del método del valor-*p*, con un nivel de significancia de 0.05.

c. Interprete el significado del valor-*p* en el inciso *b*).

d. Compare sus conclusiones de los incisos *a*) y *b*).

9.46 En Estados Unidos, los niños son responsables por ventas que ascienden a 36 mil millones de dólares al año. Cuando se considera su influencia directa en la elección de productos, desde estéreos hasta vacaciones, el gasto económico total en el que influyen los niños en Estados Unidos es de 290 mil millones de dólares. Se estima que a los 10 años, un niño realiza un promedio de más de cinco salidas a la tienda por semana (M. E. Goldberg, G. J. Gorn, L. A. Peracchio y G. Bamossy, "Understanding Materialism Among Youth", *Journal of Consumer Psychology*, 2003, 13(3):278-288). Suponga que quiere demostrar que los niños de su ciudad promedian más de cinco salidas a la tienda por semana. Sea μ la media poblacional del número de veces que los niños de su ciudad salen a la tienda.

a. Determine las hipótesis nula y alternativa.

b. Explique el significado de los errores tipo I y tipo II en el contexto del escenario anterior.

c. Suponga que realiza un estudio en la ciudad donde vive. Con base en estudios previos, usted supone que la desviación estándar del número de salidas a la tienda es de 1.6. Toma una muestra de 100 niños y descubre que el número medio de salidas a la tienda es de 5.47. Con un nivel de significancia de 0.01, ¿existen evidencias de que el número medio poblacional de salidas a la tienda es mayor que cinco por semana?

d. Interprete el significado del valor-*p* en el inciso *c*).

9.47 Las políticas de una sucursal bancaria específica establecen que sus cajeros automáticos deben contener efectivo suficiente para satisfacer a los clientes que hacen retiros durante todo el fin de semana. La aceptación del cliente depende de que tales servicios satisfagan sus necesidades. En esta sucursal, la cantidad media poblacional de dinero retirado del cajero automático por transacción durante el fin de semana es de 160 dólares, con una desviación estándar poblacional de 30 dólares. Suponga que en una muestra de 36 transacciones, se descubre que la cantidad media muestral de dinero retirado es de 172 dólares.

a. Utilizando el método del valor crítico para probar la hipótesis, con un nivel de significancia de 0.05, ¿existen evidencias para creer que la cantidad media poblacional retirada es mayor que 160 dólares?

b. Utilizando el método del valor-*p* para probar la hipótesis, con un nivel de significancia de 0.05, ¿existen evidencias para creer que la cantidad media poblacional retirada es mayor que 160 dólares?

c. Interprete el significado del valor-*p* en este problema.

d. Compare sus conclusiones para los incisos *a*) y *b*).

9.4 PRUEBA *t* DE HIPÓTESIS PARA LA MEDIA (σ DESCONOCIDA)

En la mayoría de las situaciones de prueba de hipótesis que implican datos numéricos, no se conoce la desviación estándar poblacional σ. En su lugar, se utiliza la desviación estándar muestral *S*. Si se supone que la población tiene una distribución normal, la distribución muestral de la media seguirá una distribución *t* con $n - 1$ grados de libertad. Si la población no tiene una distribución normal, todavía es válido utilizar la prueba *t* si el tamaño de la muestra es lo bastante grande como para que tenga efecto el teorema de límite central (vea la sección 7.2). La ecuación (9.2) define al estadístico prueba *t* para determinar la diferencia que existe entre la media muestral $\bar{X}$ y la media poblacional μ cuando se utiliza la desviación estándar muestral *S*.

PRUEBA *t* DE HIPÓTESIS PARA LA MEDIA (σ DESCONOCIDA)

$$t = \frac{\bar{X} - \mu}{\frac{S}{\sqrt{n}}} \qquad (9.2)$$

donde el estadístico de prueba *t* sigue una distribución *t* que tiene $n - 1$ grados de libertad.

Para ejemplificar el uso de esta prueba t, volvamos al escenario "Uso de la estadística" referente a la empresa de remodelaciones Saxon de la página 238. Durante los últimos cinco años, el monto medio por factura es de 120 dólares. Como contador de la empresa, si esta cantidad cambia, usted debe informar al departamento de finanzas. En otras palabras, se utiliza la prueba de hipótesis para tratar de demostrar que el monto medio por factura está aumentando o disminuyendo.

Método del valor crítico

Para realizar esta prueba de hipótesis de dos colas, se utiliza el método de seis pasos que se encuentra en la exposición (9.1) de la página 280.

Paso 1: H_0: $\mu = \$120$
H_1: $\mu \neq \$120$

La hipótesis alternativa contiene la afirmación que se trata de comprobar. Si se rechaza la hipótesis nula, se tendrán evidencias estadísticas de que la cantidad media por factura no supera 120 dólares. Si la conclusión estadística es "no rechazar H_0", entonces se concluirá que existen evidencias suficientes para demostrar que la cantidad media es distinta de la media a largo plazo de 120 dólares.

Paso 2: Usted seleccionó un tamaño de la muestra de $n = 12$. Decide utilizar $\alpha = 0.05$.

Paso 3: Puesto que no conoce σ, para este ejemplo utiliza la distribución t y el estadístico de prueba t. Debe suponerse que la población de facturas tiene una distribución normal. Esta suposición se analiza en la página 293.

Paso 4: Para una muestra de tamaño n dada, el estadístico de prueba t sigue una distribución t con $n - 1$ grados de libertad. En la tabla E.3 se encuentran los valores críticos de la distribución t con $12 - 1 = 11$ grados de libertad, como se ilustra en la figura 9.9 y en la tabla 9.3. Puesto que la hipótesis alternativa H_1 de que $\mu \neq 120$ dólares es *no direccional*, el área en la región de rechazo de la cola izquierda (inferior) de la distribución t es 0.025, y el área en la región de rechazo de la cola derecha (superior) de la distribución t es 0.025.

A partir de la tabla t como se presenta en la tabla E.3, que se muestra parcialmente en la tabla 9.3, los valores críticos son ±2.2010. La regla de decisión es:

$$\text{Rechazar } H_0 \text{ si } t < -t_{11} = -2.2010$$

$$\text{o si } t > t_{11} = +2.201,$$

de cualquier otra manera, no rechazar H_0.

FIGURA 9.9

Prueba de una hipótesis con respecto a la media (σ desconocida), con un nivel de significancia de 0.05 y con 11 grados de libertad.

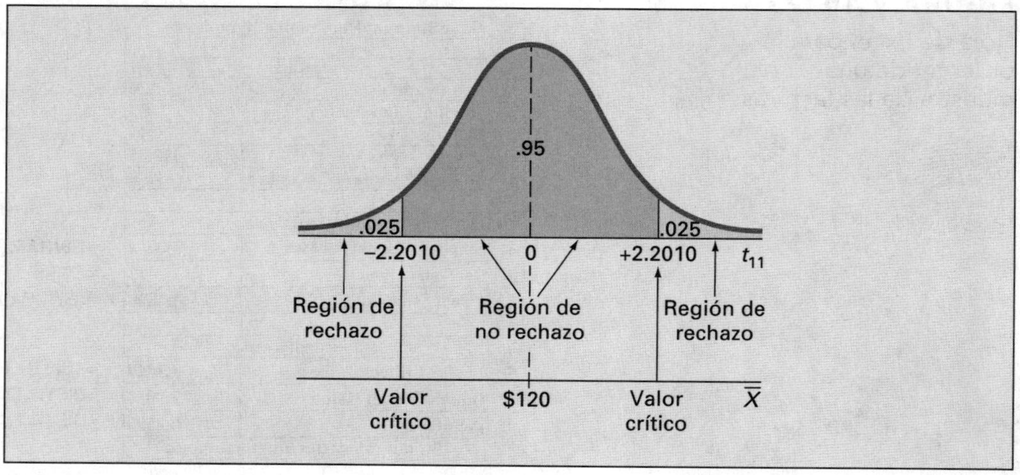

TABLA 9.3
Determinación del valor crítico para un área de 0.025 en cada cola, con 11 grados de libertad, a partir de la tabla *t*.

	Áreas de cola superior					
Grados de libertad	**.25**	**.10**	**.05**	**.025**	**.01**	**.005**
1	1.0000	3.0777	6.3138	12.7062	31.8207	63.6574
2	0.8165	1.8856	2.9200	4.3027	6.9646	9.9248
3	0.7649	1.6377	2.3534	3.1824	4.5407	5.8409
4	0.7407	1.5332	2.1318	2.7764	3.7469	4.6041
5	0.7267	1.4759	2.0150	2.5706	3.3649	4.0322
6	0.7176	1.4398	1.9432	2.4469	3.1427	3.7074
7	0.7111	1.4149	1.8946	2.3646	2.9980	3.4995
8	0.7064	1.3968	1.8595	2.3060	2.8965	3.3554
9	0.7027	1.3830	1.8331	2.2622	2.8214	3.2498
10	0.6998	1.3722	1.8125	2.2281	2.7638	3.1693
11	0.6974	1.3634	1.7959	2.2010	2.7181	3.1058

Fuente: Sintetizado de la tabla E.3.

Paso 5: Los siguientes datos, **INVOICES**, son las cantidades (en dólares) en una muestra de 12 facturas.

108.98	152.22	111.45	110.59	127.46	107.26
93.32	91.97	111.56	75.71	128.58	135.11

Al utilizar las ecuaciones (3.1) y (3.10) de las páginas 73 y 82, o el resultado de Excel de la figura 9.10 o el de Minitab de la figura 9.11:

$$\bar{X} = \frac{\sum_{i=1}^{n} X_i}{n} = \$112.85 \quad \text{y} \quad S = \sqrt{\frac{\sum_{i=1}^{n}(X_i - \bar{X})^2}{n-1}} = \$20.80$$

A partir de la ecuación (9.2) de la página 290,

$$t = \frac{\bar{X} - \mu}{\frac{S}{\sqrt{n}}} = \frac{112.85 - 120}{\frac{20.80}{\sqrt{12}}} = -1.19$$

FIGURA 9.10
Hoja de Excel para la prueba *t* de una muestra de las facturas.

	A	B	
1	**Mean Amount Per Invoice Hypothesis**		
2			
3	**Data**		
4	**Null Hypothesis** μ=	120	
5	**Level of Significance**	0.05	
6	**Sample Size**	12	
7	**Sample Mean**	112.85	
8	**Sample Standard Deviation**	20.8	
9			
10	Intermediate Calculations		
11	Standard Error of the Mean	6.0044	=B8/RAIZ(B6)
12	Degrees of Freedom	11	=B6 - 1
13	***t* Test Statistic**	-1.1908	=(B7 - B4)/B11
14			
15	**Two-Tail Test**		
16	**Lower Critical Value**	-2.2010	=-(DISTR.T.INV.(B5, B12))
17	**Upper Critical Value**	2.2010	=DISTR.T.INV.(B5, B12)
18	***p*-Value**	0.2588	=DISTR.T(ABS(B13), B12, 2)
19	**Do not reject the null hypothesis**		

FIGURA 9.11
Resultado de Minitab para la prueba *t* de una muestra de las facturas.

```
Test of mu = 120 vs not = 120

Variable   N     Mean    StDev  SE Mean          95% CI            T      P
Amount    12  112.851   20.798    6.004  (99.636, 126.065)   -1.19  0.259
```

Paso 6: Puesto que $-2.201 < t = -1.19 < 2.201$, no se rechaza la hipótesis nula H_0. No existen evidencias suficientes para concluir que la cantidad media por factura no supera 120 dólares. Debe informarse al departamento de finanzas que la auditoría sugiere que el monto medio por factura no ha cambiado.

Método del valor-*p*

Paso 1-3: Estos pasos se realizan exactamente igual que en el método del valor crítico.

Paso 4: $t = -1.19$ (vea el paso 5 del método del valor crítico).

Paso 5: La hoja de Excel de la figura 9.10 y el resultado de Minitab de la figura 9.11 expresan que el valor-*p* para esta prueba de dos colas es 0.259. Puesto que un valor-*p* de 0.259 es mayor que $\alpha = 0.05$, no se rechaza H_0. Los datos no aportan evidencias suficientes para concluir que el monto medio por factura es distinto de 120 dólares. Debe informarse al departamento de finanzas que la auditoría sugiere que la cantidad media por factura no ha cambiado. El valor-*p* indica que si la hipótesis nula fuera cierta, la probabilidad de que una muestra de 12 facturas pudiera tener una media mensual que variara por 7.15 dólares o más de los 120 dólares establecidos es de 0.259. En otras palabras, si el monto medio por factura es realmente de 120 dólares, entonces hay un 25.9% de posibilidades de observar una media muestral inferior a 112.85 dólares o superior a 127.15 dólares.

En el ejemplo anterior, resulta incorrecto decir que hay un 25.9% de posibilidades de que la hipótesis nula sea cierta. En ocasiones, quienes no están instruidos de manera adecuada en estadística utilizan esta mala interpretación del valor-*p*. Recuerde que el valor-*p* es una probabilidad condicional, que se calcula *suponiendo* que la hipótesis nula es cierta. En general, es apropiado asentar lo siguiente. Si la hipótesis nula es cierta, entonces hay una posibilidad de (valor-*p*)*100% de observar un resultado muestral por lo menos tan opuesto a la hipótesis nula como el resultado observado.

Revisión de suposiciones

La prueba *t* de una muestra se utiliza cuando no se conoce la desviación estándar σ, y se estima empleando la desviación estándar muestral[1] *S*. La prueba *t* se considera un procedimiento *paramétrico clásico*, que hace varias suposiciones rigurosas que se deben sostener para garantizar que sus resultados sean válidos.

Para utilizar la prueba *t* de una muestra, se supone que los datos representan una muestra aleatoria procedente de una población con distribución normal. En la práctica, mientras el tamaño de la muestra no sea muy pequeño y la población no sea muy asimétrica, la distribución *t* brinda una buena aproximación de la distribución muestral de la media, cuando σ no se conoce.

Existen varias formas de evaluar la suposición de normalidad necesaria para utilizar la prueba *t*. Se puede observar qué tanto concuerdan los estadísticos muestrales con las propiedades teóricas de la distribución normal. También se podría usar un histograma, una gráfica de tallo y hoja, una gráfica de caja y bigote o una gráfica de probabilidad normal. Vea más detalles sobre la evaluación de la normalidad en la sección 6.3, página 194.

[1] Cuando se cuenta con un tamaño de muestra grande, S estima σ con precisión suficiente para que exista poca diferencia entre las distribuciones t y Z. Por lo tanto, cuando el tamaño de la muestra es mayor que 120, de utiliza una prueba Z en lugar de una prueba t.

La figura 9.12 muestra el resultado de Excel para los datos de estadística descriptiva. La figura 9.13 muestra una gráfica de caja y bigote de Minitab. La figura 9.14 muestra una gráfica de probabilidad normal de Minitab.

FIGURA 9.12
Estadística descriptiva para los datos de las facturas de venta.

	A	B
1	*Invoice Amount*	
2		
3	Mean	112.8508333
4	Standard Error	6.003863082
5	Median	111.02
6	Mode	#N/A
7	Standard Deviation	20.7979918
8	Sample Variance	432.5564629
9	Kurtosis	0.172707598
10	Skewness	0.13363802
11	Range	76.51
12	Minimum	75.71
13	Maximum	152.22
14	Sum	1354.21
15	Count	12
16	Largest(1)	152.22
17	Smallest(1)	75.71

FIGURA 9.13
Gráfica de caja y bigote de Minitab para los datos de las facturas de venta.

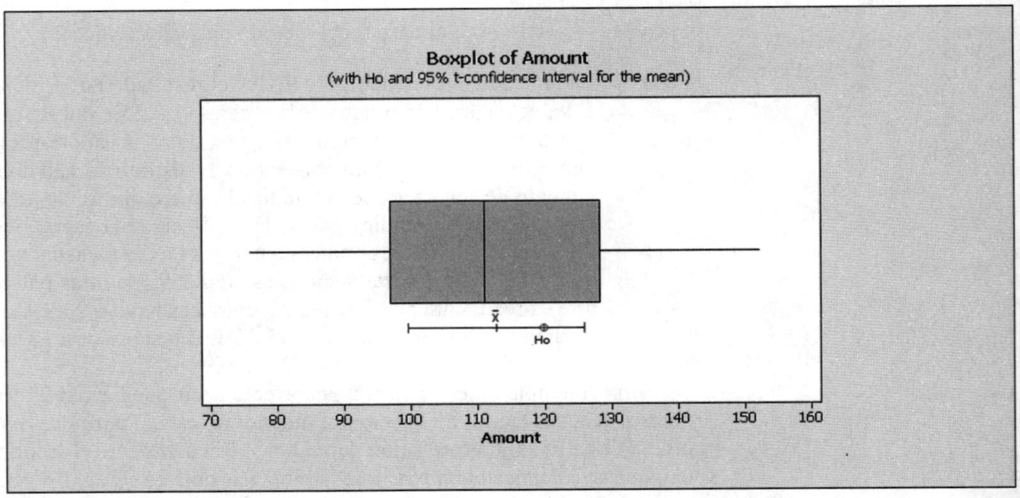

FIGURA 9.14
Gráfica de probabilidad normal de Minitab para los datos de las facturas de venta.

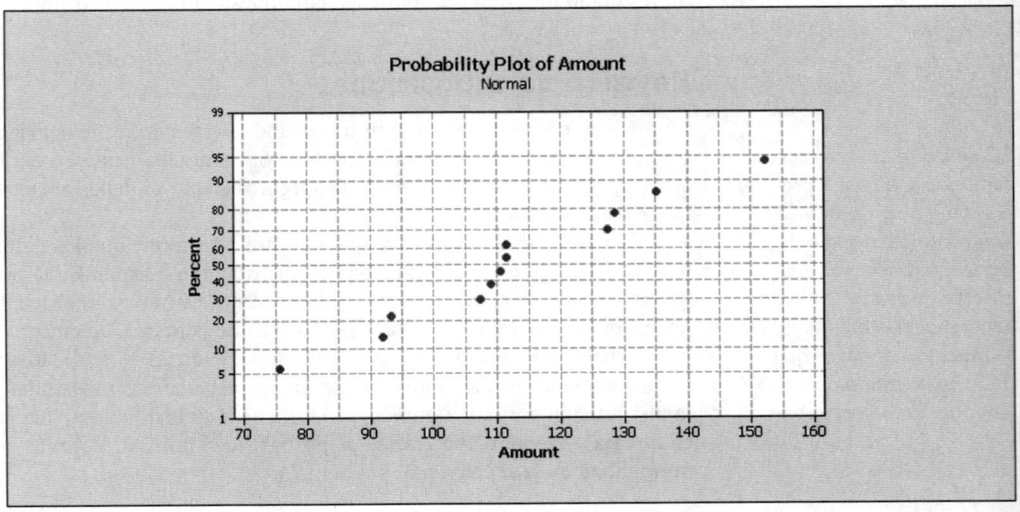

Puesto que la media es muy cercana a la mediana, los puntos sobre la gráfica de probabilidad normal parecen aumentar siguiendo una línea aproximadamente recta, y la gráfica de caja y bigote parece aproximadamente simétrica. Se puede suponer que la población de facturas tiene una distribución normal. Entonces, la suposición de normalidad es válida y también lo son los resultados del auditor.

La prueba t es una prueba **robusta**. No pierde fuerza si la forma de la población se desvía un poco de una distribución normal, en especial cuando el tamaño de la muestra es lo bastante grande como para permitir que el estadístico de prueba t reciba la influencia del teorema de límite central (vea la sección 7.2). Sin embargo, es probable que se obtengan conclusiones erróneas y que se pierda potencia estadística si la prueba t se utiliza de manera incorrecta. Si el tamaño de la muestra n es pequeño (es decir, menor que 30) y no se hace con facilidad la suposición de que la población subyacente tiene una distribución por lo menos aproximadamente normal, son más apropiados otros procedimientos de prueba *no paramétricos* (vea las referencias 1 y 2).

PROBLEMAS PARA LA SECCIÓN 9.4

Aprendizaje básico

ASISTENCIA de PH Grade **9.48** Si en una muestra de $n = 16$ seleccionada a partir de una población normal, $\bar{X} = 56$ y $S = 12$, ¿cuál es el valor del estadístico de prueba t si usted está probando la hipótesis nula, H_0: $\mu = 50$?

9.49 En el problema 9.48, ¿cuántos grados de libertad hay en la prueba t de una muestra?

9.50 En los problemas 9.48 y 9.49, ¿cuáles son los valores críticos de la tabla t si el nivel de significancia $\alpha = 0.05$ y la hipótesis alternativa H_1 es:

a. $\mu \neq 50$?
b. $\mu > 50$?

9.51 En los problemas 9.48, 9.49 y 9.50, ¿cuál es su decisión estadística si la hipótesis alternativa H_1 es:

a. $\mu \neq 50$?
b. $\mu > 50$?

9.52 Si en una muestra de $n = 16$ seleccionada a partir de una población sesgada a la izquierda, $\bar{X} = 65$ y $S = 21$, ¿utilizaría la prueba t para probar la hipótesis nula, H_0: $\mu = 60$? Discútalo.

9.53 Si en una muestra de $n = 160$ seleccionada a partir de una población sesgada a la izquierda, $\bar{X} = 65$ y $S = 21$, ¿utilizaría la prueba t para probar la hipótesis nula, H_0: $\mu = 60$? Discútalo.

Aplicación de conceptos

Puede resolver los problemas 9.54 a 9.58 manualmente o con Excel, Minitab o SPSS. Le recomendamos resolver los problemas 9.59 a 9.65 con Excel, Minitab o SPSS.

AUTO Examen **9.54** El director de admisión de una gran universidad advierte a los padres de los alumnos de primer ingreso sobre el costo de los libros durante un semestre típico. Seleccionó una muestra de 100 alumnos y registró sus gastos en libros durante el semestre. Luego calculó un costo medio muestral de 315.40 dólares y una desviación estándar de 43.2 dólares.

a. Utilizando un nivel de significancia de 0.10, ¿existe evidencia de que la media poblacional esté por arriba de 300 dólares?
b. ¿Cuál sería su respuesta al inciso *a*), si la desviación estándar fuera de 75 dólares y el nivel de significancia de 0.05?
c. ¿Cuál sería su respuesta al inciso *a*), si la media muestral fuera 305.11 dólares y la desviación estándar muestral de 43.20 dólares?

9.55 En un artículo (Nanci Hellmich, "'Supermarket Guru' Has a Simple Mantra", *USA Today*, 19 de junio, 2002, 70) se afirmó que la media de una visita típica al supermercado es de 22 minutos. Suponiendo que pretende probar dicha afirmación, usted selecciona una muestra de 50 compradores en el supermercado local. El tiempo de compras medio para la muestra de 50 compradores fue de 25.36 minutos, con una desviación estándar de 7.24 minutos. Utilizando un nivel de significancia de 0.10, ¿existen evidencias de que el tiempo de compras medio en el supermercado local es distinto al valor de 22 minutos que se afirma?

9.56 Usted es gerente de un restaurante de comida rápida. Durante el mes pasado, el tiempo medio de espera en la ventanilla de servicio en el automóvil, medido a partir del momento en que el cliente realizó su pedido hasta que lo recibió, fue de 3.7 minutos. El dueño de la franquicia le ayuda a establecer un nuevo proceso que pretende reducir el tiempo de espera. Usted selecciona una muestra aleatoria de 64 pedidos. La media muestral del tiempo de espera es de 3.57 minutos, con una desviación estándar muestral de 0.8 minutos. Utilizando un nivel de significancia de 0.05, ¿existen evidencias de que la media poblacional del tiempo de espera es ahora menor que 3.7 minutos?

9.57 Un fabricante de dulces de chocolate utiliza máquinas para empacar los dulces conforme pasan por una línea de llenado. A pesar de que los paquetes están etiquetados con un contenido de 8 onzas, la empresa quiere que tengan 8.17 onzas, de tal manera que virtualmente ninguno de los paquetes tenga menos de 8 onzas. De forma periódica se selecciona una muestra de 50 paquetes y, si se encuentran evidencias de que la cantidad media suministrada es distinta de 8.17 onzas, se detiene el proceso de empacado. Suponga que la cantidad media abastecida en una muestra en particular de 50 paquetes es de 8.159 onzas, con una desviación estándar muestral de 0.051.

a. ¿Existe evidencia de que la cantidad media poblacional es diferente de 8.17 onzas? (Utilice un nivel de significancia de 0.05.)

b. Calcule el valor-*p* e interprete su significado.

9.58 Un fabricante de baterías para flash fotográfico tomó una muestra de 13 baterías, **BATTERIES**, de la producción diaria y las utilizó de manera continua hasta agotarlas. La vida en horas de las baterías hasta agotarse fue:

342 426 317 545 264 451 1,049
631 512 266 492 562 298

a. Con un nivel de significancia de 0.05, ¿existe evidencia de que la vida media de las baterías es mayor que 400 horas?

b. Determine el valor-*p* en el inciso a) e interprete su significado.

c. Utilizando la información anterior, ¿qué advertencia haría usted si el fabricante quisiera decir en sus anuncios que las baterías "duran más de 400 horas"?

d. Suponga que el primer valor fuese 1,342 en lugar de 342, y repita los incisos *a*) a *c*), utilizando este valor. Comente sobre la diferencia en los resultados.

9.59 En el estado de Nueva York, las cajas de ahorro tienen permitido vender cierta clase de seguro de vida, llamado Savings Bank Life Insurance (SBLI, Seguro de Vida de Caja de Ahorro). El proceso de aprobación consiste en una etapa de suscripción, la cual incluye una revisión de la solicitud, una visita a la oficina de información médica, posibles peticiones de información médica adicional y realización de exámenes médicos, así como la etapa de consolidación, durante la cual se generan las páginas de la póliza y se envían al banco para su entrega. La capacidad para entregar a los clientes oportunamente las pólizas aprobadas resulta vital para que este servicio sea rentable para el banco. En el transcurso de un mes, se seleccionó una muestra aleatoria de 27 pólizas aprobadas **INSURANCE** y se registró el siguiente tiempo de procesamiento total, en días:

73	19	16	64	28	28	31	90	60	56	31	56	22	18
45	48	17	17	17	91	92	63	50	51	69	16	17	

a. En el pasado, el tiempo de procesamiento promedio fue de 45 días. Con un nivel de significancia de 0.05, ¿existe evidencia de que el tiempo de procesamiento medio ha variado de 45 días?

b. ¿Qué suposición sobre la distribución de la población es necesario hacer en el inciso *a*)?

c. ¿Cree que la suposición mencionada en el inciso *b*) se infringe seriamente? Explique por qué.

9.60 Los siguientes datos representan la cantidad de bebida gaseosa envasada en una muestra de 50 botellas de 2 litros, de manera consecutiva. **DRINK** Los resultados se listan en forma horizontal en el orden de llenado:

2.109	2.086	2.066	2.075	2.065	2.057	2.052	2.044	2.036	2.038
2.031	2.029	2.025	2.029	2.023	2.020	2.015	2.014	2.013	2.014
2.012	2.012	2.012	2.010	2.005	2.003	1.999	1.996	1.997	1.992
1.994	1.986	1.984	1.981	1.973	1.975	1.971	1.969	1.966	1.967
1.963	1.957	1.951	1.951	1.947	1.941	1.941	1.938	1.908	1.894

a. Con un nivel de significancia de 0.05, ¿existe evidencia de que la cantidad media de bebida gaseosa vertida en las botellas es distinta de 2.0 litros?

b. Determine el valor-*p* en el inciso *a*) e interprete su significado.

c. Evalúe de manera gráfica la suposición que hizo en el inciso *a*). ¿Son válidos los resultados de *a*)? ¿Por qué?

d. Examine los valores de 50 botellas en su orden secuencial como se muestran en el planteamiento. ¿Existe algún patrón para los resultados? De ser así, ¿qué impacto podría tener ese patrón sobre la validez de los resultados del inciso *a*)?

9.61 Una de las principales medidas de la calidad del servicio que brinda cualquier organización es la velocidad con la que responde a las quejas del cliente. Una gran tienda departamental propiedad de una familia, que vende muebles y pisos, incluyendo alfombras, emprendió una importante expansión durante los últimos años. En particular, el departamento de pisos se amplió de 2 equipos de instalación a un supervisor de instalación, un medidor y 15 equipos de instalación. El año pasado hubo 50 quejas relacionadas con la instalación de alfombras. Los siguientes datos representan el número de días transcurridos desde que se recibió la queja y su solución. **FURNITURE**

54	5	35	137	31	27	152	2	123	81	74	27
11	19	126	110	110	29	61	35	94	31	26	5
12	4	165	32	29	28	29	26	25	1	14	13
13	10	5	27	4	52	30	22	36	26	20	23
33	68										

a. El supervisor de instalación asegura que el número medio de días transcurridos entre la recepción de la queja y su solución es de 20 días o menos. Con un nivel de significancia de 0.05, ¿existen evidencias de que tal afirmación no sea cierta (es decir, que el número medio de días sea mayor que 20)?

b. ¿Qué suposición sobre la distribución de la población debe hacerse en el inciso *a*)?

c. ¿Cree que la suposición mencionada en el inciso *b*) se infringe seriamente? Explique su respuesta.

d. ¿Qué impacto podría tener su conclusión del inciso *c*) sobre la validez de los resultados del inciso *a*)?

9.62 En un artículo publicado en *Quality Engineering*, se examina la viscosidad (resistencia al flujo) de un producto químico que se produce en lotes. Los datos correspondientes a 120 lotes se encuentran en el archivo **CHEMICAL**.

Fuente: Holmes y Mergen, "Parabolic Control Limits for the Exponentially Weighted Moving Average Control Charts", Quality Engineering, 1992, 4(4): 487-495.

a. En el pasado, la viscosidad media fue de 15.5. Con un nivel de significancia de 0.10, ¿existe evidencia de que la viscosidad media ha cambiado de 15.5?
b. ¿Qué suposición sobre la distribución de la población debe hacerse en el inciso *a*)?
c. ¿Cree que la suposición mencionada en el inciso *b*) se infringe seriamente? Explique su respuesta.

9.63 Una función de un molino de acero consiste en cortar piezas de acero, formando piezas que se utilizan en el marco de los asientos delanteros de un automóvil. El acero se corta con una sierra de diamante y se requiere que las piezas resultantes tengan una longitud de ±0.005 pulgadas con respecto a la especificada por la empresa automotriz. Los datos incluidos en el archivo STEEL corresponden a una muestra de 100 piezas de acero. La medición reportada es la diferencia, en pulgadas, que existe entre la longitud real de la pieza de acero, medida por medio de un dispositivo de rayo láser, y la longitud especificada para la pieza. Por ejemplo, un valor de –0.002 corresponde a una pieza de acero que es 0.002 más corta que la longitud especificada.
a. Con un nivel de significancia de 0.05, ¿existen evidencias de que la diferencia media no es igual a 0.0 pulgadas?
b. Determine el valor-*p* en el inciso *a*) e interprete su significado.
c. ¿Qué suposición sobre las diferencias que existen entre la longitud real de la pieza de acero y la especificada debe hacerse en el inciso *a*)?
d. Evalúe de manera gráfica la suposición mencionada en el inciso *c*). ¿Son válidos los resultados de *a*)? ¿Por qué?

9.64 En el problema 3.55 de la página 112, se explica la operación de llenado de bolsas de té. Una importante característica de la calidad que resulta de interés en el proceso de llenado de bolsitas de té es el peso que contienen. Los datos del archivo TEABAGS son un arreglo ordenado del peso, en gramos, de una muestra compuesta por 50 bolsas de té producidas durante un turno de ocho horas.
a. ¿Existe evidencia de que la cantidad media de té por bolsa es diferente de 5.5 gramos (utilice $\alpha = 0.01$)?
b. Construya un intervalo de confianza estimado del 99% de la cantidad media poblacional de té por bolsa. Interprete este intervalo.
c. Compare las conclusiones obtenidas en los incisos *a*) y *b*).

9.65 La siguiente tabla contiene una muestra aleatoria de 30 fondos de inversión, tomada de los fondos de inversión mencionados en el *The Wall Street Journal* del 15 de junio de 2004. CHANGE2004 La palabra "Cambio" representa el cambio (en dólares) en el valor del fondo al 14 de junio de 2004.

Fondos de inversión	Cambio
ABN AMRO Growth I	–0.22
Aim Funds HYld	0.00
Amer Advant Int Plan	–0.42
Artisan Funds SmCap	–0.24
Calif Trust S&P500	–0.23
Cohen and Steers Inst Rel	–0.55
Columbia Balance Z	–0.15
Delaware Large Cap Value A	–0.17
Dimension EmgMkt	–0.38
Dodge&Cox Stock	–1.50
Dreyfus It Inc	–0.09
Dreyfus OHMA	–0.02
Eaton Balanced	–0.06
Emerald Gr A	–0.18
Evergreen GLLeadA	–0.26
Federated Cap App	–0.20
Federated Intl Eq	–0.43
Fidelity Banking	–0.58
FirstAmerican LgCapValue	–0.17
Janus Balanced	–0.16
Kinetics Internet	–0.21
Merrill Lynch Equity Inc	–0.12
Nicholas Group Nich	–0.46
Northern Balanced A	–0.09
One Group DivMidCap	–0.24
Prudential Bear	0.03
Putnam Income	–0.02
South Trust Value	–0.14
Third Avenue Real Est	–0.26
Van Kampen Entc	–0.10

Fuente: The Wall Street Journal, *15 de junio, 2004.*

a. ¿Existe evidencia de que la media poblacional del valor del fondo cambia el 14 de junio de 2004? Utilice un nivel de significancia de 0.05.
b. ¿Qué suposiciones hace para realizar la prueba en el inciso *a*)?
c. Determine el valor-*p* e interprete su significado.

9.5 PRUEBA *Z* DE HIPÓTESIS PARA LA PROPORCIÓN

En algunos casos, se requiere probar una hipótesis acerca de la proporción de una población π de valores ubicados dentro de una categoría específica, en vez de probar la media poblacional. Para empezar, se selecciona una muestra aleatoria y se calcula la **proporción de la muestra,** $p = X/n$. Luego se compara el valor de este estadístico con el valor del parámetro π establecido en la hipótesis, con el fin de decidir si se rechaza la hipótesis nula.

Si tanto el número de éxitos (X) como el de fracasos ($n - X$) son de por lo menos cinco cada uno, la distribución muestral de una proporción tiene una distribución muestral estandarizada aproximadamente normal. Para efectuar la prueba de hipótesis de la diferencia que existe entre la proporción muestral p y la proporción poblacional establecida en la hipótesis π, se utiliza la **prueba *Z* para la proporción** que muestra la ecuación (9.3).

PRUEBA Z DE UNA MUESTRA, PARA LA PROPORCIÓN

$$Z = \frac{p - \pi}{\sqrt{\frac{\pi(1-\pi)}{n}}} \quad \textbf{(9.3)}$$

donde

$$p = \frac{X}{n} = \frac{\text{número de éxitos en la muestra}}{\text{tamaño de la muestra}}$$

= proporción de éxitos en la muestra

π = proporción hipotetizada de éxitos en la población

El estadístico de prueba Z mantiene una distribución normal estandarizada.

De manera alterna, al multiplicar numerador y denominador por n, se puede escribir el estadístico Z en términos del número de éxitos X, como muestra la ecuación (9.4).

PRUEBA Z PARA LA PROPORCIÓN, EN TÉRMINOS DEL NÚMERO DE ÉXITOS

$$Z = \frac{X - n\pi}{\sqrt{n\pi(1-\pi)}} \quad \textbf{(9.4)}$$

Utilicemos el siguiente estudio, publicado en *The Wall Street Journal*, para ilustrar la prueba Z de una muestra para una proporción. En ese estudio se planteó la pregunta: "¿Existe igual número de negocios caseros propiedad de hombres y mujeres?" El estudio de 899 negocios caseros reportó que 369 eran propiedad de mujeres (Eleena De Lisser y Dan Morse, "More Men Work at Home than Women, Study Shows", *The Wall Street Journal*, 18 de mayo, 1999, B2).

Para este estudio, las hipótesis nula y alternativa se enunciaron de la siguiente manera:

H_0: $\pi = 0.50$ (es decir, la proporción de negocios caseros propiedad de mujeres es 0.50).

H_1: $\pi \neq 0.50$ (es decir, la proporción de negocios caseros propiedad de mujeres no es 0.50).

Método del valor crítico

Puesto que se pretende conocer si la proporción de negocios caseros propiedad de mujeres es o no 0.50 (y la proporción de los que son propiedad de hombres es 0.50), utilice una prueba de dos colas. Si se selecciona un nivel de significancia de $\alpha = 0.05$, las regiones de rechazo y no rechazo quedan como muestra la figura 9.15, y la regla de decisión es:

Rechazar H_0 si $Z < -1.96$ o si $Z > +1.96$;

de lo contrario, no rechazar H_0.

FIGURA 9.15

Prueba de hipótesis de dos colas para la proporción, con un nivel de significancia de 0.05.

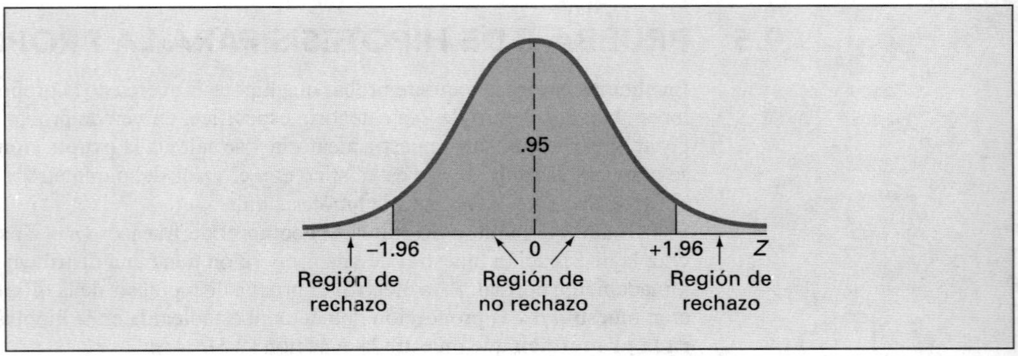

Como 369 de los 899 negocios caseros son propiedad de mujeres,

$$p = \frac{369}{899} = 0.41046$$

Utilizando la ecuación (9.3),

$$Z \cong \frac{p - \pi}{\sqrt{\dfrac{\pi(1-\pi)}{n}}} = \frac{0.41046 - 0.50}{\sqrt{\dfrac{0.50(1-0.50)}{899}}} = \frac{-0.08954}{0.0167} = -5.37$$

o, utilizando la ecuación (9.4),

$$Z \cong \frac{X - n\pi}{\sqrt{n\pi(1-\pi)}} = \frac{369 - (899)(0.50)}{\sqrt{899(0.50)(0.50)}} = \frac{-80.5}{14.99} = -5.37$$

Como $-5.37 < -1.96$, se rechaza H_0. Se puede concluir que la proporción de negocios caseros propiedad de mujeres no es 0.50. La figura 9.16 muestra una hoja de trabajo de Excel para estos datos.

FIGURA 9.16
Hoja de trabajo de Excel para el estudio sobre propietarios de negocios caseros.

	A	B	
1	**Ownership Proportion Hypothesis**		
2			
3	**Data**		
4	**Null Hypothesis** *p*=	**0.5**	
5	**Level of Significance**	**0.05**	
6	**Number of Successes**	**369**	
7	**Sample Size**	**899**	
8			
9	Intermediate Calculations		
10	Sample Proportion	0.4105	**=B6/B7**
11	Standard Error	0.0167	**=RAIZ(B4 * (1 - B4)/B7)**
12	**Z Test Statistic**	-5.3697	**=(B10 - B4)/B11**
13			
14	**Two-Tail Test**		
15	**Lower Critical Value**	**-1.9600**	**=DISTR. NORM. ESTAND. INV. (B5/2)**
16	**Upper Critical value**	**1.9600**	**=DISTR. NORM. ESTAND. INV. (1-B5/2)**
17	***p*-Value**	**0.0000**	**=2*(1-DISTR. NORM. ESTAND.(ABS(B12)))**
18	**Reject the null hypothesis**		

Método del valor-*p*

Como método alternativo para tomar una decisión acerca de la prueba de hipótesis, se calcula el valor-*p*. Para esta prueba de dos colas, en la que la zona de rechazo se localiza en la cola inferior y la cola superior, es necesario encontrar el área por debajo de un valor Z de -5.37 y por encima de un valor Z de $+5.37$. Las figuras 9.16 y 9.17 reportan un valor-*p* de 0.0000. Como este valor es menor que el nivel de significancia seleccionado ($\alpha = 0.05$), se rechaza la hipótesis nula. Este valor-*p* tan pequeño indica que prácticamente no hay posibilidad de que la proporción muestral alcance un valor tan pequeño como 0.41046 si la proporción poblacional es 0.50.

FIGURA 9.17
Resultado de Minitab para el estudio sobre propietarios de negocios caseros.

```
Test of p = 0.5 vs p not = 0.5

Sample    X    N  Sample p          95% CI           Z-Value  P-Value
1       369  899  0.410456  (0.378300, 0.442612)      -5.37    0.000
```

EJEMPLO 9.6 PRUEBA DE HIPÓTESIS PARA UNA PROPORCIÓN

Una cadena de comida rápida acaba de desarrollar un novedoso proceso para asegurarse de que los pedidos de servicio en el automóvil se entreguen de manera correcta. Con el proceso anterior, los pedidos se entregaban correctamente el 88% de las veces. Se seleccionó una muestra de 100 pedidos despachados utilizando el nuevo proceso, de los cuales 92 se entregaron en forma correcta. Utilizando nivel de significancia de 0.01, ¿se puede concluir que el nuevo proceso ha aumentado la proporción de pedidos entregados correctamente?

SOLUCIÓN Las hipótesis nula y alternativa son:

H_0: $\pi \leq 0.88$ (es decir, la proporción de pedidos entregados correctamente es menor o igual que 0.88)

H_1: $\pi > 0.88$ (es decir, la proporción de pedidos entregados correctamente es mayor que 0.88)

Se utiliza la ecuación (9.3) de la página 298,

$$p = \frac{X}{n} = \frac{92}{100} = 0.92$$

$$Z = \frac{p - \pi}{\sqrt{\frac{\pi(1-\pi)}{n}}} = \frac{0.92 - 0.88}{\sqrt{\frac{0.88(1-0.88)}{100}}} = \frac{0.04}{0.0325} = 1.23$$

El valor-p para $Z > 1.23$ es 0.1093.

Utilizando el método del valor crítico, H_0 se rechaza si $Z > 2.33$. Utilizando el método del valor-p, H_0 se rechaza si el valor-$p < 0.01$. Como $Z = 1.23 < 2.33$ o el valor-$p = 0.1093 > 0.01$, no se rechaza H_0. Se concluye que no hay evidencia suficiente de que el nuevo proceso haya aumentado la proporción de pedidos correctos por encima de 0.88.

PROBLEMAS PARA LA SECCIÓN 9.5

Aprendizaje básico

ASISTENCIA de PH Grade **9.66** Si en una muestra aleatoria de 400 artículos, 88 están defectuosos, ¿cuál es la proporción muestral de artículos defectuosos?

ASISTENCIA de PH Grade **9.67** En el problema 9.66, si la hipótesis nula establece que un 20% de los artículos están defectuosos, ¿cuál es el valor del estadístico de prueba Z?

ASISTENCIA de PH Grade **9.68** Suponga que en los problemas 9.66 y 9.67 usted está probando la hipótesis H_0: $\pi = 0.20$ contra la hipótesis alternativa de dos colas H_1: $\pi \neq 0.20$ y selecciona un nivel de significancia $\alpha = 0.05$. ¿Cuál es su decisión estadística?

Aplicación de conceptos

ASISTENCIA de PH Grade AUTO Examen **9.69** Un artículo publicado por *The Wall Street Journal* dice que más de la mitad de todos los estadounidenses preferirían recibir 100 dólares que un día libre en el trabajo. Esta afirmación se basa en una encuesta realizada por American Express Incentive Services, en la que 593 de 1,040 participantes dijeron preferir los 100 dólares (Carlos Tejada, "Work Week", *The Wall Street Journal*, 25 de julio, 2000, A1).

a. Con un nivel de significancia de 0.05, ¿existe evidencia basada en los datos de la encuesta de que más de la mitad de todos los estadounidenses preferirían recibir 100 dólares que un día libre?

b. Calcule el valor-p e interprete su significado.

9.70 Como resultado de la debilidad de la economía, se estima que durante 2003 sólo un 43% de los patrones estadounidenses contrató nuevos empleados. Pero hacia finales del año, la economía mostró signos de fortalecimiento. Según la encuesta realizada por la Society for Human Resource Management, 181 de 362 profesionales del manejo de recursos humanos planeaban contratar nuevos empleados en 2004 (Hane J. Kim, "Finally, 2004 May Be the Time to Seek a Raise", *The Wall Street Journal*, 8 de enero, 2004, D4). Efectúe una prueba de hipótesis que trate de demostrar que la proporción de patrones que planearon contratar empleados nuevos en 2004 es mayor que la proporción de 0.43 correspondiente a 2003. Utilice el método de prueba de seis pasos y un nivel de significancia de 0.05.

9.71 Un artículo publicado en el *Wall Street Journal* indica que los prejuicios con base en la edad se están convirtiendo en un problema cada vez mayor en el mundo corporativo (Carol Hymowitz, "Top Executives Chase Youthful Appearance, But Miss Real Issue", *The Wall Street Journal*, 17 de febrero, 2004, Bl). En 2001, un estimado de 78% de los ejecutivos pensaban que los prejuicios con base en la edad eran un problema grave. En un estudio realizado en 2004 por ExecuNet, el 82% de los ejecutivos entrevistados consideraron los prejuicios con base en la edad como un problema grave. No se reveló el tamaño de la muestra utilizada en el estudio de 2004. Suponga que se entrevistó a 50 ejecutivos.

a. Utilice el método de prueba de hipótesis de seis pasos, con un nivel de significancia de 0.05, para sondear y demostrar que la proporción de ejecutivos que creen que los prejuicios con base en la edad son un problema serio es mayor que el valor de 0.78 obtenido en 2001.

b. Utilice los cinco pasos del método del valor-*p*. Interprete el significado del valor-*p*.

c. Suponga ahora que el tamaño de la muestra fue de 1,000 y responda de nuevo a los incisos *a*) y *b*).

d. Analice el efecto que tiene el tamaño de la muestra en el resultado de este análisis y, en general, la influencia del tamaño de la muestra en la prueba de hipótesis.

9.72 En una encuesta realizada por el *Wall Street Journal* se preguntó a los participantes si creían en las calificaciones de eficiencia energética de automóviles y electrodomésticos; 552 respondieron que *sí*, y 531 respondieron que *no* ("What's News Online", *The Wall Street Journal*, 30 de marzo, 2004, D7).

a. Utilice el método de prueba de hipótesis de seis pasos, con un nivel de significancia de 0.05, para explorar y demostrar que el porcentaje de personas que confían en las calificaciones de eficiencia energética es distinto de 50%.

b. Utilice el método de cinco pasos del valor-*p*. Interprete el significado del valor-*p*.

9.73 Uno de los principales desafíos que enfrentan los comercializadores por Internet es su capacidad para convertir a los visitantes en compradores (M. Totty, "Making the Sale", *The Wall Street Journal*, 24 de septiembre, 2001, R6). Esto se mide mediante la tasa de conversión, el porcentaje de visitantes que compran algo al visitar el sitio. Este artículo informó que la tasa de conversión de llbean.com fue del 10.1% y la de victoriasecret.com fue del 8.2%. Suponga que ambos sitios se rediseñaron con la finalidad de aumentar sus tasas de conversión. Se seleccionaron muestras de 200 visitantes en cada uno de los sitios rediseñados. Suponga que 24 visitantes de llbean.com y 25 de victoriasecret.com hicieron una compra.

a. Con un nivel de significancia de 0.05, ¿existe evidencia de un aumento en la tasa de conversión de llbean.com?

b. Con un nivel de significancia de 0.05, ¿existe evidencia de un aumento en la tasa de conversión de victoriasecret.com?

9.74 Más que nunca antes, las mujeres profesionistas están renunciando a la maternidad, ante las limitantes de tiempo que implica su desarrollo profesional. Aún así, muchas mujeres todavía encuentran la manera de ascender en la escala corporativa *y* dedicar tiempo para tener hijos. Una encuesta realizada a 187 asistentes al encuentro *Las mujeres más poderosas en los negocios*, organizado por la revista *Fortune* en marzo de 2002, reveló que 133 tenían por lo menos un hijo (Carol Hymowitz, "Women Plotting Mix of Work and Family Won't Find Perfect Plan", *The Wall Street Journal*, 11 de junio, 2002, Bl). Suponga que el grupo de 187 mujeres es una muestra de una población compuesta por todas las mujeres ejecutivas exitosas.

a. ¿Cuál es la proporción muestral de mujeres ejecutivas exitosas que tienen hijos?

b. Con un nivel de significancia de 0.05, ¿es posible afirmar que más de la mitad de todas las mujeres ejecutivas exitosas tienen hijos?

c. Con un nivel de significancia de 0.05, ¿es posible afirmar que más de dos terceras partes de todas las mujeres ejecutivas exitosas tienen hijos?

d. ¿Cree que la suposición de muestra aleatoria es válida? Explique su respuesta.

9.6 POSIBLES OBSTÁCULOS EN LAS PRUEBAS DE HIPÓTESIS Y CONSIDERACIONES ÉTICAS

Hasta aquí se han estudiado los conceptos fundamentales de las pruebas de hipótesis. Se utilizó la prueba de hipótesis para analizar las diferencias que existen entre estimaciones muestrales (es decir, estadísticos) y características poblacionales hipotéticas (es decir, parámetros), con el fin de tomar decisiones sobre las características subyacentes. El lector también aprendió a evaluar el riesgo implícito al tomar tales decisiones.

Mientras planea la realización de una prueba de hipótesis con base en una encuesta, investigación o experimento, debe plantear varias interrogantes que tienen por objeto garantizar el uso de la metodología apropiada. Durante la etapa de planeación, es necesario plantear y responder preguntas como las siguientes.

1. ¿Cuál es el objetivo de la encuesta, estudio o experimento? ¿Cómo puede traducir ese objetivo en una hipótesis nula y una alternativa?
2. ¿La prueba de hipótesis es una prueba de dos colas o una prueba de una cola?

3. ¿Puede seleccionar una muestra aleatoria a partir de toda la población de interés subyacente?
4. ¿Qué clases de datos recopilará de la muestra? ¿Las variables son numéricas o categóricas?
5. ¿Con qué nivel de significancia, o riesgo de cometer un error tipo I o tipo II, debe realizar la prueba de hipótesis?
6. ¿El tamaño de la muestra pretendido es lo suficientemente grande para alcanzar la potencia de la prueba correspondiente al nivel de significancia elegido?
7. ¿Cuál procedimiento de prueba estadística debe utilizar y por qué?
8. ¿Qué conclusiones e interpretaciones se obtendrán a partir de los resultados de la prueba de hipótesis?

Por lo anterior, es conveniente consultar a una persona con entrenamiento estadístico sustancial desde que inicia el proceso. Con mucha frecuencia, se consulta a esas personas de forma muy tardía en el proceso, después de recopilados los datos. Por lo general, todo lo que puede hacerse en una etapa tan avanzada es seleccionar el procedimiento de prueba estadístico que resulta mejor para los datos. El investigador se ve forzado a suponer que ciertos sesgos incorporados al estudio (causados por la mala planeación) son insignificantes. Pero ésta es una suposición enorme. La buena investigación implica una buena planeación. Para evitar los sesgos, desde el principio deben incluirse los controles adecuados.

Es necesario distinguir entre la metodología de investigación defectuosa y el comportamiento falto de ética. Las consideraciones éticas se presentan al manipular el proceso de prueba de hipótesis. Algunos de los problemas éticos que podrían surgir se relacionan con el método de recopilación de datos, el consentimiento informado de los sujetos sometidos a estudio, el tipo de prueba (una cola o dos colas), la elección del nivel de significancia α, hurgar en los datos, la limpieza y eliminación de datos, y el reporte de los hallazgos.

Método de recopilación de datos: aleatorización Para eliminar la posibilidad de sesgos potenciales en los resultados, es necesario utilizar los métodos de recopilación de datos apropiados. Para obtener conclusiones significativas, los datos deben ser el resultado de una muestra aleatoria procedente de una población o un experimento en donde se utilizó el proceso de **aleatorización**. No debe permitirse que los participantes potenciales se autoseleccionen para un estudio, ni seleccionarlos a propósito. Además de los posibles problemas éticos que pudieran surgir, la falta de aleatorización provoca graves errores de cobertura o sesgos de selección que aniquilan la integridad del estudio.

Consentimiento informado de los participantes humanos en "tratamiento" Las consideraciones éticas exigen que todo individuo que en algún experimento va a ser sometido a algún "tratamiento" debe ser advertido del proyecto de investigación y de todos los efectos conductuales o físicos colaterales. El sujeto también debe proporcionar su consentimiento informado con respecto a su participación.

Tipo de prueba: dos colas o una cola Si se dispone de información previa que le conduzca a probar la hipótesis nula contra una alternativa específicamente dirigida, entonces una prueba de una cola es más potente que una de dos colas. Sin embargo, si sólo está interesado en las *diferencias* con respecto a la hipótesis nula, y no en la *dirección* de la diferencia, el procedimiento apropiado es la prueba de dos colas. Por ejemplo, si investigaciones y pruebas estadísticas realizadas previamente establecieron la diferencia en una dirección particular, o si una teoría científica establecida asienta que es posible que sólo se presenten resultados en una dirección, entonces es apropiada la prueba de una cola. Nunca es adecuado modificar la dirección de una prueba después de recopilados los datos.

Selección del nivel de significancia α En un estudio bien diseñado, el nivel de significancia α se selecciona antes de emprender la recopilación de los datos. No se debe alterar el nivel de significancia después del hecho para obtener un resultado específico. También es una buena costumbre reportar siempre el valor-*p*, y no sólo las conclusiones de la prueba de hipótesis.

Hurgar en los datos Nunca es permisible **hurgar en los datos**. No es ético realizar una prueba de hipótesis sobre un conjunto de datos, observar los resultados, y seleccionar después el nivel de significancia, o decidir entre una prueba de una o dos colas. Usted debe tomar esas decisiones antes de recabar los datos, con la finalidad de que sus conclusiones tengan sentido. En situaciones donde se consulta a un experto en estadística ya avanzado el proceso, con los datos ya en mano, resulta imperativo establecer las hipótesis nula y alternativa y seleccionar el nivel de significancia antes de efectuar la prueba de hipótesis. Además, no es válido modificar o eliminar de forma arbitraria los valores extremos o inusuales con el fin de alterar los resultados de las pruebas de hipótesis.

Limpieza y eliminación de datos La limpieza de datos no es igual que hurgar en ellos. En la etapa de preparación de datos, mientras los edita, codifica y transcribe, tendrá la oportunidad de revisarlos en busca de cualquier valor cuya medición parezca extrema o inusual. Tras revisar las observaciones anormales, debe construir una gráfica de tallo y hoja y/o una gráfica de caja y bigote, como preparación para una mayor presentación de datos y un análisis de confirmación. Esta etapa de análisis exploratorio de los datos brinda la oportunidad de limpiar el conjunto de éstos, mediante el marcado de los posibles atípicos, para verificarlos de nuevo contra los originales. Además, el análisis exploratorio de datos permite examinar los datos de manera gráfica con respecto a las suposiciones subyacentes al procedimiento de prueba de hipótesis específico.

El proceso de limpieza de datos genera un conflicto ético. En un estudio, ¿es correcto eliminar algún valor? La respuesta es un sí limitado. Si se puede determinar que una medición está incompleta o muy equivocada por un problema de equipo o por una situación conductual ajena al estudio, es válido eliminar ese valor. A veces no hay opción: tal vez un individuo abandone el estudio en el que participa, antes de que se efectúe la medición final. En un experimento o estudio bien diseñado, hay que decidir de antemano todas las normas relacionadas a la posible eliminación de datos.

Reporte de los hallazgos Al realizar investigación, habrá que documentar los resultados buenos y malos. Resulta inapropiado reportar los resultados de las pruebas de hipótesis que muestran significancia estadística, pero no los que no cuentan con evidencias suficientes dentro de los hallazgos. En caso de que no exista evidencia suficiente para rechazar H_0, debe aclararse que esto no demuestra que la hipótesis nula sea cierta. Lo que señala el resultado es que, con el tamaño de la muestra empleado, no existe información suficiente para *refutar* la hipótesis nula.

Significancia estadística* versus *significancia práctica Es necesario distinguir entre la existencia de un resultado estadísticamente significativo y su significancia práctica en el contexto de un campo de aplicación. A veces, gracias a un tamaño muy grande de la muestra, obtendrá un resultado estadísticamente significativo, pero con escasa significancia práctica. Por ejemplo, suponga que antes de una campaña nacional de comercialización basada en una serie de costosos anuncios en televisión, usted cree que la proporción de personas que reconocen su producto es 0.30. Al terminar la campaña, una encuesta aplicada a 20,000 personas indica que 6,168 reconocen su producto. Una prueba de una cola que pretende demostrar que la proporción es ahora mayor que 0.30 tiene como resultado un valor-*p* de 0.0047 y la conclusión estadística correcta es que aumentó la proporción de consumidores que ahora reconocen su producto. ¿Fue exitosa la campaña? El resultado de la prueba de hipótesis señala un aumento significativo estadísticamente en cuanto al reconocimiento de marca, pero ¿este aumento es importante en la práctica? Usted estima que ahora la proporción poblacional es de 6,168/20,000 = 0.3084 o 30.84%. Este aumento es menos de 1% mayor que el valor del 30% establecido en la hipótesis. ¿Los enormes gastos asociados con la campaña de comercialización generaron un resultado con un aumento significativo del reconocimiento de marca? Ante el escaso impacto que en el mundo real tiene un aumento inferior al 1% sobre la estrategia general de comercialización, y ante los enormes gastos relacionados con la campaña, debe concluirse que ésta no fue exitosa. Por otra parte, si la campaña aumentara el reconocimiento de marca en un 20%, usted podría concluir que fue exitosa.

En resumen, al analizar los aspectos éticos relacionados con las pruebas de hipótesis, la clave radica en *la intención*. Es indispensable distinguir entre un mal análisis de los datos y una práctica falta de ética. Esta última se presenta cuando, *intencionalmente*, los investigadores crean un sesgo de selección al recopilar los datos, manipulan el tratamiento de sujetos humanos sin su consentimiento informado, indagan en los datos para seleccionar el tipo de prueba (dos colas o una cola) y/o el nivel de significancia, ocultan los hechos eliminando los valores que no respaldan una hipótesis establecida, o no reportan hallazgos pertinentes.

RESUMEN

En este capítulo se presentaron los fundamentos de la prueba de hipótesis. El lector aprendió a realizar las pruebas Z y t en la media poblacional, una prueba Z para la proporción poblacional, y cómo utilizar las pruebas de hipótesis para vigilar y mejorar un proceso de llenado de cereal. Los dos capítulos siguientes se basan en los fundamentos de las pruebas de hipótesis aquí analizados.

En la figura 9.18 se presenta un mapa para seleccionar la correcta prueba de hipótesis de una muestra.

FIGURA 9.18
Mapa para seleccionar la prueba de una muestra.

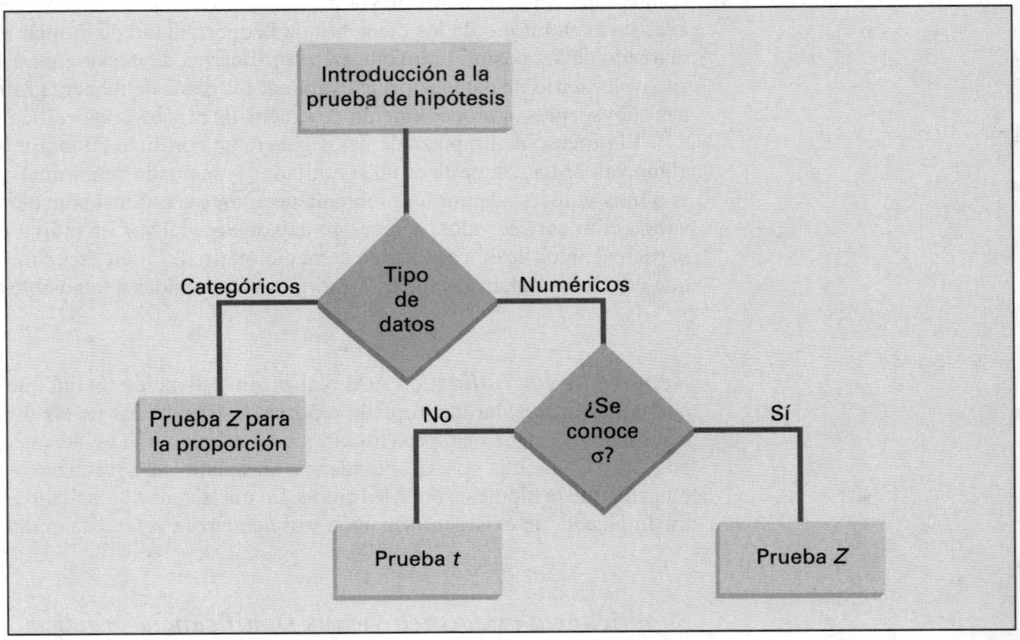

Al decidir qué tipo de prueba se va a utilizar, hay que plantearse las siguientes preguntas:

- ¿La prueba implica a una variable numérica o categórica? Si la respuesta es una variable categórica, utilice la prueba Z para la proporción.
- Si la prueba implica a una variable numérica, ¿se conoce la desviación estándar poblacional? Si conoce la desviación estándar poblacional, utilice la prueba Z para la media. Si no conoce la desviación estándar poblacional, utilice la prueba t para la media.

En la tabla 9.4 se encuentra una lista con los temas estudiados en este capítulo.

TABLA 9.4
Resumen de los temas incluidos en el capítulo 9.

	Tipo de datos	
Tipo de análisis	**Numéricos**	**Categóricos**
Prueba de hipótesis relativa a un solo parámetro	Prueba Z de hipótesis para la media **(sección 9.2)** Prueba t de hipótesis para la media **(sección 9.4)**	Prueba Z de hipótesis para la proporción **(sección 9.5)**

FÓRMULAS IMPORTANTES

Prueba Z de hipótesis para la media (α conocida)

$$Z = \frac{\bar{X} - \mu}{\frac{\sigma}{\sqrt{n}}} \quad (9.1)$$

Prueba t de hipótesis para la media (σ desconocida)

$$t = \frac{\bar{X} - \mu}{\frac{S}{\sqrt{n}}} \quad (9.2)$$

Prueba Z de una muestra, para la proporción

$$Z \cong \frac{p - \pi}{\sqrt{\frac{\pi(1-\pi)}{n}}} \quad (9.3)$$

Prueba Z para la proporción, en términos del número de éxitos

$$Z \cong \frac{X - n\pi}{\sqrt{n\pi(1-\pi)}} \quad (9.4)$$

CONCEPTOS CLAVE

aleatorización 302
coeficiente de confianza $(1 - \alpha)$ 275
error tipo I 275
error tipo II 275
estadístico de prueba 274
estadístico de prueba Z 278
hipótesis alternativa H_1 273
hipótesis nula (H_0) 272
hurgar en los datos 303
nivel de confianza 275
nivel de significancia (α) 275
potencia de una prueba estadística 276
proporción de la muestra 297
prueba de dos colas 278
prueba de hipótesis 272
prueba de una cola 286
prueba direccional 286
prueba t de hipótesis para la media 290
prueba Z de hipótesis para la media 278
prueba Z para la proporción 297
región de no rechazo 274
región de rechazo 274
riesgo α 276
valor crítico 275
valor-p 281
robusta 295
α (nivel de significancia) 275

PROBLEMAS DE REPASO

Revisión de su aprendizaje

9.75 ¿Cuál es la diferencia entre una hipótesis nula H_0 y una hipótesis alternativa H_1?

9.76 ¿Cuál es la diferencia entre el error tipo I y el error tipo II?

9.77 ¿Qué se quiere decir con potencia de una prueba?

9.78 ¿Cuál es la diferencia entre una prueba de una cola y una prueba de dos colas?

9.79 ¿Qué quiere decir por valor-p?

9.80 ¿Cómo un intervalo de confianza permite estimar la media poblacional, brindando conclusiones para la prueba de hipótesis correspondiente a la media poblacional?

9.81 ¿Cuál es el método del valor crítico de seis pasos para la prueba de hipótesis?

9.82 ¿Cuáles son algunos de los aspectos éticos relacionados con la realización de una prueba de hipótesis?

Aplicación de conceptos

9.83 En un artículo publicado en *Marketing News* (Thomas T. Semon, "Consider a Statistical Insignificance Test", *Marketing News*, 1 de febrero, 1999) se argumenta que con frecuencia el nivel de significancia utilizado al comparar dos productos es muy bajo; es decir, a veces se debe utilizar un valor α mayor que 0.05. De manera específica, el artículo recalculó una prueba de proporción de clientes potenciales con preferencia por el producto 1 sobre el producto 2. La hipótesis nula establece que la proporción de la población de clientes potenciales que prefiere el producto 1 es 0.50, y la hipótesis alternativa establece que no es igual a 0.50. El valor-p para la prueba es 0.22. El artículo sugiere que en algunos casos, esto debe ser evidencia suficiente para rechazar la hipótesis nula.

a. Determine las hipótesis nula y alternativa en términos estadísticos.
b. Explique los riesgos relacionados con los errores tipo I y tipo II.
c. ¿Cuáles son las consecuencias de rechazar la hipótesis nula para un valor-p de 0.22?

d. ¿Por qué cree que el artículo sugiere aumentar el valor de α?
e. ¿Usted qué haría en esta situación?
f. ¿Cuál sería su respuesta al inciso *e*) si el valor-*p* fuera igual a 0.12? ¿Y si fuera igual a 0.06?

9.84 La Quinta Motor Inns desarrolló un modelo computarizado para auxiliar en el pronóstico de rentabilidad de los lugares que se están considerando como ubicación de hoteles nuevos. Si el modelo computarizado pronostica grandes ganancias, La Quinta adquiere el predio y construye un nuevo hotel. Si el modelo pronostica ganancias pequeñas o moderadas, La Quinta prefiere no operar en ese lugar (Sheryl E. Kimes y James A. Fitzsimmons, "Selecting Profitable Hotel Sites at La Quinta Motor Inns", *Interfaces,* vol. 20, marzo-abril de 1990, 12-20). Este procedimiento de toma de decisiones se puede expresar en el marco de la prueba de hipótesis. La hipótesis nula establece que el sitio no es una ubicación rentable. La hipótesis alternativa establece que el sitio es una ubicación rentable.
a. Explique los riesgos relacionados con cometer un error tipo I.
b. Explique los riesgos relacionados con cometer un error tipo II.
c. ¿Qué tipo de error cree que están tratando de evitar a toda costa los ejecutivos de La Quinta Motor Inns? Explique su respuesta.
d. ¿Cómo influyen los cambios en el criterio de rechazo sobre las probabilidades de cometer errores tipo I y II?

9.85 Un estudio realizado en 1999 por la General Accounting Office (GAO) descubrió que alrededor de la tercera parte de los 23.4 millones de jubilados estadounidenses con 65 años de edad o más complementaban sus servicios médicos proporcionados por la seguridad social con algún tipo de cobertura por parte del patrón (Carlos Tejada, "Work Week", *The Wall Street Journal*, 26 de junio, 2002, B5). El artículo sugiere que esta proporción va en aumento. Suponga que en un estudio actual, una muestra compuesta por 500 jubilados de 65 años o más señala que 185 de ellos complementan los servicios médicos de seguridad social con alguna forma de cobertura por parte del patrón.
a. Con un nivel de significancia de 0.01, ¿existen evidencias de que la proporción de jubilados con 65 años o más que complementan los servicios de salud con alguna forma de cobertura patronal sea ahora superior a la tercera parte?
b. Calcule el valor-*p* e interprete su significado.

9.86 El propietario de una gasolinera desea estudiar los hábitos de consumo de gasolina de los conductores en su estación. Una semana cualquiera, se selecciona una muestra aleatoria de 60 conductores, con los siguientes resultados

- Cantidad adquirida: $\bar{X} = 11.3$ galones, $S = 31$ galones.
- 11 conductores compraron gasolina Premium.

a. Con un nivel de significancia de 0.05, ¿existe evidencia de que la compra media es distinta de 10 galones?
b. Encuentre el valor-*p* en el inciso *a*).
c. Con un nivel de significancia de 0.05, ¿existe evidencia de que menos del 20% de todos los conductores compran gasolina Premium en esa gasolinera?
d. ¿Cuál sería su respuesta al inciso *a*) si la media muestral fuera de 10.3 galones?
e. ¿Cuál sería su respuesta al inciso *c*) si fueran siete los conductores que compraron gasolina Premium?

9.87 El auditor de una oficina gubernamental recibe la encomienda de evaluar los reembolsos por visitas de médicos a la oficina pagadas por la seguridad social. La auditoría se realiza sobre una muestra de 75 de los reembolsos, con los siguientes resultados:

- En 12 de las visitas a la oficina, se reembolsó una cantidad incorrecta.
- El monto de los reembolsos fue: $\bar{X} = \$93.70$, $S = \$34.55$.

a. Utilizando un nivel de significancia de 0.05, ¿existe evidencia de que el reembolso medio es menor que 100 dólares?
b. Utilizando un nivel de significancia de 0.05, ¿existe evidencia de que la proporción de reembolsos incorrectos en la población es mayor que 0.10?
c. Analice las suposiciones subyacentes de la prueba utilizada en el inciso *a*).
d. ¿Cuál sería su respuesta al inciso *a*) si la media muestral fuera de 90 dólares?
e. ¿Cuál sería su respuesta al inciso *b*) si fueran 15 las visitas a la oficina con reembolso incorrecto?

9.88 Una sucursal bancaria ubicada en una zona comercial de la ciudad, desarrolló un proceso mejorado para atender a sus clientes durante la hora del almuerzo, del mediodía a la 1:00 PM. Durante una semana, se registra el tiempo de espera en minutos (definido como el tiempo transcurrido desde que el cliente se forma en la fila hasta que llega a la ventanilla del cajero) de todos los clientes durante ese horario. Se selecciona una muestra aleatoria de 15 clientes, y los resultados son los siguientes: **BANK1**

4.21 5.55 3.02 5.13 4.77 2.34 3.54 3.20
4.50 6.10 0.38 5.12 6.46 6.19 3.79

a. Utilizando un nivel de significancia de 0.05, ¿existen evidencias de que el tiempo medio de espera es menor que 5 minutos?
b. ¿Qué suposición debe sostener con la finalidad de realizar la prueba del inciso *a*)?
c. Evalúe esta suposición por medio de un método gráfico. Analícelo.
d. Durante la hora del almuerzo, un cliente llega al banco y pregunta al gerente cuánto deberá esperar. El gerente de la sucursal responde: "Casi con toda seguridad, no más de 5 minutos". Con base en los resultados del inciso *a*), evalúe esta afirmación.

9.89 Una empresa manufacturera fabrica aislantes eléctricos. Si los aislantes se rompen al estar en uso, es probable que ocurra un corto circuito. Para poner a prueba la fuerza de los aislantes, se efectúa una prueba de destrucción para determinar cuánta fuerza se necesita para romperlos. La fuerza se mide observando cuántas libras se aplican al aislante antes de que se rompa. A continuación se muestran los datos de 30 observaciones procedentes de este experimento: **FORCE**

Fuerza (en número de libras necesarias para romper el aislante)

1,870	1,728	1,656	1,610	1,634	1,784	1,522	1,696	1,592	1,662
1,866	1,764	1,734	1,662	1,734	1,774	1,550	1,756	1,762	1,866
1,820	1,744	1,788	1,688	1,810	1,752	1,680	1,810	1,652	1,736

a. Utilizando un nivel de significancia de 0.05, ¿existen evidencias de que la fuerza media es mayor que 1,500 libras?
b. ¿Qué suposición debe hacerse para realizar la prueba del inciso *a*)?
c. Evalúe esta suposición por medio de un método gráfico. Analícela.
d. Con base en su respuesta al inciso *a*), ¿qué se concluye sobre la resistencia de los aislantes?

9.90 Una importante característica de calidad utilizada por el fabricante de las tejas de asfalto "Boston" y "Vermont" es la cantidad de humedad que contienen las tejas al momento de empacarlas. Los clientes tal vez crean que compraron un producto de mala calidad al encontrar humedad y tejas mojadas dentro del empaque. En algunos casos, la humedad excesiva provoca que se caigan los gránulos pegados a la teja para darle textura y color, lo que da como resultado problemas de apariencia. Para vigilar la cantidad de humedad presente, la empresa realiza pruebas. Se pesa una teja y luego se seca. Se pesa de nuevo la teja y, con base en la cantidad de humedad extraída del producto, se calculan las libras de humedad por cada 100 pies cuadrados. La empresa quisiera demostrar que el contenido medio de humedad es menor que 0.35 libras por 100 pies cuadrados. El archivo **MOISTURE** incluye 36 mediciones (en libras por cada 100 pies cuadrados) de las tejas "Boston" y 31 de las tejas "Vermont".
a. Para las tejas "Boston", ¿existen evidencias, con un nivel de significancia de 0.05, de que el contenido medio de humedad es menor que 0.35 libras por cada 100 pies cuadrados?
b. Interprete el significado del valor-*p* en el inciso *a*).
c. Para las tejas "Vermont", ¿existe evidencia con un nivel de significancia de 0.05, de que el contenido medio de humedad es menor que 0.35 libras por cada 100 pies cuadrados?
d. Interprete el significado del valor-*p* en el inciso *c*).
e. ¿Qué suposición debe hacerse para realizar las pruebas de los incisos *a*) y *c*)?
f. Evalúe la suposición correspondiente a cada tipo de teja utilizando un método gráfico. Discútala.

9.91 Los estudios realizados por el fabricante de las tejas de asfalto "Boston" y "Vermont" mostraron que el peso del producto es un factor determinante en la percepción de calidad del cliente. Además, el peso representa la cantidad de materias primas utilizadas y, por lo tanto, es muy importante para la empresa desde el punto de vista de los costos. En la última etapa del ensamblaje, las tejas se empacan antes de colocar los paquetes sobre plataformas de madera. Una vez que se llena la plataforma (para casi todas las tejas, una plataforma sostiene 16 cuadros de tejas), se pesa y se registra esta medición. El archivo **PALLET** contiene el peso (en libras) de una muestra compuesta por 368 plataformas de tejas Boston y 330 plataformas de tejas Vermont.
a. Para las tejas Boston, ¿existe evidencia de que el peso medio es distinto a 3,150 libras?
b. Interprete el significado del valor-*p* en el inciso *a*).
c. Para las tejas Vermont, ¿existe evidencia de que el peso medio es distinto a 3,700 libras?
d. Interprete el significado del valor-*p* en el inciso *c*).
e. ¿La suposición necesaria para los incisos *a*) y *c*) se infringe seriamente?

9.92 El fabricante de las tejas de asfalto "Boston" y "Vermont" ofrece a sus clientes una garantía de 20 años en la mayoría de sus productos. Para determinar si una teja dura tanto como el periodo de garantía, en la planta se realiza una prueba de vida acelerada. En la prueba de vida acelerada, realizada en un laboratorio, la teja se expone a las tensiones que recibiría en toda su vida útil de uso normal, mediante un experimento que lleva tan sólo unos minutos. En esta prueba se cepilla repetidamente una teja durante un breve lapso, y se pesa la cantidad de gránulos (en gramos) desprendidos por el cepillado. Se espera que las tejas con menor desprendimiento duren más en uso normal que las que experimentan gran cantidad de desprendimiento. El archivo **GRANULE** contiene los datos de una muestra compuesta por 170 medidas realizadas en las tejas Boston de la empresa y 140 medidas realizadas en las tejas Vermont.
a. Para las tejas Boston, ¿existe evidencia de que la pérdida media de gránulos es distinta de 0.05 gramos?
b. Interprete el significado del valor-*p* en el inciso *a*).
c. Para las tejas Vermont, ¿existen evidencias de que la pérdida media de gránulos es distinta de 0.05 gramos?
d. Interprete el significado del valor-*p* en el inciso *c*).
e. ¿Se infringe seriamente la suposición necesaria para responder los incisos *a*) y *c*)?

Ejercicios de reporte escrito

9.93 Consulte los resultados de los problemas 9.90 a 9.92, relacionados con las tejas "Boston" y "Vermont", para escribir un reporte en el que se evalúe el nivel de humedad, peso y pérdida de gránulos para ambos tipos de teja.

CASO ACTUAL ADMINISTRACIÓN DEL *SPRINGVILLE HERALD*

Continuando con la supervisión de la tonalidad oscura en la impresión del periódico, ya descrita en el caso *Administración del Springville Herald* del capítulo 6, el departamento de producción quiere asegurarse de que la tonalidad oscura media de la impresión de todos los ejemplares sea por lo menos de 0.97 sobre una escala estándar en la que el valor que se pretende es igual a 1.0. Se seleccionó una muestra aleatoria de 50 ejemplares y se midió la tonalidad oscura en cada uno de ellos. Calcule los estadísticos muestrales y determine si existen evidencias de que la tonalidad oscura media es menor que 0.97. Redacte un memorando para la gerencia en el que sintetice sus conclusiones.

Tonalidad oscura de 50 periódicos

0.854	1.023	1.005	1.030	1.219	0.977	1.044	0.778	1.122	1.114
1.091	1.086	1.141	0.931	0.723	0.934	1.060	1.047	0.800	0.889
1.012	0.695	0.869	0.734	1.131	0.993	0.762	0.814	1.108	0.805
1.223	1.024	0.884	0.799	0.870	0.898	0.621	0.818	1.113	1.286
1.052	0.678	1.162	0.808	1.012	0.859	0.951	1.112	1.003	0.972

SH9

CASO WEB

Aplique sus conocimientos sobre las pruebas de hipótesis a este Caso Web, que es continuación de la controversia sobre el llenado de paquetes de cereal del Caso Web del capítulo 7.

Hace poco, Oxford Cereals realizó un experimento público en el que asegura haber desacreditado con éxito las afirmaciones de grupos como el TriCities Consumers Concerned About Cereal Companies That Cheat (TCCACCTC), que aseguran que Oxford Cereals engaña a los consumidores al empacar cereales con pesos inferiores a los especificados en la etiqueta. Analice el boletín de prensa de Oxford Cereals y los documentos de respaldo que describen el experimento, que se encuentran en el sitio Web de la empresa: **www.prenhall.com/Springville/OC_WinTrust.htm** y luego responda lo siguiente:

1. ¿Son válidos los resultados de la prueba independiente? ¿Por qué? Si usted estuviera realizando el experimento, ¿hay algo que cambiaría?
2. ¿Los resultados respaldan la afirmación de que Oxford Cereals no está engañando a sus clientes?
3. ¿Resulta sorpresiva la afirmación del director general de Oxford acerca de que muchas cajas de cereal contienen *más* de 368 gramos? ¿Es cierto?
4. ¿Podría existir alguna circunstancia en la que ambos resultados, los del experimento público *y* los de la TCCACCTC, sean correctos? Explique su respuesta.

REFERENCIAS

1. Bradley, J. V., *Distribution-Free Statistical Tests* (Englewood Cliffs, NJ: Prentice Hall, 1968).
2. Daniel, W., *Applied Nonparametric Statistics*, 2a. ed. (Boston, MA: Houghton Mifflin, 1990).
3. *Microsoft Excel 2003* (Redmond, WA: Microsoft Corporation, 2003).
4. *Minitab for Windows Version 14* (State College PA: Minitab, Inc., 2004).
5. *SPSS Base 12.0 Brief Guide* (Upper Saddle River, NJ: Prentice Hall, 2003).

Apéndice 9 Uso del software para las pruebas de hipótesis con una muestra

A9.1 EXCEL

Para la prueba *Z* para la media, conociendo sigma

Abra el archivo **Z Mean.xls**, que se muestra en la figura 9.5 de la página 282. Esta hoja de trabajo ya contiene las entradas del ejemplo 9.2 relativas a la Oxford Cereal Company. Esta hoja utiliza las funciones NORMSINV y NORMSDIST (vea la sección G.16 para mayor información). Para adaptar esta hoja a otros problemas, modifique los valores de la hipótesis nula, el nivel de significancia, la desviación estándar de la población, el tamaño de la muestra y la media muestral que se encuentran en las celdas sombreadas de las filas 4 a 8.

O Vea la sección G.16 **(Prueba Z para la media, conociendo sigma)** si desea que PHStat2 genere una hoja de trabajo para usted.

Para la prueba *t* para la media, conociendo sigma

Abra el archivo **T Mean.xls**, que se muestra en la figura 9.10 de la página 292. Esta página ya contiene las entradas del ejemplo sobre facturas de la sección 9.4. En esta hoja se utilizan las funciones TINV y TDIST. (Para mayor información, véase la sección G.17.) Para adaptar esta hoja de trabajo a otros problemas, modifique los valores de la hipótesis nula, el nivel de significancia, el tamaño de la muestra, la media muestral y la desviación estándar de la muestra que se encuentran en las celdas sombreadas de las filas 4 a 8.

O Vea la sección G.17 **(Prueba *t* para la media, conociendo sigma)** si desea que PHStat2 genere una hoja de trabajo para usted.

Para la prueba *Z* para la proporción

Abra el archivo **Z Proportion.xls**, que se muestra en la figura 9.16 de la página 299. Esta hoja ya contiene las entradas del ejemplo sobre propietarios de negocios de la sección 9.5. Esta hoja de trabajo utiliza las funciones NORMSINV y NORMSDIST (para mayor información, véase la sección G.18). Para adaptar esta hoja de trabajo a otros problemas, modifique los valores de la hipótesis nula, el nivel de significancia, el número de éxitos y el tamaño de la muestra que se encuentran en las celdas sombreadas de las filas 4 a 7.

O Vea la sección G.18 **(Prueba Z para la proporción)** si desea que PHStat2 genere una hoja de trabajo para usted.

A9.2 MINITAB

Uso de Minitab para la prueba *Z* de hipótesis para la media (σ conocida)

Conociendo σ, puede utilizar Minitab para una prueba de la media. Para ilustrar la prueba de hipótesis para la media cuando se conoce σ, regrese al ejemplo de la Oxford Cereal Company analizado en la sección 9.2. Abra una hoja de trabajo en blanco. Seleccione **Stat ➜ Basic Statistics ➜ 1-Sample *Z*.**

1. En el cuadro de diálogo 1-Sample *Z* (vea la figura A9.1), seleccione el botón de la opción **Summarized data**. Escriba **25** en el cuadro de edición Sample size. Escriba **372.5** en el cuadro de edición Mean.

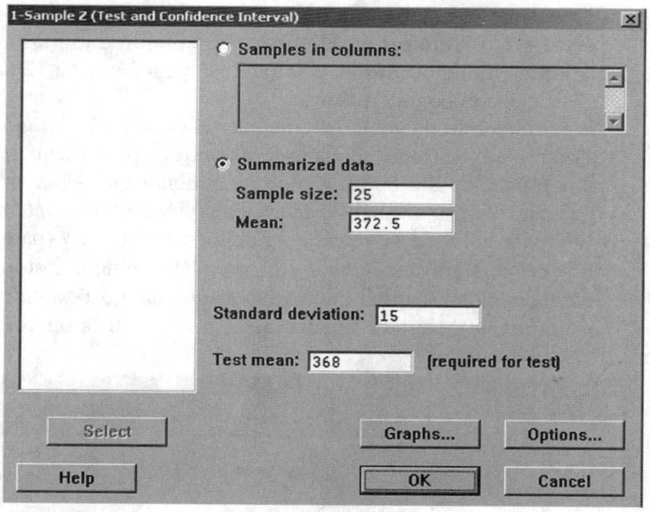

FIGURA A9.1
Ventana de diálogo 1-Sample *Z* de Minitab.

2. Escriba **15** en el cuadro de edición Standard deviation.
3. Escriba **368** en el cuadro de edición Test mean.
4. Seleccione el botón **Options**. En el cuadro de diálogo 1 Sample Z (vea la figura A9.2), en la lista desplegable Alternative, seleccione **not equal** para realizar una prueba de dos colas. (Seleccione menor que o mayor que para realizar un análisis de una cola.) Dé clic en **OK** para volver al cuadro de diálogo 1-Sample *Z*. Dé clic en el botón **OK**.

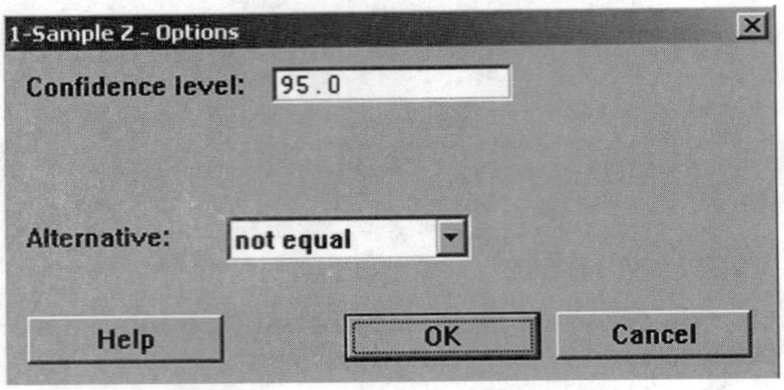

FIGURE A9.2 Ventana de diálogoMinitab 1-Sample Z-Options.

Uso de Minitab para la prueba t de hipótesis para la media (σ desconocida)

Puede utilizar Minitab para una prueba de la media cuando se desconoce σ.

Para ilustrar la prueba de hipótesis para la media cuando no se conoce σ, regrese al ejemplo de las facturas de la empresa de remodelaciones Saxon analizado en la sección 9.4. Abra la hoja de trabajo **INVOICES.MTW**. Seleccione **Stat ➜ Basic Statistics ➜ 1-Sample *t***.

1. En la ventana de diálogo 1-Sample *t* (vea la figura A9.3), seleccione el botón de la opción Sample in columns. Escriba **C1** o **Amount** en el cuadro de edición Sample in columns. En el cuadro de edición Test mean, escriba **120**. Seleccione el botón **Options**.
2. En el menú desplegable Alternative del cuadro de diálogo 1-Sample *t* Options, seleccione **not equal** para efectuar una prueba de dos colas. (Seleccione menor que o mayor que para realizar un análisis de una cola.) Dé clic en el botón **OK** para volver a la ventana de diálogo 1-Sample *t* (para obtener una gráfica de caja y bigote, seleccione el botón con la opción **Graphs**. En la ventana de diálogo 1-sample *t*-Graphs de Minitab, seleccione el botón con la opción **Boxplot of data**. Dé clic en el botón **OK** para volver a la ventana de diálogo 1-Sample t.) Dé clic en el botón **OK**.

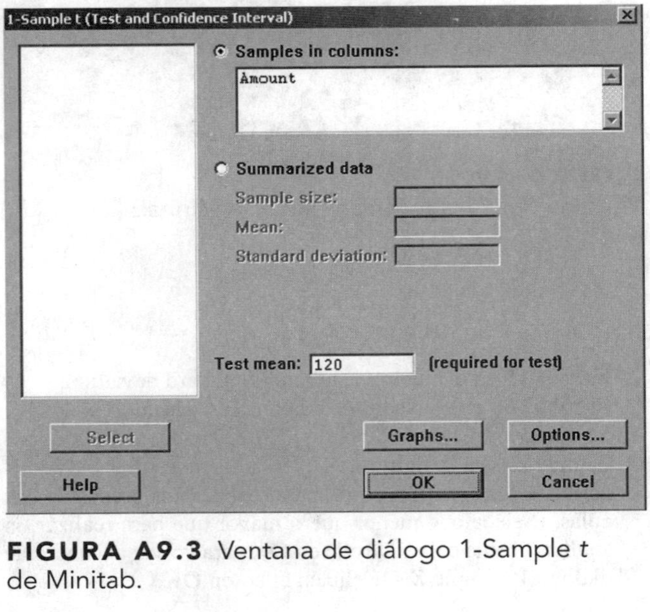

FIGURA A9.3 Ventana de diálogo 1-Sample t de Minitab.

Uso de Minitab para la prueba Z para la proporción

Puede utilizar Minitab para la prueba de hipótesis para la proporción. Por ejemplo, para efectuar la prueba *Z* para la proporción del ejemplo sobre los negocios que son propiedad de mujeres de la sección 9.5, seleccione **Stat ➜ Basic Statistics ➜ 1 Proportion**.

1. En la ventana de diálogo 1 Proportion (vea la figura A9.4), seleccione el botón con la opción **Summarized data**. Escriba **899** en el cuadro de edición Number of trials. Escriba **369** en el cuadro de edición Number of events. Dé clic en el botón **Options**.

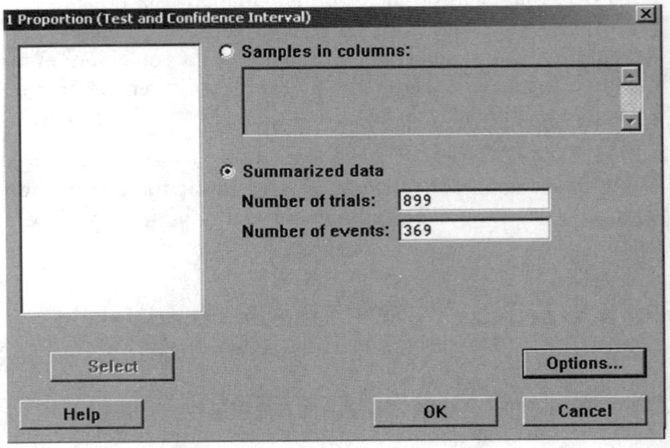

FIGURA A9.4 Ventana de diálogo 1 Proportion de Minitab.

2. En la ventana de diálogo 1 Proportion-Options (vea la figura A9.5), introduzca **0.5** en el cuadro de edición Test proportion. Seleccione la casilla **Use test and interval based on normal distribution**. En el menú desplegable Alternative, seleccione **not equal** para realizar una prueba de dos colas. (Seleccione menor que o mayor que para realizar un análisis de una cola.) Dé clic en **OK** para volver a la ventana de diálogo 1 Proportion. Dé clic en el botón **OK**.

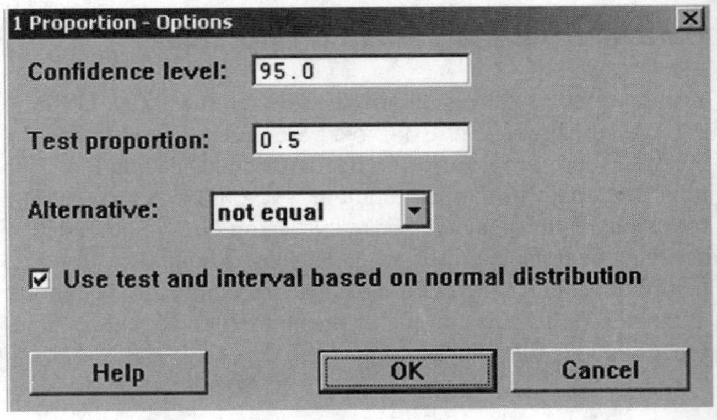

FIGURA A9.5 Ventana de diálogo 1 Proportion–Options de Minitab.

CAPÍTULO 10

Pruebas de dos muestras y ANOVA de una vía

OBJETIVOS DE APRENDIZAJE

En este capítulo, aprenderá los procedimientos para probar hipótesis de:

- Las medias de dos poblaciones independientes
- Las medias de dos poblaciones relacionadas
- Dos proporciones
- Las varianzas de dos poblaciones independientes
- Las medias de más de dos poblaciones

USO DE LA ESTADÍSTICA

Comparación de las ventas de los exhibidores al final del pasillo y los exhibidores normales

¿El tipo de exhibidores de un supermercado afecta las ventas de los productos? Como gerente de ventas regional de BLK Foods, a usted le interesa comparar el volumen de ventas de la bebida refrescante a base de cola BLK cuando se exhibe en un estante normal, en comparación con la exhibición promocional al final del pasillo. Para probar la eficacia de los exhibidores al final del pasillo, selecciona 20 tiendas de la cadena de supermercados que tienen un volumen de ventas similar. De forma aleatoria asigna 10 de las tiendas al grupo 1 y 10 al grupo 2. Los gerentes de las 10 tiendas en el grupo 1 colocan la bebida refrescante BLK en un estante normal junto a los demás productos de cola. Las 10 tiendas del grupo 2 usan la exhibición promocional al final del pasillo. Al término de una semana, se registran las ventas de BLK. ¿Cómo se puede determinar si las ventas de BLK usando los exhibidores al final del pasillo son las mismas que cuando el producto se coloca en un estante normal? ¿Cómo se podría determinar si la variación en las ventas de BLK de una tienda a otra es la misma para los dos tipos de exhibidores? ¿Cómo podrían utilizarse las respuestas a estas preguntas para mejorar las ventas de BLK?

La prueba de hipótesis constituye un modelo *confirmatorio* de análisis de datos. En el capítulo 9 nos enfocamos en una variedad de procedimientos comunes de prueba de hipótesis que se relacionan con una sola muestra de datos seleccionados de una sola población. En este capítulo, la prueba de hipótesis se extiende a procedimientos que comparan los estadísticos de muestras de datos extraídos de dos o más poblaciones. Por ejemplo, ¿son iguales las medias de las ventas semanales de BLK cuando se usa un exhibidor al final del pasillo que cuando se coloca en un estante normal?

10.1 COMPARACIÓN DE MEDIAS DE DOS POBLACIONES INDEPENDIENTES

Prueba *Z* para la diferencia entre dos medias

Suponga que se toma una muestra aleatoria de n_1 de la primera población y una muestra aleatoria de n_2 de la segunda población, y los datos recolectados en cada muestra provienen de una variable numérica. En la primera población, la media se representa con el símbolo μ_1 y la desviación estándar con el símbolo σ_1. En la segunda población, la media se representa con el símbolo μ_2 y la desviación estándar con el símbolo σ_2.

El estadístico de prueba usado para determinar la diferencia entre las medias poblacionales se basa en la diferencia entre las medias de las muestras $(\bar{X}_1 - \bar{X}_2)$. Si se supone que las muestras son aleatorias y seleccionadas independientemente de las poblaciones que están distribuidas de forma normal, este estadístico seguirá la distribución normal estandarizada. Si las poblaciones no están distribuidas de forma normal, la prueba Z sigue siendo la adecuada si las muestras son lo suficientemente grandes (generalmente n_1 y $n_2 \geq 30$; vea el teorema de límite central en la sección 7.2). La ecuación (10.1) define la **prueba *Z* para la diferencia entre dos medias**.

PRUEBA Z PARA LA DIFERENCIA ENTRE DOS MEDIAS

$$Z = \frac{(\bar{X}_1 - \bar{X}_2) - (\mu_1 - \mu_2)}{\sqrt{\dfrac{\sigma_1^2}{n_1} + \dfrac{\sigma_2^2}{n_2}}} \qquad \textbf{(10.1)}$$

donde

$\overline{X}_1$ = media de la muestra tomada de la población 1
μ_1 = media de la población 1
σ_1^2 = varianza de la población 1
n_1 = tamaño de la muestra tomada de la población 1
$\overline{X}_2$ = media de la muestra tomada de la población 2
μ_2 = media de la población 2
σ_2^2 = varianza de la población 2
n_2 = tamaño de la muestra tomada de la población 2

El estadístico de prueba Z sigue una distribución normal estandarizada.

Prueba *t* de varianza conjunta para diferencias entre dos medias

En la mayoría de los casos las varianzas de las dos poblaciones no son conocidas. La única información que generalmente se tiene son las medias y las varianzas de las muestras. Si se supone que las muestras son seleccionadas aleatoria e independientemente de poblaciones que se distribuyen de forma normal y que las varianzas poblacionales son iguales (esto es, $\sigma_1^2 = \sigma_2^2$), se utiliza la **prueba *t* de varianza conjunta** para determinar si existe una diferencia significativa entre las medias de las dos poblaciones. Si las poblaciones no están distribuidas normalmente, la prueba *t* de varianza conjunta sigue siendo apropiada si el tamaño de las muestras es lo suficientemente grande (generalmente n_1 y $n_2 \geq 30$; vea el teorema de límite central en la sección 7.2).

La prueba *t* de varianza conjunta se denomina así porque el estadístico de prueba conjunta (combina) las dos varianzas de muestra S_1^2 y S_2^2 para calcular S_p^2, la mejor estimación para la varianza común a ambas poblaciones bajo la suposición de que las dos varianzas de las poblaciones son iguales.[1]

[1] *Cuando el tamaño de las dos muestras es igual (esto es, $n_1 = n_2$), la fórmula para la varianza conjunta se simplifica a* $S_p^2 = \dfrac{S_1^2 + S_2^2}{2}$

Para probar la hipótesis nula de la no diferencia entre las medias de dos poblaciones independientes:

$$H_0: \mu_1 = \mu_2 \text{ o } \mu_1 - \mu_2 = 0$$

contra la alternativa de que las medias no son iguales

$$H_1: \mu_1 \neq \mu_2 \text{ o } \mu_1 - \mu_2 \neq 0$$

se utiliza el estadístico de prueba *t* de varianza conjunta.

PRUEBA *t* DE VARIANZA CONJUNTA PARA LA DIFERENCIA ENTRE DOS MEDIAS

$$t = \frac{(\overline{X}_1 - \overline{X}_2) - (\mu_1 - \mu_2)}{\sqrt{S_p^2\left(\dfrac{1}{n_1} + \dfrac{1}{n_2}\right)}} \qquad \textbf{(10.2)}$$

donde

$$S_p^2 = \frac{(n_1 - 1)S_1^2 + (n_2 - 1)S_2^2}{(n_1 - 1) + (n_2 - 1)}$$

y

S_p^2 = varianza conjunta
$\overline{X}_1$ = media de la muestra tomada de la población 1
S_1^2 = varianza de la muestra tomada de la población 1
n_1 = tamaño de la muestra tomada de la población 1
$\overline{X}_2$ = media de la muestra tomada de la población 2
S_2^2 = varianza de la muestra tomada de la población 2
n_2 = tamaño de la muestra tomada de la población 2

El estadístico de prueba *t* sigue una distribución *t* con $n_1 + n_2 - 2$ grados de libertad.

El estadístico de prueba t de varianza conjunta sigue una distribución t con $n_1 + n_2 - 2$ grados de libertad. Para un nivel de significancia a dado, en una prueba de dos colas, la hipótesis nula se rechaza si el estadístico de prueba t calculado es menor que el valor crítico de la cola superior de la distribución t o si el estadístico de prueba calculado es menor que el valor crítico de la cola inferior de la distribución t. La figura 10.1 muestra las regiones de rechazo. En una prueba de una cola en la que la región de rechazo está en la cola inferior, se rechaza la hipótesis nula si el estadístico de prueba calculado es menor que el valor crítico de la cola inferior de la distribución t. En una prueba de una cola en la que la región de rechazo está en la cola superior, se rechaza la hipótesis nula si el estadístico de prueba calculado es mayor que el valor crítico superior de la distribución t.

FIGURA 10.1
Regiones de rechazo y de no rechazo para la prueba t de varianza conjunta para la diferencia entre las medias (prueba de dos colas).

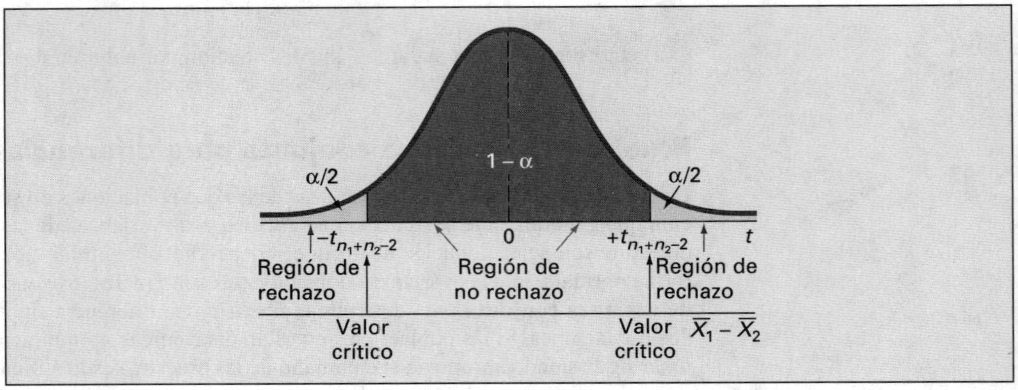

Para demostrar el uso de la prueba t de varianza conjunta, regrese al escenario "Uso de la estadística" en la página 312. La pregunta que debe responder es si la media semanal de ventas de BLK es la misma cuando se coloca en un estante normal que cuando se coloca en un exhibidor al final del pasillo. Hay dos poblaciones de interés. La primera población es el conjunto de todas las ventas semanales posibles de BLK *si* todos los supermercados que venden BLK utilizaran estantes normales. La segunda población es el conjunto de todas las ventas posibles semanales *si* todos los supermercados que venden BLK utilizaran exhibidores al final del pasillo. La primera muestra contiene las ventas semanales de BLK de las 10 tiendas seleccionadas para usar estantes normales, mientras que la segunda muestra contiene las ventas semanales de BLK de las 10 tiendas seleccionadas para exhibir el producto al final del pasillo. La tabla 10.1 contiene las ventas de la bebida de cola (en número de casos) para las dos muestras **COLA**.

TABLA 10.1
Comparación de las ventas semanales de BLK de dos diferentes exhibidores (en número de casos).

Ubicación de los exhibidores									
Normal					Al final del pasillo				
22	34	52	62	30	52	71	76	54	67
40	64	84	56	59	83	66	90	77	84

Las hipótesis nula y alternativa son

$$H_0: \mu_1 = \mu_2 \text{ o } \mu_1 - \mu_2 = 0$$

$$H_1: \mu_1 \neq \mu_2 \text{ o } \mu_1 - \mu_2 \neq 0$$

Suponiendo que las muestras provienen de poblaciones normales subyacentes que tienen varianzas iguales, se puede utilizar la prueba t de varianza conjunta. El estadístico de prueba t sigue una distribución t con $10 + 10 - 2 = 18$ grados de libertad. Usando el nivel de significancia $\alpha = 0.05$, divida la región de rechazo entre las dos colas para esta prueba de dos colas (es decir, dos partes iguales de 0.025 cada una). La tabla E.3 muestra que los valores críticos para estas dos pruebas de dos colas son +2.1009 y –2.1009. Como muestra la figura 10.2, la regla de decisión es:

$$\text{Rechazo } H_0 \text{ si } t > t_{18} = +2.1009$$

$$\text{o si } t < -t_{18} = -2.1009;$$

de otra forma no rechace H_0.

FIGURA 10.2
Prueba de hipótesis de dos colas para la diferencia entre las medias a un nivel de significancia de 0.05 con 18 grados de libertad.

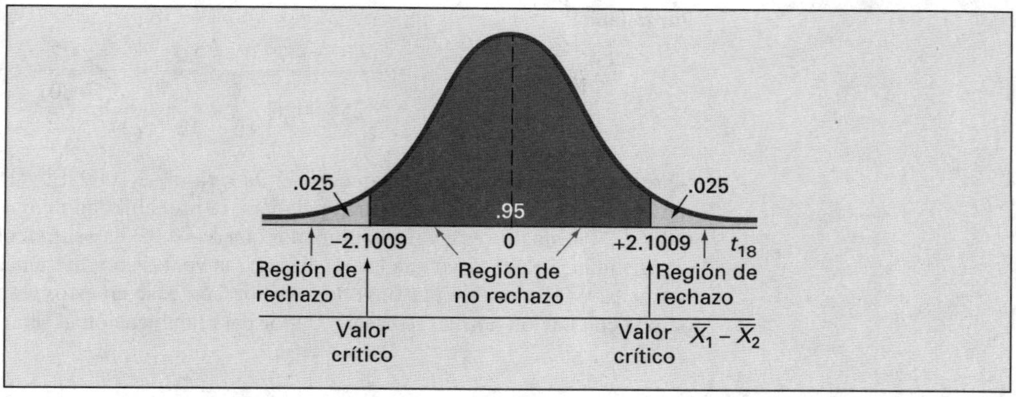

De las figuras 10.3 o 10.4, el estadístico t calculado para esta prueba es de –3.04 y el valor-p es de 0.007.

FIGURA 10.3
Prueba t de salida en Excel para las dos ubicaciones de exhibición.

	A	B	C
1	**t-Test: Two-Sample Assuming Equal Variances**		
2			
3		*Normal*	*End-Aisle*
4	Mean	50.3	72
5	Variance	350.6778	157.3333
6	Observations	10	10
7	Pooled Variance	254.0055556	
8	Hypothesized Mean Difference	0	
9	df	18	
10	t Stat	-3.04455	
11	P(T<=t) one-tail	0.00349	
12	t Critical one-tail	1.73406	
13	P(T<=t) two-tail	0.00697	
14	t Critical two-tail	2.10092	

FIGURA 10.4
Prueba t de salida en Minitab para las dos ubicaciones de la exhibición.

```
Two-sample T for Sales_Normal vs Sales_EndAisle

                  N  Mean  StDev  SE Mean
Sales_Normal     10  50.3   18.7      5.9
Sales_EndAisle   10  72.0   12.5      4.0


Difference = mu (Sales_Normal) - mu (Sales_EndAisle)
Estimate for difference:  -21.7000
95% CI for difference:  (-36.6743, -6.7257)
T-Test of difference = 0 (vs not =): T-Value = -3.04  P-Value = 0.007  DF = 18
Both use Pooled StDev = 15.9376
```

Usando la ecuación (10.2) de la página 313 y la estadística descriptiva proporcionada en la figura 10.3 o 10.4

$$t = \frac{(\overline{X}_1 - \overline{X}_2) - (\mu_1 - \mu_2)}{\sqrt{S_p^2\left(\frac{1}{n_1} + \frac{1}{n_2}\right)}}$$

donde

$$S_p^2 = \frac{(n_1 - 1)S_1^2 + (n_2 - 1)S_2^2}{(n_1 - 1) + (n_2 - 1)}$$

$$= \frac{9(350.6778) + 9(157.3333)}{9 + 9} = 254.0056$$

Por lo tanto,

$$t = \frac{(50.3 - 72.0) - 0.0}{\sqrt{254.0056\left(\frac{1}{10} + \frac{1}{10}\right)}} = \frac{-21.7}{\sqrt{50.801}} = -3.04$$

Se rechaza la hipótesis nula porque $t = -3.04 < t_{18} = -2.1009$. El valor-$p$ (como se calcula con Excel o Minitab) es de 0.00697. En otras palabras, la probabilidad de que $t > 3.04$ o $t < -3.04$ es igual a 0.00697. Puesto que este valor-p es menor que $\alpha = 0.05$, hay suficiente evidencia para rechazar la hipótesis nula. Se concluye que las medias de las ventas son diferentes para la colocación en estantes normales y la colocación al final del pasillo. Con base en estos resultados, las ventas son menores para la colocación normal (es decir, mayor para la ubicación al final del pasillo).

EJEMPLO 10.1

PRUEBA PARA LA DIFERENCIA EN LA MEDIA DEL TIEMPO DE ENTREGA

Un restaurante local de pizzas cercano al campus universitario anuncia que su tiempo de entrega a los dormitorios de la universidad es menor que el que le toma a la sucursal de una cadena nacional de pizzas. Para determinar si esta afirmación es válida, usted y unos amigos deciden ordenar 10 pizzas del restaurante local y 10 pizzas de la cadena nacional, todas a diferentes horas. Los tiempos de entrega en minutos **PIZZATIME** se muestran en la tabla 10.2:

TABLA 10.2
Tiempos de entrega para el restaurante local de pizzas y para la cadena nacional de pizzas.

Local	Cadena	Local	Cadena
16.8	22.0	18.1	19.5
11.7	15.2	14.1	17.0
15.6	18.7	21.8	19.5
16.7	15.6	13.9	16.5
17.5	20.8	20.8	24.0

En un nivel de significancia de 0.05, ¿existe evidencia de que la media del tiempo de entrega es menor para el restaurante local de pizzas que para la cadena nacional de pizzas?

SOLUCIÓN Como usted desea saber si la media es *menor* para el restaurante local de pizzas que para la cadena nacional de pizzas, tiene una prueba de una cola con las siguientes hipótesis nula y alternativa:

H_0: $\mu_1 \geq \mu_2$ (la media del tiempo para el restaurante local de pizzas es igual a o mayor que para la cadena nacional de pizzas).

H_1: $\mu_1 < \mu_2$ (la media de tiempo para el restaurante local de pizzas es menor que para la cadena nacional de pizzas).

La figura 10.5 muestra la prueba t conjunta de salida de Excel para estos datos.

FIGURA 10.5
Prueba t conjunta de salida de Excel para los datos del tiempo de entrega de las pizzas.

	A	B	C
1	t-Test: Two-Sample Assuming Equal Variances		
2			
3		Local	Chain
4	Mean	16.7	18.88
5	Variance	9.582222	8.215111
6	Observations	10	10
7	Pooled Variance	8.898667	
8	Hypothesized Mean Difference	0	
9	df	18	
10	t Stat	-1.6341	
11	P(T<=t) one-tail	0.059803	
12	t Critical one-tail	1.734063	
13	P(T<=t) two-tail	0.119606	
14	t Critical two-tail	2.100924	

Usando la ecuación (10.2) en la página 313,

$$t = \frac{(\bar{X}_1 - \bar{X}_2) - (\mu_1 - \mu_2)}{\sqrt{S_p^2\left(\frac{1}{n_1} + \frac{1}{n_2}\right)}}$$

donde

$$S_p^2 = \frac{(n_1 - 1)S_1^2 + (n_2 - 1)S_2^2}{(n_1 - 1) + (n_2 - 1)}$$

$$= \frac{9(9.5822) + 9(8.2151)}{9 + 9} = 8.8987$$

Por lo tanto,

$$t = \frac{(16.7 - 18.88) - 0.0}{\sqrt{8.8987\left(\frac{1}{10} + \frac{1}{10}\right)}} = \frac{-2.18}{\sqrt{1.7797}} = -1.634$$

No se rechaza la hipótesis nula porque $t = -1.634 > t_{18} = -1.734$. El valor-$p$ (calculado en Excel) es de 0.0598. En otras palabras, la probabilidad de que $t < -1.634$ es igual a 0.0598. Este valor-p indica que si las medias de la población son iguales, la probabilidad de que el estadístico t sea menor que -1.634 es de 0.0598. Puesto que el valor-p es mayor a $\alpha = 0.05$, no hay suficiente evidencia para rechazar la hipótesis nula. Con base en estos resultados, no hay suficiente evidencia para que el restaurante de pizzas local anuncie que ellos tienen un tiempo de entrega menor.

Al probar la diferencia entre las medias, se supone que las poblaciones se distribuyen normalmente con varianzas iguales. Para situaciones en las que las dos poblaciones tienen varianzas iguales, la prueba t de varianza conjunta es **robusta** (es decir, no es sensitiva) para diferencias moderadas de la suposición de normalidad, con tal de que el tamaño de las muestras sea grande. En tales situaciones, es factible usar la prueba t de varianza conjunta sin que haya efectos serios en su poder. Sin embargo, si no se puede suponer que los datos en cada grupo provengan de poblaciones distribuidas normalmente, se tienen dos opciones: usar un procedimiento no paramétrico, tal como la prueba de suma de rangos de Wilcoxon (vea la referencia 1), que no depende de la suposición de normalidad para dos poblaciones, o utilizar una transformación de normalización (vea la referencia 9) en cada uno de los resultados y posteriormente usar la prueba t de varianza conjunta.

Para revisar la suposición de normalidad en cada uno de los dos grupos, observe el diagrama de caja para las ventas de las dos ubicaciones al final del pasillo en la figura 10.6. Parece que hay sólo una moderada diferencia de la normalidad, por lo que la suposición de normalidad necesaria para la prueba t no es seriamente infringida.

FIGURA 10.6
Gráfica de caja y bigote de Minitab para las ventas en las dos ubicaciones del pasillo.

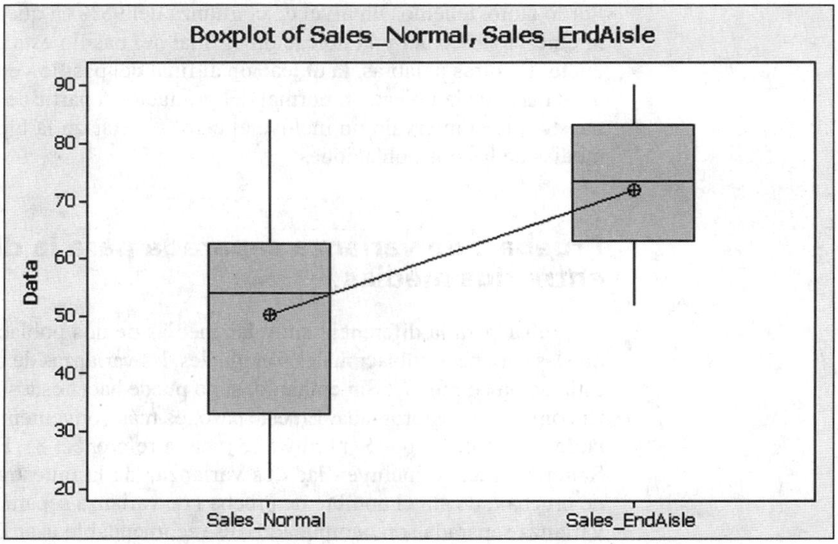

Estimación del intervalo de confianza para la diferencia entre las medias de dos poblaciones independientes

En lugar de, o además de, probar la diferencia en las medias de dos poblaciones independientes, se puede usar la ecuación (10.3) para desarrollar la estimación del intervalo de confianza de las diferencias en las medias.

ESTIMACIÓN DEL INTERVALO DE CONFIANZA DE LA DIFERENCIA EN LAS MEDIAS DE DOS POBLACIONES INDEPENDIENTES

$$(\bar{X}_1 - \bar{X}_2) \pm t_{n_1+n_2-2}\sqrt{S_p^2\left(\frac{1}{n_1}+\frac{1}{n_2}\right)} \qquad \textbf{(10.3)}$$

o

$$(\bar{X}_1 - \bar{X}_2) - t_{n_1+n_2-2}\sqrt{S_p^2\left(\frac{1}{n_1}+\frac{1}{n_2}\right)} \le \mu_1 - \mu_2 \le (\bar{X}_1 - \bar{X}_2) + t_{n_1+n_2-2}\sqrt{S_p^2\left(\frac{1}{n_1}+\frac{1}{n_2}\right)}$$

donde $t_{n_1+n\ -2}$ es el valor crítico de la distribución t con $n_1 + n_2 - 2$ grados de libertad para un área de $\alpha/2$ en la cola superior.

Usando un 95% de confianza, el estadístico de muestra reportado en las figuras 10.3 o 10.4 en la página 315, y la ecuación (10.3),

$$\bar{X}_1 = 50.3, n_1 = 10, \bar{X}_2 = 72, n_2 = 10, S_p^2 = 254.0056 \text{ y } t_{18} = 2\ 10.09:$$

$$(50.3 - 72) \pm (2.1009)\sqrt{254.0056\left(\frac{1}{10}+\frac{1}{10}\right)}$$

$$-21.7 \pm (2.1009)(7.1275)$$

$$-21.7 \pm 14.97$$

$$-36.67 \le \mu_1 - \mu_2 \le -6.73$$

Por lo tanto, tenemos un nivel de confianza del 95% en que la diferencia en la media de ventas entre la ubicación normal y la ubicación al final del pasillo está entre –36.67 y –6.73 empaques del producto. En otras palabras, la ubicación al final del pasillo vende, en promedio, de 6.73 a 36.67 empaques más que la ubicación normal del producto. A partir de la perspectiva de la prueba de hipótesis, puesto que el intervalo no incluye el cero, se rechaza la hipótesis nula de la no diferencia entre las medias de las dos poblaciones.

Prueba *t* de varianza separada para la diferencia entre dos medias

Al probar para la diferencia entre las medias de dos poblaciones independientes cuando se supone que las varianzas poblacionales son iguales, las varianzas de muestra se combinan juntas dentro de una estimación común S_p^2. Sin embargo, si no puede hacer esta suposición, entonces la prueba t de varianza conjunta es inapropiada. En este caso, es más conveniente utilizar la **prueba *t* de varianza separada** desarrollada por Satterthwaite (vea la referencia 8). En el procedimiento de aproximación de Satterthwaite, se incluyen las dos varianzas de la muestra separada en el cálculo del estadístico de prueba t; de ahí el nombre de prueba t de varianza separada. Como los cálculos para la prueba t de varianza separada son complicados, es recomendable usar Excel o Minitab para realizarla.

La figura 10.7 muestra la salida de Excel para la prueba *t* de varianza separada. La figura 10.8 ilustra la salida de Minitab.

FIGURA 10.7
Prueba *t* de salida de Excel de la varianza separada para los datos de la ubicación de pasillo.

	A	B	C
1	**t-Test: Two-Sample Assuming Unequal Variances**		
2			
3		*Normal*	*End-Aisle*
4	**Mean**	**50.3**	**72**
5	**Variance**	**350.6778**	**157.3333**
6	**Observations**	**10**	**10**
7	**Hypothesized Mean Difference**	**0**	
8	**df**	**16**	
9	**t Stat**	**-3.04455**	
10	**P(T<=t) one-tail**	**0.00386**	
11	**t Critical one-tail**	**1.74588**	
12	**P(T<=t) two-tail**	**0.00773**	
13	**t Critical two-tail**	**2.11990**	

FIGURA 10.8
Prueba *t* de salida de Minitab de la varianza separada para los datos de la ubicación de pasillo.

```
Two-sample T for Sales_Normal vs Sales_EndAisle

                N  Mean  StDev  SE Mean
Sales_Normal   10  50.3   18.7      5.9
Sales_EndAisle 10  72.0   12.5      4.0


Difference = mu (Sales_Normal) - mu (Sales_EndAisle)
Estimate for difference:  -21.7000
95% CI for difference:  (-36.8919, -6.5081)
T-Test of difference = 0 (vs not =): T-Value = -3.04  P-Value = 0.008  DF = 15
```

En las figuras 10.7 y 10.8 el estadístico de prueba es $t = -3.04$ y el valor-*p* $0.008 < 0.05$. Por lo tanto, los resultados para la prueba *t* de varianza separada son casi exactamente iguales a los de la prueba *t* de varianza conjunta. La suposición de igualdad de las varianzas poblacionales no tiene un efecto real en los resultados. Sin embargo, en ocasiones los resultados de las pruebas *t* de varianza conjunta y varianza separada entran en conflicto porque se infringe la suposición de varianzas iguales. Por eso es importante evaluar la suposición y usar tales resultados como guía para seleccionar de forma apropiada el procedimiento de prueba. En la sección 10.4 se discute la prueba *F* para determinar si existe evidencia de la diferencia en las dos varianzas poblacionales. Los resultados de esa prueba ayudarán a determinar cuál de las pruebas *t* (de varianza conjunta o de varianza separada) es más apropiada.

PROBLEMAS PARA LA SECCIÓN 10.1

Aprendizaje básico

ASISTENCIA de PH Grade **10.1** Dada una muestra de $n_1 = 40$ de una población con una desviación estándar conocida $\sigma_1 = 20$, y una muestra independiente de $n_2 = 50$ de otra población con una desviación estándar conocida $\sigma_2 = 10$, ¿cuál es el valor del estadístico de prueba *Z* para probar H_0: $\mu_1 = \mu_2$ si $\bar{X}_1 = 72$ y la $\bar{X}_2 = 66$?

ASISTENCIA de PH Grade **10.2** ¿Qué decisión tomaría en el problema 10.1 si está probando H_0: $\mu_1 = \mu_2$ contra la alternativa de dos colas H_1: $\mu_1 \neq \mu_2$ con un nivel de significancia $\alpha = 0.01$?

ASISTENCIA de PH Grade **10.3** ¿Cuál es el valor-*p* en el problema 10.1 si está probando H_0: $\mu_1 = \mu_2$ en contra de la alternativa de dos colas H_1: $\mu_1 \neq \mu_2$?

ASISTENCIA de PH Grade **10.4** Suponga que tiene una muestra de $n_1 = 8$ con una media muestral $\bar{X}_1 = 42$ y una desviación estándar de la muestra de $S_1 = 4$, y tiene una muestra independiente de $n_2 = 15$ de otra población con una media muestral de $\bar{X}_2 = 34$ y una desviación estándar de la muestra $S_2 = 5$,

a. ¿Cuál es el valor del estadístico de prueba *t* de varianza conjunta para probar H_0: $\mu_1 = \mu_2$?
b. Al encontrar el valor crítico del estadístico de prueba *t*, ¿cuántos grados de libertad hay?
c. Usando un nivel de significancia $\alpha = 0.01$, ¿cuál es el valor crítico para una prueba de una cola de la hipótesis H_0: $\mu_1 \leq \mu_2$ en contra de la alternativa H_1: $\mu_1 > \mu_2$?
d. ¿Cuál es su decisión estadística?

10.5 ¿Qué suposiciones acerca de las dos poblaciones son necesarias en el problema 10.4?

10.6 En relación con el problema 10.4, construya una estimación del intervalo de confianza del 95% de la diferencia poblacional entre μ_2 y μ_2.

Aplicación de conceptos

Puede resolver manualmente los problemas 10.7 a 10.17 o usando Excel, Minitab o SPSS. Le recomendamos usar Excel, Minitab o SPSS para resolver los problemas 10.18 a 10.21.

ASISTENCIA de PH Grade **10.7** El gerente de operaciones de una fábrica de focos desea determinar si existe alguna diferencia en la media de esperanza de vida de los focos fabricados en dos diferentes tipos de máquinas. La desviación estándar poblacional de la máquina I es de 110 horas y la de la máquina II es de 125 horas. Una muestra aleatoria de 25 focos de la máquina I indica una media muestral de 375 horas, y una muestra similar de 25 focos de la máquina II indica una media muestral de 362 horas.

a. Usando un nivel de significancia de 0.05, ¿existe alguna evidencia de la diferencia en la media de esperanza de vida de los focos fabricados por los dos tipos de máquinas?

b. Calcule el valor-*p* en el inciso *a*) e interprete su significado.

ASISTENCIA de PH Grade **10.8** La gerente de compras de una fábrica de partes industriales investiga la posibilidad de comprar un nuevo tipo de máquina de molienda. Ella determina comprar la máquina nueva si existe evidencia de que las partes producidas tendrán una mayor media de fuerza de rompimiento que la de la antigua máquina. La desviación estándar poblacional de la fuerza de rompimiento para la antigua máquina es de 10 kilogramos y para la nueva máquina es de 9 kilogramos. Una muestra de 100 partes tomada de la antigua máquina indica que la media muestral es de 65 kilogramos y una muestra similar de 100 de la nueva máquina indica una media muestral de 72 kilogramos.

a. Usando el nivel de significancia de 0.01, ¿existe evidencia de que la gerente de ventas deba comprar la nueva máquina?

b. Calcule el valor-*p* en el inciso *a*) e interprete su significado.

10.9 Se gastan millones de dólares cada año en comida dietética. Tendencias como la dieta Atkins baja en grasas o baja en carbohidratos ha llevado a patrocinar nuevos productos. Un estudio realizado por la doctora Linda Stern del Philadelphia Veterans Administration Hospital, comparó la pérdida de peso entre pacientes obesos con una dieta baja en grasas y pacientes obesos con una dieta baja en carbohidratos (R. Bazell, "Study Casts Doubt on Advantages of Atkins Diet", **msnbc.com**, mayo 17, 2004). Sea μ_1 la media del número de libras que los pacientes obesos perdieron en 6 meses con una dieta baja en grasas, y μ_2 la media del número de libras que los pacientes obesos perdieron en seis meses con una dieta baja en carbohidratos.

a. Establezca las hipótesis nula y alternativa si desea probar si las medias de la pérdida de peso entre las dos dietas son iguales o no.

b. En el contexto de este estudio, ¿cuál es el significado del error tipo I?

c. En el contexto de este estudio, ¿cuál es el significado de un error tipo II?

d. Suponga que una muestra de 100 pacientes obesos con una dieta baja en grasas perdió una media de 7.6 libras en seis meses con una desviación estándar de 3.2 libras, mientras que la muestra de 100 pacientes obesos con una dieta baja en carbohidratos perdió una media de 6.7 libras en seis meses con una desviación estándar de 3.9 libras. Con un nivel de significancia de 0.05, ¿existe evidencia de diferencia en la media de pérdida de peso entre los pacientes obesos sometidos a la dieta baja en grasa y los que se sometieron a la dieta baja en carbohidratos?

10.10 ¿A qué edad desarrollan los niños una preferencia por productos de marca en los Estados Unidos? En un estudio reportado en el *Journal of Consumer Psychology* (G. W. Achenreiner and D. R. John, "The Meaning of Brand Names to Children: A Developmental Investigation", *Journal of Consumer Psychology*, 2003, 13(3): 205-219), los mercadólogos mostraron a los niños fotografías idénticas de zapatos deportivos. Una fotografía tenía la etiqueta Nike y otra tenía la etiqueta K-Mart. Se pidió a los niños que evaluaran los zapatos con base en su apariencia, calidad, precio, prestigio, predilección y preferencia para poseerlos. La puntuación iba de 2 (la mejor evaluación posible del producto) hasta –2 (la peor evaluación posible del producto) y fue registrada para cada niño. La siguiente tabla registra los resultados del estudio.

Edad por marca	Tamaño de la muestra	Media de la muestra	Media de desviación estándar
8 años			
Nike	27	0.89	0.98
K-Mart	22	0.86	1.07
12 años			
Nike	39	0.88	1.01
K-Mart	41	0.09	1.08
16 años			
Nike	35	0.41	0.81
K-Mart	33	−0.29	0.92

a. Lleve a cabo una prueba *t* de varianza conjunta para la diferencia entre dos medias para cada uno de los tres grupos de edad. Use un nivel de significancia de 0.05.

b. Escriba un breve resumen de sus hallazgos.

ASISTENCIA de PH Grade **10.11** De acuerdo con una encuesta realizada en octubre de 2001, los consumidores trataban de reducir la deuda de su tarjeta de crédito (Margaret Price, "Credit Debts Get Cut Down to Size", *Newsday*, 25 de noviembre, 2001, F3). Con base en una muestra de 1,000 consumidores en octubre de 2001 y octubre de 2000, la media la deuda en la tarjeta de crédito fue de $2,411 en octubre de 2001, en comparación con $2,814 en octubre de 2000. Suponga que la desviación estándar fue de $847.43 en octubre de 2001 y de $976.93 en octubre de 2000.

a. Suponga que las varianzas poblacionales para ambos años son iguales. ¿Existe evidencia de que la media de la deuda de la tarjeta de crédito es menor en octubre de 2001 que en octubre de 2000? (Use un nivel de significancia de a = 0.05.)

b. Encuentre el valor-*p* en el inciso *a*) e interprete su significado.

c. Suponiendo que las varianzas poblacionales son iguales para ambos años, construya e interprete una estimación del intervalo de confianza del 95% de la diferencia entre las medias poblacionales en octubre de 2001 y octubre de 2000.

AUTO Examen **10.12** La Computer Anxiety Rating Scale (CARS o Escala de clasificación de ansiedad de computadora), mide el nivel de ansiedad del individuo provocada por el uso de la computadora en una escala de 20 (sin ansiedad) hasta 100 (nivel máximo de ansiedad). Los investigadores de la Universidad de Miami aplicaron la escala a 172 estudiantes de administración. Uno de los objetivos del estudio era determinar si existe una diferencia entre mujeres y hombres en el nivel de ansiedad provocada por la computadora.

	Hombres	Mujeres
$\bar{X}$	40.26	36.85
S	13.35	9.42
n	100	72

Fuente: Travis Broome y Douglas Havelka, "Determinants of Computer Anxiety in Business students", The Review of Business Information Systems, *primavera de 2002, 6(2):9-16.*

a. Usando un nivel de significancia de 0.05, ¿existe evidencia de la diferencia en la media de ansiedad ante la computadora experimentada por estudiantes del sexo femenino y masculino?

b. Determine el valor-*p* e interprete su significado.

c. ¿Qué suposiciones tendría que hacer acerca de las dos poblaciones para justificar el uso de la prueba *t*?

10.13 Remesas de carne, productos derivados de la carne y otros ingredientes se mezclan en diferentes líneas de llenado en una fábrica de comida en lata para mascotas. Después de que los ingredientes se mezclan por completo, el alimento para mascotas se coloca en latas de ocho onzas. En la siguiente tabla se proporcionan los datos de estadística descriptiva respecto a pesos de llenado provenientes de dos líneas de producción, de dos muestras independientes.

	Línea A	Línea B
$\bar{X}$	8.005	7.997
S	0.012	0.005
n	11	16

Suponiendo que las varianzas poblacionales son iguales, con un nivel de significancia de 0.05, ¿existe evidencia de la diferencia entre la media de peso de las latas llenadas en las dos líneas de producción?

10.14 Un banco con una sucursal localizada en el distrito comercial de la ciudad ha desarrollado un proceso de mejoramiento del servicio a clientes durante el horario del almuerzo, del mediodía a la 1:00 PM. El tiempo de espera (definido operacionalmente como el tiempo transcurrido desde que el cliente se forma en la fila hasta que llega a la ventana del cajero) de todos los clientes se registra en un periodo de una semana. Se selecciona una muestra de 15 clientes **BANK1**, y los resultados (en minutos) son los siguientes:

4.21 5.55 3.02 5.13 4.77 2.34 3.54 3.20
4.50 6.10 0.38 5.12 6.46 6.19 3.79

Suponga que otra sucursal localizada en un área residencial también está preocupada por el servicio durante la hora del almuerzo, del mediodía a la 1:00 PM. Se selecciona una muestra de 15 clientes **BANK2**, y los resultados son los siguientes:

9.66 5.90 8.02 5.79 8.73 3.82 8.01 8.35
10.49 6.68 5.64 4.08 6.17 9.91 5.47

a. Suponiendo que las varianzas poblacionales de los dos bancos son iguales, ¿existe evidencia de una diferencia en la media del tiempo de espera entre las dos sucursales? (Use $\alpha = 0.05$.)

b. Determine el valor-*p* en el inciso *a*) e interprete su significado.

c. ¿Qué otra suposición es necesaria para el inciso *a*)?

d. Suponiendo que las varianzas poblacionales para ambas sucursales son iguales, construya e interprete una estimación del intervalo de confianza del 95% de la diferencia entre las medias poblacionales de las dos sucursales.

10.15 Repita el problema 10.14*a*) suponiendo que las varianzas poblacionales en las dos sucursales no son iguales. Compare los resultados con los del problema 10.14*a*).

10.16 Un problema con una línea telefónica que previene a los clientes de recibir o realizar llamadas está preocupando tanto al cliente como a la empresa telefónica. Los datos **PHONE** representan muestras de 20 problemas reportados a dos diferentes oficinas de la empresa telefónica y el tiempo para resolver estos problemas (en minutos) de las líneas de los clientes:

Tiempo (en minutos) de la oficina central I para resolver problemas

1.48 1.75 0.78 2.85 0.52 1.60 4.15 3.97 1.48 3.10
1.02 0.53 0.93 1.60 0.80 1.05 6.32 3.93 5.45 0.97

Tiempo (en minutos) de la oficina central II para resolver problemas

7.55 3.75 0.10 1.10 0.60 0.52 3.30 2.10 0.58 4.02
3.75 0.65 1.92 0.60 1.53 4.23 0.08 1.48 1.65 0.72

a. Suponiendo que las varianzas poblacionales de ambas oficinas son iguales, ¿existe evidencia de una diferencia en la media del tiempo de espera entre las dos oficinas? (Use $\alpha = 0.05$.)

b. Determine el valor-*p* en el inciso *a*) e interprete su significado.

c. ¿Qué otra suposición es necesaria en el inciso *a*)?

d. Suponiendo que las varianzas poblacionales de ambas oficinas son iguales, construya e interprete una estimación del intervalo de confianza del 95% de la diferencia entre las medias poblacionales de las dos oficinas.

10.17 Repita el problema 10.16*a*) suponiendo que las varianzas poblacionales de las dos oficinas no son iguales. Compare los resultados con los del problema 10.16*a*).

10.18 En la impresión de grabado, el diseño o figura se talla debajo de la superficie de un metal duro o piedra. Suponga que se diseña un experimento para comparar diferencias en la media de la dureza de la superficie de placas de acero usadas en la impresión de grabado (medida en número de muescas) con base en dos condiciones diferentes de superficies: no tratada y pulida ligeramente con papel de lija. En el experimento se asignan aleatoriamente 40 placas de acero, 20 sin tratar y 20 tratadas **INTAGLIO.**

Sin tratar		Tratadas	
164.368	177.135	158.239	150.226
159.018	163.903	138.216	155.620
153.871	167.802	168.006	151.233
165.096	160.818	149.654	158.653
157.184	167.433	145.456	151.204
154.496	163.538	168.178	150.869
160.920	164.525	154.321	161.657
164.917	171.230	162.763	157.016
169.091	174.964	161.020	156.670
175.276	166.311	167.706	147.920

a. Suponiendo que las varianzas poblacionales de ambas condiciones son iguales, ¿existe evidencia de una diferencia en la media de dureza de superficie entre las placas de acero tratadas y las no tratadas? (Use $\alpha = 0.05$.)
b. Encuentre el valor-*p* en el inciso *a*) e interprete su significado.
c. ¿Qué otra suposición es necesaria para el inciso *a*)?
d. Suponiendo que las varianzas poblacionales de las placas de acero tratadas y no tratadas fueran iguales, construya e interprete una estimación del intervalo de confianza del 95% de la diferencia entre las medias poblacionales en las dos condiciones.

10.19 Repita el problema 10.18*a*) suponiendo que las varianzas poblacionales de las placas de acero tratadas y no tratadas no sean iguales. Compare estos resultados con los del problema 10.18a).

10.20 El director de capacitación de una fábrica productora de equipo electrónico está interesado en determinar si los diferentes métodos de capacitación tienen un efecto en la productividad de los empleados de la línea de ensamblaje. De forma aleatoria asigna a 42 empleados recientemente contratados en dos grupos de 21. El primer grupo recibe un programa de capacitación individual con ayuda de la computadora, y el otro grupo recibe un programa de capacitación en equipo. Al terminar la capacitación, se evalúa a los empleados de acuerdo con el tiempo (en segundos) que les toma armar una parte. Los resultados se encuentran en el archivo **TRAINING.**

a. Suponiendo que las varianzas poblacionales de los métodos de capacitación sean iguales, ¿existe evidencia de una diferencia entre la media del tiempo de armado (en segundos) de los empleados capacitados con un programa individualizado y asistido por computadora y aquellos capacitados con un programa en equipo? (Use un nivel de significancia de 0.05.)
b. ¿Qué otra suposición es necesaria en el inciso a)?
c. Repita el inciso *a*) suponiendo que las varianzas poblacionales no sean iguales.
d. Compare los resultados del inciso *a*) y del inciso *c*).
e. Suponiendo que las varianzas sean iguales, construya e interprete una estimación del intervalo de confianza del 95% de la diferencia entre las medias poblacionales de los dos métodos de capacitación.

10.21 La evaluación no destructiva (END), es un método usado para describir las propiedades de componentes o materiales sin causar ningún cambio físico permanente a las unidades. Incluye la determinación de las propiedades de los materiales y la clasificación de las grietas con base en tamaño, forma, tipo y localización. Este método es sumamente efectivo para detectar grietas superficiales y propiedades superficiales características de materiales que conducen electricidad. Recientemente se recolectaron datos que clasificaron cada grieta con base en la inspección manual y juiciosa del operador, y también se reportó el tamaño de la rajadura en el material. ¿Los componentes clasificados como que no tienen una grieta tienen una media de tamaño de rajadura menor que los componentes clasificados como que tienen una grieta? Los resultados en términos de tamaño de la rajadura (en pulgadas) se encuentran en el archivo: **CRACK** (Fuente: B. D. Olin y W. Q. Meeker, "Applications of Statistical Methods to Nondestructive Evaluation", *Technometrics,* 38, 1996, 101.)

a. Suponiendo que las varianzas poblacionales son iguales, ¿existe evidencia de que la media del tamaño de la rajadura es menor para los modelos sin grieta que para los modelos con grieta? (Use $\alpha = 0.05$.)
b. Repita el inciso *a*) suponiendo que las varianzas poblacionales no son iguales.
c. Compare los resultados de los incisos *a*) y *b*).

10.2 COMPARACIÓN DE MEDIAS DE DOS POBLACIONES RELACIONADAS

Los procedimientos de prueba de hipótesis examinados en la sección 10.1 nos permiten hacer comparaciones y examinar las diferencias en las medias de dos poblaciones *independientes*. En esta sección, aprenderá un procedimiento para analizar la diferencia entre las medias de dos poblaciones cuando se recolectan datos de muestra de poblaciones que están relacionadas, es decir, cuando los resultados de la primera población *no* son independientes de los resultados de la segunda población.

Existen dos modelos que consideran datos relacionados entre poblaciones. En el primer modelo, los artículos o individuos se **aparean** o **emparejan** de acuerdo con alguna característica. En el segundo modelo se toman **mediciones repetidas** para el mismo conjunto de elementos o individuos. En cualquier caso, la variable de interés se convierte en la *diferencia entre los valores* en lugar de los *valores* en sí mismos.

El primer método para analizar las muestras relacionadas supone el apareamiento o emparejamiento de elementos o individuos de acuerdo con alguna característica de interés. Por ejemplo, al realizar una prueba de marketing de un producto bajo dos diferentes campañas publicitarias, una muestra de pruebas de mercado se *aparean* con base en el tamaño de la población de la prueba de mercado y/o con base en variables demográficas. Al controlar estas variables, es posible medir mejor los efectos de las dos diferentes campañas publicitarias.

El segundo método para analizar las muestras relacionadas implica tomar mediciones repetidas de los mismos elementos o individuos. Bajo la teoría de que los mismos elementos o individuos se comportarán de la misma forma si son tratados de la misma forma, nuestro objetivo es mostrar que cualquier diferencia entre dos mediciones de los mismos elementos o individuos obedece a diferentes condiciones de tratamiento. Por ejemplo, cuando se realiza un experimento de prueba de gusto, se puede usar a cada persona en la muestra como su propio control, para tener así *mediciones repetidas* en el mismo individuo.

Sin importar si se tienen muestras emparejadas (apareadas) o mediciones repetidas, el objetivo es estudiar la diferencia entre dos mediciones reduciendo el efecto de la variabilidad que se debe a los propios elementos o individuos. La tabla 10.3 muestra las diferencias en los valores individuales para muestras tomadas de dos poblaciones relacionadas. Para leer esta tabla, permita que $X_{11}, X_{12}, \ldots, X_{1n}$ representen los valores n apareados provenientes de una muestra. Y permita que $X_{21}, X_{22}, \ldots, X_{2n}$ representen los valores apareados n correspondientes de una segunda muestra o las mediciones repetidas correspondientes n de la muestra inicial. Entonces, $D_1, D_2, \ldots, D_n$ representarán el conjunto correspondiente de las *puntuaciones* diferentes de n tal que

$$D_1 = X_{11} - X_{21}, D_2 = X_{12} - X_{22}, \ldots, \text{ y } D_n = X_{1n} - X_{2n}$$

TABLA 10.3
Determinación de la diferencia entre dos poblaciones relacionadas.

	Grupo		
Valor	**1**	**2**	**Diferencia**
1	X_{11}	X_{21}	$D_1 = X_{11} - X_{21}$
2	X_{12}	X_{22}	$D_2 = X_{12} - X_{22}$
.	.	.	.
.	.	.	.
.	.	.	.
i	X_{1i}	X_{2i}	$D_i = X_{1i} - X_{2i}$
.	.	.	.
.	.	.	.
.	.	.	.
n	X_{1n}	X_{2n}	$D_n = X_{1n} - X_{2n}$

Para probar la diferencia media entre dos poblaciones relacionadas, trate las diferencias de las puntuaciones, los D_i, como valores de una sola muestra. Si conoce la desviación estándar poblacional de los resultados de la diferencia, utilice la prueba Z definida en la ecuación (10.4).[2] Esta prueba Z para la diferencia media usando muestras de dos poblaciones relacionadas es equivalente a la prueba Z de una sola muestra para la diferencia media de las puntuaciones [vea la ecuación (9.1) en la página 278].

[2] *Si el tamaño de la muestra es grande, el teorema de límite central (vea la página 213) nos asegura que la distribución muestral $\overline{D}$ sigue una distribución normal.*

PRUEBA Z PARA LA DIFERENCIA DE LA MEDIA

$$Z = \frac{\overline{D} - \mu_D}{\frac{\sigma_D}{\sqrt{n}}} \qquad \textbf{(10.4)}$$

donde $\overline{D} = \dfrac{\sum_{i=1}^{n} D_i}{n}$

μ_D = diferencia media hipotetizada

σ_D = desviación estándar poblacional de los resultados de diferencia

n = tamaño de la muestra

El estadístico de prueba Z sigue una distribución normal estandarizada.

Prueba *t* apareada

En la mayoría de los casos, la desviación estándar de la población es desconocida. La única información de la que por lo general se dispone son la media y la desviación estándar de la muestra.

Si usted supone que los resultados de la diferencia han sido seleccionados de forma aleatoria e independiente de una población que se distribuye normalmente, puede usar la **prueba *t* apareada para la diferencia media en poblaciones relacionadas** para determinar si existe una diferencia media de la población significativa. De esta forma, como en la prueba t de una muestra desarrollada en la sección 9.4 [vea la ecuación (9.2) en la página 290], el estadístico de prueba t desarrollado aquí sigue la distribución t con $n - 1$ grados de libertad. Aunque se debe suponer que la población está distribuida normalmente, siempre y cuando el tamaño de la muestra no sea muy pequeño y la población no esté demasiado sesgada, podrá utilizarse la prueba t apareada.

Para probar la hipótesis nula de que no existen diferencias en las medias de dos poblaciones relacionadas (es decir, la diferencia media de la población μ_D es 0)

$$H_0: \mu_D = 0 \text{ (donde } \mu_D = \mu_1 - \mu_2)$$

contra la alternativa de que las medias no son iguales (es decir, la diferencia de la población μ_D no es 0)

$$H_1: \mu_D \neq 0$$

se calcula el estadístico de prueba t en la ecuación (10.5).

PRUEBA *t* APAREADA PARA LA DIFERENCIA DE LA MEDIA

$$t = \frac{\overline{D} - \mu_D}{\frac{S_D}{\sqrt{n}}} \tag{10.5}$$

donde

$$\overline{D} = \frac{\sum_{i=1}^{n} D_i}{n}$$

y

$$S_D = \sqrt{\frac{\sum_{i=1}^{n}(D_i - \overline{D})^2}{n - 1}}$$

El estadístico de prueba t sigue una distribución t con $n - 1$ grados de libertad.

Para una prueba de dos colas con un nivel de significancia α dado, se rechaza la hipótesis nula si el estadístico de prueba t calculado es mayor que el valor crítico de la cola superior t_{n-1} de la distribución t o si el estadístico de prueba calculado es menor que el valor crítico de la cola inferior $-t_{n-1}$ de la distribución t. Es decir, la regla de decisión es:

$$\text{Rechace } H_0 \text{ si } t > t_{n-1}$$
$$\text{o si } t < -t_{n-1};$$
$$\text{de otra forma, no rechace } H_0.$$

Para ilustrar el uso de la prueba t para la diferencia de la media, suponga que una empresa de aplicaciones de software desarrolla un nuevo paquete de aplicaciones fiscales. Puesto que el tiempo de procesamiento de la computadora es un criterio importante al tomar una decisión, el desarrollador desea que el nuevo paquete tenga las mismas características y capacidades que el actual líder en el mercado y que además proporcione resultados más rápidos que el paquete líder actual. Si el nuevo paquete financiero es útil, dará los mismos resultados que el actual líder en el mercado, pero usará un menor tiempo de procesamiento.

¿Cuál es la mejor forma de diseñar un experimento para comparar la velocidad de procesamiento del nuevo paquete de software con el tiempo de procesamiento del paquete actual? Un enfoque sería tomar dos muestras independientes y después utilizar la prueba de hipótesis discutida en la sección 10.1. En este enfoque, se utilizaría un conjunto de proyectos de aplicaciones financieras para probar el nuevo paquete de software. Entonces se usaría un segundo conjunto de proyectos de aplicaciones financieras para probar el paquete actual. Sin embargo, como el primer conjunto de proyectos de aplicaciones financieras usado para probar el nuevo paquete podría ser más veloz o más lento para procesar que el segundo conjunto de proyectos de aplicaciones financieras, tal vez ésta no sea la mejor forma de acercarnos al problema. Un mejor enfoque sería recurrir a un experimento de mediciones repetidas. En este experimento, se utiliza un conjunto de proyectos de aplicaciones financieras. Para cada uno de los proyectos, se prueba el nuevo paquete de software y se prueba también el paquete actual. Medir los dos tiempos de procesamiento para cada proyecto de aplicaciones financieras sirve para reducir la variabilidad en los tiempos de procesamiento comparado con lo que ocurriría si se utilizaran dos conjuntos independientes de proyectos de aplicaciones financieras. Este enfoque también se centra en las diferencias entre los dos tiempos de procesamiento para cada uno de los proyectos de aplicaciones financieras, para así medir la efectividad del nuevo paquete de software.

Los resultados que presenta la tabla 10.4 son para una muestra de $n = 10$ proyectos de aplicaciones financieras usados en el experimento **COMPTIME**.

TABLA 10.4

Mediciones repetidas del tiempo (en segundos) para completar los proyectos de aplicaciones financieras de dos paquetes competidores de software.

	Tiempo de procesamiento (en segundos)		
Aplicaciones del proyecto	**Del líder actual en el mercado**	**Del nuevo paquete de software**	**Diferencia (D_i)**
1	9.98	9.88	+0.10
2	9.88	9.86	+0.02
3	9.84	9.75	+0.09
4	9.99	9.80	+0.19
5	9.94	9.87	+0.07
6	9.84	9.84	0.00
7	9.86	9.87	−0.01
8	10.12	9.86	+0.26
9	9.90	9.83	+0.07
10	9.91	9.86	+0.05
			+0.84

La pregunta que usted debe responder es si el nuevo paquete de software es más veloz. En otras palabras, ¿existe evidencia de que la media del tiempo de procesamiento es significativamente mayor cuando los proyectos de aplicación financiera usan el paquete líder del mercado actual que cuando usan el nuevo paquete de software? Entonces, las hipótesis nula y alternativa son:

H_0: $\mu_D \leq 0$ (la media del tiempo de procesamiento para el paquete actual es menor o igual que para el nuevo paquete).

H_1: $\mu_D > 0$ (la media del tiempo de procesamiento para el paquete actual es mayor que la del paquete nuevo).

Al elegir un nivel de significancia de a = 0.05 y suponiendo que las diferencias se distribuyen normalmente, se usa la prueba t apareada [ecuación (10.5) en la página 324]. Para una muestra de $n = 10$ proyectos, hay $n - 1 = 9$ grados de libertad. Usando la tabla E.3, la regla de decisión es:

Rechace H_0 si $t > t_9 = 1.8331$;

de otra manera no rechace H_0.

Para las diferencias $n = 10$ (vea la tabla 10.4), la diferencia de la media muestral es

$$\overline{D} = \frac{\sum_{i=1}^{n} D_i}{n} = \frac{0.84}{10} = 0.084$$

y

$$S_D = \sqrt{\frac{\sum_{i=1}^{n}(D_i - \overline{D})^2}{n-1}} = 0.0844$$

De la ecuación (10.5) en la página 324,

$$t = \frac{\overline{D} - \mu_D}{\frac{S_D}{\sqrt{n}}} = \frac{-2.18 - 0}{\frac{2.2641}{\sqrt{10}}} = -3.045$$

Como $t = 3.15$ es mayor que 1.8331, se rechaza la hipótesis nula H_0 (vea la figura 10.9). Existe evidencia de que la media del tiempo de procesamiento es mayor para el líder actual en el mercado que para el nuevo paquete.

FIGURA 10.9
Prueba *t* apareada de una cola con un nivel de significancia de 0.05 con 9 grados de libertad.

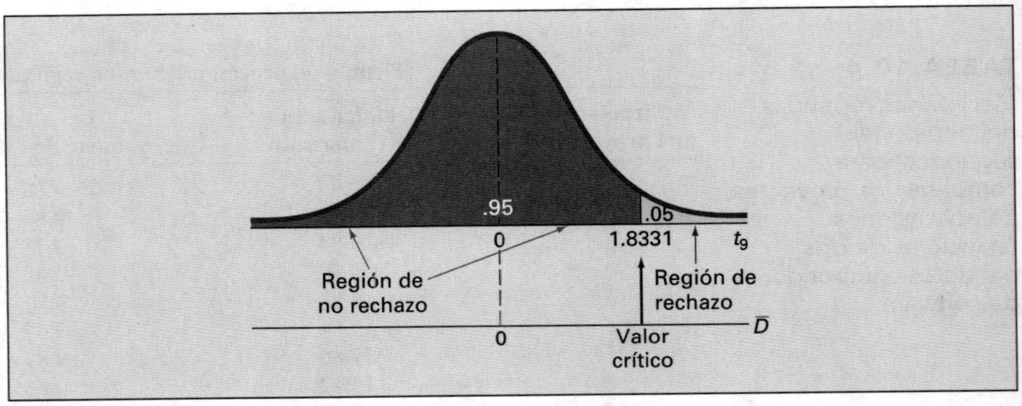

Puede calcular este estadístico de prueba junto con el valor-*p* usando Excel o Minitab (vea las figuras 10.10 y 10.11). Puesto que el valor-$p = 0.006 < \alpha = 0.05$, se rechaza H_0. El valor-*p* indica que si ambos paquetes tienen la misma media de tiempo de procesamiento, la probabilidad de que el nuevo paquete mejore el desempeño del paquete actual por una media de 0.084 segundos o más es de sólo 0.006. Como esta probabilidad es tan pequeña, se tiene un mínimo grado de creencia en la hipótesis nula y se concluye que la hipótesis alternativa (es decir, el paquete actual se toma más tiempo) es cierta.

FIGURA 10.10
Prueba *t* apareada de Excel para los datos del paquete financiero.

	A	B	C
1	**t-Test: Paired Two Sample for Means**		
2			
3		***Current***	***New***
4	**Mean**	**9.926**	**9.842**
5	**Variance**	**0.0074**	**0.0016**
6	**Observations**	**10**	**10**
7	**Pearson Correlation**	**0.2798**	
8	**Hypothesized Mean Difference**	**0**	
9	**df**	**9**	
10	**t Stat**	**3.14902**	
11	**P(T<=t) one-tail**	**0.00588**	
12	**t Critical one-tail**	**1.83311**	
13	**P(T<=t) two-tail**	**0.01176**	
14	**t Critical two-tail**	**2.26216**	

FIGURA 10.11
PANEL A
Prueba t apareada en Minitab para los datos del paquete financiero.

```
Paired T for Current - New

             N       Mean     StDev   SE Mean
Current     10    9.92600   0.08631   0.02729
New         10    9.84200   0.03994   0.01263
Difference  10   0.084000  0.084354  0.026675

95% lower bound for mean difference: 0.035102
T-Test of mean difference = 0 (vs > 0): T-Value = 3.15  P-Value = 0.006
```

FIGURA 10.11
PANEL B
Gráfica de caja en Minitab para los datos del paquete financiero.

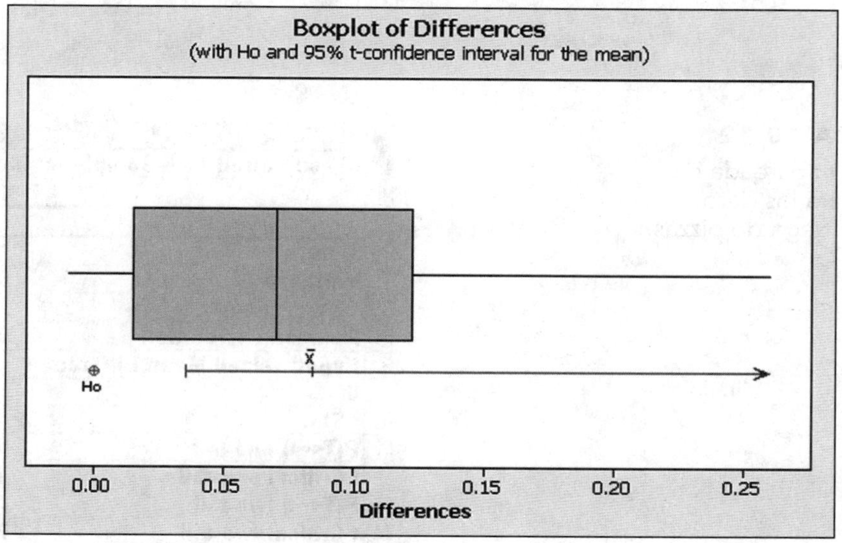

En la figura 10.11, panel B, observe que la gráfica de caja muestra una simetría aproximada entre los cuartiles primero y tercero, pero también tiene uno o más valores altos. Así que los datos no se contradicen mucho con la suposición subyacente de normalidad. Si un análisis de datos exploratorio revela que la suposición subyacente de normalidad en la población se ha infringido severamente, entonces la prueba t no es apropiada. Si esto sucede, se puede usar un procedimiento *no paramétrico* que no haga la suposición estricta de normalidad subyacente (vea las referencias 1 y 2) o realizar una transformación de datos (vea la referencia 9) y después revisar las suposiciones para determinar si se utiliza o no la prueba t.

EJEMPLO 10.2

PRUEBA t APAREADA DE LOS TIEMPOS DE ENTREGA DE PIZZAS

Recuerde el ejemplo 10.1 en la página 316 de un restaurante local de pizza ubicado cerca del campus universitario que anuncia que el tiempo de entrega a los dormitorios universitarios es menor que el de la sucursal local de una cadena nacional de pizzas. Para determinar si esta publicidad es válida, usted y unos amigos deciden ordenar 10 pizzas del restaurante local y 10 pizzas de la cadena nacional. De hecho, usted y sus amigos han recolectado los datos en 10 horas diferentes. Ordenaron pizza del restaurante local y también de la cadena nacional de pizza en cada una de las horas. Entonces, aparearon los datos, una medición para cada pizza entregada a cada hora.

SOLUCIÓN Se usa la prueba t apareada en lugar de la prueba t conjunta para analizar estos datos PIZZATIME. La tabla 10.5 resume estos datos.

TABLA 10.5
Tiempos de entrega del restaurante local de pizzas y de la cadena nacional de pizzas.

Tiempo	Local	Cadena	Diferencia
1	16.8	22.0	−5.2
2	11.7	15.2	−3.5
3	15.6	18.7	−3.1
4	16.7	15.6	1.1
5	17.5	20.8	−3.3
6	18.1	19.5	−1.4
7	14.1	17.0	−2.9
8	21.8	19.5	2.3
9	13.9	16.5	−2.6
10	20.8	24.0	−3.2
			−21.8

FIGURA 10.12
Prueba *t* apareada de Excel para los datos de la entrega de pizzas.

	A	B	C
1	t-Test: Paired Two Sample for Means		
2			
3		Local	Chain
4	Mean	16.7	18.88
5	Variance	9.582222	8.215111
6	Observations	10	10
7	Pearson Correlation	0.714077	
8	Hypothesized Mean Difference	0	
9	df	9	
10	t Stat	-3.04479	
11	P(T<=t) one-tail	0.006955	
12	t Critical one-tail	1.833114	
13	P(T<=t) two-tail	0.01391	
14	t Critical two-tail	2.262159	

La figura 10.12 ilustra la salida de la prueba *t* apareada de Excel para los datos de entrega de pizzas. Las hipótesis alternativa y nula son:

H_0: $\mu_D \geq 0$ (la media del tiempo de entrega para el restaurante local de pizzas es mayor que o igual que el de la cadena nacional de pizzas).

H_1: $\mu_D < 0$ (la media de tiempo entrega para el restaurante local de pizzas es menor que el de la cadena nacional de pizzas).

Eligiendo un nivel de significancia de $\alpha = 0.05$ y suponiendo que las diferencias se distribuyen normalmente, utilice una prueba *t* apareada [ecuación (10.5) en la página 324]. Para una muestra de $n = 10$ tiempos de entrega, existen $n - 1$ grados de libertad. Usando la tabla E.3, la regla de decisión es:

$$\text{Rechace } H_0 \text{ si } t < t_9 = -1.8331:$$

$$\text{de otra forma, no rechace } H_0.$$

Para $n = 10$ diferencias (vea la tabla 10.5), la diferencia media de la muestra es

$$\overline{D} = \frac{\sum_{i=1}^{n} D_i}{n} = \frac{-21.8}{10} = -2.18$$

y la desviación estándar de la muestra es

$$S_D = \sqrt{\frac{\sum_{i=1}^{n} (D_i - \overline{D})^2}{n-1}} = 2.2641$$

De la ecuación (10.5) en la página 324,

$$t = \frac{\overline{D} - \mu_D}{\frac{S_D}{\sqrt{n}}} = \frac{-2.18 - 0}{\frac{2.2641}{\sqrt{10}}} = -3.045$$

Como $t = -3.045$ es menor que -1.8331, se rechaza la hipótesis nula H_0 (el valor-p es o.007 < 0.05). Existe evidencia de que la media del tiempo de entrega es menor para el restaurante local de pizzas que para la cadena nacional de pizzas.

Esta conclusión es diferente de la que se obtuvo cuando se usó la prueba t de varianza conjunta para estos datos. Al aparear los tiempos de entrega, usted fue capaz de enfocarse en las diferencias entre los dos servicios de entrega de pizzas y así tuvo un procedimiento estadístico más poderoso que resultó mejor para detectar la diferencia entre los dos restaurantes.

Estimación del intervalo de confianza para la diferencia de la media

En lugar de, o además de, probar las diferencias entre las medias de dos poblaciones relacionadas, es posible construir una estimación del intervalo de confianza de la diferencia media como muestra la ecuación (10.6)

ESTIMACIÓN DEL INTERVALO DE CONFIANZA PARA LA DIFERENCIA DE LA MEDIA

$$\overline{D} \pm t_{n-1} \frac{S_D}{\sqrt{n}} \tag{10.6}$$

o

$$\overline{D} - t_{n-1} \frac{S_D}{\sqrt{n}} \leq \mu_D \leq \overline{D} + t_{n-1} \frac{S_D}{\sqrt{n}}$$

Volviendo al ejemplo relacionado con los proyectos de aplicaciones financieras en las páginas 324 y 325, usando la ecuación (10.6) anterior, $\overline{D} = 0.084$, $S_D = 0.0844$, $n = 10$ y $t = 2.2622$ (para un nivel de confianza del 95% y $n - 1 = 9$ grados de libertad),

$$0.084 \pm (2.2622) \frac{0.0844}{\sqrt{10}}$$

$$0.084 \pm 0.0604$$

$$0.0236 \leq \mu_D \leq 0.1444$$

Por lo tanto, con un nivel de confianza del 95%, la diferencia media entre los dos paquetes de software se encuentra entre 0.0236 y 0.1444 segundos. Puesto que la estimación del intervalo sólo contiene valores mayores a cero, se concluye que la media del tiempo de procesamiento para el paquete actual es mayor que la del nuevo paquete.

PROBLEMAS PARA LA SECCIÓN 10.2

Aprendizaje básico

ASISTENCIA de PH Grade **10.22** Un diseño experimental para una prueba t apareada tiene, como muestra emparejada, 20 pares de gemelos idénticos. ¿Cuántos grados de libertad existen en esta prueba t?

ASISTENCIA de PH Grade **10.23** Un diseño experimental para una prueba t de mediciones repetidas, requiere de mediciones antes y después de la presentación de un estímulo a cada uno de 15 sujetos. ¿Cuántos grados de libertad hay en esta prueba t?

Aplicación de conceptos

Puede resolver manualmente los problemas 10.24 a 10.29 o usando Excel, Minitab o SPSS. Le recomendamos usar Excel, Minitab o SPSS para resolver el problema 10.30.

10.24 Los gastos de viaje pagados por empresas se incrementan o disminuyen drásticamente cuando hay cambios en las tarifas diarias de las habitaciones de hotel. ¿Permanecieron fijas estas tarifas de junio de 2002 a marzo de 2004? Los siguientes datos **HOTELPRICE2** indican la tarifa general de los hoteles en 18 ciudades durante marzo de 2004 y junio de 2002.

Ciudad	Hotel 2004	Hotel 2002
Atlanta	78.91	173
Boston	112.92	243
Chicago	96.90	257
Dallas	77.43	167
Denver	74.22	139
Detroit	77.71	141
Houston	76.26	180
Los Ángeles	95.78	223
Miami	140.61	116
Minneapolis	78.64	167
New Orleáns	121.59	142
Nueva York	167.43	273
Orlando	98.57	133
Phoenix	123.19	124
San Francisco	123.51	178
Seattle	95.09	176
St. Louis	74.68	159
Washington	123.27	262

Fuentes: "Travel", The Wall Street Journal, *7 de junio, 2002, W4; y C. Woodyard, "Luxury Costs More These Days",* USA Today, *27 de abril, 2004, 5B.*

a. Con un nivel de significancia de 0.05, ¿existe evidencia de una diferencia en la media de la tarifa diaria del hotel en marzo de 2004 y junio de 2002?

b. ¿Qué suposición es necesaria para ejecutar esta prueba?

c. Determine el valor-*p* en el inciso *a*) e interprete su significado.

d. Construya e interprete una estimación del intervalo de confianza del 95% de la diferencia en la media de la tarifa diaria del hotel para marzo de 2004 y junio de 2002.

10.25 En el escenario industrial existen métodos alternativos para medir variables de interés. Los datos en el archivo **MEASUREMENT** (codificados para mantener la confidencialidad) representan mediciones en línea (recolectadas de un analizador durante el proceso de producción) y mediciones de un laboratorio analítico. (M. Leitnaker, "Comparing Measurements Processes: In-line Versus Analytical Measurements", *Quality Engineering,* 13, 2000-2001, 293-298.)

a. Con un nivel de significancia de 0.05, ¿existe evidencia de una diferencia en la media de las mediciones en línea y las del laboratorio analítico?

b. ¿Qué suposición es necesaria para realizar esta prueba?

c. Use un método gráfico para evaluar la validez de la suposición en el inciso *a*).

d. Construya e interprete una estimación del intervalo de confianza del 95% de la diferencia en la media de las mediciones en línea y del laboratorio analítico.

AUTO Examen **10.26** ¿Ahorran dinero los estudiantes al comprar sus libros de texto en Amazon.com? Al investigar esta posibilidad, se seleccionó una muestra aleatoria de 15 libros de texto usados durante un semestre reciente en la Universidad de Miami. Se registraron los precios para estos libros de texto, tanto para los de la librería local como para los de Amazon.com. Los precios de estos libros de texto, incluyendo todos los impuestos relevantes y los gastos de envío son los siguientes **TEXTBOOK**:

Libro de texto	Librería	Amazon
Access 2000 Guidebook	52.22	57.34
HTML 4.0 CD with Java Script	52.74	44.47
Designing the Physical Education Curriculum	39.04	41.48
Service Management: Operations, Strategy and IT	101.28	73.72
Fundamentals of Real Estate Appraisal	37.45	42.04
Investments	113.41	95.38
Intermediate Financial Management	109.72	119.80
Real Estate Principles	101.28	62.48
The Automobile Age	29.49	32.43
Geographic Information Systems in Ecology	70.07	74.43
Geosystems: An Introduction to Physical Geography	83.87	83.81
Understanding Contemporary Africa	23.21	26.48
Early Childhood Education Today	72.80	73.48
System of Transcendental Idealism (1800)	17.41	20.98
Principles and Labs for Fitness and Wellness	37.72	40.43

a. Con un nivel de significancia de 0.01, ¿existe evidencia de una diferencia entre la media del precio de los libros de texto en la librería local y en Amazon.com?

b. ¿Qué suposición es necesaria para realizar esta prueba?

c. Construya una estimación del intervalo de confianza de la diferencia media en el precio. Interprete el intervalo.

d. Compare los resultados de los incisos *a*) y *c*).

10.27 Un artículo reciente habló sobre el nuevo Whole Foods Market del edificio Time-Warner en la ciudad de Nueva York.

Los siguientes datos **WHOLEFOODS1** comparan los precios de algunos productos básicos del nuevo Whole Foods Market con los del supermercado Fairway localizado aproximadamente a 15 calles del edificio Time-Warner.

Artículo	Whole Foods	Fairway
Medio galón de leche	2.19	1.35
Docena de huevos	2.39	1.69
Jugo de naranja Tropicana (64 oz.)	2.00	2.49
Corazón de lechuga Boston	1.98	1.29
Carne de res (1 lb.)	4.99	3.69
Atún Bumble Bee, lata de 6 oz.	1.79	1.33
Manzanas Granny Smith (1 lb.)	1.69	1.49
Caja de linguini DeCecco	1.99	1.59
Filete de salmón, 1 lb.	7.99	5.99
Pollo entero por libra	2.19	1.49

Fuente: W. Grimes, "A Pleasure Palace without the Guilt", The New York Times, *18 de febrero 18, 2004, F1, F5.*

a. Con un nivel de significancia de 0.01, ¿existe evidencia de que la media del precio es mayor en el Whole Foods Market que en el supermercado Fairway?

b. Interprete el significado del valor-*p* en el inciso *a*).

10.28 El mieloma múltiple, o cáncer del plasma de la sangre, se caracteriza por un aumento en la formación de vasos sanguíneos (angiogénesis) en la médula ósea, lo cual es un factor de pronóstico para la supervivencia. Un método de tratamiento usado para el mieloma múltiple es el trasplante de células madre del propio paciente. Los siguientes datos **MYELOMA** representan la densidad de los microvasos en la médula ósea para pacientes que han tenido una respuesta completa al trasplante de células madre medidas a través de pruebas de sangre y orina. Las mediciones se tomaron inmediatamente antes del trasplante de células madre y al momento de la respuesta completa.

Paciente	Antes	Después
1	158	284
2	189	214
3	202	101
4	353	227
5	416	290
6	426	176
7	441	290

Fuente: S. V. Rajkumar, R. Fonseca, T. E. Witzig, M. A. Gertz y P. R. Greipp, "Bone Marrow Angiogenesis in Patients Achieving Complete Response After Stem Cell Transplantation for Múltiple Myeloma", Leukemia, *1999, 13, 469-472.*

a. Con un nivel de significancia de 0.05, ¿existe evidencia de que la densidad de los microvasos en la médula ósea es mayor antes del trasplante de células madre?

b. Interprete el significado del valor-*p* en el inciso *a*).

c. Construya e interprete una estimación del intervalo de confianza del 95% de la diferencia media de la densidad de microvasos en la médula ósea antes y después del trasplante de células madre.

10.29 Durante el último año el vicepresidente de recursos humanos de un gran centro médico ha realizado una serie de talleres con duración de tres meses, con el objetivo de incrementar la motivación y desempeño de los trabajadores. Para revisar la efectividad de los talleres, se seleccionó una muestra aleatoria de 35 empleados de los archivos del personal y registró sus calificaciones de desempeño del año más reciente junto con las calificaciones obtenidas antes de asistir a los talleres **PERFORM**. La salida de Excel en los paneles A y B proporciona información descriptiva e inferencial para que usted pueda analizar los resultados y examinar las suposiciones de la prueba de hipótesis usada.

	A	B
1	*Difference*	
2		
3	Mean	-5.25714
4	Standard Error	1.947782
5	Median	-5
6	Mode	-10
7	Standard Deviation	11.52323
8	Sample Variance	132.7849
9	Kurtosis	1.103831
10	Skewness	0.110341
11	Range	61
12	Minimum	-34
13	Maximum	27
14	Sum	-184
15	Count	35
16	Largest(1)	27
17	Smallest(1)	-34

PANEL A

	A	B	C
1	t-Test: Paired Two Sample for Means		
2			
3		*Before*	*After*
4	Mean	74.54286	79.8
5	Variance	80.90252	37.16471
6	Observations	35	35
7	Pearson Correlation	-0.1342	
8	Hypothesized Mean Difference	0	
9	df	34	
10	t Stat	-2.69904	
11	P(T<=t) one-tail	0.005376	
12	t Critical one-tail	1.690923	
13	P(T<=t) two-tail	0.010752	
14	t Critical two-tail	2.032243	

PANEL B

10.30 Los datos en el archivo **CONCRETE1** representan la fuerza compresiva en miles de libras por pulgada cuadrada (psi) de 40 muestras de concreto tomadas dos y siete días después del vaciado.

Fuente: O. Carrillo-Gamboa y R. F. Gunst, "Measurement-Error-Model Collinearities", Technometrics, *34, 1992, 454-464.*

a. Con un nivel de significancia de 0.01, ¿existe evidencia de que la media de fuerza es menor a los dos días que a los siete días?

b. ¿Qué suposición es necesaria para realizar esta prueba?

c. Encuentre el valor-p en el inciso a) e interprete su significado.

10.3 COMPARACIÓN DE PROPORCIONES DE DOS POBLACIONES

A menudo se requiere hacer comparaciones y analizar las diferencias entre las proporciones de dos poblaciones. Es posible realizar una prueba para las diferencias entre dos proporciones seleccionadas de dos muestras independientes usando dos métodos diferentes. Esta sección presenta un procedimiento cuyo estadístico de prueba Z es aproximado por una distribución normal estandarizada. En la sección 11.1 se desarrollará un procedimiento cuyo estadístico de prueba χ^2 es aproximado por una distribución chi-cuadrada. Como verá, los resultados de ambas pruebas son equivalentes.

Prueba *Z* para la diferencia entre dos proporciones

Al evaluar las diferencias entre proporciones de dos poblaciones, se puede usar una **prueba *Z* para la diferencia entre dos proporciones**. El estadístico de prueba Z se basa en la diferencia entre las proporciones de dos muestras $(p_1 - p_2)$. Este estadístico de prueba, dado en la ecuación (10.7), sigue aproximadamente una distribución normal estandarizada para muestras lo suficientemente grandes.

PRUEBA Z PARA LA DIFERENCIA ENTRE DOS PROPORCIONES

$$Z = \frac{(p_1 - p_2) - (\pi_1 - \pi_2)}{\sqrt{\bar{p}(1-\bar{p})\left(\frac{1}{n_1} + \frac{1}{n_2}\right)}} \qquad \textbf{(10.7)}$$

con

$$\bar{p} = \frac{X_1 + X_2}{n_1 + n_2} \quad p_1 = \frac{X_1}{n_1} \quad p_2 = \frac{X_2}{n_2}$$

donde

p_1 = proporción de éxitos en la muestra 1
X_1 = número de éxitos en la muestra 1
n_1 = tamaño de la muestra 1
π_1 = proporción de éxitos en la población 1
p_2 = proporción de éxitos en la muestra 2
X_2 = número de éxitos en la muestra 2
n_2 = tamaño de la muestra 2
π_2 = proporción de éxitos en la población 2
$\bar{p}$ = estimación conjunta de los éxitos de la proporción de la población

El estadístico de prueba Z sigue aproximadamente una distribución normal estandarizada.

Bajo la hipótesis nula, se supone que las proporciones de dos poblaciones son iguales ($\pi_1 = \pi_2$). Puesto que el conjunto estimado para la proporción de la población está basado en la hipótesis nula, se combinan o conjuntan las proporciones de las dos muestras para calcular una estimación global de la proporción de la población común. Este estimado es igual al número de éxitos en la combinación de las dos muestras ($X_1 + X_2$) dividido por el total del tamaño muestral de los dos grupos de muestras ($n_1 + n_2$).

Como ilustra la siguiente tabla, es posible usar la prueba Z para la diferencia entre las proporciones de dos muestras para determinar si existe una diferencia en la proporción de éxitos de los dos grupos (prueba de dos colas) o si un grupo tiene una mayor proporción de éxitos que el otro grupo (prueba de una cola).

Prueba de dos colas	**Prueba de una cola**	**Prueba de una cola**
$H_0: \pi_1 = \pi_2$	$H_0: \pi_1 \geq \pi_2$	$H_0: \pi_1 \leq \pi_2$
$H_1: \pi_1 \neq \pi_2$	$H_1: \pi_1 < \pi_2$	$H_1: \pi_1 > \pi_2$

donde

π_1 = proporción de éxitos en la población 1

π_2 = proporción de éxitos en la población 2

Para probar la hipótesis nula de que no hay diferencia entre las proporciones de dos poblaciones independientes:

$$H_0: \pi_1 = \pi_2$$

contra la alternativa de que las proporciones de las dos poblaciones no son iguales:

$$H_1: \pi_1 \neq \pi_2$$

se utiliza el estadístico de prueba Z de la ecuación (10.7). Para un nivel de significancia a dado, rechace la hipótesis nula si la prueba Z calculada es mayor que el valor crítico de la cola superior de la distribución normal estandarizada, o si el estadístico de prueba calculado es menor que el valor crítico de la cola inferior de la distribución normal estandarizada.

Para ilustrar el uso de la prueba Z para la igualdad de dos proporciones, suponga que es el gerente de T. C. Resort Properties, un conjunto de cinco hoteles gran turismo localizados en dos islas. En una de las islas, T. C. Resort Properties tiene dos hoteles, el Beachcomber y el Windsurfer. Al tabular las respuestas para la única pregunta "¿Elegiría venir a este hotel nuevamente?", 163 de 227 huéspedes del hotel Beachcomber respondieron sí, y 154 de 262 huéspedes del hotel Windsurfer respondieron sí. Con un nivel de significancia de 0.05, ¿existe evidencia de una diferencia significativa en la satisfacción de los huéspedes (medida por la posibilidad de regresar al hotel) entre los dos hoteles?

Las hipótesis nula y alternativa son

$$H_0: \pi_1 = \pi_2 \text{ o } \pi_1 - \pi_2 = 0$$

$$H_1: \pi_1 \neq \pi_2 \text{ o } \pi_1 - \pi_2 \neq 0$$

Usando el nivel de significancia de 0.05, los valores críticos son -1.96 y $+1.96$ (vea la figura 10.13) y la regla de decisión es

Rechace H_0 si $Z < -1.96$

o si $Z > +1.96$;

de otra forma, no rechace H_0.

FIGURA 10.13
Regiones de rechazo y no rechazo al probar la hipótesis para la diferencia entre dos proporciones en un nivel de significancia de 0.05.

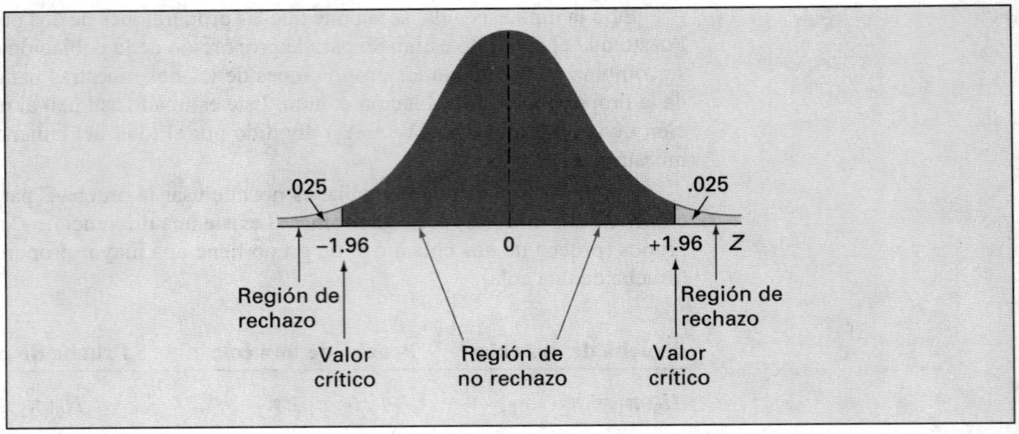

Al emplear la ecuación (10.7) en la página 332,

$$Z = \frac{(p_1 - p_2) - (\pi_1 - \pi_2)}{\sqrt{\bar{p}(1-\bar{p})\left(\frac{1}{n_1} + \frac{1}{n_2}\right)}}$$

donde

$$p_1 = \frac{X_1}{n_1} = \frac{163}{227} = 0.718 \qquad p_2 = \frac{X_2}{n_2} = \frac{154}{262} = 0.588$$

y

$$\bar{p} = \frac{X_1 + X_2}{n_1 + n_2} = \frac{163 + 154}{227 + 262} = \frac{317}{489} = 0.648$$

por lo que

$$Z = \frac{(0.718 - 0.588) - (0)}{\sqrt{0.648(1 - 0.648)\left(\frac{1}{227} + \frac{1}{262}\right)}}$$

$$= \frac{0.13}{\sqrt{(0.228)(0.0082)}}$$

$$= \frac{0.13}{\sqrt{0.00187}}$$

$$= \frac{0.13}{0.0432} = +3.01$$

Con un nivel de significancia de 0.05, se rechaza la hipótesis nula puesto que $Z = +3.01 > +1.96$. El valor-*p* es 0.0026 (calculado de la tabla E.2 o de la hoja de trabajo de Excel de la figura 10.14, o la salida de la figura 10.15). Esto indica que si la hipótesis nula fuera cierta, la probabilidad de que un estadístico de prueba Z sea menor que –3.01 es de 0.0013, y de forma similar, la probabilidad de que el estadístico de prueba Z sea mayor que +3.01 es de 0.0013. Por lo tanto, para esta prueba de dos colas, el valor-*p* es de $0.0013 + 0.0013 = 0.0026$. Puesto que $0.0026 < \alpha = 0.05$, se rechaza la hipótesis nula. Existe evidencia para concluir que los dos hoteles son significativamente diferentes con respecto a la satisfacción de los huéspedes; una mayor proporción de huéspedes desean regresar al Beachcomber que al Windsurfer.

FIGURA 10.14

Hoja de trabajo de Excel para la prueba Z de la diferencia entre dos proporciones para el problema de satisfacción de los huéspedes de los hoteles.

	A	B	C	D
1	**Guest Satisfaction Analysis**			
2				
3	**Data**			
4	**Hypothesized Difference**	**0**		
5	**Level of Significance**	**0.05**		
6	**Group 1**			
7	**Number of Successes**	**163**		
8	**Sample Size**	**227**		
9	**Group 2**			
10	**Number of Successes**	**154**		
11	**Sample Size**	**262**		
12				
13	Intermediate Calculations			
14	Group 1 Proportion	0.7181		=B7/B8
15	Group 2 Proportion	0.5878		=B10/B11
16	Difference in Two Proportions	0.1303		=B14 - B15
17	Average Proportion	0.6483		=(B7 + B10)/(B8 + B11)
18	**Z Test Statistic**	**3.0088**		=(B16 - B4)/RAIZ(B17 * (1 - B17) * (1/B8 + 1/B11))
19				
20	**Two-Tail Test**			
21	**Lower Critical Value**	**-1.9600**		=DIST.NORM.ESTAND.INV(B5/2)
22	**Upper Critical Value**	**1.9600**		=NORMSINV(1 - B5/2)
23	***p*-Value**	**0.0026**		=2 * (1 - DIST.NORM.ESTAND. (ABS(B18)))
24	**Reject the null hypothesis**			

FIGURA 10.15

Salida de Minitab para la prueba Z de la diferencia entre dos proporciones del problema de satisfacción de los huéspedes en los hoteles.

Test and CI for Two Proportions

```
Sample    X    N  Sample p
1       163  227  0.718062
2       154  262  0.587786


Difference = p (1) - p (2)
Estimate for difference:  0.130275
95% CI for difference:   (0.0467379, 0.213813)
Test for difference = 0 (vs not = 0):  Z = 3.01  P-Value = 0.003
```

EJEMPLO 10.3 PRUEBA PARA LA DIFERENCIA EN DOS PROPORCIONES

La preocupación acerca del dinero comienza a una edad temprana en Estados Unidos. En una encuesta, 660 niños (330 hombres y 330 mujeres) de edades comprendidas entre 6 y 14 años respondieron a la pregunta: "¿Te preocupas acerca de tener suficiente dinero?" De los niños encuestados, 201 (60.9%) respondieron sí y 178 (53.9%) de las niñas encuestadas respondieron sí (D. Haralson y K. Simmons, "Snapshots", *USA Today,* 24 de mayo, 2004, 1B). En un nivel de significancia de 0.05, ¿la proporción de niños que se preocupan acerca de tener suficiente dinero, es mayor que la proporción de niñas?

SOLUCIÓN Como lo que se desea saber es si existe evidencia de que la proporción de niños que se preocupa acerca de tener suficiente dinero es *mayor* que la proporción de niñas, se tiene una prueba de una cola. Las hipótesis nula y alternativa son

H_0: $\pi_1 \leq \pi_2$ (la proporción de niños que se preocupan acerca de tener suficiente dinero es menor que o igual a la proporción de niñas).
$H_1 > \pi_1 > \pi_2$ (la proporción de niños que se preocupa acerca de tener suficiente dinero es mayor que la proporción de niñas).

Usando el nivel de significancia de 0.05, para una prueba de una cola en la cola superior, el valor crítico es $+1.645$. La regla de decisión es

$$\text{Rechace } H_0 \text{ si } Z > +1.645;$$

$$\text{de otra forma, no rechace } H_0.$$

Mediante la ecuación (10.7) en la página 332,

$$Z = \frac{(p_1 - p_2) - (\pi_1 - \pi_2)}{\sqrt{\bar{p}(1 - \bar{p})\left(\frac{1}{n_1} + \frac{1}{n_2}\right)}}$$

donde

$$p_1 = \frac{X_1}{n_1} = \frac{201}{330} = 0.609 \qquad p_2 = \frac{X_2}{n_2} = \frac{178}{330} = 0.539$$

y

$$\bar{p} = \frac{X_1 + X_2}{n_1 + n_2} = \frac{201 + 178}{330 + 330} = \frac{379}{660} = 0.5742$$

por lo que

$$\begin{aligned} Z &= \frac{(0.609 - 0.539) - (0)}{\sqrt{0.5742(1 - 0.5742)\left(\frac{1}{330} + \frac{1}{330}\right)}} \\ &= \frac{0.07}{\sqrt{(0.2445)(0.00606)}} \\ &= \frac{0.07}{\sqrt{0.00148}} \\ &= \frac{0.07}{0.0385} = +1.818 \end{aligned}$$

Usando el nivel de significancia de 0.05, se rechaza la hipótesis nula puesto que $Z = +1.818 > +1.645$. El valor-p es de 0.0344 (calculado de la tabla E.2). Por lo tanto, si la hipótesis nula es cierta, la probabilidad de que el estadístico de prueba Z sea mayor que $+1.818$ es 0.0344 (lo que es menor que $\alpha = 0.05$). Se concluye que existe evidencia de que la proporción de niños que se preocupan acerca de tener suficiente dinero es mayor que la proporción de niñas.

Estimación del intervalo de confianza para la diferencia entre dos proporciones

En lugar de, o además de, probar la diferencia entre las proporciones de dos poblaciones independientes, es posible construir una estimación del intervalo de confianza de la diferencia entre las dos proporciones usando la ecuación (10.8).

ESTIMACIÓN DEL INTERVALO DE CONFIANZA PARA LA DIFERENCIA ENTRE DOS PROPORCIONES

$$(p_1 - p_2) \pm Z\sqrt{\frac{p_1(1 - p_1)}{n_1} + \frac{p_2(1 - p_2)}{n_2}} \qquad \textbf{(10.8)}$$

o

$$(p_1 - p_2) - Z\sqrt{\frac{p_1(1 - p_1)}{n_1} + \frac{p_2(1 - p_2)}{n_2}} \le (\pi_1 - \pi_2) \le (p_1 - p_2) + Z\sqrt{\frac{p_1(1 - p_1)}{n_1} + \frac{p_2(1 - p_2)}{n_2}}$$

Para construir una estimación del intervalo del 95% de confianza de la diferencia de porcentajes de la población de huéspedes que regresarían al Beachcomber y aquellos que regresarían al Windsurfer, se emplean los resultados de la página 334 o de las figuras 10.14 o 10.15 en la página 335.

$$p_1 = \frac{X_1}{n_1} = \frac{163}{227} = 0.718 \quad p_2 = \frac{X_2}{n_2} = \frac{154}{262} = 0.588$$

Al utilizar la ecuación (10.8),

$$(0.718 - 0.588) \pm (1.96)\sqrt{\frac{0.718(1-0.718)}{227} + \frac{0.588(1-0.588)}{262}}$$

$$0.13 \pm (1.96)(0.0426)$$

$$0.13 \pm 0.0835$$

$$0.0465 \le (\pi_1 - \pi_2) \le 0.2135$$

Por lo tanto, usted tiene un 95% de confianza de que la diferencia entre la proporción de la población de huéspedes que regresarían al Beachcomber y al Windsurfer está entre 4.65% y 21.35%. La satisfacción de huéspedes es mayor en el Beachcomber que en el Windsurfer.

PROBLEMAS PARA LA SECCIÓN 10.3

Aprendizaje básico

ASISTENCIA de PH Grade **10.31** Suponga que $n_1 = 100, X_1 = 50, n_2 = 100$ y $X_2 = 30$.

a. En un nivel de significancia de 0.05, ¿existe evidencia de una diferencia significativa entre las proporciones de las dos poblaciones?

b. Construya una estimación del intervalo de confianza del 95% de la diferencia entre las proporciones de las dos poblaciones.

ASISTENCIA de PH Grade **10.32** Suponga que $n_1 = 100, X_1 = 45, n_2 = 50$, y $X_2 = 25$.

a. En un nivel de significancia de 0.01, ¿existe evidencia de una diferencia significativa entre las proporciones de las dos poblaciones?

b. Construya una estimación del intervalo de confianza del 99% de la diferencia entre las proporciones de las dos poblaciones.

Aplicación de conceptos

ASISTENCIA de PH Grade **10.33** Se seleccionó una muestra de 500 compradores en una gran área metropolitana para determinar información diversa respecto al comportamiento del consumidor. Entre las preguntas que se plantearon estaba: "¿Disfruta comprando ropa?" De 240 hombres, 136 respondieron sí. De 260 mujeres, 224 respondieron sí.

a. ¿Existe evidencia de una diferencia significativa entre hombres y mujeres en la proporción de los que disfrutan comprando ropa con un nivel de significancia de 0.01?

b. Encuentre el valor-*p* en el inciso *a*) e interprete su significado.

c. Construya e interprete una estimación del intervalo de confianza del 99% de las diferencias entre la proporción de hombres y mujeres que disfrutan comprando ropa.

d. ¿Cuáles serían sus respuestas para los incisos *a*) a *c*) si 206 hombres disfrutan comprando ropa?

ASISTENCIA de PH Grade **10.34** *The New York Times* reportó un estudio realizado por la Fundación de la Familia Henry J. Kaiser, acerca del papel de los medios de comunicación en la vida de los niños (Dylan Loeb McClain, "Where Is Today's Child? Probably Watching TV", *The New York Times,* diciembre 6, 1999, C1). En una de las preguntas del estudio, se preguntó a los niños si usan la computadora diariamente. De una muestra de 1,090 niños entre las edades de 2 a 7 años, 283 usaban la computadora todos los días. De una muestra de 2,065 niños entre las edades de 8 a 18 años, 1,053 usaban la computadora cada día.

a. En un nivel de significancia de 0.05, ¿existe evidencia de una diferencia significativa entre los dos grupos de edades en la proporción de niños que usa la computadora cada día?

b. Encuentre el valor-*p* en el inciso *a*) e interprete su significado.

c. Construya e interprete una estimación de un intervalo de confianza del 95% de la diferencia entre la proporción de la población de niños de 2 a 7 años y de niños de 8 a 18 años que usan la computadora cada día.

ASISTENCIA de PH Grade

10.35 Los resultados de un estudio realizado como parte de un esfuerzo para lograr mejoría en una fábrica de producción de semiconductores aportaron datos de defectos para 450 placas de silicio. La siguiente tabla de contingencia presenta un resumen de las respuestas a dos preguntas: "¿Se encontró una partícula en el troquel que produjo la placa de silicio?", y "¿La placa resultó buena o mala?"

	CALIDAD DE LA PLACA		
PARTÍCULAS	**Buena**	**Mala**	**Totales**
Sí	14	36	50
No	320	80	400
Totales	334	116	450

Fuente: S. W. Hall, "Analysis of Defectivity of Semiconductor Wafers by Contingency Table", Proceedings Institute of Environmental Sciences, *Vol. 1, (1994), 177-183.*

a. En un nivel de significancia de 0.05, ¿existe evidencia de una diferencia significativa entre la proporción de placas de silicio buenas y malas que tienen partículas?

b. Determine el valor-p en el inciso *a*) e interprete su significado.

c. Construya e interprete una estimación del intervalo de confianza del 95% de la diferencia entre la proporción de la población de placas de silicio buenas y malas que contienen partículas.

d. ¿A qué conclusiones se llega a partir de este análisis?

10.36 El porcentaje de adultos que se conectan a Internet en Estados Unidos se incrementó del 63% en 2000 al 69% en diciembre de 2003 ("Activities Gaining Popularity on Net", *USA Today Snapshots,* 3 de febrero, 2004). En 2000, el 25% de adultos que se conectaron a Internet para recabar datos sobre productos y servicios. Se supone que este resultado se basó en una muestra de 500 adultos que se conectan en línea. En diciembre de 2003, 299 de 729 adultos que se conectan en línea formaron parte de la muestra de Internet para recabar datos sobre productos y servicios.

a. En un nivel de significancia de 0.05, existe evidencia de que la proporción de adultos que usaron Internet para recabar datos sobre productos y servicios es mayor en diciembre de 2003 que en 2000?

b. Encuentre el valor-p en *a*) e interprete su significado.

10.37 Al comprar un automóvil, ¿la cantidad de gasolina por milla es una prioridad? En una encuesta conducida por Progressive Insurance se hizo esta pregunta a hombres y mujeres compradores de autos nuevos. Los datos se reportaron como porcentajes y no se dio a conocer el tamaño de la muestra.

	GÉNERO	
¿LA GASOLINA POR MILLA ES UNA PRIORIDAD?	**Hombres**	**Mujeres**
Sí	76%	84%
No	24%	16%

Fuente: Snapshots, Usatoday.com, *21 de junio, 2004.*

a. Suponga que se incluyeron 50 hombres y 50 mujeres en la encuesta. En un nivel de significancia de 0.05, ¿existe evidencia de una diferencia significativa en la proporción de población de hombres y mujeres que tienen como prioridad la cantidad de gasolina por millas?

b. Suponga que en la muestra se incluyeran 500 hombres y 500 mujeres. En un nivel de significancia de 0.05, ¿existe evidencia de una diferencia entre hombres y mujeres en la proporción de aquellos que hacen de la cantidad de gasolina por millas su prioridad?

c. Analice el efecto del tamaño de la muestra en una prueba Z para la diferencia entre dos proporciones.

✓ AUTO Examen

10.38 ¿Es más probable que trabajadores blancos demanden por discriminación? Una encuesta conducida por Barry Goldman ("White Fight: A Researcher Finds Whites are More Likely to Claim Bias", *The Wall Street Journal,* Workweek, 10 de abril, 2001, A1) se encontró que de 56 trabajadores blancos despedidos, 29 levantaron demandas por discriminación. De 407 trabajadores de raza negra despedidos, 126 levantaron demandas por discriminación.

a. En un nivel de significancia de 0.05, existe evidencia de que sea más probable que los trabajadores de raza blanca demanden por discriminación que los trabajadores de raza negra?

b. Encuentre el valor-p en el inciso *a*) e interprete su significado.

10.39 Un estudio realizado por Ariel Mutual Funds y la corporación Charles Swab, se encuestó a 500 afroamericanos con un ingreso anual por encima de los $50,000, y a 500 blancos con un ingreso anual por encima de los $50,000. Los resultados indicaron que el 74% de los afroamericanos y el 84% de los blancos poseían acciones (Cheryl Winokur Munk, "Stock-Ownership Race Gap Shrinks", *The Wall Street Journal,* 13 de junio, 2002, B11).

a. ¿Existe evidencia de una diferencia significativa entre la proporción de afroamericanos con ingresos mayores a $50,000 que invierten en acciones, y la proporción de blancos con ingresos por arriba de los $50,00 que invierten en acciones? (Use $\alpha = 0.05$.)

b. Determine el valor-p en el inciso *a*) e interprete su significado.

c. Construya e interprete una estimación del intervalo de confianza del 95% de la diferencia entre la proporción de la población de afroamericanos con ingresos por arriba de los $50,000 que invierten en acciones y la proporción de la población de blancos con ingresos por arriba de los $50,00 que invierten en acciones.

10.4 PRUEBA *F* PARA LA DIFERENCIA ENTRE DOS VARIANZAS

A menudo se necesita probar si dos poblaciones independientes tienen la misma variabilidad. Probar la diferencia entre las varianzas de dos poblaciones resulta importante para determinar si la prueba de varianza t conjunta es apropiada.

La prueba para la diferencia entre las varianzas de dos poblaciones independientes se basa en la razón de dos varianzas de muestra. Si se supone que cada población está distribuida normalmente, entonces la razón $S^2{}_1/S^2{}_2$ sigue una **distribución *F*** (vea la tabla E.5). Los valores críticos de la distribución F en la tabla E.5 dependen de dos conjuntos de grados de libertad. Los grados de libertad en el numerador de la razón son para la primera muestra, y los grados de libertad en el denominador son para la segunda muestra. La ecuación (10.9) define el **estadístico de prueba *F* para probar la igualdad de dos varianzas**.

ESTADÍSTICO *F* PARA PROBAR LA IGUALDAD DE DOS VARIANZAS

El estadístico de prueba F es igual a la varianza de la muestra uno dividida por la varianza de la muestra dos.

$$F = \frac{S_1^2}{S_2^2} \tag{10.9}$$

donde

S_1^2 = varianza de la muestra 1

S_2^2 = varianza de la muestra 2

n_1 = tamaño de la muestra tomada de la población 1

n_2 = tamaño de la muestra tomada de la población 2

$n_1 - 1$ = grados de libertad para la muestra 1 (es decir, los grados de libertad del numerador)

$n_2 - 1$ = grados de libertad para la muestra 2 (es decir, los grados de libertad del denominador)

El estadístico de prueba F sigue una distribución F con $n_1 - 1$ y $n_2 - 1$ grados de libertad.

Para un nivel de significancia dado α, al probar la hipótesis nula de igualdad de varianzas

$$H_0: \sigma_1^2 = \sigma_2^2$$

contra la hipótesis alternativa de que las varianzas de las dos poblaciones no son iguales

$$H_1: \sigma_1^2 \neq \sigma_2^2$$

se rechaza la hipótesis nula si el estadístico de prueba F es mayor que el valor crítico de la cola superior F_U de una distribución con $n_1 - 1$ grados de libertad en el numerador y $n_2 - 1$ grados de libertad en el denominador, o si el estadístico de prueba F calculado cae por debajo del valor crítico de la cola inferior F_L de la distribución F con $n_1 - 1$ grados de libertad en el numerador y $n_2 - 1$ grados de libertad en el denominador, respectivamente. Por lo tanto, la regla de decisión es

Rechace H_0 si $F > F_U$

o si $F < F_L$;

de otra forma, no rechace H_0.

La regla de decisión y las regiones de rechazo se ilustran en la figura 10.16.

FIGURA 10.16
Regiones de rechazo y no rechazo para la prueba F de dos colas.

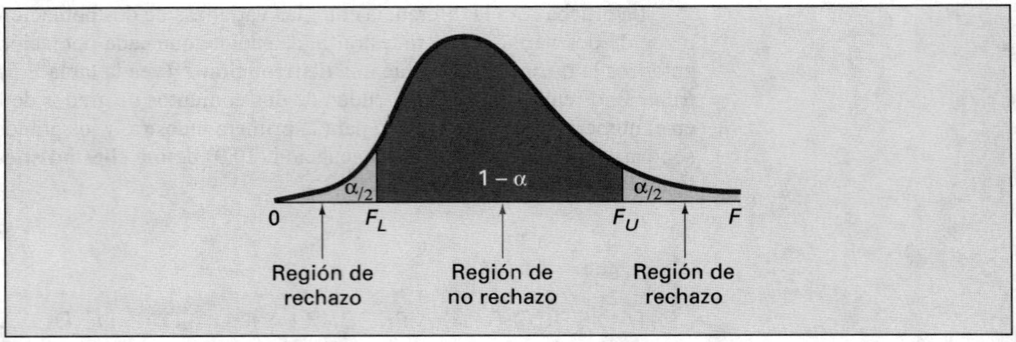

Para ilustrar cómo se usa la prueba F para determinar si las dos varianzas son iguales, regrese al escenario "Uso de la estadística" referente a las ventas de BLK en dos diferentes ubicaciones en el pasillo (vea la página 312). Para determinar si se utiliza la prueba t de varianza conjunta o la prueba t de varianza separada en la sección 10.1, habrá que probar la igualdad de las varianzas de dos poblaciones. Las hipótesis nula y alternativa son:

$$H_0: \sigma_1^2 = \sigma_2^2$$
$$H_1: \sigma_1^2 \neq \sigma_2^2$$

Puesto que ésta es una prueba de dos colas, la región de rechazo se divide en cola inferior y superior de la distribución F. Usando un nivel de significancia de $\alpha = 0.05$, cada región de rechazo contiene 0.025 de la distribución.

En virtud de que hay muestras de 10 tiendas para cada una de las dos ubicaciones de exhibición, existen $10 - 1 = 9$ grados de libertad para el grupo 1 y también para el grupo 2. El valor crítico de la cola superior, F_U, de la distribución F, se encuentra directamente en la tabla E.5, una porción de la cual se presenta en la tabla 10.6. Como existen 9 grados de libertad en el numerador y 9 grados de libertad en el denominador, el valor crítico de la cola superior F_U se encuentra buscando en la columna rotulada "9" y la fila rotulada "9". Así pues, el valor crítico de la cola superior de esta distribución F es 4.03.

TABLA 10.6
Determinación de F_U, el valor crítico de la cola superior con 9 y 9 grados de libertad para el área de la cola superior de 0.025.

Denominador			**Numerador gl_1**				
gl_2	**1**	**2**	**3**	**. . .**	**7**	**8**	**9**
1	647.80	799.50	864.20	. . .	948.20	956.70	963.30
2	38.51	39.00	39.17	. . .	39.36	39.37	39.39
3	17.44	16.04	15.44	. . .	14.62	14.54	14.47
.	.	.	.		.	.	.
.	.	.	.		.	.	.
.	.	.	.		.	.	.
7	8.07	6.54	5.89	. . .	4.99	4.90	4.82
8	7.57	6.06	5.42	. . .	4.53	4.43	4.36
9	7.21	5.71	5.08	. . .	4.20	4.10	4.03

Fuente: Extraído de la tabla E.5.

Encontrar el valor crítico de la cola inferior

Usted calcula F_L, un valor crítico de la cola inferior en la distribución F con $n_1 - 1$ grados de libertad en el numerador y $n_2 - 1$ grados de libertad en el denominador, tomando el recíproco de F_{U*}, un valor crítico de la cola superior en la distribución F con grados de libertad "cambiados" (es decir, $n_2 - 1$ grados de libertad en el numerador y $n_1 - 1$ grados de libertad en el denominador). Esta relación se muestra en la ecuación (10.10).

ENCONTRAR LOS VALORES CRÍTICOS DE LA COLA INFERIOR DE LA DISTRIBUCIÓN *F*

$$F_L = \frac{1}{F_{U*}} \quad \textbf{(10.10)}$$

donde F_{U*} proviene de una distribución F con $n_2 - 1$ grados de libertad en el numerador y $n_1 - 1$ grados de libertad en el denominador.

En el ejemplo de ventas de la bebida de cola, los grados de libertad son 9 y 9 para la muestra del numerador y la muestra del denominador, respectivamente, por lo que no hay "cambios" en los grados de libertad; sólo se toma el recíproco. Por lo tanto, para calcular el valor crítico 0.025 de la cola inferior, usted necesita encontrar el valor crítico 0.025 de la cola superior de F con 9 grados de libertad en el numerador y 9 grados de libertad en el denominador y tomar sus recíprocos. Como indica la tabla 10.6 en la página 340, este valor de la cola superior es 4.03. Usando la ecuación (10.10),

$$F_L = \frac{1}{F_{U*}} = \frac{1}{4.03} = 0.248$$

Como ilustra la figura 10.17, la regla de decisión es

Rechace H_0 si $F > F_{U*} = 4.03$
o si $F < F_L = 0.248$;
de otro modo, no rechace H_0.

FIGURA 10.17
Regiones de rechazo y de no rechazo de las pruebas F de dos colas para la igualdad de dos varianzas en un nivel de significancia de 0.05 con 9 y 9 grados de libertad.

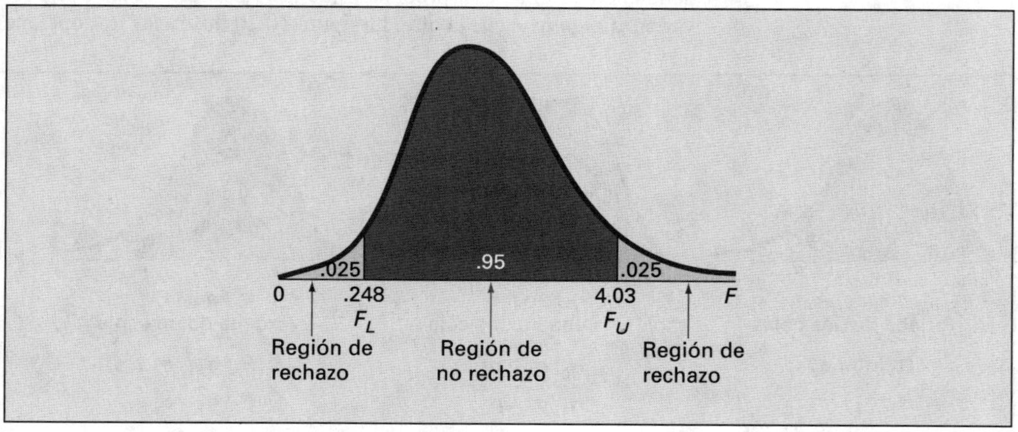

Usando la ecuación (10.9) en la página 339 y los datos de las ventas de las bebidas refrescantes (vea la tabla 10.1 en la página 314), el estadístico de prueba F es

$$F = \frac{S_1^2}{S_2^2} = \frac{350.6778}{157.3333} = 2.23$$

Puesto que $F_L = 0.248 < F = 2.23 < F_U = 4.03$, no se rechaza H_0. El valor-p es 0.248 para una prueba de dos colas (dos veces el valor-p para la prueba de una cola mostrada en la salida Excel en la figura 10.18). La figura 10.19 ilustra la salida Minitab. Como 0.248 > 0.05, se concluye que no hay una diferencia significativa en la variablidad de ventas de la bebida refrescante para las ubicaciones de la exhibición.

FIGURA 10.18
Salida de Excel de la prueba F para los datos de ventas de la bebida refrescante.

	A	B	C
1	F-Test Two-Sample for Variances		
2			
3		*Normal*	*End-Aisle*
4	Mean	50.3	72
5	Variance	350.6777778	157.3333333
6	Observations	10	10
7	df	9	9
8	F	2.228884181	
9	P(F<=f) one-tail	0.124104358	
10	F Critical one-tail	3.178893105	

FIGURA 10.19
Salida Minitab de la prueba F para los datos de ventas de la bebida refrescante.

```
95% Bonferroni confidence intervals for standard deviations

  Display  N    Lower    StDev    Upper
EndAisle  10   8.2048  12.5433  25.2578
  Normal  10  12.2494  18.7264  37.7085


F-Test (normal distribution)
Test statistic = 0.45, p-value = 0.248
```

Al probar la diferencia en dos varianzas usando la prueba F descrita en esta sección, se supone que cada una de las dos poblaciones se distribuye normalmente. La prueba F es muy sensible a la suposición de normalidad. Si una gráfica de caja y bigote o una gráfica de probabilidad normal sugieren aunque sea una mínima desviación de la normalidad para alguna de las dos poblaciones, entonces no deberá usarse la prueba F. En este caso, es más conveniente emplear un enfoque no paramétrico (vea la referencia 2).

Al probar la igualdad de las varianzas, como parte de la evaluación de validez del procedimiento de la prueba t de varianza conjunta, la prueba F es una prueba de dos colas. Sin embargo, cuando se está interesado en la variabilidad en sí misma, la prueba F a menudo es una prueba de una cola. Así pues, al probar la igualdad para dos varianzas, se utiliza la prueba de dos colas o la de una cola, dependiendo de si se está probando que las varianzas de las dos poblaciones son *diferentes* o si una varianza *es mayor que* la otra. La figura 10.20 ilustra las tres opciones posibles.

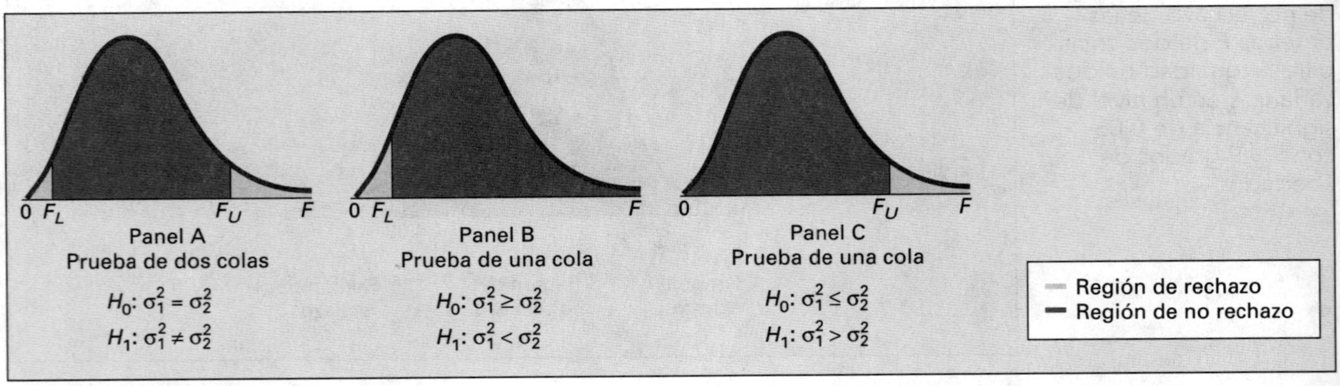

FIGURA 10.20 Determinación de la región de rechazo para probar la igualdad de las varianzas de dos poblaciones.

A menudo el tamaño de la muestra en dos grupos difiere. El ejemplo 10.4 demuestra cómo encontrar el valor crítico de la cola inferior para la distribución F en esta situación.

EJEMPLO 10.4

ENCONTRAR EL VALOR CRÍTICO DE LA COLA INFERIOR A PARTIR DE LA DISTRIBUCIÓN F EN UNA PRUEBA DE HIPÓTESIS DE DOS COLAS

Se selecciona una muestra de $n_1 = 8$ de una población distribuida normalmente. La varianza para esta muestra ($S^2{}_1$) es 56.0. Se selecciona una muestra de $n_2 = 10$ de una segunda población distribuida normalmente (independiente de la primera población). La varianza para esta muestra ($S^2{}_2$) es 24.0. Usando un nivel de significancia de $\alpha = 0.05$, pruebe la hipótesis nula de no diferencia en las varianzas de las dos poblaciones, contra la alternativa de dos colas de que existe evidencia de una diferencia significativa en las varianzas de la población.

SOLUCIÓN Las hipótesis nula y alternativa son

$$H_0: \sigma_1^2 = \sigma_2^2$$
$$H_1: \sigma_1^2 \neq \sigma_2^2$$

El estadístico de prueba F está dado por la ecuación (10.9) en la página 339.

$$F = \frac{S_1^2}{S_2^2}$$

Se utiliza la tabla E.5 para encontrar los valores críticos inferior y superior de la distribución F. Con $n_1 - 1 = 7$ grados de libertad en el numerador y $n_2 - 1 = 9$ grados de libertad en el denominador y $\alpha = 0.05$ dividido equitativamente entre las regiones de rechazo de las colas inferior y superior de 0.025 cada una, el valor crítico superior $F_U = 4.20$ (vea la tabla 10.7).

Para encontrar el valor crítico inferior F_L con siete grados de libertad en el numerador y nueve grados de libertad en el denominador, se toma el recíproco de F_{U*} con grados de libertad cambiados a 9 en el numerador y 7 en el denominador. Entonces, de la ecuación (10.10) en la página 341 y la tabla 10.7,

$$F_L = \frac{1}{F_{U*}} = \frac{1}{4.82} = 0.207$$

TABLA 10.7
Se encuentra F_{U*} y F_L, con 7 y 9 grados de libertad usando un nivel de significancia $\alpha = 0.05$.

Denominador	**Numerador gl_1**						
gl_2	**1**	**2**	**3**	**. . .**	**7**	**8**	**9**
1	647.80	799.50	864.20	. . .	948.20	956.70	963.30
2	38.51	39.00	39.17	. . .	39.36	39.37	39.39
3	17.44	16.04	15.44	. . .	14.62	14.54	14.47
.	.	.	.		.	.	.
.	.	.	.		.	.	.
.	.	.	.		.	.	.
7	8.07	6.54	5.89	. . .	4.99	4.90	4.82
8	7.57	6.06	5.42	. . .	4.53	4.43	4.36
9	7.21	5.71	5.08	. . .	4.20	4.10	4.03

Fuente: Extraído de la tabla E.5.

La regla de decisión es

Rechace H_0 si $F > F_U = 4.20$
o si $F < F_L = 0.207$;
de otra forma, no rechace H_0.

A partir de la ecuación (10.9) en la página 339, el estadístico de prueba F es

$$F = \frac{S_1^2}{S_2^2} = \frac{56.0}{24.0} = 2.33$$

Puesto que $F_L = 0.207 < F = 2.33 < F_U = 4.20$, no se rechaza H_0. Con un nivel de significancia de 0.05, se concluye que no existe evidencia de una diferencia significativa en las varianzas de estas dos poblaciones independientes.

PROBLEMAS PARA LA SECCIÓN 10.4

Aprendizaje básico

ASISTENCIA de PH Grade **10.40** Determine F_U y F_L, los valores críticos de las colas superior e inferior de F para cada una de las siguientes pruebas de dos colas:

a. $\alpha = 0.10, n_1 = 16, n_2 = 21$
b. $\alpha = 0.05, n_1 = 16, n_2 = 21$
c. $\alpha = 0.02, n_1 = 16, n_2 = 21$
d. $\alpha = 0.01, n_1 = 16, n_2 = 21$

10.41 Determine F_U, el valor crítico de la cola superior de F en cada una de las siguientes pruebas de una cola:

a. $\alpha = 0.05, n_1 = 16, n_2 = 21$
b. $\alpha = 0.025, n_1 = 16, n_2 = 21$
c. $\alpha = 0.01, n_1 = 16, n_2 = 21$
d. $\alpha = 0.005, n_1 = 16, n_2 = 21$

10.42 Determine F_L, el valor crítico de la cola inferior de F para cada una de las siguientes pruebas de una cola:

a. $\alpha = 0.05, n_1 = 16, n_2 = 21$
b. $\alpha = 0.025, n_1 = 16, n_2 = 21$
c. $\alpha = 0.01, n_1 = 16, n_2 = 21$
d. $\alpha = 0.005, n_1 = 16, n_2 = 21$

ASISTENCIA de PH Grade **10.43** La siguiente información está disponible para dos muestras extraídas de poblaciones independientes distribuidas normalmente:

$$n_1 = 25 \quad S_1^2 = 133.7 \quad n_2 = 25 \quad S_2^2 = 161.9$$

¿Cuál es el valor del estadístico de prueba F si se está probando la hipótesis nula $H_0: \sigma_1^2 = \sigma_2^2$?

ASISTENCIA de PH Grade **10.44** ¿Cuántos grados de libertad hay en el numerador y en el denominador de la prueba F del problema 10.43?

ASISTENCIA de PH Grade **10.45** En los problemas 10.43 y 10.44, ¿cuáles son los valores críticos para F_U y F_L de la tabla E.5 si el nivel de significancia a es 0.05 y la hipótesis alternativa es $H_1: \sigma_1^2 \neq \sigma_2^2$?

10.46 En los problemas 10.43 a 10.45, ¿cuál es su decisión estadística?

10.47 La siguiente información está disponible para dos muestras seleccionadas de poblaciones independientes pero muy sesgadas hacia la derecha.

$$n_1 = 16 \quad S_1^2 = 47.3 \quad n_2 = 13 \quad S_2^2 = 36.4$$

¿Se debería utilizar la prueba F para probar la hipótesis nula de la igualdad de varianzas ($H_0: \sigma_1^2 = \sigma_2^2$)? Discuta.

10.48 Si dos muestras son extraídas de las poblaciones independientes distribuidas normalmente del problema 10.47,

a. En un nivel de significancia de 0.05, ¿existe evidencia de una diferencia entre σ_1^2 y σ_2^2?
b. Suponga que desea realizar una prueba de una cola. Con un nivel de significancia de 0.05, ¿cuál es el valor crítico de la cola superior del estadístico de prueba F para determinar si existe evidencia de que $\sigma_1^2 > \sigma_2^2$? ¿Cuál es su decisión estadística?
c. Suponga que desea realizar una prueba de una cola. Con un nivel de significancia de 0.05, ¿cuál es el valor crítico para el estadístico de prueba F para determinar si existe evidencia de que $\sigma_1^2 > \sigma_2^2$? ¿Cuál es su decisión estadística?

Aplicación de conceptos

Puede resolver manualmente los problemas 10.49 a 10.54 o usando Excel, Minitab o SPSS.

ASISTENCIA de PH Grade **10.49** Un profesor del departamento de contaduría en una escuela de negocios afirma que existe una mayor variabilidad en las calificaciones del examen final de los alumnos que toman el curso de introducción a la contaduría como requisito, que en las de alumnos que toman la materia como parte de su especialidad en contaduría. Se toman muestras aleatorias de la enorme lista de alumnos del profesor, 13 alumnos que no se especializan en contaduría (grupo 1) y 10 alumnos que se especializan en contaduría (grupo 2). Los siguientes resultados se calcularon con base en las calificaciones del examen final:

$$n_1 = 13 \quad S_1^2 = 210.2 \quad n_2 = 10 \quad S_2^2 = 36.5$$

a. En un nivel de significancia de 0.05, ¿existe evidencia que apoye la afirmación del profesor?
b. Interprete el valor-*p*.
c. ¿Qué suposiciones se hacen sobre las dos poblaciones para justificar el uso de la prueba *F*?

✓ AUTO Examen **10.50** La Escala de Clasificación de Ansiedad de Computadora (CARS, por sus siglas en inglés), mide el nivel de ansiedad de un individuo frente a la computadora en una escala de 20 (sin ansiedad) hasta 100 (nivel máximo de ansiedad). Investigadores de la Universidad de Miami aplicaron la prueba CARS a 172 estudiantes de administración. Uno de los objetivos del estudio era determinar si existe diferencia entre el nivel de ansiedad ante la computadora que experimentan hombres y mujeres.

	Hombres	Mujeres
$\bar{X}$	40.26	36.85
S	13.35	9.42
n	100	72

Fuente: Travis Broome y Douglas Havelka, "Determinants of Computer Anxiety in Business Students", The Review of Business Information Systems, *primavera de 2002, 6(2): 9-16.*

a. En un nivel de significancia de 0.05, ¿existe evidencia de una diferencia en la variabilidad de la ansiedad experimentada frente a la computadora por hombres y mujeres?

b. Interprete el valor-p.

c. ¿Qué suposiciones necesita hacer sobre las dos poblaciones para justificar el uso de la prueba F?

d. Con base en los incisos *a*) y *b*), ¿cuál prueba t definida en la sección 10.1 debería usar para probar si existe una diferencia significativa en la media de ansiedad frente a la computadora para hombres y mujeres?

10.51 Un banco cuya sucursal se localiza en el distrito comercial de la ciudad **BANK1** desarrolló un proceso mejorado de servicio a los clientes durante el periodo de almuerzo que va del mediodía a la 1 PM. Se registra el tiempo de espera (definido como el tiempo que transcurre desde que el cliente se forma en la fila hasta que llega a la caja) de todos los clientes en ese horario durante una semana. Se selecciona una muestra aleatoria de 15 clientes y los resultados (en minutos) son los siguientes:

4.21 5.55 3.02 5.13 4.77 2.34 3.54 3.20
4.50 6.10 0.38 5.12 6.46 6.19 3.79

Suponga que otra sucursal localizada en un área residencial **BANK2** también está preocupada por el periodo de almuerzo del mediodía a la 1 PM. Se selecciona una muestra aleatoria de 15 clientes con los siguientes resultados:

9.66 5.90 8.02 5.79 8.73 3.82 8.01 8.35
10.49 6.68 5.64 4.08 6.17 9.91 5.47

a. ¿Existe evidencia de una diferencia en la variabilidad del tiempo de espera entre las dos sucursales? (Considere α = 0.05.)

b. Encuentre el valor-p en el inciso *a*) e interprete su significado.

c. ¿Qué suposición se necesita para el inciso *a*)? ¿Es válida tal suposición para estos datos?

d. Con base en los resultados del inciso *a*), ¿es apropiado utilizar la prueba t de varianza conjunta para comparar las medias de las dos sucursales?

ASISTENCIA de PH Grade **10.52** Un problema en las líneas telefónicas que evita que los clientes reciban o realicen llamadas está desconcertando tanto a los clientes como a la empresa telefónica. Los siguientes datos **PHONE** representan muestras de 20 problemas reportados a dos diferentes oficinas de la empresa telefónica, así como el tiempo para resolver los problemas de las líneas telefónicas (en minutos):

Tiempo necesario para resolver problemas (en minutos). Oficina central 1

1.48 1.75 0.78 2.85 0.52 1.60 4.15 3.97 1.48 3.10
1.02 0.53 0.93 1.60 0.80 1.05 6.32 3.93 5.45 0.97

Tiempo necesario para resolver problemas (en minutos). Oficina central 2

7.55 3.75 0.10 1.10 0.60 0.52 3.30 2.10 0.58 4.02
3.75 0.65 1.92 0.60 1.53 4.23 0.08 1.48 1.65 0.72

a. ¿Existe evidencia de una diferencia en la variabilidad del tiempo de espera entre las dos oficinas? (Considere α = 0.05.)

b. Encuentre el valor-p en el inciso *a*) e interprete su significado.

c. ¿Qué suposición se necesita hacer para el inciso *a*)? ¿Es válida tal suposición para estos datos?

d. Con base en los resultados del inciso *a*), ¿es apropiado utilizar la prueba t de varianza conjunta para comparar las medias de las dos oficinas?

10.53 La directora de capacitación de una empresa que fabrica equipo electrónico está interesada en determinar si diferentes métodos de capacitación tienen algún efecto en la productividad de los empleados de la línea de ensamblaje. De forma aleatoria asigna a 42 empleados recientemente contratados a dos grupos de 21. El primer grupo recibe un programa de capacitación individual y computarizado y el segundo grupo recibe capacitación de equipo. Al final de la capacitación se evalúa a los empleados en cuanto al tiempo (en segundos) que les toma ensamblar una parte. Los resultados se muestran en el archivo de datos: **TRAINING**

a. Usando un nivel de significancia de 0.05, ¿existe evidencia de una diferencia entre las varianzas de los tiempos de ensamblaje (en segundos) de los empleados que recibieron el programa de capacitación individual computarizado y aquellos que tuvieron el programa de capacitación de equipo?

b. Con base en los resultados del inciso *a*), ¿es apropiado utilizar la prueba t de varianza conjunta para comparar las medias de los dos grupos? Discuta.

10.54 Remesas de carne, productos cárnicos y otros ingredientes se mezclan entre sí en líneas de llenado en una fábrica de enlatado de alimento para mascotas. Los gerentes de operación suponen que, aunque la media de la cantidad de llenado de la lata de alimento para mascotas es generalmente la misma, la variabilidad del llenado de latas en la línea A es mayor que el de la línea de llenado B. Los siguientes resultados provienen de muestras de latas de ocho onzas:

	Línea A	Línea B
$\bar{X}$	8.005	7.997
S	0.012	0.005
n	11	16

En un nivel de significancia de 0.05, ¿existe evidencia de que la varianza en la línea A es mayor que la varianza en la línea B? Suponga que la población de cantidades de llenado está distribuida normalmente.

USO DE LA ESTADÍSTICA

La empresa Perfect Parachute Company

Usted es el gerente de producción de la empresa Perfect Parachute Company. En su fábrica se tejen los paracaídas usando una fibra sintética que se compra a uno de cuatro diferentes proveedores. Por razones obvias, una de las características de calidad más importantes de un paracaídas es su resistencia. Usted necesita decidir si con las fibras sintéticas de sus proveedores se fabrican paracaídas con igual resistencia. Para responder a esta pregunta, decide diseñar un experimento para probar la resistencia de los paracaídas tejidos con las fibras sintéticas de cada uno de los cuatro proveedores. Necesita incorporar la información a partir del análisis de los datos experimentales para determinar a cuál proveedor contratar para fabricar los paracaídas más resistentes.

10.5 ANOVA DE UNA VÍA

En las secciones 10.1 a 10.4 se utilizó la prueba de hipótesis para extraer conclusiones acerca de posibles diferencias entre dos poblaciones. Sin embargo, con frecuencia se requiere evaluar diferencias entre varias poblaciones (en este apartado las denominamos grupos). Esta sección examina experimentos en los que se considera a más de dos **grupos** que pertenecen a un **factor** de interés. Los grupos se definen asignando diferentes **niveles** del factor. Por ejemplo, un factor como temperatura de horneado tendría diferentes *niveles numéricos* (es decir, 300°, 350°, 400°, 450°) o un factor tal como proveedor preferido para fabricar paracaídas tendría varios *niveles categóricos* (es decir, proveedor 1, proveedor 2, proveedor 3, proveedor 4).

Prueba *F* para las diferencias entre más de dos medias

Usted utiliza el **análisis de varianza (ANOVA)** para comparar las medias de más de dos grupos. Cuando los grupos están formados por diferentes niveles de un factor, como en el caso de esta sección, el procedimiento ANOVA usado se denomina **ANOVA de una vía**. Este procedimiento es una extensión de una prueba *t* para la diferencia entre dos medias que se explicó en la sección 10.1. Aunque ANOVA es un acrónimo para **AN**alysis **O**f **VA**riance, el término es engañoso porque el objetivo es analizar diferencias entre las medias del grupo, *no* las varianzas. Sin embargo, analizando la variación entre y dentro de los grupos, es posible obtener conclusiones acerca de las posibles diferencias en medias de grupo. En el ANOVA, la variación total se subdivide en variación que se debe a las diferencias *entre* los grupos y la variación que obedece a diferencias *dentro* de grupos (vea la figura 10.21). La **variación dentro del grupo** se considera un **error aleatorio.** La **variación entre el grupo** se debe a diferencias de un grupo a otro, y también se conoce como **efecto del tratamiento**. Se emplea el símbolo c para indicar el número de grupos.

FIGURA 10.21
Repartición de la variación total en un diseño completamente aleatorio.

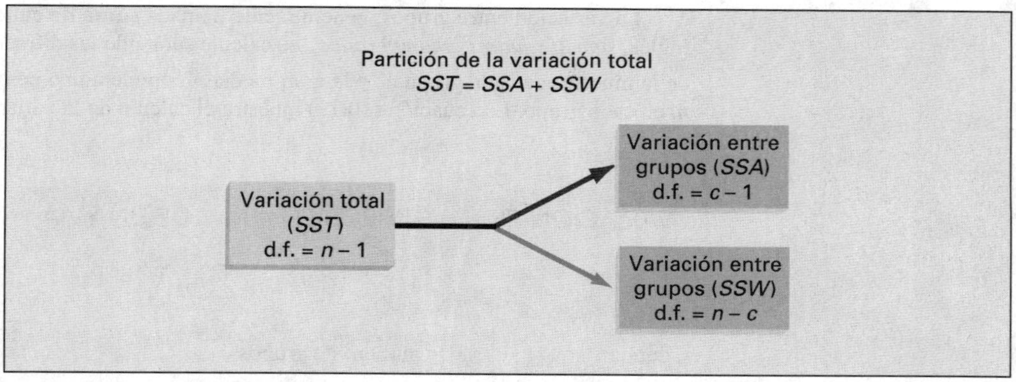

Suponiendo que los c grupos representan poblaciones cuyos valores seleccionados de forma independiente y aleatoria siguen una distribución normal y tienen varianzas iguales, la hipótesis nula de no diferencia en las medias de la población

$$H_0: \mu_1 = \mu_2 = \cdots = \mu_c$$

se prueba en contra de la alternativa de que no todas las medias de la población c son iguales.

$$H_1: \text{no todas las } \mu_j \text{ son iguales (donde } j = 1, 2, \ldots, c)$$

Para ejecutar una prueba ANOVA de igualdad para las medias de la población, se subdivide la variación total de los valores en dos partes, la que se debe a la variación entre los grupos y la que se debe a la variación dentro de los grupos. La **variación total** se representa por la **suma total de cuadrados** (***SST***, del inglés, *sum of squares total*). Puesto que las medias de la población de los c grupos se suponen iguales bajo la hipótesis nula, se calcula la variación total entre todos los valores sumando las diferencias al cuadrado entre cada valor individual y la **gran media** $\bar{\bar{X}}$. La gran media es la media de todos los valores en todos los grupos combinados. La ecuación (10.11) muestra el cálculo de la variación total.

VARIACIÓN TOTAL EN ANOVA DE UNA VÍA

$$SST = \sum_{j=1}^{c}\sum_{i=1}^{n_j}(X_{ij} - \bar{\bar{X}})^2 \quad \textbf{(10.11)}$$

donde $\bar{\bar{X}} = \dfrac{\sum_{j=1}^{c}\sum_{i=1}^{n_j} X_{ij}}{n}$ = gran media

X_{ij} = $i$ésimo valor del grupo j

n_j = número de valores en el grupo j

n = número total de valores en todos los grupos combinados (esto es, $n = n_1 + n_2 + \cdots + n_c$)

c = número de grupos

La variación entre grupos, generalmente llamada **suma de cuadrados entre grupos** (***SSA***, del inglés, *sum of squares among groups*), se calcula sumando las diferencias al cuadrado entre la media de la muestra de cada grupo $\bar{X}_j$ y la gran media $\bar{\bar{X}}$, ponderada o pesada por el tamaño de la muestra n_j en cada grupo. La ecuación (10.12) muestra el cálculo de la variación entre grupos.

VARIACIÓN ENTRE GRUPOS EN ANOVA DE UNA VÍA

$$SSA = \sum_{j=1}^{c} n_j(\bar{X}_j - \bar{\bar{X}})^2 \qquad \textbf{(10.12)}$$

donde c = número de grupos

n_j = número de valores en el grupo j

$\bar{X}$ = media muestral del grupo j

$\bar{\bar{X}}$ = gran media

La variación dentro del grupo, por lo general llamada **suma de cuadrados dentro de los grupos** (***SSW***, del inglés, *sum of squares within groups*), mide la diferencia entre cada valor y la media de su propio grupo y suma los cuadrados de estas diferencias sobre todos los grupos. La ecuación (10.13) muestra el cálculo de la variación dentro de los grupos.

VARIACIÓN DENTRO DE LOS GRUPOS EN ANOVA DE UNA VÍA

$$SSW = \sum_{j=1}^{c} \sum_{i=1}^{n_j} (X_{ij} - \bar{X}_j)^2 \qquad \textbf{(10.13)}$$

donde X_{ij} = *i*ésimo valor en el grupo j

$\bar{X}_j$ = media muestral del grupo j

Puesto que está comparando c grupos, existen $c - 1$ grados de libertad asociados con la suma de cuadrados entre grupos. A partir de que cada uno de los c grupos contribuye con $n_j - 1$ grados de libertad, existen $n - 1$ grados de libertad asociados con la suma de cuadrados dentro de los grupos. Además, existen $n - 1$ grados de libertad asociados con la suma total elevada al cuadrado porque cada valor X_{ij} se compara con la gran media $\bar{\bar{X}}$ basada en todos los valores n.

Si se divide cada una de estas sumas de cuadrados entre sus grados de libertad asociados, se obtienen tres varianzas o términos **cuadráticos medios—*MSA*** (siglas en inglés para media cuadrática entre), ***MSW*** (siglas en inglés para media cuadrática dentro) y ***MST*** (siglas en inglés para media cuadrática total).

CÁLCULO DE LAS MEDIAS CUADRÁTICAS EN ANOVA DE UNA VÍA

$$MSA = \frac{SSA}{c-1} \qquad \textbf{(10.14a)}$$

$$MSW = \frac{SSW}{n-c} \qquad \textbf{(10.14b)}$$

$$MST = \frac{SST}{n-1} \qquad \textbf{(10.14c)}$$

Aunque usted desea comparar la medias de los c grupos para determinar si existe una diferencia entre ellos, el procedimiento ANOVA deriva su nombre del hecho de que está comparando varianzas. Si la hipótesis nula es cierta y no existen diferencias reales en las medias de los c grupos, los tres términos cuadráticos —*MSA, MSW* y *MST*— que en sí mismos son *varianzas*, aportan estimaciones de la variación global en los datos. Así pues, para probar la hipótesis nula

$$H_0: \mu_1 = \mu_2 = \cdots = \mu_c$$

contra la alternativa

$$H_1: \text{no todas las } \mu_j \text{ son iguales (donde } j = 1, 2, \ldots, c)$$

se calcula el **estadístico de prueba *F* con ANOVA de una vía** que es la razón entre *MSA* y *MSW* como en la ecuación (10.15).

ESTADÍSTICO DE PRUEBA *F* CON ANOVA DE UNA VÍA

$$F = \frac{MSA}{MSW} \qquad \textbf{(10.15)}$$

El estadístico de prueba F sigue una **distribución *F*** con $c - 1$ grados de libertad que corresponden al *MSA* en el numerador y $n - c$ grados de libertad que corresponden al *MSW* en el denominador. Para un nivel de significancia dado α, la hipótesis nula se rechaza si el estadístico de prueba F calculado en la ecuación (10.15) es mayor que el valor crítico de la cola superior F_U de la distribución F teniendo $c - 1$ grados de libertad en el numerador y $n - c$ en el denominador (vea la tabla E.5). Esto es, como ilustra la figura 10.22, la regla de decisión es

Rechace H_0 si $F > F_U$;

de otra forma, no rechace H_0.

FIGURA 10.22
Regiones de rechazo y no rechazo cuando se utiliza ANOVA.

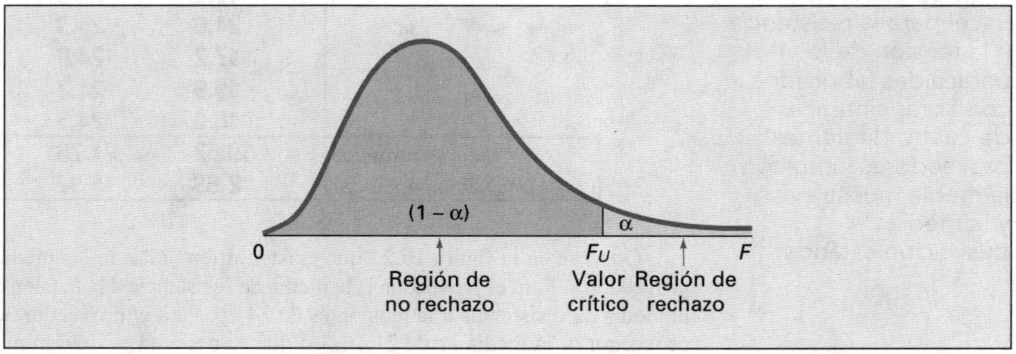

Si la hipótesis nula fuera cierta, debería esperarse que el estadístico F calculado fuera aproximadamente igual a 1, pues los términos cuadráticos medios, tanto del numerador como del denominador, son estimaciones de la varianza global de los datos. Si H_0 fuera falsa (y si existen diferencias reales en las medias), debería esperarse que el estadístico F calculado fuera sustantivamente mayor que 1 porque el numerador, *MSA*, estaría estimando el efecto del tratamiento o la diferencia entre grupos, además de medir únicamente la variabilidad global. Así pues, el procedimiento de ANOVA ofrece una prueba F en la cual la hipótesis nula puede rechazarse en un nivel de significancia α seleccionado, sólo si el estadístico F calculado es mayor que F_U, el valor crítico de la cola superior de la distribución F teniendo $c - 1$ y $n - c$ grados de libertad, como se observa en la figura 10.22.

Los resultados de un análisis de varianza por lo general se presentan en una **tabla de resumen ANOVA**, como ilustra la tabla 10.8. Las entradas de esta tabla incluyen las fuentes de variación (es decir, entre grupos, dentro de grupos y total), los grados de libertad, las sumas de los cuadrados, las medias cuadráticas (es decir, las varianzas), y el estadístico F calculado. Además, el valor-p (esto es, la probabilidad de tener un estadístico F tan grande o más que el que se calculó, dado que la hipótesis nula es cierta) se incluye en la tabla de resumen ANOVA. El valor-p permite obtener conclusiones directas acerca de la hipótesis nula sin referirse a la tabla de valores críticos de la distribución F. Si el valor-p es menor que el nivel de significancia a elegido, la hipótesis nula se rechaza.

TABLA 10.8
Tabla de resumen del análisis de varianza.

Fuente	Grados de libertad	Medias cuadráticas	Suma de (varianza)	F
Entre grupos	$c - 1$	SSA	$MSA = \dfrac{SSA}{c-1}$	$F = \dfrac{MSA}{MSW}$
Dentro de grupos	$n - c$	SSW	$MSW = \dfrac{SSW}{n-c}$	
Total	$n - 1$	SST		

Para ilustrar la prueba F ANOVA de una vía, regrese al escenario "Uso de la estadística" relacionado con la empresa Perfect Parachute Company (vea la página 346). Se realizó un experimento para determinar si existen diferencias significativas en la resistencia de los paracaídas fabricados con fibras sintéticas provenientes de diferentes proveedores. Se tejieron cinco paracaídas por cada grupo: proveedor 1, proveedor 2, proveedor 3 y proveedor 4. Se mide la resistencia de los paracaídas colocándolos en un dispositivo de prueba que jala ambos extremos del paracaídas hasta que se desgarra. La cantidad de fuerza necesaria para desgarrar el paracaídas se mide en una escala de resistencia a la tensión en la que cuanto más grande es el valor, más resistente será el paracaídas. Los resultados de este experimento (en términos de resistencia a la tensión) están en el archivo **PARACHUTE** y se presentan en la figura 10.23, junto con la media muestral y la media de desviación estándar para cada proveedor.

FIGURA 10.23
Hoja de trabajo de Excel para la resistencia a la tensión de los paracaídas fabricados con fibras sintéticas de cuatro diferentes proveedores junto con la media muestral y la media de desviación estándar.

	Proveedor 1	Proveedor 2	Proveedor 3	Proveedor 4
	18.5	26.3	20.6	25.4
	24.0	25.3	25.2	19.9
	17.2	24.0	20.8	22.6
	19.9	21.2	24.7	17.5
	18.0	24.5	22.9	20.4
Media aritmética	19.52	24.26	22.84	21.16
Desviación estándar	2.69	1.92	2.13	2.98

Observe en la figura 10.23 que existen diferencias en las medias de la muestra para los cuatro proveedores. Para el proveedor 1, la media de resistencia a la tensión es de 19.52. Para el proveedor 2, la media de resistencia a la tensión es de 24.26. Para el proveedor 3, la media es de 22.84, y para el proveedor 4, la media es de 21.16. Lo que se necesita es determinar si estos resultados de muestra son lo suficientemente diferentes como para concluir que las medias de la *población* no son iguales.

En el diagrama de dispersión que aparece en la figura 10.24, es posible inspeccionar visualmente los datos y ver cómo se distribuyen las medidas de resistencia a la tensión. También se observan las diferencias entre los grupos así como dentro de los grupos. Si el tamaño de las muestras fuera mayor, se podrían construir gráficas de tallo y hojas, gráficas de caja y bigote, y gráficas de probabilidad normal.

La hipótesis nula establece que no existe diferencia en la media de resistencia a la tensión entre los cuatro proveedores.

$$H_0: \mu_1 = \mu_2 = \mu_3 = \mu_4$$

La hipótesis alternativa establece que existe un efecto de tratamiento, esto es, por lo menos uno de los proveedores difiere con respecto a la media de resistencia a la tensión.

$$H_1: \text{no todas las medias son iguales}$$

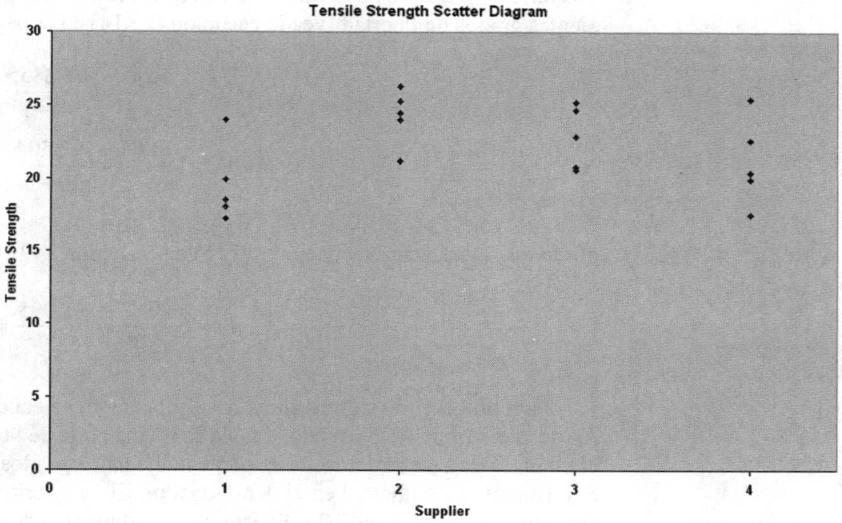

FIGURA 10.24
Diagrama de dispersión de Excel de la resistencia a la tensión para cuatro diferentes proveedores.

Para construir la tabla de resumen de ANOVA, primero calcule las medias de muestra en cada grupo (vea la figura 10.23 en la página 350). Después calcule la gran media sumando los 20 valores y dividiendo por el número total de valores.

$$\bar{\bar{X}} = \frac{\sum_{j=1}^{c}\sum_{i=1}^{n_j} X_{ij}}{n} = \frac{438.9}{20} = 21.945$$

Entonces, con la ayuda de las ecuaciones (10.11) a (10.13) en las páginas 347-348, se calcula la suma de cuadrados:

$$\begin{aligned} SSA &= \sum_{j=1}^{c} n_j(\bar{X}_j - \bar{\bar{X}})^2 \\ &= (5)(19.52 - 21.945)^2 + (5)(24.26 - 21.945)^2 + (5)(22.84 - 21.945)^2 \\ &\quad + (5)(21.16 - 21.945)^2 \\ &= 63.2855 \end{aligned}$$

$$\begin{aligned} SSW &= \sum_{j=1}^{c}\sum_{i=1}^{n_j} (X_{ij} - \bar{X}_j)^2 \\ &= (18.5 - 19.52)^2 + \cdots + (18 - 19.52)^2 + (26.3 - 24.26)^2 + \cdots + (24.5 - 24.26)^2 \\ &\quad + (20.6 - 22.84)^2 + \cdots + (22.9 - 22.84)^2 + (25.4 - 21.16)^2 + \cdots + (20.4 - 21.16)^2 \\ &= 97.504 \end{aligned}$$

$$\begin{aligned} SST &= \sum_{j=1}^{c}\sum_{i=1}^{n_j} (X_{ij} - \bar{\bar{X}})^2 \\ &= (18.5 - 21.945)^2 + (24 - 21.945)^2 + \cdots + (20.4 - 21.945)^2 \\ &= 160.7895 \end{aligned}$$

Los términos medios cuadráticos se calculan dividiendo la suma de cuadrados entre los correspondientes grados de libertad [vea la ecuación (10.14) en la página 348]. Puesto que $c = 4$ y $n = 20$,

$$MSA = \frac{SSA}{c-1} = \frac{63.2855}{4-1} = 21.095$$

$$MSW = \frac{SSW}{n-c} = \frac{97.504}{20-4} = 6.094$$

por lo que al utilizar la ecuación (10.15) en la página 349

$$F = \frac{MSA}{MSW} = \frac{21.095}{6.094} = 3.46$$

Para un nivel de significancia α seleccionado, se encuentra el valor crítico de la cola superior F_U de la distribución F usando la tabla E.5. Una parte de la tabla E.5 se presenta en la tabla 10.9. En el ejemplo de los proveedores de paracaídas, hay 3 grados de libertad en el numerador de la razón F y 16 grados de libertad en el denominador. El valor crítico de la cola superior F_U, en un nivel de significancia de 0.05, es 3.24. Puesto que el estadístico de prueba calculado $F = 3.46$ es mayor que $F_U = 3.24$, la hipótesis nula se rechaza (vea la figura 10.25). Se concluye que existe una diferencia significativa en la media de la resistencia a la tensión entre los cuatro proveedores.

TABLA 10.9

Se encuentra el valor crítico de F con 3 y 16 grados de libertad en un nivel de significancia de 0.05.

	Numerador, gl_1								
Denominador, gl_2	**1**	**2**	**3**	**4**	**5**	**6**	**7**	**8**	**9**
	.	.	.	.	.	.	.	.	.
	.	.	.	.	.	.	.	.	.
	.	.	.	.	.	.	.	.	.
11	4.84	3.98	3.59	3.36	3.20	3.09	3.01	2.95	2.90
12	4.75	3.89	3.49	3.26	3.11	3.00	2.91	2.85	2.80
13	4.67	3.81	3.41	3.18	3.03	2.92	2.83	2.77	2.71
14	4.60	3.74	3.34	3.11	2.96	2.85	2.76	2.70	2.65
15	4.54	3.68	3.29	3.06	2.90	2.79	2.71	2.64	2.59
16	4.49	3.63	3.24	3.01	2.85	2.74	2.66	2.59	2.54

Fuente: Extraído de la tabla E.5.

FIGURA 10.25

Regiones de rechazo y de no rechazo para el análisis de varianza en un nivel de significancia de 0.05 con 3 y 16 grados de libertad.

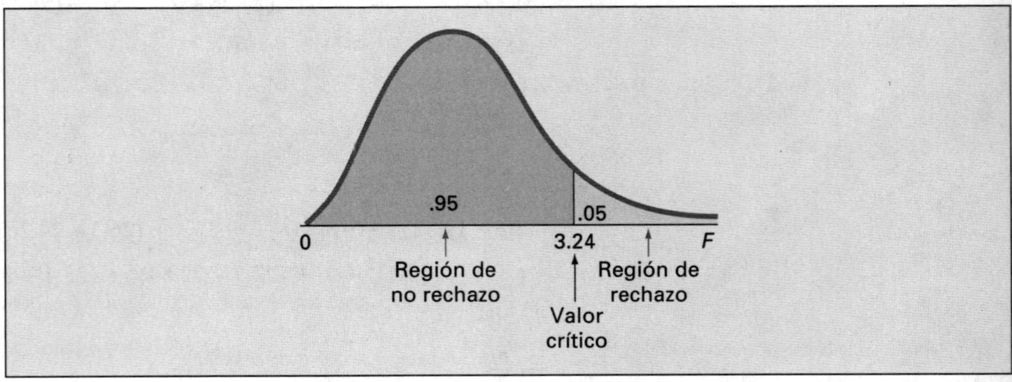

La figura 10.26 presenta la tabla de resumen de ANOVA de Excel y el valor-p. En la figura 10.27 aparece la salida Minitab. El valor-p, o la probabilidad de obtener un estadístico F de 3.46 o mayor cuando la hipótesis nula es cierta, es de 0.041. Puesto que el valor-p es menor que el especificado a de 0.05, se rechaza la hipótesis nula. El valor-p de 0.041 indica que existe un 4.1% de posibilidad de observar diferencias tan o más grandes si las medias de la población para los cuatro proveedores son iguales.

FIGURA 10.26
Análisis de varianza de Excel para el ejemplo de los paracaídas.

	A	B	C	D	E	F	G
1	**Anova: Single Factor**						
2							
3	**SUMMARY**						
4	***Groups***	***Count***	***Sum***	***Average***	***Variance***		
5	**Supplier 1**	**5**	**97.6**	**19.52**	**7.237**		
6	**Supplier 2**	**5**	**121.3**	**24.26**	**3.683**		
7	**Supplier 3**	**5**	**114.2**	**22.84**	**4.553**		
8	**Supplier 4**	**5**	**105.8**	**21.16**	**8.903**		
9							
10							
11	**ANOVA**						
12	***Source of Variation***	***SS***	***df***	***MS***	***F***	***P-value***	***F crit***
13	**Between Groups**	**63.2855**	**3**	**21.09516667**	**3.461628925**	**0.0413656**	**3.238866952**
14	**Within Groups**	**97.504**	**16**	**6.094**			
15							
16	**Total**	**160.7895**	**19**				

FIGURA 10.27
Análisis de varianza de Minitab para el ejemplo de los paracaídas.

One-way ANOVA: 1, 2, 3, 4

```
Source  DF      SS     MS     F      P
Factor   3   63.29  21.10  3.46  0.041
Error   16   97.50   6.09
Total   19  160.79

S = 2.469   R-Sq = 39.36%   R-Sq(adj) = 27.99%

                            Individual 95% CIs For Mean Based on
                            Pooled StDev
Level  N    Mean  StDev   --+---------+---------+---------+--------
1      5  19.520  2.690    (---------*--------)
2      5  24.260  1.919                     (---------*--------)
3      5  22.840  2.134               (---------*---------)
4      5  21.160  2.984          (---------*--------)
                          --+---------+---------+---------+--------
                          17.5      20.0      22.5      25.0

Pooled StDev = 2.469
```

Después de realizar un ANOVA de una vía y de encontrar una diferencia significativa entre los proveedores, lo que no se sabe aún es *cuáles* son los proveedores que difieren. Todo lo que sabe es que existe evidencia suficiente para establecer que las medias de la población no son todas iguales. En otras palabras, por lo menos una o más de las medias de la población son diferentes. Para determinar cuáles proveedores difieren, se recurre a un procedimiento de comparación múltiple, como el procedimiento de Tukey-Kramer.

Comparaciones múltiples: el procedimiento Tukey-Kramer

En el escenario "Uso de la estadística" en relación con la resistencia de los paracaídas, se utilizó una prueba F con ANOVA de una vía para determinar que existía una diferencia entre los proveedores. El siguiente paso es usar **comparaciones múltiples** para determinar qué grupos son diferentes.

Aunque hay muchos procedimientos disponibles (vea las referencias 5 y 7), este texto usa el **procedimiento Tukey-Kramer de comparación múltiple** para determinar cuáles de las medias c son significativamente diferentes. Fue John Tukey quien desarrolló este procedimiento (y posteriormente lo modificaron, de forma independiente, Tukey y C. Y. Kramer, para situaciones en las que el tamaño de las muestras difieren —vea las referencias 6, 7 y 11). El método Tukey-Kramer es un ejemplo del procedimiento de comparación **post-hoc**, porque las hipótesis de interés están formuladas *después* de que los datos se han revisado.

El procedimiento Tukey-Kramer permite hacer comparaciones simultáneamente entre todos los pares de grupos. Primero, se calculan las diferencias, $\overline{X}_j - \overline{X}_{j'}$ (donde $j \neq j'$), entre todos los $c(c-1)/2$ pares de medias. Después se calcula el **rango crítico** para el procedimiento Tukey-Kramer usando la ecuación (10.16).

RANGO CRÍTICO PARA EL PROCEDIMIENTO TUKEY-KRAMER

$$\text{Rango crítico} = Q_U\sqrt{\frac{MSW}{2}\left(\frac{1}{n_j}+\frac{1}{n_{j'}}\right)} \qquad \textbf{(10.16)}$$

donde Q_U es el valor crítico de la cola superior de una **distribución de rango studentizado** teniendo c grados de libertad en el numerador y $n - c$ grados de libertad en el denominador. Los valores para la distribución de rango studentizado se encuentran en la tabla E.8.

Si los tamaños de muestra difieren, se calcula un rango crítico para cada pareja comparada de medias de muestra. Por último, se compara cada una de las $c\ (c - 1)/2$ parejas de medias contra sus correspondientes rangos críticos. Se declara a un par como significativamente diferente, si la diferencia absoluta en las medias de muestra $|\bar{X}_j - \bar{X}_{j'}|$ es mayor que el rango crítico.

En el ejemplo de los paracaídas existen cuatro proveedores. Por lo tanto, existen $4(4 - 1)/2 = 6$ parejas de comparaciones. Para aplicar el procedimiento Tukey-Kramer, primero se calculan las diferencias absolutas de la media para las seis parejas de comparaciones. Usando la figura 10.23 de la página 350,

1. $|\bar{X}_1 - \bar{X}_2| = |19.52 - 24.26| = 4.74$
2. $|\bar{X}_1 - \bar{X}_3| = |19.52 - 22.84| = 3.32$
3. $|\bar{X}_1 - \bar{X}_4| = |19.52 - 21.16| = 1.64$
4. $|\bar{X}_2 - \bar{X}_3| = |24.26 - 22.84| = 1.42$
5. $|\bar{X}_2 - \bar{X}_4| = |24.26 - 21.16| = 3.10$
6. $|\bar{X}_3 - \bar{X}_4| = |22.84 - 21.16| = 1.68$

Usted necesita calcular sólo un rango crítico porque los tamaños de muestra en los cuatro grupos son iguales. De la tabla de resumen ANOVA (figura 10.26 o 10.27 en la página 353) $MSW = 6.094$ y $n_j = n_{j'} = 5$. De la tabla E.8, para a $= 0.05$, $c = 4$ y $n - c = 20 - 4 = 16$, Q_U, el valor crítico de la cola superior del estadístico de prueba es de 4.05 (véase la tabla 10.10). A partir de la ecuación 10.16,

$$\text{Rango crítico} = 4.05\sqrt{\left(\frac{6.094}{2}\right)\left(\frac{1}{5}+\frac{1}{5}\right)} = 4.471$$

Puesto que 4.74 > 4.471, se concluye que existe una diferencia significativa entre las medias de los proveedores 1 y 2. Todas las demás diferencias de las parejas son lo suficientemente pequeñas como para deberse al azar. Se concluye que los paracaídas tejidos usando fibras del proveedor 1, tienen una menor media de resistencia a la tensión que los del proveedor 2.

TABLA 10.10
Se encuentra el estadístico del rango studentizado Q_U para $\alpha = 0.05$ con 4 y 16 grados de libertad.

	Grados de libertad del numerador							
Grados de libertad del denominador	**2**	**3**	**4**	**5**	**6**	**7**	**8**	**9**
.	.	.	.	.	.	.	.	.
.	.	.	.	.	.	.	.	.
.	.	.	.	.	.	.	.	.
11	3.11	3.82	4.26	4.57	4.82	5.03	5.20	5.35
12	3.08	3.77	4.20	4.51	4.75	4.95	5.12	5.27
13	3.06	3.73	4.15	4.45	4.69	4.88	5.05	5.19
14	3.03	3.70	4.11	4.41	4.64	4.83	4.99	5.13
15	3.01	3.67	4.08	4.37	4.60	4.78	4.94	5.08
16	3.00	3.65	4.05	4.33	4.56	4.74	4.90	5.03

Fuente: Extraído de la tabla E.8.

Estos resultados se resumen en la salida de Excel que aparece en la figura 10.28 y en la salida Minitab de la figura 10.29. Minitab proporciona intervalos de confianza para las diferencias entre dos grupos en lugar de presentar el rango crítico. Por ejemplo, el intervalo de confianza para la media de la población del proveedor 2 menos la media de la población para el proveedor 1.

$$(\bar{X}_2 - \bar{X}_1) \pm Q_U \sqrt{\frac{MSW}{2}\left(\frac{1}{n_j} + \frac{1}{n_{j'}}\right)} = (0.269, 9.211)$$

Como ambos puntos finales de este intervalo son positivos, se concluye que la media de la población del proveedor 2 es mayor que la media de la población del proveedor 1.

FIGURA 10.28
Salida de Excel del procedimiento Tukey-Kramer para el ejemplo de los paracaídas.

	A	B	C	D	E	F	G	H	I
1	**Parachute Tensile-Strength Analysis**								
2									
3		**Sample**	**Sample**			Absolute	Std. Error	Critical	
4	**Group**	**Mean**	**Size**		**Comparison**	Difference	of Difference	Range	**Results**
5	1	19.52	5		**Group 1 to Group 2**	4.74	1.10399275	4.4712	**Means are different**
6	2	24.26	5		**Group 1 to Group 3**	3.32	1.10399275	4.4712	**Means are not different**
7	3	22.84	5		**Group 1 to Group 4**	1.64	1.10399275	4.4712	**Means are not different**
8	4	21.16	5		**Group 2 to Group 3**	1.42	1.10399275	4.4712	**Means are not different**
9					**Group 2 to Group 4**	3.1	1.10399275	4.4712	**Means are not different**
10	Other Data				**Group 3 to Group 4**	1.68	1.10399275	4.4712	**Means are not different**
11	Level of significance	0.05							
12	Numerator d.f.	4							
13	Denominator d.f.	16							
14	MSW	6.094							
15	Q Statistic	4.05							

FIGURA 10.29
Salida de Minitab del procedimiento Tukey-Kramer para el ejemplo de los paracaídas.

```
All Pairwise Comparisons

Individual confidence level = 98.87%

1 subtracted from:

    Lower  Center  Upper  -----+---------+---------+---------+----
2   0.269   4.740  9.211                 (-------*--------)
3  -1.151   3.320  7.791              (--------*--------)
4  -2.831   1.640  6.111         (---------*---------)
                          -----+---------+---------+---------+----
                            -5.0       0.0       5.0      10.0

2 subtracted from:

    Lower  Center  Upper  -----+---------+---------+---------+----
3  -5.891  -1.420  3.051     (---------*--------)
4  -7.571  -3.100  1.371  (---------*---------)
                          -----+---------+---------+---------+----
                            -5.0       0.0       5.0      10.0

3 subtracted from:

    Lower  Center  Upper  -----+---------+---------+---------+----
4  -6.151  -1.680  2.791     (---------*--------)
```

Suposiciones ANOVA

En el capítulo 9 y en las secciones 10.1 a 10.4, usted aprendió las suposiciones que se hacen al aplicar cada uno de los procedimientos de prueba de hipótesis y las consecuencias de desviarse de estas suposiciones. Para usar la prueba F con ANOVA de una vía, también deberá hacer ciertas suposiciones acerca de los datos.

Estas tres suposiciones son:

- Aleatoriedad e independencia.
- Normalidad.
- Homogeneidad de varianza.

La primera suposición, **aleatoriedad e independencia**, tiene una importancia fundamental. La validez de cualquier experimento depende del muestreo aleatorio y/o del proceso de aleatorización. Para no discriminar en las salidas, se necesita seleccionar muestras aleatorias de las poblaciones c o asignar de forma aleatoria los artículos o individuos a los niveles c del factor. Seleccionar una muestra aleatoria, o asignar los niveles de forma aleatoria, asegurará que el valor de un grupo sea independiente de cualquier otro valor en el experimento. Las desviaciones de esta suposición podrían afectar seriamente las inferencias del análisis de varianza. Estos problemas se analizan con mayor profundidad en las referencias 5 y 7.

La segunda suposición, **normalidad**, establece que los valores de muestra en cada grupo provienen de una población distribuida normalmente. Al igual que en el caso de la prueba t, la prueba F con ANOVA de una vía es relativamente robusta frente a las desviaciones de una distribución normal. Mientras que las distribuciones no sean extremadamente diferentes de una distribución normal, el nivel de significancia de la prueba F con ANOVA, por lo general, no se ve afectado, especialmente en el caso de las muestras grandes. Usted podrá evaluar la normalidad de cada una de las muestras c construyendo una gráfica de probabilidad normal o una gráfica de caja y bigote.

La tercera suposición, **homogeneidad de varianza**, establece que las varianzas de la población de los c grupos son iguales (es decir, $\sigma_1^2 = \sigma_2^2 = \cdots = \sigma_c^2$). Si se tienen tamaños de muestra iguales en cada grupo, las inferencias basadas en la distribución F no se ven seriamente afectadas por las varianzas desiguales. Sin embargo, si se tienen tamaños de muestra desiguales, entonces las varianzas desiguales tendrían un serio efecto en las inferencias desarrolladas a partir del procedimiento ANOVA. Por lo tanto, cuando sea posible, deberían utilizarse tamaños de muestra iguales en todos los grupos. La prueba de Levene para homogeneidad, que se presenta a continuación, es uno de los métodos para probar si las varianzas de las poblaciones c son iguales.

Cuando se infringe únicamente la suposición de normalidad, la prueba de rango de Kruskal-Walllis, un procedimiento no paramétrico (vea las referencias 1 y 2) es el apropiado. Cuando se infringe sólo la suposición de homogeneidad de varianza, usted dispone de procedimientos similares a los utilizados en las pruebas t de varianzas separadas de la sección 10.1 (vea las referencias 1 y 2). Cuando se infringen ambas suposiciones, de normalidad y de homogeneidad de la varianza, se necesita utilizar una transformación de datos apropiada que normalice los datos y reduzca las diferencias en las varianzas (vea la referencia 7), o usar un procedimiento paramétrico más general (vea las referencias 1 y 2).

La prueba de la homogeneidad de la varianza de Levene

Aunque la prueba F con ANOVA de una vía es relativamente robusta respecto a las suposiciones de varianzas de grupo iguales, la existencia de grandes diferencias en las varianzas del grupo afectará seriamente el nivel de significancia y el poder de la prueba F. Hay muchos procedimientos disponibles para probar la suposición de homogeneidad de varianza. La **prueba de Levene** modificada (vea las referencias 1, 4 y 10) es un procedimiento con gran poder estadístico. Para probar la igualdad de las varianzas de las poblaciones c, se requiere usar la siguiente hipótesis:

$$H_0: \sigma_1^2 = \sigma_2^2 = \cdots = \sigma_c^2$$

contra la alternativa

$$H_1: \text{no todas las } \sigma_j^2 \text{ son iguales } (j = 1, 2, \ldots, c)$$

Para probar la hipótesis nula de las varianzas iguales, primero se calcula el valor absoluto de la diferencia entre cada valor y la mediana del grupo. Después se efectúa el análisis de varianza de una vía en estas *diferencias absolutas*. Para ilustrar la prueba de Levene modificada, regrese al escenario de "Uso de la estadística" relacionado con la resistencia a la tensión de los paracaídas, presentado en la página 346. La tabla 10.11 resume las diferencias absolutas de la mediana de cada proveedor.

TABLA 10.11
Diferencias absolutas de la mediana de la resistencia a la tensión para los cuatro proveedores.

Proveedor 1 (mediana = 18.5)	Proveedor 2 (mediana = 24.5)	Proveedor 3 (mediana = 22.9)	Proveedor 4 (mediana = 20.4)
|18.5 – 18.5|= 0.0	|26.3 – 24.5|= 1.8	|20.6 – 22.9|= 2.3	|25.4 – 20.4|= 5.0
|24.0 – 18.5|= 5.5	|25.3 – 24.5|= 0.8	|25.2 – 22.9|= 2.3	|19.9 – 20.4|= 0.5
|17.2 – 18.5|= 1.3	|24.0 – 24.5|= 0.5	|20.8 – 22.9|= 2.1	|22.6 – 20.4|= 2.2
|19.9 – 18.5|= 1.4	|21.2 – 24.5|= 3.3	|24.7 – 22.9|= 1.8	|17.5 – 20.4|= 2.9
|18.0 – 18.5|= 0.5	|24.5 – 24.5|= 0.0	|22.9 – 22.9|= 0.0	|20.4 – 20.4|= 0.0

Usando las diferencias absolutas proporcionadas en la tabla 10.11, se realiza el análisis de varianza de una vía. La figura 10.30 presenta la salida de Excel y la figura 10.31 muestra la salida Minitab.

FIGURA 10.30
Salida Excel del análisis de varianza de las diferencias absolutas para los datos del paracaídas.

	A	B	C	D	E	F	G
1	Parachute Tensile-Strength Analysis						
2							
3	SUMMARY						
4	*Groups*	*Count*	*Sum*	*Average*	*Variance*		
5	Supplier 1	5	8.7	1.74	4.753		
6	Supplier 2	5	6.4	1.28	1.707		
7	Supplier 3	5	8.5	1.7	0.945		
8	Supplier 4	5	10.6	2.12	4.007		
9							
10							
11	ANOVA						
12	*Source of Variation*	*SS*	*df*	*MS*	*F*	*P-value*	*F crit*
13	Between Groups	1.77	3	0.59	0.2068	0.890189	3.238867
14	Within Groups	45.648	16	2.853			
15							
16	Total	47.418	19				

FIGURA 10.31
Salida Minitab de la prueba de Levene para los datos de los paracaídas.

```
Levene's Test (any continuous distribution)
Test statistic = 0.21, p-value = 0.890
```

En las figuras 10.30 y 10.31, observe que $F = 0.21 < 3.238867$ (o el valor-$p = 0.89 > 0.05$). Por lo tanto, no se rechaza H_0. No existe evidencia de una diferencia significativa entre las cuatro varianzas. En otras palabras, es razonable suponer que los materiales de los cuatro proveedores producen paracaídas con una cantidad igual de variabilidad. Por lo tanto, la suposición de homogeneidad de varianza para el procedimiento ANOVA está justificada.

EJEMPLO 10.5

ANÁLISIS DE VARIANZA DE LA VELOCIDAD EN EL SERVICIO EN EL AUTOMÓVIL EN LAS CADENAS DE COMIDA RÁPIDA

En los restaurantes de comida rápida, la ventanilla de servicio en el automóvil es una fuente creciente de ingresos. La cadena que ofrezca el servicio más rápido tiene posibilidades de atraer clientes adicionales. En un estudio de tiempos del servicio en el automóvil (desde que se recibe la carta del menú hasta la salida) de las cadenas de comida rápida, la media de tiempo fue de 150 segundos para Wendy´s, 167 segundos para McDonald´s, 169 segundos para Checkers, 171 segundos para Burger King y 172 segundos para Long John Silver´s (J. Ordonez, "An Efficiency Drive: Fast-Food Lanes are Getting Even Faster", *The Wall Street Journal,* 18 de mayo, 2000, A1, A10). Suponga que el estudio se basó en 20 clientes para cada cadena de comida rápida y a partir de ahí se elaboró la tabla de ANOVA que se presenta en la tabla 10.12.

TABLA 10.12
Tabla de análisis de varianza de la velocidad de servicio en el automovil de las cadenas de comida rápida.

Fuente	Grados de libertad	Suma de cuadrados	Medias cuadráticas	F	Valor-p
Entre cadenas	4	6,536	1,634.0	12.51	0.0000
Dentro de las cadenas	95	12,407	130.6		

En un nivel de significancia de 0.05, ¿existe evidencia de una diferencia en la media del tiempo de servicio en el automóvil de las cinco cadenas?

SOLUCIÓN

$H_0: \mu_1 = \mu_2 = \mu_3 = \mu_4 = \mu_5$ donde 1 = Wendy´s, 2 = McDonald´s, 3 = Checkers, 4 = Burger King, 5 = Long John Silver´s

H_1: no todas las μ_j son iguales donde $j = 1, 2, 3, 4, 5$

Regla de decisión: Si el valor-$p < 0.05$, se rechaza H_0. A partir de que el valor-p es 0, se rechaza H_0. Usted tiene evidencia suficiente para concluir que la media del tiempo de servicio en el automóvil de las cinco cadenas no es igual.

Para determinar cuáles de las medias son significativamente diferentes unas de las otras se usa el procedimiento Tukey-Kramer [ecuación (10.16) en la página 354] para establecer el rango crítico:

$$Q_{U(c,n-c)} = Q_{U(5,95)} = 3.92$$

$$\text{Rango crítico} = Q_{U(c,n-c)}\sqrt{\frac{MSW}{2}\cdot\left(\frac{1}{n_j}+\frac{1}{n_{j'}}\right)} = (3.92)\sqrt{\left(\frac{130.6}{2}\right)\left(\frac{1}{20}+\frac{1}{20}\right)}$$

$$= 10.017$$

Los tiempos de servicio en el automóvil son diferentes entre Wendy´s (media de 150 segundos) y cada una de las otras cuatro cadenas. Se concluye, con un nivel de confianza del 95%, que el tiempo de servicio en el automóvil de Wendy´s es más rápido que en McDonald´s, Burger King, Checkers y Johm Long Silver´s, pero los tiempos de servicio en el automóvil para McDonald´s, Burger King, Checkers y John Long Silver´s no son estadísticamente diferentes.

PROBLEMAS PARA LA SECCIÓN 10.5

Aprendizaje básico

ASISTENCIA de PH Grade **10.55** Usted trabaja en un experimento que tiene un solo factor con cinco grupos y siete valores en cada grupo.

a. ¿Cuántos grados de libertad hay para determinar la variación entre grupo?

b. ¿Cuántos grados de libertad hay para determinar la variación dentro del grupo?

c. ¿Cuántos grados de libertad hay para determinar la variación total?

ASISTENCIA de PH Grade **10.56** Usted trabaja en el mismo experimento del problema 10.55:

a. Si $SSA = 60$ y $SST = 210$, ¿cuál es el valor de SSW?

b. ¿Cuál es el valor de MSA?

c. ¿Cuál es el valor de MSW?

d. ¿Cuál es el valor estadístico de F?

ASISTENCIA de PH Grade **10.57** Usted trabaja en el mismo experimento del problema 10.55 y 10.56:

a. Forme la tabla de resumen de ANOVA y llene el cuerpo de la tabla con todos los valores.

b. En un nivel de significancia de 0.05, ¿cuál es el valor crítico de la cola superior de la distribución F?

c. Establezca la regla de decisión para probar la hipótesis nula de que los cinco grupos tienen iguales medias de población.

d. ¿Cuál es su decisión estadística?

10.58 Usted trabaja en un experimento que tiene un factor con tres grupos de siete valores cada uno:

a. ¿Cuántos grados de libertad hay para determinar la variación entre grupo?

b. ¿Cuántos grados de libertad hay para determinar la variación dentro del grupo?

c. ¿Cuántos grados de libertad hay para determinar la variación total?

ASISTENCIA de PH Grade **10.59** Usted conduce un experimento con un factor de cuatro grupos, con ocho valores en cada uno. Llene todos los resultados faltantes en la siguiente tabla de resumen de ANOVA.

Fuente	Grados de libertad	Suma de cuadrados	Medias cuadráticas (varianza)	F
Entre grupos	$c-1=?$	$SSA=?$	$MSA=80$	$F=?$
Dentro de grupos	$n-c=?$	$SSW=560$	$MSW=?$	
Total	$n-1=?$	$SST=?$		

10.60 Usted trabaja en el mismo experimento del problema 10.59:

a. Con un nivel de significancia de 0.05, establezca la regla de decisión para probar la hipótesis nula de que los cuatro grupos tienen la misma media poblacional.

b. ¿Cuál es su decisión estadística?

c. En un nivel de significancia de 0.05, ¿cuál es el valor crítico de la cola superior para la distribución de rango studentizada?

d. Para realizar el procedimiento de Tukey-Kramer, ¿cuál es el rango crítico?

Aplicación de conceptos

Puede resolver los problemas 10.61 a 10.68 manualmente o usando Excel, Minitab o SPSS.

10.61 La Computer Anxiety Rating Scale (CARS o Escala de Clasificación de Ansiedad de Computadora) mide el nivel de ansiedad de un individuo frente a la computadora en una escala que va de 20 (sin ansiedad) hasta 100 (nivel máximo de ansiedad). Los investigadores de la Universidad de Miami aplicaron la CARS a 172 alumnos de administración. Uno de los objetivos del estudio era determinar si existían diferencias en el nivel de ansiedad provocada por la computadora entre los estudiantes de diferentes especialidades.

Fuente	Grados de libertad	Suma de cuadrados	Medias cuadrados	F
Entre especialidades	5	3,172		
Dentro de las especialidades	166	21,246		
Total	171	24,418		

Especialidad	N	Media
Marketing	19	44.37
Administración	11	43.18
Otras	14	42.21
Finanzas	45	41.80
Contaduría	36	37.56
MIS	47	42.21

Fuente: Travis Broome and Douglas Havelka, "Determinants of Computer Anxiety in Business Students", The Review of Business Information Systems, *Spring 2002, 6(2):9–16.*

a. Complete la tabla de resumen de ANOVA.
b. En un nivel de significancia de 0.05, ¿existe evidencia de una diferencia en la media de la ansiedad experimentada frente a la computadora de las diferentes especialidades?
c. Si los resultados en el inciso *b*) indican que es apropiado, use el procedimiento Tukey-Kramer para determinar qué especialidades difieren en la media de la ansiedad frente a la computadora. Discuta sus conclusiones.

ASISTENCIA de PH Grade **10.62** Periódicamente, *The Wall Street Journal* realiza un concurso de elección de acciones. El último fue en marzo de 2001. En este experimento se usaron tres diferentes métodos para seleccionar acciones que se esperaba funcionaran bien durante los siguientes cinco meses. Cuatro profesionales de Wall Street, considerados expertos en elegir acciones, fueron los encargados de seleccionar cuatro acciones. Cuatro lectores del *Wall Street Journal* fueron seleccionados al azar para que eligieran cuatro acciones. Finalmente, se seleccionaron cuatro acciones lanzando dardos a un tablero con listas de acciones. Los rendimientos de las acciones seleccionadas para el 20 de marzo de 2001 al 31 de agosto de 2001 (en porcentajes de rendimiento) se muestran en la siguiente tabla. Nótese que durante este periodo el promedio industrial Dow Jones ganó un 2.4%. **CONTEST2001**

Expertos	Lectores	Dardos
+39.5	−31.0	+39.0
−1.1	−20.7	+31.9
−4.5	−45.0	+14.1
−8.0	−73.3	+5.4

Fuente: Georgette Jasen, "In Picking Stocks, Dartboard Beats the Pros", The Wall Street Journal, *27 de septiembre, 2001, C1, C10.*

a. ¿Existe evidencia de una diferencia significativa en la media del rendimiento para las tres categorías? (Considere $\alpha = 0.05$).
b. Si es apropiado, determine qué categorías difieren en la media de rendimiento.
c. Comente sobre la validez de la inferencia implicada por el título del artículo, el cual sugiere que el tiro con dardos resultó mejor que los profesionales.
d. ¿Existe evidencia de una diferencia significativa en la variación del rendimiento para las tres categorías? (Considere $\alpha = 0.05$.)

10.63 Los siguientes datos representan el precio de la gasolina regular en estaciones de autoservicio de cuatro condados de la ciudad de Nueva York y dos condados suburbanos durante la semana del 17 de mayo de 2004. **GASPRICE**

Condados					
Manhattan	**Bronx**	**Queens**	**Brooklyn**	**Nassau**	**Suffolk**
2.339	2.199	2.239	2.159	2.099	2.179
2.299	2.139	2.239	2.199	2.199	2.159
2.239	2.239	2.179	2.359	2.259	2.119
2.199	2.159	2.299	2.159	2.239	2.159
2.199	2.179	2.279	1.999	2.239	2.219

a. En un nivel de significancia de 0.05, ¿existe evidencia de una diferencia en la media del precio de gasolina en los seis condados?
b. Si es apropiado, determine qué condados difieren en las medias del precio de gasolina.
c. En un nivel de significancia de 0.05, ¿existe evidencia de una diferencia en la variación del precio de gasolina entre los seis condados?

✓ AUTO Examen **10.64** Los alumnos en el curso de estadística en los negocios realizaron un experimento para probar la resistencia de cuatro marcas de bolsas para basura. Se colocaron pesas de una libra dentro de una bolsa, una a la vez, hasta que la bolsa se rompiera. Se utilizó un total de 40 bolsas, 10 de cada marca. Los datos en el archivo **TRASHBAGS** indican el peso (en libras) necesario para romper las bolsas para basura.
a. En un nivel de significancia de 0.05, ¿existe evidencia de una diferencia en la media de resistencia de las cuatro marcas de bolsas para basura?
b. Si es apropiado, determine qué marcas difieren en la resistencia promedio.
c. En un nivel de significancia de 0.05, ¿existe evidencia de una diferencia en la variación de la resistencia entre las cuatro marcas de bolsas para basura?
d. ¿Qué marca(s) debería comprar y qué marca(s) debería evitar? Explique por qué.

10.65 Los datos de abajo representan el tiempo de vida de cuatro diferentes aleaciones. **ALLOY**

Aleación			
1	**2**	**3**	**4**
999	1,022	1,026	974
1,010	973	1,008	1,015
995	1,023	1,005	1,009
998	1,023	1,007	1,011
1,001	996	981	995

Fuente: P. Wludyka, P. Nelson, y P. Silva, "Power Curves for the Analysis of means for Variances", Journal of Quality Technology, *33, 2001, 60-65.*

a. En un nivel de significancia de 0.05, ¿existe evidencia de una diferencia en la media de tiempo de vida de las cuatro aleaciones?
b. Si es apropiado, determine qué aleaciones difieren en cuanto a tiempo de vida.
c. En un nivel de significancia de 0.05, ¿existe evidencia de una diferencia en la variación de tiempo de vida entre las cuatro aleaciones?
d. ¿Qué efecto tiene el resultado del inciso *c*) en la validez de los resultados de los incisos *a*) y *b*)?

10.66 Un fabricante de bolígrafos contrató a una agencia de publicidad para desarrollar una campaña publicitaria durante la próxima temporada festiva. Para preparar este proyecto, el director de investigación decide iniciar un estudio acerca del efecto de la publicidad en la percepción del producto. Se diseña un experimento para comparar cinco diferentes anuncios. El anuncio *A* subestima significativamente las características del bolígrafo. El anuncio *B* subestima ligeramente las características del bolígrafo. El anuncio *C* exagera ligeramente las características del bolígrafo. El anuncio *D* exagera significativamente las características del bolígrafo. El anuncio *E* intenta describir correctamente las características del bolígrafo. Un grupo de 30 adultos encuestados tomados de un grupo de enfoque más grande, es asignado aleatoriamente a los cinco anuncios (de manera que hay seis encuestados para cada uno). Después de leer el anuncio y de desarrollar un sentimiento de "expectativa del producto", sin saberlo, todos los encuestados reciben el mismo bolígrafo para evaluar. Se les permite probar su bolígrafo y la calidad del texto del anuncio. Se les pide entonces que califiquen el bolígrafo del 1 al 7 de acuerdo con las características de apariencia, durabilidad y desempeño al escribir. Las calificaciones *combinadas* de las tres clasificaciones (apariencia, durabilidad y desempeño al escribir) para los 30 encuestados son las siguientes **PEN**.

A	B	C	D	E
15	16	8	5	12
18	17	7	6	19
17	21	10	13	18
19	16	15	11	12
19	19	14	9	17
20	17	14	10	14

a. En un nivel de significancia de 0.05, ¿existe evidencia de una diferencia en la media de evaluación de los cinco anuncios?
b. Si es apropiado, determine qué anuncio difiere en la media de evaluación.
c. En un nivel de significancia de 0.05, ¿existe evidencia de una diferencia en la variación en la evaluación entre los cinco anuncios?
d. ¿Qué anuncio(s) debería usted usar y qué anuncio(s) debería evitar? Explique por qué.

10.67 El gerente minorista de una cadena de supermercados desea determinar si la colocación del producto tiene algún efecto en la venta de juguetes para mascotas. Se consideran tres diferentes ubicaciones en el pasillo: en el frente, a la mitad y en la parte posterior. Se seleccionó una muestra aleatoria de 18 tiendas con 6 tiendas asignadas aleatoriamente a cada colocación en el pasillo. El tamaño del área de exhibición, así como el precio del producto, son constantes para todas las tiendas. Al final del periodo de prueba de un mes, los volúmenes de venta (en miles de dólares) del producto en cada tienda fueron los siguientes: **LOCATE**

Ubicación en el pasillo		
Al frente	**A la mitad**	**Parte posterior**
8.6	3.2	4.6
7.2	2.4	6.0
5.4	2.0	4.0
6.2	1.4	2.8
5.0	1.8	2.2
4.0	1.6	2.8

a. En un nivel de significancia de 0.05, ¿existe evidencia de una diferencia significativa en la media de ventas entre las diferentes ubicaciones en el pasillo?
b. Si es apropiado, ¿qué colocación del pasillo parece diferir significativamente en la media de ventas?
c. En un nivel de significancia de 0.05, ¿existe evidencia de una diferencia significativa en la variación de ventas entre las diversas ubicaciones en el pasillo?
d. ¿Qué deberá concluir el gerente minorista? Describa con detalle las opciones del gerente minorista en relación con las ubicaciones en el pasillo.

10.68 Una empresa de productos deportivos deseaba comparar la distancia que recorren las pelotas de golf de cuatro diferentes diseños. Se fabricaron 10 pelotas con cada diseño y se llevaron al campo de golf local para que las probara un profesional del club. El orden en el que fueron golpeadas con un palo de golf desde el primer tee fue aleatorio. Las 40 pelotas fueron golpeadas en un periodo de tiempo corto y en condiciones ambientales esencialmente iguales. Los resultados (distancia recorrida en yardas) para los cuatro diseños fueron los siguientes: **GOLFBALL**

Diseños			
1	**2**	**3**	**4**
206.32	203.81	217.08	213.90
226.77	223.85	230.55	231.10
207.94	206.75	221.43	221.28
224.79	223.97	227.95	221.53
206.19	205.68	218.04	229.43
229.75	234.30	231.84	235.45
204.45	204.49	224.13	213.54
228.51	219.50	224.87	228.35
209.65	210.86	211.82	214.51
221.44	233.00	229.49	225.09

a. En un nivel de significancia de 0.05, ¿existe evidencia de una diferencia en la media de distancia recorrida por las pelotas de golf con diferentes diseños?

b. Si los resultados en el inciso *a*) indican que es apropiado, utilice el procedimiento Tukey-Kramer para determinar qué diseños difieren en la media de distancia.

c. ¿Qué suposición es necesaria en el inciso *a*)?

d. En un nivel de significancia de 0.05, ¿existe evidencia de una diferencia en la variación de la distancia recorrida por las pelotas con diferente diseño?

e. ¿Qué diseño de pelota de golf debería elegir el gerente de producción? Explique por qué.

RESUMEN

En este capítulo puso en práctica procedimientos estadísticos de prueba para analizar posibles diferencias entre dos o más poblaciones independientes. Además, aprendió un procedimiento de prueba usado con frecuencia al analizar diferencias entre las medias de dos poblaciones relacionadas. Recuerde que necesita seleccionar la prueba más apropiada para un determinado conjunto de condiciones e investigar de forma crítica la validez de las suposiciones que subyacen en cada uno de los procedimientos de prueba de hipótesis.

El mapa conceptual de la figura 10.32 ilustra los pasos necesarios para determinar qué prueba de dos muestras de hipótesis usar.

1. ¿Qué tipo de datos tiene? Si está trabajando con variables categóricas de dos poblaciones independientes, utilice la prueba *Z* para la diferencia de dos proporciones.
2. Si tiene una variable numérica, determine si tiene muestras independientes o muestras relacionadas. Si tiene muestras relacionadas, utilice la prueba *t* apareada.
3. Si tiene dos muestras independientes, determine si es posible suponer que las varianzas de los dos grupos son iguales. (Esta suposición puede probarse mediante una prueba *F*.)
4. Si es posible suponer que los dos grupos tienen varianzas iguales, utilice la prueba *t* de varianza conjunta. Si no puede suponer que los dos grupos tienen varianzas iguales, utilice la prueba *t* de varianza separada.
5. Si tiene más de dos muestras independientes, utilice ANOVA de una vía.

La tabla 10.13 presenta una lista de temas cubiertos en este capítulo.

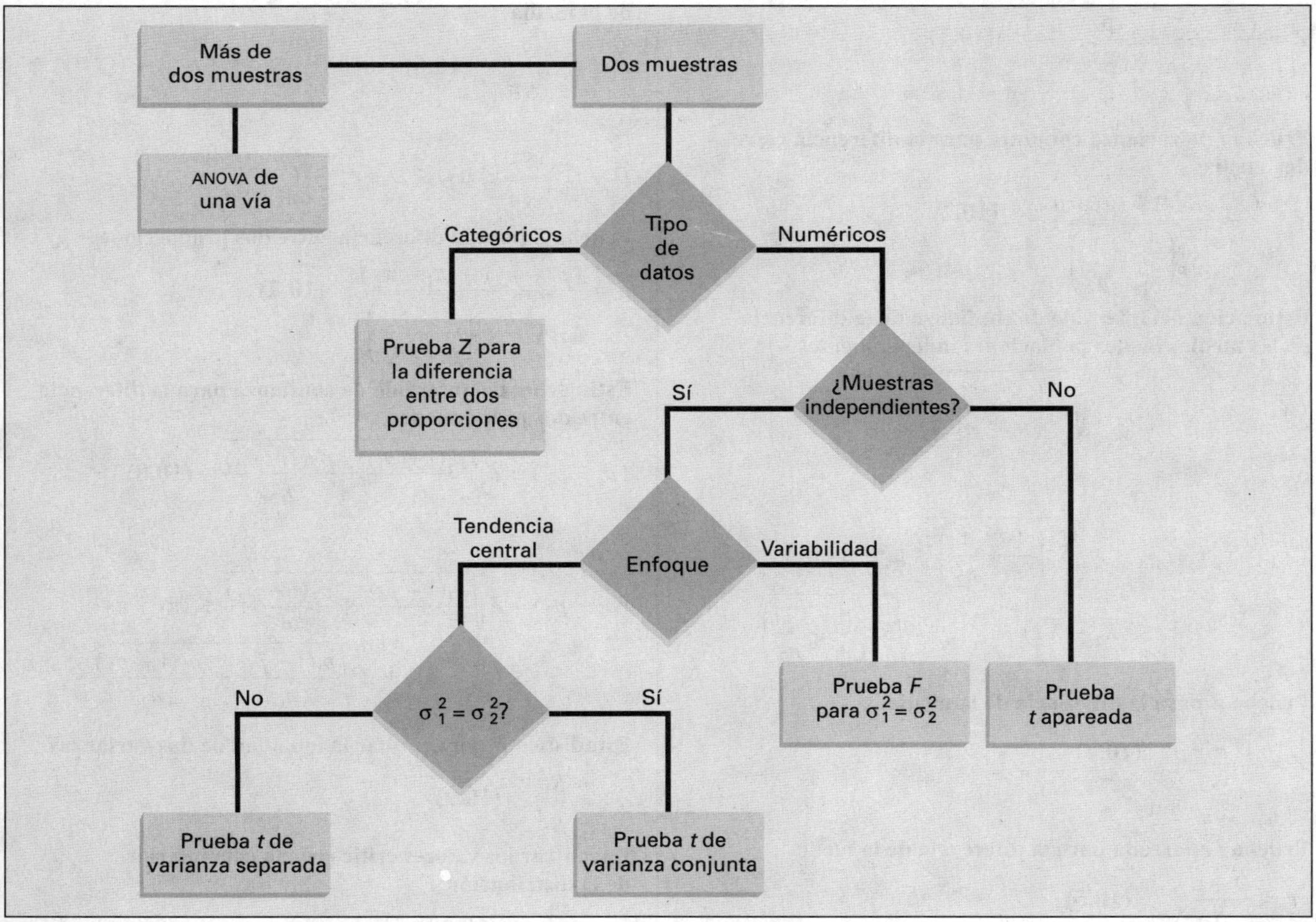

FIGURA 10.32 Mapa cognitivo para seleccionar la prueba de hipótesis adecuada.

TABLA 10.13
Resumen de temas estudiados en el capítulo 10.

	Tipo de datos	
Tipo de análisis	**Numéricos**	**Categóricos**
Comparación de dos o más poblaciones	Pruebas Z y t para la diferencia en las medias de dos poblaciones independientes **(sección 10.1)** Prueba t apareada **(sección 10.2)** Prueba F para las diferencias en dos varianzas **(sección 10.4)** ANOVA de una vía **(sección 10.5)**	Prueba Z para la diferencia entre dos proporciones **(sección 10.3)**

FÓRMULAS IMPORTANTES

Prueba *Z* para la diferencia entre dos medias

$$Z = \frac{(\overline{X}_1 - \overline{X}_2) - (\mu_1 - \mu_2)}{\sqrt{\frac{\sigma_1^2}{n_1} + \frac{\sigma_2^2}{n_2}}} \quad \textbf{(10.1)}$$

Prueba *t* de varianza conjunta para la diferencia entre dos medias

$$t = \frac{(\overline{X}_1 - \overline{X}_2) - (\mu_1 - \mu_2)}{\sqrt{S_p^2\left(\frac{1}{n_1} + \frac{1}{n_2}\right)}} \quad \textbf{(10.2)}$$

Estimación del intervalo de confianza de la diferencia en las medias de dos poblaciones independientes

$$(\overline{X}_1 - \overline{X}_2) \pm t_{n_1+n_2-2}\sqrt{S_p^2\left(\frac{1}{n_1} + \frac{1}{n_2}\right)} \quad \textbf{(10.3)}$$

o

$$(\overline{X}_1 - \overline{X}_2) - t_{n_1+n_2-2}\sqrt{S_p^2\left(\frac{1}{n_1} + \frac{1}{n_2}\right)} \le \mu_1 - \mu_2$$
$$\le (\overline{X}_1 - \overline{X}_2) + t_{n_1+n_2-2}\sqrt{S_p^2\left(\frac{1}{n_1} + \frac{1}{n_2}\right)}$$

Prueba *Z* para la diferencia de la media

$$Z = \frac{\overline{D} - \mu_D}{\frac{\sigma_D}{\sqrt{n}}} \quad \textbf{(10.4)}$$

Prueba *t* apareada para la diferencia de la media

$$t = \frac{\overline{D} - \mu_D}{\frac{S_D}{\sqrt{n}}} \quad \textbf{(10.5)}$$

Estimación del intervalo de confianza para la diferencia de la media

$$\overline{D} \pm t_{n-1}\frac{S_D}{\sqrt{n}} \quad \textbf{(10.6)}$$

o

$$\overline{D} - t_{n-1}\frac{S_D}{\sqrt{n}} \le \mu_D \le \overline{D} + t_{n-1}\frac{S_D}{\sqrt{n}}$$

Prueba *Z* para la diferencia entre dos proporciones

$$Z = \frac{(p_1 - p_2) - (\pi_1 - \pi_2)}{\sqrt{\overline{p}(1 - \overline{p})\left(\frac{1}{n_1} + \frac{1}{n_2}\right)}} \quad \textbf{(10.7)}$$

Estimación del intervalo de confianza para la diferencia entre dos proporciones

$$(p_1 - p_2) \pm Z\sqrt{\frac{p_1(1 - p_1)}{n_1} + \frac{p_2(1 - p_2)}{n_2}} \quad \textbf{(10.8)}$$

o

$$(p_1 - p_2) - Z\sqrt{\frac{p_1(1 - p_1)}{n_1} + \frac{p_2(1 - p_2)}{n_2}} \le (\pi_1 - \pi_2)$$
$$\le (p_1 - p_2) + Z\sqrt{\frac{p_1(1 - p_1)}{n_1} + \frac{p_2(1 - p_2)}{n_2}}$$

Estadístico *F* para probar la igualdad de dos varianzas

$$F = \frac{S_1^2}{S_2^2} \quad \textbf{(10.9)}$$

Encontrar los valores críticos de la cola inferior de la distribución *F*

$$F_L = \frac{1}{F_{U^*}} \quad \textbf{(10.10)}$$

Variación total en ANOVA de una vía

$$SST = \sum_{j=1}^{c}\sum_{i=1}^{n_j}(X_{ij} - \bar{\bar{X}})^2 \quad \textbf{(10.11)}$$

Variación entre grupos en ANOVA de una vía

$$SSA = \sum_{j=1}^{c} n_j(\bar{X}_j - \bar{\bar{X}})^2 \quad \textbf{(10.12)}$$

Variación dentro de los grupos en ANOVA de una vía

$$SSW = \sum_{j=1}^{c}\sum_{i=1}^{n_j}(X_{ij} - \bar{X}_j)^2 \quad \textbf{(10.13)}$$

Cálculo de las medias cuadráticas en ANOVA de una vía

$$MSA = \frac{SSA}{c-1} \quad \textbf{(10.14a)}$$

$$MSW = \frac{SSW}{n-c} \quad \textbf{(10.14b)}$$

$$MST = \frac{SST}{n-1} \quad \textbf{(10.14c)}$$

Estadístico de prueba *F* en ANOVA de una vía

$$F = \frac{MSA}{MSW} \quad \textbf{(10.15)}$$

Rango crítico para el procedimiento Tukey-Kramer

$$\text{Rango crítico} = Q_U\sqrt{\frac{MSW}{2}\left(\frac{1}{n_j} + \frac{1}{n_{j'}}\right)} \quad \textbf{(10.16)}$$

CONCEPTOS CLAVE

PROBLEMAS DE REPASO

Revisión de su comprensión

10.69 ¿Cuáles son algunos de los criterios utilizados para seleccionar un procedimiento de prueba de hipótesis particular?

10.70 ¿En qué condiciones se debe utilizar la prueba *t* de varianza conjunta para examinar las posibles diferencias en las medias de dos poblaciones independientes?

10.71 ¿En qué condiciones se debe utilizar la prueba *F* para examinar las posibles diferencias en las varianzas de dos poblaciones independientes?

10.72 ¿Cuál es la diferencia entre dos poblaciones independientes y dos poblaciones relacionadas?

10.73 ¿Cuál es la diferencia entre mediciones repetidas y artículos apareados (o emparejados)?

10.74 Explique las semejanzas y diferencias entre la prueba de hipótesis para la diferencia entre las medias de dos poblaciones independientes y la estimación del intervalo de confianza entre las medias.

10.75 En el ANOVA de una vía, ¿cuál es la diferencia entre la varianza entre grupos *MSA* y la varianza dentro de grupos *MSW*?

10.76 ¿Cuáles son las suposiciones de ANOVA?

10.77 ¿En qué condiciones se debe elegir la prueba F con ANOVA de una vía para examinar las posibles diferencias entre las medias de las poblaciones c independientes?

10.78 ¿Cuándo y cómo se deben usar los procedimientos de comparación múltiple para evaluar las combinaciones de parejas de las medias de grupo?

10.79 ¿Cuál es la diferencia entre la prueba F con ANOVA de una vía y la prueba de Levene?

Aplicación de conceptos

Puede resolver manualmente los problemas 10.84 a 10.87 o usando Excel, Minitab o SPSS. Le recomendamos usar Excel, Minitab o SPSS para resolver los problemas 10.88 a 10.105.

10.80 Un estudio reportado en el *Journal of Business Strategies* comparó los precios de discos compactos de música para minoristas en Internet y los tradicionales minoristas (Lee Zoonky y Sanjay Gosain, "A Longitudinal Price Comparison for Music CDs in Electronic and Brick-and-Mortar Markets: Pricing Strategies in Emergent Electronic Commerce", primavera de 2002, 19(1):55-72). Antes de recolectar los datos, los investigadores definieron cuidadosamente diferentes hipótesis de investigación incluyendo:

1. La dispersión del precio será menor en Internet que la dispersión de precio en el mercado tradicional.
2. Los precios en los mercados electrónicos serán menores que los precios en los mercados físicos.

a. Considere la hipótesis de investigación 1. Escriba la hipótesis nula y la alternativa en términos de parámetros poblacionales. Defina cuidadosamente los parámetros poblacionales usados.

b. Defina un error tipo I y un error tipo II para las hipótesis del inciso *a*).

c. ¿Qué tipo de prueba estadística debe usar?

d. ¿Qué suposiciones son necesarias para realizar la prueba seleccionada?

e. Repita los incisos *a*) a *d*) para la hipótesis de investigación 2.

10.81 El mercado de medicamentos para mascotas está creciendo rápidamente. Antes de lanzar al mercado nuevos medicamentos para mascotas, deben recibir la aprobación de la U. S. Food and Drug Administration (FDA). En 1999, la empresa Norvatis intentó que su medicamento Anafranil, para reducir la ansiedad en perros, fuera aprobado. De acuerdo con un artículo (Elyse Tanouye, "The Ow in Bowwow: With Growing Market in Pet Drugs, Makers Revamp Clinical Trials", *The Wall Street Journal,* 13 de abril, 1999), Norvatis tuvo que encontrar la manera de traducir los síntomas de ansiedad de los perros en números que pudieran utilizarse para probar a la FDA que el medicamento tenía un *efecto estadísticamente significativo* en la condición de ansiedad.

a. ¿Qué significa la frase efecto estadísticamente significativo?

b. Considere un experimento en el que perros que sufren de ansiedad se dividen en dos grupos. A un grupo se le dará Anafranil, y al otro grupo se le dará un placebo (un medicamento sin ingredientes activos). ¿Cómo podrían traducirse los síntomas de ansiedad de los perros en números? En otras palabras, defina la variable continua X_1, la medición de la efectividad del medicamento Anafranil, y X_2, la medición de la efectividad del placebo.

c. Apoyándose en su respuesta al inciso *b*), defina las hipótesis nula y alternativa para este estudio.

10.82 En respuesta a las demandas realizadas en contra de la industria tabacalera, muchas empresas como la Philip Morris, están lanzando comerciales en televisión que tienen el objetivo de educar a los adolescentes acerca de los peligros del tabaco. ¿Son eficientes estas campañas publicitarias contra el tabaquismo de la industria tabacalera? ¿Son más eficientes los comerciales contra el tabaquismo patrocinados por el Estado? Un artículo (Gordon Fairclough, "Philip Morris´s Antismoking Campaign Draws Fire", *The Wall Street Journal,* 6 de abril, 1999, B1) analizó un estudio en California que comparó los comerciales hechos por el estado de California y los comerciales producidos por Philip Morris. Los investigadores mostraron los comerciales del estado y los de Philip Morris a un grupo de adolescentes de California y midió la efectividad de ambos. Los investigadores concluyeron que los comerciales del Estado fueron más efectivos para difundir los peligros del tabaco que los de Philip Morris. El artículo sugiere, sin embargo, que el estudio no es *estadísticamente confiable* porque el tamaño de la muestra fue demasiado pequeño y porque el estudio seleccionó específicamente a participantes que consideraron que tenían más posibilidad de empezar a fumar que otros.

a. ¿Cómo cree que los investigadores midieron la efectividad?

b. Defina la hipótesis nula y la alternativa para este estudio.

c. Explique los riesgos asociados con los errores tipo I y tipo II en este estudio.

d. ¿Qué tipo de prueba es más adecuada para esta situación?

e. ¿Qué cree usted que significa la frase *estadísticamente confiable*?

10.83 El torneo profesional de golf FedEx St. Jude Classic se realiza cada año en Memphis, Tennessee. FedEx patrocina este torneo profesional, y parte de las ganancias van al hospital St. Jude´s Research. En 2003, el torneo recaudó $679,115 para el hospital. Este tipo de patrocinio corporativo se conoce como marketing relacionado con una causa. Se realizó una encuesta a los espectadores del torneo, quienes respondieron a una serie de preguntas con una escala de 5 puntos (1 = en gran desacuerdo, 2 = desacuerdo, 3 = neutral, 4 = de acuerdo, 5 = muy de acuerdo). Cuatro de las preguntas se listan abajo:

1. El marketing relacionado con una causa crea una imagen positiva de la empresa.
2. Estaría dispuesto a pagar más por un servicio que apoye una causa que me preocupe.
3. El mercadeo relacionado con una causa debería ser una parte normal de las actividades de la empresa.
4. Por el apoyo que prestan al St. Jude, posiblemente usaré los servicios de FedEx.

Para cada pregunta, los investigadores probaron la hipótesis nula de que la media de las respuestas para hombres y mujeres es igual. La hipótesis alternativa es que la media de las respuestas es diferente para hombres y mujeres. La siguiente tabla resume los resultados.

	Media de la muestra			
Pregunta	Mujeres (n_1=137)	Hombres (n_2=305)	t	Valor-p
1	4.46	4.26	1.907	0.057
2	4.09	3.86	2.105	0.035
3	4.26	3.91	3.258	0.001
4	4.12	4.06	0.567	0.571

Fuente: R. L. Irwin , T. Lachowetz, T. B. Cornwell y J. S. Cook, 2003, "Cause-Related Sport Sponsorship: An Assessment of Spectator Beliefs, Attitudes, and Behavioral Intentions", Sport Marketing Quarterly, *12(3): 131-139.*

a. Interprete los resultados de la prueba t para la pregunta 1.
b. Interprete los resultados de la prueba t para la pregunta 2.
c. Interprete los resultados de la prueba t para la pregunta 3.
d. Interprete los resultados de la prueba t para la pregunta 4.
e. Escriba un breve resumen acerca de las diferencias entre hombres y mujeres respecto a sus puntos de vista hacia el patrocinio relacionado con una causa.

10.84 Una gran empresa utilitaria desea comparar el consumo de electricidad durante la temporada veraniega para las casas de una sola familia en dos condados en los que presta sus servicios. Se registraron en la siguiente tabla las boletas eléctricas para cada casa muestreada:

	Condado I	Condado II
$\bar{X}$	\$115	\$98
S	\$30	\$18
n	25	21

Use un nivel de significancia de 0.01.

a. ¿Existe evidencia de que la media de la boleta en el condado II sea superior a \$80?
b. ¿Existe evidencia de una diferencia entre las varianzas de las boletas en el condado I y el condado II?
c. ¿Existe evidencia de que la media de la boleta mensual sea mayor en el condado I que en el condado II?
d. Construya e interprete una estimación del intervalo de confianza del 99% de la diferencia entre la media de la boleta mensual en el condado I y en el condado II.

10.85 El gerente de operaciones computacionales de una gran empresa desea estudiar el uso de la computadora en dos departamentos: el de contaduría y el de investigación. Se seleccionó una muestra aleatoria de cinco trabajos del departamento de contaduría que se realizaron la semana pasada y de seis trabajos en el departamento de investigación que se realizaron la semana pasada, y se registra el tiempo de procesamiento (en segundos) para cada trabajo. **ACCRES**

Departamento	Tiempo de procesamiento (en segundos)					
Contaduría	9	3	8	7	12	
Investigación	4	13	10	9	9	6

Use un nivel de significancia de 0.05.

a. ¿Existe evidencia de que la media del tiempo de procesamiento en el departamento de investigación sea mayor a 6 segundos?
b. ¿Existe evidencia de una diferencia entre las varianzas en el tiempo de procesamiento de los dos departamentos?
c. ¿Existe evidencia de una diferencia entre la media del tiempo de procesamiento en el departamento de contaduría y el departamento de investigación?
d. Determine los valores-p para los incisos *a*), *b*) y *c*) e interprete sus significados.
e. Construya e interprete una estimación del intervalo de confianza del 95% de las diferencias en la media de los tiempos de procesamiento entre los departamentos de contaduría e investigación.

10.86 Un profesor de sistemas de información computacional está interesado en estudiar la cantidad de tiempo que toma a los estudiantes inscritos en el curso de Introducción a la computación, escribir y correr un programa en Visual Basic. El profesor lo contrata a usted para que analice los siguientes resultados (en minutos) de una muestra aleatoria de nueve estudiantes: **VB**

10 13 9 15 12 13 11 13 12

a. En un nivel de significancia de 0.05, ¿existe evidencia de que la media de la población de la cantidad sea mayor que 10 minutos? ¿Qué le diría al profesor?
b. Suponga que el profesor de computación, al revisar sus resultados, se da cuenta de que el cuarto estudiante necesitó 51 minutos en lugar de los 15 minutos registrados para escribir y correr el programa Visual Basic. En un nivel de significancia de 0.05, analice otra vez la pregunta hecha en el inciso *a*) usando los datos revisados. ¿Qué le diría ahora al profesor?
c. El profesor está perplejo ante estos resultados paradójicos y le solicita una explicación acerca de la justificación para la diferencia en lo que usted encontró en los incisos *a*) y *b*). Discuta.
d. Unos cuantos días después, el profesor le llama para decirle que el dilema ha quedado resuelto por completo. El número original 15 (el valor del cuarto dato) era correcto, y por lo tanto, el profesor está utilizando lo que usted encontró en el inciso *a*) para escribir un artículo que publicará en una revista de computación. Ahora desea contratarlo para que compare los resultados del grupo de Introducción a las computación contra aquellos de la muestra de 11 especialidades en computación para determinar si existe evidencia de que quienes se especializan en computación son capaces de escribir un programa de Visual Basic en menos tiempo que los alumnos de Introducción. La media muestral es de 8.5 minu-

tos y la desviación estándar de la muestra es de 2.0 minutos para los de especialidad en computación. En un nivel de significancia de 0.05, analice por completo estos datos. ¿Qué le diría al profesor?

e. Pocos días después el profesor le llama otra vez para decirle que un revisor del artículo desea que se incluya el valor-*p* para el resultado "correcto" del inciso *a*). Además, el profesor cuestiona acerca del problema de las varianzas desiguales, que el revisor del artículo desea discutir. En sus palabras, discuta el concepto del valor-*p* y describa el problema de las varianzas desiguales. Determine el valor-*p* en el inciso *a*) y analice si el problema de las varianzas desiguales ha tenido o no algún significado en el estudio del profesor.

10.87 Durante los últimos años se ha incrementado drásticamente el uso de los teléfonos celulares. Un artículo en el *USA Today* (D. Sharp, "Cellphones Reveal Screaming Lack of Courtesy", *USA Today,* septiembre de 2001,4A) reportó que, de acuerdo con una encuesta, la media de tiempo de conversaciones telefónicas por mes para celulares fue de 372 minutos para hombres y 275 minutos para mujeres, mientras que la media de tiempo de conversación por mes para teléfonos tradicionales en el hogar fue de 334 minutos para los hombres y 510 minutos para las mujeres. Suponga que la encuesta se basara en una muestra de 100 hombres y 100 mujeres, y que la desviación estándar del tiempo de conversación en teléfonos celulares por mes fue de 120 minutos para los hombres y 100 minutos para las mujeres, mientras que la desviación estándar para el tiempo de conversación por teléfono tradicional por mes fue de 100 minutos para los hombres y 150 minutos para las mujeres.

Use un nivel de significancia de 0.05.

a. ¿Existe evidencia de una diferencia en la media de tiempo mensual de conversaciones telefónicas en celulares para hombres y mujeres?

b. ¿Existe evidencia de una diferencia en la media de tiempo mensual de conversaciones telefónicas en teléfonos tradicionales para hombres y mujeres?

c. Construya e interprete una estimación del intervalo de confianza del 95% de la diferencia en la media de tiempo mensual de conversaciones en celulares para hombres y mujeres.

d. Construya e interprete una estimación del intervalo de confianza del 95% de la diferencia en la media de tiempo mensual de conversaciones en teléfonos tradicionales para hombres y mujeres.

e. ¿Existe evidencia de la diferencia en la varianza del tiempo mensual de conversaciones telefónicas en celulares para hombres y mujeres?

f. ¿Existe evidencia de la diferencia en la varianza del tiempo mensual de conversaciones telefónicas en teléfonos tradicionales para hombres y mujeres?

g. Con base en los resultados de los incisos *a*) a *f*), ¿qué conclusiones se obtienen en relación con el uso de teléfono celular y teléfono tradicional entre hombres y mujeres?

10.88 La revista *Working Woman* realizó un extenso estudio para determinar los salarios típicos para hombres y mujeres en muchos y diversos tipos de trabajos ("Annual Salary Survey", *Working Woman,* julio/agosto de 2001, 44-47). En el archivo de datos **SALARIES** se incluye un conjunto de datos que contienen 114 títulos de trabajo junto con los correspondientes salarios típicos para hombres y para mujeres.

a. En un nivel de significancia de 0.01, ¿existe evidencia de que la media de salario para hombres es mayor que la media del salario para mujeres?

b. Calcule el valor-*p* para el inciso α).

10.89 Use los datos del archivo **COLLEGES2002** para comparar a las universidades públicas y privadas en términos del primer cuartil de las puntuaciones en el SAT, tercer cuartil de las puntuaciones en el SAT, costo total, costo de alojamiento y endeudamiento total antes de la graduación. Use un nivel de significancia de 0.05.

10.90 En el archivo **BULBS** se encuentran los datos de la duración (en horas) de una muestra de 40 focos de 100 watts producidos por el fabricante A y 40 focos de 100 watts producidos por el fabricante B. Realice un análisis completo de las diferencias entre la duración de los focos producidos por los dos fabricantes (considere $\alpha = 0.05$).

10.91 Los datos contenidos en el archivo **PETFOOD** indican el costo de cada porción, tazones por lata, proteína en gramos y grasa en gramos para 97 variedades de comida seca y enlatada para gatos y para perros. Analice completamente las diferencias entre la comida para gatos y comida para perros para las variables de costo de cada porción, proteína en gramos, y grasa en gramos. Haga un análisis similar comparando las diferencias entre la comida seca y enlatada (utilice $\alpha = 0.05$).

Fuente: Copyright © 1998 by Consumers Union of U.S., Inc., Yonkers, NY 10703-1057. Adaptado con permiso de Consumer Reports, *febrero de 1998, 18-19.*

10.92 Utilice los datos del archivo **AUTO2002** para comparar los vehículos deportivos utilitarios (SUV, por sus siglas en inglés) y los no SUV en términos de millas por galón, longitud, anchura, requerimientos de vuelta en círculo, peso y capacidad de carga de equipaje. Realice un análisis completo de las diferencias entre los SUV y los no SUV (utilice a=0.05).

Fuente: "The 2002 cars", Copyright © 2002 by Consumers Union of U.S., Inc., Yonkers, NY 10703-1057. Adaptado con permiso de Consumer Reports, *abril de 2002.*

10.93 Zagat publica clasificaciones de restaurantes en diferentes lugares de Estados Unidos. El archivo de datos **RESTRATE** contiene la clasificación de Zagat para comida, decoración, servicio y precio por persona para una muestra de 50 restaurantes localizados en la ciudad de Nueva York y 50 restaurantes localizados en Long Island. Realice un análisis completo de las diferencias entre los restaurantes de Nueva York y Long Island para las variables de clasificación de comida, clasificación de decoración, clasificación de servicio y precio por persona, utilice $\alpha = 0.05$.

Fuente: Extraído de Zagat Survey 2002 New York City

Restaurants and Zagat Survey 2001-2002 Long Island Restaurants.

10.94 Los datos encontrados en el archivo **BEER** representan el precio de un six-pack de botellas de 12 onzas, las calorías por 12 onzas fluidas, el porcentaje de alcohol contenido por 12 onzas fluidas, el tipo de cerveza (es decir, craft lager, craft ale, lager importada, cerveza regular o helada y cerveza light o no alcohólica), así como el lugar de origen (EUA frente a importada) para cada una de las 69 cervezas muestreadas. Realice un análisis completo de las diferencias entre las cervezas fabricadas en Estados Unidos y aquellas importadas en términos de precio, calorías y contenido de alcohol (utilice $\alpha = 0.05$).

Fuente: "Beers", Copywright © 1996 by Consumers Union of U.S., Inc., Yonkers, NY 10703-1057. Adaptado con permiso de Consumer Reports, *junio de 1996.*

10.95 En los procesos de manufactura existe un término llamado *trabajo-en-proceso* (WIP, por sus siglas en inglés). En una planta dedicada a la edición de libros, el WIP representa el tiempo que toma doblar las hojas de la prensa, reunirlas, coserlas y emparejarlas. Los siguientes datos representan muestras de 20 libros de cada una de dos plantas de producción y el tiempo de procesamiento (definido operacionalmente como el tiempo en días desde que los libros salieron de la prensa hasta que estuvieron empacados en cajas de cartón). **WIP**

Planta A

5.62 5.29 16.25 10.92 11.46 21.62 8.45 8.58 5.41 11.42
11.62 7.29 7.50 7.96 4.42 10.50 7.58 9.29 7.54 8.92

Planta B

9.54 11.46 16.62 12.62 25.75 15.41 14.29 13.13 13.71 10.04
5.75 12.46 9.17 13.21 6.00 2.33 14.25 5.37 6.25 9.71

Haga un análisis completo de las diferencias entre los tiempos de procesamiento para las dos plantas utilizando $\alpha = 0.05$, y escriba un resumen de lo encontrado para presentarlo al vicepresidente de operaciones de la empresa.

10.96 ¿Las promociones de marketing, como los regalos de gorras, incrementan la asistencia a los partidos de la Liga Mayor de Béisbol? Un artículo reportó acerca de la efectividad de las promociones de marketing (Extraído de T. C. Boyd y T. C. Krehbiel, "Promotion Timing in Major League Baseball and the Stacking Effects of Factors that Increase Game Attractiveness", *Sport Marketing Quarterly,* marzo de 2003, 12, 173-184). El archivo de datos **ROYALS** incluye las siguientes variables para los Reales de Kansas City durante la temporada 2000 de béisbol.

GAME = Juegos en casa en el orden en el que fueron jugados.

ATTENDANCE = Asistencia pagada por juego.

PROMOTION 1 = Si se dio una promoción; 0 = si no se dio una promoción.

a. En un nivel de significancia de 0.05, ¿existe evidencia de una diferencia entre las varianzas en la asistencia a los juegos con promociones y a los juegos sin promociones?

b. Con base en los resultados del inciso *a*), realice la prueba de hipótesis apropiada para determinar si existe una diferencia en la media de asistencia a juegos con promociones y juegos sin promociones. (Utilice $\alpha = 0.05$.)

c. Escriba un breve resumen de sus resultados.

10.97 El fabricante de tablillas de asfalto "Boston" y "Vermont" sabe que el peso del producto es el principal factor en la percepción de calidad que tiene el cliente. Más aún, el peso representa la cantidad de materia prima que se emplea y, por lo tanto, es muy importante para la empresa desde un punto de vista de costos. En la última etapa de la línea de ensamblaje, se empacan las tablillas antes de colocarlas en paletas de madera. Una vez que la paleta está llena (una paleta sostiene 16 cuadros de tablillas para casi todas las marcas), se procede a pesarla y la medida se registra. El archivo de datos **PALLET** contiene el peso (en libras) de una muestra de 368 paletas de tablillas Boston y 330 paletas de tablillas Vermont. Haga un análisis completo de las diferencias en el peso de las tablillas Boston y Vermont utilizando $\alpha = 0.05$.

10.98 El fabricante de tablillas de asfalto "Boston" y "Vermont" ofrece a sus clientes una garantía de 20 años para casi todos sus productos. Para determinar si una tablilla durará lo que el periodo de garantía, se realiza una prueba de aceleración de vida en la planta de producción. La prueba de aceleración de vida somete a las tablillas a las condiciones que encontraría en una vida normal de uso en un ambiente de laboratorio a través de un experimento que toma pocos minutos en llevarse a cabo. En esta prueba, la tablilla es cepillada continuamente durante un periodo breve y se pesa (en gramos) la cantidad de gránulos de tablilla que remueve el cepillo. Se espera que las tablillas que experimentan bajas cantidades de pérdida granular duren más en condiciones normales que las tablillas que experimentan gran pérdida de cantidades de gránulos. En esta situación, se espera que una tablilla experimente una pérdida no mayor a 0.8 gramos si se espera que dure el periodo de garantía. El archivo de datos **GRANULE** contiene una muestra de 170 mediciones hechas en tablillas Boston y 140 mediciones hechas en las tablillas Vermont. Realice un análisis completo de las diferencias en la pérdida granular de las tablillas Boston y Vermont utilizando $\alpha = 0.05$.

10.99 El director de control de calidad de una fábrica de ropa desea estudiar el efecto de las máquinas en la fuerza de rompimiento (en libras) de la sarga de lana. Un lote de la tela se corta en piezas de yarda cuadrada que se asignan aleatoriamente, 12 de cada una, a tres máquinas elegidas específicamente para el experimento. Los resultados son los siguientes. **BREAKSTW**

Máquina		
I	II	III
115	111	109
115	108	110
119	114	107
117	105	110
114	102	113
114	106	114
109	100	103
110	103	102
106	101	105
112	105	108
115	107	111
111	107	110

En un nivel de significancia de 0.05:

a. ¿Hay un efecto que se deba a la máquina?

b. Trace la media de la fuerza de rompimiento para cada máquina.

c. De ser apropiado, utilice el procedimiento Tukey-Kramer para examinar las diferencias entre las máquinas.

d. ¿Qué se concluye acerca del efecto de las máquinas en la fuerza de rompimiento? Explique su respuesta.

10.100 Un gerente de operaciones desea examinar el efecto de la presión de aire en chorro (en psi) para la fuerza de rompimiento del hilo. Se toman en cuenta tres diferentes niveles de presión de aire en chorro: 30 psi, 40 psi y 50 psi. Se selecciona una muestra aleatoria de 18 llenados homogéneos de hilado, 6 en cada uno, para los tres niveles de presión de aire a chorro. Las puntuaciones de la fuerza de rompimiento se encuentran en el archivo de datos: **YARN**

a. ¿Existe evidencia de una diferencia significativa en las varianzas de las fuerzas de rompimiento para los tres niveles de presión de aire a chorro?

b. En un nivel de significancia de 0.05, ¿existe evidencia de una diferencia entre la media de las fuerzas de rompimiento para las tres presiones de aire a chorro?

c. De ser apropiado, utilice el procedimiento Tukey-Kramer para determinar cuál de las presiones de aire a chorro difiere significativamente con respecto a la media de la fuerza de rompimiento. (Utilice $\alpha = 0.05$.)

d. ¿Qué debe concluir el gerente de operaciones?

10.101 Las modernas aplicaciones de software requieren de una capacidad de acceso a los datos mucho más rápida. Se llevó a cabo un experimento para probar el efecto del tamaño del archivo de datos en la capacidad de acceso a los archivos (medida como tiempo de lectura en milisegundos). Se tomaron en cuenta tres diferentes niveles de tamaños de archivo de datos: pequeño, 50,000 caracteres; medio, 75,000 caracteres; y grande, 100,000 caracteres. Se evaluó una muestra de ocho archivos de cada uno de los tamaños. Los tiempos de acceso de lectura en milisegundos se encuentran en el archivo de datos: **ACCESS**

a. ¿Existe evidencia de una diferencia significativa en la varianza de los tiempos de acceso de lectura para los tres tamaños de archivo? (Utilice $\alpha = 0.05$.)

b. En un nivel de significancia de 0.05, ¿existe evidencia de una diferencia entre la media de tiempos de acceso de lectura para los tres tamaños de archivos?

c. De ser apropiado, utilice el procedimiento Tukey-Kramer para determinar qué tamaños de archivos difieren significativamente con respecto a la media de acceso de lectura. (Utilice $\alpha = 0.05$.)

d. ¿A qué conclusiones se llega?

Ejercicios de reporte escrito

10.102 En relación con los resultados de los problemas 10.97 y 10.98 respecto al peso y pérdida granular de las tablillas Boston y Vermont, escriba un reporte que resuma sus conclusiones.

10.103 Los datos en el archivo **BEER** representan el precio de un six-pack de botellas de 12 onzas, las calorías por 12 onzas fluidas, el porcentaje de alcohol en 12 onzas fluidas, el tipo de cerveza (craft lager, craft-ale, lager importada, cerveza regular y helada, y cerveza light y no alcohólica), así como el lugar de origen (EUA frente a importada) para cada una de 69 cervezas.

Su tarea es escribir un reporte basado en una evaluación completa comparando y contrastando el precio, calorías y contenido de alcohol con base en el tipo de cerveza: craft lager, craft ale, lager importada, cerveza regular y helada y cerveza light y no alcohólica.

Fuente: "Beers", Copyright © 1996 by Consumers Union of U.S., Inc., Yonkers, NY 10703-1057. Adaptado con permiso de Consumer Reports, *junio de 1996.*

PROYECTO EN EQUIPO

El archivo de datos **MUTUALFUNDS2004** contiene información respecto a 12 variables de una muestra de 121 fondos de inversión. Las variables son:

Fund: El nombre del fondo de inversión.
Category: Tipo de acciones que comprende el fondo de inversión: de gran capital, capital medio, capital reducido.
Objective: Objetivo de las acciones que comprenden el fondo de inversión: crecimiento o valor.
Assets: Activos en millones de dólares.
Fees: Cargos por ventas (sí o no).
Expense ratio: Relación entre gastos y activos netos en porcentaje.
2003 Return: Rendimiento de 12 meses en 2003.
Three-year return: Rendimiento anualizado de 2001 a 2003.
Five-year return: Rendimiento anualizado de 1999 a 2003.
Risk: Factor de riesgo de pérdida de los fondos de inversión clasificados como bajo, promedio o alto.
Best quarter: Mejor resultado trimestral 1999 a 2003.
Worst quarter: Peor resultado trimestral 1999 a 2003.

10.104 Realice un análisis completo de la diferencia entre los fondos de inversión sin tarifas y los fondos inversión con tarifas en términos del rendimiento en 2003, el rendimiento de 3 años, y el rendimiento de 5 años. Escriba un reporte que resuma sus hallazgos.

10.105 ¿Cuál fue el desempeño de los fondos de inversión durante 2003, en el periodo de 2001-2003 y durante el periodo de cinco años de 1999-2003, de acuerdo con el tipo de categorización (de gran capital, capital medio, capital reducido)? Efectúe un análisis completo de estos datos con un nivel de significancia de 0.05 y escriba un reporte que resuma sus conclusiones.

CASO ACTUAL
ADMINISTRACIÓN DEL *SPRINGVILLE HERALD*

Fase 1

Un equipo del departamento de marketing es el encargado de mejorar el proceso de telemarketing para incrementar el número de suscripciones vendidas de entrega a domicilio. Después de varias sesiones de lluvia de ideas, era claro que cuanto más tiempo hable el vendedor con un cliente, mayor será la posibilidad de que venda una suscripción de entrega a domicilio. Por lo tanto, el equipo decidió encontrar formas de aumentar la duración de las llamadas telefónicas.

Inicialmente, el equipo investigó el impacto que la hora en la que se realiza la llamada tiene en su duración. En condiciones normales, las llamadas se realizaban durante las horas de la tarde, entre las 5:00 PM y las 9 PM, de lunes a viernes. El equipo quería comparar la duración de las llamadas realizadas temprano en la tarde (antes de las 7:00 PM) con las realizadas más tarde (después de las 7:00 PM) para determinar si alguno de estos dos periodos es más propicio para tener llamadas más largas y, en consecuencia, para incrementar las ventas. El equipo seleccionó una muestra de 30 vendedoras que eran el personal de ventas de los miércoles por la tarde y asignaron de forma aleatoria a 15 de ellas al grupo "temprano" y a las otras 15 al grupo "tarde". Las vendedoras sabían que el equipo estaba observando sus esfuerzos esa tarde, pero no sabían qué llamadas eran supervisadas. A las vendedoras se les había capacitado para realizar las presentaciones telefónicas de forma estructurada. Debían leer un guión y su saludo era personal pero informal ("Hola, soy Mary Jones del *Springville Herald,* ¿podría hablar con Bill Richards?").

Se tomaron mediciones de la duración de la llamada (definida como la diferencia, en segundos, entre el momento en que la persona responde el teléfono y el momento en que él o ella cuelga). Los resultados se presentan en la tabla SH10.1. **SH10-1**

TABLA SH10.1
Duración de las llamadas en segundos, con base en la hora de la llamada: temprano contra tarde.

Duración de la llamada		Duración de la llamada	
Temprano	**Tarde**	**Temprano**	**Tarde**
41.3	37.1	40.6	40.7
37.5	38.9	33.3	38.0
39.3	42.2	39.6	43.6
37.4	45.7	35.7	43.8
33.6	42.4	31.3	34.9
38.5	39.0	36.8	35.7
32.6	40.9	36.3	47.4
37.3	40.5		

EJERCICIOS

SH10.1 Analice los datos de la tabla SH10.1 y escriba un reporte para el equipo del departamento de marketing que indique sus resultados. Incluya un apéndice adjunto en el que explique la razón por la que eligió una prueba estadística en particular para comparar los dos grupos independientes de vendedores.

SH10.2 Suponga que en lugar de investigar el diseño antes descrito, hubiera habido sólo 15 vendedores muestreados y cada vendedor fuera supervisado dos veces en la tarde, una en el periodo temprano y una en el periodo tarde. Suponga que en la tabla SH10.1 cada pareja de valores representa dos mediciones de un vendedor específico. Analice otra vez estos datos y escriba un reporte para dar una presentación al equipo en el que indique sus resultados.

SH10.3 ¿Qué otras variables deberán estudiarse a continuación? ¿Por qué?

NO CONTINÚE SINO HASTA QUE HAYA COMPLETADO EL EJERCICIO DE LA FASE 1.

Fase 2

Al estudiar el proceso de solicitud de entrega a domicilio, el equipo del departamento de marketing determinó que las denominadas llamadas "tarde", realizadas entre las 7:00 PM y 9:00 PM, fueron significativamente más proclives a ser llamadas de mayor duración que las realizadas más temprano (entre las 5:00 PM y las 7:00 PM).

Sabiendo que el periodo de las 7:00 PM a las 9:00 PM es superior, el equipo se dedicó a investigar el efecto del tipo de presentación en la duración de la llamada. Un grupo de 24 vendedoras se asignó aleatoriamente, 8 a cada uno de tres planes de presentación —estructurado, semiestructurado y no estructurado— y se les capacitó para hacer la presentación telefónica. Todas las llamadas se hicieron entre las 7:00 PM y las 9.00 PM, el periodo tarde, y las vendedoras debían expresar un saludo que fuera personal pero informal ("Hola, soy Mary Jones del *Springville Herald,* ¿podría hablar con Bill Richards?"). Las vendedoras sabían que el equipo estaba observando sus esfuerzos esa tarde, pero no sabían qué llamadas en particular estaban supervisando. Se tomaron mediciones de la duración de la llamada (definida como la diferencia, en segundos, entre el momento en que la persona responde el teléfono y el momento en el que él o ella cuelga el auricular). La tabla SH10.2 presenta los resultados. **SH10-2**

TABLA SH10.2

Duración de las llamadas (en segundos) basadas en el plan de presentación.

Plan de presentación		
Estructurado	**Semiestructurado**	**No estructurado**
38.8	41.8	32.9
42.1	36.4	36.1
45.2	39.1	39.2
34.8	28.7	29.3
48.3	36.4	41.9
37.8	36.1	31.7
41.1	35.8	35.2
43.6	33.7	38.1

EJERCICIO

SH10.4 Analice estos datos y escriba un reporte para el equipo que indique sus resultados. Asegúrese de incluir sus recomendaciones basadas en los resultados. También incluya un apéndice en el que explique la razón por la que eligió una prueba estadística en particular para comparar los tres grupos independientes de vendedoras.

CASO WEB

Aplique su conocimiento sobre la prueba de hipótesis en este Caso Web que continúa la disputa del llenado de los empaques de cereal del Caso Web de los capítulos 7 y 9.

Después de que Oxford Cereals realizó un experimento público acerca del peso de las cajas de cereales, la TriCities Consumers Concerned About Cereal Companies That Cheat (TCCACCTC) permanece escéptica de que Oxford Cereals no haya engañado al público. El grupo ha creado y fijado su posición en un documento en el que afirman que las cajas de cereal producidas en la planta número 2 en Springville siempre pesan menos que los 368 gramos establecidos. Revise el documento del grupo y la muestra de datos en el sitio Web de la TCCACCTC, **www.prenhall.com/Springville/MoreOnCheaters.Htm** y después responda lo siguiente:

1. ¿La TCCACCTC aporta resultados que prueben que existe una diferencia estadística en la media de pesos de las cajas de cereales que producen las plantas números 1 y 2?
2. Realice el análisis apropiado para probar la hipótesis de la TCCACCTC. ¿A qué conclusiones se llega con base en sus datos?

Después del último anuncio, Oxford Cereals se ha quejado de que el grupo es culpable de usar datos selectivos. Revise la respuesta de la empresa en su sitio Web **www.prenhall.com/Springville/OC_Selective Data.htm** y después responda lo siguiente:

3. ¿Tiene Oxford Cereals un argumento legítimo? ¿Por qué?
4. Suponiendo que las muestras que la empresa ha usado fueran seleccionadas aleatoriamente, desarrolle el análisis apropiado para resolver la disputa de peso que sigue dándose.
5. ¿Qué conclusiones se extraen a partir de sus resultados? Si fuese llamado como testigo experto, ¿apoyaría las afirmaciones del TCCACCTC o las afirmaciones de Oxford Cereals? Explique por qué.

REFERENCIAS

1. Berenson, M., D. Levine, T. Krehbiel, *Basic Business Statistics: Concepts and Applications*, 10a. ed. (Upper Saddle River, N. J.: Prentice-Hall, 2006).
2. Conover, W. J., *Practical Nonparametric Statistics*, 3a. ed. (Nueva York: Wiley, 2000).
3. *Microsoft Excel 2003* (Redmond, WA: Microsoft Corp., 2003).
4. *Minitab for Windows Version 14* (State College, PA: Minitab Inc., 2004).
5. Hicks, C. R. y K. V. Turner, *Fundamental Concepts in the Design of Experiments*, 5a. ed. (Nueva York: Oxford University Press, 1999).
6. Kramer, C. Y., "Extension of Multiple Range Tests to Group Means with Unequal Numbers of Replications", *Biometrics* 12 (1956): 307-310.
7. Montgomery, D. M., *Design and Analysis of Experiments*, 6a. ed. (Nueva York: John Wiley, 2005).
8. Satterthwaite, F. E., "An Approximate Distribution of Estimates of Variance Componentes", *Biometrics Bulletin*, 2 (1946): 110-114.
9. Snedecor, G. W. y W. G. Cochran, *Statitical Methods*, 7a. ed. (Ames IA: Iowa State University Press, 1980).
10. *SPSS Base 12.0 Brief Guide* (Upper Saddle River, NJ: Prentice Hall, 2003).
11. Tukey, J. W., "Comparing Individual Means in the Analysis of Variance", *Biometrics* 5 (1949): 99-114.
12. Winer, B. J., *Statistical Principles in Experimental Design*, 2a. ed. (Nueva York: McGraw-Hill, 1971).

Apéndice 10 Uso del software para pruebas de dos muestras y ANOVA de una vía

A.10 EXCEL

Prueba *Z* para la diferencia entre dos medias

Para datos brutos: Abra la hoja de trabajo que contiene los datos brutos para las dos muestras.
Seleccione **Herramientas ➔ Análisis de datos.**
Seleccione **Prueba *z* para medias de dos muestras** de la lista de Análisis de datos y dé clic en **OK**. En la ventana de diálogo de procedimiento (vea la figura A10.1):

Ingrese el rango de celda para una muestra como el **Rango para la variable 1**.
Ingrese el rango de celda para la otra muestra como el **Rango para la variable 2**.
Ingrese el valor de la **Diferencia hipotética entre las medias**.
Ingrese la varianza de la población de la primera muestra como la **Varianza para la variable 1 (conocida)**.
Ingrese la varianza de la población de la otra muestra como la **Varianza para la variable 2 (conocida)**.
Seleccione **Rótulos** si los rangos de celda de la variable incluyen rótulos en sus primeras filas.
Dé clic en **Aceptar**.

Los resultados aparecerán en una hoja de trabajo aparte.

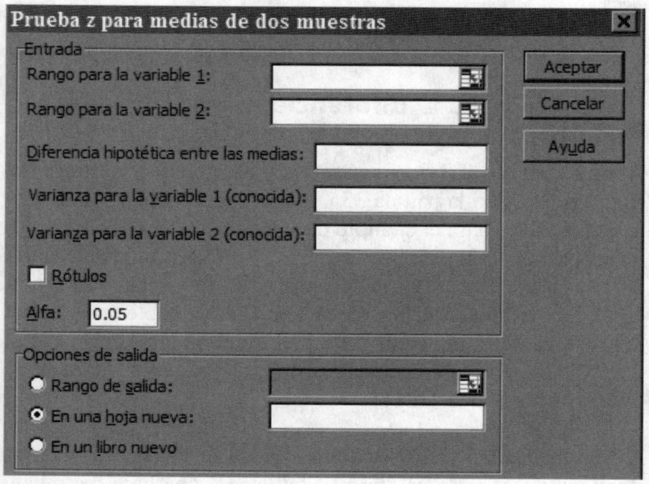

FIGURA A10.1 Ventana de diálogo de Excel de la prueba z para la medias de dos muestras.

Para datos resumidos: Abra el archivo ***Z* Two Means.xls.** Esta hoja de trabajo ya contiene las entradas para el problema 10.1 y usa las funciones NORMSINV y NORMSDIST (vea la sección G.19 para mayor información). Para adaptar esta hoja de trabajo a otros problemas, cambie los valores de las celdas coloreadas de las filas 4 a la 13.

O Vea la sección G.19 (**Prueba *Z* para diferencias en dos medias)** si desea que PHStat2 genere una hoja de trabajo.

Prueba *t* de varianza conjunta

Para datos brutos: Abra una hoja de trabajo que contenga los datos brutos para dos muestras, como la hoja de trabajo del archivo COLA.XLS.
Seleccione **Herramientas ➔ Análisis de Datos.**
Seleccione **Prueba *t* para dos muestras suponiendo varianzas iguales** de la lista de Análisis de datos y dé clic en **Aceptar**. En la ventana de diálogo de procedimiento (vea la figura A10.2):

Ingrese el rango de celda de una muestra como el **Rango para la variable 1**.
Ingrese el rango de celda de la otra muestra como el **Rango para la variable 2**.
Ingrese el valor para la **Diferencia hipotética entre las medias**.
Seleccione **Rótulos** si las celdas de rangos de variables incluyen rótulos en sus primeras filas.
Dé clic en **Aceptar**.

Los resultados aparecerán en una hoja de trabajo separada.

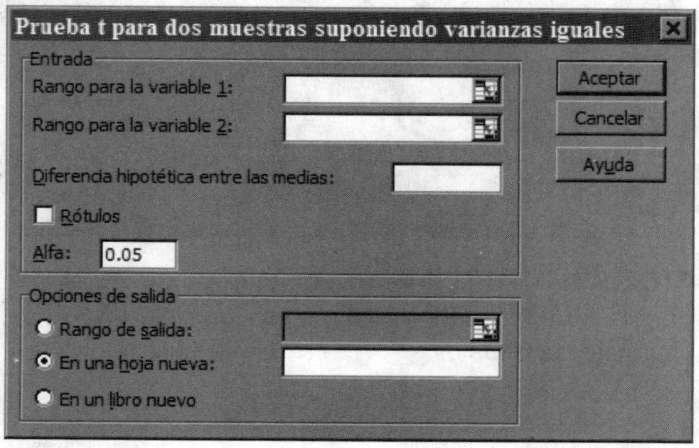

FIGURA A10.2 Distribución de probabilidad del número de hipotecas aprobadas por semana.

Para datos resumidos: Abra el archivo **Pooled-Varianze T.xls.** Esta hoja de trabajo ya contiene las entradas para el ejemplo de la bebida refrescante de la sección 10.1, y usa las funciones TINV y TDIST (vea la sección G.20 para mayor información). Para adaptar esta hoja de trabajo a otros problemas, cambie los valores de las celdas coloreadas en las filas 4 a 13.

O Vea la sección G.20 (**Prueba *t* para diferencias en dos medias**) si desea que PHStat2 genere la hoja de trabajo.

Prueba t de varianza separada para la diferencia entre dos medias

Abra la hoja de trabajo que contiene los datos brutos para las dos muestras.
Seleccione **Herramientas ➜ Análisis de Datos**.
Seleccione **Prueba *t* para dos muestras suponiendo varianzas desiguales** de la lista de Análisis de datos y dé clic en **Aceptar**. En la ventana de diálogo de procedimiento (vea la figura A10.3):

> Ingrese el rango de celda de una muestra como el **Rango para la variable 1**.
> Ingrese el rango de celda de la otra muestra como el **Rango para la variable 2**.
> Ingrese el valor para la **Diferencia hipotética entre las medias**.
> Seleccione **Rótulos** si el rango de celda de la variable incluye rótulos en sus primeras filas.
> Dé clic en **Aceptar**.

Los resultados aparecen en una hoja de trabajo aparte.

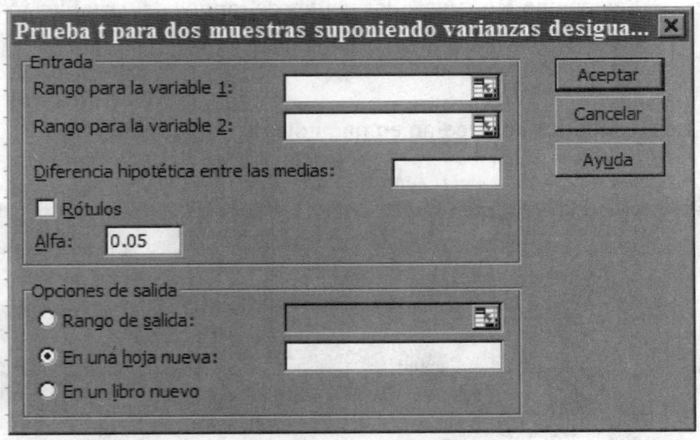

FIGURA A10.3 Ventana de diálogo de Excel para la prueba *t* para dos muestras suponiendo varianzas desiguales.

Prueba t apareada para la diferencia entre dos medias

Abra una hoja de trabajo que contenga los datos brutos para las dos muestras, como la hoja de trabajo de los datos del archivo **COMPTIME.XLS**.
Seleccione **Herramientas ➜ Análisis de Datos**.
Seleccione **Prueba *t* para medias de dos muestras emparejadas** de la lista de Análisis de datos y dé clic en **Aceptar**. En la ventana de diálogo de procedimiento (vea la figura A10.4):

> Ingrese el rango de celda de una muestra como el **Rango para la variable 1**.
> Ingrese el rango de celda de la otra muestra como el **Rango para la variable 2**.
> Ingrese el valor para la **Diferencia hipotética entre las medias**.
> Seleccione **Rótulos** si el rango de celda de la variable incluye rótulos en sus primeras filas.
> Dé clic en **Aceptar**.

Los resultados aparecen en una hoja de trabajo aparte.

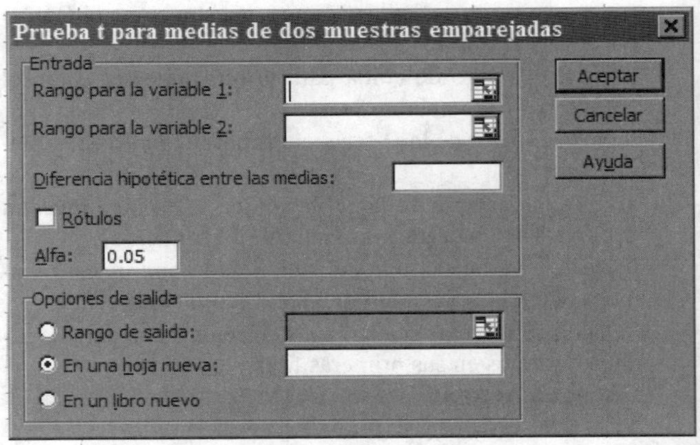

FIGURA A10.4 Ventana de diálogo de Excel para la prueba *t* para media de dos muestras emparejadas.

Prueba *Z* para la diferencia entre dos proporciones

Abra el archivo ***Z* Two Proportions.xls**, que se muestra en la figura A10.14 en la página 335. Esta hoja de trabajo ya contiene las entradas para el ejemplo de satisfacción de los huéspedes de la sección 10.3. Esta hoja de trabajo usa las funciones NORMSINV y NORMSDIST (vea la sección G.21 para mayor información). Para adaptar esta hoja de trabajo a otros problemas, cambie los valores de la hipótesis nula y el nivel de significancia, así como el número de éxitos y el tamaño muestral para cada muestra en las filas 4 a 11.

O Vea la sección G.21 (**Prueba *Z* para la diferencia en dos proporciones**) si desea que PHStat genere una hoja de trabajo para usted.

Prueba *F* para la diferencia entre dos varianzas

Para datos brutos: Abra la hoja de trabajo que contiene los datos brutos para dos muestras.
Seleccione **Herramientas ➜ Análisis de Datos**.

Seleccione **Prueba *F* para varianzas de dos muestras** de la lista de Análisis de datos y dé clic en **Aceptar**. En la ventana de diálogo de procedimiento (vea la figura A10.5):

Ingrese el rango de celda de una muestra como el **Rango para la variable 1**.
Ingrese el rango de celda de la otra muestra como el **Rango para la variable 2**.
Seleccione **Rótulos** si el rango de celda de la variable incluye rótulos en sus primeras filas.
Dé clic en **Aceptar**.

Los resultados aparecen en una hoja de trabajo aparte.

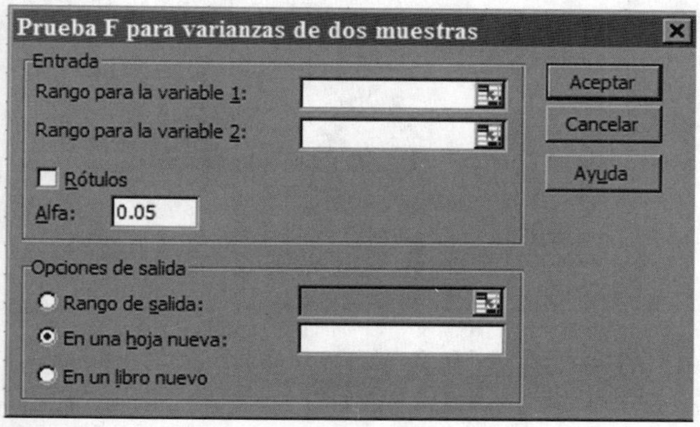

FIGURA A10.5 Ventana de diálogo de Excel para la prueba *F* para varianzas de dos muestras.

Para datos resumidos: Abra el archivo **F Two Variances.xls.** Esta hoja de trabajo ya contiene las entradas para el ejemplo de ventas de la bebida refrescante de la sección 10.4 y usa las funciones FINV y FDIST (vea la sección G.22 para mayor información). Para adaptar la hoja de trabajo a otros problemas, cambie los valores de las celdas coloreadas en las filas 4 hasta la 10.

O Vea la sección G.22 (**Prueba *F* para diferencias en dos varianzas**) si desea que PHStat genere una hoja de trabajo para usted.

ANOVA de una vía

Abra una hoja de trabajo en la que los datos a analizar hayan sido ordenados en columnas, tal como en la hoja de trabajo del archivo **Parachute.xls**.
Seleccione **Herramientas ➜ Análisis de Datos**.
Seleccione **ANOVA: Factor único** de la lista de Análisis de datos y dé clic en **OK.** En la ventana de diálogo de procedimiento (vea la figura A10.6 a la derecha):

Ingrese el rango de celda de los datos como el **Rango de Input**.
Seleccione **Columnas**.
Seleccione **Rótulos en la primera fila** si el rango de celdas incluye rótulos en las primeras filas.
Dé clic en **Aceptar**.

Los resultados aparecen en una hoja de trabajo aparte.

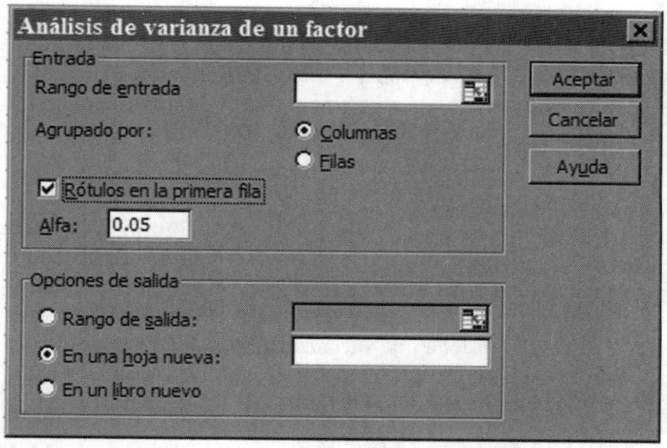

FIGURA A10.6 Ventana de diálogo de Excel para ANOVA: factor único.

Procedimiento Tukey-Kramer

Inicie siguiendo las instrucciones para "ANOVA de una vía" para generar una hoja de trabajo que contenga resultados que se usarán posteriormente. A continuación, busque el rango estadístico Q studentizado en la tabla E.8 para un nivel de significancia de 0.05. Finalmente, ingrese los estadísticos de muestra y otros datos a la hoja de trabajo del archivo **Tukey-Kramer.xls** para el número adecuado de grupos.

O Vea la sección G.23 (**Procedimiento Tukey-Kramer**) si desea que PHStat2 corra el ANOVA y produzca una hoja de comparaciones múltiples.

Prueba de Levene para homogeneidad de varianza

Usando la tabla 10.11 en la página 356 como modelo, primero prepare una hoja de trabajo que contenga las diferencias absolutas del valor mediano para cada grupo. Después, siga las instrucciones para "ANOVA de una vía" para generar una hoja de trabajo que contenga los resultados de la prueba.

O Vea la sección G.24 (**Prueba de Levene**) si desea que PHStat2 calcule las diferencias absolutas y corra el ANOVA.

A10.2 MINITAB

Uso de Minitab para la prueba *t* para la diferencia entre dos medias

Para ilustrar el uso de Minitab para la prueba *t* de la diferencia entre dos medias, abra la hoja de trabajo COLA.MTW. Seleccione **Stat ➜ Basic Statistics ➜ 2-Sample t**.

1. Si los datos están agrupados con los valores en una columna, y las categorías en una segunda columna, como lo están en esta hoja de trabajo, seleccione el botón **Samples in one column**. (Si las muestras están en diferentes columnas seleccione la opción **Samples in different columns** e ingrese el número de columna o nombre.)
2. En la ventana de diálogo 2-Sample *t* (vea la figura 10.7), seleccione la opción **Samples in one column**. En el cuadro de edición Samples, ingrese **C1** o **Ventas**. En el cuadro de edición de los Subscripts, ingrese **C2 o Display**. Seleccione el cuadro de exploración de **Assume equal variances** para la prueba *t* de varianza conjunta. Deje este cuadro de edición sin revisar para la prueba *t* de varianza separada. Dé clic en el botón **Options**.

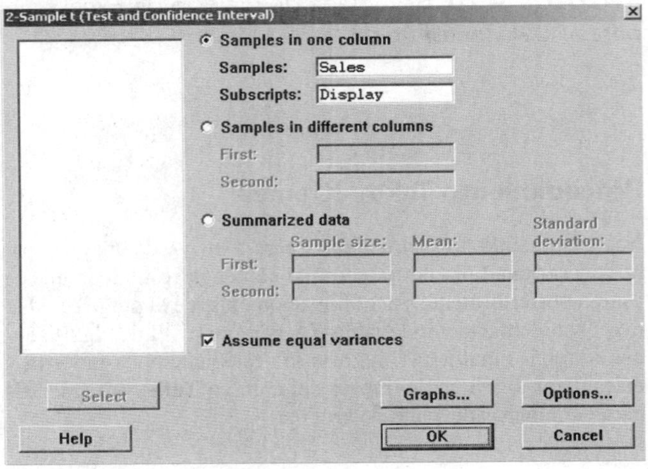

FIGURA A10.7 Ventana de diálogo de Minitab 2-Sample *t*.

3. En la lista que se despliega hacia debajo de Alternative, seleccione **not equal** para la prueba de dos colas ejecutada en la página 315. (Si se ejecuta una prueba de una cola, seleccione menos que o más grande que.) Dé clic en el botón **OK**.
4. Dé clic en la opción **Graphs** y seleccione el cuadro de exploración de datos **Boxplots**. Dé clic en **OK** para volver a la ventana de diálogo de la muestra *t* 2. Dé clic en **OK**.

(Para obtener los resultados de la figura 10.4 en la página 315, primero desagrupe los datos usando **Data → Unstack Columns**, después ingrese **Sales** en el cuadro de edición Unstack the data in y **Display** en el cuadro de edición de Using Subscripts in. Seleccione la opción **After last column in use**.)

Uso de Minitab para la prueba t apareada

Para ilustrar el uso de Minitab para la prueba *t* apareada, abra la hoja de trabajo de COMPTIME.MTW. Seleccione **Stat → Basic Statistics → Paired t**

1. En la ventana de diálogo de la *t* apareada (véase la figura A10.8), en el cuadro de edición First sample, ingrese **C1** o **Current**. En el cuadro de edición Second sample, ingrese **C2** o **New**. Dé clic en el botón **Options**.
2. En la lista que se despliega hacia abajo de Alternative, seleccione **greater than** para la prueba de una cola desarrollada en la página 325. Dé clic en el botón **OK** para volver a la ventana de diálogo *t* apareada. Dé clic en el botón **Graphs** y seleccione el cuadro de exploración **Boxplot of differences**. Dé clic en el botón **OK** para regresar a la ventana de diálogo *t* apareada. Dé clic en el botón **OK**.

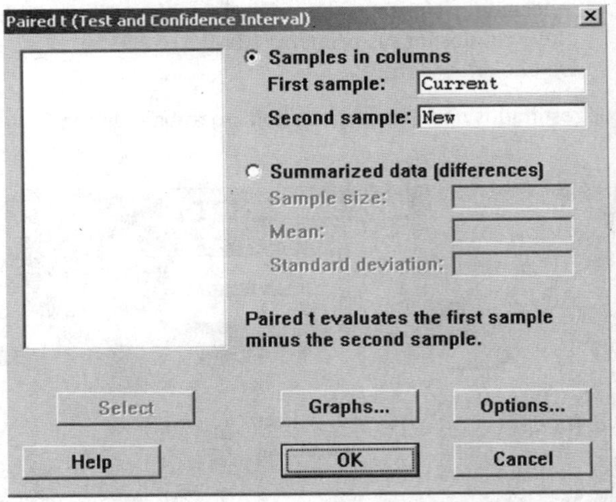

FIGURA A10.8 Ventana de diálogo Minitab Paired *t*.

Prueba para la diferencia entre dos proporciones

Para probar la hipótesis para la diferencia en la proporción de huéspedes a los que les gustaría regresar entre el Beachcomber y al Windsurfer ilustrada en la figura 10.15 en la página 335, seleccione **Stat → Basic Statistics → 2 Proportions**.

1. En la ventana de diálogo 2 Proportions (Test and Confidence Interval) (vea la figura A10.9), seleccione el botón con la opción **Summarized data**.
2. En la fila First, ingrese **227** en el cuadro de edición Trials y **163** el cuadro de edición Events. En la fila Second, ingrese **262** en el cuadro de edición Trials y **154** en el cuadro de edición Events.

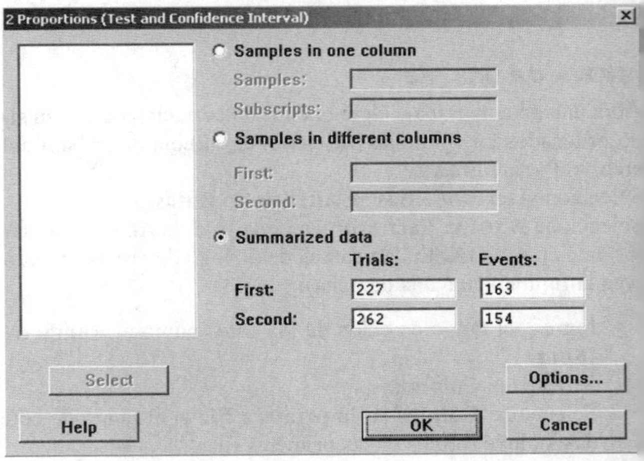

FIGURA A10.9 Ventana de diálogo 2 Proportions (Test and Confidence Interval).

3. Dé clic en el botón **Options**. En la ventana de diálogo de 2 Proportions-Options (vea la figura A10.10) ingrese **95** en el cuadro de edición Confidence level. Seleccione el botón con la opción **Use pooled estimate of p for test**. En la lista que se despliega hacia abajo de Alternative, seleccione **not equal** para una prueba de dos colas. Dé clic en el botón **OK** para regresar a la ventana de diálogo de 2-Proportions (prueba e intervalo de confianza). Dé clic en el botón **OK**.

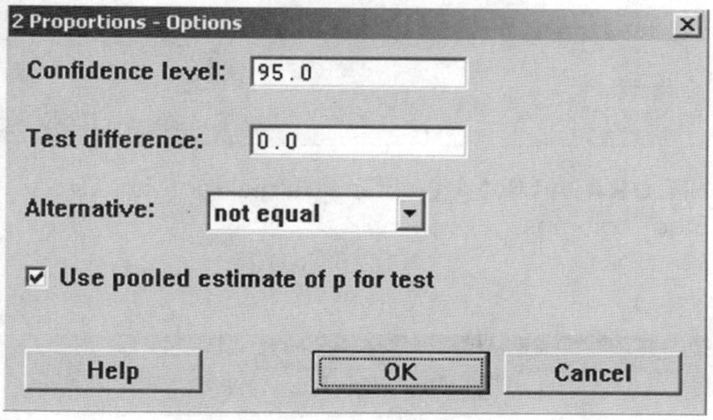

FIGURA A10.10 Ventana de diálogo 2 Proportions-Options.

Uso de Minitab para la prueba *F* para la diferencia entre dos varianzas

A continuación se ilustra el uso de Minitab para la prueba *F* para la diferencia en dos varianzas. Abra la hoja de trabajo COLA.MTW. Seleccione **Stat → Basic Statistics → 2 Variances**.

1. En la ventana de diálogo 2 Variances (vea la figura A10.11), seleccione el botón con la opción **Samples in one column**. En la ventana de edición Subscripts, ingrese **C1** o **Sales**. En la ventana de edición Subscripts, ingrese **C2** o **Display**. (Si tiene muestras en diferentes columnas, seleccione el botón con la opción **Samples in different columns** e ingrese los nombres de las dos columnas en los cuadros de edición. Si tiene datos resumidos en lugar de datos reales, seleccione el botón con la opción **Summarized data** e ingrese los valores para el tamaño de la muestra y varianza.)

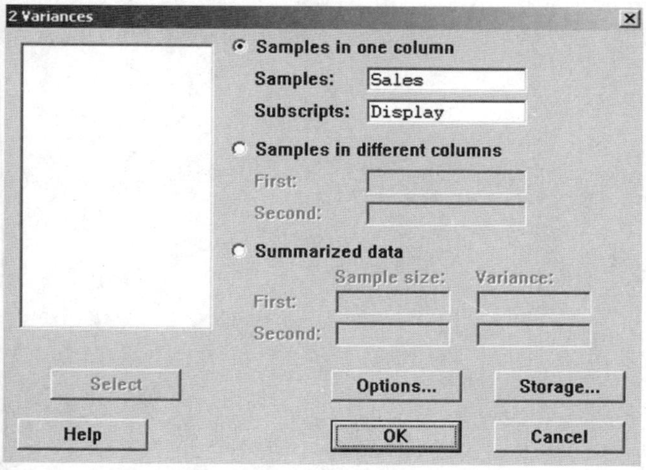

FIGURA A10.11 Ventana de diálogo Minitab 2 Variances.

2. Dé clic en el botón **OK**.

Uso de Minitab para el ANOVA de una vía con comparaciones múltiples

Para ilustrar el uso de Minitab del ANOVA de una vía, abra la hoja de trabajo de **PARACHUTE.MTW**. Los datos en esta hoja de trabajo se han guardado en un formato no agrupado con cada nivel en una columna separada. Seleccione **Stat → ANOVA → One-Way (Unstacked)**.

1. En la ventana de diálogo One-Way Analysis of Variance (vea la figura A10.12), en el cuadro de edición Responses, ingrese **C1 C2 C3 C4**.

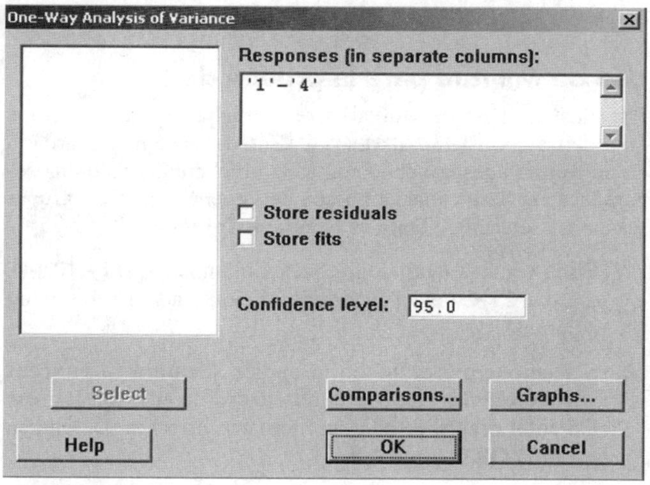

FIGURA A10.12 Ventana de diálogo Minitab One-Way Analysis of Variance.

2. Seleccione el botón **Graphs** y seleccione el cuadro de exploración **Boxplots of data**. Dé clic en el botón **OK** para volver a la ventana de diálogo One-Way Analysis of Variance.
3. Seleccione el botón **Comparisons**. En la ventana de diálogo One-Way Multiple Comparisons (vea la figura A10.13), seleccione el cuadro de exploración **Tukey´s family error rate**. Ingrese **5** en el cuadro de edición para los intervalos de confianza simultánea del 95%. Dé clic en el botón **OK** para volver a la ventana de diálogo One-Way Analysis of Variance.
4. Dé clic en el botón **OK**.

Si los datos están guardados en un formato agrupado, seleccione **Stat → ANOVA → One-Way**. Ingrese la columna en la que la variable respuesta es guardada en el cuadro de edición Response y la columna en la que el factor es guardado en el cuadro de edición Factor.

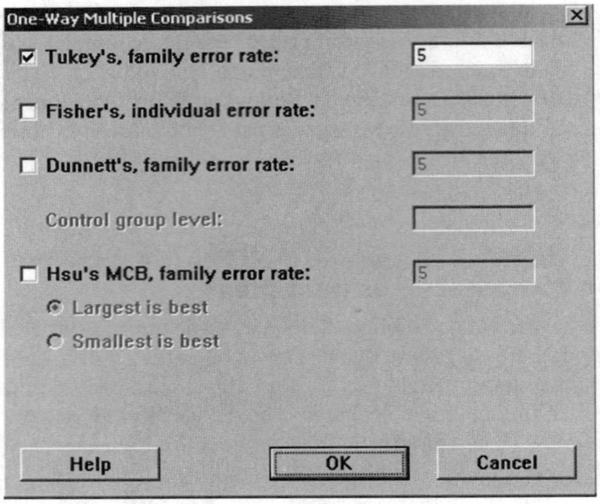

FIGURA A10.13 Ventana de diálogo Minitab One-Way Multiple Comparisons.

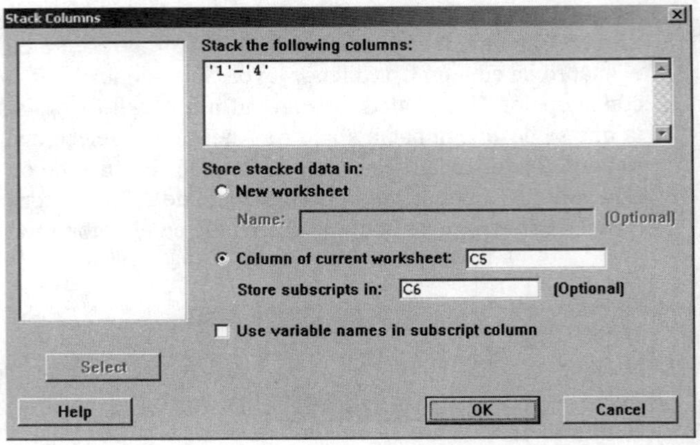

FIGURA A10.14 Ventana de diálogo Minitab Stack columns.

Uso de Minitab para la prueba de Levene

Para ilustrar el uso de Minitab para la prueba de Levene, abra la hoja de trabajo **PARACHUTE.MTW**. Los datos se han guardado en un formato desagrupado con cada nivel en una columna separada. Para desarrollar la prueba de Levene, necesita agrupar los datos. Seleccione **Data → Stack → Columns**.

1. En la ventana de diálogo Stack Columns (figura A10.14), ingrese **C1-C4** en el cuadro de edición Stack the following columns.
2. Seleccione el botón con la opción **Column of current worksheet**. Ingrese **C5** en el cuadro de edición. Ingrese **C6** en el cuadro de edición Store subscripts in. Dé clic en el botón **OK**.
3. Ingrese los rótulos de las columnas **Strength** en C5 y **Supplier** en C6.
4. Seleccione **Stat → ANOVA → Test for Equal Variances**. En la ventana de diálogo Test for Equal Variances (vea la figura A10.15), ingrese **C5** o **Strength** en el cuadro de edición Response y **C6** o **Supplier** en el cuadro de edición Factors. Ingrese **95.0** en el cuadro de edición Confidence level. Dé clic en el botón **OK**.

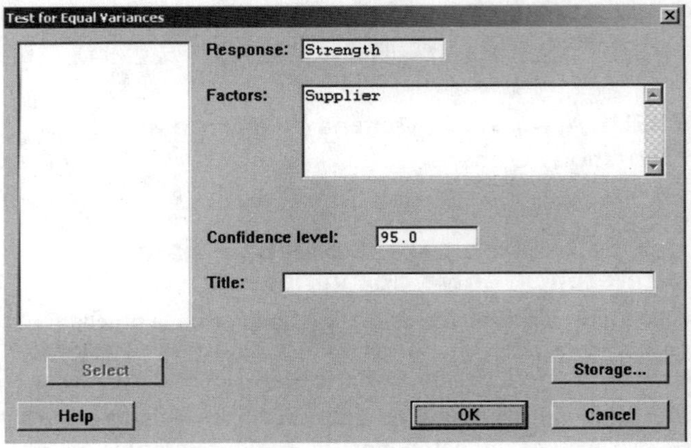

FIGURA A10.15 Ventana de diálogo Minitab Test for Equal Variances.

CAPÍTULO 11

Pruebas de chi cuadrada

OBJETIVOS DE APRENDIZAJE

En este capítulo, aprenderá:

- Cómo y cuándo emplear la prueba de chi cuadrada para tablas de contingencia
- Cómo emplear el procedimiento de Marascuilo para determinar las diferencias en pares al evaluar más de dos proporciones

USO DE LA ESTADÍSTICA

Satisfacción de los huéspedes en T.C. Resort Properties

Usted es gerente de T.C. Resort Properties, una cadena de cinco hoteles de cinco estrellas situados en dos islas frecuentadas por turistas. Es más probable que los huéspedes que quedan satisfechos con la calidad de los servicios durante su estancia regresen en el futuro y que recomienden el hotel a amigos y familiares. Para evaluar la calidad de los servicios proporcionados por sus hoteles, se pide a los huéspedes responder un cuestionario de satisfacción al registrar su salida. Usted necesita analizar los datos de estos cuestionarios para determinar la satisfacción general con los servicios, la probabilidad de que los clientes regresen al hotel, y las razones por las que algunos de ellos manifiestan que no volverán. Por ejemplo, en una isla, T.C. Resort Properties opera los hoteles Beachcomber y Windsurfer. ¿La calidad que se percibe en el hotel Beachcomber es la misma que en el Windsurfer? Si hay alguna diferencia, ¿cómo podría emplear esta información para mejorar la calidad general del servicio en las T.C. Resort Properties? Por otra parte, si los huéspedes expresan que no planean volver, ¿cuáles son las razones más comunes para esta decisión? ¿Las razones dadas son únicas para un hotel en particular o son comunes a todos los hoteles que maneja T.C. Resort Properties?

En los dos capítulos anteriores usted utilizó procedimientos de prueba de hipótesis para analizar datos numéricos y categóricos. El capítulo 9 presentó una variedad de pruebas con una muestra. El capítulo 10 desarrolló varias pruebas con dos muestras, al igual que análisis de varianza (ANOVA) de una vía. Este capítulo extiende la prueba de hipótesis para analizar diferencias entre proporciones de la población basadas en dos o más muestras, así como la hipótesis de *independencia* en las respuestas conjuntas a dos variables categóricas.

11.1 PRUEBA DE CHI CUADRADA PARA LA DIFERENCIA ENTRE DOS PROPORCIONES (MUESTRAS INDEPENDIENTES)

En la sección 10.3, usted estudió la prueba Z para la diferencia entre dos proporciones. En esta sección, los datos se examinan desde una perspectiva diferente. El procedimiento de prueba de hipótesis emplea un estadístico de prueba dado aproximadamente por una distribución de chi cuadrada (χ^2). Los resultados de esta prueba con χ^2 son equivalentes a los de la prueba Z descrita en la sección 10.3.

Si le interesa comparar los conteos de respuestas categóricas de dos grupos independientes, puede desarrollar una **tabla de clasificación cruzada** de dos sentidos (vea la sección 2.4) que muestre la frecuencia de la ocurrencia de éxitos y fracasos para cada grupo. Esta tabla se llama **tabla de contingencia**, y se utilizó en el capítulo 4 para definir y estudiar la probabilidad.

Para ilustrar la tabla de contingencia, regrese al escenario de "Uso de la estadística" relacionado con T.C. Resort Properties. En una de las islas, T.C. Resort Properties tiene dos hoteles (el Beachcomber y el Windsurfer). Al tabular la respuesta a la pregunta única "¿Es probable que elija este hotel de nuevo?", 163 de 227 huéspedes en el Beachcomber respondieron que sí, mientras que 154 de 262 contestaron afirmativamente en el Windsurfer. Con un nivel de significancia de 0.05, ¿existe evidencia de una diferencia significativa en la satisfacción de los huéspedes (medida por la probabilidad de regresar al hotel) entre los dos hoteles?

La tabla de contingencia que muestra la tabla 11.1 tiene dos filas y dos columnas y se llama **tabla de 2 × 2**. Las celdas de la tabla indican la frecuencia para cada combinación de fila y columna.

TABLA 11.1
Disposición de una tabla de contingencia de 2 × 2.

	VARIABLES EN COLUMNA (GRUPO)		
VARIABLES EN FILA	**1**	**2**	**Total**
Éxitos	X_1	X_2	X
Fracasos	$n_1 - X_1$	$n_2 - X_2$	$n - X$
Total	n_1	n_2	n

donde

X_1 = número de éxitos en el grupo 1

X_2 = número de éxitos en el grupo 2

$n_1 - X_1$ = número de fracasos en el grupo 1

$n_2 - X_2$ = número de fracasos en el grupo 2

$X = X_1 + X_2$ es el número total de éxitos

$n - X = (n_1 - X_1) + (n_2 - X_2)$ es el número total de fracasos

n_1 = el tamaño de la muestra en el grupo 1

n_2 = el tamaño de la muestra en el grupo 2

$n = n_1 + n_2$ = el tamaño total de las muestras

La tabla 11.2 contiene la tabla de contingencia del estudio de satisfacción de huéspedes de los hoteles. La tabla de contingencia tiene dos filas, que indican si los huéspedes desearían volver al hotel (es decir, éxito) o no desearían volver al hotel (es decir, fracaso), y dos columnas, una para cada hotel. Las celdas de la tabla indican la frecuencia de cada combinación de fila y columna. Los totales de las filas indican el número de huéspedes que desearían regresar al hotel y los que no querrían volver al hotel. Los totales de columnas son los tamaños de muestras para la ubicación de cada hotel.

TABLA 11.2
Tabla de contingencia de 2 × 2 del cuestionario de satisfacción de los huéspedes.

	HOTEL		
¿ELEGIRÍA EL HOTEL DE NUEVO?	**Beachcomber**	**Windsurfer**	**Total**
Sí	163	154	317
No	64	108	172
Total	227	262	489

Para comprobar si la proporción de la población de huéspedes que desearían volver al Beachcomber, π_1, es igual a la proporción de población de huéspedes que querrían regresar al Windsurfer, π_2, se emplea la prueba de χ^2 para saber si hay igualdad en las proporciones. Para comprobar la hipótesis nula de que no hay ninguna diferencia entre las dos proporciones de la población:

$$H_0: \pi_1 = \pi_2$$

contra la alternativa de que las dos proporciones de la población no son las mismas:

$$H_1: \pi_1 \neq \pi_2$$

utilice el estadístico de prueba χ^2, que muestra la ecuación (11.1).

PRUEBA DE χ^2 PARA LA DIFERENCIA ENTRE DOS PROPORCIONES

El estadístico de prueba χ^2 es igual a la diferencia entre las frecuencias observadas y esperadas elevada al cuadrado, dividida por la frecuencia esperada en cada celda de la tabla, y sumada a lo largo de todas las celdas de la tabla.

$$\chi^2 = \sum_{\textit{todas}\text{ las celdas}} \frac{(f_0 - f_e)^2}{f_e} \qquad \textbf{(11.1)}$$

donde f_0 = **frecuencia observada** en una celda en particular de una tabla de contingencia
f_e = **frecuencia esperada** en una celda en particular si la hipótesis nula es cierta

El estadístico de prueba χ^2 sigue aproximadamente una distribución de chi cuadrada con 1 grado de libertad.

Para calcular la frecuencia esperada, f_e, en cualquier celda, debe quedar claro que si la hipótesis nula es verdadera, la proporción de éxitos en las dos poblaciones será igual. Entonces las proporciones de muestra que calcula de cada uno de los dos grupos diferirían sólo por casualidad y cada uno proporcionaría una estimación del parámetro común de la población π. Un estadístico que combina estas dos estimaciones separadas en una estimación general del parámetro de la población π aporta más información que cualquiera de las dos estimaciones por sí mismas. Este estadístico, dado por el símbolo $\overline{p}$, representa la proporción general estimada de éxitos para los dos grupos combinados (es decir, el número total de éxitos divididos por el tamaño total de las muestras). El complemento de $\overline{p}$, $1 - \overline{p}$, representa la proporción general de fracasos de los dos grupos. Al emplear la notación presentada en la tabla 11.1 de la página 379, la ecuación (11.2) define a $\overline{p}$.

CÁLCULO DE LA PROPORCIÓN GENERAL ESTIMADA

$$\overline{p} = \frac{X_1 + X_2}{n_1 + n_2} = \frac{X}{n} \qquad \textbf{(11.2)}$$

Para calcular la frecuencia esperada, f_e, para cada celda correspondiente a los éxitos (es decir, las celdas de la primera fila de la tabla de contingencia), multiplique el tamaño de la muestra (o total de la columna) para un grupo por $\overline{p}$. Para calcular la frecuencia esperada f_e para cada celda correspondiente a fracaso (es decir, las celdas de la segunda fila de la tabla de contingencia), multiplique el tamaño de la muestra (o total de la columna) por $(1 - \overline{p})$.

El estadístico de prueba que muestra la ecuación (11.1) sigue aproximadamente una **distribución de chi cuadrada** (vea la tabla E.4) con un grado de libertad. Utilizando un nivel de significancia α se rechaza la hipótesis nula si el estadístico de prueba χ^2 es mayor que χ^2_U, el valor crítico superior de la distribución teniendo un grado de libertad. Así, la regla de decisión es

rechace H_0 si $\chi^2 > \chi^2_U$;

de otra forma, no rechace H_0.

La figura 11.1 ilustra la regla de decisión.

FIGURA 11.1
Regiones de rechazo y de no rechazo al emplear la prueba de chi cuadrada para la diferencia entre dos proporciones con nivel de significancia α.

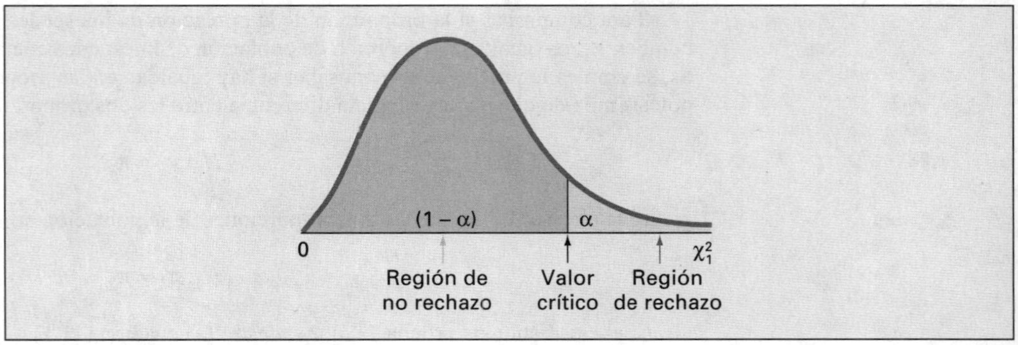

Si la hipótesis nula es verdadera, el estadístico χ^2 deberá ser cercano a cero porque la diferencia entre lo que se observa en cada celda, f_0, y lo que se espera teóricamente, f_e, elevada al cuadrado, debe ser muy pequeña. Si H_0 es falsa, y hay diferencias reales en las proporciones de la población, se espera que el estadístico calculado sea grande. Sin embargo, qué constituye una diferencia grande en una celda es algo relativo. La misma diferencia absoluta entre f_0 y f_e de una celda con un número pequeño de frecuencias esperadas contribuye más al estadístico de prueba χ^2 que una celda con gran número de frecuencias esperadas.

Para ilustrar el uso de la prueba chi cuadrada para la diferencia entre dos proporciones, regrese al escenario de "Uso de la estadística" relacionado con T.C. Resort Properties, y la tabla de contingencia mostrada en la tabla 11.2 de la página 379. La hipótesis nula (H_0: $\pi_1 = \pi_2$) establece que no hay ninguna diferencia entre la proporción de huéspedes que probablemente elijan uno de estos dos hoteles de nuevo. De la ecuación (11.2), se utiliza $\bar{p}$ para estimar el parámetro común π, la proporción de huéspedes que probablemente elijan de nuevo el hotel Beachcomber y la proporción de huéspedes que tal vez elijan de nuevo el hotel Windsurfer. Para comenzar, se calcula $\bar{p}$ usando la ecuación (11.2):

$$\bar{p} = \frac{X_1 + X_2}{n_1 + n_2} = \frac{163 + 154}{227 + 262} = \frac{317}{489} = 0.6483$$

$\bar{p}$ es la estimación del parámetro común π, la proporción de la población de huéspedes que probablemente elijan alguno de estos hoteles otra vez si la hipótesis nula es verdadera. La proporción estimada de clientes que *no* es probable que vuelvan a elegir estos hoteles es el complemento de $\bar{p}$, $1 - 0.6483 = 0.3517$. Multiplicar estas dos proporciones por el tamaño de la muestra del hotel Beachcomber da el número de huéspedes que se espera que elijan nuevamente el Beachcomber y el número que no se espera que elijan este hotel de nuevo. De forma similar, multiplicar las dos proporciones respectivas por el tamaño de muestra del hotel Windsurfer da las frecuencias esperadas correspondientes para ese grupo.

EJEMPLO 11.1

CALCULAR LAS FRECUENCIAS ESPERADAS

Calcule las frecuencias esperadas para cada una de las cuatro celdas de la tabla 11.2 de la página 379.

SOLUCIÓN

Sí—Beachcomber: $\bar{p} = 0.6483$ y $n_1 = 227$, entonces $f_e = 147.16$
Sí—Windsurfer: $\bar{p} = 0.6483$ y $n_2 = 262$, entonces $f_e = 169.84$
No—Beachcomber: $1 - \bar{p} = 0.3517$ y $n_1 = 227$, entonces $f_e = 79.84$
No—Windsurfer: $1 - \bar{p} = 0.3517$ y $n_2 = 262$, entonces $f_e = 92.16$

La tabla 11.3 presenta estas frecuencias esperadas junto con las frecuencias observadas correspondientes.

TABLA 11.3
Tabla de contingencia de 2 × 2 para comparar las frecuencias observadas (f_0) y las frecuencias esperadas (f_e).

HOTEL	BEACHCOMBER		WINDSURFER		
¿ELEGIRÍA EL HOTEL DE NUEVO?	**Observada**	**Esperada**	**Observada**	**Esperada**	**Total**
Sí	163	147.16	154	169.84	317
No	64	79.84	108	92.16	172
Total	227	227.00	262	262.00	489

Para probar la hipótesis nula de que las proporciones de la población son iguales

$$H_0: \pi_1 = \pi_2$$

contra la alternativa de que las proporciones de la población no son iguales

$$H_1: \pi_1 \neq \pi_2$$

utilice las frecuencias observada y esperada de la tabla 11.3 para calcular el estadístico de prueba χ^2 dado por la ecuación (11.1) de la página 380. La tabla 11.4 presenta los cálculos.

TABLA 11.4
Cálculo del estadístico de prueba χ^2 para el cuestionario de satisfacción del huésped.

f_O	f_e	$(f_O - f_e)$	$(f_O - f_e)^2$	$(f_O - f_e)^2/f_e$
163	147.16	15.84	250.9056	1.705
154	169.84	−15.84	250.9056	1.477
64	79.84	−15.84	250.9056	3.143
108	92.16	15.84	250.9056	2.723
				9.048

La distribución de chi cuadrada es una distribución sesgada a la derecha cuya forma depende solamente del número de grados de libertad. Al aumentar el número de grados de libertad, la distribución de chi cuadrada se vuelve más simétrica. El valor crítico del estadístico de prueba χ^2 se encuentra a partir de la tabla E.4, una porción de la cual se muestra como tabla 11.5.

Los valores de la tabla 11.5 se refieren a áreas seleccionadas de la cola superior de la distribución χ^2. Una tabla de contingencia de 2 × 2 tiene (2 – 1)(2 – 1) = 1 grado de libertad. Utilizando $\alpha =$ 0.05, con un grado de libertad, el valor crítico de χ^2 de la tabla 11.5 es 3.841. Se rechaza H_0 si el estadístico χ^2 calculado es mayor que 3.841 (vea la figura 11.2). Ya que 9.048 > 3.841, se rechaza H_0. Se concluye que hay una diferencia en la proporción de huéspedes que desearían regresar al Beachcomber y al Windsurfer.

TABLA 11.5
Encontrar el valor crítico de χ^2 a partir de la distribución de chi cuadrada con 1 grado de libertad utilizando el nivel de significancia 0.05.

	Área de la cola superior						
Grados de libertad	**.995**	**.99**	**. . .**	**.05**	**.025**	**.01**	**.005**
1			. . .	3.841	5.024	6.635	7.879
2	0.010	0.020	. . .	5.991	7.378	9.210	10.597
3	0.072	0.115	. . .	7.815	9.348	11.345	12.838
4	0.207	0.297	. . .	9.488	11.143	13.277	14.860
5	0.412	0.554	. . .	11.071	12.833	15.086	16.750

FIGURA 11.2
Regiones de rechazo y de no rechazo al encontrar el valor crítico de χ^2 con 1 grado de libertad al nivel de significancia 0.05.

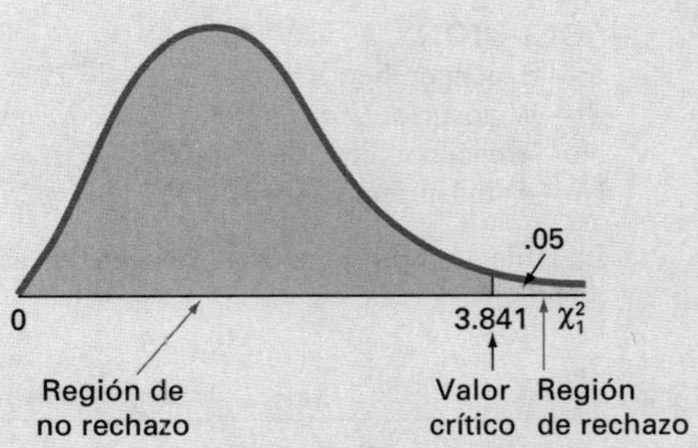

La figura 11.3 representa una hoja de trabajo de Excel para la tabla de contingencia de satisfacción de los huéspedes (tabla 11.2 de la página 379), mientras que la figura 11.4 ilustra la salida de Minitab. Estos resultados incluyen las frecuencias esperadas, estadístico de prueba χ^2, grados de libertad, y valor-p. El estadístico de prueba χ^2 es 9.05, el cual es mayor que el valor crítico de 3.841 (o el valor-p = 0.0026 < 0.05), de manera que se rechaza la hipótesis nula de que no hay diferencia en la satisfacción de los huéspedes entre los dos hoteles. El valor-p de 0.0026 es la probabilidad de observar proporciones en las muestras tan diferentes o más diferentes que la diferencia real (0.718 – 0.588 = 0.13 observado en los datos de las muestras), si las proporciones de la población para los hoteles Beachcomber y Windsurfer son iguales. Así, existe fuerte evidencia para concluir que los dos hoteles son significativamente diferentes en lo que respecta a la satisfacción de los huéspedes, medida en función de la probabilidad de que el huésped regrese al hotel. Un análisis de la tabla 11.3 de la página 381 indica que es probable que una mayor proporción de huéspedes regrese al Beachcomber que al Windsurfer.

FIGURA 11.3
Hoja de trabajo de Excel para los datos de satisfacción de los huéspedes.

	A	B	C	D	E	F	G
1	**Guest Satisfaction Analysis**						
2							
3		**Observed Frequencies**					
4		**Hotel**				Calculations	
5	**Choose Again?**	**Beachcomber**	**Windsurfer**	**Total**		fo-fe	
6	**Yes**	**163**	**154**	**317**		15.84458	-15.8446
7	**No**	**64**	**108**	**172**		-15.8446	15.84458
8	**Total**	**227**	**262**	**489**			
9							
10		Expected Frequencies					
11		Hotel					
12	Choose Again?	Beachcomber	Windsurfer	Total		(fo-fe)^2/fe	
13	Yes	147.1554	169.8446	317		1.706024	1.47812
14	No	79.8446	92.1554	172		3.144243	2.72421
15	Total	227	262	489			
16							
17	**Data**						
18	**Level of Significance**	**0.05**					
19	Number of Rows	2					
20	Number of Columns	2					
21	Degrees of Freedom	1					
22							
23	**Results**						
24	**Critical Value**	**3.8415**					
25	**Chi-Square Test Statistic**	**9.0526**					
26	***p*-Value**	**0.0026**					
27	**Reject the null hypothesis**						
28							
29	***Expected frequency assumption***						
30	***is met.***						

FIGURA 11.4
Salida de Minitab para los datos de satisfacción de los huéspedes.

Chi-Square Test: C1, C2

```
Expected counts are printed below observed counts
Chi-Square contributions are printed below expected counts

           C1      C2  Total
    1     163     154    317
       147.16  169.84
        1.706   1.478

    2      64     108    172
        79.84   92.16
        3.144   2.724

Total     227     262    489

Chi-Sq = 9.053, DF = 1, P-Value = 0.003
```

Para que la prueba de χ^2 dé resultados exactos para una tabla de 2×2, usted debe suponer que cada frecuencia esperada es al menos de 5. Si no se satisface esta suposición, se dispone de procedimientos alternativos como la prueba exacta de Fisher (vea las referencias 1, 2 y 4).

En la encuesta de satisfacción de huéspedes de los hoteles, la prueba Z basada en la distribución normal estandarizada (vea la sección 10.3) y la prueba χ^2 basada en la distribución de chi cuadrada han conducido a la misma conclusión. Este resultado se explica por la interrelación entre la distribución normal estandarizada y una distribución chi cuadrada con 1 grado de libertad. Para tales situaciones, el estadístico de prueba χ^2 es el cuadrado del estadístico de prueba Z. Por ejemplo, en el estudio de satisfacción de huéspedes, el estadístico de prueba Z es +3.01 [es decir, $(+3.01)^2 = 9.05$]. También, si usted compara los valores críticos de los estadísticos de prueba de las dos distribuciones, en el nivel de significancia 0.05, el valor de χ_1^2 de 3.841 es el cuadrado del valor de Z de ± 1.96 (es decir, $\chi_1^2 = Z^2$). Además, el valor-p para ambas pruebas es igual. Por lo tanto, al comprobar la hipótesis nula de igualdad de proporciones:

$$H_0: \pi_1 = \pi_2$$

contra la alternativa de que las proporciones en la población no son iguales:

$$H_1: \pi_1 \neq \pi_2$$

la prueba Z y la prueba de χ^2 son métodos equivalentes. Sin embargo, si usted se interesa en determinar si existen evidencias de que haya una diferencia direccional, como que $\pi_1 > \pi_2$, entonces debe emplear la prueba Z con toda la región de rechazo situada en una cola de la distribución normal estandarizada. En la sección 11.2, la prueba se extiende para hacer comparaciones y evaluar diferencias en las proporciones entre más de dos grupos. Sin embargo, no podrá emplear la prueba Z si hay más de dos grupos.

PROBLEMAS PARA LA SECCIÓN 11.1

Aprendizaje básico

11.1 Determine el valor crítico de χ^2 en cada una de las circunstancias siguientes:

a. $\alpha = 0.01, n = 16$
b. $\alpha = 0.025, n = 11$
c. $\alpha = 0.05, n = 8$

11.2 Determine el valor crítico de χ^2 en cada una de las siguientes circunstancias:

a. $\alpha = 0.95, n = 28$
b. $\alpha = 0.975, n = 21$
c. $\alpha = 0.99, n = 5$

ASISTENCIA de PH Grade **11.3** En este problema, utilice la siguiente tabla de contingencia:

	A	B	Total
1	20	30	50
2	30	45	75
Total	50	75	125

a. Encuentre la frecuencia esperada para cada celda.
b. Compare las frecuencias observadas y esperadas para cada celda.
c. Calcule el estadístico χ^2. ¿Es significativo a $\alpha = 0.05$?

ASISTENCIA de PH Grade **11.4** Para este problema, utilice la siguiente tabla de contingencia:

	A	B	Total
1	20	30	50
2	30	20	50
Total	50	50	100

a. Encuentre la frecuencia esperada para cada celda.
b. Calcule el estadístico χ^2 para esta tabla de contingencia. ¿Es significativo a $\alpha = 0.05$?

Aplicación de conceptos

Puede resolver los problemas 11.5 a 11.10 manualmente o con Excel o Minitab.

ASISTENCIA de PH Grade **11.5** Se seleccionó una muestra de 500 compradores en una gran área metropolitana para determinar diversos datos en relación con el comportamiento de los consumidores. Entre las preguntas estaba: "¿Disfruta de comprar ropa?" Los resultados se resumen en la siguiente tabla de contingencia:

	GÉNERO		
¿DISFRUTA DE COMPRAR ROPA?	**Hombres**	**Mujeres**	**Total**
Sí	136	224	360
No	104	36	140
Total	240	260	500

a. ¿Existe evidencia de una diferencia significativa entre la proporción de hombres y mujeres que disfrutan de comprar por ropa en un nivel de significancia de 0.01?
b. Encuentre el valor-p en el inciso *a*) e interprete su significado.
c. ¿Cuál es su respuesta para los incisos *a*) y *b*) si 206 hombres disfrutan de comprar ropa?
d. Compare los resultados de los incisos *a*) a *c*) con los del problema 10.33, incisos *a*) a *c*) de la página 337.

11.6 ¿El buen rendimiento de gasolina es una prioridad para los compradores de automóviles? Una encuesta realizada por Seguros Progressive hizo esta pregunta a hombres y mujeres compradores de automóviles nuevos. Los datos se reportan como porcentajes, y no se indicó el tamaño de la muestra.

	GÉNERO	
¿EL RENDIMIENTO ES UNA PRIORIDAD?	**Hombres**	**Mujeres**
Sí	76%	84%
No	24%	16%

Fuente: Snapshots, *USAtoday.com, 21 de junio, 2004.*

a. Suponga que se incluyó a 50 hombres y 50 mujeres en la encuesta. En un nivel de significancia de 0.05, ¿existe diferencia entre hombres y mujeres en la proporción que toma como prioridad el rendimiento de gasolina?

b. Suponga que se incluyó a 500 hombres y 500 mujeres en la encuesta. En un nivel de significancia de 0.05, ¿existe diferencia entre hombres y mujeres en la proporción que toma como prioridad el rendimiento de gasolina?

c. Analice el efecto del tamaño de la muestra en la prueba de chi cuadrada.

11.7 Los resultados de un estudio de mejoramiento de la producción en una fábrica de semiconductores aportó datos de defectos para una muestra de 450 placas de silicio. La siguiente tabla de contingencia presenta un resumen de las respuestas a dos preguntas: ¿Se encontró una partícula en el troquel que produjo la placa de silicio?, y ¿La placa resultó buena o mala?

	CALIDAD DE LA PLACA DE SILICIO		
PARTÍCULAS	**Buena**	**Mala**	**Total**
Sí	14	36	50
No	320	80	400
Total	334	116	450

Fuente: S. W. May, "Analysis of Defectivity of Semiconductor Wafers by Contingency Table", Proceedings Institute of Environmental Sciences, *vol. 1 (1994), 177-183.*

a. En un nivel de significancia de 0.05, ¿existe diferencia entre la proporción de placas buenas y malas con partículas?

b. Determine el valor-*p* en el inciso *a*) e interprete su significado.

c. ¿Qué conclusiones se obtienen de este análisis?

d. Compare los resultados de los incisos *a*) y *b*) con los del problema 10.35 de la página 338.

AUTO Examen **11.8** Un estudio realizado por Ariel Mutual Funds y la corporación Charles Schwab encuestó a 500 afroamericanos con ingresos anuales mayores de 50,000 dólares y a 500 blancos con ingresos anuales mayores de 50,000 dólares. Los resultados indicaron que el 74% de los afroamericanos y el 84% de los blancos poseían acciones (Cheryl Winokur Munk, "Stock-Ownership RACE Gap Shrinks", *The Wall Street Journal,* 13 de junio, 2002, B11.)

a. ¿Existe diferencia entre la proporción de afroamericanos con ingresos superiores a 50,000 dólares que invierten en acciones y la proporción de blancos con ingresos mayores de 50,000 dólares que invierten en acciones? (Utilice $\alpha = 0.05$.)

b. Determine el valor-*p* del inciso *a*) e interprete su significado.

c. Compare los resultados de los incisos *a*) y *b*) con los del problema 10.39 de la página 338.

11.9 La falta de respuestas es un problema para la mayoría de las encuestas por correo. Los investigadores de la Universidad John Carroll realizaron un estudio para ver si la notificación previa por medio de tarjetas postales una semana antes de enviar un cuestionario disminuiría la frecuencia de no respuestas. (Paul R. Murphy y James M. Daley, "Postcard Prenotification in Industrial Surveys: Further evidence", *Mid-American Journal of Business,* Primavera de 2002, 17(1): 51-57.) Un total de 345 despachadores de paquetes de carga internacionales se dividieron en dos grupos. A un grupo se le notificó por adelantado por medio de una tarjeta postal que en una semana recibiría por correo un cuestionario relacionado con los problemas que enfrentan los despachadores de carga internacionales. El segundo grupo no recibió ninguna notificación de la encuesta por correo. Los resultados del estudio aparecen en la tabla siguiente.

	GRUPO DE TRATAMIENTO		
RESULTADO	**Prenotificado**	**No prenotificado**	**Total**
Respondió	39	41	80
No respondió	142	123	265
Total	181	164	345

Fuente: Paul R. Murphy y James M. Daley, "Postcard Prenotificatiion in Industrial Surveys: Further Evidence", Mid-American Journal of Business, *Primavera de 2002, 17(1): 51-57.*

a. En un nivel de significancia de 0.05, ¿existe diferencia entre los dos grupos en la proporción de receptores de la encuesta que respondieron al cuestionario?

b. Encuentre el valor-*p* en el inciso *a*) e interprete su significado.

AUTO Examen **11.10** Una encuesta sugiere que los nombres de marca son menos importantes para los consumidores al comprar ropa de lo que solían serlo. De 7,500 clientes de ropa, el 57% dijo que los logotipos, etiquetas y marcas comerciales de la ropa tienen menos importancia personal en la actualidad que hace algunos años, mientras que sólo el 10% dijo que tienen más importancia. (Shelly Branch, "What's in a Name? Not Much According to Clothes Shoppers", *The Wall Street Journal,* 16 de julio, 2002, B4.) El estudio también investigó si este cambio en la importancia del nombre de marca difería entre los compradores hombres y mujeres. La siguiente tabla indica el género de los encuestados y si dijeron que los logotipos, etiquetas y marcas comerciales de la ropa tienen más importancia personal en la actualidad que hace algunos años:

	GÉNERO		
IMPORTANCIA DEL NOM. DE LA MARCA	**Hombres**	**Mujeres**	**Total**
Más	450	300	750
Menos o igual	3,300	3,450	6,750
Total	3,750	3,750	7,500

Fuente: Shelly Branch, "What's in a Name? Not Much According to Clothes Shoppers", The Wall Street Journal, *16 de julio, 2002, B4.*

a. ¿Existe diferencia entre la proporción de hombres y mujeres que dan más importancia a los nombres de marca en la actualidad que hace algunos años? (Utilice $\alpha = 0.05$.)

b. Encuentre el valor-*p* en el inciso *a*) e interprete su significado.

11.2 PRUEBA DE CHI CUADRADA PARA LAS DIFERENCIAS ENTRE MÁS DE DOS PROPORCIONES

En esta sección, la prueba de χ^2 se extiende para comparar más de dos poblaciones independientes. Se emplea la letra c para representar el número de poblaciones independientes consideradas. Así, la tabla de contingencia ahora tiene dos filas y c columnas. Para comprobar la hipótesis nula de que no hay diferencias entre las c proporciones:

$$H_0: \pi_1 = \pi_2 = \cdots = \pi_c$$

contra la alternativa de que no todas las proporciones de la población son iguales:

$$H_1: \text{No todas las } \pi_j \text{ son iguales (donde } j = 1, 2, \ldots, c)$$

se utiliza la ecuación (11.1) de la página 380

$$\chi^2 = \sum_{\textit{todas} \text{ las celdas}} \frac{(f_0 - f_e)^2}{f_e}$$

donde f_0 = frecuencia observada en una celda particular de una tabla de contingencia de $2 \times c$

f_e = frecuencia observada en una celda particular si la hipótesis nula es cierta

Si la hipótesis nula es cierta y las proporciones son iguales en todas las poblaciones, entonces las c proporciones en las muestras deben diferir solamente por casualidad. En tal situación, un estadístico que combina estas c estimaciones separadas en una estimación general de la proporción de la población π aporta más información que en cualquiera de las c estimaciones separadas. Para expandir la ecuación (11.2) de la página 380, el estadístico $\bar{p}$ de la ecuación (11.3) representa la proporción estimada general para todos los c grupos combinados.

CÁLCULO DE LA PROPORCIÓN GENERAL ESTIMADA PARA *c* GRUPOS

$$\bar{p} = \frac{X_1 + X_2 + \cdots + X_c}{n_1 + n_2 + \cdots + n_c} = \frac{X}{n} \quad \textbf{(11.3)}$$

Para calcular la frecuencia esperada f_e para cada celda de la primera fila de la tabla de contingencia, multiplique cada tamaño de muestra (o total de la columna) por $\bar{p}$. Para calcular la frecuencia esperada f_e para cada celda de la segunda fila de la tabla de contingencia, multiplique cada tamaño de muestra (o total de la columna) por $(1 - \bar{p})$. El estadístico de prueba mostrado en la ecuación (11.1) de la página 380 sigue aproximadamente una distribución de chi cuadrada con grados de libertad iguales al número de filas de la tabla de contingencia menos 1, por el número de columnas de la tabla menos 1. Para una **tabla de contingencia de 2 × *c***, hay $c - 1$ grados de libertad:

$$\text{Grados de libertad} = (2 - 1)(c - 1) = c - 1$$

Utilizando un nivel de significancia α, se rechaza la hipótesis nula si el estadístico de prueba χ^2 calculado es mayor que χ^2_U, el valor crítico de la cola superior de una distribución de chi cuadrada con $c - 1$ grados de libertad. Por tanto, la regla de decisión es

$$\text{Rechace } H_0 \text{ si } \chi^2 > \chi^2_U;$$

$$\text{de otra forma, no rechace } H_0.$$

La figura 11.5 ilustra la regla de decisión.

FIGURA 11.5
Regiones de rechazo y no rechazo al realizar pruebas en busca de diferencias entre c proporciones utilizando la prueba de χ^2.

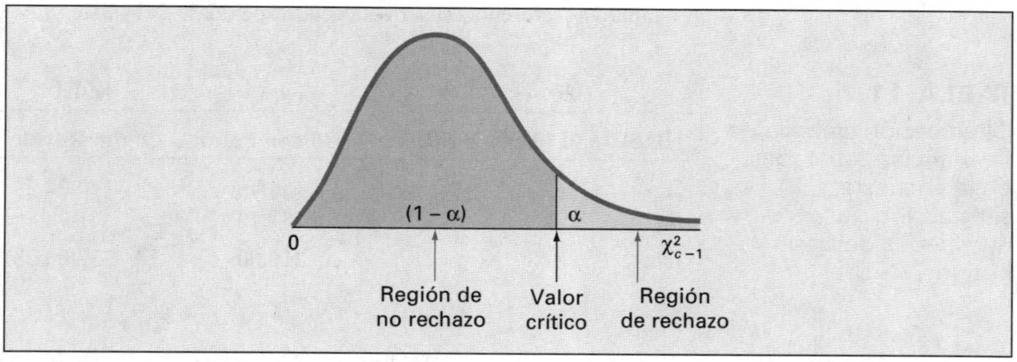

Para ilustrar la prueba de χ^2 para la igualdad de las proporciones cuando haya más de dos grupos, regrese al escenario de "Uso de la estadística" relacionado con T.C. Resort Properties. Recientemente se realizó una encuesta parecida en una isla diferente en la que T.C. Resort Properties tiene tres hoteles diferentes. La tabla 11.6 presenta las respuestas a una pregunta relacionada con si es probable que los huéspedes volvieran a elegir ese hotel de nuevo.

TABLA 11.6
Tabla de contingencia 2 × 3 para la encuesta de satisfacción de huéspedes.

	HOTEL			
¿ELEGIRÍA DE NUEVO EL HOTEL?	**Golden Palm**	**Palm Royale**	**Palm Princess**	**Total**
Sí	128	199	186	513
No	88	33	66	187
Total	216	232	252	700

Ya que la hipótesis nula establece que no hay diferencias entre los tres hoteles con respecto a la proporción de huéspedes que probablemente volverán, se utiliza la ecuación (11.3) para calcular una estimación de π, la proporción de huéspedes que es probable que vuelvan.

$$\bar{p} = \frac{X_1 + X_2 + \cdots + X_c}{n_1 + n_2 + \cdots + n_c} = \frac{X}{n}$$

$$= \frac{(128 + 199 + 186)}{(216 + 232 + 252)} = \frac{513}{700}$$

$$= 0.733$$

La proporción estimada general de huéspedes que no es probable que vuelvan es el complemento $(1 - \bar{p})$, o 0.267. Multiplicar estas proporciones por el tamaño de la muestra tomada en cada hotel da como resultado el número esperado de huéspedes que probablemente desearían y los que no desearían volver.

EJEMPLO 11.2

CÁLCULO DE LAS FRECUENCIAS ESPERADAS

Calcule las frecuencias esperadas para cada una de las seis celdas de la tabla 11.6.

SOLUCIÓN

Sí—Golden Palm: $\bar{p} = 0.733$ y $n_1 = 216$, entonces $f_e = 158.30$
Sí—Palm Royale: $\bar{p} = 0.733$ y $n_2 = 232$, entonces $f_e = 170.02$
Sí—Palm Princess: $\bar{p} = 0.733$ y $n_3 = 252$, entonces $f_e = 184.68$
No—Golden Palm: $1 - \bar{p} = 0.267$ y $n_1 = 216$, entonces $f_e = 57.70$
No—Palm Royale: $1 - \bar{p} = 0.267$ y $n_2 = 232$, entonces $f_e = 61.98$
No—Palm Princess: $1 - \bar{p} = 0.267$ y $n_3 = 252$, entonces $f_e = 67.32$

La tabla 11.7 presenta estas frecuencias esperadas.

TABLA 11.7
Clasificación cruzada de frecuencias esperadas en la encuesta satisfacción de huéspedes de tres hoteles.

	HOTEL			
¿ELEGIRÍA DE NUEVO EL HOTEL?	**Golden Palm**	**Palm Royale**	**Palm Princess**	**Total**
Sí	158.30	170.02	184.68	513
No	57.70	61.98	67.32	187
Total	216.00	232.00	252.00	700

Para comprobar la hipótesis nula de que las proporciones son iguales:

$$H_0: \pi_1 = \pi_2 = \pi_3$$

contra la alternativa de que no todas las proporciones son iguales:

$$H_1: \text{No todas las } \pi_j \text{ son iguales (donde } j = 1, 2, 3)$$

Se utilizan las frecuencias observadas y esperadas de la tabla 11.6 de la página 387 y la tabla 11.7 de arriba para calcular el estadístico de prueba χ^2 dado por la ecuación (11.1) de la página 380. La tabla 11.8 presenta los cálculos.

TABLA 11.8
Cálculo del estadístico de prueba χ^2 para la encuesta de satisfacción de huéspedes de tres hoteles.

f_o	f_e	$(f_o - f_e)$	$(f_o - f_e)^2$	$(f_o - f_e)^2/f_e$
128	158.30	−30.30	918.0900	5.800
199	170.02	28.98	839.8404	4.940
186	184.68	1.32	1.7424	0.009
88	57.70	30.30	918.0900	15.911
33	61.98	−28.98	839.8404	13.550
66	67.32	−1.32	1.7424	0.026
				40.236

El valor crítico del estadístico de prueba χ^2 se encuentra a partir de la tabla E.4. En la encuesta de satisfacción de huéspedes, ya que se evalúa a tres hoteles, hay $(2 - 1)(3 - 1) = 2$ grados de libertad. Utilizando $\alpha = 0.05$, el valor crítico de χ^2 con 2 grados de libertad es de 5.991. A causa de que el estadístico de prueba calculado ($\chi^2 = 40.236$) es mayor que este valor crítico, se rechaza la hipótesis nula (vea la figura 11.6). Excel (vea la figura 11.7) y Minitab (vea la figura 11.8) también reportan el valor-*p*. Ya que el valor-*p* es de aproximadamente 0.0000, que es menor que $\alpha = 0.05$, se rechaza la hipótesis nula. Además, este valor-*p* indica que virtualmente no hay posibilidades de ver diferencias tan grandes o más grandes entre las tres proporciones de muestras, si las proporciones de las poblaciones de los tres hoteles son iguales. Así que hay evidencias suficientes para concluir que las propiedades de los hoteles son diferentes en relación con la proporción de huéspedes que probablemente regresen.

FIGURA 11.6
Regiones de rechazo y de no rechazo al comprobar las diferencias de tres proporciones en un nivel de significancia 0.05 con 2 grados de libertad.

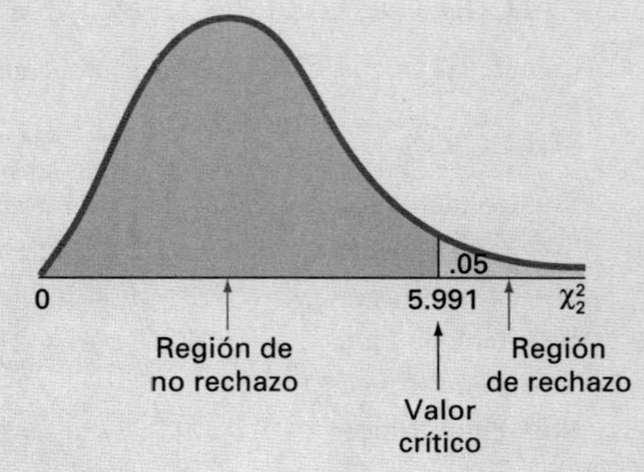

FIGURA 11.7
Hoja de trabajo de Excel para los datos de satisfacción de los huéspedes de la tabla 12.6.

	A	B	C	D	E	F	G	H	I
1	**Guest Satisfaction (3-Hotels) Analysis**								
2									
3		**Observed Frequencies**							
4		**Hotel**					Calculations		
5	**Choose Again?**	**Golden Palm**	**Palm Royale**	**Palm Princess**	**Total**			fo-fe	
6	**Yes**	**128**	**199**	**186**	**513**		-30.2971	28.97714	1.32
7	**No**	**88**	**33**	**66**	**187**		30.29714	-28.9771	-1.32
8	**Total**	**216**	**232**	**252**	**700**				
9									
10		Expected Frequencies							
11		Hotel							
12	Choose Again?	Golden Palm	Palm Royale	Palm Princess	Total			(fo-fe)^2/fe	
13	Yes	158.2971	170.0229	184.68	513		5.798695	4.9386	0.009435
14	No	57.7029	61.9771	67.32	187		15.90765	13.54814	0.025882
15	Total	216	232	252	700				
16									
17	**Data**								
18	**Level of Significance**	**0.05**							
19	Number of Rows	2							
20	Number of Columns	3							
21	Degrees of Freedom	2							
22									
23	**Results**								
24	**Critical Value**	**5.9915**							
25	**Chi-Square Test Statistic**	**40.2284**							
26	***p*-Value**	**0.0000**							
27	**Reject the null hypothesis**								
28									
29	***Expected frequency assumption***								
30	***is met.***								

FIGURA 11.8
Salida de Minitab para los datos de satisfacción de los huéspedes de la tabla 12.6.

Chi-Square Test: C1, C2, C3

```
Expected counts are printed below observed counts
Chi-Square contributions are printed below expected counts

            C1       C2       C3  Total
  1        128      199      186    513
        158.30   170.02   184.68
         5.799    4.939    0.009

  2         88       33       66    187
         57.70    61.98    67.32
        15.908   13.548    0.026

Total      216      232      252    700

Chi-Sq = 40.228, DF = 2, P-Value = 0.000
```

Para que la prueba de χ^2 dé resultados exactos al tratar con tablas de contingencia de $2 \times c$, todas las frecuencias esperadas deben ser grandes. Hay un gran debate en tales situaciones entre los especialistas en estadística acerca de la definición de *grande*. Algunos de ellos (vea la referencia 5) han encontrado que la prueba da resultados exactos en tanto que todas las frecuencias esperadas sean iguales o mayores que 0.5. Otros especialistas más conservadores indican que no más del 20% de las celdas deben contener frecuencias esperadas menores de 5 y que ninguna celda debe tener frecuencias esperadas menores de 1 (vea la referencia 3). Un compromiso razonable entre estos puntos de vista es asegurarse de que todas las frecuencias esperadas sean al menos de 1. Para lograr esto, habrá que condensar dos o más categorías de baja frecuencia esperada en una sola categoría en la tabla de contingencia antes de realizar la prueba. Tal fusión de categorías generalmente da como resultado frecuencias esperadas suficientemente grandes para realizar la prueba de χ^2 con exactitud. Si la combinación de categorías es indeseable, hay procedimientos alternativos disponibles (vea las referencias 2 y 7).

Procedimiento de Marascuilo

Rechazar la hipótesis nula en una prueba de χ^2 de la igualdad de proporciones en una tabla de $2 \times c$ sólo le permite llegar a la conclusión de que no todas las c proporciones de la población son iguales. ¿Pero *cuáles* de las proporciones difieren? Ya que el resultado de la prueba χ^2 de la igualdad de proporciones no responde específicamente a esta pregunta, se necesita un procedimiento *post-hoc* de comparación múltiple. Uno de tales enfoques que sigue al rechazo de la hipótesis nula de proporciones iguales es el procedimiento de Marascuilo.

El **procedimiento de Marascuilo** permite hacer comparaciones entre todos los pares de grupos. Primero se necesita calcular las diferencias observadas $p_j - p_{j'}$ (donde $j \neq j'$) entre todos los pares $c(c-1)/2$. Entonces se utiliza la ecuación (11.4) para calcular los rangos críticos correspondientes para el procedimiento de Marascuilo.

RANGO CRÍTICO PARA EL PROCEDIMIENTO DE MARASCUILO

$$\text{Rango crítico} = \sqrt{\chi_U^2}\sqrt{\frac{p_j(1-p_j)}{n_j} + \frac{p_{j'}(1-p_{j'})}{n_{j'}}} \quad \textbf{(11.4)}$$

Es necesario calcular un rango crítico diferente para cada comparación por parejas de proporciones en las muestras. En el paso final se compara cada uno de los pares de proporciones de muestras $c(c-1)/2$ contra su rango crítico correspondiente. Se considera que un par específico es suficientemente diferente si la diferencia absoluta en las proporciones de la muestra $|p_j - p_{j'}|$ es mayor que su rango crítico.

Para aplicar el procedimiento de Marascuilo, regresemos a la encuesta de satisfacción de huéspedes. Utilizando la prueba de χ^2 se concluyó que había evidencia de diferencias significativas entre las proporciones de la población. Ya que hay tres hoteles, existen $(3)(3-1)/2 = 3$ comparaciones entre pares. De la tabla 11.6 de la página 387 las tres proporciones de muestras son:

$$p_1 = \frac{X_1}{n_1} = \frac{128}{216} = 0.593$$

$$p_2 = \frac{X_2}{n_2} = \frac{199}{232} = 0.858$$

$$p_3 = \frac{X_3}{n_3} = \frac{186}{252} = 0.738$$

Utilizando la tabla E.4 y un nivel de significancia general de 0.05, el valor crítico de la cola superior del estadístico de prueba χ^2 con $(c-1) = 2$ grados de libertad es 5.991. Así,

$$\sqrt{\chi_U^2} = \sqrt{5.991} = 2.448$$

A continuación se calculan los tres pares de diferencias absolutas en proporciones de las muestras y sus intervalos críticos correspondientes. Si la diferencia absoluta es mayor que este rango crítico, las proporciones serán significativamente diferentes.

Diferencia absoluta en las proporciones	**Rango crítico**
$\lvert p_j - p_{j'}\rvert$	$2.448\sqrt{\frac{p_j(1-p_j)}{n_j} + \frac{p_{j'}(1-p_{j'})}{n_{j'}}}$
$\lvert p_1 - p_2\rvert = \lvert 0.593 - 0.858\rvert = 0.265$	$2.448\sqrt{\frac{(0.593)(0.407)}{216} + \frac{(0.858)(0.142)}{232}} = 0.099$
$\lvert p_1 - p_3\rvert = \lvert 0.593 - 0.738\rvert = 0.145$	$2.448\sqrt{\frac{(0.593)(0.407)}{216} + \frac{(0.738)(0.262)}{252}} = 0.106$
$\lvert p_2 - p_3\rvert = \lvert 0.858 - 0.738\rvert = 0.120$	$2.448\sqrt{\frac{(0.858)(0.142)}{232} + \frac{(0.738)(0.262)}{252}} = 0.088$

La figura 11.9 ilustra una hoja de trabajo de Excel para el procedimiento de Marascuilo.

FIGURA 11.9
Hoja de trabajo de Excel con el procedimiento de Marascuilo.

	A	B	C	D
1	**Marascuilo Procedure**			
2	**Guest Satisfaction (3-Hotels) Analysis**			
3	Level of Significance	0.05		
4	Square Root of Critical Value	2.4477		
5				
6	Sample Proportions			
7	Group 1	0.5926		
8	Group 2	0.8578		
9	Group 3	0.7381		
10				
11	MARASCUILO TABLE			
12	**Proportions**	**Absolute Differences**	**Critical Range**	
13	**| Group 1 - Group 2 |**	**0.2652**	**0.0992**	Significant
14	**| Group 1 - Group 3 |**	**0.1455**	**0.1063**	Significant
15				
16	**| Group 2 - Group 3 |**	**0.1197**	**0.0880**	Significant

Se llega a la conclusión, con un nivel general de significancia de 0.05, que la satisfacción de los huéspedes es mayor en el Palm Royale ($p_2 = 0.858$) que en el Golden Palm ($p_1 = 0.593$) o en el Palm Princess ($p_3 = 0.738$). La satisfacción de los huéspedes es más alta también en el Palm Princess que en el Golden Palm. Estos resultados sugieren claramente que la gerencia debe estudiar las razones de estas diferencias y en especial intentar determinar por qué la satisfacción es significativamente más baja en el Golden Palm que en los otros dos hoteles.

PROBLEMAS PARA LA SECCIÓN 11.2

Aprendizaje básico

ASISTENCIA de PH Grade **11.11** Considere una tabla de contingencia con dos filas y cinco columnas.

a. Encuentre los grados de libertad.
b. Encuentre el valor crítico para $\alpha = 0.05$.
c. Encuentre el valor crítico para $\alpha = 0.01$.

ASISTENCIA de PH Grade **11.12** Para este problema, utilice la siguiente tabla de contingencia:

	A	*B*	*C*	**Total**
1	10	30	50	90
2	40	45	50	135
Total	50	75	100	225

a. Calcule las frecuencias esperadas para cada celda.
b. Calcule el estadístico χ^2 para esta tabla de contingencia. ¿Es significativo cuando $\alpha = 0.05$?
c. Si es apropiado, utilice el procedimiento de Marascuilo y una $\alpha = 0.05$ para determinar cuáles grupos son diferentes.

11.13 Para este problema, utilice la siguiente tabla de contingencia.

	A	*B*	*C*	**Total**
1	20	30	25	75
2	30	20	25	75
Total	50	50	50	150

a. Calcule las frecuencias esperadas para cada celda.
b. Calcule el estadístico χ^2 para esta tabla de contingencia. ¿Es significativo cuando $\alpha = 0.05$?

Aplicación de conceptos

Puede resolver los problemas 11.14 a 11.23 manualmente o con Excel o Minitab.

11.14 Se realizó una encuesta en cinco países. Los porcentajes de encuestados que dijeron comer fuera de casa una vez al mes o más son como sigue:

Alemania	10%
Francia	12%
Reino Unido	28%
Grecia	39%
Estados Unidos	57%

Fuente: Adaptado de M. Kissel, "Americans Are Keen on Cocooning", The Wall Street Journal, *22 de julio, 2003, D3.*

Suponga que la encuesta se basó en 1,000 personas interrogadas en cada país.

a. Con un nivel de significancia de 0.05, determine si hay diferencias significativas en la proporción de personas que comen fuera de casa al menos una vez a la semana en los distintos países.
b. Encuentre el valor-*p* en el inciso *a*) e interprete su significado.
c. Si es apropiado, utilice el procedimiento de Marascuilo y una $\alpha = 0.05$ para determinar cuáles países son diferentes. Analice sus resultados.

11.15 ¿El grado en el que los estudiantes abandonan los cursos introductorios de estadística para negocios es el mismo para cursos *on line* que para los cursos presenciales tradicionales en salón de clases? La profesora Constance McLaren de la Universidad Estatal de Indiana reunió datos durante cinco semestres para investigar este asunto. La siguiente tabla de referencia cruzada clasifica a los alumnos de estadística para negocios por tipo de curso (en aula, *on line*) y por su persistencia (activos, faltistas, desertores).

	PERSISTENCIA ESTUDIANTIL		
TIPO DE CURSO	Activos	Faltistas	Desertores
En aula	127	8	4
On line	81	51	20

Fuente: Constance McLaren, "A Comparison of Student Persistence and Performance in Online and Classroom Business Statistics Experiences", Decision Sciences Journal of Innovative Education, *Primavera de 2004, 2(1): 1-10. Publicado por el Decision Sciences Institute, con oficinas centrales en la Universidad Estatal de Atlanta, GA.*

a. ¿Existe diferencia en la persistencia de los alumnos (activos, faltistas, desertores) con base en el tipo de curso? (Utilice una $\alpha = 0.01$.)
b. Calcule el valor-*p* e interprete su significado.

AUTO Examen **11.16** Más personas hacen la mayor parte de sus compras de abarrotes el sábado que en ningún otro día de la semana. Sin embargo, ¿el día de la semana en que una persona hace la mayor parte de sus compras de abarrotes depende de su edad? Un estudio clasificó a los compradores de abarrotes por edad y por principal día de compras. ("Major Shopping by Day", *Progressive Grocer Annual Report*, 30 de abril, 2002). Los datos se reportaron como porcentajes y no se especificaron los tamaños de las muestras.

	EDAD		
PRINCIPAL DÍA DE COMPRAS	Menores de 35	35-54	Mayores de 54
Sábado	24%	28%	12%
Día diferente del sábado	76%	72%	88%

Fuente: "Major Shopping by Day", *Progressive Grocer Annual Report,* 30 de abril, 2002.

Suponga que se encuestó a 200 compradores de cada categoría de edad.

a. ¿Existe evidencia de diferencias significativas entre los grupos de edad con respecto al día en que se hacen las compras más importantes? (Utilice un $\alpha = 0.05$.)
b. Determine el valor-*p* del inciso *a*) e interprete su significado.
c. Si es apropiado, utilice el procedimiento de Marascuilo y una $\alpha = 0.05$ para determinar cuáles grupos son diferentes. Analice sus resultados.
d. Analice las implicaciones de los incisos *a*) y *c*) para la gerencia. ¿Cómo podrían emplear las tiendas de abarrotes esta información para mejorar el marketing y las ventas? Sea específico.

11.17 Repita los incisos *a*) a *b*) del problema 11.16 suponiendo que sólo se encuestó a 50 compradores en cada categoría de edad. Analice las implicaciones del tamaño de muestra en la prueba χ^2 para las diferencias entre más de dos poblaciones.

11.18 La industria de la salud y los grupos de defensa de los consumidores están en conflicto sobre el tema de comunicar los registros médicos de un paciente sin el consentimiento de éste. La industria del cuidado de la salud cree que no debe ser necesario ningún consentimiento para comunicar datos libremente entre doctores, hospitales, farmacias y compañías de seguros. Una encuesta telefónica de la organización Gallup preguntó a los encuestados si tenían objeción en que se comunicara información de sus registros médicos sin su consentimiento a diversos tipos de empresas o instituciones (Laura Landro, "Medical-Privacy Rules Leave Consumers' Data Vulnerable", *The Wall Street Journal*, 6 de junio, 2002, D3). La siguiente tabla contiene una lista parcial de los resultados:

	ORGANIZACIÓN		
¿TIENE OBJECIONES A QUE SE COMUNIQUE?	Compañías de centros	Farmacias	Seguros médicos
Sí	820	590	670
No	180	410	330

Fuente: Laura Landro, "Medical-Privacy Rules Leave Consumers' Data Vulnerable", *The Wall Street Journal,* 6 de junio, 2002, D3.

a. Determine si hay diferencia en la proporción de personas que ponen objeción a que sus registros médicos se comuniquen a las tres organizaciones listadas en la tabla. (Utilice $\alpha = 0.05$.)
b. Si es apropiado, emplee el procedimiento de Marascuilo y una $\alpha = 0.05$ para determinar cuáles organizaciones son diferentes. Analice sus resultados.

11.19 J. C. Schaefer viaja por el mundo para calificar los servicios de los hoteles de lujo. Algunos de sus resultados parecen variar con la ciudad en que está localizado cada hotel. Tres de los conceptos por los que califica a los hoteles y los resultados de sus investigaciones son como sigue. Los datos se calificaron como porcentajes, y no se precisaron los tamaños de muestra.

(1) En la admisión se emplea el nombre del huésped durante el registro de ingreso.

	Hong Kong	Nueva York	París
Sí	26%	39%	28%
No	74%	61%	72%

(2) Los cargos por el minibar se detallan correctamente a la salida.

	Hong Kong	Nueva York	París
Sí	86%	76%	78%
No	14%	24%	22%

(3) La bañera y la regadera están inmaculadamente limpios.			
	Hong Kong	**Nueva York**	**París**
Sí	81%	76%	79%
No	19%	24%	21%

Fuente: N. Templin, "Undercover with a Hotel Spy", The Wall Street Journal, *12 de mayo, 1999.*

Suponga que en cada ciudad se calificaron 100 hoteles de lujo.

a. En un nivel de significancia de 0.05, ¿existe evidencia de diferencias en la proporción de hoteles que utilizan el nombre del huésped entre las tres ciudades?

b. Encuentre el valor-*p* en el inciso *a*) e interprete su significado.

11.20 En relación con el problema 11.19,

a. En un nivel de significancia de 0.05, ¿existe evidencia de diferencias en la proporción de hoteles que detallan correctamente a la salida los cargos por el minibar entre las tres ciudades?

b. Encuentre el valor-*p* en el inciso *a*) e interprete su significado.

11.21 En relación con el problema 11.19,

a. En un nivel de significancia de 0.05, ¿existe evidencia de diferencias en la proporción de hoteles en que la bañera y la regadera están inmaculadamente limpios?

b. Encuentre el valor-*p* en el inciso *a*) e interprete su significado.

11.22 En relación con los problemas 11.19 a 11.21, si es apropiado, utilice el procedimiento de Marascuilo y $\alpha = 0.05$ para determinar cuáles hoteles son diferentes en la proporción en que usan el nombre del huésped, la proporción de hoteles que detallan correctamente los cargos por el minibar, y la proporción de hoteles que tienen bañeras y regaderas inmaculadamente limpios.

11.23 En relación con los problemas 11.19 a 11.23, suponga que el tamaño de muestra de cada ciudad fue de 200 en vez de 100.

a. Repita los problemas 11.19 a 11.22 con este tamaño de muestra.

b. Discuta el efecto que tiene el tamaño de muestra en las pruebas para las diferencias entre las tres proporciones.

11.3 PRUEBA DE INDEPENDENCIA CON CHI CUADRADA

En las secciones 11.1 y 11.2, se utilizó la prueba de χ^2 para evaluar las diferencias potenciales entre proporciones de la población. Para una tabla de contingencia que tiene *r* filas y *c* columnas, es posible generalizar la prueba de χ^2 como una *prueba de independencia* para dos variables categóricas.

Como prueba de independencia, están las hipótesis nula y alternativa:

H_0: Las dos variables categóricas son independientes (es decir, no hay ninguna relación entre ellas).
H_1: Las dos variables categóricas son dependientes (es decir, hay una relación entre ellas).

Una vez más se utiliza la ecuación (11.1) de la página 380 para calcular el estadístico de prueba:

$$\chi^2 = \sum_{\textit{todas}\text{ las celdas}} \frac{(f_0 - f_e)^2}{f_e}$$

Se rechaza la hipótesis nula en un nivel de significancia α si el valor calculado del estadístico de prueba χ^2 es mayor que χ^2_U, el valor crítico de la cola superior de una distribución de chi cuadrada con $(r-1)(c-1)$ grados de libertad (vea la figura 11.10). Así, la regla de decisión es

Rechace H_0 si $\chi^2 > \chi^2_U$;

de otra forma, no rechace H_0.

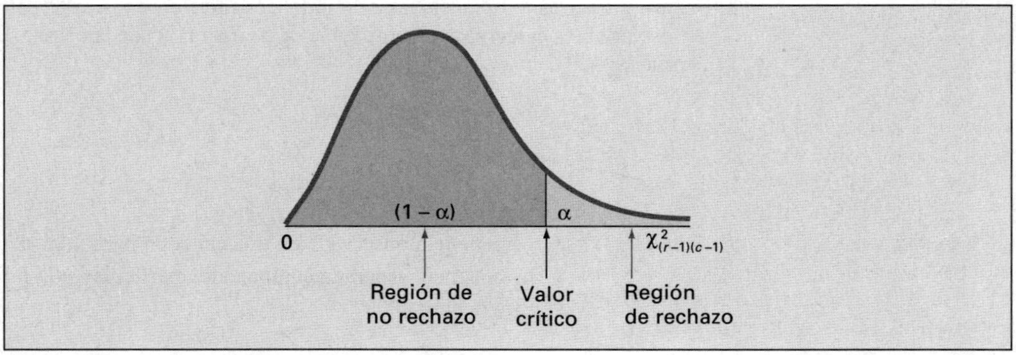

FIGURA 11.10 Regiones de rechazo y de no rechazo al comprobar la independencia en una tabla de contingencia de $r \times c$ utilizando la prueba de χ^2.

La **prueba de independencia** χ^2 es similar a la prueba χ^2 para igualdad de proporciones. Los estadísticos de prueba y las reglas de decisión son los mismos, pero las hipótesis declaradas y las conclusiones que se obtienen son diferentes. Por ejemplo, en la encuesta de satisfacción de huéspedes de las secciones 11.1 y 11.2, existe evidencia de diferencias significativas entre los hoteles en relación con las proporciones de huéspedes que desearían regresar. Desde un punto de vista diferente, se podría obtener la conclusión de que hay una relación significativa entre los hoteles y la probabilidad de que el huésped regrese. De cualquier manera, hay una diferencia fundamental entre los dos tipos de pruebas. La diferencia fundamental está en el sistema de muestreo empleado.

En una prueba de igualdad de proporciones, hay un factor de interés con dos o más niveles. Estos niveles representan muestras obtenidas de poblaciones independientes. Las respuestas categóricas de cada grupo o nivel de muestras se clasifican en dos categorías: *éxito* y *fracaso*. El objetivo es hacer comparaciones y evaluar diferencias entre las proporciones de éxito entre los diversos niveles.

Sin embargo, en una prueba de independencia, hay dos niveles de interés, cada uno de los cuales tiene dos o más niveles. Se selecciona una muestra, y se anotan las respuestas conjuntas a las dos variables categóricas en las celdas de una tabla de contingencia.

Para ilustrar la prueba χ^2 de independencia, suponga que en la encuesta de satisfacción de huéspedes de hoteles se hizo una segunda pregunta a todos los encuestados que indicaron que no era probable que regresaran. Se pidió a cada uno de los huéspedes que indicaran la razón principal de su respuesta. La tabla 11.9 presenta los resultados de la tabla de contingencia de 4×3.

TABLA 11.9
Frecuencia observada de respuestas en los diferentes hoteles en relación con la razón principal para no volver.

	HOTEL			
PRINCIPAL RAZÓN PARA NO REGRESAR	**Golden Palm**	**Palm Royale**	**Palm Princess**	**Total**
Precio	23	7	37	67
Ubicación	39	13	8	60
Alojamiento en el cuarto	13	5	13	31
Otras	13	8	8	29
Total	88	33	66	187

En la tabla 11.9 observe que de las razones principales para no planear regresar al hotel, 67 se debieron al precio, 60 se debieron a la ubicación, 31 al alojamiento en el cuarto, y 29 a otras razones. Como en la tabla 11.6 de la página 387, hubo 88 huéspedes en el Golden Palm, 33 huéspedes en el Palm Royale, y 66 en el Palm Princess que no planeaban regresar. Las frecuencias observadas de las celdas de la tabla de contingencia de 4×3 representan los conteos conjuntos de los huéspedes muestreados con respecto a la razón principal para no volver al hotel.

Las hipótesis nula y alternativa son:

H_0: No hay ninguna relación entre la razón principal para no regresar y el hotel.

H_1: Hay relación entre la razón principal para no regresar y el hotel.

Para probar esta hipótesis nula de independencia contra la alternativa de que hay relación entre las dos variables categóricas, se utiliza la ecuación (11.1) de la página 380 para calcular el estadístico de prueba:

$$\chi^2 = \sum_{\textit{todas}\text{ las celdas}} \frac{(f_0 - f_e)^2}{f_e}$$

donde f_0 = frecuencia observada en una celda en particular de la tabla de contingencia de $r \times c$

f_e = frecuencia esperada en una celda particular si la hipótesis nula de independencia fuera cierta

Para calcular la frecuencia esperada f_e en cualquier celda, utilice la regla de multiplicación para eventos independientes explicada en la página 136 [vea la ecuación (4.7)]. Por ejemplo, bajo la hipótesis nula de independencia, la probabilidad de las respuestas esperadas en la celda de la esquina de arriba a la izquierda que representan como razón principal el precio del Golden Palm es el producto de las dos probabilidades separadas:

$$P(\text{precio } y \text{ Golden Palm}) = P(\text{precio}) \times P(\text{Golden Palm})$$

Aquí, la proporción de razones que se deben al precio, P(precio), es de 67/187 = 0.3583, y la proporción de todas las respuestas del Golden Palm, P(Golden Palm), es 88/187 = 0.4706. Si la hipótesis nula es cierta, entonces la razón principal para no regresar y el hotel son independientes, y la probabilidad P(precio *y* Golden Palm) es el producto de las probabilidades separadas, 0.3583 × 0.4706 = 0.1686. La frecuencia esperada es el producto del tamaño general de la muestra n y esta probabilidad, 187 × 0.1686 = 31.53. Los valores de f_e de las celdas restantes se calculan de manera parecida (vea la tabla 11.10).

La ecuación (11.5) presenta una manera más sencilla de calcular las frecuencias esperadas.

CÁLCULO DE LAS FRECUENCIAS ESPERADAS

La frecuencia esperada de cada celda es el producto del total de su fila y de su columna dividido por el tamaño total de las muestras.

$$f_e = \frac{\text{total de la fila} \times \text{total de la columna}}{n} \tag{11.5}$$

donde

total de la fila = suma de todas las frecuencias de la fila

total de la columna = suma de todas las frecuencias de la columna

n = tamaño general de las muestras

Por ejemplo, utilizando la ecuación (11.5) para la celda de la esquina de arriba a la izquierda (precio en el Golden Palm),

$$f_e = \frac{\text{total de la fila} \times \text{total de la columna}}{n} = \frac{(67)(88)}{187} = 31.53$$

y para la celda de la esquina de abajo a la derecha (otras razones para el Golden Princess),

$$f_e = \frac{\text{total de la fila} \times \text{total de la columna}}{n} = \frac{(29)(66)}{187} = 10.24$$

La tabla 11.10 lista todo el conjunto de valores de f_e.

TABLA 11.10

Frecuencia esperada de respuestas a la encuesta clasificando las razones principales para no regresar junto a los hoteles.

	HOTEL			
PRINCIPAL RAZÓN PARA NO REGRESAR	**Golden Palm**	**Palm Royale**	**Palm Princess**	**Total**
Precio	31.53	11.82	23.65	67
Ubicación	28.24	10.59	21.18	60
Alojamiento en el cuarto	14.59	5.47	10.94	31
Otras	13.65	5.12	10.24	29
Total	88.00	33.00	66.00	187

Para efectuar la prueba de independencia, se utiliza el estadístico de prueba χ^2 mostrado en la ecuación (11.1) de la página 380. Aquí el estadístico de prueba sigue aproximadamente una distribución chi cuadrada con grados de libertad iguales al número de filas de la tabla de contingencia menos 1, por el número de columnas de la tabla menos 1. Así, para una tabla de contingencia de $r \times c$:

$$\text{Grados de libertad} = (r-1)(c-1)$$

La tabla 11.11 ilustra el cálculo para el estadístico de prueba χ^2.

TABLA 11.11
Cálculo del estadístico de prueba χ^2 para la prueba de independencia.

Celda	f_O	f_e	$(f_O - f_e)$	$(f_O - f_e)^2$	$(f_O - f_e)^2/f_e$
Precio/Golden Palm	23	31.53	−8.53	72.7609	2.308
Precio/Palm Royale	7	11.82	−4.82	23.2324	1.966
Precio/Palm Princess	37	23.65	13.35	178.2225	7.536
Ubicación/Golden Palm	39	28.24	10.76	115.7776	4.100
Ubicación/Palm Royale	13	10.59	2.41	5.8081	0.548
Ubicación/Palm Princess	8	21.18	−13.18	173.7124	8.202
Habitación/Golden Palm	13	14.59	−1.59	2.5281	0.173
Habitación/Palm Royale	5	5.47	−0.47	0.2209	0.040
Habitación/Palm Princess	13	10.94	2.06	4.2436	0.388
Otras/Golden Palm	13	13.65	−0.65	0.4225	0.031
Otras/Palm Royale	8	5.12	2.88	8.2944	1.620
Otras/Palm Princess	8	10.24	−2.24	5.0176	0.490
					27.402

Utilizando un nivel de significancia $\alpha = 0.05$, el valor crítico de la cola superior de la distribución chi cuadrada con $(4-1)(3-1) = 6$ grados de libertad es de 12.592 (vea la tabla E.4). Ya que el estadístico de prueba $\chi^2 = 27.402 > 12.592$, se rechaza la hipótesis nula de independencia (vea la figura 11.11). De manera similar, usted puede utilizar el cálculo de Excel de la figura 11.12 o el de Minitab de la figura 11.13 para utilizar el enfoque del valor-p. Puesto que el valor-p = $0.00012 < 0.05$, se rechaza la hipótesis nula de independencia. Este valor-p indica que virtualmente no hay posibilidad de que haya una relación tan grande o mayor que ésta entre los hoteles y las razones principales para no regresar en una muestra, si las razones principales para no regresar son independientes de los hoteles específicos en toda la población. Así, existe evidencia importante de una relación entre la razón principal para no volver y el hotel. Un examen de las frecuencias observadas y esperadas (vea la tabla 11.11) revela que el precio tiene una representación baja como razón para no volver al Golden Palm (es decir, $f_0 = 23$ y $f_e = 31.53$) pero está sobrerrepresentado en el Palm Princess.

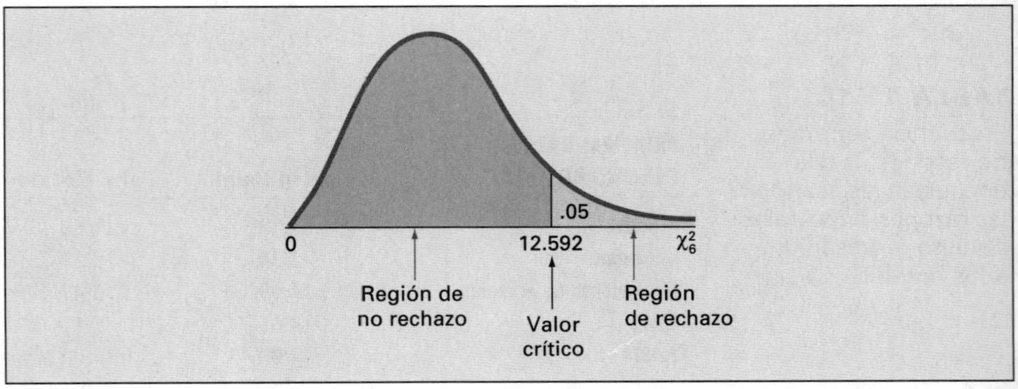

FIGURA 11.11
Regiones de rechazo y no rechazo para la independencia en la muestra de la encuesta de satisfacción de huéspedes de hoteles en un nivel de significancia de 0.05 con 6 grados de libertad.

Los huéspedes están más satisfechos con el precio en el Golden Palm en comparación con el Palm Princess. La ubicación está sobrerrepresentada como razón para no regresar al Golden Palm pero tiene una representación baja en el Palm Princess. Así, los huéspedes están más satisfechos con la ubicación del Palm Princess que con la del Golden Palm.

FIGURA 11.12
Hoja de trabajo de Excel para la tabla de contingencia de 4 × 3 de razones primarias para no volver y hoteles.

	A	B	C	D	E	F	G	H	I
1	**Cross-Classification Hotel Analysis**								
2									
3		**Observed Frequencies**							
4			**Hotel**				Calculations		
5	**Reason for Not Returning**	**Golden Palm**	**Palm Royale**	**Palm Princess**	**Total**			fo-fe	
6	**Price**	23	7	37	**67**		-8.52941	-4.82353	13.35294
7	**Location**	39	13	8	**60**		10.76471	2.411765	-13.1765
8	**Room accommodation**	13	5	13	**31**		-1.58824	-0.47059	2.058824
9	**Other**	13	8	8	**29**		-0.64706	2.882353	-2.23529
10	**Total**	**88**	**33**	**66**	**187**				
11									
12		Expected Frequencies							
13			Hotel						
14	Reason for Not Returning	Golden Palm	Palm Royale	Palm Princess	Total			(fo-fe)^2/fe	
15	Price	31.5294	11.8235	23.6471	67		2.307397	1.967808	7.540094
16	Location	28.2353	10.5882	21.1765	60		4.104044	0.549346	8.198693
17	Room accommodation	14.5882	5.4706	10.9412	31		0.172913	0.040481	0.387413
18	Other	13.6471	5.1176	10.2353	29		0.03068	1.623394	0.488168
19	Total	88	33	66	187				
20									
21	**Data**								
22	**Level of Significance**	**0.05**							
23	Number of Rows	4							
24	Number of Columns	3							
25	Degrees of Freedom	6							
26									
27	**Results**								
28	**Critical Value**	**12.5916**							
29	**Chi-Square Test Statistic**	**27.4104**							
30	***p*-Value**	**0.00012**							
31	**Reject the null hypothesis**								
32									
33	***Expected frequency assumption***								
34	***is met.***								

FIGURA 11.13
Salida de Minitab para la tabla de contingencia de 4 × 3 de la razón principal para no volver y hoteles.

```
Chi-Square contributions are printed below expected counts

          C1      C2      C3  Total
  1       23       7      37     67
       31.53   11.82   23.65
       2.307   1.968   7.540

  2       39      13       8     60
       28.24   10.59   21.18
       4.104   0.549   8.199

  3       13       5      13     31
       14.59    5.47   10.94
       0.173   0.040   0.387

  4       13       8       8     29
       13.65    5.12   10.24
       0.031   1.623   0.488

Total     88      33      66    187

Chi-Sq = 27.410, DF = 6, P-Value = 0.000
```

Para asegurar resultados exactos, todas las frecuencias esperadas necesitan ser grandes a fin de emplear la prueba de χ^2 al tratar con las tablas de contingencia de $r \times c$. Como en el caso de las tablas de contingencia de $2 \times c$ de la página 389, todas las frecuencias esperadas deben ser al menos de 1. Para los casos en que una o más de las frecuencias esperadas sean menores de 1, usted puede utilizar la prueba después de condensar dos o más filas de baja frecuencia en una sola fila (o condensar dos o más columnas de baja frecuencia en una sola columna). Fusionar filas o columnas por lo general da como resultado frecuencias esperadas suficientemente grandes como para realizar la prueba de χ^2 con exactitud.

PROBLEMAS PARA LA SECCIÓN 11.3

Aprendizaje básico

ASISTENCIA de PH Grade **11.24** Si una tabla de contingencia tiene tres filas y cuatro columnas, ¿cuántos grados de libertad hay para la prueba de independencia de χ^2?

ASISTENCIA de PH Grade **11.25** Al realizar una prueba de independencia de χ^2 en una tabla de contingencia con r filas y c columnas, determine el valor crítico del estadístico de prueba χ^2 de la cola superior en cada una de las circunstancias siguientes:

a. a = 0.05, $r = 4$ filas, $c = 5$ columnas
b. a = 0.01, $r = 4$ filas, $c = 5$ columnas
c. a = 0.01, $r = 4$ filas, $c = 6$ columnas
d. a = 0.01, $r = 3$ filas, $c = 6$ columnas
e. a = 0.01, $r = 6$ filas, $c = 3$ columnas

Aplicación de conceptos

Puede resolver los problemas 11.26 a 11.31 manualmente o con Excel o Minitab.

11.26 Durante la guerra de Vietnam se instituyó un sistema de lotería para seleccionar a los varones que serían reclutados para la milicia. Los números que representaban días del año eran seleccionados "aleatoriamente"; los hombres nacidos en días del año con números bajos eran reclutados primero; los que tenían números altos no eran reclutados. A continuación se muestra cuántos números bajos (1–122), intermedios (123–244) y altos (245–366) eran sacados para fechas de nacimiento en cada trimestre del año:

CONJUNTO DE NÚMEROS	TRIMESTRE DEL AÑO ene.-mar.	abr.-jun.	jul.-sep.	oct.-dic.	Total
Bajos	21	28	35	38	122
Medios	34	22	29	37	122
Altos	36	41	28	17	122
Total	91	91	92	92	366

a. ¿Existe evidencia de que los números seleccionados estuvieran significativamente relacionados con la época del año? (Utilice $\alpha = 0.05$.)

b. Obtendría usted la conclusión de que las selecciones de la lotería parecen ser aleatorias?

c. ¿Cuáles serían sus respuestas para los incisos *a*) y *b*) si las frecuencias son:

23	30	32	37
27	30	34	31
41	31	26	24

11.27 El *USA Today* reportó acerca de los tipos de comunicación de oficina preferidos por los diferentes grupos de edad. Suponga que los resultados se basaron en una encuesta de 500 entrevistados de cada grupo de edad. Los resultados se presentan en la siguiente tabla.

GRUPO DE EDAD	TIPO DE COMUNICACIÓN REQUERIDA Reuniones de grupo	Reuniones cara a cara	Correo	Otros	Total
Generación Y	180	260	50	10	500
Generación X	210	190	65	35	500
Bady boomers	205	195	65	35	500
Adultos mayores	200	195	50	55	500
Total	795	840	230	135	2,000

Fuente: "Talking Face to Face vs. *Group Meetings",* USA Today, *13 de octubre, 2003, A1.*

En un nivel de significancia de 0.05, ¿existe evidencia de que haya relación entre el grupo de edad y el tipo de comunicación preferido?

AUTO Examen ASISTENCIA de PH Grade **11.28** Una gran corporación está interesada en determinar si existe relación entre el tiempo de traslado de sus empleados y el nivel de problemas relacionados con el nivel de estrés observados en el trabajo. Un estudio de 116 trabajadores de la línea de ensamblaje revela lo siguiente:

TIEMPO DE TRASLADO	NIVEL DE ESTRÉS Alto	Moderado	Bajo	Total
Menos de 15 min	9	5	18	32
de 15 a 45 min	17	8	28	53
Más de 45 min	18	6	7	31
Total	44	19	53	116

a. En un nivel de significancia de 0.01, ¿existe evidencia de una relación significativa entre el tiempo de traslado y el nivel de estrés?

b. ¿Cuál sería su respuesta al inciso *a*) si utiliza el nivel de significancia de 0.05?

11.29 Con los negocios avanzando a la velocidad del relámpago, los gerentes de marketing a menudo tienen que esforzarse para cumplir las exigencias de reducir el tiempo que toma crear y lanzar una campaña de marketing (ciclo de tiempo). Una encuesta que se aplicó a 175 gerentes de marketing estadounidenses e ingleses reveló que una campaña tiene un tiempo promedio de ciclo de tiempo de 2.5 meses y ligeramente más del 16% tienen ciclos de tiempo menores de un mes. Los resultados del estudio sugieren que más tiempo no necesariamente es mejor. Los gerentes indicaron que un tiempo de desarrollo largo resulta inconveniente porque los datos se vuelven obsoletos. Por otro lado, indicaron que un tiempo de desarrollo de menos de un mes también perjudica la efectividad de la campaña. Suponga que una clasificación de la campaña más reciente de marketing por ciclo de tiempo y efectividad dio como resultado la tabla de clasificación cruzada que aparece en la página 399.

EFECTIVIDAD	CICLO DE TIEMPO < 1 mes	1–2 meses	2–4 meses	> 4 meses	Total
Altamente efectiva	15	28	24	6	73
Efectiva	9	26	33	19	87
Inefectiva	5	2	3	5	15
Total	29	56	60	30	175

Fuente: Dana James, "Picking up the Pace", Marketing News, *1 de abril, 2002, 3.*

En un nivel de significancia de 0.05, ¿existe evidencia de una relación significativa entre el ciclo de tiempo largo y la efectividad de una campaña de marketing? Si es así, explique la relación.

ASISTENCIA de PH Grade **11.30** El *USA Today* reportó acerca de cuándo se toma la decisión de lo que se habrá de comer en la cena. Suponga que los resultados se basaron en una encuesta que se aplicó a 1,000 personas, en la que se consideró si la familia incluye a hijos menores de 18 años de edad. Los resultados se clasificaron en la siguiente tabla:

CUÁNDO SE TOMA LA DECISIÓN	TIPO DE FAMILIA Adulto/ sin niños	Adulto/ con niños	Dos o más adultos/ sin niños
Justo antes de la cena	162	54	154
En la tarde	73	38	69
En la mañana	59	58	53
Unos días antes	21	64	45
La noche anterior	15	50	45
Siempre comen lo mismo esa noche	2	16	2
No están seguros	7	6	7

Fuente: "What's for Dinner?", USA Today, *10 de enero, 2000.*

En un nivel de significancia de 0.05, ¿existe evidencia de relación significativa entre el momento en que se toma la decisión de lo que se va a cenar y el tipo de familia?

ASISTENCIA de PH Grade **11.31** Un artículo de *USA Today* reportó sobre lo que más desean los conductores para hacer el tiempo de manejo lo más agradable posible. La encuesta también consideró si ellos conducen principalmente un sedán, un auto deportivo o un vehículo deportivo utilitario. Suponga que los resultados se basaron en una encuesta que se aplicó a 1,000 personas y que se clasificaron en la tabla siguiente:

TECNOLOGÍA DESEADA	TIPO DE AUTOMÓVIL MANEJADO Sedán	Auto deportivo	Auto deportivo utilitario
Escucha CD/cambia	178	58	54
Sistema estereofónico de calidad	80	54	46
Teléfono celular	100	8	22
Sistema de posicionamiento global	70	4	16
Proyector de videos/juegos	68	6	6
Acceso a Internet	24	6	10
Detector de radares	16	34	20
No saben	80	26	14

Fuente: "Drivers Just Want to Have Fun", USA Today, *25 de mayo, 2000.*

En un nivel de significancia de 0.05, ¿existe evidencia de alguna relación significativa entre el tipo de tecnología deseada y el tipo de automóvil manejado?

RESUMEN

La figura 11.14 de la página 400 presenta un mapa conceptual de este capítulo. Primero se utilizó la prueba de hipótesis para analizar los datos de respuesta categórica de dos muestras independientes y de más de dos muestras independientes. Además, se extendieron las reglas de probabilidad de la sección 4.2 a la hipótesis de independencia de las respuestas conjuntas a dos variables categóricas. Usted aplicó estos métodos a las encuestas realizadas por T.C. Resort Properties. Llegó a la conclusión de que una mayor proporción de huéspedes están dispuestos a regresar al hotel Beachcomber que al Windsurfer; que los hoteles Golden Palm, Palm Royale y Palm Princess son diferentes en relación con la proporción de clientes que probablemente regresen, y que las razones dadas para no regresar a un hotel dependen del hotel que visitaron los huéspedes. Estas inferencias permitirán a T.C. Resort Properties mejorar la calidad del servicio que ofrece.

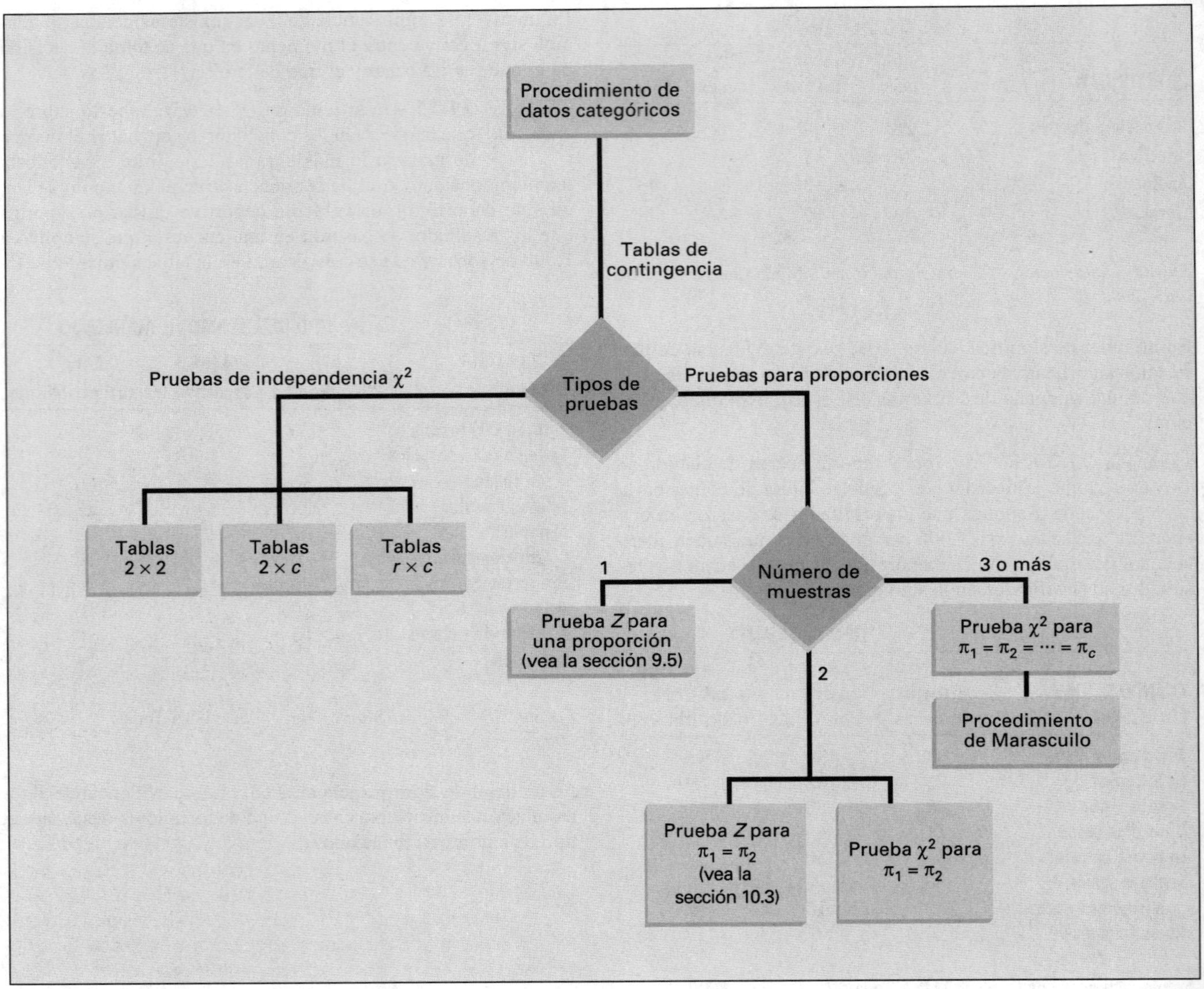

FIGURA 11.14 Mapa conceptual del capítulo 11.

FÓRMULAS IMPORTANTES

Prueba de χ^2 para la diferencia entre dos proporciones

$$\chi^2 = \sum_{todas\ las\ celdas} \frac{(f_0 - f_e)^2}{f_e} \quad \textbf{(11.1)}$$

Cálculo de la proporción general estimada

$$\bar{p} = \frac{X_1 + X_2}{n_1 + n_2} = \frac{X}{n} \quad \textbf{(11.2)}$$

Cálculo de la proporción general estimada para c grupos

$$\bar{p} = \frac{X_1 + X_2 + \cdots + X_c}{n_1 + n_2 + \cdots + n_c} = \frac{X}{n} \quad \textbf{(11.3)}$$

Rango crítico para el procedimiento de Marascuilo

$$\text{Rango crítico} = \sqrt{\chi^2_U}\sqrt{\frac{p_j(1-p_j)}{n_j} + \frac{p_{j'}(1-p_{j'})}{n_{j'}}} \quad \textbf{(11.4)}$$

Cálculo de las frecuencias esperadas

$$f_e = \frac{\text{total de la fila} \times \text{total de la columna}}{n} \quad \textbf{(11.5)}$$

CONCEPTOS CLAVE

PROBLEMAS DE REPASO

Revisión de su comprensión

11.32 ¿En qué condiciones se debe usar la prueba de χ^2 para determinar si hay diferencia entre las proporciones de dos poblaciones independientes?

11.33 ¿En qué condiciones se debe usar la prueba de independencia χ^2?

Aplicación de conceptos

11.34 Los alumnos no graduados de la Universidad Miami en Oxford, Ohio, fueron encuestados a fin de evaluar el efecto del género y el precio en la compra de pizzas de Pizza Hut. Los alumnos planeaban hacer que les entregaran una pizza con dos ingredientes esa tarde. Los estudiantes tenían que decidir entre pedir en Pizza Hut a precio reducido de 8.49 dólares (el precio normal vigente de una pizza grande de dos ingredientes en Pizza Hut de Oxford era de 11.49 dólares) y pedir una pizza en una pizzería diferente. Los resultados de esta pregunta se resumen en la siguiente tabla de contingencia.

	PIZZERÍA		
GÉNERO	**Pizza Hut**	**Otros**	**Total**
Mujeres	4	13	17
Hombre	6	12	18
Total	10	25	35

La encuesta también evaluó las decisiones de compra con otros precios. Los resultados se resumen en la siguiente tabla de contingencia.

	PRECIO			
PIZZERÍA	**8.49**	**11.49**	**14.49**	**Total**
Pizza Hut	10	5	2	17
Otras	25	23	27	75
Total	35	28	29	92

a. Utilizando un nivel de significancia de 0.05 y usando los datos de la primera tabla de contingencia, ¿existe evidencia de una relación significativa entre el género de un estudiante y su selección de pizzería?

b. ¿Cuál sería su respuesta al inciso *a*) si 9 de los alumnos varones hubieran seleccionado Pizza Hut y 9 hubieran seleccionado otras?

c. Empleando un nivel de significancia de 0.05 y los datos de la segunda tabla de contingencia, ¿existe evidencia de una diferencia en la selección de pizzería con base en el precio?

d. Determine el valor-p en el inciso *c*) e interprete su significado.

e. Si es adecuado, utilice el procedimiento de Marascuilo y $\alpha = 0.05$ para determinar cuáles precios son diferentes en términos de preferencia de las pizzerías.

11.35 La American Society for Quality realizó un estudio en 2004 para investigar las opiniones de los ejecutivos sobre la calidad. Se preguntó a los altos ejecutivos si ven la calidad como una profesión en la forma en que se ven las leyes, la medicina, la ingeniería y la contaduría, o si ven la práctica de la calidad más como la capacidad de comprender y utilizar una variedad de herramientas y técnicas para producir un resultado. La tabla 1 presenta las respuestas a esta pregunta, clasificadas por el tipo de industria en que se desenvuelve el ejecutivo. Una segunda pregunta era si sus empresas en realidad miden el impacto de las iniciativas de mejoramiento del proceso diseñadas para elevar la calidad de sus productos y servicios. La tabla 2 muestra los resultados a esta pregunta.

(1) ¿Cree usted que la calidad es una profesión?

	Manufactura	**Servicio**	**Cuidado de la salud**
Sí	108	88	49
No	72	132	50

(2) ¿Mide su empresa el impacto de las iniciativas de mejoramiento del proceso?

	Manufactura	**Servicio**	**Cuidado de la salud**
Sí	132	129	54
No	48	91	46

Fuente: Adaptado de Greg Weiler, "What Do CEOs Think about Quality?" Quality Progress, *mayo de 2004, 37(5): 52-56.*

a. ¿Hay diferencias significativas entre las tres industrias con respecto a la proporción de altos ejecutivos que creen que la calidad es una profesión? (Utilice $\alpha = 0.05$.)

b. Si es apropiado, aplique el procedimiento de Marascuilo al inciso *a*) utilizando una $\alpha = 0.05$.

c. ¿Hay alguna diferencia significativa entre las diferentes industrias con respecto a la proporción de empresas que miden el impacto de las iniciativas de mejoramiento de la calidad? (Utilice una $\alpha = 0.05$.)

d. Si es apropiado, aplique el procedimiento de Marascuilo utilizando una $\alpha = 0.05$.

11.36 Las preocupaciones por el dinero en Estados Unidos comienzan a temprana edad. En una encuesta que se aplicó a 660 niños (330 niños y 330 niñas) de 6 a 14 años de edad, se les preguntó: "¿Te preocupas por tener suficiente dinero?" De los niños encuestados, el 61% dijo que sí, y el 54% de las niñas encuestadas respondieron afirmativamente (D. Haralson y K. Simmons, "Snapshots", *USA Today,* 24 de mayo, 2004, 1B).

a. En un nivel de significancia de 0.05, ¿hay diferencia significativa entre la proporción de niños y niñas que se preocupan por tener suficiente dinero?

b. Encuentre el valor-*p* en el inciso *a*) e interprete su significado.

11.37 Una empresa que produce y vende programas de educación continua videograbados para la industria financiera tradicionalmente ha enviado por correo cintas de muestra que contienen avances de los programas a los clientes potenciales. Los clientes entonces acceden a comprar las cintas de programa o las devuelven. Un grupo de representantes de ventas estudiaron cómo aumentar las ventas y encontraron que muchos prospectos creían que era difícil decidir con base sólo en la cinta si los programas educativos satisfacían sus necesidades. Los representantes de ventas efectuaron un experimento para probar si enviar las cintas con el programa completo para que los clientes los revisaran aumentaría las ventas. Seleccionaron a 80 clientes de la lista y asignaron al azar a 40 que recibirían las cintas de muestra y a 40 que recibirían las cintas con el programa completo para su revisión. Entonces determinaron el número de cintas que fueron compradas y devueltas en cada grupo. Los resultados del experimento se incluyen en la tabla siguiente.

	TIPO DE VIDEOCINTA RECIBIDA		
ACCIÓN	Muestra	Completa	Total
Comprada	6	14	20
Devuelta	34	26	60
Total	40	40	80

a. En un nivel de significancia de 0.05, ¿hay evidencia de diferencias en la proporción de cintas compradas sobre la base del tipo de cinta enviada al cliente?

b. Con base en los resultados del inciso *a*), ¿qué tipo de cinta cree usted que debe enviar un representante en el futuro? Explique el razonamiento para su decisión.

Los representantes de ventas también deseaban determinar cuál de los tres enfoques iniciales de ventas resultan más efectivos: **1.** una videocinta de información de ventas enviada a los prospectos, **2.** una visita de ventas personal a los prospectos, y **3.** una llamada de ventas a los prospectos. Se seleccionó una muestra aleatoria de 300 clientes, y se asignaron 100 a cada una de las tres estrategias de ventas. Los resultados en términos de compras de las cintas de programas completos son los siguientes:

	ESTRATEGIA DE VENTAS			
ACCIÓN	Videocinta	Visita personal	Llamada telefónica	Total
Compra	19	27	14	60
No compra	81	73	86	240
Total	100	100	100	300

c. En un nivel de significancia de 0.05, ¿hay evidencia de diferencias en la proporción de cintas compradas con base en la estrategia de ventas utilizada?

d. Si es pertinente, utilice el procedimiento de Marascuilo y un $\alpha = 0.05$ para determinar cuáles enfoques de ventas son diferentes.

e. Sobre la base de los resultados de los incisos *c*) y *d*), ¿cuál estrategia de ventas debe usar un ejecutivo en el futuro? Explique el razonamiento para su decisión.

11.38 En octubre de 2000, la Fundación Mankle patrocinó una encuesta telefónica respecto a problemas importantes que enfrenta Internet. Una parte de la encuesta separó a los entrevistados en "público general" y "expertos en Internet". Les leyeron declaraciones respecto a prácticas comunes en Internet y se les preguntó si creían que la declaración representaba un problema serio o no. Las respuestas a estas declaraciones clasificadas por tipo de usuario se dan en las tablas siguientes:

Declaración 1: "La mayoría de sitios de Internet colocan un pequeño archivo en tu computadora, llamado cookie, que permite que los *negocios* de Internet lleven el registro de todos los sitios Web que has visitado".

	SERIEDAD DE LA PREOCUPACIÓN POR LA DECLARACIÓN 1		
TIPO DE USUARIO	Es serio	No es serio	Total
Público en general	67	28	95
Expertos en Internet	46	54	100
Total	113	82	195

*Fuente: Tomado de **www.markle.com**.*

Declaración 2: "Tres cuartas partes de todas las empresas grandes monitorean repetidamente el correo electrónico y la utilización de Internet por sus empleados".

SERIEDAD DE LA PREOCUPACIÓN POR LA DECLARACIÓN 2			
TIPO DE USUARIO	Es serio	No es serio	Total
Público en general	54	42	96
Expertos en Internet	37	63	100
Total	91	105	196

Fuente: Tomado de ***www.markle.com***.

a. En un nivel de significancia de 0.05, ¿hay evidencia de una relación significativa entre el tipo de usuario y la seriedad de su preocupación por la primera declaración?

b. Determine el valor-*p* en el inciso *a*) e interprete su significado.

c. En un nivel de significancia de 0.05, ¿hay evidencia de relación significativa entre el tipo de usuario y su preocupación por la segunda declaración?

d. Determine el valor-*p* en el inciso *c*) e interprete su significado.

11.39 La National Cofee Association realiza una encuesta anual de invierno que aplica a 3,300 personas de 10 años de edad o mayores. Un artículo que habla de esta encuesta (Nikhil Drogun, "Joe Wakes Up, Smells the Soda", *The Wall Street Journal*, 8 de junio, 1999, B1, B16) indica que las bebidas gaseosas se han vuelto la bebida favorita en el país y que el café es principalmente una bebida para el desayuno.

a. La encuesta indicó que el 49% de los estadounidenses bebieron café el día anterior, en comparación con el 75% en 1959. Suponga que la encuesta de 1959 se basó en 2,000 entrevistados. En un nivel de significancia de 0.01, ¿hay evidencia de una diferencia significativa en el porcentaje de estadounidenses que bebían café en 1999 y el porcentaje que lo hacía en 1959?

b. Encuentre el valor-*p* en el inciso *a*) e interprete su significado.

c. La encuesta indicó que alrededor del 23% de personas de 18 a 24 años de edad bebieron café el día anterior, en comparación con el 74% de los mayores de 60 años. Suponga que hubo 300 encuestados de 18 a 24 años de edad en el estudio y 500 encuestados de más de 60 años. En un nivel de significancia de 0.01, ¿hay evidencia de una diferencia significativa en el porcentaje de quienes tienen 18 a 24 años y los mayores de 60 que bebieron café el día anterior?

d. Encuentre el valor-*p* en el inciso *c*) e interprete su significado.

e. La encuesta indicó que de las comidas en casa en 1998, el 35% de los desayunos, el 4% de los almuerzos y el 3% de las cenas se sirvieron con café. Esto, en comparación con el 40% de los desayunos, el 9% de las comidas y el 7% de las cenas en 1988. Suponga que la encuesta de 1988 también se basó en 3,300 entrevistados. En un nivel de significancia de 0.01, ¿hay evidencia de una diferencia significativa en el porcentaje de comidas servidas con café en 1988 y en 1998? (*Sugerencia:* Haga un análisis separado para desayuno, comida y cena.)

f. Encuentre el valor-*p* en el inciso *e*) e interprete su significado.

11.40 Una empresa está considerando un cambio organizacional al adoptar el uso de equipos de trabajo autoadministrados. Para evaluar las actitudes de los empleados hacia este cambio, se selecciona una muestra de 400 empleados y se les pregunta si favorecen la implantación de equipos de trabajo autoadministrados en la organización. Se permitieron tres respuestas: a favor, neutral o en contra. Los resultados de la encuesta, clasificados por tipo de empleo y por actitud hacia los equipos de trabajo autoadministrados, se resumen como sigue:

ACTITUD HACIA LOS EQUIPOS DE TRABAJO AUTOADMINISTRADOS				
TIPO DE TRABAJO	A favor	Neutral	En contra	Total
Trabajador por horas	108	46	71	225
Supervisor	18	12	30	60
Administrador de nivel medio	35	14	26	75
Administrador de nivel superior	24	7	9	40
Total	185	79	136	400

a. En un nivel de significancia de 0.05, ¿hay evidencia de una relación entre la actitud hacia los equipos de trabajo autoadministrados y el tipo de empleo?

La encuesta también preguntó a los entrevistados acerca de sus actitudes hacia la implantación de una política por la que un empleado podría tomar un día de vacaciones adicional al mes sin paga. Los resultados, clasificados por tipo de empleo, son como sigue:

	ACTITUD HACIA LAS VACACIONES SIN PAGA			
TIPO DE TRABAJO	A favor	Neutral	En contra	Total
Trabajador por horas	135	23	67	225
Supervisor	39	7	14	60
Administrador de nivel medio	47	6	22	75
Administrador de nivel superior	26	6	8	40
Total	247	42	111	400

b. En un nivel de significancia de 0.05, ¿hay evidencia de una relación entre la actitud hacia el tiempo de vacaciones sin paga y el tipo de empleo?

11.41 Unos investigadores estudiaron las metas y resultados de 349 equipos de trabajo de varias empresas manufactureras de Ohio. En la primera tabla, los equipos se clasifican por si habían o no especificado la mejora ambiental como meta y también según uno de cuatro tipos de proceso de manufactura que mejor describían su lugar de trabajo. Las siguientes tres tablas indican resultados diferentes que lograron los equipos con base en si el equipo había especificado o no el recorte de costos como una de las metas del equipo.

	META AMBIENTAL		
TIPO DE PROCESO DE MANUFACTURA	Sí	No	Total
Job shop* o *batch	2	42	44
***Batch* repetitivo**	4	57	61
Proceso discreto	15	147	162
Proceso continuo	17	65	82
Total	38	311	349

	META DE RECORTE DE COSTOS		
RESULTADOS	Sí	No	Total
Desempeño ambiental mejorado	77	52	129
Desempeño ambiental no mejorado	91	129	220
Total	168	181	349

	META DE RECORTE DE COSTOS		
RESULTADOS	Sí	No	Total
Rentabilidad mejorada	70	68	138
Rentabilidad no mejorada	98	113	211
Total	168	181	349

	META DE RECORTE DE COSTOS		
RESULTADOS	Sí	No	Total
Estado de ánimo mejorado	67	55	122
Estado de ánimo no mejorado	101	126	227
Total	168	181	349

Fuente: M. Hanna, W. Newman y P. Johnson, "Linking Operational and Environmental Improvement Thru Employee Involvement", International Journal of Operations and Production Management, *20, (2000), 148-165.*

a. En un nivel de significancia de 0.05, determine si hay evidencia de una relación significativa entre la presencia de metas ambientales y el tipo de proceso de manufactura.

b. Calcule el valor-*p* en el inciso *a*) e interprete su significado.

c. En un nivel de significancia de 0.05, ¿hay evidencia de diferencias en el desempeño ambiental mejorado para los equipos con una meta especificada de recortar costos?

d. Calcule el valor-*p* en el inciso *c*) e interprete su significado.

e. En un nivel de significancia de 0.05, ¿hay evidencia de diferencias en la rentabilidad mejorada para los equipos con una meta especificada de recortar costos?

f. Calcule el valor-*p* en el inciso *e*) e interprete su significado.

g. En un nivel de significancia de 0.05, ¿hay evidencia de diferencias en el estado de ánimo mejorado para equipos con una meta especificada de recortar costos?

h. Calcule el valor-*p* en el inciso *g*) e interprete su significado.

11.42 En el verano de 2000, un número creciente de reclamaciones de garantía de llantas Firestone vendidas en vehículos deportivos utilitarios Ford forzaron a la Ford y a Firestone a retirar unidades del mercado. Las 2,030 reclamaciones de garantía para las llantas 23575R15 se clasificaron en modelos ATX y Wilderness. El tipo de incidente que condujo a una reclamación de la garantía, por tipo de modelo, se resume en la tabla siguiente.

Incidente	Reclamaciones Modelo ATX	Reclamaciones Modelo Wilderness
Separación del dibujo	1,365	59
Reventón	77	41
Otros/Desconocido	422	66
Total	1,864	166

Fuente: Robert L. Simison, "Ford Steps Up Recall Without Firestone", The Wall Street Journal, *14 de agosto, 2000, A3.*

En nivel de significancia de 0.05, ¿hay evidencia de una relación significativa entre el tipo de incidente y el tipo de modelo?

PROYECTO EN EQUIPO

El archivo de datos **MUTUALFUNDS2004** contiene información acerca de 12 variables de una muestra de 121 fondos de inversión. Las variables son:

Fund: El nombre del fondo de inversión.
Category: Tipo de acciones que comprende el fondo de inversión: de gran capital, capital medio, capital reducido.
Objective: Objetivo de las acciones que comprenden el fondo de inversión: crecimiento o valor.
Assets: Activos en millones de dólares.
Fees: Cargos por ventas (sí o no).
Expense ratio: Relación entre gastos y activos netos en porcentaje.
2003 Return: Rendimiento de 12 meses en 2003.
Three-year return: Rendimiento anualizado de 2001 a 2003.
Five-year return: Rendimiento anualizado de 1999 a 2003.
Risk: Factor de riesgo de pérdida de los fondos de inversión clasificado como bajo, promedio o alto.
Best quarter: Mejor resultado trimestral de 1999 a 2003.
Worst quarter: Peor resultado trimestral de 1999 a 2003.

11.43 a. Construya una tabla de contingencia de 2×2 utilizando tarifas como la variable de las filas y el objetivo como variable de las columnas.

b. En un nivel de significancia de 0.05, ¿hay evidencia de una relación significativa entre el objetivo de un fondo de inversión y si hay o no tarifa?

11.44 a. Construya una tabla de contingencia de 2×3 utilizando tarifas como la variable de las filas y el objetivo como variable de las columnas.

b. En un nivel de significancia de 0.05, ¿hay evidencia de una relación significativa entre el riesgo percibido de un fondo de inversión y si hay tarifa?

11.45 a. Construya una tabla de contingencia de 3×2 utilizando el riesgo como la variable de las filas y el objetivo como variable de las columnas.

b. En un nivel de significancia de 0.05, ¿hay evidencia de una relación significativa entre el objetivo de un fondo de inversión y el riesgo percibido?

CASO ACTUAL
ADMINISTRACIÓN DEL *SPRINGVILLE HERALD*

Fase 1

Al revisar los resultados de su investigación, el departamento de marketing llegó a la conclusión de que un segmento de las familias de Springville podrían estar interesadas en una suscripción de prueba con descuento al *Herald*. El equipo decidió probar varios descuentos antes de decidir el tipo de descuento a ofrecer durante el periodo de prueba. Decidieron realizar un experimento utilizando tres tipos de descuento más un plan que no ofrecía ningún descuento durante el periodo de prueba. Los planes fueron:

1. Ningún descuento por el periódico. Los suscriptores pagarían 4.50 dólares a la semana por el diario durante el periodo de prueba de 90 días.
2. Descuento moderado por el periódico. Los suscriptores pagarían 4.00 dólares a la semana por el diario durante el periodo de prueba de 90 días.
3. Descuento sustancial por el periódico. Los suscriptores pagarían 3.00 dólares a la semana por el diario durante el periodo de prueba de 90 días.
4. Tarjeta de descuento para restaurante. Se daría a los suscriptores una tarjeta para obtener descuentos del 15% en restaurantes seleccionados de Springville durante el periodo de prueba.

A cada participante del experimento se le asignó aleatoriamente un plan de descuento. Se seleccionó una muestra aleatoria de 100 suscriptores de cada plan para determinar cuántos seguirían suscritos al *Herald* después del periodo de prueba. La tabla SH11.1 resume los resultados.

TABLA SH11.1
Número de suscriptores que mantienen sus suscripciones después de los cuatro planes de prueba de descuento.

CONTINÚAN SUS SUSCRIPCIONES TRAS EL PERIODO	PLANES DE DESCUENTO: Sin descuento	Descuento moderado	Descuento sustancial	Tarjeta de restaurante	Total
Sí	34	37	38	61	170
No	66	63	62	39	230
Total	100	100	100	100	400

EJERCICIO

SH11.1 Analice los resultados del experimento. Escriba un reporte al equipo que incluya su recomendación de cuál plan conviene poner en práctica. Esté preparado para explicar las limitaciones y suposiciones del experimento.

NO SIGA SINO HASTA QUE HAYA TERMINADO EL EJERCICIO DE LA FASE 1.

Fase 2

El departamento de marketing discutió los resultados de la encuesta presentada en el capítulo 8 en las páginas 265 a 266. El equipo se dio cuenta de que la evaluación de preguntas individuales aportaba sólo información limitada. A fin de comprender mejor el mercado de las suscripciones con entrega a domicilio, los datos se organizaron en las siguientes tablas de clasificación cruzada.

ENTREGA A DOMICILIO	LEEN OTRO PERIÓDICO: Sí	No	Total
Sí	61	75	136
No	77	139	216
Total	138	214	352

ENTREGA A DOMICILIO	TARJETA PARA RESTAURANTE: Sí	No	Total
Sí	26	110	136
No	40	176	216
Total	66	286	352

INTERÉS EN LA SUSCRIPCIÓN	COMPORTAMIENTO DE COMPRA DE LUNES A SÁBADO: Todos los días	La mayor parte de los días	Ocasionalmente o nunca	Total
Sí	29	14	3	46
No	49	81	40	170
Total	78	95	43	216

INTERÉS EN LA SUSCRIPCIÓN	COMPORTAMIENTO DE COMPRA EN DOMINGO: Todos los domingos	2-3/ meses	No más de una vez/ al mes	Total
Sí	35	10	1	46
No	103	44	23	170
Total	138	54	24	216

DÓNDE SE SUSCRIBIERON	INTERÉS EN SUSCRIPCIÓN DE PRUEBA: Sí	No	Total
Tienda de conveniencia	12	62	74
Puesto de periódicos/ dulcería	15	80	95
Máquina expendedora	10	11	21
Supermercado	5	8	13
Otros sitios	4	9	13
Total	46	170	216

COMPORTAMIENTO DE COMPRA EN DOMINGO	COMPORTAMIENTO DE COMPRA DE LUNES A SÁBADO: Todos los días	La mayor parte de los días	Ocasionalmente o nunca	Total
Todos los domingos	55	65	18	138
2 o 3 veces al mes	19	23	12	54
Una vez al mes	4	7	13	24
Total	78	95	43	216

EJERCICIO

SH11.2 Analice los resultados de las tablas de clasificación cruzada. Escriba un reporte para el equipo de marketing, y discuta las implicaciones de los resultados para el *Springville Herald*.

CASO WEB

Aplique su conocimiento para probar la diferencia entre dos proporciones en este caso Web que extiende el escenario de "Uso de la estadística" de T.C. Resort Properties en este capítulo.

Al intentar mejorar el servicio a sus clientes, T.C. Resort Properties enfrenta nueva competencia de SunLow Resorts. SunLow ha abierto recientemente hoteles de descanso en las islas donde T.C. Resort Properties tiene cinco hoteles. SunLow actualmente está anunciando que una encuesta aleatoria de 300 clientes reveló que alrededor del 60% de los clientes preferían su programa de premios "Concierge Class" por encima del programa "TC Pass Plus" de T.C. Resorts.

Visite el sitio Web de SunLow en **www.prenhall.com/Springville/SunLowHome.htm**, y examine los datos de la encuesta. Luego responda lo siguiente:

1. ¿Son válidas las afirmaciones que hace SunLow?
2. ¿Qué análisis de los datos de la encuesta conducirían a una impresión más favorable de las T.C. Resort Properties?
3. Realice uno de los análisis identificados en su respuesta a la pregunta 2.
4. A partir de los datos acerca de los clientes de T.C. Resort Properties expuestos en este capítulo, ¿hay algún otro factor que considere que convendría incluir en una encuesta futura de los programas de recompensa a los viajes? Explique su respuesta.

REFERENCIAS

1. Conover, W. J., *Practical Nonparametric Statistics*, 3a. ed. (Nueva York: John Wiley, 2000).
2. Daniel, W. W., *Applied Nonparametric Statistics*, 2a. ed. (Boston: PWS Kent, 1990).
3. Dixon, W. J. y F. J. Massey, Jr., *Introduction to Statistical Analysis*, 4a ed. (Nueva York: McGraw-Hill, 1983).
4. Hollander, M. y D. A. Wolfe, *Nonparametric Statistical Methods* (Nueva York: John Wiley and Sons, 1973).
5. Lewontin, R. C. y J. Felsenstein, "Robustness of Homogeneity Tests in 2 × *n* Tables", *Biometrics* 21 (marzo de 1965): 19-33.
6. Marascuilo, L. A., "Large-Sample Múltiple Comparisons", *Psychological Bulletin* 65 (1966): 280-290.
7. Marascuilo, L. A. y M. McSweeney, *Nonparametric and Distribution-Free Methods for the Social Sciences* (Monterey, CA: Brooks/Cole, 1977).
8. *Microsoft Excel 2003* (Redmond, WA: Microsoft Corp., 2003).
9. *Minitab for Windows Version 14* (State College, PA: Minitab, Inc., 2004).
10. *SPSS 12.0 for Students Brief Guide* (Upper Saddle River, NJ: Prentice Hall, 2003).
11. Winer, B. J., *Statistical Principles in Experimental Design*, 2a. ed. (Nueva York: McGraw-Hill, 1971).

Apéndice 11 Uso de software para pruebas de chi cuadrada

A11.1 EXCEL

Para la prueba de χ^2 para la diferencia entre dos proporciones

Abra el archivo **Chi-Square.xls**. Esta hoja de trabajo ya contiene las entradas para el ejemplo de satisfacción de los huéspedes de la sección 11.1. Esta hoja de trabajo utiliza las funciones CHIINV y CHIDIST (vea la sección G.25 para más información). Para adaptar esta hoja de trabajo a otros problemas, cambie las etiquetas sombreadas y los valores de la tabla de frecuencias observadas en las filas 4 a 7 y el valor del nivel de significancia en la celda sombreada B18.

O Vea la sección G.25 (**prueba de chi cuadrada para las diferencias de dos proporciones**) si desea que PHStat2 genere una hoja de trabajo para usted.

Prueba de χ^2 para la diferencia entre más de dos proporciones y prueba de independencia con χ^2

Abra el archivo **Chi-Square Worksheets.xls** en la hoja de trabajo que contiene el número apropiado de filas y columnas para su problema. Para el ejemplo de satisfacción de los huéspedes de la sección 11.2 que requiere dos filas y tres columnas, abra la hoja de trabajo **ChiSquare2×3**. Para el ejemplo de la encuesta de satisfacción de huéspedes de la sección 11.3 que requiere cuatro filas y tres columnas, abra la hoja de trabajo **ChiSquare4×3**. Teclee los datos de la tabla de frecuencias observadas y, opcionalmente, el nivel de significancia en la celda sombreada de la columna B. (Los mensajes #DIV/0! desaparecerán de las celdas individuales después de que usted teclee las frecuencias observadas.) Estas hojas de trabajo emplean las funciones CHIINV y CHIDIST (vea la sección G.26 para más información).

O Vea la sección G.26 (**Prueba de chi cuadrada**) si desea que PHStat2 genere una hoja de trabajo para usted.

A11.2 MINITAB

Uso de Minitab para pruebas de chi cuadrada

Para construir una tabla de contingencia de dos variables de datos en bruto, abra el archivo de interés. Seleccione **Stat → Tables → Cross Tabulation** y **Chi-Square**.

1. En las ventanas de diálogo Cross Tabulation and ChiSquare (vea la figura A11.1), teclee la **variable de filas** en el cuadro For rows y la **variable de las columnas** en el cuadro de edición For columns. Seleccione las ventanas de diálogo **Counts, Row percents, Column percents** y **Total percents**. Seleccione el botón **Chi-Square**.

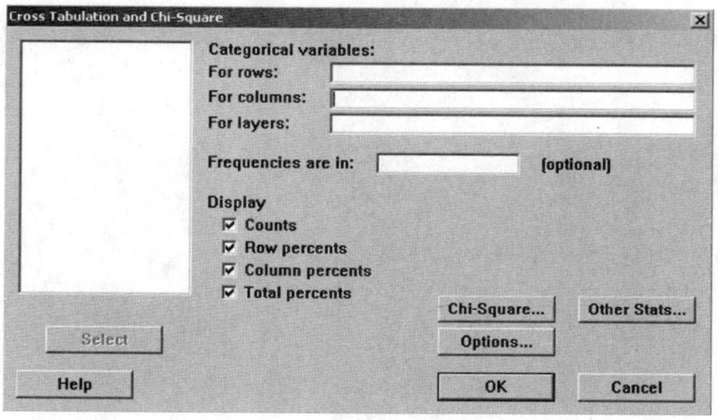

FIGURA A11.1 Ventanas de diálogo para tabulación cruzada y chi cuadrada de Minitab.

2. En la ventana de diálogo Cross Tabulation-Chi Square (vea la figura A11.2), seleccione las ventanas de activación **Chi-Square analysis** y **Expected cell counts**. Dé clic en **OK** para regresar a la ventana de diálogo Cross Tabulation-Chi Square. Dé clic nuevamente en **OK**.

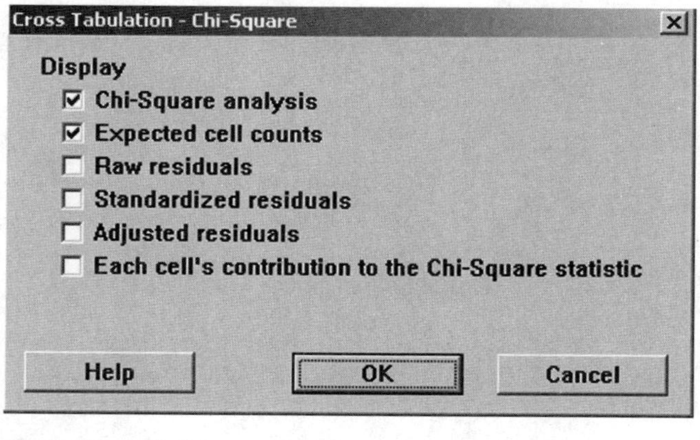

FIGURA A11.2 Ventana de diálogo Cross Tabulation-Chi Square de Minitab.

Si tiene usted sólo las frecuencias de las celdas, como en el ejemplo de la encuesta de satisfacción de huéspedes, tecléelas en columnas en una hoja de trabajo de Minitab. Para la tabla de satisfacción de hoteles de 2 × 2, teclee **163** y **64** en la columna C1 y **154** y **108** en la columna C2. Seleccione **Stat → Tables → Chi-Square Test (Table in Worksheet)**. En la ventana de diálogo Chi-Square Test (Table in Worksheet), teclee **C1** y **C2** en Columns containing the table (vea la figura A11.3). Dé clic en **OK**.

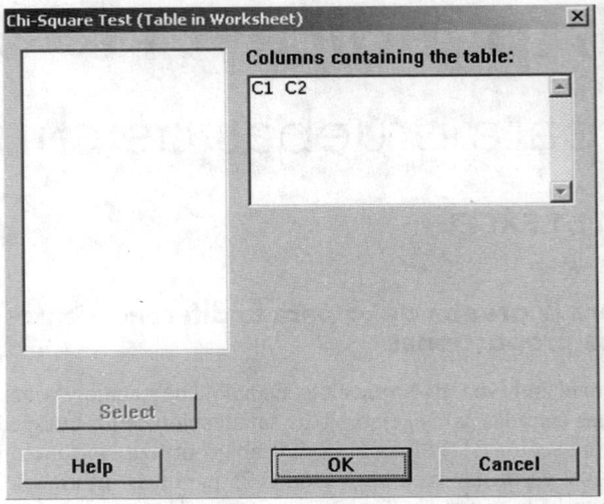

FIGURA A11.3 Ventana de diálogo Chi-Square Test (tablas en hoja de trabajo) de Minitab.

CAPÍTULO 12

Regresión lineal simple

OBJETIVOS DE APRENDIZAJE

En este capítulo, aprenderá:

- Cómo usar el análisis de regresión para predecir el valor de una variable dependiente con base en una variable independiente
- El significado de los coeficientes de regresión b_0 y b_1
- Cómo evaluar las suposiciones del análisis de regresión y saber qué hacer si estas suposiciones son infringidas
- A hacer inferencias acerca de la pendiente y el coeficiente de correlación
- A estimar valores de media y predecir valores individuales

USO DE LA ESTADÍSTICA

Pronóstico de ventas para una tienda de ropa

Las ventas de Sunflowers, una cadena de tiendas de ropa para dama, se han incrementado durante los últimos 12 años conforme la cadena ha expandido el número de tiendas abiertas. Hasta ahora, los gerentes de Sunflowers seleccionaban las locaciones de las tiendas con base en factores subjetivos como una renta accesible o la percepción de que la ubicación parecía ideal para una tienda de ropa. Como nuevo director de planeación, usted necesita desarrollar un enfoque sistemático para seleccionar nuevas locaciones que permitan que Sunflowers tome decisiones mejor informadas para abrir otras tiendas. Este plan deberá permitirle predecir las ventas anuales de todas las tiendas potenciales que esté considerando. Usted cree que el tamaño de la tienda contribuye en forma significativa a su éxito y desea considerar esta relación en el proceso de decisión. ¿Cómo le ayudará la estadística para predecir las ventas anuales de una tienda propuesta con base en el tamaño de la misma?

En éste y en el siguiente capítulo, aprenderá cómo el **análisis de regresión** permite desarrollar un modelo para predecir los valores de una variable numérica con base en los valores de una o más variables diferentes. Por ejemplo, en el escenario "Uso de la estadística", usted desea predecir las ventas de una tienda Sunflowers con base en el tamaño de ésta. Otros ejemplos incluyen predecir la puntuación que tendrá en la prueba universitaria GPA con base en la puntuación de su S.A.T., y predecir el salario de un profesor con base en sus años de experiencia.

En el análisis de regresión, la **variable dependiente** es la variable que desea predecir. Las variables utilizadas para hacer una predicción son las **variables independientes**. Además de predecir los valores de la variable dependiente, el análisis de regresión también permite identificar el tipo de relación matemática que existe entre la variable dependiente y la independiente, para cuantificar el efecto que los cambios en la variable independiente tienen sobre la variable dependiente, así como para identificar las observaciones inusuales. En este capítulo se estudia la **regresión lineal simple** en la que se emplea *una sola* variable numérica independiente X para predecir la variable numérica dependiente Y, tal como se utiliza el tamaño de una tienda para predecir sus ventas anuales. El capítulo 13 analizará los *modelos de regresión múltiple* que emplean diversas variables independientes para predecir una variable numérica dependiente Y.

12.1 TIPOS DE MODELOS DE REGRESIÓN

En la sección 2.5 se usó un **diagrama de dispersión** para graficar la relación entre una variable X en el eje horizontal y una variable Y en el eje vertical. La naturaleza de la relación entre dos variables puede tomar varias formas, que van desde funciones matemáticas simples hasta algunas extremadamente complicadas. La relación más simple consiste en una línea recta o **relación lineal**. En la figura 12.1 se muestra un ejemplo de esta relación.

FIGURA 12.1
Una relación positiva de línea recta.

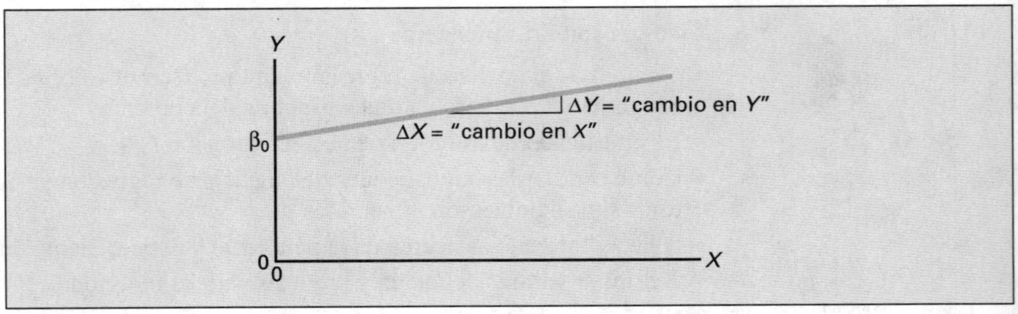

La ecuación (12.1) representa el modelo de línea recta (lineal).

MODELO DE REGRESIÓN LINEAL SIMPLE

$$Y_i = \beta_0 + \beta_1 X_i + \varepsilon_i \quad \textbf{(12.1)}$$

donde
β_0 = intersección en Y para la población
β_1 = pendiente para la población
ε_i = error aleatorio en Y para la observación i
Y_i = variable dependiente (a veces llamada **variable de respuesta**)
X_i = variable independiente (a veces llamada **variable explicatoria**)

La ecuación de una línea recta es $Y_i = \beta_0 + \beta_1 X_i$. La **pendiente** de la línea β_1 representa el cambio esperado en Y por unidad de cambio en X. Representa la cantidad media que cambia Y (positiva o negativamente) por una unidad de cambio en X. La **intersección en Y**, β_0, representa el valor promedio de Y cuando X es igual a 0. El último componente del modelo, ε_i, representa el error aleatorio en Y para cada observación i que ocurra. En otras palabras, ε_i es la distancia vertical Y_i que está por arriba o por debajo de la línea.

La selección de un modelo matemático apropiado depende de la distribución de los valores X y Y en un diagrama de dispersión. En el panel A de la figura 12.2, los valores de Y por lo general crecen linealmente conforme X se incrementa. Este panel es similar a la figura 12.3 de la página 413, que ilustra la relación positiva entre la extensión en pies cuadrados (es decir, el tamaño de tienda disponible) y las ventas anuales en las sucursales de Sunflowers, la cadena de tiendas de ropa para dama.

FIGURA 12.2
Ejemplos de tipos de relaciones que se encuentran en los diagramas de dispersión.

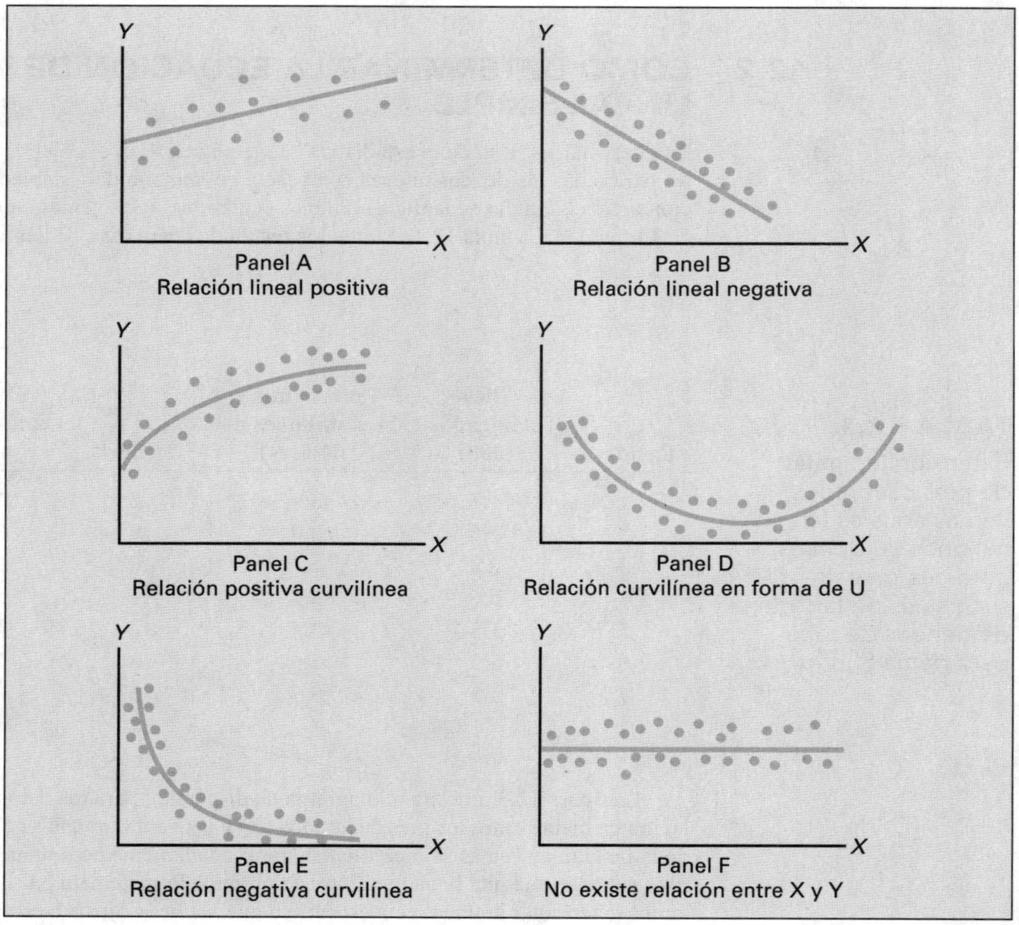

El panel *B* es un ejemplo de relación lineal negativa. Conforme *X* se incrementa, los valores de *Y* son por lo general decrecientes. Un ejemplo de este tipo de relación es la que existe entre el precio de un producto en particular y la cantidad de ventas.

Los datos del panel *C* muestran una relación curvilínea positiva entre *X* y *Y*. Los valores de *Y* se incrementan conforme *X* se aumenta, pero este incremento se reduce más allá de ciertos valores de *X*. Un ejemplo de esta relación curvilínea positiva podría ser la antigüedad y el costo de mantenimiento de una máquina. Conforme la máquina se deteriora, el costo de mantenimiento se eleva rápidamente al inicio, pero después se estabiliza más allá de cierto número de años.

El panel *D* muestra una relación en forma de U entre *X* y *Y*. Conforme *X* se incrementa, generalmente al inicio *Y* decrece; pero mientras *X* continúa incrementándose, *Y* no sólo deja de decrecer, sino que realmente aumenta sobre su valor mínimo. Un ejemplo de este tipo de relación sería la cantidad de errores por hora en una tarea y la cantidad de horas trabajadas. La cantidad de errores por hora decrece a medida que el individuo se vuelve más eficiente en la tarea, pero después se incrementa más allá de cierto punto, por factores como la fatiga y el aburrimiento.

El panel *E* indica una relación exponencial entre *X* y *Y*. En este caso, *Y* decrece rápidamente a medida que *X* se incrementa al inicio, pero después decrece mucho menos rápidamente conforme *X* se incrementa más allá. Un ejemplo de esta relación exponencial es el valor de reventa de un automóvil y su antigüedad. Durante el primer año, el valor de reventa cae drásticamente a partir de su precio original; sin embargo, el valor de reventa decrece mucho menos rápidamente en los años subsiguientes.

Por último, el panel *F* muestra un conjunto de datos en los que hay muy poca o ninguna relación entre *X* y *Y*. Valores de *Y* altos y bajos aparecen ante cada valor de *X*.

En esta sección, hemos revisado brevemente una variedad de diferentes modelos que representan la relación entre dos variables. Aunque los diagramas de dispersión son útiles para mostrar visualmente la forma matemática de una relación, existen procedimientos estadísticos más complejo que permiten determinar el modelo más adecuado para un conjunto de variables. En el resto de este capítulo analizaremos el modelo usado cuando existe una relación *lineal* entre variables.

12.2 CÓMO DETERMINAR LA ECUACIÓN DE LA REGRESIÓN LINEAL SIMPLE

En el escenario "Uso de la estadística" de la página 410, el objetivo es pronosticar las ventas anuales para todas las tiendas nuevas con base en el tamaño del establecimiento. Para examinar la relación entre el tamaño de la tienda (en pies cuadrados) y las ventas anuales, se seleccionó una muestra de 14 tiendas. La tabla 12.1 resume los resultados para esas 14 tiendas **SITE**.

TABLA 12.1
Extensión (en miles de pies cuadrados) y ventas anuales (en millones de dólares) para una muestra de 14 sucursales de la cadena de tiendas de ropa para dama Sunflowers.

Tienda	Pies cuadrados (000)	Ventas anuales (en millones de dólares)	Tienda	Pies cuadrados (000)	Ventas anuales (en millones de dólares)
1	1.7	3.7	8	1.1	2.7
2	1.6	3.9	9	3.2	5.5
3	2.8	6.7	10	1.5	2.9
4	5.6	9.5	11	5.2	10.7
5	1.3	3.4	12	4.6	7.6
6	2.2	5.6	13	5.8	11.8
7	1.3	3.7	14	3.0	4.1

La figura 12.3 muestra el diagrama de dispersión para los datos en la tabla 12.1. Observe la relación creciente entre los pies cuadrados (*X*) y las ventas anuales (*Y*). Conforme aumenta el tamaño de la tienda, las ventas se incrementan aproximadamente como una línea recta. Por lo tanto, es factible suponer que una línea recta provee un modelo matemático útil de esta relación. Ahora necesitamos determinar la línea recta específica que *mejor* se ajusta a estos datos.

FIGURA 12.3
Diagrama de dispersión de Excel para los datos de la selección de local.

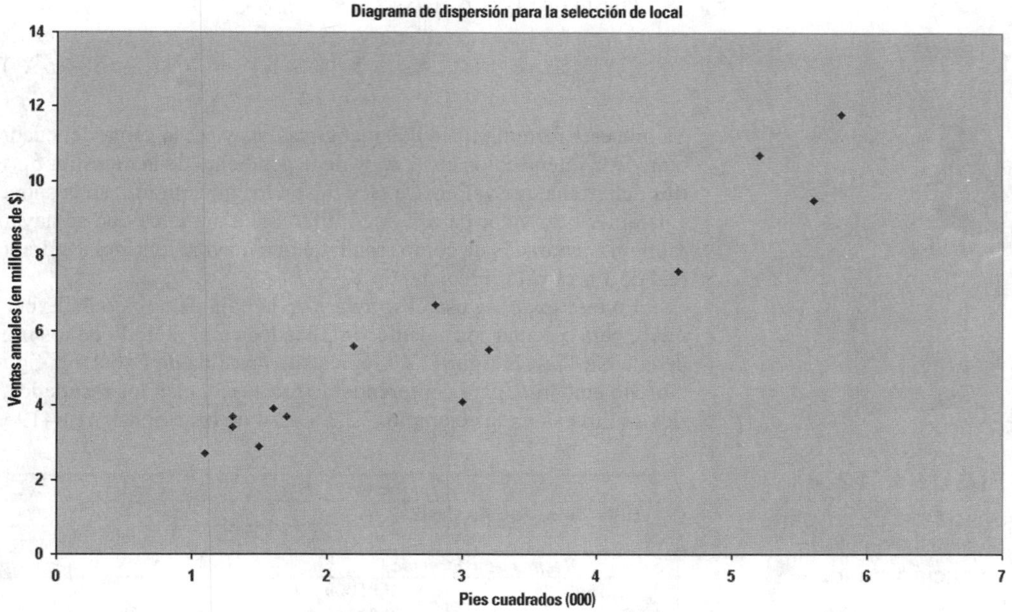

El método de mínimos cuadrados

En la sección precedente se hipotetizó un modelo estadístico para representar la relación entre dos variables, extensión de una tienda y ventas, en la población completa de las tiendas de ropa para dama Sunflowers. Sin embargo, como indica la tabla 12.1, los datos provienen sólo de una muestra aleatoria de tiendas. Si algunas suposiciones son válidas (vea la sección 12.4), se puede usar la intersección de la muestra en Y, b_0, y la pendiente de la muestra, b_1, como estimaciones de los respectivos parámetros poblacionales β_0 y β_1. La ecuación (12.2) considera estas estimaciones para formar la **ecuación de la regresión lineal simple**. Esta línea recta a menudo se conoce como **línea de predicción**.

ECUACIÓN DE LA REGRESIÓN LINEAL SIMPLE: LA LÍNEA DE PREDICCIÓN

El valor predicho de Y es igual a la intersección en Y más la pendiente multiplicada por el valor de X.

$$\hat{Y}_i = b_0 + b_1 X_i \tag{12.2}$$

donde $\hat{Y}_i$ = valor predicho de Y para la observación i

X_i = valor de X para la observación i

b_0 = intersección de la muestra en Y

b_1 = pendiente de la muestra

La ecuación (12.2) requiere la determinación de dos **coeficientes de regresión**: b_0 (la intersección de la muestra en Y) y b_1 (la pendiente de la muestra). El enfoque más común para encontrar b_0 y b_1 es el método de los mínimos cuadrados. Este método minimiza la suma del cuadrado de las diferencias entre los valores reales (Y_i) y los valores predichos ($\hat{Y}_i$) usando la ecuación de regresión lineal simple [es decir, la línea de predicción; vea la ecuación (12.2)]. Esta suma del cuadrado de la diferencia es igual a:

$$\sum_{i=1}^{n} (Y_i - \hat{Y}_i)^2$$

Puesto que $\hat{Y}_i = b_0 + b_1X_i$

$$\sum_{i=1}^{n}(Y_i - \hat{Y}_i)^2 = \sum_{i=1}^{n}[Y_i - (b_0 + b_1X_i)]^2$$

Ya que esta fórmula tiene dos incógnitas, b_0 y b_1, la suma del cuadrado de la diferencia es una función de la intersección en Y, b_0, y de la pendiente de la muestra, b_1. El **método de mínimos cuadrados** determina qué valores de b_0 y b_1 son los que minimizan la suma del cuadrado de las diferencias. Cualquier otro valor para b_0 y b_1 diferente a aquellos que se hayan determinado por el método de mínimos cuadrados da como resultado una mayor suma del cuadrado de las diferencias entre el valor real de Y y el valor predicho de Y.

En este texto, se usa el software de la hoja de trabajo de Excel y el software estadístico de Minitab, para ejecutar los cálculos implicados en el método de los mínimos cuadrados. Para los datos de la tabla 12.1, la figura 12.4 representa la salida de Excel y la figura 12.5 ilustra la salida de Minitab. Sin embargo, para comprender cómo se calculan los resultados, muchos de los cálculos necesarios se ilustran en los ejemplos 12.3 y 12.4 de las páginas 418-419 y 424-426.

FIGURA 12.4
Salida de Excel para el problema de la selección de local.

	A	B	C	D	E	F	G
1	**Site Selection Analysis**						
2							
3	***Regression Statistics***						
4	**Multiple R**	**0.95088**					
5	**R Square**	**0.90418**					
6	**Adjusted R Square**	**0.89619**					
7	**Standard Error**	**0.96638**	— S_{YX}				
8	**Observations**	**14**	— n				
9						p-value	
10	**ANOVA**			SSR			
11		***df***	***SS***	***MS***	***F***	***Significance F***	
12	**Regression**	SSE **1**	**105.74761**	**105.74761**	**113.23351**	**1.82269E-07**	
13	**Residual**	**12**	**11.20668**	**0.93389**			
14	**Total**	**13**	**116.95429**		SST		
15							
16		***Coefficients***	***Standard Error***	***t Stat***	***P-value***	***Lower 95%***	***Upper 95%***
17	**Intercept**	b_0 — **0.96447**	**0.52619**	**1.83293**	**0.09173**	**-0.18200**	**2.11095**
18	**Square Feet**	b_1 — **1.66986**	**0.15693**	**10.64112**	**0.00000**	**1.32795**	**2.01177**

FIGURA 12.5
Salida de Minitab para el problema de selección de local.

```
The regression equation is
Annual Sales = 0.964 + 1.67 Square Feet


              b0
Predictor        Coef  SE Coef      T      P
Constant       0.9645   0.5262   1.83  0.092
Square Feet    1.6699   0.1569  10.64  0.000
                     b1                      p-value

S = 0.966380   R-Sq = 90.4%   R-Sq(adj) = 89.6%


Analysis of Variance

Source           DF      SS      MS       F      P
Regression        1  105.75  105.75  113.23  0.000
Residual Error   12   11.21    0.93
Total            13  116.95


Predicted Values for New Observations

New
Obs    Fit  SE Fit       95% CI            95% PI
  1  7.644   0.309  (6.971, 8.317)  (5.433, 9.854)
```

Observe en la figura 12.4 o 12.5 que $b_0 = 0.964$ y $b_1 = 1.670$. Por lo tanto, la línea de predicción [vea la ecuación (12.2) de la página 413] para estos datos es

$$\hat{Y}_i = 0.964 + 1.670X_i$$

La pendiente b_1 es +1.670. Esto significa que para cada incremento de 1 unidad en X, se estima que el valor promedio de Y se incrementará por 1.670 unidades. En otras palabras, para cada incremento de 1.0 mil pies cuadrados en el tamaño de la tienda, se estima que la media de ventas anuales se incrementará por 1.670 millones de dólares. Por lo tanto, la pendiente representa la porción de las ventas anuales que se estima que variará de acuerdo con el tamaño de la tienda.

La intersección en Y, b_0, es +0.964. La intersección en Y representa el valor promedio para Y cuando X es igual a 0. Puesto que la extensión de la tienda no puede ser 0, esta intersección en Y no tiene una interpretación práctica. Asimismo, la intersección en Y para este ejemplo está fuera del rango de los valores observados de la variable X y, por lo tanto, las interpretaciones del valor de b_0 deben hacerse con precaución. La figura 12.6 muestra las observaciones reales y la línea de predicción. Para ilustrar una situación en la que no haya una interpretación directa para b_0, la intersección en Y, véase el ejemplo 12.1.

FIGURA 12.6
Diagrama de dispersión de Excel y línea de predicción para los datos de la selección de local.

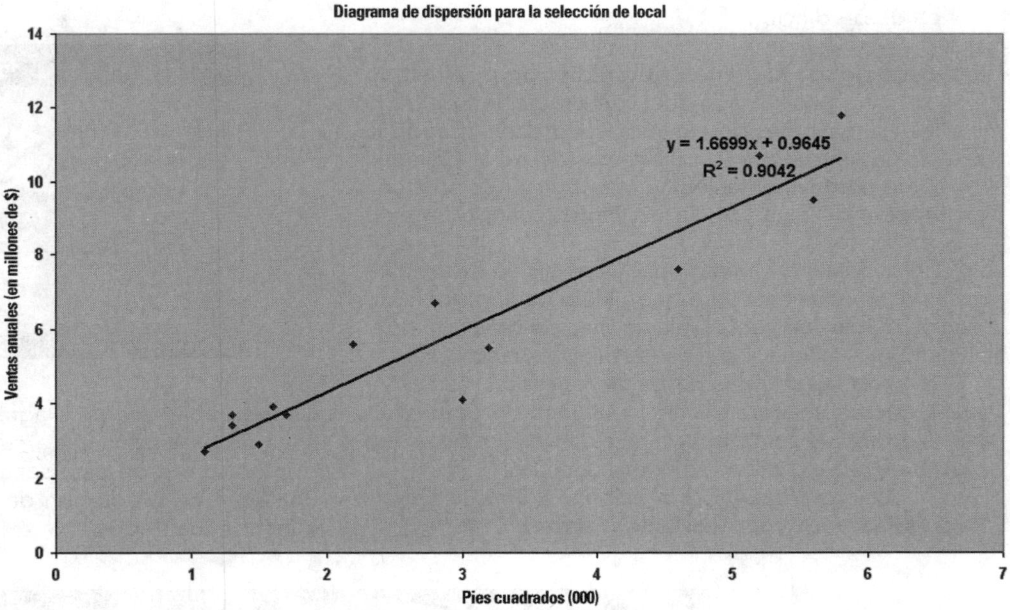

EJEMPLO 12.1

INTERPRETACIÓN DE LA INTERSECCIÓN EN Y, b_0, Y DE LA PENDIENTE b_1

Un profesor de estadística desea usar el número de horas que un alumno estudia para el examen final de estadística (X) para predecir la calificación del examen final (Y). Se diseñó un modelo de regresión con base en los datos recolectados para una clase durante el semestre previo con los siguientes resultados:

$$\hat{Y}_i = 35.0 + 3X_i$$

¿Cuál es la interpretación de la intersección en Y, b_0, y de la pendiente b_1?

SOLUCIÓN La intersección en Y, $b_0 = 35.0$, indica que cuando un alumno no estudia para el examen final, la media del examen final es de 35.0. La pendiente $b_1 = 3$ indica que para cada incremento de una hora de tiempo de estudio, se predice que el cambio de la media en la puntuación de la calificación final será de +3.0. En otras palabras, se predice que la calificación del examen final se incrementará 3 puntos por cada hora que se incremente el tiempo de estudio.

EXPLORACIONES VISUALES: Explorando los coeficientes de la regresión lineal simple

Utilice el procedimiento de exploraciones visuales de la regresión lineal simple para producir una línea de predicción que se acerque lo más posible a la línea de predicción definida por la solución de mínimos cuadrados. Abra la hoja de trabajo macro **Visual Explorations.xla** y:

Seleccione **Visual Explorations → Simple Linear Regression** de la barra menú de Excel.

Cuando aparezca un diagrama de dispersión de los datos de selección de local de la tabla 12.1 en la página 412 con una línea inicial de predicción (que se muestra abajo), dé clic en los botones de giro para cambiar los valores para b_1, la pendiente de la línea de predicción, y b_0, la intersección en *Y* de la línea de predicción.

Intente producir una línea de predicción que esté lo más cercana posible a la línea de predicción definida por las estimaciones de mínimos cuadrados, usando la exhibición de gráficos y la diferencia del valor Objetivo SSE como retroalimentación (vea la página 423 para una explicación del SSE). Dé clic en **Finish** cuando termine esta exploración.

En cualquier momento puede dar clic en **Reset** para restablecer los valores de b_1 y b_0, **Help** para mayor información o **Solution** para revelar la línea de predicción definida por las estimaciones de los mínimos cuadrados.

Usando sus propios datos de regresión. Al usar Visual Explorations para encontrar la línea de predicción para sus propios datos, abra la hoja de trabajo **Visual Explorations.xla** (si no está abierta) y después:

Seleccione **Visual Explorations → Simple Linear Regression with your worksheet data**.

En la ventana de diálogo (mostrada abajo) de la regresión lineal simple (sus datos):

Ingrese el rango de celdas de la variable *Y* en el cuadro de edición **Y Variable Cell Range**.

Ingrese el rango de celdas de la variable *X* en el cuadro de edición **X Variable Cell Range**.

Seleccione en el cuadro de exploración **First cells in both ranges contain a label**, si es apropiado.

Ingrese un título en el cuadro de edición **Title**.
Dé clic en **OK**.

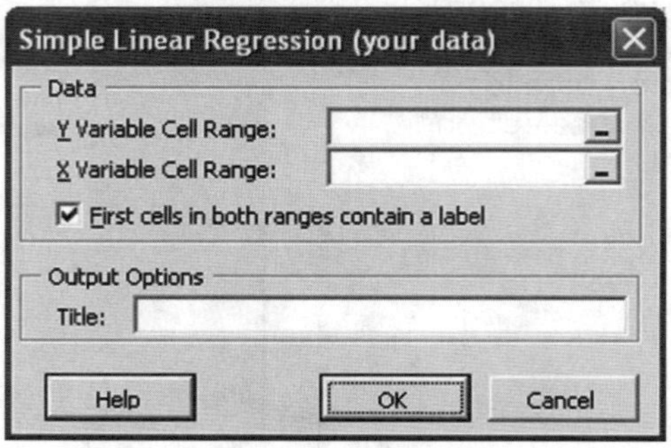

Cuando aparezca un diagrama de dispersión con una línea de predicción inicial, utilice las instrucciones en la primera parte de esta sección para tratar de generar una línea de predicción definida por la estimación de mínimos cuadrados.

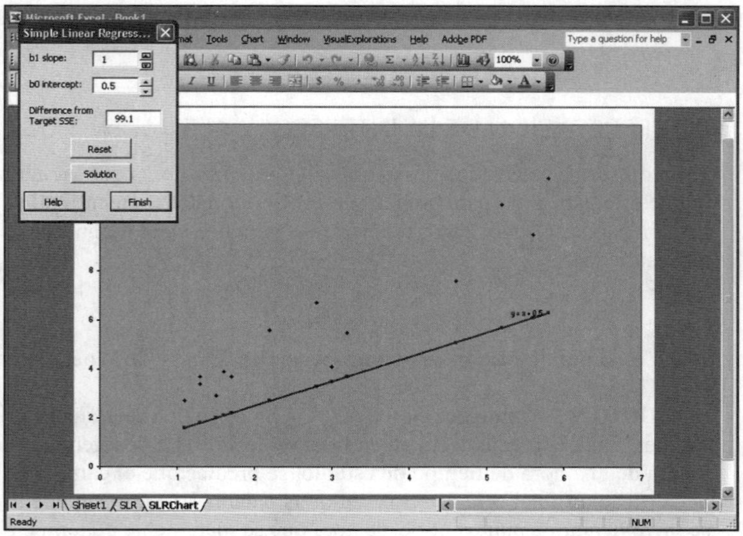

Regrese al escenario "Uso de la estadística" relacionado con las tiendas de ropa Sunflowers. El ejemplo 12.2 ilustra cómo se utiliza la ecuación para predecir la media de ventas anuales.

EJEMPLO 12.2

PREDICCIÓN DE LA MEDIA DE VENTAS ANUALES BASADAS EN LA EXTENSIÓN

Use la línea de predicción para predecir la media de ventas anuales para una tienda de 4,000 pies cuadrados.

SOLUCIÓN El valor predicho se determina sustituyendo $X = 4$ (miles de pies cuadrados) dentro de la ecuación de la regresión lineal simple.

$$\hat{Y}_i = 0.964 + 1.670X_i$$

$$\hat{Y}_i = 0.964 + 1.670(4) = 7.644 \text{ o } \$7{,}644{,}000$$

Por lo tanto, la media de las ventas anuales predicha para una tienda de 4,000 pies cuadrados es de $7,644,000.

Predicciones en el análisis de regresión: interpolación contra extrapolación

Al usar el modelo de regresión para propósitos predictivos, se necesita considerar sólo el **rango relevante** de la variable independiente al realizar predicciones. Este rango relevante incluye todas las variables, desde la X más pequeña hasta la más grande, usadas al desarrollar el modelo de regresión. Por lo tanto, al predecir Y para un valor dado de X, se puede interpolar dentro de este rango relevante de valores X, pero no se debe extrapolar, más allá del rango de valores X. Cuando se usa la extensión para predecir las ventas anuales, el área (en miles de pies cuadrados) varía de 1.1 a 5.8 (vea la tabla 12.1 en la página 412). Por lo tanto, usted debería predecir las ventas anuales *sólo* de las tiendas cuyo tamaño esté entre 1.1 y 5.8 miles de pies cuadrados. Cualquier predicción de ventas anuales para tiendas fuera de este rango supone que la relación observada entre las ventas y el tamaño de la tienda para tiendas de tamaños de 1.1 a 5.8 miles de pies cuadrados sería la misma que para tiendas fuera de este rango. Por ejemplo, usted no puede extrapolar la relación lineal más allá de 5,800 pies cuadrados en el ejemplo 12.2. Sería inadecuado utilizar la línea de predicción para predecir las ventas para una nueva tienda que tenga una extensión de 8,000 pies cuadrados. Es muy posible que el tamaño de la tienda tenga un punto de rendimientos decrecientes. Si esto fuera cierto, conforme la extensión se incrementa más allá de los 5,800 pies cuadrados, el efecto de ventas se vuelve más y más pequeño.

Cálculo de la intersección en Y, b_0, y de la pendiente b_1

Para un conjunto de datos pequeños, es posible ejecutar el método de los mínimos cuadrados usando una calculadora de bolsillo. Las ecuaciones (12.3) y (12.4) dan los valores de b_0 y b_1, que minimizan

$$\sum_{i=1}^{n}(Y_i - \hat{Y}_i)^2 = \sum_{i=1}^{n}[Y_i - (b_0 + b_1X_i)]^2$$

FÓRMULA DE CÁLCULO PARA LA PENDIENTE b_1

$$b_1 = \frac{SSXY}{SSX} \qquad \textbf{(12.3)}$$

donde

$$SSXY = \sum_{i=1}^{n}(X_i - \bar{X})(Y_i - \bar{Y}) = \sum_{i=1}^{n}X_iY_i - \frac{\left(\sum_{i=1}^{n}X_i\right)\left(\sum_{i=1}^{n}Y_i\right)}{n}$$

$$SSX = \sum_{i=1}^{n}(X_i - \bar{X})^2 = \sum_{i=1}^{n}X_i^2 - \frac{\left(\sum_{i=1}^{n}X_i\right)^2}{n}$$

FÓRMULA DE CÁLCULO PARA LA INTERSECCIÓN EN Y, b_0

$$b_0 = \overline{Y} - b_1\overline{X} \tag{12.4}$$

donde

$$\overline{Y} = \frac{\sum_{i=1}^{n} Y_i}{n} \text{ y } \overline{X} = \frac{\sum_{i=1}^{n} X_i}{n}$$

EJEMPLO 12.3

CÁLCULO DE LA INTERSECCIÓN EN Y, b_0, Y DE LA PENDIENTE b_1

Calcule la intersección en Y, b_0, y la pendiente b_1 para el problema de selección de local.

SOLUCIÓN Al examinar las ecuaciones (12.3) y (12.4), se observa que para determinar b_0 y b_1 hay que calcular cinco cantidades. Éstas son n, el tamaño de la muestra; $\sum_{i=1}^{n} X_i$, la suma de los valores X; $\sum_{i=1}^{n} Y_i$, la suma de los valores Y; $\sum_{i=1}^{n} X_i^2$, la suma de los valores al cuadrado de X; y $\sum_{i=1}^{n} X_iY_i$, la suma del producto de X y Y. Para los datos de la selección de local, el número de pies cuadrados se utiliza para predecir las ventas anuales en la tienda. La tabla 12.2 presenta los cálculos de las diferentes sumas necesarias (incluyendo $\sum_{i=1}^{n} Y_i^2$, la suma de los valores Y al cuadrado que se usará para calcular SST en la sección 12.3).

TABLA 12.2
Cálculo para el problema de selección de local.

Tienda	Pies cuadrados (X)	Ventas anuales (Y)	X^2	Y^2	XY
1	1.7	3.7	2.89	13.69	6.29
2	1.6	3.9	2.56	15.21	6.24
3	2.8	6.7	7.84	44.89	18.76
4	5.6	9.5	31.36	90.25	53.20
5	1.3	3.4	1.69	11.56	4.42
6	2.2	5.6	4.84	31.36	12.32
7	1.3	3.7	1.69	13.69	4.81
8	1.1	2.7	1.21	7.29	2.97
9	3.2	5.5	10.24	30.25	17.60
10	1.5	2.9	2.25	8.41	4.35
11	5.2	10.7	27.04	114.49	55.64
12	4.6	7.6	21.16	57.76	34.96
13	5.8	11.8	33.64	139.24	68.44
14	3.0	4.1	9.00	16.81	12.30
Totales	40.9	81.8	157.41	594.90	302.30

Con las ecuaciones (12.3) y (12.4), se calculan los valores de b_0 y b_1:

$$b_1 = \frac{SSXY}{SSX}$$

$$SSXY = \sum_{i=1}^{n}(X_i - \overline{X})(Y_i - \overline{Y}) = \sum_{i=1}^{n} X_iY_i - \frac{\left(\sum_{i=1}^{n} X_i\right)\left(\sum_{i=1}^{n} Y_i\right)}{n}$$

$$SSXY = 302.3 - \frac{(40.9)(81.8)}{14}$$
$$= 302.3 - 238.97285$$
$$= 63.32715$$

$$SSX = \sum_{i=1}^{n}(X_i - \overline{X})^2 = \sum_{i=1}^{n} X_i^2 - \frac{\left(\sum_{i=1}^{n} X_i\right)^2}{n}$$
$$= 157.41 - \frac{(40.9)^2}{14}$$
$$= 157.41 - 119.48642$$
$$= 37.92358$$

para que

$$b_1 = \frac{63.32715}{37.92358}$$
$$= 1.66986$$

y

$$b_0 = \overline{Y} - b_1\overline{X}$$

$$\overline{Y} = \frac{\sum_{i=1}^{n} Y_i}{n} = \frac{81.8}{14} = 5.842857$$

$$\overline{X} = \frac{\sum_{i=1}^{n} X_i}{n} = \frac{40.9}{14} = 2.92143$$

$$b_0 = 5.842857 - (1.66986)(2.92143)$$
$$= 0.964478$$

PROBLEMAS PARA LA SECCIÓN 12.2

Aprendizaje básico

ASISTENCIA de PH Grade **12.1** Al ajustar una línea recta a un conjunto de datos se produce la siguiente línea de predicción

$$\hat{Y}_i = 2 + 5X_i$$

a. Interprete el significado de la intersección en *Y*, b_0.
b. Interprete el significado de la pendiente b_1.
c. Prediga el valor de la media de *Y* para $X = 3$.

ASISTENCIA de PH Grade **12.2** Si los valores de *X* en el problema 12.1 varían de 2 a 25, ¿debería usarse este modelo para predecir el valor de *Y* cuando *X* es igual a

a. 3? **c.** 0?
b. –3? **d.** 24?

12.3 Al ajustar una línea recta a un conjunto de datos se produce la siguiente línea de predicción

$$\hat{Y}_i = 16 - 0.5X_i$$

a. Interprete el significado de la intersección en *Y*, b_0.
b. Interprete el significado de la pendiente b_1.
c. Prediga el valor de la media de *Y* para $X = 6$.

Aplicación de conceptos

Puede resolver los problemas 12.4 a 12.10 manualmente o en Excel, Minitab o SPSS.

ASISTENCIA de PH Grade AUTO Examen **12.4** Al gerente de marketing de una gran cadena de supermercados le gustaría utilizar el espacio en el estante para predecir las ventas de alimento para mascotas. Se selecciona una muestra aleatoria de 12 tiendas de igual tamaño **PETFOOD**, con los siguientes resultados:

Tienda	Espacio en el estante (X) (en pies)	Ventas semanales (Y) (en cientos de dólares)
1	5	1.6
2	5	2.2
3	5	1.4
4	10	1.9
5	10	2.4
6	10	2.6
7	15	2.3
8	15	2.7
9	15	2.8
10	20	2.6
11	20	2.9
12	20	3.1

a. Construya un diagrama de dispersión.
Para estos datos, $b_0 = 1.45$ y $b_1 = 0.074$.
b. Interprete el significado de la pendiente b_1 en este problema.
c. Prediga la media de las ventas semanales (en cientos de dólares) de la comida para mascotas con espacio de estantes de 8 pies.

12.5 En el negocio de la publicidad, la circulación es una parte vital. Cuantas más ventas registre una revista, más anunciantes podrá tener. Recientemente, surgió una diferencia entre los reportes de los editores sobre las ventas de revistas en puestos de periódicos y las subsiguientes auditorías que realizó la Oficina de Auditorías de Circulación. Los siguientes datos **CIRCULATION** representan las ventas reportadas y las ventas auditadas (en miles) de los puestos de periódicos en 2001 para las siguientes 10 revistas.

Revista	Reportadas (X)	Auditadas (Y)
YM	621.0	299.6
CosmoGirl	359.7	207.7
Rosie	530.0	325.0
Playboy	492.1	336.3
Esquire	70.5	48.6
TeenPeople	567.0	400.3
More	125.5	91.2
Spin	50.6	39.1
Vogue	353.3	268.6
Elle	263.6	214.3

Fuente: M. Rose, "In Fight for Ads. Publishers Often Overstate Their Sales", The Wall Street Journal, *6 de agosto, 2003, A1, A10.*

a. Construya un diagrama de dispersión.
Para estos datos, $b_0 = 26.724$ y $b_1 = 0.5719$.
b. Interprete el significado de la pendiente b_1 en este problema.
c. Prediga la media de ventas auditadas para la revista que reporta ventas en los puestos de periódicos de 400,000 ejemplares.

12.6 El propietario de una empresa de mudanzas en la ciudad generalmente pide a su gerente más experimentado que prediga el número total de horas de trabajo para realizar una mudanza. Este enfoque ha probado ya su utilidad, pero el dueño quiere desarrollar un método más preciso para predecir las horas de trabajo usando la cantidad de pies cúbicos por mudanza. En un esfuerzo preliminar para desarrollar un método más preciso, ha recolectado datos de 36 mudanzas en las que el origen y el destino se encontraban en el distrito de Manhattan, en la ciudad de Nueva York, y el tiempo de viaje era una parte insignificante de las horas trabajadas. **MOVING**

a. Construya un diagrama de dispersión.
b. Suponiendo una relación lineal, utilice el método de los mínimos cuadrados para encontrar los coeficientes de regresión b_0 y b_1.
c. Interprete el significado de la pendiente b_1 en este problema.
d. Prediga la media de horas de trabajo para una mudanza de 500 pies cúbicos.

ASISTENCIA de PH Grade **12.7** Una gran casa de envíos por correo considera que existe una relación lineal entre el peso del correo que recibe y el número de órdenes que debe llenar. Desea investigar la relación para predecir el número de órdenes con base en el peso del correo. Desde una perspectiva operacional, conocer el número de órdenes ayudará en la planeación del proceso de llenar órdenes. Se seleccionó una muestra de 25 embarques de correo dentro de un rango de 200 a 700 libras. Los resultados son los siguientes. **MAIL**

Peso del correo (en libras)	Órdenes (en miles)	Peso del correo (en libras)	Órdenes (en miles)
216	6.1	432	13.6
283	9.1	409	12.8
237	7.2	553	16.5
203	7.5	572	17.1
259	6.9	506	15.0
374	11.5	528	16.2
342	10.3	501	15.8
301	9.5	628	19.0
365	9.2	677	19.4
384	10.6	602	19.1
404	12.5	630	18.0
426	12.9	652	20.2
482	14.5		

a. Construya un diagrama de dispersión.
b. Suponiendo una relación lineal, utilice el método de mínimos cuadrados para encontrar los coeficientes b_0 y b_1.
c. Interprete el significado de la pendiente b_1 en este problema.

d. Prediga la media del número de órdenes cuando el peso del correo es de 500 libras.

12.8 El valor de una franquicia deportiva se relaciona directamente con la cantidad de ingresos que la franquicia genera. Los datos en el archivo **BBREVENUE** representan el valor estimado en 2004 (en millones de dólares) y los ingresos anuales estimados (en millones de dólares) para las 30 franquicias de béisbol. Suponga que desea desarrollar un modelo de regresión lineal simple para predecir el valor de la franquicia con base en los ingresos anuales generados.

a. Construya un diagrama de dispersión.

b. Utilice el método de mínimos cuadrados para encontrar los coeficientes de regresión b_0 y b_1.

c. Interprete el significado de b_0 y b_1 en este problema.

d. Prediga la media del valor de una franquicia de béisbol que genere $150 millones de ingresos anuales.

12.9 A un agente de una empresa de bienes raíces residenciales en una gran ciudad, le gustaría predecir el costo de renta mensual de los departamentos con base en el tamaño del inmueble definido por su extensión. Se seleccionó una muestra de 25 departamentos **RENT** en un vecindario residencial específico, y la información recabada reveló lo siguiente:

Departamento	Renta mensual (en $)	Tamaño (en pies cuadrados)	Departamento	Renta mensual (en $)	Tamaño (en pies cuadrados)
1	950	850	9	875	700
2	1,600	1,450	10	1,150	956
3	1,200	1,085	11	1,400	1,100
4	1,500	1,232	12	1,650	1,285
5	950	718	13	2,300	1,985
6	1,700	1,485	14	1,800	1,369
7	1,650	1,136	15	1,400	1,175
8	935	726	16	1,450	1,225
17	1,100	1,245	22	1,650	1,040
18	1,700	1,259	23	1,200	755
19	1,200	1,150	24	800	1,000
20	1,150	896	25	1,750	1,200
21	1,600	1,361			

a. Construya un diagrama de dispersión.

b. Utilice el método de los mínimos cuadrados para encontrar los coeficientes de regresión b_0 y b_1.

c. Interprete el significado de b_0 y b_1 en este problema.

d. Prediga la media de renta mensual para un departamento que tenga 1,000 pies cuadrados.

e. ¿Por qué no sería apropiado utilizar este modelo para predecir la renta mensual de departamentos que midan 500 pies cuadrados?

f. Sus amigos Jim y Jennifer están considerando firmar un contrato para un departamento en este vecindario residencial. Están tratando de decidir entre dos opciones: uno de 1,000 pies cuadrados con una renta de $1,275 y otro de 1,200 pies cuadrados con una renta de $1,425. ¿Qué les recomendaría? ¿Por qué?

12.10 Los datos en el archivo **HARDNESS** proporcionan las medidas de la dureza y resistencia a la tensión para 35 modelos de aluminio fundido. Se cree que la dureza (medida en unidades Rockwell E), permitirá predecir la resistencia a la tensión (medida en miles de libras por pulgada cuadrada).

a. Construya un diagrama de dispersión.

b. Suponiendo una relación lineal, utilice el método de mínimos cuadrados para encontrar los coeficientes de regresión b_0 y b_1.

c. Interprete el significado de la pendiente b_1 en este problema.

d. Prediga la fuerza media de resistencia para el aluminio fundido que tiene una dureza de 30 unidades Rockwell E.

12.3 MEDIDAS DE VARIACIÓN

Cálculo de la suma de cuadrados

Al usar el método de mínimos cuadrados para encontrar los coeficientes de regresión para un conjunto de datos, existen tres medidas de variación que se necesita calcular. La primera medida, la **suma total de cuadrados** (***SST***, por sus siglas en inglés), es una medida de variación de los valores Y_i alrededor de la media $\bar{Y}$. En un análisis de regresión, la **variación total** o la suma total de cuadrados se subdivide en **variación explicada** o **suma de cuadrados de la regresión** (***SSR***, por sus siglas en inglés), la cual se debe a la relación entre X y Y, y la **variación no explicada** o **error de la suma de cuadrados** (***SSE***, por sus siglas en inglés), la cual se debe a factores diferentes a la relación entre X y Y. La figura 12.7 muestra estas diferentes medidas de variación.

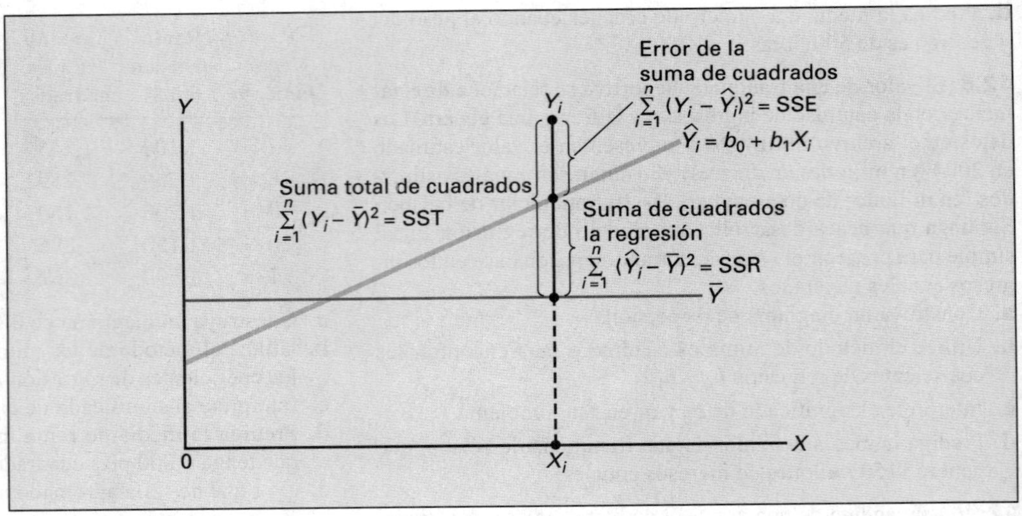

FIGURA 12.7
Medidas de variación.

La suma de cuadrados de la regresión (*SSR*) es igual a la diferencia entre $\hat{Y}_i$ (el valor de *Y* predicho a partir de la línea de predicción) y $\bar{Y}$ (el valor promedio de *Y*). El error de la suma de cuadrados (*SSE*) representa la parte de la variación en *Y* que no se explica por la regresión. Está basado en la diferencia entre Y_i y $\hat{Y}_i$. Las ecuaciones (12.5), (12.6), (12.7) y (12.8) definen las medidas de variación.

MEDIDAS DE VARIACIÓN EN LA REGRESIÓN

La suma total de cuadrados = suma de cuadrados de la regresión + el error de la suma de cuadrados.

$$SST = SSR + SSE \tag{12.5}$$

SUMA TOTAL DE CUADRADOS (*SST*)

La suma total de cuadrados (*SST*) es igual a la suma del cuadrado de las diferencias entre cada valor *Y* y $\bar{Y}$ observado, el valor promedio de *Y*.

$$SST = \text{suma total de cuadrados} = \sum_{i=1}^{n}(Y_i - \bar{Y})^2 \tag{12.6}$$

SUMA DE CUADRADOS DE LA REGRESIÓN (*SSR*)

La suma de cuadrados de la regresión (*SSR*) es igual a la suma del cuadrado de las diferencias entre el valor predicho de *Y* y $\bar{Y}$, el valor promedio de *Y*.

$$SSR = \text{variación explicada o suma de cuadrados de la regresión} \tag{12.7}$$

$$= \sum_{i=1}^{n}(\hat{Y}_i - \bar{Y})^2$$

ERROR DE LA SUMA DE CUADRADOS (*SSE*)

Error de la suma de cuadrados (*SSE*) es igual a la suma del cuadrado de las diferencias entre el valor observado de Y y el valor predicho de Y.

$$SSE = \text{variación no explicada o error de la suma de cuadrados.} \quad \textbf{(12.8)}$$

$$= \sum_{i=1}^{n} (Y_i - \hat{Y}_i)^2$$

La figura 12.8 representa la porción de suma de cuadrados de la salida de Excel para el problema de selección de local, mientras que la figura 12.9 ilustra la salida de Minitab.

FIGURA 12.8
Suma de cuadrados de Excel para el problema de selección de local.

10	ANOVA					
11		*df*	*SS*	*MS*	*F*	*Significance F*
12	Regression	1	105.74761	105.74761	113.23351	1.82269E-07
13	Residual	12	11.20668	0.93389		
14	Total	13	116.95429			

FIGURA 12.9
Suma de cuadrados de Minitab para el problema de selección de local.

```
Analysis of Variance

Source          DF      SS      MS       F      P
Regression       1  105.75  105.75  113.23  0.000
Residual Error  12   11.21    0.93
Total           13  116.95
```

A partir de la figura 12.8 o 12.9, se observa que

$$SSR = 105.7476,\ SSE = 11.2067,\ \text{y}\ SST = 116.9543$$

A partir de la ecuación (12.5) en la página 422,

$$SST = SSR + SSE$$

$$116.9543 = 105.7476 + 11.2067$$

La *SST* es igual a 116.9543. Esta cantidad se subdivide entre la suma de cuadrados que se explica a través de la regresión (*SSR*), igual a 105.7476, y la suma de cuadrados que no se explica por la regresión (*SSE*), igual a 11.2067.

En los conjuntos de datos con un mayor número de dígitos significativos, la salida se muestra usando un formato conocido como *notación científica*. Este tipo de formato se emplea para representar valores muy pequeños o muy grandes. El número que sigue a la letra E representa el número de dígitos que el punto decimal necesita moverse hacia la izquierda (para un número negativo) o hacia la derecha (para un número positivo). Por ejemplo, el número 3.7431E+02 significa que el punto decimal debe moverse dos espacios hacia la derecha, para generar el número 374.31. El número 3.7431E-02 significa que el punto decimal debe moverse dos espacios hacia la izquierda, para generar el número 0.037431. Cuando se usa la notación científica, generalmente se muestran menos dígitos significativos, y los números pueden aparecer redondeados.

El coeficiente de determinación

Por sí mismos, *SSR*, *SSE* y *SST* aportan muy poca información. Sin embargo, la razón de la suma de cuadrados de la regresión (*SSR*) para la suma total de cuadrados (*SST*) mide la proporción de la variación en *Y* que se explica por la variable independiente *X* en el modelo de regresión. A esta razón se le llama **coeficiente de determinación** r^2 y se define en la ecuación (12.9).

COEFICIENTE DE DETERMINACIÓN

El coeficiente de determinación es igual a la suma de cuadrados de la regresión (es decir, la variación explicada) dividida por la suma total de cuadrados (es decir, la variación total).

$$r^2 = \frac{\text{suma de cuadrados de la regresión}}{\text{suma total de cuadrados}} = \frac{SSR}{SST} \qquad \textbf{(12.9)}$$

El coeficiente de determinación mide la proporción de la variación en *Y* que se explica por la variable independiente *X* en el modelo de regresión. Para el ejemplo de la selección de local, con $SSR = 105.7476$; $SSE = 11.2067$; y $SST = 116.9543$,

$$r^2 = \frac{105.7476}{116.9543} = 0.904$$

Por lo tanto, el 90.4% de la variación anual de ventas se explica por la variabilidad en el tamaño de la tienda, medida en pies cuadrados. Esta r^2 más grande indica una fuerte relación lineal positiva entre dos variables porque el uso del modelo de regresión ha reducido la variabilidad al predecir las ventas anuales en un 90.4%. Sólo el 9.6% de la variación de la muestra de las ventas anuales se debe a factores diferentes a los que se contabilizaron con el modelo de regresión lineal que utiliza pies cuadrados.

La figura 12.10 representa la porción del coeficiente de determinación de la salida de Excel para el problema de selección de local y la figura 12.11 ilustra la salida de Minitab.

FIGURA 12.10
Salida parcial de la regresión de Excel para el problema de selección de local.

3	Regression Statistics	
4	Multiple R	0.95088
5	R Square	0.90418
6	Adjusted R Square	0.89619
7	Standard Error	S_{YX} — 0.96638
8	Observations	14.00000

FIGURA 12.11
Salida parcial de la regresión de Minitab para el problema de selección de local.

```
Predictor      Coef  SE Coef      T      P
Constant     0.9645   0.5262   1.83  0.092
Square Feet  1.6699   0.1569  10.64  0.000


S = 0.966380   R-Sq = 90.4%   R-Sq(adj) = 89.6%
```

EJEMPLO 12.4 CÁLCULO DEL COEFICIENTE DE DETERMINACIÓN

Calcule el coeficiente de determinación r^2 para el problema de selección de local.

SOLUCIÓN Es posible calcular *SST*, *SSR* y *SSE*, que se definieron en las ecuaciones (12.6), (12.7) y (12.8) de las páginas 422 y 423 usando las ecuaciones (12.10), (12.11) y (12.12).

FÓRMULA PARA CALCULAR *SST*

$$SST = \sum_{i=1}^{n}(Y_i - \bar{Y})^2 = \sum_{i=1}^{n} Y_i^2 - \frac{\left(\sum_{i=1}^{n} Y_i\right)^2}{n} \quad \textbf{(12.10)}$$

FÓRMULA PARA CALCULAR *SSR*

$$SSR = \sum_{i=1}^{n}(\hat{Y}_i - \bar{Y})^2 \quad \textbf{(12.11)}$$

$$= b_0\sum_{i=1}^{n} Y_i + b_1\sum_{i=1}^{n} X_iY_i - \frac{\left(\sum_{i=1}^{n} Y_i\right)^2}{n}$$

FÓRMULA PARA CALCULAR *SSE*

$$SSE = \sum_{i=1}^{n}(Y_i - \hat{Y})^2 \quad \textbf{(12.12)}$$

$$= \sum_{i=1}^{n} Y_i^2 - b_0\sum_{i=1}^{n} Y_i - b_1\sum_{i=1}^{n} X_iY_i$$

Usando los resultados resumidos de la tabla 12.2 en la página 418,

$$SST = \sum_{i=1}^{n}(Y_i - \bar{Y})^2 = \sum_{i=1}^{n} Y_i^2 - \frac{\left(\sum_{i=1}^{n} Y_i\right)^2}{n}$$

$$= 594.9 - \frac{(81.8)^2}{14}$$

$$= 594.9 - 477.94571$$

$$= 116.95429$$

$$SSR = \sum_{i=1}^{n}(\hat{Y}_i - \bar{Y})^2$$

$$= b_0\sum_{i=1}^{n} Y_i + b_1\sum_{i=1}^{n} X_iY_i - \frac{\left(\sum_{i=1}^{n} Y_i\right)^2}{n}$$

$$= (0.964478)(81.8) + (1.66986)(302.3) - \frac{(81.8)^2}{14}$$

$$= 105.74726$$

$$SSE = \sum_{i=1}^{n}(Y_i - \hat{Y}_i)^2$$
$$= \sum_{i=1}^{n}Y_i^2 - b_0\sum_{i=1}^{n}Y_i - b_1\sum_{i=1}^{n}X_iY_i$$
$$= 594.9 - (0.964478)(81.8) - (1.66986)(302.3)$$
$$= 11.207$$

Por lo tanto,

$$r^2 = \frac{105.74726}{116.9543} = 0.904$$

Estimación del error estándar

Aunque el método de mínimos cuadrados dé como resultado una línea que se ajusta a los datos con una cantidad mínima de variación, la línea de predicción no es un pronosticador perfecto, a menos que todos los puntos de datos observados caigan en una línea recta. Así como no se espera que todos los datos sean exactamente iguales a su media, tampoco cabe esperar que caigan de manera precisa en la línea de predicción. Por eso, es necesario desarrollar un estadístico que mida la variabilidad de los valores reales de Y para los valores predichos de Y, de la misma forma en que se desarrolló la desviación estándar en el capítulo 3 como una medida de la variabilidad de cada valor alrededor de la media. Se llama **estimación del error estándar** a esta desviación estándar alrededor de la línea de predicción.

La figura 12.6 en la página 415 ilustra la variabilidad alrededor de la línea de predicción para los datos de la selección de local. Observe que, aunque muchos de los valores reales de Y caen cerca de la línea de predicción, ningún valor está exactamente en la línea.

La estimación del error estándar, representada por el símbolo S_{YX}, se define en la ecuación (12.13).

ESTIMACIÓN DEL ERROR ESTÁNDAR

$$S_{YX} = \sqrt{\frac{SSE}{n-2}} = \sqrt{\frac{\sum_{i=1}^{n}(Y_i - \hat{Y}_i)^2}{n-2}} \quad \textbf{(12.13)}$$

donde Y_i = valor real de Y para una X_i dada

$\hat{Y}_i$ = valor predicho de Y para una X_i dada

SSE = error de la suma de cuadrados

A partir de la ecuación (12.8) en la página 423, con $SSE = 11.2067$,

$$S_{YX} = \sqrt{\frac{11.2067}{14-2}} = 0.9664$$

Esta estimación del error estándar, igual a 0.9664 millones de dólares (es decir, $966,400), se rotula como Error estándar en la salida de Excel en la figura 12.10 y como S en la salida de Minitab de la figura 12.11 (en la página 424). La estimación del error estándar representa una medida de la variación alrededor de la línea de predicción. Se mide en las mismas unidades de la variable dependiente Y. La interpretación de la estimación del error estándar es semejante a la de la desviación estándar. Así como la desviación estándar mide la variabilidad alrededor de la media, la estimación del error estándar mide la variabilidad alrededor de la línea de predicción. Como se verá en las secciones 12.7 y 12.8, la estimación del error estándar sirve para determinar si existe una relación estadísticamente significativa entre las dos variables y también para hacer inferencias acerca de los futuros valores de Y.

PROBLEMAS PARA LA SECCIÓN 12.3

Aprendizaje básico

ASISTENCIA de PH Grade **12.11** ¿Cómo interpreta un coeficiente de determinación r^2 igual a 0.80?

ASISTENCIA de PH Grade **12.12** Si $SSR = 36$ y $SSE = 4$, encuentre SST, y después calcule el coeficiente de determinación r^2 e interprete su significado.

ASISTENCIA de PH Grade **12.13** Si $SSR = 66$ y $SST = 88$, calcule el coeficiente de determinación r^2 e interprete su significado.

ASISTENCIA de PH Grade **12.14** Si $SSE = 10$ y $SSR = 30$, calcule el coeficiente de determinación r^2 e interprete su significado.

12.15 Si $SSR = 120$, ¿por qué es imposible que SST sea igual a 110?

Aplicación de conceptos

Puede resolver los problemas 12.16 a 12.22 manualmente o en Excel, Minitab o SPSS.

ASISTENCIA de PH Grade ✓AUTO Examen **12.16** En el problema 12.4 de la página 419, el gerente de marketing usó el espacio en el estante para la comida de mascotas para predecir las ventas semanales. **PETFOOD** Para esos datos, $SSR = 2.0535$ y $SST = 3.0025$.

a. Determine el coeficiente de determinación r^2 e interprete su significado.
b. Determine la estimación del error estándar.
c. ¿Qué tan útil cree usted que es este modelo de regresión para predecir las ventas?

12.17 En el problema 12.5 de la página 420, usó las ventas reportadas de revistas en puestos de periódicos para predecir las ventas auditadas. **CIRCULATION** Para esos datos, $SSR =$ 130,301.41 y $SST = 144{,}538.64$.

a. Determine el coeficiente de determinación r^2 e interprete su significado.
b. Determine la estimación del error estándar.
c. ¿Qué tan útil cree usted que es este modelo de regresión para predecir las ventas auditadas?

12.18 En el problema 12.6 de la página 420, el dueño de una empresa quería predecir las horas de trabajo con base en los pies cúbicos de la mudanza. **MOVING** Usando los resultados de ese problema,

a. Determine el coeficiente de determinación r^2 e interprete su significado.
b. Determine la estimación del error estándar.
c. ¿Qué tan útil cree usted que es este modelo de regresión para predecir las horas de trabajo?

ASISTENCIA de PH Grade **12.19** En el problema 12.7 de la página 420, usted utilizó el peso del correo para predecir el número de órdenes recibidas. **MAIL** Con los resultados de ese problema,

a. Determine el coeficiente de determinación r^2 e interprete su significado.
b. Encuentre la estimación del error estándar.
c. ¿Qué tan útil cree usted que es este modelo de regresión para predecir el número de órdenes?

12.20 En el problema 12.8 de la página 421, utilizó los ingresos anuales para predecir el valor de la franquicia de béisbol. **BBREVENUE** Con los resultados de este problema,

a. Determine el coeficiente de determinación r^2 e interprete su significado.
b. Determine la estimación del error estándar.
c. ¿Qué tan útil cree usted que es este modelo de regresión para predecir el valor de la franquicia de béisbol?

12.21 En el problema 12.9 de la página 421, un agente de una empresa de bienes raíces quería predecir la renta mensual para los departamentos con base en el tamaño del inmueble. **RENT** Con los resultados de ese problema,

a. Determine el coeficiente de determinación r^2 e interprete su significado.
b. Determine la estimación del error estándar.
c. ¿Qué tan útil cree usted que es este modelo de regresión para predecir la renta mensual?

12.22 En el problema 12.10 de la página 421, utilizó la dureza para predecir la resistencia a la tensión del aluminio fundido. **HARDNESS** Con los resultados de ese problema,

a. Determine el coeficiente de determinación r^2 e interprete su significado.
b. Encuentre la estimación del error estándar.
c. ¿Qué tan útil cree usted que es este modelo de regresión para predecir la resistencia a la tensión del aluminio fundido?

12.4 SUPOSICIONES

La discusión sobre la prueba de hipótesis y el análisis de varianza enfatizó la importancia de las suposiciones acerca de la validez de cualquier conclusión alcanzada. Las suposiciones necesarias para la regresión son semejantes a las del análisis de varianza puesto que ambos temas caen bajo el encabezado general de *modelos lineales* (vea la referencia 5).

Las cuatro **suposiciones de regresión** (conocidas por el acrónimo LINE, en inglés) son las siguientes.

- **L**inealidad.
- **I**ndependencia de errores.
- **N**ormalidad.
- **I**gual varianza (también llamada homoscedasticidad).

La primera suposición, **linealidad**, establece que la relación entre variables es lineal. Las relaciones entre variables que no son lineales se estudiarán en el capítulo 13.

La segunda suposición, **independencia de errores**, requiere que los errores (ε_i's) sean independientes unos de otros. Esta suposición es de particular importancia cuando se recolectan los datos a lo largo de un periodo de tiempo. En tales situaciones, los errores para un periodo específico a menudo se correlacionan con aquellos del periodo previo.

La tercera suposición, **normalidad**, requiere que los errores (ε_i's) se distribuyan normalmente en cada valor de X. Igual que en la prueba t y en la prueba F con ANOVA, el análisis de regresión es relativamente robusto a las desviaciones de la suposición de normalidad. Siempre y cuando la distribución de errores en cada nivel de X no sea muy diferente a una distribución normal, las suposiciones acerca de β_0 y β_1 no se ven afectadas de forma importante.

La cuarta suposición, **igual varianza** u **homoscedasticidad**, requiere que la varianza de los errores (ε_i's) sea constante para todos los valores de X. En otras palabras, la variabilidad de los valores de Y será la misma cuando X es un valor bajo que cuando X es un valor alto. La suposición de igual varianza es importante cuando se realizan inferencias acerca de β_0 y β_1. Si existen serias desviaciones de esta suposición, se puede recurrir a la transformación de datos o a los métodos de mínimos cuadrados ponderados (vea la referencia 5).

12.5 ANÁLISIS RESIDUAL

En la sección 12.1 se presentó el análisis de regresión. En las secciones 12.2 y 12.3, se desarrolló un modelo y se estimó el uso del enfoque de los mínimos cuadrados para los datos de selección de local. ¿Es éste el modelo correcto para estos datos? ¿Son válidas las suposiciones hechas en la sección 12.4? En esta sección usaremos un enfoque gráfico denominado **análisis residual** para evaluar las suposiciones y así determinar si el modelo de regresión seleccionado es apropiado.

El **residual** o error del valor estimado e_i es la diferencia entre los valores observados (Y_i) y los valores predichos ($\hat{Y}_i$) de la variable dependiente para un valor dado de X_i. Gráficamente, aparece un residuo en el diagrama de dispersión como la distancia vertical entre un valor observado de Y y la línea de predicción. La ecuación (12.14) define el residuo.

EL RESIDUO

El residuo es igual a la diferencia entre el valor observado de Y y el valor predicho de Y.

$$e_i = Y_i - \hat{Y}_i \qquad \textbf{(12.14)}$$

Evaluación de las suposiciones

Recuerde, según se explicó en la sección 12.4, que las cuatro suposiciones de regresión (conocidas por el acrónimo LINE) son linealidad, independencia, normalidad e igual varianza.

Linealidad Para evaluar la linealidad, grafique los residuos en el eje vertical contra los valores correspondientes de X_i de la variable independiente en el eje horizontal. Si el modelo lineal es apropiado para los datos, no habría un patrón aparente en este gráfico. Sin embargo, si el modelo lineal no es apropiado, habrá una relación entre los valores X_i y los residuos e_i. Ese patrón se observa en la figura 12.12. El panel A muestra una situación en la que, aunque hay una tendencia creciente en Y conforme X aumenta, la relación parece ser curvilínea porque la tendencia hacia arriba decrece conforme los valores de X se incrementan. El efecto cuadrático se destaca en el panel B donde existe una clara relación entre X_i y e_i. Al graficar los residuos, se remueve la tendencia lineal de X con Y, exponiendo la falta de ajuste en el modelo lineal simple. Así, el modelo cuadrático proporciona un mejor ajuste y debería emplearse en lugar del modelo lineal simple (vea la sección 13.6 para mayor explicación acerca del ajuste de los modelos cuadráticos).

FIGURA 12.12
Estudio del carácter apropiado de un modelo de regresión lineal simple.

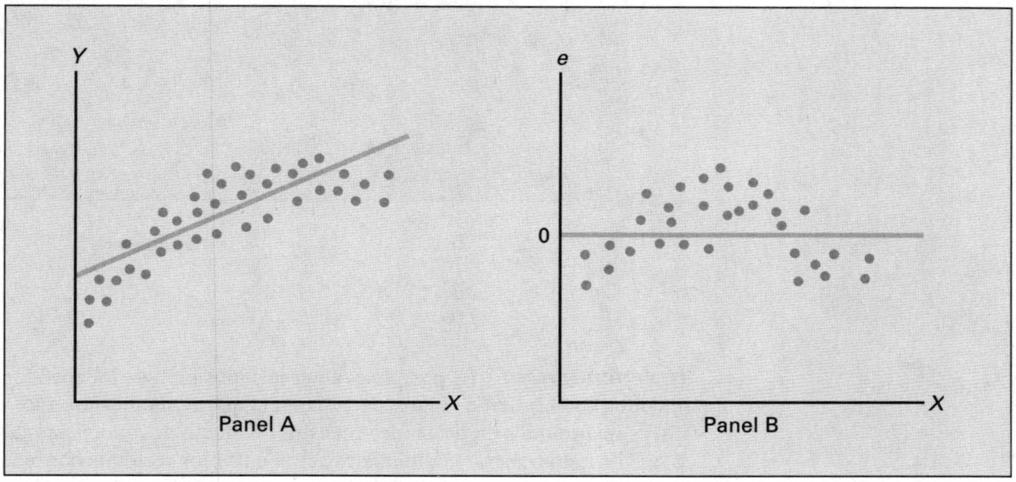

Para determinar si un modelo de regresión lineal simple es apropiado, regresemos a la evaluación de los datos de selección de local. La figura 12.13 proporciona los valores predichos y residuales de la variable respuesta (ventas anuales) calculados por Excel.[1]

[1] *Otros residuales más complejos para calcular están disponibles en Minitab y SPSS (vea las referencias 7 y 9).*

FIGURA 12.13
Estadísticos residuales de Excel para el problema de selección de local.

22	**RESULTADOS RESIDUALES**		
23			
24	***Observación***	***Ventas anuales predichas***	***Residuos***
25	**1**	**3.803239598**	**-0.103239598**
26	**2**	**3.636253367**	**0.263746633**
27	**3**	**5.640088147**	**1.059911853**
28	**4**	**10.31570263**	**-0.815702635**
29	**5**	**3.135294672**	**0.264705328**
30	**6**	**4.638170757**	**0.961829243**
31	**7**	**3.135294672**	**0.564705328**
32	**8**	**2.801322208**	**-0.101322208**
33	**9**	**6.308033074**	**-0.808033074**
34	**10**	**3.469267135**	**-0.569267135**
35	**11**	**9.647757708**	**1.052242292**
36	**12**	**8.645840318**	**-1.045840318**
37	**13**	**10.6496751**	**1.150324902**
38	**14**	**5.974060611**	**-1.874060611**

Para evaluar la linealidad, los residuos se grafican en contra de la variable independiente (tamaño de la tienda en miles de pies cuadrados) en la figura 12.14. Aunque hay una dispersión extendida en la gráfica residual, no existe un patrón aparente o relación entre los residuos y X_i. Los residuos parecen extenderse de manera uniforme por arriba y por debajo para los valores de X que difieren. Se concluye que el modelo lineal es apropiado para los datos de selección de local.

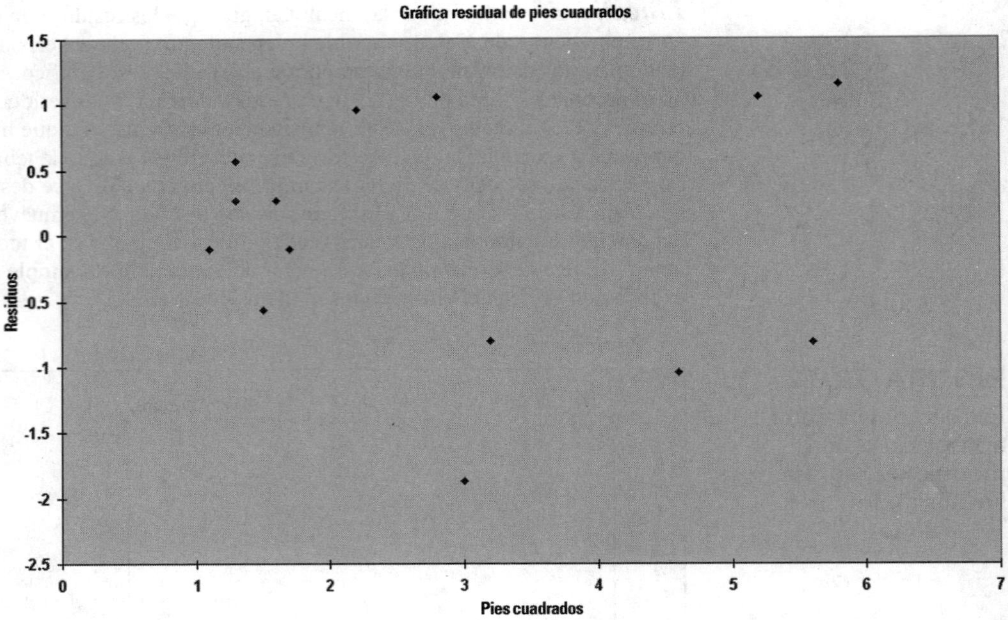

FIGURA 12.14
Gráfica de Excel para residuos contra la extensión en pies cuadrados de una tienda para el problema de selección de local.

Independencia Es posible evaluar la suposición de independencia de los errores graficando los residuos en el orden o en la secuencia en la que se recolectaron los datos. La recolección de datos a través de periodos en ocasiones muestra un efecto de *autocorrelación* entre las observaciones sucesivas. En estos casos, existe una relación entre los residuos consecutivos. Si esta relación existe (lo cual infringe la suposición de independencia), será aparente en la gráfica de residuos en contra del tiempo en el que se recolectaron los datos. También se puede probar la autocorrelación con el estadístico de Durbin-Watson, que se estudia en la sección 12.6. Para los datos de selección de local considerados a lo largo de este capítulo, los datos se recolectaron durante el mismo periodo. Por lo tanto, no se necesita evaluar la suposición de independencia para estos datos.

Normalidad Se puede evaluar la suposición de normalidad en los errores agrupando los residuos dentro de la distribución de frecuencias y mostrando los resultados en un histograma (vea la sección 2.3). Para los datos de selección de local, los residuos se han agrupado dentro de una distribución de frecuencias como se observa en la tabla 12.3. (No hay suficientes valores para construir un histograma.) También es factible evaluar la suposición de normalidad comparando los valores reales contra los valores teóricos de los residuos, o construyendo una gráfica de probabilidad normal, un diagrama de tallo y hojas o una gráfica de caja y bigote para los residuos. La figura 12.15 es una gráfica de probabilidad normal de los residuos para los datos de selección de local.

TABLA 12.3
Distribución de frecuencia de los 14 valores residuales para los datos de selección de local.

Residuos	Frecuencia
–2.25 pero menor a –1.75	1
–1.75 pero menor a –1.25	0
–1.25 pero menor a –0.75	3
–0.75 pero menor a –0.25	1
–0.25 pero menor a +0.25	2
+0.25 pero menor a +0.75	3
+0.75 pero menor a +1.25	4
Total	14

FIGURA 12.15
Gráfica de probabilidad normal de Minitab para los residuos de los datos de selección de local.

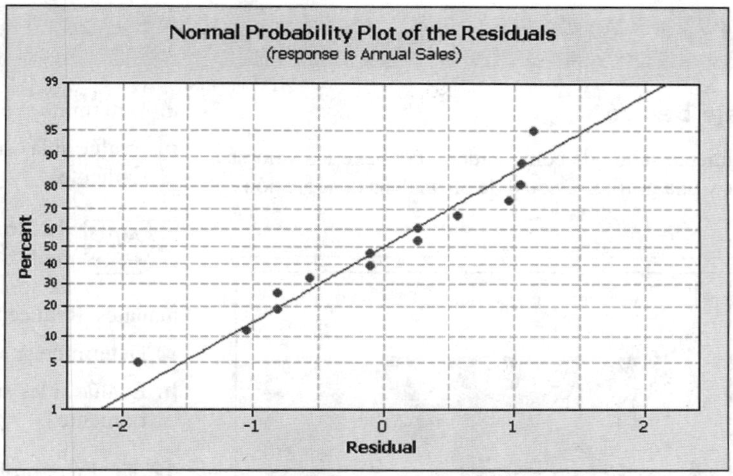

Es difícil evaluar la suposición de normalidad para una muestra de sólo 14 valores sin importar si se usa un histograma, una gráfica de tallo y hojas, una gráfica de caja y bigote o una gráfica de probabilidad normal. En la figura 12.15 se observa que los datos no parecen desviarse en forma sustancial de una distribución normal. La fortaleza del análisis de regresión a las desviaciones modestas de normalidad le permite concluir que no debe preocuparse demasiado acerca de las desviaciones de la suposición de normalidad con respecto a los datos de selección de local.

Igual varianza Usted podrá evaluar la suposición de igual varianza a partir de una gráfica de los residuos con X_i. Al parecer, para los datos de selección de local de la figura 12.14, en la página 430, no hay grandes diferencias en la variabilidad de los residuos para los diferentes valores de X_i. Así, se concluye que no existe una aparente violación en la suposición de igual varianza en cada nivel de X.

Para examinar un caso en el que se infringe la suposición de igual varianza, observe la figura 12.16, que es una gráfica de los residuos con X_i para un conjunto de datos hipotéticos. En esta gráfica, la variabilidad de los residuos se incrementa drásticamente conforme X se incrementa, demostrándose así la falta de homogeneidad en las varianzas de Y_i para cada nivel de X. Para estos datos, la suposición de igual varianza se considera inválida.

FIGURA 12.16
Violación de igual varianza.

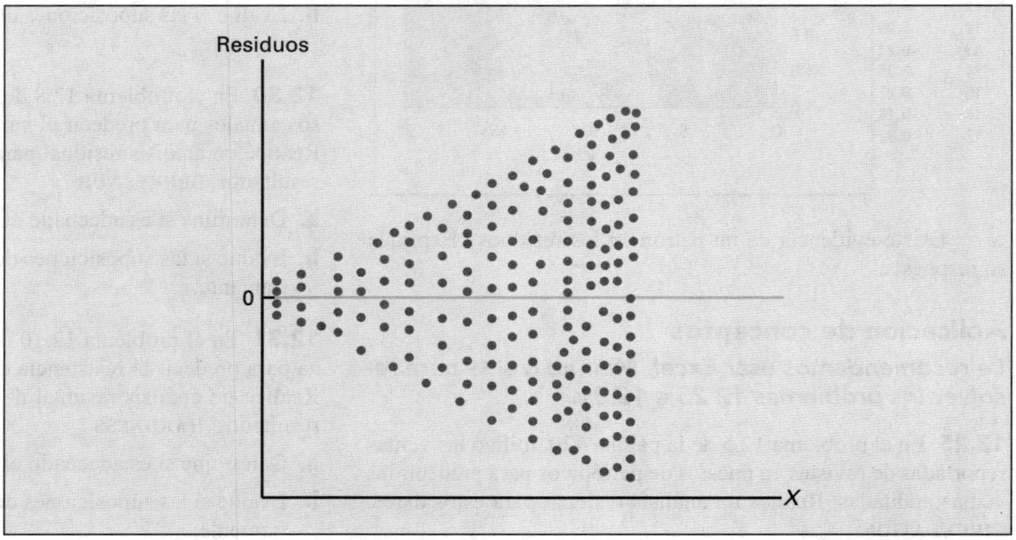

PROBLEMAS PARA LA SECCIÓN 12.5

Aprendizaje básico

12.23 La siguiente salida de computadora, contiene los valores *X*, los residuos y una gráfica residual de un análisis de regresión.

X	Residuos
1	0.70
2	-0.78
3	1.03
4	0.33
5	2.39
6	-0.67
7	0.16
8	1.65
9	-1.19
10	0.84
11	0.29
12	-1.28
13	1.21
14	-0.37
15	1.02
16	-0.16
17	1.42
18	-0.71
19	-0.63
20	0.67

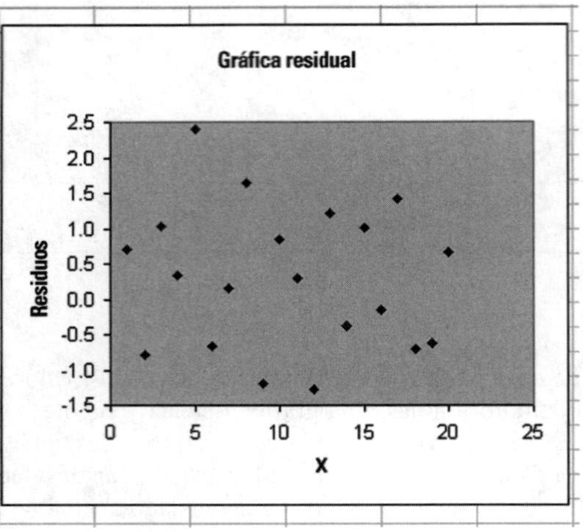

¿Existe evidencia de un patrón en los residuos? Explique su respuesta.

12.24 La siguiente salida de computadora contiene los valores *X*, los residuos y la gráfica residual de un análisis de regresión.

X	Residuos
1	0.70
2	1.58
3	1.03
4	0.33
5	-0.39
6	-0.67
7	-0.56
8	-0.65
9	-1.19
10	-0.84
11	-0.29
12	-1.28
13	-0.21
14	-0.37
15	0.22
16	-0.16
17	0.82

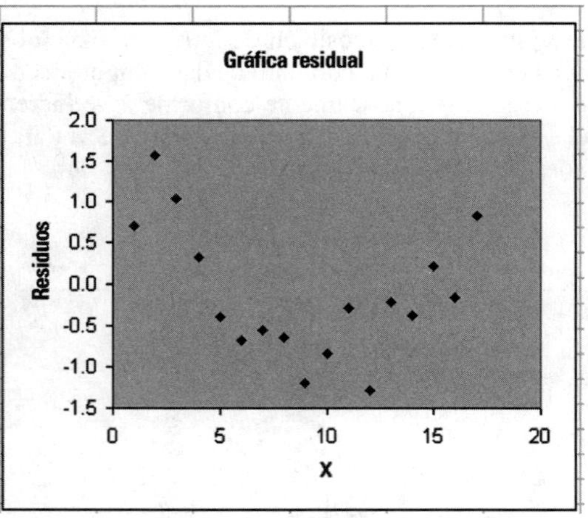

¿Existe evidencia de un patrón en los residuos? Explique su respuesta.

Aplicación de conceptos

Le recomendamos usar Excel, Minitab o SPSS para resolver los problemas 12.25 a 12.31.

12.25 En el problema 12.5 de la página 420, utilizó las ventas reportadas de revistas en puestos de periódicos para predecir las ventas auditadas. Realice un análisis residual para estos datos. **CIRCULATION**

a. Determine si es adecuado el ajuste de este modelo.

b. Evalúe si las suposiciones de regresión se han infringido seriamente.

AUTO Examen **12.26** En el problema 12.4 de la página 419, el gerente de marketing utilizó el espacio en el estante para comida de mascotas para predecir las ventas semanales. Realice un análisis residual para esos datos. **PETFOOD**

a. Determine si es adecuado el ajuste de este modelo.

b. Evalúe si las suposiciones de regresión se han infringido seriamente.

12.27 En el problema 12.7 de la página 420, se utilizó el peso del correo para predecir el número de órdenes recibidas. Realice un análisis residual para estos datos. Con base en estos datos, **MAIL**

a. Determine si es adecuado el ajuste de este modelo.

b. Evalúe si las suposiciones de regresión se han infringido seriamente.

12.28 En el problema 12.6 de la página 420, el dueño de una empresa de mudanzas quería predecir las horas de trabajo con base en los pies cúbicos de la mudanza. Realice un análisis de regresión para estos datos. Con base en estos resultados, **MOVING**

a. Determine si es adecuado el ajuste de este modelo.

b. Evalúe si las suposiciones de regresión se han infringido seriamente.

12.29 En el problema 12.9 de la página 421, un agente de una empresa de bienes raíces quería predecir la renta mensual para departamentos con base en el tamaño del inmueble. Realice un análisis residual para estos datos. Con base en estos resultados, **RENT**

a. Determine si es adecuado el ajuste de este modelo.

b. Evalúe si las suposiciones de regresión se han infringido seriamente.

12.30 En el problema 12.8 de la página 421, utilizó los ingresos anuales para predecir el valor de una franquicia de béisbol. Realice un análisis residual para estos datos. Con base en estos resultados, **BBREVENUE**

a. Determine si es adecuado el ajuste de este modelo.

b. Evalúe si las suposiciones de regresión se han infringido seriamente.

12.31 En el problema 12.10 de la página 421, utilizó la dureza para predecir la resistencia de tensión del aluminio fundido. Realice un análisis residual de estos datos. Con base en estos resultados, **HARDNESS**

a. Determine si es adecuado el ajuste de este modelo.

b. Evalúe si las suposiciones de regresión se han infringido seriamente.

12.6 MEDICIÓN DE LA AUTOCORRELACIÓN: ESTADÍSTICO DE DURBIN-WATSON

Una de las suposiciones básicas del modelo de regresión es la independencia de los errores. Esta suposición se infringe a veces cuando los datos se recolectan a lo largo de periodos secuenciales de tiempo porque un residuo en cualquier punto en el tiempo podría tender a ser semejante a los residuos en periodos adyacentes. A este patrón en los residuos se le denomina **autocorrelación**. Cuando un conjunto de datos tiene una autocorrelación sustancial, la validez del modelo de regresión podría ponerse en duda seriamente.

Gráfica residual para detectar la autocorrelación

Como se mencionó en la sección 12.5, una forma de detectar la autocorrelación es graficar los residuos en orden de tiempo. Si está presente un efecto positivo de autocorrelación, habrá grupos de residuos con el mismo signo y podrá detectarse rápidamente un patrón aparente. Si existe una autocorrelación negativa, los residuos tenderán a saltar hacia atrás y hacia delante, de positivo a negativo, luego a positivo y así sucesivamente. Este tipo de patrón se observa rara vez en los análisis de regresión. Por lo tanto, en esta sección nos concentraremos en la autocorrelación positiva. Para ilustrarla, considere el siguiente ejemplo.

El gerente de una tienda de envíos de paquetería desea predecir las ventas semanales con base en el número de clientes que realizan compras por un periodo de 15 semanas. En esta situación, puesto que los datos se han recolectado durante un periodo de 15 semanas consecutivas en la misma tienda, usted necesita determinar si la autocorrelación está presente. La tabla 12.4 resume los datos para esta tienda CUSTSALE. La figura 12.17 ilustra la salida de Excel y la figura 12.18 ilustra la salida de Minitab.

TABLA 12.4
Clientes y ventas para el periodo de 15 semanas consecutivas.

Semana	Clientes	Ventas (en miles de dólares)	Semana	Clientes	Ventas (en miles de dólares)
1	794	9.33	9	880	12.07
2	799	8.26	10	905	12.55
3	837	7.48	11	886	11.92
4	855	9.08	12	843	10.27
5	845	9.83	13	904	11.80
6	844	10.09	14	950	12.15
7	863	11.01	15	841	9.64
8	875	11.49			

FIGURA 12.17
Salida de Excel para los datos de la tienda de envíos de paquetería de la tabla 12.4.

	A	B	C	D	E	F	G
1	Package Delivery Store Sales Analysis						
2							
3	*Regression Statistics*						
4	Multiple R	0.81083					
5	R Square	0.65745					
6	Adjusted R Square	0.63109					
7	Standard Error	0.93604					
8	Observations	15					
9							
10	ANOVA						
11		*df*	*SS*	*MS*	*F*	*Significance F*	
12	Regression	1	21.86043	21.86043	24.95014	0.00025	
13	Residual	13	11.39014	0.87616			
14	Total	14	33.25057333				
15							
16		*Coefficients*	*Standard Error*	*t Stat*	*P-value*	*Lower 95%*	*Upper 95%*
17	Intercept	-16.03219	5.31017	-3.01915	0.00987	-27.50411	-4.56028
18	Customers	0.03076	0.00616	4.99501	0.00025	0.01746	0.04406

FIGURA 12.18
Salida de Minitab para los datos de la tabla 12.4 de la tienda de envíos de paquetería.

```
The regression equation is
sales = - 16.0 + 0.0308 customer

Predictor        Coef    SE Coef       T      P
Constant      -16.032      5.310   -3.02  0.010
customer     0.030760   0.006158    5.00  0.000

S = 0.936037   R-Sq = 65.7%   R-Sq(adj) = 63.1%

Analysis of Variance

Source          DF      SS      MS      F      P
Regression       1  21.860  21.860  24.95  0.000
Residual Error  13  11.390   0.876
Total           14  33.251

Durbin-Watson statistic = 0.883003
```

En las figuras 12.17 o 12.18, observe que el r^2 es 0.657, lo que indica que el 65.7% de la variación en las ventas se explica por la variación en el número de clientes. Además, la intersección en *Y*, b_0, es –16.032, y la pendiente b_1 es 0.03076. Sin embargo, antes de usar este modelo para predecir, se debe realizar un análisis apropiado de los residuos. Como los datos se han recabado a lo largo de un periodo de 15 semanas consecutivas, además de revisar las suposiciones de linealidad, normalidad e igual varianza, habrá que investigar la suposición de independencia de errores. La figura 12.19 grafica los residuos contra el tiempo para ver si existe un patrón. En la figura 12.19, los residuos tienden a fluctuar hacia arriba y hacia abajo en un patrón cíclico. Este patrón cíclico representa una fuerte causa de preocupación sobre la autocorrelación de los residuos y, por tanto, sobre la violación de la suposición de la independencia de errores.

FIGURA 12.19
Gráfica residual de Excel para los datos de la tabla 12.4 de la tienda de envíos de paquetería.

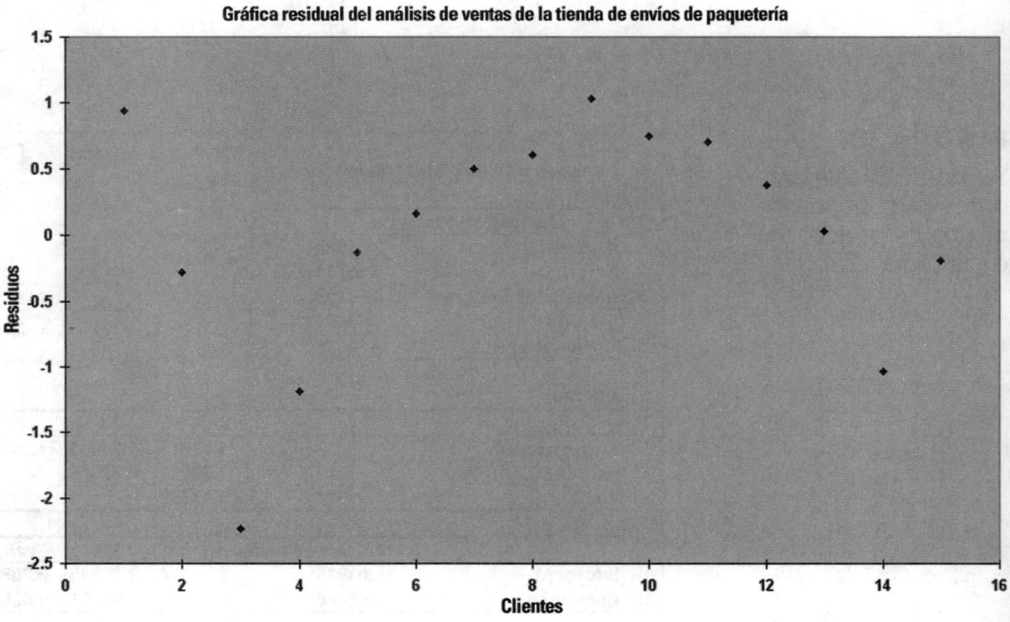

El estadístico de Durbin-Watson

Se usa el **estadístico de Durbin-Watson** para detectar la autocorrelación. Este estadístico mide la correlación entre cada residuo y el residuo para el periodo de tiempo inmediatamente anterior al periodo de interés. La ecuación (12.5) define el estadístico de Durbin-Watson.

ESTADÍSTICO DE DURBIN-WATSON

$$D = \frac{\sum_{i=2}^{n}(e_i - e_{i-1})^2}{\sum_{i=1}^{n} e_i^2} \quad \textbf{(12.15)}$$

donde e_i = residuo en el periodo de tiempo i

Para comprender mejor el estadístico D de Durbin-Watson, examine la composición del estadístico que se presenta en la ecuación (12.15). El numerador $\sum_{i=2}^{n}(e_i - e_{i-1})^2$ representa el cuadrado de la diferencia entre dos residuos sucesivos, sumados del segundo valor al n-ésimo valor. El denominador $\sum_{i=1}^{n} e_i^2$ representa la suma del cuadrado de los residuos. Cuando los residuos sucesivos están autocorrelacionados positivamente, el valor de D se acercará a 0. Si los residuos no se correlacionan, el valor de D se aproximará a 2. (Si existe una autocorrelación negativa, D será mayor a 2 e incluso se podría acercar a su máximo valor de 4.) Para los datos de la tienda de envíos de paquetería, el estadístico de Durbin-Watson, $D = 0.883$, se calcula en Excel como se ilustra en la figura 12.20 y en la salida de Minitab que se presenta en la figura 12.18 de la página 434.

FIGURA 12.20
Salida de Excel de la distribución Durbin-Watson para los datos de ventas.

	A	B
1	**Durbin-Watson Calculations**	
2		
3	Sum of Squared Difference of Residuals	10.0575
4	Sum of Squared Residuals	11.3901
5		
6	**Durbin-Watson Statistic**	**0.8830**

Se necesita determinar cuándo la autocorrelación es lo suficientemente grande como para hacer que el estadístico D de Durbin-Watson caiga debajo de 2 lo suficiente como para concluir que existe una autocorrelación positiva significativa. El que D sea significativo depende de n, el tamaño de la muestra, y de k, el número de variables independientes en el modelo (en la regresión lineal simple, $k = 1$). La tabla 12.5 se extrajo de la tabla E.9, la tabla del estadístico de Durbin-Watson.

TABLA 12.5
Encontrar los valores críticos para el estadístico de Durbin-Watson.

	$\alpha = .05$									
	$k = 1$		$k = 2$		$k = 3$		$k = 4$		$k = 5$	
n	d_L	d_U	d_L	d_U	d_L	d_U	d_L	d_U	d_L	d_U
15	1.08	1.36	.95	1.54	.82	1.75	.69	1.97	.56	2.21
16	1.10	1.37	.98	1.54	.86	1.73	.74	1.93	.62	2.15
17	1.13	1.38	1.02	1.54	.90	1.71	.78	1.90	.67	2.10
18	1.16	1.39	1.05	1.53	.93	1.69	.82	1.87	.71	2.06

En la tabla 12.5 se incluyen dos valores para cada combinación de α (nivel de significancia), n (tamaño de la muestra), y k (número de variables independientes en el modelo). El primer valor, d_L, representa el valor crítico más bajo. Si D se encuentra por debajo de d_L, se concluye que existe evidencia de una autocorrelación positiva entre los residuos. En tal circunstancia, el método de los mínimos cuadrados utilizado en este capítulo es inapropiado, y debería recurrirse a métodos alternativos (vea la referencia 5). El segundo valor, d_U, representa el valor crítico superior a D, por encima del cual se concluiría que no existe evidencia de una autocorrelación positiva entre los residuos. Si D se encuentra entre d_L y d_U, no se podrá llegar a una conclusión definitiva.

Para los datos relacionados con las tiendas de envíos de paquetería, con una variable independiente ($k = 1$) y 15 valores ($n = 15$), $d_L = 1.08$ y $d_U = 1.36$. Puesto que $D = 0.883 < 1.08$, se concluye que existe una autocorrelación positiva entre los residuos. El análisis de regresión de mínimos cuadrados para estos datos es inapropiado por la presencia de una autocorrelación positiva entre los residuos. En otras palabras, la suposición de independencia de errores es inválida. Se necesita utilizar los enfoques alternativos revisados en la referencia 5.

PROBLEMAS PARA LA SECCIÓN 12.6

Aprendizaje básico

ASISTENCIA de PH Grade **12.32** Los residuos para 10 periodos consecutivos de tiempo son los siguientes:

Periodo	Residuos	Periodo	Residuos
1	−5	6	+1
2	−4	7	+2
3	−3	8	+3
4	−2	9	+4
5	−1	10	+5

a. Grafique los residuos a lo largo del tiempo. ¿Qué conclusión se obtiene acerca del patrón de los residuos a lo largo del tiempo?

b. Con base en el inciso *a*), ¿qué conclusión se obtiene acerca de la autocorrelación de los residuos?

ASISTENCIA de PH Grade **12.33** Los residuos para 15 periodos consecutivos son los siguientes:

Periodo	Residuos	Periodo	Residuos
1	+4	9	+6
2	−6	10	−3
3	−1	11	+1
4	−5	12	+3
5	+2	13	0
6	+5	14	−4
7	−2	15	−7
8	+7		

a. Grafique los residuos a lo largo del tiempo. ¿Qué conclusión se obtiene acerca del patrón de los residuos a lo largo del tiempo?

b. Calcule el estadístico de Durbin-Watson. En un nivel de significancia de 0.05, ¿existe evidencia de una autocorrelación positiva entre los residuos?

c. Con base en los incisos *a*) y *b*), ¿qué conclusión se obtiene acerca de la autocorrelación de los residuos?

Aplicación de conceptos

Le recomendamos utilizar Excel, Minitab o SPSS para resolver los problemas 12.35 a 12.39.

ASISTENCIA de PH Grade **12.34** En el problema 12.4 (ventas de alimentos para mascotas) de la página 419, el gerente de marketing utilizó el espacio en los estantes para la comida de mascotas para predecir las ventas semanales.

a. ¿Será necesario calcular el estadístico de Durbin-Watson? Explique.

b. ¿En qué circunstancias será necesario calcular el estadístico de Durbin-Watson antes de proceder con el método de mínimos cuadrados del análisis de regresión?

12.35 Al propietario de una casa para una sola familia en los suburbios de un condado al noreste de los Estados Unidos le gustaría desarrollar un modelo para predecir el consumo de electricidad en su casa donde todo es eléctrico (luces, ventiladores, calefacción, electrodomésticos, etcétera) con base en el promedio de la temperatura atmosférica (en grados Fahrenheit). Los datos sobre el consumo mensual en kilowatts y la información sobre la temperatura están disponibles en el archivo **ELECUSE**.

a. Suponiendo una relación lineal, utilice el método de mínimos cuadrados para encontrar los coeficientes de regresión b_0 y b_1.

b. Prediga la media de consumo de kilowatts cuando el promedio de temperatura atmosférica es de 50 grados Fahrenheit.

c. Grafique los residuos contra el periodo de tiempo.

d. Calcule el estadístico de Durbin-Watson. En un nivel de significancia de 0.05, ¿existe evidencia de una autocorrelación positiva entre los residuos?

e. Con base en los resultados de los incisos *c*) y *d*), ¿existe alguna razón para cuestionar la validez del modelo?

✓ AUTO Examen **12.36** Un negocio de ventas por catálogo con órdenes por correo que vende refacciones para computadora, software y hardware, cuenta con un almacén centralizado para la distribución de los productos ordenados. La gerencia está revisando el proceso de distribución del almacén y le interesa estudiar los factores que afectan los costos de distribución del almacén. Actualmente se cobra una pequeña tarifa por manejo de orden, sin importar la cantidad del pedido. Se han recolectado datos a lo largo de los 24 meses pasados indicando los costos de distribución del almacén y el número de órdenes recibidas. Los resultados son los siguientes:

Meses	Costos de distribución (en miles de dólares)	Número de órdenes
1	52.95	4,015
2	71.66	3,806
3	85.58	5,309
4	63.69	4,262
5	72.81	4,296
6	68.44	4,097
7	52.46	3,213
8	70.77	4,809
9	82.03	5,237
10	74.39	4,732
11	70.84	4,413
12	54.08	2,921
13	62.98	3,977
14	72.30	4,428
15	58.99	3,964
16	79.38	4,582
17	94.44	5,582
18	59.74	3,450
19	90.50	5,079
20	93.24	5,735
21	69.33	4,269
22	53.71	3,708
23	89.18	5,387
24	66.80	4,161

a. Suponiendo una relación lineal, utilice el método de mínimos cuadrados para encontrar los coeficientes de regresión b_0 y b_1.
b. Prediga los costos de distribución mensuales del almacén cuando el número de órdenes sea de 4,500.
c. Grafique los residuos contra el periodo de tiempo.
d. Calcule el estadístico de Durbin-Watson. En un nivel de significancia de 0.05, ¿existe evidencia de una autocorrelación positiva entre los residuos?
e. Con base en los resultados de los incisos *c*) y *d*), ¿existe alguna razón para cuestionar la validez del modelo?

12.37 Un shot de café exprés recién preparado tiene tres componentes distintivos: el café mismo, el cuerpo y la crema. La separación de estos tres componentes dura generalmente de 10 a 20 segundos. Al aplicar el shot de exprés para preparar un café con leche, un capuchino u otras bebidas, el shot debe introducirse durante la separación de café, cuerpo y crema. Si el shot se aplica después de que ocurra la separación, la bebida se torna excesivamente amarga y agria, arruinando el sabor de la bebida. Por lo tanto, un tiempo de separación más largo da a quien prepara la bebida más tiempo para aplicar el shot y asegurarse de que la bebida cumpla con las expectativas. Un empleado de una cafetería, hipotetizó que si los granos de café exprés más duros se apisonan hasta abajo junto al portafiltros antes de la preparación, más largo será el tiempo de separación. Se llevó a cabo un experimento utilizando 24 observaciones para probar esta relación. **ESPRESSO** La variable independiente Tamp (apisonar) mide la distancia en pulgadas entre los granos de exprés y la parte superior del portafiltro (es decir, cuanto más apretado fuera el apisonado, mayor sería la distancia). La variable dependiente Tiempo es el número de segundos que tardan en separarse el café, el cuerpo y la crema (es decir, la cantidad de tiempo después de que se aplica el shot antes de que deba usarse para preparar la bebida del consumidor).

Shot	Apisonar	Tiempo	Shot	Apisonar	Tiempo
1	0.20	14	13	0.50	18
2	0.50	14	14	0.50	13
3	0.50	18	15	0.35	19
4	0.20	16	16	0.35	19
5	0.20	16	17	0.20	17
6	0.50	13	18	0.20	18
7	0.20	12	19	0.20	15
8	0.35	15	20	0.20	16
9	0.50	9	21	0.35	18
10	0.35	15	22	0.35	16
11	0.50	11	23	0.35	14
12	0.50	16	24	0.35	16

a. Determine la línea de predicción usando Tiempo como variable dependiente y Apisonar como variable independiente.
b. Prediga la media del tiempo de separación para una distancia de apisonado de 0.50 pulgadas.
c. Grafique los residuos contra el orden de tiempo de experimentación. ¿Existe algún patrón visible?
d. Calcule el estadístico de Durbin-Watson. En un nivel de significancia de 0.05, ¿existe evidencia de una autocorrelación positiva entre los residuos?
e. Con base en los resultados de los incisos *c*) y *d*), ¿existe alguna razón para cuestionar la validez del modelo?

12.38 Al propietario de una cadena de tiendas de helados le gustaría estudiar el efecto de la temperatura atmosférica en las ventas durante la temporada de verano. Se seleccionó una muestra de 21 días consecutivos, los resultados están en el archivo **ICECREAM**.

(*Sugerencia*: Determine la variable dependiente y la independiente.)

a. Suponiendo una relación lineal, utilice el método de los mínimos cuadrados para encontrar los coeficientes de regresión b_0 y b_1.
b. Prediga las ventas por tienda para un día en el que la temperatura sea de 83 °F.
c. Grafique los residuos contra el periodo de tiempo.
d. Calcule el estadístico de Durbin-Watson. En un nivel de significancia de 0.05, ¿existe evidencia de una autocorrelación positiva entre los residuos?
e. Con base en los resultados de los incisos *c*) y *d*), ¿existe alguna razón para cuestionar la validez de este modelo?

12.39 Los precios de la gasolina en Estados Unidos rompieron el récord de alzas en mayo de 2004. Los expertos culparon a la alta demanda de gasolina en todo el mundo, a la escasa capacidad de producción de las refinerías de los Estados Unidos, a los disturbios geopolíticos y, lo más importante, al alto precio del crudo en el mercado mundial. El archivo de datos **OIL-GAS** contiene los precios al menudeo para la gasolina regular en EUA (centavos/galón) de 100 semanas que terminan el 17 de mayo de 2004 ((U.S. Department of Energy, Energy Information Administration, **www.eia.doe.gov**, 25 de mayo de 2004.)

a. Construya un diagrama de dispersión con el precio del crudo en el eje *X* y el precio de la gasolina en el eje *Y*. Explique cualquier patrón presente en estos datos.

b. Determine la línea de predicción usando el precio del crudo como la variable independiente y el precio de la gasolina como la variable dependiente.

c. Grafique los residuos contra el periodo de tiempo e interprete la gráfica.

d. Calcule el estadístico de Durbin-Watson. En un nivel de significancia de 0.05, ¿existe evidencia de una autocorrelación positiva entre los residuos?

e. Con base en los resultados de los incisos *c*) y *d*), ¿existe alguna razón para cuestionar la validez del modelo?

12.7 INFERENCIAS SOBRE LA PENDIENTE Y EL COEFICIENTE DE CORRELACIÓN

En las secciones 12.1 hasta la 12.3, usted usó la regresión con el único propósito de hacer una descripción. Aprendió cómo el método de mínimos cuadrados determina los coeficientes de regresión, y cómo predecir *Y* a partir de un valor *X* dado. Además, aprendió a calcular e interpretar la estimación del error estándar y el coeficiente de determinación.

Como se explicó en la sección 12.5, cuando el análisis residual indica que las suposiciones del modelo de regresión de mínimos cuadrados no se han infringido seriamente y que el modelo de línea recta es apropiado, es posible hacer inferencias acerca de la relación lineal entre las variables en la población.

Prueba *t* para la pendiente

Para determinar la existencia de una relación lineal significativa entre las variables *X* y *Y*, se prueba si β_1 (la pendiente de la población) es igual a 0. Las hipótesis nula y alternativa son las siguientes:

H_0: $\beta_1 = 0$ (No existe una relación lineal.)

H_1: $\beta_1 \neq 0$ (Existe una relación lineal.)

Si se rechaza la hipótesis nula, se concluye que existe evidencia de una relación lineal. La ecuación (12.16) define el estadístico de prueba.

PRUEBA DE HIPÓTESIS PARA LA PENDIENTE β_1 DE POBLACIÓN USANDO LA PRUEBA *t*

El estadístico *t* es igual a la diferencia entre la pendiente de la muestra y el valor hipotetizado de la pendiente de población dividida por el error estándar de la pendiente.

$$t = \frac{b_1 - \beta_1}{S_{b_1}} \qquad \textbf{(12.16)}$$

donde

$$S_{b_1} = \frac{S_{YX}}{\sqrt{SSX}}$$

$$SSX = \sum_{i=1}^{n}(X_i - \bar{X})^2$$

El estadístico de prueba *t* sigue una distribución *t* con $n - 2$ grados de libertad.

Vuelva al escenario "Uso de la estadística" referente a los datos de selección de local. Para probar si existe una relación significativa entre el tamaño de la tienda y las ventas anuales con un nivel de significancia de 0.05, remítase a la salida de Excel para la prueba t presentada en la figura 12.21 o a la salida de Minitab que presenta la figura 12.22. A partir de la figura 12.21 o 12.22,

$$b_1 = +1.670 \qquad n = 14 \qquad S_{b_1} = 0.157$$

y

$$t = \frac{b_1 - \beta_1}{S_{b_1}}$$

$$= \frac{1.670 - 0}{0.157} = 10.64$$

Excel identifica este estadístico t como Est t (vea la figura 12.21) y Minitab lo identifica como T (vea la figura 12.22). En un nivel de significancia de 0.05, el valor crítico de t con $n - 2 = 12$ grados de libertad es 2.1788. Como $t = 10.64 > 2.1788$, se rechaza H_0 (vea la figura 12.23). Usando el valor-p, se rechaza H_0 puesto que el valor-p es aproximadamente 0. Por tanto, se concluye que no existe una relación lineal significativa entre la media de las ventas anuales y el tamaño de la tienda.

FIGURA 12.21
Prueba t de Excel para los datos de selección de local.

16		Coefficients	Standard Error	t Stat	P-value	Lower 95%	Upper 95%
17	Intercept	0.96447	0.52619	1.83293	0.09173	-0.18200	2.11095
18	Square Feet	1.66986	0.15693	10.64112	0.00000	1.32795	2.01177

FIGURA 12.22
Prueba t de Minitab para los datos de selección de local.

```
Predictor       Coef   SE Coef       T      P
Constant      0.9645    0.5262    1.83  0.092
Square Feet   1.6699    0.1569   10.64  0.000
```

t statistic for β_1

FIGURA 12.23
Prueba de hipótesis acerca de la pendiente de población con un nivel de significancia de 0.05 y 12 grados de libertad.

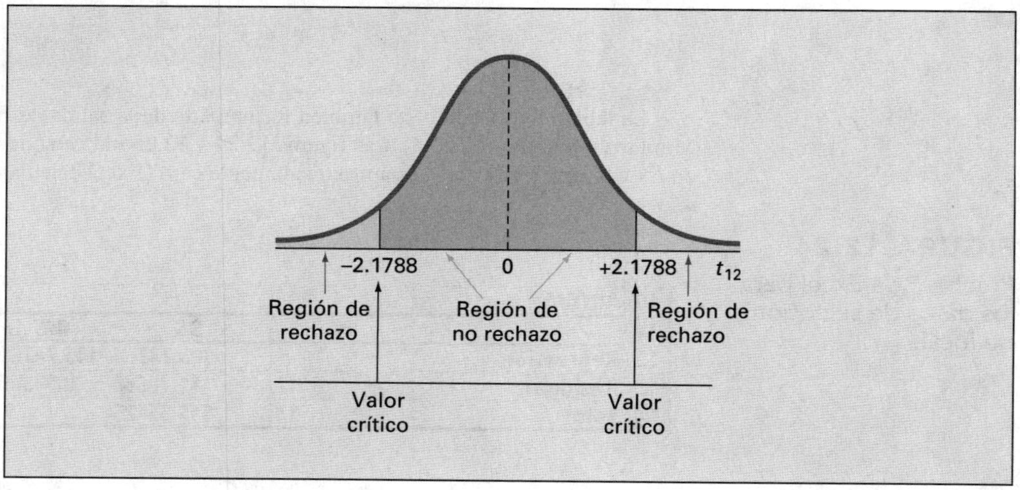

Prueba *F* para la pendiente

Una prueba *F* permite determinar si la pendiente en una regresión lineal simple es estadísticamente significativa. Recuerde que en la sección 10.4 usó la distribución *F* para probar la razón de dos varianzas. Al probar la significancia de la pendiente, la prueba *F*, definida en la ecuación (12.17), es la razón de la varianza de la regresión (*MSR*) dividida por el error de varianza ($MSE = S_{YX}^2$).

PRUEBA DE HIPÓTESIS PARA LA PENDIENTE DE POBLACIÓN β_1 USANDO LA PRUEBA *F*

El estadístico *F* es igual a la media cuadrada de la regresión (*MSR*) dividida por la media cuadrada del error (*MSE*).

$$F = \frac{MSR}{MSE} \tag{12.17}$$

donde

$$MSR = \frac{SSR}{k}$$

$$MSE = \frac{SSE}{n-k-1}$$

k = número de variables independientes en el modelo de regresión

El estadístico de prueba *F* sigue una distribución *F* con k y $n - k - 1$ grados de libertad.

Con un nivel de significancia α, la regla de decisión es

Rechace H_0 si $F > F_U$;

de otra forma, no rechace H_0.

La tabla 12.6 organiza el conjunto completo de resultados en una tabla ANOVA.

TABLA 12.6
Tabla ANOVA para probar la significancia de un coeficiente de regresión.

Fuente	*gl*	Suma de cuadrados	Media cuadrada (varianza)	*F*
Regresión	k	*SSR*	$MSR = \frac{SSR}{k}$	$F = \frac{MSR}{MSE}$
Error	$n-k-1$	*SSE*	$MSE = \frac{SSE}{n-k-1}$	
Total	$n-1$	*SST*		

La tabla ANOVA completa también forma parte de la salida de Excel (vea la figura 12.24) y de Minitab (vea la figura 12.25). Las figuras 12.24 y 12.25 indican que el valor calculado del estadístico *F* es 113.23 y el valor-*p* es aproximadamente cero (Excel calcula el valor-*p* como 0.000000182).

FIGURA 12.24
Prueba *F* de Excel para los datos de selección de local.

MSR

10	ANOVA					
11		df	SS	MS	F	Significance F
12	Regression	1	105.74761	105.74761	113.23351	1.82269E-07
13	Residual	12	11.20668	0.93389		
14	Total	13	116.95429			

MSE

FIGURA 12.25
Prueba *F* de Minitab para los datos de selección de local.

```
Analysis of Variance                          MSR

Source            DF      SS       MS         F       P
Regression         1  105.75   105.75    113.23   0.000
Residual Error    12   11.21     0.93
Total             13  116.95
                                              MSE
```

Con un nivel de significancia de 0.05, de la tabla E.5, el valor crítico para la distribución F con 1 y 12 grados de libertad es 4.75 (vea la figura 12.26). Ya que $F = 113.23 > 4.75$ o porque el valor $p = 0.000000182 < 0.05$, se rechaza H_0 y se concluye que el tamaño de la tienda se relaciona significativamente con las ventas anuales.

FIGURA 12.26
Regiones de rechazo y de no rechazo cuando se realiza la prueba para la significancia de la pendiente en un nivel de significancia de 0.05 con 1 y 12 grados de libertad.

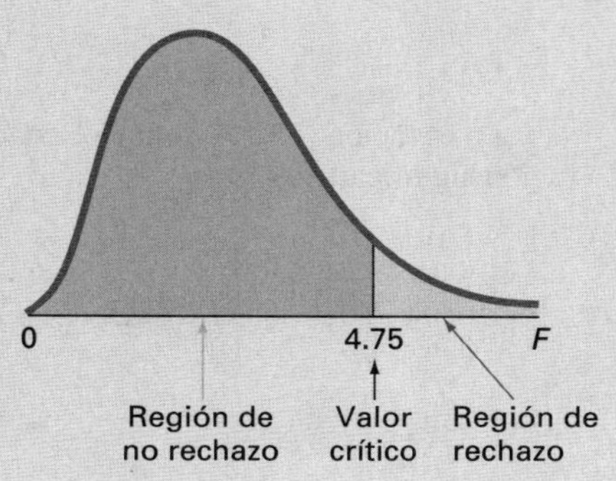

Estimación del intervalo de confianza para la pendiente (β_1)

Como una alternativa para probar la existencia de una relación lineal entre las variables, se construye una estimación del intervalo de confianza de β_1 y se determina si el valor hipotetizado ($\beta_1 = 0$) está incluido en el intervalo. La ecuación (12.18) define la estimación del intervalo de confianza de β_1.

ESTIMACIÓN DEL INTERVALO DE CONFIANZA DE LA PENDIENTE β_1

La estimación del intervalo de confianza para la pendiente se construye tomando la pendiente de muestra b_1 y sumando y restando el valor crítico t multiplicado por el error estándar de la pendiente.

$$b_1 \pm t_{n-2} S_{b_1} \qquad \textbf{(12.18)}$$

De acuerdo con la salida de Excel en la figura 12.21 o de la salida de Minitab en la figura 12.22 en la página 439,

$$b_1 = +1.670 \qquad n = 14 \qquad S_{b_1} = 0.157$$

Para construir una estimación del intervalo de confianza del 95%, $\alpha/2 = 0.025$, y de la tabla E.3, $t_{12} = 2.1788$. Así,

$$\begin{aligned} b_1 \pm t_{n-2} S_{b_1} &= +1.670 \pm (2.1788)(0.157) \\ &= +1.670 \pm 0.342 \\ &+1.328 \le \beta_1 \le +2.012 \end{aligned}$$

Por lo tanto, se estima con un nivel de confianza del 95% que la pendiente de población se encuentra entre +1.328 y +2.012 (es decir, entre \$1,328,000 y \$2,012,000). Como estos valores están por encima de 0, se concluye que existe una relación lineal significativa entre las ventas anuales y el tamaño de la tienda. Si el intervalo hubiera incluido 0, usted hubiera concluido que no existe una relación significativa entre las variables. El intervalo de confianza indica que por cada aumento de 1,000 pies cuadrados, se estima que la media de ventas anuales se incremente a por lo menos \$1,328,000 pero a no más de \$2,012,000.

Prueba t para el coeficiente de correlación

En la sección 3.4 en la página 107, la fuerza de la relación entre dos variables numéricas se midió utilizando el **coeficiente de correlación** r. Es posible utilizar el coeficiente de correlación para determinar si existe una relación lineal estadísticamente significativa entre X y Y. Vamos a hipotetizar que el coeficiente de correlación de la población ρ es 0. Así, las hipótesis nula y alternativa son

$$H_0\text{: } \rho = 0 \text{ (No hay correlación.)}$$

$$H_1\text{: } \rho \neq 0 \text{ (Hay correlación.)}$$

La ecuación (12.19) define el estadístico de prueba para determinar la existencia de una correlación significativa.

PRUEBA PARA LA EXISTENCIA DE CORRELACIÓN

$$t = \frac{r - \rho}{\sqrt{\dfrac{1 - r^2}{n - 2}}} \tag{12.19}$$

donde

$$r = +\sqrt{r^2} \text{ si } b_1 > 0$$

o

$$r = -\sqrt{r^2} \text{ si } b_1 < 0$$

El estadístico de prueba t sigue una distribución t con $n - 2$ grados de libertad.

En el problema de selección de local, $r^2 = 0.904$ y $b_1 = +1.670$ (vea la figura 12.4 o 12.5 en la página 414). Puesto que $b_1 > 0$, el coeficiente de correlación para las ventas anuales y el tamaño de la tienda es la raíz cuadrada positiva de $r^2 = +\sqrt{0.904} = +0.951$. Al probar la hipótesis nula de que no existe correlación entre estas dos variables, da como resultado el siguiente estadístico t observado:

$$t = \frac{r - 0}{\sqrt{\dfrac{1 - r^2}{n - 2}}}$$

$$= \frac{0.951 - 0}{\sqrt{\dfrac{1 - (0.951)^2}{14 - 2}}} = 10.64$$

Con un nivel de significancia de 0.05, ya que $t = 10.64 > 2.1788$, se rechaza la hipótesis nula. Se concluye que existe evidencia de una asociación entre las ventas anuales y el tamaño de la tienda. Este estadístico t es equivalente al estadístico t encontrado cuando se prueba si la pendiente de la población β_1 es igual a cero (las figuras 12.21 y 12.22 en la página 439).

Cuando se analizaron las inferencias respecto a la pendiente de la población, se utilizaron los intervalos de confianza y la prueba de hipótesis de forma intercambiable. Sin embargo, es más complicado desarrollar un intervalo de confianza para el coeficiente de correlación, porque la forma de la distribución de muestra del estadístico r varía para los diferentes valores del coeficiente de correlación de la población. En la referencia 5 se presentan métodos para desarrollar una estimación del intervalo de confianza para el coeficiente de correlación.

PROBLEMAS PARA LA SECCIÓN 12.7

Aprendizaje básico

ASISTENCIA de PH Grade **12.40** Usted está probando la hipótesis nula de que no existe relación entre dos variables X y Y. De su muestra de $n = 18$, usted determina que $b_1 = +4.5$ y $S_{b1} = 1.5$.

a. ¿Cuál es el valor del estadístico de prueba t?

b. Con un nivel de significancia a = 0.05, ¿cuáles son los valores críticos?

c. Con base en sus respuestas a los incisos *a*) y *b*), ¿qué decisión estadística debería tomar?

d. Construya una estimación del intervalo de confianza del 95% para la pendiente de población b_1.

ASISTENCIA de PH Grade **12.41** Usted está probando la hipótesis nula de que no existe relación entre dos variables X y Y. De su muestra de $n = 20$, ha determinado que $SSR = 60$ y $SSE = 40$.

a. ¿Cuál es el valor del estadístico de prueba F?

b. En un nivel de significancia de $\alpha = 0.05$, ¿cuál es el valor crítico?

c. Con base en sus respuestas a los incisos *a*) y *b*), ¿qué decisión estadística debería tomar?

d. Calcule el coeficiente de correlación calculando primero r^2 y suponiendo que b_1 es negativa.

e. En un nivel de significancia de 0.05, ¿existe una correlación significativa entre X y Y?

Aplicación de conceptos

Puede resolver los problemas 12.42 a 12.48 y 12.51 a 12.54 manualmente o con Excel, Minitab o SPSS.

✓ AUTO Examen **12.42** En el problema 12.4 de la página 419, el gerente de marketing utilizó el espacio en los estantes de comida para mascotas para predecir las ventas semanales. **PETFOOD** Utilizando los resultados de ese problema, $b_1 = 0.074$ y $S_{b1} = 0.0159$.

a. En un nivel de significancia de 0.05, ¿existe evidencia de una relación lineal entre el espacio en los estantes y las ventas?

b. Construya una estimación del intervalo de confianza del 95% para la pendiente de población β_1.

12.43 En el problema 12.5 de la página 420, se utilizaron las ventas de revistas en quioscos para predecir las ventas auditadas. **CIRCULATION** Usando los resultados de ese problema, $b_1 = 0.5719$ y $S_{b1} = 0.0668$.

a. Para un nivel de significancia de 0.05, ¿existe evidencia de una relación lineal entre las ventas reportadas y las ventas auditadas?

b. Construya una estimación del intervalo de confianza del 95% para la pendiente de población β_1.

12.44 En el problema 12.6 de la página 420, el dueño de una empresa de mudanzas quería predecir las horas de trabajo con base en el número de pies cúbicos de la mudanza. **MOVING** Con los resultados de ese problema,

a. Para un nivel de significancia de 0.05, ¿existe evidencia de una relación lineal entre el número de pies cúbicos medidos y las horas de trabajo?

b. Construya una estimación del intervalo de confianza del 95% para la pendiente de población β_1.

ASISTENCIA de PH Grade **12.45** En el problema 12.7 de la página 420, usted utilizó el peso del correo para predecir el número de órdenes recibidas. **MAIL** Con los resultados de ese problema.

a. Para un nivel de significancia de 0.05, ¿existe evidencia de una relación lineal entre el peso del correo y el número de órdenes recibidas?

b. Construya una estimación del intervalo de confianza del 95% para la pendiente de población β_1.

12.46 En el problema 12.8 de la página 421, usted utilizó los ingresos anuales para predecir el valor de una franquicia de béisbol. **BBREVENUE** Con los resultados de ese problema,

a. Para un nivel de significancia de 0.05, ¿existe evidencia de una relación lineal entre los ingresos anuales y el valor de la franquicia?

b. Construya una estimación del intervalo de confianza del 95% para la pendiente de población β_1.

12.47 En el problema 12.9 den la página 421, un agente de bienes raíces deseaba predecir la renta mensual para departamentos con base en el tamaño del inmueble. **RENT** Con los resultados de ese problema,

a. Para un nivel de significancia de 0.05, ¿existe evidencia de una relación lineal entre el tamaño del departamento y la renta mensual?

b. Construya una estimación del intervalo de confianza del 95% para la pendiente de población β_1.

12.48 En el problema 12.10 en la página 421, se utilizó la dureza para predecir la fuerza de resistencia del aluminio fundido. **HARDNESS** Con los resultados de ese problema,

a. Para un nivel de significancia de 0.05, ¿existe evidencia de una relación lineal entre la dureza y la fuerza de resistencia?

b. Construya una estimación del intervalo de confianza de 95% para la pendiente de población β_1.

12.49 La volatilidad de una acción a menudo se mide por su valor beta. El valor beta de una acción se estima desarrollando un modelo de regresión simple utilizando como variable dependiente el porcentaje de cambio semanal en la acción y como variable independiente el porcentaje de cambio semanal en el índice de mercado. El índice 500 de Standard & Poor´s (S&P) es el índice que se utiliza comúnmente. Por ejemplo, si se desea estimar el valor beta de IBM, se podría utilizar el siguiente modelo, al cual en ocasiones nos referimos como *modelo de mercado*.

$$(\text{\% de cambio semanal en IBM}) = \beta_0 + \beta_1 (\text{\% de cambio semanal en el índice 500 de S\&P}) + \varepsilon$$

La estimación de regresión de mínimos cuadrados para la pendiente b_1 es la estimación de beta para IBM. Una acción con un beta de 1.0 tiende a moverse igual que el mercado global. Una acción con un valor beta de 1.5, tiende a moverse un 50% más que el mercado global, y una acción de 0.6 tiende a moverse sólo un 60% de lo que se mueve el mercado global. Las acciones con betas negativas tienden a moverse en dirección opuesta a la del mercado global. La siguiente tabla proporciona algunos valores beta para algunas acciones ampliamente repartidas.

Empresa	Beta
Sears, Roebuck and Company	0.603
Disney Company	1.109
Ford Motor Company	1.340
IBM	1.449
LSI Logic	2.421

Fuente: ***finance.yahoo.com****, 27 de julio, 2004.*

a. Interprete el valor de beta para cada una de las cinco empresas.

b. ¿Cómo podrían utilizar los inversionistas el valor beta como guía para invertir?

12.50 Los fondos índice son fondos de inversión que intentan imitar el movimiento de los índices líderes tales como el Índice 500 de S&P, el índice NASDAQ o el Índice Russell 2000. Los valores beta para estos fondos (como se describieron en el problema 12.49), tienen un valor aproximado de 1.0. Los modelos de estimación de mercado para estos fondos son aproximadamente:

$$(\text{\% de cambio semanal en el fondo índice}) = 0.0 + 1.0 (\text{\% de cambio semanal en el índice})$$

Los fondos índice de influencia están diseñados para magnificar el movimiento de los índices mayores. Un artículo publicado en *Mutual Funds* (Lynn O´Shaughnessy, "Reach for Higher Returns", *Mutual Funds,* julio 1999, 44-49) describió algunos de los riesgos y recompensas asociados con estos fondos y dio detalles acerca de algunos de los fondos influyentes más populares, incluidos los que se presentan en la siguiente tabla.

Nombre (símbolo de registro)	Descripción del fondo
Potomac Small Cap Plus (POSCX)	125% del Índice Russell 2000
Rydex "Inv" Nova (RYNVX)	150% del Índice S&P 500
ProFund UltraOTC "Inv" (UOPIX)	El doble (200%) del Índice NASDAQ

Por lo tanto, los modelos de estimación de mercado para estos fondos son aproximadamente:

$$(\text{\% de cambio semanal en POSCX}) = 0.0 + 1.25 (\text{\% de cambio semanal en el Índice Russell 2000})$$

$$(\text{\% de cambio semanal en RYNVX}) = 0.0 + 1.50 (\text{\% de cambio semanal en el Índice S\&P 500})$$

$$(\text{\% de cambio semanal en el fondo UOPIX}) = 0.0 + 2.0 (\text{\% de cambio semanal en el Índice NASDAQ 100})$$

De esta forma, si el Índice Russell 2000 gana el 10% en un periodo determinado, el fondo de influencia POSCX gana aproximadamente un 12.5%. De lo contrario, si el mismo índice pierde 20%, el POSCX pierde aproximadamente un 25%.

a. Considere el fondo de influencia ProFund UltraBull "Inv" (ULPIX), cuya descripción es 200% de la ejecución del Índice S&P 500. ¿Cuál es su modelo de mercado aproximado?

b. Si el S&P gana el 30% en un año, ¿qué rendimiento se espera que tenga el ULPIX?

c. Si S&P pierde el 35% en un año, ¿qué rendimiento se espera que tenga el ULPIX?

d. ¿Qué tipo de inversionistas deberían sentirse atraídos hacia los fondos de influencia? ¿Qué tipo de inversionistas deberían evitar estos fondos?

12.51 Los datos en el archivo **REFRIGERATOR** representan los precios al menudeo aproximados y el costo de energía por año para 16 refrigeradores-congeladores de tamaño mediano.

Fuente: "For the Chill of It", Copywright" 2002 por Consumers U.S., Inc., Yonkers, NY 10703-1057. Adaptado con permiso de Consumer Reports, *26 de agosto 2002.*

a. Calcule el coeficiente de correlación *r*.

b. Para un nivel de significancia de 0.05, ¿existe una relación lineal entre el precio al menudeo (en $) y el costo de energía por año (en $) de los refrigeradores-congeladores de tamaño mediano?

12.52 Los datos en el archivo **SECURITY** representan el volumen de movimientos de los revisores de preabordaje en los aeropuertos entre 1998 y 1999 y de las violaciones de seguridad detectadas por cada millón de pasajeros.

Fuente: Alan B. Krueger, "A Small Dose of Common Sense Would Help Congress Break the Gridlock Over Airport Security", The New York Times, *13 de noviembre, 2001. C2.*

a. Calcule el coeficiente de correlación *r*.

b. Para un nivel de significancia de 0.05, ¿existe una relación lineal significativa entre el volumen de movimientos de los revisores de preabordaje y las violaciones de seguridad detectadas?

c. ¿A qué conclusiones se llegar acerca de la relación entre el volumen de movimientos de los revisores de preabordaje y las violaciones de seguridad detectadas?

12.53 Los datos en el archivo **CELLPHONE** representan el tiempo en horas de las conversaciones en el modo digital y la capacidad de la batería, en miliamperes por hora de los teléfonos celulares.

Tiempo de conversación	Capacidad de la batería	Tiempo de conversación	Capacidad de la batería
4.50	800	1.50	450
4.00	1,500	2.25	900
3.00	1,300	2.25	900
2.00	1,550	3.25	900
2.75	900	2.25	700
1.75	875	2.25	800
1.75	750	2.50	800
2.25	1,100	2.25	900
1.75	850	2.00	900

Fuente: "Service Shortcomings", Copyright 2002, por Consumers Union of U.S., Inc., NY 10703-1057. Adaptado con permiso de Consumer Reports, *febrero de 2002, 25.*

a. Calcule el coeficiente de correlación *r*.

b. Para un nivel de significancia de 0.05, ¿existe una relación lineal significativa entre la capacidad de la batería y el tiempo de conversación en el modo digital.

c. ¿Cuáles son sus conclusiones acerca de la relación entre la capacidad de la batería y el tiempo de conversación en el modo digital?

d. Esperaría que los teléfonos celulares con mayor capacidad de batería tuvieran un mayor tiempo de conversación. ¿Apoyan los datos estas expectativas?

12.54 Los datos en el archivo **BATTERIES2** representan el precio y los amperes de la corriente de inicio que las baterías de automóviles pueden proporcionar.

Fuente: "Leading the Charge", Copywright 2001, por Consumers Union of U.S., Inc., Yonkers, NY 10703-1057. Adaptado con permiso de Consumer Reports, *octubre de 2001, 25.*

a. Calcule el coeficiente de correlación *r*.

b. Para un nivel de significancia de 0.05, ¿existe una relación lineal significativa entre los amperes y el precio?

c. ¿Cuáles son sus conclusiones acerca de la relación entre los amperes y el precio?

d. ¿Esperaría que las baterías con más amperes tengan un precio mayor? ¿Apoyan los datos estas expectativas?

12.8 ESTIMACIÓN DE LOS VALORES DE LA MEDIA Y PREDICCIÓN DE LOS VALORES INDIVIDUALES

Esta sección presenta diferentes métodos para hacer inferencias acerca de la media de Y y la predicción de los valores individuales de Y.

La estimación del intervalo de confianza

En el ejemplo 12.2 de la página 417, se utilizó la línea de predicción para realizar predicciones acerca del valor Y para una X dada. Usted predijo una media de ventas anuales de 7.644 millones de dólares ($7,644,000) para tiendas con 4,000 pies cuadrados. Esta estimación, sin embargo, es una *estimación puntual* del valor de la media de la población. En el capítulo 8 estudió el concepto de intervalo de confianza como una estimación de la media de la población. De forma parecida, la ecuación (12.20) define la **estimación del intervalo de confianza para la media de la respuesta** para una X dada.

ESTIMACIÓN DEL INTERVALO DE CONFIANZA PARA LA MEDIA DE Y

$$\hat{Y}_i \pm t_{n-2} S_{YX} \sqrt{h_i} \tag{12.20}$$

$$\hat{Y}_i - t_{n-2} S_{YX} \sqrt{h_i} \leq \mu_{Y|X=X_i} \leq \hat{Y}_i + t_{n-2} S_{YX} \sqrt{h_i}$$

donde

$$h_i = \frac{1}{n} + \frac{(X_i - \bar{X})^2}{SSX}$$

$\hat{Y}_i$ = valor predicho de Y, $\hat{Y}_i = b_0 + b_1 X_i$

S_{YX} = estimación del error estándar

n = tamaño de la muestra

X_i = valor dado de X

$\mu_{Y|X=X_i}$ = valor medio de Y cuando $X = X_i$

$$SSX = \sum_{i=1}^{n} (X_i - \bar{X})^2$$

La amplitud del intervalo de confianza en la ecuación (12.20) depende de varios factores. Para un nivel dado de confianza, la variación incrementada alrededor de la línea de predicción, medida por la estimación del error estándar, provoca un intervalo más amplio. Además, la amplitud del intervalo también varía en los diferentes valores de X. Cuando predice Y para valores de X cercanos a $\bar{X}$, el intervalo es más angosto que para predicciones de valores X más distantes de $\bar{X}$.

En el ejemplo de la selección de local, suponga que desea una estimación del intervalo de confianza del 95% para la media de las ventas anuales para la población total de tiendas con 4,000 pies cuadrados ($X = 4$). Usando la ecuación de regresión lineal simple:

$$\begin{aligned} \hat{Y}_i &= 0.964 + 1.670 X_i \\ &= 0.964 + 1.670(4) = 7.644 \text{ (millones de dólares)} \end{aligned}$$

También, dado lo siguiente

$$\bar{X} = 2.9214 \qquad S_{YX} = 0.9664$$

$$SSX = \sum_{i=1}^{n} (X_i - \bar{X})^2 = 37.9236$$

A partir de la tabla E.3, $t_{12} = 2.1788$. Por tanto,

$$\hat{Y}_i \pm t_{n-2} S_{YX} \sqrt{h_i}$$

donde

$$h_i = \frac{1}{n} + \frac{(X_i - \bar{X})^2}{SSX}$$

por lo que

$$\hat{Y}_i \pm t_{n-2} S_{YX} \sqrt{\frac{1}{n} + \frac{(X_i - \bar{X})^2}{SSX}}$$

$$= 7.644 \pm (2.1788)(0.9664)\sqrt{\frac{1}{14} + \frac{(4 - 2.9214)^2}{37.9236}}$$

$$= 7.644 \pm 0.673$$

y

$$6.971 \leq \mu_{Y|X=4} \leq 8.317$$

Por lo tanto, la estimación del intervalo de confianza del 95% para la media de ventas anuales está entre 6.971 y 8.317 (millones de dólares) para la población de tiendas con 4,000 pies cuadrados.

El intervalo de predicción

Además de la necesidad de una estimación del intervalo de confianza para el valor de la media, usted a menudo deseará predecir la respuesta para un valor individual. Aunque la forma del intervalo de predicción es semejante a la estimación del intervalo de confianza de la ecuación (12.20), el intervalo de predicción está prediciendo un valor individual, no la estimación de un parámetro. La ecuación (12.21) define al **intervalo de predicción para una respuesta individual *Y***, en un valor específico X_i, denotado por $Y_{X=Xi}$.

INTERVALO DE PREDICCIÓN PARA UNA RESPUESTA INDIVIDUAL Y

$$\hat{Y}_i \pm t_{n-2} S_{YX} \sqrt{1 + h_i} \quad \textbf{(12.21)}$$

$$\hat{Y}_i - t_{n-2} S_{YX} \sqrt{1 + h_i} \leq Y_{X=X_i} \leq \hat{Y}_i + t_{n-2} S_{YX} \sqrt{1 + h_i}$$

donde h_i, $\hat{Y}_i$, S_{YX}, n y X_i están definidas como en la ecuación (12.20) en la página 446 y $Y_{X=Xi}$ = a valor futuro de Y cuando $X = X_i$.

Para construir un intervalo de predicción del 95% de las ventas anuales para una tienda individual que contenga 4,000 pies cuadrados ($X = 4$), primero se calcula $\hat{Y}_i$. Usando la línea de predicción:

$$\hat{Y}_i = 0.964 + 1.670X_i$$

$$= 0.964 + 1.670(4)$$

$$= 7.644 \text{ (millones de dólares)}$$

También, dado lo siguiente:

$$\bar{X} = 2.9214 \qquad S_{YX} = 0.9664$$

$$SSX = \sum_{i=1}^{n} (X_i - \bar{X})^2 = 37.9236$$

A partir de la tabla E.3, $t_{12} = 2.1788$. Por lo tanto,

$$\hat{Y}_i \pm t_{n-2} S_{YX} \sqrt{1 + h_i}$$

donde

$$h_i = \frac{1}{n} + \frac{(X_i - \bar{X})^2}{\sum_{i=1}^{n} (X_i - \bar{X})^2}$$

por lo que

$$\hat{Y}_i \pm t_{n-2} S_{YX} \sqrt{1 + \frac{1}{n} + \frac{(X_i - \bar{X})^2}{SSX}}$$

$$= 7.644 \pm (2.1788)(0.9664)\sqrt{1 + \frac{1}{14} + \frac{(4 - 2.9214)^2}{37.9236}}$$

$$= 7.644 \pm 2.210$$

así que

$$5.433 \le Y_{X=4} \le 9.854$$

Por lo tanto, con un nivel de confianza del 95%, se predice que las ventas anuales para una tienda individual con 4,000 pies cuadrados estarán entre $5,433,000 y $9,854,000.

La figura 12.27 es una hoja de trabajo de Excel que ilustra la estimación del intervalo de confianza y el intervalo de predicción para el problema de selección de local, y la figura 12.28 muestra la salida de Minitab. Si se comparan los resultados de la estimación del intervalo de confianza y el intervalo de predicción, se observará que la amplitud del intervalo de predicción para una tienda individual es mucho más amplio que la estimación del intervalo de confianza para la media de la tienda. Recuerde que existe una mayor variación al predecir un valor individual que al estimar el valor de la media.

FIGURA 12.27
Estimación del intervalo de confianza y del intervalo de predicción de Excel para el problema de selección de local.

	A	B
1	**Site Selection Analysis**	
2		
3	**Data**	
4	**X Value**	**4**
5	**Confidence Level**	**95%**
6		
7	Intermediate Calculations	
8	Sample Size	14
9	Degrees of Freedom	12
10	t Value	2.1788
11	Sample Mean	2.9214
12	Sum of Squared Difference	37.9236
13	Standard Error of the Estimate	0.9664
14	h Statistic	0.1021
15	Predicted Y (YHat)	7.6439
16		
17	**For Average Y**	
18	Interval Half Width	0.6728
19	**Confidence Interval Lower Limit**	**6.9711**
20	**Confidence Interval Upper Limit**	**8.3167**
21		
22	**For Individual Response Y**	
23	Interval Half Width	2.2104
24	**Prediction Interval Lower Limit**	**5.4335**
25	**Prediction Interval Upper Limit**	**9.8544**

= CONTAR (DATACOPY!B:B)
= B8-2
= DISTR. T. INV.
= PROMEDIO (DATACOPY!B:B)
= SUMA (DATACOPY!D:D)
= SLR!B7
= TENDENCIA(DATACOPY!C2:$C$15, DATACOPY!B2:$B$15, B4)

=B10 * B13 * RAIZ (B14)
=B15 - B18
=B15 + B18

=B10 * B13 * RAIZ (1 + B14)
=B15 - B23
=B15 + B23

FIGURA 12.28
Estimación del intervalo de confianza y del intervalo de predicción de Minitab para el problema de selección de local.

```
Predicted Values for New Observations

New
Obs    Fit  SE Fit       95% CI            95% PI
  1  7.644   0.309  (6.971, 8.317)  (5.433, 9.854)


Values of Predictors for New Observations

New  Square
Obs    Feet
  1    4.00
```

PROBLEMAS PARA LA SECCIÓN 12.8

Aprendizaje básico

ASISTENCIA de PH Grade **12.55** Con base en una muestra de $n = 20$, se utilizó el método de mínimos cuadrados para desarrollar la siguiente línea de predicción: $\hat{Y}_i = 5 + 3X_i$. Además,

$$S_{YX} = 1.0,\ \overline{X} = 2,\ \text{y}\ \sum_{i=1}^{n}(X_i - \overline{X})^2 = 20$$

a. Construya una estimación del intervalo de confianza del 95% para la media de la respuesta para $X = 2$.
b. Construya un intervalo de predicción del 95% para una respuesta individual para $X = 2$.

ASISTENCIA de PH Grade **12.56** Con base en una muestra de $n = 20$, se utilizó el método de mínimos cuadrados para desarrollar la siguiente línea de predicción: $\hat{Y} = 5 + 3X_i$. Además,

$$S_{YX} = 1.0,\ \overline{X} = 2\ \text{y}\ \sum_{i=1}^{n}(X_i - \overline{X})^2 = 20$$

a. Construya una estimación del intervalo de confianza del 95% para la media de la población de la respuesta para $X = 4$.
b. Construya un intervalo de predicción para una respuesta individual para $X = 4$.
c. Compare los resultados de los incisos *a*) y *b*) con los del problema 12.55, incisos *a*) y *b*). ¿Cuál intervalo es más amplio? ¿Por qué?

Aplicación de conceptos

Puede resolver los problemas 12.57 a 12.63 manualmente o con Excel, Minitab o SPSS.

12.57 En el problema 12.5 de la página 420, utilizó las ventas reportadas para predecir las ventas auditadas de las revistas. **CIRCULATION** Para estos datos $S_{YX} = 42.186$ y para $X_i = 400$, $h_i = 0.108$.
a. Construya una estimación del intervalo de confianza del 95% para la media de ventas auditadas para revistas que reportan ventas en puestos de periódicos de 400,000 ejemplares.
b. Construya un intervalo de predicción del 95% para las ventas auditadas para una sola revista que reporte ventas en los puestos de periódicos por 400,000 ejemplares.
c. Explique la diferencia en los resultados de los incisos *a*) y *b*).

ASISTENCIA de PH Grade ✓AUTO Examen **12.58** En el problema 12.4 de la página 419, el gerente de marketing utilizó el espacio en el estante para comida de mascotas para predecir las ventas semanales. **PETFOOD** Para estos datos $S_{YX} = 0.3081$ y para $X_i = 8$, $h_i = 0.1373$.
a. Construya una estimación del intervalo de confianza del 95% para la media de ventas semanales para todas las tiendan que tengan 8 pies de espacio en los estantes para comida para mascotas.
b. Construya un intervalo de predicción del 95% para las ventas semanales para una sola tienda que tenga 8 pies de espacio en los estantes para comida para mascotas.
c. Explique la diferencia para los resultados en los incisos *a*) y *b*).

12.59 En el problema 12.7 de la página 420, utilizó el peso del correo para predecir el número de órdenes recibidas. **MAIL**
a. Construya una estimación del intervalo de confianza del 95% para la media del número de órdenes recibidas de todos los paquetes con un peso de 500 libras.
b. Construya un intervalo de predicción del 95% para el número de órdenes recibidas para un paquete individual con un peso de 500 libras.
c. Explique las diferencias en los resultados de los incisos *a*) y *b*).

12.60 En el problema 12.6 de la página 420, el dueño de una empresa de mudanzas quería predecir las horas de trabajo con base en el número de pies cúbicos de la mudanza. **MOVING**
a. Construya una estimación del intervalo de confianza del 95% para la media de horas trabajadas para todas las mudanzas de 500 pies cúbicos.
b. Construya un intervalo de predicción del 95% para las horas de trabajo de una mudanza individual de 500 pies cúbicos.
c. Explique la diferencia en los resultados de los incisos *a*) y *b*).

12.61 En el problema 12.9 de la página 421, un agente de una empresa de bienes raíces quería predecir la renta mensual de los departamentos con base en el tamaño del inmueble. **RENT**
a. Construya una estimación del intervalo de confianza del 95% para la media de la renta mensual para todos los departamentos de 1,000 pies cuadrados.
b. Construya un intervalo de predicción del 95% para la renta mensual de un solo departamento que mide 1,000 pies cuadrados.
c. Explique la diferencia en los resultados en los incisos *a*) y *b*).

12.62 En el problema 12.8 de la página 421, usted predijo el valor de una franquicia de béisbol con base en los ingresos actuales. **BBREVENUE**

a. Construya una estimación del intervalo de confianza del 95% para la media del valor de todas las franquicias de béisbol que generen $150 millones de ingresos anuales.

b. Construya un intervalo de predicción del 95% para el valor de una franquicia individual que genere $150 millones de ingresos anuales.

c. Explique las diferencias en los resultados de los incisos *a*) y *b*).

12.63 En el problema 12.10 de la página 421, utilizó la dureza para medir la resistencia a la tensión del aluminio fundido. **HARDNESS**

a. Construya una estimación del intervalo de confianza del 95% para la media de la resistencia a la tensión para todos los modelos con una dureza de 30 unidades E Rockwell.

b. Construya un intervalo de predicción del 95% para la resistencia a la tensión para un modelo individual que tiene una dureza de 30 unidades E Rockwell.

c. Explique la diferencia en los resultados de los incisos *a*) y *b*).

12.9 DIFICULTADES EN LA REGRESIÓN Y CONSIDERACIONES ÉTICAS

Algunas dificultades implicadas en el uso del análisis de regresión son las siguientes:

- Falta de conocimiento de la suposición de la regresión de mínimos cuadrados.
- No saber cómo evaluar las suposiciones de regresión de mínimos cuadrados.
- No saber cuál de las alternativas para la regresión de mínimos cuadrados usar si una suposición específica se ha infringido.
- Utilizar un modelo de regresión sin el conocimiento de la materia.
- Extrapolar fuera del rango relevante.
- Concluir que una relación significativa identificada en un estudio observacional se debe a una relación causa-efecto.

La amplia disposición de hojas de trabajo y software estadístico ha eliminado los obstáculos computacionales que prevenían a muchos usuarios de aplicar el análisis de regresión. Sin embargo, para muchos usuarios, esta creciente habilidad del software no ha venido acompañada por una comprensión de cómo utilizar el análisis de regresión de forma apropiada. Un usuario que no está familiarizado con las suposiciones de regresión ni con la forma de evaluar estas suposiciones, no sabrá qué alternativas de la regresión de mínimos cuadrados existen cuando se ha infringido una suposición específica.

Los datos de la tabla 12.7 ilustran la necesidad de usar gráficas de dispersión y análisis residual para ir más allá del transcendental de los números básicos para calcular la intersección en *Y*, la pendiente y la r^2.

TABLA 12.7
Cuatro conjuntos de datos artificiales
ANSCOMBE.

Conjuntos de datos A		Conjuntos de datos B		Conjuntos de datos C		Conjuntos de datos D	
X_i	Y_i	X_i	Y_i	X_i	Y_i	X_i	Y_i
10	8.04	10	9.14	10	7.46	8	6.58
14	9.96	14	8.10	14	8.84	8	5.76
5	5.68	5	4.74	5	5.73	8	7.71
8	6.95	8	8.14	8	6.77	8	8.84
9	8.81	9	8.77	9	7.11	8	8.47
12	10.84	12	9.13	12	8.15	8	7.04
4	4.26	4	3.10	4	5.39	8	5.25
7	4.82	7	7.26	7	6.42	19	12.50
11	8.33	11	9.26	11	7.81	8	5.56
13	7.58	13	8.74	13	12.74	8	7.91
6	7.24	6	6.13	6	6.08	8	6.89

Fuente: F.J. Anscombe, "Graphs in Statistical Analysis", American Statistician, *vol. 27 (1973), 17-21.*

Anscombe (referencia 1) mostró que los cuatro conjuntos de datos dados en la tabla 12.7 tienen los siguientes resultados idénticos:

$$\hat{Y}_i = 3.0 + 0.5X_i$$

$$S_{YX} = 1.237$$

$$S_{b_1} = 0.118$$

$$r^2 = 0.667$$

$$SSR = \text{variación explicada} = \sum_{i=1}^{n} (\hat{Y}_i - \overline{Y})^2 = 27.51$$

$$SSE = \text{variación no explicada} = \sum_{i=1}^{n} (Y_i - \hat{Y}_i)^2 = 13.76$$

$$SST = \text{variación total} = \sum_{i=1}^{n} (Y_i - \overline{Y})^2 = 41.27$$

Así, en relación con esos estadísticos asociados con una regresión lineal simple, los cuatro conjuntos de datos son idénticos. Si se detuviera el análisis en este punto, se perdería información valiosa de los datos. Al examinar la figura 12.9, que representa gráficas de dispersión para los cuatro conjuntos de datos, y la figura 12.30, que representa gráficas residuales para los cuatro conjuntos de datos, se verá claramente que la relación entre X y Y en cada uno de estos cuatro conjuntos de datos es diferente.

En las gráficas de dispersión en la figura 12.29 y en las gráficas residuales de la figura 12.30, se observa qué tan diferentes son los conjuntos. El único conjunto de datos que parece seguir una línea recta aproximada es el conjunto de datos A. La gráfica residual para los datos A no muestra ningún patrón obvio o residuos aislados. Esto de seguro no es cierto en el caso de los conjuntos de datos B, C y D. La gráfica de dispersión para el conjunto de datos B indica que sería más apropiado realizar un modelo de regresión cuadrática (vea la sección 13.6). Esta conclusión se ve reforzada por la clara forma parabólica de la gráfica residual para B. El diagrama de dispersión y la gráfica residual para el conjunto de datos C muestran claramente una observación aislada. En este caso, tal vez quiera remover el dato aislado y reestimar el modelo de regresión. Al reestimar el modelo descubrirá una relación muy diferente. De forma similar, el diagrama de dispersión para el conjunto de datos D también representa la situación en la que el modelo es fuertemente dependiente del resultado de una respuesta individual ($X_8 = 19$ y $Y_8 = 12.50$). Debe evaluar cautelosamente cualquier modelo de regresión ya que sus coeficientes de relación dependen fuertemente de una sola observación.

FIGURA 12.29
Gráficas de dispersión para cuatro conjuntos de datos.

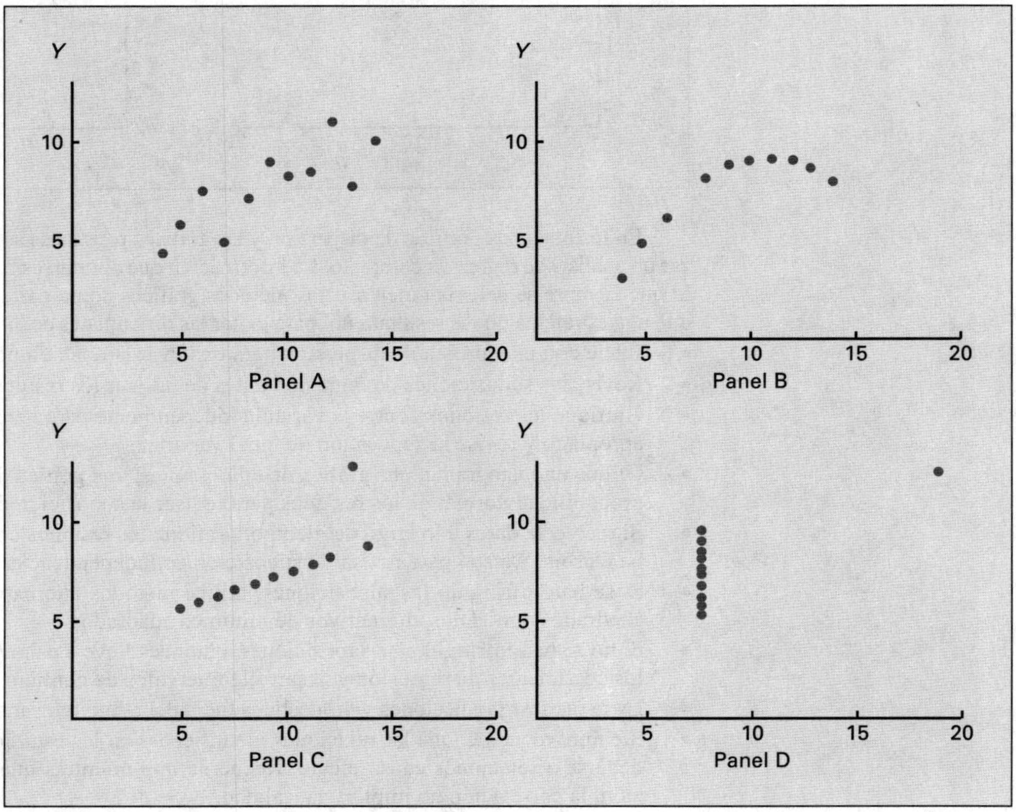

FIGURA 12.30
Gráficas residuales para los cuatro conjuntos de datos.

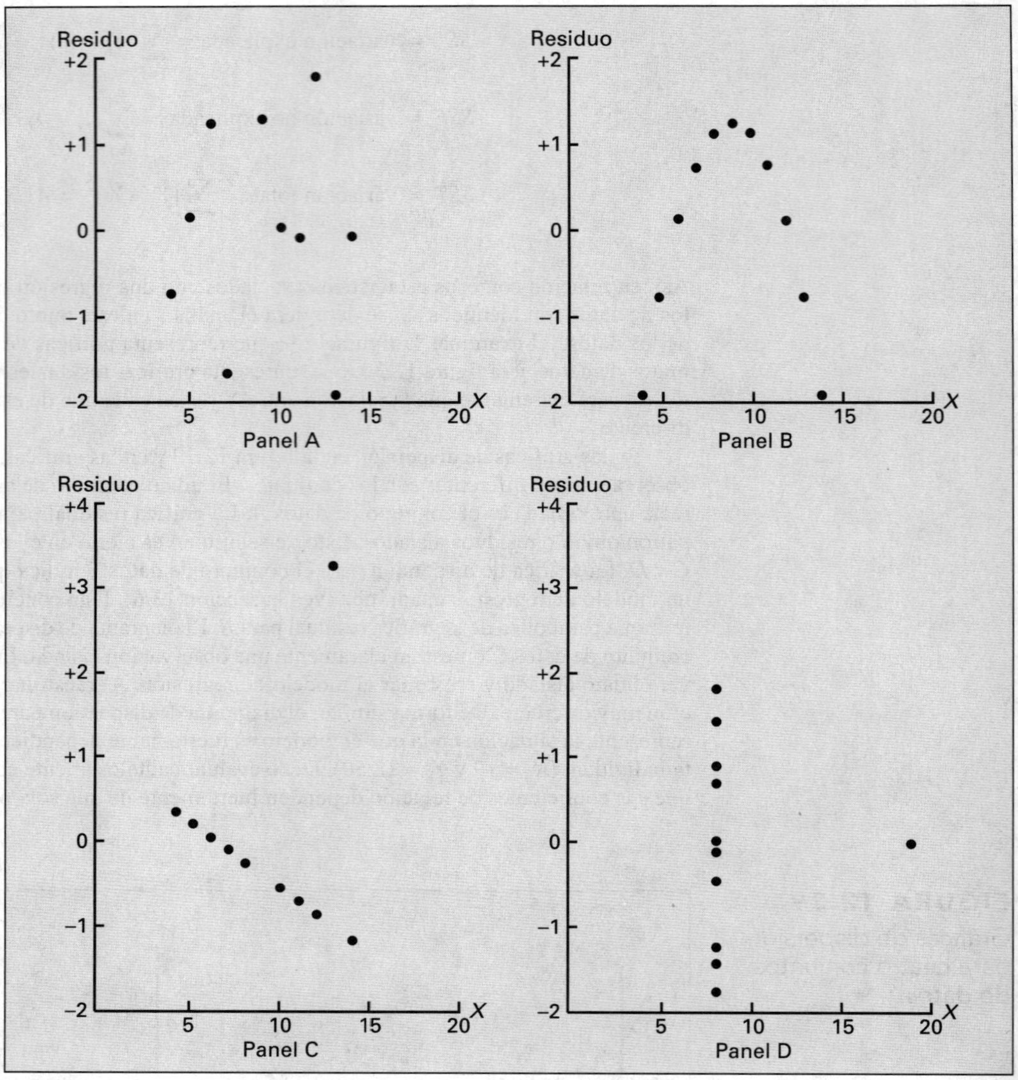

En resumen, las gráficas de dispersión y las gráficas residuales son de vital importancia para realizar un análisis de regresión completo. La información que aportan es básica para un análisis creíble, por lo que siempre se deberían incluir estos métodos gráficos como parte de un análisis de regresión. Así que una estrategia que le resultará útil para evitar las dificultades de la regresión es la siguiente.

- Inicie con una gráfica de dispersión para observar la relación posible entre X y Y.
- Revise las suposiciones de regresión antes de utilizar los resultados del modelo.
- Grafique los residuos contra la variable independiente para determinar si el modelo lineal es el apropiado y revise la suposición de igual varianza.
- Utilice un histograma, una gráfica de tallo y hojas, una gráfica de caja y bigote o una gráfica de probabilidad normal de los residuos para revisar la suposición de normalidad.
- Si recolecta datos a lo largo del tiempo, grafique los residuos contra el tiempo y utilice la prueba Durbin-Watson para revisar la suposición de independencia.
- Si se han infringido las suposiciones, utilice métodos alternativos a la regresión de mínimos cuadrados o modelos alternativos de mínimos cuadrados.
- Si no se han infringido las suposiciones, entonces lleve a cabo pruebas para la significancia de los coeficientes de regresión y desarrolle intervalos de confianza y de predicción.
- Evite realizar predicciones y pronósticos fuera del rango relevante de la variable independiente.
- Siempre recuerde que las relaciones identificadas en los estudios observacionales pueden o no deberse a relaciones causa-efecto. Recuerde que mientras que la causalidad implica correlación, la correlación no implica causalidad.

RESUMEN

Como se observa en el mapa conceptual de la figura 12.31, este capítulo desarrolla el modelo de regresión lineal simple y explica las suposiciones y cómo evaluarlas. Una vez que se está seguro de que el modelo es apropiado, es posible predecir valores utilizando la línea de predicción y probar la significancia de la pendiente. En este capítulo usted aprendió cómo el director de planeación de una tienda de ropa utiliza el análisis de regresión para investigar la relación entre el tamaño de la tienda y sus ventas anuales. Usted ha usado este análisis para tomar mejores decisiones al elegir nuevos locales para tiendas, así como para pronosticar ventas para las tiendas existentes. En el capítulo 13 se extiende el análisis de regresión a situaciones en las que se utiliza más de una variable independiente para predecir el valor de la variable dependiente.

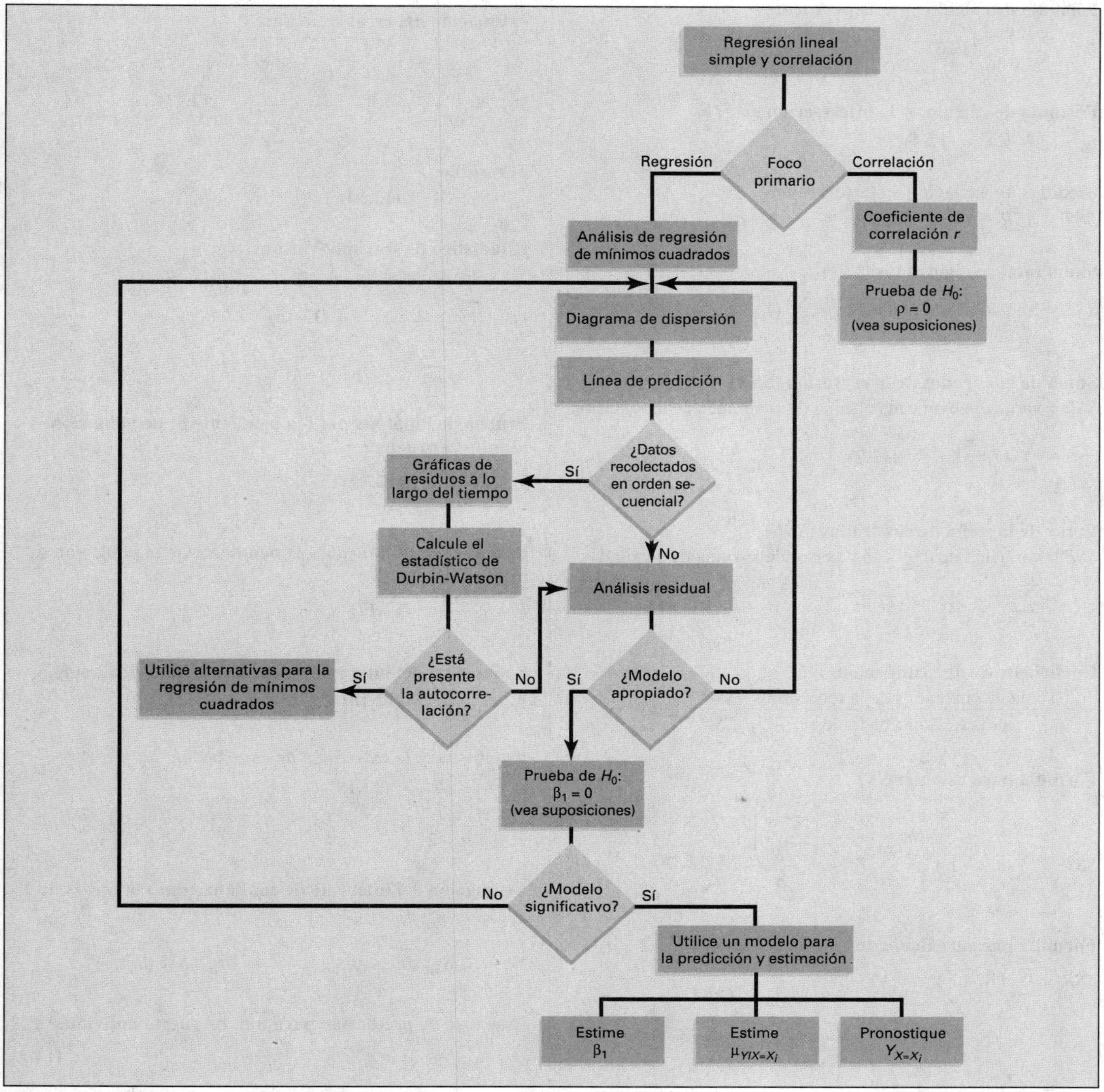

FIGURA 12.31 Mapa conceptual para la regresión lineal simple.

FÓRMULAS IMPORTANTES

Modelo de regresión lineal simple

$Y_i = \beta_0 + \beta_1 X_i + \varepsilon_i$ **(12.1)**

Ecuación de la regresión lineal simple: la línea de predicción

$\hat{Y}_i = b_0 + b_1 X_i$ **(12.2)**

Fórmula de cálculo para la pendiente b_1

$$b_1 = \frac{SSXY}{SSX} \quad \textbf{(12.3)}$$

Fórmula de cálculo de la intersección en *Y*, b_0

$b_0 = \overline{Y} - b_1 \overline{X}$ **(12.4)**

Medidas de variación en la regresión

$SST = SSR + SSE$ **(12.5)**

Suma total de cuadrados (*SST*)

$$SST = \text{suma total de cuadrados} = \sum_{i=1}^{n} (Y_i - \overline{Y})^2 \quad \textbf{(12.6)}$$

Suma de cuadrados de la regresión (*SSR*)

SSR = variación explicada o suma de cuadrados de la regresión

$$= \sum_{i=1}^{n} (\hat{Y}_i - \overline{Y})^2 \quad \textbf{(12.7)}$$

Error de la suma de cuadrados (*SSE*)

SSE = variación no explicada o error de la suma de cuadrados

$$= \sum_{i=1}^{n} (Y_i - \hat{Y}_i)^2 \quad \textbf{(12.8)}$$

Coeficiente de determinación

$$r^2 = \frac{\text{suma de cuadrados de la regresión}}{\text{uma total de cuadrados}} = \frac{SSR}{SST} \quad \textbf{(12.9)}$$

Fórmula para calcular *SST*

$$SST = \sum_{i=1}^{n} (Y_i - \overline{Y})^2 = \sum_{i=1}^{n} Y_i^2 - \frac{\left(\sum_{i=1}^{n} Y_i\right)^2}{n} \quad \textbf{(12.10)}$$

Fórmula para el cálculo de *SSR*

$$SSR = \sum_{i=1}^{n} (\hat{Y}_i - \overline{Y})^2 \quad \textbf{(12.11)}$$

$$= b_0 \sum_{i=1}^{n} Y_i + b_1 \sum_{i=1}^{n} X_i Y_i - \frac{\left(\sum_{i=1}^{n} Y_i\right)^2}{n}$$

Fórmula para calcular *SSE*

$$SSE = \sum_{i=1}^{n} (Y_i - \hat{Y})^2 \quad \textbf{(12.12)}$$

$$= \sum_{i=1}^{n} Y_i^2 - b_0 \sum_{i=1}^{n} Y_i - b_1 \sum_{i=1}^{n} X_i Y_i$$

Estimación del error estándar

$$S_{YX} = \sqrt{\frac{SSE}{n-2}} = \sqrt{\frac{\sum_{i=1}^{n} (Y_i - \hat{Y}_i)^2}{n-2}} \quad \textbf{(12.13)}$$

El residuo

$e_i = Y_i - \hat{Y}_i$ **(12.14)**

Estadístico de Durbin-Watson

$$D = \frac{\sum_{i=2}^{n} (e_i - e_{i-1})^2}{\sum_{i=1}^{n} e_i^2} \quad \textbf{(12.15)}$$

Prueba de hipótesis para la pendiente β_1 de población usando la prueba *t*

$$t = \frac{b_1 - \beta_1}{S_{b_1}} \quad \textbf{(12.16)}$$

Prueba de hipótesis para la pendiente de la población β_1 usando la prueba *F*

$$F = \frac{MSR}{MSE} \quad \textbf{(12.17)}$$

Estimación del intervalo de confianza de la pendiente β_1

$b_1 \pm t_{n-2} S_{b_1}$ **(12.18)**

Prueba para la existencia de correlación

$$t = \frac{r - \rho}{\sqrt{\frac{1 - r^2}{n-2}}} \quad \textbf{(12.19)}$$

Estimación del intervalo de confianza para la media de *Y*

$\hat{Y}_i \pm t_{n-2} S_{YX} \sqrt{h_i}$ **(12.20)**

$$\hat{Y}_i - t_{n-2} S_{YX} \sqrt{h_i} \le \mu_{Y|X=X_i} \le \hat{Y}_i + t_{n-2} S_{YX} \sqrt{h_i}$$

Intervalo de predicción para una respuesta individual *Y*

$\hat{Y}_i \pm t_{n-2} S_{YX} \sqrt{1 + h_i}$ **(12.21)**

$$\hat{Y}_i - t_{n-2} S_{YX} \sqrt{1 + h_i} \le Y_{X=X_i} \le \hat{Y}_i + t_{n-2} S_{YX} \sqrt{1 + h_i}$$

CONCEPTOS CLAVE

PROBLEMAS DE REPASO

Revisión de su comprensión

12.64 ¿Cuál es la interpretación de la intersección en *Y* y de la pendiente en la ecuación de la regresión lineal simple?

12.65 ¿Cuál es la interpretación del coeficiente de determinación?

12.66 ¿Cuándo será la variación no explicada (es decir el error de la suma de cuadrados) igual a 0?

12.67 ¿Cuándo será la variación explicada (es decir, la suma de cuadrados de la regresión) igual a 0?

12.68 ¿Por qué siempre se debe llevar a cabo un análisis residual como parte del modelo de regresión?

12.69 ¿Cuáles son las suposiciones del análisis de regresión?

12.70 ¿Cómo se evalúan las suposiciones del análisis de regresión?

12.71 ¿Cuándo y cómo se utiliza el estadístico de Durbin-Watson?

12.72 ¿Cuál es la diferencia entre la estimación del intervalo de confianza de la respuesta promedio $\mu_{Y|X=Xi}$ y el intervalo de predicción de $Y_{X=Xi}$?

Aplicación de conceptos

Puede resolver los problemas 12.74 a 12.92 manualmente o con Excel, Minitab o SPSS.

12.73 Investigadores de la Lubin School of Business en la Universidad Pace de la ciudad de Nueva York, realizaron un estudio acerca de los cursos por Internet. En una parte del estudio, se recolectaron cuatro variables numéricas de 108 estudiantes en un curso de introducción gerencial que se reunía una vez por semana durante todo un semestre. Una variable recolectada fue la *consistencia de visitas*. Para medir la consistencia de visitas los investigadores hicieron lo siguiente:

Si un alumno no visitaba el sitio de Internet entre clases, se le asignaba un cero para ese periodo. Si un alumno visitaba el sitio de Internet una o más veces entre clases, se le asignaba un uno por ese periodo. Como había 13 periodos, la puntuación del alumno en consistencia de visitas podía variar de 0 a 13.

Las otras tres variables incluían el promedio del alumno en el curso, el GPA acumulativo del alumno, y el número total de visitas al sitio de Internet que apoyaba al curso. La siguiente tabla proporciona el coeficiente de correlación para todos los pares de variables. Note que las correlaciones marcadas con un * son estadísticamente significativas utilizando un $\alpha = 0.001$.

Variables	Correlación
Promedio del curso, GPA acumulativo	0.72*
Promedio del curso, total de visitas	0.08
Promedio del curso, consistencia de visitas	0.37*
GPA acumulado, total de visitas	0.12
GPA acumulado, consistencia de visitas	0.32*
Total de visitas, consistencia de visitas	0.64*

Fuente: Adaptado de Baugher, D., Varanelli, A. y E. Weisbord, "Student Hits in an Internet-Supported Course: How Can Instructors Use Them and What Do They Mean?" Decision Sciences Journal of Innovative Education, *otoño de 2003, 1(2): 159-179.*

a. ¿A qué conclusiones se llega a partir de este análisis de correlación?

b. ¿Le sorprenden los resultados, o son congruentes con sus propias observaciones y experiencias?

12.74 La gerencia de una empresa embotelladora de bebidas refrescantes desea desarrollar un método para distribuir los costos de entrega a los clientes. Aunque un costo se relaciona claramente con el tiempo de viaje en una ruta específica, otra variable de costo refleja el tiempo requerido para descargar las cajas de bebida refrescante en el punto de entrega. El tiempo de entrega y el número de cajas entregadas están registradas: **DELIVERY**

Cliente	Número de cajas	Tiempo de entrega (minutos)	Cliente	Número de cajas	Tiempo de entrega (minutos)
1	52	32.1	11	161	43.0
2	64	34.8	12	184	49.4
3	73	36.2	13	202	57.2
4	85	37.8	14	218	56.8
5	95	37.8	15	243	60.6
6	103	39.7	16	254	61.2
7	116	38.5	17	267	58.2
8	121	41.9	18	275	63.1
9	143	44.2	19	287	65.6
10	157	47.1	20	298	67.3

Desarrolle un modelo de regresión para predecir el tiempo de entrega con base en el número de cajas entregadas.

a. Utilice el método de mínimos cuadrados para calcular los coeficientes de regresión b_0 y b_1.
b. Interprete el significado de b_0 y b_1 en este problema.
c. Prediga el tiempo de entrega para 150 cajas de bebida refrescante.
d. ¿Sería apropiado utilizar el modelo para predecir el tiempo de entrega para un cliente que recibirá 500 cajas de bebida refrescante? ¿Por qué?
e. Determine el coeficiente de determinación r^2 y explique su significado para este problema.
f. Realice un análisis residual. ¿Existe evidencia de algún patrón en los residuos? Explique su respuesta.
g. Para un nivel de significancia de 0.05, ¿existe evidencia de una relación lineal entre el tiempo de entrega y el número de cajas entregadas?
h. Construya una estimación del intervalo de confianza del 95% para la media del tiempo de entrega para 150 cajas de refresco.
i. Construya un intervalo de predicción del 95% del tiempo de entrega para una sola entrega de 150 cajas de refresco.
j. Construya una estimación del intervalo de confianza del 95% para la pendiente de población.
k. Explique cómo los resultados en los incisos *a*) a *j*) ayudarán a repartir los costos de entrega entre los clientes.

12.75 Una casa de corredería desea predecir el número de negocios realizados por día utilizando el número de llamadas telefónicas entrantes como una variable predictiva. Los datos fueron recolectados a lo largo de un periodo de 35 días. **TRADES**

a. Utilice el método de mínimos cuadrados para calcular los coeficientes de regresión b_0 y b_1.
b. Interprete el significado de b_0 y b_1 para este problema.
c. Prediga el número de negocios realizados para un día en el que el número de llamadas telefónicas entrantes fue de 2,000.
d. ¿Será apropiado utilizar el modelo para predecir el número de negocios realizados en un día cuando el número de llamadas entrantes es de 5,000? ¿Por qué?
e. Determine el coeficiente de determinación r^2 y explique su significado para este problema.
f. Grafique los residuos contra el número de llamadas entrantes y también contra los días. ¿Existe evidencia de algún patrón en los residuos para cualquiera de estas variables? Explique su respuesta.
g. Determine el estadístico de Durbin-Watson para estos datos.
h. Con base en los resultados de los incisos *f*) y *g*), ¿existe alguna razón para cuestionar la validez de este modelo? Explique su respuesta.
i. Para un nivel de significancia de 0.05, ¿existe evidencia de una relación lineal entre el volumen de negocios realizados y el número de llamadas entrantes?
j. Construya una estimación del intervalo de confianza del 95% para el número de negocios realizados para días en los que el número de llamadas entrantes sea de 2,000.
k. Construya un intervalo de predicción del 95% para el número de negocios realizados para un día específico en el que el número de llamadas entrantes sea 2,000.
l. Construya una estimación del intervalo de confianza del 95% para la pendiente de la población.
m. Con base en los resultados de los incisos *a*) hasta *l*), ¿cree usted que la corredería debe enfocarse en una estrategia para incrementar el número de llamadas entrantes o en una estrategia que dependa de negociar con un pequeño número de grandes negociantes? Explique su respuesta.

12.76 Usted desea desarrollar un modelo para predecir el precio de venta de casas con base en el valor del avalúo. Se selecciona una muestra de 30 casas unifamiliares recientemente vendidas en una pequeña ciudad, para estudiar la relación entre el precio de venta (en miles de dólares) y el precio del avalúo (en miles de dólares). Las casas en la ciudad fueron reevaluadas a su valor total un año antes del estudio. Los resultados se encuentran en el archivo **HOUSE1**.
(*Sugerencia:* Primero determine la variable independiente y la dependiente).

a. Grafique un diagrama de dispersión y, suponiendo una relación lineal, utilice el método de mínimos cuadrados para calcular los coeficientes de regresión b_0 y b_1.
b. Interprete el significado de la intersección en Y, b_0, y de la pendiente b_1 para este problema.
c. Utilice la línea de predicción desarrollada en el inciso *a*) para predecir el valor de avalúo para una casa cuyo valor es de $70,000.
d. Determine el coeficiente de determinación r^2 e interprete su significado en este problema.
e. Realice un análisis residual en sus resultados y determine si es adecuado el ajuste del modelo.
f. Para un nivel de significancia de 0.05, ¿existe evidencia de una relación lineal entre el precio de venta y los resultados del valor del avalúo?
g. Construya una estimación del intervalo de confianza del 95% para la media de los precios de venta de casas con un valor de avalúo de $70,000.
h. Construya un intervalo de predicción del 95% para el precio de venta de una casa individual con un valor de avalúo de $70,000.

i. Construya una estimación de un intervalo del 95% de confianza para la pendiente de la población.

12.77 Usted desea desarrollar un modelo de predicción del valor de avalúo de las casas con base en un área de calefacción. Se selecciona una muestra de 15 casas unifamiliares en una ciudad. El valor de avalúo (en miles de dólares) y el área de calefacción de las casas (en miles de pies cuadrados) se registran con los siguientes resultados: **HOUSE2**

Casa	Valor de avalúo ($000)	Área de calefacción en la casa (en miles de pies cuadrados)
1	84.4	2.00
2	77.4	1.71
3	75.7	1.45
4	85.9	1.76
5	79.1	1.93
6	70.4	1.20
7	75.8	1.55
8	85.9	1.93
9	78.5	1.59
10	79.2	1.50
11	86.7	1.90
12	79.3	1.39
13	74.5	1.54
14	83.8	1.89
15	76.8	1.59

(*Sugerencia:* Primero determine la variable dependiente y la independiente.)

a. Grafique un diagrama de dispersión y, suponiendo una relación lineal, utilice el método de mínimos cuadrados para calcular los coeficientes de regresión b_0 y b_1.
b. Interprete el significado de la intersección en Y, b_0, y de la pendiente b_1 para este problema.
c. Utilice la línea de predicción desarrollada en el inciso *a*) para predecir el valor de avalúo de las casas con un área de calefacción de 1,750 pies cuadrados.
d. Determine el coeficiente de determinación r^2 e interprete su significado para este problema.
e. Realice un análisis residual de sus resultados y determine si esel ajuste del modelo.
f. Para un nivel de significancia de 0.05, ¿existe evidencia de una relación lineal entre el valor de avalúo y el área de calefacción?
g. Construya una estimación del intervalo de confianza del 95% para la media del valor de avalúo de las casas con el área de calefacción de 1,750 pies cuadrados.
h. Construya un intervalo de predicción del 95% para el valor de avalúo de una casa en particular con el área de calefacción de 1,750 pies cuadrados.
i. Construya una estimación del intervalo de confianza del 95% para la pendiente de la población.

12.78 Al director de postgrado en una facultad de administración le gustaría predecir el índice de puntos de calificación (GPI, por sus siglas en inglés) de los estudiantes en un programa de MBA con base en la puntuación de la prueba de aptitudes gerenciales del graduado (GMAT). Se seleccionó una muestra de 20 estudiantes que habían completado dos años de ese programa. Los resultados son los siguientes: **GPIGMAT**

Observación	Puntuación GMAT	GPI	Observación	Puntuación GMAT	GPI
1	688	3.72	11	567	3.07
2	647	3.44	12	542	2.86
3	652	3.21	13	551	2.91
4	608	3.29	14	573	2.79
5	680	3.91	15	536	3.00
6	617	3.28	16	639	3.55
7	557	3.02	17	619	3.47
8	599	3.13	18	694	3.60
9	616	3.45	19	718	3.88
10	594	3.33	20	759	3.76

(*Sugerencia:* Primero determine la variable dependiente y la independiente.)

a. Grafique un diagrama de dispersión y, suponiendo una relación lineal, utilice el método de mínimos cuadrados para calcular los coeficientes de regresión b_0 y b_1.
b. Interprete el significado de la intersección en Y, b_0, y de la pendiente b_1 para este problema.
c. Utilice la línea de predicción desarrollada en el inciso *a*) para predecir el GPI para un estudiante con una puntuación GMAT de 600.
d. Determine el coeficiente de determinación r^2 e interprete su significado para este problema.
e. Realice un análisis residual de sus resultados y determine si es adecuado el ajuste del modelo.
f. Para un nivel de significancia de 0.05, ¿existe evidencia de una relación lineal entre la puntuación GMAT y GPI?
g. Construya una estimación del intervalo de confianza del 95% para la media GPI de estudiantes con una puntuación GMAT de 600.
h. Construya un intervalo de predicción del 95% para un estudiante específico con una puntuación GMAT de 600.
i. Construya una estimación del intervalo de confianza del 95% para la pendiente de la población.

12.79 El gerente del departamento de compras en una gran organización bancaria quisiera desarrollar un modelo para predecir el tiempo que toma procesar facturas. Se recolectaron datos provenientes de una muestra de 30 días y se registró el número de facturas procesadas y el tiempo en que se completaron, en horas. **INVOICE**
(*Sugerencia:* Primero determine la variable dependiente y la independiente.)

a. Suponiendo una relación lineal, utilice el método de mínimos cuadrados para calcular los coeficientes de regresión b_0 y b_1.
b. Interprete el significado de la intersección en Y, b_0, y de la pendiente b_1 para este problema.
c. Utilice la línea de predicción desarrollada en el inciso *a*) para predecir la cantidad de tiempo que tomaría procesar 150 facturas.
d. Determine el coeficiente de determinación r^2 e interprete su significado.
e. Grafique los residuos contra un número de facturas procesadas y también contra el tiempo.
f. Con base en las gráficas del inciso *e*), ¿parece apropiado el modelo?
g. Calcule el estadístico de Durbin-Watson y, para un nivel de significancia de 0.05, determine si existe alguna autocorrelación en los residuos.

h. Con base en los resultados de los incisos *e*) a *g*), ¿a qué conclusiones se llega respecto a la validez de este modelo?

i. Para un nivel de significancia de 0.05, ¿existe evidencia de una relación lineal entre la cantidad de tiempo y el número de facturas procesadas?

j. Construya una estimación del intervalo de confianza del 95% para la media de la cantidad de tiempo que tomaría procesar 150 facturas.

k. Construya un intervalo de predicción del 95% de la cantidad de tiempo que tomaría procesar 150 facturas en un día determinado.

12.80 El 28 de enero de 1986, el transbordador espacial *Challenger* estalló y siete astronautas murieron. Antes del lanzamiento, la temperatura atmosférica pronosticada fue de congelamiento para el sitio del lanzamiento. Los ingenieros de Morton Thiokol (fabricantes del motor del cohete) prepararon gráficas para demostrar que el lanzamiento no debería llevarse a cabo a causa del clima frío. Estos argumentos se rechazaron y el trágico lanzamiento se llevó a cabo. Con base en la investigación posterior a la tragedia, los expertos determinaron que el desastre ocurrió a causa de que los anillos O de goma tenían filtraciones de agua que no sellaron adecuadamente por la fría temperatura. Los datos que indican la temperatura atmosférica en el momento de los 23 lanzamientos previos y el índice de daño de los anillos O son los siguientes: **O-RING**

Número de vuelo	Temperatura (°F)	Índice de daño de los anillos O
1	66	0
2	70	4
3	69	0
5	68	0
6	67	0
7	72	0
8	73	0
9	70	0
41-B	57	4
41-C	63	2
41-D	70	4
41-G	78	0
51-A	67	0
51-B	75	0
51-C	53	11
51-D	67	0
51-F	81	0
51-G	70	0
51-I	67	0
51-J	79	0
61-A	75	4
61-B	76	0
61-C	58	4

Nota: Los datos del 4° vuelo se omitieron por el desconocimiento de la condición de los anillos O.

Fuente: Report of the Presidential Commission on the Space Shuttle Challenger Accident, *Washington, DC, 1986, Vol. II (H1-H3) y Vol. IV (664),* Post Challenger Evaluation of Space Shuttle Risk Assessment and Management, *Washington, DC, 1988, 135-136.*

a. Construya un diagrama de dispersión para los siete vuelos en los que hubo daño de los anillos O (índice de daño de anillos O $\neq 0$). ¿Qué conclusiones, si acaso alguna, se obtiene sobre la relación entre la temperatura atmosférica y el daño de los anillos O?

b. Construya un diagrama de dispersión para los 23 vuelos.

c. Explique cualquier diferencia en la interpretación de la relación entre la temperatura atmosférica y el daño de los anillos O en los incisos *a*) y *b*).

d. Con base en la gráfica de dispersión del inciso *b*), dé razones por las que no debería hacerse una predicción de una temperatura atmosférica de 31 °F, la temperatura prevaleciente la mañana del lanzamiento del Challenger.

e. Aunque la suposición de la relación lineal pudiera no ser válida, ajuste un modelo de regresión lineal simple para predecir el daño en los anillos O con base en la temperatura atmosférica.

f. Grafique la línea recta encontrada en el inciso *e*) en la gráfica de dispersión desarrollada en el inciso *b*).

g. Con base en los resultados del inciso *f*), ¿cree usted que la línea recta es un modelo adecuado para estos datos? Explique por qué.

h. Realice un análisis residual. ¿Qué conclusiones obtuvo?

12.81 El conocido analista de béisbol, Crazy Dave, desea estudiar las estadísticas de diferentes equipos de ese deporte de la temporada 2003 para determinar qué variables podrían ser útiles al predecir el número de juegos ganados por los equipos durante la temporada. Ha decidido iniciar utilizando el promedio de carreras ganadas (ERA, por sus siglas en inglés), una medición de la ejecución de lanzamientos, para predecir el número de juegos ganados. En el archivo **BB2003** se encuentran los datos para los 30 mejores equipos de la liga.

(*Sugerencia:* Primero determine la variable dependiente y la independiente.)

a. Suponiendo una relación lineal, utilice el método de mínimos cuadrados para calcular los coeficientes de regresión b_0 y b_1.

b. Interprete el significado de la intersección en *Y*, b_0, y de la pendiente b_1 para este problema.

c. Utilice la línea de predicción desarrollada en el inciso *a*) para predecir el número de juegos ganados por un equipo con un ERA de 4.50.

d. Calcule el coeficiente de determinación r^2 e interprete su significado.

e. Realice un análisis residual de sus resultados y determine si es adecuado el ajuste de este modelo.

f. Para un nivel de significancia de 0.05, ¿existe evidencia de una relación lineal entre el número de juegos ganados y el ERA?

g. Construya una estimación del intervalo de confianza del 95% para la media de número de juegos ganados esperados para equipos con un ERA de 4.50.

h. Construya un intervalo de predicción del 95% para el número de juegos ganados para un equipo individual que tiene un ERA de 4.50.

i. Construya una estimación del intervalo de confianza del 95% para la pendiente.

j. Los 30 equipos constituyen una población. Para utilizar la estadística inferencial [como en los incisos *f*) a *i*)], se debe suponer que los datos representan una muestra aleatoria. ¿De qué "población" obtendrá conclusiones esta muestra?

k. ¿Qué otras variables independientes consideraría incluir en este modelo?

12.82 Durante la temporada de cosecha del otoño en Estados Unidos, se venden grandes cantidades de calabazas en los puestos de las granjas. Con frecuencia, en lugar de pesar las calabazas antes de su venta, el granjero sólo coloca la calabaza en el recorte circular apropiado en el mostrador. Cuando se le preguntó por qué se hace esto, el granjero respondió: "Puedo decir el peso de la calabaza a partir de su circunferencia". Para determinar si esto es realmente cierto, se midió la circunferencia de una muestra de 23 calabazas y éstas se pesaron con los siguientes resultados. **PUMPKIN**

Circunferencia (cm)	Peso (gramos)	Circunferencia (cm)	Peso (gramos)
50	1,200	57	2,000
55	2,000	66	2,500
54	1,500	82	4,600
52	1,700	83	4,600
37	500	70	3,100
52	1,000	34	600
53	1,500	51	1,500
47	1,400	50	1,500
51	1,500	49	1,600
63	2,500	60	2,300
33	500	59	2,100
43	1,000		

a. Suponiendo una relación lineal, utilice el método de mínimos cuadrados para calcular los coeficientes de regresión b_0 y b_1.
b. Interprete el significado de la pendiente b_1 para este problema.
c. Prediga la media del peso de una calabaza con una circunferencia de 60 centímetros.
d. ¿Cree que es una buena idea que el granjero venda sus calabazas con base en su circunferencia y no con base en su peso? Explique por qué.
e. Determine el coeficiente de determinación r^2 e interprete su significado.
f. Realice un análisis residual para estos datos y determine si es adecuado el ajuste del modelo.
g. Para un nivel de significancia de 0.05, ¿existe evidencia de una relación lineal entre la circunferencia y el peso de la calabaza?
h. Construya una estimación del intervalo de confianza del 95% para la pendiente de población β_1.
i. Construya una estimación del intervalo de confianza del 95% para la media del peso de la población para calabazas que tengan una circunferencia de 60 centímetros.
j. Construya una estimación del intervalo de confianza del 95% para el peso de una calabaza sola que tenga una circunferencia de 60 centímetros.

12.83 ¿Es útil la información demográfica para predecir las ventas de productos deportivos en las tiendas? Los datos del archivo **SPORTING** representan las ventas totales de una muestra aleatoria de 38 tiendas de una cadena a nivel nacional de productos deportivos. Todas las tiendas de la franquicia, y por lo tanto dentro de la muestra, tienen aproximadamente el mismo tamaño y venden la misma mercancía. Se denomina base de clientes al condado o, en algunos casos, los condados de los que la tienda extrae la mayor parte de sus clientes. Se dispone de información demográfica sobre la base de clientes para cada una de las 38 tiendas. Los datos son reales, pero el nombre de la franquicia no se usa a petición de la empresa. Las variables para este conjunto de datos son:

Ventas: total de ventas mensuales en el último mes (en dólares).
Edad: edad promedio de la base de clientes (en años).
HS: porcentaje de la base de clientes con diploma de bachillerato.
Universidad: porcentaje de clientes con diploma universitario.
Crecimiento: tasa de crecimiento anual de la población en los últimos 10 años.
Ingreso: ingreso promedio familiar de la base de clientes (en dólares).

a. Construya un diagrama de dispersión utilizando las ventas como la variable dependiente y el ingreso familiar promedio como la variable independiente. Analice el diagrama de dispersión.
b. Suponiendo una relación lineal, utilice el método de mínimos cuadrados para calcular los coeficientes de regresión b_0 y b_1.
c. Interprete el significado de la intersección en *Y*, b_0, y de la pendiente b_1 para este problema.
d. Calcule el coeficiente de determinación r^2 e interprete su significado.
e. Realice un análisis residual en sus resultados y determine si es adecuado el ajuste de este modelo.
f. Para un nivel de significancia de 0.05, ¿existe evidencia de una relación lineal entre la variable independiente y la variable dependiente?
g. Construya una estimación del intervalo de confianza del 95% para la pendiente e interprete su significado.

12.84 Para los datos del problema 12.83, repita los incisos *a*) a *g*) utilizando la edad como la variable independiente.

12.85 Para los datos del problema 12.83, repita los incisos *a*) a *g*) utilizando la tasa de graduación de bachillerato como la variable independiente.

12.86 Para los datos del problema 12.83, repita los incisos *a*) hasta *g*) utilizando la tasa de graduación de universidad como la variable independiente.

12.87 Para los datos del problema 12.83, repita los incisos *a*) hasta *g*) utilizando el crecimiento como variable independiente.

12.88 La revista *Zagat* publica la calificación de restaurantes para diferentes lugares en Estados Unidos. Los datos en el archivo **RESTRATE** contienen la calificación de *Zagat* para comida, decoración, servicio y precio por persona para una muestra de 50 restaurantes localizados en la ciudad de Nueva York y 50 restaurantes localizados en Long Island. Desarrolle un modelo de regresión para predecir el precio por persona con base en la variable que representa la suma de las calificaciones para comida, decoración y servicio.

Fuente: Zagat Survey 2002 New York City Restaurants *y* Zagat Survey 2001-2001, Long Island Restaurants.

a. Suponiendo una relación lineal, utilice el método de mínimos cuadrados para calcular los coeficientes de regresión b_0 y b_1.
b. Interprete el significado de la intersección en *Y*, b_0, y de la pendiente b_1 en este problema.
c. Utilice la línea de predicción desarrollada en el inciso *a*) para predecir el precio por persona en un restaurante con una clasificación sumada de 50.
d. Calcule el coeficiente de determinación r^2 e interprete su significado.
e. Realice un análisis residual en sus resultados y determine si es adecuado el ajuste de este modelo.
f. Para un nivel de significancia de 0.05, ¿existe evidencia de una relación lineal entre el precio por persona y la clasificación sumada?
g. Construya una estimación del intervalo de confianza del 95% para la media del precio por persona para todos los restaurantes con una clasificación sumada de 50.
h. Construya un intervalo de predicción del 95% del precio por persona para un restaurante con una clasificación sumada de 50.
i. Construya un intervalo de predicción para la pendiente.
j. ¿Qué tan útil cree usted que sea la clasificación sumada como pronosticador de precio? Explique su respuesta.

12.89 Remítase a la discusión de los valores beta y los modelos de mercado en el problema 12.49 de la página 444. Los datos semanales de 2003 para S&P 500 y para tres acciones individuales se encuentran en el archivo de datos **SP500**. Note que el *porcentaje semanal de cambio* tanto para S&P 500 como para las acciones individuales se mide como el porcentaje de cambio para el valor de cierre de la semana anterior al valor de cierre de la semana actual. Las variables incluidas son:

Semana: semana actual.
SP500: porcentaje semanal de cambio en el Índice S&P 500.
SEARS: porcentaje de cambio semanal en el precio de las acciones de Sears, Roebuck y Compañía.
TARGET: porcentaje de cambio semanal en el precio de las acciones de Target Corporation.
SARALEE: porcentaje de cambio semanal en el precio de las acciones de Sara Lee Corporation.

*Fuente: **finance.yahoo.com**, 20 de enero, 2004.*

a. Estime el modelo de mercado para Sears, Roebuck y Compañía (*Sugerencia:* Utilice el porcentaje de cambio en el Índice S&P 500 como la variable independiente y el porcentaje de cambio en el precio de las acciones de Sears como la variable dependiente.)
b. Interprete el valor beta para Sears, Roebuck y Compañía.
c. Repita los incisos *a*) y *b*) para Target, Inc.
d. Repita los incisos *a*) y *b*) para Sara Lee, Inc.
e. Escriba un breve resumen de sus resultados.

12.90 El archivo de datos **RETURNS** contiene el precio de las acciones de cuatro empresas recolectados durante 53 semanas consecutivas que finalizaron el 26 de julio de 2004. Las variables son:

Semana: fecha de cierre para los precios de acciones.
MSFT: precio de las acciones de Microsoft, Inc.
Ford: precio de las acciones de Ford Motor Company.
GM: precio de las acciones de General Motors, Inc.
IAL: precio de las acciones de International Aluminum, Inc.

*Fuente: **finance.yahoo.com**, 30 de julio, 2004.*

a. Calcule el coeficiente de correlación *r* para cada par de acciones (hay seis).
b. Interprete el significado de *r* para cada par.
c. ¿Es una buena idea tener a todas las acciones en un portafolio individual correlacionándose de forma fuerte y positiva entre cada una? Explique por qué.

12.91 ¿Se correlaciona el desempeño diario de las acciones y los bonos? El archivo de datos **STOCKS&BONDS** contiene información referente al valor de cierre del Promedio Industrial Dow Jones y el Vanguard Long-Term Bond Index para 60 días consecutivos de negocios que finalizaron el 29 de julio de 2004. Las variables incluidas son:

Fecha: fecha actual.
Bonos: precio de cierre del Vanguard Long-Term Bond Index DJIA.
Acciones: precio de cierre del Promedio Industrial Dow Jones

*Fuente: **finance.yahoo.com**, 29 de julio del 2004.*

a. Calcule e interprete el coeficiente de correlación *r* para las variables acciones y bonos.
b. Para un nivel de significancia de 0.05, ¿existe relación entre estas dos variables? Explique su respuesta.

Ejercicio de reporte escrito

12.92 En los problemas 12.83 a 12.87 de la página 459, desarrolló modelos de regresión para predecir las ventas mensuales en una tienda de productos deportivos. Ahora escriba un reporte con base en los modelos que desarrolló. Incluya en un apéndice de su reporte todas las gráficas y la información estadística apropiadas.

CASO ACTUAL
ADMINISTRACIÓN DEL *SPRINGVILLE HERALD*

Para asegurarse de que el mayor número posible de suscripciones de prueba se conviertan en suscripciones regulares, el departamento de marketing del *Springville Herald* trabaja de forma cercana con el departamento de distribución para lograr un buen proceso de entrega para los suscriptores de prueba. Con el fin de ayudar en este esfuerzo, el departamento de marketing necesita pronosticar de manera precisa el número de nuevas suscripciones regulares para los siguientes meses.

Se convocó a un equipo consistente en los gerentes de los departamentos de marketing y distribución para desarrollar un mejor método para pronosticar nuevas suscripciones. Después de examinar los datos de las nuevas suscripciones de los últimos tres meses, un grupo de tres gerentes desarrolló un pronóstico subjetivo del número de las nuevas suscripciones. Lauren Hall, quien recientemente fue contratada por la empresa para contribuir con sus habilidades especiales en métodos de pronóstico, sugirió que el departamento buscara factores que pudieran ayudar a predecir nuevas suscripciones.

Los miembros del equipo encontraron que el pronóstico en el último año había sido especialmente impreciso porque en algunos meses se pasó más tiempo en el telemercadeo que en otros. En especial, en el último mes sólo se completaron 1,055 horas ya que quienes hacían llamadas estuvieron ocupados la primera semana del mes asistiendo a las sesiones de entrenamiento sobre el estilo personal pero formal de saludo y la guía de presentación estándar (vea "Administración del Springville Herald", del capítulo 10). Lauren recolectó datos para el número de nuevas suscripciones y las horas invertidas en telemercadeo para cada mes en los últimos dos años. **SH12**

EJERCICIOS

SH12.1 ¿Qué crítica podría hacer sobre el método de pronóstico que toma como base para las predicciones a las suscripciones nuevas de los últimos tres meses?

SH12.2 ¿Qué otros factores, además del número de horas invertidas en telemercadeo, podrían ser útiles al predecir el número de nuevas suscripciones? Explique su respuesta.

SH12.3 **a.** Analice los datos y desarrolle un modelo estadístico para predecir la media del número de nuevos suscriptores en un mes con base en el número de horas invertidas en telemercadeo para nuevas suscripciones.

b. Si espera invertir 1,200 horas en telemercadeo por mes, estime la media del número de nuevas suscripciones para el mes. Indique las suposiciones sobre las que basa esta predicción. ¿Cree usted que estas suposiciones sean válidas? Explique por qué.

c. ¿Cuál sería el peligro de predecir el número de nuevas suscripciones para un mes en el que se invirtieron 2,000 horas en telemercadeo?

CASO WEB

Aplique su conocimiento de la regresión lineal simple en este Caso Web que viene del escenario "Uso de la estadística", referente a las tiendas de ropa Sunflowers, de este capítulo.

Los agentes de arrendamiento de Triangle Mall Management Corporation han sugerido que la empresa Sunflowers tome en consideración varios locales en algunos de los centros comerciales tipo "estilo de vida" que Triangle ha renovado y que están localizados en áreas con ingresos disponibles mayores al promedio. Aunque algunos locales son menores que la tienda típica de Sunflower, los agentes de arrendamiento argumentan que los ingresos disponibles mayores al promedio en la comunidad adyacente es un mejor pronosticador de altas ventas que el tamaño de la tienda. Los agentes de arrendamiento sostienen que los datos de una muestra de 14 tiendas Sunflowers prueban que están en lo correcto.

Revise la propuesta de los agentes de arrendamiento y los documentos que los apoyan descritos en el sitio Web de la empresa **www.prenhall.com/Springville/Triangle_Sunflower.htm** y después conteste lo siguiente:

1. ¿Se debería usar el promedio de ingresos disponibles para predecir las ventas con base en una muestra de 14 tiendas Sunflowers?
2. ¿Debe aceptar la administración de Sunflowers la afirmación de los agentes de arrendamiento de Triangle? ¿Por qué?
3. ¿Será posible que el promedio de ingresos disponibles de la comunidad adyacente no sea un factor importante para arrendar nuevos locales? Explique por qué.
4. ¿Existen otros factores no mencionados por los agentes que podrían ser relevantes en la decisión de arrendamiento de tiendas?

REFERENCIAS

1. Anscombe, F. J., "Graphs in Statistical Analysis", *The American Statistician* 27 (1973): 17-21.
2. Hoaglin, D. C. y R. Welsch, "The Hat Matriz in Regresión and ANOVA", *The American Statistician* 32 (1978): 17-22
3. Hocking, R. R., "Developments in Linear Regression Methodology: 1959-1982", *Technometrics* 25 (1983): 219-250.
4. Hosmer, D. W. y S. Lemeshow, *Applied Logistic Regression*, 2a. ed. (Nueva York: Wiley, 2001).
5. Kutner, M. H., C. J. Nachtsheim, J. Neter y W. Li, *Applied Linear Statistical Models*, 5a. ed. (Nueva York: McGraw-Hill/Irwin, 2005).
6. *Microsoft Excel 2003* (Redmond, WA: Microsoft Corporation, 2002).
7. *Minitab for Windows Version 14* (State College, PA: Minitab Inc., 2004).
8. Ramsey, P. P. y P: H: Ramsey, "Simple Tests of Normality in Small Samples", *Journal of Quality Technology* 22 (1990): 299-309.
9. *SPSS Base 12 Brief Guide* (Upper Saddle River, NJ: Prentice Hall, 2003).

Apéndice 12 Uso de software para la regresión lineal simple

A12.1 EXCEL

Para la regresión lineal simple

Abra una hoja de trabajo que contenga los datos para el análisis de regresión (como la hoja de datos del archivo **SITE.xls**).
Seleccione **Herramientas ➜ Análisis de datos**.
Seleccione **Regresión** de la lista de Análisis de Datos y dé clic en **OK**. En la ventana de diálogo de Regresión (vea la figura A12.1):

> Ingrese el rango de celdas de los datos de la variable *Y* en **Rango Y de entrada**.
> Ingrese el rango de celdas de los datos de la variable *X* en **Rango X de entrada**.
> Seleccione **Rótulos** si el rango de las celdas de la variable incluye rótulos en las primeras filas.
> Seleccione **Nivel de confianza**.
> Seleccione **Residuos** y **Gráfico de residuales** si desea realizar un análisis residual.
> Dé clic en **OK**.
>
> Los resultados aparecerán en una hoja de trabajo aparte.

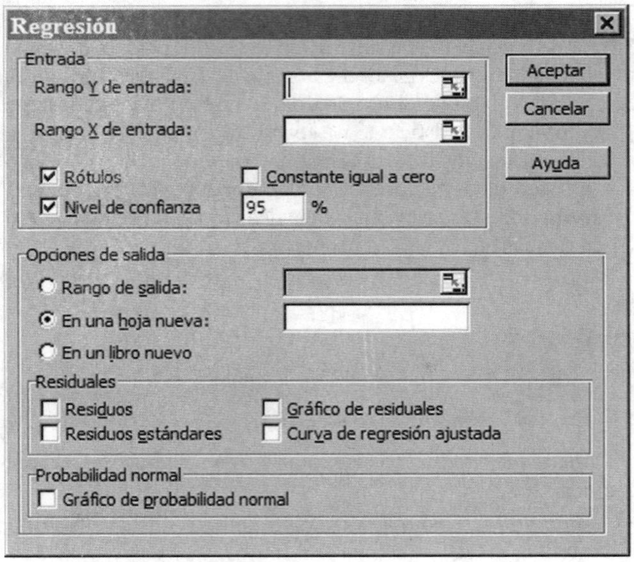

FIGURA A12.1 Ventana de diálogo de Regresión de Excel.

O Vea la sección G.27 (**Regresión lineal simple**) si desea que PHStat2 genere para usted una hoja de trabajo.

Para diagrama de dispersión y análisis de regresión

Utilice el asistente gráfico de Excel para generar un diagrama de dispersión para el análisis de regresión. (Esta hoja de trabajo debe colocar los datos para cada variable en columnas separadas y debe arreglarlas para que los datos de la variable *X* aparezcan antes que los datos de la variable *Y*.) Seleccione **Insertar ➜ Gráfica**, e ingrese estas entradas en las ventanas de diálogo del Asistente Gráfico:

Paso 1: Dé clic en **XY (Dispersión)** en el cuadro **Tipos estándar Tipo de gráfica** y deje seleccionado el primer **Subtipo de gráfica** rotulado como **Dispersión**. Seleccione **Compara pares de valores**. Dé clic en **Siguiente**.

Paso 2: Seleccione la pestaña **Rango de datos** e ingrese el rango de los datos que serán graficados. Seleccione **Columnas** (para los datos de la variable que está ordenada en columna) y dé clic en **Siguiente**. (Recordatorio: La primera columna del **Rango de datos** debe contener los datos para la variable *X* para crear un diagrama de dispersión correcto.)

Paso 3: Elija las opciones de formato y rótulos para la gráfica. (Vea "Uso del asistente gráfico de Excel" en la sección A1.2 de la página 16 para sugerencias.) Dé clic en **Siguiente**.

Paso 4: Seleccione **Como una nueva hoja** y dé clic en **Finalizar**.

Si hay valores *Y* que sean menores a cero, el asistente gráfico colocará el eje *X* (y sus rótulos) en $Y = 0$ y no en la parte inferior de la gráfica. Para trasladar el eje *X*, dé un clic derecho en el eje *Y* y seleccione **Eje de formato** del menú en corto. En la ventana de diálogo que aparecerá, cambie el valor en el que el eje *X* cruza con el eje *Y* en la pestaña **Escala**. Dé clic en **OK**.

Para agregar la línea de predicción al diagrama de dispersión que genera el asistente, abra el diagrama de dispersión y seleccione **Gráfica ➜ Agregar línea de tendencia** y en la ventana de diálogo de Agregar línea de tendencia (vea la figura A12.2):

> En la pestaña **Tipo** seleccione **Lineal**.
> En la pestaña **Opciones:** Seleccione **Automática, Presentar ecuación en el gráfico**, y **Presentar valor R cuadrado en el gráfico**.

(Si su rango de datos contiene un rótulo, aparecerá ese rótulo y no el rótulo **Series1** en la ventana de diálogo de Agregar línea de tendencia.)
O Vea la sección G.27 (**Regresión lineal simple**) si desea que el PHStat2 genere un diagrama de dispersión que incluya una línea de predicción.

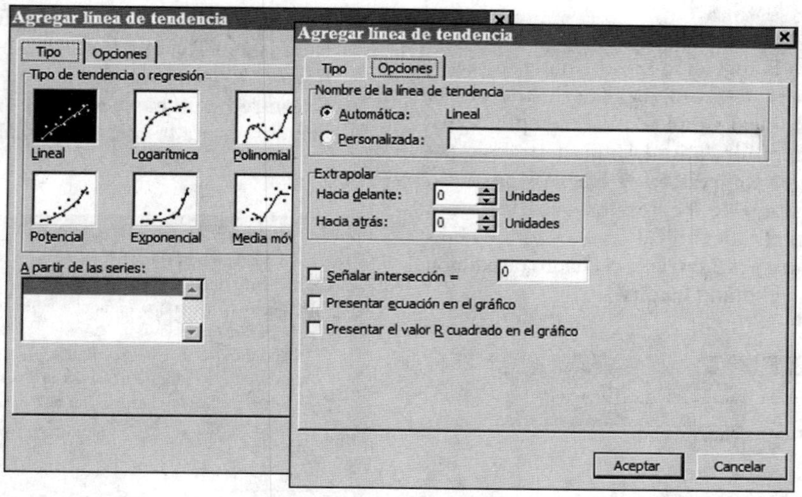

FIGURA A12.2 Ventana de diálogo de Agregar línea de tendencia en Excel.

Para el estadístico de Durbin-Watson

Abra el archivo **Durbin-Watson.xls** para la hoja de trabajo de **Durbin-Watson**, mostrada en la figura 12.20 en la página 435. Esta hoja de trabajo contiene los resultados basados en el modelo de regresión utilizado para el ejemplo de las ventas de la tienda de envíos de paquetes. Esta hoja de trabajo utiliza la función sumxmy2, la plantilla que es **SUMXMY2 (*rango de celda 1, rango de celda 2*)**, para calcular la suma del cuadrado de la diferencia de los residuos y la función SUMSQ, la plantilla que es **SUMSQ (*rango de celda de residuos*)** para calcular la suma del cuadrado de los residuos. Para adaptar este archivo a otros problemas, haga lo siguiente:

Realice un análisis de regresión lineal simple, especificando la salida residual.

Copie la hoja de trabajo de los resultados de la regresión en el archivo **Durbin-Watson.xls**.

Abra la hoja de trabajo **Durbin-Watson** en el archivo **Durbin-Watson**.xls.

Edite ***rango de celda 1*** (en la fórmula de la celda B3) para que sea la hoja de trabajo de resultados de la regresión que contenga desde el segundo residuo hasta el último.

Edite ***rango de celda 2*** (en la fórmula de la celda B3) para que sea la hoja de trabajo de resultados de la regresión que contenga desde el segundo residuo hasta el último.

Edite ***residuos de rango de celda*** (en la fórmula de la celda B4) para que sean las celdas de la columna C las que contengan los residuos de la tabla de salida de los residuos.

O Vea la sección G.27 (**Regresión lineal simple**) si desea que el PHStat2 genere una hoja de trabajo.

Para predecir VALORES *Y*

Abra el archivo **SLR CIEPI.xls** para la hoja de trabajo **CIEPI**, que se observa en la figura 12.27 en la página 448. Esta hoja de trabajo utiliza la función DISTR. T. INV. para determinar el valor *t* y contiene diferentes fórmulas que hacen referencia a las celdas de la columna F de la hoja de trabajo **Copia de datos** mostrada en la figura A12.3.

La celda F5 de la hoja de trabajo **Copia de datos** utiliza la función TREND, cuya plantilla es **TREND (variable *Y rango de celda, variable X rango de celda, valor X*)** para calcular el valor *Y* predicho. Para adaptar este archivo a otros problemas, haga lo siguiente:

Realice un análisis de regresión simple.
Transfiera el valor del error estándar encontrado en los resultados de la hoja de trabajo de regresión en la celda B7 a la hoja de trabajo **CIEPI** celda B13.
Cambie el valor *X* en la celda B4 en la hoja de trabajo **CIEPI.**
Abra la hoja de trabajo **Copia de datos** (en el archivo **SLR CIEPI.XLS**).
Ingrese sus valores *X* en **columna A** y los valores *Y* en **columna B**, primero siguiendo las instrucciones que se encuentran en la hoja de trabajo si el tamaño de su muestra no es 14 como en el ejemplo de selección de local.

O Vea la sección G.27 (**Regresión lineal simple**) si desea que el PHStat2 genere para usted las dos hojas de trabajo.

	E	F	
1			
2	Sample Size	14	**=CONTAR(DATACopy!B:B)**
3	Sample Mean	2.92143	**=PROMEDIO(DATACopy!B:B)**
4	Sum of Squared Difference	37.92357	**=SUMA(DATACopy!D:D)**
5	Predicted Y (YHat)	7.64392	**=TENDENCIA(DATACopy!C2:$C $15,DATACOPY!B2:$B$15,B4)**

FIGURA A12.3 Hoja de trabajo de Excel para predecir Y.

A12.2 MINITAB

Puede utilizar Minitab para la regresión lineal simple seleccionando **Stat → Regression → Regression**. Para ilustrar el uso de Minitab en la regresión lineal simple con el ejemplo de selección de local de este capítulo, abra la hoja de trabajo SITE.MTW y seleccione **Stat → Regression → Regression**.

1. En la ventana de diálogo de Regression (vea la figura A12.4), ingrese **'Annual Sales'** o **C3** en el cuadro de edición Response y **'Square Feet'** o **C2** en el cuadro de edición Predictors. Dé clic en el botón **Graphs**.

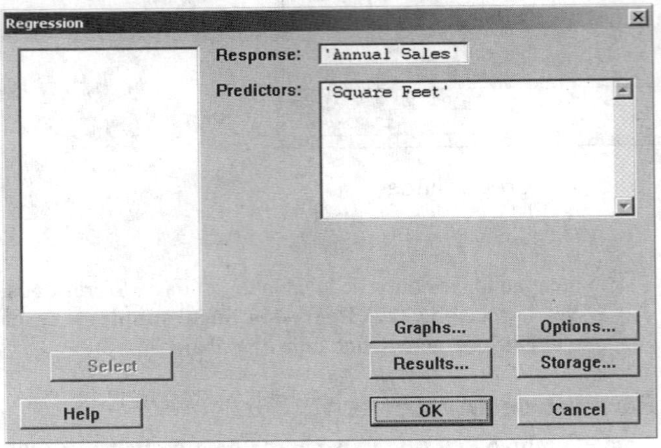

FIGURA A12.4 Ventana de diálogo de Regression de Minitab.

2. En la ventana de diálogo de Regression-Graphs (vea la figura A12.5 abajo), seleccione el botón de opción **Regular** debajo de Residuals for Plots. Debajo de Residual Plots, seleccione los cuadros de exploración **Histogram of residuals, Normal plot of residuals, Residuals versus fits** y **Residuals versus order**. En el cuadro de edición Residuals versus the variables, ingrese **'Square Feet'** o **C2**. Dé clic en **OK** para regresar a la ventana de diálogo de Regression.

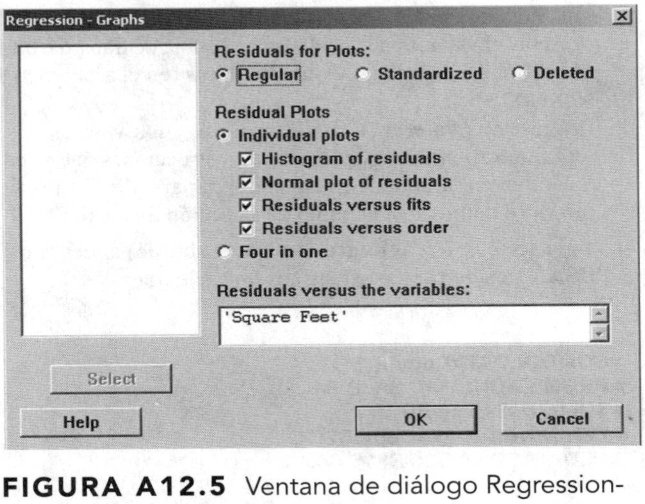

FIGURA A12.5 Ventana de diálogo Regression-Graphs de Minitab.

3. Dé clic en el botón **Results**. En la ventana de diálogo Regression-Results (vea la figura A12.6), seleccione la opción **Regression equation, table of coefficients, s, Rsquared, and basic analysis of variance**. Dé clic en **OK** para regresar a la ventana de diálogo de Regression.

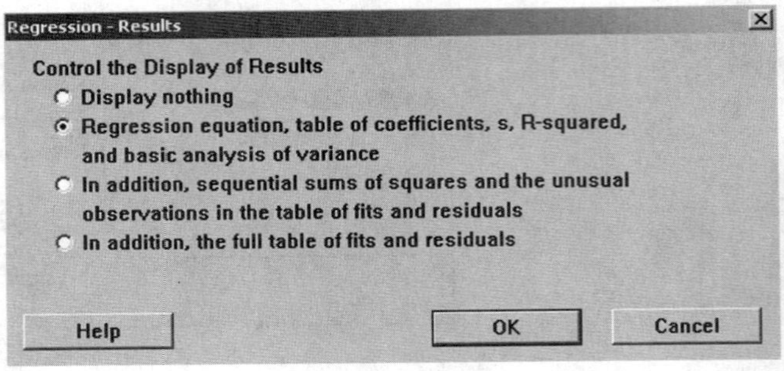

FIGURA A12.6 Ventana de diálogo Regression-Results de Minitab.

4. Dé clic en **Options**. En la ventana de diálogo Regression-Options (vea la figura A12.7), en el cuadro de edición de Prediction intervals for new observations, ingrese **4**. En el cuadro de edición de Confidence level, ingrese **95**. (Si los datos fueron recolectados a lo largo del tiempo, deberá seleccionar el cuadro de exploración del estadístico de Durbin-Watson bajo Display.) Dé clic en **OK** para regresar a la ventana de diálogo de Regression. Dé clic en **OK**.

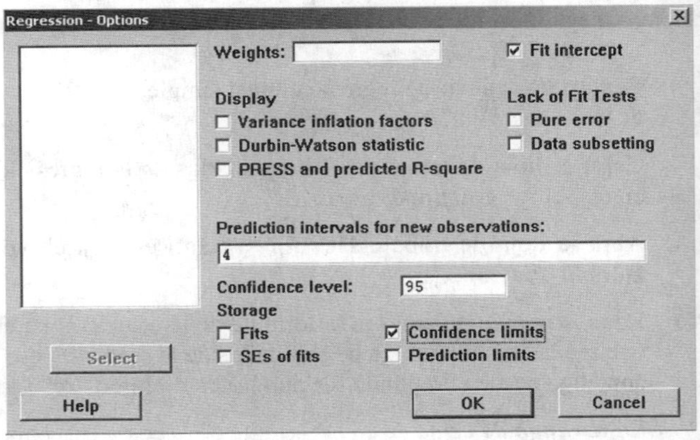

FIGURA A12.7 Ventana de diálogo de Regression-Options de Minitab.

CAPÍTULO 13

Regresión múltiple

USO DE LA ESTADÍSTICA: Pronóstico de ventas de OmniPower

OBJETIVOS DE APRENDIZAJE

En este capítulo, aprenderá:

- Cómo desarrollar un modelo de regresión múltiple
- Cómo interpretar los coeficientes de regresión
- Cómo definir qué variables independientes se incluyen en el modelo de regresión
- Cómo utilizar las variables independientes categóricas en un modelo de regresión
- Cómo utilizar términos cuadráticos en un modelo de regresión

USO DE LA ESTADÍSTICA

Pronóstico de ventas de OmniPower

Usted es el gerente de marketing de Omni Foods, una gran empresa de productos alimenticios. Omni Foods prepara la introducción en todo el país de un nuevo producto, una barra energética llamada OmniPower. Aunque originalmente comercializadas entre corredores, alpinistas y otros atletas, ahora las barras energéticas son de gran aceptación entre estudiantes universitarios, jóvenes profesionistas y otras personas que nunca tienen tiempo suficiente para un desayuno o un almuerzo tradicionales.

Las ventas de barras energéticas de los competidores se han disparado. Antes de poner a la venta la barra en todo el país, usted debe determinar el efecto que tendrán el precio y las promociones sobre las ventas de OmniPower. Para ello, planea utilizar una muestra constituida por 34 tiendas de una cadena de supermercados, con la finalidad de realizar un estudio de las ventas de OmniPower en una prueba de mercado. ¿Cómo puede ampliar los métodos de regresión lineal analizados en el capítulo 12 para incorporar los efectos del precio *y* las promociones dentro del mismo modelo? ¿Cómo utilizaría este modelo para mejorar el impacto de la introducción de OmniPower en todo el país?

El capítulo 12 se concentra en modelos de regresión lineal simple que utilizan sólo *una* variable numérica independiente X para pronosticar el valor de una variable numérica dependiente Y. Con frecuencia es posible hacer mejores pronósticos mediante el uso de *más de una* variable independiente. En este capítulo presentamos los **modelos de regresión múltiple**, que utilizan dos o más variables independientes para pronosticar el valor de una variable dependiente.

13.1 DESARROLLO DEL MODELO DE REGRESIÓN MÚLTIPLE

Se selecciona una muestra de 34 tiendas de una cadena de supermercados para hacer un estudio de mercado de OmniPower. Todas tienen aproximadamente el mismo volumen mensual de ventas. Aquí se consideran dos variables independientes: el precio de una barra de OmniPower medido en centavos (X_1) y el presupuesto mensual para gastos de promoción en tienda, medido en dólares (X_2). Por lo general, los gastos de promoción en tienda incluyen señales y exhibidores, cupones y muestras gratuitas. La variable dependiente Y es el número de barras de OmniPower vendidas en un mes. En la tabla 13.1 se presentan los resultados **OMNI** del estudio en una prueba de mercado.

TABLA 13.1
Ventas, precios y gastos promocionales mensuales de OmniPower.

Tienda	Ventas	Precio	Promoción	Tienda	Ventas	Precio	Promoción
1	4,141	59	200	18	2,730	79	400
2	3,842	59	200	19	2,618	79	400
3	3,056	59	200	20	4,421	79	400
4	3,519	59	200	21	4,113	79	600
5	4,226	59	400	22	3,746	79	600
6	4,630	59	400	23	3,532	79	600
7	3,507	59	400	24	3,825	79	600
8	3,754	59	400	25	1,096	99	200
9	5,000	59	600	26	761	99	200
10	5,120	59	600	27	2,088	99	200
11	4,011	59	600	28	820	99	200
12	5,015	59	600	29	2,114	99	400
13	1,916	79	200	30	1,882	99	400
14	675	79	200	31	2,159	99	400
15	3,636	79	200	32	1,602	99	400
16	3,224	79	200	33	3,354	99	600
17	2,295	79	400	34	2,927	99	600

Con dos variables independientes y una dependiente, los datos se encuentran en tres dimensiones. En la figura 13.1 se ilustra una gráfica tridimensional construida por Minitab.

FIGURA 13.1
Gráfica tridimensional de Minitab para ventas, precios y gastos promocionales mensuales de Omnipower.

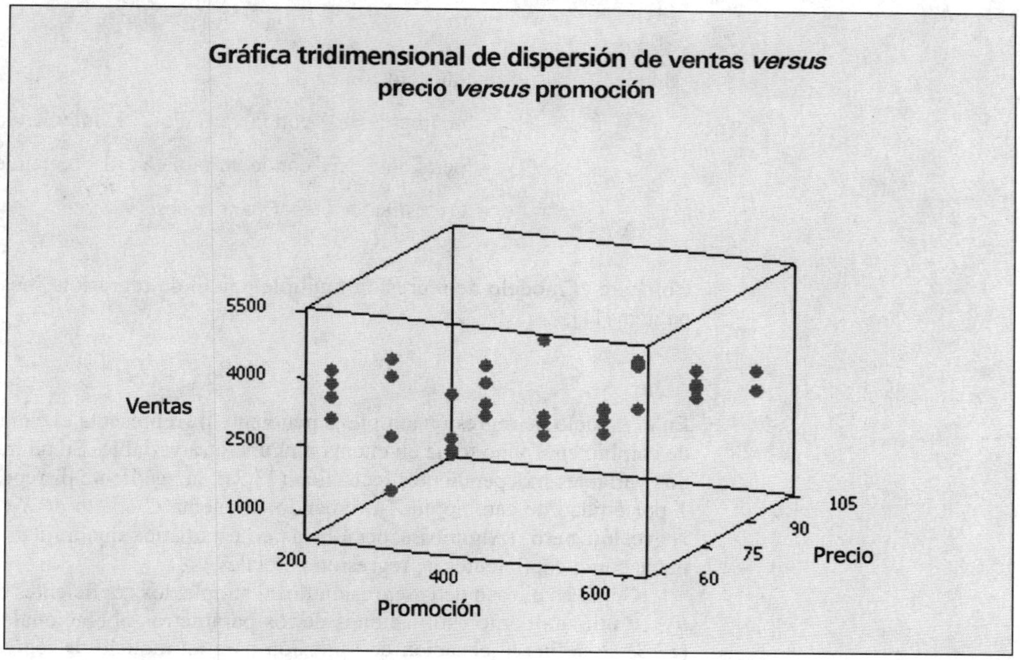

Interpretación de los coeficientes de regresión

Cuando existen diversas variables independientes, es posible ampliar el modelo de regresión lineal simple de la ecuación (12.1) de la página 411 suponiendo una relación lineal entre cada una de las variables independientes y la variable dependiente. Por ejemplo, en la ecuación (13.1) se expresa el modelo de regresión múltiple con k variables independientes.

MODELO DE REGRESIÓN MÚLTIPLE CON *k* VARIABLES INDEPENDIENTES

$$Y_i = \beta_0 + \beta_1 X_{1i} + \beta_2 X_{2i} + \beta_3 X_{3i} + \cdots + \beta_k X_{ki} + \varepsilon_i \qquad \textbf{(13.1)}$$

donde β_0 = intersección en Y

β_1 = pendiente de Y con la variable X_1 manteniendo constantes las variables $X_2, X_3, \ldots, X_k$

β_2 = pendiente de Y con la variable X_2 manteniendo constantes las variables $X_2, X_3, \ldots, X_k$

β_3 = pendiente de Y con la variable X_3 manteniendo constantes las variables $X_1, X_2, X_4, \ldots, X_k$

.

.

.

β_k = pendiente de Y con la variable X_k manteniendo constantes las variables $X_1, X_2, X_3, \ldots, X_{k-1}$

ε_i = error aleatorio en Y para la observación i

La ecuación (13.2) define al modelo de regresión múltiple con dos variables independientes.

MODELO DE REGRESIÓN MÚLTIPLE CON DOS VARIABLES INDEPENDIENTES

$$Y_i = \beta_0 + \beta_1 X_{1i} + \beta_2 X_{2i} + \varepsilon_i \qquad \textbf{(13.2)}$$

donde β_0 = intersección en Y

β_1 = pendiente de Y con la variable X_1 manteniendo constante la variable X_2

β_2 = pendiente de Y con la variable X_2 manteniendo constante la variable X_1

ε_i = error aleatorio en Y para la observación i

Compare el modelo de regresión múltiple con el de regresión lineal simple [ecuación (12.1) de la página 411],

$$Y_i = \beta_0 + \beta_1 X_i + \varepsilon_i$$

En el modelo de regresión simple la pendiente β_1 representa el cambio en la media de Y por unidad de cambio en X y no toma en cuenta ninguna otra variable. En un modelo de regresión múltiple con dos variables independientes [ecuación (13.2)], la pendiente β_1 representa al cambio en la media de Y por unidad de cambio en X_1, tomando en cuenta el efecto de X_2. β_1 se denomina **coeficiente de regresión neto**. (Algunos especialistas en estadística denominan a los coeficientes de regresión netos como coeficientes de regresión parciales.)

Como en el caso de la regresión lineal simple, los coeficientes de regresión muestrales (b_0, b_1 y b_2) se utilizan como estimaciones de los parámetros poblacionales (β_0, β_1 y β_2). En la ecuación (13.3) se define la ecuación de regresión para un modelo de regresión múltiple con dos variables independientes.

ECUACIÓN DE REGRESIÓN MÚLTIPLE CON DOS VARIABLES INDEPENDIENTES

$$\hat{Y}_i = b_0 + b_1 X_{1i} + b_2 X_{2i} \qquad \textbf{(13.3)}$$

Usted puede usar Excel o Minitab para calcular los valores de los tres coeficientes de regresión, utilizando el método de mínimos cuadrados. En la figura 13.2 aparece el resultado de Excel correspondiente a los datos de venta de OmniPower, y en la figura 13.3 se ilustra el resultado en Minitab.

Procedentes de las figuras 13.2 o 13.3, los valores calculados de los coeficientes de regresión son:

$$b_0 = 5{,}837.52 \qquad b_1 = -53.2173 \qquad b_2 = 3.6131$$

FIGURA 13.2 Resultado parcial de Excel para los datos de ventas de OmniPower.

	A	B	C	D	E	F	G
1	OmniPower Sales Analysis						
2							
3	Regression Statistics						
4	Multiple R	0.870475					
5	R Square	0.757726					
6	Adjusted R Square	0.742095					
7	Standard Error	638.06529					
8	Observations	34					
9							
10	ANOVA		SSR				
11		df	SS	MS	F	Significance F	
12	Regression	SSE 2	39472730.77	19736365.387	48.47713433	2.86258E-10	
13	Residual	31	12620946.67	407127.312			
14	Total	33	52093677.44				
15				SST			
16		Coefficients	Standard Error	t Stat	P-value	Lower 95%	Upper 95%
17	Intercept	b_0 5837.5208	628.150	9.29319	1.79101E-10	4556.39921	7118.64230
18	Price	b_1 -53.21734	6.85222	-7.76644	9.20016E-09	-67.19254	-39.24213
19	Promotion	b_2 3.61306	0.68522	5.27283	9.82196E-06	2.21554	5.01058

FIGURA 13.3
Resultado parcial de Minitab para los datos de ventas de OmniPower.

```
The regression equation is
sales = 5838 - 53.2 price + 3.61 promotion

           b0
Predictor    Coef  SE Coef      T      P
Constant   \5837.5    628.2   9.29  0.000
price   b1 -53.217    6.852  -7.77  0.000
promotion   3.6131\  0.6852   5.27  0.000
                   b2
S = 638.065   R-Sq = 75.8%   R-Sq(adj) = 74.2%

Analysis of Variance
                          SSR
Source          DF       \  SS        MS      F      P
Regression       2  39472731  19736365  48.48  0.000
Residual Error  31  12620947\   407127
Total           33 /52093677 \SSE
                SST
Predicted Values for New Observations
      ^
New   Yi
Obs  \Fit  SE Fit      95% CI          95% PI
  1  3079     110  (2854, 3303)  (1758, 4399)
```

Por lo tanto, la ecuación de regresión múltiple es

$$\hat{Y}_i = 5{,}837.52 - 53.2173X_{1i} + 3.6131X_{2i}$$

donde $\hat{Y}_i$ = pronóstico de ventas mensuales de barras de OmniPower para la tienda i

X_{1i} = precio de una barra de OmniPower (en centavos) en la tienda i

X_{2i} = gastos de promoción mensuales en tienda (en dólares) en la tienda i

La intersección de la muestra en Y ($b_0 = 5{,}837.52$) estima el número de barras de OmniPower vendidas durante un mes si el precio es \$0.00 y la cantidad total gastada en promociones también es \$0.00. Puesto que estos valores de precio y promoción están fuera del intervalo de precio y promoción utilizados en el estudio de mercado y carecen de sentido, el valor de b_0 no tiene interpretación práctica.

La pendiente del precio con las ventas de OmniPower ($b_1 = -53.2173$) indica que, para una cantidad dada de gastos promocionales, se estima que la media de ventas de OmniPower se reduzca en 53.2173 barras mensuales por cada centavo que se aumente al precio. La pendiente de los gastos promocionales mensuales con ventas de OmniPower ($b_2 = 3.6131$) indica que, para un precio dado, se estima que la media de ventas de OmniPower aumentará en 3.6131 barras por cada dólar adicional gastado en promoción. Tales estimaciones le permiten entender mejor el efecto que probablemente tendrán en el mercado las decisiones referentes a precio y promoción. Por ejemplo, se estima que una reducción de 10 centavos en el precio aumentará las ventas en 532.173 barras, considerando una cantidad fija de gastos promocionales al mes. Se estima que un aumento de \$100 en gastos de promoción aumentará la media de ventas en 361.31 barras, para un precio dado.

Los coeficientes de una regresión múltiple se denominan coeficientes de regresión netos y miden el cambio medio de Y por unidad de cambio en una X en particular, *manteniendo constante el efecto de las demás variables X*. Por ejemplo, en el estudio sobre las ventas de barras de OmniPower en una tienda con una cantidad dada de gastos de promoción, se calcula que la media de ventas disminuirá en 53.22 barras mensuales por cada aumento de un centavo en el precio de la barra. Otra manera de interpretar este "efecto neto" consiste en pensar en dos tiendas con igual cantidad de gastos promocionales. Si la primera tienda cobra un centavo más que la otra, el "efecto neto" de esta diferencia radica en que se pronostica que venderá 53.22 barras mensuales menos que la segunda tienda. Para interpretar el efecto neto de los gastos de promoción, considere dos tiendas que cobran el mismo precio. Si la primera tienda gasta un dólar más en promoción, el efecto neto de esta diferencia radica en que se pronostica que venderá 3.61 más barras al mes que la segunda tienda.

Pronóstico de la variable dependiente Y

Usted puede utilizar la ecuación de regresión múltiple calculada por Excel o Minitab para pronosticar valores de la variable dependiente. Por ejemplo, ¿cuál es el pronóstico de ventas de una tienda que cobra la barra a 79 centavos durante un mes, en la que los gastos promocionales suman \$400 durante el mismo lapso? Utilizando la ecuación de regresión múltiple:

$$\hat{Y}_i = 5{,}837.52 - 53.2173X_{1i} + 3.6131X_{2i}$$

con $X_{1i} = 79$ y $X_{2i} = 400$

$$\begin{aligned}\hat{Y}_i &= 5{,}837.52 - 53.2173(79) + 3.6131(400)\\ &= 3{,}078.57\end{aligned}$$

Así, su pronóstico de ventas para tiendas que cobran 79 centavos y que gastan \$400 en promoción es de 3,078.57 barras de OmniPower al mes.

Después de pronosticar Y y de hacer un análisis residual (vea la sección 13.3), el siguiente paso suele incluir una estimación del intervalo de confianza de respuesta media y un intervalo de pronóstico para una respuesta individual. El cálculo manual de estos intervalos es muy complejo, por lo que habrá que utilizar Minitab o Excel para realizar los cálculos. La figura 13.3 de la página 469 muestra los intervalos de confianza y de pronóstico calculados utilizando Minitab para pronosticar las ventas de barras de OmniPower. La figura 13.4 presenta el resultado de Excel.

FIGURA 13.4
Estimación del intervalo de confianza y del intervalo de pronóstico para el ejemplo OmniPower, utilizando Excel.

	A	B	C	D
1	**Confidence Interval Estimate and Prediction Interval**			
2				
3	**Data**			
4	**Confidence Level**	**95%**		
5		1		
6	**Price given value**	**79**		
7	**Promotion given value**	**400**		
8				
9	X'X	34	2646	13200
10		2646	214674	1018800
11		13200	1018800	6000000
12				
13	Inverse of X'X	0.969163	-0.00941	-0.00053
14		-0.009408	0.000115	1.12E-06
15		-0.000535	1.12E-06	1.15E-06
16				
17	X'G times Inverse of X'X	0.012054	0.000149	1.49E-05
18				
19	[X'G times Inverse of X'X] times XG	0.029762		
20	t Statistic	2.0395		
21	**Predicted Y (YHat)**	**3078.57**		
22				
23	**For Average Predicted Y (YHat)**			
24	**Interval Half Width**	**224.50**		
25	**Confidence Interval Lower Limit**	**2854.07**		
26	**Confidence Interval Upper Limit**	**3303.08**		
27				
28	**For Individual Response Y**			
29	**Interval Half Width**	**1320.57**		
30	**Prediction Interval Lower Limit**	**1758.01**		
31	**Prediction Interval Upper Limit**	**4399.14**		

La estimación del intervalo de confianza del 95% para la media de las ventas de OmniPower en todas las tiendas que cobran 79 centavos y gastan \$400 en promociones es de 2,854.07 a 3,303.08 barras. El intervalo de pronóstico para una sola tienda es de 1,758.01 a 4,399.14 barras.

PROBLEMAS PARA LA SECCIÓN 13.1

Aprendizaje básico

ASISTENCIA de PH Grade **13.1** Para este problema, utilice la siguiente ecuación de regresión múltiple:

$$\hat{Y}_i = 10 + 5X_{1i} + 3X_{2i}$$

a. Interprete el significado de las pendientes.
b. Interprete el significado de la intersección en Y.

ASISTENCIA de PH Grade **13.2** Para este problema, utilice la siguiente ecuación de regresión múltiple:

$$\hat{Y}_i = 50 + 2X_{1i} + 7X_{2i}$$

a. Interprete el significado de las pendientes.
b. Interprete el significado de la intersección en Y.

Aplicación de conceptos

Puede resolver los problemas 13.4 a 13.8 con Excel, Minitab o SPSS.

ASISTENCIA de PH Grade **13.3** Un análisis de mercado para fabricantes de zapatos está considerando el desarrollo de una nueva marca de zapatos deportivos. El análisis pretende determinar qué variables usará para pronosticar la duración (es decir, el efecto del impacto a largo plazo). Las dos variables independientes que se consideran son X_1 (FOREIMP), que es la medición de la capacidad de amortiguamiento, y X_2 (MIDSOLE), la medición de cambio en las propiedades frente al impacto con el tiempo. La variable dependiente Y es LTIMP, que es la medición de la duración del calzado después de una prueba de impacto repetido. Para la prueba se seleccionó una muestra aleatoria de 15 tipos de zapatos deportivos de los que actualmente fabrica la empresa, con los siguientes resultados.

ANOVA	*gl*	SC	*MC*	*F*	Significancia *F*
Regresión	2	12.61020	6.30510	97.69	0.0001
Error	12	0.77453	0.06454		
Total	14	13.38473			

Variable	Coeficientes	Error estadístico	Estadístico *t*	Valor-*p*
Intercept	−0.02686	0.06905	−0.39	0.7034
Foreimp	0.79116	0.06295	12.57	0.0000
Midsole	0.60484	0.07174	8.43	0.0000

a. Establezca la ecuación de regresión múltiple.
b. Interprete el significado de las pendientes en este problema.

AUTO Examen **13.4** Un negocio de ventas por catálogo que vende suministros, software y equipo para computadoras personales tiene un almacén centralizado. La gerencia está analizando el proceso de distribución y quiere estudiar los factores que influyen en los costos de distribución del almacén. Actualmente, en cada pedido se hace un pequeño cargo adicional por manejo, independientemente de la cantidad de la compra. Los datos recopilados durante los últimos 24 meses indican los costos de distribución del almacén (en miles de dólares), las ventas (en miles de dólares), y el número de pedidos recibidos. **WARECOST**

a. Establezca la ecuación de regresión múltiple.
b. Interprete el significado de las pendientes b_1 y b_2 en este problema.
c. Explique por qué el coeficiente de regresión b_0 no tiene significado práctico en el contexto de este problema.
d. Elabore el pronóstico del costo medio mensual de distribución del almacén, cuando las ventas suman $400,000 y los pedidos son 4,500.
e. Elabore una estimación del intervalo de confianza del 95% para el costo medio mensual de distribución del almacén cuando las ventas suman $400,000 y los pedidos son 4,500.
f. Elabore una estimación del intervalo de confianza del 95% para el costo de distribución mensual del almacén para un mes en particular en el que las ventas suman $400,000 y los pedidos son 4,500.

ASISTENCIA de PH Grade **13.5** Una organización de consumidores quiere desarrollar un modelo de regresión para pronosticar el rendimiento de gasolina (medido en millas por galón) con base en la potencia del motor y el peso del automóvil en libras. Se seleccionó una muestra de 50 modelos recientes de automóvil y se registraron los datos. **AUTO**

a. Establezca la ecuación de regresión múltiple.
b. Interprete el significado de las pendientes b_1 y b_2 en este problema.
c. Explique por qué el coeficiente de regresión b_0 no tiene significado práctico en el contexto de este problema.
d. Elabore un pronóstico para la cantidad media de millas por galón que rendirán los automóviles con 60 caballos de potencia y peso de 2,000 libras.
e. Elabore una estimación del intervalo del confianza de 95% para la media de las millas por galón correspondientes a los automóviles con 60 caballos de potencia y con peso de 2,000 libras.
f. Elabore un intervalo de confianza del 95% para las millas por galón correspondientes a un automóvil individual de 60 caballos de potencia y peso de 2,000 libras.

ASISTENCIA de PH Grade **13.6** Una empresa que elabora productos de consumo quiere medir la eficacia que tienen distintos tipos de medios publicitarios respecto a sus productos. La empresa se interesa específicamente en la eficacia de la publicidad en radio y en periódicos (incluyendo el costo de cupones de descuento). Se selecciona una muestra compuesta por 22 ciudades con población aproximadamente igual, para estudiarla durante un periodo de prueba de un mes. A cada ciudad se le asigna una cantidad de gastos específicos para publicidad en radio y periódicos. Se registraron las ventas de producto (en miles de dólares) y también los niveles medios de gastos (en miles de dólares) durante el mes de prueba, con los siguientes resultados: **ADVERTISE**

Ciudad	Ventas (\$000)	Anuncios en radio (\$000)	Anuncios en periódicos (\$000)
1	973	0	40
2	1,119	0	40
3	875	25	25
4	625	25	25
5	910	30	30
6	971	30	30
7	931	35	35
8	1,177	35	35
9	882	40	25
10	982	40	25
11	1,628	45	45
12	1,577	45	45
13	1,044	50	0
14	914	50	0
15	1,329	55	25
16	1,330	55	25
17	1,405	60	30
18	1,436	60	30
19	1,521	65	35
20	1,741	65	35
21	1,866	70	40
22	1,717	70	40

a. Determine la ecuación de regresión múltiple.
b. Interprete el significado de las pendientes b_1 y b_2 en este problema.
c. Interprete el significado del coeficiente de regresión b_0.
d. Elabore un pronóstico de ventas para una ciudad en la que la publicidad en radio sumó \$20,000 y la publicidad en periódicos también sumó \$20,000.
e. Elabore una estimación del intervalo de confianza del 95% para la media de las ventas correspondientes a las ciudades en las que la publicidad en radio alcanzó \$20,000 y la publicidad en periódicos también fue de \$20,000.
f. Elabore una estimación del intervalo de confianza del 95% para la media de las ventas en una ciudad donde la publicidad en radio alcanzó \$20,000 y la publicidad en periódicos también fue de \$20,000.

13.7 El director de operaciones de una estación de televisión quiere estudiar el aspecto de las horas de pausa en el trabajo, es decir, el tiempo que se paga a los diseñadores gráficos sindicalizados en el que en realidad no realizan ninguna actividad. Las variables incluidas en el estudio son:

Horas de pausa (Y): número total de horas de pausa a la semana
Personal total presente (X_1): total semanal de personas-días a la semana.
Horas remotas (X_2): número total de horas que los empleados trabajan en sitios fuera de la central.

Los resultados correspondientes a 26 semanas están en el archivo **STANDBY**.
a. Establezca la ecuación de regresión múltiple.
b. Interprete el significado de las pendientes b_1 y b_2 en este problema.
c. Explique por qué el coeficiente de regresión b_0 no tiene significado práctico en el contexto de este problema.
d. Elabore un pronóstico de las horas de pausa en una semana en la que el personal totaliza 310 personas/día y las horas remotas ascienden a 400.
e. Elabore una estimación del intervalo de confianza del 95% para la media de horas de pausa durante las semanas en las que el total de personal presente es de 310 personas/día y las horas remotas son 400.
f. Elabore una estimación del intervalo de confianza del 95% para la media de horas de pausa durante una semana en la cual el total de personal presente es de 310 personas/día y las horas remotas son 400.

13.8 El territorio de Nassau está aproximadamente a 25 millas al este de la cuidad de Nueva York. Hasta antes de que se realizara una nueva valoración de las propiedades residenciales en 2002, los impuestos prediales se calculaban de acuerdo con el valor real del inmueble correspondiente a 1938, o con su valor al momento de construirse si la edificación fue posterior a ese año. Los datos del archivo **GLENCOVE** incluyen el valor estimado (en 2002), superficie de la propiedad (en acres), y la antigüedad en años de una muestra compuesta por 30 casas familiares ubicadas en una pequeña ciudad en el territorio de Nassau. Desarrolle un modelo de regresión lineal múltiple para pronosticar el valor estimado con base en la extensión de la propiedad y la antigüedad en años.
a. Establezca la ecuación de regresión múltiple.
b. Interprete el significado de las pendientes b_1 y b_2 en este problema.
c. Explique por qué el coeficiente de regresión b_0 no tiene significado práctico en el contexto de este problema.
d. Elabore un pronóstico del valor estimado de una casa que ocupa un terreno de 0.25 acres y que se construyó hace 45 años.
e. Elabore una estimación del intervalo de confianza del 95% para el valor medio estimado de las casas que abarcan una superficie de 0.25 acres y que tienen 45 años de construidas.
f. Elabore una estimación del intervalo de confianza del 95% para el valor estimado de una casa individual que abarca una superficie de 0.25 acres y que tiene 45 años de construida.

13.2 r^2, r^2 AJUSTADA Y PRUEBA *F* GLOBAL

Coeficiente de determinación múltiple

De la sección 12.3, recuerde que el coeficiente de determinación r^2 mide la variación en Y que se explica por medio de la variable independiente X en el modelo de regresión lineal simple. En la regresión múltiple, el **coeficiente de determinación múltiple** representa la proporción de la variación en Y que se explica por medio de un conjunto de variables independientes. La ecuación (13.4) define al coeficiente de determinación múltiple para un modelo de regresión con dos o más variables independientes.

COEFICIENTE DE DETERMINACIÓN MÚLTIPLE

El coeficiente de determinación múltiple es igual a la suma de cuadrados de la regresión (*SSR*) dividida por la suma total de los cuadrados (*SST*).

$$r^2 = \frac{SSR}{SST} \tag{13.4}$$

donde SSR = suma de cuadrados de la regresión

SST = suma total de los cuadrados

Respecto al ejemplo de OmniPower, a partir de las figuras 13.2 o 13.3 de las páginas 468 y 469, $SSR = 39{,}472{,}730.77$, y $SST = 52{,}093{,}677.44$. Así,

$$r^2 = \frac{SSR}{SST} = \frac{39{,}472{,}730.77}{52{,}093{,}677.44} = 0.7577$$

El coeficiente de determinación múltiple ($r^2 = 0.7577$) indica que el 75.77% de la variación en las ventas se explica por la variación del precio y de los gastos de promoción.

Sin embargo, algunos especialistas proponen que al tratar con modelos de regresión múltiple, se debe utilizar la **r^2 ajustada**, para reflejar el número de variables independientes en el modelo y el tamaño de la muestra. Es muy importante reportar la r_2 ajustada al comparar dos o más modelos de regresión que pronostican la misma variable dependiente pero cuentan con distinto número de variables independientes. La ecuación (13.5) define la r^2 ajustada.

r^2 AJUSTADA

$$r^2_{\text{aj}} = 1 - \left[(1 - r^2)\frac{n-1}{n-k-1}\right] \tag{13.5}$$

donde k es el número de variables independientes en la ecuación de regresión.

Así, para los datos de OmniPower y puesto que $r^2 = 0.7577$, $n = 34$ y $k = 2$,

$$\begin{aligned} r^2_{\text{aj}} &= 1 - \left[(1 - r^2)\frac{(34-1)}{(34-2-1)}\right] \\ &= 1 - \left[(1 - 0.7577)\frac{33}{31}\right] \\ &= 1 - 0.2579 \\ &= 0.7421 \end{aligned}$$

De ahí que el 74.21% de la variación de las ventas se explica mediante el modelo de regresión, ajustado para el número de variables independientes y el tamaño de la muestra.

Prueba de la significancia del modelo de regresión múltiple global

La **prueba F global** se utiliza para probar la significancia del modelo de regresión múltiple global. Esta prueba determina si existe una relación significativa entre la variable dependiente y todo el conjunto de variables independientes. Como existe más de una variable independiente, se usan las siguientes hipótesis nula y alternativa:

H_0: $\beta_1 = \cdots = \beta_k = 0$ (No existe relación lineal entre la variable dependiente y las variables independientes.)

H_1: Por lo menos una $\beta_j \neq 0$ (Relación lineal entre la variable dependiente y al menos una de las variables independientes.)

La ecuación (13.6) define el estadístico para la prueba F global. La tabla 13.2 presenta la tabla resumida del análisis de varianza (ANOVA) correspondiente.

ESTADÍSTICO DE LA PRUEBA F GLOBAL

El estadístico F es igual a la media cuadrática de la regresión (MSR) dividida por la media cuadrática del error (MSE).

$$F = \frac{MSR}{MSE} \quad \textbf{(13.6)}$$

donde F = estadístico de prueba de una distribución F con k y $n - k - 1$ grados de libertad
k = número de variables independientes en el modelo de regresión

TABLA 13.2
Tabla resumida del análisis de varianza (ANOVA) para la prueba F global.

Fuente	Grados de libertad	Suma de cuadrados	Media cuadrática (varianza)	F
Regresión	k	SSR	$MSR = \frac{SSR}{k}$	$F = \frac{MSR}{MSE}$
Error	$n - k - 1$	SSE	$MSE = \frac{SSE}{n - k - 1}$	
Total	$n - 1$	SST		

La regla de decisión es:

Rechace H_0 en el nivel α de significancia si $F > F_{U(k,n-k-1)}$;

de otro modo, no rechace H_0.

Utilizando un nivel de significancia de 0.05, a partir de la tabla E.5 el valor crítico de la distribución F con 2 y 31 grados de libertad es aproximadamente 3.32 (vea la figura 13.5). De las figuras 13.2 o 13.3 de las páginas 468-469, el estadístico F dado en la tabla resumida del análisis de varianza es 48.48. Puesto que 48.48 > 3.32, o porque el valor $p = 0.000 < 0.05$, se rechaza H_0 y se concluye que al menos una de las variables independientes (precio y/o gastos promocionales) se relaciona con las ventas.

FIGURA 13.5
Prueba de la significancia de un conjunto de coeficientes de regresión en un nivel de significancia de 0.05 con 2 y 31 grados de libertad.

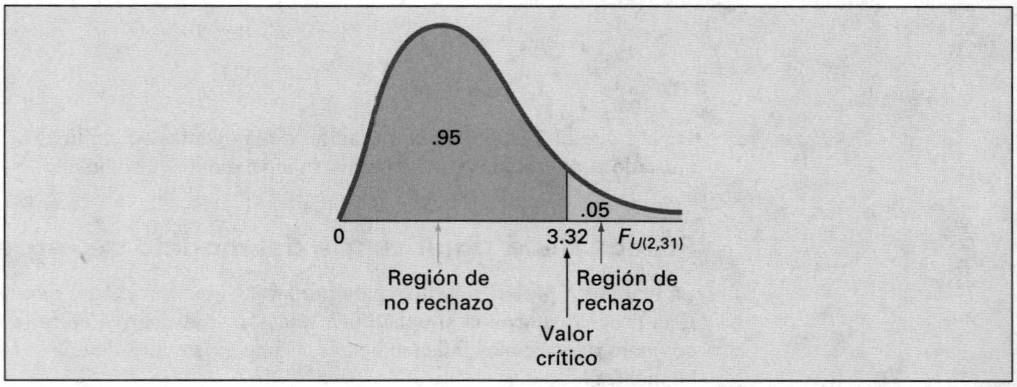

PROBLEMAS PARA LA SECCIÓN 13.2

Aprendizaje básico

ASISTENCIA de PH Grade **13.9** La siguiente tabla resume el análisis de varianza (ANOVA) de un modelo de regresión múltiple con dos variables independientes.

Fuente	Grados de libertad	Suma de cuadrados	Medias cuadráticas	F
Regresión	2	60		
Error	18	120		
Total	20	180		

a. Determine la media cuadrática producida por la regresión y la media cuadrática causada por el error.

b. Calcule el estadístico F.

c. Determine si existe una relación significativa entre Y y las dos variables independientes, en un nivel de significancia de 0.05.

d. Calcule el coeficiente de determinación múltiple r^2 e interprete su significado.

e. Calcule la r^2 ajustada.

ASISTENCIA de PH Grade **13.10** La siguiente tabla resume el análisis de varianza (ANOVA) de un modelo de regresión múltiple con dos variables independientes.

Fuente	Grados de libertad	Suma de cuadrados	Medias cuadráticas	F
Regresión	2	30		
Error	10	120		
Total	12	150		

a. Determine la media cuadrática producida por la regresión y la media cuadrática causada por el error.

b. Calcule el estadístico F.

c. Determine si existe una relación significativa entre Y y las dos variables independientes, en un nivel de significancia de 0.05.

d. Calcule el coeficiente de determinación múltiple r^2 e interprete su significado.

e. Calcule la r^2 ajustada.

Aplicación de conceptos

Puede resolver los problemas 13.13 a 13.17 con Excel, Minitab o SPSS.

13.11 Eileen M. Van Aken y Brian M. Kleiner, profesores del Instituto Politécnico y la Universidad del Estado de Virginia, investigaron los factores que propician la eficacia de los equipos ("Determinants of Effectiveness for Cross-Functional Organizational Design Teams", *Quality Management Journal,* 1997, 4, 51-79). Estos investigadores estudiaron 34 variables independientes, tales como habilidades de equipo, diversidad, frecuencia de las reuniones y claridad de las expectativas. En cada uno de los equipos estudiados se dio a cada variable un valor de 1 a 100, de acuerdo con los resultados de las entrevistas y con los datos de las encuestas, donde 100 representaba la mayor calificación. La variable dependiente desempeño del equipo también recibió un valor del 1 al 100, siendo ésta la calificación más alta. Se exploraron muchos modelos de regresión distintos, incluyendo los siguientes:

Modelo 1

Desempeño del equipo $= \beta_0 + \beta_1$ (habilidades de equipo) $+ \varepsilon$,

$$r^2_{aj} = 0.68$$

Modelo 2

Desempeño del equipo $= \beta_0 + \beta_1$ (claridad de las expectativas) $+ \varepsilon$,

$$r^2_{aj} = 0.78$$

Modelo 3

Desempeño del equipo $= \beta_0 + \beta_1$ (habilidades de equipo) $+$ β_1 (claridad de las expectativas)$+ \varepsilon$,

$$r^2_{aj} = 0.97$$

a. Interprete la r^2 ajustada de cada uno de los tres modelos.

b. ¿Cuál de estos tres modelos cree usted que es mejor para pronosticar el desempeño del equipo?

ASISTENCIA de PH Grade **13.12** En el problema 13.3 de la página 471, usted pronosticó la duración de un zapato deportivo con base en la capacidad de amortiguamiento y los cambios de sus propiedades frente al impacto con el tiempo. El análisis de regresión tuvo como resultado la siguiente tabla resumida del análisis de varianza (ANOVA).

ANOVA	Grados de libertad	*SC*	*MC*	*F*	Significancia
Regresión	2	12.61020	6.30510	97.69	0.0001
Error	12	0.77453	0.06454		
Total	14	13.38473			

a. Determine si existe una relación significativa entre la duración y las dos variables independientes, en un nivel de significancia de 0.05.

b. Interprete el significado del valor-p.

c. Calcule el coeficiente de determinación múltiple r^2 e interprete su significado.

d. Calcule la r^2 ajustada.

ASISTENCIA de PH Grade **13.13** En el problema 13.5 de la página 471, utilizó la potencia y el peso para pronosticar el rendimiento de automóviles. Utilice el resultado computarizado de este problema. **AUTO**

a. Determine si existe una relación significativa entre rendimiento de gasolina y las dos variables independientes (potencia y peso), en un nivel de significancia de 0.05.
b. Interprete el significado del valor-*p*.
c. Calcule el coeficiente de determinación múltiple r^2 e interprete su significado.
d. Calcule la r^2 ajustada.

ASISTENCIA de PH Grade **13.14** En el problema 13.4 de la página 471, usted utilizó las ventas y el número de pedidos para pronosticar los costos de distribución de un negocio de ventas por catálogo. Utilice el resultado computarizado de este problema. **WARECOST**
a. Determine si existe una relación significativa entre los costos de distribución y las dos variables independientes (ventas y número de pedidos), en un nivel de significancia de 0.05.
b. Interprete el significado del valor-*p*.
c. Calcule el coeficiente de determinación múltiple r^2 e interprete su significado.
d. Calcule la r^2 ajustada.

13.15 En el problema 13.7 de la página 472, usted utilizó el total del equipo presente y las horas remotas para pronosticar las horas de pausa. Utilice el resultado computarizado de este problema. **STANDBY**
a. Determine si existe una relación significativa entre las horas de pausa y las dos variables independientes (total de personas presentes y horas remotas), en un nivel de significancia de 0.05.
b. Interprete el significado del valor-*p*.
c. Calcule el coeficiente de determinación múltiple r^2 e interprete su significado.
d. Calcule la r^2 ajustada.

13.16 En el problema 13.6 de la página 471, usted utilizó la publicidad en radio y periódico para pronosticar las ventas. Utilice el resultado computarizado de este problema. **ADVERTISE**
a. Determine si existe una relación significativa entre las ventas y las dos variables independientes (publicidad en radio y publicidad en periódico), en un nivel de significancia de 0.05.
b. Interprete el significado del valor-*p*.
c. Calcule el coeficiente de determinación múltiple r^2 e interprete su significado.
d. Calcule la r^2 ajustada.

13.17 En el problema 13.8 de la página 472, usted utilizó la superficie de terreno y la antigüedad de la construcción para pronosticar el valor estimado. Utilice el resultado computarizado de este problema. **GLENCOVE**
a. Determine si existe una relación significativa entre el valor estimado y las dos variables independientes (superficie de terreno y antigüedad de la construcción), en un nivel de significancia de 0.05.
b. Interprete el significado del valor-*p*.
c. Calcule el coeficiente de determinación múltiple r^2 e interprete su significado.
d. Calcule la r^2 ajustada.

13.3 ANÁLISIS RESIDUAL PARA EL MODELO DE REGRESIÓN MÚLTIPLE

En la sección 12.5, usted utilizó el análisis residual para evaluar la conveniencia de utilizar el modelo de regresión lineal simple para un conjunto de datos. Para el modelo de regresión múltiple con dos variables independientes, es necesario construir y analizar las siguientes gráficas.

1. Residuos contra $\hat{Y}_i$.
2. Residuos contra X_{1i}.
3. Residuos contra X_{2i}.
4. Residuos contra el tiempo.

La primera gráfica residual examina el patrón de los residuos contra los valores pronosticados de *Y*. Si los residuos muestran un patrón para distintos valores pronosticados de *Y*, hay evidencia de un posible efecto cuadrático en al menos una variable independiente, una posible violación de la suposición de una varianza igual (vea la figura 12.16 de la página 431), y/o la necesidad de transformar la variable *Y*.

La segunda y tercera gráficas residuales incluyen a las variables independientes. Los patrones de una gráfica de residuos contra una variable independiente pueden indicar la existencia de un efecto cuadrático y, por lo tanto, señalan la necesidad de añadir una variable independiente cuadrática al modelo de regresión múltiple. La cuarta gráfica se utiliza para investigar patrones de los residuos, con objeto de validar la suposición de independencia al recopilar datos en orden cronológico. En relación con esta gráfica residual, como se muestra en la sección 12.6, es conveniente calcular el estadístico de Durbin-Watson para determinar la existencia de una autocorrelación positiva entre los residuos.

Para graficar los residuos, se emplea software estadístico y hojas de trabajo. En la figura 13.6 se ilustran gráficas residuales de Excel para el ejemplo de ventas de OmniPower. En esa figura hay un patrón muy escaso o nulo para la relación que existe entre los residuos del valor previsto de Y, el valor de X_1 (precio), o el valor de X_2 (gastos promocionales). Así, se concluye que el modelo de regresión múltiple es apropiado para pronosticar las ventas.

FIGURA 13.6

Gráficas residuales de Excel para el ejemplo de OmniPower: panel *A*, residuos contra pronóstico de *Y*; panel *B*, residuos contra precio; panel *C*, residuos contra gastos de promoción.

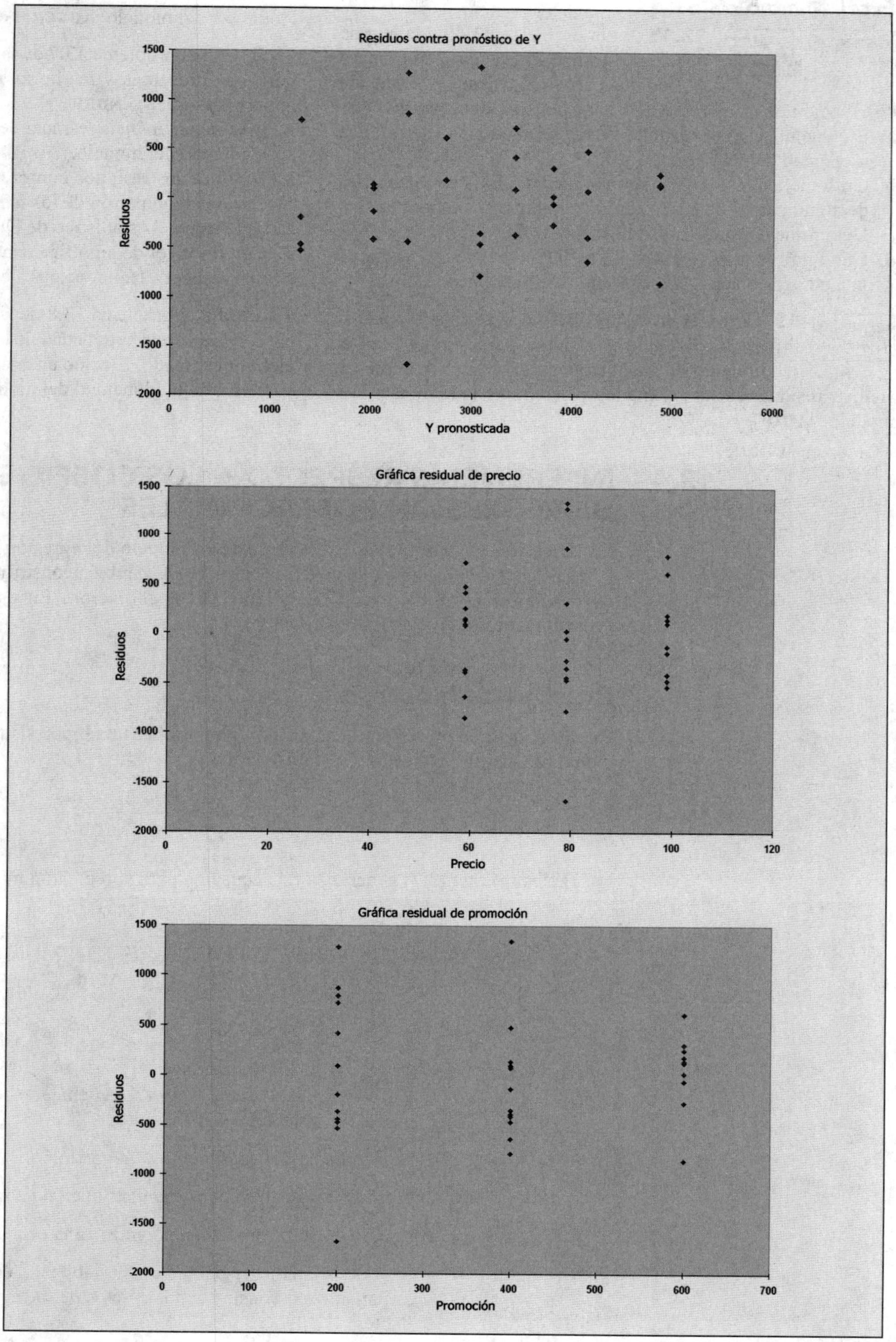

PROBLEMAS PARA LA SECCIÓN 13.3

Aplicación de conceptos

Puede resolver los problemas 13.18 a 13.22 con Excel, Minitab o SPSS.

ASISTENCIA de PH Grade | AUTO Examen

13.18 En el problema 13.4 de la página 471, usted utilizó las ventas y el número de pedidos para pronosticar los costos de distribución de un negocio de ventas por catálogo. **WARECOST**

a. Efectúe un análisis residual de sus resultados y determine la idoneidad del modelo.
b. Grafique los residuos contra los meses. ¿Existen evidencias de algún patrón de los residuos? Explique su respuesta.
c. Determine el estadístico de Durbin-Watson.
d. Con un nivel de significancia de 0.05, ¿existe evidencia de una autocorrelación positiva en los residuos?

ASISTENCIA de PH Grade

13.19 En el problema 13.5 de la página 471, usted utilizó la potencia y el peso para pronosticar el rendimiento de gasolina de automóviles. Efectúe un análisis residual de sus resultados y determine la idoneidad del modelo. **AUTO**

13.20 En el problema 13.6 de la página 471, utilizó la publicidad en radio y periódico para pronosticar las ventas. Efectúe un análisis residual de sus resultados y determine la idoneidad del modelo. **ADVERTISE**

13.21 En el problema 13.7 de la página 472, utilizó el total de personas presentes y las horas remotas para pronosticar las horas de pausa. **STANDBY**

a. Efectúe un análisis residual de sus resultados y determine la idoneidad del modelo.
b. Grafique los residuos contra las semanas. ¿Existen evidencias de algún patrón de los residuos? Explique su respuesta.
c. Determine el estadístico de Durbin-Watson.
d. Con un nivel de significancia de 0.05, ¿existe evidencia de una autocorrelación positiva en los residuos?

13.22 En el problema 13.8 de la página 472, utilizó la superficie de terreno y la antigüedad de la construcción para pronosticar el valor estimado. Efectúe un análisis residual de sus resultados y determine la idoneidad del modelo. **GLENCOVE**

13.4 INFERENCIAS RESPECTO A LOS COEFICIENTES DE REGRESIÓN POBLACIONALES

En la sección 12.7, se probó la pendiente de un modelo de regresión lineal simple, para determinar la significancia de la relación que existe entre X y Y. También construyó una estimación del intervalo de confianza del 95% para la pendiente de la población. En esta sección se amplían estos procedimientos a la regresión múltiple.

Pruebas de hipótesis

En un modelo de regresión lineal simple, para probar una hipótesis referente a la pendiente poblacional β_1, se utilizó la ecuación (12.16) de la página 438:

$$t = \frac{b_1 - \beta_1}{S_{b_1}}$$

La ecuación (13.7) generaliza esta ecuación para la regresión múltiple.

PRUEBA PARA LA PENDIENTE EN LA REGRESIÓN MÚLTIPLE

$$t = \frac{b_j - \beta_j}{S_{b_j}} \tag{13.7}$$

donde b_j = pendiente de la variable j con Y, manteniendo constantes los efectos de todas las demás variables independientes

S_{b_j} = error estándar del coeficiente de regresión b_j

t = estadístico de prueba para una distribución t con $n - k - 1$ grados de libertad

k = número de variables independientes en la ecuación de regresión.

β_j = valor de la pendiente poblacional establecido en la hipótesis para la variable j, manteniendo constantes los efectos de todas las demás variables independientes

La salida de Excel y Minitab proporcionan los resultados de la prueba t para cada una de las variables independientes incluidas en el modelo de regresión (vea las figuras 13.2 o 13.3 de las páginas 468 y 469).

Para determinar si la variable X_2 (cantidad de los gastos de promoción) tiene un efecto significativo en las ventas, tomando en cuenta el precio de las barras de OmniPower, las hipótesis nula y alternativa son:

$$H_0: \beta_2 = 0$$
$$H_1: \beta_2 \neq 0$$

A partir de la ecuación (13.7), y de la figura 13.2 o 13.3,

$$t = \frac{b_2 - \beta_2}{S_{b_2}}$$
$$= \frac{3.6131 - 0}{0.6852} = 5.27$$

Si selecciona un nivel de significancia de 0.05, los valores críticos de t para 31 grados de libertad en la tabla E.3 son -2.0395 y $+2.0395$ (vea la figura 13.7).

FIGURA 13.7
Prueba de la significancia de un coeficiente de regresión en un nivel de significancia de 0.05 con 31 grados de libertad.

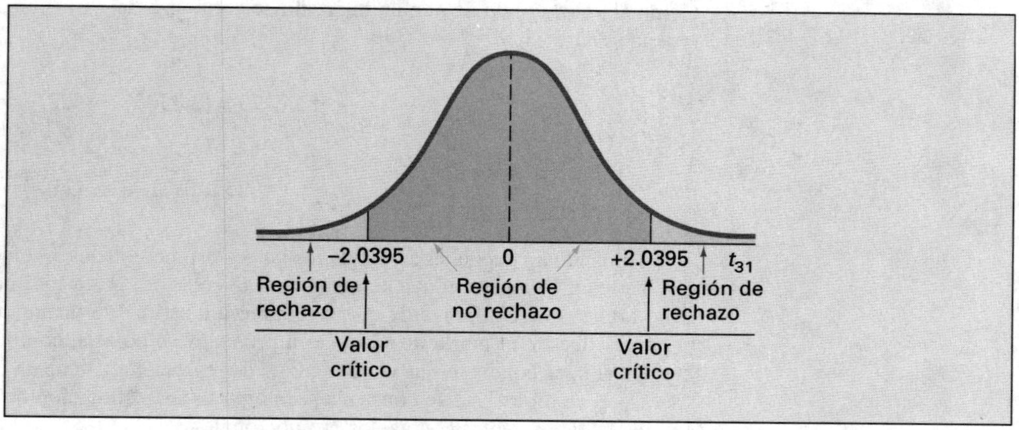

De las figuras 13.2 o 13.3, el valor-p es 0.00000982 (o 9.82E-06 en notación científica). Como $t = 5.27 > 2.0395$ o el valor-p de $0.00000982 < 0.05$, se rechaza H_0 y se concluye que existe una relación significativa entre la variable X_2 (gastos de promoción) y las ventas, tomando en cuenta el precio X_1. Este valor-p tan pequeño permite rechazar cabalmente la hipótesis nula de que no existe relación lineal entre las ventas y los gastos de promoción.

El ejemplo 13.1 presenta la prueba de la significancia de β_1, la pendiente de ventas con precio.

EJEMPLO 13.1

PRUEBA DE LA SIGNIFICANCIA DE LA PENDIENTE DE VENTAS CON PRECIO

Con un nivel de significancia de 0.05, ¿existe evidencia de que la pendiente de ventas con precio es diferente de cero?

SOLUCIÓN A partir de las figuras 13.2 o 13.3 de las páginas 468 y 469, $t = -7.766 < -2.0395$ (el valor crítico para $\alpha = 0.05$) o el valor-p = $0.0000000092 < 0.05$. Así, existe una relación significativa entre el precio X_1 y las ventas, tomando en cuenta los gastos de promoción X_2.

Como se observa en cada una de estas dos variables X, la prueba de significancia para un coeficiente de regresión en particular es en realidad una prueba de la significancia de añadir una variable específica a un modelo de regresión dado en el que ya se encuentra incluida la otra variable. Por lo tanto, la prueba t del coeficientes de regresión equivale a probar la aportación de cada variable independiente.

Estimación del intervalo de confianza

En lugar de probar la significancia de una pendiente poblacional, usted quizá desee estimar el valor de la pendiente poblacional. La ecuación (13.8) define la estimación del intervalo de confianza para una pendiente poblacional en un modelo de regresión múltiple.

ESTIMACIÓN DEL INTERVALO DE CONFIANZA PARA LA PENDIENTE

$$b_j \pm t_{n-k-1}S_{b_j} \tag{13.8}$$

Por ejemplo, si usted quiere elaborar una estimación del intervalo de confianza del 95% para una pendiente poblacional β_1 (el efecto del precio X_1 sobre las ventas Y, manteniendo constante el efecto de los gastos promocionales X_2), a partir de la ecuación (13.8) y de la figura 13.2 o 13.3 de las páginas 468 y 469:

$$b_1 \pm t_{n-k-1}S_{b_1}$$

Como el valor crítico de t en un intervalo de confianza del 95% con 31 grados de libertad es 2.0395 (vea la tabla E.3),

$$-53.2173 \pm (2.0395)(6.8522)$$

$$-53.2173 \pm 13.9752$$

$$-67.1925 \leq \beta_1 \leq -39.2421$$

Tomando en cuenta el efecto de los gastos promocionales, el efecto estimado de un aumento de 1 centavo en el precio reduce la media de las ventas de 39.2 a 67.2 barras, aproximadamente. Usted tiene un 95% de confianza de que este intervalo estima de manera correcta la relación entre estas variables. Desde el punto de vista de la prueba de hipótesis, como este intervalo de confianza no incluye al 0, se concluye que el coeficiente de regresión β_1 tiene un efecto significativo.

En el ejemplo 13.2 se construye e interpreta una estimación del intervalo de confianza para la pendiente de las ventas con gastos promocionales.

EJEMPLO 13.2 CONSTRUCCIÓN DE LA ESTIMACIÓN DEL INTERVALO DE CONFIANZA PARA LA PENDIENTE DE LAS VENTAS CON GASTOS PROMOCIONALES

Construya una estimación de intervalo de confianza del 95% para la pendiente poblacional de las ventas con gastos promocionales.

SOLUCIÓN El valor crítico de t en un intervalo de confianza del 95% con 31 grados de libertad es 2.0395 (vea la tabla E.3). Utilizando la ecuación (13.8):

$$3.6131 \pm (2.0395)(0.6852)$$

$$3.6131 \pm 1.3975$$

$$2.2156 \leq \beta_2 \leq 5.0106$$

Así, tomando en cuenta el efecto del precio, el efecto estimado de cada dólar adicional en los gastos de promoción consiste en aumentar la media de las ventas de 2.2 a 5.0 barras, aproximadamente. Usted tiene un 95% de confianza de que este intervalo estima de manera correcta la relación entre estas variables. Desde el punto de vista de la prueba de hipótesis, como este intervalo de confianza no incluye al 0, se concluye que el coeficiente de regresión β_2 tiene un efecto significativo.

PROBLEMAS PARA LA SECCIÓN 13.4

Aprendizaje básico

ASISTENCIA de PH Grade **13.23** Dada la siguiente información de un análisis relación múltiple:

$$n = 25, \quad b_1 = 5, \quad b_2 = 10, \quad S_{b_1} = 2, \quad S_{b_2} = 8$$

a. ¿Cuál variable tiene la mayor pendiente en unidades de un estadístico t?

b. Elabore una estimación del intervalo de confianza del 95% para la pendiente poblacional β_1.

c. Con un nivel de significancia de 0.05, determine si cada una de las variables independientes hace una contribución significativa al modelo de regresión. Con base en los resultados indique las variables independientes que debe incluir este modelo.

13.24 Dada la siguiente información de un análisis de regresión múltiple:

$$n = 20, \quad b_1 = 4, \quad b_2 = 3, \quad S_{b1} = 1.2, \quad S_{b2} = 0.8$$

a. ¿Cuál variable tiene la mayor pendiente en unidades de un estadístico t?

b. Elabore una estimación del intervalo de confianza del 95% para la pendiente poblacional β_1.

c. Con un nivel de significancia de 0.05, determine si cada una de las variables independientes hace una contribución significativa al modelo de regresión. Con base en los resultados, indique las variables independientes que debe incluir este modelo.

Aplicación de conceptos

Puede resolver los problemas 13.26 a 13.30 con Excel, Minitab o SPSS.

ASISTENCIA de PH Grade **13.25** En el problema 13.3 de la página 471, usted pronosticó la duración de un zapato deportivo con base en la capacidad de amortiguamiento (Foreimp) y los cambios de sus propiedades frente al impacto con el tiempo (Midsole) para una muestra compuesta por 15 pares de zapatos. Utilice los siguientes resultados:

Variable	Coeficientes	Error estadístico	Estándar t	Valor-p
Intersección	−0.02686	0.06905	−0.39	0.7034
Foreimp	0.79116	0.06295	12.57	0.0000
Midsole	0.60484	0.07174	8.43	0.0000

a. Elabore una estimación del intervalo de confianza del 95% para la pendiente poblacional que existe entre la duración y la capacidad de amortiguamiento.

b. Con un nivel de significancia de 0.05, determine si cada una de las variables independientes hace una contribución significativa al modelo de regresión. Con base en los resultados, indique las variables independientes que debe incluir este modelo.

ASISTENCIA de PH Grade ✓ AUTO Examen **13.26** En el problema 13.4 de la página 471, usted utilizó las ventas y el número de pedidos para pronosticar los costos de distribución de un negocio de ventas por catálogo. Utilice el resultado computarizado de este problema. **WARECOST**

a. Elabore una estimación del intervalo de confianza del 95% para la pendiente poblacional que existe entre el costo de distribución y las ventas.

b. Con un nivel de significancia de 0.05, determine si cada una de las variables independientes hace una contribución significativa al modelo de regresión. Con base en los resultados, indique las variables independientes que debe incluir este modelo.

13.27 En el problema 13.5 de la página 471, usted utilizó la potencia y el peso para pronosticar el rendimiento de gasolina de automóviles. Utilice el resultado computarizado de este problema. **AUTO**

a. Elabore una estimación del intervalo de confianza del 95% para la pendiente poblacional que existe entre el rendimiento de gasolina y la potencia.

b. Con un nivel de significancia de 0.05, determine si cada una de las variables independientes hace una contribución significativa al modelo de regresión. Con base en los resultados, indique las variables independientes que debe incluir este modelo.

13.28 En el problema 13.6 de la página 471, utilizó la publicidad en radio y periódico para pronosticar las ventas. Utilice el resultado computarizado de este problema. **ADVERTISE**

a. Elabore una estimación del intervalo de confianza del 95% para la pendiente poblacional que existe entre las ventas y la publicidad en radio.

b. Con un nivel de significancia de 0.05, determine si cada una de las variables independientes hace una contribución significativa al modelo de regresión. Con base en los resultados, indique las variables independientes que debe incluir este modelo.

13.29 En el problema 13.7 de la página 472, usted utilizó el total de personas presentes y las horas remotas para pronosticar las horas de pausa en el trabajo. Utilice el resultado computarizado de este problema. **STANDBY**

a. Elabore una estimación del intervalo de confianza del 95% para la pendiente poblacional que existe entre las horas de espera y el número total de personas presente.

b. Con un nivel de significancia de 0.05, determine si cada una de las variables independientes hace una contribución significativa al modelo de regresión. Con base en los resultados, indique las variables independientes que debe incluir este modelo.

13.30 En el problema 13.8 de la página 472, usted utilizó la superficie de terreno y la antigüedad de la construcción para pronosticar el valor estimado. Utilice el resultado computarizado de este problema. **GLENCOVE**

a. Elabore una estimación del intervalo de confianza del 95% para la pendiente poblacional que existe entre el valor estimado y la superficie de terreno de la propiedad.

b. Con un nivel de significancia de 0.05, determine si cada una de las variables independientes hace una contribución significativa al modelo de regresión. Con base en los resultados, indique las variables independientes que debe incluir este modelo.

13.5 USO DE VARIABLES INDICADORAS Y TÉRMINOS DE INTERACCIÓN EN LOS MODELOS DE REGRESIÓN

Los modelos de regresión múltiple analizados en las secciones 13.1 a 13.4 suponen que todas las variables independientes son numéricas. Sin embargo, es probable que en ciertas circunstancias desee incluir en el modelo de regresión variables categóricas como variables independientes. Por ejemplo, en la sección 13.1, usted utilizó el precio en los gastos de promoción para pronosticar las ventas mensuales de las barras energéticas OmniPower. Además de esas variables independientes numéricas, al desarrollar un modelo para pronosticar las ventas de OmniPower, quizá desee incluir el efecto de la ubicación del anaquel en la tienda (es decir, si el producto está colocado en un extremo del exhibidor o no).

El uso de **variables indicadoras** permite incluir las variables categóricas independientes como parte del modelo de regresión. Si una variable independiente categórica tiene dos categorías, entonces sólo se necesita una variable indicadora para representar ambas categorías. Una variable indicadora X_d se define como:

$$X_d = 0 \text{ si la observación es de la categoría 1}$$

$$X_d = 1 \text{ si la observación es de la categoría 2}$$

Para ilustrar la aplicación de las variables indicadoras en la regresión, considere un modelo para pronosticar el valor estimado de una muestra compuesta por 15 casas, con base en su tamaño (en miles de pies cuadrados) y si cuentan con chimenea o no. Para incluir la variable categórica relativa a la presencia de una chimenea, la variable indicadora X_2 se define como:

$$X_2 = 0 \text{ si la casa no tiene chimenea}$$

$$X_2 = 1 \text{ si la casa tiene chimenea}$$

En la última columna de la tabla 13.3, se observa cómo los datos categóricos se convierten en valores numéricos. **HOUSE3**

TABLA 13.3

Pronóstico del valor estimado con base en el tamaño de una casa y la presencia de chimenea.

Casa	Y = Valor estimado ($000)	X_1 = Tamaño de la residencia (en miles de pies cuadrados)	Chimenea	X_2 = Chimenea
1	84.4	2.00	Sí	1
2	77.4	1.71	No	0
3	75.7	1.45	No	0
4	85.9	1.76	Sí	1
5	79.1	1.93	No	0
6	70.4	1.20	Sí	1
7	75.8	1.55	Sí	1
8	85.9	1.93	Sí	1
9	78.5	1.59	Sí	1
10	79.2	1.50	Sí	1
11	86.7	1.90	Sí	1
12	79.3	1.39	Sí	1
13	74.5	1.54	No	0
14	83.8	1.89	Sí	1
15	76.8	1.59	No	0

Suponiendo que la pendiente del valor estimado de acuerdo con el tamaño de la casa es igual para las casas que tienen chimenea que para las que no la tienen, el modelo de regresión múltiple es:

$$Y_i = \beta_0 + \beta_1 X_{1i} + \beta_2 X_{2i} + \varepsilon_i$$

donde

Y_i = valor estimado en miles de dólares para la casa i

β_0 = intersección en Y

X_{1i} = tamaño de la casa en miles de pies cuadrados para la casa i

β_1 = pendiente del valor estimado con respecto al tamaño de la casa, manteniendo constante el efecto de la presencia de una chimenea

X_{2i} = variable indicadora que representa la presencia o ausencia de una chimenea en la casa i

β_2 = efecto incremental de la presencia de una chimenea, manteniendo constante el efecto del tamaño de la casa

ε_i = error aleatorio en Y para la casa i

La figura 13.8 ilustra la salida de Excel para este modelo. En la figura 13.9 aparece la salida de Minitab.

FIGURA 13.8
Salida de Excel para el modelo de regresión que incluye el tamaño de la casa y la presencia de chimenea.

	A	B	C	D	E	F	G
1	**Assessed Value Analysis**						
2							
3	***Regression Statistics***						
4	**Multiple R**	**0.90059**					
5	**R Square**	**0.81106**					
6	**Adjusted R Square**	**0.77957**					
7	**Standard Error**	**2.26260**					
8	**Observations**	**15**					
9							
10	**ANOVA**						
11		***df***	***SS***	***MS***	***F***	***Significance F***	
12	**Regression**	**2**	**263.70391**	**131.85196**	**25.75565**	**4.54968E-05**	
13	**Residual**	**12**	**61.43209**	**5.11934**			
14	**Total**	**14**	**325.136**				
15							
16		***Coefficients***	***Standard Error***	***t Stat***	***P-value***	***Lower 95%***	***Upper 95%***
17	**Intercept**	**50.09049**	**4.351658**	**11.510668**	**7.67943E-08**	**40.60904**	**59.57194**
18	**Size**	**16.18583**	**2.574442**	**6.287124**	**4.02437E-05**	**10.57661**	**21.79506**
19	**Fireplace**	**3.85298**	**1.241223**	**3.104183**	**0.00912**	**1.14859**	**6.55737**

FIGURA 13.9
Salida de Minitab para el modelo de regresión que incluye el tamaño de la casa y la presencia de chimenea.

```
The regression equation is
Value = 50.1 + 16.2 Size + 3.85 Fireplace


Predictor      Coef  SE Coef      T      P
Constant     50.090    4.352  11.51  0.000
Size         16.186    2.574   6.29  0.000
Fireplace     3.853    1.241   3.10  0.009


S = 2.26260   R-Sq = 81.1%   R-Sq(adj) = 78.0%


Analysis of Variance

Source          DF      SS      MS      F      P
Regression       2  263.70  131.85  25.76  0.000
Residual Error  12   61.43    5.12
Total           14  325.14
```

A partir de las figuras 13.8 o 13.9, la ecuación de regresión es:

$$\hat{Y}_i = 50.09 + 16.186X_{1i} + 3.853X_{2i}$$

Para las casas que no tienen chimenea, se sustituye $X_2 = 0$ en la ecuación de regresión:

$$\begin{aligned}\hat{Y}_i &= 50.09 + 16.186X_{1i} + 3.853X_{2i}\\ &= 50.09 + 16.186X_{1i} + 3.853(0)\\ &= 50.09 + 16.186X_{1i}\end{aligned}$$

Para las casas que cuentan con chimenea, se sustituye $X_2 = 1$ en la ecuación de regresión:

$$\begin{aligned}\hat{Y}_i &= 50.09 + 16.186X_{1i} + 3.853X_{2i}\\ &= 50.09 + 16.186X_{1i} + 3.853(1)\\ &= 53.943 + 16.186X_{1i}\end{aligned}$$

En este modelo, los coeficientes de regresión se interpretan de la siguiente manera:

1. Manteniendo constante el que la casa tenga o no chimenea, para cada incremento de 1.0 miles de pies cuadrados en el tamaño de la casa, se estima que el valor medio estimado aumenta 16.186 miles de dólares (o $16,186).

2. Manteniendo constante el tamaño de la casa, se estima que la presencia de chimenea aumenta el valor medio de la casa en 3.853 miles de dólares (o $3,853).

En las figuras 13.8 o 13.9, el estadístico *t* para la pendiente del tamaño de la casa cuyo valor se estimó es de 6.29 y el valor-*p* es 0.000, aproximadamente. El estadístico *t* para la presencia de chimenea es 3.10 y el valor-*p* es 0.009. Así, cada una de las dos variables hace una contribución significativa al modelo con un nivel de significancia de 0.01. Además, el coeficiente de determinación múltiple señala que el 81.1% de variación en el valor estimado se explica por la variación en el tamaño de la casa y por el hecho de que tiene chimenea o no.

Interacciones

En todos los modelos de regresión analizados hasta ahora, se supuso que el *efecto* de una variable independiente sobre la variable dependiente es estadísticamente independiente de las demás variables independientes incluidas en el modelo. Una **interacción** se presenta si el *efecto* de una variable independiente sobre la variable de respuesta depende del *valor* de una segunda variable independiente. Por ejemplo, es posible que la publicidad tenga un gran efecto sobre las ventas de un producto cuando el precio es bajo. Sin embargo, si el precio del producto es muy elevado, aumentar la publicidad no cambiará drásticamente las ventas. En este caso, se dice que interactúan precio y publicidad. En otras palabras, no es posible hacer aseveraciones generales sobre el efecto de la publicidad en las ventas. El efecto de la publicidad sobre las ventas es *dependiente* del precio. Se utiliza un **término de interacción** (a veces llamado **término de producto cruzado**) para modelar un efecto de interacción en el modelo de regresión.

Para ilustrar el concepto de interacción y el uso de un término de interacción, regrese al ejemplo referente a los valores estimados de las casas analizado en las páginas 482 y 483. En el modelo de regresión, usted supuso que el efecto que tiene el tamaño de la casa en el valor asignado es independiente de que ésta tenga o no chimenea. En otras palabras, supuso que la pendiente del valor estimado de acuerdo con el tamaño es igual para las casas que tienen chimenea y para las que no la tienen. Si estas dos pendientes son distintas, entonces existe una interacción entre el tamaño de la casa y la existencia de chimenea.

Para evaluar una hipótesis de pendientes iguales de una variable Y con respecto a X, primero defina un término de interacción que consista en el producto de la variable independiente X_1 y la variable indicadora X_2. Luego pruebe si esta variable de interacción hace una contribución significativa al modelo de regresión que contiene las demás variables X. Si la interacción es significativa, no se podrá utilizar el modelo original para hacer el pronóstico. Para los datos de la tabla 13.3 de la página 482, sea

$$X_3 = X_1 * X_2$$

La figura 13.10 ilustra la salida de Excel para este modelo de regresión, que incluye el tamaño de una casa X_1, la presencia de una chimenea X_2, y la interacción de X_1 y X_2 (que se define como X_3). La figura 13.11 muestra la salida de Minitab.

Para probar la existencia de una interacción, utilice la hipótesis nula H_0: $\beta_3 = 0$ contra la hipótesis alternativa H_1: $\beta_3 \neq 0$. En la figura 13.10 o 13.11, el estadístico *t* para interacción de tamaño y chimenea es 1.48. Como el valor-$p = 0.166 > 0.05$, no se rechaza la hipótesis nula. Por lo tanto, la interacción no hace una contribución significativa al modelo, puesto que ya se encuentran incluidos tamaño y presencia de chimenea.

FIGURA 13.10
Salida de Excel para el modelo de regresión que incluye tamaño de la casa, presencia de chimenea e interacción de tamaño y chimenea.

	A	B	C	D	E	F	G
1	Análisis del valor estimado						
2							
3	*Estadísticos de regresión*						
4	R múltiple	0.91791					
5	R cuadrada	0.84255					
6	R cuadrada ajustada	0.79961					
7	Error estándar	2.15727					
8	Observaciones	15					
9							
10	ANOVA						
11		*gl*	*SC*	*MC*	*F*	*Significancia F*	
12	Regresión	3	273.94410	91.31470	19.62150	0.00010	
13	Residuo	11	51.19190	4.65381			
14	Total	14	325.136				
15							
16		*Coeficientes*	*Error estándar*	*Est. t*	*Valor-p*	*95% inferior*	*95% superior*
17	Intersección	62.95218	9.61218	6.54921	4.13993E-05	41.79591	84.10845
18	Tamaño	8.36242	5.81730	1.43751	0.17841	-4.44137	21.16621
19	Chimenea	-11.84036	10.64550	-1.11224	0.28975	-35.27097	11.59024
20	Tamaño * Chimenea	9.51800	6.41647	1.48337	0.16605	-4.60456	23.64056

FIGURA 13.11
Salida de Minitab para el modelo de regresión que incluye tamaño de la casa, presencia de chimenea e interacción de tamaño y chimenea.

```
The regression equation is
Value = 63.0 + 8.36 Size - 11.8 Fireplace + 9.52 Size*Fireplace


Predictor          Coef   SE Coef      T      P
Constant         62.952     9.612   6.55  0.000
Size              8.362     5.817   1.44  0.178
Fireplace        -11.84     10.65  -1.11  0.290
Size*Fireplace    9.518     6.416   1.48  0.166


S = 2.15727   R-Sq = 84.3%   R-Sq(adj) = 80.0%


Analysis of Variance

Source          DF       SS      MS      F      P
Regression       3  273.944  91.315  19.62  0.000
Residual Error  11   51.192   4.654
Total           14  325.136
```

PROBLEMAS PARA LA SECCIÓN 13.5

Aprendizaje básico

ASISTENCIA de PH Grade **13.31** Suponga que X_1 es una variable numérica y X_2 es una variable indicadora, y que la siguiente ecuación de regresión para una muestra de $n = 20$ es:

$$\hat{Y}_i = 6 + 4X_{1i} + 2X_{2i}$$

a. Interprete el significado de la pendiente para la variable X_1.
b. Interprete el significado de la pendiente para la variable X_2.
c. Suponga que el estadístico t para probar la contribución de la variable X_2 es 3.27. Con un nivel de significancia de 0.05, ¿existen evidencias de que la variable X_2 hace una contribución significativa al modelo?

Aplicación de conceptos

Puede resolver los problemas 13.32 a 13.40 con Excel, Minitab o SPSS.

13.32 La asociación inmobiliaria de una comunidad suburbana quisiera estudiar la relación que existe entre el tamaño de una casa familiar (medido por el número de habitaciones) y el precio de venta de la misma (en miles de dólares). El estudio incluye dos vecindarios, uno del lado este (=0) y otro del lado oeste (=1). Se seleccionó una muestra aleatoria de 20 casas, que arrojó los resultados incluidos en el archivo. **NEIGHBOR**

a. Establezca la ecuación de regresión múltiple.

b. Interprete el significado de las pendientes en este problema.

c. Pronostique el precio de venta de una casa con nueve habitaciones, que se encuentra en el vecindario del lado este, y elabore la estimación del intervalo de confianza del 95% y un intervalo de pronóstico del 95%.

d. Efectúe un análisis residual de los resultados y determine la idoneidad del modelo.

e. ¿Existe una relación significativa entre el precio de venta y las dos variables independientes (habitaciones y vecindarios), con un nivel de significancia de 0.05?

f. Con un nivel de significancia de 0.05, determine si cada una de las variables independientes hace una contribución significativa al modelo de regresión. Indique cuál es el modelo de regresión más apropiado para este conjunto de datos.

g. Elabore estimaciones del intervalo de confianza del 95% para la pendiente poblacional para la relación que existe entre el precio de venta y el número de habitaciones, y entre el precio de venta y el vecindario.

h. Interprete el significado del coeficiente de determinación múltiple.

i. Calcule la r^2 ajustada.

j. ¿Qué suposición es necesario hacer acerca de la pendiente del precio de venta con respecto al número de habitaciones?

k. Agregue un término de interacción al modelo, y determine si hace una contribución significativa con un nivel de significancia de 0.05.

l. Con base en los resultados de los incisos *f*) y *k*), ¿cuál modelo es más apropiado? Explique por qué.

13.33 El gerente de marketing de una cadena de supermercados quiere determinar el efecto que tienen sobre la venta de comida para mascotas el espacio y el hecho de que el producto se ubique al frente o al final del pasillo. Se selecciona una muestra compuesta por 12 tiendas del mismo tamaño, que arrojó los siguientes resultados: **PETFOOD**

Tienda	Espacio en anaquel (en pies)	Ubicación	Ventas por semana (miles de dólares)
1	5	Al final	1.6
2	5	Al frente	2.2
3	5	Al final	1.4
4	10	Al final	1.9
5	10	Al final	2.4
6	10	Al frente	2.6
7	15	Al final	2.3
8	15	Al final	2.7
9	15	Al frente	2.8
10	20	Al final	2.6
11	20	Al final	2.9
12	20	Al frente	3.1

a. Establezca la ecuación de regresión múltiple.

b. Interprete el significado de las pendientes en este problema.

c. Elabore un pronóstico de las ventas semanales de comida para mascotas en una tienda que asigna 8 pies de espacio en los anaqueles del final del pasillo, y construya una estimación del intervalo de confianza del 95% y un intervalo de pronóstico del 95%.

d. Efectúe un análisis residual de los resultados y determine la idoneidad del modelo.

e. ¿Existe una relación significativa entre las ventas y las dos variables independientes (espacio y ubicación), con un nivel de significancia de 0.05?

f. Con un nivel de significancia de 0.05, determine si cada una de las variables independientes hace una contribución al modelo de regresión. Indique cuál es el modelo de regresión más apropiado para este conjunto de datos.

g. Elabore estimaciones del intervalo de confianza del 95% para la pendiente poblacional para la relación que existe entre las ventas y el espacio en anaqueles, y entre las ventas y la ubicación de los mismos.

h. Compare la pendiente del inciso *b*) con la pendiente del modelo de regresión lineal simple del problema 12.4 que se encuentra en la página 419. Explique la diferencia en los resultados.

i. Interprete el significado del coeficiente de determinación múltiple r^2.

j. Calcule la r^2 ajustada.

k. Compare r^2 con el valor de r^2 calculado en el inciso *a*) del problema 12.16 de la página 427.

l. ¿Qué suposición debe hacer en este problema acerca de la pendiente de espacio en anaqueles con respecto a las ventas?

m. Agregue un término de interacción al modelo y determine si hace una contribución significativa, con un nivel de significancia de 0.05.

n. Con base en los resultados de los incisos *f*) y *m*), ¿cuál es el modelo más apropiado? Explique por qué.

13.34 En la ingeniería de minas, con frecuencia se hacen perforaciones en la roca utilizando brocas. Conforme el orificio es más profundo, se añaden vástagos a la broca, con la finalidad de continuar la perforación. Se espera que el tiempo de perforación aumente con la profundidad. Es posible que este aumento del tiempo obedezca a varios factores, entre los que se encuentra la masa de los vástagos de perforación que se van añadiendo. Una importante duda plantea si la perforación es más rápida cuando se utilizan orificios de perforación en seco o con agua. La perforación en seco implica impulsar aire comprimido por las brocas para hacer salir los recortes e impulsar la perforadora de percusión. La perforación con agua implica impulsar agua en lugar de aire hacia el orificio. El archivo **DRILL** contiene las mediciones del tiempo necesario para perforar otros cinco pies (en minutos), la profundidad (en pies), e indica si la perforación se hizo en seco o con agua, correspondientes a una muestra de 50 orificios. Desarrolle un modelo para pronosticar el tiempo adicional de perforación con base en la profundidad y el tipo de perforación (en seco o con agua).

Fuente: R. Penner y D. G. Watts, "Mining Information", The American Statistician, *45, 1991, 4-9.*

a. Establezca la ecuación de regresión múltiple.

b. Interprete el significado de las pendientes en este problema.

c. Elabore un pronóstico del tiempo de perforación adicional para un orificio con 100 pies de profundidad perforado en seco, y construya una estimación del intervalo de confianza del 95% y un intervalo de pronóstico del 95%.

d. Efectúe un análisis residual de los resultados y determine la idoneidad del modelo.

e. ¿Existe una relación significativa entre el tiempo de perforación adicional y las dos variables independientes (profundidad y tipo de la perforación), con un nivel de significancia de 0.05?

f. Con un nivel de significancia de 0.05, determine si cada una de las variables independientes hace una contribución significativa al modelo de regresión. Indique cuál es el modelo de regresión más apropiado para este conjunto de datos.

g. Elabore estimaciones del intervalo de confianza del 95% para la pendiente poblacional para la relación que existe entre el tiempo de perforación adicional y la profundidad, y entre el tiempo de perforación adicional y el tipo de perforación.

h. Interprete el significado del coeficiente de determinación múltiple.

i. Calcule la r^2 ajustada.

j. ¿Qué suposición debe hacer acerca de la pendiente del tiempo de perforación adicional con respecto a la profundidad?

k. Agregue un término de interacción al modelo, y determine si hace una contribución significativa, con un nivel de significancia de 0.05.

l. Con base en los resultados de los incisos *f*) y *k*), ¿cuál es el modelo más apropiado? Explique por qué.

13.35 El archivo **COLLEGES2002** contiene datos sobre 80 instituciones de educación superior. Entre las variables incluidas están el costo total anual (en miles de dólares), la calificación del primer cuartil en el examen de actitud escolar (SAT, por sus siglas en inglés), y si la escuela es pública o privada (0 = pública; 1 = privada). Desarrolle un modelo para pronosticar el costo total anual tomando en cuenta la calificación SAT en el primer cuartil y si la escuela es pública o privada.

a. Determine la ecuación de regresión múltiple.

b. Interprete el significado de las pendientes en este problema.

c. Elabore un pronóstico del costo total anual de una institución pública que tiene una calificación en el primer cuartil en el SAT de 1,000, y construya una estimación del intervalo de confianza del 95% y un intervalo de pronóstico del 95%.

d. Efectúe un análisis residual de los resultados y determine la idoneidad del modelo.

e. ¿Existe una relación significativa entre el costo total anual y las dos variables independientes (calificación SAT en el primer cuartil y el hecho de que la escuela sea pública o privada), con un nivel de significancia de 0.05?

f. Con un nivel de significancia de 0.05, determine si cada una de las variables independientes hace una contribución significativa al modelo de regresión. Indique cuál es el modelo de regresión más apropiado para este conjunto de datos.

g. Elabore estimaciones del intervalo de confianza del 95% para la pendiente poblacional para la relación que existe entre el costo total anual y la calificación SAT en el primer cuartil, y entre el costo total anual y el hecho de que la escuela sea pública o privada.

h. Interprete el significado del coeficiente de determinación múltiple.

i. Calcule la r^2 ajustada.

j. ¿Qué suposición debe hacer acerca de la pendiente del costo total anual con respecto a la calificación SAT en el primer cuartil?

k. Agregue un término de interacción al modelo, y determine si hace una contribución significativa, con un nivel de significancia de 0.05.

l. Con base en los resultados de los incisos *f*) y *k*), ¿cuál es el modelo más apropiado? Explique por qué.

ASISTENCIA de PH Grade | ✓ AUTO Examen

13.36 En el problema 13.4 de la página 471, usted utilizó las ventas y los pedidos para pronosticar el costo de distribución. Desarrolle un modelo de regresión para pronosticar el costo de distribución que tome en cuenta ventas, pedidos y la interacción entre ambos. **WARECOST**

a. Con un nivel de significancia de 0.05, ¿existe evidencia de que el término de interacción haga una contribución significativa al modelo?

b. ¿Cuál modelo de regresión es más apropiado, el utilizado en este problema o el utilizado en el problema 13.4? Explique su respuesta.

13.37 Zagat publica las calificaciones de restaurantes en varios lugares de Estados Unidos. En el archivo **RESTRATE** se encuentra la calificación dada por Zagat a alimentos, decoración, servicio y precio por persona correspondiente a una muestra de 50 restaurantes localizados en la ciudad Nueva York ($X_d = 0$) y 50 restaurantes ubicados en Long Island ($X_d = 1$). Desarrolle un modelo de regresión para practicar el precio por persona, con base en una variable que represente la suma de las calificaciones otorgadas a alimentos, decoración y servicio, y una variable indicadora referente a la ubicación (Nueva York o Long Island).

Fuente: Tomado de Zagat Survey 2002 New York City Restaurants *y* Zagat Survey 2001-2002 Long Island Restaurants.

a. Establezca la ecuación de regresión múltiple.

b. Interprete el significado de las pendientes en este problema.

c. Pronostique el precio en un restaurante que alcanza una suma de calificaciones de 60 localizado en Nueva York, y elabore la estimación del intervalo de confianza del 95% y un intervalo de pronóstico del 95%.

d. Efectúe un análisis residual de los resultados y determine la idoneidad del modelo.

e. ¿Existe una relación significativa entre el precio y las dos variables independientes (suma de calificaciones y ubicación), con un nivel de significancia de 0.05?

f. Con un nivel de significancia de 0.05, determine si cada una de las variables independientes hace una contribución significativa al modelo de regresión. Indique cuál es el modelo de regresión más apropiado para este conjunto de datos.

g. Elabore estimaciones del intervalo de confianza del 95% para la pendiente poblacional para la relación que existe entre el precio y la suma de calificaciones, y entre el precio y la ubicación.

h. Compare la pendiente del inciso *b*) con la pendiente del modelo de regresión lineal simple del problema 12.88 que se encuentra en la página 459. Explique la diferencia en los resultados.

i. Interprete el significado del coeficiente de determinación múltiple.

j. Calcule la r^2 ajustada.

k. Compare r^2 con el valor de r^2 calculado en el inciso *d*) del problema 12.88*d*) de la página 460.

l. ¿Qué suposición acerca de la pendiente del precio debe hacer en este problema con respecto a la suma de las calificaciones?

m. Agregue un término de interacción al modelo, y determine si hace una contribución significativa, con un nivel de significancia de 0.05.

n. Con base en los resultados de los incisos *f*) y *m*), ¿cuál es el modelo más apropiado? Explique por qué.

13.38 En el problema 13.6 de la página 471, usted utilizó la publicidad en radio y periódico para pronosticar las ventas. Desarrolle un modelo de regresión para pronosticar las ventas que incluya la publicidad en radio, publicidad en periódicos y la interacción entre ambas. **ADVERTISE**

a. Con un nivel de significancia de 0.05, ¿existe evidencia de que el término de interacción haga una contribución significativa al modelo?

b. ¿Cuál modelo de regresión es más apropiado, el utilizado en este problema o el utilizado en el problema 13.6? Explique por qué.

ASISTENCIA de PH Grade

13.39 En el problema 13.5 de la página 471, usted utilizó la potencia y el peso para pronosticar el rendimiento de los automóviles por galón de gasolina. Desarrolle un modelo de regresión que incluya potencia, peso y la interacción entre ambos, para pronosticar el rendimiento. **AUTO**

a. Con un nivel de significancia de 0.05, ¿existe evidencia de que el término de interacción haga una contribución significativa al modelo?

b. ¿Cuál modelo de regresión es más apropiado, el utilizado en este problema o el utilizado en el problema 13.5? Explique por qué.

13.40 En el problema 13.7 de la página 472, usted utilizó el total de personas presentes y las horas remotas para pronosticar las horas de pausa en el trabajo. Desarrolle un modelo de regresión para pronosticar las horas de pausa que incluya el total de personas presentes, las horas remotas y la interacción entre ambas. **STANDBY**

a. Con un nivel de significancia de 0.05, ¿existe evidencia de que el término de interacción haga una contribución significativa al modelo?

b. ¿Cuál modelo de regresión es más apropiado, el utilizado en este problema o el utilizado en el problema 13.7? Explique por qué.

13.6 MODELO DE REGRESIÓN CUADRÁTICA

El modelo de regresión simple analizado en el capítulo 12 y el modelo de regresión múltiple analizado en las secciones 13.1 a 13.5 suponen que entre Y y cada variable independiente existe una relación lineal. Sin embargo, en la sección 12.1 se presentaron varios tipos distintos de relaciones no lineales entre variables. Una de las relaciones no lineales más comunes es una relación cuadrática entre dos variables en la que Y aumenta (o disminuye) con una tasa de cambio de varios valores de X (vea la figura 12.2, paneles C y D, de la página 411). Para analizar este tipo de relación entre X y Y, se utiliza el modelo de regresión cuadrática definido en la ecuación (13.9).

MODELO DE REGRESIÓN CUADRÁTICA

$$Y_i = \beta_0 + \beta_1 X_{1i} + \beta_2 X_{1i}^2 + \varepsilon_i \qquad \textbf{(13.9)}$$

donde

β_0 = intersección en Y

β_1 = coeficiente del efecto lineal sobre Y

β_2 = coeficiente del efecto cuadrático sobre Y

ε_i = error aleatorio en Y para la observación i

El **modelo de regresión cuadrática** es parecido al modelo de regresión múltiple con dos variables independientes [vea la ecuación (13.2) de la página 468], varía en que la segunda variable independiente es el cuadrado de la primera variable independiente. Una vez más, se utilizan los coeficientes de regresión muestrales (b_0, b_1 y b_2) como estimaciones de los parámetros poblacionales (β_0, β_1 y β_2). En la ecuación (13.10) se define la ecuación de regresión para un modelo cuadrático con una variable independiente (X_1) y una variable dependiente (Y).

ECUACIÓN DE LA REGRESIÓN CUADRÁTICA

$$\hat{Y}_i = b_0 + b_1 X_{1i} + b_2 X_{1i}^2 \qquad \textbf{(13.10)}$$

En la ecuación (13.10), el primer coeficiente de regresión, b_0, representa la intersección en Y; el segundo coeficiente de regresión, b_1, representa el efecto lineal, y el tercer coeficiente de regresión, b_2, representa el efecto cuadrático.

Cómo encontrar los coeficientes de regresión y pronóstico de *Y*

Para ilustrar el modelo de regresión cuadrática, considere el siguiente experimento, realizado para estudiar el efecto de diversas cantidades de ceniza en la resistencia del concreto. Se recopiló una muestra de 18 ejemplares de concreto con 28 días de antigüedad **FLYASH**, cuyo contenido de ceniza fluctuaba desde 0 hasta 60%. Los datos se resumen en la tabla 13.4.

TABLA 13.4
Porcentaje de ceniza y resistencia de 18 muestras de concreto con 28 días de antigüedad.

Porcentaje de ceniza	Resistencia (psi)
0	4,779
0	4,706
0	4,350
20	5,189
20	5,140
20	4,976
30	5,110
30	5,685
30	5,618
40	5,995
40	5,628
40	5,897
50	5,746
50	5,719
50	5,782
60	4,895
60	5,030
60	4,648

Al seleccionar el modelo apropiado para expresar la relación que existe entre el porcentaje de ceniza y la resistencia, le ayudará trazar un diagrama de dispersión como el de la figura 13.12. Aquí se observa un aumento inicial en la resistencia del concreto conforme se eleva el porcentaje de ceniza. La resistencia parece nivelarse y, luego de alcanzar su máximo en alrededor del 40% de ceniza, desciende. La resistencia para un 50% de ceniza es ligeramente inferior a la lograda con un 40%, pero la resistencia con un 60% es bastante más baja que la correspondiente al 50%. Por lo tanto, para estimar la resistencia con base en el contenido de ceniza, el modelo cuadrático es una opción más apropiada que el modelo lineal.

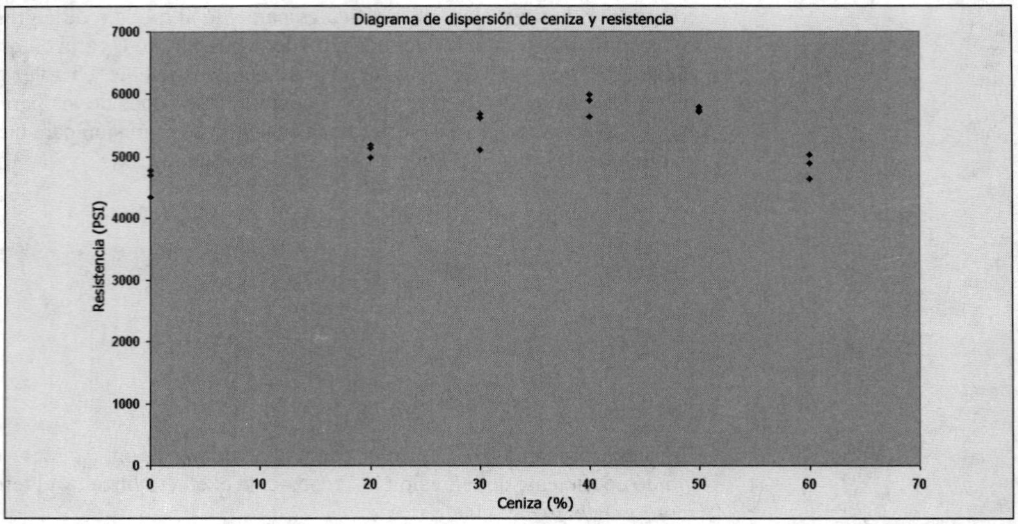

FIGURA 13.12
Diagrama de dispersión para porcentaje de ceniza (X) y resistencia (Y).

Puede usar una hoja extendida del programa para efectuar el método de mínimos cuadrados y calcular los tres coeficientes de regresión muestrales (b_0, b_1 y b_2) en este ejemplo. La figura 13.13 muestra una hoja de trabajo de Excel y en la figura 13.14 aparece el resultado en Minitab. A partir de la figura 13.13 o 13.14,

$$b_0 = 4{,}486.361 \quad b_1 = 63.005 \quad b_2 = -0.876$$

FIGURA 13.13
Salida de Excel para los datos de resistencia del concreto.

	A	B	C	D	E	F	G
1	**Concrete Strength Analysis**						
2							
3	*Regression Statistics*						
4	**Multiple R**	0.80527					
5	**R Square**	0.64847					
6	**Adjusted R Square**	0.60160					
7	**Standard Error**	312.11291					
8	**Observations**	18					
9							
10	**ANOVA**						
11		*df*	*SS*	*MS*	*F*	*Significance F*	
12	**Regression**	2	2695473.49	1347736.745	13.83508	0.00039	
13	**Residual**	15	1461217.01	97414.46735			
14	**Total**	17	4156690.5				
15							
16		*Coefficients*	*Standard Error*	*t Stat*	*P-value*	*Lower 95%*	*Upper 95%*
17	**Intercept**	4486.36111	174.75315	25.67256	8.24736E-14	4113.88337	4858.83886
18	**Fly Ash%**	63.00524	12.37255	5.09234	0.00013	36.63377	89.37671
19	**Fly Ash% ^2**	-0.87647	0.19661	-4.45784	0.00046	-1.29554	-0.45740

FIGURA 13.14
Salida de Minitab para los datos de resistencia del concreto.

```
The regression equation is
PSI = 4486 + 63.0 %flyash - 0.876 Flyashsquared


Predictor          Coef  SE Coef      T      P
Constant         4486.4    174.8  25.67  0.000
%flyash           63.01    12.37   5.09  0.000
Flyashsquared   -0.8765   0.1966  -4.46  0.000


S = 312.113   R-Sq = 64.8%   R-Sq(adj) = 60.2%


Analysis of Variance

Source          DF       SS       MS      F      P
Regression       2  2695473  1347737  13.84  0.000
Residual Error  15  1461217    97414
Total           17  4156690
```

Por lo tanto, la ecuación de regresión cuadrática es:

$$\hat{Y}_i = 4{,}486.361 + 63.005X_{1i} - 0.876X_{1i}^2$$

donde $\hat{Y}_i$ = resistencia pronosticada para la muestra i

X_{1i} = porcentaje de ceniza en la muestra i

La figura 13.15 presenta la gráfica de esta ecuación de regresión cuadrática sobre el diagrama de dispersión, para revelar el ajuste del modelo de regresión cuadrática con los datos originales.

FIGURA 13.15

Diagrama de dispersión de Excel que expresa la relación cuadrática que existe entre el porcentaje de ceniza y la resistencia, para los datos del concreto.

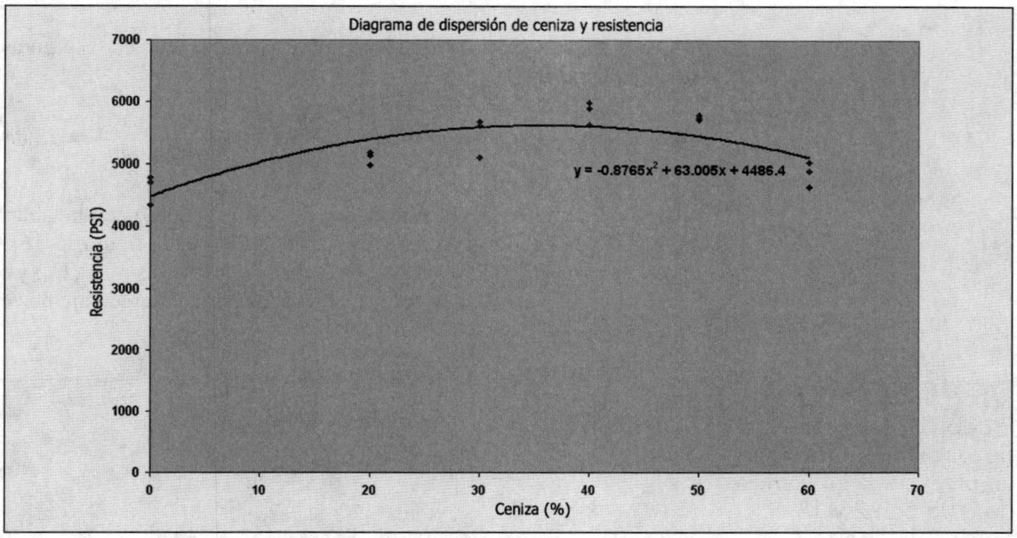

En la ecuación de regresión cuadrática y la figura 13.15 se observa que la intersección en Y (b_0 = 4,486.361) es la resistencia pronosticada cuando el porcentaje de ceniza es 0. Para interpretar los coeficiente b_1 y b_2, observe que tras un aumento inicial, la resistencia se reduce conforme aumenta el porcentaje de ceniza. Esta relación no lineal se comprueba de nuevo al pronosticar la resistencia para porcentajes de ceniza de 20, 40 y 60. Utilizando la ecuación de regresión cuadrática:

$$Y_i = 4{,}486.361 + 63.005X_{1i} - 0.876X_{1i}^2$$

Para $X_{1i} = 20$,

$$\hat{Y}_i = 4{,}486.361 + 63.005(20) - 0.876(20)^2 = 5{,}395.9$$

Para $X_{1i} = 40$,

$$\hat{Y}_i = 4{,}486.361 + 63.005(40) - 0.876(40)^2 = 5{,}604.2$$

y para $X_{1i} = 60$,

$$\hat{Y}_i = 4{,}486.361 + 63.005(60) - 0.876(60)^2 = 5{,}111.4$$

Así, el pronóstico de resistencia del concreto para un 40% de ceniza es 208.3 psi sobre el pronóstico de resistencia para el 20% de ceniza, pero el pronóstico de resistencia para un 60% de ceniza es 492.8 psi inferior a la resistencia pronosticada para un 40% de ceniza.

Prueba de la significancia del modelo cuadrático

Luego de calcular la ecuación de regresión cuadrática, habrá que probar si existe una relación global significativa entre la resistencia, Y, y el porcentaje de ceniza, X. Las hipótesis nula y alternativa son las siguientes:

$$H_0: \beta_1 = \beta_2 = 0 \text{ (No existe relación global entre } X_1 \text{ y } Y.)$$

$$H_1: \beta_1 \text{ y/o } \beta_2 \neq 0 \text{ (Existe relación global entre } X_1 \text{ y } Y.)$$

La ecuación (13.6) de la página 474 define al estadístico F global utilizado para esta prueba:

$$F = \frac{MSR}{MSE}$$

A partir de las salidas de Excel o Minitab que aparecen en las figuras 13.13 y 13.14, respectivamente, de la página 490:

$$F = \frac{MSR}{MSE} = \frac{1{,}347{,}736.75}{97{,}414.47} = 13.84$$

Si se elige un nivel de significancia de 0.05, de acuerdo con la tabla E.5, el valor crítico de la distribución F con 2 y 15 grados de libertad es 3.68 (vea la figura 13.16). Como $F = 13.84 > 3.68$, o como el valor-$p = 0.00039 < 0.05$, se rechaza la hipótesis nula (H_0) y se concluye que existe una relación cuadrática significativa entre la resistencia y el porcentaje de ceniza.

FIGURA 13.16
Prueba de la existencia de la relación global en un nivel de significancia de 0.05 con 2 y 15 grados de libertad.

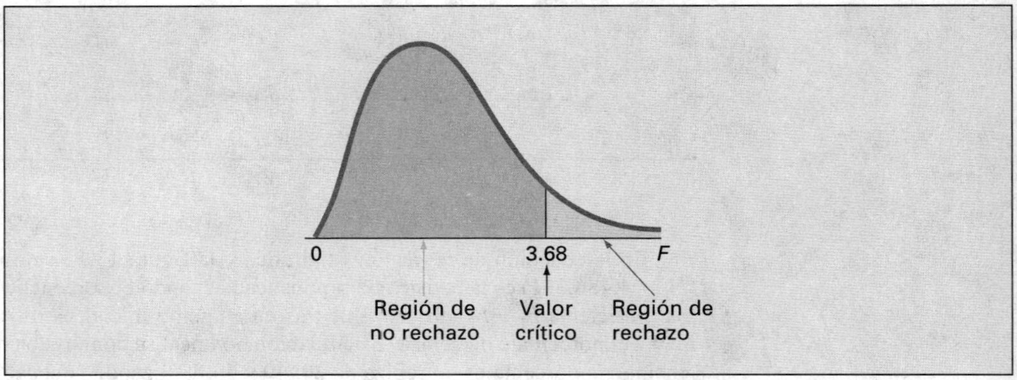

Prueba del efecto cuadrático

Al utilizar un modelo de regresión para examinar una relación entre dos variables, se pretende encontrar no sólo el modelo más exacto, sino también el modelo más sencillo que exprese tal relación. Por eso, es necesario examinar si existe una diferencia significativa entre el modelo cuadrático

$$Y_i = \beta_0 + \beta_1 X_{1i} + \beta_2 X_{1i}^2 + \varepsilon_i$$

y el modelo lineal

$$Y_i = \beta_0 + \beta_1 X_{1i} + \varepsilon_i$$

En la sección 13.4 se utilizó la prueba t para determinar si cada variable, de forma individual, hace una contribución significativa al modelo de regresión. Para probar la significancia de la contribución del efecto cuadrático, se utilizarán las siguientes hipótesis nula y alternativa:

H_0: Incluir el efecto cuadrático no mejora de manera significativa el modelo ($\beta_2 = 0$).

H_1: Incluir el efecto cuadrático mejora de manera significativa el modelo ($\beta_2 \neq 0$).

El error estándar de cada coeficiente de regresión y su estadístico t correspondiente forman parte de la salida de Excel o Minitab (vea las figuras 13.13 y 13.14 de la página 490). La ecuación (13.7) define al estadístico t en la página 478,

$$t = \frac{b_2 - \beta_2}{S_{b_2}}$$
$$= \frac{-0.8765 - 0}{0.1966} = -4.46$$

Si se elige un nivel de significancia de 0.05, de la tabla E.3, los valores críticos de la distribución t con 15 grados de libertad son –2.1315 y +2.1315 (vea la figura 13.17).

FIGURA 13.17
Prueba de la contribución del efecto cuadrático para un modelo de regresión en un nivel de significancia de 0.05 con 15 grados de libertad.

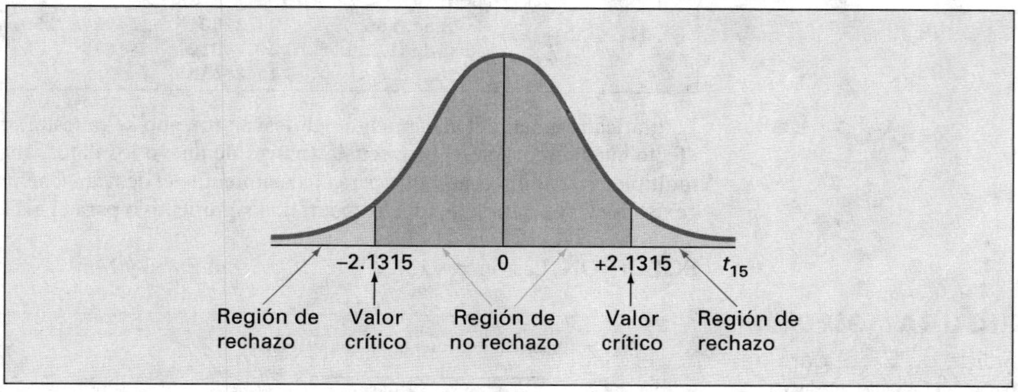

Puesto que $t = -4.46 < -2.1315$, o como el valor-$p = 0.00046 < 0.05$, se rechaza H_0 y se concluye que el modelo cuadrático es significativamente mejor que el modelo lineal para representar la relación que existe entre resistencia y porcentaje de ceniza.

El ejemplo 13.3 provee una explicación adicional de un posible efecto cuadrático.

EJEMPLO 13.3

ESTUDIO DEL EFECTO CUADRÁTICO EN UN MODELO DE REGRESIÓN MÚLTIPLE

Un proyectista de bienes raíces estudia el efecto de la temperatura atmosférica y la cantidad de aislamiento del desván sobre el consumo de combustible para calefacción; para ello selecciona una muestra aleatoria de 15 hogares. Los datos, incluido el consumo de combustible para calefacción, se encuentran en el archivo **HTNGOIL**. La figura 13.18 presenta los resultados parciales de un análisis de regresión múltiple, utilizando dos variables independientes en Excel. La figura 13.19 presenta la salida de Minitab.

FIGURA 13.18
Salida de Excel para el consumo mensual de combustible para calefacción.

	A	B	C	D	E	F	G
1	**Heating Oil Consumption Analysis**						
2							
3	*Regression Statistics*						
4	Multiple R	0.98265					
5	R Square	0.96561					
6	Adjusted R Square	0.95988					
7	Standard Error	26.01378					
8	Observations	15					
9							
10	ANOVA						
11		*df*	*SS*	*MS*	*F*	*Significance F*	
12	Regression	2	228014.62632	114007.31316	168.47120	1.65411E-09	
13	Residual	12	8120.60302	676.71692			
14	Total	14	236135.22933				
15							
16		*Coefficients*	*Standard Error*	*t Stat*	*P-value*	*Lower 95%*	*Upper 95%*
17	Intercept	562.15101	21.09310	26.65094	4.77868E-12	516.19308	608.10893
18	Temperature	-5.43658	0.33622	-16.16990	1.64178E-09	-6.16913	-4.70403
19	Insulation	-20.01232	2.34251	-8.54313	1.90731E-06	-25.11620	-14.90844

FIGURA 13.19
Salida de Minitab para el consumo mensual de combustible para calefacción.

```
The regression equation is
Gallons = 562 - 5.44 Temp(F) - 20.0 Insulation


Predictor        Coef  SE Coef       T      P
Constant       562.15    21.09   26.65  0.000
Temp(F)       -5.4366   0.3362  -16.17  0.000
Insulation    -20.012    2.343   -8.54  0.000


S = 26.0138   R-Sq = 96.6%   R-Sq(adj) = 96.0%


Analysis of Variance

Source          DF      SS      MS       F      P
Regression       2  228015  114007  168.47  0.000
Residual Error  12    8121     677
Total           14  236135
```

La gráfica residual del aislamiento del desván (que no se muestra) contiene algunas evidencias del efecto cuadrático. Así, el proyectista analizó de nuevo los datos, añadiendo al modelo de regresión múltiple un término cuadrático para el aislamiento del desván. Con un nivel de significancia de 0.05, ¿existen evidencias de un efecto cuadrático significativo para el aislamiento del desván?

SOLUCIÓN Las figuras 13.20 y 13.21 utilizan Excel y Minitab para ilustrar los resultados.

FIGURA 13.20
Salida de Excel para el modelo de regresión múltiple con un término cuadrático para el aislamiento del desván.

	A	B	C	D	E	F	G
1	**Quadratic Effect for Insulation Variable?**						
2							
3	*Regression Statistics*						
4	Multiple R	0.98616					
5	R Square	0.97251					
6	Adjusted R Square	0.96501					
7	Standard Error	24.29378					
8	Observations	15					
9							
10	ANOVA						
11		*df*	*SS*	*MS*	*F*	*Significance F*	
12	Regression	3	229643.2	76547.72149	129.70063	7.26403E-09	
13	Residual	11	6492.1	590.1877159			
14	Total	14	236135.2				
15							
16		*Coefficients*	*Standard Error*	*t Stat*	*P-value*	*Lower 95%*	*Upper 95%*
17	Intercept	624.58642	42.43515952	14.71860664	1.39E-08	531.18722	717.98562
18	Temperature	-5.36260	0.31713	-16.90988	3.21E-09	-6.06060	-4.66461
19	Insulation	-44.58679	14.95469	-2.98146	0.01249	-77.50185	-11.67172
20	Insulation ^2	1.86670	1.12376	1.66113	0.12489	-0.60667	4.34007

FIGURA 13.21
Salida de Minitab para el modelo de regresión múltiple con un término cuadrático para el aislamiento del desván.

```
The regression equation is
Gallons = 625 - 5.36 Temp(F) - 44.6 Insulation + 1.87 Insulationsquared


Predictor              Coef  SE Coef       T      P
Constant             624.59    42.44   14.72  0.000
Temp(F)             -5.3626   0.3171  -16.91  0.000
Insulation           -44.59    14.95   -2.98  0.012
Insulationsquared     1.867    1.124    1.66  0.125


S = 24.2938   R-Sq = 97.3%   R-Sq(adj) = 96.5%


Analysis of Variance

Source          DF      SS     MS       F      P
Regression       3  229643  76548  129.70  0.000
Residual Error  11    6492    590
Total           14  236135
```

La ecuación de regresión múltiple es:

$$\hat{Y}_i = 624.5864 - 5.3626X_{1i} - 44.5868X_{2i} + 1.8667X_{2i}^2$$

Para probar la significancia del efecto cuadrático,

H_0: Incluir el efecto cuadrático no mejora de manera significativa el modelo ($\beta_3 = 0$).

H_1: Incluir el efecto cuadrático mejora de manera significativa el modelo ($\beta_3 \neq 0$).

De la figura 13.20 o 13.21, $t = 1.661 < 2.201$ y el valor-$p = 0.1249 > 0.05$. Por lo tanto, no se rechaza la hipótesis nula. Se concluye que no hay evidencia suficiente de que el efecto cuadrático del aislamiento del desván sea diferente de cero. En el interés de mantener el modelo tan simple como sea posible, se debería utilizar la ecuación de regresión múltiple calculada en las figuras 13.18 y 13.19 de las páginas 493 y 494,

$$\hat{Y}_i = 562.151 - 5.43658X_{1i} - 20.0123X_{2i}.$$

PROBLEMAS PARA LA SECCIÓN 13.6

Aprendizaje básico

13.41 La siguiente ecuación de regresión cuadrática es para una muestra de $n = 25$:

$$\hat{Y}_i = 5 + 3X_{1i} + 1.5X_{1i}^2$$

a. Haga un pronóstico de Y para $X_1 = 2$.

b. Suponga que el estadístico t para el coeficiente de regresión cuadrática es 2.35. Con un nivel de significancia de 0.05, ¿existe evidencia de que el modelo cuadrático es mejor que el modelo lineal?

c. Suponga que el estadístico t para el coeficiente de regresión cuadrática es 1.17. Con un nivel de significancia de 0.05, ¿existe evidencia de que el modelo cuadrático es mejor que el modelo lineal?

d. Suponga que el coeficiente de regresión para el efecto lineal es -3.0. Haga un pronóstico de Y para $X_1 = 2$.

Aplicación de conceptos

Puede resolver los problemas 13.42 a 13.45 con Excel, Minitab o SPSS.

✓AUTO Examen **13.42** Un analista de investigación que trabaja para una compañía petrolera quiere desarrollar un modelo para pronosticar el rendimiento de la gasolina en los vehículos (medido en millas por galón) con base en la velocidad en autopista. Se diseñó un experimento en el que se conduce un automóvil de prueba a velocidades que van desde 10 hasta 75 millas por hora. Los resultados se encuentran en el archivo **SPEED**. Suponga que existe una relación cuadrática entre velocidad y millaje.

a. Elabore un diagrama de dispersión para velocidad y millas por galón.

b. Establezca la ecuación de regresión cuadrática.

c. Elabore un pronóstico de rendimiento (millas por galón) cuando el automóvil se conduce a 55 millas por hora.

d. Efectúe un análisis residual de los resultados y determine la idoneidad del modelo.

e. Con un nivel de significancia de 0.05, ¿existe una relación cuadrática significativa entre millas por galón y la velocidad?

f. Con un nivel de significancia de 0.05, determine si el modelo cuadrático es más adecuado que el modelo de regresión lineal.

g. Interprete el significado del coeficiente de determinación múltiple.

h. Calcule la r^2 ajustada.

13.43 El departamento de marketing de una gran cadena de supermercados quiere estudiar el efecto de los precios sobre las ventas de paquetes de máquinas de afeitar desechables. Selecciona una muestra de 15 tiendas con tránsito y colocación de productos equivalentes (es decir, junto a la caja). A cada una de cinco tiendas se asigna de forma aleatoria uno de los tres niveles de precio (79, 99 y 119 centavos) para el paquete de máquinas de afeitar. El número de paquetes vendido durante toda una semana y el precio en cada tienda se encuentran en la siguiente tabla, **DISPRAZ**

Ventas	Precio (centavos)	Ventas	Precio (centavos)
142	79	115	99
151	79	126	99
163	79	77	119
168	79	86	119
176	79	95	119
91	99	100	119
100	99	106	119
107	99		

Suponga que existe una relación cuadrática entre precio y ventas.

a. Elabore un diagrama de dispersión para precio y ventas.

b. Determine la ecuación de regresión cuadrática.

c. Elabore un pronóstico de las ventas semanales para un precio de 79 centavos.

d. Efectúe un análisis residual de los resultados y determine la idoneidad del modelo.

e. Con un nivel de significancia de 0.05, ¿existe una relación cuadrática significativa entre ventas y precio?

f. Con un nivel de significancia de 0.05, determine si el modelo cuadrático es más adecuado que el modelo de regresión lineal.
g. Interprete el significado del coeficiente de determinación múltiple.
h. Calcule la r^2 ajustada.

13.44 Un agrónomo diseñó un estudio en el que se cultivaron jitomates utilizando seis cantidades distintas de fertilizante: 0, 20, 40, 60, 80 y 100 libras por cada 1,000 pies cuadrados. Estos índices de aplicación de fertilizante se asignaron de manera aleatoria a parcelas de tierra que arrojaron la siguiente producción de jitomate (en libras). **TOMYLD2**

Parcela	Índice de aplicación de fertilizante	Rendimiento	Parcela	Índice de aplicación de fertilizante	Rendimiento
1	0	6	7	60	46
2	0	9	8	60	50
3	20	19	9	80	48
4	20	24	10	80	54
5	40	32	11	100	52
6	40	38	12	100	58

Suponga que existe una relación cuadrática entre el índice de aplicación de fertilizante y el rendimiento.
a. Elabore un diagrama de dispersión para el índice de aplicación de fertilizante y el rendimiento.
b. Determine la ecuación de regresión cuadrática.
c. Elabore un pronóstico del rendimiento de una parcela fertilizada con 70 libras por cada 1,000 pies cuadrados.
d. Efectúe un análisis residual de los resultados y determine la idoneidad del modelo.
e. Con un nivel de significancia de 0.05, ¿existe una relación cuadrática significativa entre el índice de aplicación de fertilizante y la producción de jitomate?
f. ¿Cual es el valor-p en el inciso *e*)? Interprete su significado.
g. Con un nivel de significancia de 0.05, determine si existe un efecto cuadrático significativo.
h. ¿Cual es el valor-p en el inciso *g*)? Interprete su significado.
i. Interprete el significado del coeficiente de determinación múltiple.
j. Calcule la r^2 ajustada.

13.45 La auditora de un gobierno municipal pretende desarrollar un modelo para pronosticar los impuestos municipales con base en la antigüedad de las casas unifamiliares y selecciona una muestra aleatoria de 19 casas unifamiliares, cuyos resultados están en el archivo **TAXES**.
Suponga que existe una relación cuadrática entre la antigüedad de las casas y los impuestos municipales.
a. Elabore un diagrama de dispersión para la antigüedad y los impuestos municipales.
b. Determine la ecuación de regresión cuadrática.
c. Elabore un pronóstico de los impuestos municipales para una casa con 20 años de antigüedad.
d. Efectúe un análisis residual de los resultados y determine la idoneidad del modelo.
e. Con un nivel de significancia de 0.05, ¿existe una relación global significativa entre antigüedad e impuestos municipales?
f. ¿Cual es el valor-p en el inciso *e*)? Interprete su significado.
g. Con un nivel de significancia de 0.05, determine si el modelo cuadrático es superior al modelo lineal.
h. ¿Cual es el valor-p en el inciso *g*)? Interprete su significado.
i. Interprete el significado del coeficiente de determinación múltiple.
j. Calcule la r^2 ajustada.

RESUMEN

En este capítulo usted aprendió cómo utilizar el análisis de regresión múltiple para comprender los efectos del precio y de los gastos de promoción sobre las ventas de un producto nuevo. También aprendió a incluir variables categóricas independientes, términos de interacción y términos cuadráticos en los modelos de regresión. En la figura 13.22 se presenta un mapa conceptual de este capítulo.

FÓRMULAS IMPORTANTES

Modelo de regresión múltiple con k variables independientes

$$Y_i = \beta_0 + \beta_1 X_{1i} + \beta_2 X_{2i} + \beta_3 X_{3i} + \cdots + \beta_k X_{ki} + \varepsilon_i \quad (13.1)$$

Modelo de regresión múltiple con dos variables independientes

$$Y_i = \beta_0 + \beta_1 X_{1i} + \beta_2 X_{2i} + \varepsilon_i \quad (13.2)$$

Ecuación de regresión múltiple con dos variables independientes

$$\hat{Y}_i = b_0 + b_1 X_{1i} + b_2 X_{2i} \quad (13.3)$$

Coeficiente de determinación múltiple

$$r^2 = \frac{SSR}{SST} \quad (13.4)$$

r^2 ajustada

$$r^2_{aj} = 1 - \left[(1 - r^2)\frac{n-1}{n-k-1}\right] \quad (13.5)$$

Estadístico de la prueba F global

$$F = \frac{MSR}{MSE} \quad (13.6)$$

Prueba para la pendiente en la regresión múltiple

$$t = \frac{b_j - \beta_j}{S_{b_j}} \quad (13.7)$$

Estimación del intervalo de confianza para la pendiente

$$b_j \pm t_{n-k-1} S_{b_j} \quad (13.8)$$

Modelo de regresión cuadrática

$$Y_i = \beta_0 + \beta_1 X_{1i} + \beta_2 X_{1i}^2 + \varepsilon_i \quad (13.9)$$

Ecuación de la regresión cuadrática

$$\hat{Y}_i = b_0 + b_1 X_{1i} + b_2 X_{1i}^2 \quad (13.10)$$

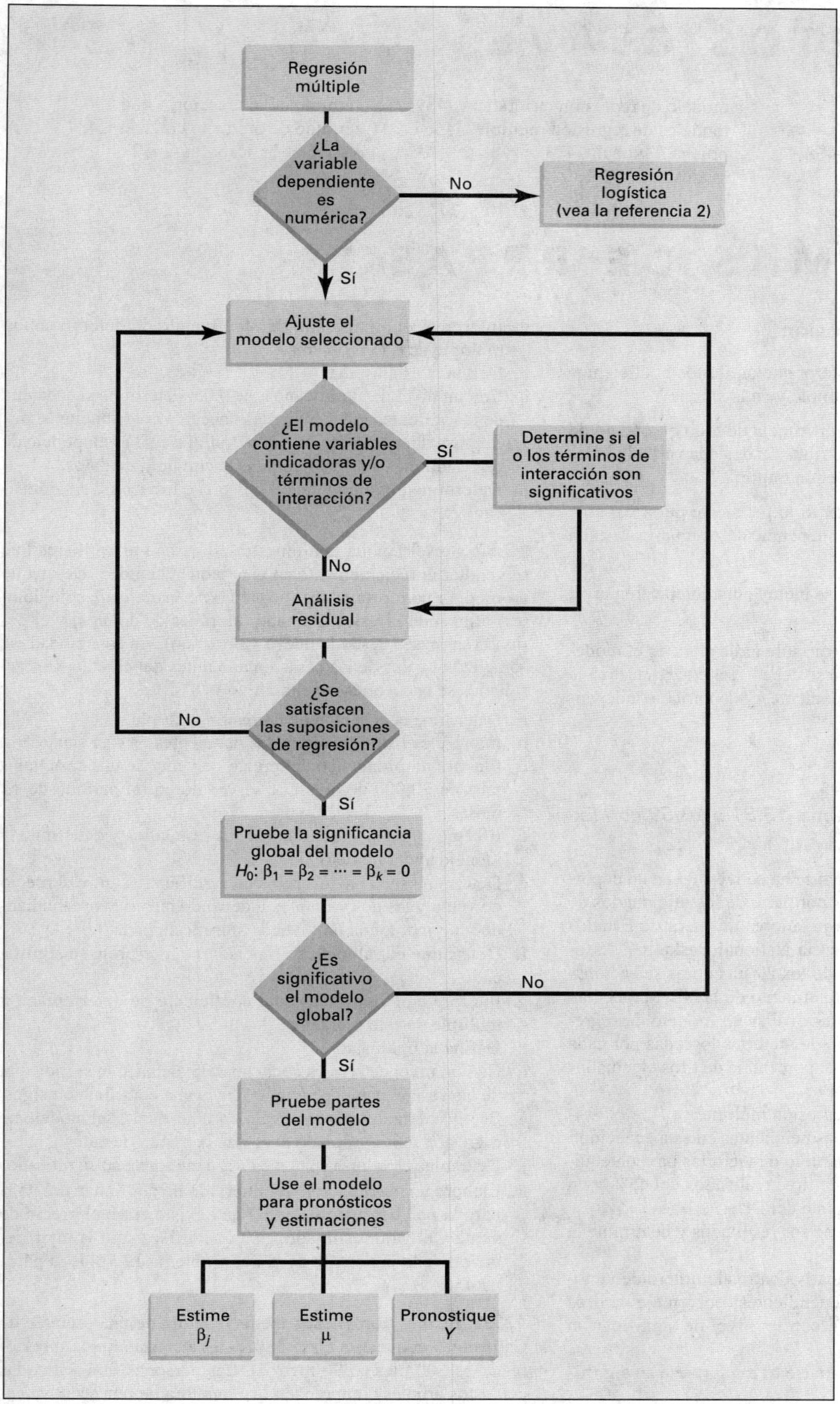

FIGURA 13.22
Mapa conceptual del camino a seguir en la regresión múltiple.

CONCEPTOS CLAVE

PROBLEMAS DE REPASO

Revisión de su comprensión

13.46 ¿En qué discrepa la interpretación de los coeficientes de regresión en la regresión múltiple y en la simple?

13.47 ¿En qué discrepa la significancia de todo el modelo de regresión de la prueba de la contribución de cada variable independiente en el modelo de regresión múltiple?

13.48 ¿Cómo se puede evaluar si la pendiente de la variable dependiente con una variable independiente es igual para cada nivel de la variable indicadora?

13.49 ¿En qué circunstancias se incluye una interacción en el modelo de regresión?

13.50 Cuando se incluye una variable indicadora en el modelo de regresión, ¿qué suposición se debe hacer con respecto a la pendiente entre la variable dependiente Y y la variable independiente numérica X?

Aplicación de conceptos

Puede resolver los problemas 13.51 a 13.59 con Excel, Minitab o SPSS.

13.51 El básquetbol profesional se ha convertido en un deporte que realmente genera interés por parte de los aficionados de todo el mundo. Cada vez más jugadores de fuera de Estados Unidos llegan para participar en la National Basketball Association (NBA). En 2004, nueve de los 29 jugadores seleccionados en la primera ronda de reclutamiento de la NBA procedían de otros países. Usted quiere desarrollar un modelo de regresión para pronosticar el número de victorias logradas por cada equipo de la NBA, con base en el porcentaje de tiros efectuados por un equipo y su rival. **NBA2004**

a. Establezca la ecuación de regresión múltiple.
b. Interprete el significado de las pendientes en esta ecuación.
c. Elabore un pronóstico del número de victorias para un equipo que tiene un porcentaje de tiros realizados del 45% y un porcentaje de tiros del oponente del 44%.
d. Efectúe un análisis residual de sus resultados y determine la idoneidad del ajuste del modelo.
e. ¿Existe una relación significativa entre el número de victorias y las dos variables independientes (porcentaje de tiros del equipo y del oponente), con un nivel de significancia de 0.05?
f. Determine el valor-p en el inciso e) e interprete su significado.
g. Interprete el significado del coeficiente de determinación múltiple de este problema.
h. Defina la r^2 ajustada.
i. Con un nivel de significancia de 0.05, determine si cada una de las variables independientes hace una contribución significativa al modelo de regresión. Indique cuál es el modelo de regresión más apropiado para este conjunto de datos.
j. Determine el valor-p en el inciso i) e interprete su significado.

13.52 Se selecciona una muestra 30 casas unifamiliares que se vendieron recientemente en una pequeña ciudad. Desarrolle un modelo para pronosticar el precio de venta (miles de dólares) utilizando el valor estimado (en miles de dólares) y el periodo (en meses desde la nueva valoración). En esta ciudad, se actualizó el valor de las casas un año antes del estudio. Los resultados se encuentran en el archivo **HOUSE1**.

a. Determine la ecuación de regresión múltiple.
b. Interprete el significado de las pendientes en esta ecuación.
c. Elabore un pronóstico del precio de venta de una casa valorada en 70,000 dólares que se vendió en un periodo de 12 meses.
d. Efectúe un análisis residual de sus resultados y determine la idoneidad del modelo.
e. Determine si existe una relación significativa entre el precio de venta y las dos variables independientes (valor actualizado y periodo), con un nivel de significancia de 0.05.
f. Determine el valor-p en el inciso e) e interprete su significado.
g. Interprete el significado del coeficiente de determinación múltiple de este problema.
h. Defina la r^2 ajustada.
i. Con un nivel de significancia de 0.05, determine si cada una de las variables independientes hace una contribución significativa al modelo de regresión. Indique cuál es el modelo de regresión más apropiado para este conjunto de datos.
j. Determine el valor-p en el inciso i) e interprete su significado.
k. Elabore una estimación del intervalo de confianza del 95% para la pendiente poblacional que existe entre el precio de venta y el valor estimado. ¿En qué difiere aquí la interpretación de la pendiente de la del problema 12.76 de la página 456?

13.53 Es muy complicado medir la altura de una secuoya de California, ya que esta clase de árboles alcanza alturas superiores a los 300 pies (o 90 metros). Las personas familiarizadas con estos árboles comprenden que la altura de una secuoya californiana está en relación con otras características del árbol, como su diámetro a la altura del pecho de una persona y el espesor de su corteza. Los datos incluidos en el archivo **REDWOOD** representan la altura, el diámetro a la altura del pecho de la persona y el espesor de la corteza de una muestra compuesta por 21 secuoyas californianas.

a. Establezca la ecuación de regresión múltiple.
b. Interprete el significado de las pendientes en esta ecuación.
c. Elabore el pronóstico de la altura de un árbol que tiene un diámetro de 25 pulgadas a la altura del pecho de una persona y una corteza con espesor de 2 pulgadas.
d. Interprete el significado del coeficiente de determinación múltiple de este problema.
e. Efectúe un análisis residual de los resultados y determine la idoneidad del modelo.
f. Determine si existe una relación significativa entre la altura de las secuoyas y las dos variables independientes (diámetro a la altura del pecho y espesor de la corteza) en un nivel de significancia de 0.05.
g. Elabore una estimación del intervalo de confianza del 95% para la pendiente poblacional entre la altura de las secuoyas y el diámetro a la altura del pecho de una persona, y entre la altura de las secuoyas y el espesor de su corteza.
h. Con un nivel de significancia de 0.05, determine si cada una de las variables independientes hace una contribución significativa al modelo de regresión. Indique las variables independientes que se deben incluir en este modelo.
i. Elabore una estimación del intervalo de confianza del 95% para la altura media para los árboles con un diámetro 25 pulgadas a la altura del pecho de una persona y una corteza con espesor de 2 pulgadas, junto con un intervalo de pronóstico para un árbol en particular.

13.54 Desarrolle un modelo para pronosticar el valor asignado (en miles de dólares) utilizando el tamaño de las casas (en miles de pies cuadrados) y su antigüedad (en años), a partir de la siguiente tabla: **HOUSE2**

Casa	Valor asignado ($000)	Tamaño de la residencia (miles de pies cuadrados)	Antigüedad (en años)
1	84.4	2.00	3.42
2	77.4	1.71	11.50
3	75.7	1.45	8.33
4	85.9	1.76	0.00
5	79.1	1.93	7.42
6	70.4	1.20	32.00
7	75.8	1.55	16.00
8	85.9	1.93	2.00
9	78.5	1.59	1.75
10	79.2	1.50	2.75
11	86.7	1.90	0.00
12	79.3	1.39	0.00
13	74.5	1.54	12.58
14	83.8	1.89	2.75
15	76.8	1.59	7.17

a. Establezca la ecuación de regresión múltiple.
b. Interprete el significado de las pendientes en esta ecuación.
c. Elabore un pronóstico del valor asignado a una casa con un tamaño de 1,750 pies cuadrados y 10 años de antigüedad.
d. Efectúe un análisis residual de los resultados y determine la idoneidad del modelo.
e. Determine si existe una relación significativa entre el valor asignado y las dos variables independientes (tamaño y antigüedad), en un nivel de significancia de 0.05.
f. Determine el valor-*p* en el inciso *e*) e interprete su significado.
g. Interprete el significado del coeficiente de determinación múltiple de este problema.
h. Defina la r^2 ajustada.
i. Con un nivel de significancia de 0.05, determine si cada una de las variables independientes hace una contribución significativa al modelo de regresión. Indique cuál es el modelo de regresión más apropiado para este conjunto de datos.
j. Determine el valor-*p* en el inciso *i*) e interprete su significado.
k. Elabore una estimación del intervalo de confianza del 95% para la pendiente poblacional entre el valor asignado y el tamaño. ¿En qué difiere aquí la interpretación de la pendiente de la del problema 12.77 de la página 457?
l. La oficina de asesoría inmobiliaria declaró públicamente que la antigüedad de una casa no incide en su valor estimado. Con base en sus respuestas a los incisos *a*) a *k*), ¿está usted de acuerdo con esa afirmación? Explique su respuesta.

13.55 El archivo **COLLEGES2002** contiene datos de 80 instituciones de educación superior. Entre las variables incluidas están el costo total anual (en miles de dólares), la calificación del primer cuartil (Q_1) y del tercer cuartil (Q_3) en el examen de aptitud escolar (SAT, por sus siglas en inglés), y los gastos de alojamiento y alimentación (en miles de dólares). Desarrolle un modelo para pronosticar el costo total anual con base en la calificación del primer cuartil en el SAT y los gastos de alojamiento y alimentación.

a. Establezca la ecuación de regresión múltiple.
b. Interprete el significado de las pendientes en esta ecuación.
c. Elabore un pronóstico del costo total anual para una escuela que tiene una calificación SAT de 1,100 para el primer cuartil y un gasto de 5,000 dólares en alojamiento y alimentación.
d. Efectúe un análisis residual de los resultados y determine la idoneidad del modelo.
e. ¿Existe una relación significativa entre el costo total anual y las dos variables independientes (calificación SAT del primer cuartil y gastos de alojamiento y alimentación), con un nivel de significancia de 0.05?
f. Determine el valor-*p* en el inciso *e*) e interprete su significado.
g. Interprete el significado del coeficiente de determinación múltiple de este problema.
h. Defina la r^2 ajustada.
i. Con un nivel de significancia de 0.05, determine si cada una de las variables independientes hace una contribución significativa al modelo de regresión. Indique cuál es el modelo de regresión más apropiado para este conjunto de datos.
j. Determine el valor-*p* en el inciso *i*) e interprete su significado.

k. Elabore estimaciones del intervalo de confianza del 95% para la pendiente poblacional entre el costo total anual y la calificación SAT del primer cuartil.

l. ¿Qué otros factores no incluidos en el modelo podrían explicar la fuerte relación positiva entre el costo total y la calificación SAT para el primer cuartil?

13.56 El archivo **AUTO2002** contiene datos sobre 121 modelos de automóviles del año 2002. Entre las variables incluidas están el rendimiento de la gasolina (millas por galón), la longitud (en pulgadas), y el peso (en libras) de cada automóvil. Desarrolle un modelo para pronosticar el rendimiento de la gasolina con base en la longitud y peso de cada automóvil.

a. Establezca la ecuación de regresión múltiple.

b. Interprete el significado de las pendientes en esta ecuación.

c. Elabore un pronóstico del rendimiento para un automóvil que tiene una longitud de 195 pulgadas y un peso de 3,000 libras.

d. Efectúe un análisis residual de los resultados y determine la idoneidad del modelo.

e. ¿Existe una relación significativa entre el rendimiento y las dos variables independientes (longitud y peso), en un nivel de significancia de 0.05?

f. Determine el valor-*p* en el inciso *e*) e interprete su significado.

g. Interprete el significado del coeficiente de determinación múltiple de este problema.

h. Defina la r^2 ajustada.

i. Con un nivel de significancia de 0.05, determine si cada una de las variables independientes hace una contribución significativa al modelo de regresión. Indique cuál es el modelo de regresión más apropiado para este conjunto de datos.

j. Determine el valor-*p* en el inciso *i*) e interprete su significado.

k. Elabore una estimación del intervalo de confianza del 95% para la pendiente poblacional entre el rendimiento y el peso.

13.57 Crazy Dave, reconocido analista de béisbol, quiere determinar cuáles variables son importantes al pronosticar las victorias de un equipo durante una temporada determinada. Recopiló datos referentes a las victorias, promedio de carreras recibidas (ERA, por sus siglas en inglés), y carreras anotadas durante la temporada 2003 (guardados en el archivo **BB2003**). Desarrolle un modelo para pronosticar el número de victorias con base en el ERA y las carreras anotadas.

a. Determine la ecuación de regresión múltiple.

b. Interprete el significado de las pendientes en esta ecuación.

c. Elabore un pronóstico del número de victorias para un equipo con un ERA de 4.50 y con 750 carreras anotadas.

d. Efectúe un análisis residual de los resultados y determine la idoneidad del modelo.

e. ¿Existe una relación significativa entre el número de victorias y las dos variables independientes (ERA y carreras anotadas), en un nivel de significancia de 0.05?

f. Determine el valor-*p* en el inciso *e*) e interprete su significado.

g. Interprete el significado del coeficiente de determinación múltiple de este problema.

h. Defina la r^2 ajustada.

i. Con un nivel de significancia de 0.05, determine si cada una de las variables independientes hace una contribución significativa al modelo de regresión. Indique cuál es el modelo de regresión más apropiado para este conjunto de datos.

j. Determine el valor-*p* en el inciso *i*) e interprete su significado.

k. Elabore una estimación del intervalo de confianza del 95% para la pendiente poblacional entre las victorias y el ERA.

13.58 Consulte el problema 13.57, y suponga que además de utilizar el promedio de carreras recibidas (ERA) para pronosticar el número de victorias, Crazy Dave quiere incluir como variable independiente la liga a la que pertenece el equipo (Americana o Nacional). Desarrolle un modelo para pronosticar los triunfos con base en el ERA y en la liga: **BB2003**

a. Determine la ecuación de regresión múltiple.

b. Interprete el significado de las pendientes en este problema.

c. Elabore un pronóstico del número de victorias para un equipo con un ERA de 4.50 y que forma parte de la Liga Americana. Elabore un intervalo de confianza del 95% para todos los equipos y un intervalo de pronóstico del 95% para un equipo individual.

d. Efectúe un análisis residual de los resultados y determine la idoneidad del modelo.

e. ¿Existe una relación significativa entre las victorias y las dos variables independientes (ERA y liga), en un nivel de significancia de 0.05?

f. Con un nivel de significancia de 0.05, determine si cada una de las variables independientes hace una contribución significativa al modelo de regresión. Indique cuál es el modelo de regresión más apropiado para este conjunto de datos.

g. Elabore estimaciones del intervalo de confianza del 95% sobre la pendiente poblacional entre victorias y ERA, y entre victorias y liga.

h. Interprete el significado del coeficiente de determinación múltiple.

i. Defina la r^2 ajustada.

j. ¿Qué suposición es necesario hacer acerca de la pendiente de victorias con respecto al ERA?

k. Agregue un término de interacción al modelo, y determine si hace una contribución significativa en un nivel de significancia de 0.05.

l. Con base en los resultados de los incisos *f*) y *k*), ¿cuál modelo es más apropiado? Explique por qué.

13.59 Usted es un corredor de bienes raíces que quiere comparar los valores de las propiedades ubicadas en Glen Cove y en Roslyn (que se localizan aproximadamente a 8 millas de distancia). Para realizar lo anterior, analizará un conjunto de datos que incluye muestras de Glen Cove y Roslyn. **GCROSLYN** Cerciorándose de incluir en el modelo una variable indicadora para la ubicación (Glen Cove o Roslyn), desarrolle un modelo de regresión para pronosticar el valor fijado con base en la superficie de la propiedad, la antigüedad de la construcción y su ubicación. Asegúrese de determinar si es necesario incluir algunos términos de interacción en el modelo.

CASO ACTUAL
ADMINISTRACIÓN DEL *SPRINGVILLE HERALD*

En su estudio continuo del proceso de entrega a domicilio de los formatos de suscripción, un equipo del departamento de marketing quiere probar los efectos de dos tipos de presentaciones de ventas (personal formal y personal informal) y el número de horas dedicadas al telemarketing, sobre el número de suscripciones nuevas. El equipo registró esos datos SH13 durante las últimas 24 semanas. Puede encontrar este conjunto de datos en **http://www.prenhall.com/HeraldCase/EffectsData.htm** y el archivo **EffectsData.htm** que se incluye en la carpeta HeraldCase del disco compacto que acompaña a este libro.

Analice estos datos y desarrolle un modelo estadístico para pronosticar el número de nuevas suscripciones en una semana, con base en el número de horas dedicadas a telemarketing y el tipo de presentación de ventas. Elabore un reporte que incluya los descubrimientos detallados referentes al modelo de regresión utilizado.

CASO WEB

Aplique sus conocimientos sobre modelos de regresión múltiple a este caso Web que amplía el escenario "Uso de la estadística" acerca de OmniPower de este capítulo.

Para garantizar una prueba de mercado exitosa de su barra energética OmniPower, el departamento de marketing de OmniFoods decidió que In-Store Placements Group (ISPG), empresa dedicada a la consultoría en comercialización, trabaje junto con la cadena de tiendas en la realización del estudio de prueba de mercado. Utilizando la misma muestra compuesta por 34 tiendas ocupada para el estudio de prueba de mercado, ISPG asegura que los dos factores, la ubicación del anaquel y la presencia de despachadores de cupón de descuento en la tienda, aumentan la venta de barras energéticas.

Revise las afirmaciones de ISPG y los datos que las respaldan en el sitio Web interno de OmniFoods **www.prenhall.com/Springville/Omni_ISPGMemo.htm** y luego responda lo siguiente:

1. ¿Los datos de respaldo concuerdan con las afirmaciones de ISPG? Efectúe un análisis estadístico apropiado para confirmar (o desmentir) la relación establecida entre las ventas y las dos variables independientes: ubicación del anaquel y presencia en la tienda de despachadores de cupones OmniPower.
2. Si usted estuviera asesorando a OmniFoods, ¿recomendaría utilizar una ubicación específica para el anaquel y los despachadores con el fin de vender barras de OmniPower?
3. ¿Qué otros datos recomendaría recopilar para determinar la eficacia de las técnicas de promoción de ventas que utilizó ISPG?

REFERENCIAS

1. Hocking, R. R., "Developments in Linear Regression Methodology: 1959-1982", *Technometrics* 25 (1983): 219-250.
2. Hosmer, D. W. y S. Lemeshow, *Applied Logistic Regression*, 2a. ed. (Nueva York: Wiley, 2001).
3. Kutner, M., C. Nachtsheim, J. Neter y W. Li, *Applied Linear Statistical Models*, 5a. ed. (Nueva York: McGraw-Hill/Irwin, 2005).
4. *Microsoft Excel 2003* (Redmond, WA : Microsoft Corp., 2002).
5. *Minitab for Windows Version 14* (State College, PA: Minitab, Inc., 2004).
6. *SPSS Base 12.0 Brief Guide* (Upper Saddle River, NJ: Prentice Hall, 2003).

Apéndice 13 Uso de software para la regresión múltiple

A13.1 EXCEL

Para la regresión múltiple

Abra una hoja de trabajo con los datos de análisis de regresión ordenados en columnas, como la hoja de trabajo del libro **OMNI.XLS**.
Seleccione **Herramientas → Análisis de datos**.
En la lista Análisis de datos, seleccione **Regresión** y dé clic en **OK**.
En el cuadro de diálogo de este procedimiento (véase la figura A13.1 que aparece abajo):

Ingrese el rango de celdas de los datos de la variable *Y* en **Rango Y de entrada**.
Ingrese el rango de celdas de los datos de la variable *X* en **Rango X de entrada**.
Seleccione **Rótulos** si los rangos de celdas para variables incluyen rótulos en las primeras filas.
Seleccione **Nivel de confianza**.
Si desea realizar un análisis residual, seleccione **Residuales** y **Gráfico de residuales**.
Dé clic en **Aceptar**.

Los resultados aparecen en otra hoja de trabajo.

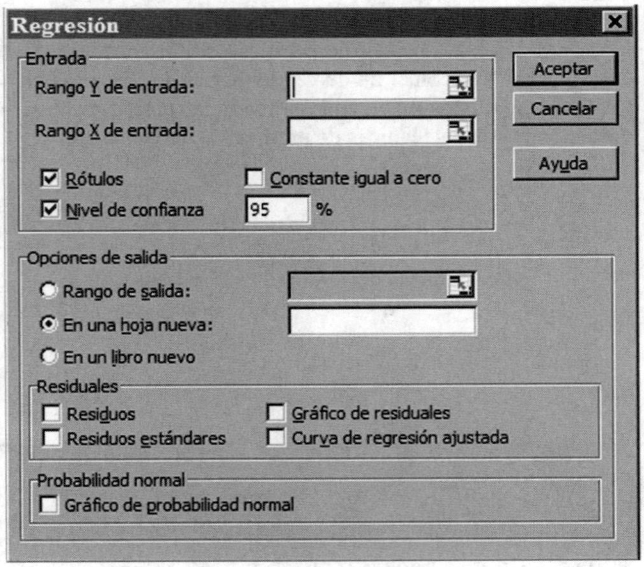

FIGURA A13.1 Ventana de diálogo para Regresión, de Excel.

O Vea la sección G.28 (**Regresión múltiple**) si desea que PHStat2 genere una hoja de trabajo para usted.

Para estimar el intervalo de confianza y el intervalo de pronóstico

Vea la sección G.28 (**Regresión múltiple**) si desea que PHStat2 genere una hoja de trabajo con la estimación del intervalo de confianza y el intervalo de pronóstico o abra el archivo **MR CIEPI.XLS** para revisar una hoja de trabajo con el ejemplo sobre la regresión múltiple de OmniPower de la sección 13.1. (Esta página utiliza fórmulas matriciales y cruzadas cuyo análisis y modificación se encuentran lejos de los objetivos de este libro.)

Para crear variables indicadoras

Para crear una variable indicadora, haga lo siguiente:

Abra una hoja de trabajo con sus datos de regresión.
Copie todo el contenido de una columna con los datos de una variable categórica en la primera columna vacía.
Seleccione esta nueva columna (¡esto es muy importante!)
Seleccione **Editar → Reemplazar** para que aparezca el cuadro de diálogo Reemplazar (vea la figura A13.2).

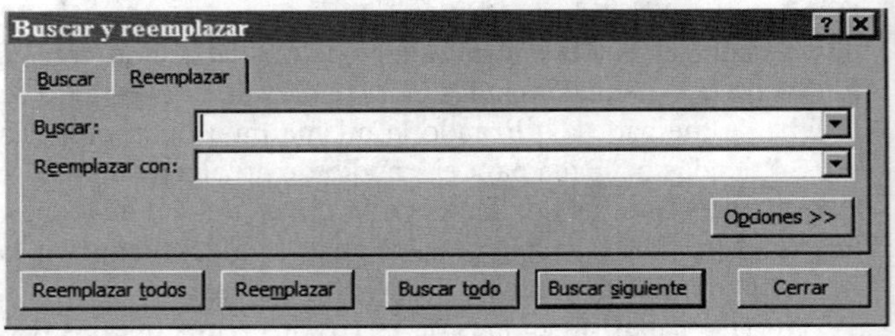

FIGURA A13.2 Ventana de diálogo Buscar y reemplazar de Excel.

Para cada una de las variables categóricas en la columna:

- Ingrese el valor categórico en **Buscar**.
- Ingrese 0 o 1 para representar el valor categórico como el valor en **Reemplazar con**.
- Dé clic en **Reemplazar todos**.
- Si aparece un mensaje solicitando confirmación del reemplazo, dé clic en **Aceptar**.

Al terminar de hacer todos los reemplazos, dé clic en **Cerrar**.
Revise su trabajo dos veces, verificando la consistencia por comparación de los valores originales con los valores codificados de la nueva columna.

Después de inspeccionar su trabajo, elimine la columna original de la variable categórica. Utilice la nueva columna como parte del **Rango X de entrada** (para el procedimiento de regresión de análisis de datos) o del **Rango de celda variable X** (para el comando de regresión múltiple de PHStat2).

Para crear términos de interacción

Para crear términos de interacción, ingrese fórmulas con la forma *=cell1 * cell2* en una columna nueva. La siguiente tabla muestra en la columna D las fórmulas para la interacción del tamaño y la chimenea correspondientes a la hoja de trabajo **Datos** del archivo **House3.xls**. La variable categórica original Fireplace (Chimenea) se convirtió en una variable indicadora con valores de 1 para Sí y de 0 para No.

	A	B	C	D
1	Valor	Tamaño	Chimenea	Tamaño * Chimenea
2	84.4	2.00	1	=B2 * C2
3	77.4	1.71	0	=B3 * C3
⋮	⋮	⋮	⋮	⋮
15	83.8	1.89	1	=B15 * C15
16	76.8	1.59	0	=B16 * C16

Para crear términos cuadráticos

Para crear un término cuadrático, haga lo siguiente:

Abra la hoja de trabajo que contiene sus datos de regresión con las columnas en el orden adecuado.

Localice la columna que está a la derecha de la que contiene los datos de la primera variable explicativa del modelo de regresión cuadrática.

Si esta columna no está en blanco, seleccione **Insertar ➜ Columnas**.

Coloque una etiqueta en la celda de la primera fila de la columna en blanco. A partir de la fila 2, ingrese fórmulas con la forma ***=celda de columna previa ^2*** en toda la columna, hasta la fila que contiene los datos de la última observación. Realice una regresión múltiple que incluya esta nuevas columna de fórmulas como segunda variable explicativa.

Por ejemplo, si su primera variable explicativa estaba en la columna C, ingrese la fórmula =**C2^2** en la celda D2 y cópiela en toda la columna, hasta llegar a la fila que contiene la última observación.

A13.2 MINITAB

Generación de una ecuación de regresión múltiple

En el apéndice A12.2 se encuentran las instrucciones para utilizar Minitab en la regresión lineal simple. El mismo conjunto de instrucciones es válido al utilizar Minitab para la regresión múltiple. Para efectuar un análisis de regresión a los datos sobre las ventas de OmniPower, abra la hoja de trabajo OMNI.MTW y seleccione **Stat ➜ Regression ➜ Regression**.

1. Escriba **C1** o **Sales** en el cuadro de edición Response, y **C2** o **Price** y **C3** o **Promotion** en el cuadro de edición Predictors. Dé clic en **Graphs**.
2. En el cuadro de edición Residuals for Plots, seleccione la opción **Regular**. Para verificar la normalidad, seleccione la opción **Histogram of residuals**. En el cuadro de edición Residuals *versus* the variables, seleccione **C2** o **Price** y **C3** o **Promotion**. Dé clic en el botón **OK** para volver al cuadro de diálogo **Regression**.
3. Dé clic en la opción **Results**. En la ventana de diálogo Regression-Results, dé clic en la opción **In addition, the full table of fits and residuals**. Dé clic en el botón **OK** para volver a la ventana de diálogo Regression.
4. Dé clic en el botón **Options**. (Si los datos se han recopilado a lo largo del tiempo, seleccione el cuadro de exploración Durbin-Watson statistic que aparece en Display.) En el cuadro de edición Prediction intervals for new observations, ingrese **79 400.** Escriba **95** en el cuadro de edición Confidence level. Dé clic en **OK** para volver a la ventana de diálogo Regression. Dé clic en **OK**.

Uso de Minitab para elaborar una gráfica tridimensional

Cuando el modelo de regresión tiene dos variables independientes, puede utilizar Minitab para construir una gráfica tridimensional. Para ilustrar la gráfica tridimensional con los datos de venta de OmniPower, abra la hoja OMNI.MTW. Seleccione **Graph ➜ 3D Scatterplot**.

1. En la ventana de diálogo 3D Scatterplots (vea la figura A13.3), seleccione la opción **Simple**. Dé clic en **OK**.

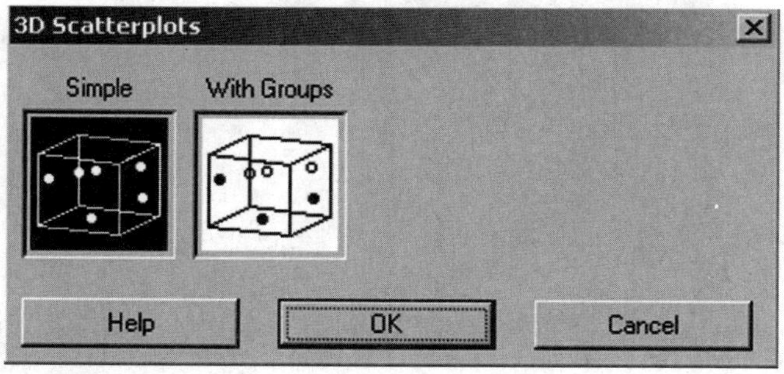

FIGURA A13.3 Ventana de diálogo 3D Scatterplots, de Minitab.

2. En la ventana de diálogo 3D Scatterplot-Simple (vea la figura A13.4), escriba **C1** o **Sales** en el cuadro de edición Z variable, **C2** o **Price** en el cuadro de edición Y variable, **C3** o **Promotion** en el cuadro de edición X variable. Dé clic en el botón **OK**.

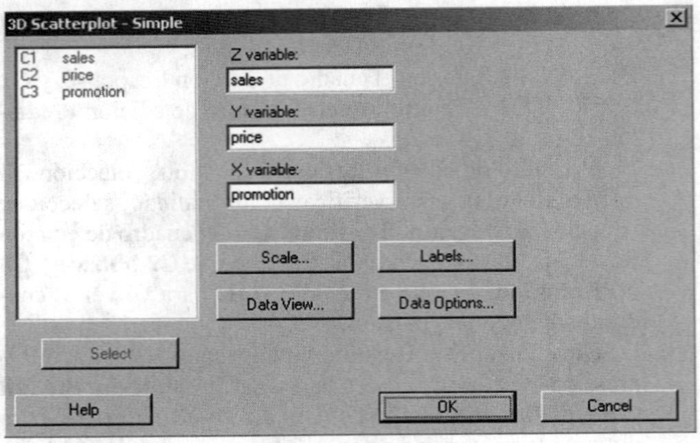

FIGURA A13.4 Ventana de diálogo 3D Scatterplots – Simple, de Minitab.

Uso de Minitab para variables indicadoras e interacciones

Con el fin de realizar un análisis de regresión con variables indicadoras, las categorías de la variable indicadora se deben codificar con 0 y 1. Si esto no se ha hecho, Minitab puede recodificar la variable. Para ejemplificar, utilice los datos de la tabla 13.3 que está en la página 482 y abra la hoja **HOUSE3.MTW**. En esta hoja de trabajo, la variable fireplace (chimenea) de la columna C3 se insertó con los valores Sí o No. Para recodificar la variable utilizando Minitab, seleccione **Calc ➔ Make Indicator Variables**. En el cuadro de edición Indicator variables for, introduzca **Firepl** o **C3**. En el cuadro de edición Store results in, teclee **C4 C5**, porque necesita especificar una columna para cada definición posible de la variable indicadora, aun cuando en el análisis de regresión sólo utilizará una columna (C5). Dé clic en **OK**. Observe que No está codificado como 1 en C4, y Sí está codificado como 1 en C5. Escriba el rótulo **Fireplace** para C5.

Para definir un término de interacción que es producto del área de calentamiento y de la variable indicadora fireplace (chimenea), seleccione **Calc ➔ Calculator**. En el cuadro de edición Store result in variable, introduzca **C6**. En el cuadro de edición Expression, ingrese **Size * Fireplace** o **C2 * C5**. Dé clic en **OK**. Ahora C6 contiene una nueva variable *X* que es el producto de C2 y C5. Escriba un rótulo para C6.

Uso de Minitab para la regresión cuadrática

Para crear una nueva variable *X* que sea el cuadrado de otra variable *X*, seleccione **Calc ➔ Calculator**. En el cuadro de edición Store result in variable, introduzca el número o nombre de la columna de la nueva variable. En el cuadro de edición Expression, introduzca {nombre o número de la columna que desea elevar al cuadrado} ** 2. Dé clic en **OK**. En la columna especificada se encuentra una nueva variable *X* que es el cuadrado de la variable *X* original. Continúe con el análisis de regresión como ya se explicó.

CAPÍTULO 14

Aplicaciones estadísticas en administración de la calidad y productividad

USO DE LA ESTADÍSTICA: Servicio de calidad en el hotel Beachcomber

OBJETIVOS DE APRENDIZAJE

En este capítulo, aprenderá:

- Los temas básicos de la administración de calidad y los 14 puntos de Deming
- Los aspectos básicos de la administración Seis Sigma
- Cómo construir diferentes gráficas de control
- Qué gráfica de control utilizar para un tipo específico de datos

USO DE LA ESTADÍSTICA

Servicio de calidad en el hotel Beachcomber

En el escenario de "Uso de la estadística" del capítulo 11, usted fue el gerente de T.C. Resort Properties. Para este escenario, considere que sólo administra el hotel Beachcomber. Como administrador del hotel, usted desea mejorar continuamente la calidad del servicio que ofrece para que así se incremente la satisfacción global de sus huéspedes. Para ayudarle a lograr esto, T.C. Resort Properties le ha asignado gerentes que han recibido capacitación en administración de Seis Sigma. Para alcanzar el objetivo comercial de incrementar la tasa de retorno de los huéspedes a su hotel, usted ha decidido enfocarse en las primeras impresiones del servicio que su hotel proporciona y que considera que son de suma importancia. ¿Está lista la habitación asignada cuando el huésped se registra? ¿Está trabajando correctamente el centro de entretenimiento de video, así como el acceso de alta velocidad a Internet? Y ¿reciben los huéspedes su equipaje en un tiempo razonable?

Para estudiar estos temas de satisfacción de los huéspedes, usted ha emprendido un proyecto de mejoramiento que considera dos medidas críticas para la calidad (CTQ, por sus siglas en inglés), la disponibilidad de la habitación y el tiempo que toma entregar el equipaje. Para ello, usted desea saber lo siguiente:

- ¿Son aceptables la proporción de habitaciones listas y disponibles, así como el tiempo de entrega del equipaje en la habitación?
- ¿Son consistentes día a día la proporción de habitaciones listas y disponibles y el tiempo de entrega del equipaje en la habitación, o aumentan o disminuyen?
- En los días en que la proporción de habitaciones que no están listas o disponibles, o que el tiempo de entrega del equipaje es mayor que el normal, ¿se debe esto a una probabilidad de ocurrencia o existe un fallo fundamental en el proceso utilizado para tener listas las habitaciones y la entrega del equipaje?

En este capítulo nos enfocaremos en la administración de calidad y productividad. Las empresas que manufacturan productos, así como las que prestan servicios, como el hotel Beachcomber en el escenario de "Uso de la estadística", se han dado cuenta de que la calidad y la productividad son esenciales para la supervivencia en la economía global. Entre las áreas en las que la calidad tiene un impacto en nuestro trabajo diario y en nuestras vidas personales se encuentran:

- El diseño, producción y la consecuente confianza en nuestros automóviles.
- Los servicios que prestan hoteles, bancos, escuelas, operaciones al menudeo y empresas de órdenes por correo.
- Las continuas mejoras en los chips de computadoras que las hacen más rápidas y poderosas.
- La capacidad siempre expandible de los equipos de comunicación, tales como las líneas de transmisión, los aparatos de localización, las máquinas facsímiles y los teléfonos celulares.
- La disponibilidad de nueva tecnología y equipo que lleva a un mejor diagnóstico de enfermedades, así como a la mejora para brindar servicios de cuidado de la salud.

14.1 ADMINISTRACIÓN DE CALIDAD TOTAL

Durante los últimos 25 años, la mejoría de la industria japonesa, que comenzó en 1950, generó como reacción que se renovara el interés por la calidad y productividad en Estados Unidos. Investigadores como W. Edwards Deming, Joseph Juran y Kaoru Ishikawa desarrollaron un modelo que se enfoca en el mejoramiento continuo de productos y servicios a través del mayor énfasis en la estadística, los procesos de mejoramiento y la optimización total del sistema. Este modelo es mundialmente conocido como **administración de calidad total** (ACT), y presenta las siguientes características:

- El enfoque principal está en el proceso de mejoramiento.
- Casi toda la variación del proceso se debe al sistema y no al individuo.
- El trabajo en equipo es una parte integral de la organización de la administración de calidad.
- La satisfacción del cliente en una meta organizacional primaria.
- Debe haber una transformación organizacional para poner en práctica la administración de calidad.
- El miedo debe ser erradicado de las organizaciones.
- La alta calidad cuesta menos, no más, pero requiere de una inversión en capacitación.

En la década de los ochenta, el gobierno federal de Estados Unidos incrementó sus esfuerzos para mejorar la calidad en los negocios del país. El Congreso aprobó la ley Malcolm Baldrige National Improvement de 1987, y empezó a otorgar el premio Malcolm Baldrige Award a las empresas que hicieran los mayores progresos en el mejoramiento de calidad y la satisfacción de los clientes. W. Edwards Deming se convirtió en un prominente asesor para muchas de las empresas Fortune 500, incluyendo Ford, General Motors y Procter and Gamble. En sus seminarios de cuatro días, Deming promovió sus **"14 puntos para la administración"** que listamos a continuación, y muchas empresas adoptaron algunos o todos estos puntos.

1. Hacer una constante del propósito de mejoramiento del producto y el servicio.
2. Adoptar la nueva filosofía.
3. Cesar la dependencia de la inspección para lograr la calidad.
4. Terminar con la práctica de adjudicar negocios con base sólo en el precio de la etiqueta. En lugar de ello, hay minimizar el costo total trabajando con un solo proveedor.
5. Mejorar constantemente y para siempre cada proceso de planeación, producción y servicio.
6. Institucionalizar la capacitación para el trabajo.
7. Adoptar e instituir el liderazgo.
8. Erradicar el miedo.
9. Romper las barreras entre las áreas de personal.
10. Eliminar los lemas, exhortaciones y blancos para la fuerza de trabajo.
11. Eliminar las cuotas numéricas para la fuerza de trabajo y los objetivos numéricos para la administración.
12. Remover las barreras que le roban a la gente el orgullo del trabajo. Eliminar la clasificación anual o el sistema de mérito.
13. Instituir un programa vigoroso de educación y automejoramiento para cada uno.
14. Poner a cada persona en la empresa a trabajar para lograr la transformación.

El punto 1, hacer una constante del propósito de mejoramiento, se refiere a cómo una organización maneja los problemas que surgen tanto en el presente como en el futuro. El foco de atención está en el constante mejoramiento de un producto o servicio. Este proceso de mejoramiento se ilustra por el **ciclo Shewhart-Deming** que muestra la figura 14.1. El ciclo Shewhart-Deming representa un ciclo continuo de "planear, hacer, estudiar y actuar". El primer paso, planear, representa la fase de diseño inicial de planear un cambio en un proceso de servicio o manufactura. Este paso implica trabajo en equipo entre individuos de diferentes áreas dentro de una organización. El segundo paso, hacer, significa realizar el cambio, de preferencia a pequeña escala. El tercer paso, estudiar, implica el análisis de los resultados utilizando herramientas estadísticas para determinar qué se aprendió. El cuarto paso, actuar, es la aceptación del cambio, el abandono o el estudio posterior del cambio en diferentes condiciones.

FIGURA 14.1
Ciclo Shewhart-Deming.

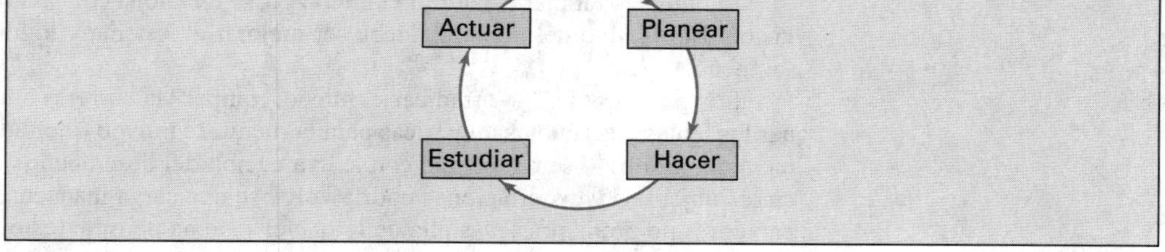

El punto 2, adoptar la nueva filosofía, se refiere a la urgencia con que las empresas necesitan darse cuenta de que vivimos en una nueva era económica de competitividad global. Es mejor ser proactivo y cambiar antes de que se manifieste una crisis, que reaccionar a algunas experiencias negativas que podrían ocurrir. En lugar de seguir la propuesta de "si no está roto, no lo repares", es mejor trabajar continuamente en el mejoramiento y evitar costosas reparaciones.

El punto 3, cesar la dependencia de la inspección para lograr la calidad, implica que cualquier inspección cuyo principio sea mejorar la calidad llega demasiado tarde porque la calidad se desarrolla dentro del producto. Es mejor enfocarse en hacerlo bien desde la primera vez. Entre las dificultades implicadas en la inspección (además de los altos costos), se encuentran el fracaso de los inspectores para llegar a un acuerdo en las definiciones operacionales para los artículos inadecuados, así como el problema de separar los artículos buenos de los deficientes. El siguiente ejemplo ilustra las dificultades que enfrentan los inspectores.

Suponga que su trabajo implica la corrección de prueba de la frase de la figura 14.2, con el objetivo de contar el número de ocurrencias de la letra "F". Realice esta tarea y registre el número de ocurrencias de la letra F que descubra.

FIGURA 14.2

Un ejemplo del proceso de corrección de prueba.

Fuente: W. W. Scherkenbach, The Deming Route to Quality and Productivity: Road Maps and Roadblocks *(Washington, DC: CEEP Press, 1986).*

FINISHED FILES ARE THE RESULT
OF YEARS OF SCIENTIFIC
STUDY COMBINED WITH THE
EXPERIENCE OF MANY YEARS

Por lo general, la gente ve tres o seis efes. El número correcto es seis efes. El número que usted encuentre depende del método que utilice para examinar la oración. Es más probable que encuentre tres efes si lee la oración fonéticamente y seis efes si cuenta cuidadosamente el número de efes. El objetivo del ejercicio es mostrar que si un proceso tan sencillo como contar efes lleva a la inconsistencia de los inspectores, ¿qué sucederá cuando un proceso mucho más complicado falla al contener una definición operacional clara de disconformidad? Ciertamente en tales situaciones habría una gran variabilidad de un inspector a otro.

El punto 4, terminar con la práctica de adjudicar negocios con base sólo en el precio de la etiqueta, representa la antítesis del premio al menor postor. No hay un significado real del precio a largo plazo, sin el conocimiento de la calidad del producto.

El punto 5 —mejorar de forma constante y para siempre cada proceso de planeación, producción y servicio— refuerza la importancia del enfoque continuo del ciclo Shewhart-Deming y la creencia de que la calidad necesita construirse en la etapa de diseño. Alcanzar la calidad es un proceso sin fin en el que la reducción en la variación se traduce en la reducción de las pérdidas financieras como resultado de productos y servicios que experimentan grandes fluctuaciones en calidad.

El punto 6, institucionalizar la capacitación para el trabajo, refleja las necesidades de todos los empleados, incluyendo los trabajadores de producción, ingenieros y administradores. Es de vital importancia para la administración, comprender las diferencias entre las causas especiales y las causas comunes de la variación (vea la sección 14.3) para tomar las acciones adecuadas en cada circunstancia.

El punto 7, adoptar e instituir el liderazgo, se relaciona con la distinción entre liderazgo y supervisión. El objetivo del liderazgo debe ser mejorar el sistema y lograr mayor consistencia en el desempeño.

Los puntos 8 a 12 —erradicar el miedo, romper las barreras entre las áreas de personal, eliminar los lemas y las cuotas numéricas para la fuerza de trabajo (incluida la clasificación anual y el sistema de mérito)— se relacionan con la evaluación del desempeño de los empleados. Hacer énfasis en los objetivos y exhortaciones podría volverse una carga inadecuada para los empleados. Los trabajadores no producirán más allá de lo que el sistema permite (esto se ilustra claramente en la sección 14.5). La administración tienen la labor de *mejorar* el sistema sin hacer surgir expectativas en los trabajadores más allá de la capacidad de éste.

El punto 13 favorece la educación y el automejoramiento para todos; refleja la noción de que el recurso más importante para cualquier organización es su gente. Los esfuerzos para mejorar el conocimiento de la gente en la organización también sirven para incrementar las ventajas de la organización. La educación y el automejoramiento conducen a una reducción de la rotación de personal dentro de la organización.

El punto 14, actuar para lograr la transformación, refleja nuevamente el enfoque de administración como un proceso en el que uno continuamente se esfuerza hacia el mejoramiento en un ciclo sin fin.

Aunque los puntos de Deming nos llevan a pensar y reflexionar, algunos han criticado su modelo porque no cuenta con una explicación objetiva y formal. Muchos gerentes de grandes organizaciones, acostumbrados a utilizar análisis financieros para realizar cambios de políticas, requieren de un modelo más prescriptible.

14.2 ADMINISTRACIÓN SEIS SIGMA

La **administración Seis Sigma** es un sistema de mejoramiento de la calidad originalmente desarrollado por Motorola a mediados de los ochenta. Seis Sigma ofrece un enfoque más sistemático y regulado para el mejoramiento que el enfoque ACT (administración de calidad total), y pone un mayor énfasis en la explicación responsable y el resultado final. Muchas empresas de todo el mundo están utilizando la administración Seis Sigma para mejorar la eficiencia, reducir los costos, eliminar defectos y reducir la variación del producto.

El nombre Seis Sigma proviene del hecho de que es un enfoque administrativo diseñado para crear procesos que tengan como resultado no más de 3.4 defectos por millón.[1] Uno de los aspectos que distingue a Seis Sigma de otros enfoques es la importancia que da a los resultados finales en un periodo relativamente corto, de tres a seis meses. Después de observar el gran éxito financiero en Motorola, GE y otras empresas que adoptaron el modelo Seis Sigma en etapa temprana, muchas empresas alrededor del mundo han instituido programas Seis Sigma (véase las referencias 1, 8, 9 y 15).

[1]El enfoque Seis Sigma supone que el proceso puede cambiar tanto como 1.5 desviaciones estándar a lo largo del tiempo. Seis desviaciones estándar menos un cambio de 1.5 desviación estándar provoca una desviación estándar objetivo de 4.5. El área bajo la curva normal fuera de 4.5 desviaciones estándar es aproximadamente de 3.4 en un millón (0.0000034).

Para guiar a los administradores en su tarea de mejorar sus resultados a corto y a largo plazos, Seis Sigma utiliza un proceso de cinco pasos conocido como el **modelo DMAIC** (siglas en inglés para **D**efine, **M**easure, **A**nalyze, **I**mprove, **C**ontrol), llamado así por los cinco pasos del proceso: **D**efinir, **M**edir, **A**nalizar, **M**ejorar y **C**ontrolar.

- ***Definir*** El problema se define junto con los costos, beneficios y el impacto en el consumidor.
- ***Medir*** Se desarrollan definiciones operacionales para cada característica **crítica para la calidad (CPC)**. Además se verifica el procedimiento de medición para que sea consistente a través de mediciones repetidas.
- ***Analizar*** Se determinan las raíces de *por qué* ocurren defectos, y se identifican las variables en el proceso que causan los defectos. Se recolectan datos para determinar los valores de referencia para cada variable del proceso. Este análisis a menudo utiliza gráficas (o diagramas) de control (que se explicarán en las secciones 14.3 a 14.6).
- ***Mejorar*** Se estudia la importancia de cada variable del proceso en la característica CPC, utilizando experimentos diseñados. El objetivo es determinar el mejor nivel para cada variable.
- ***Controlar*** El objetivo es mantener los beneficios a largo plazo evitando los problemas potenciales que pudieran ocurrir al modificar un proceso.

Poner en práctica la administración Seis Sigma requiere de un enfoque orientado hacia los datos, basada fuertemente en el uso de herramientas estadísticas como las gráficas de control y los experimentos diseñados. También implica capacitar a todos en la organización en el modelo DMAIC.

14.3 LA TEORÍA DE GRÁFICAS DE CONTROL

Tanto la administración de calidad como la administración Seis Sigma utilizan una gran colección de herramientas estadísticas. Una herramienta ampliamente utilizada en cada enfoque al analizar el proceso de recolección secuencial de datos a lo largo del tiempo es la gráfica de control.

Las **gráficas de control** permiten monitorear la variación en una característica del producto o servicio a lo largo del tiempo. Las gráficas de control se utilizan para estudiar el desempeño pasado, para evaluar las condiciones presentes, o para predecir los resultados futuros (vea la referencia 7). La información obtenida al analizar una gráfica de control constituye la base para el proceso de mejoramiento. Los diferentes tipos de gráficas de control nos permiten analizar diferentes tipos de variables críticas para la calidad (CPC): variables categóricas como la proporción de habitaciones de hotel no aceptables en términos de disponibilidad de comodidades y el correcto funcionamiento de todos los electrodomésticos en la habitación; variables discretas como el número de huéspedes que registraron alguna queja durante la semana; y variables continuas como el tiempo requerido para entregar el equipaje en la habitación. Además de proporcionar una exhibición visual de los datos que representan un proceso, la gráfica de control hace énfasis principalmente en separar las causas especiales de las causas comunes de la variación.

Las **causas especiales de variación** representan grandes fluctuaciones o patrones en los datos que no son inherentes al proceso. Estas fluctuaciones a menudo son causadas por cambios en el proceso que representan problemas para corregir u oportunidades para aprovechar. Algunas organizaciones se refieren a las causas especiales de variación como **causas asignables de variación**. Las **causas comunes de variación** representan la variabilidad inherente que existe en un proceso. Estas fluctuaciones consisten en numerosas pequeñas causas de variabilidad que operan aleatoriamente o por casualidad. Algunas organizaciones se refieren a las causas comunes de variabilidad como **causas aleatorias de variación**.

La distinción entre las dos causas de variación es crucial porque las causas especiales de variación no forman parte de un proceso y son corregibles o explotables sin cambiar el sistema. Sin embargo, las causas comunes de variación se reducen tan sólo cambiando el sistema. Estos cambios sistémicos son responsabilidad de la administración.

Las gráficas de control nos permiten monitorear un proceso e identificar la presencia o ausencia de causas especiales. Al hacerlo así, las gráficas de control nos ayudan a prevenir dos tipos de errores. El primer tipo de error implica la creencia de que un valor observado representa una causa especial de variación cuando en realidad se debe a una causa común de variación del sistema. Tratar una causa común de variación como si fuera una causa especial de variación a menudo tiene como consecuencia el sobreajuste de un proceso. Este sobreajuste, conocido como **manipulación,** incrementa la variación del proceso. El segundo tipo de error implica tratar una causa especial de variación como si fuera una causa común de variación. Este error es el resultado de no tomar una acción correctiva inmediata cuando es necesario. Aunque ambos tipos de errores pueden ocurrir aun cuando usemos una gráfica de control, es menos probable que suceda.

Para construir una gráfica de control, se recolectan muestras de las salidas de un proceso a lo largo del tiempo. Las muestras utilizadas para construir gráficas de control se conocen como **subgrupos**. Para cada subgrupo (es decir, muestra), se calcula el valor de un estadístico asociado con una variable CPC. Los estadísticos utilizados comúnmente incluyen la fracción disconforme (vea la sección 14.4) y la media y el rango de una variable numérica (vea la sección 14.6). Entonces se grafican los valores contra el tiempo y se agregan los límites de control a la gráfica. La forma más común de gráfica de control establece límites de control que están dentro de ±3 desviaciones estándar[2] de la medida estadística de interés. La ecuación (14.1) define, en general, los límites de control superior e inferior para las gráficas de control.

[2]Recuerde que en la sección 6.2 se explicó que la distribución normal $\mu \pm 3\sigma$ incluye casi todas las observaciones (99.73%) en la población.

CONSTRUCCIÓN DE LÍMITES DE CONTROL

Media del proceso ±3 desviaciones estándar **(14.1)**

por lo que

Límite de control superior (UCL, por sus siglas en inglés) = media del proceso +3 desviaciones estándar

Límite de control inferior (LCL, por sus siglas en inglés) = media del proceso –3 desviaciones estándar

Cuando se establecen estos límites de control, se evalúa la gráfica de control tratando de encontrar un patrón que pudiera existir en los valores a lo largo del tiempo y determinando si algunos puntos caen fuera de los límites de control. La figura 14.3 ilustra tres diferentes situaciones.

FIGURA 14.3
Tres patrones de gráficas de control.

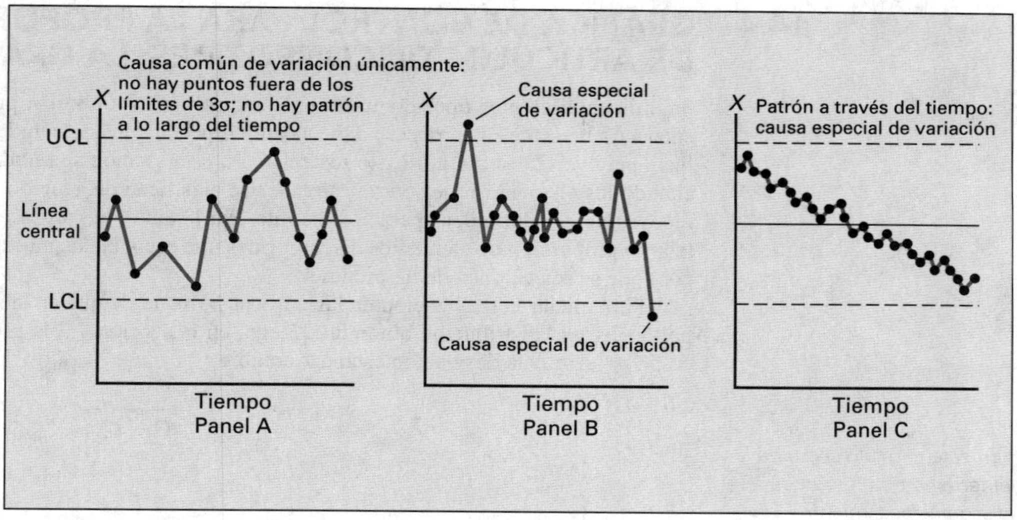

En el panel A de la figura 14.3, no existe un patrón aparente de los valores a lo largo del tiempo y no hay puntos que caigan fuera del límite de control de 3 desviaciones estándar. El proceso parece estable y contiene sólo causas comunes de variación. El panel B, por el contrario, contiene dos puntos que caen fuera de los límites de control de las 3 desviaciones estándar. Se deben investigar estos puntos para tratar de determinar las causas especiales que llevan a su ocurrencia. Aunque el panel C no tiene ningún punto fuera de los límites de control, tiene una serie de puntos consecutivos por arriba del valor promedio (la línea central), así como una serie de puntos consecutivos por debajo del valor promedio. Además, se observa claramente una tendencia global descendente. Se debe investigar esta situación para tratar de determinar qué podría haber causado ese patrón.

Detectar una tendencia no es siempre tan obvio. Hay otras dos reglas[3] simples (vea las referencias 7 y 8) que nos permiten detectar un cambio en el nivel medio de un proceso:

[3] *Minitab usa reglas diferentes (vea la referencia 13).*

- Ocho o más *puntos consecutivos* que caen por arriba de la línea central u ocho o más *puntos consecutivos* que caen por debajo de la línea central.
- Ocho o más *puntos consecutivos* se mueven hacia arriba en valor u ocho o más *puntos consecutivos* se mueven hacia abajo en valor.

Se dice que un proceso cuya gráfica de control indica una condición fuera de control (un punto fuera de los límites de control o la exhibición de una tendencia) está fuera de control. Un **proceso fuera de control** contiene tanto causas comunes de variación como causas especiales de variación. Puesto que las causas especiales de variación no forman parte del diseño del proceso, un proceso fuera de control es impredecible. Una vez que se determina que un proceso está fuera de control, se deben identificar las causas especiales de variación que están provocando las condiciones fuera de control. Si las causas especiales actúan en detrimento de la calidad del producto o servicio, se requiere elaborar planes para eliminar esta fuente de variación. Cuando una causa especial incrementa la calidad, se debería cambiar el proceso para que la causa especial se incorpore dentro del diseño del proceso. Por lo tanto, esta causa especial benéfica se vuelve una causa común fuente de variación y el proceso se mejora.

Se dice que un proceso cuya gráfica de control no indica condiciones fuera de control está bajo control. Un **proceso bajo control** contiene únicamente causas comunes de variación. Puesto que estas fuentes de variación son inherentes al proceso en sí mismo, un proceso bajo control es predecible. En ocasiones se dice que los procesos bajo control están en un **estado de control estadístico**. Cuando un proceso se encuentra bajo control, usted debe determinar si la cantidad de causa común de variación en el proceso es lo suficientemente pequeña como para satisfacer a los usuarios de los productos o servicios. Si la causa común de variación es lo suficientemente pequeña como para satisfacer al cliente, entonces se utiliza la gráfica de control para monitorear el proceso sobre una base continua para asegurarse de que el proceso permanece bajo control. Si la causa común de variación es demasiado grande, se requiere alterar el proceso en sí mismo.

14.4 GRÁFICA DE CONTROL PARA LA PROPORCIÓN DE ARTÍCULOS DISCONFORMES: LA GRÁFICA *P*

Se utilizan diferentes tipos de gráficas de control para monitorear procesos y para determinar si se encuentra presente en el proceso alguna causa especial de variación. Las **gráficas de atributos** se utilizan para variables categóricas o discretas. En esta sección se estudiará la **gráfica *p***, que se utiliza cuando los elementos que son muestreados se clasifican de acuerdo a si se conforman o no con los requerimientos definidos operacionalmente. Por lo tanto, la gráfica p nos ayuda a monitorear y analizar la proporción de elementos disconformes que están en las muestras repetidas (es decir, subgrupos) que se seleccionan de un proceso.

Para iniciar la explicación de las gráficas p, recuerde que en la sección 5.2 estudiamos las proporciones y la distribución binomial. Luego, en la sección 7.3 la proporción de muestra se definió como $p = X/n$, y la desviación estándar como

$$\sigma_p = \sqrt{\frac{\pi(1-\pi)}{n}}$$

[4]En este capítulo se utiliza el término de elementos disconformes, mientras que en capítulos anteriores se utilizó el término éxito.

A partir de la ecuación (14.1) de la página 510, los límites de control para la proporción de elementos disconformes[4] provenientes de los datos de muestra se establecen en la ecuación (14.2).

LÍMITES DE CONTROL PARA LA GRÁFICA *p*

$$\bar{p} \pm 3\sqrt{\frac{\bar{p}(1-\bar{p})}{\bar{n}}} \qquad \textbf{(14.2)}$$

$$\text{UCL} = \bar{p} + 3\sqrt{\frac{\bar{p}(1-\bar{p})}{\bar{n}}}$$

$$\text{LCL} = \bar{p} - 3\sqrt{\frac{\bar{p}(1-\bar{p})}{\bar{n}}}$$

Para igual n_i

$$\bar{n} = n_i \text{ y } \bar{p} = \frac{\sum_{i=1}^{k} p_i}{k}$$

o en general,

$$\bar{n} = \frac{\sum_{i=1}^{k} n_i}{k} \text{ y } \bar{p} = \frac{\sum_{i=1}^{k} X_i}{\sum_{i=1}^{k} n_i}$$

donde X_i = número de elementos disconformes en el subgrupo i

n_i = tamaño de muestra (o subgrupo) para el subgrupo i

$p_i = X_i/n_i$ = proporción de elementos disconformes en el subgrupo i

k = número de subgrupos seleccionados

$\bar{n}$ = tamaño promedio del subgrupo

$\bar{p}$ = proporción estimada de elementos disconformes

Cualquier valor negativo para el límite de control inferior significa que el límite de control inferior no existe. Para demostrar la aplicación de la gráfica *p*, regrese al escenario "Uso de la estadística" relacionado con el hotel Beachcomber.

Durante la fase de medición del modelo Seis Sigma DMAIC, se definió la disconformidad como la ausencia de comodidad en la habitación o el mal funcionamiento de un electrodoméstico en la habitación al registrarse en el hotel. Durante la fase de análisis del modelo Seis Sigma DMAIC, se recolectaron los datos de las disconformidades diariamente de una muestra de 200 habitaciones. La tabla 14.1 lista el número y proporción de habitaciones disconformes para cada día durante el periodo de 4 semanas **HOTEL1**.

TABLA 14.1

Habitaciones disconformes al registrarse a lo largo de un periodo de 28 días.

Día	Habitaciones estudiadas	Habitaciones no preparadas	Proporción	Día	Habitaciones estudiadas	Habitaciones no preparadas	Proporción
1	200	16	0.080	15	200	18	0.090
2	200	7	0.035	16	200	13	0.065
3	200	21	0.105	17	200	15	0.075
4	200	17	0.085	18	200	10	0.050
5	200	25	0.125	19	200	14	0.070
6	200	19	0.095	20	200	25	0.125
7	200	16	0.080	21	200	19	0.095
8	200	15	0.075	22	200	12	0.060
9	200	11	0.055	23	200	6	0.030
10	200	12	0.060	24	200	12	0.060
11	200	22	0.110	25	200	18	0.090
12	200	20	0.100	26	200	15	0.075
13	200	17	0.085	27	200	20	0.100
14	200	26	0.130	28	200	22	0.110

Para estos datos, $k = 28$, $\sum_{i=1}^{k} p_i = 2.315$ y, puesto que los n_i son iguales, $n_i = \bar{n} = 200$. Así,

$$\bar{p} = \frac{\sum_{i=1}^{k} p_i}{k} = \frac{2.315}{28} = 0.0827$$

Utilizando la ecuación (14.2),

$$0.0827 \pm 3\sqrt{\frac{(0.0827)(0.9173)}{200}}$$

entonces

$$\text{UCL} = 0.0827 + 0.0584 = 0.1411$$

y

$$\text{LCL} = 0.0827 - 0.0584 = 0.0243$$

La figura 14.4 presenta la gráfica de control de Excel para los datos de la tabla 14.1. La figura 14.5 proporciona la salida de Minitab. Las figuras 14.4 y 14.5 muestran un proceso en estado de control estadístico, con los puntos individuales distribuidos alrededor de $\bar{p}$ sin ningún patrón y con todos los puntos cayendo dentro de los límites de control. Por lo tanto, cualquier mejoría en el proceso de tener listas las habitaciones para los huéspedes, en la fase de mejoramiento del modelo DMAIC, deberá provenir de la reducción de la causa común de variación. Tal reducción requiere un cambio en el proceso. Estos cambios son responsabilidad de la administración. Recuerde que la mejoría no ocurrirá sino hasta que se realicen exitosamente mejoras en el proceso en sí mismo.

FIGURA 14.4
Gráfica p de Excel para los datos disconformes de las habitaciones de hotel.

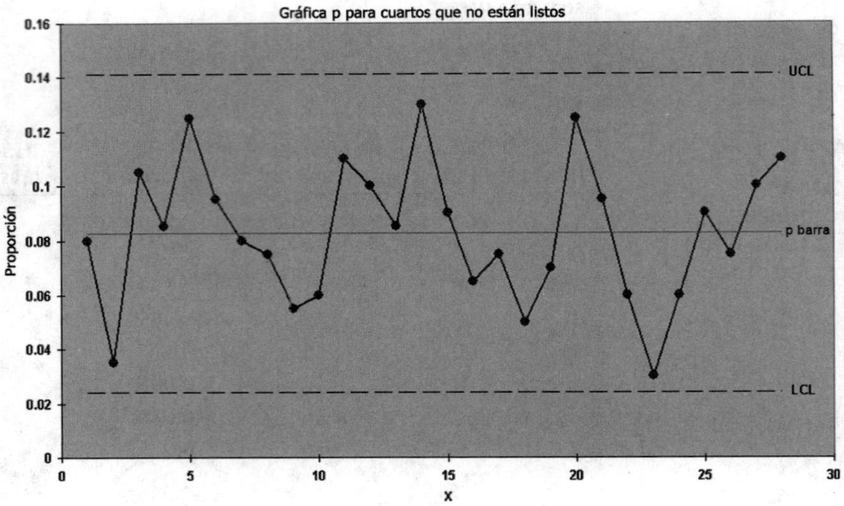

FIGURA 14.5
Gráfica p de Minitab para los datos disconformes de las habitaciones de hotel.

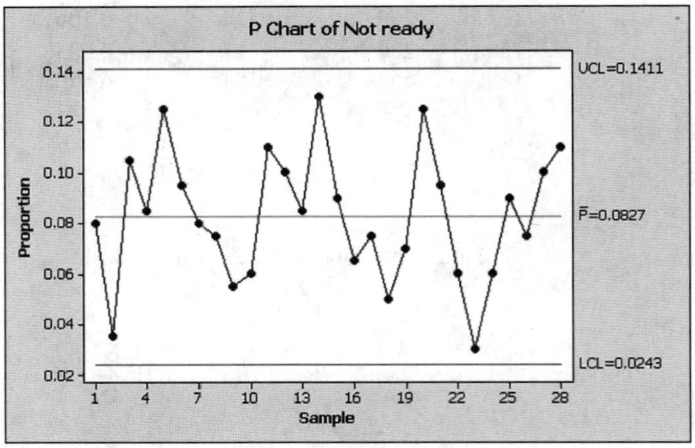

El primer ejemplo ilustra una situación en la que el tamaño del subgrupo no varía. Como regla general, mientras ningún tamaño de los subgrupos n_i difiera del tamaño promedio del subgrupo $\bar{n}$ por más de ±25% de $\bar{n}$ (vea la referencia 7), se podrá utilizar la ecuación (14.2) en la página 512 para calcular los límites de control para la gráfica p. Si el tamaño de cualquier subgrupo difiere por más de ±25% de $\bar{n}$, utilice la fórmula alternativa para calcular los límites de control (vea la referencia 7). El ejemplo 14.1 estudia la producción de esponjas de gasa para ilustrar el uso de la gráfica p cuando el tamaño de los subgrupos es desigual.

EJEMPLO 14.1

USO DE LA GRÁFICA p PARA TAMAÑOS DESIGUALES DE SUBGRUPOS

La tabla (14.2) indica el número de esponjas que se producen diariamente y el número de esponjas disconformes durante un periodo de 32 días. **SPONGE** Construya una gráfica de control para estos datos.

TABLA 14.2
Esponjas disconformes durante un periodo de 32 días.

Día	Esponjas producidas	Esponjas disconformes	Proporción	Día	Esponjas producidas	Esponjas disconformes	Proporción
1	690	21	0.030	17	575	20	0.035
2	580	22	0.038	18	610	16	0.026
3	685	20	0.029	19	596	15	0.025
4	595	21	0.035	20	630	24	0.038
5	665	23	0.035	21	625	25	0.040
6	596	19	0.032	22	615	21	0.034
7	600	18	0.030	23	575	23	0.040
8	620	24	0.039	24	572	20	0.035
9	610	20	0.033	25	645	24	0.037
10	595	22	0.037	26	651	39	0.060
11	645	19	0.029	27	660	21	0.032
12	675	23	0.034	28	685	19	0.028
13	670	22	0.033	29	671	17	0.025
14	590	26	0.044	30	660	22	0.033
15	585	17	0.029	31	595	24	0.040
16	560	16	0.029	32	600	16	0.027

SOLUCIÓN Para estos datos,

$$k = 32, \quad \sum_{i=1}^{k} n_i = 19{,}926 \text{ y } \sum_{i=1}^{k} X_i = 679$$

Por tanto, utilizando la ecuación (14.2) en la página 512,

$$\bar{n} = \frac{19{,}926}{32} = 622.69 \text{ y } \bar{p} = \frac{679}{19{,}926} = 0.034$$

Entonces

$$0.034 \pm 3\sqrt{\frac{(0.034)(1-0.034)}{622.69}}$$
$$= 0.034 \pm 0.022$$

Así,

$$UCL = 0.034 + 0.022 = 0.056$$

y

$$LCL = 0.034 - 0.022 = 0.012$$

La figura 14.6 muestra la gráfica de control de Excel para los datos de esponjas. La figura 14.7 muestra la gráfica de control de Minitab. Examinando cualquiera de estos dos diagramas se observa que el día 26, en el que se produjeron 39 esponjas disconformes de 651 esponjas muestreadas, se encuentra por arriba del límite de control. La administración necesita determinar la razón (es decir, la causa de fondo) para esta causa especial de variación y tomar medidas correctivas. Una vez que se tomen medidas, habrá que remover los datos del día 26 y después construir y analizar una nueva gráfica de control.

Note que el límite de control superior (UCL) y el límite de control inferior (LCL) en la figura 14.7 están representados por una línea punteada. Minitab calcula de forma separada los límites de control para cada día dependiendo del tamaño del subgrupo para ese día.

FIGURA 14.6
Gráfica *p* de Excel para la proporción de esponjas disconformes.

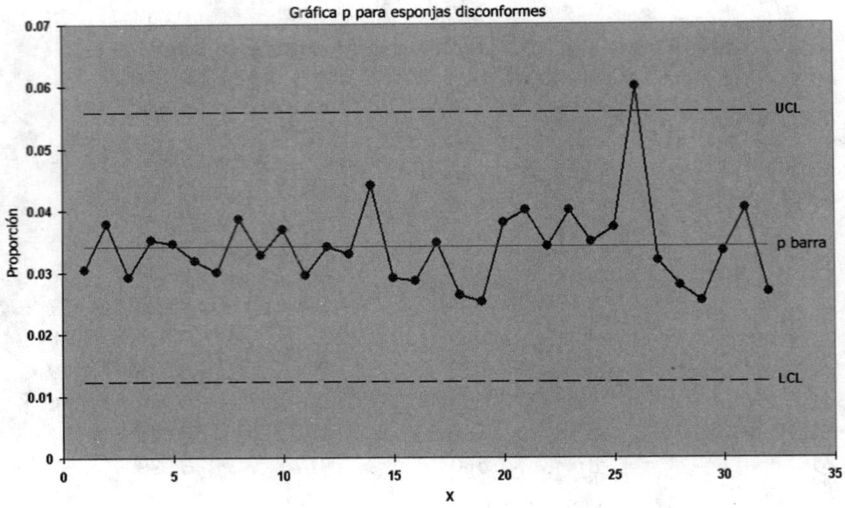

FIGURA 14.7
Gráfica *p* de Minitab para la proporción de esponjas disconformes.

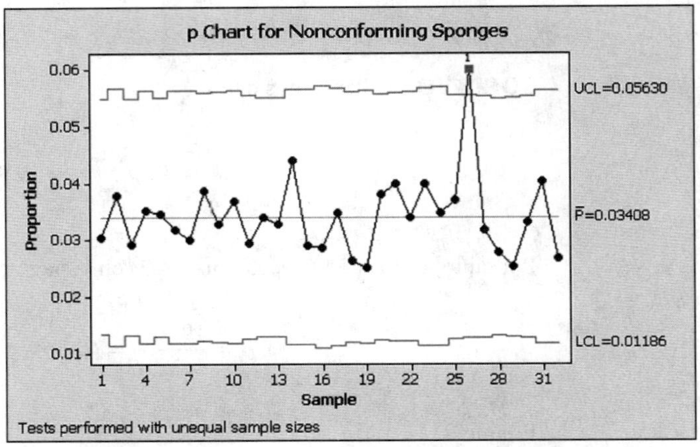

PROBLEMAS PARA LA SECCIÓN 14.4

Aprendizaje básico

ASISTENCIA de PH Grade **14.1** Los siguientes datos fueron recolectados de disconformidades durante un periodo de 10 días.

Día	Tamaño de la muestra	Disconformidades
1	100	12
2	100	14
3	100	10
4	100	18
5	100	22
6	100	14
7	100	15
8	100	13
9	100	14
10	100	16

a. ¿En qué día la proporción de disconformidades es mayor? ¿Y menor?

b. ¿Cuáles son los límites de control inferior y superior?

c. ¿Hay algunas causas especiales de variación?

ASISTENCIA de PH Grade **14.2** Los siguientes datos fueron recolectados de disconformidades durante un periodo de 10 días.

Día	Tamaño de la muestra	Disconformidades
1	111	12
2	93	14
3	105	10
4	92	18
5	117	22
6	88	14
7	117	15
8	87	13
9	119	14
10	107	16

a. ¿En qué día la proporción de disconformidades es mayor? ¿Y menor?
b. ¿Cuáles son los límites de control inferior (LCL) y superior (UCL)?
c. ¿Hay algunas causas especiales de variación?

Aplicación de conceptos

Puede resolver los problemas 14.3 a 14.8 manualmente o con Excel, Minitab o SPSS.

14.3 Un servicio de transcripciones médicas ingresa los datos en los archivos del paciente para los hospitales. El servicio ha estudiado formas para mejorar el tiempo de vuelta (definido como el tiempo entre la recepción de los datos y el tiempo en el que el cliente recibe los archivos completos). Después de estudiar el proceso, se determinó que el tiempo de vuelta se incrementa por los errores de transmisión. Se definió al error de transmisión como datos transmitidos que no pasaron como se planeó y que, por lo tanto, tuvieron que ser retransmitidos. Cada día se seleccionó aleatoriamente y se evaluó una muestra de 125 transmisiones registradas. La tabla que aparece a continuación presenta el número y proporción de transmisiones con errores. **TRANSMIT**

Día	Número de errores	Proporción de errores	Día	Número de errores	Proporción de errores
1	6	0.048	17	4	0.032
2	3	0.024	18	6	0.048
3	4	0.032	19	3	0.024
4	4	0.032	20	5	0.040
5	9	0.072	21	1	0.008
6	0	0.000	22	3	0.024
7	0	0.000	23	14	0.112
8	8	0.064	24	6	0.048
9	4	0.032	25	7	0.056
10	3	0.024	26	3	0.024
11	4	0.032	27	10	0.080
12	1	0.008	28	7	0.056
13	10	0.080	29	5	0.040
14	9	0.072	30	0	0.000
15	3	0.024	31	3	0.024
16	1	0.008			

a. Construya una gráfica *p*.
b. ¿Se encuentra este proceso en estado de control estadístico? ¿Por qué?

14.4 Los siguientes datos representan los resultados de un estudio realizado en una fábrica que manufactura empaques para película fotográfica. Durante 32 días, se seleccionaron y evaluaron 500 empaques. La siguiente tabla es una lista del número de empaques defectuosos (es decir, elementos disconformes) para cada día (es decir, subgrupo). **CANISTER**

Día	Número de disconformidades	Día	Número de disconformidades
1	26	6	20
2	25	7	21
3	23	8	27
4	24	9	23
5	26	10	25
11	22	22	24
12	26	23	26
13	25	24	23
14	29	25	27
15	20	26	28
16	19	27	24
17	23	28	22
18	19	29	20
19	18	30	25
20	27	31	27
21	28	32	19

a. Construya una gráfica *p*.
b. ¿Se encuentra este proceso en un estado de control estadístico? ¿Por qué?

ASISTENCIA de PH Grade **14.5** La administradora de un hospital está preocupada por el tiempo que lleva procesar los expedientes médicos de los pacientes después de ser dados de alta. Ella ha determinado que todos los expedientes deben ser procesados dentro de los cinco días siguientes a partir de la alta. Por tanto, cualquier expediente que no haya sido procesado dentro de esos cinco días siguientes es disconforme. La administradora ha registrado el número de pacientes dados de alta y el número de expedientes no procesados dentro de los cinco días establecidos para un periodo de 30 días en el archivo **MEDREC**
a. Construya una gráfica *p* para estos datos.
b. ¿Este proceso da un aviso de fuera de control? Explique su respuesta.
c. Si el proceso está fuera de control, suponga que se identifican subsecuentemente causas especiales y se toman medidas correctivas para evitar que se repitan. Elimine entonces los datos que provocan los avisos de fuera de control y vuelva a calcular los límites de control.

✓ AUTO Examen **14.6** La división embotelladora de Sweet Suzy´s Sugarless Cola mantiene registros diarios de las ocurrencias de latas inaceptables que circulan de la máquina de llenado a la máquina de sellado. La siguiente tabla es una lista del número de latas llenadas y el número de latas disconformes para cada mes (durante una semana de trabajo de 5 días). **COLASPC**

Día	Latas llenas	Latas inaceptables	Día	Latas llenas	Latas inaceptables
1	5,043	47	12	5,314	70
2	4,852	51	13	5,097	64
3	4,908	43	14	4,932	59
4	4,756	37	15	5,023	75
5	4,901	78	16	5,117	71
6	4,892	66	17	5,099	68
7	5,354	51	18	5,345	78
8	5,321	66	19	5,456	88
9	5,045	61	20	5,554	83
10	5,113	72	21	5,421	82
11	5,247	63	22	5,555	87

a. Construya una gráfica p para la proporción de latas inaceptables para el mes. ¿Este proceso da un aviso de fuera de control?
b. Si deseara desarrollar un proceso para reducir la proporción de latas inaceptables, ¿cómo procedería?

14.7 El gerente de una oficina de contabilidad de un gran hospital está estudiando el problema del ingreso de números de contabilidad incorrectos en el sistema de cómputo. Se selecciona un subgrupo de 200 números de contabilidad de cada día y cada número se inspecciona para determinar si es un elemento disconforme. Los resultados para un periodo de 39 días se encuentran en el archivo **ERRORSPC**.
a. Construya una gráfica p para la proporción de elementos disconformes. ¿Este proceso da un aviso de fuera de control?
b. Con base en su respuesta para el inciso *a*), si fuera el gerente de la oficina de contabilidad, ¿qué haría para mejorar el proceso de ingreso de números de contabilidad?

14.8 Un gerente regional de una empresa telefónica es responsable de procesar las peticiones concernientes a adiciones, cambios o supresión de servicios telefónicos. El gerente forma un grupo de mejoramiento de servicio para que se fije en las correcciones en términos de equipo para la oficina central y recursos que se requieren para procesar las órdenes que se envían para dar servicio a las peticiones. En el archivo **TELESPC** se encuentran los datos recolectados durante un periodo de 30 días.
a. Construya una gráfica p para la proporción de correcciones. ¿Envía este proceso una señal de fuera de control?
b. ¿Qué debería hacer el gerente regional para mejorar el procesamiento de las peticiones de cambio en el servicio telefónico?

14.5 EL EXPERIMENTO DE LA CUENTA ROJA: COMPRENDIENDO EL PROCESO DE VARIABILIDAD

Iniciamos este capítulo con una explicación sobre la administración de calidad total, los 14 puntos de Deming, la administración Seis Sigma y las definiciones de la causa común de variación y la causa especial de variación. Ahora que hemos estudiado la gráfica p, esta sección presentará la famosa parábola, el **experimento de la cuenta roja**, para fortalecer su comprensión de las causas comunes y especiales de variación.

El experimento de la cuenta roja implica la selección de cuentas de una caja que contiene 4,000 cuentas. Un factor desconocido para los participantes del experimento es que 3,200 (80%) de las cuentas son blancas y 800 (20%) son rojas. Se pueden elegir diferentes escenarios para llevar a cabo el experimento. El utilizado aquí inicia con un facilitador (que representará el papel de supervisor de la empresa) que pide voluntarios entre los miembros del público para que realicen el trabajo de empleados (son necesarios por lo menos cuatro), inspectores (son necesarios dos), un jefe de inspección (se requiere uno) y un registrador (se necesita uno). El trabajo de un obrero consiste en utilizar una paleta que tiene cinco filas de 10 agujeros del tamaño de las cuentas para seleccionar 50 cuentas de la caja.

Cuando se hayan seleccionado todos los participantes, el supervisor les explica el trabajo, el cual consiste en producir cuentas blancas porque las cuentas rojas son inaceptables para los clientes. Se deberán seguir procedimientos estrictos. Los estándares del trabajo exigen una producción diaria para cada empleado exactamente de 50 cuentas (sistema de cuota estricta). La administración ha establecido un estándar de no más de 2 cuentas rojas (4%) que cada trabajador puede producir cada día. Cada empleado sumerge la paleta dentro de la caja de cuentas para que al removerla, cada uno de los 50 agujeros contenga una cuenta. El empleado deberá llevar la paleta a los dos inspectores, quienes registrarán el número de cuentas rojas de forma independiente. El jefe de inspección compara sus números y anuncia los resultados al público. El registrador escribe el número y el porcentaje de cuentas rojas junto con el nombre del empleado.

Cuando toda la gente conoce su trabajo, la “producción” puede comenzar. Suponga que el primer “día” en número de cuentas rojas “producidas” por los cuatro empleados (llamémosles Ana, David, Pedro y Susana), fue de 9, 12, 13 y 7, respectivamente. ¿Cómo deberá reaccionar la administración a este día de producción cuando el estándar dice que no se deben producir más de 2 cuentas rojas por persona? ¿Deberán reprender a todos los empleados, o sólo David y Pedro deberían recibir una fuerte advertencia de que serán despedidos si no mejoran?

Suponga que la producción sigue durante dos días adicionales. La tabla 14.3 resume los resultados para los tres días.

TABLA 14.3
Resultados del experimento de la cuenta roja para cuatro empleados durante 3 días.

	Día			
Nombre	**1**	**2**	**3**	**Los tres días**
Ana	9 (18%)	11 (22%)	6 (12%)	26 (17.33%)
David	12 (24%)	12 (24%)	8 (16%)	32 (21.33%)
Pedro	13 (26%)	6 (12%)	12 (24%)	31 (20.67%)
Susana	7 (14%)	9 (18%)	8 (16%)	24 (16.0%)
Los 4 empleados	41	38	34	113
Media	10.25	9.5	8.5	9.42
Porcentaje	20.5%	19%	17%	18.83%

En la tabla 14.3 se puede observar que, cada día, algunos de los empleados estuvieron por arriba de la media y algunos por debajo de la ella. En el día 1, Susana hizo el mejor trabajo, pero en el día 2 Pedro (quien tuvo el peor registro del día 1) fue el mejor, y en el día 3 fue Ana quien realizó el mejor trabajo. ¿Cómo se explica esta variación? Utilizando la ecuación (14.2) en la página 512 para desarrollar la gráfica p para estos datos,

$$k = 4 \text{ empleados} \times 3 \text{ días} = 12,\ n = 50 \text{ y } \sum_{i=1}^{k} X_i = 113$$

Por tanto,

$$\bar{p} = \frac{113}{(50)(12)} = 0.1883$$

por lo que

$$\bar{p} \pm 3\sqrt{\frac{\bar{p}(1-\bar{p})}{\bar{n}}}$$

$$= 0.1883 \pm 3\sqrt{\frac{0.1883(1-0.1883)}{50}}$$

$$= 0.1883 \pm 0.1659$$

Por tanto,

$$\text{UCL} = 0.1883 + 0.1659 = 0.3542$$

y

$$\text{LCL} = 0.1883 - 0.1659 = 0.0224$$

La figura 14.8 muestra la gráfica p para los datos de la tabla 14.3 y en ella se observa que todos los puntos están dentro de los límites de control y que no existen patrones en los resultados. Las diferencias entre los empleados representan meramente una causa común de variación inherente a un sistema estable.

Podemos decir que las cuatro moralejas de la parábola de las cuentas rojas son:

- La variación es una parte inherente de cualquier proceso.
- Los empleados trabajan dentro de un sistema sobre el que tienen muy poco control. Es el sistema el que determina primordialmente su desempeño.
- Sólo la administración puede cambiar el sistema.
- Siempre habrá algunos empleados que trabajen por arriba de la media y algunos empleados que trabajen por debajo de la media.

FIGURA 14.8
Gráfica *p* para el experimento de la cuenta roja.

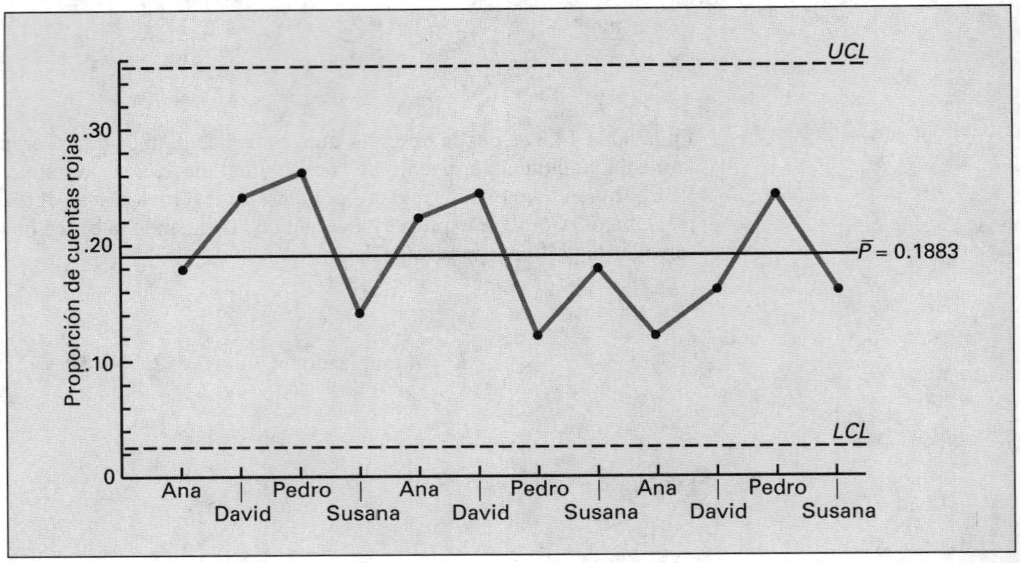

PROBLEMAS PARA LA SECCIÓN 14.5

Aplicación de conceptos

14.9 ¿Cómo cree usted que la mayoría de los administradores hubieran reaccionado después del día 1 en el experimento de la cuenta roja? ¿Después del día 2? ¿Después del día 3?

14.10 (Proyecto de grupo) Obtenga una versión del experimento de la cuenta roja para su clase.

a. Lleve a cabo el experimento en la misma forma descrita en esta sección.

b. Retire 400 cuentas rojas de la caja de cuentas antes de iniciar el experimento. ¿Cómo cambiaron sus resultados de los del inciso *a*)? ¿Qué le dice esto acerca del efecto del "sistema" en los empleados?

14.6 GRÁFICAS DE CONTROL PARA EL RANGO Y LA MEDIA

Usted utiliza los **gráficas de control de variables** para monitorear y analizar un proceso cuando tiene datos numéricos. Las variables numéricas comunes incluyen tiempo, dinero y peso. Puesto que las variables numéricas aportan más información que los datos de atributos como la proporción de elementos disconformes, las gráficas de control de variables son más sensibles para detectar la variación por causas especiales que el diagrama *p*. Las gráficas de control generalmente se usan en parejas. Una gráfica permite monitorear la dispersión (o variabilidad) en un proceso, y la otra monitorea el promedio del proceso. Usted debe examinar primero el diagrama que monitorea la dispersión porque, si indica la presencia de condiciones fuera de control, la interpretación del diagrama para la media será falseada. Aunque en negocios actualmente se utilizan varias parejas de gráficas alternativas (vea las referencias 7, 8 y 11), este texto considera sólo los diagramas de control para el rango y la media.

La gráfica *R*

Se pueden utilizar diferentes tipos de gráficas de control para monitorear la dispersión (es decir, la variabilidad) de una característica de interés medida numéricamente. La más simple y común es la gráfica de control para el rango, la **gráfica *R***. Se utiliza la gráfica del rango únicamente cuando el tamaño de la muestra sea de 10 o menos. Si el tamaño de la muestra es mayor a 10, es preferible utilizar una gráfica de desviación estándar. Como se utilizan tamaños de muestra de 5 o menos en muchas aplicaciones, no ilustramos la gráfica de desviación estándar en este texto. (Revise las referencias 7, 8 u 11 para estudiar las gráficas de desviación estándar.) La gráfica *R* nos permite determinar si la variabilidad en un proceso está bajo control, o si los cambios en la cantidad de variabilidad se están dando a lo largo del tiempo. Si el rango del proceso está bajo control, entonces la cantidad de variación en el proceso es consistente a lo largo del tiempo, y los resultados de la gráfica *R* serán útiles para desarrollar los límites de control del promedio.

Para desarrollar los límites de control para el rango, se requiere una estimación del rango promedio y de la desviación estándar del rango. Como muestra la ecuación 14.3, estos límites de control dependen de dos constantes, el **factor d_2**, que representa la relación entre la desviación estándar y el rango para tamaños de muestra que varían, y el **factor d_3**, que representa la relación entre la desviación estándar y el error estándar del rango para tamaños de muestra que varían. La tabla E.10 contiene los valores para estos factores. La ecuación (14.3) define los límites de control para la gráfica *R*.

LÍMITES DE CONTROL PARA EL RANGO

$$\bar{R} \pm 3\bar{R}\frac{d_3}{d_2} \qquad \textbf{(14.3)}$$

$$\text{UCL} = \bar{R} + 3\bar{R}\frac{d_3}{d_2}$$

$$\text{LCL} = \bar{R} - 3\bar{R}\frac{d_3}{d_2}$$

donde

$$\bar{R} = \frac{\sum_{i=1}^{k} R_i}{k}$$

Usted puede simplificar los cálculos de la ecuación (14.3) utilizando el **factor D_3**, igual a $1 - 3(d_3/d_2)$, y el **factor D_4**, igual a $1 + 3(d_3/d_2)$ para expresar los límites de control como muestran las ecuaciones (14.4a) y (14.4b).

CÁLCULO DE LÍMITES DE CONTROL PARA EL RANGO

$$\text{UCL} = D_4\bar{R} \qquad \textbf{(14.4a)}$$

$$\text{LCL} = D_3\bar{R} \qquad \textbf{(14.4b)}$$

Para ilustrar la gráfica *R*, regrese al escenario "Uso de la estadística" relacionado con la calidad del servicio del hotel. Durante la fase de medición del modelo Seis Sigma DMAIC, se definió operacionalmente la cantidad de tiempo para entregar el equipaje como el tiempo a partir de que el huésped completa los procedimientos de registro hasta el tiempo en el que el equipaje llega a la habitación del huésped. Durante la fase de análisis del modelo Seis Sigma DMAIC, se registraron datos durante un periodo de 4 semanas. Se seleccionaron subgrupos de cinco entregas del turno de la tarde de cada día. La tabla 14.1 resume los resultados para los 28 días. **HOTEL2**

TABLA 14.4

Tiempos de entrega de equipaje y media de los subgrupos y rango para 28 días.

Día	Tiempos de entrega de equipaje en minutos					Media	Rango
1	6.7	11.7	9.7	7.5	7.8	8.68	5.0
2	7.6	11.4	9.0	8.4	9.2	9.12	3.8
3	9.5	8.9	9.9	8.7	10.7	9.54	2.0
4	9.8	13.2	6.9	9.3	9.4	9.72	6.3
5	11.0	9.9	11.3	11.6	8.5	10.46	3.1
6	8.3	8.4	9.7	9.8	7.1	8.66	2.7
7	9.4	9.3	8.2	7.1	6.1	8.02	3.3
8	11.2	9.8	10.5	9.0	9.7	10.04	2.2
9	10.0	10.7	9.0	8.2	11.0	9.78	2.8
10	8.6	5.8	8.7	9.5	11.4	8.80	5.6
11	10.7	8.6	9.1	10.9	8.6	9.58	2.3
12	10.8	8.3	10.6	10.3	10.0	10.00	2.5
13	9.5	10.5	7.0	8.6	10.1	9.14	3.5
14	12.9	8.9	8.1	9.0	7.6	9.30	5.3
15	7.8	9.0	12.2	9.1	11.7	9.96	4.4
16	11.1	9.9	8.8	5.5	9.5	8.96	5.6
17	9.2	9.7	12.3	8.1	8.5	9.56	4.2
18	9.0	8.1	10.2	9.7	8.4	9.08	2.1
19	9.9	10.1	8.9	9.6	7.1	9.12	3.0
20	10.7	9.8	10.2	8.0	10.2	9.78	2.7
21	9.0	10.0	9.6	10.6	9.0	9.64	1.6
22	10.7	9.8	9.4	7.0	8.9	9.16	3.7
23	10.2	10.5	9.5	12.2	9.1	10.30	3.1
24	10.0	11.1	9.5	8.8	9.9	9.86	2.3
25	9.6	8.8	11.4	12.2	9.3	10.26	3.4
26	8.2	7.9	8.4	9.5	9.2	8.64	1.6
27	7.1	11.1	10.8	11.0	10.2	10.04	4.0
28	11.1	6.6	12.0	11.5	9.7	10.18	5.4
					Sumas:	265.38	97.5

Para los datos en la tabla 14.4,

$$k = 28, \quad \sum_{i=1}^{k} R_i = 97.5 \text{ y } \overline{R} = \frac{\sum_{i=1}^{k} R_i}{k} = \frac{97.5}{28} = 3.482$$

Utilizando la ecuación (14.3) en la página 521 y a partir de la tabla E.10 para $n = 5$, $d_2 = 2.326$ y $d_3 = 0.864$,

$$3.482 \pm 3(3.482)\left(\frac{0.864}{2.326}\right)$$

$$= 3.482 \pm 3.880$$

Por tanto,

$$\text{UCL} = 3.482 + 3.880 = 7.362$$

$$\text{LCL} = 3.482 - 3.880 < 0$$

Por lo tanto, el LCL no existe porque es imposible obtener un rango negativo. De forma alternativa, utilizando la ecuación (14.4) en la página 521, y $D_3 = 0$ y $D_4 = 2.114$ de la tabla E.10,

$$\text{UCL} = D_4\overline{R} = (2.114)(3.482) = 7.36$$

y el LCL no existe.

La figura 14.9 muestra la gráfica R de Excel para los tiempos de entrega de equipaje. La figura 14.9 no muestra rangos individuales fuera de los límites de control ni tampoco una tendencia.

FIGURA 14.9
Gráfica *R* de Excel para los tiempos de entrega del equipaje.

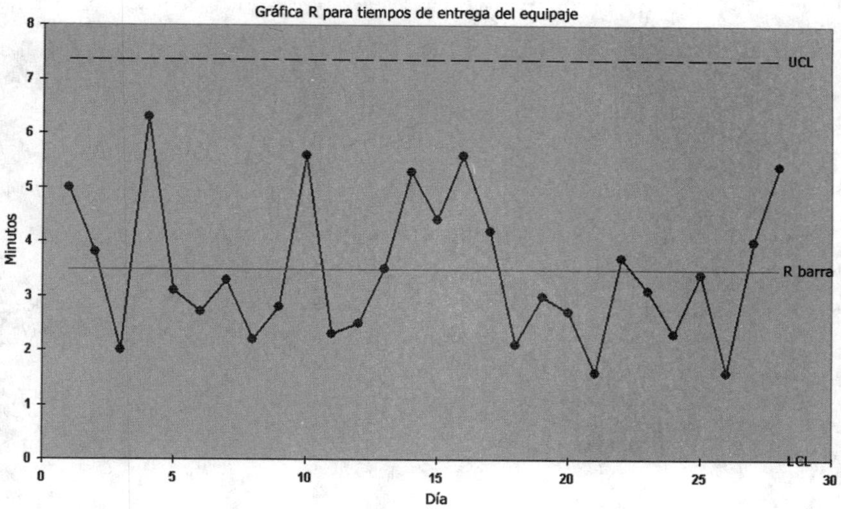

La gráfica $\overline{X}$

Ahora que ha determinado que la gráfica de control muestra que el rango está bajo control, podemos continuar examinando el diagrama de control para el proceso de la media, la **gráfica** $\overline{X}$.

La gráfica de control para la $\overline{X}$ utiliza subgrupos cada uno de tamaño n para k periodos consecutivos de tiempo. Para calcular los límites de control para el promedio, se necesita calcular la media de los promedios de los subgrupos (denominada $\overline{\overline{X}}$), y la desviación estándar de la media (que llamamos error estándar de la media $\sigma_{\overline{X}}$ en el capítulo 7). El estimado de la desviación estándar de la media es una función del factor d_2, que representa la relación entre la desviación estándar y el rango para tamaños de muestra variables.[6] Las ecuaciones (14.5) y (14.6) definen los límites de control para la gráfica $\overline{X}$.

[6]*Se utiliza* $\overline{R}/d_2$ *para estimar la desviación estándar de la población y se utiliza* $\overline{R}/d_2\sqrt{n}$ *para estimar la desviación estándar de la media.*

LÍMITES DE CONTROL PARA LA GRÁFICA $\overline{X}$

$$\overline{\overline{X}} \pm 3\frac{\overline{R}}{d_2\sqrt{n}} \qquad (14.5)$$

$$\text{UCL} = \overline{\overline{X}} + 3\frac{\overline{R}}{d_2\sqrt{n}}$$

$$\text{LCL} = \overline{\overline{X}} - 3\frac{\overline{R}}{d_2\sqrt{n}}$$

donde

$$\overline{\overline{X}} = \frac{\sum_{i=1}^{k}\overline{X}_i}{k} \qquad \overline{R} = \frac{\sum_{i=1}^{k}R_i}{k}$$

$\overline{X}_i$ = media de la muestra de n observaciones en el tiempo i

R_i = rango de n observaciones en el tiempo i

k = número de subgrupos

Es posible simplificar los cálculos en la ecuación (14.5) utilizando el **factor** A_2, igual a $3/\left(d_2\sqrt{n}\right)$. Las ecuaciones (14.6a) y (14.6b) indican los límites de control simplificados.

CÁLCULO DEL CONTROL DE LÍMITES PARA LA MEDIA UTILIZANDO EL FACTOR A_2

$$\text{UCL} = \overline{\overline{X}} + A_2\overline{R} \qquad \textbf{(14.6a)}$$

$$\text{LCL} = \overline{\overline{X}} - A_2\overline{R} \qquad \textbf{(14.6b)}$$

A partir de la tabla 14.4 en la página 522,

$$k = 28, \sum_{i=1}^{k} \overline{X}_i = 265.38 \text{ y } \sum_{i=1}^{k} R_i = 97.5$$

por lo que

$$\overline{\overline{X}} = \frac{\sum_{i=1}^{k} \overline{X}_i}{k} = \frac{265.38}{28} = 9.478 \text{ y } \overline{R} = \frac{\sum_{i=1}^{k} R_i}{k} = \frac{97.5}{28} = 3.482$$

Utilizando la ecuación (14.5) en la página 523 y a partir de la tabla E.10 para $n = 5$, $d_2 = 2.326$.

$$\overline{\overline{X}} \pm 3\frac{\overline{R}}{d_2\sqrt{n}}$$

$$= 9.478 \pm 3\frac{3.482}{(2.326)\sqrt{5}}$$

$$= 9.478 \pm 2.008$$

Por tanto,

$$\text{UCL} = 9.478 = 2.008 = 11.486$$

$$\text{LCL} = 9.478 - 2.008 = 7.470$$

De forma alternativa, utilizando las ecuaciones (14.6a) y (14.6b), y $A_2 = 0.577$ de la tabla E.10,

$$\text{UCL} = 9.478 + (0.577)(3.482) = 9.478 + 2.009 = 11.487$$

$$\text{LCL} = 9.478 - (0.577)(3.482) = 9.478 - 2.009 = 7.469$$

Estos resultados son iguales a los obtenidos utilizando la ecuación (14.5), excepto por el error de redondeo.

La figura 14.10 muestra la gráfica $\overline{X}$ de Excel para los datos de tiempo de entrega del equipaje. La figura 14.11 representa las gráficas $\overline{X}$ y R de Minitab. Las figuras 14.10 y 14.11 no revelan ningún punto fuera de los límites de control así como tampoco una tendencia. Aunque existe una cantidad considerable de variabilidad entre las medias de los 28 subgrupos, y como ambas gráficas R y $\overline{X}$ están bajo control, el proceso de entrega de equipaje se encuentra en estado de control estadístico. Si se desea reducir la variación o la media del tiempo de entrega, entonces se necesita cambiar el proceso.

FIGURA 14.10
Gráfica $\overline{X}$ de Excel para los tiempos de entrega de equipaje.

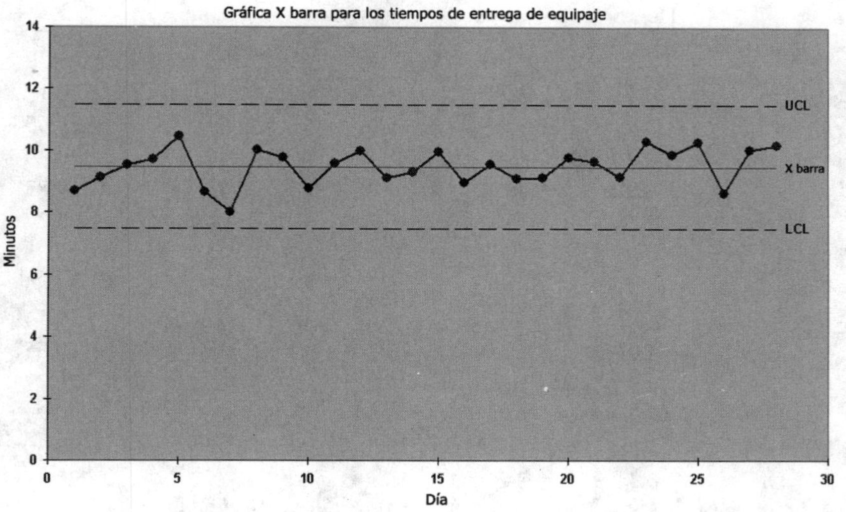

FIGURA 14.11
Gráficas $\overline{X}$ y R de Minitab para los tiempos de entrega de equipaje.

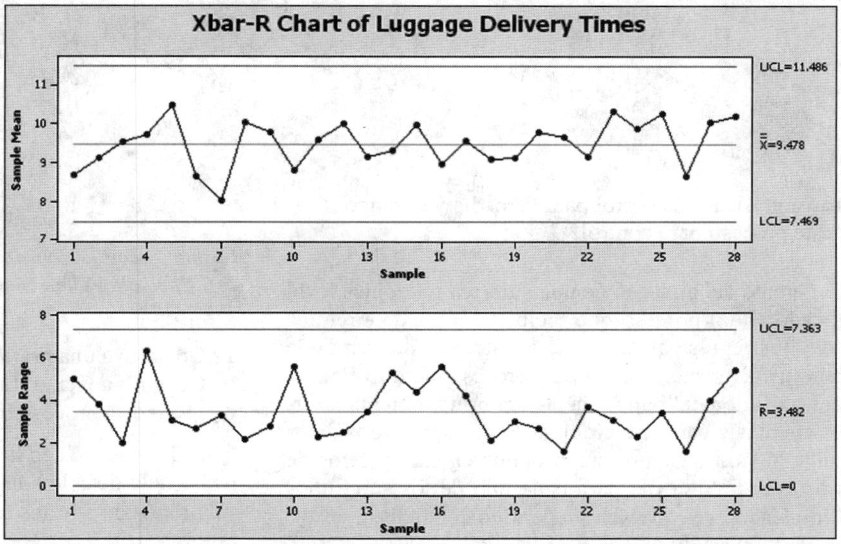

PROBLEMAS PARA LA SECCIÓN 14.6

Aprendizaje básico

ASISTENCIA de PH Grade **14.11** El siguiente resumen de datos es para los subgrupos con $n = 4$ para un periodo de 10 días.

Día	Media	Rango	Día	Media	Rango
1	13.6	3.5	6	12.9	4.8
2	14.3	4.1	7	17.3	4.5
3	15.3	5.0	8	13.9	2.9
4	12.6	2.8	9	12.6	3.8
5	11.8	3.7	10	15.2	4.6

a. Calcule los límites de control para el rango.
b. ¿Existe evidencia de una causa especial de variación en el inciso *a*)?
c. Calcule los límites de control para la media.
d. ¿Existe evidencia de una causa especial de variación en el inciso *c*)?

Aplicación de conceptos

Deberá usar Excel, Minitab o SPSS para resolver los problemas 14.12 a14.18.

AUTO Examen **14.12** El gerente de una sucursal de un banco local desea estudiar los tiempos de espera de los clientes para ser atendidos por el cajero durante la hora del almuerzo de las 12:00 a la 1:00 PM. Se selecciona un subgrupo de cuatro clientes (uno en cada intervalo de 15 minutos durante la hora), y el tiempo en minutos se mide desde el punto en el que cada cliente se forma en la fila hasta que llega a la ventanilla del cajero. Los resultados de un periodo de cuatro semanas se registran en el archivo **BANKTIME**.

Día	Tiempo en minutos			
1	7.2	8.4	7.9	4.9
2	5.6	8.7	3.3	4.2
3	5.5	7.3	3.2	6.0
4	4.4	8.0	5.4	7.4
5	9.7	4.6	4.8	5.8
6	8.3	8.9	9.1	6.2
7	4.7	6.6	5.3	5.8
8	8.8	5.5	8.4	6.9
9	5.7	4.7	4.1	4.6
10	1.7	4.0	3.0	5.2
11	2.6	3.9	5.2	4.8
12	4.6	2.7	6.3	3.4
13	4.9	6.2	7.8	8.7
14	7.1	6.3	8.2	5.5
15	7.1	5.8	6.9	7.0
16	6.7	6.9	7.0	9.4
17	5.5	6.3	3.2	4.9
18	4.9	5.1	3.2	7.6
19	7.2	8.0	4.1	5.9
20	6.1	3.4	7.2	5.9

a. Construya gráficas de control para la media y el rango.
b. ¿Está este proceso bajo control?

14.13 El gerente del almacén de una empresa telefónica local está implicado en un proceso que recibe tableros de circuitos muy caros y los regresa al centro de abastecimiento para que puedan reutilizarse posteriormente. El procesamiento veloz de estos circuitos es de vital importancia para brindar un buen servicio a los clientes y para reducir el gasto de capital. Los datos en el archivo **WAREHSE** representan el número de tableros de circuitos procesados por día para cada uno de los subgrupos de cinco empleados a lo largo de un periodo de 30 días.
a. Construya gráficas de control para la media y el rango.
b. ¿Está este proceso bajo control?

14.14 Un artículo en el *Mid-American Journal of Business* presenta un análisis para una operación de embotellamiento de agua de manantial. Una de las características de interés es la cantidad de magnesio, medido en partes por millón (ppm) en el agua. Los datos en la siguiente tabla representan los niveles de magnesio para 30 subgrupos de 4 botellas recolectados en un periodo de 30 horas. **SPWATER**

Hora	1	2	3	4
1	19.91	19.62	19.15	19.85
2	20.46	20.44	20.34	19.61
3	20.25	19.73	19.98	20.32
4	20.39	19.43	20.36	19.85
5	20.02	20.02	20.13	20.34
6	19.89	19.77	20.92	20.09
7	19.89	20.45	19.44	19.95
8	20.08	20.13	20.11	19.32
9	20.30	20.42	20.68	19.60
10	20.19	20.00	20.23	20.59
11	19.66	21.24	20.35	20.34
12	20.30	20.11	19.64	20.29
13	19.83	19.75	20.62	20.60
14	20.27	20.88	20.62	20.40
15	19.98	19.02	20.34	20.34
16	20.46	19.97	20.32	20.83
17	19.74	21.02	19.62	19.90
18	19.85	19.26	19.88	20.20
19	20.77	20.58	19.73	19.48
20	20.21	20.82	20.01	19.93
21	20.30	20.09	20.03	20.13
22	20.48	21.06	20.13	20.42
23	20.60	19.74	20.52	19.42
24	20.20	20.08	20.32	19.51
25	19.66	19.67	20.26	20.41
26	20.72	20.58	20.71	19.99
27	19.77	19.40	20.49	19.83
28	19.99	19.65	19.41	19.58
29	19.44	20.15	20.14	20.76
30	20.03	19.96	19.86	19.91

Fuente: Susan K. Humphrey y Timothy C. Krehbiel, "Managing Process Capability", The Mid-American Journal of Business, *14, otoño de 1999, 7-12.*

a. Construya una gráfica de control para el rango.
b. Construya una gráfica de control para la media.
c. ¿Está este proceso bajo control?

14.15 Los datos en la siguiente tabla se refieren a la fuerza de resistencia de rollos de tela. Los datos fueron recolectados en subgrupos de 3 rollos de tela a lo largo de un periodo de 25 horas. **TENSILE**

Hora	1	2	3	Hora	1	2	3
1	15.06	14.62	15.10	14	16.29	14.61	15.67
2	17.58	15.75	16.72	15	15.84	12.16	15.40
3	13.83	14.83	15.61	16	15.12	15.60	13.83
4	17.19	15.75	15.42	17	18.48	16.07	16.31
5	14.56	15.37	15.67	18	17.55	14.73	16.95
6	14.82	17.25	15.73	19	13.57	17.55	15.81
7	17.92	14.76	14.40	20	16.23	16.92	16.45
8	16.53	14.52	17.31	21	14.60	16.83	15.34
9	13.83	14.53	15.32	22	16.73	18.60	16.76
10	16.45	13.85	16.32	23	18.03	14.55	13.87
11	15.20	14.61	18.45	24	16.61	16.45	16.95
12	14.49	16.15	17.80	25	15.86	17.00	18.28
13	15.89	15.04	16.67				

a. Construya una gráfica de control para el rango.
b. Construya una gráfica de control para la media.
c. ¿Está este proceso bajo control?

ASISTENCIA de PH Grade **14.16** El director de radiología de un gran hospital metropolitano está preocupado acerca de cómo programar las actividades del departamento de radiología. En un día normal se llevan 250 pacientes al departamento de radiología para procedimientos de tratamiento o diagnóstico. Si los pacientes no llegan a la unidad de radiología a la hora de su cita, ocurren retrasos y otros pacientes resultan afectados. El tiempo que se lleva en transportar a los pacientes a la unidad de radiología se define operacionalmente como el tiempo que pasa entre que se asigna un transportador al paciente y el tiempo en el que el paciente llega a la unidad de radiología. Se seleccionó una muestra de $n = 4$ pacientes cada día durante 20 días y se determinó el tiempo para transportar a cada paciente (en minutos). Los resultados se encuentran en el archivo **TRANSPORT**.

a. Construya gráficas de control para la media y el rango.

b. ¿Está este proceso bajo control?

14.17 Una máquina rellenadora de bolsas de té produce aproximadamente 170 bolsas por minuto. El gerente de proceso se encarga de monitorear el peso del té colocado en bolsas individuales. Se toma un subgrupo de $n = 4$ bolsas de té cada 15 minutos durante 25 periodos de tiempo consecutivos. Los resultados se presentan en la siguiente tabla: **TEA3**

Muestra	Peso (en gramos)			
1	5.32	5.77	5.50	5.61
2	5.63	5.44	5.54	5.40
3	5.56	5.40	5.67	5.57
4	5.32	5.45	5.50	5.42
5	5.45	5.53	5.46	5.47
6	5.29	5.42	5.50	5.44
7	5.57	5.40	5.52	5.54
8	5.44	5.61	5.49	5.58
9	5.53	5.25	5.67	5.53
10	5.41	5.55	5.51	5.53
11	5.55	5.58	5.58	5.56
12	5.58	5.36	5.45	5.53
13	5.63	5.75	5.46	5.54
14	5.48	5.44	5.45	5.60
15	5.49	5.57	5.43	5.36
16	5.54	5.62	5.66	5.59
17	5.46	5.46	5.38	5.49
18	5.72	5.36	5.59	5.25
19	5.58	5.50	5.36	5.40
20	5.43	5.51	5.37	5.32
21	5.59	5.58	5.60	5.46
22	5.42	5.41	5.40	5.69
23	5.64	5.59	5.42	5.56
24	5.62	5.38	5.75	5.47
25	5.51	5.54	5.73	5.77

a. ¿Cuáles son algunas de las fuentes de variación que se deben a causas comunes y que podrían presentarse en este proceso?

b. ¿Qué problemas podrían ocurrir como consecuencia de causas especiales de variación?

c. Construya gráficas de control para el rango y la media.

d. ¿Está este proceso bajo control?

14.18 Una empresa manufacturera produce soportes para estantes de libros. Los soportes proporcionan apoyo estructural importante y deben tener un ángulo de 90 grados ±1. Se tomaron mediciones del ángulo de los soportes en 18 diferentes ocasiones. Se muestrearon cinco soportes en cada caso. Los datos se encuentran en el archivo **ANGLE**.

a. Construya gráficas de control para el rango y la media.

b. ¿Está este proceso bajo control?

RESUMEN

Este capítulo nos presentó los conceptos de calidad y productividad incluyendo la administración de calidad total, los 14 puntos de Deming y la administración de Seis Sigma. Usted ha aprendido cómo utilizar diferentes tipos de gráficas de control y a distinguir entre causas comunes y especiales de variación. Aplicando estos conceptos a los servicios del hotel Beachcomber, aprendió cómo un gerente puede identificar problemas y mejorar de forma continua el servicio de calidad.

FÓRMULAS IMPORTANTES

Construcción de límites de control

Media del proceso ±3 desviaciones estándar **(14.1)**

Límite de control superior (UCL) = media del proceso +3 desviaciones estándar

Límite de control inferior (LCL) = media del proceso −3 desviaciones estándar

Límites de control para la gráfica *p*

$$\bar{p} \pm 3\sqrt{\frac{\bar{p}(1-\bar{p})}{\bar{n}}} \qquad (14.2)$$

$$\text{UCL} = \bar{p} + 3\sqrt{\frac{\bar{p}(1-\bar{p})}{\bar{n}}}$$

$$\text{LCL} = \bar{p} - 3\sqrt{\frac{\bar{p}(1-\bar{p})}{\bar{n}}}$$

Límites de control para el rango

$$\bar{R} \pm 3\bar{R}\frac{d_3}{d_2} \quad \textbf{(14.3)}$$

$$UCL = \bar{R} + 3\bar{R}\frac{d_3}{d_2}$$

$$LCL = \bar{R} - 3\bar{R}\frac{d_3}{d_2}$$

Cálculo de límites de control para el rango

$$UCL = D_4\bar{R} \quad \textbf{(14.4a)}$$

$$LCL = D_3\bar{R} \quad \textbf{(14.4b)}$$

Límites de control para la gráfica $\bar{X}$

$$\bar{\bar{X}} \pm 3\frac{\bar{R}}{d_2\sqrt{n}} \quad \textbf{(14.5)}$$

$$UCL = \bar{\bar{X}} + 3\frac{\bar{R}}{d_2\sqrt{n}}$$

$$LCL = \bar{\bar{X}} - 3\frac{\bar{R}}{d_2\sqrt{n}}$$

Cálculo del control de límites para la media utilizando el factor A_2

$$UCL = \bar{\bar{X}} + A_2\bar{R} \quad \textbf{(14.6a)}$$

$$LCL = \bar{\bar{X}} - A_2\bar{R} \quad \textbf{(14.6b)}$$

CONCEPTOS CLAVE

administración de calidad total (ACT) 507
administración Seis Sigma 509
causas aleatorías de variación 510
causas asignables de variación 510
causas comunes de variación 510
causas especiales de variación 510
ciclo de Shewhart-Deming 507
crítico para la calidad (CPC) 509
Deming, 14 puntos para la administración 507
estado de control estadístico 511
experimento de la cuenta roja 518
factor A_2 523
factor d_2 521
factor d_3 521
factor D_3 521
factor D_4 521
gráfica de control 510
gráfica p 512
gráfica R 521
gráfica $\bar{X}$ 523
gráficas de atributos 512
gráficas de control de variables 520
límite de control inferior (LCL) 510
límite de control superior (UCL) 510
manipulación 510
modelo DMAIC 509
proceso bajo control 511
proceso fuera de control 511
subgrupos 510

PROBLEMAS DE REPASO

Revisión de su comprensión

14.19 ¿Cuál es la diferencia entre las causas comunes de variación y las causas especiales de variación?

14.20 ¿Qué debería hacer para mejorar un proceso cuando se encuentran presentes causas especiales de variación?

14.21 ¿Qué debería hacer para mejorar un proceso cuando sólo están presentes causas comunes de variación?

14.22 ¿Cuál es la diferencia entre las gráficas de control de atributos y las gráficas de control de variables?

14.23 ¿Por qué se utilizan juntas las gráficas $\bar{X}$ y R?

14.24 ¿Qué principios aprendió del experimento de la cuenta roja?

Aplicación de conceptos

Deberá utilizar Excel, Minitab o SPSS para resolver los problemas 14.25 a 14.33.

14.25 Un fabricante de comida para gatos construyó gráficas de control para analizar varias características de calidad. Una característica de interés es el peso de las latas llenas. El archivo de datos **CATFOOD** contiene los pesos de cinco latas probadas cada 15 minutos durante un día de producción.

a. Construya una gráfica de control para el rango.
b. Construya una gráfica de control para la media.
c. ¿Está este proceso bajo control?

14.26 Los investigadores de la Miami University en Oxford, Ohio, estudiaron el uso de las gráficas p para monitorear la participación de mercado de un producto y para documentar la efectividad de las promociones de marketing. Se define participación de mercado como la proporción de la empresa del número total de productos vendidos en una categoría. Si una gráfica p basada en la participación de mercado de una empresa indica que el proceso está bajo control, entonces se cree que su porción en el mercado es estable y consistente a lo largo del tiempo. En un ejemplo citado en el artículo RudyBird Diskette Company, se recolectaron los datos de las ventas diarias auditadas de un servicio a nivel nacional de ventas al detalle. Los primeros 30 datos en la siguiente tabla indican el número total de cajas de disquetes para computadora vendidas y el número de disquetes RubyBird vendidos. Los datos de los últimos 7 días fueron tomados después de que RubyBird había lanzado una gran promoción en tiendas. Se utilizó una gráfica de control para ver si la promoción en tiendas derivaría en una causa especial de variación en el mercado. **RUDYBIRD**

Cajas vendidas antes de la promoción

Día	Total	Rudybird	Día	Total	Rudybird
1	154	35	16	177	56
2	153	43	17	143	43
3	200	44	18	200	69
4	197	56	19	134	38
5	194	54	20	192	47
6	172	38	21	155	45
7	190	43	22	135	36
8	209	62	23	189	55
9	173	53	24	184	44
10	171	39	25	170	47
11	173	44	26	178	48
12	168	37	27	167	42
13	184	45	28	204	71
14	211	58	29	183	64
15	179	35	30	169	43

Cajas vendidas después de la promoción

Día	Total	Rudybird
31	201	92
32	177	76
33	205	85
34	199	90
35	187	77
36	168	79
37	198	97

Fuente: Charles T. Crespy, Timothy C. Krehbiel y James M. Stearns, "Integrating Analytic Methods into Marketing Research Education: Statistical Control Charts as an Example", Marketing Education Review, *5, primavera de 1995, 11-23.*

a. Construya una gráfica *p* utilizando los datos de los primeros 30 días (antes de la promoción) para monitorear la participación de mercado para los disquetes RubyBird.

b. ¿Estaba bajo control la participación de mercado para RubyBird antes de iniciar la promoción en tiendas?

c. En su gráfica de control, extienda los límites de control generados en el inciso *b*) y grafique las proporciones para los días 31 a 37. ¿Qué efecto, si acaso alguno, tuvo la promoción en tiendas sobre la participación de mercado de RubyBird?

14.27 El fabricante de tablillas de asfalto "Boston" y "Vermont" construyó gráficas de control y analizó diferentes características de calidad. Una de las características de interés es la fuerza en el sellado de la tablilla. Durante cada día de producción se prueba la fuerza de sellado de tres tablillas. (Por lo tanto, se define un subgrupo como un día de producción, y el tamaño de la muestra para cada subgrupo es de 3.) Se cortan piezas separadas de las porciones superior e inferior de las tablillas, y después se vuelven a ensamblar para simular las tablillas en un techo. Se utiliza un proceso de tiempo de calentamiento para simular el proceso de sellado. Las piezas de la tablilla sellada se apartan y la cantidad de fuerza (en libras) requerida para romper el sello se mide y se registra. A esta variable se le llama *fuerza de sellado*. Los datos del archivo **SEALANT** contienen las mediciones de la fuerza de sellado para 25 días de producción de tablillas "Boston" y 19 días de tablillas "Vermont".

Para las tablillas "Boston":

a. Construya una gráfica de control para el rango.

b. Construya una gráfica de control para la media.

c. ¿Está este proceso bajo control?

d. Repita los incisos *a*) a *c*) utilizando los 19 días de producción de las tablillas "Vermont".

ASISTENCIA de PH Grade **14.28** Un jugador profesional de básquetbol ha iniciado un programa para determinar su habilidad para lanzar tiros de castigo. Cada día en el que no tiene un juego programado, pretende tirar 100 tiros de castigo. Mantiene registros a lo largo de 40 días de práctica, con los siguientes resultados: **FOULSPC**

Día	Tiros de castigo	Día	Tiros de castigo	Día	Tiros de castigo
1	73	15	73	29	76
2	75	16	76	30	80
3	69	17	69	31	78
4	72	18	68	32	83
5	77	19	72	33	84
6	71	20	70	34	81
7	68	21	64	35	86
8	70	22	67	36	85
9	67	23	72	37	86
10	74	24	70	38	87
11	75	25	74	39	85
12	72	26	76	40	85
13	70	27	75		
14	74	28	78		

a. Construya una gráfica *p* para la proporción de tiros de castigo exitosos. ¿Cree usted que el proceso de lanzar tiros de castigo está bajo control? Si no, ¿por qué?

b. ¿Qué pasaría si le dijeran que el jugador utilizó un método diferente para lanzar los tiros de castigo los últimos 20 días? ¿Cómo podría esta información cambiar sus conclusiones del inciso *a*)?

c. Si conociera la información del inciso *b*) antes de resolver el inciso *a*), ¿cómo cambiaría su análisis?

ASISTENCIA de PH Grade **14.29** El departamento de transferencia de fondos de un banco está preocupado con el tiempo que se lleva la investigación de los pagos de las transferencias de fondos. En un pago el banco puede aparecer como el remitente de los fondos, como un beneficiario de los fondos o como intermediario en la transacción. Una investigación se inicia con una petición de pago o con un cuestionamiento de la parte implicada en el pago o por cualquier departamento afectado por el flujo de fondos. Cuando se recibe un cuestionamiento, un investigador reconstruye la transacción del pago y verifica que la información obtenida sea correcta y que se realice el pago apropiado. El investigador entonces reporta los resultados de la investigación y se cierra la transacción. Es muy importante que las transacciones se cierren rápidamente, de preferencia el mismo día. Los datos del número de nuevas investigaciones, así como el número y la proporción cerrada el mismo día en que se realizó el cuestionamiento, aparecen en el archivo **FUNDTRAN**.

a. Construya una gráfica de control para estos datos.

b. ¿Está este proceso bajo control estadístico? Explique por qué.

c. Con base en los resultados de los incisos *a*) y *b*), ¿qué debería hacer la gerencia para mejorar el proceso?

ASISTENCIA de PH Grade **14.30** El gerente de la sucursal de una empresa de correduría está preocupado con el número de negocios no deseados realizados por su personal de ventas. Un negocio no deseado es aquel en el que hay un error en la boleta de negocio. Los negocios con errores se cancelan y se vuelven a presentar. El costo de corregir los errores se cobra a la empresa de correduría. El gerente de la sucursal necesita saber si la proporción de negocios no deseados está en estado de control estadístico para planear el siguiente paso del proceso de mejoramiento de la calidad. Se recolectaron datos para un periodo de 30 días con los siguientes resultados: **TRADE**

Día	Negocios no deseados	Total de negocios	Día	Negocios no deseados	Total de negocios
1	2	74	16	3	54
2	12	85	17	12	74
3	13	114	18	11	103
4	33	136	19	11	100
5	5	97	20	14	88
6	20	115	21	4	58
7	17	108	22	10	69
8	10	76	23	19	135
9	8	69	24	1	67
10	18	98	25	11	77
11	3	104	26	12	88
12	12	98	27	4	66
13	15	105	28	11	72
14	6	98	29	13	118
15	21	204	30	15	138

a. Construya una gráfica de control para estos datos.

b. ¿Está el proceso bajo control? Explique por qué.

c. Con base en los resultados de los incisos *a*) y *b*), ¿qué debería hacer a continuación el gerente para mejorar el proceso?

14.31 Como jefe oficial operativo en un hospital comunitario local, usted regresa de un seminario de calidad y productividad de 3 días. Ahora su intención es poner en práctica muchas de las ideas que aprendió en el seminario. Ha decidido llevar gráficas de control de la proporción de trabajo para el próximo mes en el laboratorio (con base en 1,000 muestras diarias) y del tiempo (en horas) entre la recepción de la muestra en el laboratorio y la terminación del trabajo (con base en un subgrupo de 10 muestras por día). Se resumen los datos recolectados en el archivo **HOSPADM**. Debe realizar una presentación al jefe oficial ejecutivo del hospital y al consejo de directores. Prepare un reporte que resuma las conclusiones obtenidas del análisis de control para esas variables. Además, recomiende variables adicionales para medir y monitorear utilizando gráficas de control.

14.32 Cada mañana por un periodo de cuatro semanas, registre la razón de su pulsación (en latidos por segundo) justo después de levantarse de la cama y también por la noche antes de irse a dormir. Construya gráficas $\bar{X}$ y R y determine si su razón de pulsaciones se encuentra en un estado de control estadístico. Explique su respuesta.

14.33 (Proyecto de grupo) Utilice la tabla de números aleatorios (tabla E.1) para simular la selección de diferentes pelotas de colores de una urna como sigue:

1. Inicie en la fila correspondiente al día del mes en el que nació más el año en el que nació. Por ejemplo, si usted nació el 15 de octubre de 1982, deberá iniciar en la fila 15 + 82 = 97. Si su total excede al 100, reste 100 del total.
2. Seleccione números de dos dígitos al azar.
3. Si selecciona un número al azar del 00 al 94, considere que la pelota es blanca; si el número al azar va del 95 al 99 considere que la pelota es roja.

Cada estudiante deberá seleccionar 100 números al azar de dos dígitos y deberá reportar el número de "pelotas rojas" en la muestra. Construya una gráfica de control para la proporción de pelotas rojas. ¿Qué conclusiones obtiene acerca del sistema de selección de pelotas rojas? ¿Forman todos los estudiantes parte del sistema? ¿Hay alguno fuera del sistema? De ser así, ¿qué explicación daría acerca de alguien que tiene demasiadas pelotas rojas? Si se le paga un bono al 10% superior de los estudiantes (el 10% con menos pelotas rojas), ¿qué efecto tendría en el resto de los estudiantes? Discútalo.

ESTUDIO DE CASO
EL CASO DE LA EMPRESA DE MÁQUINAS DE COSER HARNSWELL

Fase 1

Durante casi 50 años, la empresa de máquinas de coser Harnswell Sewing Machine Company ha fabricado máquinas de coser industriales. La empresa se especializa en máquinas automatizadas, llamadas remachadoras, que cosen patrones repetitivos en artículos de producción masiva como zapatos, prendas de vestir y cinturones de seguridad. Además de las ventas de las máquinas, la empresa vende partes de máquinas. Como los productos de la empresa tienen una reputación de excelencia, Harnswell ha sido capaz de decidir el precio para su línea de producción.

Recientemente, la gerente de producción, Natalie York, compró en una librería local varios libros referentes a la calidad. Después de leerlos, consideró la viabilidad de iniciar algún tipo de programa de calidad en la empresa. En ese momento la empresa no tenía un programa formal de calidad. Las partes se inspeccionan al 100% en el momento de enviarlas al cliente o cuando se van a instalar en una máquina; sin embargo Natalie siempre se ha preguntado por qué el inventario de ciertas partes (en especial el rodillo de leva de media pulgada) invariablemente es insuficiente antes de que el año termine, aun cuando se producen 7,000 piezas para una demanda de 5,000 piezas por año.

Después de muchas reflexiones y con algo de aprehensión, Natalie decidió acercarse a John Harnswell, dueño de la compañía, para hablarle sobre la posibilidad de elaborar un programa para mejorar la calidad en la empresa, comenzando con un proyecto de ensayo en el área de partes para máquinas. Al caminar hacia la oficina de Harnswell para su reunión, ella duda sobre si ésta es una buena idea. Después de todo, apenas el mes anterior Harnswell le había dicho: "¿Por qué necesita ir a la escuela de postgrado para obtener su título de maestría en negocios? Eso es una pérdida de tiempo y no servirá de nada a la empresa Harnswell. Todos esos profesores sólo están en sus torres de marfil y no saben absolutamente nada acerca de cómo llevar un negocio como yo sé hacerlo".

Al entrar a su oficina, siempre cortés, Harnswell invita a Natalie a tomar asiento frente a él. "Bueno, ¿qué tiene en su mente esta mañana?", pregunta Harnswell usando un tono inquisitivo. Ella comienza a hablar acerca de los libros que leyó recientemente y menciona que tiene algunas ideas interesantes acerca de cómo mejorar aún más la producción e incrementar las ganancias. Pero antes de que termine, Harnswell la interrumpe: "Mire, mi querida jovencita", le dice, "todo ha ido muy bien desde que inicié esta empresa en 1970. Construí esta fábrica de la nada y ahora empleo a más de 100 personas. Recuerde, si no está roto, no lo arregle". Y sin más, la acompaña fuera de su oficina con la siguiente reprimenda: "¿Qué voy a hacer con usted si sigue viniendo a mí con estas ridículas ideas?"

EJERCICIOS

HS.1 Con base en lo que ha leído, ¿cuáles de los 14 puntos de administración de Deming son los que más fallan en la empresa de máquinas de Coser Harnswell? Explique su respuesta.

HS.2 ¿Qué cambios, si acaso alguno, cree usted que Natalie York será capaz de instituir en la empresa? Explique su respuesta.

NO CONTINÚE SINO HASTA QUE HAYA TERMINADO LOS EJERCICIOS DE LA FASE 1.

Fase 2

Natalie camina lentamente por el pasillo después de dejar la oficina de Harnswell sintiéndose relativamente abatida. No escucha a nadie, sólo piensa. Mientras camina, Jim Murante, responsable del taller, se le acerca. "¿Así que realmente creía que la iba a escuchar?", le pregunta. "Llevo aquí más de 25 años. La única forma de hacerlo escuchar es enseñarle que algo funciona después de haberlo puesto en práctica. Veamos qué podemos planear juntos."

Natalie y Jim deciden empezar investigando la producción de los rodillos de leva, los cuales son partes de precisión fundamentales. La última parte del proceso de producción implica el afilado del diámetro externo. Después del afilado, las partes se acoplan con las ranuras de la leva de un patrón específico de costura. Los rodillos de media pulgada técnicamente tienen una especificación de ingeniería para el diámetro externo del rodillo de 0.5075 pulgada (las especificaciones en realidad son métricas, pero en la jerga del piso de la fábrica se consideran como de media pulgada), más un error tolerable de 0.0003 pulgada en el lado menor. Así, se permite que el diámetro externo mida entre 0.5072 y 0.5075 pulgadas. Cualquier elemento mayor es reclasificado a una categoría diferente y menos costosa, y cualquier elemento menor no es utilizable.

El afilado de un rodillo de leva se realiza en una sola máquina con una sola disposición de herramientas y no se hace ningún cambio en la rueda de afilado después de la disposición inicial. La operación la efectúa Dave Martin, el maquinista en jefe, quien tiene 30 años de experiencia en el negocio y, específicamente, en la producción de los rodillos de leva. Como la producción se realiza por lotes, Natalie y Jim muestrean cinco partes producidas en cada lote. La tabla HS.1 muestra los datos recolectados a partir de 30 lotes. **HARNSWELL**

TABLA HS.1
Diámetro de los rodillos de leva (en pulgadas).

	Rodillos de leva				
Lote	1	2	3	4	5
1	.5076	.5076	.5075	.5077	.5075
2	.5075	.5077	.5076	.5076	.5075
3	.5075	.5075	.5075	.5075	.5076
4	.5075	.5076	.5074	.5076	.5073
5	.5075	.5074	.5076	.5073	.5076
6	.5076	.5075	.5076	.5075	.5075
7	.5076	.5076	.5076	.5075	.5075
8	.5075	.5076	.5076	.5075	.5074
9	.5074	.5076	.5075	.5075	.5076
10	.5076	.5077	.5075	.5075	.5075
11	.5075	.5075	.5075	.5076	.5075
12	.5075	.5076	.5075	.5077	.5075
13	.5076	.5076	.5073	.5076	.5074
14	.5075	.5076	.5074	.5076	.5075
15	.5075	.5075	.5076	.5074	.5073
16	.5075	.5074	.5076	.5075	.5075
17	.5075	.5074	.5075	.5074	.5072
18	.5075	.5075	.5076	.5075	.5076
19	.5076	.5076	.5075	.5075	.5076
20	.5075	.5074	.5077	.5076	.5074
21	.5075	.5074	.5075	.5075	.5075
22	.5076	.5076	.5075	.5076	.5074
23	.5076	.5076	.5075	.5075	.5076
24	.5075	.5076	.5075	.5076	.5075
25	.5075	.5075	.5075	.5075	.5074
26	.5077	.5076	.5076	.5074	.5075
27	.5075	.5075	.5074	.5076	.5075
28	.5077	.5076	.5075	.5075	.5076
29	.5075	.5075	.5074	.5075	.5075
30	.5076	.5075	.5075	.5076	.5075

EJERCICIO

HS.3 **a.** ¿Es éste un proceso bajo control? ¿Por qué?

b. ¿Qué recomendaciones haría para mejorar el proceso?

NO CONTINÚE SINO HASTA QUE HAYA TERMINADO EL EJERCICIO DE LA FASE 2

Fase 3

Natalie examinó las gráficas $\overline{X}$ y R de los datos presentados en la tabla HS.1. La gráfica R indicó que el proceso se encuentra bajo control, pero la gráfica $\overline{X}$ reveló que la media para el lote 17 se encontraba fuera del límite de control inferior. Esto la preocupó de inmediato porque los valores inferiores para el diámetro del rodillo podrían significar que las partes deberían desecharse. Natalie decidió visitar a Jim Murante, el responsable del taller para tratar de indagar lo que había sucedido con el lote 17. Jim revisó los registros de producción para determinar cuándo se había producido este lote. "Ajá", exclamó, "¡creo que tengo la respuesta! Este lote se produjo aquella mañana verdaderamente fría del mes pasado. He estado detrás de Harnswell por mucho tiempo, porque quiero que nos deje instalar un termostato automático en la tienda para que el lugar no se sienta tan frío cuando llegamos por la mañana. Todo lo que me dice es que la gente no es tan fuerte como la de antes".

Natalie se sorprendió mucho. Se dio cuenta de que en lugar de esperar a que el ambiente y el equipo alcanzaran una temperatura adecuada, el maquinista optó por fabricar partes que tendrían que desecharse. De hecho, Natalie recordó que un problema aún mayor había ocurrido ese mismo día, cuando varias partes muy caras tuvieron que ser desechadas. Natalie le dijo a Jim: "Tenemos que hacer algo. No podemos permitir que esto siga sucediendo ahora que sabemos los problemas que está causando potencialmente". Natalie y Jim decidieron tomar del fondo para gastos menores suficiente dinero para comprar el termostato sin necesidad de llenar una requisición con la firma de Harnswell. Instalaron el termostato y fijaron el control de calefacción para que el calentador se encendiera media hora antes de que el taller se abriera.

EJERCICIOS

HS.4 ¿Qué debería hacer Natalie en relación con los datos de los rodillos de leva? Explique su respuesta.

HS.5 Explique cómo las acciones de Natalie y Jim para evitar este problema específico dieron como resultado un mejoramiento de la calidad.

NO CONTINÚE SINO HASTA QUE HAYA TERMINADO LOS EJERCICIOS DE LA FASE 3

Fase 4

Puesto que se tomó una acción correctiva para eliminar la causa especial de variación, se eliminaron del análisis los resultados del lote 17. Las gráficas de control para los días restantes indican un sistema estable sólo con causas comunes de variación operando en el sistema. Así, Natalie y Jim se sentaron a platicar con Dave Martin y varios maquinistas para tratar de determinar todas las causas posibles de la existencia de rodillos de mayor tamaño y que tenían que desecharse. Natalie aún estaba preocupada por los datos. Después de todo, quería saber si el proceso estaba dando rodillos demasiado grandes (que tendrían que devaluarse) y de menor tamaño (que tendrían que desecharse). Se preguntaba qué tablas y gráficas ayudarían más.

EJERCICIO

HS.6 **a.** Construya una distribución de frecuencias y una gráfica de tallo y hoja de los diámetros de los rodillos de leva. ¿Cuál de los dos prefiere?

b. Con base en sus resultados para el inciso *a*), construya todas las gráficas apropiadas de los diámetros de los rodillos de leva.

c. Escriba un reporte en el que exprese sus conclusiones acerca de los diámetros de los rodillos de leva. Asegúrese de analizar los diámetros tal como se relacionan con las especificaciones.

NO CONTINÚE SINO HASTA QUE HAYA TERMINADO EL EJERCICIO DE LA FASE 4

Fase 5

De inmediato Natalie se dio cuenta de que la media global del diámetro con el lote 17 eliminado era de 0.507527, una cifra mayor que el valor permitido de 0.5075. Así, la media del diámetro de los rodillos producidos era tan alta que éstos tendrían que reducir su valor. De hecho, 55 de los 150 rodillos muestreados (36.67%) estaban por encima del valor especificado. Si se extrapola este porcentaje a la producción anual, resulta que el 36.67% de las 7,000 partes producidas, o 2,567, no podrían ser vendidas como rodillos de media pulgada, dejando sólo 4,433 partes disponibles para vender. "No me sorprende que a menudo tengamos escasez de productos y que requiramos de corridas de emergencia", pensó. También se dio cuenta de que ni un solo diámetro estaba por debajo del valor permitido de 0.5072, por lo que no se tuvo que desechar ningún rodillo.

Natalie reflexionó que debía haber una razón para todo esto. Junto con Jim Murante, decidió mostrar los resultados a Dave Martin, el maquinista en jefe. Dave opinó que los resultados no lo sorprendían mucho. "¿Saben?", dijo, "sólo se me permite una variación de 0.0003 pulgadas en el diámetro. Si apunto exactamente a la mitad entre 0.5072 y 0.5075, temo que haré muchas partes pequeñas que tendrán que ser desechadas. Desde hace mucho tiempo sé que Harnswell y todos los demás se me echarán encima si empiezan a ver muchas partes desechadas. Entonces se me ocurrió que si apunto a 0.5075, lo peor que puede suceder es que tengamos un montón de partes devaluadas, pero no tendré muchas partes qué desechar".

EJERCICIOS

HS.7 ¿Qué enfoque deberá tomar el maquinista en términos del diámetro al que debe apuntar? Explique su respuesta.

HS.8 ¿Qué cree usted que Natalie debería hacer a continuación? Explique su respuesta.

CASO ACTUAL ADMINISTRACIÓN DEL *SPRINGVILLE HERALD*

Fase 1

Un equipo de producción publicitaria está encargado de reducir el número y cantidad de dólares de los errores de publicidad, enfocándose primero en la categoría de detener el error. El equipo recolectó datos que incluían el número de anuncios con errores en una base de lunes a sábado. La tabla SH14.1 incluye el número total de anuncios y el número de los que contienen errores para el periodo de un mes. (Se excluyen los domingos porque para ese día se usa un tipo especial de producción.) **SH14-1**

TABLA SH14.1

Número de anuncios con errores y número de anuncios mostrados diariamente.

Día	Número de anuncios con errores	Número de anuncios	Día	Número de anuncios con errores	Número de anuncios
1	4	228	14	5	245
2	6	273	15	7	266
3	5	239	16	2	197
4	3	197	17	4	228
5	6	259	18	5	236
6	7	203	19	4	208
7	8	289	20	3	214
8	14	241	21	8	258
9	9	263	22	10	267
10	5	199	23	4	217
11	6	275	24	9	277
12	4	212	25	7	258
13	3	207			

EJERCICIOS

SH14.1 ¿Qué es lo primero que el equipo del departamento de producción publicitaria deberá hacer para reducir el número de errores? Explique su respuesta.

SH14.2 **a.** Construya la gráfica de control apropiada para estos datos.
b. ¿Está este proceso en un estado de control estadístico?
c. ¿Qué debería recomendar el equipo como siguiente paso para mejorar el proceso?

NO CONTINÚE SINO HASTA QUE HAYA TERMINADO LOS EJERCICIOS DE LA FASE 1

Fase 2

El equipo de producción publicitaria examinó la gráfica *p* desarrollada a partir de los datos de la tabla SH14.1. Utilizando las reglas para determinar los puntos fuera de control, observaron que el día 8 se encuentra por arriba del límite de control superior. A partir de la investigación, determinaron que en ese día un empleado de otra área de trabajo fue designado para trabajar en el procesamiento de los anuncios porque otros empleados se reportaron enfermos. El grupo utilizó una lluvia de idas para encontrar formas de evitar el problema en el futuro y recomendó que un equipo de trabajo de otras áreas recibieran capacitación en el trabajo realizado en esta área. Los miembros de este equipo podrían cubrir el procesamiento de anuncios rotando en turnos de una o dos horas.

EJERCICIOS

SH14.3 ¿Qué debería hacer ahora el equipo de producción publicitaria en relación con los datos de la tabla SH14.1? Explique su respuesta.

SH14.4 Explique cómo las acciones del equipo para evitar este problema en particular en el futuro dio como resultado un mejoramiento de la calidad.

SH14.5 Además del número de anuncios con errores, ¿qué otra información referente a errores en una base diaria debería recolectar el equipo?

NO CONTINÚE SINO HASTA QUE HAYA TERMINADO LOS EJERCICIOS DE LA FASE 2

Fase 3

Al equipo de producción de impresión se le encargó mejorar la calidad del *Herald*. El equipo eligió como su primer proyecto la *tonalidad oscura* de la impresión en el periódico. Cada día el equipo de producción de impresión determina qué tan "oscura" es la impresión del periódico. La tonalidad oscura se mide en un densitómetro que registra los resultados en una escala estándar. Se seleccionan aleatoriamente cinco manchas en el primer impreso cada día, y se mide la tonalidad oscura de cada mancha. La tabla SH14.2 muestra los resultados para 25 días. **SH14-2**

TABLA SH14.2

Tonalidad oscura de la impresión del periódico para 25 días consecutivos.

	Mancha				
Día	**1**	**2**	**3**	**4**	**5**
1	0.96	1.01	1.12	1.07	0.97
2	1.06	1.00	1.02	1.16	0.96
3	1.00	0.90	0.98	1.18	0.96
4	0.92	0.89	1.01	1.16	0.90
5	1.02	1.16	1.03	0.89	1.00
6	0.88	0.92	1.03	1.16	0.91
7	1.05	1.13	1.01	0.93	1.03
8	0.95	0.86	1.14	0.90	0.95
9	0.99	0.89	1.00	1.15	0.92
10	0.89	1.18	1.03	0.96	1.04
11	0.97	1.13	0.95	0.86	1.06
12	1.00	0.87	1.02	0.98	1.13
13	0.96	0.79	1.17	0.97	0.95
14	1.03	0.89	1.03	1.12	1.03
15	0.96	1.12	0.95	0.88	0.99
16	1.01	0.87	0.99	1.04	1.16
17	0.98	0.85	0.99	1.04	1.16
18	1.03	0.82	1.21	0.98	1.08
19	1.02	0.84	1.15	0.94	1.08
20	0.90	1.02	1.10	1.04	1.08
21	0.96	1.05	1.01	0.93	1.01
22	0.89	1.04	0.97	0.99	0.95
23	0.96	1.00	0.97	1.04	0.95
24	1.01	0.98	1.04	1.01	0.92
25	1.01	1.00	0.92	0.90	1.11

EJERCICIO

SH14.6 **a.** Construya las gráficas de control apropiadas para estos datos.
b. ¿Está este proceso en un estado de control estadístico? Explique por qué.
c. ¿Qué debería recomendar el equipo como siguiente paso para mejorar el proceso?

REFERENCIAS

1. Arndt, M., "Quality Isn't Just for Widgets", *Business Week*, 22 de julio de 2002, 72-73.
2. Bothe, D. R., *Measuring Process Capability* (Nueva York: McGraw-Hill, 1997).
3. Deming, W. E., *Out of the Crisis* (Cambridge, MA: MIT Center for Advanced Engineering Study, 1986).
4. Deming, W. E., *The New Economics for Business, Industry, and Government* (Cambridge, MA: MIT Center for Advanced Engineering Study, 1993).
5. Friedman, T. L., *The Lexus and the Olive Tree: Understanding Globalization* (Nueva York: Farrar, Straus and Giroux, 1999).
6. Gabor, A., *The Man Who Discovered Quality* (Nueva York: Time Books, 1990).
7. Gitlow, H., A. Oppenheim, R. Oppenheim y D. Levine, *Quality Management*, 3a. ed. (Nueva York: McGraw-Hill-Irwin, 2005).
8. Gitlow, H. y D. Levine, *Six Sigma for Green Belts and Champions* (Upper Saddle River, NJ: Financial Times-Prentice-Hall, 2005).
9. Hahn, G. J., N. Doganaksoy y R. Hoerl, "The Evolution of Six Sigma", *Quality Engineering*, 12(2000): 317-326.
10. Halberstam, D., *The Reckoning* (Nueva York: Morrow, 1986).
11. Levine, D. M., P. P. Ramsey y R. K: Smidt, *Applied Statistics for Engineers and Scientists Using Microsoft Excel and Minitab* (Upper Saddle River, NJ: Prentice Hall, 2001).
12. *Microsoft Excel 2003* (Redmond, WA: Microsoft Corp., 2002).
13. *Minitab for Windows Version 14* (State College, PA: Minitab, Inc., 2004).
14. Scherkenbach, W. W., *The Deming Route to Quality and Productivity: Road Maps and Roadblocks* (Washington, DC: CEEP Press, 1987).
15. Snee, R. D., "Impact of Six Sigma on Quality", *Quality Engineering*, 12(2000): ix-xiv.
16. Walton, M., *The Deming Management Method* (Nueva York: Perigee Books, 1986).

Apéndice 14 Uso de software para las gráficas de control

A14.1 EXCEL

Para la gráfica *p*

Véase la sección G.29 (**Gráfica *p***) si desea que PHStat2 genere una gráfica *p* como un diagrama Excel. (No existen comandos en Excel para generar directamente esta gráfica.)

Para la gráfica *R* y $\overline{X}$

Véase la sección G.30 (**Gráfica R & XBarra**) si desea que PHStat2 genere una gráfica *R* o $\overline{X}$ como un diagrama Excel. (No existen comandos en Excel para generar directamente estas gráficas.)

A14.2 MINITAB

Uso de Minitab para la gráfica *p*

Para ilustrar cómo construir una gráfica *p*, remítase a los datos de la tabla 14.1 en la página 513 referentes al número de habitaciones no listas. Abra la hoja de trabajo. **HOTEL1.MTW**

1. Seleccione **Stat ➜ Control Charts ➜ Attribute Charts ➜ P**. En la ventana de diálogo P Chart (vea la figura A14.1) ingrese **C3** o **'Not ready'** en el cuadro de edición Variables. Puesto que los tamaños de los subgrupos son iguales, ingrese **200** en el cuadro de edición Subgroup sizes. Dé clic en **P Chart Options**.
2. En la ventana de diálogo P Chart, dé clic en la pestaña **Tests** (vea la figura A14.2). En la lista que se despliega hacia abajo del cuadro, seleccione **Perform all tests for special causes**. Dé clic en **OK** para regresar a la ventana de diálogo P Chart. (Esta función quedará intacta hasta que reinicie Minitab.) Dé clic en **OK** para obtener la gráfica *p*.

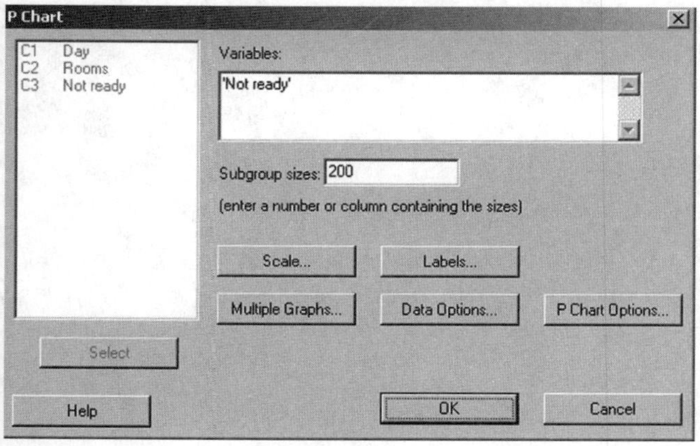

FIGURA A14.1 Ventana de diálogo P Chart de Minitab.

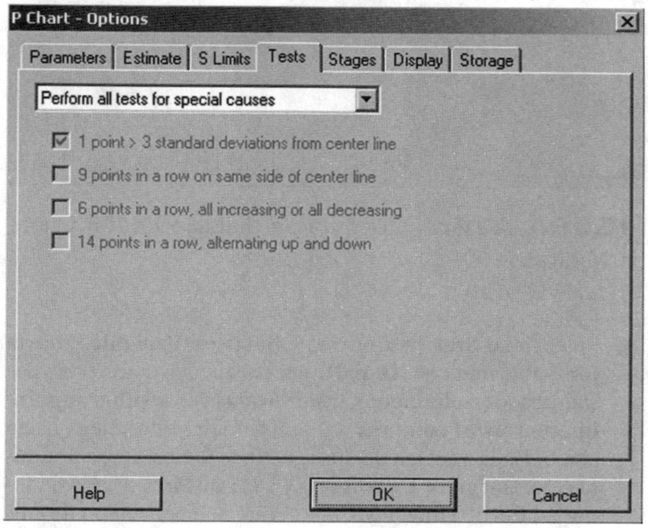

FIGURA A14.2 Ventana de diálogo para P Chart - Options, de Excel.

3. Si hay puntos que desea omitir al estimar la línea central y los límites de control, dé clic en **Estimate** en la ventana de diálogo P Chart. Ingrese los puntos a omitir en el cuadro de edición mostrado. Dé clic en **OK** para regresar a la ventana de diálogo de P Chart. En la ventana de diálogo de P Chart, dé clic en **OK** para obtener la gráfica *p*.

Uso de Minitab para las gráficas *R* y $\overline{X}$

Para construir gráficas *R* y $\overline{X}$ utilizando Minitab, seleccione **Stat ➜ Control Charts ➜ Variable Charts for Subgroups ➜ Xbar-R** de la barra de menú. El formato para anotar el nombre de la variable es diferente, dependiendo de si los datos están listados hacia abajo en una sola columna o separados en un conjunto de columnas con los datos para cada periodo en una sola fila. Si los datos para la variable de interés están listados hacia abajo en una sola columna, seleccione **All observations for a chart are in one column** en la lista que se despliega hacia abajo del cuadro y anote el nombre de la variable en el cuadro de edición de abajo. Si los subgrupos están separados con cada fila representando los datos para un solo periodo, seleccione **Observations for a subgroup are in one row of columns** en la lista que se despliega hacia abajo e ingrese los nombres de las variables para los datos en el cuadro de edición de abajo.

Para ilustrar cómo construir las gráficas *R* y $\overline{X}$, remítase a los datos de la tabla 14.4 en la página 522 referentes a los tiempos de entrega de equipaje. Abra la hoja de trabajo **HOTEL2.MTW**.

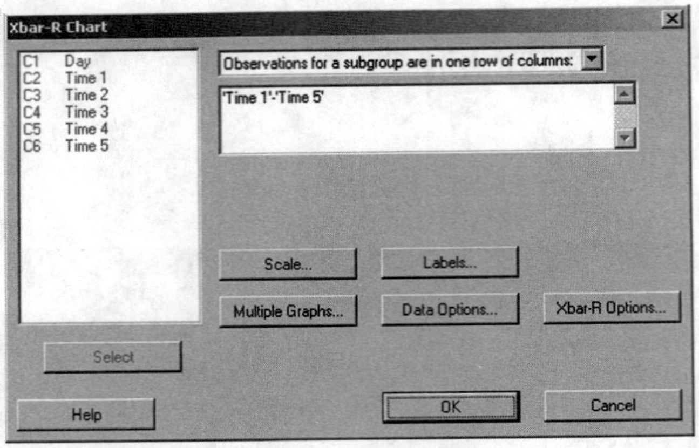

FIGURA A14.3 Ventana de diálogo Xbar-R Chart de Minitab.

1. Seleccione **Stat → Control Charts → Variable Charts for Subgroups → Xbar-R**. Puesto que los datos están desagrupados, seleccione **Observations for a subgroup are in one row of columns** en la lista que se despliega hacia abajo. En la ventana de diálogo Xbar-R Chart (vea la figura A14.3) ingrese **C2** o **'Time 1'**, **C3** o **'Time 2'**, **C4** o **'Time 3'**, **C5** o **'Time 4'** y **C6** o **'Time 5'** en el cuadro de edición. Dé clic en **Xbar-R Options**.
2. En la ventana de diálogo Xbar-R Chart, dé clic en la pestaña **Tests**. En la lista que se despliega hacia abajo, seleccione **Perform all tests for special causes**. (Esta función permanecerá intacta hasta que reinicie Minitab.)
3. Dé clic en la pestaña **Estimate** en la ventana de diálogo Xbar-R Chart-Options (vea la figura A14.4). Dé clic en la opción **Rbar**. Si hay puntos que desea omitir cuando estime la línea central y los límites, ingrese los puntos a omitir en el cuadro de edición mostrado. Dé clic en **OK** para regresar a la ventana de diálogo Xbar-R Chart. (Nota: Cuando cree más de un conjunto de gráficas R y $\bar{X}$ en la misma sesión, vuelva a disponer los puntos a omitir antes de crear nuevas gráficas. Esta disposición permanecerá intacta hasta que reinicie Minitab.)
4. En la ventana de diálogo Xbar-R Chart, dé clic en el botón **OK** para generar gráficas R y $\bar{X}$.

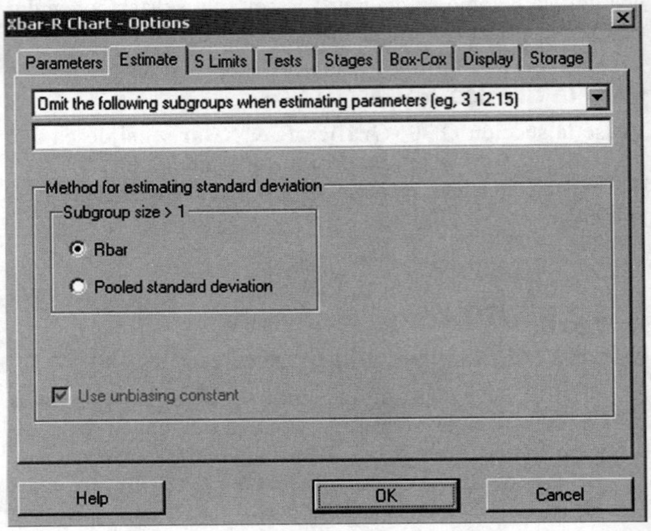

FIGURA A14.4 Ventana de diálogo Xbar-R Chart - Options, pestaña Estimate de Minitab.

APÉNDICES

A. REPASO DE ARITMÉTICA, ÁLGEBRA Y LOGARITMOS

A.1 REGLAS PARA OPERACIONES ARITMÉTICAS

REGLA	EJEMPLO
1. $a + b = c$ y $b + a = c$	$2 + 1 = 3$ y $1 + 2 = 3$
2. $a + (b + c) = (a + b) + c$	$5 + (7 + 4) = (5 + 7) + 4 = 16$
3. $a - b = c$ pero $b - a \neq c$	$9 - 7 = 2$ pero $7 - 9 = -2$
4. $a \times b = b \times a$	$7 \times 6 = 6 \times 7 = 42$
5. $a \times (b + c) = (a \times b) + (a \times c)$	$2 \times (3 + 5) = (2 \times 3) + (2 \times 5) = 16$
6. $a \div b \neq b \div a$	$12 \div 3 \neq 3 \div 12$
7. $\frac{a + b}{c} = \frac{a}{c} + \frac{b}{c}$	$\frac{7 + 3}{2} = \frac{7}{2} + \frac{3}{2} = 5$
8. $\frac{a}{b + c} \neq \frac{a}{b} + \frac{a}{c}$	$\frac{3}{4 + 5} \neq \frac{3}{4} + \frac{3}{5}$
9. $\frac{1}{a} + \frac{1}{b} = \frac{b + a}{ab}$	$\frac{1}{3} + \frac{1}{5} = \frac{5 + 3}{(3)(5)} = \frac{8}{15}$
10. $\frac{a}{b} \times \frac{c}{d} = \frac{a \times c}{b \times d}$	$\frac{2}{3} \times \frac{6}{7} = \frac{2 \times 6}{3 \times 7} = \frac{12}{21}$
11. $\frac{a}{b} \div \frac{c}{d} = \frac{a \times d}{b \times c}$	$\frac{5}{8} \div \frac{3}{7} = \frac{5 \times 7}{8 \times 3} = \frac{35}{24}$

A.2 REGLAS PARA ÁLGEBRA: EXPONENTES Y RAÍCES CUADRADAS

REGLA	EJEMPLO
1. $X^a \cdot X^b = X^{a+b}$	$4^2 \cdot 4^3 = 4^5$
2. $(X^a)^b = X^{ab}$	$(2^2)^3 = 2^6$
3. $(X^a/X^b) = X^{a-b}$	$\frac{3^5}{3^3} = 3^2$
4. $\frac{X^a}{X^a} = X^0 = 1$	$\frac{3^4}{3^4} = 3^0 = 1$
5. $\sqrt{XY} = \sqrt{X}\sqrt{Y}$	$\sqrt{(25)(4)} = \sqrt{25}\sqrt{4} = 10$
6. $\sqrt{\frac{X}{Y}} = \frac{\sqrt{X}}{\sqrt{Y}}$	$\sqrt{\frac{16}{100}} = \frac{\sqrt{16}}{\sqrt{100}} = 0.40$

A.3 REGLAS PARA LOGARITMOS

Base 10

LOG es el símbolo utilizado para los logaritmos base 10:

REGLA	EJEMPLO
1. $\text{LOG}(10^A) = A$	$\text{LOG}(100) = \text{LOG}(10^2) = 2$
2. Si $\text{LOG}(A) = B$, entonces $A = 10^B$	Si $\text{LOG}(A) = 2$, entonces $A = 10^2 = 100$
3. $\text{LOG}(A \times B) = \text{LOG}(A) + \text{LOG}(B)$	$\text{LOG}(100) = \text{LOG}(10 \times 10)$ $= \text{LOG}(10) + \text{LOG}(10) = 1 + 1 = 2$
4. $\text{LOG}(A^B) = \text{B} \times \text{LOG}(A)$	$\text{LOG}(1000) = \text{LOG}(10^3) = 3 \times \text{LOG}(10)$ $= 3 \times 1 = 3$
5. $\text{LOG}(A/B) = \text{LOG}(A) - \text{LOG}(B)$	$\text{LOG}(100) = \text{LOG}(1000/10)$ $= \text{LOG}(1000) - \text{LOG}(10) = 3 - 1 = 2$

EJEMPLO

Tome el logaritmo base 10 para cada lado de la siguiente ecuación:

$$Y = \beta_0\beta_1^X\varepsilon$$

SOLUCIÓN Aplique las reglas 3 y 4:

$$\begin{aligned}\text{LOG}(Y) &= \text{LOG}(\beta_0\beta_1^X\varepsilon)\\ &= \text{LOG}(\beta_0) + \text{LOG}(\beta_1^X) + \text{LOG}(\varepsilon)\\ &= \text{LOG}(\beta_0) + X \times \text{LOG}(\beta_1) + \text{LOG}(\varepsilon)\end{aligned}$$

Base e

LN es el símbolo utilizado para los logaritmos base e, comúnmente llamados logaritmos naturales. e es el número de Euler y $e \cong 2.718282$:

REGLA	EJEMPLO
1. $\text{LN}(e^A) = A$	$\text{LN}(7.389056) = \text{LN}(e^2) = 2$
2. Si $\text{LN}(A) = B$, entonces $A = e^B$	Si $\text{LN}(A) = 2$, entonces $A = e^2 = 7.389056$
3. $\text{LN}(A \times B) = \text{LN}(A) + \text{LN}(B)$	$\text{LN}(100) = \text{LN}(10 \times 10)$ $= \text{LN}(10) + \text{LN}(10)$ $= 2.302585 + 2.302585 = 4.605170$
4. $\text{LN}(A^B) = B \times \text{LN}(A)$	$\text{LN}(1000) = \text{LN}(10^3) = 3 \times \text{LN}(10)$ $= 3 \times 2.302585 = 6.907755$
5. $\text{LN}(A/B) = \text{LN}(A) - \text{LN}(B)$	$\text{LN}(100) = \text{LN}(1000/10)$ $= \text{LN}(1000) - \text{LN}(10)$ $= 6.907755 - 2.302585 = 4.605170$

EJEMPLO

Tome el logaritmo base e para cada lado de la siguiente ecuación:

$$Y = \beta_0\beta_1^X\varepsilon$$

SOLUCIÓN Aplique las reglas 3 y 4:

$$\begin{aligned}\text{LN}(Y) &= \text{LN}(\beta_0\beta_1^X\varepsilon)\\ &= \text{LN}(\beta_0) + \text{LN}(\beta_1^X) + \text{LN}(\varepsilon)\\ &= \text{LN}(\beta_0) + X \times \text{LN}(\beta_1) + \text{LN}(\varepsilon)\end{aligned}$$

B. NOTACIÓN DE SUMATORIA

El símbolo Σ, la letra griega mayúscula sigma, se utiliza para denotar "tomando la suma de". Considere un conjunto de n valores para la variable X. La expresión $\sum_{i=1}^{n} X_i$ significa que estos n valores deben ser sumados juntos. Por lo tanto:

$$\sum_{i=1}^{n} X_i = X_1 + X_2 + X_3 + \cdots + X_n$$

El siguiente problema ilustra el uso de la notación de sumatoria. Considere cinco valores de una variable X: $X_1 = 2, X_2 = 0, X_3 = -1, X_4 = 5$, y $X_5 = 7$. Por lo tanto:

$$\sum_{i=1}^{5} X_i = X_1 + X_2 + X_3 + X_4 + X_5 = 2 + 0 + (-1) + 5 + 7 = 13$$

En estadística, los valores cuadrados de una variable a menudo se suman. De esta forma:

$$\sum_{i=1}^{n} X_i^2 = X_1^2 + X_2^2 + X_3^2 + \cdots + X_n^2$$

y, en el ejemplo de arriba:

$$\begin{aligned}\sum_{i=1}^{5} X_i^2 &= X_1^2 + X_2^2 + X_3^2 + X_4^2 + X_5^2 \\ &= 2^2 + 0^2 + (-1)^2 + 5^2 + 7^2 \\ &= 4 + 0 + 1 + 25 + 49 \\ &= 79\end{aligned}$$

$\sum_{i=1}^{n} X_i^2$, la sumatoria de los cuadrados *no* es igual a $\left(\sum_{i=1}^{n} X_i\right)^2$, el cuadrado de la suma.

$$\sum_{i=1}^{n} X_i^2 \neq \left(\sum_{i=1}^{n} X_i\right)^2$$

En el ejemplo anterior, la sumatoria de los cuadrados es igual a 79. Esto no es igual al cuadrado de la suma, que es $13^2 = 169$.

Otra operación que se usa con frecuencia implica la sumatoria del producto. Considere dos variables, X y Y, cada una con n valores. Entonces:

$$\sum_{i=1}^{n} X_i Y_i = X_1 Y_1 + X_2 Y_2 + X_3 Y_3 + \cdots + X_n Y_n$$

Siguiendo con el ejemplo anterior, suponga que hay una segunda variable, Y, cuyos cinco valores son $Y_1 = 1, Y_2 = 3, Y_3 = -2, Y_4 = 4$ y $Y_5 = 3$. Entonces,

$$\begin{aligned}\sum_{i=1}^{5} X_i Y_i &= X_1 Y_1 + X_2 Y_2 + X_3 Y_3 + X_4 Y_4 + X_5 Y_5 \\ &= (2)(1) + (0)(3) + (-1)(-2) + (5)(4) + (7)(3) \\ &= 2 + 0 + 2 + 20 + 21 \\ &= 45\end{aligned}$$

Al calcular $\sum_{i=1}^{n} X_iY_i$ tome en cuenta que el primer valor para X es multiplicado por el primer valor de Y, el segundo valor de X es multiplicado por el segundo valor de Y, y así sucesivamente. Estos productos se suman entonces para calcular el resultado deseado. Sin embargo, la sumatoria de los productos *no* es igual al producto de las sumas individuales.

$$\sum_{i=1}^{n} X_iY_i \neq \left(\sum_{i=1}^{n} X_i\right)\left(\sum_{i=1}^{n} Y_i\right)$$

En este ejemplo, $\sum_{i=1}^{5} X_i = 13$ y $\sum_{i=1}^{5} Y_i = 1 + 3 + (-2) + 4 + 3 = 9$ por lo que $\left(\sum_{i=1}^{5} X_i\right)\left(\sum_{i=1}^{5} Y_i\right) =$ $(13)(9) = 117$. Sin embargo, $\sum_{i=1}^{5} X_iY_i = 45$. La siguiente tabla resume estos resultados.

VALOR	X_i	Y_i	X_iY_i
1	2	1	2
2	0	3	0
3	−1	−2	2
4	5	4	20
5	7	3	21
	$\sum_{i=1}^{5} X_i = 13$	$\sum_{i=1}^{5} Y_i = 9$	$\sum_{i=1}^{5} X_iY_i = 45$

REGLA 1 La sumatoria de los valores de dos variables es igual a la suma de los valores de cada variable sumada.

$$\sum_{i=1}^{n} (X_i + Y_i) = \sum_{i=1}^{n} X_i + \sum_{i=1}^{n} Y_i$$

Por lo tanto,

$$\begin{aligned}\sum_{i=1}^{5} (X_i + Y_i) &= (2 + 1) + (0 + 3) + (-1 + (-2)) + (5 + 4) + (7 + 3)\\ &= 3 + 3 + (-3) + 9 + 10\\ &= 22\end{aligned}$$

$$\sum_{i=1}^{5} X_i + \sum_{i=1}^{5} Y_i = 13 + 9 = 22$$

REGLA 2 La sumatoria de una diferencia entre los valores de dos variables es igual a la diferencia entre los valores sumados de las variables.

$$\sum_{i=1}^{n} (X_i - Y_i) = \sum_{i=1}^{n} X_i - \sum_{i=1}^{n} Y_i$$

Por lo tanto,

$$\sum_{i=1}^{5}(X_i - Y_i) = (2-1) + (0-3) + (-1-(-2)) + (5-4) + (7-3)$$
$$= 1 + (-3) + 1 + 1 + 4$$
$$= 4$$
$$\sum_{i=1}^{5} X_i - \sum_{i=1}^{5} Y_i = 13 - 9 = 4$$

REGLA 3 La sumatoria de una constante por una variable es igual a esa constante por la sumatoria de los valores de la variable.

$$\sum_{i=1}^{n} cX_i = c\sum_{i=1}^{n} X_i$$

donde c es una constante.

Entonces, si $c = 2$,

$$\sum_{i=1}^{5} cX_i = \sum_{i=1}^{5} 2X_i = (2)(2) + (2)(0) + (2)(-1) + (2)(5) + (2)(7)$$
$$= 4 + 0 + (-2) + 10 + 14$$
$$= 26$$
$$c\sum_{i=1}^{5} X_i = 2\sum_{i=1}^{5} X_i = (2)(13) = 26$$

REGLA 4 Una constante sumada n veces será igual a n veces el valor de la constante.

$$\sum_{i=1}^{n} c = nc$$

donde c es una constante. Por lo tanto, si la constante $c = 2$ es sumada cinco veces,

$$\sum_{i=1}^{5} c = 2 + 2 + 2 + 2 + 2 = 10$$
$$nc = (5)(2) = 10$$

Problema

Suponga que hay seis valores para las variables X y Y tales como $X_1 = 2$, $X_2 = 1$, $X_3 = 5$, $X_4 = -3$, $X_5 = 1$, $X_6 = -2$ y $Y_1 = 4$, $Y_2 = 0$, $Y_3 = -1$, $Y_4 = 2$, $Y_5 = 7$ y $Y_6 = -3$. Realice los siguientes cálculos:

a) $\sum_{i=1}^{6} X_i$

b) $\sum_{i=1}^{6} Y_i$

c) $\sum_{i=1}^{6} X_i^2$

d) $\sum_{i=1}^{6} Y_i^2$

e) $\sum_{i=1}^{6} X_iY_i$

f) $\sum_{i=1}^{6} (X_i + Y_i)$

g) $\sum_{i=1}^{6}(X_i - Y_i)$

h) $\sum_{i=1}^{6}(X_i - 3Y_i + 2X_i^2)$

i) $\sum_{i=1}^{6}(cX_i)$, donde $c = -1$

j) $\sum_{i=1}^{6}(X_i - 3Y_i + c)$, donde $c = +3$

RESPUESTAS

a) 4 *b*) 9 *c*) 44 *d*) 79 *e*) 10 *f*) 13 *g*) −5 *h*) 65 *i*) −4 *j*) −5

Referencias

1. Bashaw, W. L.., *Mathematics for Statistics* (Nueva York: Wiley, 1969).
2. Lanzer, P., *Video Review of Arithmetic* (Hicksville, NY: Video Aided Instruction, 1990).
3. Levine, D., *The MBA Primer: Business Statistics* (Cincinnati, OH: Southwestern Publishing, 2000).
4. Levine, D., *Video Review of Statistics* (Hicksville, NY: Video Aided Instruction, 1989).
5. Shane, H., *Video Review of Elementary Algebra* (Hicksville, NY: Video Aided Instruction, 1990).

C. SÍMBOLOS ESTADÍSTICOS Y ALFABETO GRIEGO

C.1 SÍMBOLOS ESTADÍSTICOS

$+$ sumar

$-$ restar

$=$ igual a

$\cong$ aproximadamente igual a

$>$ mayor que

$\geq$ mayor o igual que

$\times$ multiplicar

$\div$ dividir

$\neq$ no es igual a

$<$ menor que

$\leq$ menor o igual que

C.2 ALFABETO GRIEGO

LETRA GRIEGA	NOMBRE DE LA LETRA	EQUIVALENTE EN ESPAÑOL	LETRA GRIEGA	NOMBRE DE LA LETRA	EQUIVALENTE EN ESPAÑOL
Α α	Alfa	a	Ν ν	Ny	n
Β β	Beta	b	Ξ ξ	Xi	x
Γ γ	Gamma	g	Ο ο	Ómicron	ŏ
Δ δ	Delta	d	Π π	Pi	p
Ε ε	Épsilon	ĕ	Ρ ρ	Rho	r
Ζ ζ	Dseta	z	Σ σ	Sigma	s
Η η	Eta	ē	Τ τ	Tau	t
Θ θ	Theta	th	Υ υ	Ypsilon	u
Ι ι	Iota	i	Φ φ	Fi	ph
Κ κ	Kappa	k	Χ χ	Ji	ch
Λ λ	Lambda	l	Ψ ψ	Psi	ps
Μ μ	My	m	Ω ω	Omega	ō

D. CONTENIDO DEL CD-ROM

D.1 DESCRIPCIÓN GENERAL DEL CD-ROM

El CD-ROM que acompaña este texto contiene programas y archivos de datos que apoyarán su aprendizaje de la estadística. Este CD-ROM incluye las siguientes carpetas:

PHStat2
Contiene el programa y los archivos para la versión 2.5 de PHStat2. Debe instalar correctamente el programa antes de poder usar el PHStat2 dentro de Excel. (Asegúrese de leer las instrucciones del apéndice F y los contenidos del archivo de lectura de PHStat2 en el CD-ROM, antes de instalar el programa.)

Archivos de datos Excel
Contiene los archivos de hojas de trabajo de Excel (con la extensión .xls) que se emplean en este libro. Al final de esta página se inicia una lista detallada de los archivos que se encuentran en esta carpeta.

Plantilla de ejemplos de hojas de trabajo
Contiene los archivos de hojas de trabajo de Excel utilizados en los apéndices de Excel. Copias de esos archivos también aparecen en la carpeta de archivos de datos de Excel.

Minitab
Contiene los archivos de hojas de trabajo de Minitab (con la extensión .mtw) que se utilizan en este libro de texto. Al final de esta página se inicia una lista detallada de los archivos que se encuentran en esta carpeta.

SPSS
Contiene los archivos de datos de SPSS (con la extensión .sav) utilizados en este libro de texto. Al final de esta página se inicia una lista detallada de los archivos que se encuentran en esta carpeta.

Exploraciones visuales en estadística
Contiene los archivos necesarios para utilizar el macro libro de trabajo Visual Explorations in Statistics. Si usted utiliza Excel 2000 SR-1 o cualquier versión posterior de Excel, debe asegurarse primero de que la instalación de seguridad de Microsoft Office no se encuentra en **High**. (Para verificar la seguridad de la instalación, seleccione **Tools → Macro → Security** y, de ser necesario, seleccione la opción Medium en la pestaña Security Label y dé clic en **OK**. Cuando termine de utilizar las Visual Explorations, puede regresar y restablecer el nivel de seguridad a **High**, si así lo desea.)

Para utilizar este libro de trabajo, abra el archivo **Visual Explorations.xla** directamente del CD-ROM en Excel. Si prefiere usar Visual Explorations sin tener que insertar siempre el CD-ROM, copie el archivo Visual **Explorations.xla** así como el archivo **Veshelp.hlp**, el cual contiene archivos de ayuda y orientación, en la carpeta del disco duro de su elección.

Temas DEL CD-ROM
Contiene secciones complementarias del libro de texto en formato PDF de Adobe. Necesitará el software de lectura Adobe Acrobat (disponible en el CD-ROM) para leer estas secciones.

Probablemente utilizará los archivos de las carpetas Excel, Minitab o SPSS con frecuencia. Puede recuperar estos archivos directamente del CD-ROM o copiarlos primero a una carpeta del disco duro. Cuando copie los archivos, tal vez estén disponibles sólo para lectura. Si lo desea, podrá cambiar el estatus de los archivos a lectura-escritura haciendo lo siguiente:

- Abra Windows Explorer en la carpeta del disco duro que contiene los archivos.
- Seleccione los archivos que va a cambiar a lectura-escritura. (Seleccione **Edit → Select All** para seleccionar cada uno de los archivos en la lista.)
- Seleccione Files → **Properties** y en la ventana de diálogo de Properties desactive el atributo **Read-only** y dé clic en **OK**.

D.2 DESCRIPCIONES DE LOS ARCHIVOS DE DATOS

La siguiente es una lista y descripción en orden alfabético de los archivos de datos guardados en formato Excel, Minitab y SPSS. En este libro, los nombres aparecen en mayúsculas (por ejemplo, **MUTUALFUNDS2004**). Para cada archivo de datos listado en el texto, encontrará el correspondiente archivo en formato .xls, .mtw y .sav en la carpeta apropiada.

ACCESS Acceso codificado de los tiempos de lectura (en milisegundos), tamaño del archivo, grupo programador y tamaño del búfer. (Capítulo 10.)

ACCRES Tiempo de procesamiento en segundos y tipo de trabajos de computación (investigación = 0, contabilidad = 1). (Capítulo 10.)

ADVERTISE Ventas (en miles de dólares), publicidad en radio (en miles de dólares), y publicidad en periódicos (en miles de dólares) para 22 ciudades. (Capítulo 13.)

AIRCLEANERS Nombre, precio, costo de energía y costo de filtro. (Capítulos 2 y 3.)

ALLOY Tiempo de vida de cuatro diferentes aleaciones. (Capítulo 10.)

ANGLE Número de subgrupo y ángulo. (Capítulo 14.)

ANSCOMBE Conjunto de datos A, B, C y D; cada uno con 11 pares de valores X y Y. (Capítulo 12.)

ASSETS Activos de fondos de bonos. (Capítulo 3.)

AUTO Millas por galón, caballos de poder y peso para una muestra de 50 modelos de automóviles. (Capítulo 13.)

AUTO2002 Nombre, vehículo deportivo utilitario (Sí o No), tipo de tracción, caballos de poder, tipo de combustible, millas por galón, longitud, anchura, peso, volumen de carga y vuelta en círculo. (Capítulos 2, 3, 10 y 13.)

BANK1 Tiempo de espera (en minutos) para una muestra de 15 clientes en un banco localizado en un distrito comercial. (Capítulos 3, 9 y 10.)
BANK2 Tiempo de espera (en minutos) para una muestra de 15 clientes en un banco localizado en un área residencial. (Capítulos 3 y 10.)
BANKCOST1 Nombre del banco, depósito mínimo para apertura, tarifa de cheque rechazado, tarifa foránea de ATM y acceso *on line*. (Capítulos 2, 3 y 8.)
BANKCOST2 Nombre del banco, depósito mínimo para apertura, tarifa de cheque rechazado, tarifa foránea de ATM y acceso *on line*. (Capítulos 2, 3 y 8.)
BANKRETURN Año, rendimiento de un certificado de depósito a un año, rendimiento de un certificado de depósito a 30 meses y rendimiento del dinero en el mercado. (Capítulo 3.)
BANKTIME Tiempos de espera de cuatro clientes de banco por día durante 20 días. (Capítulo 14.)
BATTERIES Tiempo de falla (en horas) para 13 linternas de baterías. (Capítulos 3 y 9.)
BATTERIES2 Nombre, precio, amperes de batería (CCA). (Capítulos 2 y 12.)
BB2001 Equipo, liga (0 = Americana, 1 = Nacional), juegos ganados, promedio de carreras, carreras anotadas, hits permitidos, bases por bola permitidas, salvadas, errores, promedio del precio del boleto, índice del costo por aficionado, entradas en temporada regular, ingresos por televisión, radio y cable locales, otros ingresos operativos locales, compensaciones y beneficios de jugadores, gastos locales y nacionales, ingresos de las operaciones del béisbol. (Capítulos 2, 12 y 13.)
BB2003 Equipo, liga (0 = Americana, 1 = Nacional), juegos ganados, promedio de carreras, carreras anotadas, hits permitidos, bases por bola permitidas, salvadas y errores. (Capítulos 12 y 13.)
BBREVENUE Equipo, ingreso, valor. (Capítulo 12.)
BEER Marca, precio en dólares, calorías, porcentaje de contenido de alcohol, tipo (craft lager = 1, craft ale = 2, lager importada = 3, cerveza regular y helada = 4, cerveza light y sin alcohol = 5), y país de origen (EU = 1, Importada = 0). (Capítulos 3 y 10.)
BREAKSTW Fuerza de rompimiento para máquinas. (Capítulo 10.)
BULBS Longitud de vida de 40 focos del productor A (= 1) y 40 focos del productor B (= 2). (Capítulos 2 y 10.)
CAMERA Precios de cámaras. (Capítulo 3.)
CANISTER Día y número de empaques de rollos de película disconformes. (Capítulo 14.)
CATFOOD Periodo y peso del alimento para gatos. (Capítulo 14.)
CELLPHONE Nombre, tipo (CDMA o TDMA), precio, tiempo de conversación, capacidad de batería. (Capítulos 2, 3 y 12.)
CEREALES Nombre, costo, calorías, fibra y azúcar. (Capítulo 3.)
CHANGE2004 Fondo de inversión, cambio en dólares (Capítulo 9.)
CHEMICAL Viscosidad de los lotes de químicos. (Capítulos 2 y 9.)
CIRCULATION Ventas de revistas reportadas en los puestos de periódicos, ventas auditadas. (Capítulo 12.)
COFFEDRINK Producto, calorías y grasa en bebidas de café. (Capítulo 3.)
COLA Ventas para ubicaciones al final del pasillo y normales. (Capítulo 10.)
COLASPC Día, número total de latas llenadas y número de latas no aceptadas (a lo largo de un periodo de 22 días). (Capítulo 14.)
COLLEGECOST Cambio en los costos de preparatorias y universidades de 2001 a 2002 y de 2002 a 2003. (Capítulo 3.)
COLLEGES2002 Tipo de escuela (0 = pública, 1 = privada), puntuaciones del SAT para el primer cuartil, puntuaciones del SAT para el tercer cuartil, hospedaje y alimentación, costo total (costo para universidades públicas fuera del estado), y promedio de no endeudamiento al momento de la graduación. (Capítulos 10 y 13.)
COMPTIME Tiempo de terminación con el actual líder en el mercado y tiempo de terminación con el nuevo paquete de software. (Capítulo 10.)
CONCRETE1 Fuerza de compresión después de dos días y después de siete días. (Capítulo 10.)
CONTEST2001 Rendimientos para expertos, lectores y lanzadores de dardos. (Capítulo 10.)
CRACK Tipo de grieta y tamaño de grieta. (Capítulo 10.)
CREDITSCORE Ciudad y puntuación de crédito. (Capítulo 6.)
CUSTSALE Número de semana, número de clientes y ventas (en miles de dólares) a lo largo de un periodo de 15 semanas consecutivas. (Capítulo 12.)
DELIVERY Número de cliente, número de cajas y tiempo de entrega. (Capítulo 12.)
DISPRAZ Precio, precio al cuadrado y ventas de máquinas de afeitar desechables en 15 tiendas. (Capítulo 13.)
DOWRETURN Empresa, símbolo, rendimiento en 10 años. (Capítulo 3.)
DRILL Tiempo para barrenar cinco pies adicionales, profundidad y tipo de hoyo. (Capítulo 13.)
DRINK Cantidad de bebida refrescante contenida en un subgrupo de 50 botellas consecutivas de dos litros. (Capítulos 2 y 9.)
ELECUSE Consumo de electricidad (en kilowatts) y temperatura promedio (en grados Fahrenheit) a lo largo de un periodo consecutivo de 24 meses. (Capítulo 12.)
ENERGY Uso de kilowatts por hora para el estado y per cápita. (Capítulo 3.)
ERRORSPC Número de eventos disconformes y número de cuentas procesadas durante 39 días. (Capítulo 14.)
ESPRESSO Apisonado (la distancia en pulgadas entre los granos de café y el borde superior del portafiltros) y tiempo (número de segundos que tardan en separarse el café, cuerpo y crema). (Capítulo 12.)
EXPIMP País, exportaciones, importaciones. (Capítulo 3.)
FASTFOOD Producto, tipo (hamburguesa frente a pollo), precio, tamaño, total de grasa, grasa saturada, calorías y sodio. (Capítulos 2 y 3.)
FLYASH Porcentaje de ceniza, porcentaje al cuadrado de ceniza y resistencia. (Capítulo 13.)

FORCE Fuerza requerida para romper el aislante. (Capítulos 2, 3, 8 y 9.)
FOULSPC Número de tiros de foul hechos y número tomado durante 40 días. (Capítulo 14.)
FUNDTRAN Día, número de nuevas investigaciones y número cerrado durante un periodo de 30 días. (Capítulo 14.)
FURNITURE Días entre la recepción y resolución de una muestra de 50 quejas referentes a la compra de muebles. (Capítulos 2, 3, 8 y 9.)
GASPRICE Precio de la gasolina en los condados de Manhattan, Bronx, Queens, Brooklyn, Nassau y Suffolk. (Capítulo 10.)
GCROSLYN Dirección, valor apreciado, ubicación, tamaño de la propiedad (en acres), tamaño de la casa, antigüedad, número de habitaciones, número de baños y número de automóviles que pueden estacionarse en la cochera, en Glen Cove y Roslyn, NY. (Capítulo 13.)
GLENCOVE Dirección, valor apreciado, ubicación, tamaño de la propiedad (en acres), tamaño de la casa, antigüedad, número de habitaciones, número de baños y número de automóviles que pueden estacionarse en la cochera en Glen Cove, NY. (Capítulo 13.)
GOLFBALL Distancia para diseños 1, 2, 3 y 4. (Capítulo 10.)
GPIGMAT Puntuaciones GMAT y GPI para 20 alumnos. (Capítulo 12.)
GRANULE Pérdida de gránulos en las tablillas Boston y Vermont. (Capítulos 3, 8, 9, 10.)
HARDNESS Resistencia a la tensión y dureza de muestras de aluminio. (Capítulo 12.)
HARNSWELL Día y diámetro de rodillos de leva (en pulgadas) para muestras de cinco partes producidas en cada uno de 30 lotes. (Capítulo 14.)
HOSPADM Día, número de admisiones, promedio del tiempo de procesamiento (en horas), rango de los tiempos de procesamiento y proporción del trabajo de revisión de laboratorio (durante un periodo de 30 días). (Capítulo 14.)
HOTEL1 Día, número de habitaciones, número de habitaciones disconformes por día durante un periodo de 28 días y proporción de eventos disconformes. (Capítulo 14.)
HOTEL2 Día y tiempo de entrega para subgrupos de cinco entregas de equipaje durante un periodo de 28 días. (Capítulo 14.)
HOTEL-CAR Ciudad, costo de hotel, costo de renta de automóvil. (Capítulos 2, 3 y 8.)
HOTEL-PRICE Ciudad y costo de hotel. (Capítulo 6.)
HOTEL-PRICE2 Ciudad, precio en 2004, precio en 2002. (Capítulo 10.)
HOUSE1 Precio de venta (en miles de dólares), valor de valuación (en miles de dólares), tipo (nueva = 0, vieja = 1), y periodo de venta para 30 casas. (Capítulos 12 y 13.)
HOUSE2 Valor estimado (en miles de dólares), tamaño (en miles de pies cuadrados) y antigüedad (en años) para 15 casas. (Capítulos 12 y 13.)
HOUSE3 Valor estimado (en miles de dólares), tamaño (en miles de pies cuadrados) y presencia de una chimenea para 15 casas. (Capítulo 13.)
HOUSESNY Año, precio promedio, tasa de hipoteca, pagos de hipoteca, pago de hipoteca en dólares de 2002. (Capítulo 2.)
HTNGOIL Consumo mensual de gas para calefacción (en galones), temperatura (en grados Fahrenheit), aislamiento del desván (en pulgadas) y estilo (0 = no rancho, 1 = rancho). (Capítulo 13.)
ICECREAM Temperatura diaria (en grados Fahrenheit) y ventas (en miles de dólares) para 21 días. (Capítulo 12.)
INSURANCE Tiempo de procesamiento para las políticas de seguro. (Capítulos 3, 8 y 9.)
INTAGLIO Dureza de la superficie de placas de acero no tratadas y tratadas. (Capítulo 10.)
INVOICE Número de facturas procesadas y cantidad de tiempo (en horas) para 30 días. (Capítulo 12.)
INVOICES Cantidad registrada (en dólares) de una muestra de 12 facturas de ventas. (Capítulo 9.)
KEYBOARD Causa, frecuencia y porcentaje. (Capítulo 2.)
LARGESTBONDS Rendimiento de fondos de bonos a cinco años. (Capítulo 3.)
LOCATE Volumen de ventas (en miles de dólares) para locaciones al frente, en medio y en la parte posterior. (Capítulo 10.)
MAIL Peso de correo y de las órdenes. (Capítulos 2, 12.)
MEASUREMENT Muestra, mediciones en línea y mediciones de un laboratorio analítico. (Capítulo 10.)
MEDREC Día, número de pacientes dados de alta y número de expedientes no procesados para un periodo de 30 días. (Capítulo 14.)
METALRETURN Año, rendimiento del platino, del oro y de la plata. (Capítulo 3.)
MOISTURE Contenido de humedad de las tablillas Boston y las tablillas Vermont. (Capítulo 9.)
MOVING Horas de trabajo y pies cúbicos de artículos empacados transportados de una muestra de 36 clientes que realizaron su mudanza con una empresa en particular. (Capítulo 12.)
MUTUALFUNDS2004 Fondo, categoría, objetivo, activos, cargos por ventas, relación entre gastos y activos netos, rendimiento en 2003, rendimiento a tres años, rendimiento a 5 años, riesgo, mejor trimestre y peor trimestre. (Capítulos 2, 3, 6, 8, 10 y 13.)
MYELOMA Paciente, medición antes del trasplante, medición después del trasplante. (Capítulo 10.)
NBA2004 Equipo, número de juegos ganados, puntos por partido (para el equipo, para el oponente y la diferencia entre el equipo y el oponente), gol de campo (disparos realizados), porcentaje (para el equipo, para el oponente y la diferencia entre el equipo y el oponente), balones perdidos (es decir, cuántas veces se perdió el balón antes de realizar el tiro) por juego (para el equipo, para el oponente y la diferencia entre el equipo y el oponente), porcentaje de rebote ofensivo y porcentaje de rebote defensivo. (Capítulo 13.)
NEIGHBOR Precio de venta (en miles de dólares), número de habitaciones y localización del vecindario (este = 0, oeste = 1) para 20 casas. (Capítulo 13.)
O-RING Número de vuelo, temperatura e índice de daño de los anillos O. (Capítulo 12.)
OIL-GAS Fecha, precio de la gasolina por galón en centavos, precio del petróleo crudo en dólares por barril. (Capítulo 12.)

OMNI Barras vendidas, precio y gastos de promoción. (Capítulo 13.)
ONLINEBANKING Año y número de hogares. (Capítulo 2.)
ONLINESHOPPING Razón, porcentaje. (Capítulo 2.)
PALLET Peso de las tablillas Boston y peso de las tablillas Vermont. (Capítulos 2, 8, 9 y 10.)
PARACHUTE Resistencia a la tensión de paracaídas de los proveedores 1, 2, 3 y 4. (Capítulo 10.)
PEN Género, comercial y calificación del producto. (Capítulo 10.)
PERFORM Calificación del desempeño antes y después del entrenamiento motivacional. (Capítulo 10.)
PETFOOD Espacio en el estante (en pies), ventas semanales (en cientos de dólares) y ubicación en el pasillo (atrás = 0, al frente = 1). (Capítulos 12 y 13.)
PETFOOD2 Mascota, tipo de comida, costo por porción, tazones por perro, proteína en gramos y grasa en gramos. (Capítulos 3 y 10.)
PHONE Tiempo (en minutos) para aclarar los problemas de las líneas telefónicas y ubicación (I y II) para muestras de 20 clientes con problemas reportados a las oficinas de los dos lugares. (Capítulos 3, 6 y 10.)
PIZZA Producto, tipo (queso, pepperoni o cadena), costo, calorías y grasa. (Capítulos 2 y 3.)
PIZZATIME Periodo, tiempo de entrega para el restaurante local, tiempos de entrega para la cadena nacional. (Capítulo 10.)
PRINTERS Nombre, precio, velocidad del texto, costo del texto, tiempo de fotografía a color y costo de fotografía a color. (Capítulos 2 y 3.)
PROTEIN Calorías (en gramos), proteína, porcentaje de calorías de la grasa, porcentaje de proteínas de grasa saturada y colesterol (en mg) para 25 alimentos populares de proteína. (Capítulo 2.)
PTFALLS Mes y caídas de pacientes. (Capítulo 14.)
PUMPKIN Circunferencia y peso de calabazas. (Capítulo 12.)
REDWOOD Altura, diámetro y espesor de la corteza. (Capítulo 13.)
REFRIGERATOR Nombre, precio y costo de energía. (Capítulos 2 y 12.)
RENT Costo de renta mensual (en dólares) y tamaño del departamento (en pies cuadrados) para una muestra de 25 apartamentos. (Capítulos 2 y 12.)
RESTRATE Ubicación, calificación de la comida, calificación de la decoración, calificación del servicio, calificación sumada, ubicación codificada (0 = ciudad de Nueva York, 1 = Long Island). (Capítulos 3, 10, 12 y 13.)
RETURNS Semana y precio de las acciones de Microsoft, precio de las acciones de General Motors, precio de las acciones de Ford y precio de las acciones de International Aluminum. (Capítulo 12.)
REUSE Porcentaje de código reutilizado. (Capítulo 3.)
ROYALS Juego, asistencia y si hubo promoción en los juegos de los Reales de Kansas City. (Capítulo 2.)
RUBBER Peso de las orillas de goma. (Capítulo 6.)
RUDYBIRD Día, total de cajas vendidas y cajas de Rudybird vendidas. (Capítulo 14.)
SALARIES Puestos de trabajo, salario para hombres y salario para mujeres. (Capítulo 10.)
SEALANT Número de muestra, fuerza de sellado para las tablillas Boston y fuerza de sellado para las tablillas Vermont. (Capítulo 14.)
SECURITY Ciudad, índice de movimientos y violaciones por millón de pasajeros. (Capítulos 2, 3 y 12.)
SH2 Día y número de llamadas recibidas en el escritorio de ayuda. (Capítulos 2 y 3.)
SH9 Tonalidad oscura de la impresión del periódico. (Capítulo 9.)
SH10-1 Duración de las primeras llamadas (en segundos), duración de las llamadas tardías (en segundos) y diferencia (en segundos). (Capítulo 10.)
SH10-2 Llamada, plan de presentación (estructurado = 1, semiestructurado = 2, no estructurado = 3) y duración de la llamada (en segundos). (Capítulo 10.)
SH12 Horas por mes invertidas en telemarketing y número de nuevas suscripciones por mes a lo largo de un periodo de 24 meses. (Capítulo 12.)
SH13 Horas por semana invertidas en telemarketing, número de nuevas suscripciones y tipo de presentación. (Capítulo 13.)
SH14-1 Día, número de anuncios con errores, número de anuncios y número de errores durante un periodo de 25 días. (Capítulo 14.)
SH14-2 Día y medidas de la tonalidad oscura de la impresión en el periódico para cada uno de los cinco anuncios a lo largo de 25 días consecutivos. (Capítulo 14.)
SITE Número de tienda, extensión en miles de pies cuadrados y ventas (en millones de dólares) en 14 tiendas. (Capítulo 12.)
SP500 Semana, cambio semanal en el S&P 500, cambio semanal en el precio de Sears, cambio semanal en el precio de Target y cambio semanal en el precio de Sara Lee. (Capítulo 12.)
SPONGE Día, número de esponjas producidas, número de esponjas disconformes en un periodo de 32 días y proporción de esponjas disconformes. (Capítulo 14.)
SPORTING Ventas, edad, crecimiento demográfico anual, ingreso, porcentaje con diploma de bachillerato y porcentaje con diploma universitario. (Capítulo 12.)
SPORTSTV Año, número promedio de televidentes en millones para la National Football League (NFL), National Basketball Association (NBA), Major League Baseball (MLB) y National Hockey League (NHL). (Capítulo 2.)
SPWATER Número de muestra y cantidad de magnesio. (Capítulo 14.)
STANDBY Horas de pausa, personal, horas remotas, horas Dubner y horas de trabajo para 26 semanas. (Capítulo 13.)
STATES Estado, tiempo de traslado, porcentaje de hogares con más de 8 habitaciones, ingreso promedio, porcentaje de vivienda que cuesta más del 30% del ingreso familiar. (Capítulos 2 y 3.)
STEEL Error en la longitud real y en la longitud especificada. (Capítulos 2, 6, 8 y 9.)
STOCKRETURN Año, tasa de rendimiento de DJIA, S&P 500, Russell 2000 y Wilshire 5000. (Capítulo 3.)

STOCKS&BONDS Fecha, precio de cierre de Vanguard Long-Term Bond Index Fund, precio de cierre del índice industrial Dow Jones. (Capítulo 12.)
STOCKS2003 Semana, cierre del precio semanal de las acciones de S&P, Sears, Target y Sara Lee. (Capítulo 2.)
TAX Recibos de impuestos de las ventas trimestrales (en miles de dólares) para los 50 establecimientos. (Capítulo 3.)
TAXES Impuestos del condado (en dólares) y antigüedad de la casa (en años) para 19 casas unifamiliares. (Capítulo 13.)
TEA3 Número de muestra y peso de las bolsas de té. (Capítulo 14.)
TEABAGS Peso de las bolsas de té. (Capítulos 3, 8 y 9.)
TELESPC Número de órdenes y número de correcciones durante 30 días. (Capítulo 14.)
TENSILE Número de muestra y resistencia. (Capítulo 14.)
TEXTBOOK Libro de texto, precio en librería y precio de Amazon. (Capítulo 10.)
TIMES Tiempos para alistarse. (Capítulo 3.)
TRADE Días, número de tratos no deseados y número total de negocios realizados durante un periodo de 30 días. (Capítulo 14.)
TRADES Día, número de llamadas entrantes y número de tratos realizados por día durante un periodo de 35 días. (Capítulo 12.)
TRAINING Tiempo de reunión y programa de capacitación (en equipo = 0, en forma individual = 1). (Capítulo 10.)
TRANSMIT Día y número de errores en la transmisión. (Capítulo 14.)
TRANSPORT Días y tiempos de transportación de pacientes (en minutos) para muestras de cuatro pacientes por día durante un periodo de 30 días. (Capítulo 14.)
TRASHBAGS Peso requerido para romper cuatro marcas de bolsas para basura. (Capítulo 10.)
TROUGH Ancho del canalón. (Capítulos 2, 3 y 8.)
TUITION Escuela, colegiatura en el estado en el periodo 2002-2003, colegiatura en el estado en el periodo 2003-2004, diferencia en la colegiatura en el estado en los periodos 2003-2004 y 2002-2003, colegiatura fuera del estado en el periodo 2002-2003, colegiatura fuera del estado en el periodo 2003-2004, diferencia en la colegiatura fuera del estado en los periodos 2003-2004 y 2002-2003. (Capítulo 3.)
UERATE Año, mes y tasas de desempleo mensual. (Capítulo 2.)
UTILITY Cargos de utilidades para 50 departamentos de una habitación. (Capítulos 2 y 6.)
VB Tiempo (en minutos) que tardan nueve estudiantes en escribir y correr el programa Visual Basic. (Capítulo 10.)
WARECOST Costo de distribución (en miles de dólares), ventas (en miles de dólares) y número de pedidos para 24 meses. (Capítulos 12, 13.)
WAREHSE Número de unidades manejadas por día y número de empleados. (Capítulo 14.)
WHOLEFOODS1 Artículo, precio en Whole Foods, precio en Fairway. (Capítulo 10.)
WIP Tiempo de procesamiento para muestras de 20 libros en cada una de las dos plantas (A = 1, B = 2). (Capítulos 3, 6 y 10.)
YARN Puntuación de fuerza de rompimiento, presión (30, 40 o 50 psi), muestra de hilo, aspecto lado a lado (cánula = 1, opuesto = 2). (Capítulo 10.)

E. TABLAS

E. TABLAS

TABLA E.1

Tabla de números aleatorios.

	Columna							
Fila	00000 12345	00001 67890	11111 12345	11112 67890	22222 12345	22223 67890	33333 12345	33334 67890
01	49280	88924	35779	00283	81163	07275	89863	02348
02	61870	41657	07468	08612	98083	97349	20775	45091
03	43898	65923	25078	86129	78496	97653	91550	08078
04	62993	93912	30454	84598	56095	20664	12872	64647
05	33850	58555	51438	85507	71865	79488	76783	31708
06	97340	03364	88472	04334	63919	36394	11095	92470
07	70543	29776	10087	10072	55980	64688	68239	20461
08	89382	93809	00796	95945	34101	81277	66090	88872
09	37818	72142	67140	50785	22380	16703	53362	44940
10	60430	22834	14130	96593	23298	56203	92671	15925
11	82975	66158	84731	19436	55790	69229	28661	13675
12	30987	71938	40355	54324	08401	26299	49420	59208
13	55700	24586	93247	32596	11865	63397	44251	43189
14	14756	23997	78643	75912	83832	32768	18928	57070
15	32166	53251	70654	92827	63491	04233	33825	69662
16	23236	73751	31888	81718	06546	83246	47651	04877
17	45794	26926	15130	82455	78305	55058	52551	47182
18	09893	20505	14225	68514	47427	56788	96297	78822
19	54382	74598	91499	14523	68479	27686	46162	83554
20	94750	89923	37089	20048	80336	94598	26940	36858
21	70297	34135	53140	33340	42050	82341	44104	82949
22	85157	47954	32979	26575	57600	40881	12250	73742
23	11100	02340	12860	74697	96644	89439	28707	25815
24	36871	50775	30592	57143	17381	68856	25853	35041
25	23913	48357	63308	16090	51690	54607	72407	55538
26	79348	36085	27973	65157	07456	22255	25626	57054
27	92074	54641	53673	54421	18130	60103	69593	49464
28	06873	21440	75593	41373	49502	17972	82578	16364
29	12478	37622	99659	31065	83613	69889	58869	29571
30	57175	55564	65411	42547	70457	03426	72937	83792
31	91616	11075	80103	07831	59309	13276	26710	73000
32	78025	73539	14621	39044	47450	03197	12787	47709
33	27587	67228	80145	10175	12822	86687	65530	49325
34	16690	20427	04251	64477	73709	73945	92396	68263
35	70183	58065	65489	31833	82093	16747	10386	59293
36	90730	35385	15679	99742	50866	78028	75573	67257
37	10934	93242	13431	24590	02770	48582	00906	58595
38	82462	30166	79613	47416	13389	80268	05085	96666
39	27463	10433	07606	16285	93699	60912	94532	95632
40	02979	52997	09079	92709	90110	47506	53693	49892
41	46888	69929	75233	52507	32097	37594	10067	67327
42	53638	83161	08289	12639	08141	12640	28437	09268
43	82433	61427	17239	89160	19666	08814	37841	12847
44	35766	31672	50082	22795	66948	65581	84393	15890
45	10853	42581	08792	13257	61973	24450	52351	16602
46	20341	27398	72906	63955	17276	10646	74692	48438
47	54458	90542	77563	51839	52901	53355	83281	19177
48	26337	66530	16687	35179	46560	00123	44546	79896
49	34314	23729	85264	05575	96855	23820	11091	79821
50	28603	10708	68933	34189	92166	15181	66628	58599

continúa

TABLA E.1
Tabla de números aleatorios (*continuación*).

	Columna							
Fila	00000 12345	00001 67890	11111 12345	11112 67890	22222 12345	22223 67890	33333 12345	33334 67890
51	66194	28926	99547	16625	45515	67953	12108	57846
52	78240	43195	24837	32511	70880	22070	52622	61881
53	00833	88000	67299	68215	11274	55624	32991	17436
54	12111	86683	61270	58036	64192	90611	15145	01748
55	47189	99951	05755	03834	43782	90599	40282	51417
56	76396	72486	62423	27618	84184	78922	73561	52818
57	46409	17469	32483	09083	76175	19985	26309	91536
58	74626	22111	87286	46772	42243	68046	44250	42439
59	34450	81974	93723	49023	58432	67083	36876	93391
60	36327	72135	33005	28701	34710	49359	50693	89311
61	74185	77536	84825	09934	99103	09325	67389	45869
62	12296	41623	62873	37943	25584	09609	63360	47270
63	90822	60280	88925	99610	42772	60561	76873	04117
64	72121	79152	96591	90305	10189	79778	68016	13747
65	95268	41377	25684	08151	61816	58555	54305	86189
66	92603	09091	75884	93424	72586	88903	30061	14457
67	18813	90291	05275	01223	79607	95426	34900	09778
68	38840	26903	28624	67157	51986	42865	14508	49315
69	05959	33836	53758	16562	41081	38012	41230	20528
70	85141	21155	99212	32685	51403	31926	69813	58781
71	75047	59643	31074	38172	03718	32119	69506	67143
72	30752	95260	68032	62871	58781	34143	68790	69766
73	22986	82575	42187	62295	84295	30634	66562	31442
74	99439	86692	90348	66036	48399	73451	26698	39437
75	20389	93029	11881	71685	65452	89047	63669	02656
76	39249	05173	68256	36359	20250	68686	05947	09335
77	96777	33605	29481	20063	09398	01843	35139	61344
78	04860	32918	10798	50492	52655	33359	94713	28393
79	41613	42375	00403	03656	77580	87772	86877	57085
80	17930	00794	53836	53692	67135	98102	61912	11246
81	24649	31845	25736	75231	83808	98917	93829	99430
82	79899	34061	54308	59358	56462	58166	97302	86828
83	76801	49594	81002	30397	52728	15101	72070	33706
84	36239	63636	38140	65731	39788	06872	38971	53363
85	07392	64449	17886	63632	53995	17574	22247	62607
86	67133	04181	33874	98835	67453	59734	76381	63455
87	77759	31504	32832	70861	15152	29733	75371	39174
88	85992	72268	42920	20810	29361	51423	90306	73574
89	79553	75952	54116	65553	47139	60579	09165	85490
90	41101	17336	48951	53674	17880	45260	08575	49321
91	36191	17095	32123	91576	84221	78902	82010	30847
92	62329	63898	23268	74283	26091	68409	69704	82267
93	14751	13151	93115	01437	56945	89661	67680	79790
94	48462	59278	44185	29616	76537	19589	83139	28454
95	29435	88105	59651	44391	74588	55114	80834	85686
96	28340	29285	12965	14821	80425	16602	44653	70467
97	02167	58940	27149	80242	10587	79786	34959	75339
98	17864	00991	39557	54981	23588	81914	37609	13128
99	79675	80605	60059	35862	00254	36546	21545	78179
00	72335	82037	92003	34100	29879	46613	89720	13274

Fuente: Tomado parcialmente de la Rand Corporation, A Million Random Digits with 100,000 Normal Deviates *(Glencoe, IL, The Free Press, 1955).*

TABLA E.2

La distribución normal estandarizada acumulativa.

Las entradas representan el área debajo de la distribución normal estandarizada acumulativa desde $-\infty$ hasta Z.

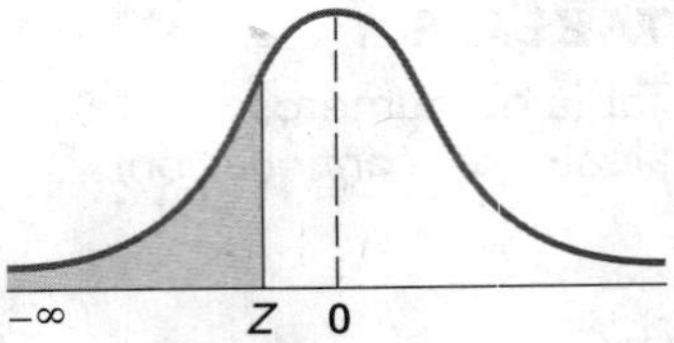

Z	0.00	0.01	0.02	0.03	0.04	0.05	0.06	0.07	0.08	0.09
−6.0	0.000000001									
−5.5	0.000000019									
−5.0	0.000000287									
−4.5	0.000003398									
−4.0	0.000031671									
−3.9	0.00005	0.00005	0.00004	0.00004	0.00004	0.00004	0.00004	0.00004	0.00003	0.00003
−3.8	0.00007	0.00007	0.00007	0.00006	0.00006	0.00006	0.00006	0.00005	0.00005	0.00005
−3.7	0.00011	0.00010	0.00010	0.00010	0.00009	0.00009	0.00008	0.00008	0.00008	0.00008
−3.6	0.00016	0.00015	0.00015	0.00014	0.00014	0.00013	0.00013	0.00012	0.00012	0.00011
−3.5	0.00023	0.00022	0.00022	0.00021	0.00020	0.00019	0.00019	0.00018	0.00017	0.00017
−3.4	0.00034	0.00032	0.00031	0.00030	0.00029	0.00028	0.00027	0.00026	0.00025	0.00024
−3.3	0.00048	0.00047	0.00045	0.00043	0.00042	0.00040	0.00039	0.00038	0.00036	0.00035
−3.2	0.00069	0.00066	0.00064	0.00062	0.00060	0.00058	0.00056	0.00054	0.00052	0.00050
−3.1	0.00097	0.00094	0.00090	0.00087	0.00084	0.00082	0.00079	0.00076	0.00074	0.00071
−3.0	0.00135	0.00131	0.00126	0.00122	0.00118	0.00114	0.00111	0.00107	0.00103	0.00100
−2.9	0.0019	0.0018	0.0018	0.0017	0.0016	0.0016	0.0015	0.0015	0.0014	0.0014
−2.8	0.0026	0.0025	0.0024	0.0023	0.0023	0.0022	0.0021	0.0021	0.0020	0.0019
−2.7	0.0035	0.0034	0.0033	0.0032	0.0031	0.0030	0.0029	0.0028	0.0027	0.0026
−2.6	0.0047	0.0045	0.0044	0.0043	0.0041	0.0040	0.0039	0.0038	0.0037	0.0036
−2.5	0.0062	0.0060	0.0059	0.0057	0.0055	0.0054	0.0052	0.0051	0.0049	0.0048
−2.4	0.0082	0.0080	0.0078	0.0075	0.0073	0.0071	0.0069	0.0068	0.0066	0.0064
−2.3	0.0107	0.0104	0.0102	0.0099	0.0096	0.0094	0.0091	0.0089	0.0087	0.0084
−2.2	0.0139	0.0136	0.0132	0.0129	0.0125	0.0122	0.0119	0.0116	0.0113	0.0110
−2.1	0.0179	0.0174	0.0170	0.0166	0.0162	0.0158	0.0154	0.0150	0.0146	0.0143
−2.0	0.0228	0.0222	0.0217	0.0212	0.0207	0.0202	0.0197	0.0192	0.0188	0.0183
−1.9	0.0287	0.0281	0.0274	0.0268	0.0262	0.0256	0.0250	0.0244	0.0239	0.0233
−1.8	0.0359	0.0351	0.0344	0.0336	0.0329	0.0322	0.0314	0.0307	0.0301	0.0294
−1.7	0.0446	0.0436	0.0427	0.0418	0.0409	0.0401	0.0392	0.0384	0.0375	0.0367
−1.6	0.0548	0.0537	0.0526	0.0516	0.0505	0.0495	0.0485	0.0475	0.0465	0.0455
−1.5	0.0668	0.0655	0.0643	0.0630	0.0618	0.0606	0.0594	0.0582	0.0571	0.0559
−1.4	0.0808	0.0793	0.0778	0.0764	0.0749	0.0735	0.0721	0.0708	0.0694	0.0681
−1.3	0.0968	0.0951	0.0934	0.0918	0.0901	0.0885	0.0869	0.0853	0.0838	0.0823
−1.2	0.1151	0.1131	0.1112	0.1093	0.1075	0.1056	0.1038	0.1020	0.1003	0.0985
−1.1	0.1357	0.1335	0.1314	0.1292	0.1271	0.1251	0.1230	0.1210	0.1190	0.1170
−1.0	0.1587	0.1562	0.1539	0.1515	0.1492	0.1469	0.1446	0.1423	0.1401	0.1379
−0.9	0.1841	0.1814	0.1788	0.1762	0.1736	0.1711	0.1685	0.1660	0.1635	0.1611
−0.8	0.2119	0.2090	0.2061	0.2033	0.2005	0.1977	0.1949	0.1922	0.1894	0.1867
−0.7	0.2420	0.2388	0.2358	0.2327	0.2296	0.2266	0.2236	0.2206	0.2177	0.2148
−0.6	0.2743	0.2709	0.2676	0.2643	0.2611	0.2578	0.2546	0.2514	0.2482	0.2451
−0.5	0.3085	0.3050	0.3015	0.2981	0.2946	0.2912	0.2877	0.2843	0.2810	0.2776
−0.4	0.3446	0.3409	0.3372	0.3336	0.3300	0.3264	0.3228	0.3192	0.3156	0.3121
−0.3	0.3821	0.3783	0.3745	0.3707	0.3669	0.3632	0.3594	0.3557	0.3520	0.3483
−0.2	0.4207	0.4168	0.4129	0.4090	0.4052	0.4013	0.3974	0.3936	0.3897	0.3859
−0.1	0.4602	0.4562	0.4522	0.4483	0.4443	0.4404	0.4364	0.4325	0.4286	0.4247
−0.0	0.5000	0.4960	0.4920	0.4880	0.4840	0.4801	0.4761	0.4721	0.4681	0.4641

continúa

TABLA E.2

La distribución normal estandarizada acumulativa (*continuación*).

Las entradas representan el área debajo de la distribución normal estandarizada acumulativa desde $-\infty$ hasta Z.

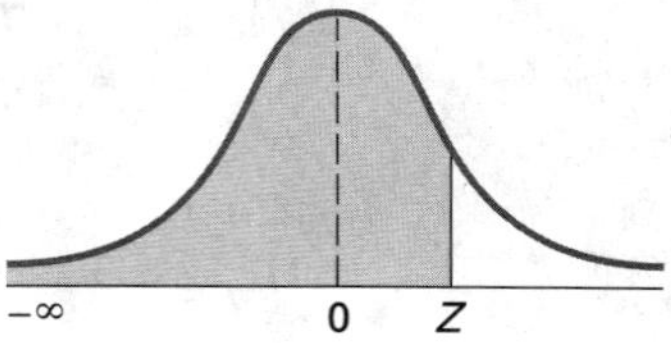

Z	0.00	0.01	0.02	0.03	0.04	0.05	0.06	0.07	0.08	0.09
0.0	0.5000	0.5040	0.5080	0.5120	0.5160	0.5199	0.5239	0.5279	0.5319	0.5359
0.1	0.5398	0.5438	0.5478	0.5517	0.5557	0.5596	0.5636	0.5675	0.5714	0.5753
0.2	0.5793	0.5832	0.5871	0.5910	0.5948	0.5987	0.6026	0.6064	0.6103	0.6141
0.3	0.6179	0.6217	0.6255	0.6293	0.6331	0.6368	0.6406	0.6443	0.6480	0.6517
0.4	0.6554	0.6591	0.6628	0.6664	0.6700	0.6736	0.6772	0.6808	0.6844	0.6879
0.5	0.6915	0.6950	0.6985	0.7019	0.7054	0.7088	0.7123	0.7157	0.7190	0.7224
0.6	0.7257	0.7291	0.7324	0.7357	0.7389	0.7422	0.7454	0.7486	0.7518	0.7549
0.7	0.7580	0.7612	0.7642	0.7673	0.7704	0.7734	0.7764	0.7794	0.7823	0.7852
0.8	0.7881	0.7910	0.7939	0.7967	0.7995	0.8023	0.8051	0.8078	0.8106	0.8133
0.9	0.8159	0.8186	0.8212	0.8238	0.8264	0.8289	0.8315	0.8340	0.8365	0.8389
1.0	0.8413	0.8438	0.8461	0.8485	0.8508	0.8531	0.8554	0.8577	0.8599	0.8621
1.1	0.8643	0.8665	0.8686	0.8708	0.8729	0.8749	0.8770	0.8790	0.8810	0.8830
1.2	0.8849	0.8869	0.8888	0.8907	0.8925	0.8944	0.8962	0.8980	0.8997	0.9015
1.3	0.9032	0.9049	0.9066	0.9082	0.9099	0.9115	0.9131	0.9147	0.9162	0.9177
1.4	0.9192	0.9207	0.9222	0.9236	0.9251	0.9265	0.9279	0.9292	0.9306	0.9319
1.5	0.9332	0.9345	0.9357	0.9370	0.9382	0.9394	0.9406	0.9418	0.9429	0.9441
1.6	0.9452	0.9463	0.9474	0.9484	0.9495	0.9505	0.9515	0.9525	0.9535	0.9545
1.7	0.9554	0.9564	0.9573	0.9582	0.9591	0.9599	0.9608	0.9616	0.9625	0.9633
1.8	0.9641	0.9649	0.9656	0.9664	0.9671	0.9678	0.9686	0.9693	0.9699	0.9706
1.9	0.9713	0.9719	0.9726	0.9732	0.9738	0.9744	0.9750	0.9756	0.9761	0.9767
2.0	0.9772	0.9778	0.9783	0.9788	0.9793	0.9798	0.9803	0.9808	0.9812	0.9817
2.1	0.9821	0.9826	0.9830	0.9834	0.9838	0.9842	0.9846	0.9850	0.9854	0.9857
2.2	0.9861	0.9864	0.9868	0.9871	0.9875	0.9878	0.9881	0.9884	0.9887	0.9890
2.3	0.9893	0.9896	0.9898	0.9901	0.9904	0.9906	0.9909	0.9911	0.9913	0.9916
2.4	0.9918	0.9920	0.9922	0.9925	0.9927	0.9929	0.9931	0.9932	0.9934	0.9936
2.5	0.9938	0.9940	0.9941	0.9943	0.9945	0.9946	0.9948	0.9949	0.9951	0.9952
2.6	0.9953	0.9955	0.9956	0.9957	0.9959	0.9960	0.9961	0.9962	0.9963	0.9964
2.7	0.9965	0.9966	0.9967	0.9968	0.9969	0.9970	0.9971	0.9972	0.9973	0.9974
2.8	0.9974	0.9975	0.9976	0.9977	0.9977	0.9978	0.9979	0.9979	0.9980	0.9981
2.9	0.9981	0.9982	0.9982	0.9983	0.9984	0.9984	0.9985	0.9985	0.9986	0.9986
3.0	0.99865	0.99869	0.99874	0.99878	0.99882	0.99886	0.99889	0.99893	0.99897	0.99900
3.1	0.99903	0.99906	0.99910	0.99913	0.99916	0.99918	0.99921	0.99924	0.99926	0.99929
3.2	0.99931	0.99934	0.99936	0.99938	0.99940	0.99942	0.99944	0.99946	0.99948	0.99950
3.3	0.99952	0.99953	0.99955	0.99957	0.99958	0.99960	0.99961	0.99962	0.99964	0.99965
3.4	0.99966	0.99968	0.99969	0.99970	0.99971	0.99972	0.99973	0.99974	0.99975	0.99976
3.5	0.99977	0.99978	0.99978	0.99979	0.99980	0.99981	0.99981	0.99982	0.99983	0.99983
3.6	0.99984	0.99985	0.99985	0.99986	0.99986	0.99987	0.99987	0.99988	0.99988	0.99989
3.7	0.99989	0.99990	0.99990	0.99990	0.99991	0.99991	0.99992	0.99992	0.99992	0.99992
3.8	0.99993	0.99993	0.99993	0.99994	0.99994	0.99994	0.99994	0.99995	0.99995	0.99995
3.9	0.99995	0.99995	0.99996	0.99996	0.99996	0.99996	0.99996	0.99996	0.99997	0.99997
4.0	0.999968329									
4.5	0.999996602									
5.0	0.999999713									
5.5	0.999999981									
6.0	0.999999999									

TABLA E.3

Valores críticos de *t*.

Para un número particular de grados de libertad, la entrada representa el valor crítico de *t* correspondiente a un área de la cola superior específica (α).

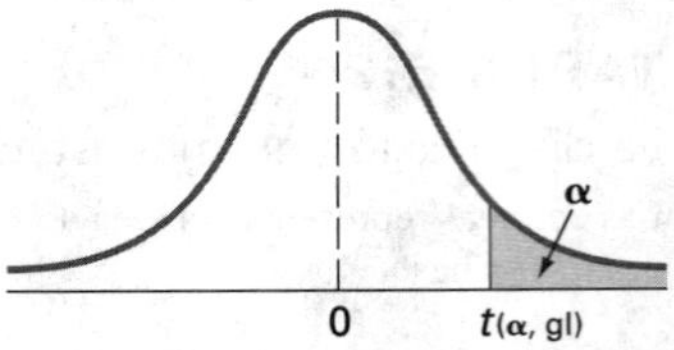

Grados de libertad	Áreas de la cola superior 0.25	0.10	0.05	0.025	0.01	0.005
1	1.0000	3.0777	6.3138	12.7062	31.8207	63.6574
2	0.8165	1.8856	2.9200	4.3027	6.9646	9.9248
3	0.7649	1.6377	2.3534	3.1824	4.5407	5.8409
4	0.7407	1.5332	2.1318	2.7764	3.7469	4.6041
5	0.7267	1.4759	2.0150	2.5706	3.3649	4.0322
6	0.7176	1.4398	1.9432	2.4469	3.1427	3.7074
7	0.7111	1.4149	1.8946	2.3646	2.9980	3.4995
8	0.7064	1.3968	1.8595	2.3060	2.8965	3.3554
9	0.7027	1.3830	1.8331	2.2622	2.8214	3.2498
10	0.6998	1.3722	1.8125	2.2281	2.7638	3.1693
11	0.6974	1.3634	1.7959	2.2010	2.7181	3.1058
12	0.6955	1.3562	1.7823	2.1788	2.6810	3.0545
13	0.6938	1.3502	1.7709	2.1604	2.6503	3.0123
14	0.6924	1.3450	1.7613	2.1448	2.6245	2.9768
15	0.6912	1.3406	1.7531	2.1315	2.6025	2.9467
16	0.6901	1.3368	1.7459	2.1199	2.5835	2.9208
17	0.6892	1.3334	1.7396	2.1098	2.5669	2.8982
18	0.6884	1.3304	1.7341	2.1009	2.5524	2.8784
19	0.6876	1.3277	1.7291	2.0930	2.5395	2.8609
20	0.6870	1.3253	1.7247	2.0860	2.5280	2.8453
21	0.6864	1.3232	1.7207	2.0796	2.5177	2.8314
22	0.6858	1.3212	1.7171	2.0739	2.5083	2.8188
23	0.6853	1.3195	1.7139	2.0687	2.4999	2.8073
24	0.6848	1.3178	1.7109	2.0639	2.4922	2.7969
25	0.6844	1.3163	1.7081	2.0595	2.4851	2.7874
26	0.6840	1.3150	1.7056	2.0555	2.4786	2.7787
27	0.6837	1.3137	1.7033	2.0518	2.4727	2.7707
28	0.6834	1.3125	1.7011	2.0484	2.4671	2.7633
29	0.6830	1.3114	1.6991	2.0452	2.4620	2.7564
30	0.6828	1.3104	1.6973	2.0423	2.4573	2.7500
31	0.6825	1.3095	1.6955	2.0395	2.4528	2.7440
32	0.6822	1.3086	1.6939	2.0369	2.4487	2.7385
33	0.6820	1.3077	1.6924	2.0345	2.4448	2.7333
34	0.6818	1.3070	1.6909	2.0322	2.4411	2.7284
35	0.6816	1.3062	1.6896	2.0301	2.4377	2.7238
36	0.6814	1.3055	1.6883	2.0281	2.4345	2.7195
37	0.6812	1.3049	1.6871	2.0262	2.4314	2.7154
38	0.6810	1.3042	1.6860	2.0244	2.4286	2.7116
39	0.6808	1.3036	1.6849	2.0227	2.4258	2.7079
40	0.6807	1.3031	1.6839	2.0211	2.4233	2.7045
41	0.6805	1.3025	1.6829	2.0195	2.4208	2.7012
42	0.6804	1.3020	1.6820	2.0181	2.4185	2.6981
43	0.6802	1.3016	1.6811	2.0167	2.4163	2.6951
44	0.6801	1.3011	1.6802	2.0154	2.4141	2.6923
45	0.6800	1.3006	1.6794	2.0141	2.4121	2.6896
46	0.6799	1.3022	1.6787	2.0129	2.4102	2.6870
47	0.6797	1.2998	1.6779	2.0117	2.4083	2.6846
48	0.6796	1.2994	1.6772	2.0106	2.4066	2.6822

continúa

TABLA E.3
Valores críticos de t (*continuación*).

	Áreas de la cola superior					
Grados de libertad	**0.25**	**0.10**	**0.05**	**0.025**	**0.01**	**0.005**
49	0.6795	1.2991	1.6766	2.0096	2.4049	2.6800
50	0.6794	1.2987	1.6759	2.0086	2.4033	2.6778
51	0.6793	1.2984	1.6753	2.0076	2.4017	2.6757
52	0.6792	1.2980	1.6747	2.0066	2.4002	2.6737
53	0.6791	1.2977	1.6741	2.0057	2.3988	2.6718
54	0.6791	1.2974	1.6736	2.0049	2.3974	2.6700
55	0.6790	1.2971	1.6730	2.0040	2.3961	2.6682
56	0.6789	1.2969	1.6725	2.0032	2.3948	2.6665
57	0.6788	1.2966	1.6720	2.0025	2.3936	2.6649
58	0.6787	1.2963	1.6716	2.0017	2.3924	2.6633
59	0.6787	1.2961	1.6711	2.0010	2.3912	2.6618
60	0.6786	1.2958	1.6706	2.0003	2.3901	2.6603
61	0.6785	1.2956	1.6702	1.9996	2.3890	2.6589
62	0.6785	1.2954	1.6698	1.9990	2.3880	2.6575
63	0.6784	1.2951	1.6694	1.9983	2.3870	2.6561
64	0.6783	1.2949	1.6690	1.9977	2.3860	2.6549
65	0.6783	1.2947	1.6686	1.9971	2.3851	2.6536
66	0.6782	1.2945	1.6683	1.9966	2.3842	2.6524
67	0.6782	1.2943	1.6679	1.9960	2.3833	2.6512
68	0.6781	1.2941	1.6676	1.9955	2.3824	2.6501
69	0.6781	1.2939	1.6672	1.9949	2.3816	2.6490
70	0.6780	1.2938	1.6669	1.9944	2.3808	2.6479
71	0.6780	1.2936	1.6666	1.9939	2.3800	2.6469
72	0.6779	1.2934	1.6663	1.9935	2.3793	2.6459
73	0.6779	1.2933	1.6660	1.9930	2.3785	2.6449
74	0.6778	1.2931	1.6657	1.9925	2.3778	2.6439
75	0.6778	1.2929	1.6654	1.9921	2.3771	2.6430
76	0.6777	1.2928	1.6652	1.9917	2.3764	2.6421
77	0.6777	1.2926	1.6649	1.9913	2.3758	2.6412
78	0.6776	1.2925	1.6646	1.9908	2.3751	2.6403
79	0.6776	1.2924	1.6644	1.9905	2.3745	2.6395
80	0.6776	1.2922	1.6641	1.9901	2.3739	2.6387
81	0.6775	1.2921	1.6639	1.9897	2.3733	2.6379
82	0.6775	1.2920	1.6636	1.9893	2.3727	2.6371
83	0.6775	1.2918	1.6634	1.9890	2.3721	2.6364
84	0.6774	1.2917	1.6632	1.9886	2.3716	2.6356
85	0.6774	1.2916	1.6630	1.9883	2.3710	2.6349
86	0.6774	1.2915	1.6628	1.9879	2.3705	2.6342
87	0.6773	1.2914	1.6626	1.9876	2.3700	2.6335
88	0.6773	1.2912	1.6624	1.9873	2.3695	2.6329
89	0.6773	1.2911	1.6622	1.9870	2.3690	2.6322
90	0.6772	1.2910	1.6620	1.9867	2.3685	2.6316
91	0.6772	1.2909	1.6618	1.9864	2.3680	2.6309
92	0.6772	1.2908	1.6616	1.9861	2.3676	2.6303
93	0.6771	1.2907	1.6614	1.9858	2.3671	2.6297
94	0.6771	1.2906	1.6612	1.9855	2.3667	2.6291
95	0.6771	1.2905	1.6611	1.9853	2.3662	2.6286
96	0.6771	1.2904	1.6609	1.9850	2.3658	2.6280
97	0.6770	1.2903	1.6607	1.9847	2.3654	2.6275
98	0.6770	1.2902	1.6606	1.9845	2.3650	2.6269
99	0.6770	1.2902	1.6604	1.9842	2.3646	2.6264
100	0.6770	1.2901	1.6602	1.9840	2.3642	2.6259
110	0.6767	1.2893	1.6588	1.9818	2.3607	2.6213
120	0.6765	1.2886	1.6577	1.9799	2.3578	2.6174
∞	0.6745	1.2816	1.6449	1.9600	2.3263	2.5758

TABLA E.4

Valores críticos de χ^2.

Para un número particular de grados de libertad, la entrada representa el valor crítico de χ^2 correspondiente a un área de la cola superior específica (α).

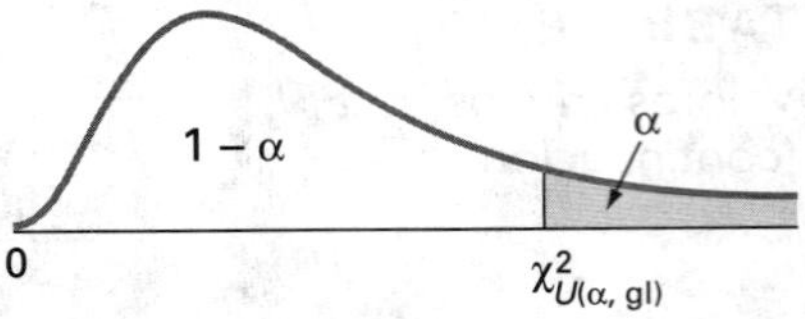

	Áreas de la cola superior (α)											
Grados de libertad	**0.995**	**0.99**	**0.975**	**0.95**	**0.90**	**0.75**	**0.25**	**0.10**	**0.05**	**0.025**	**0.01**	**0.005**
1			0.001	0.004	0.016	0.102	1.323	2.706	3.841	5.024	6.635	7.879
2	0.010	0.020	0.051	0.103	0.211	0.575	2.773	4.605	5.991	7.378	9.210	10.597
3	0.072	0.115	0.216	0.352	0.584	1.213	4.108	6.251	7.815	9.348	11.345	12.838
4	0.207	0.297	0.484	0.711	1.064	1.923	5.385	7.779	9.488	11.143	13.277	14.860
5	0.412	0.554	0.831	1.145	1.610	2.675	6.626	9.236	11.071	12.833	15.086	16.750
6	0.676	0.872	1.237	1.635	2.204	3.455	7.841	10.645	12.592	14.449	16.812	18.458
7	0.989	1.239	1.690	2.167	2.833	4.255	9.037	12.017	14.067	16.013	18.475	20.278
8	1.344	1.646	2.180	2.733	3.490	5.071	10.219	13.362	15.507	17.535	20.090	21.955
9	1.735	2.088	2.700	3.325	4.168	5.899	11.389	14.684	16.919	19.023	21.666	23.589
10	2.156	2.558	3.247	3.940	4.865	6.737	12.549	15.987	18.307	20.483	23.209	25.188
11	2.603	3.053	3.816	4.575	5.578	7.584	13.701	17.275	19.675	21.920	24.725	26.757
12	3.074	3.571	4.404	5.226	6.304	8.438	14.845	18.549	21.026	23.337	26.217	28.299
13	3.565	4.107	5.009	5.892	7.042	9.299	15.984	19.812	22.362	24.736	27.688	29.819
14	4.075	4.660	5.629	6.571	7.790	10.165	17.117	21.064	23.685	26.119	29.141	31.319
15	4.601	5.229	6.262	7.261	8.547	11.037	18.245	22.307	24.996	27.488	30.578	32.801
16	5.142	5.812	6.908	7.962	9.312	11.912	19.369	23.542	26.296	28.845	32.000	34.267
17	5.697	6.408	7.564	8.672	10.085	12.792	20.489	24.769	27.587	30.191	33.409	35.718
18	6.265	7.015	8.231	9.390	10.865	13.675	21.605	25.989	28.869	31.526	34.805	37.156
19	6.844	7.633	8.907	10.117	11.651	14.562	22.718	27.204	30.144	32.852	36.191	38.582
20	7.434	8.260	9.591	10.851	12.443	15.452	23.828	28.412	31.410	34.170	37.566	39.997
21	8.034	8.897	10.283	11.591	13.240	16.344	24.935	29.615	32.671	35.479	38.932	41.401
22	8.643	9.542	10.982	12.338	14.042	17.240	26.039	30.813	33.924	36.781	40.289	42.796
23	9.260	10.196	11.689	13.091	14.848	18.137	27.141	32.007	35.172	38.076	41.638	44.181
24	9.886	10.856	12.401	13.848	15.659	19.037	28.241	33.196	36.415	39.364	42.980	45.559
25	10.520	11.524	13.120	14.611	16.473	19.939	29.339	34.382	37.652	40.646	44.314	46.928
26	11.160	12.198	13.844	15.379	17.292	20.843	30.435	35.563	38.885	41.923	45.642	48.290
27	11.808	12.879	14.573	16.151	18.114	21.749	31.528	36.741	40.113	43.194	46.963	49.645
28	12.461	13.565	15.308	16.928	18.939	22.657	32.620	37.916	41.337	44.461	48.278	50.993
29	13.121	14.257	16.047	17.708	19.768	23.567	33.711	39.087	42.557	45.722	49.588	52.336
30	13.787	14.954	16.791	18.493	20.599	24.478	34.800	40.256	43.773	46.979	50.892	53.672

Para valores de libertad (*gl*) mayores se utiliza la fórmula $Z = \sqrt{2\chi^2} - \sqrt{2(gl) - 1}$ y el área de la cola superior resultante se determina a partir de la distribución normal estandarizada acumulativa (tabla E.2).

TABLA E.5

Valores críticos de F.

Para una combinación particular de grados de libertad del numerador y denominador, la entrada representa los valores críticos de F correspondientes a un área específica de la cola superior (α).

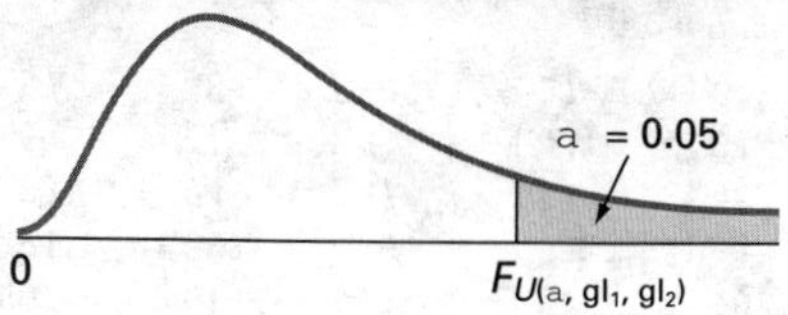

Denominador gl_2	Numerador, gl_1: 1	2	3	4	5	6	7	8	9	10	12	15	20	24	30	40	60	120	∞
1	161.40	199.50	215.70	224.60	230.20	234.00	236.80	238.90	240.50	241.90	243.90	245.90	248.00	249.10	250.10	251.10	252.20	253.30	254.30
2	18.51	19.00	19.16	19.25	19.30	19.33	19.35	19.37	19.38	19.40	19.41	19.43	19.45	19.45	19.46	19.47	19.48	19.49	19.50
3	10.13	9.55	9.28	9.12	9.01	8.94	8.89	8.85	8.81	8.79	8.74	8.70	8.66	8.64	8.62	8.59	8.57	8.55	8.53
4	7.71	6.94	6.59	6.39	6.26	6.16	6.09	6.04	6.00	5.96	5.91	5.86	5.80	5.77	5.75	5.72	5.69	5.66	5.63
5	6.61	5.79	5.41	5.19	5.05	4.95	4.88	4.82	4.77	4.74	4.68	4.62	4.56	4.53	4.50	4.46	4.43	4.40	4.36
6	5.99	5.14	4.76	4.53	4.39	4.28	4.21	4.15	4.10	4.06	4.00	3.94	3.87	3.84	3.81	3.77	3.74	3.70	3.67
7	5.59	4.74	4.35	4.12	3.97	3.87	3.79	3.73	3.68	3.64	3.57	3.51	3.44	3.41	3.38	3.34	3.30	3.27	3.23
8	5.32	4.46	4.07	3.84	3.69	3.58	3.50	3.44	3.39	3.35	3.28	3.22	3.15	3.12	3.08	3.04	3.01	2.97	2.93
9	5.12	4.26	3.86	3.63	3.48	3.37	3.29	3.23	3.18	3.14	3.07	3.01	2.94	2.90	2.86	2.83	2.79	2.75	2.71
10	4.96	4.10	3.71	3.48	3.33	3.22	3.14	3.07	3.02	2.98	2.91	2.85	2.77	2.74	2.70	2.66	2.62	2.58	2.54
11	4.84	3.98	3.59	3.36	3.20	3.09	3.01	2.95	2.90	2.85	2.79	2.72	2.65	2.61	2.57	2.53	2.49	2.45	2.40
12	4.75	3.89	3.49	3.26	3.11	3.00	2.91	2.85	2.80	2.75	2.69	2.62	2.54	2.51	2.47	2.43	2.38	2.34	2.30
13	4.67	3.81	3.41	3.18	3.03	2.92	2.83	2.77	2.71	2.67	2.60	2.53	2.46	2.42	2.38	2.34	2.30	2.25	2.21
14	4.60	3.74	3.34	3.11	2.96	2.85	2.76	2.70	2.65	2.60	2.53	2.46	2.39	2.35	2.31	2.27	2.22	2.18	2.13
15	4.54	3.68	3.29	3.06	2.90	2.79	2.71	2.64	2.59	2.54	2.48	2.40	2.33	2.29	2.25	2.20	2.16	2.11	2.07
16	4.49	3.63	3.24	3.01	2.85	2.74	2.66	2.59	2.54	2.49	2.42	2.35	2.28	2.24	2.19	2.15	2.11	2.06	2.01
17	4.45	3.59	3.20	2.96	2.81	2.70	2.61	2.55	2.49	2.45	2.38	2.31	2.23	2.19	2.15	2.10	2.06	2.01	1.96
18	4.41	3.55	3.16	2.93	2.77	2.66	2.58	2.51	2.46	2.41	2.34	2.27	2.19	2.15	2.11	2.06	2.02	1.97	1.92
19	4.38	3.52	3.13	2.90	2.74	2.63	2.54	2.48	2.42	2.38	2.31	2.23	2.16	2.11	2.07	2.03	1.98	1.93	1.88
20	4.35	3.49	3.10	2.87	2.71	2.60	2.51	2.45	2.39	2.35	2.28	2.20	2.12	2.08	2.04	1.99	1.95	1.90	1.84
21	4.32	3.47	3.07	2.84	2.68	2.57	2.49	2.42	2.37	2.32	2.25	2.18	2.10	2.05	2.01	1.96	1.92	1.87	1.81
22	4.30	3.44	3.05	2.82	2.66	2.55	2.46	2.40	2.34	2.30	2.23	2.15	2.07	2.03	1.98	1.91	1.89	1.84	1.78
23	4.28	3.42	3.03	2.80	2.64	2.53	2.44	2.37	2.32	2.27	2.20	2.13	2.05	2.01	1.96	1.91	1.86	1.81	1.76
24	4.26	3.40	3.01	2.78	2.62	2.51	2.42	2.36	2.30	2.25	2.18	2.11	2.03	1.98	1.94	1.89	1.84	1.79	1.73
25	4.24	3.39	2.99	2.76	2.60	2.49	2.40	2.34	2.28	2.24	2.16	2.09	2.01	1.96	1.92	1.87	1.82	1.77	1.71
26	4.23	3.37	2.98	2.74	2.59	2.47	2.39	2.32	2.27	2.22	2.15	2.07	1.99	1.95	1.90	1.85	1.80	1.75	1.69
27	4.21	3.35	2.96	2.73	2.57	2.46	2.37	2.31	2.25	2.20	2.13	2.06	1.97	1.93	1.88	1.84	1.79	1.73	1.67
28	4.20	3.34	2.95	2.71	2.56	2.45	2.36	2.29	2.24	2.19	2.12	2.04	1.96	1.91	1.87	1.82	1.77	1.71	1.65
29	4.18	3.33	2.93	2.70	2.55	2.43	2.35	2.28	2.22	2.18	2.10	2.03	1.94	1.90	1.85	1.81	1.75	1.70	1.64
30	4.17	3.32	2.92	2.69	2.53	2.42	2.33	2.27	2.21	2.16	2.09	2.01	1.93	1.89	1.84	1.79	1.74	1.68	1.62
40	4.08	3.23	2.84	2.61	2.45	2.34	2.25	2.18	2.12	2.08	2.00	1.92	1.84	1.79	1.74	1.69	1.64	1.58	1.51
60	4.00	3.15	2.76	2.53	2.37	2.25	2.17	2.10	2.04	1.99	1.92	1.84	1.75	1.70	1.65	1.59	1.53	1.47	1.39
120	3.92	3.07	2.68	2.45	2.29	2.17	2.09	2.02	1.96	1.91	1.83	1.75	1.66	1.61	1.55	1.50	1.43	1.35	1.25
∞	3.84	3.00	2.60	2.37	2.21	2.10	2.01	1.94	1.88	1.83	1.75	1.67	1.57	1.52	1.46	1.39	1.32	1.22	1.00

Continúa

TABLA E.5

Valores críticos de *F* (*continuación*).

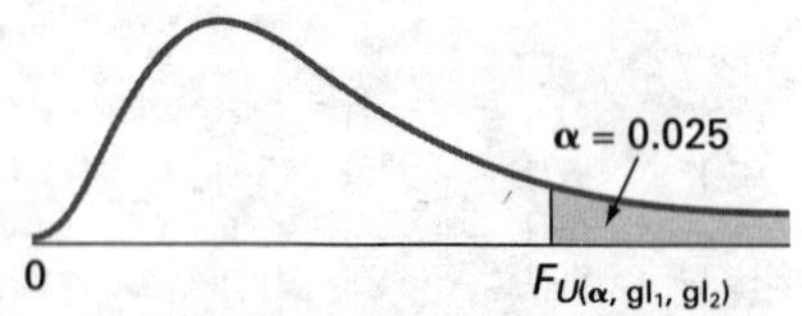

Denominador gl_2	Numerador, gl_1 1	2	3	4	5	6	7	8	9	10	12	15	20	24	30	40	60	120	∞
1	647.80	799.50	864.20	899.60	921.80	937.10	948.20	956.70	963.30	968.60	976.70	984.90	993.10	997.20	1,001.00	1,006.00	1,010.00	1,014.00	1,018.00
2	38.51	39.00	39.17	39.25	39.30	39.33	39.36	39.39	39.39	39.40	39.41	39.43	39.45	39.46	39.46	39.47	39.48	39.49	39.50
3	17.44	16.04	15.44	15.10	14.88	14.73	14.62	14.54	14.47	14.42	14.34	14.25	14.17	14.12	14.08	14.04	13.99	13.95	13.90
4	12.22	10.65	9.98	9.60	9.36	9.20	9.07	8.98	8.90	8.84	8.75	8.66	8.56	8.51	8.46	8.41	8.36	8.31	8.26
5	10.01	8.43	7.76	7.39	7.15	6.98	6.85	6.76	6.68	6.62	6.52	6.43	6.33	6.28	6.23	6.18	6.12	6.07	6.02
6	8.81	7.26	6.60	6.23	5.99	5.82	5.70	5.60	5.52	5.46	5.37	5.27	5.17	5.12	5.07	5.01	4.96	4.90	4.85
7	8.07	6.54	5.89	5.52	5.29	5.12	4.99	4.90	4.82	4.76	4.67	4.57	4.47	4.42	4.36	4.31	4.25	4.20	4.14
8	7.57	6.06	5.42	5.05	4.82	4.65	4.53	4.43	4.36	4.30	4.20	4.10	4.00	3.95	3.89	3.84	3.78	3.73	3.67
9	7.21	5.71	5.08	4.72	4.48	4.32	4.20	4.10	4.03	3.96	3.87	3.77	3.67	3.61	3.56	3.51	3.45	3.39	3.33
10	6.94	5.46	4.83	4.47	4.24	4.07	3.95	3.85	3.78	3.72	3.62	3.52	3.42	3.37	3.31	3.26	3.20	3.14	3.08
11	6.72	5.26	4.63	4.28	4.04	3.88	3.76	3.66	3.59	3.53	3.43	3.33	3.23	3.17	3.12	3.06	3.00	2.94	2.88
12	6.55	5.10	4.47	4.12	3.89	3.73	3.61	3.51	3.44	3.37	3.28	3.18	3.07	3.02	2.96	2.91	2.85	2.79	2.72
13	6.41	4.97	4.35	4.00	3.77	3.60	3.48	3.39	3.31	3.25	3.15	3.05	2.95	2.89	2.84	2.78	2.72	2.66	2.60
14	6.30	4.86	4.24	3.89	3.66	3.50	3.38	3.29	3.21	3.15	3.05	2.95	2.84	2.79	2.73	2.67	2.61	2.55	2.49
15	6.20	4.77	4.15	3.80	3.58	3.41	3.29	3.20	3.12	3.06	2.96	2.86	2.76	2.70	2.64	2.59	2.52	2.46	2.40
16	6.12	4.69	4.08	3.73	3.50	3.34	3.22	3.12	3.05	2.99	2.89	2.79	2.68	2.63	2.57	2.51	2.45	2.38	2.32
17	6.04	4.62	4.01	3.66	3.44	3.28	3.16	3.06	2.98	2.92	2.82	2.72	2.62	2.56	2.50	2.44	2.38	2.32	2.25
18	5.98	4.56	3.95	3.61	3.38	3.22	3.10	3.01	2.93	2.87	2.77	2.67	2.56	2.50	2.44	2.38	2.32	2.26	2.19
19	5.92	4.51	3.90	3.56	3.33	3.17	3.05	2.96	2.88	2.82	2.72	2.62	2.51	2.45	2.39	2.33	2.27	2.20	2.13
20	5.87	4.46	3.86	3.51	3.29	3.13	3.01	2.91	2.84	2.77	2.68	2.57	2.46	2.41	2.35	2.29	2.22	2.16	2.09
21	5.83	4.42	3.82	3.48	3.25	3.09	2.97	2.87	2.80	2.73	2.64	2.53	2.42	2.37	2.31	2.25	2.18	2.11	2.04
22	5.79	4.38	3.78	3.44	3.22	3.05	2.93	2.84	2.76	2.70	2.60	2.50	2.39	2.33	2.27	2.21	2.14	2.08	2.00
23	5.75	4.35	3.75	3.41	3.18	3.02	2.90	2.81	2.73	2.67	2.57	2.47	2.36	2.30	2.24	2.18	2.11	2.04	1.97
24	5.72	4.32	3.72	3.38	3.15	2.99	2.87	2.78	2.70	2.64	2.54	2.44	2.33	2.27	2.21	2.15	2.08	2.01	1.94
25	5.69	4.29	3.69	3.35	3.13	2.97	2.85	2.75	2.68	2.61	2.51	2.41	2.30	2.24	2.18	2.12	2.05	1.98	1.91
26	5.66	4.27	3.67	3.33	3.10	2.94	2.82	2.73	2.65	2.59	2.49	2.39	2.28	2.22	2.16	2.09	2.03	1.95	1.88
27	5.63	4.24	3.65	3.31	3.08	2.92	2.80	2.71	2.63	2.57	2.47	2.36	2.25	2.19	2.13	2.07	2.00	1.93	1.85
28	5.61	4.22	3.63	3.29	3.06	2.90	2.78	2.69	2.61	2.55	2.45	2.34	2.23	2.17	2.11	2.05	1.98	1.91	1.83
29	5.59	4.20	3.61	3.27	3.04	2.88	2.76	2.67	2.59	2.53	2.43	2.32	2.21	2.15	2.09	2.03	1.96	1.89	1.81
30	5.57	4.18	3.59	3.25	3.03	2.87	2.75	2.65	2.57	2.51	2.41	2.31	2.20	2.14	2.07	2.01	1.94	1.87	1.79
40	5.42	4.05	3.46	3.13	2.90	2.74	2.62	2.53	2.45	2.39	2.29	2.18	2.07	2.01	1.94	1.88	1.80	1.72	1.64
60	5.29	3.93	3.34	3.01	2.79	2.63	2.51	2.41	2.33	2.27	2.17	2.06	1.94	1.88	1.82	1.74	1.67	1.58	1.48
120	5.15	3.80	3.23	2.89	2.67	2.52	2.39	2.30	2.22	2.16	2.05	1.94	1.82	1.76	1.69	1.61	1.53	1.43	1.31
∞	5.02	3.69	3.12	2.79	2.57	2.41	2.29	2.19	2.11	2.05	1.94	1.83	1.71	1.64	1.57	1.48	1.39	1.27	1.00

Continúa

TABLA E.5

Valores críticos de *F* (*continuación*).

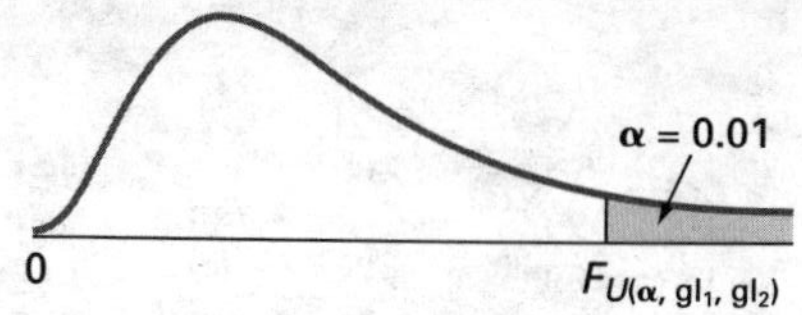

Denominador gl_2	Numerador, gl_1: 1	2	3	4	5	6	7	8	9	10	12	15	20	24	30	40	60	120	∞
1	4,052.00	4,999.50	5,403.00	5,625.00	5,764.00	5,859.00	5,928.00	5,982.00	6,022.00	6,056.00	6,106.00	6,157.00	6,209.00	6,235.00	6,261.00	6,287.00	6,313.00	6,339.00	6,366.00
2	98.50	99.00	99.17	99.25	99.30	99.33	99.36	99.37	99.39	99.40	99.42	99.43	44.45	99.46	99.47	99.47	99.48	99.49	99.50
3	34.12	30.82	29.46	28.71	28.24	27.91	27.67	27.49	27.35	27.23	27.05	26.87	26.69	26.60	26.50	26.41	26.32	26.22	26.13
4	21.20	18.00	16.69	15.98	15.52	15.21	14.98	14.80	14.66	14.55	14.37	14.20	14.02	13.93	13.84	13.75	13.65	13.56	13.46
5	16.26	13.27	12.06	11.39	10.97	10.67	10.46	10.29	10.16	10.05	9.89	9.72	9.55	9.47	9.38	9.29	9.20	9.11	9.02
6	13.75	10.92	9.78	9.15	8.75	8.47	8.26	8.10	7.98	7.87	7.72	7.56	7.40	7.31	7.23	7.14	7.06	6.97	6.88
7	12.25	9.55	8.45	7.85	7.46	7.19	6.99	6.84	6.72	6.62	6.47	6.31	6.16	6.07	5.99	5.91	5.82	5.74	5.65
8	11.26	8.65	7.59	7.01	6.63	6.37	6.18	6.03	5.91	5.81	5.67	5.52	5.36	5.28	5.20	5.12	5.03	4.95	4.86
9	10.56	8.02	6.99	6.42	6.06	5.80	5.61	5.47	5.35	5.26	5.11	4.96	4.81	4.73	4.65	4.57	4.48	4.40	4.31
10	10.04	7.56	6.55	5.99	5.64	5.39	5.20	5.06	4.94	4.85	4.71	4.56	4.41	4.33	4.25	4.17	4.08	4.00	3.91
11	9.65	7.21	6.22	5.67	5.32	5.07	4.89	4.74	4.63	4.54	4.40	4.25	4.10	4.02	3.94	3.86	3.78	3.69	3.60
12	9.33	6.93	5.95	5.41	5.06	4.82	4.64	4.50	4.39	4.30	4.16	4.01	3.86	3.78	3.70	3.62	3.54	3.45	3.36
13	9.07	6.70	5.74	5.21	4.86	4.62	4.44	4.30	4.19	4.10	3.96	3.82	3.66	3.59	3.51	3.43	3.34	3.25	3.17
14	8.86	6.51	5.56	5.04	4.69	4.46	4.28	4.14	4.03	3.94	3.80	3.66	3.51	3.43	3.35	3.27	3.18	3.09	3.00
15	8.68	6.36	5.42	4.89	4.56	4.32	4.14	4.00	3.89	3.80	3.67	3.52	3.37	3.29	3.21	3.13	3.05	2.96	2.87
16	8.53	6.23	5.29	4.77	4.44	4.20	4.03	3.89	3.78	3.69	3.55	3.41	3.26	3.18	3.10	3.02	2.93	2.81	2.75
17	8.40	6.11	5.18	4.67	4.34	4.10	3.93	3.79	3.68	3.59	3.46	3.31	3.16	3.08	3.00	2.92	2.83	2.75	2.65
18	8.29	6.01	5.09	4.58	4.25	4.01	3.84	3.71	3.60	3.51	3.37	3.23	3.08	3.00	2.92	2.84	2.75	2.66	2.57
19	8.18	5.93	5.01	4.50	4.17	3.94	3.77	3.63	3.52	3.43	3.30	3.15	3.00	2.92	2.84	2.76	2.67	2.58	2.49
20	8.10	5.85	4.94	4.43	4.10	3.87	3.70	3.56	3.46	3.37	3.23	3.09	2.94	2.86	2.78	2.69	2.61	2.52	2.42
21	8.02	5.78	4.87	4.37	4.04	3.81	3.64	3.51	3.40	3.31	3.17	3.03	2.88	2.80	2.72	2.64	2.55	2.46	2.36
22	7.95	5.72	4.82	4.31	3.99	3.76	3.59	3.45	3.35	3.26	3.12	2.98	2.83	2.75	2.67	2.58	2.50	2.40	2.31
23	7.88	5.66	4.76	4.26	3.94	3.71	3.54	3.41	3.30	3.21	3.07	2.93	2.78	2.70	2.62	2.54	2.45	2.35	2.26
24	7.82	5.61	4.72	4.22	3.90	3.67	3.50	3.36	3.26	3.17	3.03	2.89	2.74	2.66	2.58	2.49	2.40	2.31	2.21
25	7.77	5.57	4.68	4.18	3.85	3.63	3.46	3.32	3.22	3.13	2.99	2.85	2.70	2.62	2.54	2.45	2.36	2.27	2.17
26	7.72	5.53	4.64	4.14	3.82	3.59	3.42	3.29	3.18	3.09	2.96	2.81	2.66	2.58	2.50	2.42	2.33	2.23	2.13
27	7.68	5.49	4.60	4.11	3.78	3.56	3.39	3.26	3.15	3.06	2.93	2.78	2.63	2.55	2.47	2.38	2.29	2.20	2.10
28	7.64	5.45	4.57	4.07	3.75	3.53	3.36	3.23	3.12	3.03	2.90	2.75	2.60	2.52	2.44	2.35	2.26	2.17	2.06
29	7.60	5.42	4.54	4.04	3.73	3.50	3.33	3.20	3.09	3.00	2.87	2.73	2.57	2.49	2.41	2.33	2.23	2.14	2.03
30	7.56	5.39	4.51	4.02	3.70	3.47	3.30	3.17	3.07	2.98	2.84	2.70	2.55	2.47	2.39	2.30	2.21	2.11	2.01
40	7.31	5.18	4.31	3.83	3.51	3.29	3.12	2.99	2.89	2.80	2.66	2.52	2.37	2.29	2.20	2.11	2.02	1.92	1.80
60	7.08	4.98	4.13	3.65	3.34	3.12	2.95	2.82	2.72	2.63	2.50	2.35	2.20	2.12	2.03	1.94	1.84	1.73	1.60
120	6.85	4.79	3.95	3.48	3.17	2.96	2.79	2.66	2.56	2.47	2.34	2.19	2.03	1.95	1.86	1.76	1.66	1.53	1.38
∞	6.63	4.61	3.78	3.32	3.02	2.80	2.64	2.51	2.41	2.32	2.18	2.04	1.88	1.79	1.70	1.59	1.47	1.32	1.00

Continúa

TABLA E.5

Valores críticos de *F* (*continuación*).

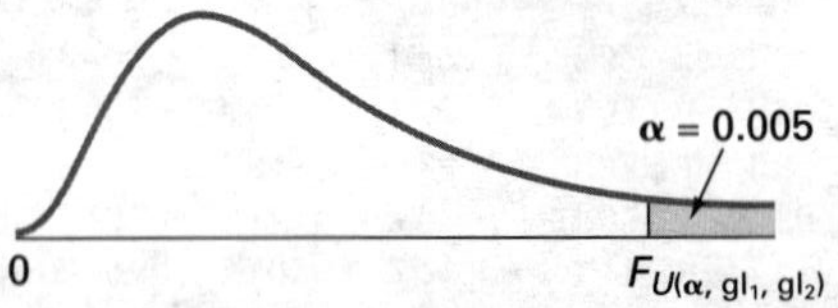

Denominador gl_2	Numerador, gl_1: 1	2	3	4	5	6	7	8	9	10	12	15	20	24	30	40	60	120	∞
1	16,211.00	20,000.00	21,615.00	22,500.00	23,056.00	23,437.00	23,715.00	23,925.00	24,091.00	24,224.00	24,426.00	24,630.00	24,836.00	24,910.00	25,044.00	25,148.00	25,253.00	25,359.00	25,465.00
2	198.50	199.00	199.20	199.20	199.30	199.30	199.40	199.40	199.40	199.40	199.40	199.40	199.40	199.50	199.50	199.50	199.50	199.50	199.50
3	55.55	49.80	47.47	46.19	45.39	44.84	44.43	44.13	43.88	43.69	43.39	43.08	42.78	42.62	42.47	42.31	42.15	41.99	41.83
4	31.33	26.28	24.26	23.15	22.46	21.97	21.62	21.35	21.14	20.97	20.70	20.44	20.17	20.03	19.89	19.75	19.61	19.47	19.32
5	22.78	18.31	16.53	15.56	14.94	14.51	14.20	13.96	13.77	13.62	13.38	13.15	12.90	12.78	12.66	12.53	12.40	12.27	12.11
6	18.63	14.54	12.92	12.03	11.46	11.07	10.79	10.57	10.39	10.25	10.03	9.81	9.59	9.47	9.36	9.24	9.12	9.00	8.88
7	16.24	12.40	10.88	10.05	9.52	9.16	8.89	8.68	8.51	8.38	8.18	7.97	7.75	7.65	7.53	7.42	7.31	7.19	7.08
8	14.69	11.04	9.60	8.81	8.30	7.95	7.69	7.50	7.34	7.21	7.01	6.81	6.61	6.50	6.40	6.29	6.18	6.06	5.95
9	13.61	10.11	8.72	7.96	7.47	7.13	6.88	6.69	6.54	6.42	6.23	6.03	5.83	5.73	5.62	5.52	5.41	5.30	5.19
10	12.83	9.43	8.08	7.34	6.87	6.54	6.30	6.12	5.97	5.85	5.66	5.47	5.27	5.17	5.07	4.97	4.86	4.75	1.61
11	12.23	8.91	7.60	6.88	6.42	6.10	5.86	5.68	5.54	5.42	5.24	5.05	4.86	4.75	4.65	4.55	4.44	4.34	4.23
12	11.75	8.51	7.23	6.52	6.07	5.76	5.52	5.35	5.20	5.09	4.91	4.72	4.53	4.43	4.33	4.23	4.12	4.01	3.90
13	11.37	8.19	6.93	6.23	5.79	5.48	5.25	5.08	4.94	4.82	4.64	4.46	4.27	4.17	4.07	3.97	3.87	3.76	3.65
14	11.06	7.92	6.68	6.00	5.56	5.26	5.03	4.86	4.72	4.60	4.43	4.25	4.06	3.96	3.86	3.76	3.66	3.55	3.41
15	10.80	7.70	6.48	5.80	5.37	5.07	4.85	4.67	4.54	4.42	4.25	4.07	3.88	3.79	3.69	3.58	3.48	3.37	3.26
16	10.58	7.51	6.30	5.64	5.21	4.91	4.69	4.52	4.38	4.27	4.10	3.92	3.73	3.64	3.54	3.44	3.33	3.22	3.11
17	10.38	7.35	6.16	5.50	5.07	4.78	4.56	4.39	4.25	4.14	3.97	3.79	3.61	3.51	3.41	3.31	3.21	3.10	2.98
18	10.22	7.21	6.03	5.37	4.96	4.66	4.44	4.28	4.14	4.03	3.86	3.68	3.50	3.40	3.30	3.20	3.10	2.89	2.87
19	10.07	7.09	5.92	5.27	4.85	4.56	4.34	4.18	4.04	3.93	3.76	3.59	3.40	3.31	3.21	3.11	3.00	2.89	2.78
20	9.94	6.99	5.82	5.17	4.76	4.47	4.26	4.09	3.96	3.85	3.68	3.50	3.32	3.22	3.12	3.02	2.92	2.81	2.69
21	9.83	6.89	5.73	5.09	4.68	4.39	4.18	4.02	3.88	3.77	3.60	3.43	3.24	3.15	3.05	2.95	2.84	2.73	2.61
22	9.73	6.81	5.65	5.02	4.61	4.32	4.11	3.94	3.81	3.70	3.54	3.36	3.18	3.08	2.98	2.88	2.77	2.66	2.55
23	9.63	6.73	5.58	4.95	4.54	4.26	4.05	3.88	3.75	3.64	3.47	3.30	3.12	3.02	2.92	2.82	2.71	2.60	2.48
24	9.55	6.66	5.52	4.89	4.49	4.20	3.99	3.83	3.69	3.59	3.42	3.25	3.06	2.97	2.87	2.77	2.66	2.55	2.43
25	9.48	6.60	5.46	4.84	4.43	4.15	3.94	3.78	3.64	3.54	3.37	3.20	3.01	2.92	2.82	2.72	2.61	2.50	2.38
26	9.41	6.54	5.41	4.79	4.38	4.10	3.89	3.73	3.60	3.49	3.33	3.15	2.97	2.87	2.77	2.67	2.56	2.45	2.33
27	9.34	6.49	5.36	4.74	4.34	4.06	3.85	3.69	3.56	3.45	3.28	3.11	2.93	2.83	2.73	2.63	2.52	2.41	2.29
28	9.28	6.44	5.32	4.70	4.30	4.02	3.81	3.65	3.52	3.41	3.25	3.07	2.89	2.79	2.69	2.59	2.48	2.37	2.25
29	9.23	6.40	5.28	4.66	4.26	3.98	3.77	3.61	3.48	3.38	3.21	3.04	2.86	2.76	2.66	2.56	2.45	2.33	2.21
30	9.18	6.35	5.24	4.62	4.23	3.95	3.74	3.58	3.45	3.34	3.18	3.01	2.82	2.73	2.63	2.52	2.42	2.30	2.18
40	8.83	6.07	4.98	4.37	3.99	3.71	3.51	3.35	3.22	3.12	2.95	2.78	2.60	2.50	2.40	2.30	2.18	2.06	1.93
60	8.49	5.79	4.73	4.14	3.76	3.49	3.29	3.13	3.01	2.90	2.74	2.57	2.39	2.29	2.19	2.08	1.96	1.83	1.69
120	8.18	5.54	4.50	3.92	3.55	3.28	3.09	2.93	2.81	2.71	2.54	2.37	2.19	2.09	1.98	1.87	1.75	1.61	1.43
∞	7.88	5.30	4.28	3.72	3.35	3.09	2.90	2.74	2.62	2.52	2.36	2.19	2.00	1.90	1.79	1.67	1.53	1.36	1.00

Fuente: Reimpreso de E. S. Pearson y H. O. Hartley, eds., Biometrika Tables for Statisticians, *3a. ed., 1966, con permiso de* Biometrika *Trustees.*

TABLA E.6

TABLA DE PROBABILIDADES BINOMIALES

(INICIA EN LA SIGUIENTE PÁGINA)

TABLA E.6
Tabla de probabilidades binomiales.

Para una combinación dada de n y p, la entrada indica la probabilidad de un valor específico de X. Para localizar la entrada: **cuando $p \leq .50$,** lea p a lo largo del encabezado superior y tanto n como X hacia abajo del margen izquierdo; **cuando $p \geq .50$,** lea p a lo largo del encabezado inferior y tanto n como X hacia arriba en el margen izquierdo.

		p																			
n	X	0.01	0.02	0.03	0.04	0.05	0.06	0.07	0.08	0.09	0.10	0.15	0.20	0.25	0.30	0.35	0.40	0.45	0.50	X	n
2	0	0.9801	0.9604	0.9409	0.9216	0.9025	0.8836	0.8649	0.8464	0.8281	0.8100	0.7225	0.6400	0.5625	0.4900	0.4225	0.3600	0.3025	0.2500	2	
	1	0.0198	0.0392	0.0582	0.0768	0.0950	0.1128	0.1302	0.1472	0.1638	0.1800	0.2550	0.3200	0.3750	0.4200	0.4550	0.4800	0.4950	0.5000	1	
	2	0.0001	0.0004	0.0009	0.0016	0.0025	0.0036	0.0049	0.0064	0.0081	0.0100	0.0225	0.0400	0.0625	0.0900	0.1225	0.1600	0.2025	0.2500	0	2
3	0	0.9703	0.9412	0.9127	0.8847	0.8574	0.8306	0.8044	0.7787	0.7536	0.7290	0.6141	0.5120	0.4219	0.3430	0.2746	0.2160	0.1664	0.1250	3	
	1	0.0294	0.0576	0.0847	0.1106	0.1354	0.1590	0.1816	0.2031	0.2236	0.2430	0.3251	0.3840	0.4219	0.4410	0.4436	0.4320	0.4084	0.3750	2	
	2	0.0003	0.0012	0.0026	0.0046	0.0071	0.0102	0.0137	0.0177	0.0221	0.0270	0.0574	0.0960	0.1406	0.1890	0.2389	0.2880	0.3341	0.3750	1	
	3	0.0000	0.0000	0.0000	0.0001	0.0001	0.0002	0.0003	0.0005	0.0007	0.0010	0.0034	0.0080	0.0156	0.0270	0.0429	0.0640	0.0911	0.1250	0	3
4	0	0.9606	0.9224	0.8853	0.8493	0.8145	0.7807	0.7481	0.7164	0.6857	0.6561	0.5220	0.4096	0.3164	0.2401	0.1785	0.1296	0.0915	0.0625	4	
	1	0.0388	0.0753	0.1095	0.1416	0.1715	0.1993	0.2252	0.2492	0.2713	0.2916	0.3685	0.4096	0.4219	0.4116	0.3845	0.3456	0.2995	0.2500	3	
	2	0.0006	0.0023	0.0051	0.0088	0.0135	0.0191	0.0254	0.0325	0.0402	0.0486	0.0975	0.1536	0.2109	0.2646	0.3105	0.3456	0.3675	0.3750	2	
	3	0.0000	0.0000	0.0001	0.0002	0.0005	0.0008	0.0013	0.0019	0.0027	0.0036	0.0115	0.0256	0.0469	0.0756	0.1115	0.1536	0.2005	0.2500	1	
	4	—	—	0.0000	0.0000	0.0000	0.0000	0.0000	0.0000	0.0001	0.0001	0.0005	0.0016	0.0039	0.0081	0.0150	0.0256	0.0410	0.0625	0	4
5	0	0.9510	0.9039	0.8587	0.8154	0.7738	0.7339	0.6957	0.6591	0.6240	0.5905	0.4437	0.3277	0.2373	0.1681	0.1160	0.0778	0.0503	0.0312	5	
	1	0.0480	0.0922	0.1328	0.1699	0.2036	0.2342	0.2618	0.2866	0.3086	0.3280	0.3915	0.4096	0.3955	0.3601	0.3124	0.2592	0.2059	0.1562	4	
	2	0.0010	0.0038	0.0082	0.0142	0.0214	0.0299	0.0394	0.0498	0.0610	0.0729	0.1382	0.2048	0.2637	0.3087	0.3364	0.3456	0.3369	0.3125	3	
	3	0.0000	0.0001	0.0003	0.0006	0.0011	0.0019	0.0030	0.0043	0.0060	0.0081	0.0244	0.0512	0.0879	0.1323	0.1811	0.2304	0.2757	0.3125	2	
	4	—	0.0000	0.0000	0.0000	0.0000	0.0001	0.0001	0.0002	0.0003	0.0004	0.0022	0.0064	0.0146	0.0283	0.0488	0.0768	0.1128	0.1562	1	
	5	—	—	—	—	—	0.0000	0.0000	0.0000	0.0000	0.0000	0.0001	0.0003	0.0010	0.0024	0.0053	0.0102	0.0185	0.0312	0	5
6	0	0.9415	0.8858	0.8330	0.7828	0.7351	0.6899	0.6470	0.6064	0.5679	0.5314	0.3771	0.2621	0.1780	0.1176	0.0754	0.0467	0.0277	0.0156	6	
	1	0.0571	0.1085	0.1546	0.1957	0.2321	0.2642	0.2922	0.3164	0.3370	0.3543	0.3993	0.3932	0.3560	0.3025	0.2437	0.1866	0.1359	0.0937	5	
	2	0.0014	0.0055	0.0120	0.0204	0.0305	0.0422	0.0550	0.0688	0.0833	0.0984	0.1762	0.2458	0.2966	0.3241	0.3280	0.3110	0.2780	0.2344	4	
	3	0.0000	0.0002	0.0005	0.0011	0.0021	0.0036	0.0055	0.0080	0.0110	0.0146	0.0415	0.0819	0.1318	0.1852	0.2355	0.2765	0.3032	0.3125	3	
	4	—	0.0000	0.0000	0.0000	0.0001	0.0002	0.0003	0.0005	0.0008	0.0012	0.0055	0.0154	0.0330	0.0595	0.0951	0.1372	0.1861	0.2344	2	
	5	—	—	—	—	0.0000	0.0000	0.0000	0.0000	0.0000	0.0001	0.0004	0.0015	0.0044	0.0102	0.0205	0.0369	0.0609	0.0937	1	
	6	—	—	—	—	—	—	—	—	—	0.0000	0.0000	0.0001	0.0002	0.0007	0.0018	0.0041	0.0083	0.0156	0	6

7	0	0.9321	0.8681	0.8080	0.7514	0.6983	0.6485	0.6017	0.5578	0.5168	0.4783	0.3206	0.2097	0.1335	0.0824	0.0490	0.0280	0.0152	0.0078	7	
	1	0.0659	0.1240	0.1749	0.2192	0.2573	0.2897	0.3170	0.3396	0.3578	0.3720	0.3960	0.3670	0.3115	0.2471	0.1848	0.1306	0.0872	0.0547	6	
	2	0.0020	0.0076	0.0162	0.0274	0.0406	0.0555	0.0716	0.0886	0.1061	0.1240	0.2097	0.2753	0.3115	0.3177	0.2985	0.2613	0.2140	0.1641	5	
	3	0.0000	0.0003	0.0008	0.0019	0.0036	0.0059	0.0090	0.0128	0.0175	0.0230	0.0617	0.1147	0.1730	0.2269	0.2679	0.2903	0.2918	0.2734	4	
	4	—	0.0000	0.0000	0.0001	0.0002	0.0004	0.0007	0.0011	0.0017	0.0026	0.0109	0.0287	0.0577	0.0972	0.1442	0.1935	0.2388	0.2734	3	
	5	—	—	—	0.0000	0.0000	0.0000	0.0000	0.0001	0.0001	0.0002	0.0012	0.0043	0.0115	0.0250	0.0466	0.0774	0.1172	0.1641	2	
	6	—	—	—	—	—	—	—	0.0000	0.0000	0.0000	0.0001	0.0004	0.0013	0.0036	0.0084	0.0172	0.0320	0.0547	1	
	7	—	—	—	—	—	—	—	—	—	—	0.0000	0.0000	0.0001	0.0002	0.0006	0.0016	0.0037	0.0078	0	7
8	0	0.9227	0.8508	0.7837	0.7214	0.6634	0.6096	0.5596	0.5132	0.4703	0.4305	0.2725	0.1678	0.1001	0.0576	0.0319	0.0168	0.0084	0.0039	8	
	1	0.0746	0.1389	0.1939	0.2405	0.2793	0.3113	0.3370	0.3570	0.3721	0.3826	0.3847	0.3355	0.2670	0.1977	0.1373	0.0896	0.0548	0.0312	7	
	2	0.0026	0.0099	0.0210	0.0351	0.0515	0.0695	0.0888	0.1087	0.1288	0.1488	0.2376	0.2936	0.3115	0.2965	0.2587	0.2090	0.1569	0.1094	6	
	3	0.0001	0.0004	0.0013	0.0029	0.0054	0.0089	0.0134	0.0189	0.0255	0.0331	0.0839	0.1468	0.2076	0.2541	0.2786	0.2787	0.2568	0.2187	5	
	4	0.0000	0.0000	0.0001	0.0002	0.0004	0.0007	0.0013	0.0021	0.0031	0.0046	0.0185	0.0459	0.0865	0.1361	0.1875	0.2322	0.2627	0.2734	4	
	5	—	—	0.0000	0.0000	0.0000	0.0000	0.0001	0.0001	0.0002	0.0004	0.0026	0.0092	0.0231	0.0467	0.0808	0.1239	0.1719	0.2187	3	
	6	—	—	—	—	—	—	0.0000	0.0000	0.0000	0.0000	0.0002	0.0011	0.0038	0.0100	0.0217	0.0413	0.0703	0.1094	2	
	7	—	—	—	—	—	—	—	—	—	—	0.0000	0.0001	0.0004	0.0012	0.0033	0.0079	0.0164	0.0312	1	
	8	—	—	—	—	—	—	—	—	—	—	—	0.0000	0.0000	0.0001	0.0002	0.0007	0.0017	0.0039	0	8
9	0	0.9135	0.8337	0.7602	0.6925	0.6302	0.5730	0.5204	0.4722	0.4279	0.3874	0.2316	0.1342	0.0751	0.0404	0.0207	0.0101	0.0046	0.0020	9	
	1	0.0830	0.1531	0.2116	0.2597	0.2985	0.3292	0.3525	0.3695	0.3809	0.3874	0.3679	0.3020	0.2253	0.1556	0.1004	0.0605	0.0339	0.0176	8	
	2	0.0034	0.0125	0.0262	0.0433	0.0629	0.0840	0.1061	0.1285	0.1507	0.1722	0.2597	0.3020	0.3003	0.2668	0.2162	0.1612	0.1110	0.0703	7	
	3	0.0001	0.0006	0.0019	0.0042	0.0077	0.0125	0.0186	0.0261	0.0348	0.0446	0.1069	0.1762	0.2336	0.2668	0.2716	0.2508	0.2119	0.1641	6	
	4	0.0000	0.0000	0.0001	0.0003	0.0006	0.0012	0.0021	0.0034	0.0052	0.0074	0.0283	0.0661	0.1168	0.1715	0.2194	0.2508	0.2600	0.2461	5	
	5	—	—	0.0000	0.0000	0.0000	0.0001	0.0002	0.0003	0.0005	0.0008	0.0050	0.0165	0.0390	0.0735	0.1181	0.1672	0.2128	0.2461	4	
	6	—	—	—	—	—	0.0000	0.0000	0.0000	0.0000	0.0001	0.0006	0.0028	0.0087	0.0210	0.0424	0.0743	0.1160	0.1641	3	
	7	—	—	—	—	—	—	—	—	—	0.0000	0.0000	0.0003	0.0012	0.0039	0.0098	0.0212	0.0407	0.0703	2	
	8	—	—	—	—	—	—	—	—	—	—	—	0.0000	0.0001	0.0004	0.0013	0.0035	0.0083	0.0176	1	
	9	—	—	—	—	—	—	—	—	—	—	—	—	0.0000	0.0000	0.0001	0.0003	0.0008	0.0020	0	9
10	0	0.9044	0.8171	0.7374	0.6648	0.5987	0.5386	0.4840	0.4344	0.3894	0.3487	0.1969	0.1074	0.0563	0.0282	0.0135	0.0060	0.0025	0.0010	10	
	1	0.0914	0.1667	0.2281	0.2770	0.3151	0.3438	0.3643	0.3777	0.3851	0.3874	0.3474	0.2684	0.1877	0.1211	0.0725	0.0403	0.0207	0.0098	9	
	2	0.0042	0.0153	0.0317	0.0519	0.0746	0.0988	0.1234	0.1478	0.1714	0.1937	0.2759	0.3020	0.2816	0.2335	0.1757	0.1209	0.0763	0.0439	8	
	3	0.0001	0.0008	0.0026	0.0058	0.0105	0.0168	0.0248	0.0343	0.0452	0.0574	0.1298	0.2013	0.2503	0.2668	0.2522	0.2150	0.1665	0.1172	7	
	4	0.0000	0.0000	0.0001	0.0004	0.0010	0.0019	0.0033	0.0052	0.0078	0.0112	0.0401	0.0881	0.1460	0.2001	0.2377	0.2508	0.2384	0.2051	6	
	5	—	—	0.0000	0.0000	0.0001	0.0001	0.0003	0.0005	0.0009	0.0015	0.0085	0.0264	0.0584	0.1029	0.1536	0.2007	0.2340	0.2461	5	
	6	—	—	—	—	0.0000	0.0000	0.0000	0.0000	0.0001	0.0001	0.0012	0.0055	0.0162	0.0368	0.0689	0.1115	0.1596	0.2051	4	
	7	—	—	—	—	—	—	—	—	0.0000	0.0000	0.0001	0.0008	0.0031	0.0090	0.0212	0.0425	0.0746	0.1172	3	
	8	—	—	—	—	—	—	—	—	—	—	0.0000	0.0001	0.0004	0.0014	0.0043	0.0106	0.0229	0.0439	2	
	9	—	—	—	—	—	—	—	—	—	—	—	0.0000	0.0000	0.0001	0.0005	0.0016	0.0042	0.0098	1	
	10	—	—	—	—	—	—	—	—	—	—	—	—	—	0.0000	0.0000	0.0001	0.0003	0.0010	0	10
n	*X*	0.99	0.98	0.97	0.96	0.95	0.94	0.93	0.92	0.91	0.90	0.85	0.80	0.75	0.70	0.65	0.60	0.55	0.50	*X*	*n*

continúa

TABLA E.6

Tabla de probabilidades binomiales (*continuación*).

		p																			
n	X	0.01	0.02	0.03	0.04	0.05	0.06	0.07	0.08	0.09	0.10	0.15	0.20	0.25	0.30	0.35	0.40	0.45	0.50	X	n
20	0	0.8179	0.6676	0.5438	0.4420	0.3585	0.2901	0.2342	0.1887	0.1516	0.1216	0.0388	0.0115	0.0032	0.0008	0.0002	0.0000	0.0000	—	20	
	1	0.1652	0.2725	0.3364	0.3683	0.3774	0.3703	0.3526	0.3282	0.3000	0.2702	0.1368	0.0576	0.0211	0.0068	0.0020	0.0005	0.0001	0.0000	19	
	2	0.0159	0.0528	0.0988	0.1458	0.1887	0.2246	0.2521	0.2711	0.2818	0.2852	0.2293	0.1369	0.0699	0.0278	0.0100	0.0031	0.0008	0.0002	18	
	3	0.0010	0.0065	0.0183	0.0364	0.0596	0.0860	0.1139	0.1414	0.1672	0.1901	0.2428	0.2054	0.1339	0.0716	0.0323	0.0123	0.0040	0.0011	17	
	4	0.0000	0.0006	0.0024	0.0065	0.0133	0.0233	0.0364	0.0523	0.0703	0.0898	0.1821	0.2182	0.1897	0.1304	0.0738	0.0350	0.0139	0.0046	16	
	5	—	0.0000	0.0002	0.0009	0.0022	0.0048	0.0088	0.0145	0.0222	0.0319	0.1028	0.1746	0.2023	0.1789	0.1272	0.0746	0.0365	0.0148	15	
	6	—	—	0.0000	0.0001	0.0003	0.0008	0.0017	0.0032	0.0055	0.0089	0.0454	0.1091	0.1686	0.1916	0.1712	0.1244	0.0746	0.0370	14	
	7	—	—	—	0.0000	0.0000	0.0001	0.0002	0.0005	0.0011	0.0020	0.0160	0.0545	0.1124	0.1643	0.1844	0.1659	0.1221	0.0739	13	
	8	—	—	—	—	—	0.0000	0.0000	0.0001	0.0002	0.0004	0.0046	0.0222	0.0609	0.1144	0.1614	0.1797	0.1623	0.1201	12	
	9	—	—	—	—	—	—	—	0.0000	0.0000	0.0001	0.0011	0.0074	0.0271	0.0654	0.1158	0.1597	0.1771	0.1602	11	
	10	—	—	—	—	—	—	—	—	—	0.0000	0.0002	0.0020	0.0099	0.0308	0.0686	0.1171	0.1593	0.1762	10	
	11	—	—	—	—	—	—	—	—	—	—	0.0000	0.0005	0.0030	0.0120	0.0336	0.0710	0.1185	0.1602	9	
	12	—	—	—	—	—	—	—	—	—	—	—	0.0001	0.0008	0.0039	0.0136	0.0355	0.0727	0.1201	8	
	13	—	—	—	—	—	—	—	—	—	—	—	0.0000	0.0002	0.0010	0.0045	0.0146	0.0366	0.0739	7	
	14	—	—	—	—	—	—	—	—	—	—	—	—	0.0000	0.0002	0.0012	0.0049	0.0150	0.0370	6	
	15	—	—	—	—	—	—	—	—	—	—	—	—	—	0.0000	0.0003	0.0013	0.0049	0.0148	5	
	16	—	—	—	—	—	—	—	—	—	—	—	—	—	—	0.0000	0.0003	0.0013	0.0046	4	
	17	—	—	—	—	—	—	—	—	—	—	—	—	—	—	—	0.0000	0.0002	0.0011	3	
	18	—	—	—	—	—	—	—	—	—	—	—	—	—	—	—	—	0.0000	0.0002	2	
	19	—	—	—	—	—	—	—	—	—	—	—	—	—	—	—	—	—	0.0000	1	
	20	—	—	—	—	—	—	—	—	—	—	—	—	—	—	—	—	—	—	0	20
n	X	0.99	0.98	0.97	0.96	0.95	0.94	0.93	0.92	0.91	0.90	0.85	0.80	0.75	0.70	0.65	0.60	0.55	0.50	X	n

TABLA E.7

Tabla de probabilidades de Poisson.

Para cada valor dado de λ, la entrada indica la probabilidad de un valor específico de *X*.

	λ									
X	0.1	0.2	0.3	0.4	0.5	0.6	0.7	0.8	0.9	1.0
0	0.9048	0.8187	0.7408	0.6703	0.6065	0.5488	0.4966	0.4493	0.4066	0.3679
1	0.0905	0.1637	0.2222	0.2681	0.3033	0.3293	0.3476	0.3595	0.3659	0.3679
2	0.0045	0.0164	0.0333	0.0536	0.0758	0.0988	0.1217	0.1438	0.1647	0.1839
3	0.0002	0.0011	0.0033	0.0072	0.0126	0.0198	0.0284	0.0383	0.0494	0.0613
4	0.0000	0.0001	0.0003	0.0007	0.0016	0.0030	0.0050	0.0077	0.0111	0.0153
5	0.0000	0.0000	0.0000	0.0001	0.0002	0.0004	0.0007	0.0012	0.0020	0.0031
6	0.0000	0.0000	0.0000	0.0000	0.0000	0.0000	0.0001	0.0002	0.0003	0.0005
7	0.0000	0.0000	0.0000	0.0000	0.0000	0.0000	0.0000	0.0000	0.0000	0.0001

	λ									
X	1.1	1.2	1.3	1.4	1.5	1.6	1.7	1.8	1.9	2.0
0	0.3329	0.3012	0.2725	0.2466	0.2231	0.2019	0.1827	0.1653	0.1496	0.1353
1	0.3662	0.3614	0.3543	0.3452	0.3347	0.3230	0.3106	0.2975	0.2842	0.2707
2	0.2014	0.2169	0.2303	0.2417	0.2510	0.2584	0.2640	0.2678	0.2700	0.2707
3	0.0738	0.0867	0.0998	0.1128	0.1255	0.1378	0.1496	0.1607	0.1710	0.1804
4	0.0203	0.0260	0.0324	0.0395	0.0471	0.0551	0.636	0.0723	0.0812	0.0902
5	0.0045	0.0062	0.0084	0.0111	0.0141	0.0176	0.0216	0.0260	0.0309	0.0361
6	0.0008	0.0012	0.0018	0.0026	0.0035	0.0047	0.0061	0.0078	0.0098	0.0120
7	0.0001	0.0002	0.0003	0.0005	0.0008	0.0011	0.0015	0.0020	0.0027	0.0034
8	0.0000	0.0000	0.0001	0.0001	0.0001	0.0002	0.0003	0.0005	0.0006	0.0009
9	0.0000	0.0000	0.0000	0.0000	0.0000	0.0000	0.0001	0.0001	0.0001	0.0002

	λ									
X	2.1	2.2	2.3	2.4	2.5	2.6	2.7	2.8	2.9	3.0
0	0.1225	0.1108	0.1003	0.0907	0.0821	0.0743	0.0672	0.0608	0.0550	0.0498
1	0.2572	0.2438	0.2306	0.2177	0.2052	0.1931	0.1815	0.1703	0.1596	0.1494
2	0.2700	0.2681	0.2652	0.2613	0.2565	0.2510	0.2450	0.2384	0.2314	0.2240
3	0.1890	0.1966	0.2033	0.2090	0.2138	0.2176	0.2205	0.2225	0.2237	0.2240
4	0.0992	0.1082	0.1169	0.1254	0.1336	0.1414	0.1488	0.1557	0.1622	0.1680
5	0.0417	0.0476	0.0538	0.0602	0.0668	0.0735	0.0804	0.0872	0.0940	0.1008
6	0.0146	0.0174	0.0206	0.0241	0.0278	0.0319	0.0362	0.0407	0.0455	0.0504
7	0.0044	0.0055	0.0068	0.0083	0.0099	0.0118	0.0139	0.0163	0.0188	0.0216
8	0.0011	0.0015	0.0019	0.0025	0.0031	0.0038	0.0047	0.0057	0.0068	0.0081
9	0.0003	0.0004	0.0005	0.0007	0.0009	0.0011	0.0014	0.0018	0.0022	0.0027
10	0.0001	0.0001	0.0001	0.0002	0.0002	0.0003	0.0004	0.0005	0.0006	0.0008
11	0.0000	0.0000	0.0000	0.0000	0.0000	0.0001	0.0001	0.0001	0.0002	0.0002
12	0.0000	0.0000	0.0000	0.0000	0.0000	0.0000	0.0000	0.0000	0.0000	0.0001

	λ									
X	3.1	3.2	3.3	3.4	3.5	3.6	3.7	3.8	3.9	4.0
0	0.0450	0.0408	0.0369	0.0334	0.0302	0.0273	0.0247	0.0224	0.0202	0.0183
1	0.1397	0.1340	0.1217	0.1135	0.1057	0.0984	0.0915	0.0850	0.0789	0.0733
2	0.2165	0.2087	0.2008	0.1929	0.1850	0.1771	0.1692	0.1615	0.1539	0.1465
3	0.2237	0.2226	0.2209	0.2186	0.2158	0.2125	0.2087	0.2046	0.2001	0.1954
4	0.1734	0.1781	0.1823	0.1858	0.1888	0.1912	0.1931	0.1944	0.1951	0.1954
5	0.1075	0.1140	0.1203	0.1264	0.1322	0.1377	0.1429	0.1477	0.1522	0.1563
6	0.0555	0.0608	0.0662	0.0716	0.0771	0.0826	0.0881	0.0936	0.0989	0.1042
7	0.0246	0.0278	0.0312	0.0348	0.0385	0.0425	0.0466	0.0508	0.0551	0.0595
8	0.0095	0.0111	0.0129	0.0148	0.0169	0.0191	0.0215	0.0241	0.0269	0.0298
9	0.0033	0.0040	0.0047	0.0056	0.0066	0.0076	0.0089	0.0102	0.0116	0.0132
10	0.0010	0.0013	0.0016	0.0019	0.0023	0.0028	0.0033	0.0039	0.0045	0.0053
11	0.0003	0.0004	0.0005	0.0006	0.0007	0.0009	0.0011	0.0013	0.0016	0.0019
12	0.0001	0.0001	0.0001	0.0002	0.0002	0.0003	0.0003	0.0004	0.0005	0.0006
13	0.0000	0.0000	0.0000	0.0000	0.0001	0.0001	0.0001	0.0001	0.0002	0.0002
14	0.0000	0.0000	0.0000	0.0000	0.0000	0.0000	0.0000	0.0000	0.0000	0.0001

continúa

TABLA E.7
Tabla de probabilidades de Poisson (*continuación*).

	λ									
X	**4.1**	**4.2**	**4.3**	**4.4**	**4.5**	**4.6**	**4.7**	**4.8**	**4.9**	**5.0**
0	0.0166	0.0150	0.0136	0.0123	0.0111	0.0101	0.0091	0.0082	0.0074	0.0067
1	0.0679	0.0630	0.0583	0.0540	0.0500	0.0462	0.0427	0.0395	0.0365	0.0337
2	0.1393	0.1323	0.1254	0.1188	0.1125	0.1063	0.1005	0.0948	0.0894	0.0842
3	0.1904	0.1852	0.1798	0.1743	0.1687	0.1631	0.1574	0.1517	0.1460	0.1404
4	0.1951	0.1944	0.1933	0.1917	0.1898	0.1875	0.1849	0.1820	0.1789	0.1755
5	0.1600	0.1633	0.1662	0.1687	0.1708	0.1725	0.1738	0.1747	0.1753	0.1755
6	0.1093	0.1143	0.1191	0.1237	0.1281	0.1323	0.1362	0.1398	0.1432	0.1462
7	0.0640	0.0686	0.0732	0.0778	0.0824	0.0869	0.0914	0.0959	0.1002	0.1044
8	0.0328	0.0360	0.0393	0.0428	0.0463	0.0500	0.0537	0.0575	0.0614	0.0653
9	0.0150	0.0168	0.0188	0.0209	0.0232	0.0255	0.0280	0.0307	0.0334	0.0363
10	0.0061	0.0071	0.0081	0.0092	0.0104	0.0118	0.0132	0.0147	0.0164	0.0181
11	0.0023	0.0027	0.0032	0.0037	0.0043	0.0049	0.0056	0.0064	0.0073	0.0082
12	0.0008	0.0009	0.0011	0.0014	0.0016	0.0019	0.0022	0.0026	0.0030	0.0034
13	0.0002	0.0003	0.0004	0.0005	0.0006	0.0007	0.0008	0.0009	0.0011	0.0013
14	0.0001	0.0001	0.0001	0.0001	0.0002	0.0002	0.0003	0.0003	0.0004	0.0005
15	0.0000	0.0000	0.0000	0.0000	0.0001	0.0001	0.0001	0.0001	0.0001	0.0002

	λ									
X	**5.1**	**5.2**	**5.3**	**5.4**	**5.5**	**5.6**	**5.7**	**5.8**	**5.9**	**6.0**
0	0.0061	0.0055	0.0050	0.0045	0.0041	0.0037	0.0033	0.0030	0.0027	0.0025
1	0.0311	0.0287	0.0265	0.0244	0.0225	0.0207	0.0191	0.0176	0.0162	0.0149
2	0.0793	0.0746	0.0701	0.0659	0.0618	0.0580	0.0544	0.0509	0.0477	0.0446
3	0.1348	0.1293	0.1239	0.1185	0.1133	0.1082	0.1033	0.0985	0.0938	0.0892
4	0.1719	0.1681	0.1641	0.1600	0.1558	0.1515	0.1472	0.1428	0.1383	0.1339
5	0.1753	0.1748	0.1740	0.1728	0.1714	0.1697	0.1678	0.1656	0.1632	0.1606
6	0.1490	0.1515	0.1537	0.1555	0.1571	0.1584	0.1594	0.1601	0.1605	0.1606
7	0.1086	0.1125	0.1163	0.1200	0.1234	0.1267	0.1298	0.1326	0.1353	0.1377
8	0.0692	0.0731	0.0771	0.0810	0.0849	0.0887	0.0925	0.0962	0.0998	0.1033
9	0.0392	0.0423	0.0454	0.0486	0.0519	0.0552	0.0586	0.0620	0.0654	0.0688
10	0.0200	0.0220	0.0241	0.0262	0.0285	0.0309	0.0334	0.0359	0.0386	0.0413
11	0.0093	0.0104	0.0116	0.0129	0.0143	0.0157	0.0173	0.0190	0.0207	0.0225
12	0.0039	0.0045	0.0051	0.0058	0.0065	0.0073	0.0082	0.0092	0.0102	0.0113
13	0.0015	0.0018	0.0021	0.0024	0.0028	0.0032	0.0036	0.0041	0.0046	0.0052
14	0.0006	0.0007	0.0008	0.0009	0.0011	0.0013	0.0015	0.0017	0.0019	0.0022
15	0.0002	0.0002	0.0003	0.0003	0.0004	0.0005	0.0006	0.0007	0.0008	0.0009
16	0.0001	0.0001	0.0001	0.0001	0.0001	0.0002	0.0002	0.0002	0.0003	0.0003
17	0.0000	0.0000	0.0000	0.0000	0.0000	0.0000	0.0001	0.0001	0.0001	0.0001

	λ									
X	**6.1**	**6.2**	**6.3**	**6.4**	**6.5**	**6.6**	**6.7**	**6.8**	**6.9**	**7.0**
0	0.0022	0.0020	0.0018	0.0017	0.0015	0.0014	0.0012	0.0011	0.0010	0.0009
1	0.0137	0.0126	0.0116	0.0106	0.0098	0.0090	0.0082	0.0076	0.0070	0.0064
2	0.0417	0.0390	0.0364	0.0340	0.0318	0.0296	0.0276	0.0258	0.0240	0.0223
3	0.0848	0.0806	0.0765	0.0726	0.0688	0.0652	0.0617	0.0584	0.0552	0.0521
4	0.1294	0.1249	0.1205	0.1162	0.1118	0.1076	0.1034	0.0992	0.0952	0.0912
5	0.1579	0.1549	0.1519	0.1487	0.1454	0.1420	0.1385	0.1349	0.1314	0.1277
6	0.1605	0.1601	0.1595	0.1586	0.1575	0.1562	0.1546	0.1529	0.1511	0.1490
7	0.1399	0.1418	0.1435	0.1450	0.1462	0.1472	0.1480	0.1486	0.1489	0.1490
8	0.1066	0.1099	0.1130	0.1160	0.1188	0.1215	0.1240	0.1263	0.1284	0.1304
9	0.0723	0.0757	0.0791	0.0825	0.0858	0.0891	0.0923	0.0954	0.0985	0.1014
10	0.0441	0.0469	0.0498	0.0528	0.0558	0.0588	0.0618	0.0649	0.0679	0.0710
11	0.0245	0.0265	0.0285	0.0307	0.0330	0.0353	0.0377	0.0401	0.0426	0.0452
12	0.0124	0.0137	0.0150	0.0164	0.0179	0.0194	0.0210	0.0277	0.0245	0.0264
13	0.0058	0.0065	0.0073	0.0081	0.0089	0.0098	0.0108	0.0119	0.0130	0.0142
14	0.0025	0.0029	0.0033	0.0037	0.0041	0.0046	0.0052	0.0058	0.0064	0.0071

continúa

TABLA E.7
Tabla de probabilidades de Poisson (*continuación*).

	λ									
X	**6.1**	**6.2**	**6.3**	**6.4**	**6.5**	**6.6**	**6.7**	**6.8**	**6.9**	**7.0**
15	0.0010	0.0012	0.0014	0.0016	0.0018	0.0020	0.0023	0.0026	0.0029	0.0033
16	0.0004	0.0005	0.0005	0.0006	0.0007	0.0008	0.0010	0.0011	0.0013	0.0014
17	0.0001	0.0002	0.0002	0.0002	0.0003	0.0003	0.0004	0.0004	0.0005	0.0006
18	0.0000	0.0001	0.0001	0.0001	0.0001	0.0001	0.0001	0.0002	0.0002	0.0002
19	0.0000	0.0000	0.0000	0.0000	0.0000	0.0000	0.0000	0.0001	0.0001	0.0001

	λ									
X	**7.1**	**7.2**	**7.3**	**7.4**	**7.5**	**7.6**	**7.7**	**7.8**	**7.9**	**8.0**
0	0.0008	0.0007	0.0007	0.0006	0.0006	0.0005	0.0005	0.0004	0.0004	0.0003
1	0.0059	0.0054	0.0049	0.0045	0.0041	0.0038	0.0035	0.0032	0.0029	0.0027
2	0.0208	0.0194	0.0180	0.0167	0.0156	0.0145	0.0134	0.0125	0.0116	0.0107
3	0.0492	0.0464	0.0438	0.0413	0.0389	0.0366	0.0345	0.0324	0.0305	0.0286
4	0.0874	0.0836	0.0799	0.0764	0.0729	0.0696	0.0663	0.0632	0.0602	0.0573
5	0.1241	0.1204	0.1167	0.1130	0.1094	0.1057	0.1021	0.0986	0.0951	0.0916
6	0.1468	0.1445	0.1420	0.1394	0.1367	0.1339	0.1311	0.1282	0.1252	0.1221
7	0.1489	0.1486	0.1481	0.1474	0.1465	0.1454	0.1442	0.1428	0.1413	0.1396
8	0.1321	0.1337	0.1351	0.1363	0.1373	0.1382	0.1388	0.1392	0.1395	0.1396
9	0.1042	0.1070	0.1096	0.1121	0.1144	0.1167	0.1187	0.1207	0.1224	0.1241
10	0.0740	0.0770	0.0800	0.0829	0.0858	0.0887	0.0914	0.0941	0.0967	0.0993
11	0.0478	0.0504	0.0531	0.0558	0.0585	0.0613	0.0640	0.0667	0.0695	0.0722
12	0.0283	0.0303	0.0323	0.0344	0.0366	0.0388	0.0411	0.0434	0.0457	0.0481
13	0.0154	0.0168	0.0181	0.0196	0.0211	0.0227	0.0243	0.0260	0.0278	0.0296
14	0.0078	0.0086	0.0095	0.0104	0.0113	0.0123	0.0134	0.0145	0.0157	0.0169
15	0.0037	0.0041	0.0046	0.0051	0.0057	0.0062	0.0069	0.0075	0.0083	0.0090
16	0.0016	0.0019	0.0021	0.0024	0.0026	0.0030	0.0033	0.0037	0.0041	0.0045
17	0.0007	0.0008	0.0009	0.0010	0.0012	0.0013	0.0015	0.0017	0.0019	0.0021
18	0.0003	0.0003	0.0004	0.0004	0.0005	0.0006	0.0006	0.0007	0.0008	0.0009
19	0.0001	0.0001	0.0001	0.0002	0.0002	0.0002	0.0003	0.0003	0.0003	0.0004
20	0.0000	0.0000	0.0001	0.0001	0.0001	0.0001	0.0001	0.0001	0.0001	0.0002
21	0.0000	0.0000	0.0000	0.0000	0.0000	0.0000	0.0000	0.0000	0.0001	0.0001

	λ									
X	**8.1**	**8.2**	**8.3**	**8.4**	**8.5**	**8.6**	**8.7**	**8.8**	**8.9**	**9.0**
0	0.0003	0.0003	0.0002	0.0002	0.0002	0.0002	0.0002	0.0002	0.0001	0.0001
1	0.0025	0.0023	0.0021	0.0019	0.0017	0.0016	0.0014	0.0013	0.0012	0.0011
2	0.0100	0.0092	0.0086	0.0079	0.0074	0.0068	0.0063	0.0058	0.0054	0.0050
3	0.0269	0.0252	0.0237	0.0222	0.0208	0.0195	0.0183	0.0171	0.0160	0.0150
4	0.0544	0.0517	0.0491	0.0466	0.0443	0.0420	0.0398	0.0377	0.0357	0.0337
5	0.0882	0.0849	0.0816	0.0784	0.0752	0.0722	0.0692	0.0663	0.0635	0.0607
6	0.1191	0.1160	0.1128	0.1097	0.1066	0.1034	0.1003	0.0972	0.0941	0.0911
7	0.1378	0.1358	0.1338	0.1317	0.1294	0.1271	0.1247	0.1222	0.1197	0.1171
8	0.1395	0.1392	0.1388	0.1382	0.1375	0.1366	0.1356	0.1344	0.1332	0.1318
9	0.1256	0.1269	0.1280	0.1290	0.1299	0.1306	0.1311	0.1315	0.1317	0.1318
10	0.1017	0.1040	0.1063	0.1084	0.1104	0.1123	0.1140	0.1157	0.1172	0.1186
11	0.0749	0.0776	0.0802	0.0828	0.0853	0.0878	0.0902	0.0925	0.0948	0.0970
12	0.0505	0.0530	0.0555	0.0579	0.0604	0.0629	0.0654	0.0679	0.0703	0.0728
13	0.0315	0.0334	0.0354	0.0374	0.0395	0.0416	0.0438	0.0459	0.0481	0.0504
14	0.0182	0.0196	0.0210	0.0225	0.0240	0.0256	0.0272	0.0289	0.0306	0.0324
15	0.0098	0.0107	0.0116	0.0126	0.0136	0.0147	0.0158	0.0169	0.0182	0.0194
16	0.0050	0.0055	0.0060	0.0066	0.0072	0.0079	0.0086	0.0093	0.0101	0.0109
17	0.0024	0.0026	0.0029	0.0033	0.0036	0.0040	0.0044	0.0048	0.0053	0.0058
18	0.0011	0.0012	0.0014	0.0015	0.0017	0.0019	0.0021	0.0024	0.0026	0.0029
19	0.0005	0.0005	0.0006	0.0007	0.0008	0.0009	0.0010	0.0011	0.0012	0.0014
20	0.0002	0.0002	0.0002	0.0003	0.0003	0.0004	0.0004	0.0005	0.0005	0.0006
21	0.0001	0.0001	0.0001	0.0001	0.0001	0.0002	0.0002	0.0002	0.0002	0.0003
22	0.0000	0.0000	0.0000	0.0000	0.0001	0.0001	0.0001	0.0001	0.0001	0.0001

continúa

TABLA E.7

Tabla de probabilidades de Poisson (*continuación*).

	λ									
X	**9.1**	**9.2**	**9.3**	**9.4**	**9.5**	**9.6**	**9.7**	**9.8**	**9.9**	**10**
0	0.0001	0.0001	0.0001	0.0001	0.0001	0.0001	0.0001	0.0001	0.0001	0.0000
1	0.0010	0.0009	0.0009	0.0008	0.0007	0.0007	0.0006	0.0005	0.0005	0.0005
2	0.0046	0.0043	0.0040	0.0037	0.0034	0.0031	0.0029	0.0027	0.0025	0.0023
3	0.0140	0.0131	0.0123	0.0115	0.0107	0.0100	0.0093	0.0087	0.0081	0.0076
4	0.0319	0.0302	0.0285	0.0269	0.0254	0.0240	0.0226	0.0213	0.0201	0.0189
5	0.0581	0.0555	0.0530	0.0506	0.0483	0.0460	0.0439	0.0418	0.0398	0.0378
6	0.0881	0.0851	0.0822	0.0793	0.0764	0.0736	0.0709	0.0682	0.0656	0.0631
7	0.1145	0.1118	0.1091	0.1064	0.1037	0.1010	0.0982	0.0955	0.0928	0.0901
8	0.1302	0.1286	0.1269	0.1251	0.1232	0.1212	0.1191	0.1170	0.1148	0.1126
9	0.1317	0.1315	0.1311	0.1306	0.1300	0.1293	0.1284	0.1274	0.1263	0.1251
10	0.1198	0.1210	0.1219	0.1228	0.1235	0.1241	0.1245	0.1249	0.1250	0.1251
11	0.0991	0.1012	0.1031	0.1049	0.1067	0.1083	0.1098	0.1112	0.1125	0.1137
12	0.0752	0.0776	0.0799	0.0822	0.0844	0.0866	0.0888	0.0908	0.0928	0.0948
13	0.0526	0.0549	0.0572	0.0594	0.0617	0.0640	0.0662	0.0685	0.0707	0.0729
14	0.0342	0.0361	0.0380	0.0399	0.0419	0.0439	0.0459	0.0479	0.0500	0.0521
15	0.0208	0.0221	0.0235	0.0250	0.0265	0.0281	0.0297	0.0313	0.0330	0.0347
16	0.0118	0.0127	0.0137	0.0147	0.0157	0.0168	0.0180	0.0192	0.0204	0.0217
17	0.0063	0.0069	0.0075	0.0081	0.0088	0.0095	0.0103	0.0111	0.0119	0.0128
18	0.0032	0.0035	0.0039	0.0042	0.0046	0.0051	0.0055	0.0060	0.0065	0.0071
19	0.0015	0.0017	0.0019	0.0021	0.0023	0.0026	0.0028	0.0031	0.0034	0.0037
20	0.0007	0.0008	0.0009	0.0010	0.0011	0.0012	0.0014	0.0015	0.0017	0.0019
21	0.0003	0.0003	0.0004	0.0004	0.0005	0.0006	0.0006	0.0007	0.0008	0.0009
22	0.0001	0.0001	0.0002	0.0002	0.0002	0.0002	0.0003	0.0003	0.0004	0.0004
23	0.0000	0.0001	0.0001	0.0001	0.0001	0.0001	0.0001	0.0001	0.0002	0.0002
24	0.0000	0.0000	0.0000	0.0000	0.0000	0.0000	0.0000	0.0001	0.0001	0.0001

X	**λ = 20**	*X*	**λ = 20**	*X*	**λ = 20**	*X*	**λ = 20**
0	0.0000	10	0.0058	20	0.0888	30	0.0083
1	0.0000	11	0.0106	21	0.0846	31	0.0054
2	0.0000	12	0.0176	22	0.0769	32	0.0034
3	0.0000	13	0.0271	23	0.0669	33	0.0020
4	0.0000	14	0.0387	24	0.0557	34	0.0012
5	0.0001	15	0.0516	25	0.0446	35	0.0007
6	0.0002	16	0.0646	26	0.0343	36	0.0004
7	0.0005	17	0.0760	27	0.0254	37	0.0002
8	0.0013	18	0.0844	28	0.0181	38	0.0001
9	0.0029	19	0.0888	29	0.0125	39	0.0001

TABLA E.8

Valores críticos del rango studentizado Q.

Grados de libertad del numerador	Puntos superiores 5% ($\alpha = 0.05$) Grados de libertad del numerador 2	3	4	5	6	7	8	9	10	11	12	13	14	15	16	17	18	19	20
1	18.00	27.00	32.80	37.10	40.40	43.10	45.40	47.40	49.10	50.60	52.00	53.20	54.30	55.40	56.30	57.20	58.00	58.80	59.60
2	6.09	8.30	9.80	10.90	11.70	12.40	13.00	13.50	14.00	14.40	14.70	15.10	15.40	15.70	15.90	16.10	16.40	16.60	16.80
3	4.50	5.91	6.82	7.50	8.04	8.48	8.85	9.18	9.46	9.72	9.95	10.15	10.35	10.52	10.69	10.84	10.98	11.11	11.24
4	3.93	5.04	5.76	6.29	6.71	7.05	7.35	7.60	7.83	8.03	8.21	8.37	8.52	8.66	8.79	8.91	9.03	9.13	9.23
5	3.64	4.60	5.22	5.67	6.03	6.33	6.58	6.80	6.99	7.17	7.32	7.47	7.60	7.72	7.83	7.93	8.03	8.12	8.21
6	3.46	4.34	4.90	5.31	5.63	5.89	6.12	6.32	6.49	6.65	6.79	6.92	7.03	7.14	7.24	7.34	7.43	7.51	7.59
7	3.34	4.16	4.68	5.06	5.36	5.61	5.82	6.00	6.16	6.30	6.43	6.55	6.66	6.76	6.85	6.94	7.02	7.09	7.17
8	3.26	4.04	4.53	4.89	5.17	5.40	5.60	5.77	5.92	6.05	6.18	6.29	6.39	6.48	6.57	6.65	6.73	6.80	6.87
9	3.20	3.95	4.42	4.76	5.02	5.24	5.43	5.60	5.74	5.87	5.98	6.09	6.19	6.28	6.36	6.44	6.51	6.58	6.64
10	3.15	3.88	4.33	4.65	4.91	5.12	5.30	5.46	5.60	5.72	5.83	5.93	6.03	6.11	6.20	6.27	6.34	6.40	6.47
11	3.11	3.82	4.26	4.57	4.82	5.03	5.20	5.35	5.49	5.61	5.71	5.81	5.90	5.99	6.06	6.14	6.20	6.26	6.33
12	3.08	3.77	4.20	4.51	4.75	4.95	5.12	5.27	5.40	5.51	5.62	5.71	5.80	5.88	5.95	6.03	6.09	6.15	6.21
13	3.06	3.73	4.15	4.45	4.69	4.88	5.05	5.19	5.32	5.43	5.53	5.63	5.71	5.79	5.86	5.93	6.00	6.05	6.11
14	3.03	3.70	4.11	4.41	4.64	4.83	4.99	5.13	5.25	5.36	5.46	5.55	5.64	5.72	5.79	5.85	5.92	5.97	6.03
15	3.01	3.67	4.08	4.37	4.60	4.78	4.94	5.08	5.20	5.31	5.40	5.49	5.58	5.65	5.72	5.79	5.85	5.90	5.96
16	3.00	3.65	4.05	4.33	4.56	4.74	4.90	5.03	5.15	5.26	5.35	5.44	5.52	5.59	5.66	5.72	5.79	5.84	5.90
17	2.98	3.63	4.02	4.30	4.52	4.71	4.86	4.99	5.11	5.21	5.31	5.39	5.47	5.55	5.61	5.68	5.74	5.79	5.84
18	2.97	3.61	4.00	4.28	4.49	4.67	4.82	4.96	5.07	5.17	5.27	5.35	5.43	5.50	5.57	5.63	5.69	5.74	5.79
19	2.96	3.59	3.98	4.25	4.47	4.65	4.79	4.92	5.04	5.14	5.23	5.32	5.39	5.46	5.53	5.59	5.65	5.70	5.75
20	2.95	3.58	3.96	4.23	4.45	4.62	4.77	4.90	5.01	5.11	5.20	5.28	5.36	5.43	5.49	5.55	5.61	5.66	5.71
24	2.92	3.53	3.90	4.17	4.37	4.54	4.68	4.81	4.92	5.01	5.10	5.18	5.25	5.32	5.38	5.44	5.50	5.54	5.59
30	2.89	3.49	3.84	4.10	4.30	4.46	4.60	4.72	4.83	4.92	5.00	5.08	5.15	5.21	5.27	5.33	5.38	5.43	5.48
40	2.86	3.44	3.79	4.04	4.23	4.39	4.52	4.63	4.74	4.82	4.91	4.98	5.05	5.11	5.16	5.22	5.27	5.31	5.36
60	2.83	3.40	3.74	3.98	4.16	4.31	4.44	4.55	4.65	4.73	4.81	4.88	4.94	5.00	5.06	5.11	5.16	5.20	5.24
120	2.80	3.36	3.69	3.92	4.10	4.24	4.36	4.48	4.56	4.64	4.72	4.78	4.84	4.90	4.95	5.00	5.05	5.09	5.13
∞	2.77	3.31	3.63	3.86	4.03	4.17	4.29	4.39	4.47	4.55	4.62	4.68	4.74	4.80	4.85	4.89	4.93	4.97	5.01

continúa

TABLA E.8

Valores críticos del rango studentizado Q *(continuación)*.

Grados de libertad del numerador	Puntos superiores 1% (α = 0.05) Grados de libertad del numerador 2	3	4	5	6	7	8	9	10	11	12	13	14	15	16	17	18	19	20
1	90.00	135.00	164.00	186.00	202.00	216.00	227.00	237.00	246.00	253.00	260.00	266.00	272.00	277.00	282.00	286.00	290.00	294.00	298.00
2	14.00	19.00	22.30	24.70	26.60	28.20	29.50	30.70	31.70	32.60	33.40	34.10	34.80	35.40	36.00	36.50	37.00	37.50	37.90
3	8.26	10.60	12.20	13.30	14.20	15.00	15.60	16.20	16.70	17.10	17.50	17.90	18.20	18.50	18.80	19.10	19.30	19.50	19.80
4	6.51	8.12	9.17	9.96	10.60	11.10	11.50	11.90	12.30	12.60	12.80	13.10	13.30	13.50	13.70	13.90	14.10	14.20	14.40
5	5.70	6.97	7.80	8.42	8.91	9.32	9.67	9.97	10.24	10.48	10.70	10.89	11.08	11.24	11.40	11.55	11.68	11.81	11.93
6	5.24	6.33	7.03	7.56	7.97	8.32	8.61	8.87	9.10	9.30	9.49	9.65	9.81	9.95	10.08	10.21	10.32	10.43	10.54
7	4.95	5.92	6.54	7.01	7.37	7.68	7.94	8.17	8.37	8.55	8.71	8.86	9.00	9.12	9.24	9.35	9.46	9.55	9.65
8	4.74	5.63	6.20	6.63	6.96	7.24	7.47	7.68	7.87	8.03	8.18	8.31	8.44	8.55	8.66	8.76	8.85	8.94	9.03
9	4.60	5.43	5.96	6.35	6.66	6.91	7.13	7.32	7.49	7.65	7.78	7.91	8.03	8.13	8.23	8.32	8.41	8.49	8.57
10	4.48	5.27	5.77	6.14	6.43	6.67	6.87	7.05	7.21	7.36	7.48	7.60	7.71	7.81	7.91	7.99	8.07	8.15	8.22
11	4.39	5.14	5.62	5.97	6.26	6.48	6.67	6.84	6.99	7.13	7.25	7.36	7.46	7.56	7.65	7.73	7.81	7.88	7.95
12	4.32	5.04	5.50	5.84	6.10	6.32	6.51	6.67	6.81	6.94	7.06	7.17	7.26	7.36	7.44	7.52	7.59	7.66	7.73
13	4.26	4.96	5.40	5.73	5.98	6.19	6.37	6.53	6.67	6.79	6.90	7.01	7.10	7.19	7.27	7.34	7.42	7.48	7.55
14	4.21	4.89	5.32	5.63	5.88	6.08	6.26	6.41	6.54	6.66	6.77	6.87	6.96	7.05	7.12	7.20	7.27	7.33	7.39
15	4.17	4.83	5.25	5.56	5.80	5.99	6.16	6.31	6.44	6.55	6.66	6.76	6.84	6.93	7.00	7.07	7.14	7.20	7.26
16	4.13	4.78	5.19	5.49	5.72	5.92	6.08	6.22	6.35	6.46	6.56	6.66	6.74	6.82	6.90	6.97	7.03	7.09	7.15
17	4.10	4.74	5.14	5.43	5.66	5.85	6.01	6.15	6.27	6.38	6.48	6.57	6.66	6.73	6.80	6.87	6.94	7.00	7.05
18	4.07	4.70	5.09	5.38	5.60	5.79	5.94	6.08	6.20	6.31	6.41	6.50	6.58	6.65	6.72	6.79	6.85	6.91	6.96
19	4.05	4.67	5.05	5.33	5.55	5.73	5.89	6.02	6.14	6.25	6.34	6.43	6.51	6.58	6.65	6.72	6.78	6.84	6.89
20	4.02	4.64	5.02	5.29	5.51	5.69	5.84	5.97	6.09	6.19	6.29	6.37	6.45	6.52	6.59	6.65	6.71	6.76	6.82
24	3.96	4.54	4.91	5.17	5.37	5.54	5.69	5.81	5.92	6.02	6.11	6.19	6.26	6.33	6.39	6.45	6.51	5.56	6.61
30	3.89	4.45	4.80	5.05	5.24	5.40	5.54	5.65	5.76	5.85	5.93	6.01	6.08	6.14	6.20	6.26	6.31	6.36	6.41
40	3.82	4.37	4.70	4.93	5.11	5.27	5.39	5.50	5.60	5.69	5.77	5.84	5.90	5.96	6.02	6.07	6.12	6.17	6.21
60	3.76	4.28	4.60	4.82	4.99	5.13	5.25	5.36	5.45	5.53	5.60	5.67	5.73	5.79	5.84	5.89	5.93	5.98	6.02
120	3.70	4.20	4.50	4.71	4.87	5.01	5.12	5.21	5.30	5.38	5.44	5.51	5.56	5.61	5.66	5.71	5.75	5.79	5.83
∞	3.64	4.12	4.40	4.60	4.76	4.88	4.99	5.08	5.16	5.23	5.29	5.35	5.40	5.45	5.49	5.54	5.57	5.61	5.65

Fuente: Reimpreso de E. S. Pearson y H. O. Hartley, eds., Tabla 29 de Biometrika Tables for Statisticians, Vol. 1, *3a. ed., 1966, con permiso de* Biometrika *Trustees, Londres.*

TABLA E.9

Valores críticos d_L y d_U del estadístico D de Durbin-Watson. (Los valores críticos son de un solo lado.)[a]

	$\alpha = 0.05$										$\alpha = 0.01$									
	$k=1$		$k=2$		$k=3$		$k=4$		$k=5$		$k=1$		$k=2$		$k=3$		$k=4$		$k=5$	
n	d_L	d_U	d_L	d_U	d_L	d_U	d_L	d_U	d_L	d_U	d_L	d_U	d_L	d_U	d_L	d_U	d_L	d_U	d_L	d_U
15	1.08	1.36	.95	1.54	.82	1.75	.69	1.97	.56	2.21	.81	1.07	.70	1.25	.59	1.46	.49	1.70	.39	1.96
16	1.10	1.37	.98	1.54	.86	1.73	.74	1.93	.62	2.15	.84	1.09	.74	1.25	.63	1.44	.53	1.66	.44	1.90
17	1.13	1.38	1.02	1.54	.90	1.71	.78	1.90	.67	2.10	.87	1.10	.77	1.25	.67	1.43	.57	1.63	.48	1.85
18	1.16	1.39	1.05	1.53	.93	1.69	.82	1.87	.71	2.06	.90	1.12	.80	1.26	.71	1.42	.61	1.60	.52	1.80
19	1.18	1.40	1.08	1.53	.97	1.68	.86	1.85	.75	2.02	.93	1.13	.83	1.26	.74	1.41	.65	1.58	.56	1.77
20	1.20	1.41	1.10	1.54	1.00	1.68	.90	1.83	.79	1.99	.95	1.15	.86	1.27	.77	1.41	.68	1.57	.60	1.74
21	1.22	1.42	1.13	1.54	1.03	1.67	.93	1.81	.83	1.96	.97	1.16	.89	1.27	.80	1.41	.72	1.55	.63	1.71
22	1.24	1.43	1.15	1.54	1.05	1.66	.96	1.80	.86	1.94	1.00	1.17	.91	1.28	.83	1.40	.75	1.54	.66	1.69
23	1.26	1.44	1.17	1.54	1.08	1.66	.99	1.79	.90	1.92	1.02	1.19	.94	1.29	.86	1.40	.77	1.53	.70	1.67
24	1.27	1.45	1.19	1.55	1.10	1.66	1.01	1.78	.93	1.90	1.04	1.20	.96	1.30	.88	1.41	.80	1.53	.72	1.66
25	1.29	1.45	1.21	1.55	1.12	1.66	1.04	1.77	.95	1.89	1.05	1.21	.98	1.30	.90	1.41	.83	1.52	.75	1.65
26	1.30	1.46	1.22	1.55	1.14	1.65	1.06	1.76	.98	1.88	1.07	1.22	1.00	1.31	.93	1.41	.85	1.52	.78	1.64
27	1.32	1.47	1.24	1.56	1.16	1.65	1.08	1.76	1.01	1.86	1.09	1.23	1.02	1.32	.95	1.41	.88	1.51	.81	1.63
28	1.33	1.48	1.26	1.56	1.18	1.65	1.10	1.75	1.03	1.85	1.10	1.24	1.04	1.32	.97	1.41	.90	1.51	.83	1.62
29	1.34	1.48	1.27	1.56	1.20	1.65	1.12	1.74	1.05	1.84	1.12	1.25	1.05	1.33	.99	1.42	.92	1.51	.85	1.61
30	1.35	1.49	1.28	1.57	1.21	1.65	1.14	1.74	1.07	1.83	1.13	1.26	1.07	1.34	1.01	1.42	.94	1.51	.88	1.61
31	1.36	1.50	1.30	1.57	1.23	1.65	1.16	1.74	1.09	1.83	1.15	1.27	1.08	1.34	1.02	1.42	.96	1.51	.90	1.60
32	1.37	1.50	1.31	1.57	1.24	1.65	1.18	1.73	1.11	1.82	1.16	1.28	1.10	1.35	1.04	1.43	.98	1.51	.92	1.60
33	1.38	1.51	1.32	1.58	1.26	1.65	1.19	1.73	1.13	1.81	1.17	1.29	1.11	1.36	1.05	1.43	1.00	1.51	.94	1.59
34	1.39	1.51	1.33	1.58	1.27	1.65	1.21	1.73	1.15	1.81	1.18	1.30	1.13	1.36	1.07	1.43	1.01	1.51	.95	1.59
35	1.40	1.52	1.34	1.58	1.28	1.65	1.22	1.73	1.16	1.80	1.19	1.31	1.14	1.37	1.08	1.44	1.03	1.51	.97	1.59
36	1.41	1.52	1.35	1.59	1.29	1.65	1.24	1.73	1.18	1.80	1.21	1.32	1.15	1.38	1.10	1.44	1.04	1.51	.99	1.59
37	1.42	1.53	1.36	1.59	1.31	1.66	1.25	1.72	1.19	1.80	1.22	1.32	1.16	1.38	1.11	1.45	1.06	1.51	1.00	1.59
38	1.43	1.54	1.37	1.59	1.32	1.66	1.26	1.72	1.21	1.79	1.23	1.33	1.18	1.39	1.12	1.45	1.07	1.52	1.02	1.58
39	1.43	1.54	1.38	1.60	1.33	1.66	1.27	1.72	1.22	1.79	1.24	1.34	1.19	1.39	1.14	1.45	1.09	1.52	1.03	1.58
40	1.44	1.54	1.39	1.60	1.34	1.66	1.29	1.72	1.23	1.79	1.25	1.34	1.20	1.40	1.15	1.46	1.10	1.52	1.05	1.58
45	1.48	1.57	1.43	1.62	1.38	1.67	1.34	1.72	1.29	1.78	1.29	1.38	1.24	1.42	1.20	1.48	1.16	1.53	1.11	1.58
50	1.50	1.59	1.46	1.63	1.42	1.67	1.38	1.72	1.34	1.77	1.32	1.40	1.28	1.45	1.24	1.49	1.20	1.54	1.16	1.59
55	1.53	1.60	1.49	1.64	1.45	1.68	1.41	1.72	1.38	1.77	1.36	1.43	1.32	1.47	1.28	1.51	1.25	1.55	1.21	1.59
60	1.55	1.62	1.51	1.65	1.48	1.69	1.44	1.73	1.41	1.77	1.38	1.45	1.35	1.48	1.32	1.52	1.28	1.56	1.25	1.60
65	1.57	1.63	1.54	1.66	1.50	1.70	1.47	1.73	1.44	1.77	1.41	1.47	1.38	1.50	1.35	1.53	1.31	1.57	1.28	1.61
70	1.58	1.64	1.55	1.67	1.52	1.70	1.49	1.74	1.46	1.77	1.43	1.49	1.40	1.52	1.37	1.55	1.34	1.58	1.31	1.61
75	1.60	1.65	1.57	1.68	1.54	1.71	1.51	1.74	1.49	1.77	1.45	1.50	1.42	1.53	1.39	1.56	1.37	1.59	1.34	1.62
80	1.61	1.66	1.59	1.69	1.56	1.72	1.53	1.74	1.51	1.77	1.47	1.52	1.44	1.54	1.42	1.57	1.39	1.60	1.36	1.62
85	1.62	1.67	1.60	1.70	1.57	1.72	1.55	1.75	1.52	1.77	1.48	1.53	1.46	1.55	1.43	1.58	1.41	1.60	1.39	1.63
90	1.63	1.68	1.61	1.70	1.59	1.73	1.57	1.75	1.54	1.78	1.50	1.54	1.47	1.56	1.45	1.59	1.43	1.61	1.41	1.64
95	1.64	1.69	1.62	1.71	1.60	1.73	1.58	1.75	1.56	1.78	1.51	1.55	1.49	1.57	1.47	1.60	1.45	1.62	1.42	1.64
100	1.65	1.69	1.63	1.72	1.61	1.74	1.59	1.76	1.57	1.78	1.52	1.56	1.50	1.58	1.48	1.60	1.46	1.63	1.44	1.65

[a] n = *número de observaciones;* k = *número de variables independientes.*

Fuente: Esta tabla ha sido reproducida de Biometrika, *41 (1951): 173 y 175, con permiso de* Biometrika *Trustees.*

TABLA E.10
Factores de gráfica de control.

Número de observaciones en la muestra	d_2	d_3	D_3	D_4	A_2
2	1.128	0.853	0	3.267	1.880
3	1.693	0.888	0	2.575	1.023
4	2.059	0.880	0	2.282	0.729
5	2.326	0.864	0	2.114	0.577
6	2.534	0.848	0	2.004	0.483
7	2.704	0.833	0.076	1.924	0.419
8	2.847	0.820	0.136	1.864	0.373
9	2.970	0.808	0.184	1.816	0.337
10	3.078	0.797	0.223	1.777	0.308
11	3.173	0.787	0.256	1.744	0.285
12	3.258	0.778	0.283	1.717	0.266
13	3.336	0.770	0.307	1.693	0.249
14	3.407	0.763	0.328	1.672	0.235
15	3.472	0.756	0.347	1.653	0.223
16	3.532	0.750	0.363	1.637	0.212
17	3.588	0.744	0.378	1.622	0.203
18	3.640	0.739	0.391	1.609	0.194
19	3.689	0.733	0.404	1.596	0.187
20	3.735	0.729	0.415	1.585	0.180
21	3.778	0.724	0.425	1.575	0.173
22	3.819	0.720	0.435	1.565	0.167
23	3.858	0.716	0.443	1.557	0.162
24	3.895	0.712	0.452	1.548	0.157
25	3.931	0.708	0.459	1.541	0.153

Fuente: Reimpreso de ASTM-STP 15D con el gentil permiso de la American Society for Testing and Materials.

TABLA E.11

La distribución normal estandarizada.

La entrada representa el área debajo de la distribución normal estandarizada desde la media hasta **Z**.

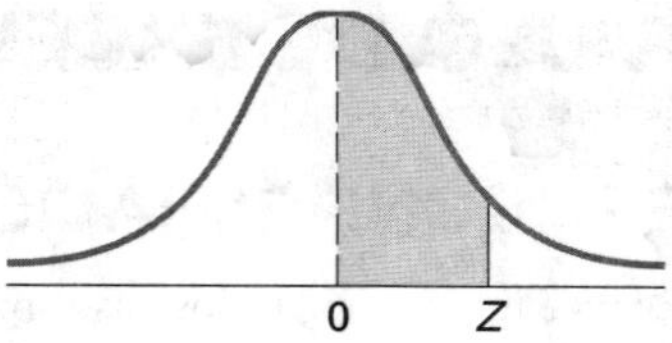

Z	.00	.01	.02	.03	.04	.05	.06	.07	.08	.09
0.0	.0000	.0040	.0080	.0120	.0160	.0199	.0239	.0279	.0319	.0359
0.1	.0398	.0438	.0478	.0517	.0557	.0596	.0636	.0675	.0714	.0753
0.2	.0793	.0832	.0871	.0910	.0948	.0987	.1026	.1064	.1103	.1141
0.3	.1179	.1217	.1255	.1293	.1331	.1368	.1406	.1443	.1480	.1517
0.4	.1554	.1591	.1628	.1664	.1700	.1736	.1772	.1808	.1844	.1879
0.5	.1915	.1950	.1985	.2019	.2054	.2088	.2123	.2157	.2190	.2224
0.6	.2257	.2291	.2324	.2357	.2389	.2422	.2454	.2486	.2518	.2549
0.7	.2580	.2612	.2642	.2673	.2704	.2734	.2764	.2794	.2823	.2852
0.8	.2881	.2910	.2939	.2967	.2995	.3023	.3051	.3078	.3106	.3133
0.9	.3159	.3186	.3212	.3238	.3264	.3289	.3315	.3340	.3365	.3389
1.0	.3413	.3438	.3461	.3485	.3508	.3531	.3554	.3577	.3599	.3621
1.1	.3643	.3665	.3686	.3708	.3729	.3749	.3770	.3790	.3810	.3830
1.2	.3849	.3869	.3888	.3907	.3925	.3944	.3962	.3980	.3997	.4015
1.3	.4032	.4049	.4066	.4082	.4099	.4115	.4131	.4147	.4162	.4177
1.4	.4192	.4207	.4222	.4236	.4251	.4265	.4279	.4292	.4306	.4319
1.5	.4332	.4345	.4357	.4370	.4382	.4394	.4406	.4418	.4429	.4441
1.6	.4452	.4463	.4474	.4484	.4495	.4505	.4515	.4525	.4535	.4545
1.7	.4554	.4564	.4573	.4582	.4591	.4599	.4608	.4616	.4625	.4633
1.8	.4641	.4649	.4656	.4664	.4671	.4678	.4686	.4693	.4699	.4706
1.9	.4713	.4719	.4726	.4732	.4738	.4744	.4750	.4756	.4761	.4767
2.0	.4772	.4778	.4783	.4788	.4793	.4798	.4803	.4808	.4812	.4817
2.1	.4821	.4826	.4830	.4834	.4838	.4842	.4846	.4850	.4854	.4857
2.2	.4861	.4864	.4868	.4871	.4875	.4878	.4881	.4884	.4887	.4890
2.3	.4893	.4896	.4898	.4901	.4904	.4906	.4909	.4911	.4913	.4916
2.4	.4918	.4920	.4922	.4925	.4927	.4929	.4931	.4932	.4934	.4936
2.5	.4938	.4940	.4941	.4943	.4945	.4946	.4948	.4949	.4951	.4952
2.6	.4953	.4955	.4956	.4957	.4959	.4960	.4961	.4962	.4963	.4964
2.7	.4965	.4966	.4967	.4968	.4969	.4970	.4971	.4972	.4973	.4974
2.8	.4974	.4975	.4976	.4977	.4977	.4978	.4979	.4979	.4980	.4981
2.9	.4981	.4982	.4982	.4983	.4984	.4984	.4985	.4985	.4986	.4986
3.0	.49865	.49869	.49874	.49878	.49882	.49886	.49889	.49893	.49897	.49900
3.1	.49903	.49906	.49910	.49913	.49916	.49918	.49921	.49924	.49926	.49929
3.2	.49931	.49934	.49936	.49938	.49940	.49942	.49944	.49946	.49948	.49950
3.3	.49952	.49953	.49955	.49957	.49958	.49960	.49961	.49962	.49964	.49965
3.4	.49966	.49968	.49969	.49970	.49971	.49972	.49973	.49974	.49975	.49976
3.5	.49977	.49978	.49978	.49979	.49980	.49981	.49981	.49982	.49983	.49983
3.6	.49984	.49985	.49985	.49986	.49986	.49987	.49987	.49988	.49988	.49989
3.7	.49989	.49990	.49990	.49990	.49991	.49991	.49992	.49992	.49992	.49992
3.8	.49993	.49993	.49993	.49994	.49994	.49994	.49994	.49995	.49995	.49995
3.9	.49995	.49995	.49996	.49996	.49996	.49996	.49996	.49996	.49997	.49997

F. USO DE EXCEL CON ESTE LIBRO

F.1 CONFIGURACIÓN DE EXCEL

Realice los siguientes dos pasos para asegurarse de que la copia de Office o Excel que utiliza esté configurada correctamente.

Paso 1: **Verifique su copia de Excel.** Abra Excel y seleccione **Ayuda → Acerca de Excel** para ver la ventana de diálogo que en su primera línea indica el número de versión, número de serie y los números de cualquier servicio de publicación (SR, siglas de service of release), o de paquetes de servicio (SP, siglas de service packs). Para utilizar Excel con este libro, debe tener la versión 97 de Excel o cualquier versión posterior, como Excel 2000, Excel 2002 (Excel XP) o Excel 2003. Localice y encuentre el CD-ROM original que contiene la versión de Office o Excel instalado en su sistema para uso posterior. Si usted da mantenimiento al sistema de su propia computadora, también debería visitar el sitio Web de Microsoft Excel **http://office.microsoft.com** y determinar si existen actualizaciones, servicios de publicación o paquetes de servicio para descargar e instalar.

Paso 2: **Verifique la instalación de la Herramienta para análisis complementos de Excel.** Tal vez este paquete no haya sido instalado en su sistema cuando instaló Office o Excel. Abra Excel y seleccione **Herramientas → Complementos** para ver la ventana de diálogo de complementos. Asegúrese de que las opciones **Herramientas para análisis** y **Herramientas para análisis - VBA** estén seleccionadas en la lista de complementos disponibles. (Véase la ilustración de abajo, la ventana de diálogo para Excel 2002 y 2003; la ventana de diálogo para otras versiones de Excel es similar.) Dé clic en el botón **Aceptar** cuando termine.

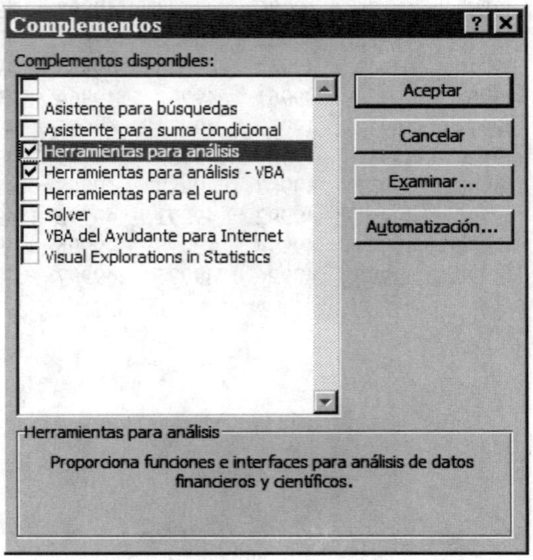

Si no aparecieran las dos opciones en la lista de complementos disponibles, salga de Excel y corra nuevamente el programa Office (o Excel) y prepare el CD-ROM original del programa para utilizarlo. Deberá seleccionar la opción agregar-o-remover o modificar la instalación del programa. Si posteriormente ve las opciones avanzadas personalizadas para aplicaciones, selecciónelas. Elija Herramientas para análisis en los complementos para instalación y si le dan la opción de elegir "correr desde mi computadora" o "instalar en el primer uso", elija "correr desde mi computadora". Siga las instrucciones en pantalla para completar la instalación.

F.2 USO DE LAS HERRAMIENTAS PARA ANÁLISIS DE DATOS

Las Herramientas para análisis de datos son un conjunto de procedimientos incluidos en Excel. Para utilizar las Herramientas para análisis de datos, primero verifique que estén instaladas adecuadamente (véase la sección anterior). Después seleccione **Herramientas → Análisis de datos** para ver la ventana de diálogo de Análisis de datos (mostrada abajo). En la lista de **Funciones para análisis** elija un procedimiento y dé clic en el botón **Aceptar**. Para la mayoría de los procedimientos aparecerá una segunda ventana de diálogo en la que podrá realizar entradas y selecciones.

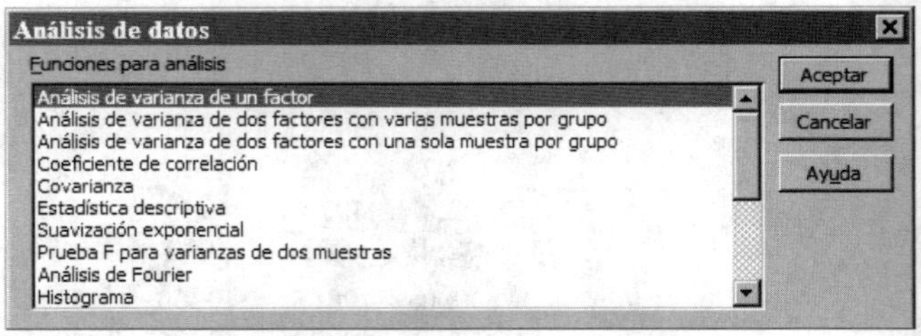

F.3 USO DEL ASISTENTE PARA TABLAS Y GRÁFICOS DINÁMICOS

Utilice el Asistente para tablas y gráficos dinámicos para generar Tablas Dinámicas, tablas de resumen que se actualizan automáticamente conforme cambian los datos en los que se basan. Al leer este libro, puede utilizar el asistente para generar tablas de distribución de frecuencias de una y de dos vías para datos categóricos (véase el capítulo 2).

Para utilizar el Asistente para tablas y gráficos dinámicos, primero seleccione **Datos → Asistente para Tablas y Gráficos dinámicos** (si utiliza Excel 97 es **Datos → Asistente de tablas dinámicas**). Después ingrese la información acerca del diseño de la tabla conforme aparece una serie de ventanas de diálogo dando clic en el botón Next. Dé clic en el botón **Finalizar** en la última ventana de diálogo para crear la tabla. Puede cancelar la operación del asistente, en cualquier momento, dando clic en **Cancelar** o moviéndose a la ventana de diálogo previa dando clic en **Atrás**. En la ventana de diálogo del Paso 3, debe dar clic en los botones de **Diseño** y **Opciones** para completar el proceso de crear una Tabla dinámica.

Los Asistentes de tabla dinámica de las diferentes versiones de Excel difieren ligeramente. Para Excel 2003, el asistente (véase la figura F.1) de tres pasos requiere que haga lo siguiente:

Paso 1: Seleccione la fuente de datos para la Tabla dinámica y el tipo de reporte que se producirá en la ventana de diálogo del Paso 1. En este libro, usted siempre seleccionará **lista o base de datos de Microsoft Office Excel** como fuente y **Tabla dinámica** como tipo de reporte. (No se selecciona un tipo de reporte en Excel 97; se supone que se refiere a la Tabla dinámica.)

Paso 2: Ingrese el rango de las celdas para los datos que se resumirán en la Tabla dinámica. La primera fila de este rango de celdas debe contener el encabezado de la columna que se utilizará por el asistente como nombre(s) de la variable.

Paso 3: Elija la locación de la Tabla dinámica. En este libro siempre deberá seleccionar la opción **Hoja de cálculo nueva.** Dé clic en **Diseño** para mostrar la ventana de diálogo suplementaria de diseño. En esta ventana de diálogo, arrastre las etiquetas de los nombres de la lista de variables que aparecen en el lado derecho (en la figura F.2 está sombreado) en la plantilla que contiene página, fila, columna y áreas de datos. Cuando arrastre una etiqueta al área de DATOS, la etiqueta cambia a **Cuenta de la *variable*** para indicar que la Tabla dinámica automáticamente etiquetará la variable. Cuando haya terminado de arrastrar las etiquetas, dé clic en **Aceptar** para regresar a la ventana de diálogo principal del Paso 3. Ahora dé clic en **Opciones** para mostrar la ventana de diálogo Opciones de tabla dinámica.

En la ventana de diálogo de Opciones de tabla dinámica, ingrese un nombre autodescriptivo de la tabla en **Nombre** e ingrese **0** en **Para celdas vacías, mostrar** y deje los otros conjuntos como están. Entonces dé clic en **Aceptar** para volver a la ventana de diálogo principal del Paso 3 y dé clic en **Finalizar** para generar la Tabla dinámica.

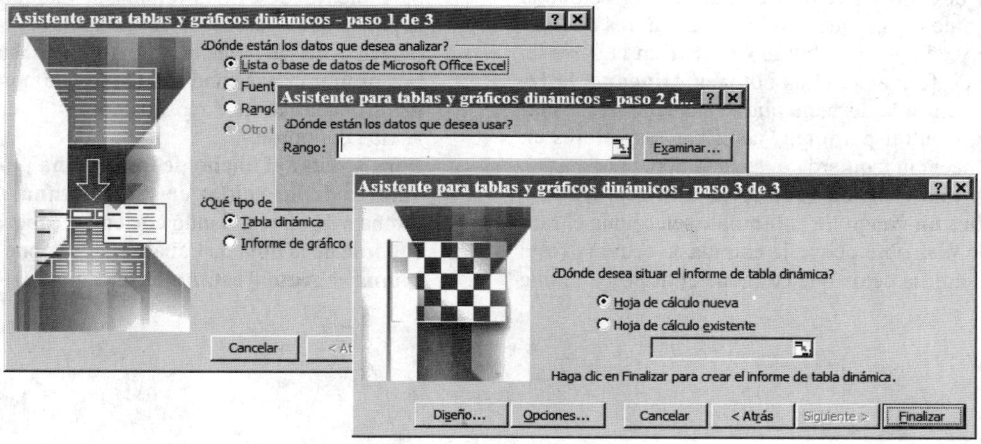

FIGURA F.1 Asistente de Tabla dinámica.

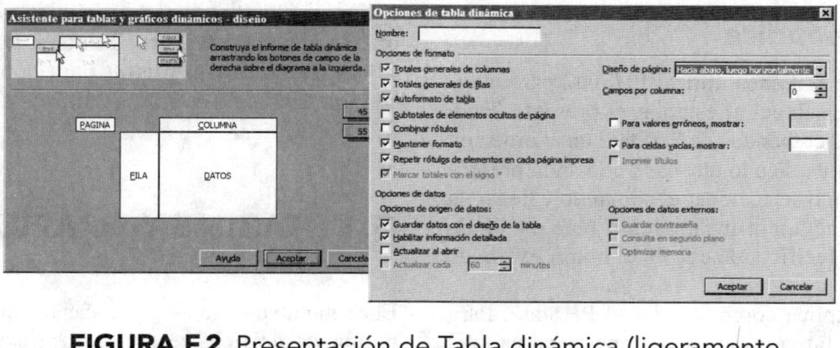

FIGURA F.2 Presentación de Tabla dinámica (ligeramente sombreada) y ventanas de diálogo de Opciones.

F.4 MEJORANDO LA APARIENCIA DE LAS HOJAS DE TRABAJO

Usted puede utilizar cualquier número de comandos de formateo para mejorar la apariencia de las hojas de trabajo, sin importar si éstas fueron hechas manualmente o con la ayuda del asistente o de un complemento. Puede utilizar el icono de Excel barra de herramientas formateo para tener acceso con facilidad a los comandos de formateo más comúnmente utilizados o, si lo prefiere, puede seleccionar **Formato → Cedas** y elegir en la ventana de diálogo de Formato Celdas. La figura F.3 muestra la barra de herramientas de formateo. Abajo se explican e indican algunos de los botones utilizados comúnmente.

FIGURA F.3 Barra de herramientas de formateo.

Para mostrar los valores de las celdas utilizando el tipo negrita, seleccione la celda (o rango de celda) que contiene los valores que deben escribirse en negritas y dé clic en el botón **Negrita** de la barra de herramientas de formateo.

Para centrar el valor de celda en su celda, seleccione la celda (o rango de celda) que contiene los valores que deben centrarse y dé clic en el botón **Centrar** en la barra de herramientas de formateo. (Los botones **Alinear a la izquierda** y **Alinear a la derecha** que se encuentran a los lados del botón Centrar permiten justificar los valores en una columna hacia la izquierda o hacia la derecha.)

Para centrar una entrada grande en una celda, como un título, sobre un rango de columnas, seleccione el rango de celda de fila sobre el que la entrada se centrará (este rango debe incluir la celda que contiene el título) y dé clic en el botón **Combinar y Centrar** de la barra de herramientas de formateo.

Para desplegar los valores numéricos como porcentajes, seleccione el rango de celdas que contiene las entradas numéricas desplegadas como porcentajes y dé clic en el botón **Porcentaje** de la barra de herramientas de formateo.

Para alinear al punto decimal en una serie de entradas numéricas, seleccione el rango de celdas que contiene las entradas numéricas a alinear y dé clic en el botón **Incremento decimal** o **Decremento decimal** en la barra de herramientas de formateo hasta que el decimal deseado se alinee.

Para cambiar el color de fondo, seleccione el rango de celda que contiene las celdas que han de cambiar y dé clic en el botón de la lista del menú desplegable **Color de relleno**. En la ventana de diálogo de la paleta Color de relleno que aparece, seleccione el nuevo color de fondo. (Por ejemplo, podría usarse el color de Windows "Turquesa claro" para las áreas que contienen los datos de valor que el usuario cambia y el color "Amarillo claro" para las áreas que contienen los resultados. Turquesa claro y Amarillo claro son las opciones quinta y tercera, respectivamente, en la fila del botón de la paleta estándar.)

Para cambiar el efecto en el borde de celda, seleccione el rango de celda que contiene las celdas cuyos bordes desea cambiar y dé clic en el botón de la lista del menú desplegable **Bordes**. En la ventana de diálogo de los bordes de la paleta que aparece, seleccione el nuevo efecto de borde. (Muchas de las hojas de trabajo que se ilustran en este libro usan una variedad de efectos de borde, incluidas las identificadas como Todos los bordes, Fuera de los bordes y Arriba del borde.)

Para ajustar el ancho de la columna para completar los valores de las celdas en esa columna, seleccione la columna a formatear dando clic en las cabezas de columna en el borde de la hoja de trabajo y seleccione **Formato → Columna → Autoajustar a la selección**.

G. GUÍA DEL USUARIO DE PHStat2

Acerca de este apéndice

Deberá leer este apéndice si planea utilizar PHStat2 para realizar análisis estadísticos en Excel al estudiar el presente libro. Este apéndice presenta los comandos de PHStat2 en el orden en que aparecen en el libro y explica lo que cada comando presentado hace y le muestra cómo seleccionar el comando y llenar su ventana de diálogo. (Si requiere información más detallada acerca de un comando específico, dé clic en el botón Ayuda de la ventana de diálogo.)

Este apéndice no explica cómo instalar el PHStat2. Para solicitar ayuda con esta tarea o para peticiones técnicas del programa, lea el archivo Readme de PHStat2 en el CD-ROM que acompaña este libro. También puede visitar el sitio Web **www.prenhall.com/phstat** para ponerse en contacto con el servicio técnico y recibir las últimas noticias y actualizaciones de PHStat2.

G.1 TABLAS Y GRÁFICAS DE UNA VÍA

El comando de Tablas y gráficas de una vía simplifica la preparación de gráficas resumen, gráficas de barras, de pastel y diagramas de Pareto. Este comando acepta datos no resumidos

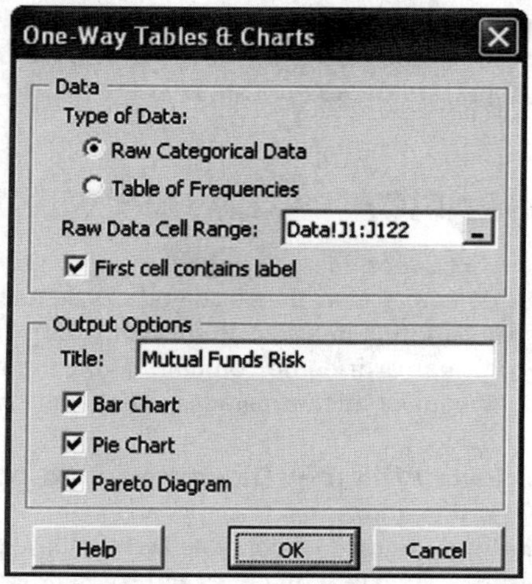

FIGURA G.1

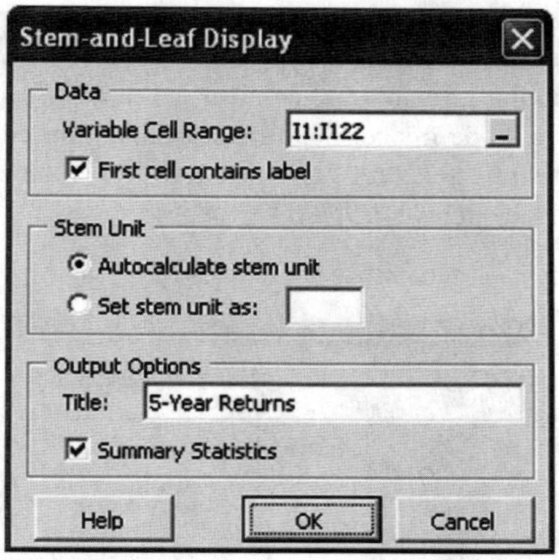

FIGURA G.2

(**Raw Categorical Data**) o una **Table of Frequencies** en las que las categorías ya han sido etiquetadas. En cualquier caso, el comando utiliza los asistentes de Tabla y gráficos dinámicos de forma invisible para construir tablas y gráficas resumen, o diagramas de Pareto, además de realizar operaciones de formateo adicionales para crear una gráfica con un formato correcto.

Seleccione: PHStat → Descriptive Statistics → One-Way Tables & Charts.

Ejemplo: La figura G.1 contiene las entradas para generar una tabla de resumen y las GRÁFICAS PARA LA VARIABLE **Risk** en la hoja **Data** del archivo **MUTUALFUNDS2004.xls.**

G.2 DIAGRAMA DE TALLO Y HOJAS

El comando para el diagrama de tallo y hojas crea un diagrama de tallo y hojas como una serie de entradas de texto para la hoja de trabajo. El comando clasifica de forma invisible los datos, decide la unidad tallo (si selecciona **Autocalculate stem unit**) y formatea las entradas de celda para las hojas y el tallo. Si usted selecciona **Summary Statistics**, el comando también incluye aquellos estadísticos producidos en la hoja de trabajo.

Debe utilizar con moderación la opción **Set stem unit as**; si la usa, la unidad de tallo que especifique deberá ser una potencia de 10.

Seleccione: PHStat → Descriptive Statistics → Stem-and-Leaf Display.

Ejemplo: La figura G.2 contiene las entradas para generar un diagrama de tallo y hojas para la variable **5-Yr Return** en la hoja **Data** del archivo **MUTUALFUNDS2004.xls.**

G.3 HISTOGRAMA Y POLÍGONOS

El comando de Histograma y Polígonos emplea el procedimiento de Análisis de datos del histograma y el Asistente gráfico para generar distribuciones de frecuencias, histogramas y polígonos de frecuencia, porcentaje y porcentaje acumulado.

Este comando acepta datos de grupos individuales y de grupos múltiples, así como datos desapilados (los datos de cada grupo en su propia columna) o datos apilados (datos para todos los grupos en una sola columna). Si utiliza la opción **Multiple Groups – Stacked**, requerirá ingresar también el **Grouping Variable Cell Range**. Usted controla las gráficas que creará este comando seleccionando las ventanas de diálogo en **Output Options**.

El comando corrige los errores de formateo que cometa el procedimiento de Análisis de datos cuando realice los histogramas y las distribuciones de frecuencia. Entre otras cosas, el comando elimina las filas "More" extra en la tabla de frecuencia y ajusta la amplitud de la brecha entre las barras del histograma.

Puesto que el comando utiliza el procedimiento de Análisis de datos del histograma de forma invisible, el comando usa "bins" y no agrupamientos de clase para crear la tabla de frecuencias. Un bin es un número que especifica el valor máximo para una clase. Los bins se ingresan como una lista ordenada ascendente de valores en un rango de celda contiguo (los **Bins Cell Range** de este comando o el **Bin Range** del procedimiento de Análisis de datos). Un rango bin que contiene los valores 9.99, 19.99, 29.99 hará una aproximación de estas tres clases: todos los valores menores a 10, valores mayores que o iguales a 10 pero menores a 20, y valores mayores que o iguales a 20 pero menores a 30.

Como la primera clase siempre se abrirá al final hacia el infinito negativo, esta clase nunca tendrá un verdadero punto medio. Por lo tanto, el comando espera que su **Midpoints Cell Range** tenga una celda menor que el **Bins Cell Range** y asignará el primer punto medio de la segunda clase.

Seleccione: PHStat → Descriptive Statistics → Histogram & Polygons.
Ejemplo: La figura G.3 contiene las entradas para generar una tabla de frecuencia, un histograma y un polígono de porcentaje PARA LA VARIABLE **RETURN 2003** en la hoja **Data** del archivo **MUTUALFUNDS.2004.xls.**

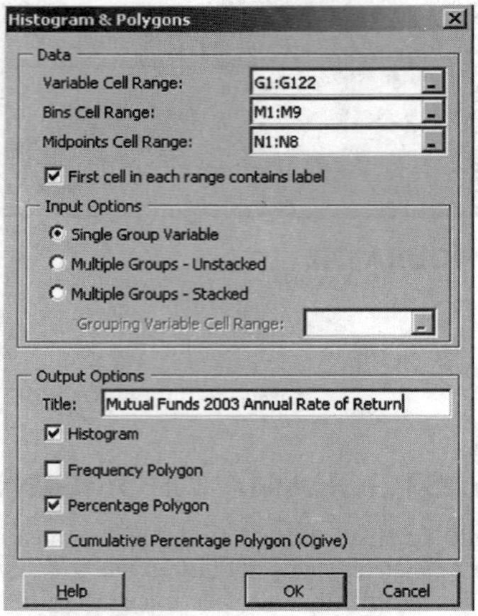

FIGURA G.3

G.4 TABLAS Y GRÁFICAS DE DOS VÍAS

El comando de Tablas y Gráficas de dos vías simplifica la preparación de tablas de clasificación cruzada de dos vías y gráficas de barras de lado a lado (o agrupadas). Este comando usa de forma invisible los Asistentes de tablas dinámicas y de gráficos para construir tablas y gráficas de clasificación cruzada.

Seleccione: PHStat → Descriptive statistics → Two-Way Tables & Chart.

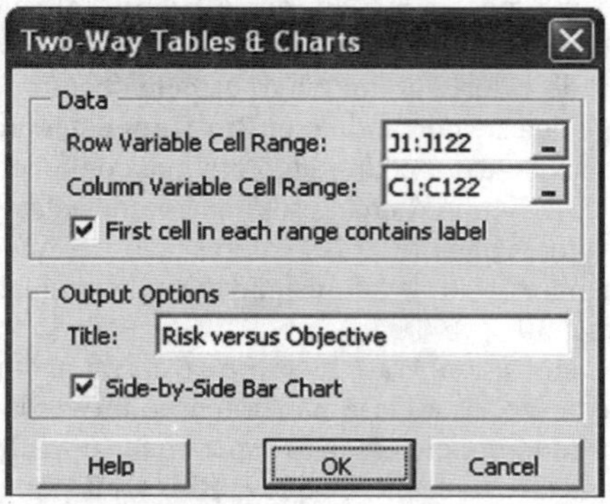

FIGURA G.4

Ejemplo: La figura G.4 contiene las entradas para construir una tabla de clasificación cruzada y una gráfica de barra de lado a lado para LAS VARIABLES **RISK** Y **OBJECTIVE** de la hoja **Data** del archivo **MUTUALFUNDS.2004.xls.**

G.5 GRÁFICA DE CAJA Y BIGOTE

El comando de Gráfica de caja y bigote crea una gráfica de este tipo a partir de una serie de trazos de gráficas de línea. Este comando utiliza de forma invisible al Asistente gráfico para construir una gráfica a partir de un conjunto de común de entradas de hojas de trabajo también generadas por el comando.

Seleccione: PHStat → Descriptive Statistics → Box-and-Whisker Plot.
Ejemplo: La figura G.5 contiene las entradas para generar una gráfica de caja y bigote (y el resumen opcional de 5 números) para la muestra de 10 tiempos para alistarse en la hoja **Data** del archivo **TIMES.xls.**

FIGURA G.5

G.6 PROBABILIDADES BINOMIALES

El comando Binomial crea una hoja de trabajo de probabilidades binomiales basada en el tamaño de la muestra, la probabilidad de éxito y el rango de salidas que usted especifica. Si selecciona en la ventana de diálogo **Cumulative Probabilities**, la hoja de trabajo incluirá columnas adicionales para $P(<=X)$, $P(<X)$, $P(> X)$ y $P(>=X)$. Si selecciona en la ventana de diálogo **Histogram**, el comando usará de forma invisible el Asistente gráfico para crear un histograma en una hoja aparte.

La hoja de trabajo generada utiliza la función BINOMDIST para calcular las probabilidades binomiales. La plantilla para esta función es **BINOMDIST(*X, n, p, cumulative*)**, donde X es el número de éxitos, n es el tamaño de la muestra, p es la probabilidad de éxito, y *cumulative* es un valor Verdadero o Falso que determina si la función calcula la probabilidad de X o menos éxitos (Verdadero) o si calcula la probabilidad de X éxitos exactos (Falso). Para el ejemplo de los formatos de pedido marcados descrito en la sección 5.2, BINOMDIST (3, 4, .1,

Falso) calcula la probabilidad de obtener exactamente tres formatos de pedido marcados de una muestra de cuatro, mientras que BINOMDIST (3, 4, .1, Verdadero) calcula la probabilidad de tres o menos formatos de pedido marcados.

Seleccione: PHStat → Probability & Prob. Distributions → Binomial.
Ejemplo: La figura G.6 contiene las entradas para producir una hoja de trabajo para los formatos de pedido marcados de la sección 5.2.

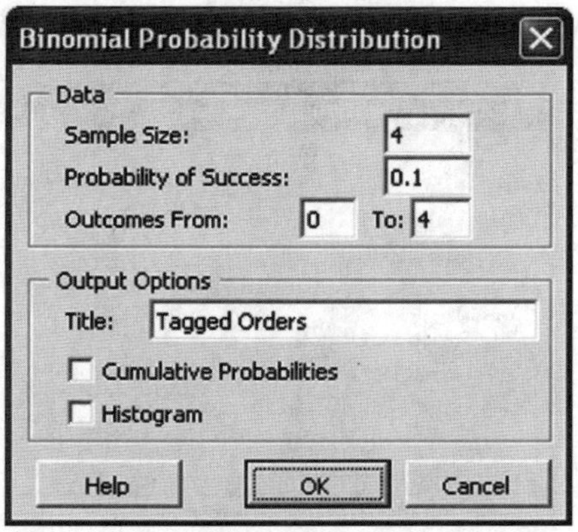

FIGURA G.6

G.7 PROBABILIDADES DE POISSON

El comando Poisson crea una hoja de trabajo de probabilidades de Poisson con base en el tamaño de la muestra, la probabilidad de éxito y un rango de resultados que usted especifique. Si selecciona en la ventana de diálogo **Cumulative Probabilities**, la hoja de trabajo de Poisson incluirá columnas adicionales para $P(<=X)$, $P(<X)$, $P(>X)$ y $P(>=X)$. Si selecciona en la ventana de diálogo **Histogram**, el comando utilizará de forma invisible el Asistente gráfico para crear un histograma en una hoja aparte.

La hoja de trabajo generada utiliza la función POISSON para calcular las probabilidades de Poisson. La plantilla para esta función es **POISSON(*X, lambda, cumulative*)** donde *X* es el número de éxitos, *lambda* es el número promedio de éxitos y *cumulative* es un valor Verdadero o Falso que determina si la función calcula la probabilidad de *X* o menos éxitos (Verdadero) o si calcula la probabilidad exacta de *X* éxitos (Falso). Para el ejemplo del análisis de las llegadas de clientes usado en la sección 5.3, POISSON(2,3,Falso) calcula la probabilidad de que exactamente dos clientes lleguen cuando el número promedio de llegadas sea de 3.0. Cambiar el valor Falso al Verdadero, calcularía la probabilidad de que lleguen dos o menos clientes.

Seleccione: PHStat → Probability & Prob. Distributions → Poisson.
Ejemplo: La figura G.7 contiene las entradas para generar una hoja de trabajo para el ejemplo del análisis de la llegada de clientes utilizado en la sección 5.3.

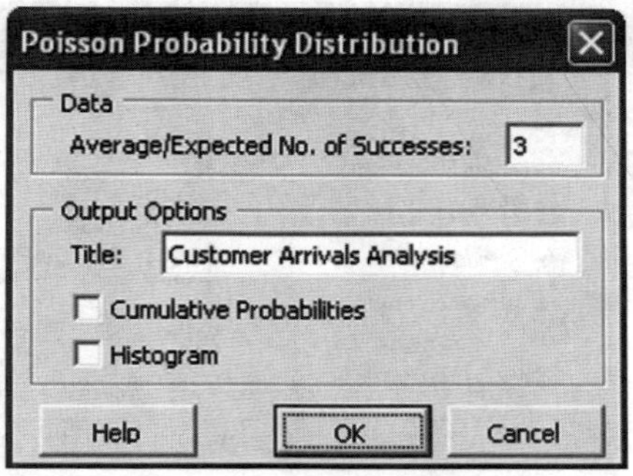

FIGURA G.7

G.8 NORMAL

El comando Normal genera una hoja de trabajo de probabilidad normal que resuelve uno o más tipos de problemas de probabilidad con base en las Opciones Input que usted seleccione.

La hoja de trabajo generada utiliza las funciones STANDARDIZE, NORMDIST, NORMSINV y NORMINV para calcular probabilidades normales y sus valores relacionados. Las plantillas para estas funciones son:

- **STANDARDIZE (*X, mean, standard deviation*)** donde *X* es el valor *X* de interés, y *mean* y *standard deviation* son la media y la desviación estándar para un problema de probabilidad normal.
- **NORMDIST (*X, mean, standard deviation,* True)** donde *X, mean* y *standard deviation* son como en la función STANDARDIZE, y Verdadero indica que se debe calcular una probabilidad acumulativa.
- **NORMSINV(*P<Z*)**, donde $P<Z$ es el área bajo la curva que es menor a *Z*.
- **NORMINV(*P<X, mean, standard deviation*)** donde $P<X$ es el área bajo la curva que es menor que *X*, y *mean* y *standard deviation* son como en la función STANDARDIZE.

La función STANDARDIZE regresa el valor *Z* para un valor *X* en particular, media y desviación estándar. La NORMDIST regresa el área o probabilidad de menos de un valor *X* determinado. La función NORMSINV regresa el valor *Z* que corresponde a una probabilidad determinada. La función NORMINV regresa el valor *X* para una probabilidad, media y desviación estándar dadas. La figura 6.18 en la página 192 ilustra cómo el comando Normal utiliza estas funciones para generar la solución en una hoja de trabajo.

Seleccione: PHStat → Probability & Prob. Distributions → Normal.
Ejemplo: La figura G.8 contiene las entradas para solucionar los problemas del ejemplo 6.5 y el ejemplo 6.6.

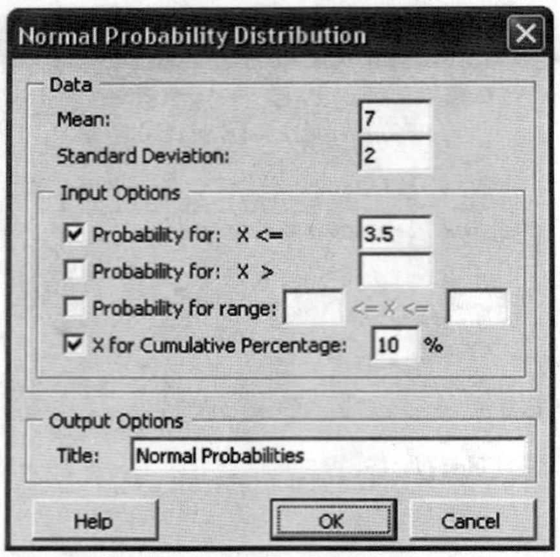

FIGURA G.8

G.9 GRÁFICA DE PROBABILIDAD NORMAL

El comando de Gráfica de probabilidad normal genera un plano de probabilidad normal como una gráfica. Este comando usa de forma invisible el Asistente gráfico para construir un plano a partir de un conjunto de hojas de trabajo también generadas por el comando.

El comando genera una hoja de trabajo **Plot** en la que los valores *Z* que van a ser trazados son calculados utilizando la función NORMSINV (véase la sección G.8).

Seleccione: PHStat → Probability & Prob. Distributions → Normal Probability Plot.
Ejemplo: La figura G.9 contiene las entradas para generar la gráfica de probabilidad normal en la figura 6.23 en la página 196.

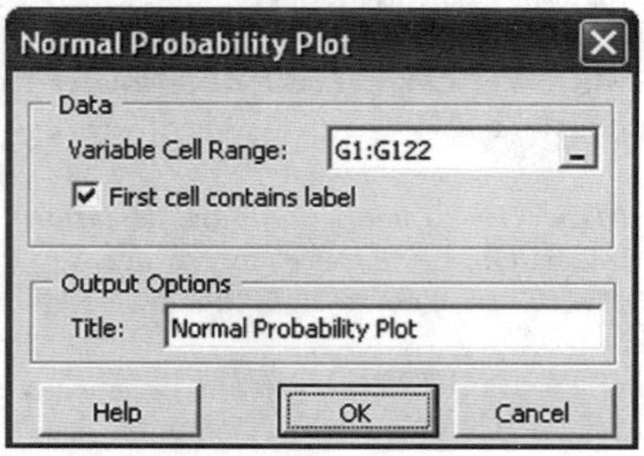

FIGURA G.9

G.10 SIMULACIÓN DE DISTRIBUCIONES MUESTRALES

El comando Simulación de distribuciones muestrales genera una hoja de trabajo de simulación de distribuciones muestrales con base en el número y tamaños de muestras y tipo de distribución que usted especifique.

El comando usa de forma silenciosa el procedimiento Análisis de datos de generación de números aleatorios para crear los resultados de la simulación en una nueva hoja de trabajo. El comando aumenta después las medias muestrales, la media global y el error estándar de la media para generar esta hoja de trabajo. Si verifica la ventana Histograma, el comando utiliza el procedimiento Análisis de datos del histograma para generar un histograma de la simulación.

Seleccione: PHStat → Sampling → Sampling Distributions Simulation.
Ejemplo: La figura G.10 contiene las entradas para generar una simulación de 100 muestras de un tamaño de muestra de 30 de una población distribuida de manera uniforme.

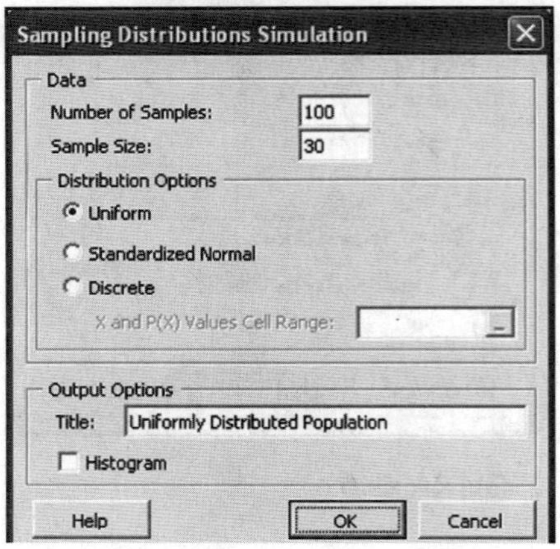

FIGURA G.10

G.11 ESTIMACIÓN DEL INTERVALO DE CONFIANZA PARA LA MEDIA, SIGMA CONOCIDA

El comando de Estimación de la media, sigma conocida, genera una hoja de trabajo de la estimación del intervalo de confianza basada en los valores de la desviación estándar poblacional, la media muestral, el tamaño de la muestra y el nivel de confianza que usted especifique. Si tiene datos no resumidos, puede seleccionar la opción **Sample Statistics Unknown** y dejar que el comando calcule los estadísticos de muestra para usted.

La hoja de trabajo generada utiliza las funciones NORMSINV y CONFIDENCE para determinar el valor *Z* y calcular el ancho de la mitad del intervalo, respectivamente. Las plantillas para estas funciones son:

- **NORMSINV(*P<Z*)** donde *P<Z* es el área bajo la curva menor a *Z*.
- **CONFIDENCE(*1 – confidence level, population standard deviation, sample size*).**

Seleccione: PHStat → Confidence Intervals → Estimate for the Mean, sigma known.
Ejemplo: La figura G.11 contiene las entradas para solucionar el ejemplo 8.1 en la página 242.

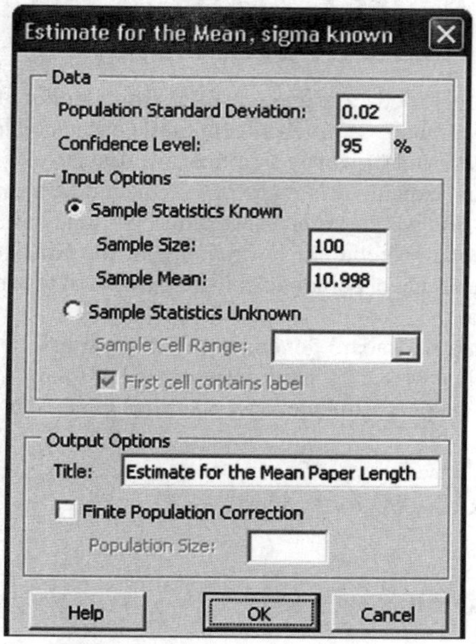

FIGURA G.11

G.12 ESTIMACIÓN DEL INTERVALO DE CONFIANZA PARA LA MEDIA, SIGMA DESCONOCIDA

El comando de Estimación para la media, sigma desconocida, genera una hoja de trabajo de la estimación del intervalo de confianza basado en los estadísticos de muestra y el valor del nivel de confianza que usted especifique. Si tiene datos no resumidos, puede seleccionar la opción **Sample Statistics Unknown** y dejar que el comando calcule para usted los estadísticos de muestra.

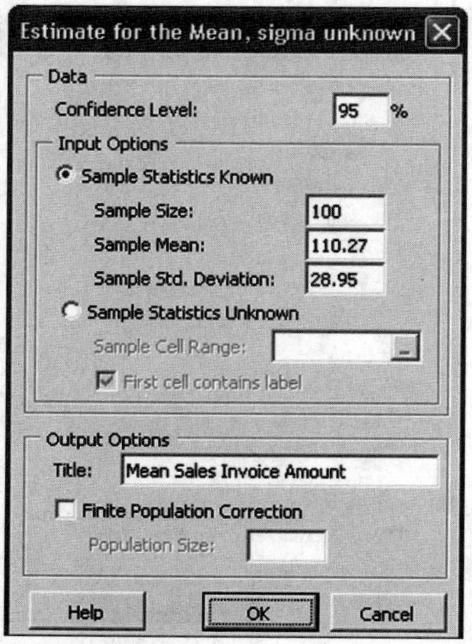

FIGURA G.12

La hoja de trabajo generada utiliza la función TINV para determinar el valor crítico de la distribución *t*. La plantilla para esta función es **TINV (1 – *confidence level, degrees of freedom*).**

Seleccione: PHStat → Confidence Intervals → Estimate for the Mean, sigma unknown.

Ejemplo: La figura G.12 contiene las entradas para la estimación de la cantidad promedio de facturas de ventas (véase la página 246).

G.13 ESTIMACIÓN DEL INTERVALO DE CONFIANZA PARA LA PROPORCIÓN

El comando de Estimación para la proporción genera una hoja de trabajo de la estimación del intervalo de confianza con base en los valores del tamaño de muestra, número de éxitos y nivel de confianza que usted especifique.

La hoja de trabajo generada utiliza la función NORMSINV, cuya plantilla es **NORMSINV(*P<Z*)** donde *P<Z* es el área bajo la curva menor a *Z*, para determinar el valor de *Z*.

Seleccione: PHStat → Confidence Intervals → Estimate for the Proportion.

Ejemplo: La figura G.13 contiene las entradas para solucionar el ejemplo de la sección 8.3.

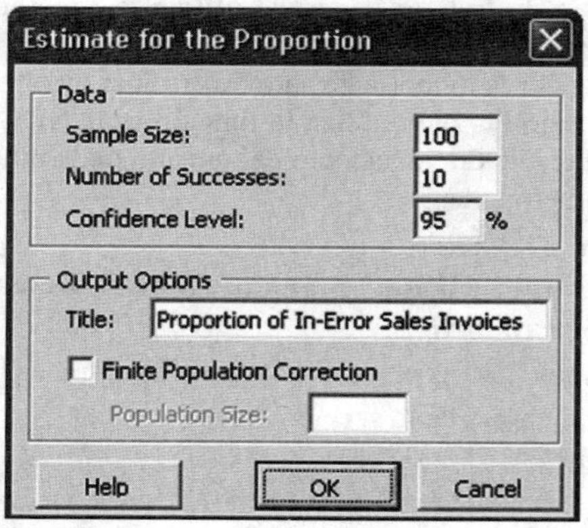

FIGURA G.13

G.14 DETERMINACIÓN DEL TAMAÑO DE MUESTRA PARA LA MEDIA

El comando de Determinación para la media genera una hoja de trabajo con base en los valores de la desviación estándar poblacional, error de muestreo y nivel de confianza que usted especifique.

La hoja de trabajo generada utiliza la función NORMSINV, cuya plantilla es **NORMSINV(*P<Z*)** donde *P<Z* es el área bajo la curva menor a *Z*, para determinar el valor de *Z*. La hoja de trabajo también utiliza la función ROUNDUP para redondear el resultado del cálculo del tamaño de la muestra al siguiente número entero.

Seleccione: PHStat → Sample Size → Determination for the Mean.

Ejemplo: La figura G.14 contiene las entradas para solucionar el ejemplo de la sección 8.4.

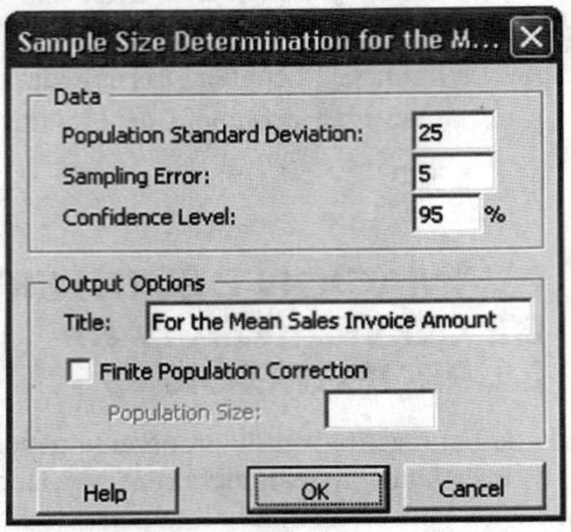

FIGURA G.14

G.15 DETERMINACIÓN DEL TAMAÑO DE LA MUESTRA PARA LA PROPORCIÓN

El comando de Determinación para la proporción genera una hoja de trabajo basada en los valores del tamaño de la muestra, número de éxitos y nivel de confianza que usted especifique.

La hoja de trabajo generada utiliza la función NORMSINV, cuya plantilla es **NORMSINV(*P<Z*)** donde *P<Z* es el área bajo la curva menor a *Z*, para determinar el valor de *Z*. La hoja de trabajo también utiliza la función ROUNDUP para redondear el resultado del cálculo del tamaño de la muestra al siguiente número entero.

Seleccione: PHStat → Sample Size → Determination for the Proportion.

Ejemplo: La figura G.15 contiene las entradas para resolver el ejemplo de la sección 8.4.

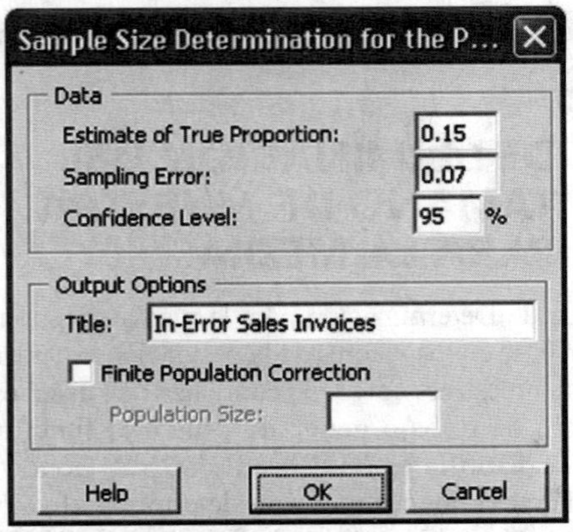

FIGURA G.15

G.16 PRUEBA Z PARA LA MEDIA, SIGMA CONOCIDA

El comando Prueba *Z* para la media, sigma conocida, genera una hoja de trabajo de prueba de hipótesis basada en los valores de la hipótesis nula, nivel de significancia, desviación estándar de la población, tamaño de la muestra y media muestral, así como la opción de prueba que usted especifique. Si tiene datos no resumidos, puede seleccionar la opción **Sample Statistics Unknown** y dejar que el comando calcule para usted los estadísticos de muestra.

La hoja de trabajo generada utiliza las funciones NORMSINV y NORMSDIST para determinar los valores críticos y valores-*p*, respectivamente. Las plantillas para estas funciones son:

- **NORMSINV(*P<Z*)** donde *P<Z* es el área bajo la curva menor a *Z*.
- **NORMSDIST(*Z value*).**

Seleccione: PHStat → One-Sample Tests → Z Test for the Mean, sigma known.

Ejemplo: La figura G.16 contiene las entradas para el ejemplo de la sección 9.2.

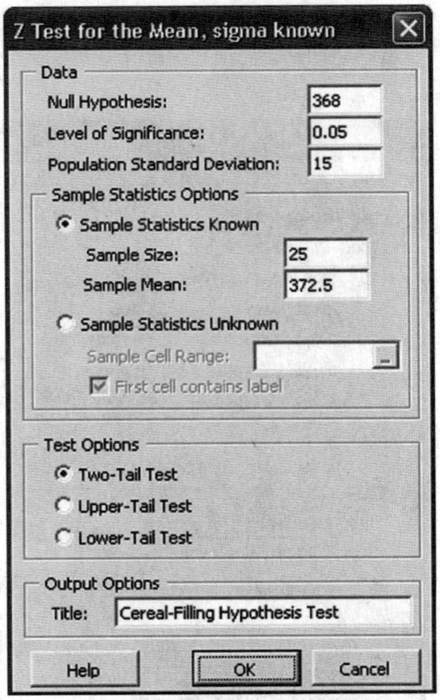

FIGURA G.16

G.17 PRUEBA *T* PARA LA MEDIA, SIGMA DESCONOCIDA

El comando de la Prueba *t* para la media, sigma desconocida, genera una hoja de trabajo para la prueba de hipótesis basada en los valores de la hipótesis nula, nivel de significancia, desviación estándar de la muestra, tamaño de la muestra y media muestral, así como la opción de prueba que usted especifique. Si tiene datos no resumidos, puede seleccionar la opción **Sample Statistics Unknown** y dejar que el comando calcule para usted los estadísticos de muestra.

La hoja de trabajo generada utiliza las funciones TINV y TDIST para determinar los valores críticos y valores-*p*, respectivamente. Las plantillas para estas funciones son:

- **TINV(1 – *confidence level, degrees of freedom*).**
- **TDIST(ABS(*t*), *degrees of freedom, tails*)** donde *tails* = 2 indica una prueba de dos colas.

Seleccione: PHStat → One-Sample Tests → t Test for the Mean, sigma unknown.
Ejemplo: La figura G.17 contiene las entradas para el ejemplo de las facturas de ventas de la sección 9.4.

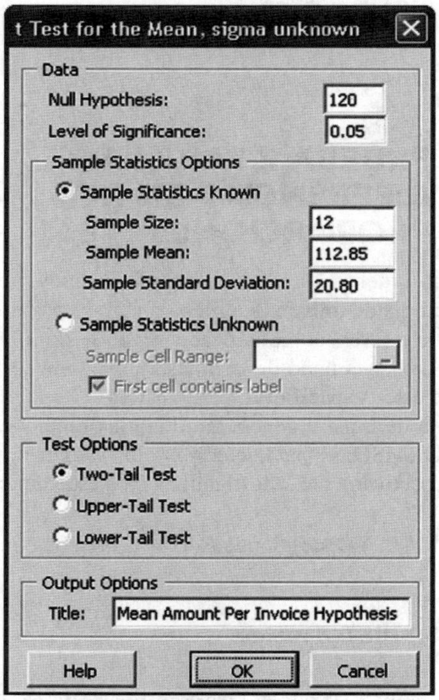

FIGURA G.17

G.18 PRUEBA Z PARA LA PROPORCIÓN

El comando Prueba Z para la proporción genera una hoja de trabajo de prueba de hipótesis basada en los valores de la hipótesis nula, nivel de significancia, número de éxitos y tamaño de la muestra, así como la opción de prueba que usted especifique.

La hoja de trabajo generada utiliza las funciones NORMSINV y NORMSDIST para determinar los valores críticos y valores-*p*, respectivamente. Las plantillas para estas funciones son:

- **NORMSINV($P<Z$)** donde $P<Z$ es el área bajo la curva menor a *Z*.
- **NORMSDIST(*Z* value).**

Seleccione: PHStat → One-Sample Tests → Z Test for the Proportion.
Ejemplo: La figura G.18 contiene las entradas para el ejemplo de propiedad de negocios de la sección 9.5.

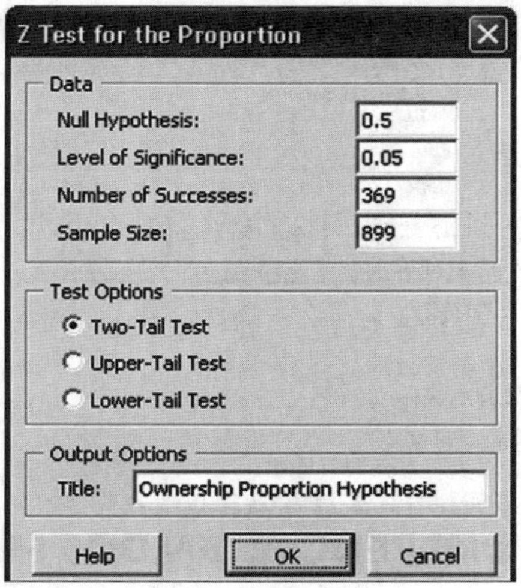

FIGURA G.18

G.19 PRUEBA Z PARA LAS DIFERENCIAS EN DOS MEDIAS

El comando Prueba *Z* para las diferencias en dos medias genera una hoja de trabajo de prueba de hipótesis basada en los valores de la diferencia hipotetizada, nivel de significancia, desviaciones estándar de la población y estadísticos de muestra, así como la opción de prueba que usted especifique.

La hoja de trabajo generada utiliza las funciones NORMSINV y NORMSDIST para determinar los valores críticos y valores-*p*, respectivamente. Las plantillas para estas funciones son:

- **NORMSINV($P<Z$)** donde $P<Z$ es el área bajo la curva menor a *Z*.
- **NORMSDIST(*Z* value).**

Seleccione: PHStat → Two-Sample Tests → Z Test for Differences in Two Means.
Ejemplo: La figura G.19 contiene las entradas para el problema 10.1 en la página 319.

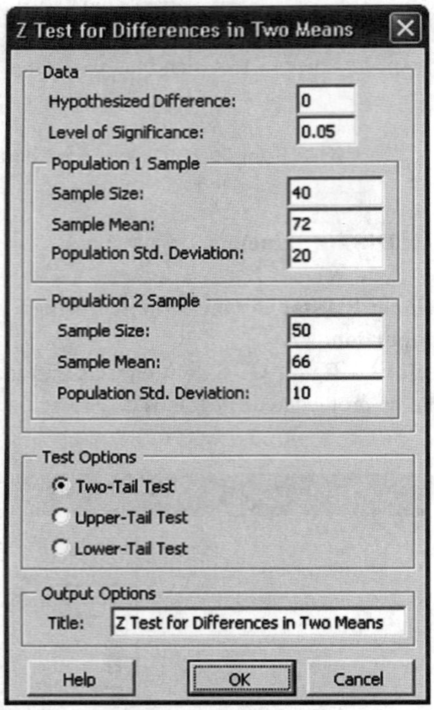

FIGURA G.19

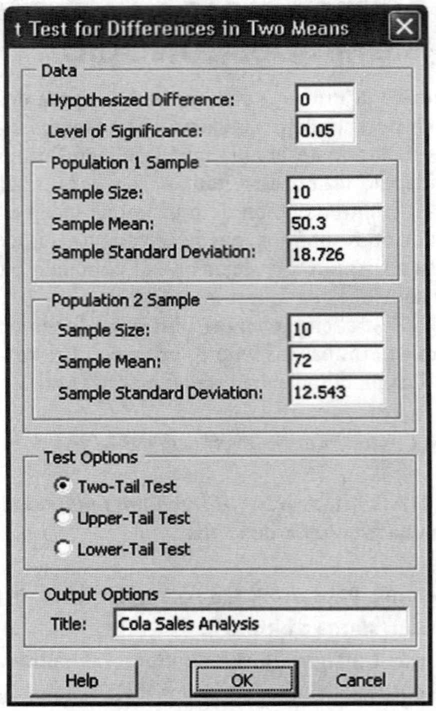

FIGURA G.20

G.20 PRUEBA *T* PARA LAS DIFERENCIAS EN DOS MEDIAS

El comando Prueba *t* para las diferencias en dos medias genera una hoja de trabajo de prueba de hipótesis basada en los valores de la diferencia hipotetizada, nivel de significancia y estadísticos de muestra, así como la opción de prueba que usted especifique.

La hoja de trabajo generada utiliza las funciones TINV y TDIST para determinar los valores críticos y valores-*p*, respectivamente. Las plantillas para estas funciones son:

- **TINV(1 – *confidence level, degrees of freedom*).**
- **TDIST(ABS(*t*), *degrees of freedoms, tails*)**, donde *tails* = 2 indica una prueba de dos colas.

Seleccione: PHStat → Two-Sample Tests → *t* Test for Differences in Two Means.
Ejemplo: La figura G.20 contiene las entradas para el ejemplo de las ventas de bebida refrescante a base de cola de la sección 10.1.

G.21 PRUEBA *Z* PARA LAS DIFERENCIAS EN DOS PROPORCIONES

El comando Prueba *Z* para las diferencias en dos proporciones genera una hoja de trabajo de prueba de hipótesis basada en los valores de la diferencia hipotetizada, nivel de significancia, número de éxitos y tamaño de la muestra, así como la opción de prueba que usted especifique.

La hoja de trabajo generada utiliza las funciones NORMSINV y NORMSDIST para determinar los valores críticos y valores-*p*, respectivamente. Las plantillas para estas funciones son:

- **NORMSINV(*P*<*Z*)** donde *P*<*Z* es el área bajo la curvamenor a *Z*.
- **NORMSDIST(*Z value*).**

Seleccione: PHStat → Two-Sample Tests → *Z* Tests for the Differences in Two Proportions.
Ejemplo: La figura G.21 contiene las entradas para el ejemplo de satisfacción de los huéspedes de la sección 10.3.

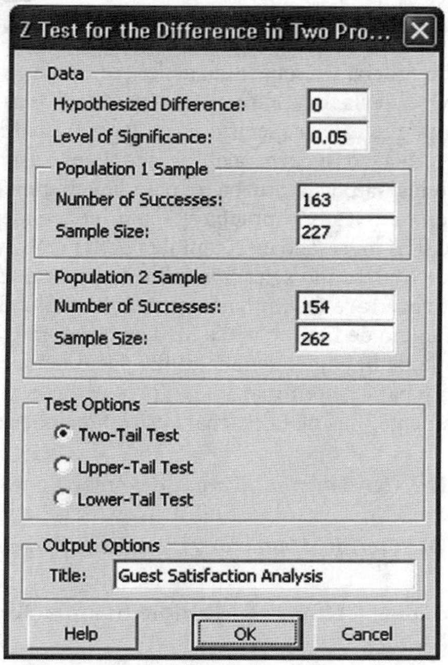

FIGURA G.21

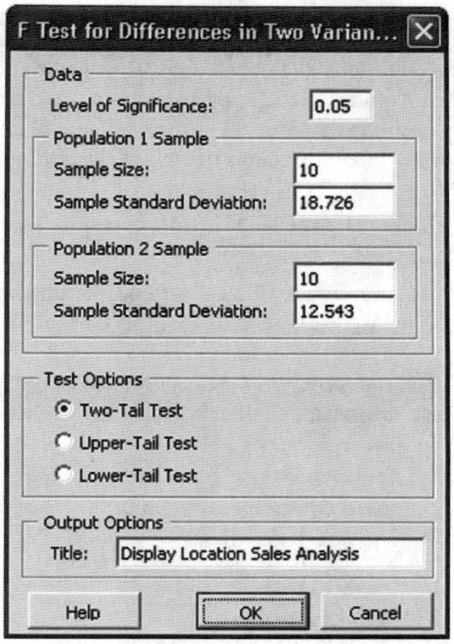

FIGURA G.22

G.22 PRUEBA *F* PARA LAS DIFERENCIAS EN DOS VARIANZAS

El comando Prueba *F* para las diferencias en dos varianzas genera una hoja de trabajo de prueba de hipótesis basada en los valores del nivel de significancia y estadísticos de muestra, así como la opción de prueba que usted especifique.

La hoja de trabajo generada utiliza las funciones FINV y FDIST para determinar los valores críticos y valores-*p*, respectivamente. Las plantillas para estas funciones son:

- **FINV(*upper-tailed p-value, numerator degrees of freedom, denominator degrees of freedom*).**

- **FDIST(*F-test statistic, numerator degrees of freedom, denominator degrees of freedom*).**

Seleccione: PHStat ➔ Two-Sample Tests ➔ F Test for the Differences in Two Variances.
Ejemplo: La figura G.22 contiene las entradas para el ejemplo de ventas de bebida refrescante a base de cola de la sección 10.4.

G.23 PROCEDIMIENTO TUKEY-KRAMER

El comando Procedimiento Tukey-Kramer corre el Análisis de datos Anova: procedimiento de un solo factor, y genera una hoja de trabajo de comparaciones múltiples en la que usted ingresa el valor estadístico *Q*. La hoja de trabajo de múltiples comparaciones generada utiliza fórmulas aritméticas para analizar los resultados.

Seleccione: PHStat ➔ Multiple-Sample Tests ➔ Tukey-Kramer Procedure.
Ejemplo: La figura G.23 contiene las entradas para el ejemplo del paracaídas de la sección 10.5 y supone que el archivo **Parachute.xls** está abierto en la hoja de trabajo **Data**.

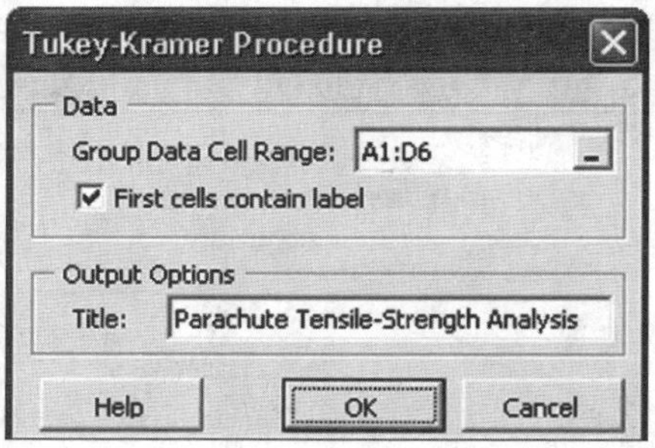

FIGURA G.23

G.24 PRUEBA DE LEVENE

El comando de Prueba de Levene corre el procedimiento de Análisis de datos Anova: único factor, usando una hoja de trabajo de diferencias absolutas a partir de la mediana que el comando genera a partir del rango de celdas que usted especifique.

Seleccione: PHStat → Multiple-Sample Tests → Levene's Test.
Ejemplo: La figura G.23 contiene las entradas para el ejemplo del paracaídas de la sección 10.5.

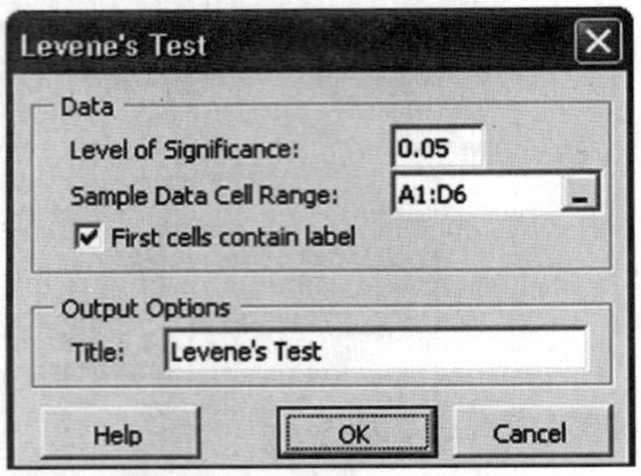

FIGURA G.24

G.25 PRUEBA CHI-CUADRADA PARA LAS DIFERENCIAS EN DOS PROPORCIONES

La Prueba Chi-cuadrada para las diferencias en dos proporciones genera una hoja de trabajo de prueba de hipótesis en la que usted ingresa los datos de la tabla de frecuencia observada.

Esta hoja de trabajo generada emplea las funciones CHIINV y CHIDIST para determinar los valores críticos y valores-*p*, respectivamente. Las plantillas para estas funciones son:

- **CHIINV(*level of significance, degrees of freedom*).**
- **CHIDIST(*critical value of* χ^2*, degrees of freedom*).**

Seleccione: PHStat → Two-Sample Test → Chi-Square Test for Differences in Two Proportions.
Ejemplo: La figura G.25 contiene las entradas para el ejemplo de satisfacción de huéspedes de la sección 11.1.

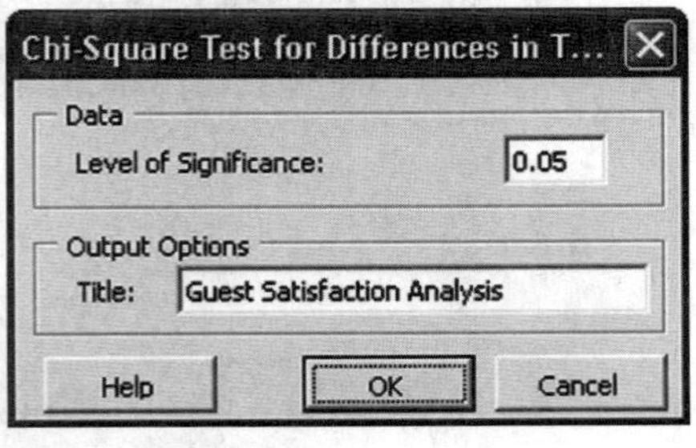

FIGURA G.25

G.26 PRUEBA CHI-CUADRADA

El comando Prueba Chi-cuadrada genera una hoja de trabajo de prueba de hipótesis, con base en el número de filas y número de columnas que usted especifique, en la que usted ingresa los datos de la tabla de frecuencia observada. Puede usar la hoja de trabajo producida por la prueba χ^2 para las diferencias en más de dos proporciones o la prueba χ^2 para independencia. Si el número de filas ingresado es 2, también podrá realizar el procedimiento de Marascuilo seleccionando la opción de salida **Marascuilo Procedure** (esta opción se habilita sólo si ingresa 2 como el número de filas como se hizo en la figura G.26).

La hoja de trabajo generada utiliza las funciones CHIINV y CHIDIST para determinar los valores críticos y valores-*p,* respectivamente. Las plantillas para estas funciones son:

- **CHIINV(*level of significance, degrees of freedom*).**
- **CHIDIST(*critical value of* χ^2*, degrees of freedom*).**

Seleccione: PHStat → Multiple-Sample Tests → Chi-Square Test.
Ejemplo: La figura G.26A contiene las entradas para el ejemplo de satisfacción de huéspedes de la sección 11.2 (con la selección opcional del procedimiento de Marascuilo) y la figura G.26B contiene las entradas para el ejemplo de la encuesta de satisfacción de huéspedes de la sección 11.3.

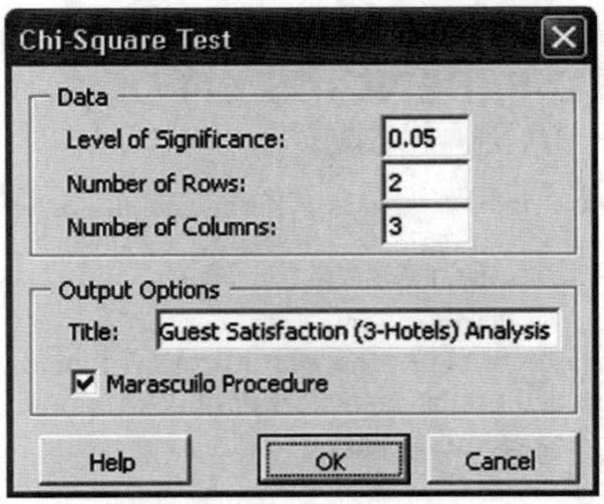

FIGURA G.26A

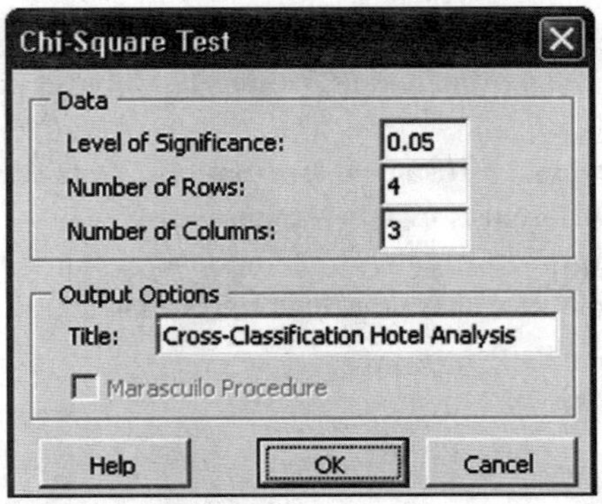

FIGURA G.26B

G.27 REGRESIÓN LINEAL SIMPLE

El comando Regresión lineal simple genera una hoja de trabajo de resultados de regresión basada en los datos de la muestra y en el nivel de confianza que usted especifique. El comando utiliza de forma invisible el procedimiento de Análisis de datos de regresión para ejecutar la regresión y mejora el procedimiento ofreciendo opciones de salida para crear una tabla de residuos, una gráfica de análisis residual, un diagrama de dispersión, una hoja de trabajo del estadístico Durbin-Watson y un intervalo de confianza y de predicción con base en el valor *X* y el valor del nivel de confianza que usted especifique.

Seleccione: PHStat → Regresión → Simple Linear Regression.

Ejemplo: La figura G.27 contiene las entradas para el ejemplo de selección de sitio de la sección 12.2 y supone que el archivo **Site.xls** está abierto en la hoja de trabajo **Data**.

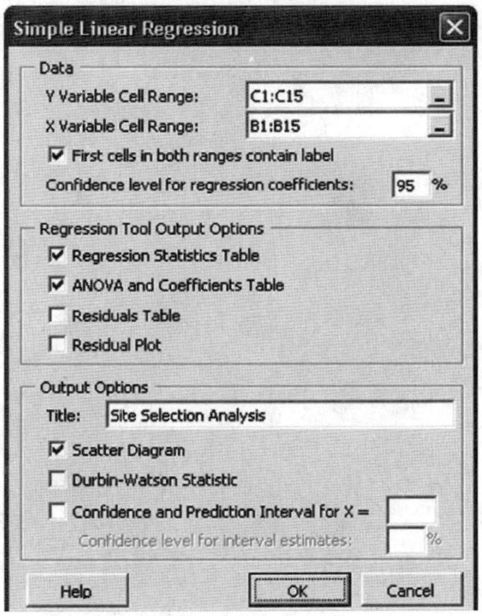

FIGURA G.27

G.28 REGRESIÓN MÚLTIPLE

El comando Regresión múltiple genera una hoja de trabajo de resultados de regresión basada en los datos de muestra y nivel de confianza que usted especifique. El comando usa de forma invisible el procedimiento de Análisis de datos de regresión para ejecutar la regresión y mejora el proceso ofreciendo las opciones de salida que crean una tabla de residuos, una gráfica de análisis residual, un diagrama de dispersión de regresión y hojas de trabajo del estadístico Durbin-Watson, así como la estimación del intervalo de confianza y una hoja de trabajo del intervalo de predicción.

Seleccione: PHStat → Regression → Multiple Regression.

Ejemplo: La figura G.28 contiene las entradas para el ejemplo de ventas OmniPower de la sección 13.1 y supone que el archivo **Omni.xls** está abierto en la hoja de trabajo **Data.**

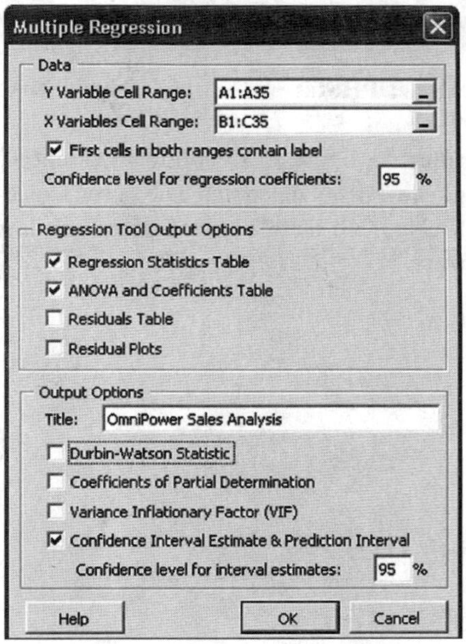

FIGURA G.28

G.29 GRÁFICA *P*

El comando Gráfica *p* genera una gráfica *p* como una gráfica de Excel. (El comando también genera dos hojas de trabajo de apoyo que contienen los datos para la gráfica.) Seleccione la opción **Size varies** si el tamaño de la muestra (subgrupo) varía e ingrese el rango de celda de la variable tamaño de muestra (subgrupo).

Seleccione: PHStat → Control Charts → p Chart.

Ejemplo: La figura G.29 contiene las entradas para el ejemplo de habitaciones de hotel de la sección 14.4 y supone que el archivo **Hotel1.xls** está abierto en la hoja de trabajo **Data**.

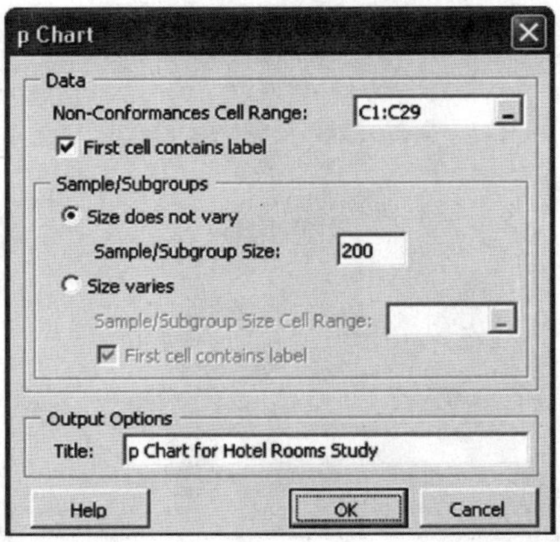

FIGURA G.29

G.30 GRÁFICA *R* Y $\overline{X}$

El comando Gráfica R y *X*Bar genera gráficas *R* y $\overline{X}$ como gráficas de Excel. Seleccione la opción **R Chart Only** si no desea una gráfica $\overline{X}$. (El comando también genera dos hojas de trabajo de apoyo que contienen los datos para las gráficas.)

Seleccione: PHStat → Control Charts → R and Xbar Chart.

Ejemplo: La figura G.30 contiene las entradas para el ejemplo de entrega de equipaje de la sección 14.6 y supone que el archivo **Hotel2.xls** está abierto en la hoja de trabajo **Data**.

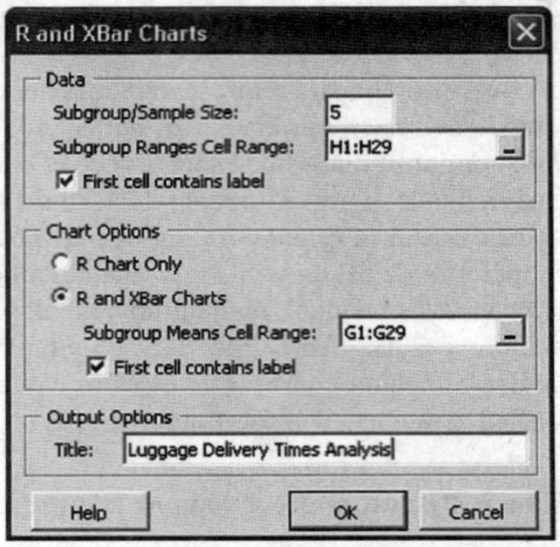

FIGURA G.30

Soluciones a los autoexámenes y respuestas a problemas pares seleccionados

A continuación se presentan las soluciones a los problemas de los autoexámenes, así como las respuestas breves para la mayoría de los problemas pares de este libro. Para soluciones más detalladas, incluyendo explicaciones, interpretaciones y salidas de Excel y Minitab, consulte el *Manual de soluciones para el alumno.*

Capítulo 1

1.2 Los tamaños pequeño, mediano y grande son categorías.

1.4 (a) El número de teléfonos es una variable numérica discreta porque la variable genera los resultados de conteo. **(b)** La llamada de larga distancia más prolongada es una variable numérica continua ya que puede ocurrir cualquier variable dentro de un intervalo de valores. **(c)** El que haya una línea telefónica conectada a un módem de computadora es una variable categórica porque la respuesta sólo puede ser sí o no. **(d)** La misma respuesta que el inciso (c).

1.6 (a) categórica; **(b)** numérica, continua; **(c)** numérica, discreta; **(d)** numérica, discreta.

1.8 (a) numérica, continua; **(b)** numérica, discreta; **(c)** numérica, continua; **(d)** categórica.

1.10 La variable subyacente, habilidad de los alumnos, puede ser continua, pero el medio para medirla, la prueba, no cuenta con suficiente precisión para distinguir entre dos estudiantes.

1.26 (a) todos los hogares de EU; **(b)** toda la gente que ha probado y que ha descartado el uso del banco *on line*; **(c)** categórica; **(d)** un estadístico.

Capítulo 2

2.3 (b) El diagrama de Pareto describe mejor los datos porque nos permite enfocarnos en las categorías que tienen el porcentaje más alto de razones. **(c)** Trate de evitar los siguientes errores: poco o ningún conocimiento de la empresa, no contar con preparación para discutir planes profesionales y entusiasmo limitado.

2.4 (b) El diagrama de Pareto ejemplifica mejor que la gráfica de pastel estos datos, porque no sólo clasifica las frecuencias en orden descendente, sino que también proporciona el polígono acumulativo en la misma escala. **(c)** A partir del diagrama de Pareto, es obvio que "Google" cuenta con un mercado compartido mayor de 32% seguido por Yahoo con 25%.

2.6 (b) 88%; **(d)** el diagrama de Pareto nos permite ver qué fuentes explican la mayor parte de la electricidad.

2.8 (b) La gráfica de barras nos permite ver que la categoría "tiene software para todos los usuarios" domina el uso de software antispam de la compañía.

2.10 (b) El mayor número de quejas son por: habitaciones sucias, habitaciones sin equipamiento y habitaciones que requieren de mantenimiento, por lo que enfocarse en estas categorías puede reducir la mayoría de las quejas.

2.12 Diagrama de tallo y hojas para las Puntuaciones de Finanzas

5	34
6	9
7	4
8	0
9	38

$n = 7$

2.14 50 74 74 76 81 89 92

2.16 (a) Arreglo ordenado:
$15 $15 $18 $18 $20 $20 $20 $20 $20 $21 $22 $22
$25 $25 $25 $25 $25 $26 $28 $29 $30 $30 $30
(b) Diagrama de tallo y hojas

1	5 5 8 8
2	0 0 0 0 0 1 2 2 5 5 5 5 5 6 8 9
3	0 0 0

(c) El diagrama de tallo y hojas proporciona mayor información porque no sólo ordena los valores del menor al mayor en tallos y hojas, sino que también expresa información respecto a cómo se distribuyen los valores y se agrupan en conjuntos de datos. **(d)** Las tarifas para cheques rechazados parecen concentrarse entre $20 y $25, puesto que estos valores ocurren cinco veces en la muestra de 23 bancos.

2.18 (a) Arreglo ordenado para el pollo:
7, 9, 15, 16, 16, 18, 22, 25, 27, 33, 39
Arreglo ordenado para las hamburguesas:
19, 31, 34, 35, 39, 39, 43
(b) Diagrama de tallo y hojas para las hamburguesas

1	9
2	
3	14599
4	3

Diagrama de tallo y hojas para el pollo

0	79
1	5668
2	257
3	39

(c) El diagrama de tallo y hojas proporciona mayor información porque no sólo ordena los valores del menor al mayor en tallos y hojas, sino que también expresa información respecto a cómo se distribuyen los valores y cómo se agrupan en conjuntos de datos. **(d)** Parece haber mayor contenido de grasa en las hamburguesas porque 6 de los valores en una muestra de 7 tienen un contenido mayor a 30, en comparación con sólo 2 valores en la muestra de 11 artículos de pollo. Asimismo, sólo hay 1 valor con contenido de grasa menor a 20 para hamburguesas, en comparación con 6 valores en la muestra de 11 artículos de pollo.

2.20 (a) 10 pero menos que 20, 20 pero menos que 30, 30 pero menos que 40, 40 pero menos que 50, 50 pero menos que 60, 60 pero menos que 70, 70 pero menos que 80, 80 pero menos que 90, 90 pero menos que 100. **(b)** 10; **(c)** 15, 25, 35, 45, 55, 65, 75, 85, 95

2.22 (a)

Costos de electricidad	Frecuencia	Porcentaje
$80 a $100	4	8%
$100 a $120	7	14
$120 a $140	9	18
$140 a $160	13	26
$160 a $180	9	18
$180 a $200	5	10
$200 a $220	3	6

(c)

Costos de electricidad	Frecuencia	Porcentaje	Porcentaje acumulado
$ 99	4	8.00%	8.00%
$119	7	14.00%	22.00%
$139	9	18.00%	40.00%
$159	13	26.00%	66.00%
$179	9	18.00%	84.00%
$199	5	10.00%	94.00%
$219	3	6.00%	100.00%

(d) La mayoría de los cargos de utilidad se encuentran agrupados entre $120 y $180.

2.23 (a)

Error	Frecuencia	Porcentaje acumulado	Porcentaje
−0.00350—−0.00201	13	13%	13%
−0.00200—−0.00051	26	39%	26%
−0.00050— 0.00099	32	71%	32%
0.00100— 0.00249	20	91%	20%
0.00250— 0.00399	8	99%	8%
0.00400— 0.00549	1	100%	1%

(d) Sí, el molino de acero está haciendo un buen trabajo al cumplir con el requerimiento, pues hay sólo una parte de acero, en una muestra de 100, que es 0.005 pulgadas mayor que el requerimiento especificado.

2.24 (a)

Anchura	Frecuencia	Porcentaje
8.310—8.329	3	6.12%
8.330—8.349	2	4.08%
8.350—8.369	1	2.04%
8.370—8.389	4	8.16%
8.390—8.409	5	10.20%
8.410—8.429	16	31.65%
8.430—8.449	5	10.20%
8.450—8.469	5	10.20%
8.470—8.489	6	12.24%
8.490—8.509	2	4.08%

(d) Todos los canalones cumplen con los requerimientos de la compañía al estar entre 8.31 y 8.61 pulgadas de ancho.

2.26 (a)

Vida del foco (horas)	Porcentaje, fabricante A	Porcentaje, fabricante B
650— 749	7.5%	0.0%
750— 849	12.5	5.0
850— 949	50.0	20.0
950—1049	22.5	40.0
1050—1149	7.5	22.5
1150—1249	0.0	12.5

(c)

Vida del foco (horas)	Porcentaje menor que, fabricante A	Porcentaje menor que, fabricante B
650— 749	7.5%	0.0%
750— 849	20.0	5.0
850— 949	70.0	25.0
950—1049	92.5	65.0
1050—1149	100.0	87.5
1150—1249	100.0	100.0

(d) El fabricante B produce focos con vida más larga que el fabricante A. El porcentaje acumulado para el fabricante B muestra que el 65% de sus focos duraron 1,049 horas o menos en comparación con el 70% del fabricante A, cuyos focos duraron 949 horas o menos. Ningún foco del fabricante A duró más de 1,149 horas, pero el 12.5% de los focos del fabricante B duraron entre 1,150 y 1,249 horas. Al mismo tiempo, el 7.5% de los focos del fabricante A duraron menos de 750 horas, mientras que todos los focos del fabricante B duraron por lo menos 750 horas.

2.28 (a) Tabla de frecuencias para todas las respuestas

	CATEGORÍAS DE LA ESPECIALIDAD ACADÉMICA			
GÉNERO	A	C	M	Totales
Masculino	14	9	2	25
Femenino	6	6	3	15
Totales	20	15	5	40

(b) Tabla de porcentajes basada en las respuestas globales de los alumnos

	CATEGORÍAS DE LA ESPECIALIDAD ACADÉMICA			
GÉNERO	A	C	M	Totales
Masculino	35.0%	22.5%	5.0%	62.5%
Femenino	15.0%	15.0%	7.5%	37.5%
Totales	50.0%	37.5%	12.5%	100.0%

(c) Tabla basada en porcentajes por renglón

	CATEGORÍAS DE LA ESPECIALIDAD ACADÉMICA			
GÉNERO	A	C	M	Totales
Masculino	56.0%	36.0%	8.0%	100.0%
Femenino	40.0%	40.0%	20.0%	100.0%
Totales	50.0%	37.5%	12.5%	100.0%

(d) Tabla basada en porcentajes por columna

	CATEGORÍAS DE LA ESPECIALIDAD ACADÉMICA			
GÉNERO	A	C	M	Totales
Masculino	70.0%	60.0%	40.0%	62.5%
Femenino	30.0%	40.0%	60.0%	37.5%
Totales	100.0%	100.0%	100.0%	100.0%

2.30 (a)

Tabla de contingencia

	CONDICIÓN DEL TROQUEL		
CALIDAD	**Sin partículas**	**Partículas**	**Totales**
Buena	320	14	334
Mala	80	36	116
Totales	400	50	450

Tabla de porcentajes totales

	CONDICIÓN DEL TROQUEL		
CALIDAD	**Sin partículas**	**Partículas**	**Totales**
Buena	71%	3%	74%
Mala	18%	8%	26%
Totales	89%	11%	100%

Tabla de porcentajes por renglón

	CONDICIÓN DEL TROQUEL		
CALIDAD	**Sin partículas**	**Partículas**	**Totales**
Buena	96%	4%	100%
Mala	69%	31%	100%
Totales	89%	11%	100%

Tabla de porcentajes por columna

	CONDICIÓN DEL TROQUEL		
CALIDAD	**Sin partículas**	**Partículas**	**Totales**
Buena	80%	28%	74%
Mala	20%	72%	26%
Totales	100%	100%	100%

(c) Los datos sugieren que hay alguna asociación entre la condición del troquel y la calidad de la placa de silicio porque se producen más placas de buena calidad cuando no se encuentran partículas en el troquel y hay más placas de calidad deficiente cuando se encuentran partículas en el troquel.

2.32 (a)

Tabla de porcentajes por renglón

	GÉNERO		
DISFRUTA COMPRANDO ROPA	**Masculino**	**Femenino**	**Total**
Sí	38%	62%	100%
No	74%	26%	100%
Total	48%	52%	100%

Tabla de porcentajes por columna

	GÉNERO		
DISFRUTA COMPRANDO ROPA	**Masculino**	**Femenino**	**Total**
Sí	57%	86%	72%
No	43%	14%	28%
Total	100%	100%	100%

Tabla de porcentajes totales

	GÉNERO		
DISFRUTA COMPRANDO ROPA	**Masculino**	**Femenino**	**Total**
Sí	27%	45%	72%
No	21%	7%	28%
Total	48%	52%	100%

(c) El porcentaje de gente que disfruta de comprar ropa es mayor entre el sexo femenino en comparación con el masculino.

2.34 (b) Las cinco marcas aumentaron la cantidad de descuentos del 2001 al 2003. Tanto Ford, como Chevrolet y Buick casi duplicaron la cantidad de descuentos.

2.36 (b) Sí, existe una fuerte relación positiva entre X y Y. Pues conforme aumenta X también se incrementa Y.

2.38 (b) No parece haber una relación positiva entre el precio y el costo de la energía. **(c)** Los datos no parecen indicar que los refrigeradores de mayor precio tengan una mayor eficiencia en cuanto a energía.

2.40 (b) No parece haber una relación entre la capacidad de la batería y el tiempo de conversación. **(c)** En general, esta expectativa no parece confirmarse.

2.42 (b) La tasa de desempleo siguió una tendencia hacia abajo de enero de 1998 a septiembre de 2000 y después se manifestó una tendencia hacia arriba.

2.44 (b) Existe una tendencia hacia arriba en el número de hogares que utilizan el banco *on line* y/o el pago de los recibos *on line*. **(c)** El número de hogares en EU que utilizarán de forma activa el banco *on line* y/o el pago de recibos por esta misma vía en 2004 será de aproximadamente 36 millones.

2.62 (c) El editor se lleva la mayor porción (64.8%) de los ingresos. Cerca de la mitad de los ingresos (32.2%) recibidos por el editor, cubren los costos de producción. El marketing y la promoción del editor explican la siguiente parte más grande de las ganancias en 15.4%. Tanto autor, empleados de la librería, salarios y beneficios, así como los costos administrativos e impuestos justifican alrededor del 10% de los ingresos, mientras que las ganancias del editor después de los impuestos, las operaciones de la librería, la ganancia de la librería antes de los impuestos y el flete constituyen las asignaciones "poco triviales" de los ingresos.

2.64 (b) De 1999 a 2003 ha declinado el pago en efectivo y cheques mientras que el pago por débito u otro tipo ha aumentado. El porcentaje de pago por crédito ha permanecido más o menos constante.

2.66 (a) El diagrama de Pareto es el más indicado porque no sólo clasifica las frecuencias en orden descendente, sino que también proporciona el polígono acumulativo en la misma escala. A partir del diagrama de Pareto se ve que EU y Brasil tienen más de la mitad del consumo del café en los principales mercados en el año 2000. **(b)** El diagrama de Pareto es el más indicado porque no sólo clasifica las frecuencias en orden descendente; también proporciona el polígono acumulativo en la misma escala. A partir del diagrama de Pareto se ve que ninguna corporación principal individual domina el mercado del café en Brasil. La corporación que posee la mayor parte del mercado, las marcas de Sara Lee, capta menos del 30% del mercado compartido.

2.68 (a) No hay un patrón específico en las muertes provocadas por el terrorismo en territorio de EU entre 1990 y 2001. Hay conteos excepcionalmente altos en 1995 y 2001 provocados por los bombazos en Oklahoma y los ataques en la ciudad de Nueva York. **(c)** El diagrama de Pareto es el que mejor representa estos datos porque no sólo clasifica las frecuencias en orden descendente, sino que también proporciona el polígono acumulativo en la misma escala. Los rótulos en la gráfica de pastel están desordenados porque hay muchas categorías de las causas de muerte. **(d)** Las principales causas de muertes en EU en el año 2000 fueron las enfermedades cardiacas seguidas por el cáncer. Estas dos causas explican más del 70% del total de muertes.

2.70 (a)

	GÉNERO		
POSTRE ORDENADO	**Masculino**	**Femenino**	**Total**
Sí	71%	29%	100%
No	48%	52%	100%
Total	53%	47%	100%

	GÉNERO		
POSTRE ORDENADO	**Masculino**	**Femenino**	**Total**
Sí	30%	14%	23%
No	70%	86%	77%
Total	100%	100%	100%

	PLATILLO DE RES		
POSTRE ORDENADO	**Masculino**	**Femenino**	**Total**
Sí	52%	48%	100%
No	25%	75%	100%
Total	31%	69%	100%

	PLATILLO DE RES		
POSTRE ORDENADO	**Masculino**	**Femenino**	**Total**
Sí	38%	16%	23%
No	62%	84%	77%
Total	100%	100%	100%

	PLATILLO DE RES		
POSTRE ORDENADO	**Masculino**	**Femenino**	**Total**
Sí	12%	11%	23%
No	19%	58%	77%
Total	31%	69%	100%

(b) Si el propietario está interesado en encontrar el porcentaje de hombres y mujeres que ordenan postre o el porcentaje de aquellos que ordenan un platillo de res y un postre entre todos los clientes, la tabla de porcentajes totales es la más informativa. Si el propietario está interesado en los efectos del género en ordenar un postre o el efecto del género para ordenar un platillo de res y un postre entre todos los clientes, la tabla de porcentajes por columna es la más informativa. Como por lo general el postre se ordena después del plato fuerte y el propietario no tiene control directo sobre el género de los clientes, la tabla de porcentajes por renglón no sería muy útil en este caso. **(c)** El 30% de los hombres ordenaron postres en comparación con el 14% de las mujeres. Los hombres tienen casi el doble de probabilidad de ordenar postre que las mujeres. Casi el 38% de los clientes que ordenan un platillo de carne de res ordenaron postre, en comparación con el 16% de los clientes que ordenaron cualquier otro platillo. Los clientes que ordenaron carne de res tienen más de 2.3 veces la probabilidad de ordenar postre que los clientes que ordenan cualquier otro platillo.

2.72 (a) 23575R15 explica más del 80% de los reclamos de la garantía. **(b)** La separación de la banda de rodadura explica la mayoría (70%) de los reclamos de garantía. **(c)** La separación de la banda de rodadura explica la mayoría (70%) de los reclamos de garantía en el modelo ATX. **(d)** El número de reclamos se distribuye de manera uniforme entre los tres incidentes; Otro/desconocido explica casi el 40% de los reclamos, la separación de la banda de rodadura explica cerca del 35% de los reclamos, mientras que las ponchaduras explican cerca del 25% de los reclamos.

2.74

Costo	**Frecuencia**	**Porcentaje**	**Porcentaje acumulado**
0.50 pero menor que 0.75	4	11.11%	11.11%
0.75 pero menor que 1	16	44.44%	55.56%
1 pero menor que 1.25	3	8.33%	63.89%
1.25 pero menor que 1.5	8	22.22%	86.11%
1.5 pero menor que 1.75	4	11.11%	97.22%
1.75 pero menor que 2	1	2.78%	100.00%

Calorías	**Frecuencia**	**Porcentaje**	**Porcentaje acumulado**
280 pero menor que 310	5	13.89%	13.89%
310 pero menor que 340	9	25.00%	38.89%
340 pero menor que 370	10	27.78%	66.67%
370 pero menor que 400	8	22.22%	88.89%
400 pero menor que 430	4	11.11%	100.00%

Grasa	**Frecuencia**	**Porcentaje**	**Porcentaje acumulado**
Menor que 5	1	2.78%	2.78%
5 pero menor que 10	4	11.11%	13.89%
10 pero menor que 15	13	36.11%	50.00%
15 pero menor que 20	9	25.00%	75.00%
20 pero menor que 25	7	19.44%	94.44%
25 pero menor que 30	2	5.56%	100.00%

(e) El precio típico para una rebanada de pizza se encuentra entre \$0.75 y \$1.00, puesto que ambos son el intervalo que ocurre con mayor frecuencia y más del 50% de la muestra es menor o igual a \$1.00. El contenido del conteo calórico típico de una rebanada de pizza está entre 310 y 400 calorías, puesto que más del 80% de la muestra cae en ese intervalo. Más del 73% de las pizzas tiene entre 10 y 20 gramos de grasa. Con base en los resultados de los diagramas de dispersión, al parecer, las calorías y la grasa se relacionan. Otras variables no muestran ningún patrón particular en el diagrama de dispersión, pero la gráfica de calorías y grasa tiene una pendiente positiva puesto que se levanta de izquierda a derecha, mostrando que conforme el valor de una variable se incrementa, el otro tiende a incrementarse.

2.76 (a)

Frecuencias (Boston)

Peso (Boston)	**Frecuencia**	**Porcentaje**
3015 pero menor que 3050	2	0.54%
3050 pero menor que 3085	44	11.96%
3085 pero menor que 3120	122	33.15%

Frecuencias (Boston)

Peso (Boston)	Frecuencia	Porcentaje
3120 pero menor que 3155	131	35.60%
3155 pero menor que 3190	58	15.76%
3190 pero menor que 3225	7	1.90%
3225 pero menor que 3260	3	0.82%
3260 pero menor que 3295	1	0.27%

(b) **Frecuencias (Vermont)**

Peso (Vermont)	Frecuencia	Porcentaje
3550 pero menor que 3600	4	1.21%
3600 pero menor que 3650	31	9.39%
3650 pero menor que 3700	115	34.85%
3700 pero menor que 3750	131	39.70%
3750 pero menor que 3800	36	10.91%
3800 pero menor que 3850	12	3.64%
3850 pero menor que 3900	1	0.30%

(d) El 0.54% de las paletas de tablillas "Boston" tienen bajo peso, mientras que el 0.27% tiene sobrepeso. El 1.21% de las paletas de tablillas "Vermont" tienen bajo peso, mientras que el 3.94% tiene sobrepeso.

2.78 (a), (c)

Calorías	Frecuencia	Porcentaje	Porcentaje menor que
50 pero menor que 100	3	12%	12%
100 pero menor que 150	3	12	24
150 pero menor que 200	9	36	60
200 pero menor que 250	6	24	84
250 pero menor que 300	3	12	96
300 pero menor que 350	0	0	96
350 pero menor que 400	1	4	100

Proteína	Frecuencia	Porcentaje	Porcentaje menor que
16 pero menor que 20	1	4	4
20 pero menor que 24	5	20	24
24 pero menor que 28	8	32	56
28 pero menor que 32	9	36	92
32 pero menor que 36	2	8	100

Calorías de grasa	Frecuencia	Porcentaje	Porcentaje menor que
0% pero menor que 10%	3	12	12
10% pero menor que 20%	4	16	28
20% pero menor que 30%	2	8	36
30% pero menor que 40%	5	20	56
40% pero menor que 50%	3	12	68
50% pero menor que 60%	5	20	88
60% pero menor que 70%	2	8	96
70% pero menor que 80%	1	4	100

Calorías de grasa saturada	Frecuencia	Porcentaje	Porcentaje menor que
0% pero menor que 5%	6	24	24
5% pero menor que 10%	2	8	32
10% pero menor que 15%	5	20	52
15% pero menor que 20%	5	20	72
20% pero menor que 25%	5	20	92
25% pero menor que 30%	2	8	100

Colesterol	Frecuencia	Porcentaje	Porcentaje menor que
0 pero menor que 50	2	8	8%
50 pero menor que 100	17	68	76
100 pero menor que 150	4	16	92
150 pero menor que 200	1	4	96
200 pero menor que 250	0	0	96
250 pero menor que 300	0	0	96
300 pero menor que 350	0	0	96
350 pero menor que 400	0	0	96
400 pero menor que 450	0	0	96
450 pero menor que 500	1	4	100

(d) Las muestras de carnes rojas frescas, pollo y pescado, varían de 98 a 397 calorías por porción con la mayor concentración entre 150 a 200 calorías. Una fuente de proteínas, las costillas de cerdo con 397 calorías, tuvo 100 calorías más que el siguiente alimento con alto contenido calórico. El contenido proteínico de los alimentos muestreados varía de 16 a 33 gramos; el 68% de los valores de los datos caen entre los 24 y 32 gramos. Las costillas de cerdo y el hígado frito son muy diferentes de los demás alimentos muestreados, el primero en calorías y el último en contenido de colesterol.

2.80 (a) **Conteo de tipo de tracción**

Tipo de tracción	Tipo de combustible: Diesel	Premium	Regular	Gran total
AWD	0	5	2	7
Delantera	1	18	63	82
Delantera, AWD	0	0	1	1
Permanente 4WD	0	3	0	3
Posterior	0	11	17	28
Gran total	1	37	83	121

(c) Con base en los resultados de los incisos *a*) y *b*), el porcentaje de autos con tracción delantera que emplean gasolina regular, parece ser mayor que el porcentaje de autos con tracción posterior.

2.82 (a), (c)

Promedio de boletos $	Frecuencia	Porcentaje	Porcentaje acumulado
6 pero menos que 12	3	10.00%	10.00%
12 pero menos que 18	12	40.00%	50.00%
18 pero menos que 24	11	36.67%	86.67%
24 pero menos que 30	3	10.00%	96.67%
30 pero menos que 36	0	0.00%	96.67%
36 pero menos que 42	1	3.33%	100.00%

Índice del costo por aficionado	Frecuencia	Porcentaje	Porcentaje acumulado
80 pero menor que 105	2	6.67%	6.67%
105 pero menor que 130	7	23.33%	30.00%
130 pero menor que 155	10	33.33%	63.33%
155 pero menor que 180	9	30.00%	93.33%
180 pero menor que 205	1	3.33%	96.67%
205 pero menor que 230	1	3.33%	100.00%

Ingresos de la temporada regular (millones de dólares)	Frecuencia	Porcentaje	Porcentaje acumulado
5 pero menor que 20	5	16.67%	16.67%
20 pero menor que 35	7	23.33%	40.00%
35 pero menor que 50	5	16.67%	56.67%
50 pero menor que 65	6	20.00%	76.67%
65 pero menor que 80	5	16.67%	93.33%
80 pero menor que 95	1	3.33%	96.67%
95 pero menor que 110	1	3.33%	100.00%

TV local, radio y cable (millones de dólares)	Frecuencia	Porcentaje	Porcentaje acumulado
0 pero menor que 10	7	23.33%	23.33%
10 pero menor que 20	12	40.00%	63.33%
20 pero menor que 30	6	20.00%	83.33%
30 pero menor que 40	3	10.00%	93.33%
40 pero menor que 50	1	3.33%	96.67%
50 pero menor que 60	1	3.33%	100.00%

Otros ingresos locales de operación (millones de dólares)	Frecuencia	Porcentaje	Porcentaje acumulado
0 pero menor que 10	6	20.00%	20.00%
10 pero menor que 20	3	10.00%	30.00%
20 pero menor que 30	8	26.67%	56.67%
30 pero menor que 40	8	26.67%	83.33%
40 pero menor que 50	3	10.00%	93.33%
50 pero menor que 60	1	3.33%	96.67%
60 pero menor que 70	1	3.33%	100.00%

Compensación y beneficios del jugador (millones de dólares)	Frecuencia	Porcentaje	Porcentaje acumulado
30 pero menor que 45	5	16.67%	16.67%
45 pero menor que 60	8	26.67%	43.33%
60 pero menor que 75	4	13.33%	56.67%
75 pero menor que 90	5	16.67%	73.33%
90 pero menor que 105	5	16.67%	90.00%
105 pero menor que 120	3	10.00%	100.00%

Gastos nacionales yotros gastos (millones de dólares)	Frecuencia	Porcentaje	Porcentaje acumulado
30 pero menor que 40	4	13.33%	13.33%
40 pero menor que 50	10	33.33%	46.67%
50 pero menor que 60	9	30.00%	76.67%
60 pero menor que 70	2	6.67%	83.33%
70 pero menor que 80	3	10.00%	93.33%
80 pero menor que 90	2	6.67%	100.00%

Ingresos por operaciones de béisbol (millones de dólares)	Frecuencia	Porcentaje	Porcentaje acumulado
–60 pero menor que –45	2	6.67%	6.67%
–45 pero menor que –30	2	6.67%	13.33%
–30 pero menor que –15	8	26.67%	40.00%
–15 pero menor que 0	8	26.67%	66.67%
0 pero menor que 15	7	23.33%	90.00%
15 pero menor que 30	1	3.33%	93.33%
30 pero menor que 45	2	6.67%	100.00%

(d) Parece haber una relación lineal positiva débil entre el número de juegos ganados y la compensación y los beneficios del jugador.

2.84 (b) La única variable que parece ser útil para pronosticar el precio de la impresión es el costo del texto. Parece haber una relación lineal negativa entre el precio y el costo del texto. Generalmente cuanto mayor sea el costo del texto, menor será el precio de la impresión.

CAPÍTULO 3

3.2 (a) media = 7, mediana = 7, moda = 7; **(b)** rango = 9, rango intercuartil = 5, $S^2 = 10.8$, $S = 3.286$, $CV = 46.943\%$; **(c)** puntuaciones Z: 0, –0.913, 0.609, 0, –1.217, 1.521. Ninguna de las puntuaciones Z es más grande que 3.0 o menor que –3.0. No hay valores extremos. **(d)** simétrico ya que media = mediana

3.4 (a) media = 2, mediana = 7, moda = 7; **(b)** rango = 17, rango intercuartil = 14.5, $S^2 = 62$, $S = 7.874$, $CV = 393.7\%$; **(c)** sesgado hacia la izquierda ya que media < mediana

3.6 (a)

	Grado *X*	Grado *Y*
Media	575	575.4
Mediana	575	575
Desviación estándar	6.40	2.07

(b) Si se mide la calidad con la tendencia central, las llantas Grado *X* ofrecen una calidad ligeramente mejor ya que la media y la mediana de *X* son ambas iguales al valor esperado, 575 mm. Si, no obstante, la calidad se mide por la consistencia, el Grado *Y* ofrece una mejor calidad porque, aun cuando la media de *Y* es sólo ligeramente mayor que la media para el Grado *X*, la desviación estándar de *Y* es mucho menor. El rango en los valores de *Y* es de 5 mm., comparado con el rango en los valores para el Grado *X*, el cual es de 16 mm.

(c)

	Grado *X*	Grado *Y*, Alterado
Media	575	577.4
Mediana	575	575
Desviación estándar	6.40	6.11

Cuando el quinto valor del tipo *Y* fuese 588 mm en lugar de 578 mm, la media del diámetro interno de *Y* se vuelve 577.4 mm, que es mayor que la media del diámetro interno de *X*, y la desviación estándar de *Y* se incrementa de 2.07 mm a 6.11 mm. En este caso, las llantas *X* tendrán mejor calidad en términos de la media del diámetro interno con una variación ligeramente mayor que entre las llantas *Y*.

3.7 (a) Para las hamburguesas: $\overline{X} = \frac{240}{7} = 34.2857$ Mediana = $(7+1)/2 = 4°$ valor clasificado = 35 $Q_1 = (7+1)/4 = 2°$ valor clasificado = 31 $Q_3 = 3(7+1)/4 = 6°$ valor clasificado = 39.

Para los productos de pollo: $\overline{X} = \frac{227}{11} = 20.6364$ Mediana =

(11+1)/2 = 6° valor clasificado = 18 Q_1 = (11+1)/4 = 3er valor clasificado = 15 Q_3 = 3(11+1)/4 = 9° valor clasificado = 27
(b) Para las hamburguesas: Rango = 43 – 19 = 24, Rango intercuartil = 39 – 31 = 8

Grasa total (X)	X – Media	(X – Media)²
19	–15.2857	233.653061
31	–3.28571	10.7959184
34	–0.28571	0.08163265
35	0.714286	0.51020408
39	4.714286	22.2244898
39	4.714286	22.2244898
43	8.714286	75.9387755
34.285714 Media		Suma: 365.428571

$$S^2 = \frac{365.428571}{6} = 60.904761;\ S = \sqrt{60.904761} = 7.804$$

$$\text{C.V.} = \frac{7.804}{34.28571} \times 100\% = 22.761\%$$

Para los artículos de pollo: Rango = 39 – 7 = 32; Rango intercuartil = 27 – 15 = 12

Grasa total (X)	(X – Media)	(X – Media)²
7	–13.6364	185.950413
9	–11.6364	135.404959
15	–5.63636	31.768595
16	–4.63636	21.4958678
16	–4.63636	21.4958678
18	–2.63636	6.95041322
22	1.363636	1.85950413
25	4.363636	19.0413223
27	6.363636	40.4958678
33	12.36364	152.859504
39	18.36364	337.22314
20.636364 Media		Suma: 954.545455

$$S^2 = \frac{954.54545}{10} = 95.454545;\ S = \sqrt{95.454545} = 9.77$$

$$\text{C.V.} = \frac{9.77}{20.636} \times 100\% = 47.344\%$$

(c) Los datos para los artículos de pollo están sesgados hacia la derecha y los datos para las hamburguesas están sesgados hacia la izquierda. **(d)** En general, las hamburguesas tienen más grasa total que los productos de pollo. El total de grasa más bajo para las hamburguesas está siempre por arriba del 50% del total de grasa de los productos de pollo. Cerca del 25% de las hamburguesas tienen un total de grasa mayor que el total de grasa más alto entre los productos de pollo.

3.8 (a) La distribución de los ingresos de las familias muy posiblemente se sesgará hacia la derecha por la presencia de algunas cuantas personas que poseen millones o miles de millones. Como resultado, la mediana del ingreso es una mejor medida de tendencia central que la media del ingreso. **(b)** El artículo reporta la mediana del precio de una casa y no el precio medio porque la mediana es una mejor medida de tendencia central en presencia de algunas casas extremadamente caras que harían aumentar el precio medio de las casas.

3.10 (a) Calorías: media = 380, mediana = 350, 1er cuartil = 260, 3er cuartil = 510. Grasa: media = 15.79, mediana = 19, 1er cuartil = 8, 3er cuartil = 22. **(b)** Calorías: varianza = 12,800, desviación estándar = 113.14, rango = 290, intervalo intercuartil = 250, CV = 29.77%. Ninguna de las puntuaciones Z son menores que –3 o mayores que 3. No hay valores extremos en las calorías. Grasa: varianza = 52.82, desviación estándar = 7.27, rango = 18.5, rango intercuartil = 14, CV = 46.04%. Ninguna de las puntuaciones Z son menores que –3 ni mayores que 3. No hay extremos en la grasa. **(c)** Las calorías están ligeramente sesgadas hacia la derecha, mientras que la grasa está ligeramente sesgada hacia la izquierda. **(d)** La media de calorías es de 380, mientras que la caloría clasificada en el medio es 350. La dispersión promedio de calorías alrededor de la media es 113.14. El 50% medio de las calorías se distribuye sobre 250, mientras que la diferencia entre las calorías más altas y más bajas es 290. La media de grasa es 15.79 gramos mientras que la grasa clasificada en el medio es 19 gramos. La dispersión promedio de grasa encontrada alrededor de la media es 7.27 gramos. El 50% de los valores están dispersos sobre 14 gramos, mientras que la diferencia entre la grasa más alta y la más baja es de 18.5 gramos.

3.12 (a) media = \$347.86, mediana = \$340, 1er cuartil = \$290, 3er cuartil = \$400. **(b)** varianza = 4,910.44, desviación estándar = \$70.07, rango = \$230, rango intercuartil = \$110, CV = 20.14%. Ninguna de las puntuaciones Z son menores que –3 o mayores que 3. No hay valores extremos en el precio. **(c)** El precio de las cámaras de 3 megapixeles es simétrico. **(d)** El precio promedio es de \$347.86, mientras que el precio clasificado en el medio es \$340. La dispersión promedio del precio alrededor de la media es \$70.07. El 50% medio de los precios están dispersos arriba de \$110, mientras que la diferencia entre los precios mayor y menor es de \$230.

3.14 (a) Media = 473.46, Mediana = 451. No hay moda. La mediana parece ser una mejor medida descriptiva, ya que estos datos no son simétricos. **(b)** Rango = 785, Varianza = 44,442.44, Desviación estándar = 210.77. **(c)** Desde el punto de vista del productor, la peor medida sería calcular la proporción de baterías que duran por arriba de 400 horas (8/13 = 0.61). Tanto la mediana (451) como la media (473.5) están por encima de 400 horas, y serían una mejor medida para que el fabricante las usara en su publicidad. **(d)** Media = 550.38, Mediana = 492, Moda = ninguna, Rango = 1,078, Varianza = 99,435.26, Desviación estándar = 315.33. Desde el punto de vista del productor, la peor medida sigue siendo la proporción de baterías que duran más allá de 400 horas (9/13 = 0.69). Tanto la mediana (492) como la media (550.38) están muy por arriba de 400, y serían mejores medidas para que el productor las usara en su publicidad. La forma de la distribución de este conjunto alterado de datos se sesga hacia la derecha, ya que la media es mayor que la mediana.

3.16 (a) Media = 7.11, Mediana = 6.68, $Q_1 = 5.64$, $Q_3 = 8.73$. **(b)** Varianza = 4.336, Desviación estándar = 2.082, Rango = 6.67, Rango intercuartil = 3.09, Coeficiente de variación = 29.27%. **(c)** Ya que la media es mayor que la mediana, la distribución se sesga hacia la derecha. **(d)** Tanto la media como la mediana son más de 5 minutos. La distribución está sesgada hacia la derecha, lo que significa que hay más valores altos inusuales, que valores bajos. Más aún, 13 de los 15 clientes del banco muestreado (86.7%) tuvieron tiempos de espera con un exceso de 5 minutos. Así, el cliente tiene mayor posibilidad de experimentar un tiempo de espera excesivo de 5 minutos más. El gerente exageró el récord del servicio bancario al responder que "con toda seguridad" el cliente no esperará más de 5 minutos para ser atendido.

3.17 $\overline{R}_G = [(1 + 0.61)(1 + 0.55)]^{1/2} - 1 = 57.97\%$

3.18 (a)

Año	DJIA	SP500	Russell 2000	Wilshire 5000
2003	25.30	26.40	45.40	29.40
2002	–15.01	–22.10	–21.58	–20.90
2001	–5.44	–11.90	–1.03	–10.97
2000	–6.20	–9.10	–3.02	–10.89
Media geométrica	–1.42%	–5.77%	2.28%	–5.07%

(b) La tasa de rendimiento de SP500 es la peor al ubicarse en –5.77%, seguida por Wilshire 5000 a –5.07% y DJIA –1.42%. Russell 2000 es el único índice entre las cuatro que tiene una tasa de rendimiento positiva del 2.28% sobre un periodo de cuatro años. **(c)** En general, las inversiones del mercado del metal consiguen la tasa más alta de rendimiento que las inversiones del mercado de los certificados de depósito de 2000 a 2003. Las inversionistas del mercado de existencias tienen la peor tasa de rendimiento.

3.20 (a)

Año	Platino	Oro	Plata
2003	34.2	19.5	24.0
2002	24.5	24.5	5.5
2001	–21.3	1.2	–3.0
2000	–23.3	1.8	–5.9
Media geométrica	0.21%	11.27%	4.53%

(b) Los tres materiales obtuvieron una tasa positiva de rendimiento en el periodo de cuatro años. El oro alcanzó su tasa de rendimiento más alta en 11.27%, seguido por la plata con 4.53% y el platino con 0.21%. **(c)** En general, las inversiones en el mercado del metal lograron una mayor tasa de rendimiento que las inversiones en el mercado de depósitos de 2000 a 2003. Las inversiones en el mercado de acciones registraron la peor tasa de rendimiento.

3.22 (a) Media poblacional $\mu = 6$ **(b)** Desviación estándar poblacional, $\sigma = 1.673$, Varianza poblacional, $\sigma^2 = 2.8$

3.23 (a) $\mu = \frac{514}{50} = 10.28$, $\sigma^2 = \frac{204.92}{50} = 4.0984$, $\sigma = \sqrt{4.0984} = 2.02445$ **(b)** 64%, 94%, 100% **(c)** Estos porcentajes son menores a lo que sugiere la regla empírica.

3.24 (a) 68% **(b)** 95% **(c)** no es calculable, 75%, 88.89%. **(d)** $\mu - 4\sigma$ a $\mu + 4\sigma$ o –2.8 a 19.2

3.26 (a) media = 12,999.2158, varianza = 14,959,700.52, desviación estándar = 3,867.7772. **(b)** 64.71%, 98.04% y 100% de estos estados tiene una media per cápita de consumo de energía dentro de 1, 2 y 3 desviaciones estándar de la media, respectivamente. **(c)** Esto es consistente con el 68%, 95% y 99.7% de acuerdo con la regla empírica. **(d)** (a) media = 12,857.7402, varianza = 14,238,110.67, desviación estándar = 3,773.3421. **(b)** 66%, 98% y 100% de estos estados tienen una media per cápita de consumo de energía dentro de 1, 2 y 3 desviaciones estándar alrededor de la media, respectivamente. **(c)** Esto es consistente con el 68%, 95% y 99.7% de acuerdo con la regla empírica.

3.28 (a) 3,4,7,9,12; **(b)** La distancia entre la mediana y los extremos es cercana, 4 y 5, pero la diferencia en los tamaños de los bigotes es diferente (1 en la izquierda y 3 en el derecha) por lo que la distribución está ligeramente sesgada hacia la derecha. **(c)** En 3.2 (c) puesto que la media = mediana, se dice que la distribución es simétrica. La parte de la gráfica correspondiente a la caja es simétrica, pero los bigotes muestran un sesgo hacia la derecha.

3.30 (a) –8, –6.5, 7, 8, 9; **(b)** La forma es sesgada hacia la izquierda. **(c)** Esto es consistente con la respuesta en el inciso (c) de la pregunta 3.4.

3.32 (a) Resumen de cinco números: 309 593 895.5 1,425 1,720. **(b)** sesgado hacia la derecha.

3.34 (a) Tarifa de cheque rechazado: resumen de cinco números: 15 20 22 26 30. Tarifa de servicio mensual: resumen de cinco números: 0 5 7 10 12. **(b)** La distribución de los cheques rechazados está ligeramente sesgada hacia la derecha. La distribución de los cargos por el servicio mensual está sesgada hacia la izquierda. **(c)** La tendencia central de la tarifa de los cheques rechazados es sustancialmente mayor que aquella de la tarifa del servicio mensual. Mientras que la distribución de las tarifas de cheques rechazados es simétrica, la distribución de las tarifas del servicio mensual está sesgada más hacia la izquierda, con unos cuantos bancos que cobran una tarifa muy baja de servicio mensual o no cobran tarifa de servicio mensual.

3.36 (a) Distrito comercial: resumen de cinco números: 0.38 3.2 4.5 5.55 6.46. Área residencial: resumen de cinco números: 3.82 5.64 6.68 8.73 10.49. **(b)** Distrito comercial: La distribución está sesgada hacia la izquierda. Área residencial: La distribución está ligeramente sesgada hacia la derecha. **(c)** La tendencia central de los tiempos de espera para la sucursal de banco localizada en el distrito comercial de la ciudad es menor que aquella de la sucursal localizada en el área residencial. Hay menos tiempos de espera largos que tiempos de espera normales para la sucursal localizada en el área residencial, mientras que hay menos tiempos de espera excepcionalmente cortos para la sucursal localizada en el área comercial.

3.38 (a) Se puede decir que hay una relación lineal positiva fuerte entre la evolución de la inversión de acciones estadounidenses y las acciones internacionales de gran capital; entre las acciones estadounidenses y las acciones del mercado emergente; una relación lineal moderada entre las acciones estadounidenses y las acciones internacionales de pequeño capital; entre las acciones estadounidenses y las acciones del mercado de deuda emergente; y una relación lineal positiva muy débil entre las acciones estadounidenses y los bonos internacionales. **(b)** En general, hay una relación lineal positiva entre el rendimiento en la inversión de acciones estadounidenses y las acciones internacionales, entre los bonos estadounidenses y los bonos internacionales, entre las acciones estadounidenses y el mercado de deuda emergente, y una relación lineal negativa muy débil, si acaso, entre los rendimientos de la inversión de bonos estadounidenses y las acciones internacionales.

3.40 (a) cov $(X, Y) = 591.667$ **(b),** $r = 0.7196$ **(c)** El coeficiente de correlación es de mayor valor para expresar la relación entre las calorías y la grasa puesto que no depende de las unidades utilizadas para medir calorías y grasa. **(d)** Hay un relación positiva lineal fuerte entre las calorías y la grasa.

3.42 (a) cov $(X, Y) = -336.958$. **(b)** $r = \frac{-336.958}{(105.3617)(7.967)} = -0.4014$

(c) El coeficiente de correlación entre la tasa de facturación y las violaciones de seguridad indica que hay una relación lineal negativa débil entre ambos.

3.56 (a) media = 43.89, mediana = 45, 1er cuartil = 18, 3er cuartil = 63. **(b)** rango = 76, rango intercuartil = 45, varianza = 639.2564, desviación estándar = 25.28, coeficiente de variación = 57.61%. **(c)** La distribución está sesgada hacia la derecha porque hay pocas políticas que requieran de un periodo excepcionalmente largo para su aprobación. **(d)** La media del proceso de aprobación toma 43.89 días; el 50% de las políticas que fueron aprobadas en menos de 45 días. El 50% de las solicitudes son aprobadas entre 18 y 63 días. Cerca del 67% de las solicitudes se aprueban entre 18.6 y 69.2 días.

3.58 (a) media = 8.421, mediana = 8.42, rango = 0.186, S = 0.0461. La amplitud para la media y la mediana es de 8.42 pulgadas para ambas. El rango para las anchuras es de 0.186 pulgadas y la dispersión promedio alrededor de la media es de 0.0461 pulgadas. **(b)** 8.312, 8.404, 8.42, 8.459, 8.498; **(c)** Aun cuando la media es igual a la mediana, el bigote izquierdo es mayor, por lo que la distribución está sesgada hacia la izquierda. **(d)** Todos los canalones en esta muestra cumplen con las especificaciones.

3.60 (a) Oficina I: media = 2.214, mediana = 1.54; Oficina II: media = 2.011, mediana = 1.505; Oficina I: $Q_1 = 0.93$, $Q_3 = 3.93$; Oficina II: $Q_1 = 0.6$, $Q_3 = 3.75$; **(b)** Oficina I: Rango = 5.80, $IQR = 3.00$, $S^2 = 2.952$, $S = 1.718$, $CV = 77.597\%$; Oficina II: Rango = 7.47, $IQR =$

3.15, $S^2 = 3.579$, $S = 1.892$, $CV = 94.04\%$; **(c)** Sí, ambas están sesgadas hacia la derecha. **(d)** La Oficina II tiene más variabilidad en tiempos para aclarar los problemas, con un intervalo más amplio y una mayor desviación estándar. La Oficina II tiene una media menor de tiempo para aclarar problemas.

3.62 (a) Costo: media = 0.171; mediana = 0.17; Calorías: media = 165.758, mediana = 190; Fibra: media = 6.909, mediana = 6; Azúcar: media = 11.394, mediana = 11; Costo: $Q_1 = 0.13$, $Q_3 = 0.20$; Calorías: $Q_1 = 135$, $Q_3 = 200$; Fibra $Q_1 = 5$, $Q_3 = 8$; Azúcar: $Q_1 = 6$, $Q_3 = 17.5$; **(b)** Costo: Rango = 0.17, $IQR = 0.07$, $S^2 = 0.00220$, $S = 0.0469$, $CV = 27.49\%$; Calorías: Rango = 160, $IQR = 65$, $S^2 = 2{,}681.439$, $S = 51.783$, $CV = 31.240\%$; Fibra: Rango = 8, $IQR = 3$, $S^2 = 5.773$, $S = 2.403$, $CV = 34.781\%$; Azúcar: Rango = 23, $IQR = 11.50$, $S^2 = 44.246$, $S = 6.652$, $CV = 58.382\%$; **(c)** Costo: sesgado a la derecha, calorías: sesgado a la izquierda, fibra: sesgado a la derecha, azúcar: aproximadamente simétrica; **(d)** Costo: El costo promedio es aproximadamente 17 centavos por onza. La mayoría de los cereales se agrupan alrededor de este costo con pocos cereales con un costo alto. El promedio de dispersión alrededor de la media es de aproximadamente 5 centavos por onza. Calorías: La media de calorías es aproximadamente 166 y un valor medio de 190, con un promedio de dispersión alrededor de la media de aproximadamente 52. Como los datos están sesgados hacia la izquierda, la mayoría de las calorías se agrupan en el extremo superior con pocos cereales bajos en calorías. Fibra: La cantidad promedio de fibra es de aproximadamente 6.9 gramos con un valor medio de 6 gramos, con una dispersión promedio alrededor de la media de aproximadamente 2.4 gramos. Como la fibra está sesgada hacia la derecha, los cereales tienden a agruparse alrededor de los números inferiores de fibra. Tres cereales incrementan la media de la fibra. Azúcar: La cantidad promedio de azúcar es de 11.4 gramos con un valor medio de 11 gramos. El promedio de dispersión alrededor de la media es de 6.65 gramos. Los datos son relativamente simétricos.

3.64 (a) Con promoción: media = 20,748.93, desviación estándar = 8,109.50; Sin promoción: media = 13,935.70, desviación estándar = 4,437.92. **(b)** Con promoción: mínimo = 10,470, 1er cuartil = 14,905, mediana = 19,775, 3er cuartil = 24,456, máximo = 40,605. Sin promoción: mínimo = 9,555, 1er cuartil = 11,779, mediana = 12,952, 3er cuartil = 14,367, máximo = 28,834. **(d)** La asistencia promedio es de 6,813 más cuando hay una promoción que cuando no hay promoción, y la variación en la asistencia cuando hay una promoción es mayor que cuando no hay promoción. Hay muchos factores que provocarían la variación en la asistencia pagada. Algunos de ellos son la condición del clima, la hora y el día del juego, el equipo visitante, etcétera.

3.66 (a) Boston: 0.04, 0.17, 0.23, 0.32, 0.98; Vermont: 0.02, 0.13, 0.20, 0.28, 0.83. **(b)** Ambas distribuciones están sesgadas hacia la derecha. **(c)** Ambos conjuntos de tejas tuvieron un buen desempeño con una pérdida granular de 0.8 gramos o menos. Las tejas Boston tuvieron sólo 2 puntos de pérdida granular mayor que 0.8 gramos. El siguiente valor menor más próximo a éstos fue de 0.6 gramos. Estos dos puntos de datos se consideran como extremos. Sólo el 1.176% de las tejas no cumplieron con la especificación. En las tejas Vermont sólo un punto de dato fue mayor a 0.8 gramos. El siguiente punto fue 0.58 gramos. Así, sólo el 0.714% de las tejas no cumplieron con la especificación.

3.68 (a), (b)

	Media	Mediana	Q_1	Q_3
Promedio Precio del boleto	18.1333	17.83	15.20	20.84
Índice de costo por aficionado	144.5737	143.475	124.25	160.76
Ingresos en temporada regular	46.1367	47.55	30.20	62.10
TV local, Radio, cable	19.0467	16.35	10.90	23.60
Otro ingreso local	27.5933	29.05	13.90	37.00
Compensación al jugador	71.3567	70.80	49.40	92.80
Gastos nacionales y locales	54.6467	50.50	46.90	58.50
Ingresos por operaciones de béisbol	−8.3733	−8.35	−18.50	1.90

	Varianza	Desviación estándar	Rango	Rango intercuartil	C.V.
Promedio Precio del boleto	35.9797	5.9983	33.07	5.64	33.08%
Índice del costo por aficionado	843.4552	29.0423	143.84	36.51	20.09%
Ingresos en temporada regular	512.5445	22.6394	91.60	31.90	49.07%
TV local, Radio, cable	151.0184	12.2890	56.30	12.70	64.52%
Otro ingreso local	234.6186	15.3173	58.70	23.10	55.51%
Compensación al jugador	663.8405	25.7651	88.00	43.40	36.11%
Gastos nacionales y locales	176.4081	13.2819	49.20	11.60	24.3%
Ingresos por operaciones de béisbol	428.1531	20.6919	93.80	20.40	−247.12%

(c) Promedio del precio del boleto, TV local, radio y cable, gastos nacionales, locales y otros están sesgados hacia la derecha; índice del costo por aficionado está ligeramente sesgado hacia la derecha; todas las demás variables son aproximadamente simétricas. **(d)** $r = 0.3985$. Hay una relación lineal positiva moderada entre el número de juegos ganados y la compensación y los beneficios del jugador.

3.70 (a) $r = -0.384$; $r = -0.512$; $r = -0.544$; $r = -0.261$. **(b)** El tiempo de las fotografías a color tiene la mayor relación con el precio de las cuatro variables, por lo que será el elemento más útil para pronosticar el precio. Conforme el precio se incrementa, el tiempo de las fotografías de color disminuye. Las cuatro variables tienen una relación negativa (inversa) con el precio.

3.72 No son SUV:
(a), (b)

	MPG	Longitud	Anchura
Mínimo	17	155	65
Primer cuartil	19	178	68
Mediana	21	189	71
Tercer cuartil	23	198	73
Máximo	41	215	79
Media	22.1556	187.9778	71.0000
Varianza	18.7396	161.4377	9.8652
Desviación estándar	4.3289	12.7058	3.1409
Rango	24	60	14
Rango intercuartil	4	20	5
Coeficiente de variación	19.54%	6.76%	4.42%

	Volumen de carga	Circunferencia de viraje	Peso
Mínimo	5	33	2,150
Primer cuartil	13	38	3,095
Mediana	15	40	3,427.5
Tercer cuartil	19	41	3750
Máximo	75.5	45	4315
Media	22.3944	39.7000	3,391.7222
Varianza	323.7837	6.3247	232,210.7647
Desviación estándar	17.9940	2.5149	481.8825
Rango	70.5	12	2,165
Rango intercuartil	6	3	655
Coeficiente de variación	80.35%	6.33%	14.21%

SUV:

	MPG	Longitud	Anchura
Mínimo	10	163	67
Primer cuartil	15	175	70
Mediana	16	183	72
Tercer cuartil	18	190	74
Máximo	22	227	80
Media	16.4839	184.9032	72.3226
Varianza	7.2581	209.5570	11.0925
Desviación estándar	2.6941	14.4761	3.3305
Rango	12	64	13
Rango intercuartil	3	15	4
Coeficiente de variación	16.34%	7.83%	4.61%

	Volumen de carga	Circunferencia de viraje	Peso
Mínimo	28	37	3,055
Primer cuartil	34.5	39	3,590
Mediana	37.5	40	4,135
Tercer cuartil	45.5	41	4,715
Máximo	84	52	7,270
Media	42.3548	40.5806	4,267.4194
Varianza	183.7532	11.3183	783,086.4516
Desviación estándar	13.5556	3.3643	884.9217
Rango	56	15	4,215
Rango intercuartil	11	2	1,125
Coeficiente de variación	32.00%	8.29%	20.74%

(c) Vehículos que no son SUV: Tanto millas por galón como capacidad de carga de equipaje están sesgadas hacia la derecha; la longitud y la anchura están sesgadas hacia la izquierda; la anchura está ligeramente sesgada hacia la derecha y la circunferencia de viraje es bastante simétrica. **SUV:** Todas las variables están sesgadas hacia la derecha, exceptuando las millas por galón, que sólo presentan un ligero sesgo hacia la derecha.

CAPÍTULO 4

4.2 (a) Los eventos simples incluyen seleccionar una bola roja. **(b)** Seleccionar una bola blanca.

4.4 (a) 60/100 = 3/5 = 0.6 **(b)** 10/100 = 1/10 = 0.1 **(c)** 35/100 = 7/20 = 0.35 **(d)** 9/10 = 0.9

4.6 (a) Mutuamente excluyentes, no colectivamente exhaustivos. **(b)** No son mutuamente excluyentes, no son colectivamente exhaustivos. **(c)** Mutuamente excluyentes, no colectivamente exhaustivos. **(d)** Mutuamente excluyentes, colectivamente exhaustivos.

4.8 (a) "Es propietario de una casa". **(b)** "Un propietario de casa que maneja su auto hacia el trabajo". **(c)** "No maneja hacia el trabajo" **(d)** "Una persona puede manejar su auto hacia el trabajo y también ser propietaria de una casa".

4.10 (a) "Es una buena placa de silicio". **(b)** "Una placa de silicio es buena y no se encontraron partículas en el troquel". **(c)** "Mala placa de silicio". **(d)** Un placa de silicio puede ser una "buena placa de silicio" y haber sido producida por un troquel "con partículas".

4.12 (a) 83/369 = 0.2249; **(b)** 137/369 = 0.3713; **(c)** 220/369 = 0.5962; **(d)** La probabilidad de "empresa pequeña a de tamaño medio u ofrecimiento de acciones" incluye la probabilidad de "empresa pequeña a de tamaño medio y ofrecimiento de acciones", la probabilidad de "empresa pequeña a de tamaño medio pero sin ofrecimiento de acciones" y la probabilidad de "empresa grande y ofrecimiento de acciones".

4.14 (a) 360/500 = 18/25 = 0.72; **(b)** 224/500 = 56/125 = 0.448; **(c)** 396/500 = 99/125 = 0.792 **(d)** 500/500 = 1.00.

4.16 (a) 10/30 = 1/3 = 0.33; **(b)** 20/60 = 1/3= 0.33; **(c)** 40/60 = 2/3 = 0.67; **(d)** puesto que $P(A \mid B) = P(A) = 1/3$, los eventos A y B son estadísticamente independientes.

4.18 $\frac{1}{2} = 0.5$.

4.20 Puesto que $P(A \text{ y } B) = 0.20$ y $P(A)P(B) = 0.12$, los eventos A y B no son estadísticamente independientes.

4.21 (a) P (un propietario de casa | maneja hacia el trabajo) = 824/1505 = 0.5475; **(b)** P (maneja hacia el trabajo | un propietario de casa) = 824/1000 = 0.8240. **(c)** Los eventos condicionales están invertidos. **(d)** Puesto que P (un propietario de casa) = 1000/2000 = 0.50 no es igual a P (un propietario de casa | maneja hacia el trabajo) = 824/1505 = 0.5475, manejar hacia el trabajo y si quien responde es un propietario de casa o uno que la renta no son estadísticamente independientes.

4.22 (a) 36/116 = 0.3103; **(b)** 14/334 = 0.0419; **(c)** 320/334 = 0.9581 P (sin partículas) = 400/450 = 0.8889. Puesto que P (sin partículas | buena calidad) ≠ P (sin partículas). "Una buena placa de silicio" y "un troquel sin partículas" no son estadísticamente independientes.

4.24 (a) 29/56 = 0.5179; **(b)** 29/155 = 0.1871. **(c)** Los eventos condicionales están invertidos. **(d)** Puesto que P (ser blanco | demanda por prejuicio) = 0.1871 no es igual a P (ser blanco) = 0.1210, ser blanco y reclamar por prejuicio no son estadísticamente independientes.

4.26 (a) 0.025/0.6 = 0.0417; **(b)** 0.015/0.4 = 0.0375. **(c)** Puesto que P (necesita garantía de reparación | productor establecido en EU) = 0.0417 y P (necesita garantía de reparación) = 0.04, los dos eventos no son estadísticamente independientes.

4.28 (a) 0.0045; **(b)** 0.012; **(c)** 0.0059; **(d)** 0.0483.

4.30 0.095.

4.32 (a) 0.736; **(b)** 0.997.

4.33 (a) H = esposo observando; W = esposa observando

$$P(H|W) = \frac{P(W|H) \cdot P(H)}{P(W|H) \cdot P(H) + P(W|H') \cdot P(H')}$$

$$= \frac{(0.4)(0.6)}{(0.4)(0.6) + (0.3)(0.4)} = \frac{0.24}{0.36}$$

$$= \frac{2}{3} = 0.667$$

(b) $P(W) = 0.24 + 0.12 = 0.36$.

4.34 (a) 0.4615; **(b)** 0.325.

4.36 (a) P (gran éxito | revisión favorable) = 0.099/0.459 = 0.2157; P (éxito moderado | revisión favorable) = 0.14/0.459 = 0.3050; P (punto de equilibrio | revisión favorable) = 0.16/0.459 = 0.3486; P (perdedor | revisión favorable) = 0.06/0.459 = 0.1307; **(b)** P (revisión favorable) = 0.459.

4.38 $3^{10} = 59{,}049$.

4.40 (a) $2^7 = 128$; **(b)** $6^7 = 279{,}936$.
(c) Hay dos resultados mutuamente excluyentes y colectivamente exhaustivos en el inciso (a) y seis en el inciso (b).

4.41 (7)(3)(3) = 63.

4.42 (8)(4)(3)(3) = 288.

4.43 $n! = 4! = (4)(3)(2)(1) = 24$.

4.44 5! = (5)(4)(3)(2)(1) = 120. No todos estos órdenes tienen la misma posibilidad porque en cada equipo los jugadores son diferentes.

4.46 $n! = 6! = 720$.

4.47 $\frac{n!}{(n-X)!} = \frac{12!}{9!} = (12)(11)(10) = 1{,}320.$

4.48 28.

4.49 $\frac{n!}{X!(n-X)!} = \frac{7!}{4!(3!)} = \frac{(7)(6)(5)}{(3)(2)(1)} = 35.$

4.50 4,950.

4.62 (a) 0.035, **(b)** 0.49, **(c)** 0.975, **(d)** 0.02, **(e)** 0.2857. **(f)** Las condiciones están cambiadas. Inciso (d) responde a $P(A | B)$ y el inciso (e) responde a $P(B | A)$.

4.64 (a) Un evento simple puede ser "una firma que tenga un sitio Web de transacciones públicas" y un evento conjunto puede ser "una firma que tenga un sitio Web de transacciones públicas y que tenga ventas mayores a $10 mil millones". **(b)** 0.3469, **(c)** 0.1449. **(d)** Puesto que P (sitio Web de transacciones públicas) P (ventas que sobrepasan $10 mil millones) ≠ P (sitio Web de transacciones públicas y ventas que sobrepasan los $10 mil millones), los dos eventos, "ventas que sobrepasan los 10 mil millones de dólares" y "tiene un sitio Web de transacciones públicas" no son independientes.

4.66 (a) 0.0225; **(b)** 3,937.5 ≅ 3,938 puede esperarse que lean el anuncio y hagan un pedido. **(c)** 0.03; **(d)** 5,250 puede esperarse que lean el anuncio y hagan un pedido.

4.68 (a) 0.4712. **(b)** Puesto que la probabilidad de que un accidente implique una volcadura dado que en el accidente participó una SUV, una camioneta o una pick-up, es de 0.4712, lo cual es casi el doble de probabilidad de que en un accidente se vea implicada una volcadura con cualquier tipo de vehículo de 0.24; las SUV, camionetas o pick-ups generalmente son más propensas a sufrir accidentes por volcadura.

CAPÍTULO 5

5.2 (a) C: $\mu = 2$, D: $\mu = 2$; **(b)** C: $\sigma = 1.414$, D: $\sigma = 1.095$. **(c)** La distribución C es uniforme y simétrica; la distribución D es simétrica y tiene una sola moda.

5.4 (a) $\mu = 2$; **(b)** $\sigma = 1.183$.

5.5 (a)–(b)

X	$P(x)$	$X*P(X)$	$(X-\mu)^2$	$(X-\mu)^2*P(X)$
0	0.32	0	1.6129	0.516128
1	0.35	0.35	0.0729	0.025515
2	0.18	0.36	0.5329	0.095922
3	0.08	0.24	2.9929	0.239432
4	0.04	0.16	7.4529	0.298116
5	0.02	0.10	13.9129	0.278258
6	0.01	0.06	22.3729	0.223729
	(a) Media =	1.27	varianza =	1.6771
			(b) Desviación estándar =	1.29503

5.6 (a)

X	$P(X)$
$ – 1	21/36
$ + 1	15/36

(b)

X	$P(X)$
$ – 1	21/36
$ + 1	15/36

(c)

X	$P(X)$
$ – 1	30/36
$ + 4	6/36

(d) $ – 0.167 para cada método de juego.

5.8 (a) 0.5997; **(b)** 0.0016; **(c)** 0.0439; **(d)** 0.4018.

5.10 (a) 0.0778; **(b)** 0.6826; **(c)** 0.0870; **(d)(a)** $P(X = 5) = 0.3277$ **(b)** $P(X \geq 3) = 0.9421$; **(c)** $P(X < 2) = 0.0067$.

5.12 Dada $p = 0.90$ y $n = 3$,

(a) $P(X=3) = \frac{n!}{X!(n-X)!} p^X (1-p)^{n-X} = \frac{3!}{3!0!}(0.9)^3(0.1)^0 = 0.729$

(b) $P(X=0) = \frac{n!}{X!(n-X)!} p^X (1-p)^{n-X} = \frac{3!}{0!3!}(0.9)^0(0.1)^3 = 0.001$

(c) $P(X \geq 2) = P(X=2) + P(X=3) = \frac{3!}{2!1!}(0.9)^2(0.1)^1 + \frac{3!}{3!0!}(0.9)^3(0.1)^0 =$

0.972

(d) $E(X) = np = 3(0.9) = 2.7$ $\sigma_X = \sqrt{np(1-p)} = \sqrt{3(0.9)(0.1)} = 0.5196$.

5.14 (a) $P(X = 0)$ = aproximadamente 0; **(b)** $P(X = 1)$ = aproximadamente 0; **(c)** $P(X \leq 2) = 0.000000374$; **(d)** $P(X \geq 3) = 1.0$.

5.16 **(a)** Puesto que el 68 y el 24% provienen de los resultados de la encuesta llevada a cabo por la red, se clasifican mejor como probabilidad clásica empírica. **(b)** 0.000014; **(c)** 0.9721; **(d)** 0.000447.

5.18 **(a)** 0.2565; **(b)** 0.1396; **(c)** 0.3033; **(d)** 0.0247.

5.20 **(a)** 0.0337; **(b)** 0.0067; **(c)** 0.9596; **(d)** 0.0404.

5.22 **(a)**
$$\begin{aligned} P(X<5) &= P(X=0)+P(X=1)+P(X=2)+P(X=3) \\ &\quad + P(X=4) \\ &= \frac{e^{-6}(6)^0}{0!}+\frac{e^{-6}(6)^1}{1!}+\frac{e^{-6}(6)^2}{2!}+\frac{e^{-6}(6)^3}{3!} \\ &\quad +\frac{e^{-6}(6)^4}{4!} \\ &= 0.002479+0.014873+0.044618+0.089235 \\ &\quad +0.133853 = 0.2851 \end{aligned}$$

(b) $P(X=5)=\frac{e^{-6}(6)^5}{5!}=0.1606$

(c) $P(X\geq 5)=1-P(X<5)=1-0.2851=0.7149$

(d) $P(X=4 \text{ o } X=5)=P(X=4)+P(X=5)=\frac{e^{-6}(6)^4}{4!}+\frac{e^{-6}(6)^5}{5!}=$ 0.2945.

5.24 **(a)** 0.0404; **(b)** 0.9596; **(c)** 0.8301. **(d)** Puesto que Delta tiene una mayor tasa media de mal manejo de equipaje por cada 1,000 pasajeros que Jet Blue, su probabilidad de manejar mal por lo menos un pequeño número de maletas es mayor que la de Jet Blue.

5.26 **(a)** 0.0176; **(b)** 0.9093; **(c)** 0.9220.

5.28 **(a)** 0.0062; **(b)** 0.1173. **(c)** Puesto que Kia tiene una tasa media mayor de problemas por auto, la probabilidad de que un Kia seleccionado al azar tendrá no más de 2 problemas es menor que aquella de autos Lexus seleccionados al azar. Asimismo, la probabilidad de que un Kia seleccionado aleatoriamente tenga cero problemas es menor que aquella de un Lexus elegido aleatoriamente.

5.30 **(a)** 0.2165; **(b)** 0.8013; **(c)** Puesto que Kia tiene una tasa media de problemas menor por auto en 2004 en comparación con 2003, la probabilidad de que un Kia seleccionado al azar tenga cero problemas y la probabilidad de no más de 2 problemas son más altas que sus valores en 2003.

5.36 **(a)** 0.74; **(b)** 0.74; **(c)** 0.3898; **(d)** 0.0012. **(e)** La suposición de independencia podría no ser verdadera.

5.38 **(a)** 0.0547; **(b)** 0.3828; **(c)** 0.9298. **(d)** Si el indicador es un evento aleatorio, la probabilidad de que haga un pronóstico correcto 8 o más veces en 10 es virtualmente cero. Si uno desea aceptar el argumento de que la cantidad de gastos de campaña realizados durante un año electoral ejerce cierto impacto multiplicativo en el mercado bursátil, la probabilidad de que el promedio industrial Dow Jones se incremente en un año electoral presidencial de EU, posiblemente se acercará a 0.90, con base en el resultado de los incisos (a) a (c).

5.40 **(a)** 0.018228; **(b)** 0.089782; **(c)** 0.89199; **(d)** media = 3.3, desviación estándar = 1.486943.

5.42 **(a)** 0.0000; **(b)** 0.04924; **(c)** 0.909646; **(d)** 0.49578.

5.44 **(a)** 0.0003; **(b)** 0.2289; **(c)** 0.4696; **(d)** 0.5304; **(e)** 0.469581; **(f)** 4.4 por lo que cerca de 4 personas en promedio se rehusarán a participar.

5.46 **(a)** $\mu = 17.6$, **(b)** $\sigma = 1.453$, **(c)** 0.0776, **(d)** 0.5631, **(e)** 0.9740.

5.48 **(a)** 0.0000192791; **(b)** 0.0334; **(c)** 0.8815; **(d)** Con base en los resultados de los incisos (a) a (c), la probabilidad de que el índice Standard & Poors 500 se incremente si hay una ganancia temprana en los primeros cinco días de negociación del año, es muy posible que se acerque al 0.90 porque esto genera una probabilidad del 88.15% de que al menos 29 de los 34 años del índice Standard & Poors 500 se incremente el año entero. Sin embargo, debe estar consciente de que una alta correlación entre dos eventos no siempre implica una relación causal.

5.50 **(a)** Las suposiciones necesarias son (i) la probabilidad de que un golfista pierda una pelota de golf en un intervalo dado es constante; (ii) la probabilidad de que un golfista pierda más de una pelota de golf se acerca al 0 conforme el intervalo se hace pequeño, (iii) la probabilidad de que un golfista pierda una pelota de golf es independiente de un intervalo a otro. **(b)** 0.0111; **(c)** 0.70293; **(d)** 0.29707.

Capítulo 6

6.2 **(a)** 0.9089, **(b)** 0.0911, **(c)** + 1.96, **(d)** – 1.00 y + 1.00.

6.4 **(a)** 0.1401, **(b)** 0.4168, **(c)** 0.3918, **(d)** + 1.00.

6.6 **(a)** 0.9599, **(b)** 0.0228, **(c)** 43.42, **(d)** 46.64 y 53.36.

6.8 **(a)** $P(34<X<50)=P(-1.33<Z<0)=0.4082$; **(b)** $P(X<30)+P(X>60)=P(Z<-1.67)+P(Z>0.83)=0.0475+(1.0-0.7967)=$ 0.2508; **(c)** $P(Z<-0.84)$ @ 0.20, $Z=-0.84=\frac{X-50}{12}$
$X=50-0.84(12)=39.92$ mil millas o 39,920 millas.
(d) La desviación estándar menor hace más grandes los valores Z.
(a) $P(34<X<50)=P(-1.60<Z<0)=0.4452$
(b) $P(X<30)+P(X>60)=P(Z<-2.00)+P(Z>1.00)=0.0228+(1.0-0.8413)=0.1815$
(c) $X=50-0.84(10)=41.6$ mil millas o 41,600 millas.

6.10 **(a)** 0.9878; **(b)** 0.8185; **(c)** 86.16%. **(d)** Opción 1: Puesto que su puntuación del 81% en este examen representa una puntuación Z de 1.00, la cual está por debajo de la puntuación Z mínima, no obtendrá una calificación de "A" en el examen de acuerdo con este criterio de calificación. Opción 2: Puesto que su puntuación del 68% en este examen representa una puntuación Z de 2.00, la cual está muy por encima de la puntuación Z mínima de 1.28, obtendrá una calificación de "A" en el examen con este criterio de calificación. Es preferible la Opción 2.

6.12 **(a)** 0.9772; **(b)** 0.1587; **(c)** 0.0038; **(d)** 0.9962.

6.14 Con 39 valores, el menor de los valores del cuantil estándar normal cubre un área bajo la curva normal de 0.025. La puntuación Z correspondiente es de –1.96. El más grande de los valores del cuantil estándar normal cubre un área bajo la curva normal de 0.975 y su puntuación Z correspondiente es de +1.96.

6.16 **(a)** media = 99.662, mediana = 95.78, rango = 104.55, $6 \cdot S_X =$ 149.3072, rango intercuartil = 43.105, $1.33\ S_X = 33.0964$. La media es mayor que la mediana; el rango es 6 veces menor que la desviación estándar y el rango intercuartil es 1.33 veces mayor que la desviación estándar. Los datos no parecen seguir una distribución normal. **(b)** La gráfica de probabilidad normal sugiere que los datos se desvían hacia la derecha.

6.18 (a) Planta A: $\bar{X} = 9.382$ $S = 3.998$
Resumen de cinco números: 4.42 7.29 8.515 11.42 21.62
La distribución está sesgada hacia la derecha ya que la media es mayor que la mediana.
Planta B: $\bar{X} = 11.354$ $S = 5.126$
Resumen de cinco números: 2.33 6.25 11.96 14.25 25.75
Aunque los resultados son inconsistentes por un valor extremo en la muestra, ya que la media es menor a la mediana, decimos que los datos para la planta *B* está sesgada hacia la izquierda. **(b)** La gráfica de probabilidad normal para la planta *A* está sesgada hacia la derecha. Excepto por un valor extremo, la gráfica de probabilidad normal para la planta *B* está sesgada hacia la izquierda.

6.20 (a) Rango intercuartil = 0.0025; $S_X = 0.0017$; Rango = 0.008; 1.33 (S_X) = 0.0023; 6 (S_X)= 0.0102. Ya que el rango intercuartil está cercano a 1.33 (S_X) y el rango también se acerca a 6 (S_X), los datos parecen distribuirse aproximadamente de forma normal. **(b)** La gráfica de probabilidad normal sugiere que los datos parecen distribuirse aproximadamente de forma normal.

6.22 (a) Resumen de cinco números: 82 127 148.5 168 213; media = 147.06; moda = 130; rango = 131; rango intercuartil = 41; desviación estándar = 31.69. La media está muy cercana a la mediana. El resumen de cinco números sugiere que la distribución es aproximadamente simétrica alrededor de la mediana. El rango intercuartil está muy cercano a 1.33 veces la desviación estándar. El rango está alrededor de \$50, 6 veces por debajo de la desviación estándar. En general, la distribución de los datos se asemeja mucho a la distribución normal. **(b)** La gráfica de probabilidad normal confirma que los datos parecen distribuirse aproximadamente de forma normal.

6.28 (a) 0.4772, **(b)** 0.9544, **(c)** 0.0456, **(d)** 1.8835, **(e)** 1.8710 y 2.1290.

6.30 (a) 0.2734, **(b)** 0.2038, **(c)** 4.404 onzas, **(d)** 4.188 onzas y 5.212 onzas.

6.32 (a) 0.7273, **(b)** 0.2884, **(c)** 0.0426, **(d)** 0.0386, **(e)** Las acciones comunes tienen una media mayor de rendimiento anual que los bonos a largo plazo del gobierno. Sin embargo, también tienen mayor volatilidad, como se refleja con su desviación estándar más alta. Ésta es la relación usual entre un alto rendimiento y una alta volatilidad en un instrumento de inversión.
Nota: Las respuestas anteriores fueron calculadas utilizando Excel. Pueden ser ligeramente diferentes a aquellas obtenidas utilizando la tabla E.2.

6.34 (a) 0.8413; **(b)** 0.9330; **(c)** 0.9332; **(d)** 0.3347; **(e)** 0.4080 y 1.1920.

CAPÍTULO 7

7.2 (a) virtualmente cero; **(b)** 0.1587; **(c)** 0.0139; **(d)** 50.195

7.4 (a) Ambas medias son igual a 6. A esta propiedad se le denomina imparcialidad. **(c)** La distribución para $n = 3$ tiene menos variabilidad. El mayor tamaño de la muestra dio como resultado una media muestral más cercana a m.

7.6 (a) Ya que $\bar{X}$ > mediana, la forma de la distribución muestral de $\bar{X}$ para muestras con un tamaño de 2 estará sesgada hacia la derecha. **(b)** Cuando el tamaño de la muestra es 100, la distribución muestral de $\bar{X}$ será muy cercana a una distribución normal como resultado del teorema del límite central. **(c)** 0.1333

7.8 (a) $P(\bar{X} > 3) = P(Z > -1.00) = 1.0 - 0.1587 = 0.8413$
(b) $P(Z < 1.04) = 0.85$ $\bar{X} = 3.10 + 1.04(0.1) = 3.204$

(c) Para poder emplear la distribución normal estandarizada como una aproximación del área debajo de la curva, se debe suponer que la población es aproximadamente simétrica. **(d)** $P(Z < 1.04) = 0.85$
$\bar{X} = 3.10 + 1.04(0.05) = 3.152$

7.10 (a) 0.9969, **(b)** 0.0142, **(c)** 2.3830 y 2.6170, **(d)** 2.6170. *Nota:* Estas respuestas fueron calculadas utilizando Excel. Podrían ser ligeramente diferentes a las obtenidas empleando la tabla E.2.

7.12 (a) 0.30, **(b)** 0.0693

7.14 (a) $\mu = 0.501, \sigma = \sqrt{\frac{\pi(1-\pi)}{n}} = \sqrt{\frac{0.501(1-0.501)}{100}} = 0.05$
$P(p > 0.55) = P(Z > 0.98) = 1.0 - 0.8365 = 0.1635$

(b) $\mu = 0.60, \sigma = \sqrt{\frac{\pi(1-\pi)}{n}} = \sqrt{\frac{0.6(1-0.6)}{100}} = 0.04899$
$P(p > 0.55) = P(Z > -1.021) = 1.0 - 0.1539 = 0.8461$

(c) $\mu = 0.49, \sigma_p = \sqrt{\frac{\pi(1-\pi)}{n}} = \sqrt{\frac{0.49(1-0.49)}{100}} = 0.05$
$P(p > 0.55) = P(Z > 1.20) = 1.0 - 0.8849 = 0.1151$

(d) Incrementar el tamaño de la muestra por un factor de 4 reduce el error estándar por un factor de 2.
(a) $P(p > 0.55) = P(Z > 1.96) = 1.0 - 0.9750 = 0.0250$
(b) $P(p > 0.55) = P(Z > -2.04) = 1.0 - 0.0207 = 0.9793$
(c) $P(p > 0.55) = P(Z > 2.40) = 1.0 - 0.9918 = 0.0082$

7.16 (a) 0.50, **(b)** 0.5717, **(c)** 0.9523, **(d) (a)** 0.50, **(b)** 0.4246, **(c)** 0.8386

7.18 (a) 0.5926, **(b)** 0.7211 y 0.8189, **(c)** 0.7117 y 0.8283

7.20 (a) 0.6314, **(b)** 0.0041, **(c)** $P(p > .35) = P(Z > 1.3223) = 0.0930$. Si la proporción de la población es del 29%, la proporción de las muestras con un 35% o más individuos que no pretenden trabajar para obtener un salario es de 9.3%, un suceso muy poco posible de ocurrir. Por lo tanto, la estimación de la población del 29% es probable que sea una subestimación. **(d)** Cuando el tamaño de la muestra es menor en el inciso (c) en comparación con el inciso (b), el error estándar de la distribución muestral de una proporción muestral es mayor.

7.22 (a) 0.3626, **(b)** 0.9816, **(c)** 0.0092. *Nota:* Estas respuestas fueron calculadas utilizando Excel. Podrían ser ligeramente diferentes a aquellas obtenidas empleando la tabla E.2.

7.24 Muestra sin reemplazo: léase de izquierda a derecha en secuencias de 3 dígitos y continúe las secuencias sin terminar desde el final de una fila al inicio de la siguiente fila.

Fila 05: 338 505 855 551 438 855 077 186 579 488 767 833 170
Filas 05–06: 897
Fila 06: 340 033 648 847 204 334 639 193 639 411 095 924
Filas 06–07: 707
Fila 07: 054 329 776 100 871 007 255 980 646 886 823 920 461
Fila 08: 893 829 380 900 796 959 453 410 181 277 660 908 887
Filas 08–09: 237
Fila 09: 818 721 426 714 050 785 223 801 670 353 362 449
Filas 09–10: 406

Nota: Todas las secuencias por arriba del 902 fueron descartadas.

7.26 Una muestra aleatoria simple sería menos útil para entrevistas personales por los costos de viaje (a menos que a quienes se entreviste se les pague para asistir a un centro de entrevistas).

7.28 Aquí todos los miembros de la población tienen la misma posibilidad de ser seleccionados y el mecanismo de selección de la muestra se basa en el azar. Sin embargo, la selección de dos elementos no es independiente, por ejemplo, si *A* está en la muestra, sabemos que también estará *B*, y que *C* y *D* no estarán.

7.29 (a) Ya que existe una lista exhaustiva de estudiantes de tiempo completo, podría tomarse una muestra aleatoria de 200 alumnos. Si la satisfacción del estudiante con la calidad de vida en el plantel fluctúa aleatoriamente en la población estudiantil, también podría tomarse del marco poblacional una muestra sistemática 1 en 20. Si la satisfacción del alumno con la calidad de vida pudiera diferir con base en el género y por experiencia/nivel de clase, podría seleccionarse una muestra estratificada utilizando ocho estratos: mujeres de primer año hasta mujeres del último año, hombres de primer año hasta hombres del último año. Si se cree que la satisfacción de los alumnos con la calidad de vida fluctúa tanto dentro de grupos como entre ellos, se podría tomar una muestra de grupo. **(b)** Una muestra aleatoria simple es una de las más sencillas de seleccionar. El marco poblacional es el archivo de registro con los nombres de los 4,000 estudiantes. **(c)** Es más fácil seleccionar una muestra sistemática del archivo de registro que una muestra aleatoria simple, ya que se selecciona al azar una persona inicial y después se muestrea la vigésima persona después de la inicial y así sucesivamente. La muestra sistemática tiene el beneficio adicional de que la distribución alfabética de los nombres de los estudiantes muestreados sería más comparable con la distribución alfabética de los nombres de los estudiantes en la población del plantel. **(d)** Si las listas por género y designación de clase están disponibles, se debe tomar una muestra estratificada. Como la satisfacción de los estudiantes con la calidad de vida podría de hecho ser diferente por género y nivel de clase, el uso de un diseño de muestra estratificada no sólo aseguraría que todos los estratos estén representados en la muestra, también generará una muestra más representativa y producirá estimaciones del parámetro poblacional con mayor precisión. **(e)** Si los 4,000 estudiantes de tiempo completo residen en una de las 20 residencias dentro del campus, las cuales integran completamente a los alumnos por género y por clase, se debe tomar una muestra de grupo. Un grupo podría definirse como una residencia completa, y los estudiantes de una residencia seleccionada al azar podrían ser muestreados. Como los dormitorios están integrados por piso, un grupo podría definirse alternativamente como un piso de uno de los 20 dormitorios. Podrían muestrearse aleatoriamente cuatro pisos para llegar a la muestra establecida de 200 estudiantes. Seleccionar un dormitorio completo podría hacer más fácil que se lograra la distribución y colección de la encuesta. Por el contrario, si hay otra variable además de género o clase que difiera a través de los dormitorios, la muestra por piso podría generar una muestra más representativa.

7.30 (a) Fila 16: 2323 6737 5131 8888 1718 0654 6832 4647 6510 4877
Fila 17: 4579 4269 2615 1308 2455 7830 5550 5852 5514 7182
Fila 18: 0989 3205 0514 2256 8514 4642 7567 8896 2977 8822
Fila 19: 5438 2745 9891 4991 4523 6847 9276 8646 1628 3554
Fila 20: 9475 0899 2337 0892 0048 8033 6945 9826 9403 6858
Fila 21: 7029 7341 3553 1403 3340 4205 0823 4144 1048 2949
Fila 22: 8515 7479 5432 9792 6575 5760 0408 8112 2507 3742
Fila 23: 1110 0023 4012 8607 4697 9664 4894 3928 7072 5815
Fila 24: 3687 1507 7530 5925 7143 1738 1688 5625 8533 5041
Fila 25: 2391 3483 5763 3081 6090 5169 0546

Nota: Todas la secuencias por encima de 5,000 fueron descartadas. No se repitieron secuencias.

(b) 089 189 289 389 489 589 689 789 889 989
1089 1189 1289 1389 1489 1589 1689 1789 1889 1989
2089 2189 2289 2389 2489 2589 2689 2789 2889 2989
3089 3189 3289 3389 3489 3589 3689 3789 3889 3989
4089 4189 4289 4389 4489 4589 4689 4789 4889 4989

(c) Con la única excepción de la factura #0989, las facturas seleccionadas en la muestra aleatoria simple no son las mismas que aquellas seleccionadas en la muestra sistemática. Sería muy improbable que una muestra aleatoria simple seleccionara las mismas unidades que la muestra sistemática.

7.50 (a) 0.4999; **(b)** 0.00009; **(c)** 0; **(d)** 0; **(e)** 0.7518.

7.52 (a) 0.8944; **(b)** 4.617, 4.783; **(c)** 4.641.

7.54 (a) 0.0092; **(b)** 0.9823; **(c)** 0.0000.

7.56 Aun cuando la encuesta en Internet es menos cara, más rápida y ofrece una tasa de respuesta más alta que las encuestas telefónicas, podría llevar a más errores de cobertura ya que tal vez una mayor proporción de la población tenga teléfono que acceso a Internet. También podría llevar a un sesgo de no respuestas ya que cierta clase/o grupo de edad de gente podría no usar Internet o podría usarlo con menor frecuencia. A causa de estos errores, los datos recolectados no son adecuados para realizar inferencias acerca de la población general.

7.58 (a) Con una tasa de respuesta de sólo un 15.5%, el error de no respuesta debería ser la principal causa de preocupación en este estudio. También existe la posibilidad de medir el error. **(b)** Los investigadores deberían realizar un seguimiento de quienes no responden. **(c)** El paso mencionado en el inciso (b) serviría para aumentar la tasa de respuesta en la encuesta, incrementando así su valor.

7.60 (a) ¿Cuál fue el grupo comparativo de "otros trabajadores"? ¿Eran otra muestra? ¿De dónde provenían? ¿Eran verdaderamente comparables? ¿Cuál fue el esquema de muestreo? ¿De qué población se seleccionó la muestra? ¿Cómo se midió el salario? ¿Cuál fue el tipo de respuesta? ¿Cuál fue la tasa de respuesta? **(b)** Son posibles varias respuestas.

CAPÍTULO 8

8.2 $114.68 \le \mu \le 135.32$.

8.4 Para tener un 100% de certeza, se debe muestrear a la población completa.

8.6 Sí, es cierto, ya que el 5% de los intervalos no incluyen la media verdadera.

8.8 (a) $\bar{X} \pm Z \cdot \dfrac{\sigma}{\sqrt{n}} = 350 \pm 1.96 \cdot \dfrac{100}{\sqrt{64}}$; $325.50 \le \mu \le 374.50$.

(b) No. El fabricante no puede apoyar la afirmación de que los focos tienen una media de 400 horas. Con base en los datos de la muestra, una media de 400 horas representaría la distancia de 4 desviaciones estándar por encima de la media muestral de 350 horas, **(c)** No. Ya que s es conocida y $n = 64$, a partir del teorema de límite central sabemos que la distribución muestral de $\bar{X}$ es aproximadamente normal. **(d)** El intervalo de confianza es más angosto con base en una desviación estándar poblacional de 80 horas en lugar de la desviación estándar original de 100 horas.

(a) $\bar{X} \pm Z \cdot \dfrac{\sigma}{\sqrt{n}} = \dfrac{}{\sqrt{60.904761}}$, $330.4 \le \mu \le 369.6$.

(b) Con base en la desviación estándar menor, una media de 400 horas representaría una distancia de 5 desviaciones estándar por encima de la media muestral de 350 horas. No, el productor no puede apoyar la afirmación de que los focos tienen una vida promedio de 400 horas.

8.10 (a) 2.2622; **(b)** 3.2498; **(c)** 2.0395; **(d)** 1.9977; **(e)** 1.7531.

8.12 $38.95 \le \mu \le 61.05$.

8.14 $-0.12 \le \mu \le 11.84$, $2.00 \le \mu \le 6.00$. La presencia de un extremo incrementa la media muestral e infla mucho la desviación estándar de la muestra.

8.15 (a) $\bar{X} \pm t\left(\frac{s}{\sqrt{n}}\right) = 1.67 \pm 2.0930\left(\frac{0.32}{\sqrt{20}}\right)$, $\$1.52 \le \mu \le \$1.82$.
(b) El propietario de la tienda puede tener un 95% de confianza de que el valor promedio al menudeo de la población de tarjetas de felicitación que tiene en su inventario está entre \$1.52 y \$1.82. El propietario del negocio podría multiplicar las colas del intervalo de confianza por el número de tarjetas para estimar el valor total de su inventario.

8.16 (a) $29.44 \le \mu \le 34.56$. **(b)** El equipo de mejoramiento de la calidad puede tener un nivel de confianza del 95% en que la media poblacional del tiempo de procesamiento está entre 29.44 y 34.56 horas. **(c)** El proyecto fue un éxito porque el tiempo de procesamiento inicial de 68 horas no cae dentro del intervalo.

8.18 (a) $\$21.01 \le \mu \le \$24.99$. **(b)** Puede tener un nivel de confianza del 95% en que la media poblacional de la tarifa para un cheque rechazado está entre \$21.01 y \$24.99.

8.20 (a) $31.12 \le \mu \le 54.96$; **(b)** El número de días se distribuye aproximadamente en forma normal. **(c)** Sí, los extremos sesgan los datos. **(d)** Puesto que el tamaño de la muestra es bastante grande en $n = 50$, es apropiado el uso de la distribución t.

8.22 (a) $\bar{X} \pm t\left(\frac{S}{\sqrt{n}}\right) = 182.4 \pm 2.0930\left(\frac{44.2700}{\sqrt{20}}\right)$, $\$161.68 \le \mu \le \$203.12$. **(b)** $\bar{X} \pm t\left(\frac{S}{\sqrt{n}}\right) = 45 \pm 2.0930\left(\frac{10.0263}{\sqrt{20}}\right)$, $\$40.31 \le \mu \le \$49.69$. **(c)** La distribución de la población necesita distribuirse normalmente. **(d)** Tanto la gráfica de probabilidad normal como la gráfica de caja —y bigote muestran que las distribuciones poblacionales para el costo del hotel y la renta de un auto no se distribuyen normalmente y están sesgadas hacia la derecha.

8.24 $0.19 \le \pi \le 0.31$.

8.26 (a) $p = \frac{X}{n} = \frac{135}{500} = 0.27 \qquad p \pm Z \cdot \sqrt{\frac{p(1-p)}{n}} =$

$0.27 \pm 2.58\sqrt{\frac{0.27(0.73)}{500}} \qquad 0.2189 \le \pi \le 0.3211$

(b) El gerente a cargo de los programas promocionales respecto a los clientes residenciales puede inferir que la proporción de hogares que comprarían una línea telefónica adicional si estuviera más al alcance con un costo de instalación sustancialmente reducido, está entre 0.22 y 0.32 con un 99% de confianza.

8.28 (a) $0.74 \le \pi \le 0.80$; **(b)** $0.75 \le \pi \le 0.79$; **(c)** El intervalo de confianza del 95% es más amplio. La pérdida en la precisión tiene como consecuencia un intervalo de confianza más amplio, es el precio que uno tiene que pagar para lograr un intervalo de confianza mayor.

8.30 (a) $0.416 \le \pi \le 0.504$; **(b)** $0.074 \le \pi \le 0.126$.

8.32 (a) $0.419 \le \pi \le 0.481$; **(b)** Se puede estimar, con un 95% de confianza que entre el 41.9 y el 48.1% de todas las mujeres trabajadoras de Norteamérica creen que las compañías deberían reservar por más de 6 meses los puestos para aquellas con licencia por maternidad.

8.34 $n = 35$.

8.36 $n = 1{,}041$.

8.38 (a) $n = \frac{Z^2\sigma^2}{e^2} = \frac{(1.96^2)(400^2)}{50^2} = 245.86$ Utilice $n = 246$

(b) $n = \frac{Z^2\sigma^2}{e^2} = \frac{(1.96^2)(400^2)}{25^2} = 983.41$ Utilice $n = 984$

8.40 $n = 97$.

8.42 (a) $n = 167$; **(b)** $n = 97$.

8.44 $n = 62$.

8.46 (a) $n = 2{,}377$; **(b)** $n = 1{,}978$. **(c)** El tamaño de la muestra difiere porque las proporciones poblacionales estimadas son diferentes. **(d)** Como comprar abarrotes en un club de mayoreo y comprarlos en una tienda de conveniencia no son eventos mutuamente excluyentes, es apropiado utilizar una muestra y plantear ambas preguntas a los sujetos.

8.48 (a) $0.9017 \le \pi \le 0.9572$; **(b)** Usted tiene un 95% de confianza de que la proporción de población de hombres y mujeres de negocios que sufren interrupciones de teléfonos celulares durante sus presentaciones está entre 0.9017 y 0.9572. **(c)** $n = 158$; **(d)** $n = 273$.

8.56 (a) La gente que visita el sitio Web *Redbook*. **(b)** no; **(c)** no.

8.58 (a) $0.512 \le \pi \le 0.648$; **(b)** $0.431 \le \pi \le 0.569$; **(c)** $0.163 \le \pi \le 0.277$; **(d)** $0.136 \le \pi \le 0.244$; **(e)** $n = 2{,}401$.

8.60 (a) $14.085 \le \mu \le 16.515$; **(b)** $0.530 \le \pi \le 0.820$; **(c)** $n = 25$; **(d)** $n = 784$; **(e)** Si se selecciona una sola muestra para ambos propósitos, debería utilizarse la de mayor tamaño ($n = 784$).

8.62 (a) $8.049 \le \mu \le 11.351$; **(b)** $0.284 \le \pi \le 0.676$; **(c)** $n = 35$; **(d)** $n = 121$; **(e)** Si se selecciona una sola muestra para ambos propósitos, debería utilizarse la de mayor tamaño ($n = 121$).

8.64 (a) $\$25.80 \le \mu \le \$31.24$; **(b)** $0.3037 \le \pi \le 0.4963$; **(c)** $n = 97$; **(d)** $n = 423$; **(e)** Si se selecciona una sola muestra para ambos propósitos, debería utilizarse la de mayor tamaño ($n = 423$).

8.66 (a) $\$36.66 \le \mu \le \$40.42$; **(b)** $0.2027 \le \pi \le 0.3973$; **(c)** $n = 110$; **(d)** $n = 423$; **(e)** Si se selecciona una sola muestra para ambos propósitos, debería utilizarse la de mayor tamaño ($n = 423$).

8.68 (a) $8.41 \le \mu \le 8.43$; **(b)** Con un 95% de confianza, la media poblacional de la anchura de los canalones está entre 8.41 y 8.43 pulgadas.

8.70 (a) $0.2425 \le \mu \le 0.2856$; **(b)** $0.1975 \le \mu \le 0.2385$; **(c)** La cantidad de pérdida de gránulos para ambas marcas está sesgada hacia la derecha. **(d)** Puesto que ambos intervalos de confianza no se traslapan, se concluye que la media de la pérdida de gránulos para las tablillas Boston es mayor que la de las tablillas Vermont.

8.72 (a) NY, Comida: $19.51 \le \mu \le 20.69$; LI, Comida: $19.73 \le \mu \le 21.35$; NY, Decoración: $16.35 \le \mu \le 17.89$; LI, Decoración: $16.65 \le \mu \le 18.63$; NY, Servicios: $17.74 \le \mu \le 19.06$; LI, Servicios: $18.37 \le \mu \le 19.71$; NY, Precio: $\$37.00 \le \mu \le \$42.48$; LI, Precio: $\$31.55 \le \mu \le \$35.93$.

CAPÍTULO 9

9.2 H_1 denota la hipótesis alternativa.

9.4 β

9.6 α es la probabilidad de cometer un error tipo I.

9.8 El poder de la prueba es $1 - \beta$.

9.10 Es posible no rechazar una hipótesis nula cuando ésta es falsa, ya que es posible que la media muestral caiga en la región de no rechazo aun cuando la hipótesis nula sea falsa.

9.12 Si todo lo demás permanece igual, cuanto más cercana sea la media poblacional a la media hipotetizada, más grande será β.

9.14 H_0: el defendido es culpable, H_1: el defendido es inocente. Un error tipo I sería no sentenciar a una persona culpable. Un error tipo II sería sentenciar a una persona inocente.

9.16 H_0: $\mu = 20$ minutos, 20 minutos es un tiempo adecuado de traslado entre clases.
H_1: $\mu \neq 20$ minutos. 20 minutos no es un tiempo adecuado de traslado entre clases.

9.18 H_0: $\mu = 1.00$. La cantidad promedio de pintura para una lata de un galón es un galón.
H_1: $\mu \neq 1.00$. La cantidad promedio de pintura para una lata de un galón puede ser diferente a un galón.

9.20 Como $Z_{calc} = +2.21 > 1.96$, se rechaza H_0.

9.22 Rechace H_0 si $Z_{calc} < -2.58$ o si $Z_{calc} > 2.58$.

9.24 valor-$p = 0.0456$.

9.26 valor-$p = 0.1676$.

9.28 **(a)** H_0: $\mu = 70$ libras; H_1: $\mu \neq 70$ libras.
Regla de decisión: Rechace H_0 si $Z < -1.96$ o $Z > +1.96$.

Estadístico de prueba: $Z = \dfrac{\bar{X} - \mu}{\sigma/\sqrt{n}} = \dfrac{69.1 - 70}{3.5/\sqrt{49}} = -1.80$

Decisión: Ya que $-1.96 < Z_{calc} = -1.80 < 1.96$, no rechace H_0. No hay suficiente evidencia para concluir que la tela tiene un promedio de fuerza de rompimiento que difiere de 70 libras. **(b)** valor-p = 2(0.0359) = 0.0718. Interpretación: La probabilidad de obtener una muestra de 49 piezas que produzcan una resistencia media que esté más allá de la media poblacional hipotetizada de esta muestra es de 0.0718 o 7.18%.
(c) Regla de decisión: Rechace H_0 si $Z < -1.96$ o $Z > +1.96$.

Estadístico de prueba: $Z = \dfrac{\bar{X} - \mu}{\sigma/\sqrt{n}} = \dfrac{69.1 - 70}{1.75/\sqrt{49}} = -3.60$. Decisión: Ya que $Z_{calc} = -3.60 < -1.96$, rechace H_0. Hay suficiente evidencia para concluir que la tela tiene un resistencia media a la ruptura que difiere de 70 libras. **(d)** Regla de decisión: Rechace H_0 si $Z < -1.96$ o $Z > +1.96$. Estadístico de prueba: $Z = \dfrac{\bar{X} - \mu}{\sigma/\sqrt{n}} = \dfrac{69 - 70}{3.5/\sqrt{49}} = -2.00$.

Decisión: Ya que $Z_{calc} = -2.00 < -1.96$, se rechaza H_0. Hay suficiente evidencia para concluir que la tela tiene una resistencia media a la ruptura que difiere de 70 libras.

9.30 **(a)** Ya que $Z_{calc} = -2.00 < -1.96$, se rechaza H_0. **(b)** valor-p = 0.0456; **(c)** $325.5 \leq \mu \leq 374.5$; **(d)** Las conclusiones son las mismas.

9.32 **(a)** Ya que $-1.96 < Z_{calc} = -0.80 < 1.96$, no se rechaza H_0. **(b)** valor-p = 0.4238; **(c)** Ya que $Z_{calc} = -2.40 < -1.96$, se rechaza H_0: **(d)** Ya que $Z_{calc} = -2.26 < -1.96$, se rechaza H_0.

9.34 $Z = +2.33$.

9.36 $Z = -2.33$.

9.38 valor-$p = 0.0228$.

9.40 valor-$p = 0.0838$.

9.42 valor-$p = 0.9162$.

9.44 **(a)** Ya que $Z_{calc} = -1.75 < -1.645$, se rechaza H_0; **(b)** valor-p = 0.0401 < 0.05, se rechaza H_0; **(c)** La probabilidad de obtener una media muestral de 2.73 pies o menos si la media poblacional es de 2.8 es 0.0401. **(d)** Son iguales.

9.46 **(a)** H_0: $\mu \leq 5$ H_1: $\mu > 5$; **(b)** Un error tipo I ocurre cuando uno concluye que los niños tienen un promedio de más de 5 salidas a la tienda por semana, cuando de hecho tienen un promedio de no más de 5 salidas a la tienda por semana. Un error tipo II ocurre cuando se concluye que los niños tienen una media de no más de 5 salidas por semana a la tienda, cuando de hecho tienen un promedio de más de 5 salidas a la tienda por semana. **(c)** Ya que $Z_{calc} = 2.9375 > 2.3263$ o el valor-p de 0.0017 es menor que 0.01, se rechaza H_0. Hay suficiente evidencia para concluir que el promedio de la población de salidas a la tienda es mayor a 5 por semana. **(d)** La probabilidad de que la media muestral sea de 5.47 salidas o más cuando la hipótesis nula es cierta es de 0.0017.

9.48 $t = 2.00$

9.50 **(a)** $t_{crít} = \pm 2.1315$; **(b)** $t_{crít} = +1.7531$.

9.52 No, no se debería emplear la prueba t, puesto que la población original está sesgada hacia la izquierda, y el tamaño de + la muestra no es lo suficientemente grande para que t se vea influida por el teorema de límite central.

9.54 **(a)** H_0: $\mu \leq \$300$. H_1: $\mu > \$300$.
Regla de decisión: $gl = 99$. Si $t > 1.2902$, se rechaza H_0, se rechaza H_0.

Estadístico de prueba: $t = \dfrac{\bar{X} - \mu}{S/\sqrt{n}} = \dfrac{\$315.40 - \$300.00}{\$43.20/\sqrt{100}} = 3.5648.$

Decisión: Ya que $t_{calc} = 3.5648 > 1.2902$, se rechaza H_0. Hay suficiente evidencia para concluir que el promedio del costo de los libros de texto por semestre en una gran universidad es más de \$300.
(b) Regla de decisión: $gl = 99$. Si $t > 1.6604$, se rechaza H_0.

Estadístico de prueba: $t = \dfrac{\bar{X} - \mu}{S/\sqrt{n}} = \dfrac{\$315.40 - \$300.00}{\$75.00/\sqrt{100}} = 2.0533$

Decisión: Ya que $t_{calc} = 2.0533 > 1.6604$, se rechaza H_0. Hay suficiente evidencia para concluir que el promedio del costo de los libros de texto por semestre en una gran universidad es más de \$300.
(c) Regla de decisión: $gl = 99$. Si $t > 1.2902$, se rechaza H_0.

Estadístico de prueba: $t = \dfrac{\bar{X} - \mu}{S/\sqrt{n}} = \dfrac{\$305.11 - \$300.00}{\$43.20/\sqrt{100}} = 1.1829.$

Decisión: Ya que $t_{calc} = 1.1829 < t = 1.2902$, no se rechaza H_0. No hay suficiente evidencia para concluir que el promedio del costo de los libros de texto por semestre en una gran universidad es más de \$300.

9.56 Ya que $t_{calc} = -1.30 > 1.6694$ y el valor-p de $0.0992 > 0.05$, no se rechaza H_0. No hay suficiente evidencia para concluir que el promedio de tiempo de espera es menor a 3.7 minutos.

9.58 (a) Ya que $t = 1.2567 < 1.7823$, no se rechaza H_0.No hay suficiente evidencia para concluir que la vida promedio de las baterías sea más de 400 horas. **(b)** valor-$p = 0.1164$. La probabilidad de que una muestra de 13 baterías dé como resultado una media muestral de 473.46 o más es del 11.64% si la media de vida poblacional es de 400 horas. **(c)** Permitiendo sólo un 5% de probabilidad de cometer un error tipo I, el fabricante no debe decir en su publicidad que estas baterías pueden durar más de 400 horas. Pueden afirmar que estas baterías deberían durar más de 400 horas, sólo si desean aumentar el nivel de significancia a más de 0.0556. El valor extremadamente grande de 1,324 aumenta la media muestral y la desviación estándar de la muestra y, por lo tanto, da como resultado una medición más alta del estadístico t de 1.7195. Sin embargo, esto todavía es insuficiente para compensar las horas bajas en la muestra restante al grado de que la hipótesis nula puede ser rechazada.

9.60 (a) Ya que $-2.0096 < t = 0.114 < 2.0096$, no se rechaza H_0; **(b)** valor-$p = 0.9095$; **(c)** Sí, los datos parecen haber cumplido la suposición de normalidad. **(d)** La cantidad de llenado está decreciendo a través del tiempo. Por lo tanto, la prueba t se inválida.

9.62 (a) Ya que $t = -5.684 < -2.6178$, se rechaza H_0. Hay suficiente evidencia para concluir que el promedio de viscosidad ha cambiado de 15.5. **(b)** La distribución poblacional requiere ser normal. **(c)** La gráfica de probabilidad normal indica que la distribución está ligeramente sesgada hacia la derecha.

9.64 (a) Ya que $-2.68 < t = 0.094 < 2.68$, no se rechaza H_0; **(b)** $5.462 \le \mu \le 5.542$; **(c)** Las conclusiones son las mismas.

9.66 $p = 0.22$.

9.68 No se rechaza H_0.

9.69 (a) H_0: $\pi \le 0.5$; H_1: $\pi > 0.5$.
Regla de decisión : Si $Z > 1.64$, se rechaza H_0.

Estadístico de prueba: $Z = \dfrac{p - \pi}{\sqrt{\dfrac{\pi(1-\pi)}{n}}} = \dfrac{0.5702 - 0.5}{\sqrt{\dfrac{0.5(0.5)}{1040}}} = 4.5273$

Decisión: Ya que $Z_{calc} = 4.5273 > 1.645$, se rechaza H_0. Hay suficiente evidencia para mostrar que más de la mitad de todos los estadounidenses preferirían tener \$100 que un día de descanso. **(b)** valor-$p = 0.00$. La probabilidad de observar una muestra de 593 o más de 1,040 estadounidenses que prefieren tener \$100 que un día libre, es aproximadamente de 0, si la proporción poblacional es 0.5.

9.70 Ya que $Z_{calc} = 2.6902 > 1.645$ y el valor-p de $0.0036 < 0.05$, se rechaza H_0. Hay suficiente evidencia para mostrar que la proporción de empleadores que planean contratar nuevos empleados en 2004 es mayor que la proporción de 2003, que fue de 0.43.

9.72 (a) Puesto que $-1.96 < Z_{calc} = 0.6381 < 1.96$, no se rechaza H_0 y se concluye que no hay suficiente evidencia para mostrar que el porcentaje de gente que confía en la clasificación energía-eficiencia difiere del 50%. **(b)** valor-$p = 0.5234$. Ya que el valor-p de $0.5234 > 0.05$, no se rechaza H_0.

9.74 (a) $p = 0.7112$. **(b)** Ya que $Z_{calc} = 5.7771 > 1.6449$, se rechaza H_0. Existe suficiente evidencia para concluir que más de la mitad de las mujeres ejecutivas exitosas tienen hijos. **(c)** Ya que $Z_{calc} = 1.2927 < 1.6449$, no se rechaza H_0. No hay suficiente evidencia para concluir que más de las dos terceras partes de todas las mujeres ejecutivas exitosas tienen hijos. **(d)** La suposición de muestra aleatoria posiblemente no es válida porque los criterios utilizados al definir "mujeres ejecutivas exitosas" quizá sean muy diferentes de aquellos empleados para definir a "las mujeres más poderosas en los negocios" que asistieron a la cumbre.

9.84 (a) Comprar un sitio que no es rentable; **(b)** no comprar un sitio rentable. **(c)** Tipo I. **(d)** Si los ejecutivos adoptan un criterio de rechazo menos estricto comprando sitios para los que el modelo computacional pronostica ganancias moderadas o grandes, la probabilidad de cometer un error tipo I se incrementará. Muchos de los sitios que el modelo computacional pronostica que generarán ganancias moderadas, podrían terminar siendo no rentables. Por otro lado, cuanto menos exigente sea el criterio de rechazo, disminuirá la probabilidad de cometer un error tipo II, ya que ahora comprarán sitios potencialmente más rentables.

9.86 (a) Ya que $t = 3.248 > 2.0010$, se rechaza H_0. **(b)** valor-p = 0.0019; **(c)** Puesto que $Z = -0.32 > -1.645$, no se rechaza H_0. **(d)** Ya que $-2.0010 < t = 0.75 < 2.0010$, no se rechaza H_0. **(e)** Ya que $t = -1.61 > -1.645$, no se rechaza H_0.

9.88 (a) Ya que $t = -1.69 > -1.7613$, no se rechaza H_0. **(b)** Los datos son de una población que está distribuida normalmente.

9.90 (a) Ya que $t = -1.47 > -1.6896$, no se rechaza H_0; **(b)** valor-$p = 0.0748$; **(c)** Ya que $t = -3.10 < -1.6973$, se rechaza H_0; **(d)** valor-$p = 0.0021$; **(e)** Se supone que los datos en la población están distribuidos normalmente.

9.92 (a) $t = -21.61$, se rechaza H_0; **(b)** valor-$p = 0.0000$; **(c)** $t = -27.19$, se rechaza H_0; **(d)** valor-$p = 0.0000$

CAPÍTULO 10

10.2 Ya que $-2.58 \le Z = 1.73 \le 2.58$, no se rechaza H_0.

10.4 (a) $t = 3.8959$; **(b)** $gl = 21$; **(c)** 2.5177; **(d)** Ya que $3.8959 > 2.5177$, se rechaza H_0.

10.6 $3.73 \le \mu_1 - \mu_2 \le 12.27$.

10.8 (a) Ya que $5.20 > 2.33$, se rechaza H_0. **(b)** El valor-$p < 0.00003$.

10.10 (a) Puesto que $-2.0117 < t_{calc} = 0.1023 < 2.0117$, no se rechaza H_0. No existe evidencia de una diferencia en las dos medias para el grupo de 8 años. Ya que $t_{calc} = 3.375 > 1.9908$, se rechaza H_0. Existe evidencia de una diferencia en las dos medias para el grupo de 12 años. Ya que $t_{calc} = 3.3349 > 1.9966$, se rechaza H_0. Existe evidencia de una diferencia en las dos medias para el grupo de 16 años. **(b)** Los resultados de la prueba muestran que los niños en Estados Unidos empiezan a desarrollar preferencias hacia productos de marca tan temprano como a los 12 años.

10.12 (a) H_0: $\mu_1 = \mu_2$ donde Poblaciones: 1 = hombres, 2 = mujeres
H_1: $\mu_1 \ne \mu_2$.
Regla de decisión: $gl = 170$. Si $t < -1.974$ o si $t > 1.974$, se rechaza H_0.
Estadístico de prueba:

$$S_p^2 = \frac{(n_1-1)(S_1^2) + (n_2-1)(S_2^2)}{(n_1-1)+(n_2-1)}$$
$$= \frac{(99)(13.35^2) + (71)(9.42^2)}{99+71} = 140.8489$$
$$t = \frac{(\bar{X}_1 - \bar{X}_2) - (\mu_1 - \mu_2)}{\sqrt{S_p^2\left(\dfrac{1}{n_1} + \dfrac{1}{n_2}\right)}}$$
$$= \frac{(40.26 - 36.85) - 0}{\sqrt{140.8489\left(\dfrac{1}{100} + \dfrac{1}{72}\right)}} = 1.859$$

Decisión: Ya que $-1.974 < t_{calc} = 1.859 < 1.974$, no se rechaza H_0. No existe suficiente evidencia para concluir que la ansiedad provocada por la computadora experimentada por hombres y mujeres sea diferente. **(b)** valor-$p = 0.0648$. **(c)** Para emplear la prueba t de varianza conjunta, se necesita suponer que las poblaciones están distribuidas normalmente con varianzas iguales.

10.14 (a) Ya que $-4.1343 < -2.0484$, se rechaza H_0. **(b)** El valor-$p = 0.0003$. **(c)** Las poblaciones de tiempos de espera originales, están distribuidas de forma aproximadamente normal.
(d) $-4.2292 \le \mu_1 - \mu_2 \le -1.4268$.

10.16 (a) Ya que el $-2.024 < t = 0.354 < 2.024$ o valor-$p = 0.725 > 0.05$, no se rechaza la hipótesis nula. No hay suficiente evidencia para concluir que el tiempo promedio para aclarar problemas en dos oficinas es diferente. **(b)** valor-$p = 0.725$. La probabilidad de que una muestra produzca un estadístico de prueba t más extremo que 0.3544 es de 0.725 si el promedio de tiempo de espera entre la oficina 1 y la oficina 2 es la misma. **(c)** Necesita suponer que las dos poblaciones se distribuyen normalmente. **(d)** $-0.9543 \le \mu_1 - \mu_2 \le 1.3593$.

10.18 (a) Puesto que $t_{calc} = 4.10 > 2.024$, se rechaza H_0. Existe evidencia de una diferencia en el promedio de dureza de superficie entre las placas de acero tratadas y las no tratadas. **(b)** El valor-$p = 0.0002$. La probabilidad de que dos muestras tengan una diferencia promedio de 9.3634 o más es del 0.02% si no hay diferencia en el promedio de dureza de superficie entre las placas de acero no tratadas y las tratadas. **(c)** Necesita suponer que la distribución de la población de dureza para las placas de acero no tratadas y los tratadas está distribuida normalmente. **(d)** $4.7447 \le \mu_1 - \mu_2 \le 13.9821$.

10.20 (a) Ya que $t_{calc} = -2.1522 < -2.0211$, se rechaza H_0. Existe suficiente evidencia para concluir que el promedio de tiempo de ensamblaje en segundos es diferente entre los empleados capacitados en un programa individual asistido por computadora y aquellos capacitados en un programa basado en equipo. **(b)** Debe suponer que cada una de las dos poblaciones independientes está distribuida normalmente.
(c) Ya que $t = -2.152 < -2.052$ o valor $p = 0.041 < 0.05$, se rechaza H_0. **(d)** Los resultados en los incisos (a) y (c) son los mismos.
(e) $-4.52 \le \mu_1 - \mu_2 \le -0.14$. Usted tiene un nivel de confianza del 95% en que la diferencia entre las medias poblacionales de los dos métodos de capacitación se encuentra entre -4.52 y -0.14.

10.22 $gl = 19$.

10.24 (a) Ya que $t = -6.8672 < -2.1098$, se rechaza H_0. Existe una diferencia en la tarifa promedio diaria del hotel en marzo de 2004 y en junio de 2002. **(b)** Usted debe suponer que la distribución de las diferencias entre la tarifa diaria del hotel en marzo de 2004 y junio de 2002 está distribuida de forma aproximadamente normal. **(c)** El valor-p es virtualmente cero. La probabilidad de que el estadístico t para la diferencia promedio en la tarifa diaria de hotel es de 6.8672 o más en cualquier dirección es virtualmente cero, si no hay diferencia en la tarifa promedio diaria de hotel en marzo de 2004 y junio de 2002. **(d)** $-102.86 \le \mu_D \le -54.51$. Tiene un nivel de confianza del 95% en que la diferencia promedio en la tarifa de hotel entre marzo de 2004 y junio de 2002 se encuentra en algún lugar entre $-\$102.86$ y $-\$54.51$.

10.26 (a) H_0: $\mu_D = 0$ H_1: $\mu_D \ne 0$
Regla de decisión: $gl = 14$. Si $t < -2.9768$ o $t > 2.9768$, se rechaza H_0.

$$\text{Estadístico de prueba: } t = \frac{\bar{D} - \mu_D}{S_D/\sqrt{n}} = \frac{3.5307 - 0}{13.8493/\sqrt{15}} = 0.9874$$

Decisión: Puesto que $-2.9768 < t_{calc} = 0.9874 < 2.9874$, no se rechaza H_0. No hay suficiente evidencia para concluir que existe una diferencia en el precio promedio de libros entre la librería local y Amazon.com. **(b)** Debe suponer que la distribución de la diferencia en el precio promedio de los libros de texto de negocios entre la librería local y Amazon.com se distribuye de forma aproximadamente normal.

(c) $\bar{D} \pm t\left(\frac{S_D}{\sqrt{n}}\right) = 3.5307 \pm 2.9768\left(\frac{13.8493}{\sqrt{15}}\right)$, $-7.1141 \le \mu_D \le 14.1755$.

Se tiene un nivel de confianza del 99% en que la diferencia promedio entre el precio está en algún lugar entre -7.1141 y 14.1755. **(d)** Los resultados en los incisos (a) y (c) son los mismos. El valor hipotetizado de 0 para la diferencia en el precio promedio de libros de texto entre la librería local y Amazon.com está dentro del intervalo de confianza del 99%.

10.28 (a) Ya que $t = 1.8425 < 1.943$, no se rechaza H_0. No existe suficiente evidencia para concluir que el promedio de la densidad de los microvasos en la médula ósea es más alta antes del trasplante de células madre que después del trasplante de células madre. **(b)** valor-$p = 0.0575$. La probabilidad de que el estadístico t para la diferencia promedio en densidad sea de 1.8425 o más es del 5.75% si la densidad promedio no es más alta antes del trasplante de células madre que después del trasplante de células madre. **(c)** $-28.26 \le \mu_D \le 200.55$. Puede tener un nivel de confianza del 99% en que la diferencia promedio de la densidad de los microvasos en la médula ósea antes y después del trasplante de células madre está entre -28.26 y 200.55.

10.30 (a) Ya que $t = -9.3721 < -2.4258$, se rechaza H_0. **(b)** La población de diferencias en fuerza se distribuye de forma aproximadamente normal. **(c)** $p = 0.000$.

10.32 (a) Ya que $-2.58 \le Z = -0.58 \le 2.58$, no se rechaza H_0.
(b) $-0.273 \le \pi_1 - \pi_2 \le 0.173$.

10.34 (a) Ya que $Z = -13.53 < -1.96$, se rechaza H_0. **(b)** valor-$p < 0.00003$; **(c)** $-0.2841 \le \pi_1 - \pi_2 \le -0.2165$.

10.36 (a) Ya que $Z_{calc} = 5.8019 > 1.645$, se rechaza H_0. Existe suficiente evidencia para concluir que la proporción de adultos que se conectan a Internet emplean este medio para recabar datos acerca de productos/servicios, es mayor en diciembre de 2003 que en 2000.
(b) El valor-p es prácticamente 0. La probabilidad de que la diferencia en las proporciones de dos muestras sea 0.16 o mayor es prácticamente cero cuando las hipótesis nula es cierta.

10.38 (a) H_0: $\pi_1 \le \pi_2$ H_1: $\pi_1 > \pi_2$
Regla de decisión: Si $Z > 1.645$, se rechaza H_0.

$$\text{Estadístico de prueba: } \bar{p} = \frac{X_1 + X_2}{n_1 + n_2} = \frac{29 + 126}{56 + 407} = 0.3348$$

$$Z = \frac{(p_1 - p_2) - (\pi_1 - \pi_2)}{\sqrt{(\bar{p})(1-\bar{p})\left(\frac{1}{n_1} + \frac{1}{n_2}\right)}} = \frac{(0.5179 - 0.3096) - 0}{\sqrt{(0.3348)(1-0.3348)\left(\frac{1}{56} + \frac{1}{407}\right)}} = 3.0965$$

Decisión: Ya que $Z_{calc} = 3.0965 > 1.645$, se rechaza H_0. Existe suficiente evidencia para concluir que los trabajadores blancos tienen más posibilidad de entablar demandas por discriminación que los trabajadores negros. **(b)** El valor-p es de 0.00098. La probabilidad de que la diferencia en las proporciones de dos muestras sea de 0.20828 o mayor es 0.00098 cuando la hipótesis nula es cierta.

10.42 (a) 0.429; **(b)** 0.362; **(c)** 0.297; **(d)** 0.258.

10.44 $gl_{numerador} = 24$; $gl_{denominador} = 24$.

10.46 Ya que $0.4405 < F = 0.8258 < 2.27$, no se rechaza H_0.

10.48 (a) Ya que $0.3378 < F = 1.2995 < 3.18$, no se rechaza H_0. **(b)** Ya que $F = 1.2995 < 2.62$, no se rechaza H_0. **(c)** Si $F = 1.2995 > 0.4032$, no se rechaza H_0.

10.50 (a) $H_0: \sigma_1^2 = \sigma_2^2 \quad H_1: \sigma_1^2 \neq \sigma_2^2$
Regla de decisión: Si $F > 1.556$ o $F < 0.653$, se rechaza H_0.

Estadístico de prueba: $F = \dfrac{S_1^2}{S_2^2} = \dfrac{(13.35)^2}{(9.42)^2} = 2.008.$

Decisión: Ya que $F_{calc} = 2.008 > 1.556$, se rechaza H_0. Existe suficiente evidencia para concluir que las dos varianzas poblacionales son diferentes. **(b)** El valor-p = 0.0022. (c) La prueba supone que cada una de las dos poblaciones se distribuye normalmente. **(d)** Con base en los incisos (a) y (b), se debería utilizar una prueba t de varianza separada.

10.52 (a) Ya que $0.3958 < F = 0.8248 < 2.5265$, no se rechaza H_0; **(b)** 0.6789; **(c)** La prueba supone que la población de tiempos se distribuye normalmente; **(d)** sí.

10.54 Ya que $F = 5.76 > 2.54$, se rechaza H_0.

10.56 (a) $SSW = 150$; **(b)** $MSA = 15$; **(c)** $MSW = 5$; **(d)** $F = 3$.

10.58 (a) 2; **(b)** 18; **(c)** 20.

10.60 (a) Rechace H_0 si $F > 2.95$, de otro modo no rechace H_0. **(b)** Puesto que $F = 4 > 2.95$, se rechaza H_0. **(c)** La tabla no tiene 28 grados de libertad en el denominador, por lo que se utiliza el siguiente valor crítico mayor, $Q_U = 3.90$. **(d)** Rango crítico = 6.166.

10.62 (a) Ya que $F = 10.99 > F_{0.05,2,9} = 4.26$, se rechaza H_0. **(b)** Rango crítico = 40.39. Los expertos y los dardos no son diferentes uno del otro, pero ambos son diferentes de los lectores. **(c)** No es válido inferir que el blanco es mejor que los profesionales ya que sus medias no son significativamente diferentes. **(d)** Ya que $F = 0.101 < 4.26$, no se rechaza H_0. No existe evidencia de una diferencia significativa en la variación del rendimiento para las tres categorías.

10.64 (a) $H_0: \mu_A = \mu_B = \mu_C = \mu_D \quad H_1$: por lo menos una media es diferente.

$$MSA = \frac{SSA}{c-1} = \frac{1986.475}{3} = 662.1583$$

$$MSW = \frac{SSW}{n-c} = \frac{495.5}{36} = 13.76389$$

$$F = \frac{MSA}{MSW} = \frac{662.1583}{13.76389} = 48.1084$$

$$F_{\alpha,c-1,n-c} = F_{0.05,3,36} = 2.8663$$

Ya que el valor-p es aproximadamente cero y $F = 48.1084 > 2.8663$, se rechaza H_0. Existe suficiente evidencia de una diferencia en la fortaleza promedio de las cuatro marcas de bolsas para basura.

(b) Rango crítico $= Q_u\sqrt{\dfrac{MSW}{2}\left(\dfrac{1}{n_j}+\dfrac{1}{n_{j'}}\right)} =$

$$3.79\sqrt{\frac{13.7639}{2}\left(\frac{1}{10}+\frac{1}{10}\right)} = 4.446$$

Con el procedimiento Tukey-Kramer, hay una diferencia significativa en la fuerza entre Kroger y Tuffstuff, Glad y Tuffstuff, y Hefty y Tuffstuff. **(c)** Resultado ANOVA para la prueba de Levene de homogeneidad de varianza:

$$MSA = \frac{SSA}{c-1} = \frac{24.075}{3} = 8.025$$

$$MSW = \frac{SSW}{n-c} = \frac{198.2}{36} = 5.5056$$

$$F = \frac{MSA}{MSW} = \frac{8.025}{5.5056} = 1.4576$$

$$F_{\alpha,c-1,n-c} = F_{0.05,3,36} = 2.8663$$

Ya que el valor-p = 0.2423 > 0.05 y $F = 1.458 < 2.866$, no se rechaza H_0. No hay suficiente evidencia para concluir que las varianzas en la fuerza entre las cuatro marcas de bolsas para basura sean diferentes. **(d)** A partir de los resultados en los incisos (a) y (b), Tuffstuff tiene el menor promedio de fuerza y debería evitarse.

10.66 (a) Ya que $F = 12.56 > F_{0.05,4,25} = 2.76$, se rechaza H_0. **(b)** Rango crítico = 4.67, los anuncios A y B son diferentes de los anuncios C y D. El anuncio E sólo es diferente del anuncio D. **(c)** Ya que $F = 1.927 < 2.76$, no se rechaza H_0. No existe evidencia de una diferencia significativa en la variación de las clasificaciones entre los cinco anuncios. **(d)** Los anuncios que subestiman las características del bolígrafo tienen las clasificaciones con la media más alta y los anuncios que exageran las características del bolígrafo tienen las clasificaciones con la media más baja. Por lo tanto, es conveniente emplear un anuncio que subestime las características del bolígrafo y evitar los anuncios que exageran las características de éste.

10.68 (a) Ya que $F = 53.03 > F_{0.05,3,30} = 2.92$, se rechaza H_0. **(b)** Rango crítico = 5.27 (utilizando 30 grados de libertad). Los diseños 3 y 4 son diferentes de los diseños 1 y 2. Los diseños 1 y 2 son diferentes uno de otro. **(c)** La suposición es que las muestras son seleccionadas aleatoria e independientemente (o asignadas al azar), la población original de las distancias está distribuida aproximadamente de forma normal, y las varianzas son iguales. **(d)** Ya que $F = 2.093 < F_{3,30} = 2.92$, no se rechaza H_0. No existe suficiente evidencia de una diferencia significativa en la variación de la distancia entre los 4 diseños. **(e)** El gerente debe elegir el diseño 3 o el diseño 4.

10.80 (a) $H_0: \sigma_1^2 \geq \sigma_2^2 \quad H_1: \sigma_1^2 < \sigma_2^2$.
(b) Error tipo I: Rechazar la hipótesis nula de que la varianza del precio en Internet no es menor que la varianza de precio en el mercado tradicional, cuando la varianza del precio en Internet no es menor que la varianza de precio en el mercado tradicional. Error tipo II: Fallar en rechazar la hipótesis nula de que la varianza de precio en Internet no es menor que la varianza de precio en el mercado tradicional cuando la varianza de precio en Internet es menor que la varianza de precio en el mercado tradicional. **(c)** Se puede utilizar una prueba F para la diferencia en dos varianzas. **(d)** Necesita suponer que cada una de las dos poblaciones se distribuyen normalmente.
(e) (a) $H_0: \mu_1 \geq \mu_2 \quad H_1: \mu_1 < \mu_2$
(b) Error tipo I: Rechazar la hipótesis nula de que el precio medio en el mercado electrónico no es menor que el precio medio en el mercado tradicional cuando el precio medio en el mercado electrónico no es menor que el precio medio en el mercado tradicional. Error tipo II: Fallar en rechazar la hipótesis nula de que el precio medio en el mercado electrónico no es menor que el precio medio en el mercado tradicional cuando el precio medio en el mercado electrónico es menor que el precio medio en el mercado tradicional. **(c)** Se puede usar una prueba t apareada para la diferencia de media. **(d)** Debe suponer que la distribución de la diferencia entre el precio medio en el mercado electrónico y el mercado tradicional se distribuye de forma aproximadamente normal.

10.82 (a) Después de ver el anuncio, los investigadores pueden pedir a los adolescentes que clasifiquen los peligros del tabaquismo utilizando una escala de 0 a 10 en la que el número 10 representa lo más peligroso. **(b)** H_0: $\mu_T \geq \mu_S$ H_1: $\mu_T < \mu_S$. **(c)** El error tipo I es el que se comete al concluir que los anuncios producidos por el Estado son más efectivos que los producidos por Philip Morris cuando esto no es cierto. El riesgo del error tipo I aquí es que los adolescentes pueden perder la oportunidad de reconocer los verdaderos peligros de fumar viendo los mejores anuncios de Philip Morris; además, están los gastos adicionales del Estado para producir y mostrar los anuncios. El error tipo II es el que se comete al concluir que los anuncios producidos por Philip Morris no son menos efectivos que aquellos producidos por el Estado, mientras que estos últimos son más efectivos. El riesgo del error tipo II aquí es que más adolescentes perderán la oportunidad de reconocer los verdaderos peligros de fumar con los anuncios producidos por el Estado. **(d)** Ya que ambos anuncios se muestran al mismo grupo de adolescentes, es más apropiado utilizar una prueba *t* apareada para la diferencia de media. **(e)** La confianza estadística aquí significa que las conclusiones extraídas de la prueba son confiables porque todas las suposiciones necesarias para que la prueba sea válida se cumplieron.

10.84 (a) Ya que $t_{calc} = 4.5826 > 2.528$, se rechaza H_0. Existe suficiente evidencia para concluir que el promedio de la boleta mensual de electricidad es mayor a $80 para casas unifamiliares en el condado II durante la temporada de verano. **(b)** Ya que $0.3265 < F_{calc} = 2.78 < 3.2220$, no se rechaza H_0. No hay suficiente evidencia para concluir que los condados I y II tienen diferentes varianzas poblaciones para las boletas mensuales de electricidad. **(c)** Ya que $t = 2.273 < 2.414$ o valor-*p* = 0.0140 > 0.01, no se rechaza H_0. No hay suficiente evidencia para concluir que la media de la boleta mensual de electricidad es mayor en el condado I que en el condado II. **(d)** $-3.1323 \leq \mu_1 - \mu_2 \leq 37.1323$.

10.86 (a) Ya que $t_{calc} = 3.3282 > 1.8595$, se rechaza H_0. Existe suficiente evidencia para concluir que los estudiantes de Introducción a la computación requieren más que la media de 10 minutos para escribir y correr un programa en Visual Basic. **(b)** Ya que $t_{calc} = 1.3636 < 1.8595$, no se rechaza H_0. No hay suficiente evidencia para concluir que los estudiantes de Introducción a la computación requieran más que la media de 10 minutos para escribir y correr un programa en Visual Basic. **(c)** Aunque el tiempo promedio necesario para completar la tarea se incrementó de 12 a 16 minutos como resultado del incremento en el valor de un dato, la desviación estándar pasó de 1.8 a 13.2, lo que redujo el valor-*t*. **(d)** Ya que $0.2328 < F_{calc} = 0.8125 < 3.8549$, no se rechaza H_0. No hay suficiente evidencia para concluir que las varianzas poblacionales sean diferentes para los estudiantes de Introducción a la computación y los estudiantes con especialidad en computación. Por lo tanto, la prueba *t* de varianza conjunta es una prueba válida para determinar si quienes tienen especialidad en computación pueden escribir un programa Visual Basic en menos tiempo que los de Introducción a la computación, suponiendo que la distribución del tiempo necesario para escribir un programa Visual Basic para ambos (aquellos en Introducción a la computación y los de especialidad en computación) se distribuye de forma aproximadamente normal. Ya que $t_{calc} = 4.0666 > 1.7341$, se rechaza H_0. Existe suficiente evidencia de que el promedio de tiempo es mayor para los estudiantes de Introducción a la computación que para los que tienen especialidad en computación. **(e)** Valor-*p* = 0.000362. Si la verdadera media poblacional de tiempo necesario para que los alumnos de Introducción a la computación escriban un programa de Visual Basic no es mayor a 10 minutos, la probabilidad para observar una media muestral mayor a 12 minutos en la muestra actual es del 0.0362%. Por tanto, con un nivel de confianza del 95%, se concluye que la media poblacional de la cantidad de tiempo que necesitan los alumnos de Introducción a la computación para escribir el programa de Visual Basic es de más de 10 minutos. Como se ilustra en el inciso (d) en el que no hay evidencia suficiente para concluir que las varianzas poblacionales son diferentes para los estudiantes de Introducción a la computación que para los de especialidad en computación, la prueba *t* de varianza conjunta realizada, es una prueba válida para determinar si los que tienen especialidad en computación pueden escribir un programa Visual Basic en un tiempo menor que el de los estudiantes de Introducción, suponiendo que la distribución del tiempo necesario para escribir un programa Visual Basic para ambos grupos de estudiantes se distribuya de forma aproximadamente normal.

10.88 (a) Ya que $t_{calc} = 7.8735 > 2.3598$, se rechaza H_0. Hay suficiente evidencia para concluir que el salario promedio para hombres es mayor que el salario promedio para mujeres.
(b) El valor-*p* es aproximadamente cero.

10.90 Tanto en la gráfica de caja y bigote como en las estadísticas de resumen, ambas distribuciones tienen forma aproximadamente normal. $0.5289 < F = 0.947 < 1.89$. No hay evidencia suficiente para concluir que las dos varianzas poblacionales sean significativamente diferentes en un nivel de significancia del 5%. $t = -5.084 < -1.99$. Con un nivel de significancia del 5%, hay suficiente evidencia para rechazar la hipótesis nula de no diferencia entre la vida media de los focos entre los dos fabricantes. Se concluye que hay una diferencia significativa entre la vida media de los focos entre los dos fabricantes.

10.96 (a) Ya que $F = 3.339 > 1.9096$ o valor-*p* = 0.000361 < 0.05, se rechaza H_0. Existe evidencia de una diferencia entre las varianzas de la asistencia a juegos con promociones y juegos sin promociones.
(b) Como no es posible suponer que las varianzas son iguales, se debería emplear una prueba *t* de varianza separada para la diferencia en las dos medias. Ya que $t = 4.745 > 1.996$ o puesto que el valor-*p* es aproximadamente cero, se rechaza H_0. **(c)** Hay evidencia de que existe una diferencia en el promedio de asistencia a juegos con promociones y a juegos sin promociones en el nivel de significancia del 5%.

10.98 Las gráficas de probabilidad normal sugieren que las dos poblaciones no están distribuidas de forma normal. Una prueba *F* no es adecuada para probar la diferencia en dos varianzas. Las varianzas de muestra para las tablillas Boston y Vermont son de 0.0203 y 0.015, respectivamente, cifras que no son muy diferentes. Parece que la prueba *t* de varianza conjunta es la adecuada para probar la diferencia en las medias. Ya que $t = 3.015 > 1.967$ o el valor-*p* = 0.0028 < α = 0.05, se rechaza H_0. Hay suficiente evidencia para concluir que hay una diferencia en el promedio de pérdida granular de las tablillas Boston y Vermont.

10.100 (a) Ya que $F = 0.075 < F_{0.05,2,15} = 3.68$, no se rechaza H_0. **(b)** Ya que $F = 4.09 > F_{0.05,2,15} = 3.68$, se rechaza H_0. **(c)** Rango crítico = 1.489. La fuerza de rompimiento es significativamente diferente entre 30 y 50 psi.

CAPÍTULO 11

11.2 (a) Para $gl = 1$ y $\alpha = 0.95$, $\chi^2 = 0.004$. **(b)** Para $gl = 1$ y $\alpha = 0.975$, $\chi^2 = 0.00098$. **(c)** Para $gl = 1$ y $\alpha = 0.99$, $\chi^2 = 0.000157$.

11.4 (a) Todas $f_e = 25$; **(b)** Ya que $\chi^2 = 4.00 > 3.841$, se rechaza H_0.

11.6 (a) Ya que $\chi^2 = 1.0 < 3.841$, no se rechaza H_0. No hay suficiente evidencia para concluir que hay una diferencia significativa entre hombres y mujeres en la proporción de quienes tienen como prioridad el kilometraje de gasolina. **(b)** Ya que $\chi^2 = 10.0 > 3.841$, se rechaza H_0. Hay suficiente evidencia para concluir que hay una diferencia significativa entre hombres y mujeres en la proporción de quienes tienen como prioridad el kilometraje de gasolina. **(c)** El mayor tamaño de muestra en el inciso (b) incrementa la diferencia entre las frecuencias observadas y esperadas y, por tanto, da como resultado un mayor valor del estadístico de prueba.

11.8 (a) H_0: $\pi_1 = \pi_2$ H_1: $\pi_1 \neq \pi_2$

f_o	f_e	$(f_o - f_e)$	$(f_o - f_e)^2/f_e$
370	395	−25	1.58227
130	105	25	5.95238
420	395	25	1.58227
80	105	−25	5.95238
			15.06932

Regla de decisión: $gl = 1$. Si $\chi^2 > 3.841$, se rechaza H_0.

Estadístico de prueba: $\chi^2 = \sum_{\text{todas las celdas}} \frac{(f_0 - f_e)^2}{f_e} = 15.0693$

Decisión: Ya que $\chi^2_{calc} = 15.0693 > 3.841$, se rechaza H_0. Existe suficiente evidencia para concluir que hay una diferencia significativa en la proporción de afroamericanos y blancos que invierten en acciones. **(b)** valor-$p = 0.0001$. La probabilidad de un estadístico de prueba tan grande como 15.0693 o más cuando la hipótesis nula es cierta es de 0.0001. **(c)** Los resultados de los incisos (a) y (b) son exactamente los mismos que los del problema 10.39. La χ^2_{calc} en el inciso (a) y la Z_{calc} en el problema 10.39 (a) satisface la relación de que $\chi^2_{calc} = 15.0693 = (Z_{calc})^2 = (-3.8819)^2$ y el valor-p en el problema 10.39 (b) es exactamente igual que el valor-p en el inciso (b).

11.10 (a) Si $\chi^2 = 33.333 > 3.841$, se rechaza H_0. **(b)** valor-$p < 0.001$.

11.12 (a) Las frecuencias esperadas para la primera fila son 20, 30 y 40. Las frecuencias esperadas para la segunda fila son 30, 45 y 60. **(b)** Si $\chi^2 = 12.5 > 5.991$, se rechaza H_0. **(c)** *A versus B*: 0.20 > 0.196, por tanto, *A* y *B* son diferentes, *A versus C*: 0.30 > 0.185, por tanto, *A* y *C* son diferentes, *B versus C*: 0.10 < 0.185, por tanto *B* y *C* no son diferentes.

11.14 Puesto que el estadístico de prueba calculado 742.3961 > 9.4877, se rechaza H_0 y se concluye que hay una diferencia en la proporción de gente que come fuera de casa por lo menos una vez a la semana en diversos países. **(b)** El valor-p es virtualmente cero. La probabilidad de que un estadístico de prueba mayor que 742.3961 o más es aproximadamente cero si no existe diferencia en la proporción de gente que come fuera por lo menos una vez a la semana en varios países. **(c)** En un nivel de significancia de 5%, no existe diferencia significativa entre las proporciones en Alemania y Francia, mientras que existe una diferencia significativa entre las parejas restantes de países.

11.16 (a) H_0: $\pi_1 = \pi_2 = \pi_3$ H_1: por lo menos una proporción difiere

f_o	f_e	$(f_o - f_e)$	$(f_o - f_e)^2/f_e$
48	42.667	5.333	0.667
152	157.333	−5.333	0.181
56	42.667	13.333	4.167
144	157.333	−13.333	1.130
24	42.667	−18.667	8.167
176	157.333	18.667	2.215
			16.5254

Regla de decisión: $gl = (c - 1) = (3 - 1) = 2$. Si $\chi^2 > 5.9915$, se rechaza H_0.

Estadístico de prueba: $\chi^2 = \sum_{\text{todas las celdas}} \frac{(f_0 - f_e)^2}{f_e} = 16.5254$

Decisión: Si $\chi^2_{calc} = 16.5254 > 5.9915$, se rechaza H_0. Existe una diferencia significativa en los grupos de edad con respecto al principal día de compras. **(b)** valor-$p = 0.0003$. La probabilidad de que el estadístico de prueba sea mayor que o igual a 16.5254 es del 0.03%, si la hipótesis nula es cierta.

(c) Comparaciones por parejas	**Rango crítico**	$\lvert p_{S_j} - p_{S_{j'}} \rvert$
1 a 2	0.1073	0.04
2 a 3	0.0959	0.16*
1 a 3	0.0929	0.12*

Existe una diferencia significativa entre los grupos de 35-54 y más de 54, y entre los grupos de menos de 35 y más de 54. **(d)** Las tiendas pueden utilizar esta información para dirigir su marketing hacia un grupo específico de compradores en sábado y en otros días que no sean sábado.

11.18 (a) Si $\chi^2_{calc} = 128.24 > 5.9915$, se rechaza H_0. Existe suficiente evidencia para mostrar que hay una diferencia significativa en la proporción de gente que rechaza que datos de sus expedientes médicos sean compartidos por las tres organizaciones. **(b)** Existe una diferencia significativa entre cada pareja de organizaciones.

11.20 (a) Si $\chi^2_{calc} = 3.50 < 5.991$, no se rechaza la hipótesis nula. No hay suficiente evidencia para concluir que existe una diferencia en la proporción de hoteles que cobran cargos correctos de minibar entre las tres ciudades. **(b)** El valor-p es de 0.174. La probabilidad de un estadístico de prueba mayor a 3.5 es de 0.174 si la hipótesis nula es cierta.

11.22 Puesto que las hipótesis nulas no se rechazan para ninguno de los tres artículos, no es necesario realizar el procedimiento de Marascuilo.

11.24 $gl = (r - 1)(c - 1) = (3 - 1)(4 - 1) = 6$.

11.26 (a) y (b) Si la $\chi^2_{calc} = 20.680 > 12.592$, se rechaza H_0. Existe evidencia de una relación entre el trimestre del año en el que los hombres reclutados por edad nacieron y los números asignados de elección de reclutamiento durante la guerra de Vietnam. Al parecer, los resultados del sorteo son diferentes de aquellos que se esperarían si el sorteo hubiera sido aleatorio. **(c)** Si $\chi^2_{calc} = 9.803 < 12.592$, no se rechaza H_0. No existe suficiente evidencia para concluir que exista cualquier relación entre el trimestre del año en el que los hombres reclutados por edad nacieron y los números asignados como sus elegibilidades de reclutamiento durante la guerra de Vietnam. Al parecer, los resultados del sorteo son consistentes con lo que se esperaría si el sorteo hubiera sido aleatorio.

11.28 (a) H_0: No hay relación entre el tiempo de traslado de los empleados de la corporación y el nivel de problemas relacionados con el estrés observados durante el trabajo. H_1: Hay relación entre el tiempo de traslado de los empleados de la corporación y el nivel de problemas relacionados con el estrés observados durante el trabajo.

f_o	f_e	$(f_o - f_e)$	$(f_o - f_e)^2/f_e$
9	12.1379	−3.1379	0.8112
17	20.1034	−3.1034	0.4791
18	11.7586	6.2414	3.3129
5	5.2414	−0.2414	0.0111
8	8.6810	−0.6810	0.0534
6	5.0776	0.9224	0.1676
18	14.6207	3.3793	0.7811
28	24.2155	3.7845	0.5915
7	14.1638	−7.1638	3.6233
			9.8311

(a) Regla de decisión: Si $\chi^2 > 13.277$, se rechaza H_0.

Estadístico de prueba: $\chi^2 = \sum_{\text{todas las celdas}} \frac{(f_0 - f_e)^2}{f_e} = 9.8311$

Decisión: Si $\chi^2_{calc} = 9.8311 < 13.277$, no se rechaza H_0. No hay suficiente evidencia para concluir que existe una relación entre el tiempo de trayecto de los empleados de la empresa y el nivel de problemas relacionados con el estrés observados en el trabajo.
(b) Puesto que $\chi^2_{calc} = 9.831 > 9.488$, se rechaza H_0. Hay suficiente evidencia en un nivel de significancia de 0.05 para concluir que existe una relación.

11.30 Si $\chi^2_{calc} = 129.520 > 21.026$, se rechaza H_0.

11.34 (a) Puesto que $\chi^2_{calc} = 0.412 < 3.841$, no se rechaza H_0. No hay suficiente evidencia para concluir que hay una relación entre el género del estudiante y su selección de pizzería. **(b)** Como $\chi^2_{calc} = 2.624 < 3.841$, no se rechaza H_0. No hay suficiente evidencia para concluir que existe una relación entre el género del alumno y su selección de pizzería. **(c)** Ya que $\chi^2_{calc} = 4.956 < 5.991$, no se rechaza H_0. No existe suficiente evidencia para concluir que existe una relación entre el precio y la selección de pizzería. **(d)** El valor-*p* = 0.0839. La probabilidad de que una muestra que da un estadístico de prueba igual o mayor que 4.956 es del 8.39% si la hipótesis nula de la no relación entre el precio y la selección de pizzería resulta cierta. **(e)** Como no hay evidencia de que el precio y la selección de pizzería estén relacionados, es inapropiado determinar cuáles precios son diferentes en términos de preferencia de pizzería.

11.36 (a) Puesto que $\chi^2_{calc} = 3.3084 < 3.8415$, no se rechaza H_0 y se concluye que no existe suficiente evidencia de una diferencia entre la proporción de niños y niñas que se preocupan acerca de tener suficiente dinero. **(b)** valor-*p* = 0.0689. La probabilidad de un estadístico de prueba mayor que 3.3084 es de 6.89% si no existe una diferencia significativa entre la proporción de niños y niñas que se preocupan respecto a tener suficiente dinero.

11.38 (a) Ya que $\chi^2_{calc} = 12.026 > 3.841$, se rechaza H_0. Hay suficiente evidencia para concluir que existe una relación entre el tipo de usuario y la seriedad de la preocupación respecto a la primera afirmación. **(b)** El valor-*p* = 0.000525. La probabilidad de un estadístico de prueba de 12.026 o mayor es de 0.000525 si no existe relación entre el tipo de usuario y la seriedad de preocupación respecto a la primera afirmación. **(c)** Ya que $\chi^2_{calc} = 7.297 > 3.841$, se rechaza H_0. Hay suficiente evidencia para concluir que existe una relación entre el tipo de usuario y la seriedad de su preocupación respecto a la segunda afirmación. **(d)** El valor-*p* = 0.00691. La probabilidad de un estadístico de prueba de 7.297 o mayor es de 0.00691 si no existe relación entre el tipo de usuario y la seriedad de su preocupación acerca de la segunda afirmación.

11.40 (a) Ya que $\chi^2_{calc} = 11.895 < 12.592$, no se rechaza H_0. No existe suficiente evidencia para concluir que hay una relación entre las actitudes de los empleados hacia el uso de equipos de trabajo autoadministrados y la clasificación de trabajo de los empleados. **(b)** Ya que $\chi^2_{calc} = 3.294 < 12.592$, no se rechaza H_0. No existe evidencia suficiente para concluir que hay una relación entre las actitudes de los empleados hacia el tiempo de vacaciones sin derecho a paga y la clasificación de trabajo de los empleados.

11.42 Ya que $\chi^2_{calc} = 160.38 > 5.991$, se rechaza H_0. Existe suficiente evidencia para concluir que hay una relación entre el tipo de accidente y el tipo de modelo.

CAPÍTULO 12

12.2 (a) sí; **(b)** no; **(c)** no; **(d)** sí.

12.4 (b) $b_1 = \frac{SSXY}{SSX} = \frac{27.75}{375} = 0.074$

$$b_0 = \overline{Y} - b_1\overline{X} = 2.375 - 0.074(12.5) = 1.45$$

Para cada aumento de 1 pie de espacio de estante, se estima que las ventas semanales se incrementan en 0.074 cientos de dólares, o $7.40.
(c) $= 1.45 + 0.074X = 1.45 + 0.074(8) = 2.042$, o $204.20.

12.6 (b) $b_0 = -2.37$, $b_1 = 0.0501$; **(c)** Por cada aumento de un pie cúbico en la cantidad de la mudanza, se estima que las horas de trabajo se incrementan por 0.0501. **(d)** 22.67 horas de trabajo.

12.8 (b) $b_0 = -246.2599$, $b_1 = 4.1897$. **(c)** Para cada aumento de un millón adicional en los ingresos, se estima que el valor promedio se incrementa por 4.1897 millones de dólares. **(d)** 382.2005 millones de dólares.

12.10 (b) $b_0 = 6.048$, $b_1 = 2.019$. **(c)** Para cada aumento en la dureza, medida en unidades Rockwell E, se estima que el promedio de resistencia se incrementa por 2,019 libras por pulgada cuadrada. **(d)** 147,382 libras por pulgada cuadrada.

12.12 $r^2 = 0.90$. El 90% de la variación de la variable dependiente se explica por la variación en la variable independiente.

12.14 $r^2 = 0.75$. El 75% de la variación de la variable dependiente se explica por la variación en la variable independiente.

12.16 (a) $r^2 = \frac{SSR}{SST} = \frac{2.0535}{3.0025} = 0.684$.

El 68.4% de la variación en las ventas se explica por la variación en el espacio de los estantes.

(b) $S_{YX} = \sqrt{\frac{SSE}{n-2}} = \sqrt{\frac{\sum_{i-1}^{n}(Y_i - \hat{Y}_i)^2}{n-2}} = \sqrt{\frac{0.949}{10}} = 0.308$

(c) Con base en los incisos (a) y (b), el modelo debería ser útil para pronosticar las ventas.

12.18 (a) $r^2 = 0.8892$. El 88.92% de la variación en las horas de trabajo se explica por la variación en los pies cúbicos de la mudanza. **(b)** $S_{YX} = 5.0314$; **(c)** Con base en los incisos (a) y (b), el modelo debería ser útil para pronosticar las horas de trabajo.

12.20 (a) $r^2 = 0.9424$. El 94.24% de la variación en el valor de la franquicia de béisbol se explica por la variación de sus ingresos anuales. **(b)** $S_{YX} = 33.7876$. **(c)** Con base en los incisos (a) y (b), el modelo debería ser muy útil para pronosticar el valor de la franquicia de béisbol.

12.22 (a) $r^2 = 0.4613$. El 46.13% de la variación de la resistencia a la tensión se explica por la variación en la dureza. **(b)** $S_{YX} = 9.0616$. **(c)** Con base en los incisos (a) y (b), el modelo sólo es marginalmente útil para pronosticar la resistencia a la tensión.

12.24 Un análisis residual de los datos indica la existencia de un patrón, con grandes grupos de residuos consecutivos que son todos positivos o todos negativos. Este patrón indica que se infringe la suposición de linealidad. Se debería investigar un modelo cuadrático.

12.26 (a) No parece haber un patrón en la gráfica residual. **(b)** Las suposiciones de regresión no parecen haberse infringido de forma seria.

12.28 (a) Con base en la gráfica residual, parece haber un patrón no lineal en los residuos. Se debería investigar un modelo cuadrático. **(b)** No parecen haberse infringido seriamente las suposiciones de normalidad y de varianza igual.

12.30 (a) Con base en la gráfica residual, parece haber un patrón no lineal en los residuos. Se debería investigar un modelo cuadrático. **(b)** No parecen haberse infringido seriamente las suposiciones de normalidad y de varianza igual.

12.32 (a) Existe una relación lineal que se va incrementando. **(b)** Hay evidencia de que existe una autocorrelación positiva fuerte entre los residuos.

12.34 (a) No, porque los datos no fueron recolectados a lo largo del tiempo. **(b)** Si se hubiera seleccionado una sola tienda, y después se hubiera estudiado durante un periodo, se calcularía el estadístico de Durbin-Watson.

12.36 (a) $b_1 = \dfrac{SSXY}{SSX} = \dfrac{201399.05}{12495626} = 0.0161$

$b_0 = \overline{Y} - b_1\overline{X} = 71.2621 - 0.0161(4393) = 0.458$

(b) $\hat{Y} = 0.458 + 0.0161X = 0.458 + 0.0161(4500) = 72.908$ o \$72,908. **(c)** No hay evidencia de la existencia de un patrón en los residuos a lo largo del tiempo.

(d) $D = \dfrac{\sum_{i=2}^{n}(e_i - e_{i-1})^2}{\sum_{i=1}^{n} e_i^2} = \dfrac{1243.2244}{599.0683} = 2.08 > 1.45$. No hay evidencia de una autocorrelación positiva entre los residuos. **(e)** El modelo parece ser adecuado, con base en un análisis residual.

12.38 (a) $b_0 = -2.535$, $b_1 = .06073$; **(b)** \$2,505.40; **(d)** $D = 1.64 > d_U = 1.42$ por lo que no existe evidencia de una autocorrelación positiva entre los residuos. **(e)** La gráfica muestra cierto patrón no lineal, lo que sugiere que utilizar un modelo no lineal podría ser mejor. De cualquier forma, el modelo parece adecuado.

12.40 (a) 3.00; **(b)** $t_{16} = \pm 2.1199$. **(c)** Se rechaza H_0. Hay evidencia de que el modelo de regresión lineal ajustado es útil. **(d)** $1.32 \le \beta_1 \le 7.68$.

12.42 (a) $t = \dfrac{b_1 - \beta_1}{S_{b_1}} = \dfrac{0.074}{0.0159} = 4.65 > t_{10} = 2.2281$ con 10 grados de libertad para $\alpha = 0.05$. Se rechaza H_0. Hay evidencia de que el modelo de regresión lineal ajustado es útil. **(b)** $b_1 \pm t_{n-2}\, S_{b_1} = 0.074 \pm 2.2281(0.0159)$ $0.0386 \le \beta_1 \le 0.1094$.

12.44 (a) $t = 16.52 > 2.0322$, se rechaza H_0; **(b)** $0.044 \le \beta_1 \le 0.0562$.

12.46 (a) Puesto que el valor-p es aproximadamente cero, se rechaza H_0 en un nivel de significancia del 5%. Hay evidencia de una relación lineal entre el ingreso anual y el valor de la franquicia. **(b)** $3.7888 \le \beta_1 \le 4.5906$.

12.48 (a) El valor-p es virtualmente cero < 0.05, se rechaza H_0; **(b)** $1.246 \le \beta_1 \le 2.792$.

12.50 (b) Si el S&P gana un 30% en un año, se espera que ULPIX gane un estimado del 60%. **(c)** Si el S&P pierde un 35% en un año, se espera que el ULPIX pierda un estimado del 70%.

12.52 (a) –0.401. **(b)** valor-$p = 0.0885 > 0.05$, no se rechaza H_0. **(c)** En un nivel de significancia de 0.05, no hay relación entre la tasa de revisión de los controladores antes de abordar y las violaciones de seguridad detectadas.

12.54 (a) 0.484; **(b)** valor-$p = 0.017 < 0.05$, se rechaza H_0. **(c)** En un nivel de significancia de 0.05, hay una relación entre los amperes de la batería y el precio. **(d)** Sí, existe una relación lineal que indica que conforme se incrementan los amperes de la batería también aumenta el precio.

12.56 (a) $15.95 \le \mu_{Y|X=400} \le 18.05$; **(b)** $14.651 \le Y_{X=400} \le 19.349$.

12.58 (a) $\hat{Y}_i \pm t_{n-2} S_{YX}\sqrt{h_i}$

$= 2.042 \pm 2.2281(0.3081)\sqrt{0.1373}$

$1.7876 \le \mu_{Y|X=8} \le 2.2964$

(b) $\hat{Y}_i \pm t_{n-2} S_{YX}\sqrt{1 + h_i}$

$= 2.042 \pm 2.2281(0.3081)\sqrt{1 + 0.1373}$

$1.3100 \le Y_{X=8} \le 2.7740$

(c) El inciso (b) proporciona un intervalo de predicción para la respuesta individual dada a un valor específico de la variable independiente, y el inciso (a) ofrece una estimación del intervalo para el valor promedio dado a un valor específico de la variable independiente. Ya que hay mucha más variación al predecir un valor individual que cuado se estima el valor promedio, la predicción del intervalo es más amplia que la estimación del intervalo de confianza.

12.60 (a) $20.799 \le \mu_{Y|X=500} \le 24.542$; **(b)** $12.276 \le Y_{X=500} \le 33.065$.

12.62 (a) $367.0757 \le \mu_{Y|X=150} \le 397.3254$; **(b)** $311.3562 \le Y_{X=150} \le 453.0448$.

12.74 (a) $b_0 = 24.84$, $b_1 = 0.14$ **(b)** Se estima que el tiempo de entrega predicho para cada caso adicional se incremente en 0.14 minutos. **(c)** 45.84; **(d)** No, 500 está fuera del rango relevante de los datos utilizados para ajustar la ecuación de regresión. **(e)** $r^2 = 0.972$. **(f)** No hay un patrón obvio en los residuos por lo que se cumplen las suposiciones de regresión. El modelo parece adecuado. **(g)** $t = 24.88 > 2.1009$, se rechaza H_0; **(h)** $44.88 \le \mu_{Y|X=150} \le 46.80$; **(i)** $41.56 \le Y_{X=150} \le 50.12$; **(j)** $0.128 \le b_1 \le 0.152$.

12.76 (a) $b_0 = -44.172$, $b_1 = 1.782$. **(b)** Se estima que por cada dólar adicional en el valor del avalúo, se incrementa el precio predicho de venta en \$1.78. **(c)** \$80,458; **(d)** $r^2 = 0.926$. **(e)** No hay un patrón obvio en los residuos, por lo que se cumplen las suposiciones de regresión. El modelo parece adecuado. **(f)** $t = 18.66 > 2.0484$, se rechaza H_0; **(g)** $78.707 \le \mu_{Y|X=70} \le 82.388$; **(h)** $73.195 \le Y_{X=70} \le 87.900$; **(i)** $1.586 \le b_1 \le 1.977$.

12.78 (a) $b_0 = 0.30$, $b_1 = 0.00487$. **(b)** Por cada punto adicional en la calificación del GMAT, se estima que el GPI predicho se incrementará en 0.00487. **(c)** 3.2225; **(d)** $r^2 = 0.798$. **(e)** No hay un patrón obvio en los residuos por lo que se cumplen las suposiciones de regresión. El modelo parece adecuado. **(f)** $t = 8.43 > 2.1009$, se rechaza H_0; **(g)** $3.144 \le \mu_{Y|X=600} \le 3.301$; **(h)** $2.886 \le Y_{X=600} \le 3.559$; **(i)** $.00366 \le \beta_1 \le .00608$

12.80 (a) No se muestra una relación clara en el diagrama de dispersión. **(c)** Observando los 23 vuelos, cuando la temperatura es menor hay más probabilidad de que haya un daño en anillos-O, especialmente si la temperatura se encuentra por debajo de los 60 grados. **(d)** 31 grados, este valor está fuera del rango relevante, por lo que no se puede hacer una predicción. **(e)** Y predicha $= 18.036 - 0.240X$ donde X = temperatura y Y = daño en anillos-O. **(g)** Sería más apropiado usar un modelo no lineal. **(h)** La aparición de un patrón no lineal en la gráfica residual indica que sería mejor usar un modelo no lineal.

12.82 (a) $b_0 = -2629.222$, $b_1 = 82.472$. **(b)** Para cada centímetro adicional en la circunferencia, se estima que el peso promedio se incremente en 82.472 gramos. **(c)** 2,319.08 gramos; **(e)** $r^2 = 0.937$. **(f)** Parece haber una relación no lineal entre la circunferencia y el peso. **(g)** El valor-*p* es virtualmente cero < 0.05, se rechaza H_0; **(h)** $72.787 \leq \beta_1 \leq 92.156$; **(i)** $2186.959 \leq \mu_{Y|X=60} \leq 2451.202$; **(j)** $1726.551 \leq Y_{X=60} \leq 2911.610$.

12.84 (b) $\hat{Y} = 931{,}626.16 + 21{,}782.76X$ **(c)** $b_1 = 21{,}782.76$, lo que significa que conforme se incrementa el promedio de edad de la base de clientes por un año, se estima que el total de ventas en el último mes se incrementa en \$21,782.76. **(d)** $r^2 = 0.0017$. Sólo el 0.17% de la variación total en las ventas del último mes de la franquicia se explica utilizando el promedio de edad de la base de clientes. **(e)** Los residuos están dispersos de manera uniforme a lo largo de un rango diferente de edad promedio. **(f)** Ya que $-2.4926 < t = 0.2482 < 2.4926$, no se rechaza H_0. No hay suficiente evidencia para concluir que existe una relación lineal entre las ventas totales de un mes y la edad promedio de la base de clientes. **(g)** $-156{,}181.50 \leq \beta_1 \leq 199{,}747.02$.

12.86 (a) Existe una relación lineal positiva entre las ventas totales y el porcentaje de la base de clientes que tienen un diploma universitario. **(b)** $\hat{Y} = 789{,}847.38 + 35{,}854.15X$ **(c)** $b_1 = 35{,}854.15$ significa que por cada incremento de uno por ciento de la base de clientes que ha recibido un diploma universitario, se espera que el total de ventas del último mes se incremente en \$35,854.15. **(d)** $r^2 = 0.1036$. Por lo que el 10.36% del total de la variación en las ventas totales del último mes de la franquicia se explica por el porcentaje de la base de clientes con diploma universitario. **(e)** Los residuos se esparcen de manera uniforme alrededor del cero. **(f)** Ya que $t = 2.0392 > 2.0281$, se rechaza H_0. Hay suficiente evidencia para concluir que no hay una relación lineal entre el total de ventas de un mes y el porcentaje de la base de clientes con diploma universitario. **(g)** $b_1 \pm t_{n-2} = 35{,}854.15 \pm 2.0281\ (17{,}582.269)$ $195.75 \leq \beta_1 \leq 71{,}512.60$.

12.88 (a) $b_0 = -24.247$, $b_1 = 1.046$. **(b)** Por cada incremento de unidad adicional en la clasificación resumida, se estima que el precio por persona se incrementa en \$1.05. Puesto que ningún restaurante recibirá una suma de calificación de 0, no es apropiado utilizarla para interpretar la intersección en *Y*. **(c)** \$28.07; **(d)** $r^2 = 0.658$. **(e)** No hay un patrón obvio en los residuos, por lo que se cumple la suposición de regresión. Este modelo parece adecuado. **(f)** El valor-*p* es virtualmente $0 < 0.05$, se rechaza H_0; **(g)** $\$26.55 \leq \mu_{Y|X=50} \leq \$29.59$; **(h)** $\$16.00 \leq Y_{X=50} \leq \$40.15$; **(i)** $0.895 \leq \beta_1 \leq 1.198$.

12.90 (a) MSFT y Ford 0.167; MSFT y GM 0.157; MSFT e IAL –0.232; Ford y GM 0.867; Ford e IAL 0.697; y GM e IAL 0.629. **(b)** Hay una relación lineal positiva fuerte entre el precio de la acción de Ford y GM; una relación lineal positiva moderada entre el precio de la acción de Ford y de IAL, y entre GM e IAL; una relación lineal positiva muy débil entre el precio de acción de Ford y Microsoft, entre GM y Microsoft; y una relación lineal positiva bastante débil entre Microsoft e IAL. **(c)** No es una buena idea tener todas las acciones en un portafolio individual para que se correlacionen fuerte y positivamente unas con otras porque el riesgo del portafolio puede reducirse cuando un par de precios de acciones se relaciona negativamente en él.

CAPÍTULO 13

13.2 (a) Por cada unidad de incremento en X_1, se estima que *Y* decrecerá 2 unidades, manteniéndose constante X_2. Por cada unidad de incremento en X_2, se estima que *Y* se incrementará 7 unidades, manteniéndose constante X_1. **(b)** La intersección en *Y* es igual a 50, estima el valor predicho de *Y* cuando X_1 y X_2 son cero.

13.4 (a) $\hat{Y} = -2.72825 + 0.047114X_1 + 0.011947X_2$. **(b)** Para un número dado de pedidos, por cada \$1,000 de incremento en las ventas se estima que el costo de distribución se incrementa en \$47.114. Para una cantidad dada de ventas, por cada incremento de un pedido se estima que el costo de distribución se incrementa en \$11.95. **(c)** La interpretación de b_0 no tiene un sentido práctico aquí porque representaría el costo estimado de distribución cuando no haya ventas ni pedidos. **(d)** $= -2.72825 + 0.047114(400) + 0.011947(4500) = 69.878$ o S69,878; **(e)** $\$66{,}419{,}93 \leq \mu_{Y|X} \leq \$73{,}337.01$; **(f)** $\$59{,}380.61 \leq Y_X \leq \$80{,}376.33$.

13.6 (a) $\hat{Y} = 156.4 + 13.081X_1 + 16.795X_2$. **(b)** Para una cantidad dada de publicidad en periódicos, se estima que cada incremento de \$1,000 en publicidad en radio dará como resultado un incremento promedio en las ventas de \$13,081. Para una cantidad dada de publicidad en radio, se estima que cada incremento de \$1,000 en publicidad en periódico dará como resultado un incremento promedio de ventas de \$16,795. **(c)** Cuando no se gasta dinero en publicidad de radio y periódicos, el promedio estimado de ventas es de \$156,430.44. **(d)** $\hat{Y} = 156.4 + 13.081(20) + 16.795(20) = 753.95$ o \$753,950; **(e)** $\$623{,}038.31 \leq \mu_{Y|X} \leq \$884{,}860.93$; **(f)** $\$396{,}522.63 \leq Y_X \leq \$1{,}111{,}376.60$.

13.8 (a) $\hat{Y} = 400.8057 + 456.4485X_1 - 2.4708X_2$ donde X_1 = terreno, X_2 = antigüedad. **(b)** Para una antigüedad dada, se estima que cada incremento de un acre de terreno dé como resultado un incremento promedio del valor apreciado de \$456.45 miles. Para una superficie en acres dada, se estima que cada incremento de un año de la antigüedad dé como resultado un decremento promedio del valor estimado en \$2.47 miles. **(c)** La interpretación de b_0 no tiene un significado práctico aquí porque representaría el valor estimado de una casa nueva que no tiene terreno. **(d)** $\hat{Y} = 400.8057 + 456.4485(0.25) - 2.4708(45) =$ \$403.73 miles. **(e)** $372.7370 \leq \mu_{Y|X} \leq 434.7243$; **(f)** $235.1964 \leq Y_X \leq 572.2649$.

13.10 (a) $MSR = 15$, $MSE = 12$; **(b)** 1.25; **(c)** $F = 1.25 < 4.10$, no se rechaza H_0; **(d)** 0.20; **(e)** 0.04.

13.12 (a) $F = 97.69 > F_{U(2,15-2-1)} = 3.89$. Se rechaza H_0. Existe evidencia de una relación lineal significativa con por lo menos una de las variables independientes. **(b)** El valor-*p* es 0.0001. **(c)** $r^2 = 0.9421$. El 94.21% de la variación en la capacidad de absorber el impacto a largo plazo se explica por la variación en la capacidad de amortiguamiento y la variación en el impacto de la media suela. **(d)** $r^2_{aj} = 0.93245$.

13.14 (a) $F = 74.13 > 3.467$, se rechaza H_0. **(b)** El valor-$p = 0$; **(c)** $r^2 = 0.8759$. El 87.59% de la variación en el costo de distribución se explica por la variación en ventas y la variación en el número de órdenes. **(d)** $r^2_{aj} = 0.8641$.

13.16 (a) $F = 40.16 > F_{U(2,22-2-1)} = 3.522$. Se rechaza H_0. Hay evidencia de una relación lineal significativa. **(b)** El valor-*p* es menor a 0.001. **(c)** $r^2 = 0.8087$. El 80.87% de la variación en ventas se explica por la variación en la publicidad de radio y por la variación en la publicidad en periódicos. **(d)** $r^2_{aj} = 0.7886$.

13.18 (a) Con base en el análisis residual, el modelo parece adecuado. **(b)** No hay evidencia de un patrón en los residuos frente al tiempo. **(c)** $D = \dfrac{1{,}077.0956}{477.0430} = 2.26$; **(d)** $D = 2.26 > 1.55$. No hay evidencia de una autocorrelación positiva en los residuos.

13.20 Parece existir una relación cuadrática en la gráfica de los residuos contra la publicidad en radio y en prensa. Así pues, los términos cuadráticos para cada una de estas variables explicativas deben ser considerados para incluirse en este modelo.

13.22 No hay un patrón particular en las gráficas de residuos y el modelo parece adecuado.

13.24 (a) La variable X_2 tiene una pendiente mayor en términos del estadístico t de 3.75 que la variable X_1, la cual tiene una pendiente menor en términos del estadístico t de 3.33. **(b)** $1.46824 \leq \beta_1 \leq 6.53176$. **(c)** Para X_1: $t = 4/1.2 = 3.33 > 2.1098$ con 17 grados de libertad para una $\alpha = 0.05$. Se rechaza H_0. Existe evidencia de que X_1 contribuye con un modelo que ya contiene X_2. Para X_2: $t = 3/0.8 = 3.75 > 2.1098$ con 17 grados de libertad para $\alpha = 0.05$. Se rechaza H_0. Existe evidencia de que X_2 contribuye a un modelo que ya contiene X_1. Ambos X_1 (ventas) y X_2 (órdenes) deben incluirse en este modelo.

13.26 (a) intervalo de confianza del 95% de β_1: $b_1 \pm t_{n-k-1}\, S_{b1}$, $0.0471 \pm 2.0796 \cdot 0.0203$, $0.00488 \leq \beta_1 \leq 0.08932$. **(b)** Para X_1: $t = b_1/S_{b1} = 0.0471/0.0203 = 2.32 > 2.0796$. Se rechaza H_0. Existe evidencia de que X_1 contribuye a un modelo que ya contiene X_2. Para X_2: $t = b_2/S_{b2} = 0.01195/0.00225 = 5.31 > 2.0796$ con 21 grados de libertad para $\alpha = 0.05$. Se rechaza H_0. Existe evidencia de que X_2 contribuye al modelo que ya contiene X_1. Ambos X_1 (ventas) y X_2 (pedidos) deben incluirse en este modelo.

13.28 (a) $9.398 \leq \beta_1 \leq 16.763$. **(b)** Para X_1: $t = 7.43 > 2.093$. Se rechaza H_0. Existe evidencia de que X_1 contribuye al modelo que ya existe de X_2. Para X_2: $t = 5.67 > 2.093$. Se rechaza H_0. Existe evidencia de que X_2 contribuye al modelo que ya existe de X_1. Ambos X_1 (publicidad en radio) y X_2 (publicidad en periódico) deben incluirse en este modelo.

13.30 (a) $227.5865 \leq \beta_1 \leq 685.3104$. **(b)** Para X_1: $t = 4.0922$ y valor-$p = 0.0003$. Ya que el valor-$p < 0.05$, se rechaza H_0. Existe evidencia de que X_1 contribuye a un modelo que ya contiene X_2. Para X_2: $t = -3.6295$ y valor-$p = 0.0012$. Puesto que el valor-$p < 0.05$, se rechaza H_0. Existe evidencia de que X_2 contribuye al modelo que ya contiene X_1. Ambos X_1 (terreno) y X_2 (antigüedad) deben incluirse en este modelo.

13.32 (a) Precio pronosticado = 43.737 + 9.219 habitaciones + 12.697 oeste. **(b)** Manteniendo constante el efecto del vecindario, por cada habitación adicional se estima que el precio promedio se incrementa en 9.219 miles de dólares, o $9,219. Para un número dado de habitaciones, se estima que el precio promedio de venta en el vecindario oeste sea de 12.697 miles de dólares ($12,697) más que en el vecindario oriental. **(c)** $126,710; $\$121,470 \leq \mu_{Y|X} \leq \$131,940$; $\$109,560 \leq Y_X \leq \$143,860$; **(d)** el modelo parece adecuado; **(e)** $F = 55.39 > 3.59$, se rechaza H_0; **(f)** $t = 8.95 > 2.1098$, se rechaza H_0. $t = 3.59 > 2.1098$, se rechaza H_0, incluya ambas variables; **(g)** $7.0466 \leq \beta_1 \leq 11.392$; $5.239 \leq \beta_2 \leq 20.155$. **(h)** El 86.7% de la variación en el precio de venta se explica por la variación en el número de habitaciones y la ubicación. **(i)** El 85.1%. **(j)** La pendiente del precio de venta con respecto al número de habitaciones es la misma a pesar de la ubicación. **(k)** El valor-$p = 0.330$, no se rechaza H_0, no se incluye el término interacción; **(l)** debe utilizarse el modelo desarrollado en el inciso (a).

13.34 (a) Tiempo que se pronostica = 8.01 + 0.00523 Profundidad –2.105 en seco. **(b)** Manteniendo constante el efecto del tipo de perforación, por cada incremento de un pie de profundidad en el hoyo, se estima que el tiempo de perforación se incrementará en 0.0052 minutos. Para una profundidad dada, se estima que una perforación en seco reducirá el tiempo de perforación sobre la perforación con agua en 2.1052 minutos. **(c)** 6.428 minutos, $6.210 \leq \mu_{Y|X} \leq 6.646$; $4.923 \leq Y_X \leq 7.932$. **(d)** El modelo parece adecuado. **(e)** $F = 111.11 > 3.09$, se rechaza H_0; **(f)** $t = 5.03 > 1.9847$, se rechaza H_0. $t = -14.03 < -1.9847$, se rechaza H_0, se incluyen ambas variables; **(g)** $0.0032 \leq \beta_1 \leq 0.0073$; $-2.403 \leq \beta_2 \leq -1.807$. **(h)** El 69.6% de la variación en el tiempo de perforación se explica por la variación en la profundidad y la variación en el tipo de perforación. **(i)** El 69.0%. **(j)** La pendiente del tiempo de perforación adicional con la profundidad del hoyo es la misma sin importar el tipo de método de perforación utilizado. **(k)** El valor-p del término de interacción = 0.462 > 0.05, por lo que el término no es significativo y no debería incluirse en el modelo. **(l)** El modelo que debe usarse es el del inciso (a).

13.36 (a) $\hat{Y} = 31.5594 + 0.0296X_1 + 0.0041X_2 + 0.000017159X_1X_2$. donde X_1 = ventas, X_2 = pedidos, el valor-p es $0.3249 > 0.05$. No se rechaza H_0. No hay suficiente evidencia de que el término de interacción contribuya al modelo. **(b)** Ya que no hay suficiente evidencia de cualquier efecto interactivo entre las ventas y los pedidos, debe usarse el modelo del problema 14.4.

13.38 (a) El valor-p del término de interacción = 0.002 < 0.05, por lo que el término es significativo y debería incluirse en este modelo. **(b)** Utilice el modelo desarrollado en este problema.

13.40 (a) Para X_1X_2: el valor-p es $0.2353 > 0.05$. No se rechaza H_0. No hay suficiente evidencia de que el término interacción contribuya al modelo. **(b)** Ya que no hay suficiente evidencia de algún efecto interactivo entre personal total presente y horas remotas, se debe usar el modelo del problema 14.7.

13.42 (b) $\hat{Y} = -7.556 + 1.2717X - 0.0145X^2$; **(c)** $= -7.556 + 1.2717(55) - 0.0145(55)^2 = 18.52$. **(d)** Con base en el análisis residual, existen patrones en los residuos *versus* velocidad en las autopistas, *versus* variable cuadrática (velocidad al cuadrado), y *versus* los valores ajustados. **(e)** $F = 141.46 > F_{2,25} = 3.39$. Reject H_0. Se rechaza H_0. El modelo global es significativo. El valor-$p < 0.001$. **(f)** $t = -16.63 < -2.0595$. Se rechaza H_0. El efecto cuadrático es significativo. El valor-$p < 0.001$. **(g)** $r^2 = 0.919$. De manera que el 91.9% de la variación en millas por galón se explica por la relación cuadrática entre las millas por galón y la velocidad en las autopistas. **(h)** $r^2_{aj} = 0.912$

13.44 (b) Producción pronosticada = 6.643 + 0.895 AmtFert – 0.00411 AmFert²; **(c)** 49.168 libras; **(d)** el modelo parece adecuado; **(e)** $F = 157.32 > 4.26$, se rechaza H_0; **(f)** valor-$p = 0 < .05$, por lo que el modelo es significativo. **(g)** $t = -4.27 < -2.2622$, se rechaza H_0; **(h)** valor-$p = 0.002 < 0.05$, por lo que el término cuadrático es significativo. **(i)** El 97.2%; **(j)** el 96.6%.

13.52 (a) Precio pronosticado = –44.988 + 1.751 Valor + 0.368 Tiempo; **(c)** $81,969. **(d)** El modelo es adecuado; **(e)** $F = 223.46 > 3.35$, se rechaza H_0; **(f)** valor-$p = 0$ por lo que el modelo es significativo. **(g)** El 94.3% de la variación en el precio de venta se explica por la variación en el valor estimado y el tiempo desde la revaloración. **(h)** El 93.9%. **(i)** Ya que $t = 20.41 > 2.0518$, se rechaza H_0. Puesto que $t = 2.87 > 2.0518$, se rechaza H_0. Utilice un modelo que incluya ambas variables. **(j)** 0.000 y 0.008 < 0.05, por lo que ambas variables son significativas. **(k)** $1.574 \leq \beta_1 \leq 1.927$.

13.54 (a) Valor pronosticado = 63.775 + 10.725 Tamaño –0.284 antigüedad; **(c)** $79,702; **(d)** La gráfica residual contra antigüedad indica un patrón potencial. **(e)** $F = 28.58 > 3.89$, se rechaza H_0. **(f)** valor-$p = 0$ indica que el modelo es significativo. **(g)** El 82.6% de la variación en el valor estimado se explica por la variación en el tamaño y la antigüedad de la casa. **(h)** El 79.8%; **(i)** Ya que $t = 3.56 > 2.1788$, se rechaza H_0. Puesto que $t = -3.40 < -2.1788$, se rechaza H_0. **(j)** El valor-$p = 0.004$ y $0.005 < 0.05$, por lo que ambas variables son significativas; **(k)** $4.158 \leq \beta_1 \leq 17.292$; **(l)** no.

13.56 **(a)** MPG pronosticado = 40.877 – 0.0121 Longitud – 0.00495 Peso; **(c)** 23.66 millas por galón. **(d)** Un modelo cuadrático debería ser adecuado. Hay alguna evidencia de una varianza desigual. **(e)** $F = 92.93 > 3.07$, se rechaza H_0. **(f)** El valor-p = 0 lo que indica un modelo significativo. **(g)** El 61.2% de la variación de millas por galón se explica por la variación de la longitud del automóvil y el peso. **(h)** El 60.5%; **(i)** Si $t = -0.46 > -1.9799$, no se rechaza H_0. Ya que $t = -10.24 < -1.9799$, se rechaza H_0. Utilice sólo el peso en el modelo. **(j)** La longitud no es significativa ya que el valor-p para longitud es = 0.647. El peso es significativo pues el valor-p para el peso = 0; **(k)** $-0.00591 \le \beta_2 \le -0.00400$.

13.58 **(a)** $\hat{Y} = 152.0316 - 2.4587X_1 - 15.8687X_2$, donde X_1 = modelo de la liga (0 = Americana, 1 = Nacional) y X_2 = ERA. **(b)** Manteniendo constante el efecto del ERA, el número estimado de juegos ganados para un equipo en la Liga Americana es de 2.4587 por encima de aquél de la Liga Nacional. Manteniendo constante el efecto de la Liga, se estima que el número de juegos ganados por cada unidad de incremento en el ERA decrezca en 15.8687. **(c)** 81 juegos ganados. **(d)** Con base en el análisis residual, el modelo parece adecuado. **(e)** $F = 11.4784$ y el valor-$p = 0.00025 < 0.05$. Se rechaza H_0. Existe evidencia de una relación entre el número de juegos ganados y las dos variables independientes. **(f)** Para X_1: $t = -0.6447$, valor-p = 0.5246 > 0.05. No se rechaza H_0. La liga a la cual pertenece el equipo no hace una contribución significativa y no debería incluirse en el modelo. Para X_2: $t = -4.7763$. El valor-p es virtualmente cero < 0.05. Se rechaza H_0. El ERA sí contribuye significativamente y debe incluirse en el modelo. El modelo debe incluir el ERA pero no la liga. **(g)** $-10.2842 \le \beta_1 \le 5.3668$, $-22.6856 \le \beta_2 \le -9.0518$; **(h)** $r^2_{Y.12} = 0.4595$. 45.95% de la variación en el número de juegos ganados se explica por la variación en el tipo de liga y la variación en el ERA. **(i)** $r^2_{aj} = 0.4195$; **(j)** La pendiente del número de juegos ganados con ERA es la misma sin importar si el equipo está en la Liga Americana o en la Nacional. **(k)** $\hat{Y} = 162.6777 - 21.8842X_1 - 18.2211X_2 + 4.4027X_1X_2$. Para X_1X_2: el valor-p es 0.5189. No se rechaza H_0. No existe evidencia de que el término interacción contribuye al modelo. **(l)** Sólo deberá usarse el modelo con el ERA.

CAPÍTULO 14

14.2 **(a)** Día 4, Día 3; **(b)** LCL = 0.0397, UCL = 0.2460. **(c)** No, las proporciones están dentro de los límites de control.

14.4 **(a)** $n = 500$, $\bar{p} = 761/16000 = 0.0476$

$$\text{UCL} = \bar{p} + 3\sqrt{\frac{\bar{p}(1-\bar{p})}{n}} = 0.0476 + 3\sqrt{\frac{0.0476(1-0.0476)}{500}} = 0.0761$$

$$\text{LCL} = \bar{p} - 3\sqrt{\frac{\bar{p}(1-\bar{p})}{n}} = 0.0476 - 3\sqrt{\frac{0.0476(1-0.0476)}{500}} = 0.0190$$

(b) Ya que los puntos individuales están distribuidos alrededor de $\bar{p}$ sin un patrón y todos los puntos están dentro de los límites de control, el proceso se encuentra en un estado de control estadístico.

14.6 **(a)** UCL = 0.0176, LCL = 0.0082. La proporción de latas inaceptables está por debajo del LCL en el día 4. Existe evidencia de un patrón a través del tiempo ya que los últimos ocho puntos están todos por arriba de la media y la mayoría de los puntos anteriores están por debajo de la media. Por tanto, el proceso está fuera de control.

14.8 **(a)** UCL = 0.1431, LCL = 0.0752. Días 9, 26 y 30 están por encima del UCL. Por tanto, este proceso está fuera de control.

14.12 **(a)** $\bar{R} = \frac{\sum_{i=1}^{k} R_i}{k} = \frac{66.8}{20} = 3.34$, $\bar{\bar{X}} = \frac{\sum_{i=1}^{k} \bar{X}_i}{k} = \frac{118.325}{20} = 5.916$. Gráfica R: UCL = $D_4\bar{R} = 2.282(3.34) = 7.6219$ LCL no existe. $\bar{X}$ Gráfica: UCL = $\bar{\bar{X}} + A_2\bar{R} = 5.9163 + 0.729(3.34) = 8.3511$, LCL = $\bar{\bar{X}} - A_2\bar{R} = 5.9163 - 0.729(3.34) = 3.4814$. **(b)** La media de la muestra 10 está ligeramente por debajo del LCL: El proceso está fuera de control.

14.14 **(a)** $\bar{R} = 0.8794$, LCL no existe, UCL = 2.0068;

(b) $\bar{\bar{X}} = 20.1065$, LCL = 19.4654, UCL = 20.7475; **(c)** El proceso está bajo control.

14.16 **(a)** $\bar{R} = 8.145$, LCL no existe, UCL = 18.5869; $\bar{\bar{X}} = 18.12$, UCL = 24.0577, LCL = 12.1823; **(b)** No hay rangos de muestra por fuera de los límites de control y no parece haber un patrón en la gráfica de rango. La media está por encima del UCL en el día 15 y por debajo del LCL en el día 16. Por tanto, el proceso no está bajo control.

14.18 **(a)** $\bar{R} = 0.3022$, LCL no existe, UCL = 0.6389; $\bar{\bar{X}} = 90.1312$, UCL = 90.3060, LCL = 89.9573; **(b)** Los días 5 y 6, los rangos de muestra estaban por arriba del UCL. La gráfica promedio podría estar equivocada ya que el rango está fuera de control. El proceso está fuera de control.

14.26 **(a)** $\bar{p} = 0.2702$, LCL = 0.1700, UCL = 0.3703. **(b)** Sí, la participación de mercado de RudyBird estaba bajo control antes de la promoción dentro de la tienda. **(c)** Los 7 días de la promoción dentro de la tienda están por encima del UCL. La promoción incrementó la participación de mercado.

14.28 **(a)** $\bar{p} = 0.75175$, LCL = 0.62215, UCL = 0.88135. Aunque ninguno de los puntos está fuera de los límites de control, hay un claro patrón a lo largo del tiempo con los últimos 13 puntos por encima de la línea central. Por tanto, este proceso no está bajo control. **(b)** Ya que la tendencia creciente inicia alrededor del día 20, este cambio en el método sería la causa asignable. **(c)** La gráfica de control debería haberse desarrollado utilizando los primeros 20 días y entonces, usando dichos límites, se pueden graficar las proporciones adicionales.

14.30 **(a)** $\bar{p} = 0.1198$, LCL = 0.0205, UCL = 0.2191. **(b)** El día 24 está por debajo del LCL; por tanto, el proceso está fuera de control. **(c)** Se deben investigar las causas especiales de variación para mejorar el proceso. A continuación debe mejorarse el proceso para hacer decrecer la proporción de negocios indeseables.

Índice analítico

F

G

H

I